주요과목 핵심이론

Contents

PART 01 **폐기물개론**

PART 02 **폐기물 재활용 및 자원화 기술**

PART 03 **폐기물공정시험기준**

PART 04 **폐기물 처분기술**

01 폐기물개론

1. 폐기물 발생량의 예측방법과 조사방법의 종류

① 폐기물 발생량의 예측방법 : 다중회귀모델, 동적모사모델, 경향모델
② 폐기물 발생량의 조사방법 : 물질수지법, 직접계근법, 적재차량계수법, 통계조사법
③ 다중회귀모델은 하나의 수식으로 각 인자들이 효과를 총괄적으로 나타내어 복잡한 시스템의 분석에 유용하게 사용할 수 있는 쓰레기 발생량을 예측하는 방법이다.
④ 동적모사모델은 쓰레기 배출에 영향을 주는 모든 인자를 시간에 대한 함수로 나타낸 후 시간에 대한 함수로 각 영향인자들 간에 상관관계를 수식화한 것이다.
⑤ 물질수지법은 시스템에 유입되는 쓰레기 양과 유출되는 쓰레기 양에 대해서 물질수지를 세워 발생되는 쓰레기의 양을 추정하는 방법으로 물질수지를 세울 수 있는 상세한 데이터가 있는 경우에 가능하며, 우선적으로 조사하고자 하는 계의 경계를 정확하게 설정하여야 하고, 주로 산업폐기물의 발생량 추산에 이용되며, 비용이 많이 들고 작업량이 많아 널리 이용되지 않는다.

2. 폐기물 발생

① 대도시보다는 문화수준이 열악한 중소도시의 주변이 쓰레기를 더 적게 발생시킨다.
② 쓰레기발생량은 주방쓰레기량에 영향을 많이 받으므로 엥겔지수가 높은 서민층의 쓰레기가 부유층보다 적다.
③ 쓰레기를 자주 수거해 가면 쓰레기 발생이 증가한다.
④ 쓰레기통이 클수록 유효용적이 증가하면 발생량이 증가한다.
⑤ 재활용품의 회수 및 재이용률이 증가할수록 쓰레기 발생량은 감소한다.
⑥ 생활수준이 증가할수록 쓰레기의 종류는 다양화되고 발생량은 증가한다.
⑦ 쓰레기의 성분은 계절에 영향을 받는다.
⑧ 쓰레기 관련법규는 쓰레기 발생량에 매우 중요한 영향을 미친다.

⑨ 부엌용 분쇄기를 사용할 경우 음식쓰레기 발생량이 제한적으로 감소한다.
⑩ 상업지역, 주택지역 등 장소에 따라 발생량과 성상이 달라진다.

3. 분뇨

① 분뇨는 외관상 황색~다갈색이며, 비중은 1.02 정도이다.
② 분뇨는 하수슬러지에 비해 협잡물, 염분, 질소의 농도가 높다.
③ 다량의 유기물(휘발성고형물)을 포함하여 고액분리가 곤란하다.
④ 우리나라 도시의 분뇨수거량은 1인 1일당 0.9~1.2L이다.
⑤ 점성은 반고체상태이다.
⑥ 점도는 비점도로 1.2~2.2 정도이다.
⑦ 분뇨에서 '분 : 뇨'의 고형물의 비는 7:1이다.
⑧ 분과 뇨의 구성비는 대략 양적으로 1:8이다.

4. 폐기물의 조성

① 폐기물의 성상분석 절차 순서는 시료 → 밀도 측정 → 물리적 조성분석 → 건조 → 분류(가연성, 불연성) → 전처리(절단 및 분쇄) → 화학적 조성분석 순이다.
② 폐기물의 성상분석의 절차 중 가장 먼저 시행하는 것은 밀도측정이다.

5. 수분의 함유형태

① 간극수(간극모관결합수) : 큰 고형물입자 간극에 존재하는 수분으로 슬러지 내의 수분 중 일반적으로 가장 많은 양을 차지하며 고형물질과 직접 결합해 있지 않기 때문에 농축 등의 방법으로 용이하게 분리할 수 있는 수분이다.
② 모관결합수 : 미세한 슬러지 고형물의 입자사이의 얇은 틈에 존재하는 수분으로 모세관압으로 결합되어 있는 수분이며, 원심력, 진공압 등 기계적 압착으로 분리시킨다.
③ 부착수(표면부착수) : 콜로이드상 결합수로 표면에 부착되어 있는 수분이며, 수분제거가 용이하지 못하다.
④ 내부수 : 세포내부에 강하게 결합된 수분으로 슬러지 건조시 증발이 가장 어려운 수분이므로 탈수가 가장 어려운 수분이다.
⑤ 슬러지내의 탈수성 순서는 간극모관결합수 〉 모관결합수 〉 쐐기(틈새)상모관결합수 〉표면부착수 〉 내부수 순이다.
⑥ 슬러지 건조시 가장 증발이 어려운 수분은 내부수이다.

6. MHT(man · hr/ton)

① MHT(man · hr/ton) = $\dfrac{수거인부수(인) \times 작업시간(hr)}{쓰레기\ 수거실적(ton)}$

② 1ton의 쓰레기를 수거하는데 수거인부 1인이 소요하는 총 시간을 의미한다.
③ 폐기물의 수거효율을 평가하는 단위이다.
④ MHT가 클수록 수거효율이 낮다.
⑤ 수거작업간의 노동력을 비교하기 위한 것이다.

7. 쓰레기 관리체계에서 비용이 가장 많이 드는 단계는 수거단계이며, 수거단계가 전체비용의 60% 이상을 차지한다.

8. 쓰레기 수거노선 설정시 유의사항

① 가능한 지형지물 및 도로 경계와 같은 장벽을 이용하여 간선도로 부근에서 시작하고 끝나도록 배치하여야 한다.
② 가능한 한 시계방향으로 수거노선을 정한다.
③ 발생량이 아주 많은 발생원은 하루 중 가장 먼저 수거한다.
④ 발생량이 적으나 수거빈도가 동일하기를 원하는 적재지점은 가능한 한 같은 날 왕복 내에서 수거한다.
⑤ 언덕지역에서는 언덕의 위에서부터 적재하면서 아래로 차량을 진행한다.
⑥ U자형 회전을 피한다.
⑦ 가급적 출 · 퇴근 시간을 피한다.
⑧ 될 수 있는 한 한번 간 길은 가지 않는다. (반복운행을 피하도록 한다.)

9. 쓰레기의 수집 시스템 중 모노레일 수송방식

① 적환장에서 최종처분장까지 수송하는데 적용할 수 있다.
② 자동무인화 할 수 있다.
③ 가설이 어렵고 설치비가 높다.
④ 시설완료 후에는 경로변경이 어렵다.
⑤ 반송용 노선이 필요하다.

10. 쓰레기의 수집 시스템 중 컨베이어 수송방식

① 지하에 설치된 컨베이어에 의해 수송하는 방법이다.
② 수송망을 하수도 시설처럼 가설하면 각 가정에서 배출된 쓰레기를 최종처분장까지 운반할 수 있다.
③ 내구성과 미생물 부착 등의 문제가 있다.
④ 유지비가 많이 든다.
⑤ 악취문제의 해결과 경관보전이 가능하다.
⑥ 고가의 시설비와 정기적인 정비가 필요하다.

11. 쓰레기의 수집 시스템 중 관거(Pipeline) 수송방식

① 자동화, 무공해화, 안전화가 가능하다.
② 분진, 악취, 소음, 진동 등의 문제가 없다.
③ 쓰레기 발생밀도가 높은 인구밀집지역 및 아파트 지역 등에서 현실성이 있다.
④ 조대(대형)쓰레기는 파쇄, 압축 등의 전처리를 해야 한다.
⑤ 잘못 투입된 물건은 회수하기가 곤란하다.
⑥ 장거리 이용이 곤란하고, 2.5km 이내의 수송에 용이하다.
⑦ 가설 후 경로(Route) 변경이 곤란하고 설치비가 높다.
⑧ 투입구를 이용한 범죄나 사고의 위험이 있다.

12. 적환장의 필요성

① 폐기물 수집장소와 처분장소가 멀리 떨어져 있는 경우
② 소용량 수집차량이 사용되는 경우
③ 상업지역에서 폐기물 수집에 소형용기를 사용하는 경우
④ 불법투기와 다량의 어질러진 쓰레기들이 발생하는 경우
⑤ 슬러지 수송이나 공기수송 방식을 사용할 때
⑥ 저밀도 주거지역이 존재하는 경우
⑦ 작은 규모의 주택들이 밀집되어 있을 때

13. 적환장의 특징

① 최종처리장과 수거지역의 거리가 먼 경우 사용하는 것이 바람직하다.
② 폐기물의 수거와 운반을 분리하는 기능을 한다.
③ 적환장에서 재사용 가능한 물질의 선별이 가능하다.
④ 변질되기 쉬운 쓰레기 수거에는 이용하지 않는 것이 좋다.
⑤ 적환장의 주요기능은 작은 용기로 수거한 쓰레기를 대형트럭에 옮겨 싣는 것이다.
⑥ 소규모 주택이 밀집되어 있을 때에는 적환장이 필요하다.
⑦ 적환장 설계시에는 주변 환경요건을 고려하여야 한다.
⑧ 적환장의 설치장소는 수거하고자 하는 개별적 고형폐기물 발생지역의 하중 중심과 되도록 가까운 곳이어야 한다.
⑨ 적환장은 소형수거를 대형수송으로 연결해 주는 곳이며, 효율적인 수송을 위하여 보조적인 역할을 수행한다.
⑩ 적환장을 시행하는 이유는 종말처리장이 대형화하여 폐기물의 운반거리가 연장되었기 때문이다.
⑪ 적환장은 소형차량에서 대형차량으로 적재하는 방식에 따라 직접투하방식, 저장투하방식, 직접·저장 결합방식이 있다.
⑫ 직접투하방식은 소형차량에서 대형차량으로 직접 투하하여 적재하는 방식이며, 주택지역과 거리가 먼 교외지역에 주로 사용하는 방식이다.
⑬ 저장투하방식은 폐기물을 저장한 후 적환하는 방식이며, 대도시의 대용량 폐기물처리에적합하며, 수거차의 대기시간이 없이 빠른 시간 내에 적하를 마치므로 적환 내외의 교통체증현상을 없애주는 효과가 있다.
⑭ 직접·저장 투하 결합방식은 직접적재방식과 저장한 후 적재하는 방식으로 한 적환장에서 이루어지며, 부패성 폐기물은 직접 적재하고 재활용품이 많이 포함된 폐기물은 선별후 적재하는 방식으로 재활용품의 회수율을 높이기 위한 적재방식이다.

14. 청소상태의 평가법

① CEI : 청소상태 만족도 평가를 위한 지역사회 효과지수이다.
② USI : 서비스를 받는 시민들의 만족도를 설문조사하여 나타내어지는 사용자 만족도 지수이다.

15. 전과정평가(LCA)

① 사용하는 자원, 에너지, 환경에 미치는 각종 부하를 원료자원 채취-생산-유통-사용 재사용 폐기의 전과정에 걸쳐 가능한 정량적으로 분석 및 평가하여 현재 인류가 직면하고 있는 자원의 고갈 및 생태계의 파괴현상과 지구환경문제 등을 근본적으로 해결하기 위한 각종 개선방안을 모색하는 기술적이며 체계적인 과정을 의미한다.
② 전과정 평가의 순서는 목적 및 범위의 설정 → 목록 분석 → 영향 평가 → 개선평가 및 해석 순이다.

16. ESSD, EPR, 오염사건

① ESSD(Environmentally Sound and Sustainable Development)는 1992년 라우데자네이로에서 가진 유엔환경개발회의에서 대두된 용어(약자)로 [친환경적이면서 지속가능한 개발]이란 뜻을 가진다.
② 생산자책임 재활용제도(EPR : Extended Producer Responsibility)는 폐기물은 단순히 버려져 못쓰는 것이라는 인식을 바꾸어 '폐기물 = 자원'이라는 공감대를 확산시킴으로써 재활용정책에 활력을 불어 넣은 제도이다.
③ 바젤협약 : 유해폐기물의 국제적 이동의 통제와 규제를 주요 골자로 하는 국제협약이다.
④ 러브커넬 사건 : 유해폐기물의 불법매립 사건이다.
⑤ 우리나라 생활폐기물의 일일 발생량은 1.0kg/인·일이다.
⑥ 폐기물 관리에 있어서 가장 우선적으로 고려할 사항은 감량화이다.
⑦ 현재 우리나라에서 가장 많이 발생되는 생활폐기물은 음식물쓰레기류이다.
⑧ 현재 우리나라에서 발생되는 생활폐기물의 처리방법 중 가장 많이 사용되는 공법은 매립이다.

17. 폐기물의 감량 중 파쇄공정

① 파쇄시 작용하는 힘의 종류에는 충격력, 압축력, 전단력이 있다.
② 파쇄처리의 효과에는 겉보기 비중 증가(밀도증가), 비표면적 증가, 폐기물 소각시 연소효율 증가, 고가금속 회수가능, 운반비의 저렴화, 입경분포의 균일화, 유가물의 분리, 용적의 감소 등이 있다.

18. 파쇄하여 매립시 장점

① 매립작업이 용이하고 압축장비가 없어도 매립작업만으로 고밀도의 매립이 가능하다.
② 곱게 파쇄하면 매립시 복토가 필요없거나 복토요구량이 절감된다.
③ 폐기물 입자의 표면적이 증가되어 미생물의 작용이 빨라진다.
④ 매립시 폐기물이 잘 섞이므로 냄새가 방지된다.
⑤ 폐기물의 밀도가 증가하여 바람에 날아갈 염려가 적다.

19. 파쇄기 중 전단파쇄기

① 고정칼, 왕복 또는 회전칼과의 교합에 의하여 폐기물을 전단한다.
② 주로 목재류, 플라스틱류, 종이류를 파쇄하는데 이용된다.
③ 충격파쇄기에 비하여 파쇄속도가 느리고, 이물질 혼입에 약하다.
④ 충격파쇄기에 비하여 파쇄물의 크기를 고르게 할 수 있고, 소음과 분진발생이 비교적 적고 폭발의 위험성이 거의 없다.

20. 파쇄기 중 충격파쇄기

① 충격파쇄기는 주로 회전식에 적용한다.
② 대량처리가 가능하며, 연성이 있는 물질에는 부적합하다.
③ 유리나 목질류 파쇄에 적합하며, 파쇄시 분진, 소음, 진동, 폭발의 위험성이 있다.

21. 트롬멜(Trommel) 스크린의 운전조건

① 스크린 개방면적 : 53%
② 경사도 : 2~3도
③ 회전속도 : 11~13rpm
④ 길이 : 4.0m

22. 선별방법 중 트롬멜(Trommel) 스크린

① 스크린앞에 분쇄기를 두어 분리된 폐기물을 주입·분쇄함으로써 입도를 균일하게 한다.
② 회전속도가 증가하면 어느 정도까지는 선별효율이 증가하나 일정속도 이상이 되면 원심력에 의해 막힘현상이 일어난다.

③ 원통의 경사도가 크면 폐기물이 그냥 배출될 수 있으므로 효율이 낮아진다.
④ 최적회전속도는 임계회전속도 × 0.45이다.
⑤ 원통의 길이가 길면 효율은 증가하나 동력소요가 많다.
⑥ 트롬멜 스크린의 선별효율에 영향을 주는 인자에는 회전속도, 폐기물 부하, 경사도, 체의 눈 크기, 길이, 직경 등이 있다.

23. 선별방법 중 세카터(Secators)

① 물렁거리는 가벼운 물질로부터 딱딱한 물질을 선별하는데 이용한다.
② 경사진 Conveyor를 통해 폐기물을 주입시켜 천천히 회전하는 드럼위에 떨어뜨려서 분류하는 선별장치이다.
③ 퇴비속의 유리나 돌 선별에 이용한다.

24. 선별방법 중 스토너(Stoners)

① Pneumatic Table 이라고도 한다.
③ 공기가 유입되는 다공진동판으로 구성되어 있으며, 중요한 운전변수는 다공판의 기울기와 공기의 유량이다.
② 약간 경사진판에 진동을 줄 때 무거운 것이 빨리 판의 경사면 위로 올라가는 원리를 이용한다.

25. 선별방법 중 테이블(Table) 선별법

① 각 물질의 비중차를 이용하는 방법이다.
② 약간 경사진 평판에 폐기물을 올려놓고 좌우로 빠른 진동과 느린 진동을 주면 가벼운 입자는 빠른 진동쪽으로, 무거운 입자는 느린 진동쪽으로 분류되는 방법이다.

26. 선별방법 중 손선별(Hand Separation)

① 컨베이어 벨트를 이용하여 손으로 종이류, 플라스틱류, 금속류, 유리류 등을 분류한다.
② 기계적인 선별보다 작업량은 감소할 수 있으나, 정확도가 증가한다.
③ 파쇄공정 유입 전 폭발가능성 있는 물질을 분류할 수 있다.
④ 작업효율은 0.5ton/인·시간 정도이다.
⑤ 9m/min 이하의 속도로 이동하는 컨베이어 벨트의 한쪽 또는 양쪽에서 사람이 서서 선별한다.

27. 선별방법 중 공기선별기(Air Separation)

① Zigzag 공기선별기는 칼럼 내 난류를 높여줌으로써 선별효율을 증진시키고자 고안된 형태이다.
② 공기선별기의 성능은 주입률이 커질수록 떨어지는 것으로 알려져 있다.
③ 경사공기선별기는 중력에 의해 입구로 들어온 폐기물을 진동판에 의하여 분리한다.
④ 공기선별은 폐기물내의 가벼운 물질인 종이나 플라스틱류를 기타 무거운 물질로부터 선별해 내는 방법이다.

28. 선별방법 중 자력선별(Magnetic Separation)

① 단위는 T(테슬라)이다.
② 별다른 동력이 소요되지 않으나 주입되는 폐기물의 양이 적어야 효과적이다.
③ 철 및 금속류 회수에 이용된다.

29. 선별방법 중 와전류 선별법

① 연속적으로 변화하는 자장속에 비자성이며, 전기전도성이 좋은 구리, 알루미늄, 아연 등을 넣어 금속내에 소용돌이 전류를 발생시켜 생기는 반발력의 차를 이용하여 분리하는 방법이다.
② 자력선을 도체가 스칠때에 진행방향과 직각방향으로 힘이 작용하는 것을 이용하며, 비자성이고 전기전도성이 우수한 금속을 와전류 현상에 의하여 다른 물질로부터 선별하는 방법이다.
③ 철금속(Fe)/비철금속(Al, Cu)/유리병의 3종류를 각각 분리할 수 있는 방법이다.
④ 금속과 비금속을 구분하여 폐기물 중 비철금속(Al, Ni, Zn) 등을 선별 회수하는 방법이다.

30. 선별방법 중 광학선별(Optical Sorter)

① 물질이 가진 광학적 특성의 차를 이용하여 분리하는 방법이다.
② 불투명한 것(돌, 코르크 등)과 투명한 것(유리 등)의 분리에 이용된다.

31. 유기성 폐기물을 이용하여 만들어진 퇴비의 특성

① 병원균이 거의 사멸된다.

② C/N비율이 10 전후(10~20)로 낮아지게 된다.
③ 악취가 없는 안정한 유기물이다.
④ 양이온교환능력과 수분보유능력이 우수하다.
⑤ 생산된 퇴비는 비료가치가 낮으며, 퇴비완성시 부피감소율이 50% 이하이다.
⑥ 초기시설 투자비가 낮고, 운영 시 소요 에너지도 낮은 편이다.
⑦ 다른 폐기물 처리기술에 비해 고도의 기술수준이 요구되지 않는다.
⑧ 퇴비제품의 품질표준화가 어렵고, 부지가 많이 필요한 편이다.

32. 유기성 폐기물 퇴비화 조작에서 환경변화인자

① 수분함량 : 50~60%
② pH : 6~8
③ C/N비 : 25~50
④ 적정입경 : 100~200mm
⑤ 온도 : 60~70℃

33. 폐기물관리법에서 사용하는 용어

① 폐기물 : 쓰레기, 연소재, 오니, 폐유, 폐산, 폐알칼리 및 동물의 사체 등으로서 사람의 생활이나 사업활동에 필요하지 아니하게 된 물질을 말한다.
② 생활폐기물 : 사업장폐기물 외의 폐기물을 말한다.
③ 사업장폐기물 : 「대기환경보전법」,「물환경보전법」 또는 「소음·진동관리법」에 따라 배출시설을 설치·운영하는 사업장이나 그 밖에 대통령령으로 정하는 사업장에서 발생하는 폐기물을 말한다.
④ 지정폐기물 : 사업장폐기물 중 폐유·폐산 등 주변 환경을 오염시킬 수 있거나 의료폐기물 등 인체에 위해를 줄 수 있는 해로운 물질로서 대통령령으로 정하는 폐기물을 말한다.
⑤ 의료폐기물 : 보건·의료기관, 동물병원, 시험·검사기관 등에서 배출되는 폐기물 중 인체에 감염 등 위해를 줄 우려가 있는 폐기물과 인체 조직 등 적출물, 실험 동물의 사체 등 보건·환경보호상 특별한 관리가 필요하다고 인정되는 폐기물로서 대통령령으로 정하는 폐기물을 말한다.
⑥ 처리 : 폐기물의 수집, 운반, 보관, 재활용, 처분을 말한다.
⑦ 처분 : 폐기물의 소각·중화·파쇄·고형화 등의 중간처분과 매립하거나 해역으로 배출하는 등의 최종처분을 말한다.
⑧ 재활용 : 폐기물을 재사용·재생이용하거나 재사용·재생이용할 수 있는 상태로 만드는 활동이나 폐기물로부터 「에너지법」에 따른 에너지를 회수하거

나 회수할 수 있는 상태로 만들거나 폐기물을 연료로 사용하는 활동으로서 환경부령으로 정하는 활동을 말한다.
⑨ 폐기물처리시설 : 폐기물의 중간처분시설, 최종처분시설 및 재활용시설로서 대통령령으로 정하는 시설을 말한다.
⑩ 폐기물감량화시설 : 생산 공정에서 발생하는 폐기물의 양을 줄이고, 사업장 내 재활용을 통하여 폐기물 배출을 최소화하는 시설로서 대통령령으로 정하는 시설을 말한다.
⑪ 의료폐기물 전용용기 : 의료폐기물로 인한 감염 등의 위해 방지를 위하여 의료폐기물을 넣어 수집·운반 또는 보관에 사용하는 용기를 말한다.

34. 폐기물관리법에 적용되지 않는 물질

① 원자력안전법에 따른 방사성 물질과 이로 인하여 오염된 물질
② 용기에 들어 있지 아니한 기체상태의 물질
③ 물환경보전법에 따른 수질오염 방지시설에 유입되거나 공공수역으로 배출되는 폐수
④ 가축분뇨의 관리 및 이용에 관한 법률에 따른 가축분뇨
⑤ 하수도법에 따른 하수·분뇨
⑥ 가축전염병예방법에 적용되는 가축의 사체, 오염 물건, 수입 금지 물건 및 검역 불합격품
⑦ 수산생물질병 관리법이 적용되는 수산동물의 사체, 오염된 시설 또는 물건, 수입금지물건 및 검역 불합격품
⑧ 군수품관리법에 따라 폐기되는 탄약
⑨ 동물보호법에 따른 동물장묘업의 등록을 한 자가 설치·운영하는 동물장묘시설에서 처리되는 동물의 사체

35 폐기물 관리의 기본원칙

① 사업자는 제품의 생산방식 등을 개선하여 폐기물의 발생을 최대한 억제하고, 발생한 폐기물을 스스로 재활용함으로써 폐기물의 배출을 최소화하여야 한다.
② 누구든지 폐기물을 배출하는 경우에는 주변 환경이나 주민의 건강에 위해를 끼치지 아니하도록 사전에 적절한 조치를 하여야 한다.
③ 폐기물은 그 처리과정에서 양과 유해성을 줄이도록 하는 등 환경보전과 국민건강 보호에 적합하게 처리되어야 한다.
④ 폐기물로 인하여 환경오염을 일으킨 자는 오염된 환경을 복원할 책임을 지

며, 오염으로 인한 피해의 구제에 드는 비용을 부담하여야 한다.
⑤ 국내에서 발생한 폐기물은 가능하면 국내에서 처리되어야 하고, 폐기물의 수입은 되도록 억제되어야 한다.
⑥ 폐기물은 소각, 매립 등의 처분을 하기보다는 우선적으로 재활용함으로써 자원생산성의 향상에 이바지하도록 하여야 한다.

36. 지정폐기물의 종류 중 특정시설에서 발생되는 폐기물

① 폐합성 고분자화합물은 폐합성 수지(고체상태의 것은 제외), 폐합성 고무(고체상태의 것은 제외)를 말한다.
② 오니류(수분함량이 95퍼센트 미만이거나 고형물함량이 5퍼센트 이상인 것 한정)는 폐수처리 오니, 공정 오니, 폐농약(농약의 제조·판매업소에서 발생되는 것으로 한정)을 말한다.
③ 부식성 폐기물은 폐산(액체상태의 폐기물로서 수소이온 농도지수가 2.0 이하인 것으로 한정)과 폐알칼리(액체상태의 폐기물로서 수소이온 농도지수가 12.5 이상인 것으로 한정하며, 수산화칼륨 및 수산화나트륨을 포함)를 말한다.
③ 유해물질함유 폐기물은 광재(철광 원석의 사용으로 인한 고로슬래그는 제외), 분진(대기오염 방지시설에서 포집된 것으로 한정하되, 소각시설에서 발생되는 것은 제외), 폐주물사 및 샌드블라스트 폐사, 폐내화물 및 재벌구이 전에 유약을 바른 도자기 조각 등을 말한다.

37. 폐기물처리시설 중 중간처분시설 중 소각시설

① 일반 소각시설
② 고온 소각시설
③ 열분해시설(가스화시설을 포함)
④ 고온 용융시설
⑤ 열처리 조합시설

38. 폐기물처리시설 중 중간처분시설 중 기계적 처분시설

① 압축시설(동력 7.5kW 이상인 시설로 한정)
② 파쇄·분쇄 시설(동력 15kW 이상인 시설로 한정)
③ 절단시설(동력 7.5kW 이상인 시설로 한정)
④ 용융시설(동력 7.5kW 이상인 시설로 한정)
⑤ 증발·농축 시설

⑥ 정제시설(분리·증류·추출·여과 등의 시설을 이용하여 폐기물을 처분하는 단위시설을 포함)
⑦ 유수 분리시설
⑧ 탈수·건조 시설
⑨ 멸균·분쇄 시설

39. 폐기물처리시설 중 중간처분시설 중 화학적 처분시설

① 고형화·고화·안정화 시설
② 반응시설(중화·산화·환원·중합·축합·치환 등의 화학반응을 이용하여 폐기물을 처분하는 단위시설을 포함)
③ 응집·침전 시설

40. 폐기물처리시설 중 중간처분시설 중 생물학적 처분시설

① 소멸화 시설(1일 처분능력 100킬로그램 이상인 시설로 한정)
② 호기성·혐기성 분해시설

41. 폐기물 감량화시설의 종류

① 공정 개선시설
② 폐기물 재이용시설
③ 폐기물 재활용시설
④ 폐기물 감량화시설

42. 의료폐기물 중 위해의료폐기물

① 조직물류폐기물 : 인체 또는 동물의 조직·장기·기관·신체의 일부, 동물의 사체, 혈액·고름 및 혈액생성물(혈청, 혈장, 혈액제제)
② 병리계폐기물 : 시험·검사 등에 사용된 배양액, 배양용기, 보관균주, 폐시험관, 슬라이드, 커버글라스, 폐배지, 폐장갑
③ 손상성폐기물 : 주사바늘, 봉합바늘, 수술용 칼날, 한방침, 치과용침, 파손된 유리재질의 시험기구
④ 생물·화학폐기물 : 폐백신, 폐항암제, 폐화학치료제
⑤ 혈액오염폐기물 : 폐혈액백, 혈액투석 시 사용된 폐기물, 그 밖에 혈액이 유출될 정도로 포함되어 있어 특별한 관리가 필요한 폐기물

43. 의료폐기물 발생 의료기관 및 시험·검사기관

① 의료법에 따른 의료기관
② 지역보건법에 따른 보건소 및 보건지소
③ 농어촌 등 보건의료를 위한 특별조치법에 따른 보건진료소
④ 혈액관리법의 혈액원
⑤ 검역법에 따른 검역소 및 가축전염병예방법에 따른 동물검역기관
⑥ 수의사법에 따른 동물병원
⑦ 장사 등에 관한 법률에 따른 장례식장
⑧ 의료법에 따라 설치된 기업체의 부속 의료기관으로서 면적이 100제곱미터 이상인 의무시설
⑨ 국군의무사령부령에 따라 사단급 이상 군부대에 설치된 의무시설

44. 의료폐기물 전용용기 검사기관

① 한국환경공단
② 한국화학융합시험연구원
③ 한국건설생활환경시험연구원

45. 가연성 고형폐기물로부터 다음 각 목에 따른 기준에 맞게 에너지를 회수하는 활동

① 다른 물질과 혼합하지 아니하고 해당 폐기물의 저위발열량이 킬로그램당 3천 킬로칼로리 이상일 것
② 에너지의 회수효율(회수에너지 총량을 투입에너지 총량으로 나눈 비율)이 75퍼센트 이상일 것
③ 회수열을 모두 열원으로 스스로 이용하거나 다른 사람에게 공급할 것
④ 환경부장관이 정하여 고시하는 경우에는 폐기물의 30퍼센트 이상을 원료나 재료로 재활용하고 그 나머지 중에서 에너지의 회수에 이용할 것

46. 에너지회수기준을 측정하는 기관

① 한국환경공단
② 한국기계연구원
③ 한국산업기술시험원
④ 한국에너지기술연구원

47. 광역 폐기물처리시설의 설치·운영의 위탁에서 환경부령으로 정하는 자

① 한국환경공단
② 수도권매립지관리공사
③ 지방자치단체조합으로서 폐기물의 광역처리를 위하여 설립된 조합
④ 해당 광역 폐기물처리시설을 시공한 자(그 시설의 운영을 위탁하는 경우에만 해당)

48. 폐기물처리 신고자와 광역 폐기물처리시설 설치·운영자의 폐기물처리기간

① 폐기물처리 신고를 한 자(폐기물처리 신고자)와 광역 폐기물처리시설 설치·운영자(설치·운영을 위탁받은 자를 포함)는 환경부령으로 정하는 기간은 30일
② 폐기물처리 신고자가 고철을 재활용하는 경우에는 60일

49. 대통령령으로 정하는 음식물류 폐기물 배출자의 범위

① 식품위생법에 따른 집단급식소(사회복지사업법에 따른 사회복지시설의 집단급식소는 제외) 중 1일 평균 총급식인원이 100명 이상([유아교육법]에 따른 유치원에 설치된 집단급식소는 1일 평균 총급식인원이 200명 이상)인 집단급식소를 운영하는 자
② 식품위생법에 따른 식품접객업 중 사업장 규모가 200제곱미터 이상인 휴게음식점 영업 또는 일반음식점 영업을 하는 자.
③ 유통산업발전법에 따른 대규모 점포를 개설한 자

50. 폐기물 발생 억제 지침 준수의무 대상 배출자의 규모

① 최근 3년간의 연평균 배출량을 기준으로 지정폐기물을 100톤 이상 배출하는 자
② 최근 3년간의 연평균 배출량을 기준으로 지정폐기물 외의 폐기물을 1천톤 이상 배출하는 자

51. 폐기물처리업의 업종 구분과 영업 내용

① 폐기물 수집·운반업 : 폐기물을 수집하여 재활용 또는 처분 장소로 운반하거나 폐기물을 수출하기 위하여 수집·운반하는 영업
② 폐기물 중간처분업 : 폐기물 중간처분시설을 갖추고 폐기물을 소각 처분, 기계적 처분, 화학적 처분, 생물학적 처분, 그 밖에 환경부장관이 폐기물을 안전하게 중간처분할 수 있다고 인정하여 고시하는 방법으로 중간처분하는 영업
③ 폐기물 최종처분업 : 폐기물 최종처분시설을 갖추고 폐기물을 매립 등(해역 배출은 제외)의 방법으로 최종처분하는 영업
④ 폐기물 종합처분업 : 폐기물 중간처분시설 및 최종처분시설을 갖추고 폐기물의 중간처분과 최종처분을 함께 하는 영업
⑤ 폐기물 중간재활용업 : 폐기물 재활용시설을 갖추고 중간가공 폐기물을 만드는 영업
⑥ 폐기물 최종재활용업 : 폐기물 재활용시설을 갖추고 중간가공 폐기물을 폐기물의 재활용원칙 및 준수사항에 따라 재활용하는 영업
⑦ 폐기물 종합재활용업 : 폐기물 재활용시설을 갖추고 중간재활용업과 최종재활용업을 함께하는 영업

52. 폐기물의 처리에 관한 구체적 기준 및 방법

① 지정폐기물 수집·운반차량의 차체는 노란색으로 색칠하여야 한다.
② 지정폐기물의 수집·운반차량 적재함의 양쪽 옆면에는 지정폐기물 수집·운반차량, 회사명 및 전화번호를 잘 알아볼 수 있도록 붙이거나 표기하여야 한다. 이 경우 그 크기는 가로 100센티미터 이상, 세로 50센티미터 이상으로 하고, 검은색 글자로 하여 붙이거나 표기하되, 폐기물 수집·운반증을 발급하는 기관의 장이 인정하면 차량의 크기에 따라 붙이거나 표기하는 크기를 조정할 수 있다. 임시로 사용하는 운반차량의 경우에도 또한 같다.
③ 지정폐기물의 보관창고 표지판의 표지의 규격은 가로 60센티미터 이상×세로 40센티미터 이상(드럼 등 소형용기에 붙이는 경우에는 가로 15센티미터 이상×세로 10센티미터이상)으로 하고 표지의 색깔은 노란색 바탕에 검은색 선 및 검은색 글자로 한다.
④ 의료폐기물 전용용기 중 봉투형 용기에는 그 용량의 75퍼센트 미만으로 의료폐기물을 넣어야 한다.
⑤ 봉투형 용기에 담은 의료폐기물의 처리를 위탁하는 경우에는 상자형 용기에 다시 담아 위탁하여야 한다.

⑥ 의료폐기물의 수집·운반차량의 차체는 흰색으로 색칠하여야 한다.
⑦ 의료폐기물의 수집·운반차량의 적재함의 양쪽 옆면에는 의료폐기물의 도형, 업소명 및 전화번호를, 뒷면에는 의료폐기물의 도형을 붙이거나 표기하되, 그 크기는 가로 100센티미터 이상, 세로 50센티미터 이상(뒷면의 경우 가로·세로 각각 50센티미터 이상)이어야 하며, 글자의 색깔은 녹색으로 하여야 한다.

53. 폐기물 수집·운반업의 변경허가

① 수집·운반대상 폐기물의 변경
② 영업구역의 변경
③ 주차장 소재지의 변경(지정폐기물을 대상으로 하는 수집·운반업만 해당)
④ 운반차량(임시차량은 제외)의 증차

54. 폐기물 중간처분업, 폐기물 최종처분업 및 폐기물 종합처분업의 변경허가

① 처분대상 폐기물의 변경
② 폐기물 처분시설 소재지의 변경
③ 운반차량(임시차량은 제외)의 증차
④ 폐기물 처분시설의 신설
⑤ 폐기물 처분시설의 증설, 개·보수 또는 그 밖의 방법으로 허가 또는 변경허가를 받은 처분용량의 100분의 30 이상의 변경(허가 또는 변경허가를 받은 후 변경되는 누계)
⑥ 매립시설 제방의 증·개축
⑦ 허용보관량의 변경

55. 폐기물 수집·운반업자가 임시보관장소에 폐기물을 보관하는 경우 처리기한

① 의료폐기물인 경우 냉장 보관할 수 있는 섭씨 4도 이하의 전용보관시설에서 보관하는 경우 : 5일 이내
② 의료폐기물 외의 폐기물 중 중량 450톤 이하이고 용적이 300세제곱미터 이하 : 5일 이내

56. 폐기물 재활용업자가 의료폐기물(태반으로 한정)을 보관하는 경우

① 폐기물 임시보관시설에 보관하는 경우 : 중량 5톤 미만, 5일 이내
② 그 밖의 경우 : 1일 재활용량의 7일분 보관량 이하, 7일 이내

57. 폐기물처리업의 변경신고

① 상호의 변경
② 대표자의 변경(권리·의무를 승계하는 경우는 제외)
③ 연락장소나 사무실 소재지의 변경
④ 임시차량의 증차 또는 운반차량의 감차
⑤ 재활용 대상 부지의 변경
⑥ 재활용 대상 폐기물의 변경
⑦ 폐기물 재활용 유형의 변경(재활용 또는 장소가 변경되지 않는 경우에만 해당)

58. 결격사유 : 폐기물처리업의 허가를 받을 수 없는 자

① 미성년자, 피성년후견인 또는 피한정후견인
② 파산선고를 받고 복권되지 아니한 자
③ 폐기물관리법을 위반하여 금고 이상의 실형을 선고받고 그 형의 집행이 끝나거나 집행을 받지 아니하기로 확정된 후 10년이 지나지 아니한 자
④ 폐기물관리법을 위반하여 금고 이상의 형의 집행유예를 선고받고 그 집행유예 기간이 끝난 날부터 5년이 지나지 아니한 자
⑤ 폐기물관리법을 위반하여 대통령령으로 정하는 벌금형 이상을 선고받고 그 형이 확정된 날부터 5년이 지나지 아니한 자
⑥ 폐기물처리업의 허가가 취소되거나 전용용기 제조업의 등록이 취소된 자로서 그 허가 또는 등록이 취소된 날부터 10년이 지나지 아니한 자

59. 환경부장관이나 시·도지사는 폐기물처리업자에게 영업의 정지를 명령하려는 때 그 영업의 정지가 다음 각 호의 어느 하나에 해당한다고 인정되면 그 영업의 정지를 갈음하여 대통령령으로 정하는 매출액에 100분의 5를 곱한 금액을 초과하지 아니하는 범위에서 과징금을 부과할 수 있다. 다만, 그 폐기물처리업가가 매출액이 없거나 산정하기 곤란한 경우로서 대통령령으로 정하는 경우에는 1억원을 초과하지 아니하는 범위에서 과징금을 부과할 수 있다.

60. 환경부령으로 정하는 규모의 폐기물처리시설

① 일반소각시설로서 1일 처분능력이 100톤(지정폐기물의 경우에는 10톤) 미만인 시설
② 고온소각시설·열분해시설·고온용융시설 또는 열처리조합시설로서 시간당 처분능력이 100킬로그램 미만인 시설
③ 기계적 처분시설 또는 재활용시설 중 증발·농축·정제 또는 유수분리시설로서 시간당 처분능력 또는 재활용능력이 125킬로그램 미만인 시설
④ 기계적 처분시설 또는 재활용시설 중 압축·압출·성형·주조·파쇄·분쇄·탈피·절단 ·용융·용해·연료화·소성(시멘트 소성로는 제외) 또는 탄화시설로서 1일 처분능력 또는 재활용능력이 100톤 미만인 시설
⑤ 기계적 처분시설 또는 재활용시설 중 탈수·건조시설, 멸균분쇄시설 및 화학적 처분시설 또는 재활용시설
⑥ 생물학적 처분시설 또는 재활용시설로서 1일 처분능력 또는 재활용 능력이 100톤 미만인 시설
⑦ 소각열회수시설로서 1일 재활용능력이 100톤 미만인 시설

61. 폐기물 처분시설 또는 재활용시설의 설치기준 중 중간처분시설 중 고온소각시설

① 2차 연소실의 출구온도는 섭씨 1,100도 이상이어야 한다.
② 2차 연소실은 연소가스가 2초 이상 체류할 수 있고, 충분하게 혼합될 수 있는 구조이어야 한다. 이 경우 체류시간은 섭씨 1,100도에서의 부피로 환산한 연소가스의 체적으로 계산한다.
③ 고온소각시설에서 배출되는 바닥재의 강열감량이 5퍼센트 이하가 될 수 있는 소각 성능을 갖추어야 한다.
④ 1차 연소실에 접속된 2차 연소실을 갖춘 구조이어야 한다.

62. 폐기물 처분시설 또는 재활용시설의 설치기준 중 중간처분시설 중 고온용융시설

① 고온용융시설의 출구온도는 섭씨 1,200도 이상이 되어야 한다.
② 고온용융시설에서 연소가스의 체류시간은 1초 이상이어야 하고 충분하게 혼합될 수 있는 구조이어야 한다. 이 경우 체류시간은 섭씨 1,200도에서의 부피로 환산한 연소가스의 체적으로 계산한다.
③ 고온용융시설에서 배출되는 잔재물의 강열감량은 1퍼센트 이하가 될 수 있

는 성능을 갖추어야 한다.

63. 환경부령으로 정하는 검사기관

① 소각시설의 검사기관 : 한국환경공단, 한국기계연구원, 한국산업기술시험원
② 매립시설의 검사기관 : 한국환경공단, 한국건설기술연구원, 한국농어촌공사, 수도권매립지관리공사
③ 멸균분쇄시설의 검사기관 : 한국환경공단, 보건환경연구원, 한국산업기술시험원
④ 음식물류 폐기물 처리시설의 검사기관 : 한국환경공단, 한국산업기술시험원
⑤ 시멘트 소성로의 검사기관 : 한국환경공단, 한국기계연구원, 한국산업기술시험원
⑥ 소각열회수의 검사기관 : 한국환경공단, 한국기계연구원, 한국에너지기술연구원, 한국산업기술시험원

64. 관리형 매립시설의 침출수 관리기준

구분	생물화학적 산소요구량 (mg/L)	화학적 산소요구량 (mg/L)	부유물질량 (mg/L)
청정지역	30	200	30
가지역	50	300	50
나지역	70	400	70

65. 환경부령으로 정하는 오염물질의 측정기관

① 보건환경연구원
② 한국환경공단
③ 수질오염물질 측정대행업의 등록을 한 자
④ 수도권매립지관리공사
⑤ 폐기물분석전문기관

66. 주변지역 영향 조사대상 폐기물처리시설

① 1일 처분능력이 50톤 이상인 사업장폐기물 소각시설(같은 사업장에 여러 개의 소각시설이 있는 경우에는 각 소각시설의 1일 처분능력의 합계가 50톤 이상인 경우)
② 매립면적 1만 제곱미터 이상의 사업장 지정폐기물 매립시설
③ 매립면적 15만 제곱미터 이상의 사업장 일반폐기물 매립시설
④ 시멘트 소성로(폐기물을 연료로 사용하는 경우로 한정)
⑤ 1일 재활용능력이 50톤 이상인 사업장폐기물 소각열회수시설(같은 사업장에 여러 개의 소각열회수시설이 있는 경우에는 각 소각열회수시설의 1일 재활용능력의 합계가 50톤 이상인 경우)

67. 폐기물처리시설 주변지역 영향조사 기준

① 조사횟수 : 각 항목당 계절을 달리하여 2회 이상 측정하되, 악취는 여름(6월부터 8월까지)에 1회 이상 측정하여야 한다.
② 미세먼지와 다이옥신 조사지점은 해당 시설에 인접한 주거지역 중 3개소 이상 지역의 일정한 곳으로 한다.
③ 악취 조사지점은 매립시설에 가장 인접한 주거지역에서 냄새가 가장 심한 곳으로 한다.
④ 지표수 조사지점은 해당 시설에 인접하여 폐수, 침출수 등이 흘러들거나 흘러들 것으로 우려되는 지역의 상·하류 각 1개소 이상의 일정한 곳으로 한다.
⑤ 지하수 조사지점은 매립시설의 주변에 설치된 3개의 지하수 검사정으로 한다.
⑥ 토양 조사지점은 4개소 이상으로 하고, 토양정밀조사의 방법에 따라 폐기물 매립 및 재활용 지역의 시료채취 지점의 표토와 심토에서 각각 시료를 채취해야 하며, 시료채취 지점의 지형 및 하부토양의 특성을 고려하여 시료를 채취해야 한다.

68. 기술관리인을 두어야 할 폐기물처리시설 중 대통령령으로 정하는 폐기물처리시설

① 지정폐기물을 매립하는 시설로서 면적이 3천300 제곱미터 이상인 시설. 다만 최종처분시설 중 차단형 매립시설에서는 면적이 330 제곱미터 이상이거나 매립용적이 1천 세제곱미터 이상인 시설로 한다.
② 지정폐기물 외의 폐기물을 매립하는 시설로서 면적이 1만 제곱미터 이상이거나 매립용적이 3만 세제곱미터 이상인 시설

③ 소각시설로서 시간당 처분능력이 600킬로그램(의료폐기물을 대상으로 하는 소각시설의 경우에는 200킬로그램) 이상인 시설
④ 압축·파쇄·분쇄 또는 절단시설로서 1일 처분능력 또는 재활용능력이 100톤 이상인 시설
⑤ 사료화·퇴비화 또는 연료화시설로서 1일 재활용능력이 5톤 이상인 시설
⑥ 멸균분쇄시설로서 시간당 처분능력이 100킬로그램 이상인 시설
⑦ 시멘트 소성로
⑧ 용해로(폐기물에서 비철금속을 추출하는 경우로 한정)로서 시간당 재활용능력이 600킬로그램 이상인 시설
⑨ 소각열회수시설로서 시간당 재활용능력이 600킬로그램 이상인 시설

69. 기술관리대행자

① 한국환경공단
② 엔지니어링사업자
③ 기술사사무소(자격을 가진 기술사가 개설한 사무소로 한정)

70. 기술관리인의 자격기준

구분		자격기준
폐기물 처분 시설 또는 재활용 시설	매립시설	폐기물처리기사, 수질환경기사, 토목기사, 일반기계기사, 건설기계설비기사, 화공기사, 토양환경기사 중 1명 이상
	소각시설(의료폐기물을 대상으로 하는 소각시설은 제외), 시멘트 소성로, 용해로 및 소각열회수시설	폐기물처리기사, 대기환경기사, 토목기사, 일반기계기사, 건설기계설비기사, 화공기사, 전기기사, 전기공사기사 중 1명 이상
	의료폐기물을 대상으로 하는 시설	폐기물처리산업기사, 임상병리사, 위생사 중 1명 이상
	음식물류 폐기물을 대상으로 하는 시설	폐기물처리산업기사, 수질환경산업기사, 화공산업기사, 토목산업기사, 대기환경산업기사, 일반기계기사, 전기기사 중 1명 이상

71. 방치폐기물의 처리량과 처리기간

① 폐기물처리업자가 방치한 폐기물의 경우 : 그 폐기물처리업자의 폐기물 허용 보관량의 2배 이내
② 폐기물처리 신고자가 방치한 폐기물의 경우 : 그 폐기물처리 신고자의 폐기물 보관량의 2배 이내
③ 처리기간 : 2개월, 1개월 범위안에서 기간연장

72. 시험 및 분석기관

① 국립환경과학원
② 보건환경연구원
③ 유역환경청 또는 지방환경청
④ 한국환경공단
⑤ 석유 및 석유대체연료 사업법에 따른 한국석유관리원 및 산업통상자원부장관이 지정하는 기관
⑥ 비료관리법 시행규칙에 따른 시험연구기관
⑦ 수도권매립지관리공사
⑧ 전용용기 검사기관(전용용기에 대한 시험분석으로 한정)

73. 폐기물처리업자나 폐기물처리 신고자가 휴업·폐업 또는 재개업을 한 경우에는 휴업·폐업 또는 재개업을 한 날부터 20일 이내에 서류를 첨부하여 시·도지사나 지방환경관서의 장에게 제출하여야 한다.

74. 폐기물 인계·인수 내용의 입력방법 및 절차

① 폐기물 인계·인수에 관한 내용은 컴퓨터, 이동형 통신수단, 전산처리기구의 ARS 중 하나에 해당하는 매체를 이용한 방법으로 전자정보처리프로그램에 입력하여야 한다.
② 운반자는 배출자로부터 폐기물을 인수받은 날부터 2일 이내에 전달받은 인계번호를 확인하여 전자정보처리프로그램에 입력하여야 한다.
③ 처리자는 운반자로부터 폐기물을 인수한 때에는 인수한 날부터 2일 이내에 인계번호, 인계일자, 인수량 등을 전자정보처리프로그램에 입력하여야 한다.

75. 폐기물매립시설의 사후관리 업무를 대행할 수 있는 자는 한국환경공단법에 따른 한국환경공단이다.

76. 폐기물처리 신고자의 준수사항

① 폐기물처리 신고자는 폐기물의 재활용을 위탁한 자와 폐기물 위탁재활용(운반)계약서를 작성하고, 그 계약서를 3년간 보관하여야 한다.
② 위탁받은 폐기물을 재위탁하거나 재위탁받아서는 아니 된다.
③ 자신의 재활용시설에서 재활용할 수 없는 폐기물을 위탁받거나 재활용능력을 초과하여 폐기물을 위탁받아서는 아니 된다.
④ 허용보관량을 초과하여 폐기물을 보관하거나 보관시설 외의 장소에 폐기물을 보관하여서는 아니된다.
⑤ 수집·운반 및 재활용할 수 있는 능력의 초과, 휴업이나 폐업 등 정당한 사유 없이 배출자가 요청한 폐기물의 수탁을 거부하여서는 아니 된다.
⑥ 정당한 사유 없이 계속하여 1년 이상 휴업하여서는 아니 된다.
⑦ 처리금지, 휴업신고 또는 폐업신고 등으로 폐기물을 수집·운반하지 아니할 때에는 발급받은 폐기물 수집·운반증을 시·도지사에게 반납하여야 한다.

77. 사후관리기준 및 방법

① 사후관리 기간은 사용종료 또는 폐쇄신고를 한 날부터 30년 이내로 한다.
② 발생가스 관리방법(유기성폐기물을 매립한 폐기물매립시설만 해당)은 외기온도, 가스온도, 메탄, 이산화탄소, 암모니아, 황화수소 등의 조사항목을 매립종료 후 5년까지는 분기1회 이상, 5년이 지난 후에는 연 1회 이상 조사하여야 한다.

02. 폐기물 재활용 및 자원화 기술

1. 혐기성 소화법의 정상적인 작동여부 확인시 조사항목

① 소화가스량
② pH
③ 소화가스 중 메탄과 이산화탄소 함량
④ 온도
⑤ 유기산 농도
⑥ 소화시간

2. 혐기성 소화

① 호기성처리에 비해 탈수성이 양호하고, 슬러지가 적게 발생한다.
② 동력시설의 소모가 적어 운전비용이 저렴하고, 고농도 폐수처리에 적합하다.
③ 회수된 가스를 연료로 사용 가능하고, 소화슬러지의 탈수 및 건조가 양호하다.
④ 운전이 어렵고 반응시간도 길다.
⑤ 소화가스는 냄새가 나며 부식이 높은 편이다.

3. 고농도 액상 폐기물의 혐기성 소화 공정 중 중온소화와 고온소화 비교

	고온소화	중온소화
부하능력	우수	나쁘다
탈수여액의 수질	나쁘다	우수
병원균 사멸	유리	불리
미생물의 활성	나쁘다	우수

4. 호기성 소화

① 운전이 용이하고, 단시간에 소화가 가능하다.
② 비료가치가 크고, 상층액의 BOD 농도가 낮다.
③ 비교적 운전이 쉽고 상징수의 수질도 양호하다.

④ 동력이 많이 소요되고, 소화슬러지 발생량이 많고 탈수성이 불량하다.

5. 슬러지 개량

① 슬러지 개량의 목적은 슬러지의 탈수성을 향상시키고, 탈수시 약품소모량을 줄이고, 탈수시 소요동력을 줄이고, 슬러지를 안정화 시킨다.
② 슬러지의 개량방법에는 슬러지 세정법, 약품 처리법, 열 처리법, 생물학적 처리법이 있다.
③ 농축슬러지나 소화슬러지는 여러 유기물과 형상이 다양한 미세 고형물 및 콜로이드로 구성되고, 물과 강한 친화력으로 탈수가 쉽지 않으므로 슬러지를 개량한다.
④ 진공여과기로 슬러지 탈수시, 슬러지 개량에 투입하는 응집제는 무기계통의 응집제를 사용한다.

6. 용매추출방법의 적용대상 폐기물

① 미생물에 의해 분해가 어려운 물질을 처리할 경우
② 활성탄을 이용하기에는 농도가 너무 높은 물질을 처리할 경우
③ 낮은 휘발성으로 인해 Stripping(액체 중에 용해되어 있는 기체 또는 증기를 분리 또는제거하는 것을 말한다.)하기가 곤란한 물질을 처리할 경우
④ 물에 대한 용해도가 낮은 물질을 처리할 경우

7. 용매추출법에 이용 가능성이 높은 폐기물의 조건

① 높은 분배계수를 가질 것
② 낮은 끓는점을 가질 것
③ 물에 대한 용해도가 낮을 것
④ 밀도가 물과 다를 것

8. Fenton(펜턴) 산화법

① Fenton액은 촉매(철염)과 펜턴시약(과산화수소수)를 포함한다.
② 최적반응을 위해 침출수 pH를 3~5로 조정한다.
③ Fenton액을 첨가하여 난분해성 유기물질(NBDCOD)을 산화하여 생분해성 유기물질(BDCOD)로 변화시킨다. (COD는 감소하고 BOD는 증가한다.)
④ 슬러지 생산량이 많아질 수 있다.
⑤ 처리시설은 pH조절조, 중화 및 응집조, 침전조로 구성되어 있다.

9. 습식 고온 고압 산화처리법(Zimmerman 공법)

① 액상슬러지에 열과 압력을 작용시켜 용존산소에 의하여 화학적으로 슬러지 내의 유기물을 산화시키는 방법이다.
② 투자, 유지비가 높고, 시설의 수명이 짧으며 질소의 제거율이 낮다.
③ 장치의 주요기기는 공기압축기, 고압펌프, 열교환기 등이다.

10. 표준활성슬러지법(재래식 활성슬러지법)

① MLSS : 1,500~2,500mg/L
② F/M비 : 0.2~0.4/day
③ HRT(수리학적 체류시간) : 6~8hr
④ SRT(미생물 체류시간) : 3~6day
⑤ 반응조 수심 : 4~6m

11. 미생물의 에너지원과 탄소원

분류	에너지원	탄소원
광합성 독립(자가) 영양 미생물	빛	CO_2
화학합성 독립(자가) 영양 미생물	무기물의 산화·환원 반응	CO_2
광합성 종속(타가) 영양 미생물	빛	유기탄소
화학합성 종속(타가) 영양 미생물	유기물의 산화·환원 반응	유기탄소

12. 유해폐기물을 고형화하는 목적

① 폐기물을 다루기가 용이하다.
② 폐기물내 오염물질의 용해도가 감소한다.
③ 폐기물 표면적의 감소에 따른 폐기물 성분의 손실을 줄인다.
④ 폐기물의 독성이 감소한다.

13. 유기성 고형화 방법

① 수밀성이 크며 다양한 폐기물에 적용할 수 있다.
② 방사성 폐기물 처리에 적용된다.
③ 최종 고화체의 체적 증가가 다양하다.
④ 처리비용이 고가이다.

⑤ 미생물 및 자외선에 대한 안정성이 약하다.
⑥ 상업화된 처리법의 현장자료가 빈약하다.
⑦ 고도의 기술이 필요하며 촉매 등 유해물질이 사용된다.

14. 무기성 고형화 방법

① 처리비용이 싸다.
② 장기적으로 안정성이 지속된다.
③ 고화재료 구입이 용이하며, 재료가 무독성이다.
④ 상온, 상압에서 처리가 용이하다.
⑤ 수용성이 작고, 수밀성이 양호하다.
⑥ 다양한 산업폐기물에 적용할 수 있다.
⑦ 고형화재료에 따라 고화체의 체적 증가가 다양하다.

15. 고화처리방법 중 시멘트 기초법

① 다양한 폐기물을 처리할 수 있다.
② 폐기물의 건조 또는 탈수가 필요없다.
③ 가장 널리 사용되는 방법 중의 하나로 포틀랜드 시멘트를 이용한다.
④ 고농도 중금속 폐기물에 적합하다.
⑤ 가장 흔히 사용되는 보통 포틀랜드 시멘트의 주성분은 석회(CaO), 규산(SiO_2)이다.
⑥ 낮은 pH에서 폐기물 성분의 용출가능성이 있다.

16. 고화처리방법 중 석회 기초법

① 석회의 가격이 싸고 널리 이용되고 있다.
② 탈수가 필요하지 않은 경우가 많다.
③ 석회-포졸란 화학반응이 간단하고 용이하다.
④ 두 가지 폐기물을 동시에 처리할 수 있다.
⑤ pH가 낮을 경우 폐기물 성분의 용출가능성이 증가한다.

17. 고화처리방법 중 자가시멘트법

① 혼합률(MR)이 낮고, 중금속 저지에 효과적이다.
② 탈수 등의 전처리가 필요없다.
③ 고농도 황화물 함유 폐기물에 적용한다.

④ 보조에너지가 필요하다.
⑥ 장치비가 크며 숙련된 기술을 요한다.

18. 고화처리방법 중 열가소성 플라스틱법

① 용출손실률은 시멘트기초법에 비해 매우 낮다.
② 대부분의 매트릭스 물질은 수용액의 침투에 저항성이 매우 크다.
③ 고화처리된 폐기물성분을 나중에 회수하여 재활용 할 수 있다.
④ 혼합률(MR)이 비교적 높다.
⑤ 높은 온도에서 분해되는 물질에는 사용할 수 없다.
⑥ 처리과정에서 화재의 위험성이 있다.
⑦ 에너지 요구량이 크고, 폐기물을 건조시켜야 한다.

19. 토양오염

① 토양오염은 대기, 수질, 폐기물 등 1차 오염물질에 의한 축적성 오염이다.
② 오염경로의 다양성
③ 피해발현의 완만성 및 만성적인 형태
④ 타 환경인자와의 영향관계의 모호성
⑤ 오염(영향)의 국지성 및 비인지성
⑥ 원상복구가 어렵다.

20. 토양의 층위

① O층위(유기물층) : 낙엽 등이 부패하여 퇴적된 층
② A층위(표층) : 생물의 활동이 가장 활발한 층
③ B층위(집적층) : 표층에서 용탈된 물질이 집적
④ C층위(모재층) : 풍화작용으로 인한 거친 암석의 모재층
⑤ R층위(기반암층)

21. 토양수분의 물리학적 분류

① 흡습수는 pF 4.5 이상으로 강하게 흡착되어 있으며, 식물이 직접 이용할 수 없다.
② 결합수는 토양 분자 중에 존재하는 수분으로 화학적으로 결합되어 있으며, pF는 7.0 이상으로 식물의 성장에 직접 이용될 수 없는 물이다.
③ 모세관수는 중력수 외부에 표면장력과 중력이 평형을 유지하며 존재하는 물이며, pF는 2.7~4.2 정도이며, 식물에 의해 이용되는 수분이다.
④ 중력수는 토양입자에서 유리되어 토양입자 사이를 이동하거나 지하로 침투되는 수분이며, pF는 2.54 이하이며, 토양수분장력이 가장 낮은 물이다.

22. 토양공기의 조성

① 토양성분과 식물양분에 산화적 변화를 일으키는 원인이 된다.
② 대기에 비하여 토양공기에 수증기의 함량이 높다.
③ 토양이 깊어질수록 토양공기내 산소량은 감소한다.
④ 대기에 비하여 토양공기내 탄산가스의 함량은 높은 편이다.
⑤ 대기에 비하여 토양공기내 산소의 함량은 낮은 편이다.

23. 토양처리방법 중 토양증기추출법(Soil Vaper Extraction : SVE)

① 압력 및 농도구배를 형성하기 위하여 추출정을 굴착하여 진공상태로 만들어 줌으로써 토양내의 휘발성 오염물질을 휘발, 추출하는 기술이다.
② 굴착이 필요없고, 짧은 시간에 설치할 수 있으며, 분해에 소요되는 시간이 짧다.
③ 결과를 즉시 알 수 있고, 지하수의 깊이에 제한을 받지 않는다.
④ 다른 시약이 필요없고, 유지 및 관리비가 적게 소요된다.
⑤ 오염물질의 독성은 처리후에도 변화가 없다.
⑥ 증기압이 낮은 오염물질의 제거효율이 낮다.
⑦ 추출된 기체는 대기오염 방지를 위하여 후처리가 필요하다.
⑧ 지반구조가 복잡하여 총 처리시간을 예측하기가 어렵다.

24. 토양처리방법 중 토양세척법(Soil Washing Treatment)

① 비휘발성 물질, 생물학적으로 분해성 물질, 중금속 등에 적용된다.
② 광범위한 지역에 균일한 적용이 가능하고, 에너지 소모가 적고, 처리비용이 싸다.
③ 처리효과가 가장 높은 토양입경은 자갈이다.
④ 비수용성 유기용매에 적용이 어렵다.
⑤ 점토와 같이 미세입자에 흡착된 유기오염물질의 처리효과는 매우 낮다.

25. 토양처리방법 중 바이오벤팅(Bioventing)

① 휘발성이 강하거나 분자량이 큰 유기물질을 처리할 수 있다.
② 불포화 토양층내에 산소를 공급하여 미생물의 분해를 통해 유기물질을 처리한다.
③ 주로 불포화층에 적용한다.
④ 기술 적용시에는 대상부지에 대한 정확한 산소 소모율의 산정이 중요하다.
⑤ 토양 투수성은 공기를 토양 내에 강제 순환시킬 때 매우 중요한 영향인자이다.
⑥ 배출가스 처리의 추가비용이 없고, 장치가 간단하고 설치가 용이하다.

03 폐기물공정시험기준

1. 폐기물공정시험기준 총칙

① 백분율(Parts Per Hundred)은 W/V%(용액 100mL 중 성분무게(g), 또는 기체 100mL 중의 성분무게(g)), V/V%(용액 100mL 중 성분용량(mL), 또는 기체 100mL 중 성분용량(mL)), V/W%(용액 100g 중 성분용량(mL)), W/W%(용액 100g 중 성분무게(g)), 용액의농도를 "%"로만 표시할 때는 W/V% 로 나타낸다.
② 천분율(ppt)을 표시할 때는 g/L, g/kg의 기호를 사용하고, 백만분율(ppm)을 표시할 때는 mg/L, mg/kg의 기호를 사용하고, 십억분율(ppb)을 표시할 때는 ㎍/L, ㎍/kg의 기호를 쓰며, 1ppm의 1/1,000이다.
④ 표준온도 : 0℃, 상온 : 15~25℃, 실온 : 1~35℃, 찬곳 : 0~15℃, 냉수 : 15℃ 이하, 온수 : 60~70℃, 열수 : 약 100℃이다.
⑤ 각각의 시험은 따로 규정이 없는 한 상온에서 조작하고 조작 직후에 그 결과를 관찰한다. 단, 온도의 영향이 있는 것의 판정은 표준온도를 기준으로 한다.
⑥ 액상폐기물 : 고형물의 함량이 5% 미만
⑦ 반고상폐기물 : 고형물의 함량이 5% 이상 15% 미만
⑧ 고상폐기물 : 고형물의 함량이 15% 이상
⑨ 함침성 고상폐기물 : 종이, 목재 등 기름을 흡수하는 변압기 내부부재(종이, 나무와 금속이 서로 혼합되어 있어 분리가 어려운 경우를 포함)를 말한다.
⑩ 비함침성 고상폐기물 : 금속판, 구리선 등 기름을 흡수하지 않는 평면 또는 비평면형태의 변압기 내부부재를 말한다.
⑪ 즉시 : 30초 이내에 표시된 조작을 하는 것
⑫ 감압 또는 진공 : 따로 규정이 없는 한 15mmHg 이하
⑬ 바탕시험을 하여 보정한다 : 시료에 대한 처리 및 측정을 할 때, 시료를 사용하지 않고 같은 방법으로 조작한 측정치를 빼는 것
⑭ 방울수 : 20℃에서 정제수 20방울을 적하할 때, 그 부피가 약 1mL 되는 것
⑮ 항량으로 될 때까지 건조한다 : 같은 조건에서 1시간더 건조할 때 전후 무게의 차가 g당 0.3mg 이하일 때를 말한다.
⑯ 정밀히 단다 : 규정된 양의 시료를 취하여 화학저울 또는 미량저울로 칭량함

⑰ 정확히 단다 : 규정된 수치의 무게를 0.1mg까지 다는 것
⑱ 정확히 취하여 : 규정한 양의 액체를 홀피펫으로 눈금까지 취하는 것
⑲ 정량적으로 씻는다 : 어떤 조작으로부터 다음 조작으로 넘어갈 때 사용한 비커, 플라스크 등의 용기 및 여과막 등에 부착한 정량대상 성분을 사용한 용매로 씻어 그 씻어낸 용액을 합하고 먼저 사용한 같은 용매를 채워 일정 용량으로 하는 것
⑳ 약 : 기재된 양에 대하여 ±10% 이상의 차가 있어서는 안된다.
㉑ 밀폐용기는 이물질, 기밀용기는 공기 또는 다른 가스, 밀봉용기는 기체 또는 미생물, 차광용기는 광선을 차단하는 용기이다.

2. 시료 용기

① 채취용기는 시료를 변질시키거나 흡착하지 않는 것이어야 하며 기밀하고 누수나 흡습성이 없어야 한다.
② 시료용기는 무색경질의 유리병 또는 폴리에틸렌병, 폴리에틸렌백을 사용한다.
③ 노말헥산 추출물질, 유기인, 폴리클로리네이티드비페닐(PCBs) 및 휘발성 저급 염소화 탄화수소류는 갈색경질 유리병만 사용하여야 한다.
④ 시료 중에 다른 물질의 혼입이나 성분의 손실을 방지하기 위하여 밀봉할 수 있는 마개를 사용하며 코르크 마개를 사용하여서는 안된다. 다만, 고무나 코르크 마개에 파라핀지, 유지 또는 셀로판지를 씌워 사용할 수도 있다.
⑤ 시료용기에는 폐기물의 명칭, 대상 폐기물의 양, 채취장소, 채취시간 및 일기, 시료번호, 채취책임자 이름, 시료의 양, 채취방법, 기타 참고자료(보관상태 등)를 기재한다.

3. 시료의 채취방법

① 대형의 고형화물로써 분쇄가 어려울 경우에는 임의의 5개소에서 채취하여 각각 파쇄하여 100g씩 균등 양 혼합하여 채취한다.
② 공정상 비산방지나 냉각을 목적으로 소각재에 물을 분사하는 경우를 제외하고는 가급적 물을 분사하기 전에 시료를 채취한다. 다만 부득이하게 수분이 함유된 상태에서 시료를 채취할 경우에는 가능한 한 수분을 줄여서 채취한다.
③ 연속식 연소방식의 소각재 반출설비에서 채취하는 경우 바닥재 저장조에서는 부설된 크레인을 이용하여 채취하고, 비산재 저장조에서는 낙하구 밑에서 채취하며, 소각재가 운반차량에 적재되어 있는 경우에는 적재 차량에서 채취하는 것을 원칙으로 하고, 부지내에 야적되어 있는 경우에는 야적더미

에서 각 층별로 채취하는 것을 원칙으로 한다.
④ 소각재가 적재되어 있는 운반차량에서 시료를 채취하는 경우 5톤 미만의 차량에 적재되어 있을 때에는 적재폐기물을 평면상에서 6등분한 후 각 등분마다 시료를 채취한다. 반면, 5톤 이상의 차량에 적재되어 있을 때에는 적재폐기물을 평면상에서 9등분한 후 각 등분마다 시료를 채취한다.
⑤ 회분식 연소방식의 소각재 반출설비에서 채취하는 경우에는 하루 동안의 운전횟수에 따라 매 운전시마다 2회 이상 채취하는 것을 원칙으로 하고, 시료의 양은 1회에 500g 이상으로 한다.
⑥ 시료의 양은 1회에 100g 이상 채취한다. 다만, 소각재의 경우에는 1회에 500g 이상을 채취한다.

4. 시료의 분할채취방법

① 구획법은 모아진 대시료를 네모꼴로 얇게 균일한 두께로 펴고, 이것을 가로 4등분 세로 5등분하여 20개의 덩어리로 나눈 다음 20개의 각 부분에서 균등량씩을 취하여 혼합하여 하나의 시료로 한다.
② 교호삽법은 분쇄한 대시료를 단단하고 깨끗한 평면위에 원추형으로 쌓고, 원추를 장소를 바꾸어 다시 쌓고, 원추에서 일정량을 취하여 장방형으로 도포하고 계속해서 일정량을 취하여 그 위에 입체로 쌓고, 육면체의 측면을 교대로 돌면서 균등량씩을 취하여 두개의 원추를 쌓고, 하나의 원추는 버리고 나머지 원추를 앞의 조작을 반복하면서 적당한 크기까지 줄인다.
③ 원추 4분법은 분쇄한 대시료를 단단하고 깨끗한 평면위에 원추형으로 쌓아 올린 다음, 앞의 원추를 장소를 바꾸어 다시 쌓고, 원추의 꼭지를 수직으로 눌러서 평평하게 만들고 이것을 부채꼴로 사등분하고, 마주보는 두 부분을 취하고 반은 버리고, 반으로 준 시료를 앞의 조작을 반복하여 적당한 크기까지 줄인다.

5. 용출 시험방법

① 시료의 조제방법에 따라 조제한 시료 100g 이상을 정확히 달아 정제수에 염산을 넣어 pH를 5.8~6.3으로 한 용매(mL)를 시료 : 용매 = 1 : 10(W : V)의 비로 2,000mL 삼각플라스크에 넣어 혼합한다.
② 시료용액의 조제가 끝난 혼합액을 상온, 상압에서 진탕회수가 매분 당 약 200회, 진폭이 4~5cm의 왕복진탕기(수평인 것)를 사용하여 6시간 동안 연속 진탕한다.
③ 1.0μm의 유리섬유 여과지로 여과하고 여과액을 적당량 취하여 용출실험용

시료용액으로 한다.
④ 여과가 어려운 경우에는 원심분리기를 사용하여 매분당 3,000회전 이상으로 20분 이상 원심분리한 다음 상징액을 적당량 취하여 용출실험용 시료용액으로 한다.
⑤ 실험결과의 보정(시료의 함수율 85% 이상인 경우)

$$보정계수 = \frac{15}{100 - 시료의\ 함수율(\%)}$$

6. 산분해법

① 질산 분해법은 유기물 함량이 낮은 시료에 적용한다.
② 질산-염산 분해법은 유기물 함량이 비교적 높지 않고 금속의 수산화물, 산화물, 인산염 및 황화물을 함유하고 있는 시료에 적용한다.
③ 질산-황산 분해법은 유기물 등을 많이 함유하고 있는 대부분의 시료에 적용한다.
④ 질산-과염소산 분해법은 유기물을 높은 비율로 함유하고 있으면서 산화분해가 어려운 시료들에 적용한다.
⑤ 질산-과염소산-불화수소산 분해법은 점토질 또는 규산염이 높은 비율로 함유된 시료에 적용한다.
⑥ 회화법은 목적성분이 400℃ 이상에서 휘산되지 않고 쉽게 회화될 수 있는 시료에 적용한다.

7. 기름성분-중량법

① 폐기물 중의 비교적 휘발되지 않는 탄화수소, 탄화수소유도체, 그리스유상 물질 중 노말헥산에 용해되는 성분에 적용한다.
② 정량한계는 0.1% 이하이다.
③ 시료는 24시간 이내에 증발처리를 하여야 하나 최대한 7일을 넘기지 말아야 한다. 시료를 분석하기 전에 상온이 되게 한다.
④ 시료 적당량을 분별깔때기에 넣고 메틸오렌지용액(0.1%)을 2~3방울 넣고 황색이 적색으로 변할 때까지 염산(1+1)을 넣어 pH 4 이하로 조절한다. 단, 반고상 또는 고상폐기물인 경우에는 폐기물의 양에 약 2.5배에 해당하는 물을 넣어 잘 혼합한 다음 pH 4이하로 조절하여 상등액으로 한다.

8 수소이온농도-유리전극법

① 액상 폐기물과 고상 폐기물의 pH를 유리전극과 기준전극으로 구성된 pH 측정기를 사용하여 측정한다.
② 이 시험기준으로 pH를 0.01까지 측정한다.
③ 유리전극은 일반적으로 용액의 색도, 탁도, 콜로이드성 물질들, 산화 및 환원성 물질들 그리고 염도에 의해 간섭을 받지 않는다.
④ pH는 온도변화에 따라 영향을 받는다.
⑤ 산성표준용액은 3개월 사용한다.
⑥ 염기성 표준용액은 산화칼슘(생석회) 흡수관을 부착하여 1개월 이내에 사용한다.
⑦ 정밀도는 임의의 한 종류의 pH 표준용액에 대하여 검출부를 정제수로 잘 씻은 다음 5회 되풀이하여 pH를 측정했을 때 그 재현성이 ±0.05 이내이어야 한다.
⑧ 내부정도관리 주기 및 목표 : 시료를 측정하기 전에 표준용액 2개 이상으로 보정한다.
⑨ 반고상 또는 고상 폐기물의 분석절차는 시료 10g을 50mL 비커에 취한 다음 정제수 25mL를 넣어 잘 교반하여 30분 이상 방치한 후 이 현탁액을 시료용액으로 하거나 원심분리한 후 상층액을 시료용액으로 사용한다.

9. 석면

① 편광현미경법에서 편광현미경으로 판단할 수 있는 석면의 정량범위는 1~100%이다.
② 시료의 양은 1회에 최소한 면적단위로는 $1cm^2$, 부피단위로는 $1cm^3$, 무게단위로는 2g 이상 채취한다.
③ X선 회절기법에서 X선 회절기로 판단할 수 있는 석면의 정량범위는 0.1~100.0wt%이다.
④ 소형크기는 제품별로 채취하고 채취자가 시료량이 부족하다고 판단하는 경우에는 가능한 경우 2개 이상을 채취한다.
⑤ 대형크기는 제품별로 채취하되 시료의 무게나 형태로 인해 운반의 어려움 등이 있어 제품별로 채취하기가 곤란할 경우에는 석면 함유가 의심되는 재질을 별도로 분리하여 채취한다.

10. 시안

① 시안의 측정방법

시안의 측정방법	정량한계
자외선/가시선분광법	0.01mg/L
이온전극법	0.5mg/L
연속흐름법	0.01mg/L

② 자외선/가시선 분광법은 시료를 pH 2 이하의 산성으로 조절한 후에 에틸렌다이아민테트라아세트산이나트륨을 넣고 가열 증류하여 시안화합물을 시안화수소로 유출시켜 수산화나트륨용액에 포집한 다음 중화하고 클로라민 T와 피리딘·피라졸론 혼합액을 넣어 나타나는 청색을 620nm에서 측정하는 방법이다.

③ 이온전극법은 액상 폐기물과 고상 폐기물을 pH 12~13의 알칼리성으로 조절한 후 시안이온전극과 비교전극을 사용하여 전위를 측정하고 그 전위차로부터 시안을 정량하는 방법이다.

④ 다량의 지방성분을 함유한 시료는 아세트산 또는 수산화나트륨 용액으로 pH 6~7로 조절한 후 시료의 약 2%에 해당하는 부피의 노말헥산 또는 클로로폼을 넣어 추출하여 유기층은 버리고 수층을 분리하여 사용한다.

⑤ 황화합물이 함유된 시료는 아세트산아연용액(10W/V%) 2mL를 넣어 제거한다.

⑥ 잔류염소가 함유된 시료는 잔류염소 20mg당 L-아스코빈산(10W/V%) 0.6mL 또는 이산화비소산나트륨용액(10W/V%) 0.7mL를 넣어 제거한다.

11. 구리(Cu)

① 구리의 측정방법

구리	정량한계	정밀도(RSD)
원자흡수분광광도법	0.008mg/L	±25% 이내
유도결합플라스마-원자발광분광법	0.006mg/L	±25% 이내
자외선/가시선 분광법	0.002mg	±25% 이내

② 자외선/가시선 분광법은 시료 중에 구리이온이 알칼리성에서 다이에틸다이티오카르바민산나트륨과 반응하여 생성하는 황갈색의 킬레이트 화합물을 아세트산부틸로 추출하여 흡광도를 440nm에서 측정하는 방법이다.

② 비스무트(Bi)가 구리의 양보다 2배 이상 존재할 경우에는 황색을 나타내어 방해한다.

12. 납(Pb)

① 납의 측정방법

납	정량한계	정밀도(RSD)
원자흡수분광광도법	0.04mg/L	±25% 이내
유도결합플라스마 - 원자발광분광법	0.040mg/L	±25% 이내
자외선/가시선 분광법	0.001mg	±25% 이내

② 자외선/가시선 분광법은 시료 중에 납 이온이 시안화칼륨 공존하에 알칼리성에서 디티존과 반응하여 생성하는 납 디티존착염을 사염화탄소로 추출하고 과잉의 디티존을 시안화칼륨용액으로 씻은 다음 납 착염의 흡광도를 520nm에서 측정하는 방법이다.

② 시료에 다량의 비스무트(Bi)가 공존하면 시안화칼륨용액으로 수회 씻어도 무색이 되지 않는다.

13. 비소(As)

① 비소의 측정방법

비소	정량한계	정밀도(RSD)
원자흡수분광광도법	0.005mg/L	±25% 이내
유도결합플라스마 - 원자발광분광법	0.050mg/L	±25% 이내
자외선/가시선 분광법	0.002mg	±25% 이내

② 수소화물생성 원자흡수분광광도법은 전처리한 시료 용액 중에 아연 또는 나트륨붕소수화물을 넣어 생성된 수소화비소를 원자화시켜 193.7nm에서 흡광도를 측정하고 비소를 정량하는 방법이다.

② 자외선/가시선 분광법은 시료 중의 비소를 3가비소로 환원시킨 다음 아연을 넣어 발생되는 비화수소를 다이에틸다이티오카르바민산은의 피리딘용액에 흡수시켜 이때 나타나는 적자색의 흡광도를 530nm에서 측정하는 방법이다.

14. 수은(Hg)

① 수은의 측정방법

수은	정량한계	정밀도(RSD)
원자흡수분광광도법(환원기화법)	0.0005mg/L	±25%
자외선/가시선 분광법(디티존법)	0.001mg	±25%

② 환원기화 - 원자흡수분광광도법은 시료 중 수은을 이염화주석을 넣어 금속 수은으로 환원시킨 다음이 용액에 통기하여 발생하는 수은증기를 253.7nm 의 파장에서 원자흡수분광광도법에 따라 정량하는 방법이다.

③ 시료 중 염화물이온이 다량 함유된 경우에는 산화조작시 유리염소를 발생하여 253.7nm에서 흡광도를 나타낸다. 이때에는 염산하이드록실아민용액을 과잉으로 넣어 유리염소를환원시키고 용기 중에 잔류하는 염소는 질소가스를 통기시켜 추출한다.

④ 벤젠, 아세톤 등 휘발성 유기물질도 253.7nm에서 흡광도를 나타낸다. 이때에는 과망간산칼륨 분해 후 헥산으로 이들 물질을 추출 분리한 다음 실험한다.

⑤ 자외선/가시선 분광법은 수은을 황산 산성에서 디티존사염화탄소로 일차 추출하고 브로모화칼륨 존재하에 황산 산성에서 역추출하여 방해성분과 분리한 다음 알칼리성에서 디티존사염화탄소로 수은을 추출하여 490nm에서 흡광도를 측정하는 방법이다.

15. 카드뮴(Cd)

① 카드뮴의 측정방법

카드뮴	정량한계	정밀도(RSD)
원자흡수분광광도법	0.002mg/L	±25% 이내
유도결합플라스마 - 원자발광분광법	0.004mg/L	±25% 이내
자외선/가시선 분광법(디티존법)	0.001mg	±25% 이내

② 자외선/가시선 분광법은 시료 중에 카드뮴이온을 시안화칼륨이 존재하는 알칼리성에서디티존과 반응시켜 생성하는 카드뮴착염을 사염화탄소로 추출하고, 추출한 카드뮴착염을 타타르산용액으로 역추출한 다음 수산화나트륨과 시안화칼륨을 넣어 디티존과 반응하여 생성하는 적색의 카드뮴착염을 사염화탄소로 추출하여 그 흡광도를 520nm에서 측정하는 방법이다.

16. 크롬(Cr)

① 크롬의 측정방법

크롬	정량한계	정밀도(RSD)
원자흡수분광광도법	0.01mg/L	±25% 이내
유도결합플라스마 - 원자발광분광법	0.007mg/L	±25% 이내
자외선/가시선 분광법(다이페닐카바자이드법)	0.002mg	±25% 이내

② 자외선/가시선 분광법은 시료 중에 총 크롬을 과망간산칼륨을 사용하여 6가크롬으로 산화시킨 다음 산성에서 다이페닐카바자이드와 반응하여 생성되는 적자색 착화합물의 흡광도를 540nm에서 측정하여 총크롬을 정량하는 방법이다.

③ 시료 중 철이 2.5mg 이하로 공존할 경우에는 다이페닐카바자이드용액을 넣기 전에 피로인산나트륨·10수화물용액(5%) 2mL를 넣어 주면 간섭을 줄일 수 있다.

17. 6가 크롬(Cr^{6+})

① 6가 크롬의 측정방법

크롬	정량한계	정밀도(RSD)
원자흡수분광광도법	0.01mg/L	±25% 이내
유도결합플라스마 - 원자발광분광법	0.007mg/L	±25% 이내
자외선/가시선 분광법(다이페닐카바자이드법)	0.04mg/L	±25% 이내

② 자외선/가시선 분광법은 시료 중에 6가크롬을 다이페닐카바자이드와 반응시켜 생성하는 적자색의 착화합물의 흡광도를 540nm에서 측정하여 6가크롬을 정량하는 방법이다.

18. 유기인

① 기체크로마토그래피는 유기인 화합물 중 이피엔, 파라티온, 메틸디메톤, 다이아지논 및 펜토에이트의 측정방법으로서, 유기인화합물을 기체크로마토그래프로 분리한 다음 질소인검출기 또는 불꽃광도 검출기로 분석하는 방법이다.
② 기체크로마토그래피의 정량한계는 0.0005mg/L이다.
③ 기체크로마토그래프-질량분석법의 정량한계는 각 성분 당 0.0005mg/L이다.

19. 폴리클로리네이티드비페닐(PCBs)-기체크로마토그래피

① 시료 중의 폴리클로리네이티드비페닐(PCBs)을 헥산으로 추출하여 실리카겔 컬럼 등을통과시켜 정제한 다음 기체크로마토그래프에 주입하여 크로마토그램에 나타난 피크 패턴에 따라 폴리클로리네이티드비페닐(PCBs)를 확인하고 정량하는 방법이다.
② 용출용액 정량한계는 0.0005mg/L, 액상 폐기물의 정량한계는 0.05mg/L이다.
③ 비함침성 고상폐기물의 정량한계는 표면채취법은 $0.05\mu g/100cm^2$, 부재 채취법은 0.005mg/kg이다.

20. 감염성미생물

① 감염성미생물의 검사방법에는 아포균 검사법, 세균배양 검사법, 멸균테이프 검사법이 있다.
② 지표생물포자란 감염성폐기물의 멸균잔류물에 대한 멸균여부의 판정은 병원성미생물보다 열저항성이 강하고 비병원성인 아포형성 미생물을 이용하는데 이를 지표생물포자라 한다.
③ 시료의 채취는 가능한 한 무균적으로 하고 멸균된 용기에 넣어 1시간 이내에 실험실로 운반·실험하여야 하며, 그 이상의 시간이 소요될 경우에는 10℃ 이하로 냉장하여 6시간이내에 실험실로 운반하고 실험실에 도착한 후 2시간 이내에 배양조작을 완료하여야 한다.

04 폐기물 처분기술

1. 석탄의 탄화도

① 탄화도가 증가하면 고정탄소, 발열량, 착화온도, 연료비 $\left(\dfrac{\text{고정탄소}}{\text{휘발분}}\right)$ 가 증가
② 탄화도가 증가하면 매연 발생량, 비열, 휘발분, 수분, 산소의 양, 연소속도는 감소

2. 액체연료

① 발열량이 크고 품질이 비교적 균일하고, 계량, 기록이 수월하다.
② 회분이 거의 없고 점화, 소화 및 연소의 조절이 비교적 쉽다.
③ 액체연료는 화재, 역화 등의 위험이 크며, 연소온도가 높아 국부가열을 일으키기 쉽다.
④ 저장, 운반이 용이하며 배관공사 등에 걸리는 비용도 적게 소요된다.
⑤ 단위질량당의 발열량이 커, 화력이 강하다.
⑥ 액체연료는 비교적 저가로 안정하게 공급되고 품질에도 큰차가 없다.

3. 기체연료

① 연소효율이 높고 안정된 연소가 된다.
② 적은 과잉공기(10~20%)로 완전연소가 가능하다.
③ 연료의 예열이 쉽고 유황 함유량이 적어 황산화물의 발생량이 적다.
④ 점화, 소화가 용이하고 연소조절이 쉽고, 발열량이 높다.
⑤ 설비비가 많이 들고 비싸다.
⑥ 취급시 위험성이 크며, 수송이나 저장이 용이하지 못하다.

4. 기체연료의 종류

① LNG(액화천연가스)의 주성분은 메탄(CH_4)이다.
② LNG의 밀도는 공기보다 작으며, 고위발열량은 10,000kcal/Sm^3이다.
③ LNG는 천연가스를 1기압하에서 -162℃ 정도로 냉각하여 액화시켜 대량

수송 및 저장을 가능하게 한 것이다.
④ LPG(액화석유가스)의 주성분은 프로판(C_3H_8)과 부탄(C_4H_{10})이다.
⑤ LPG의 비중이 공기보다 무거우며, 발열량은 26,000 kcal/Sm^3이다.
⑥ LPG는 석유정제때에 부산물로 생산되는 것과 천연가스에서 회수되는 것이 있으나 전자의 것이 대부분이다.

5. 유동층 소각로

① 기계적 구동부분이 적어 고장율이 낮다.
② 가스의 온도가 낮고 과잉공기량이 적어 질소산화물(NO_X)도 적게 배출된다.
③ 로내 온도의 자동제어와 열회수가 용이하다.
④ 반응시간이 빨라 소각시간이 짧다.(로 부하율이 높다.)
⑤ 유동매체의 축열량이 높아 단기간 정지후 가동시에 보조연료 사용 없이 정상가동이 가능하다.
⑥ 연소효율이 높아 미연소분의 배출이 적고 2차 연소실이 필요없다.
⑦ 로내로 투입전 파쇄 등의 전처리가 필요하다.(투입이나 유동화를 위해 파쇄가 필요하다.)
⑧ 상(床)으로부터 찌꺼기 분리가 어려우며, 유동매체의 손실로 인한 보충이 필요하다.

6. 화격자식(Stoker) 소각로

① 휘발성이 많고 열분해하기 쉬운 물질을 태울 경우에는 공기를 위쪽에서 아래쪽으로 통과시키는 하향식 연소방식을 쓴다.
② 연속적인 소각과 배출이 가능하다.
③ 경사 Stoker방식의 경우 수분이 많은 것이나 발열량이 낮은 것도 어느 정도 소각이 가능하다.
④ 체류시간이 길고 교반력이 약하여 국부가열이 발생할 염려가 있다.
⑤ 고온중에서 기계적으로 구동하기 때문에 금속부의 마모손실이 심하다.
⑥ 플라스틱 등과 같이 열에 쉽게 용해되는 물질은 화격자가 막힐 염려가 있다.

7. Rotary Kiln(로터리 킬른) = 회전로 소각로

① 습식가스 세정시스템과 함께 사용할 수 있다.
② 경사진 구조로 용융상태의 물질에 의하여 방해를 받지 않는다.
③ 폐기물의 체류시간은 로의 회전속도를 조절함으로써 제어할 수 있다.

④ 고형폐기물에 높은 난류도와 공기에 대한 접촉을 크게 할 수 있다.
⑤ 대체로 예열, 혼합, 파쇄 등의 전처리 없이 폐기물 주입이 가능하다.
⑥ 액상이나 고상의 여러 가지 폐기물을 동시에 처리할 수 있다.
⑦ 드럼이나 대형용기를 그대로 집어넣을 수 있다.
⑧ 비교적 열효율이 낮은 편이며, 먼지의 발생량이 많다.
⑨ 구형 및 원통형 물질은 완전연소가 끝나기 전에 굴러 떨어질 수 있다.

8. 다단로

① 다단로는 내화물을 입힌 가열판, 중앙의 회전축, 일령의 평판상을 구성하는 교반팔로 구성되어 있다.
② 다량의 수분이 증발되므로 수분함량이 높은 폐기물의 연소가 가능하다.
③ 체류시간이 길어 특히 휘발성이 적은 폐기물 연소에 유리하다.
④ 늦은 온도반응 때문에 보조연료 사용을 조절하기가 어렵다.
⑤ 유해폐기물의 완전분해를 위한 2차 연소실이 필요하다.
⑥ 먼지의 발생량이 많다.

9. 액상분사 소각로

① 액체 주입형 연소기의 가장 일반적인 형식은 수평점화식이다.
② 구동장치가 간단하고 고장이 적다.
③ 완전히 연소시켜야 하며 내화물의 파손을 막아 주어야 한다.
④ 고형분의 농도가 높으면 버너가 막히기 쉽다.
⑤ 대량처리가 불가능하며, 버너노즐 없이 액체의 미립화가 어렵다.
⑥ 소각재 배출설비가 없어 회분함량이 낮은 액상폐기물에 사용된다.

10. 로 본체의 형식

① 역류식(향류식)은 수분이 많고 저위발열량이 낮은 쓰레기에 적합하며, 연소실내의 연소가스의 흐름방향과 폐기물의 이송방향이 반대인 형식이다.
② 병류식은 수분이 적고 저위발열량이 높은 폐기물에 적합하며, 폐기물의 이송방향과 연소가스의 흐름방향이 같은 형식이다.
③ 교류식(중간류식)은 역류식(향류식)과 병류식의 중간적인 형식이며, 폐기물 질의 변동이 심한 경우에 사용한다.
④ 복류식은 2개의 출구를 가지고 있으며, 댐퍼의 개폐로 역류식, 병류식, 교류식으로 조절할 수 있고, 폐기물의 질이나 저위발열량의 변동이 심할 경우에 사용한다.

11. 열분해

① 열분해란 폐기물을 무산소 또는 산소가 부족한 상태에서 고온으로 가열하여 기체, 액체, 고체 상태의 연료를 생산하는 공정이다.
② 열분해에서 일반적으로 저온이라 함은 500~900℃, 고온은 1,100~1,500℃를 말한다.
③ 열분해 장치는 고정상, 유동상, 부유상태 등의 장치로 구분되어질 수 있다.
④ 연소가 고도의 발열반응에 비해 열분해는 고도의 흡열반응이다.
⑤ 열분해 온도에 따른 가스의 구성비가 좌우되는데 고온이 될수록 이산화탄소함량이 감소하고, 수소함량이 증가한다.
⑥ 열분해를 통하여 얻어지는 연료의 성질을 결정짓는 요소로는 운전온도, 가열속도, 폐기물의 성질 등으로 알려져 있다.

12. 열분해가 소각처리에 비해 갖는 장점

① 황 및 중금속이 회분속에 고정되는 비율이 크다.
② 저장 및 수송이 가능한 연료를 회수할 수 있다.
③ 환원성 분위기가 유지되어 Cr^{3+}가 Cr^{6+}로 변화되기 어렵다.
④ 배기가스량이 적어 가스처리 장치가 소형이다.
⑤ 소각처리에 비해 상대적으로 저온이기 때문에 질소산화물(NO_X)의 발생량이 적다.
⑥ 지속적 환원 분위기로 효과적인 에너지 회수가 가능하다.

13. 열교환기

① 열교환기의 구성은 과열기, 재열기, 절탄기(이코노마이저), 공기예열기로 구성되어 있다.
② 과열기는 보일러에서 발생하는 포화증기에 다수의 수분이 함유되어 있으므로 이것을 과열하여 수분을 제거하고 과열도가 높은 증기를 얻기 위해 설치하며, 일반적으로 보일러의 부하가 높아질수록 방사과열기에 의한 과열온도가 낮아지고, 대류과열기의 과열온도는 상승한다.
③ 재열기는 설치위치는 과열기의 중간 또는 뒤쪽에 배치되어 있으며, 증기터빈 속에서 팽창하여 포화증기에 도달한 증기를 도중에서 이끌어내어 그 압력으로 다시 가열하여 터빈에 되돌려 팽창시키는 장치이다.
④ 절탄기(이코노마이저)는 연도에 설치하며, 폐열회수를 위한 열교환기이며, 보일러 전열면을 통하여 연소가스의 여열로 보일러 급수를 예열하여 보일러 효율을 높이는 장치이다.

⑤ 공기예열기는 굴뚝가스 여열을 이용하여 연소용 공기를 예열하여 보일러의 효율을 높이는 장치이며, 대표적인 판상 공기예열기, 관형 공기예열기 및 재생식 공기예열기 등이 있으며, 이코노마이저(절탄기)와 병용 설치하는 경우에는 공기예열기를 저온측에 설치한다.

14. 증기 터빈의 분류

① 증기작동방식으로 분류하면 충동 터빈, 반동 터빈, 혼합식 터빈으로 나누어진다.
② 증기이용방식으로 분류하면 배압 터빈, 복수 터빈, 혼합 터빈으로 나누어진다.
③ 증기유동방향으로 분류하면 축류 터빈, 반경류 터빈으로 나누어진다.
④ 흐름수로 분류하면 단류 터빈, 복류 터빈으로 나누어진다.
⑤ 피구동기로 분류하면 감속형 터빈, 직결형 터빈으로 나누어진다.

15. 착화온도의 특징

① 가연물의 증발량이 많을수록 낮아진다.
② 화학결합의 활성도가 클수록 낮아진다.
③ 산소와의 친화성이 클수록 낮아진다.
④ 활성화에너지가 작을수록 낮아진다.
⑤ 분자구조가 복잡할수록 낮아진다.
⑥ 발열량이 높을수록 낮아진다.
⑦ 공기 중의 산소농도가 클수록 낮아진다.
⑧ 화학반응성이 클수록 낮아진다.
⑨ 공기의 압력이 높을수록 낮아진다.
⑩ 탄화수소의 분자량이 클수록 낮아진다.
⑪ 비표면적이 클수록 낮아진다.

16. 등가비($\varnothing$; equivalent ratio)

① $\varnothing = \dfrac{\text{실제의연료량/산화제}}{\text{완전연소를 위한 이상적 연료량/산화제}}$

② $\varnothing = \dfrac{1}{\text{공기비}(m)}$ 이다.

③ $\varnothing = 1$ 경우는 완전연소로 연료와 산화제의 혼합이 이상적이다.

④ $\varnothing > 1$ 경우는 연료가 과잉이며 불완전 연소로 CO, HC 최대이고 NO_x 최소

가 된다.
⑤ ∅ < 1 경우는 공기가 과잉, 완전연소가 기대되며 CO가 최소가 된다.

17. 탄수소비(C/H)

① 석유계 연료의 탄수소비는 연소용 공기량과 발열량 그리고 연료의 연소특성에도 영향을 미친다.
② 탄수소비가 크면 비교적 비점이 높은 연료는 매연이 발생되기 쉽다.
③ 기체연료의 탄수소비는 올레핀계 > 나프텐계 > 아세틸계 > 프로필계 > 프로판 > 메탄순으로 감소한다.
④ 중질 연료일수록 C/H비는 크다.
⑤ C/H비가 클수록 이론공연비는 감소된다.
⑥ C/H비는 휘발유 < 등유 < 경유 < 중유 순으로 증가한다.
⑦ C/H비가 클수록 휘도가 높고 방사율이 크다.

18. 그을음(매연)

① 분해나 산화하기 쉬운 탄화수소는 그을음 발생이 적다.
② C/H비가 큰 연료일수록 그을음이 잘 발생된다.
③ 발생빈도의 순서는 천연가스 < LPG < 제조가스 < 석탄가스 < 코크스이다.
④ - C - C-의 탄소결합을 절단하기 보다 탈수소가 쉬운 쪽이 매연이 생기기 쉽다.
⑤ 탈수소, 중합 및 고리화합물 등과 같이 반응이 일어나기 쉬운 탄화수소일수록 매연이 잘 생긴다.
⑥ 연소실의 체적이 작을 때 매연이 발생한다.
⑦ 중유연소에서 공기비가 클수록 검댕이 적게 생긴다.

19. 고형화연료(RDF)를 소각로에서 사용시 문제점

① RDF의 조성은 주로 유기물질이므로 수분함량에 따라 부패되기 쉽다.
② RDF 중에 Cl 함량이 크면 다이옥신 발생 위험성이 높다.
③ 소각시설의 부식발생으로 시설수명이 단축될 수 있다.
④ 시설비 및 동력비가 고가이며, 운전에 숙련된 기술이 요구된다.
⑤ 연료공급의 신뢰성 문제가 있을 수 있다.

20. 고형화연료(RDF)의 구비조건

① 재의 양이 적을 것
② 대기오염이 적을 것
③ 함수율이 낮을 것
④ 균일한 조성을 가질 것
⑤ 발열량(칼로리)이 높을 것

21. 공기비(m)가 작을 경우 발생하는 현상

① 연소가스 중의 CO와 HC의 농도가 증가한다.
② 매연이나 검댕의 발생량이 증가한다.
③ 연소효율이 저하한다.

22. 공기비(m)가 클 경우 발생하는 현상

① 연소실에서 연소온도가 낮아진다.(연소실의 냉각효과를 가져옴)
② 통풍력이 강하여 배기가스에 의한 열손실이 증대된다.
③ 황산화물과 질소산화물의 함량이 증가하여 부식이 촉진된다.
④ CH_4, CO 및 C 등 물질의 농도가 감소한다.
⑤ 방지시설의 용량이 커지고 에너지 손실이 증가한다.
⑥ 희석효과가 높아져 연소 생성물의 농도가 감소한다.

23. 다이옥신류 저감방안 및 제거기술

① 소각로 배출가스의 재연소기에 의한 제거기술을 도입한다.
② 다이옥신 분해 촉매에 의한 제거기술을 도입한다.
③ 활성탄에 의한 흡착기술을 도입한다.
④ 로내 온도를 1,000℃ 이상으로 운전하여 다이옥신 성분 발생량을 최소화한다.
⑤ 배기가스 conditioning시 칼슘 및 활성탄분말 투입시설을 설치하여 다이옥신과 반응후 집진함으로써 줄일 수 있다.
⑥ 유기염소계 화합물(PVC 제품류) 반입을 제한한다.
⑦ 페인트가 칠해져 있거나 페인트로 처리된 목재, 가구류 반입을 억제 제한한다.
⑧ 활성탄과 백필터를 같이 사용하는 경우에는 분무된 활성탄이 필터 백 표면에 코팅되어 백 필터에서도 흡착이 활발하게 일어난다.

24. 전기 집진장치

① 미세입자 제거가 가능하고, 집진효율이 높다.
② 유지관리가 용이하고 운전비, 유지비가 적게 소요된다.
③ 압력손실이 적고 대량의 먼지함유가스를 처리할 수 있다.
④ 회수할 가치가 있는 입자의 포집이 가능하다.
⑤ 부식성가스가 함유된 먼지도 처리가 가능하다.
⑥ 고온가스, 대량의 가스처리가 가능하다.
⑦ 설치시 소요 부지면적이 크고, 초기시설비가 크다.
⑧ 전압변동과 같은 조건변동에 쉽게 적응하기 어렵다.

25. 여과 집진장치

① 1 μm이상의 미세입자의 제거가 용이하다.
② 세정집진장치보다 압력손실과 동력소모가 적다.
③ 다양한 여과재의 사용으로 인하여 설계시 융통성이 있다.
④ 폭발성, 점착성 및 흡습성 먼지의 제거가 어렵다.
⑤ 수분이나 여과속도에 대한 적응성이 낮다.
⑥ 여과재의 교환으로 유지비가 고가이다.
⑦ 여과집진장치의 집진 원리에는 확산작용, 관성충돌, 차단작용, 중력작용이 있다.

26. 스크러버(세정 집진장치)

① 2차적 먼지처리가 불필요하다.
② 전기, 여과집진장치보다 좁은 공간에 설치가 가능하다.
③ 한번 제거된 입자는 다시 처리가스 속으로 재비산 되지 않는다.
④ 고온다습한 가스나 연소성 및 폭발성 가스의 처리가 가능하다.
⑤ 가동부분이 작고 조작이 간단하다.
⑥ 입자상 물질과 가스상 물질을 동시에 제거가 가능하다.
⑦ 접착성 및 조해성 먼지의 처리가 가능하다.
⑧ 친수성 더스트의 집진효과가 높다.

27. 사이클론(원심력 집진장치)

① 압력손실(80~100mmH$_2$O)이 비교적 작다.
② 고온가스의 처리가 가능하다.
③ 먼지량과 유량의 변화에 민감하다.
④ 미세입자의 집진효율이 낮다.
⑤ 고농도는 병렬로 연결하고, 응집성이 강한 먼지는 직렬연결(단수 3단 한계) 하여 주로 사용한다.

28. 관성력 집진장치

① 일반적으로 충돌 직전의 처리가스의 속도가 크고, 처리 후의 출구 가스속도가 작을수록 미립자의 제거가 쉽다.
② 기류의 방향전환 각도가 작고, 방향전환 횟수가 많을수록 압력손실은 커지나 집진은 잘 된다.
③ 적당한 모양과 크기의 호퍼가 필요하다.
④ 함진가스의 충돌 또는 기류의 방향전환 직전의 가스속도가 크고, 방향전환 시에 곡률반경이 작을수록 미세입자의 포집이 가능하다.

29. 중력 집진장치

① 중력에 의한 자연침강의 방법으로 주로 입자의 크기가 50μm 이상의 입자상물질을 처리하는데 사용된다.
② 함진가스의 온도변화에 의한 영향을 거의 받지 않는다.
③ 전처리(1차처리장치)로 사용된다.
④ 유지비 및 설치비가 적게 드나 신뢰도가 낮다.
⑤ 침강실내의 처리가스 속도가 작을수록 집진율은 높아진다.
⑥ 침강실의 높이가 낮고 길이가 길수록 집진율은 높아진다.
⑦ 다단일 경우에는 단수가 증가할수록 집진율은 높아지면서 압력손실도 증가한다.

30. 매립공법의 종류

① 내륙매립공법의 종류에는 샌드위치 공법, 셀 공법, 압축매립 공법, 도랑형 공법이 있다.
② 해안매립공법의 종류에는 박층뿌림공법, 순차투입공법, 내수배제공법, 수중투기공법이 있다.

31. 내륙매립공법

① 샌드위치 공법은 쓰레기를 수평으로 고르게 깔아서 압축한 다음 그 위에 복토를 하여 쓰레기와 복토를 번갈아 하면서 쌓는 방법이다.
② 셀공법은 쓰레기 비탈면의 경사를 20% 전후(15~25%)로 하여 쓰레기를 셀 모양으로 쌓고 각각의 셀에 복토하는 방법으로 화재의 발생 및 확산을 방지할 수 있고, 1일 작업하는 셀 크기는 매립 처분량에 따라 결정된다.
③ 압축매립공법은 쓰레기를 매립하기 전에 이의 감량화를 목적으로 먼저 쓰레기를 일정한 더미형태로 압축하여 부피를 감소시킨 후 포장을 실시하여 매립하는 방법으로 쓰레기 발생량 증가와 매립지 확보 및 사용년한 문제에 있어서 유리하며, 지가(地價)가 비쌀 경우에 유효한 방법이다.
④ 도랑형 공법은 폭 20m, 깊이 10m 정도의 도랑을 판 다음 일정한 두께로 쓰레기를 매립한 다음 인근 도랑에서 굴착한 흙으로 복토하는 방법으로 매립지 바닥이 두껍고(지하수면이 지표면으로부터 깊은 곳에 있는 경우) 또한 복토로 적합한 지역에 이용하는 방법으로 단층매립만 가능한 공법이다.

32. 해안매립공법

① 박층뿌림공법은 개량된 지반이 붕괴될 위험이 있을 때 밑면이 뚫린 바지선을 이용하여 쓰레기를 박층으로 떨어뜨려 뿌려주어 바닥의 지반하중을 균등하게 하기 위해 사용하는 방법으로 쓰레기 지반 안정화 및 매립부지 조기이용 등에 유리하지만 매립효율이 떨어진다.
② 순차투입공법은 호안측으로부터 순차적으로 쓰레기를 투입하여 육지화하는 방법으로 수심이 깊은 처분장에서는 건설비 과다로 내부수를 완전히 배제하기가 곤란한 경우 사용하며, 부유성 쓰레기의 수면확산에 의해 수면부와 육지부 경계구분이 어려워 매립장비가 매몰되기도 한다.
③ 수중투기공법은 호 안에 해수를 그대로 둔 채 폐기물을 투기하는 공법이다.
⑤ 내수배제공법은 매립전에 내수를 배제시킨 후 폐기물을 매립하는 방법이다.

33. 인공복토재의 조건

① 투수계수가 낮아야 한다.
② 연소가 잘되지 않아야 한다.
③ 생분해가 가능하여야 한다.
④ 살포가 용이해야 한다.
⑤ 미관상 좋아야 한다.
⑥ 매립지 공간을 절약할 수 있어야 한다.

⑦ 위생문제를 해결하여야 한다.
⑧ 독성이 없어야 한다.
⑨ 가격이 저렴해야 한다.
⑩ 악취발생을 저감시킬 수 있어야 한다.

34. 복토의 목적

① 우수의 침투를 방지한다.
② 쓰레기의 비산을 방지한다.
③ 화재를 예방한다.
④ 유해곤충이나 해충의 서식을 방지한다.
⑤ 악취를 방지한다.

35. 연직차수막 공법의 종류

① 강널말뚝 공법
② 굴착에 의한 차수시트 매설 공법
③ 어스댐 코어 공법
④ 그라우트 공법

36. 차수시설 중 연직차수막

① 차수막 보강시공이 가능하고, 지중에 수평방향의 차수층이 존재할 때 사용한다.
② 지하매설로써 차수성 확인이 어렵다.
③ 지하수 집배수시설이 불필요하다.
④ 단위면적당 공사비는 비싸지만 총공사비는 싸다.
⑤ 연직차수막은 지중에 암반 및 점성토로 구성된 불투수층이 수평방향으로 넓게 분포하고 있는 경우 수직 또는 경사로 시공한다.

37. 차수시설 중 표면차수막

① 매립지 필요범위에 차수재료로 덮인 바닥이 있는 경우와 매립지 지반의 투수계수가 큰 경우에 사용한다.
② 시공시에는 눈으로 차수성 확인이 가능하나 매립후에는 곤란하다.
③ 지하수 집배수시설이 필요하다.
④ 차수막 단위면적당 공사비는 싸지만 매립지 전체를 시공하는 경우가 많아

총공사비는 비싸다.

⑤ 보수 가능성면에 있어서는 매립 전에는 용이하나 매립 후에는 어렵다.

38. 연직차수막과 표면차수막의 비교

	연직차수막	표면차수막
차수성 확인	지하에 매설하기 때문에 확인이 어렵다.	시공시에는 가능하나 매립후에는 곤란하다.
경제성	단위면적당 공사비가 비싼 반면 총공사비는 싸다.	단위면적당 공사비는 싸지만 매립지 전체를 시공하는 경우가 많아 총공사비는 비싸다.
보수성	차수막 보강시공이 가능하다.	매립 전에는 가능하나 매립 후에는 어렵다.
지하수 집배수시설	필요없다.	필요하다.

39. 합성차수막의 Crystallinity(결정도)가 증가할수록 나타나는 성질

① 충격에 약하다.
② 화학물질에 대한 저항성이 증가한다.
③ 인장강도가 증가한다.(단단해진다.)
④ 투수계수가 감소한다.
⑤ 열에 대한 저항성이 증가한다.

40. 합성차수막의 종류

① CR(Choroprene Rubber)은 대부분의 화학물질에 대한 저항성이 높고, 마모 및 기계적 충격에 강한 반면, 접합이 용이하지 못하고, 가격이 비싸다.
② PVC(Polyvinyl Chloride)는 가격이 저렴하고, 작업이 용이하고, 강도가 크고, 접합이 용이한 반면, 대부분의 유기화학물질과 자외선, 오존, 기후에 약하다.
③ CSPE(Chlorosulfonated Polyethylene)는 접합이 용이하고, 미생물에 강하고, 산 및 알칼리에 강한 반면, 기름, 탄화수소, 용매류에 약하고, 강도가 약하다.
④ HDPE & LDPE는 대부분의 화학물질에 대한 저항성이 높고, 접합상태가 양호하고, 온도에 대한 저항성이 높고, 강도가 높은 반면, 유연하지 못하고 손상의 우려가 높다.

⑤ EPDM(Ethylene Propylene Diene Monomer)은 수분의 함량이 낮고, 강도가 높은 반면, 접합상태가 양호하지 못하고, 기름, 방향족 탄화수소, 용매류에 약하다.

41. 점토의 차수막 적합조건

① 투수계수 : 10^{-7}cm/sec 미만
② 소성지수 : 10% 이상 30% 미만
③ 액성한계 : 30% 이상
④ 점토 및 미사토 함량 : 20% 이상
⑤ 자갈 함유량 : 10% 미만
⑥ 직경이 2.5cm 이상인 입자의 함유량 : 0%

42. 침출수 농도에 미치는 영향인자

① 매립된 쓰레기의 높이
② 매립된 쓰레기의 질
③ 연간 평균강수량
④ 매립된 쓰레기의 조성
⑤ 매립된 쓰레기의 경과시간
⑥ 쓰레기의 매립방법

43. 침출수량에 영향을 주는 요인

① 강우량
② 증발량
③ 지하수량
④ 침투수량
⑤ 표면유출량
⑥ 폐기물 분해시 발생량

44. 폐기물 매립후 발생되는 생성가스 농도변화

① Ⅰ단계(호기성단계)는 산소가 급감하여 거의 사라지고 이산화탄소(탄산가스)가 생성되기 시작하고, 질소가 감소한다.
② Ⅱ단계(혐기성 비메탄단계)는 혐기성 단계지만 CH_4가 형성되지 않고, H_2가 생성되기 시작하고 SO_4^{2-}, NO_3^- 등이 환원 된다.

③ Ⅲ단계(메탄생성축적단계)는 혐기성 단계이며 CH_4가 발생하기 시작한다.
④ Ⅳ단계(정상적인 혐기단계)는 정상적인 혐기단계로 CH_4와 CO_2의 함량이 거의 일정하다.

45. 매립지의 매립폐기물 및 발생가스 조건

① 폐기물 중에는 약 50%의 분해 가능한 물질이어야 한다.
② 폐기물 중 분해가능한 물질의 50% 이상이 실제 분해하여 기체를 발생시켜야 한다.
③ 발생기체의 50% 이상을 포집할 수 있어야 한다.
④ 기체의 발열량은 2,200kcal/Sm^3 이상이어야 한다.

46. LFG(Landfill Gas) 중 CO_2 제거공정

① 흡수법
② 흡착법
③ 화학적 전환법
④ 저온분리법 : 저온 증류에 의해 분리
⑤ 막분리법 : 막으로 선택적 통과 분리

기출 계산공식

Contents

PART 01 폐기물개론

PART 02 폐기물 재활용 및 자원화 기술

PART 03 폐기물공정시험기준

PART 04 폐기물 처분기술

01 폐기물개론

1. 쓰레기(폐기물)배출량 계산공식

쓰레기 배출량(kg/인·일)

$= \dfrac{\text{쓰레기 수거량(kg/일)}}{\text{인구수(인)}}$

$= \dfrac{\text{쓰레기 발생량(kg/일)}}{\text{인구수(인)}}$

$= \dfrac{\text{쓰레기양(kg)}}{\text{인구수(인)} \times \text{시간(일)}}$

$= \dfrac{\text{차량용적}(m^3/\text{대}) \times \text{차량수(대/1일)} \times \text{폐기물밀도}(kg/m^3)}{\text{인구수(인)}}$

$= \dfrac{\text{적재용량}(m^3/\text{일}\cdot\text{대}) \times \text{밀도}(kg/m^3) \times \text{차량수(대)}}{\text{수거대상인구수(인)}}$

$= \dfrac{\text{적재용량}(m^3/\text{대}) \times \text{밀도}(kg/m^3) \times \text{수거차량수(대)}}{\text{인구수(인)} \times \text{일수(일)}}$

2. 수거대상인구수 계산공식

$\text{수거대상인구수} = \dfrac{\text{적재용량}(m^3/\text{대}) \times \text{폐기물 밀도}(kg/m^3) \times \text{대/일}}{\text{폐기물 발생량}(kg/\text{인}\cdot\text{일})}$

3. 수거효율(MHT) 계산공식

① $\text{MHT} = \dfrac{\text{수거인부수} \times \text{작업시간(hr/day)}}{\text{쓰레기 수거실적(ton/day)}}$

② $\text{MHT} = \text{man}\cdot\text{hr/ton}$

③ MHT는 1ton의 쓰레기를 수거하는데 수거인부 1인이 소요하는 총 시간이다.

④ MHT가 클수록 수거효율이 낮다.

4. 수거차량 대수 계산공식

수거차량 대수

$= \dfrac{\text{쓰레기 발생량}(m^3)}{\text{적재용량}(m^3/\text{대})}$

$= \dfrac{\text{쓰레기의 양}(ton)}{\text{적재용량}(ton/\text{대})}$

$= \dfrac{\text{쓰레기 발생량}(kg/\text{일}) \times \dfrac{1}{\text{쓰레기 밀도}(kg/m^3)}}{\text{적재용량}(m^3/\text{대})}$

$= \dfrac{\text{폐기물 발생량}(m^3/day) \times \text{밀도}(ton/m^3)}{\text{차량의 적재용량}(ton/\text{대})}$

$= \dfrac{\text{폐기물 발생량}(\text{톤}/\text{일})}{\text{적재용량}(\text{톤}/\text{대}\cdot\text{회}) \times \text{운전시간}(hr/\text{일}) \times \dfrac{1\text{회}}{\text{소요시간}(min)} \times \dfrac{60min}{1hr}}$

5. 수거횟수 계산공식

수거횟수(회/일) $= \dfrac{\text{쓰레기 배출량}}{\text{차량의 1회 수거량}}$

$= \dfrac{\text{쓰레기 배출량}(m^3/\text{일})}{\text{쓰레기 수거량}(m^3/\text{회})}$

$= \dfrac{\text{쓰레기 발생량}(kg/\text{일}) \times \dfrac{1}{\text{밀도}(kg/m^3)}}{\text{적재용량}(m^3/\text{회})}$

$= \dfrac{\text{쓰레기발생량}(kg/\text{인}\cdot\text{일}) \times \text{인구수}(\text{인}) \times \dfrac{1}{\text{밀도}(kg/m^3)}}{\text{수거차량용적}(m^3/\text{대}\cdot\text{회}) \times \text{수거차량수}(\text{대})}$

6. 슬러지 계산공식

① $W_1 \times (100 - P_1) = W_2 \times (100 - P_2)$

W_1 : 건조 전 폐기물량(kg)　　　　　　W_2 : 건조 후 폐기물량(kg)
P_1 : 건조 전 수분량(%)　　　　　　　P_2 : 건조 후 수분량(%)

② $W_1 \times TS_1 = W_2 \times TS_2$

  $\begin{bmatrix} W_1 : \text{건조 전 폐기물량(kg)} & W_2 : \text{건조 후 폐기물량(kg)} \\ TS_1 : \text{건조 전 고형물량(\%)} & TS_2 : \text{건조 후 고형물량(\%)} \end{bmatrix}$

③ $V_1 \times (100 - P_1) = V_2 \times (100 - P_2)$

  $\begin{bmatrix} V_1 : \text{탈수 전 슬러지량(m}^3) & V_2 : \text{탈수 후 슬러지량(m}^3) \\ P_1 : \text{탈수 전 함수율(\%)} & P_2 : \text{탈수 후 함수율(\%)} \end{bmatrix}$

④ $V_1 \times TS_1 = V_2 \times TS_2$

  $\begin{bmatrix} V_1 : \text{탈수 전 슬러지량(m}^3) & V_2 : \text{탈수 후 슬러지량(m}^3) \\ TS_1 : \text{건조 전 고형물량(\%)} & TS_2 : \text{건조 후 고형물량(\%)} \end{bmatrix}$

7. 부피감소율(%)과 압축비 계산공식

① 부피감소율(%) $= \left(1 - \dfrac{V_2}{V_1}\right) \times 100(\%)$

       $= \left(1 - \dfrac{W_1}{W_2}\right) \times 100(\%)$

       $= (1 - \dfrac{\text{압축 전 밀도}}{\text{압축 후 밀도}}) \times 100$

       $= \left(1 - \dfrac{1}{\text{압축비}}\right) \times 100$

  $\begin{bmatrix} V_1 : \text{압축 전 부피(m}^3) & V_2 : \text{압축 후 부피(m}^3) \end{bmatrix}$

② 압축비 $= \dfrac{V_1}{V_2} = \dfrac{100}{100 - \text{부피감소율(\%)}}$

  $\begin{bmatrix} V_1 : \text{압축 전 부피(m}^3) & V_2 : \text{압축 후 부피(m}^3) \end{bmatrix}$

8. 평균함수율 및 혼합공식

① 평균 함수율 $= \dfrac{\text{합[습윤상태의 무게(kg)} \times \text{함수율(\%)]}}{\text{합[습윤상태의 무게(kg)]}}$

② 혼합공식(C_m) $= \dfrac{Q_1 C_1 + Q_2 C_2}{Q_1 + Q_2}$

9. Rosin-Rammler 모델에 의한 특성입자크기(x_o) 계산공식

$$Y = 1 - \exp\left[-\left(\frac{X}{Xo}\right)\right]^n \text{에서}\quad Xo = \frac{-X}{LN(1-Y)}$$

- X : 폐기물 입자의 크기
- n : 상수
- Xo : 특성입자의 크기

10. Kick의 법칙 계산공식

$$\text{Kick의 법칙} : E = C \ln\left(\frac{dp_1}{dp_2}\right)$$

- E : 에너지 소모율
- dp_2 : 최종크기
- dp_1 : 평균크기

11. 가연성물질의 양 계산공식

① 플라스틱의 양(kg)
$$= \text{폐기물의 양}(m^3) \times \text{폐기물의 밀도}(kg/m^3) \times \frac{\text{플라스틱의 함량}(\%)}{100}$$

② 가연성 물질(kg) = 쓰레기의 양(m^3) × 밀도(kg/m^3) × $\frac{\text{가연성분}(\%)}{100}$

③ 가연분의 양(kg)
$$= \text{폐기물의 양}(m^3) \times \text{밀도}(kg/m^3) \times \frac{100 - \text{비가연분의 함량}(\%)}{100}$$

④ RDF 생산량(ton/일)
$$= \text{폐기물 발생량}(ton/\text{일}) \times \frac{\text{가연성분}(\%)}{100} \times \frac{\text{가연성분 회수율}(\%)}{100}$$

12. 유효입경, 균등계수, 곡률계수 계산공식

① 유효입경 $= D_{10\%}$

② 균등계수 $= \dfrac{D_{60\%}}{D_{10\%}}$

③ 곡률계수 $= \dfrac{(D_{30\%})^2}{(D_{10\%} \times D_{60\%})}$

- D_{60} : 입도누적곡선상 60% 입경
- D_{30} : 입도누적곡선상 30% 입경
- D_{10} : 입도누적곡선상 10% 입경

13. 임계속도와 최적속도 계산공식

① $N_C = \sqrt{\dfrac{g}{4\pi^2 r}} \times 60$

② $N_S = N_C \times 0.45$

$\begin{bmatrix} N_C : \text{임계속도}(\text{rpm} = \text{회}/\text{min}) & N_S : \text{최적속도}(\text{rpm}) \\ g : \text{중력가속도}(9.8\,\text{m}/\text{sec}^2) & r : \text{스크린 반경}(\text{m}) \end{bmatrix}$

14. pH의 개념

① $\text{pH} = -\log[H^+] \Rightarrow [H^+] = 10^{-\text{pH}}\,\text{mol/L}$
② $\text{pOH} = -\log[OH^-] \Rightarrow [OH^-] = 10^{-\text{pOH}}\,\text{mol/L}$
③ $\text{pH} + \text{pOH} = 14$
④ 산성 물질에서 $\text{pH} = -\log[H^+]$
⑤ 알칼리성 물질에서 $\text{pH} = 14 + \log[OH^-]$

15. 고체 및 액체에서 발열량 계산공식

① Dulong식에 의한 고위발열량(Hh)

$Hh = 8{,}100C + 34{,}000 \times \left(H - \dfrac{O}{8}\right) + 2{,}500S\,(\text{kcal/kg})$

② 저위발열량(Hl)

$Hl = Hh - 600(9H + W)\,(\text{kcal/kg})$

$\begin{bmatrix} Hl : \text{저위 발열량(kcal/kg)} & Hh : \text{고위 발열량(kcal/kg)} \\ H : \text{수소의 함량} & W : \text{수분의 함량} \end{bmatrix}$

③ $Hl = 45VS - 6W$

$\begin{bmatrix} Hl : \text{저위발열량(kcal/kg)} & VS : \text{가연성분(\%)} \\ W : \text{수분(\%)} & \end{bmatrix}$

④ 습량기준 고위발열량(kcal/kg)

$= \text{건량기준 고위발열량(kcal/kg)} \times \dfrac{(100 - \text{수분함량}(\%))}{100}$

⑤ 습량기준 저위발열량(kcal/kg)

$= \text{습량기준 고위발열량(kcal/kg)} - 600(9H+W)\,(\text{kcal/kg})$

16. Worrell과 Rietema의 선별효율(E) 계산공식

① Worrell의 선별효율(E) $= \left(\dfrac{X_c}{X_i} \times \dfrac{Y_o}{Y_i}\right) \times 100$

② Rietema의 선별효율(E) $= \left|\left(\dfrac{X_c}{X_i} - \dfrac{Y_c}{Y_i}\right)\right| \times 100(\%)$

$\left[\begin{array}{l} X_i : \text{투입량 중 회수대상물질} \\ X_o : \text{제거량 중 회수대상물질} \\ X_c : \text{회수량 중 회수대상물질} \end{array}\right.$
$\left.\begin{array}{l} Y_i : \text{투입량 중 비회수대상물질} \\ Y_o : \text{제거량 중 비회수대상물질} \\ Y_c : \text{회수량 중 비회수대상물질} \end{array}\right]$

17. 슬러지의 비중 계산공식

① $\dfrac{1}{\rho_{SL}} = \dfrac{W_{VS}}{\rho_{VS}} + \dfrac{W_{FS}}{\rho_{FS}} + \dfrac{W_P}{\rho_P}$

$\left[\begin{array}{l} \rho_{SL} : \text{슬러지의 비중} \\ W_{VS} : \text{휘발성 고형물의 함량} \\ W_{FS} : \text{잔류성 고형물의 함량} \\ W_P : \text{수분의 함량} \end{array}\right.$
$\begin{array}{l} \rho_{VS} : \text{휘발성 고형물의 비중} \\ \rho_{FS} : \text{잔류성 고형물의 비중} \\ \rho_P : \text{수분의 비중} \end{array}$

② $\dfrac{1}{\rho_{SL}} = \dfrac{W_{TS}}{\rho_{TS}} + \dfrac{W_P}{\rho_P}$

$\left[\begin{array}{l} \rho_{SL} : \text{슬러지의 비중} \\ \rho_{TS} : \text{고형물의 비중} \\ \rho_P : \text{수분의 비중} \end{array}\right.$
$\begin{array}{l} W_{TS} : \text{고형물의 함량} \\ W_P : \text{수분의 함량} \end{array}$

18. 생물분해성 분율 계산공식

$BF = 0.83 - (0.028 \times LC)$

$\left[\begin{array}{l} BF : \text{생물분해성 분율(휘발성 고형분함량 기준)} \\ LC : \text{휘발성 고형분 중 리그린 함량} \end{array}\right.$

19. 소각재 및 재의 밀도 계산공식

① 재의 밀도(ton/m^3) = $\dfrac{\text{재의 질량(ton)}}{\text{재의 용량}(m^3)}$

$= \dfrac{\text{폐기물의 양(ton)} \times \dfrac{\text{재의 함량(\%)}}{100}}{\text{재의 용적}(m^3)}$

② 소각재의 밀도(kg/m^3) = 용적밀도$(kg/m^3) \times \dfrac{100 - \text{질량감소율(\%)}}{100 - \text{부피감소율(\%)}}$

20. 유용성분의 함량 계산공식

유용성분의 함량(%) = $\dfrac{\text{유용성분 함유 폐기물(kg)}}{\text{폐기물의 양(kg)}} \times 100$

$= \dfrac{\text{폐기물의 양(kg)} \times \dfrac{\text{유용성분 함유량(\%)}}{100}}{\text{폐기물의 양(kg)}} \times 100$

21. 적재차량 계수(ton/m^3) = $\dfrac{\text{차량 총 질량} - \text{공차량 질량(ton)}}{\text{적재함의 크기}(m^3)}$

02 폐기물 재활용 및 자원화 기술

1. 소화슬러지량 계산공식

① 소화슬러지량(m^3/day) = (잔류VS + FS)(m^3/day) × $\dfrac{100}{100 - 함수율(\%)}$

② 잔류VS량 (m^3/day)
= 분뇨투입량(m^3/day) × 고형물량(TS) × 유기물량(VS) × (1 − 소화율)

③ FS량(m^3/day) = 분뇨투입량(m^3/day) × 고형물량(TS) × 무기물량(FS)

2. 고형물(TS)과 유기물(VS) 계산공식

① TS (kg/m^3·day) = $\dfrac{슬러지\ 유량(m^3/day) \times 고형물\ 농도(kg/m^3)}{소화조\ 부피(m^3)}$

② VS (kg/m^3·day) = $\dfrac{슬러지\ 유량(m^3/day) \times 고형물\ 농도(kg/m^3) \times VS\ 함량}{소화조\ 부피(m^3)}$

3. 슬러지 계산공식

① $W_1 \times (100 - P_1) = W_2 \times (100 - P_2)$

W_1 : 건조 전 폐기물량(kg) W_2 : 건조 후 폐기물량(kg)
P_1 : 건조 전 수분량(%) P_2 : 건조 후 수분량(%)

② $W_1 \times TS_1 = W_2 \times TS_2$

W_1 : 건조 전 폐기물량(kg) W_2 : 건조 후 폐기물량(kg)
TS_1 : 건조 전 고형물량(%) TS_2 : 건조 후 고형물량(%)

③ $V_1 \times (100 - P_1) = V_2 \times (100 - P_2)$

V_1 : 탈수 전 슬러지량(m^3) V_2 : 탈수 후 슬러지량(m^3)
P_1 : 탈수 전 함수율(%) P_2 : 탈수 후 함수율(%)

④ $V_1 \times TS_1 = V_2 \times TS_2$

V_1 : 탈수 전 슬러지량(m^3) V_2 : 탈수 후 슬러지량(m^3)
P_1 : 탈수 전 함수율(%) P_2 : 탈수 후 함수율(%)

4. BOD 제거효율 계산공식

① BOD 제거효율(%) $= \left(1 - \dfrac{\text{유출수의 침전물}}{\text{유입수의 침전물}}\right) \times 100$

$= \left(1 - \dfrac{\text{유출수의 BOD}}{\text{유입수의 BOD}}\right) \times 100$

$= \left(1 - \dfrac{\text{유출수 BOD} \times \text{희석배수치(P)}}{\text{유입수 BOD}}\right) \times 100$

② 희석배수치(P) $= \dfrac{\text{유입수의 Cl}^{-} \text{농도}}{\text{유출수의 Cl}^{-} \text{농도}}$

5. 슬러지 및 케이크 발생량 계산공식

① 슬러지 발생량(m^3) $= \dfrac{\text{슬러지 농도}(kg/m^3) \times \text{슬러지량}(m^3)}{\text{비중량}(kg/m^3)} \times \dfrac{100}{100 - \text{함수율}(\%)}$

$= \dfrac{\text{슬러지 농도}(kg/m^3) \times \text{슬러지량}(m^3)}{\text{비중량}(kg/m^3)} \times \dfrac{100}{\text{고형물}(\%)}$

② Cake의 발생량(m^3/hr)

$= \dfrac{\text{발생슬러지량}(kg/hr)}{\text{비중량}(kg/m^3)} \times \dfrac{100}{100 - \text{함수율}(\%)}$

$= \dfrac{\text{고형물 농도}(kg/m^3) \times \text{슬러지량}(m^3/hr) \times \text{소석회 첨가량}}{\text{비중량}(kg/m^3)} \times \dfrac{100}{100 - \text{함수율}(\%)}$

6. 적재차량 계수(ton/m^3) $= \dfrac{\text{차량 총 질량} - \text{공차량 질량}(ton)}{\text{적재함의 크기}(m^3)}$

7. 여과속도($kg/m^2 \cdot hr$)

$= \dfrac{\text{고형물 농도}(kg/m^3) \times \text{슬러지량}(m^3/hr)}{\text{여과면적}(m^2)}$

8. 산기관수 계산공식

산기관 수

$= \dfrac{\text{처리용량}(m^3/day) \times \text{BOD 농도}(kg/m^3) \times \text{처리효율} \times \text{소모공기량}(m^3/kg)}{\text{산기관 1개당 통풍량}(m^3/day \cdot \text{개})}$

9. 슬러지 발생량 계산공식

① 1차 침전에서 발생한 슬러지량(kg/일)

= 유량(m^3/day) × SS농도(kg/m^3) × $\dfrac{\text{제거율(\%)}}{100}$

② 활성슬러지공법에 의해 발생된 슬러지량(kg/일)

= 유량(m^3/day) × BOD농도(kg/m^3) × (1 − 1차 제거율) × 폭기조 제거율

× $\dfrac{\text{슬러지발생량(kg)}}{1\text{kg} \text{제거} BOD}$

10. BOD 제거량과 필요 송풍량 계산공식

① 제거된 BOD 총량(kg/day) = BOD 농도(kg/m^3) × 분뇨량(m^3/day) × 제거율
② 송풍량(m^3/hr) = 제거된 BOD 총량(kg/hr) × 제거 BOD당 필요풍량(m^3/kg)

11. 유기물 부하량 계산공식

유기물 부하량(kg/$m^3 \cdot$ day)

= 슬러지농도(kg/m^3) × 슬러지량(m^3/day) × $\dfrac{\text{유기물량(\%)}}{100}$ × $\dfrac{1}{\text{용적}(m^3)}$

12. 슬러지의 소화율 계산공식

소화율(%) = $\left\{ 1 - \dfrac{\text{소화후(유기물질/무기물질)}}{\text{소화전(유기물질/무기물질)}} \right\} \times 100(\%)$

13. 가스탱크의 용량 계산공식

가스탱크의 용량(m^3) = 생성가스량(m^3/day) × 저류시간(day)

14. 분뇨와 볏짚 혼합물의 C/N비

C/N비 = $\dfrac{\text{탄소량}}{\text{질소량}}$ = $\dfrac{\{\text{분뇨의 탄소량} + \text{볏짚의 탄소량}\}}{\{\text{분뇨의 질소량} + \text{볏짚의 질소량}\}}$

15. 슬러지의 비중 계산공식

① $\dfrac{1}{\rho_{SL}} = \dfrac{W_{VS}}{\rho_{VS}} + \dfrac{W_{FS}}{\rho_{FS}} + \dfrac{W_P}{\rho_P}$

  - ρ_{SL} : 슬러지의 비중
  - W_{VS} : 휘발성 고형물의 함량
  - W_{FS} : 잔류성 고형물의 함량
  - W_P : 수분의 함량
  - ρ_{VS} : 휘발성 고형물의 비중
  - ρ_{FS} : 잔류성 고형물의 비중
  - ρ_P : 수분의 비중

② $\dfrac{1}{\rho_{SL}} = \dfrac{W_{TS}}{\rho_{TS}} + \dfrac{W_P}{\rho_P}$

  - ρ_{SL} : 슬러지의 비중
  - ρ_{TS} : 고형물의 비중
  - ρ_P : 수분의 비중
  - W_{TS} : 고형물의 함량
  - W_P : 수분의 함량

16. 반감기와 1차 반응식 계산공식

① 반감기 공식 : $\ln \dfrac{1}{2} = -k \times t$

② 1차 반응식 공식 : $\ln \dfrac{C_t}{C_o} = -k \times t$

  - C_o : 초기농도
  - k : 상수
  - C_t : t시간 후의 농도
  - t : 시간

17. 부피변화율과 혼합률(MR) 계산공식

① 부피변화율(VCF) $= (1+MR) \times \dfrac{\rho_1}{\rho_2}$

  - ρ_1 : 고화처리 전 밀도
  - ρ_2 : 고화처리 후 밀도

② MR(혼합률) $= \dfrac{첨가제의\ 질량}{폐기물의\ 질량}$

18. 소성지수 계산공식

소성지수 = 액성한계 - 소성한계

19. 토양의 저항성 계산공식

$$토양의\ 저항성(R) = \frac{2 \times \pi \times s(전극간격) \times V(측정전압)}{I(전류)}$$

20. 공극률 계산공식

$$공극률(\%) = \left(1 - \frac{용적밀도}{입자밀도}\right) \times 100$$

21. 소요열량 계산공식

소요열량(kcal)

$$= 분뇨투입량(kg/일) \times 비열(kcal/kg\,℃) \times 온도차(℃) \times \frac{100}{열효율(\%)}$$

22. 열효율 계산공식

$$열효율(\%) = \frac{배기온도 - 슬러지온도}{연소온도} \times 100$$

23. 쓰레기의 발열량 계산공식

① 쓰레기의 발열량$(kcal/kg) = G \times C \times (t_2 - t_1)$

$\begin{bmatrix} G : 실제공기량(mA_o)(Sm^3/kg) & C : 공기정압비열(kcal/Sm^3 \cdot ℃) \\ t_2 : 공기예열온도(℃) & t_1 : 공기온도(℃) \end{bmatrix}$

② 전체 발열량(kcal/kg) = 쓰레기의 발열량 + 쓰레기의 저위발열량

24. 메탄의 발생량 및 함유량 계산공식

① CH_4 가스의 발생량(m^3)

$$= 분뇨량(m^3) \times 고형물량(kg/m^3) \times 유기물의\ 함량 \times \frac{m^3\ CH_4}{kg\ VS}$$

$= 쓰레기량(kg) \times 유기물의\ 함량 \times 가스전환율 \times 가스\ 발생량(m^3/kg) \times 메탄의\ 함량$

② $$메탄가스\ 함유량(\%) = \frac{소화조\ 가스의\ 열량(kcal/m^3)}{메탄가스의\ 열량(kcal/m^3)} \times 100$$

25. 가스탱크 용량 계산공식

가스탱크의 용량(m^3) = 처리용량(m^3/day) × 저류시간(day)

26. 퇴비여과상의 면적 계산공식

$$\text{퇴비여과상의 면적}(m^2) = \frac{\text{가스량}(m^3/hr)}{\text{투과속도}(m/hr)}$$

27. 염소주입량 계산공식

① 염소주입량 = 염소요구량 + 염소잔류량
② 염소요구량 = 염소주입량 − 염소잔류량
③ 염소주입량(mg/L) = $\dfrac{\text{주입량}(kg/day)}{\text{발생량}(m^3/day)} \times 10^3$

28. 고형물의 함유율 계산공식

$$\text{고형물 함유율}(\%) = \frac{\text{고형물의 함유량}(kg)}{\text{농축슬러지의 무게}(kg)} \times 100$$

29. 분뇨 투입구수 계산공식

분뇨 투입구 수

$$= \frac{\text{수거분뇨량}}{\text{수거차량의 용량} \times \text{수거차량 작업시간} \times \text{수거차량의 분뇨투입시간}} \times \text{안전율}$$

30. 오염물질의 농도 및 배출가스유량 보정공식

① 오염물질 농도 보정식

$$C = C_a \times \frac{21 - O_s}{21 - O_a}$$

C : 오염물질 농도(ppm) 　　　　　　　　C_a : 실측오염물질 농도(ppm)
O_s : 표준산소농도(%) 　　　　　　　　　O_a : 실측산소농도(%)

② 배출가스 유량 보정식

$$Q = Q_a \div \frac{21 - O_s}{21 - O_a}$$

$\begin{bmatrix} Q : \text{배출가스 유량}(\text{Sm}^3/\text{day}) \\ Q_a : \text{실측상태의 배출가스 유량}(\text{Sm}^3/\text{day}) \\ O_s : \text{표준산소농도(\%)} \\ O_a : \text{실측산소농도(\%)} \end{bmatrix}$

31. pF 계산공식

① $pF = \log[H]$
② $pF = [H \, cmH_2O]$
③ $1atm = 760mmHg = 10,332mmH_2O = 1,033cmH_2O$

32. 체류시간 계산공식

$$체류시간(day) = \frac{\text{면적}(m^2) \times \text{높이}(m)}{\text{분뇨주입량}(m^3/day)} = \frac{\frac{\pi D^2}{4}(m^2) \times \text{높이}(m)}{\text{분뇨주입량}(m^3/day)}$$

03 폐기물공정시험기준

1. 원추4분법에서 최종 분취된 시료의 양 계산공식

$$시료의 \ 양 = 시료량(g) \times \left(\frac{1}{2}\right)^{조작횟수}$$

2. 용액의 농도 계산공식

$$농도(wt\%) = \frac{용질(g)}{용질(g) + 용매(g)} \times 100$$

3. 강열감량 및 유기물 함량 계산공식

① 강열감량(%) 또는 유기물 함량(%) $= \left(\dfrac{W_2 - W_3}{W_2 - W_1}\right) \times 100$

- W_1 : 증발용기 질량(g)
- W_2 : 강열 전 증발용기+시료 질량(g)
- W_3 : 강열 후 증발용기+시료 질량(g)

② 유기물 함량(%) $= \dfrac{휘발성 \ 고형물(\%)}{고형물(\%)} \times 100$

휘발성 고형물(%) = 강열감량(%) - 수분(%)

4. 적정 계산공식

① $N_1 \times V_1 = N_2 \times V_2$
② $N_1 \times V_1 \times f_1 = N_2 \times V_2 \times f_2$

- N : 노르말 농도
- f : 팩터(인자)
- V : 부피

5. 몰농도와 노르말농도 계산공식

① M농도(mol/L) $= \dfrac{\text{질량(g)}}{\text{부피(L)}} \times \dfrac{1\,\text{mol}}{\text{분자량(g)}}$

$= \dfrac{\text{비중(g)}}{(\text{mL})} \times \dfrac{10^3\,\text{mL}}{1\,\text{L}} \times \dfrac{1\,\text{mol}}{\text{분자량(g)}} \times \dfrac{\text{농도(\%)}}{100}$

② N농도(eq/L) $= \dfrac{\text{질량(g)}}{\text{부피(L)}} \times \dfrac{1\,\text{eq}}{1\text{당량 g}}$

$= \dfrac{\text{비중(g)}}{(\text{mL})} \times \dfrac{10^3\,\text{mL}}{1\,\text{L}} \times \dfrac{1\,\text{eq}}{\dfrac{\text{분자량(g)}}{\text{가수}}} \times \dfrac{\text{농도(\%)}}{100}$

6. 자외선/가시선분광법에서 흡광도 계산공식

① 흡광도(A) $= \log \dfrac{1}{\text{투과도}} = \log \dfrac{100}{\text{투광도(\%)}}$

② 투과율(%) + 흡수율(%) = 100%

③ 투과율(%) = 100% − 흡수율(%)

7. 자외선/가시선분광법에서 램비어트비어의 법칙

램비어트 비어의 법칙 : $I_t = I_o \cdot 10^{-\epsilon CL}$ 또는 $I_o = I_t \cdot 10^{\epsilon CL}$

- I_o = 입사강도
- L = 셀의 두께
- C = 농도
- I_t = 투과강도
- ϵ = 몰흡광계수

8. 정도보증/정도관리

① 기기검출한계 = 표준편차 × 3

② 정량한계 = 표준편차 × 10

9. 함수율이 85% 이상인 시료의 보정계수 계산공식

보정계수 $= \dfrac{15}{100 - \text{함수율(\%)}}$

10. 노말헥산 추출물질 농도 계산식

① 노말헥산 추출물질(%) = $\dfrac{(a-b)(g)}{V(g)} \times 100(\%)$

　　a : 실험 전후의 증발접시의 질량 차(g)
　　b : 바탕시험 전후의 증발접시의 질량 차(g)
　　V : 시료의 양(g)

② 노말헥산추출물질량(mg/L) = $\dfrac{(시료+용기질량-용기질량)(mg)}{시료량(L)}$

11. pH의 개념

① $pH = -\log[H^+] \Rightarrow [H^+] = 10^{-pH}\,mol/L$
② $pOH = -\log[OH^-] \Rightarrow [OH^-] = 10^{-pOH}\,mol/L$
③ $pH + pOH = 14$
④ 산성 물질에서 $pH = -\log[H^+]$
⑤ 알칼리성 물질에서 $pH = 14 + \log[OH^-]$

04 폐기물 처분기술

1. 연소효율 및 열효율 계산공식

① 연소효율(%)
$$= \left(1 - \frac{손실열량}{저위발열량}\right) \times 100$$
$$= \frac{H(발열량) - Q(불완전연소에 의한 열손실) - R(재의 열손실)}{H(발열량)} \times 100$$

② 열효율(%) $= \dfrac{연소온도(℃) - 배기온도(℃)}{연소온도(℃) - 슬러지온도(℃)} \times 100$

2. 소각재 및 재의 밀도 계산공식

① 재의 밀도(ton/m³) $= \dfrac{재의 질량(ton)}{재의 용량(m^3)} = \dfrac{쓰레기의 질량(ton) \times 재의 함량}{재의 용적(m^3)}$

② 소각재의 밀도(kg/m³) $= 용적밀도(kg/m^3) \times \dfrac{100 - 질량감소율(\%)}{100 - 부피감소율(\%)}$

③ 재의 체적(m³) $= \dfrac{회분의 질량(kg)}{회분의 밀도(kg/m^3)}$

3. 급수의 출구온도 계산공식

① 급수의 출구온도(℃) $= \dfrac{배기가스의 발생열량(kcal/hr)}{물의 발생열량(kcal/hr \cdot ℃)} + 급수입구온도(℃)$

② 배기가스의 발생열량(kcal/hr)
   $=$ 배기가스유량(kg/hr) $\times$ 배기가스 평균정압비열(kcal/kg·℃) $\times$ 온도차(℃)

③ 물의 발생열량(kcal/hr) $=$ 급수량(kg/hr) $\times$ 물의 비열(kcal/kg·℃)

6. 이론연소온도 계산공식

$$t_2 = \frac{Hl}{G \times C} + t_1$$

- t_2 : 이론연소온도(℃)
- Hl : 저위발열량($kcal/Sm^3$)
- C : 정압비열($kcal/Sm^3 \cdot ℃$)
- t_1 : 기준온도(℃)
- G : 연소가스량(Sm^3/Sm^3)

7. RDF 생산량 계산공식

RDF 생산량(m^3/주)
$$= 폐기물 발생량(kg/주) \times \frac{가연성분(\%)}{100} \times \frac{가연성분 회수율(\%)}{100} \times \frac{1}{RDF\ 밀도(kg/m^3)}$$

8. 소요동력 계산공식

$$소요동력(kW) = \frac{PS \times Q}{102 \times \eta_1 \times \eta_2} \times \alpha$$

- PS : 정압(mmH_2O)
- η_1 : 송풍기 정압효율
- α : 여유율
- Q : 가스량(Sm^3/sec)
- η_2 : 전동기 효율
- $1kW = 102 kg \cdot m/sec$ 이므로 가스량(Q)의 시간단위는 반드시 "sec"임.

9. 연소실의 열발생율 계산공식

$$열발생율(kcal/m^3 \cdot hr) = \frac{저위발열량(kcal/kg) \times 쓰레기량(kg/hr)}{연소실\ 크기(m^3)}$$

10. 화상부하 계산공식

$$화상부하(kg/m^2 \cdot hr) = \frac{쓰레기\ 소각량(kg/hr)}{화상면적(m^2)}$$

11. 소각로 용적 계산공식

$$소각로\ 용적(m^3) = \frac{배기가스량(kg/sec) \times 체류시간}{배기가스\ 밀도(kg/Sm^3) \times \dfrac{273}{273 + ℃}}$$

12. 열량 계산공식

열량(kcal/sec) = 가스량(kg/sec) × 비열(kcal/kg·℃) × 온도차(℃)

13. 공연비 계산공식

① 공연비(AFR ; Sm^3/Sm^3) = $\dfrac{\text{산소갯수} \times 22.4Sm^3 \times \dfrac{1}{0.21}}{\text{연료갯수} \times 22.4Sm^3}$

② 공연비(AFR ; kg/kg) = $\dfrac{\text{산소갯수} \times \text{분자량(kg)} \times \dfrac{1}{0.232}}{\text{연료갯수} \times \text{연료의 분자량(kg)}}$

$= \dfrac{AFR(Sm^3/Sm^3) \times \text{공기의 분자량(kg)}}{\text{연료갯수} \times \text{연료의 분자량(kg)}}$

14. 과잉 공기계수(공기비) 계산식

① 배출가스 분석치가 $CO_2\%$, $O_2\%$, $N_2\%$인 경우

공기비(m) = $\dfrac{N_2\%}{N_2\% - 3.76 \times O_2\%}$

② 산소의 농도(%)가 주어진 경우

공기비(m) = $\dfrac{21}{21 - O_2\%}$

③ 이론 공기량(A_o)과 실제공기량(A)이 주어진 경우

공기비(m) = $\dfrac{\text{실제공기량(A)}}{\text{이론공기량}(A_o)} = \dfrac{mA_o}{A_o}$

15. 고체 및 액체 연료의 연소계산식

(1) 이론 산소량 및 이론 공기량 계산식(kg/kg)

① 이론 산소량(kg/kg) = $2.667C + 8\left(H - \dfrac{O}{8}\right) + S$

② 이론 공기량(kg/kg) = $\left\{2.667C + 8\left(H - \dfrac{O}{8}\right) + S\right\} \times \dfrac{1}{0.232}$

(2) 이론 산소량 및 이론 공기량 계산식(Sm^3/kg)

① 이론 산소량(O_o) $= 1.867C + 5.6\left(H - \dfrac{O}{8}\right) + 0.7S$

② 이론 공기량(A_o) $= \left\{1.867C + 5.6\left(H - \dfrac{O}{8}\right) + 0.7S\right\} \times \dfrac{1}{0.21}$

$\qquad\qquad\qquad = 8.89C + 26.67\left(H - \dfrac{O}{8}\right) + 3.33S$

(3) 가스량 계산식(Sm^3/kg)

① 이론 건연소가스량(God) $= A_o - 5.6H + 0.7O + 0.8N$

② 실제 건연소가스량(Gd) $= mA_o - 5.6H + 0.7O + 0.8N$

③ 이론 습연소가스량(Gow) $= A_o + 5.6H + 0.7O + 0.8N + 1.244W$

④ 실제 습연소가스량(Gw) $= mA_o + 5.6H + 0.7O + 0.8N + 1.244W$

(4) 고체 및 액체연료의 농도 계산식

① SO_2의 농도(%) $= \dfrac{SO_2 량(Sm^3/kg)}{가스량(Sm^3/kg)} \times 100 = \dfrac{0.7 \times S(Sm^3/kg)}{가스량(Sm^3/kg)} \times 100$

② SO_2의 농도(ppm) $= \dfrac{SO_2 량(Sm^3/kg)}{가스량(Sm^3/kg)} \times 10^6 = \dfrac{0.7 \times S(Sm^3/kg)}{가스량(Sm^3/kg)} \times 10^6$

③ CO_2의 농도(%) $= \dfrac{CO_2 량(Sm^3/kg)}{가스량(Sm^3/kg)} \times 100 = \dfrac{1.867 \times C(Sm^3/kg)}{가스량(Sm^3/kg)} \times 100$

④ CO_2의 농도(ppm) $= \dfrac{CO_2 량(Sm^3/kg)}{가스량(Sm^3/kg)} \times 10^6 = \dfrac{1.867 \times C(Sm^3/kg)}{가스량(Sm^3/kg)} \times 10^6$

(5) $CO_2 max$(%) 계산식

① $CO_{2max} = \dfrac{21 \times (CO_2\% + CO\%)}{21 - O_2\% + 0.395 \times CO\%}$

② $CO_{2max} = \dfrac{21 \times CO_2\%}{21 - O_2\%}$

③ $CO_{2max} = \dfrac{1.867C}{God} \times 100$

(6) $CO_{2max} = \dfrac{CO_2 량}{God} \times 100(\%)$

① 이론 공기량(A_o) $= 8.89C + 26.67\left(H - \dfrac{O}{8}\right) + 3.33S\,(Sm^3/kg)$

② 이론 건연소가스량(God) $= A_o - 5.6H + 0.7O + 0.8N\,(Sm^3/kg)$

③ CO_2량 $= 1.867 \times C\,(Sm^3/kg)$

(7) 실제 필요한 공기량(Nm^3/hr)
= 공기비(m) × 이론공기량(Nm^3/hr) × 폐기물소각량(kg/hr)

① 공기비(m) $= \dfrac{N_2\%}{N_2\% - 3.76 \times O_2\%}$

② 이론 공기량(A_o) $= 8.89C + 26.67\left(H - \dfrac{O}{8}\right) + 3.33S\,(Sm^3/kg)$

(8) Rosin식의 이론 공기량 계산식

이론 공기량(A_o) $= 0.85 \times \dfrac{Hl}{1,000} + 2.0\,(Sm^3/kg)$

16. 기체연료의 연소계산식

(1) 완전연소반응식(Sm^3/Sm^3)
$$C_m H_n + \left(m + \dfrac{n}{4}\right)O_2 \rightarrow mCO_2 + \dfrac{n}{2}H_2O$$

(2) 이론 산소량 및 이론 공기량 계산식(Sm^3/Sm^3)

① 이론 산소량(O_o) = 반응식에서 산소의 갯수

② 이론 공기량(A_o) = 이론 산소량(Sm^3/Sm^3) $\times \dfrac{1}{0.21}$

(3) 가스량 계산식(Sm^3/Sm^3)

① 이론 건연소가스량(God) $= (1 - 0.21) \times A_o + CO_2$량
② 실제 건연소가스량(Gd) $= (m - 0.21) \times A_o + CO_2$량
③ 이론 습연소가스량(Gow) $= (1 - 0.21) \times A_o + CO_2$량 $+ H_2O$량
④ 실제 습연소가스량(Gw) $= (m - 0.21) \times A_o + CO_2$량 $+ H_2O$량

(4) 기체연료의 농도 계산식

① SO_2의 농도(%) $= \dfrac{SO_2 량(Sm^3/Sm^3)}{가스량(Sm^3/Sm^3)} \times 100$

② SO_2의 농도(ppm) $= \dfrac{SO_2 량(Sm^3/Sm^3)}{가스량(Sm^3/Sm^3)} \times 10^6$

③ CO_2의 농도(%) $= \dfrac{CO_2 량(Sm^3/Sm^3)}{가스량(Sm^3/Sm^3)} \times 100$

④ CO_2의 농도(ppm) $= \dfrac{CO_2 량(Sm^3/Sm^3)}{가스량(Sm^3/Sm^3)} \times 10^6$

17. 발열량 계산식

(1) 고체 및 액체 연료의 발열량 계산식

① 저위발열량 계산식

$Hl = Hh - 600(9H + W)(kcal/kg)$

② 듀롱(Dulong)식에 의한 고위발열량 계산식

$Hh = 8,100C + 34,000(H - \dfrac{O}{8}) + 2,500 S \ (kcal/kg)$

⎡ Hl : 저위발열량(kcal/kg)　　　　　　　Hh : 고위발열량(kcal/kg)
⎢ C : 탄소의 함량　　　　　　　　　　　O : 산소의 함량
⎢ H : 수소의 함량　　　　　　　　　　　S : 황의 함량
⎣ W : 수분의 함량

(2) 기체연료의 저위발열량 계산식

$Hl = Hh - 600\,kcal/kg \times \dfrac{18\,kg}{22.4\,Sm^3} \times H_2O량 \ (kcal/Sm^3)$

$\quad = Hh - 480\,kcal/Sm^3 \times H_2O량 \ (kcal/Sm^3)$

18. 매립면적 계산공식

$$매립면적(m^2/년) = \dfrac{쓰레기 발생량(kg/년)}{밀도(kg/m^3) \times 매립지 높이(m)}$$

$$= \dfrac{폐기물 배출량(kg/년) \times (1-부피감소율)}{쓰레기의 밀도(kg/m^3) \times 매립깊이(m)}$$

$$= \dfrac{폐기물발생량(kg/년) \times (1-압축율)}{쓰레기의 밀도(kg/m^3) \times 매립지 깊이(m)}$$

$$= \dfrac{쓰레기 발생량(ton/년) \times (1-부피감소율)}{쓰레기 밀도(ton/m^3) \times 매립깊이(m)} \times \dfrac{1}{점유율}$$

19. 매립장의 사용일수 계산공식

$$매립장 사용일수 = \dfrac{매립용적(m^3)}{쓰레기 발생량(m^3/일) \times (1-부피감소율)}$$

$$= \dfrac{매립용량(m^3) \times 밀도(kg/m^3)}{쓰레기 배출량(kg/일)} \times \dfrac{폐기물}{폐기물 + 복토}$$

20. Darcy의 법칙 계산공식

$$t = \frac{d^2 \times n}{k \times (d+h)}$$

- t : 시간(년)
- k : 투수계수(m/년)
- h : 침출수 수두(m)
- n : 유효공극률
- d : 점토층의 수두(m)

21. 매립장 관련 계산공식

① 물의 침투속도(m/sec) = $\dfrac{\text{비배출량(m/sec)}}{\text{공극률}}$

② 도달시간(년) = $\dfrac{\text{이동거리(m)} \times \text{유효공극률}}{\text{유출속도(m/년)}}$

③ 침출수 발생량(m^3/일) 계산공식

$$Q = \frac{1}{1000} \times C \times I \times A$$

- C : 유출계수
- I : 강우강도(mm/day)
- Q : 침출수 발생량(m^3/일)
- A : 면적(m^2)

④ 유출되는 침출수량(m^3/년)

$= \dfrac{\text{매립쓰레기량(ton)}}{\text{쓰레기 밀도(ton/}m^3\text{)} \times \text{매립높이(m)}} \times \text{침출되는 강우량(m/년)}$

⑤ 지하침투수량(C)
 = 총강우량(P) × [1 − 유출률(R)] − 폐기물의 수분저장량(S) − 증발량(E)

⑥ 지하수의 유량(m^3/day) = 면적 × 속도 × 기울기$\left(\dfrac{\text{수두차}}{\text{거리차}}\right)$

⑦ $V = \dfrac{Q}{A} = k \times \dfrac{dH}{dL}$

- V : 속도(m/sec)
- A : 면적(m^2)
- dL : 두 지점간 거리(m)
- Q : 유량(m^3/sec)
- k : 투수계수(m/sec)
- dH : 수두차(m)

⑧ 처리계획수량(m^3/day) = 연간평균 강수량(m/day) × 면적(m^2) × 유출율

⑨ 침출수 발생량(m^3/년) = 면적(m^2) × 침출되는 강우량(m/년)

⑩ 혐기성 완전분해식

$$C_aH_bO_cN_d + \left(\frac{4a-b-2c+3d}{4}\right)H_2O$$

$$\rightarrow \left(\frac{4a+b-2c-3d}{8}\right)CH_4 + \left(\frac{4a-b+2c+3d}{8}\right)CO_2 + dNH_3$$

MEMO

MEMO

MEMO

KUHMINSA

한 발 앞서나가는 출판사, **구민사**

구민사 출간도서 中 수험서 분야

- 용접
- 자동차
- 조경/산림
- 품질경영
- 산업안전
- 전기
- 건축토목
- 실내건축
- 기술사
- 기계
- 금속
- 환경
- 보일러
- 가스
- 공조냉동
- 위험물

전국 도서판매처

- 일산남부서점
- 안산대동서적
- 대구북앤북스
- 대구하나도서
- 부산브레인박스
- 포항학원사
- 울산처용서림
- 창원그랜드문고
- 순천중앙서점
- 광주조은서림

www.kuhminsa.co.kr

자격증 시험 접수부터 자격증 수령까지!

필기 원서 접수
큐넷(www.q-net.or.kr)
필기 시험은 회원 가입 후 인터넷 접수만 가능
(사진 파일, 접수비(인터넷 결제) 필요)
응시자격 요건 반드시 확인

필기시험
입실 시간 미준수 시 시험 응시 불가
준비물 : 수험표, 신분증, 필기구 지참

필기 합격 확인
큐넷(www.q-net.or.kr)
사이트에서 확인

실기 원서 접수
큐넷(www.q-net.or.kr)
응시 자격 서류는 실기시험 접수기간(4일 내)에
제출해야만 접수 가능

전문가를 위한 첫걸음, 쿠민사는 그 이상을 봅니다.
KUHMINSA

실기 시험
필답형과 작업형으로 분류
원서 접수 시 선택한 장소와 시간에 맞게 시험을 봅니다.
준비물 : 수험표, 신분증, 필기구 지참

최종합격 확인
큐넷(www.q-net.or.kr)
사이트에서 확인

자격증 신청
인터넷으로 신청(상장형 자격증 발급을 원칙으로 하며,
희망 시 수첩형 자격증 발급 신청/ 발급 수수료 부과)

자격증 수령
인터넷으로 발급(출력)
(수첩형 자격증 등기 수령 시 등기 비용 발생)

D-DAY 60 — 폐기물처리기사 필기 D-60 합격 플랜
(위의 플랜은 가장 이상적인 것이므로 참고하여 개인의 입장과 일정에 맞춰 준비하시기 바랍니다.)

월요일	화요일	수요일	목요일	금요일	토요일	일요일
D-60	D-59	D-58	D-57	D-56	D-55	D-54
		PART 1. 학습 및 복습				
D-53	D-52	D-51	D-50	D-49	D-48	D-47
		PART 2. 학습 및 복습				
D-46	D-45	D-44	D-43	D-42	D-41	D-40
		PART 3. 학습 및 복습				
D-39	D-38	D-37	D-36	D-35	D-34	D-33
		PART 4. 학습 및 복습				
D-32	D-31	D-30	D-29	D-28	D-27	D-26
		과년도 문제 풀이				

D-DAY 60 — 놓친 부분 다시보기

월요일	화요일	수요일	목요일	금요일	토요일	일요일
D-25	D-24	D-23	D-22	D-21	D-20	D-19
		이론복습 (O/X)				문제풀이 (O/X)
D-18	D-17	D-16	D-15	D-14	D-13	D-12
		이론복습 (O/X)				문제풀이 (O/X)
D-11	D-10	D-9	D-8	D-7	D-6	D-5
		이론복습 (O/X)				문제풀이 (O/X)
D-4	D-3	D-2	D-1			
		이론복습 (O/X)				

시험장 가기 전에 Tip

Q 계산기를 따로 가져가야 하나요?
A 시험을 치르는 PC에 설치된 계산기를 이용하실 수 있습니다.(개인 계산기 지참 가능)

Q PC로 시험을 치르면 종이는 못 쓰나요?
A 시험장에서 필요한 사람에 한해 종이를 제공합니다. 시험장마다 상황이 다를 수 있으니 전화로 해당 시험장의 상황을 파악해보시길 권장합니다. 이 때 시험이 끝나고 종이 반납은 필수입니다.

머리말

본 수험서는 폐기물처리기사 필기를 준비하는 수험생들을 위해 최근에 출제된 문제들을 분석하고 한국산업인력공단 출제경향에 맞추어 집필된 폐기물처리기사 수험서이다.

본 수험서의 특징

1. 기사 문제만 수록하였고 그와 함께 출제년도를 표기해 수험생들이 최근의 출제경향을 쉽게 파악할 수 있게 하였다.
2. 이론 중 중요한 부분은 별표로 표기해 개념정리에 큰 도움이 될 수 있게끔 하였다.
3. 문제의 구성은 가장 기본적인 문제에서부터 응용문제 순으로 배치하여 기본에 충실한 학습이 될 수 있도록 하였으며, 계산문제나 중요문제는 풀이 및 Tip을 이용해 단위 및 개념을 정리할 수 있도록 하였다.
4. 이론편에서는 중요한 공식마다 예제문제를 수록하여 바로바로 공식을 이해할 수 있게 하였다.
5. 최신 개정된 법규의 내용과 문제를 수록하여 법규과목을 충분히 대비할 수 있게끔 하였다.

본인은 다년간의 학원강의를 통하여 얻은 지식들과 최근에 출제되는 문제를 바탕으로 이론을 정리하였으며, 문제풀이를 통하여 수험생들이 궁금해하는 부분을 상세하게 서술함으로써 수험생 여러분이 폐기물처리기사 공부에 쉽게 접근하여 자격증취득에 이르기까지 아주 많은 도움이 되리라 자부한다.

아무쪼록 본 교재를 통하여 수험생 여러분의 뜻한바 목적을 이루기를 바라며, 내용 중 오류 및 잘못된 점들이 있다며 수험생 여러분들의 기탄없는 충고를 바라며, 저자와 출판사는 여러분들이 보다 쉽게 공부할 수 있는 환경자격증의 대표수험서가 될 수 있도록 꾸준히 노력을 다할 것이다.

마지막으로 이 수험서가 출간되기까지 수고를 아끼지 않으신 도서출판 구민사 조규백 대표님을 비롯한 직원 여러분, 그리고 환경전문 고려종합기술학원 식구들 및 항상 물심양면으로 도와주시는 분들께 진심으로 감사의 말씀을 드립니다.

저자

무료 동영상 강의 http://cafe.naver.com/makels

이 책의 구성과 특징

01 체계적인 핵심 요약 & 예제 문제 수록

- 이론 중 중요한 부분은 별표(★)로 표기해 개념정리에 큰 도움이 될 수 있게끔 하였습니다.
- 이론편에서는 중요한 공식마다 예제문제를 이용하여 바로바로 학습할 수 있게 하였습니다.
- 문제의 구성은 가장 기본적인 문제에서부터 응용문제 순으로 배치하여 기본에 충실한 학습이 될 수 있도록 하였으며, 계산 문제나 중요문제는 풀이 및 Tip을 이용해 단위 및 개념을 정리할 수 있도록 하였습니다.

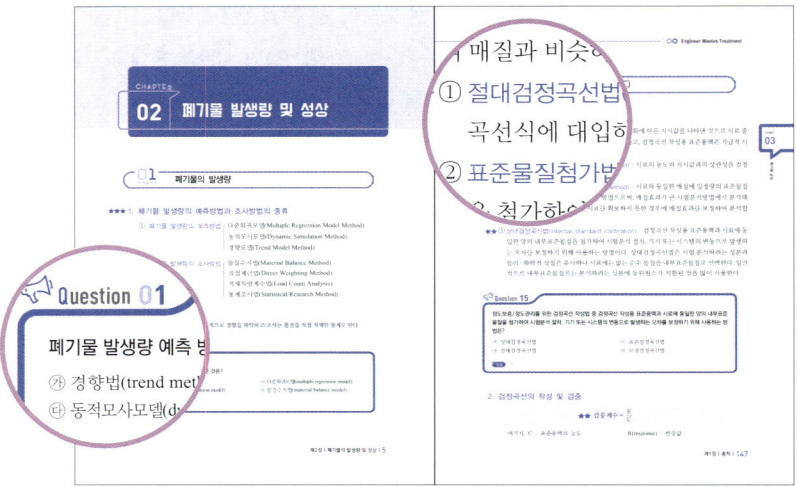

핵심 요약

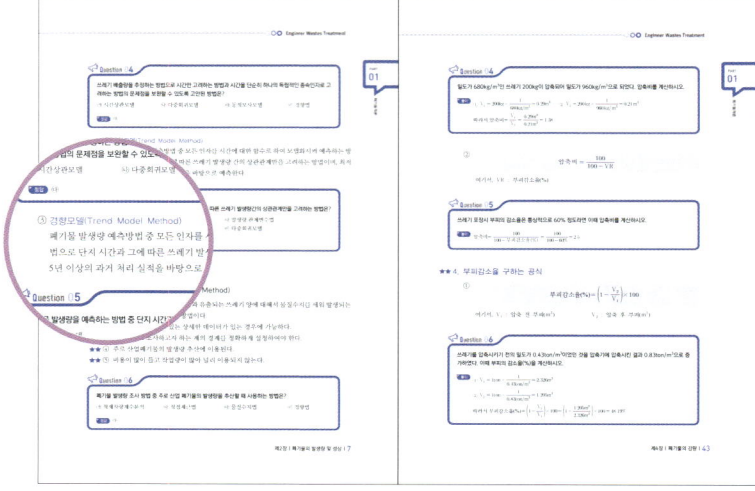

예제 문제

02 최근 개정 법규 & 과년도 문제 및 CBT 복원문제 수록

- 최근 개정된 법규의 내용과 문제를 수록하여 법규과목을 충분히 대비할 수 있게끔 하였습니다.
- 최근 과년도 문제와 CBT를 수록하여 실전시험에 대비할 수 있도록 하였습니다.

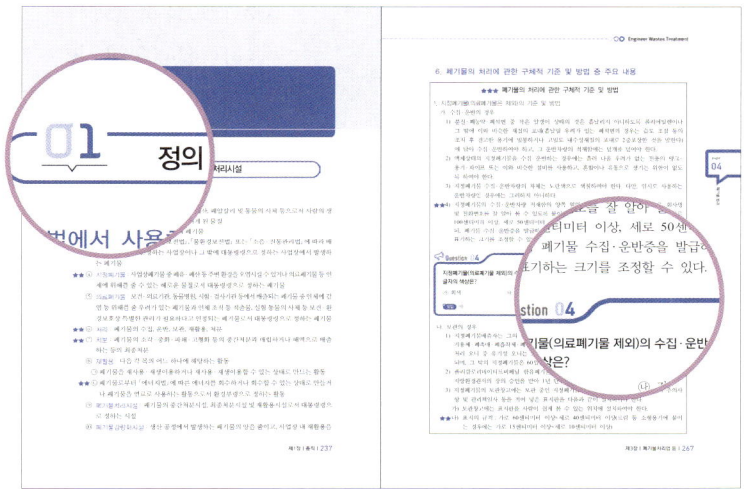

폐기물법규

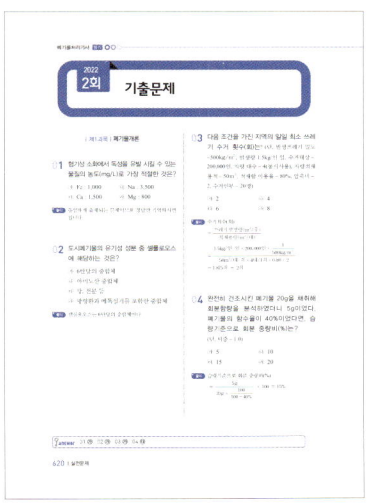

과년도 문제

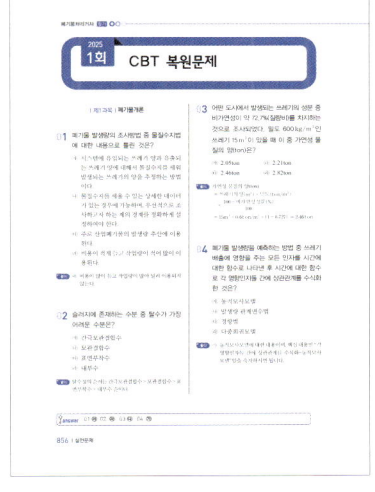

CBT 복원문제

CONTENTS

PART 01　폐기물 개론

1. 폐기물의 분류　　3
2. 폐기물 발생량 및 성상　　5
3. 폐기물 관리　　21
4. 폐기물의 감량　　41
5. 퇴비화　　63

PART 02　폐기물 재활용 및 자원화 기술

1. 중간처분　　69
2. 연료화 기술　　98
3. 자원화　　107
4. 토양오염　　113

PART 03　폐기물공정시험기준

1. 총칙　　125
2. 시료의 채취　　135
3. 일반항목편　　151
4. 금속류(Metals)　　175
5. 기타 항목편　　198

PART 04　폐기물 처분기술

1. 연료 및 소각로　　223
2. 열분해 및 부대설비 및 연소영향인자　　236
3. 연소　　249
4. 오염물질 처리법　　266
5. 오염물질 제거장치　　275

부록　실전문제(과년도 기출문제)

2014년
제1회 (2014.03.03 시행)　　307
제2회 (2014.05.25 시행)　　328
제4회 (2014.09.20 시행)　　349

2015년
제1회 (2015.03.08 시행)　　370
제2회 (2015.05.31 시행)　　390
제4회 (2015.09.19 시행)　　409

2016년
제1회 (2016.03.06 시행)　　428
제2회 (2016.05.08 시행)　　446
제4회 (2016.10.01 시행)　　465

2017년
제1회 (2017.03.05 시행)　　483
제2회 (2017.05.07 시행)　　502
제4회 (2017.09.23 시행)　　520

2018년
제1회 (2018.03.04 시행)　　537
제2회 (2018.04.28 시행)　　555
제4회 (2018.09.15 시행)　　573

부록 실전문제(과년도기출문제)

2019년
- 제1회 (2019.03.03 시행)   590
- 제2회 (2019.04.27 시행)   608
- 제4회 (2019.09.21 시행)   626

2020년
- 제1·2회 (2020.06.07 시행)   643
- 제3회 (2020.08.22 시행)   661
- 제4회 (2020.09.27 시행)   680

2021년
- 제1회 (2021.03.07 시행)   697
- 제2회 (2021.05.21 시행)   715
- 제4회 (2021.09.12 시행)   732

2022년
- 제1회 (2022.03.05 시행)   750
- 제2회 (2022.04.24 시행)   767

부록 실전문제(CBT 복원문제)

2023년
- 제1회 CBT 복원문제   785
- 제4회 CBT 복원문제   802

2024년
- 제1회 CBT 복원문제   819
- 제3회 CBT 복원문제   837

2025년
- 제1회 CBT 복원문제   856
- 제3회 CBT 복원문제   874

출제기준 - 폐기물처리기사 필기

직무 분야	환경· 에너지	중직무 분야	환경	자격 종목	폐기물처리기사	적용 기간	2026.1.1~ 2030.12.31
직무내용	사람의 생활이나 사업활동과 관련하여 발생된 폐기물을 물리적, 생물학적, 화학적으로 처리하기 위한 계획을 수립하고, 처리시설을 설계, 시공, 운영하는 업무를 수행하는 직무이다.							
필기검정 방법	객관식	문제수	80	시험시간	2시간			

필기과목명	문제수	주요항목	세부항목
폐기물개론	20	1. 오염원 현황파악	1. 폐기물 발생원 현황 파악
			2. 배출원별 발생량 및 처리량
		2. 폐기물관리 계획 수립	1. 폐기물 발생 특성 파악
			2. 환경법규와 정책 조사
			3. 폐기물관련법
		3. 폐기물처리시설 설치 계획	1. 폐기물처리시설 종류, 특성파악
			2. 폐기물처리시설 현황 조사
			3. 처리공정별 최적 가용 기술(BAT) 선정
		4. 수거·운반	1. 폐기물 분리배출 및 보관
			2. 폐기물 수거와 운반(수송)
			3. 적환장(중계처리시설)관리
			4. 폐기물 추적 관리
		5. 폐기물관리 행정 업무	1. 행정절차 이행

필기과목명	문제수	주요항목	세부항목
폐기물 재활용 및 자원화 기술	20	1. 물리적 처리기술	1. 전처리 기술
			2. 연료화 기술
			3. 건설폐기물 처리 기술
			4. 기타 물리적처리 기술
		2. 화학적 처리기술	1. 화학적 처리
			2. 열적·화학적 처리
			3. 기타 화학적 처리
		3. 생물학적 처리기술	1. 호기성 처리 기술
			2. 혐기성 처리 기술
			3. 기타 생물학적 처리
폐기물 처분 기술	20	1. 중간처분 기술	1. 연소이론 및 계산
			2. 폐기물 종류별 연소특성
			3. 소각공정
			4. 소각로의 종류 및 특성
			5. 소각로의 설계 및 운전관리
			6. 연소가스 처리 및 오염방지
			7. 폐열 회수 및 이용
		2. 최종처분 기술	1. 매립 기술
			2. 매립지 안정화 및 사후관리

필기과목명	문제수	주요항목	세부항목
폐기물공정 시험기준	20	1. 총칙	1. 일반 사항
		2. 일반 시험법	1. 시료채취 방법
			2. 시료의 조제 방법
			3. 시료의 전처리 방법
			4. 함량 시험 방법
			5. 용출시험 방법
			6. 기타 시험방법
		3. 기기 분석법	1. 자외선/가시선분광법
			2. 원자흡수분광광도법
			3. 유도결합 플라즈마 원자발광분광법
			4. 기체크로마토그래피법
			5. 이온전극법 등
		4. 항목별 시험방법	1. 일반항목
			2. 금속류
			3. 유기화합물류
			4. 기타
		5. 분석용 시약 제조	1. 시약제조방법
		6. 폐기물 조사분석	1. 결과해석 및 보고

시험정보 – 폐기물처리기사 필기

개요
문명사회로부터 배출되는 폐기물을 적절하게 처리 및 처분하지 않으면 환경을 오염시킴으로써 인간을 포함하는 생태계의 존속을 위태롭게 할 수 있다. 이에 따라 정부에서도 시대적 조류에 부응하여 폐기물처리에 대한 전문인의 양성을 위해 자격제도 제정

수행직무
국민의 일상생활에 수반하여 발생하는 일반폐기물과 산업활동에 부수하여 발생하는 산업 폐기물을 기계적 분리, 증발, 여과, 건조, 파쇄, 압축, 흡수, 흡착, 이온교환, 소각, 소성, 생물학적 산화, 소화, 퇴비화 등의 인위적, 물리적, 기계적 단위조작과 생물 학적, 화학적 반응조작을 주어 감량화, 무해화, 안전화 등 폐기물을 취급하기 쉽고 위험성이 작은 성상과 형태로 변화시키는 일련의 처리업무 담당

진로 및 전망
정부의 환경공무원 폐기물처리업체 등으로 진출 할 수 있다. – 경제성장으로 인하여 우리나라의 생활폐기물과 사업장폐기물의 배출량은 계속증가 하고 있으나 처리현황에 있어서 매립이 대부분을 차지하고 이밖에 소각, 재활용, 보관, 기타(파쇄, 중화 등)의 방법으로 처리하고 있어 이를 관리 및 처리하는 인력 수요가 증가할 것이다.

취득방법
① 시행처 : 한국산업인력공단
② 관련학과 : 대학이나 전문대학의 환경공학, 관련학과
③ 시험과목
  – 필기 1. 폐기물개론 2. 폐기물 재활용 및 자원화 기술 3. 폐기물처분기술 4. 폐기물 공정시험 기준
  – 실기 : 폐기물처리 실무
④ 검정방법
  – 필기 : 객관식 4지 택일형 과목당 20문항
  – 실기 : 필답형(3시간)
⑤ 합격기준
  – 필기 : 100점을 만점으로 하여 과목당 40점 이상, 전과목 평균 60점 이상
  – 실기 : 100점을 만점으로 하여 60점 이상

시험수수료
  – 필기 : 19,400원
  – 실기 : 22,600원

동영상 강의 수강자를 위한
전쌤의 무료 동영상 카페 이용방법

무료 동영상 바로가기 cafe.naver.com/makels

01
STEP 1.
교재를 구입하셨나요?
전쌤의 **무료 동영상 강의**로 시작하세요.
열심히 해서 **합격**해보자구요!

02
STEP 2.
전쌤 강의는 **네이버 카페**를 통해
공부하실 수 있습니다.
cafe.naver.com/makels

03
STEP 3.
카페에서 도서인증 후
무료 동영상 강의를
마음껏 시청하세요.

04
STEP 4.
공부하다가 궁금한 점이 있거나
알고 넘어가야하는 문제가 있으신가요?
환경에듀와 **네이버 카페**를 통해
문의해 주세요.

최고의 합격수험서

전화택 원장님이 제시하는 합격 완벽대비!

💧 수질계열
수질환경 기사 필기·과년도
수질환경 산업기사 필기·과년도
수질환경 기사 실기
수질환경 산업기사 실기

❄️ 대기계열
대기환경 기사 필기·과년도
대기환경 산업기사 필기·과년도
대기환경 기사 실기
대기환경 산업기사 실기

⚙️ 환경계열
환경기능사 필기&실기
환경기능사 필기+작업형 실기

🍀 폐기물계열
폐기물처리 기사 필기·과년도
폐기물처리 산업기사 필기·과년도
폐기물처리 기사 실기
폐기물처리 산업기사 실기

🧪 화학계열
화학분석기능사 필기+실기

📚 교재분야
수질환경분석
환경학개론
환경기초학 및 환경방지기술
수질오염
대기오염

❖ **네이버 카페** 자격증 만들기 ❖
http://www.cafe.naver.com/makels

도서출판 구민사

Address (07293) 서울특별시 영등포구 문래북로 116, 604호(문래동3가 46, 트리플렉스)
Tel 02)701-7421 Fax 02)3273-9642 homepage http://www.kuhminsa.co.kr/

원소주기율표

PART 01

폐기물개론

CHAPTER 01　폐기물의 분류
CHAPTER 02　폐기물 발생량 및 성상
CHAPTER 03　폐기물 관리
CHAPTER 04　폐기물의 감량
CHAPTER 05　퇴비화

폐기물처리
기 사
필 기

CHAPTER 01 폐기물의 분류

01 폐기물의 종류

1. 폐기물의 정의

폐기물이란 쓰레기, 연소재, 오니, 폐유, 폐산, 폐알칼리 및 동물의 사체 등으로서 사람의 생활이나 사업활동에 필요하지 아니하게 된 물질을 말한다.

2. 폐기물의 종류

① 생활폐기물이란 사업장폐기물 외에 폐기물을 말한다.
② 사업장폐기물이란 「대기환경보전법」, 「물환경보전법」 또는 「소음·진동관리법」에 따라 배출시설을 설치·운영하는 사업장이나 그 밖에 대통령령으로 정하는 사업장에서 발생하는 폐기물을 말한다.
③ 지정폐기물이란 사업장폐기물 중 폐유·폐산 등 주변 환경을 오염시킬 수 있거나 의료폐기물 등 인체에 위해를 줄 수 있는 해로운 물질로서 대통령령으로 정하는 폐기물을 말한다.
④ 의료폐기물이란 보건·의료기관, 동물병원, 시험·검사기관 등에서 배출되는 폐기물 중 인체에 감염 등 위해를 줄 우려가 있는 폐기물과 인체 조직 등 적출물, 실험 동물의 사체 등 보건·환경보호상 특별한 관리가 필요하다고 인정되는 폐기물로서 대통령령으로 정하는 폐기물을 말한다.

02 지정폐기물의 유해성을 구분하는 분류기준 ★★

① 폭발성　　　　② 반응성
③ 인화성　　　　④ 부식성
⑤ 생태독성　　　⑥ 유해가능성
⑦ 난분해성　　　⑧ 용출특성

Question 01

유해성 폐기물이라 판단할 수 있는 성질로 틀린 것은?

㉮ 반응성　　㉯ 인화성　　㉰ 부식성　　㉱ 부패성

정답 ㉱

CHAPTER 02 | 폐기물 발생량 및 성상

01 폐기물의 발생량

★★★ 1. 폐기물 발생량의 예측방법과 조사방법의 종류

① 폐기물 발생량의 예측방법
- 다중회귀모델(Multiple Regression Model Method)
- 동적모사모델(Dynamic Simulation Method)
- 경향모델(Trend Model Method)

② 폐기물 발생량의 조사방법
- 물질수지법(Material Balance Method)
- 직접계근법(Direct Weighting Method)
- 적재차량계수법(Load Count Analysis)
- 통계조사법(Statistical Research Method)

암기법 : 예측은 다중이 동적으로 경향을 파악하고/조사는 물질을 직접 적재한 통계로 한다.

Question 01

폐기물 발생량 예측 방법으로 틀린 것은?
㉮ 경향법(trend method)   ㉯ 다중회귀모델(multiple regression model)
㉰ 동적모사모델(dynamic simulation model)   ㉱ 물질수지법(material balance model)

 ㉱

Question 02

다음 중에서 쓰레기 발생량 조사방법에 해당하지 않는 것은?

㉮ 적재차량 계수분석법 ㉯ 직접 계근법
㉰ 물질수지법 ㉱ 경향법

정답 ㉱

★★★ 2. 폐기물 발생량 예측방법

① 다중회귀모델(Multiple Regression Model Method)
   하나의 수식으로 각 인자들이 효과를 총괄적으로 나타내어 복잡한 시스템의 분석에 유용하게 사용할 수 있는 쓰레기 발생량을 예측하는 방법이다.

   TIP
   핵심용어 : 복잡한 시스템

Question 03

폐기물 발생량 예측방법 중 하나의 수식으로 쓰레기 발생량에 영향을 주는 각 인자들의 효과를 총괄적으로 나타내어 복잡한 시스템의 분석에 유용하게 사용할 수 있는 방법은?

㉮ 상관계수 분석모델 ㉯ 다중회귀 모델
㉰ 동적모사 모델 ㉱ 경향법 모델

정답 ㉯

② 동적모사모델(Dynamic Simulation Model Method)
   ⓐ 쓰레기 배출에 영향을 주는 모든 인자를 시간에 대한 함수로 나타낸 후 시간에 대한 함수로 각 영향인자들 간에 상관관계를 수식화 한 것이다.
   ⓑ 시간만 고려하는 방법과 시간을 단순히 하나의 독립적인 종속인자로 고려하는 방법의 문제점을 보완할 수 있도록 고안되었다.

   TIP
   핵심용어 : 영향인자, 독립적인 종속인자

Question 04

쓰레기 배출량을 추정하는 방법으로 시간만 고려하는 방법과 시간을 단순히 하나의 독립적인 종속인자로 고려하는 방법의 문제점을 보완할 수 있도록 고안된 방법은?

㉮ 시간상관모델   ㉯ 다중회귀모델   ㉰ 동적모사모델   ㉱ 경향법

정답 ㉰

③ 경향모델(Trend Model Method)

폐기물 발생량 예측방법 중 모든 인자를 시간에 대한 함수로 하여 모델화시켜 예측하는 방법으로 단지 시간과 그에 따른 쓰레기 발생량 간의 상관관계만을 고려하는 방법이며, 최저 5년 이상의 과거 처리 실적을 바탕으로 예측한다.

Question 05

폐기물 발생량을 예측하는 방법 중 단지 시간과 그에 따른 쓰레기 발생량간의 상관관계만을 고려하는 방법은?

㉮ 동적모사모델   ㉯ 발생량 관계변수법
㉰ 경향법   ㉱ 다중회귀모델

정답 ㉰

★★★ 3. 폐기물 발생량 조사방법

★★★ (1) 물질수지법(Material Balance Method)

① 시스템에 유입되는 쓰레기 양과 유출되는 쓰레기 양에 대해서 물질수지를 세워 발생되는 쓰레기의 양을 추정하는 방법이다.
② 물질수지를 세울 수 있는 상세한 데이터가 있는 경우에 가능하다.
③ 우선적으로 조사하고자 하는 계의 경계를 정확하게 설정하여야 한다.
★★ ④ 주로 산업폐기물의 발생량 추산에 이용된다.
★★ ⑤ 비용이 많이 들고 작업량이 많아 널리 이용되지 않는다.

Question 06

폐기물 발생량 조사 방법 중 주로 산업 폐기물의 발생량을 추산할 때 사용하는 방법은?

㉮ 적재차량계수분석   ㉯ 직접계근법   ㉰ 물질수지법   ㉱ 경향법

정답 ㉰

Question 07

쓰레기 발생량 조사방법 중 물질수지법에 대한 내용으로 거리가 먼 것은?

㉮ 주로 산업폐기물 발생량을 추산할 때 이용된다.
㉯ 먼저 조사하고자 하는 계의 경계를 정확하게 설정한다.
㉰ 물질수지를 세울 수 있는 상세한 데이터가 있는 경우에 가능하다.
㉱ 비용이 저렴하고 일반적으로 폭 넓게 사용된다.

풀이 ㉱ 비용이 많이 들고 작업량이 많아 널리 이용되지 않는다.

★★ (2) 직접계근법(Direct Weighting Method)

① 국내 대형소각장 및 위생매립장에 반입되는 쓰레기의 양을 주로 측정하는데 이용한다.
② 비교적 정확한 발생량을 파악할 수 있다.
③ 작업량이 많고 번거로운 폐기물의 발생량 조사방법이다.

Question 08

생활폐기물 발생량의 조사방법 중 직접계근법에 대한 내용으로 틀린 것은?

㉮ 입구에서 쓰레기가 적재되어 있는 차량과 출구에서 쓰레기를 적하한 공차량을 계근하여 쓰레기량을 산출한다.
㉯ 비교적 정확한 쓰레기 발생량을 파악할 수 있다.
㉰ 적재차량 계수분석에 비해 작업량이 많고 번거롭다.
㉱ 주로 산업폐기물의 발생량을 추산하는데 이용되며 조사범위가 정확하여야 한다.

풀이 ㉱번의 설명은 물질수지법에 대한 설명이다.

★★ (3) 적재차량계수법(Load count Analysis)

① 일정기간동안 특정지역의 쓰레기 수거차량의 대수를 조사하여 이 값에 폐기물의 겉보기 비중을 보정하여 중량으로 환산하여 폐기물의 발생량을 조사하는 방법이다.
② 중간적하장 및 중계처리장에 반입되는 쓰레기의 양을 주로 측정하는데 이용한다.

(4) 통계조사법(Statistical Research Method)

① 표본조사(Sample Survey)
　ⓐ 경비가 적게 든다.　　　　　ⓑ 조사기간이 짧다.
　ⓒ 조사상 오차가 크다.

② 전수조사(Complete Enumeration)
　ⓐ 행정시책의 이용도가 높다.　ⓑ 조사기간이 길다.
　ⓒ 표본치의 보정역할이 가능하다.　ⓓ 표본오차가 작아 신뢰도가 높다.

Question 09

폐기물의 발생량의 조사방법 중 전수조사 방법에 관한 설명으로 틀린 것은?
㉮ 조사기간이 길다.　　　　　　㉯ 표본오차가 크다.
㉰ 행정시책의 이용도가 높다.　　㉱ 보정이 가능하다.

풀이　㉯ 표본오차가 작아 신뢰도가 높다.

02 폐기물의 배출특성

1. 폐기물 발생량에 영향을 미치는 인자

① 가구당 인원수　　　　② 생활수준
③ 쓰레기통의 크기　　　④ 수거빈도
⑤ 계절

★★ 2. 폐기물 발생의 특징

★★ ① 대도시보다는 문화수준이 열악한 중소도시의 주변이 쓰레기를 더 적게 발생시킨다.
★★ ② 쓰레기발생량은 주방쓰레기량에 영향을 많이 받으므로 엥겔지수가 높은 서민층의 쓰레기가 부유층보다 적다.
★★ ③ 쓰레기를 자주 수거해 가면 쓰레기 발생이 증가한다.
★★ ④ 쓰레기통이 클수록 유효용적이 증가하면 발생량이 증가한다.
⑤ 재활용품의 회수 및 재이용률이 증가할수록 쓰레기 발생량은 감소한다.

⑥ 생활수준이 증가할수록 쓰레기의 종류는 다양화되고 발생량은 증가한다.
★★ ⑦ 쓰레기의 성분은 계절에 영향을 받는다.
⑧ 쓰레기 관련법규는 쓰레기 발생량에 매우 중요한 영향을 미친다.
⑨ 부엌용 분쇄기를 사용할 경우 음식쓰레기 발생량이 제한적으로 감소한다.
⑩ 상업지역, 주택지역 등 장소에 따라 발생량과 성상이 달라진다.

Question 10

폐기물 발생량에 대한 내용으로 틀린 것은?

㉮ 상업지역, 주택지역 등 장소에 따라 발생량과 성상이 달라진다.
㉯ 대체로 생활수준이 향상되면 발생량이 증가한다.
㉰ 일반적으로 수집빈도가 높을수록 원활한 처리로 인해 발생량은 감소한다.
㉱ 쓰레기통이 클수록 버리기 쉬워 발생량은 증가한다.

풀이 ㉰ 일반적으로 수집빈도가 높을수록 폐기물 발생량은 증가한다.

3. 분뇨

★★(1) 분뇨의 특징

① 분뇨는 외관상 황색~다갈색이며, 비중은 1.02 정도이다.
② 분뇨는 하수슬러지에 비해 협잡물, 염분, 질소의 농도가 높다.
★★ ③ 다량의 유기물(휘발성고형물)을 포함하여 고액분리가 곤란하다.
★★ ④ 우리나라 도시의 분뇨수거량은 1인 1일당 0.9~1.2L이다.
⑤ 점성은 반고체상태이다.
⑥ 점도는 비점도로 1.2~2.2 정도이다.
★★ ⑦ 분뇨에서 '분 : 뇨'의 고형물의 비는 7 : 1이다.
⑧ 분과 뇨의 구성비는 대략 양적으로 1 : 8이다.
⑨ 분뇨내 협잡물의 양과 질은 도시, 농촌, 공장지대 등 발생지역에 따라 그 차이가 크다
⑩ 악취가 유발된다.

Question 11

분뇨의 특성으로 틀린 것은?

㉮ 분뇨에 포함된 협잡물의 양은 발생지역에 따라 차이가 크다.
㉯ 고액 분리가 용이하다.
㉰ 분과 뇨(분 : 뇨)의 고형물의 비는 7 : 1 정도이다.
㉱ 분뇨의 비중은 1.02 정도이며 질소화합물 함유도가 높다.

풀이 ㉯ 고액 분리가 어렵다.

(2) 분뇨(슬러지)처리의 기본 목표

① 안전화　　② 감량화
③ 안정화　　④ 무해화

03 폐기물의 조성

1. 폐기물 시료의 성상분석 절차

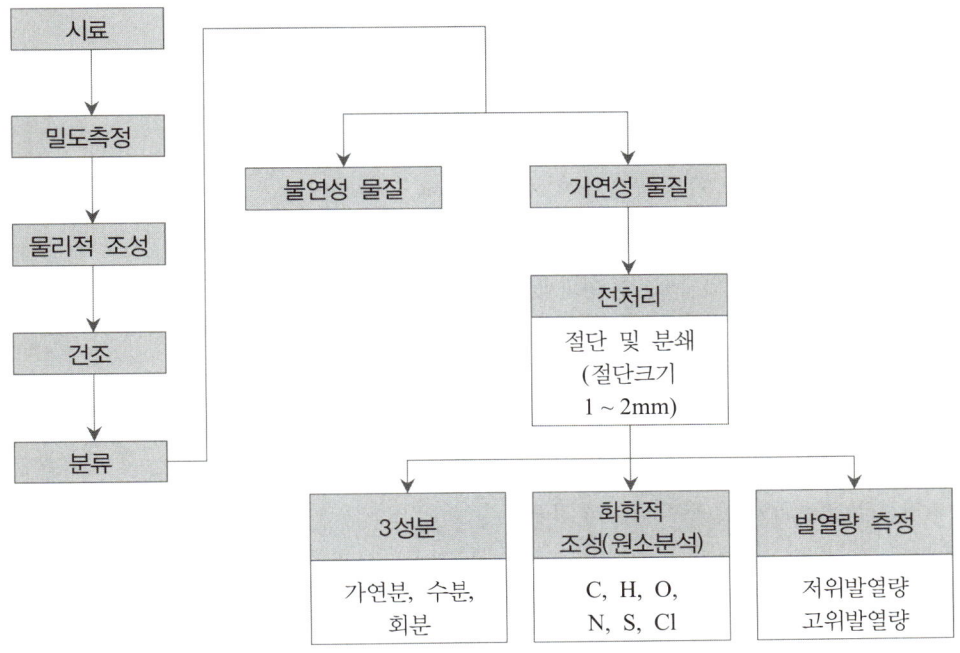

★★★ **(1) 폐기물의 성상분석 절차 순서**

시료 → 밀도 측정 → 물리적 조성분석 → 건조 → 분류(가연성, 불연성) → 전처리(절단 및 분쇄) → 화학적 조성분석

> **Question 12**
>
> 쓰레기의 성상분석 절차로 알맞은 것은?
> ㉮ 시료 → 전처리 → 물리적조성 → 밀도측정 → 건조 → 분류
> ㉯ 시료 → 전처리 → 건조 → 분류 → 물리적조성 → 물리측정
> ㉰ 시료 → 밀도측정 → 건조 → 분류 → 전처리 → 물리적조성
> ㉱ 시료 → 밀도측정 → 물리적조성 → 건조 → 분류 → 전처리
>
> **정답** ㉱

★★ **(2) 폐기물의 성상분석의 절차 중 가장 먼저 시행하는 것은 밀도측정이다.**

> **Question 13**
>
> 다음의 쓰레기 성상 분석 절차 중 가장 먼저 이루어지는 단계는?
> ㉮ 건조 ㉯ 조성분리(물리적 조성 조사)
> ㉰ 밀도 측정 ㉱ 파쇄 및 분쇄
>
> **정답** ㉰

TIP

겉보기 비중 측정방법
겉보기 비중의 측정을 위해 부피를 알고 있는 용기에 시료를 넣고 (30cm) 높이의 위치에서 (3회) 낙하시키고 눈금이 감소하면 감소된 분량만큼 시료를 추가하며, 이 작업을 눈금이 감소하지 않을 때까지 반복한다.

TIP

암기사항 : 30cm, 3회이므로 숫자 3에 집중!!

Question 14

다음은 겉보기 비중을 측정하는 방법에 대한 설명이다. (　) 안에 들어갈 알맞은 것은?

겉보기 비중의 측정을 위해 미리 부피를 알고 있는 용기에 시료를 넣고 (　) 높이의 위치에서 (　) 낙하시키고 눈금이 감소하면 감소된 분량만큼 시료를 추가하며, 이 작업을 눈금이 감소하지 않을 때까지 반복한다.

㉮ 30cm, 3회　　㉯ 30cm, 5회　　㉰ 60cm, 3회　　㉱ 60cm, 5회

정답　㉮

(3) 폐기물의 물리적 성상분석

① 물리적 성상을 통해 가연성과 비가연성 물질을 구분할 수 있다.
② 물리적 조성분석 항목은 겉보기 비중, 종류별 성상분석, 수분함량, 회분함량, 가연분함량 등이 있다.
③ 물리적 성상을 통해 발열량의 계산이나 가연성물질의 종류 등을 파악할 수 있다.
④ 겉보기 비중(밀도)는 가장 먼저 측정하는 것이 좋다.

Question 15

쓰레기를 100ton 소각하였을 때 남은 재의 중량이 소각 전 쓰레기 중량의 20%이고 재의 용적이 16m³이라면 재의 밀도(kg/m³)를 계산하시오.

풀이 재의 밀도$(kg/m^3) = \dfrac{재의\ 중량(kg)}{재의\ 용적(m^3)} = \dfrac{100ton \times 10^3 kg/ton \times 0.2}{16m^3} = 1,250 kg/m^3$

Question 16

소각로에서 발생되는 재의 무게감량비가 70%, 부피감소비가 90%라 할 때 폐기물의 밀도가 0.35ton/m³라면 소각재의 밀도(ton/m³)는?

㉮ $1.05 ton/m^3$　　㉯ $1.15 ton/m^3$　　㉰ $1.25 ton/m^3$　　㉱ $1.35 ton/m^3$

풀이 소각재의 밀도(ton/m^3)
= 소각전 폐기물의 밀도$(ton/m^3) \times \dfrac{(1-무게감량비)}{(1-부피감소비)}$
= $0.35 ton/m^3 \times \dfrac{(1-0.70)}{(1-0.90)} = 1.05 ton/m^3$

2. 수분의 함유형태 및 특징

(1) 수분의 함유형태

★★ ① 간극수(간극모관결합수) : 큰 고형물입자 간극에 존재하는 수분으로 슬러지내의 수분 중 일반적으로 가장 많은 양을 차지하며 고형물질과 직접 결합해 있지 않기 때문에 농축 등의 방법으로 용이하게 분리할 수 있는 수분이다.

② 모관결합수 : 미세한 슬러지 고형물의 입자사이의 얇은 틈에 존재하는 수분으로 모세관압으로 결합되어 있는 수분이며, 원심력, 진공압 등 기계적 압착으로 분리시킨다.

③ 부착수(표면부착수) : 콜로이드상 결합수로 표면에 부착되어 있는 수분이며, 수분제거가 용이하지 못하다.

④ 내부수 : 세포내부에 강하게 결합된 수분으로 슬러지 건조시 증발이 가장 어려운 수분이므로 탈수가 가장 어려운 수분이다.

Question 17

다음 슬러지 내 존재하는 물의 형태 중 아주 많은 양을 차지하며 고형물질과 직접 결합해 있지 않기 때문에 농축 등의 방법으로 용이하게 분리할 수 있는 것은?

㉮ 부착수　　㉯ 모관결합수　　㉰ 간극수　　㉱ 내부수

정답 ㉰

(2) 함유수분의 특징

★★ ① 슬러지내의 탈수성 순서

　　간극모관결합수 > 모관결합수 > 쐐기(틈새)상모관결합수 > 표면부착수 > 내부수

★★ ② 슬러지 건조시 가장 증발이 어려운 수분은 내부수이다.

③ 수분의 함유율이 가장 큰 수분은 간극수이다.

Question 18

슬러지의 함유 수분 중 탈수성이 용이한 순서로 알맞은 것은?

㉮ 모관결합수 > 표면부착수 > 간극모관결합수 > 내부수
㉯ 간극모관결합수 > 표면부착수 > 모관결합수 > 내부수
㉰ 간극모관결합수 > 모관결합수 > 표면부착수 > 내부수
㉱ 모관결합수 > 간극모관결합수 > 표면부착수 > 내부수

정답 ㉰

Question 19

슬러지 건조시 가장 증발이 어려운 수분은?

㉮ 간극모관결합수　　㉯ 모관결합수　　㉰ 표면부착수　　㉱ 내부수

정답 ㉱

★★★ (3) 함수율 계산식

$$W_1 \times (100 - P_1) = W_2 \times (100 - P_2)$$

여기서, W_1 : 건조 전 폐기물의 무게(kg)　　P_1 : 건조 전 함수율(%)
　　　　W_2 : 건조 후 폐기물의 무게(kg)　　P_2 : 건조 후 함수율(%)

Question 20

탈수기를 통해 함수율이 98%인 100kg의 슬러지를 함수율 75% 슬러지로 탈수시켰다면 탈수된 슬러지의 무게(kg)를 계산하시오.

풀이
$W_1 \times (100 - P_1) = W_2 \times (100 - P_2)$
$100\,kg \times (100 - 98) = W_2 \times (100 - 75)$
$\therefore W_2 = \dfrac{100\,kg \times (100 - 98)}{(100 - 75)} = 8\,kg$

★★ (4) 겉보기 비중 계산

$$\frac{100}{\rho_{SL}} = \frac{W_{TS}}{\rho_{TS}} + \frac{W_P}{\rho_P}$$

여기서, ρ_{SL} : 슬러지 겉보기 비중　　　ρ_{TS} : 고형물의 비중
　　　　ρ_P : 수분의 비중　　　　　　W_{TS} : 고형물의 함량(%)
　　　　W_P : 수분의 함량(%)

Question 21

건조된 고형물의 비중이 1.54이고 건조이전의 고형분 함량이 40%, 건조 중량이 400kg이라 할 때 건조된 슬러지 케이크의 비중을 계산하시오.

풀이
$$\frac{100}{\rho_{SL}} = \frac{W_{TS}}{\rho_{TS}} + \frac{W_P}{\rho_P}$$
$$\frac{100}{\rho_{SL}} = \frac{40\%}{1.54} + \frac{60\%}{1.0}$$
$$\therefore \rho_{SL} = 1.16$$

04 폐기물 발열량

1. 원소분석법에 의한 발열량 산정 공식

★★ ① 저위발열량

$$Hl = Hh - 600(9H + W)(kcal/kg)$$

여기서, Hl : 저위발열량(kcal/kg) Hh : 고위발열량(kcal/kg)
 H : 수소의 함량   W : 수분의 함량

Question 22

수소 15.0%, 수분 0.4%인 중유의 고위발열량이 12,500kcal/kg일 때, 저위발열량(kcal/kg)을 계산하시오.

풀이
$$Hl = Hh - 600(9H + W)(kcal/kg)$$
$$= 12,500 kcal/kg - 600 \times (9 \times 0.15 + 0.004) = 11,687.6 kcal/kg$$

★★★ ② 듀롱(Dulong)의 식에 의한 고위발열량 산정 공식

$$Hh = 8,100C + 34,000\left(H - \frac{O}{8}\right) + 2,500S \,(kcal/kg)$$

여기서, Hh : 고위발열량(kcal/kg) C : 탄소의 함량
 O : 산소의 함량   H : 수소의 함량
 S : 황의 함량

Question 23

폐기물 조성이 다음과 같을 때 Dulong식에 의한 저위발열량(kcal/kg)을 계산하시오.

- 3성분 : 수분 40%, 가연분 40%, 회분 20%,
- 가연분 조성 : C : 20%, H : 10%, O : 5%, S : 5%

풀이

① $Hh = 8,100C + 34,000\left(H - \dfrac{O}{8}\right) + 2,500S \;(kcal/kg)$

$= 8,100 \times 0.2 + 34,000 \times \left(0.1 - \dfrac{0.05}{8}\right) + 2,500 \times 0.05 = 4,932.5 \; kcal/kg$

② $Hl = Hh - 600(9H + W)(kcal/kg) = 4,932.5 \; kcal/kg - 600 \times (9 \times 0.1 + 0.4) = 4,152.5 \; kcal/kg$

③ Scheurer-Kestner(쉴레-케스트너)의 식

ⓐ 연료 중 산소의 모든 것이 CO_2 형태로 되어있다고 가정한다.

ⓑ $Hh = 8,100\left(C - \dfrac{3}{8}O\right) + 34,500H + 2,250S + 5,700 \times \dfrac{3}{4}O$

④ Steuer(스튜어)의 식

ⓐ 연료 중 $\dfrac{1}{2}$이 H_2O의 형태, 나머지 $\dfrac{1}{2}$이 CO_2 형태로 되어있다고 가정한다.

ⓑ $Hh = 8,100\left(C - \dfrac{3}{8}O\right) + 5,700 \times \dfrac{3}{8}O + 34,500\left(H - \dfrac{O}{16}\right) + 2,500S$

2. 3성분(가연분, 수분, 회분)에 의한 발열량 산정공식

★★ ①

$$Hl = 4,500VS - 600W$$

여기서, Hl : 저위발열량(kcal/kg) VS : 가연분 함량
W : 수분 함량(함수율) 4,500 : 평균발열량
600 : 물의 증발잠열

★★ ②

$$Hl = 45VS - 6W$$

여기서, Hl : 저위발열량(kcal/kg) VS : 가연성분(%)
W : 수분함량(%)

Question 24

어떤 폐기물의 가연분 함량이 30%, 수분함량이 60%일 때 저위발열량(kcal/kg)을 계산하시오. (단, 삼성분의 조성비를 통한 발열량 계산 기준)

풀이 $Hl = 45VS - 6W(kcal/kg) = 45 \times 30\% - 6 \times 60\% = 990 kcal/kg$

★★ 3. 기체연료에서 발열량 산정공식

$$Hl = Hh - 480 \times H_2O량 \, (kcal/Sm^3)$$

여기서, Hl : 저위발열량$(kcal/Sm^3)$ Hh : 고위발열량$(kcal/Sm^3)$
H_2O량 : 발생되는 물의 갯수

Question 25

메탄의 고위발열량(Hh)이 9,000kcal/Nm³일 때 저위발열량(kcal/Nm³)을 계산하시오.

풀이 $CH_4 + 2O_2 \rightarrow CO_2 + 2H_2O$
$Hl = Hh - 480 \times H_2O량 \,(kcal/Nm^3)$
$\quad = 9,000 kcal/Nm^3 - 480 \times 2$
$\quad = 8,040 kcal/Nm^3$

TIP

완전연소 반응공식

$$C_mH_n + \left(m + \frac{n}{4}\right)O_2 \rightarrow mCO_2 + \frac{n}{2}H_2O$$

05 폐기물의 분석방법

★★ 1. 쓰레기의 3성분의 조성비에 의한 저위발열량 측정방법

① 원소분석에 의한 방법
② 물리적 조성분석에 의한 방법
③ 단열열량계에 의한 방법
④ 쓰레기 조성에 의한 추정식 이용

2. 폐기물의 분석방법

① 극한분석
  ⓐ 원소분석이다.
  ⓑ C, H, O, N, S, Cl이 대상 항목이다.

② 개략분석
  ★★ ⓐ 3성분 : 수분, 가연분, 회분
  ★★ ⓑ 4성분 : 고정탄소, 휘발분(휘발성 고형물), 수분, 회분

> **Question 26**
>
> 3성분의 조성비에 의한 저위발열량 분석시 3성분에 포함되지 않는 것은?
> ㉮ 수분   ㉯ 고형분   ㉰ 가연분   ㉱ 회분
>
> **정답** ㉯

3. 기타 내용

★★ ① 쓰레기 가연분의 화학적 성분분석 항목을 측정하기 위해 C, H, O, N, S 자동원소분석기를 이용하여 분석시 연소관, 환원관 및 흡수관의 충전물을 교환함으로써 분석시 가능한 화학원소는 산소(O)이다.

★★ ② 폐기물 처리 시 부산물인 가스를 최대한 이용하고자 할 때 폐기물 성분 중 가장 큰 영향을 미치는 성분은 탄소(C)이다.

★★ ③ 쓰레기 소각로 설계의 기준이 되고 있는 발열량은 저위발열량 기준이다.

Question 27

쓰레기 가연분의 화학적 성분분석 항목을 측정하기 위해 CHNOS 자동 원소 분석장치로 사용할 경우, 동시 분석되지 않고 연소관, 환원관 및 흡수관의 충전물을 교환함으로써 분석이 가능한 항목은?

㉮ 탄소　　㉯ 수소　　㉰ 질소　　㉱ 산소

정답 ㉱

Question 28

폐기물처리 부산물인 가스를 최대한 이용하고자 할 때 폐기물 성분 중 가장 큰 영향을 미치는 성분은?

㉮ 수소　　㉯ 질소　　㉰ 탄소　　㉱ 산소

정답 ㉰

★★★ 4. 가연성 물질의 양 계산공식

가연성 물질의 양(kg) = 폐기물의 양(m^3) × 폐기물의 밀도(kg/m^3) × (1 − 비가연성 함량)

Question 29

폐기물 성분 중 비가연성이 50wt(%)를 차지하고 있다. 밀도가 480kg/m^3인 폐기물이 12m^3일 경우 가연성 물질의 양(kg)을 계산하시오.

풀이 가연성 물질의 양(kg) = 폐기물의 양(m^3) × 폐기물의 밀도(kg/m^3) × (1 − 비가연성 함량)
= 12m^3 × 480kg/m^3 × (1 − 0.5) = 2,880kg

CHAPTER 03 폐기물 관리

01 수집 및 운반

1. 폐기물 수거방법

★★ **(1) 타종수거**

① 수거형태 중 수거효율이 가장 우수하다.
② MHT가 0.84이다.

(2) 문전수거

① 수거인부가 각 가정을 직접 방문하여 수거하는 형태이다.
② MHT가 2.3이다.

(3) 대형쓰레기통 수거

① 아파트 단지내에 설치되어 있는 대형쓰레기통을 수거인부가 수거해 가는 형태이다.
② MHT가 1.1이다.

★★ **(4) Curb service**

거주지가 정해진 수거일에 맞추어 쓰레기 저장용기를 노변에 갖다 놓으면 수거차량이 용기를 비우고 빈 용기는 주인이 찾아가는 쓰레기 수거형태이다.

Question 01

거주자가 정해진 수거일에 맞추어 쓰레기 저장용기를 노변에 갖다 놓으면 수거차량이 용기를 비우고 빈 용기는 주인이 찾아가는 쓰레기 수거형태는?

㉮ set out back service ㉯ curb service
㉰ set out service ㉱ alley service

정답 ㉯

★★★ **(5) MHT(man·hr/ton)**

★★★ ① $\text{MHT(man·hr/ton)} = \dfrac{\text{수거인부수(인)} \times \text{작업시간(hr)}}{\text{쓰레기 수거실적(ton)}}$

② 1ton의 쓰레기를 수거하는데 수거인부 1인이 소요하는 총 시간을 의미한다.

③ 폐기물의 수거효율을 평가하는 단위이다.

★★ ④ MHT가 클수록 수거효율이 낮다.

⑤ 수거작업간의 노동력을 비교하기 위한 것이다.

Question 02

인구 6,000,000명이 사는 어느 도시에서 1년에 3,000,000ton의 폐기물이 발생된다. 이 폐기물을 4,500명의 인부가 수거할 때 MHT를 계산하시오. (단, 수거인부의 1일 작업시간은 8시간이고, 1년에 작업일수는 300일이다.)

풀이

$\text{MHT(man·hr/ton)} = \dfrac{\text{수거인부수(인)} \times \text{작업시간(hr)}}{\text{쓰레기 수거실적(ton)}}$

$= \dfrac{4{,}500\text{명} \times 8\text{hr/day} \times 300\text{day/년}}{3{,}000{,}000\text{ton/년}}$

$= 3.6\,\text{MHT}$

TIP

- service/day/truck : 수거트럭 1대당 1일 수거 가옥수
- service/man/hour : 수거인부 1인이 1시간에 수거 가옥수
- ton/day/truck : 수거트럭 1대당 1일 수거하는 폐기물량

★★★ (6) 쓰레기(폐기물) 발생량 계산식

$$쓰레기배출량(kg/인 \cdot day) = \frac{폐기물\ 수거량(kg/day)}{인구수(인)}$$

Question 03

인구가 200만명인 어떤 도시의 폐기물 발생량은 1,000,000ton/년이었다. 이 도시의 1인1일 폐기물배출량(kg)을 계산하시오. (단, 1년은 365일 기준)

풀이

$$배출량(kg/인 \cdot day) = \frac{폐기물\ 발생량(kg/day)}{인구수(인)}$$

$$= \frac{1,000,000 ton/년 \times 10^3 kg/ton \times 1년/365일}{2,000,000인}$$

$$= 1.37 kg/인 \cdot 일$$

(7) 운반차량 대수 계산공식

★★ ①

$$청소차량\ 대수 = \frac{쓰레기의\ 총\ 발생량(m^3)}{차량의\ 적재용량(m^3/대)}$$

Question 04

인구 38,000명인 어느 지역에서 1인1일 1.2kg 폐기물이 발생되고 있다. 발생되는 폐기물을 1주일에 1일 수거하기 위하여 필요한 용량 8m³인 청소차량 대수를 계산하시오. (단, 폐기물의 적재밀도는 0.3ton/m³, 차량은 1일 2회 운행함.)

풀이

$$대 = \frac{1.2 kg/인 \cdot 일 \times \frac{1}{300 kg/m^3} \times 38,000인}{8 m^3/대 \cdot 일 \times 1일/1주 \times 2회/일} = 9.5대 = 10대$$

TIP

자동차의 대수를 계산할 경우에는 소수점 첫째자리에서 완전올림을 해야 합니다.

★★ ②

$$차량수(대) = \frac{쓰레기발생량(ton/day) \times \frac{수거율(\%)}{100}}{적재용량(ton/대) \times 운전시간(hr/대 \cdot day) \times \frac{1대}{작업시간(min)} \times \frac{60min}{hr}}$$

Question 05

인구 60만 도시의 쓰레기 발생량이 1.5kg/인·일이고, 도시의 쓰레기 수거율은 90%이다. 적재용량이 10톤인 수거차량으로 수거한다면 필요한 수거차량의 대수를 계산하시오.

[조건]
- 차량당 하루 운전시간 : 12시간
- 처리장까지 왕복 운반시간 : 45분
- 차량당 수거시간 : 20분
- 차량당 하역시간 : 10분

풀이
$$\text{대} = \frac{1.5\text{kg/인} \cdot \text{일} \times 600,000\text{인} \times 0.9 \times 10^{-3}\text{ton/kg}}{10\text{ton/대} \times 12\text{hr/대} \cdot \text{day} \times \frac{1\text{대}}{(45+20+10)\text{min}} \times \frac{60\text{min}}{1\text{hr}}} = 9\text{대}$$

2. 쓰레기 수거

★★ (1) 쓰레기 관리체계에서 비용이 가장 많이 드는 것은 수거단계이며, 수거단계가 전체비용의 60% 이상을 차지한다.

Question 06

쓰레기 관리 체계에서 비용이 가장 많이 드는 단계는?

㉮ 수거　　㉯ 처리　　㉰ 저장　　㉱ 분석

정답 ㉮

★★★ (2) 쓰레기 수거노선 설정시 유의사항

① 가능한 지형지물 및 도로 경계와 같은 장벽을 이용하여 간선도로 부근에서 시작하고 끝나도록 배치하여야 한다.
★★ ② 가능한 한 시계방향으로 수거노선을 정한다.
★★ ③ 발생량이 아주 많은 발생원은 하루 중 가장 먼저 수거한다.
★★ ④ 발생량이 적으나 수거빈도가 동일하기를 원하는 적재지점은 가능한 한 같은 날 왕복 내에서 수거한다.
⑤ 언덕지역에서는 언덕의 위에서부터 적재하면서 아래로 차량을 진행한다.
⑥ U자형 회전을 피한다.
⑦ 가급적 출·퇴근 시간을 피한다.
⑧ 될 수 있는 한 한번 간 길은 가지 않는다. (반복운행을 피하도록 한다.)

⑨ 수거지점과 수거빈도를 결정하는데 기존정책이나 규정을 참고한다.

> **Question 07**
>
> 쓰레기 수거노선 설정요령으로 틀린 것은?
> ㉮ 지형이 언덕인 경우는 내려가면서 수거한다.
> ㉯ U자 회전을 피하여 수거한다.
> ㉰ 아주 많은 양의 쓰레기가 발생되는 발생원은 하루 중 가장 나중에 수거한다.
> ㉱ 가능한 한 시계 방향으로 수거노선을 설정한다.
>
> **풀이** ㉰ 아주 많은 양의 쓰레기가 발생되는 발생원은 하루 중 가장 먼저 수거한다.

(3) 수거노선 결정시 고려사항

① 수거에 필요한 시간　　② 수거차량의 적재방법
③ 폐기물의 발생량　　　④ 폐기물의 중량
⑤ 수거차량의 수거능력　⑥ 수거인부의 노동력

(4) 생활폐기물 수거운반시 고려사항

① 수거빈도　　② 수거거리
③ 쓰레기통 크기　④ 수거구역

★★ 3. 쓰레기의 수집 시스템

(1) 모노레일 수송

① 적환장에서 최종처분장까지 수송하는데 적용할 수 있다.
② 자동무인화 할 수 있다.
③ 가설이 어렵고 설치비가 높다.
④ 시설완료후에는 경로변경이 어렵다.
⑤ 반송용 노선이 필요하다.

Question 08

쓰레기의 새로운 수집 시스템인 모노레일 수송에 대한 설명으로 거리가 먼 것은?

㉮ 적환장에서 최종처분장까지 수송하는데 적용할 수 있다.
㉯ 자동무인화 할 수 있다.
㉰ 가설이 어렵고 설치비가 많다.
㉱ 시설완료 후에도 경로변경이 용이하다.

풀이 ㉱ 시설완료 후에는 경로변경이 어렵다.

(2) 컨베이어 수송

① 지하에 설치된 컨베이어에 의해 수송하는 방법이다.
② 수송망을 하수도 시설처럼 가설하면 각 가정에서 배출된 쓰레기를 최종처분장까지 운반할 수 있다.
③ 내구성과 미생물 부착 등의 문제가 있다.
④ 유지비가 많이 든다.
⑤ 악취문제의 해결과 경관보전의 가능하다.
⑥ 고가의 시설비와 정기적인 정비가 필요하다.

Question 09

새로운 쓰레기 수집 시스템에 관한 설명으로 잘못된 것은?

㉮ 모노레일 수송 : 쓰레기를 적환장에서 최종처분장까지 수송하는데 적용할 수 있다.
㉯ 컨베이어 수송 : 광대한 지역에 적용될 수 있는 방법으로 컨베이어 세정에 문제가 있다.
㉰ 관거 수송 : 쓰레기 발생밀도가 높은 곳에서 현실성이 있으며 조대쓰레기는 파쇄, 압축 등의 전처리가 필요하다.
㉱ 관거 수송 : 잘못 투입된 물건은 회수하기가 곤란하며 가설 후에 경로변경이 어렵다.

풀이 ㉯ 컨베이어 수송은 지하에 설치된 컨베이어에 의해 수송하는 방식으로 수송망을 하수도 시설처럼 각 가정에서 배출된 쓰레기를 최종처분장까지 운반할 수 있다.

★★★(3) 관거(Pipe-line) 방식

① 장점
  ⓐ 자동화, 무공해화, 안전화가 가능하다.
  ⓑ 쓰레기가 눈에 띄지 않는다.

ⓒ 분진, 악취, 소음, 진동 등의 문제가 없다.
ⓓ 수거차량에 의한 도심지 교통량 증가가 없다.

★★★ ② 단점
★★ ⓐ 쓰레기 발생밀도가 높은 인구밀집지역 및 아파트 지역 등에서 현실성이 있다.
★★ ⓑ 조대(대형)쓰레기는 파쇄, 압축 등의 전처리를 해야 한다.
★★ ⓒ 잘못 투입된 물건은 회수하기가 곤란하다.
★★ ⓓ 장거리 이용이 곤란하다.
★★ ⓔ 가설 후 경로(Route) 변경이 곤란하고 설치비가 높다.
ⓕ 유지관리, 수송능력 등의 문제를 고려할 때 초기 투자비가 높다.
ⓖ 고도의 시스템 신뢰성이 필요하다.
ⓗ 투입구를 이용한 범죄나 사고의 위험이 있다.
ⓘ 사고발생시 시스템 전체가 마비되어 대체 시스템으로의 전환이 필요하다.
★★ ⓙ 약 2.5km 이내의 수송에 용이하다.

Question 10

다음 중 관거를 이용한 쓰레기의 수송에 대한 내용으로 틀린 것은?

㉮ 설치비가 높고, 가설 후에 경로변경이 곤란하다.
㉯ 조대쓰레기는 파쇄 등의 전처리가 필요하다.
㉰ 쓰레기의 발생밀도가 높은 인구밀집지역에서 현실성이 있다.
㉱ 잘못 투입된 물건의 회수가 용이하다.

풀이 ㉱ 잘못 투입된 물건의 회수가 어렵다.

③ 수송방식
  ⓐ 공기수송
  ⓑ 슬러리(slurry)수송
  ⓒ 캡슐수송

(4) 관거를 이용한 공기수송

★★① 공기의 동압에 의해 쓰레기를 수송한다.
★★② 고층주택밀집지역에 적합하다.
★★③ 수송관에서 발생하는 소음에 대한 방지시설이 필요하다.
④ 가압수송은 송풍기로 쓰레기를 불어서 수송하는 것으로 진공수송보다 수송거리를 길게 할 수 있다.
⑤ 가압수송으로 연속수송을 하고자 할 경우에는 크기가 불균일해서 부착되기 쉽고 유동성이 나쁜 쓰레기를 정압으로 연속정량 공급하는 것이 곤란하다.
⑥ 진공수송의 경제적인 수송거리는 약 2km 정도이다.
⑦ 가압수송의 경제적인 수송거리는 약 5km 정도이다.
⑧ 진공수송에 있어서 진공도는 최대 $0.5 \text{kg}/\text{cm}^2$ Vac 정도이다.

TIP

Vac : Vacuum의 약자로 진공을 의미한다.

Question 11

관거를 이용한 공기수송에 대한 내용으로 틀린 것은?

㉮ 공기의 동압에 의해 쓰레기를 수송한다.
㉯ 고층주택밀집지역에 적합하다.
㉰ 지하 매설로 수송관에서 발생되는 소음에 대한 방지시설이 필요없다.
㉱ 가압수송은 송풍기로 쓰레기를 불어서 수송하는 것으로 진공수송보다 수송거리를 길게 할 수 있다.

풀이 ㉰ 수송관에서 발생되는 소음에 대한 방지시설이 필요하다.

---

(5) 관거를 이용한 캡슐수송

쓰레기를 충전한 캡슐을 수송관내에 삽입하여 공기나 물의 흐름을 이용하여 수송하는 방식이다.

(6) 폐기물 전용 컨테이너의 특징

① 폐기물 수집 작업을 자동화와 기계화 할 수 있다.
② 언제라도 폐기물을 투입할 수 있고 주변 미관이 보존된다.
③ 폐기물 수집차와 결합하여 운용이 가능하여 효율적이다.
④ 폐기물의 선별 보관, 분리수거가 용이하다.

Question 12

폐기물 보관을 위한 폐기물 전용 컨테이너에 대한 내용으로 틀린 것은?

㉮ 폐기물 수집 작업을 자동화와 기계화 할 수 있다.
㉯ 언제라도 폐기물을 투입할 수 있고 주변 미관이 보존된다.
㉰ 폐기물 수집차와 결합하여 운용이 가능하여 효율적이다.
㉱ 폐기물의 선별 보관, 분리수거가 어려운 단점이 있다.

풀이 ㉱ 폐기물의 선별 보관, 분리수거가 용이하다.

02 적환장의 설계 및 운전관리

★★★ 1. 적환장의 필요성

① 폐기물 수집장소와 처분장소가 멀리 떨어져 있는 경우
★★ ② 소용량 수집차량이 사용되는 경우
★★ ③ 상업지역에서 폐기물 수집에 소형용기를 사용하는 경우
★★ ④ 불법투기와 다량의 어질러진 쓰레기들이 발생하는 경우
⑤ 슬러지 수송이나 공기수송 방식을 사용할 때
★★ ⑥ 저밀도 주거지역이 존재하는 경우
⑦ 작은 규모의 주택들이 밀집되어 있을 때

Question 13

적환장을 설치해야 하는 필요성으로 틀린 것은?

㉮ 불법투기와 다량의 어질러진 쓰레기들이 발생할 때
㉯ 고밀도 거주지역이 존재할 때
㉰ 상업지역에서 폐기물 수집에 소형용기를 많이 사용할 때
㉱ 슬러지수송이나 공기수송 방식을 사용할 때

풀이 ㉯ 저밀도 거주지역이 존재할 때

★★ 2. 적환장(transfer station)의 특징

① 최종처리장과 수거지역의 거리가 먼 경우 사용하는 것이 바람직하다.
② 폐기물의 수거와 운반을 분리하는 기능을 한다.
③ 적환장에서 재사용 가능한 물질의 선별이 가능하다.
④ 변질되기 쉬운 쓰레기 수거에는 이용하지 않는 것이 좋다.
★★⑤ 적환장의 주요기능은 작은 용기로 수거한 쓰레기를 대형트럭에 옮겨 싣는 것이다.
★★⑥ 소규모 주택이 밀집되어 있을 때에는 적환장이 필요하다.
⑦ 적환장 설계시에는 주변 환경요건을 고려하여야 한다.
⑧ 적환장의 설치장소는 수거하고자 하는 개별적 고형폐기물 발생지역의 하중중심과 되도록 가까운 곳이어야 한다.
⑨ 적환장은 소형수거를 대형수송으로 연결해 주는 곳이며, 효율적인 수송을 위하여 보조적인 역할을 수행한다.
★★⑩ 적환장은 소형차량에서 대형차량으로 적재하는 방식에 따라 직접투하방식, 저장투하방식, 직접·저장 결합방식이 있다.
★★⑪ 적환장을 시행하는 이유는 종말처리장이 대형화하여 폐기물의 운반거리가 연장되었기 때문이다.

📢 Question 14

적환 및 적환장에 관한 설명으로 틀린 것은?

㉠ 적환장은 수송차량의 적재용량에 따라 직접적환, 간접적환, 복합적환으로 구분된다.
㉡ 적환장은 소형수거를 대형수송으로 연결해 주는 곳이며, 효율적인 수송을 위하여 보조적인 역할을 수행한다.
㉢ 적환장의 설치장소는 수거하고자 하는 개별적 고형폐기물 발생지역의 하중중심에 되도록 가까운 곳이어야 한다.
㉣ 적환을 시행하는 이유는 종말처리장이 대형화하여 폐기물의 운반거리가 연장되었기 때문이다.

풀이 ㉠ 적환장은 소형차량에서 대형차량으로 적재하는 방식에 따라 직접투하방식, 저장투하방식, 직접·저장 결합방식이 있다.

★★ 3. 적재방식에 따른 분류

① 직접투하방식
  ⓐ 소형차량에서 대형차량으로 직접 투하하여 적재하는 방식이다.
★★ ⓑ 주택지역과 거리가 먼 교외지역에 주로 사용하는 방식이다.

② 저장투하방식
  ⓐ 폐기물을 저장한 후 적환하는 방식이다.
★★ ⓑ 대도시의 대용량 폐기물처리에 적합하다.
  ⓒ 수거차의 대기시간이 없이 빠른 시간 내에 적하를 마치므로 적환 내외의 교통체증현상을 없애주는 효과가 있다.

③ 직접·저장 투하 결합방식
  ⓐ 직접적재방식과 저장한 후 적재하는 방식으로 한 적환장에서 이루어진다.
★★ ⓑ 부패성 폐기물은 직접 적재하고 재활용품이 많이 포함된 폐기물은 선별 후 적재하는 방식이다.
  ⓒ 재활용품의 회수율을 높이기 위한 적재방식이다.

Question 15

다음 내용은 어떤 적환 시스템을 설명하는 것인가?

수거차의 대기시간이 없이 빠른 시간 내에 적하를 마치므로 적환 내외의 교통체증 현상을 없애주는 효과가 있다.

㉮ 직접투하방식　　㉯ 저장투하방식　　㉰ 간접투하방식　　㉱ 압축투하방식

정답 ㉯

★★ 4. 적환장 설치장소를 정하는데 고려사항

① 수거하고자 하는 개별적 고형물 발생지역의 하중 중심에 되도록 가까운 곳
② 주요 간선도로에 쉽게 도달할 수 있는 곳인 동시에 2차적 또는 보조 수송수단에 가까운 곳
③ 적환 작업 중에 공중 및 환경피해가 최소인 곳
④ 설치 및 작업이 쉬운 곳
⑤ 주민의 반대가 적은 곳
⑥ 건설비와 운영비가 적게 들고 경제적인 곳

Question 16

적환장의 위치선정시 고려사항으로 틀린 것은?

㉮ 수거지역의 무게중심에 가까운 곳
㉯ 환경피해가 적은 외곽지역
㉰ 주요 간선도로에 근접한 곳
㉱ 설치 및 작업조작이 경제적인 곳

풀이 ㉯ 환경피해가 적은 발생지역의 하중 중심에 가까운 곳

5. 적환장을 설치하였을 경우 발생할 수 있는 불이익

① 폐기물 처리시설이 생활 중심지에 놓이게 된다.
② 쓰레기 차량의 출입이 빈번해진다.
③ 소음 및 비산먼지, 악취 등이 발생한다.

6. 쓰레기 적환시설이 NIMBY 시설로 인식되는 원인

① 적환장 인근에 쓰레기 차량의 출입이 빈번해진다.
② 악취발생 및 쓰레기가 비산하게 된다.
③ 파리, 모기 등의 해충과 쥐가 서식하게 되어 비위생적이다.

Question 17

국내에서 쓰레기 적환시설이 NIMBY 시설로 인식되고 있다. 그 원인으로 틀린 것은?

㉮ 압축차량이 사용되므로 직접 수송이 불가능하다.
㉯ 적환장 인근에 쓰레기 차량의 출입이 빈번해진다.
㉰ 악취 발생 및 쓰레기가 비산하게 된다.
㉱ 파리, 모기 등의 해충과 쥐가 서식하게 되어서 비위생적이다.

정답 ㉮

03 폐기물의 관리체계

1. 감량화 대책

(1) 발생원 대책

① 식단제 개선 ② 분리수거 실시
③ 가정용품의 적절한 정비 ④ 포장재 절약

(2) 발생 후 대책

① 재생이용 ② 에너지 회수

Question 18

쓰레기 발생량 감량화하기 위한 대책으로는 발생원 대책과 발생 후 대책으로 크게 구분 한다. 다음의 감량화 방법 중 그 특성이 다른 하나는?

㉮ 식단제 개선 ㉯ 분리수거 실시
㉰ 가정용품의 적절한 정비 ㉱ 재생 이용

풀이 ㉱ 재생 이용은 발생 후 대책이다.

2. 폐기물 처리 및 관리차원에서 사용되는 3R

① Recycle(재활용) / Reuse(재이용) ② Reduction(감량화)
③ Recovery(회수 이용)

TIP

재활용(Recycle)
폐기물을 재질이나 물리화학적 특성의 변화를 가져오는 가공처리를 통하여 사용될 수 있는 상태로 만드는 것을 의미한다.

Question 19

( )안에 알맞은 용어는?

폐기물을 재질이나 물리화학적 특성의 변화를 가져오는 가공처리를 통하여 다른 용도로 사용될 수 있는 상태로 만드는 것을 ( )이라 한다.

㉮ 재활용(Recycling) ㉯ 재사용(Reuse)
㉰ 재이용(Reutilization) ㉱ 재회수(Recovery)

정답 ㉮

3. 폐기물의 감량화 방안 중 폐기물이 발생원에서 발생되지 않도록 사전에 조치하는 발생원 대책

① 적정 저장량 관리   ② 과대포장 사용 안하기
③ 철저한 분리수거 실시

4. 폐기물 부담금 제도의 효과

① 폐기물 발생량 억제   ② 자원의 낭비 방지
③ 자원 재활용의 촉진

5. 폐기물의 자원화

① RDF(고형화 연료)   ② Pyrolysis(열분해)
③ Composting(퇴비화)   ④ 발효

Question 20

폐기물 중 플라스틱, 종이, 고무 등의 가연성 물질을 선별하여 고체연료 형태로 재활용하는 것은?

㉮ RDF   ㉯ EPR   ㉰ LCA   ㉱ EMS

정답 ㉮

6. 청소상태의 평가법

★★ **(1) CEI(지역사회 효과지수)**

★★ ① 청소상태 만족도 평가를 위한 지역사회 효과지수

②
$$CEI = \frac{\sum_{i=1}^{N}(S-P)}{N}$$

여기서, S : 가로의 청소상태(0~100점)
P : 가로의 청소상태 문제점 여부(1개에 10점씩 계산)
N : 가로의 전체 수

③ 지역사회 효과지수는 가로 청소상태의 문제점이 관찰되는 경우 각 10점씩 감점한다.
④ S(가로의 청소상태)의 Scale은 1~4로 정하여 각각 100, 75, 50, 25, 0으로 한다.
  ⓐ 100점 : 아주 깨끗하고 버려진 쓰레기가 보이지 않는 경우
  ⓑ 75점 : 수거를 위한 것이 아닌 쓰레기가 한곳에 버려져 있는 경우
  ⓒ 50점 : 거리에 쓰레기가 보이고 모아놓은 쓰레기도 보이는 경우
  ⓓ 25점 : 쓰레기의 60L이상이 흩어져 있는 경우
⑤ 사용자 만족도 지수는 서비스를 받는 사람들의 만족도를 설문 조사하여 계산하며, 설문 문항은 6개로 구성되어 있다.
⑥ 지역사회 효과지수는 청소상태를 기준으로 평가한다.

Question 21

청소상태와 관련된 지표인 CEI(Community Effects Index)를 계산하기 위한 식에 적용되는 인자로 틀린 것은?

㉮ 가로 지역의 범위   ㉯ 가로의 총수
㉰ 가로의 청결상태   ㉱ 가로 청소상태의 문제점 여부

정답 ㉮

Question 22

청소상태의 평가방법에 대한 내용으로 틀린 것은?

㉮ 지역사회 효과지수는 가로 청소상태의 문제점이 관찰되는 경우 각 10점씩 감점한다.
㉯ 지역사회 효과지수에서 가로 청결상태의 scale은 1~10로 정하여 각각 10점 범위로 한다.
㉰ 사용자 만족도 지수는 서비스를 받는 사람들의 만족도를 설문조사하여 계산되며 설문 문항은 6개로 구성되어 있다.
㉱ 사용자 만족도 설문지 문항의 총점은 100점이다.

풀이 ㉯ 지역사회 효과지수에서 가로 청결상태의 scale은 1~4로 정하며, 각각 100점, 75점, 50점, 25점, 0점으로 한다.

★★ **(2) USI(사용자 만족도 지수)**

★★ ① 청소상태를 평가하는 방법 중 서비스를 받는 시민들의 만족도를 설문조사하여 나타내어지는 사용자 만족도 지수이다.

②
$$USI = \frac{\sum_{i=1}^{N} Ri}{N}$$

여기서, N : 총 설문지 회답자의 수   Ri : 설문지 점수 합계

(3) CEI(지역사회 효과지수)와 USI(사용자 만족도 지수) 관계

① 80점 이상 : 청소상태 매우 양호(Excellent)
② 60점 이상 : 청소상태 양호(Good)
③ 40점 이상 : 청소상태 보통(Fair)
④ 20점 이상 : 청소상태 불량(Poor)
⑤ 20점 이하 : 청소상태 매우 불량(Unacceptable)

Question 23

가로의 청결상태를 기준으로 청소상태를 평가하는 것은?

㉮ CMP   ㉯ CEI   ㉰ USI   ㉱ USE

 ㉯

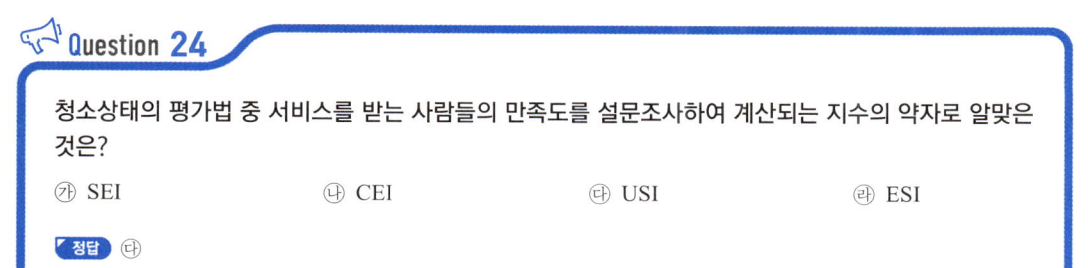

★★ 7. 전과정평가(Life Cycle Assessment : LCA)

① 사용하는 자원, 에너지, 환경에 미치는 각종 부하를 원료자원 채취 – 생산 – 유통 – 사용 – 재사용 – 폐기의 전과정에 걸쳐 가능한 정량적으로 분석 및 평가하여 현재 인류가 직면하고 있는 자원의 고갈 및 생태계의 파괴현상과 지구환경문제 등을 근본적으로 해결하기 위한 각종 개선방안을 모색하는 기술적이며 체계적인 과정을 의미한다.
② 사용한 자원 및 에너지, 환경으로 배출되는 환경오염 물질을 규명하고, 정량화함으로써 한 제품이나 공정에 관련된 환경부담을 평가하고 그 에너지와 자원, 환경부하 영향을 평가하여, 환경을 개선시킬 수 있는 기회를 규명하는 과정이다.

★★★ (1) 전과정 평가의 순서

★★ 목적 및 범위의 설정 → 목록 분석 → 영향 평가 → 개선평가 및 해석

① 목적 및 범위의 설정(Initiation analysis)
전과정 평가 연구결과의 이용분야를 고려하여 연구의 목적을 설정하고, 목적을 달성하기 위한 타당한 범위를 설정하는 단계이다.
② 목록분석(Inventory analysis)
제품이나 서비스 시스템의 전과정에 관련된 투입물과 산출물을 규명하고 정량화하는 단계이다.
★★ ③ 영향평가(Impact analysis)
조사분석 과정에서 확정된 자원요구 및 환경부하에 대한 영향을 평가하는 기술적, 정량적, 정성적 과정이다.
④ 개선평가 및 해석(Improvement analysis)
전과정 목록분석과 전과정 영향평가로부터 얻은 결과를 정의된 목적과 범위에 맞게 해석(결과보고)하는 과정이다.

Question 25

전과정 평가(LCA)의 평가단계를 순서대로 알맞게 나열한 것은?

㉮ 목적 및 범위 설정 → 목록 분석 → 개선평가 및 해석 → 영향평가
㉯ 목적 및 범위 설정 → 목록 분석 → 영향 평가 → 개선평가 및 해석
㉰ 목록분석 → 목적 및 범위 설정 → 개선평가 및 해석 → 영향평가
㉱ 목록분석 → 목적 및 범위 설정 → 영향평가 → 개선평가 및 해석

정답 ㉯

Question 26

전과정평가(LCA)를 구성하는 4부분 중, 조사분석과정에서 확정된 자원요구 및 환경부하에 대한 영향을 평가하는 기술적, 정량적, 정성적 과정인 것은?

㉮ impact analysis
㉯ initiation analysis
㉰ inventory analysis
㉱ improvement analysis

풀이 ㉮ impact analysis(영향평가) 단계의 설명이다.

(2) 전과정평가(LCA)의 일반적 활용목적

① 생활양식의 평가와 개선목표의 도출
② 환경목표치 또는 기준치에 대한 달성도 평가
③ 복수 제품간의 환경오염부하의 비교

8. ESSD(Environmentally Sound and Sustainable Development)

1992년 라우데자네이로에서 가진 유엔환경개발회의에서 대두된 용어(약자)로 [친환경적이면서 지속가능한 개발]이란 뜻을 가진다.

Question 27

1992년 리우데자네이로에서 가진 유엔환경개발회의에서 대두된 용어(약자)로 [친환경적이면서 지속 가능한 개발]이란 뜻을 가진 것은?

㉮ EPSS   ㉯ ESSK   ㉰ ECCZ   ㉱ ESSD

정답 ㉱

9. 생산자책임 재활용제도(EPR : Extended Producer Responsibility)

폐기물은 단순히 버려져 못쓰는 것이라는 인식을 바꾸어 '폐기물 = 자원'이라는 공감대를 확산시킴으로써 재활용정책에 활력을 불어 넣은 제도이다.

Question 28

폐기물은 단순히 버려져 못 쓰는 것이라는 인식을 바꾸어 '폐기물 = 자원'이라는 공감대를 확산시킴으로써 재활용 정책에 활력을 불어 넣은 '생산자책임재활용제도'는?

㉮ ROHS ㉯ ESSD ㉰ EPR ㉱ WEE

정답 ㉰

★★10. 폐기물에 관한 협약 및 사건

① 바젤협약 : 유해폐기물의 국제적 이동의 통제와 규제를 주요 골자로 하는 국제협약이다.
② 러브커넬 사건 : 유해폐기물의 불법매립 사건이다.

Question 29

다음 국제협약 및 조약 중에서 유해폐기물의 국가간 이동 및 처리의 통제를 위한 협약은?

㉮ 런던국제덤핑협약 ㉯ GATT협약
㉰ 리우(Rio)협약 ㉱ 바젤(Basel)협약

정답 ㉱

Question 30

다음 중 유해폐기물의 불법매립과 가장 관련이 깊은 사건은?

㉮ 러브커넬 사건 ㉯ 도노라 사건 ㉰ 뮤즈계곡 사건 ㉱ 포자리카 사건

정답 ㉮

★★ 11. 폐기물 관리의 기타 내용

① 우리나라 생활폐기물의 일일 발생량은 1.0kg/인·일이다.
★★ ② 폐기물 관리에 있어서 가장 우선적으로 고려할 사항은 감량화이다.
③ 현재 우리나라에서 가장 많이 발생되는 생활폐기물은 음식물쓰레기류이다.
④ 현재 우리나라에서 발생되는 생활폐기물의 처리방법 중 가장 많이 사용되는 공법은 매립이다.

Question 31

우리나라의 생활폐기물 일일 발생량으로 가장 옳은 것은?

㉮ 0.3kg/인 ㉯ 1.0kg/인 ㉰ 2.0kg/인 ㉱ 3.0kg/인

정답 ㉯

Question 32

다음 중 폐기물관리에서 가장 우선적으로 고려해야 하는 것은?

㉮ 감량화 ㉯ 최종처분 ㉰ 소각열 회수 ㉱ 유기물 퇴비화

정답 ㉮

Question 33

다음 중 현재 우리나라에서 가장 많이 발생되는 생활 폐기물은?

㉮ 연탄재 ㉯ 음식쓰레기류 ㉰ 플라스틱류 ㉱ 섬유류

정답 ㉯

Question 34

다음 중 현재 우리나라에서 발생되는 생활폐기물의 처리방법 중 가장 많이 사용되는 공법은?

㉮ 소각 ㉯ 매립 ㉰ 노천 폐기 ㉱ 퇴비화

정답 ㉯

CHAPTER 04 | 폐기물의 감량

01 압축공정

폐기물의 부피를 감소시키는 공정이다.

★★ 1. 폐기물 압축기의 종류

① 고정식 압축기
  ★★ ⓐ 주로 수압으로 압축시킨다.
   ⓑ 압축방법에 따라 수평식과 수직식 압축기로 나눈다.
② 백(bag) 압축기
   ⓐ 다종 다양하다.(수동식과 자동식, 수평식과 수직식, 다단식과 1단식, 연속식과 회분식)
   ⓑ 회분식이란 투입량을 일정량씩 수회 분리하여 간헐적인 조작을 행하는 것을 말한다.
   ⓒ 처리능력은 대부분이 5 ~ 34 m^3/hr 이다.
③ 수직식(소용돌이식) 압축기
   기계적 작동이나 유압이나 공기압에 의해 작동하는 압축피스톤을 가지고 있다.
④ 회전식 압축기
   회전판위에 열려진 상태로 놓여 있는 백과 압축피스톤의 조합으로 구성되어 있다.

 Question 01

쓰레기 압축기를 형태에 따라 구별한 것으로 잘못된 것은?
㉮ 소용돌이식 압축기 ㉯ 충격식 압축기
㉰ 고정식 압축기   ㉱ 백(bag) 압축기

 정답 ㉯

Question 02

폐기물 압축기에 대한 설명으로 틀린 것은?

㉮ 고정압축기는 주로 수압으로 압축시킨다.
㉯ 고정압축기는 압축방법에 따라 수평식과 수직식 압축기로 나눌 수 있다.
㉰ 백(bag) 압축기는 회전판 위에 열려진 상태로 놓여있는 백과 압축피스톤의 조합으로 구성된다.
㉱ 백(bag) 압축기 중 회분식이란 투입량을 일정량씩 수회 분리하여 간헐적인 조작을 행하는 것을 말한다.

풀이 ㉰번은 회전식 압축기에 대한 설명이다.

2. 포장기(Baler) 특징

① 압축 후 삼베나 가죽 또는 철끈으로 묶는다.
② 관리에 용이한 크기나 무게로 포장한다.
③ 완전하게 건조되지 못한 폐기물은 취급하기 곤란하다.
★★ ④ 매립지에서는 특별한 경우를 제외하면 포장을 해체하지 않고 그대로 매립한다.

Question 03

쓰레기 압축처리 방법 중 포장기(baler)에 대한 설명으로 틀린 것은?

㉮ 압축 후 삼베나 가죽 또는 철끈으로 묶는다.
㉯ 관리에 용이한 크기나 무게로 포장한다.
㉰ 완전하게 건조되지 못한 폐기물은 취급하기 곤란하다.
㉱ 매립지에서는 포장을 해체하여 최종 처분한다.

풀이 ㉱ 매립지에서는 특별한 경우를 제외하면 포장을 해체하지 않고 그대로 매립한다.

★★ 3. 압축비 구하는 공식

$$압축비 = \frac{V_1}{V_2}$$

여기서, V_1 : 압축 전의 부피(m^3) V_2 : 압축 후의 부피(m^3)

Question 04

밀도가 680kg/m³인 쓰레기 200kg이 압축되어 밀도가 960kg/m³으로 되었다. 압축비를 계산하시오.

풀이
① $V_1 = 200\text{kg} \times \dfrac{1}{680\text{kg/m}^3} = 0.29\text{m}^3$ ② $V_2 = 200\text{kg} \times \dfrac{1}{960\text{kg/m}^3} = 0.21\text{m}^3$

따라서 압축비 $= \dfrac{V_1}{V_2} = \dfrac{0.29\text{m}^3}{0.21\text{m}^3} = 1.38$

②
$$\text{압축비} = \dfrac{100}{100 - \text{VR}}$$

여기서, VR : 부피감소율(%)

Question 05

쓰레기 포장시 부피의 감소율은 통상적으로 60% 정도라면 이때 압축비를 계산하시오.

풀이 압축비 $= \dfrac{100}{100 - \text{부피감소율(\%)}} = \dfrac{100}{100 - 60\%} = 2.5$

★★ 4. 부피감소율 구하는 공식

①
$$\text{부피감소율(\%)} = \left(1 - \dfrac{V_2}{V_1}\right) \times 100$$

여기서, V_1 : 압축 전 부피(m³) V_2 : 압축 후 부피(m³)

Question 06

쓰레기를 압축시키기 전의 밀도가 0.43ton/m³이었던 것을 압축기에 압축시킨 결과 0.83ton/m³으로 증가하였다. 이때 부피의 감소율(%)을 계산하시오.

풀이
① $V_1 = 1\text{ton} \times \dfrac{1}{0.43\text{ton/m}^3} = 2.326\text{m}^3$

② $V_2 = 1\text{ton} \times \dfrac{1}{0.83\text{ton/m}^3} = 1.205\text{m}^3$

따라서 부피감소율(%) $= \left(1 - \dfrac{V_2}{V_1}\right) \times 100 = \left(1 - \dfrac{1.205\text{m}^3}{2.326\text{m}^3}\right) \times 100 = 48.19\%$

② $$\text{부피감소율}(\%) = \left(1 - \frac{V_2}{V_1}\right) \times 100 = \left(1 - \frac{1}{\frac{V_1}{V_2}}\right) \times 100 = \left(1 - \frac{1}{CR}\right) \times 100$$

여기서, $CR(\text{압축비}) = \dfrac{V_1}{V_2}$

Question 07

밀도가 500kg/m³인 폐기물 5톤을 압축비(CR) 2.5로 압축시켰다면 부피감소율(%)을 계산하시오.

풀이 $\text{부피감소율}(\%) = \left(1 - \dfrac{1}{CR}\right) \times 100 = \left(1 - \dfrac{1}{2.5}\right) \times 100 = 60\%$

02 파쇄공정

1. 파쇄

★★ (1) 파쇄시 작용하는 힘의 종류

① 충격력 ② 압축력 ③ 전단력

Question 08

폐기물 파쇄시 작용하는 힘과 가장 거리가 먼 것은?

㉠ 충격력 ㉯ 압축력 ㉰ 인장력 ㉱ 전단력

정답 ㉰

★★ (2) 파쇄처리의 효과

① 겉보기 비중 증가(밀도증가)
② 비표면적 증가
③ 폐기물 소각시 연소효율 증가

④ 고가금속 회수가능
⑤ 운반비의 저렴화
⑥ 입경분포의 균일화
⑦ 유가물의 분리
⑧ 용적의 감소

Question 09

다음 중 폐기물의 파쇄 목적으로 틀린 것은?

㉮ 입자 크기의 균일화
㉯ 밀도의 증가
㉰ 유가물의 분리
㉱ 비표면적의 감소

정답 ㉱

(3) 파쇄처리에 따른 비표면적 증가효과

① 소각처리시 연소효율의 향상
② 열분해시 반응효율의 향상
③ 퇴비화시 발효효율의 향상

(4) 폐기물의 파쇄를 통한 세립화 및 균일화의 장점

① 조대 폐기물에 의한 소각로의 손상방지
② 용량감소로 인한 운반비의 절감 및 매립부지 절감
③ 자력선별에 의한 고가금속 등의 회수 가능
④ 폐기물의 연소성 증가
⑤ 폐기물의 건조성 증가

Question 10

폐기물의 파쇄를 통한 세립화 및 균일화의 장점으로 틀린 것은?

㉮ 조대폐기물에 의한 소각로의 손상방지
㉯ 용량감소로 인한 운반비의 절감 및 매립부지 절약
㉰ 자력선별에 의한 고가금속 등의 회수 가능
㉱ 고형연료재 생산 및 연소가스 이용

정답 ㉱

★★ (5) 파쇄하여 매립시 장점

① 매립작업이 용이하고 압축장비가 없어도 매립작업만으로 고밀도의 매립이 가능하다.
② 곱게 파쇄하면 매립시 복토가 필요없거나 복토요구량이 절감된다.
③ 폐기물 입자의 표면적이 증가되어 미생물의 작용이 빨라진다.
④ 매립시 폐기물이 잘 섞이므로 냄새가 방지된다.
⑤ 폐기물의 밀도가 증가하여 바람에 날아갈 염려가 적다.

Question 11

폐기물을 파쇄하여 매립할 경우 장점으로 가장 거리가 먼 것은?

㉮ 매립작업이 용이하고 압축장비가 없어도 매립작업만으로 고밀도 매립이 가능하다.
㉯ 곱게 파쇄하면 매립시 복토가 필요 없거나 복토요구량을 줄일 수 있다.
㉰ 폐기물 입자의 표면적이 증가되어 미생물작용이 촉진되므로 매립시 조기 안정화를 꾀할 수 있다.
㉱ 폐기물 밀도가 높아져 혐기성 조건을 신속히 조성할 수 있어 냄새가 방지된다.

풀이 ㉱ 매립시 폐기물이 잘 섞이므로 냄새가 방지된다.

2. 파쇄기의 종류

(1) 건식파쇄기

★★★ ① 전단파쇄기 : 고정칼, 왕복 또는 회전칼과의 교합에 의하여 폐기물을 전단한다.
　　ⓐ 주로 목재류, 플라스틱류, 종이류를 파쇄하는데 이용된다.
　　ⓑ 충격파쇄기에 비하여 파쇄속도가 느리다.
　　ⓒ 충격파쇄기에 비하여 이물질 혼입에 약하다.
　　ⓓ 충격파쇄기에 비하여 파쇄물의 크기를 고르게 할 수 있다.
　　ⓔ 소음과 분진발생이 비교적 적고 폭발의 위험성이 거의 없다.
　　ⓕ 다른 파쇄기와 조합하여 사용할 수 있다.

Question 12

건식 전단파쇄기에 대한 내용으로 틀린 것은?

㉮ 고정칼, 왕복 또는 회전칼의 교합에 의하여 폐기물을 전단한다.
㉯ 충격파쇄기에 비하여 파쇄속도가 느리다.
㉰ 충격파쇄기에 비하여 이물질의 혼입에 강하다.
㉱ 충격파쇄기에 비하여 파쇄물의 크기를 고르게 할 수 있다.

풀이 ㉰ 충격파쇄기에 비하여 이물질의 혼입에 약하다.

★★★ ② 충격파쇄기
　　ⓐ 충격파쇄기는 주로 회전식에 적용한다.
　　ⓑ 대량처리가 가능하다.
　　ⓒ 연성이 있는 물질에는 부적합하다.
　　ⓓ 유리나 목질류 파쇄에 적합하다.
　　ⓔ 파쇄시 분진, 소음, 진동, 폭발의 위험성이 있다.

Question 13

파쇄기에 관한 내용으로 틀린 것은?
㉮ 전단파쇄기는 충격파쇄기에 비해 이물질의 혼입에 약하다.
㉯ 충격파쇄기는 유리나 목질류 등을 파쇄하는데 사용한다.
㉰ 전단파쇄기는 충격파쇄기에 비해 파쇄속도가 빠르다.
㉱ 충격파쇄기는 대개 회전식이다.

풀이　㉰ 전단파쇄기는 충격파쇄기에 비해 파쇄속도가 느리다.

③ 압축파쇄기
　　ⓐ 파쇄기의 마모가 적고 비용이 적게 소요된다.
　　ⓑ 금속류, 고무류, 연질 플라스틱류의 파쇄가 어렵다.
　　ⓒ 나무, 플라스틱류, 콘크리트 덩어리, 건축 폐기물 파쇄에 이용된다.
　　ⓓ Rotary Mill식, Impact Crusher 등이 해당된다.

Question 14

파쇄기의 마모가 적고 비용이 적게 소요되는 장점이 있으나, 금속, 고무의 파쇄는 어렵고, 나무나 플라스틱류, 콘크리트 덩이, 건축폐기물의 파쇄에 이용되며, Rotary Mill식, Impact Crusher 등이 해당되는 파쇄기는?
㉮ 충격파쇄기　　㉯ 습식파쇄기　　㉰ 왕복전단파쇄기　　㉱ 압축파쇄기

정답 ㉱

(2) 습식파쇄기 중 저온(냉각) 파쇄기

① 복합재의 재질별 파쇄에 유리하다.
② 냉각제로는 액체질소의 사용이 보편화되어 있다.
③ 폐타이어의 분쇄에 이용 가능하다.
④ 입도를 작게 할 수 있다.

⑤ 파쇄에 소요되는 동력이 적다.
⑥ 투자비가 크므로 특수용도로 주로 활용된다.
⑦ 파쇄기의 발열 및 열화를 방지한다.
⑧ 유기물을 고순도, 고회수율로 회수가 가능하다.

Question 15

냉각파쇄기에 대한 설명으로 잘못된 것은?

㉮ 파쇄기의 발열 및 열화를 방지한다.
㉯ 유기물을 고순도, 고회수율로 회수가 가능하다.
㉰ 복합재질의 선택 파쇄는 불가능하다.
㉱ 투자비가 크므로 특수용도로 주로 활용된다.

풀이 ㉰ 복합재질의 선택 파쇄가 가능하다.

3. 파쇄공정의 공식

★★ (1) Kick 이론(법칙)

$$동력(E) = C \ln\left(\frac{dp_1}{dp_2}\right)$$

여기서, dp_1 : 평균크기 dp_2 : 최종크기

Question 16

50ton/hr 규모의 시설에서 평균크기가 30.5cm인 혼합된 도시폐기물을 최종크기 5.1cm로 파쇄하기 위해 필요한 동력(Kw)을 계산하시오. (단, 킥의 법칙을 이용하고 C = 13.6kw · hr/ton)

풀이
① 동력(E) $= C \ln\left(\frac{dp_1}{dp_2}\right) = 13.6 \text{kw} \cdot \text{hr/ton} \times \ln\left(\frac{30.5 \text{cm}}{5.1 \text{cm}}\right) = 24.3234 \text{kw} \cdot \text{hr/ton}$

② 동력(kw) $= \frac{24.3234 \text{kw} \cdot \text{hr}}{\text{ton}} \times \frac{50 \text{ton}}{\text{hr}} = 1216.17 \text{kw}$

 TIP

폐기물 파쇄(분쇄)에 대한 이론
① Rettinger 이론   ② Kick의 이론   ③ Bond 이론

★★ (2) Rosin – Rammler 식

$$Y = 1 - \exp\left[-\left(\frac{X}{X_o}\right)^n\right] \Rightarrow X_o = \frac{-X}{LN(1-Y)}$$

여기서, Y : 체하분율(%) X : 폐기물 입자의 크기
   X_o : 특성입자의 크기 n : 상수

Question 17

폐기물을 파쇄할 때 95% 이상을 4.5cm 보다 작게 파쇄하려고 하는 경우 Rosin – Rammler 식을 이용하여 특성입자의 크기(cm)를 계산하시오. (단, n =1)

풀이

$$Y = 1 - \exp\left[-\left(\frac{X}{X_o}\right)^n\right]$$

$$0.95 = 1 - \exp\left[-\left(\frac{4.5\,cm}{X_o}\right)^1\right]$$

$$\exp\left[-\left(\frac{4.5\,cm}{X_o}\right)^1\right] = 1 - 0.95$$

$$-\left(\frac{4.5\,cm}{X_o}\right) = LN(1-0.95)$$

$$\therefore X_o = \frac{-4.5\,cm}{LN(1-0.95)} = 1.50\,cm$$

TIP

Characteristic Particle Size(특성입자의 크기)는 입자의 무게 기준으로 63.2%가 통과할 수 있는 체의 눈의 크기이다.

Question 18

다음 중 "Characteristic Particle Size"에 관한 설명으로 가장 적합한 것은?
㉮ 입자의 무게 기준으로 53.2%가 통과할 수 있는 체의 눈의 크기
㉯ 입자의 무게 기준으로 63.2%가 통과할 수 있는 체의 눈의 크기
㉰ 입자의 무게 기준으로 73.2%가 통과할 수 있는 체의 눈의 크기
㉱ 입자의 무게 기준으로 83.2%가 통과할 수 있는 체의 눈의 크기

정답 ㉯

★★ (3) 유효입경($D_{10\%}$)

$$유효입경 = 입도누적곡선상의\ 10\%에\ 해당하는\ 입경(D_{10\%})$$

Question 19

고로슬래그의 입도 분석 결과 입도누적 곡선상의 10%, 60% 입경이 각각 0.5mm, 1.0mm 일 때 유효입경(mm)을 계산하시오.

풀이 유효입경은 입도누적곡선상의 10%에 해당하는 입경이므로 0.5mm가 된다.

Question 20

체분석을 통해 다음과 같은 입도분포곡선을 얻었다. 이 토사의 유효입경을 계산하시오.

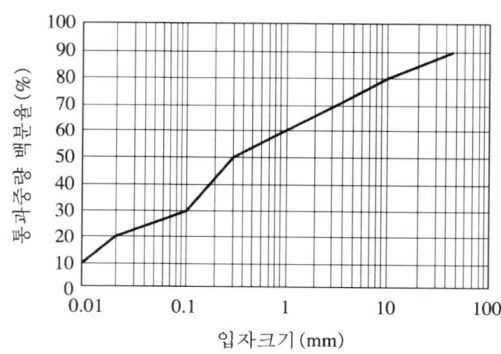

풀이 유효입경은 입도누적곡선상의 10%에 해당하는 입경이므로 그림에서 0.01mm가 된다.

★★ (4) 균등계수

$$균등계수 = \frac{D_{60\%}}{D_{10\%}}$$

여기서, D_{60} : 입도누적곡선상 60% 입경 D_{10} : 입도누적곡선상 10% 입경

Question 21

어떤 쓰레기의 입도를 분석한 바 입도누적곡선상의 10%, 40%, 60%, 90%의 입경이 각각 1mm, 5mm, 10mm, 20mm 였다. 균등계수를 계산하시오.

풀이 균등계수 $= \dfrac{D_{60\%}}{D_{10\%}} = \dfrac{10\text{mm}}{1\text{mm}} = 10.0$

★★ (5) 곡률계수

$$곡률계수 = \dfrac{(D_{30\%})^2}{(D_{10\%} \times D_{60\%})}$$

Question 22

어떤 쓰레기의 입도를 분석하였더니 입도누적곡선상의 10%, 30%, 60%, 90%의 입경이 각각 1, 5, 10, 20mm였다. 이때 곡률계수를 계산하시오.

풀이 곡률계수 $= \dfrac{(D_{30\%})^2}{(D_{10\%} \times D_{60\%})} = \dfrac{(5\text{mm})^2}{1\text{mm} \times 10\text{mm}} = 2.5$

03 선별 공정

1. 스크린 분리(Screening)

① 폐기물의 자원화 및 재생이용을 위한 방법이다.
② 체의 크기, 폐기물의 부하특성, 지름, 기울기, 회전속도에 지배되는 분리 방법이다.
③ 주로 큰 폐기물로부터 후속처리장치를 보호하거나 재료회수를 위해 사용한다.

2. 트롬멜(Trommel) 스크린

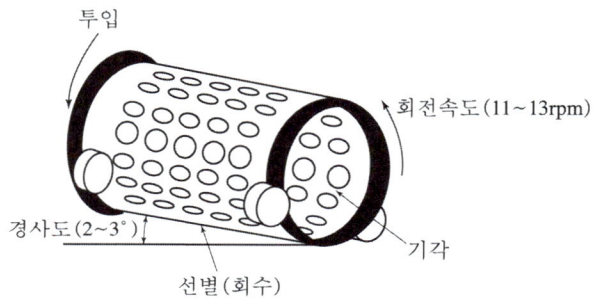

(1) 트롬멜(Trommel) 스크린의 운전조건

① 스크린 개방면적 : 53%
② 경사도 : 2~3도
③ 회전속도 : 11~13rpm
④ 길이 : 4.0m

Question 23

트롬멜 스크린의 전형적인 운전특성으로 틀린 것은?

㉮ 스크린 개방면적(%) : 53
㉯ 경사도 : 15 ~ 25도
㉰ 회전속도(rpm) : 11 ~ 13
㉱ 길이(m) : 4.0

풀이 ㉯ 경사도 : 2 ~ 3도

(2) 트롬멜 스크린의 선별효율에 영향을 주는 인자

① 회전속도 ② 폐기물 부하
③ 경사도   ④ 체의 눈 크기
⑤ 길이   ⑥ 직경

Question 24

도시폐기물의 선별작업에서 사용되는 트롬멜 스크린의 선별효율에 영향을 주는 인자로 틀린 것은?

㉮ 진동 속도　㉯ 폐기물 부하　㉰ 경사도　㉱ 체의 눈 크기

정답 ㉮

(3) 트롬멜(Trommel) 스크린의 특징

① 스크린앞에 분쇄기를 두어 분리된 폐기물을 주입·분쇄함으로써 입도를 균일하게 한다. (스크린에 폐기물을 주입하기 이전에 분쇄기를 두는 것이 효과적이다.)
② 회전속도가 증가하면 어느 정도까지는 선별효율이 증가하나 일정속도 이상이 되면 원심력에 의해 막힘현상이 일어난다.
③ 원통의 경사도가 크면 폐기물이 그냥 배출될 수 있으므로 효율이 낮아진다. (경사도가 크면 효율은 떨어지고 부하율은 커진다.)
④ 최적회전속도 = 임계회전속도 × 0.45이다.
⑤ 원통의 길이가 길면 효율은 증가하나 동력소요가 많다.
⑥ 스크린 중 선별효율이 우수하고 유지관리상 문제가 적다.

Question 25

트롬멜 스크린에 관한 내용으로 틀린 것은?

㉮ 원통회전속도가 어느 정도까지 증가할수록 선별효율이 증가하나 그 이상이 되면 막힘현상이 일어난다.
㉯ 최적속도는 [임계속도×1.45]로 나타낸다.
㉰ 원통경사도가 크면 선별효율이 떨어진다.
㉱ 스크린 중에서 선별효율이 우수하며 유지관리상의 문제가 적다.

풀이 ㉯ 최적속도는 [임계속도×0.45]로 나타낸다.

★★ (4) Trommel Screen의 임계속도식

$$N_C = \sqrt{\frac{g}{4\pi^2 r}} \times 60 = \frac{1}{2\pi}\sqrt{\frac{g}{r}} \times 60$$

여기서, N_C : 임계속도(rpm = 회/min) g : 중력가속도($9.8 m/sec^2$)
  r : 스크린 반경(m)

> **Question 26**
>
> 직경이 2.7m인 Trommel Screen의 임계속도(rpm)를 계산하시오.
>
> **풀이** $N_C = \sqrt{\dfrac{g}{4\pi^2 r}} \times 60 = \sqrt{\dfrac{9.8 m/sec^2}{4 \times \pi^2 \times \dfrac{2.7m}{2}}} \times 60 = 25.73 rpm$

★★ (5) Trommel Screen의 최적속도식

$$N_S = N_C \times 0.45$$

여기서, N_S : 최적속도(rpm) N_C : 임계속도(rpm)

3. 진동 스크린

① 주로 골재분리에 많이 이용된다.
② 체경이 막히는 문제가 발생할 수 있다.

★★ 4. 세카터(Secators)

★★① 물렁거리는 가벼운 물질로부터 딱딱한 물질을 선별하는데 이용한다.
② 경사진 Conveyor를 통해 폐기물을 주입시켜 천천히 회전하는 드럼위에 떨어뜨려서 분류하는 선별장치이다.
③ 퇴비속의 유리나 돌 선별에 이용한다.

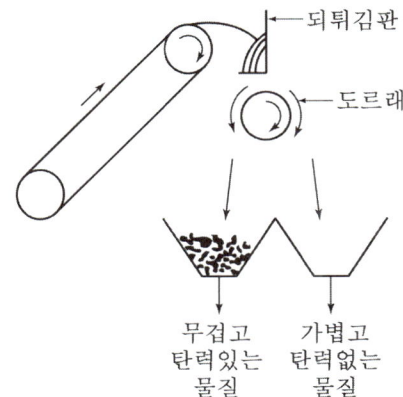

Question 27

물렁거리는 가벼운 물질로부터 딱딱한 물질을 선별하는데 사용하는 선별분류법으로 경사진 컨베이어를 통해 폐기물을 주입시켜 천천히 회전하는 드럼 위에 떨어뜨려서 분류하는 선별법은?

㉮ Jigs　　　㉯ Table　　　㉰ Secators　　　㉱ Stoners

정답 ㉰

★★ 5. 스토너(Stoners)

① Pneumatic Table 이라고도 한다.
★★ ② 약간 경사진판에 진동을 줄 때 무거운 것이 빨리 판의 경사면 위로 올라가는 원리를 이용한다.
③ 공기가 유입되는 다공진동판으로 구성되어 있다.
④ 상당히 좁은 입자크기 분포범위 내에서 밀도 선별기로 작용한다.
⑤ 중요한 운전변수는 다공판의 기울기와 공기의 유량이다.

Question 28

약간 경사진 판에 진동을 주어 무거운 것이 빨리 경사판 위로 올라가는 원리를 이용한 폐기물 선별장치는?

㉮ Bed Separator　　㉯ Secators　　㉰ Stoners　　㉱ Jigs

정답 ㉰

★★ 6. 테이블(Table) 선별법

① 각 물질의 비중차를 이용하는 방법이다.

★★ ② 약간 경사진 평판에 폐기물을 올려놓고 좌우로 빠른 진동과 느린 진동을 주면 가벼운입자는 빠른 진동쪽으로, 무거운 입자는 느린 진동쪽으로 분류되는 방법이다.

Question 29

선별방식 중 각 물질의 비중차를 이용하는 방법으로 약간 경사진 평판에 폐기물을 올려놓고 좌우로 빠른 진동과 느린 진동을 주면 가벼운 입자는 빠른 진동 쪽으로, 무거운 입자는 느린 진동 쪽으로 분류되는 것은?

㉮ Secators ㉯ Stoners ㉰ Table ㉱ Jig

정답 ㉰

7. 손선별(Hand Separation)

★★

① 컨베이어 벨트를 이용하여 손으로 종이류, 플라스틱류, 금속류, 유리류 등을 분류한다.
② 기계적인 선별보다 작업량은 감소할 수 있다.
③ 파쇄공정 유입 전 폭발가능성 있는 물질을 분류할 수 있다.
④ 작업효율은 0.5ton/인·시간 정도이다.
⑤ 9m/min 이하의 속도로 이동하는 컨베이어 벨트의 한쪽 또는 양쪽에서 사람이 서서 선별한다.
⑥ 정확도가 증가한다.

Question 30

손선별법에 대한 내용으로 틀린 것은?

㉮ 작업효율은 0.5ton/인·시간 정도이다.
㉯ 9m/min 이하의 속도로 이동하는 컨베이어 벨트의 한쪽 또는 양쪽에서 사람이 서서 선별한다.
㉰ 기계적인 선별보다 작업량이 떨어질 수 있다.
㉱ 선별의 정확도가 낮고 폭발가능 물질 분류가 어렵다.

풀이 ㉱ 선별의 정확도가 높고 폭발가능한 물질을 분류할 수 있다.

★★ 8. 공기 선별기(Air Separation)

① Zigzag 공기선별기는 칼럼 내 난류를 높여줌으로써 선별효율을 증진시키고자 고안된 형태이다.
② 공기선별기의 성능은 주입률이 커질수록 떨어지는 것으로 알려져 있다.
③ 경사공기선별기는 중력에 의해 입구로 들어온 폐기물을 진동판에 의하여 분리한다.
④ 공기선별은 폐기물내의 가벼운 물질인 종이나 플라스틱류를 기타 무거운 물질로부터 선별해 내는 방법이다.

Question 31

공기선별기에 대한 내용으로 가장 거리가 먼 것은?

㉮ 수직공기선별기를 개선한 Zigzag 공기선별기는 칼럼의 난류를 완화시켜 선별률을 증진시키고자 고안된 장치이다.
㉯ 일반적으로 공기선별기의 성능은 주입률이 커질수록 떨어지는 것으로 알려져 있다.
㉰ 경사공기선별기는 중력에 의해 입구로 들어온 폐기물을 진동판에 의하여 분리한다.
㉱ 공기선별은 폐기물 내의 가벼운 물질인 종이나 플라스틱류를 기타 무거운 물질로부터 선별해 내는 방법이다.

풀이 ㉮ 수직공기선별기를 개선한 Zigzag 공기선별기는 칼럼내 난류를 높여줌으로써 선별률을 증진시키고자 고안된 장치이다.

9. 자력선별(Magnetic Separation)

① 단위는 T(테슬라)이다.
② 별다른 동력이 소요되지 않으나 주입되는 폐기물의 양이 적어야 효과적이다.
③ 철 및 금속류 회수에 이용된다.

★★★ 10. 와전류 선별법

★★ ① 연속적으로 변화하는 자장속에 비자성이며, 전기전도성이 좋은 구리, 알루미늄, 아연등을 넣어 금속내에 소용돌이 전류를 발생시켜 생기는 반발력의 차를 이용하여 분리하는 방법이다.
② 자력선을 도체가 스칠때에 진행방향과 직각방향으로 힘이 작용하는 것을 이용하며, 비자성이고 전기전도성이 우수한 금속을 와전류 현상에 의하여 다른 물질로부터 선별하는 방법이다.

★★ ③ 철금속(Fe)/비철금속(Al, Cu)/유리병의 3종류를 각각 분리할 수 있는 방법이다.
　④ 금속과 비금속을 구분하여 폐기물 중 비철금속(Al, Ni, Zn)등을 선별 회수하는 방법이다.
★★ ⑤ 전자석유도에 관한 패러데이법칙을 기초로 한다.
　⑥ 와전류식 선별기의 순도와 회수율은 98%까지 보고되고 있다.

Question 32

다음은 선별법에 관한 설명이다. ( ) 안에 적당한 것은?

　건식선별방법 중 와전류 선별법은 ( )을 와전류 현상에 의하여 다른 물질로부터 선별하는 방식이다.

㉮ 비자성이고 전기전도성이 우수한 금속
㉯ 자성이고 전기전도성이 우수하지 못한 금속
㉰ 자성이고 전기전도성이 우수한 금속
㉱ 비자성이고 전기전도성이 우수하지 못한 금속

정답 ㉮

Question 33

와전류 분리에 대한 내용으로 틀린 것은?

㉮ 와전류 분리법은 비극성이고 전기전도도가 좋은 물질을 와전류현상에 의하여 다른 물질로부터 분리하는 방법이다.
㉯ 와전류 분리법으로 분리하기 좋은 물질은 동, 알루미늄, 아연 등이다.
㉰ 전자석 유도에 관한 패러데이법칙을 기초로 한다.
㉱ 와전류는 자장중에 놓여진 부도체의 외부에 전자유도로 생기는 와전류상의 전류이다.

풀이 ㉱ 와전류는 자장중에 놓여진 도체의 외부에 전자유도로 생기는 와전류상의 전류이다.

11. 정전기 분리(정전기적 선별법)

① 각 물질의 전도율, 대전효과 및 대전작용을 이용하여 분리 및 선별하는 방법이다.
② 플라스틱, 고무와 종이, 섬유, 합성피혁 선별에 유리하다.
③ 플라스틱에서 종이를 선별하고 각기 다른 종류의 플라스틱 혼합물에서 종류별로 플라스틱을 선별할 수 있는 방법이다.

★★ 12. 광학선별(Optical Sorter)

① 물질이 가진 광학적 특성의 차를 이용하여 분리하는 방법이다.
② 광학선별의 절차 단계
    ⓐ 입자는 기계적으로 투입됨
    ⓑ 광학적으로 조사됨
    ⓒ 조사결과는 전기전자적으로 평가됨
    ⓓ 선별대상 입자는 압축공기분사에 의해 정밀하게 제거됨
★★ ③ 불투명한 것(돌, 코르크 등)과 투명한 것(유리 등)의 분리에 이용된다.

Question 34

광학선별은 물질이 가진 광학적 특성의 차를 이용하여 분리하는 기술이다. 다음 중 광학선별의 절차(과정) 단계에 대한 내용으로 틀린 것은?

㉮ 조사결과는 광학적으로 평가됨
㉯ 광학적으로 조사됨
㉰ 입자는 기계적으로 투입됨
㉱ 선별대상입자는 압축공기분사에 의해 정밀하게 제거됨

풀이 ㉮ 조사결과는 전기전자적으로 평가됨

Question 35

돌, 코르크 등의 불투명한 것과 유리같은 투명한 것의 분리에 이용되는 선별방법은?

㉮ Floatation
㉯ Optical Sorting
㉰ Inertial Separation
㉱ Electrostatic Separator

정답 ㉯

13. 관성선별

분쇄된 폐기물을 중력이나 탄도학을 이용하여 가벼운 물질(주로 유기물)과 무거운 물질(주로 무기물)로 분리하는 방법이다.

> **Question 36**
>
> 다음 선별방법 중 분쇄된 폐기물을 중력이나 탄도학을 이용하여 가벼운 물질(주로 유기물)과 무거운 물질(주로 무기물)로 분리하는 기법은?
>
> ㉮ 관성선별　　㉯ 광학선별　　㉰ 중액선별　　㉱ 스토너
>
> **정답** ㉮

14. Fluidized bed separators(유동상 선별법)

분쇄한 전기줄로부터 금속을 회수하거나 분쇄된 자동차나 연소재로부터 알루미늄, 구리등을 회수하는데 사용되는 선별장치이다.

> **Question 37**
>
> 폐기물선별방법 중 분쇄한 전기줄로부터 금속을 회수하거나 분쇄된 자동차나 연소재로부터 알루미늄, 구리 등을 회수하는데 사용되는 선별장치는?
>
> ㉮ Fluidized bed separators　　㉯ Stoners
> ㉰ Optical sorting　　㉱ Jigs
>
> **정답** ㉮

15. Jigs(수중체)

① 물에 잠겨진 스크린 위에 분류하려는 폐기물을 넣고 수위를 1초당 2.5회가량 0.5~5cm의 폭으로 변화시키면서 선별하는 방법이다.
② 사금선별에 사용된다.
③ 습식 선별장치에 해당한다.

Question 38

사금선별을 위해 오래전부터 사용되던 습식 선별방법은?

㉮ Jigs
㉯ Secators
㉰ Trommel Screen
㉱ Ballistic Separator

정답 ㉮

16. Pulverizer(펄버라이저 ; 분쇄기)

폐기물 처리장치 중 2차 오염물질로 폐수가 가장 많이 발생하는 장치이다.

17. 풍력선별기

① 풍력선별기에 있어 전형적인 공기/폐기물비는 2 ~ 7이다.
② 펄스풍력선별기는 유속의 변화를 이용하여 장치이다.

18. 선별효율 계산 공식

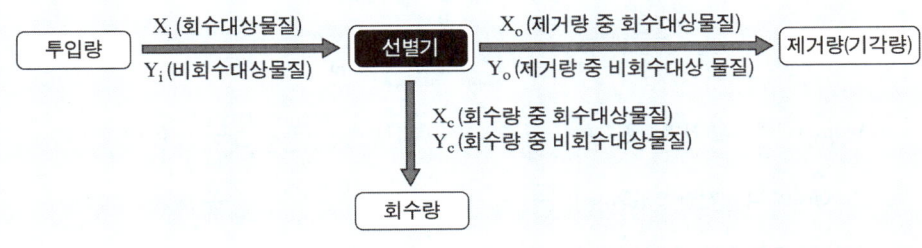

여기서, $X_i = X_o + X_C$ $Y_i = Y_o + Y_C$
투입량 $= X_i + Y_i$ 제거량 $= X_o + Y_o$
회수량 $= X_C + Y_C$

★★★ ① Worrell의 선별효율 공식

$$선별효율(E) = X(회수율) \times Y(기각율) = \left(\frac{X_C}{X_i} \times \frac{Y_o}{Y_i}\right) \times 100(\%)$$

★★★ ② Rietema의 선별효율 공식

$$선별효율(E) = \left|\left(\frac{X_C}{X_i} - \frac{Y_C}{Y_i}\right)\right| \times 100(\%)$$

Question 39

다음의 조건을 이용하여 Worrell식에 의한 선별효율(%)과 Rietema식에 의한 선별효율(%)을 각각 계산하시오.

- 총 투입 폐기물 : 100ton
- 회수량 : 80ton
- 회수량 중 회수대상물질 : 70ton
- 제거량 중 회수대상물질 : 10ton

풀이

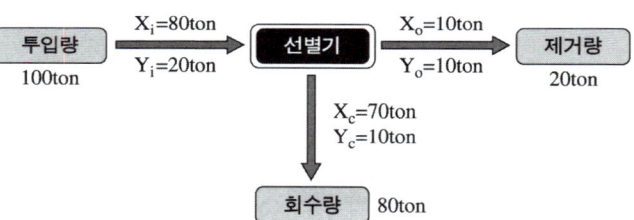

① Worrell식에 의한 선별효율(%) $= \left(\frac{X_C}{X_i} \times \frac{Y_o}{Y_i}\right) \times 100(\%) = \left(\frac{70\text{ton}}{80\text{ton}} \times \frac{10\text{ton}}{20\text{ton}}\right) \times 100 = 43.75\%$

② Rietema에 의한 선별효율(%) $= \left|\left(\frac{X_C}{X_i} - \frac{Y_C}{Y_i}\right)\right| \times 100(\%) = \left(\frac{70\text{ton}}{80\text{ton}} - \frac{10\text{ton}}{20\text{ton}}\right) \times 100 = 37.5\%$

CHAPTER 05 퇴비화

1. 퇴비화의 특징

① 폐기물의 재활용
② 과정 중 낮은 에너지 소모
③ 낮은 초기시설 투자비
④ 비료가치가 낮다.

2. 유기성 폐기물을 이용하여 만들어진 퇴비의 특성

① 병원균이 거의 사멸된다.
② C/N비율이 10 전후(10~20)로 낮아지게 된다.
③ 악취가 없는 안정한 유기물이다.
★★ ④ 양이온교환능력과 수분보유능력이 우수하다.
★★ ⑤ 생산된 퇴비는 비료가치가 낮으며, 퇴비완성시 부피감소율이 50% 이하이다.
⑥ 초기시설 투자비가 낮고, 운영 시 소요 에너지도 낮은 편이다.
⑦ 다른 폐기물 처리기술에 비해 고도의 기술수준이 요구되지 않는다.
⑧ 퇴비제품의 품질표준화가 어렵고, 부지가 많이 필요한 편이다.

Question 01

폐기물의 분석결과 함수율이 70%이고, 총휘발성 고형물은 총고형물의 80%, 총유기탄소량은 총휘발성 고형물의 85%이다. 또한 총질소량은 총고형물의 4%라고 할 때 폐기물의 C/N비를 계산하시오.

풀이 $C/N비 = \dfrac{탄소량}{질소량} = \dfrac{0.3 \times 0.8 \times 0.85}{0.3 \times 0.04} = 17$

TIP
총고형물(%) = 100 − 함수율(%) = 100 − 70% = 30%

Question 02

퇴비화가 진행되었을 때 나타나는 특징으로 거리가 먼 것은?
㉮ 병원균이 사멸되어 거의 없다.
㉯ 수분 보유 능력과 양이온교환능력이 낮아진다.
㉰ C/N 비가 10 ~ 20 정도로 낮아진다.
㉱ 악취가 거의 없고 안정화된다.

■ 풀이 ㉯ 수분 보유 능력과 양이온교환능력이 우수하다.

Question 03

다음 중 유기성 폐기물의 퇴비화 특성으로 가장 거리가 먼 것은?
㉮ 생산된 퇴비는 비료가치가 높으며, 퇴비완성시 부피 감소율이 70% 이상으로 큰 편이다.
㉯ 초기 시설투자비가 낮고, 운영시 소요 에너지도 낮은 편이다.
㉰ 다른 폐기물 처리기술에 비해 고도의 기술수준이 요구되지 않는다.
㉱ 퇴비제품의 품질 표준화가 어렵고, 부지가 많이 필요한 편이다.

■ 풀이 ㉮ 생산된 퇴비는 비료가치가 낮고, 퇴비 완성시 부피감소율이 50% 이하로 낮은 편이다.

★★ 3. 유기성 폐기물 퇴비화 조작에서 환경변화인자

① 수분함량 : 원료의 최적 함수율은 50~60% 정도가 적당하다.
② pH : 퇴비화 미생물의 최적 생육 pH는 6~8이다.
③ C/N비(적정 C/N비 30)
 ⓐ C/N비가 너무 낮으면 유기질소의 암모니아화로 악취가 발생한다.
 ⓑ C/N비가 너무 높으면 질소분의 함량이 적어 퇴비화가 잘 안되고 소요시간이 길어진다.
④ 입도 : 원료의 입도가 너무 작으면 퇴비더미내 공기의 통기성이 좋지 않아 미생물 활동을 저해한다. (적정입경 100~200mm)
⑤ 온도 : 적정온도는 60~70℃ 정도이다.

Question 04

다음 중 폐기물의 퇴비화 공정에서 유지시켜 주어야 할 최적 조건으로 가장 적합한 것은?

㉮ 온도 : 20±2℃ ㉯ 수분 : 5~10%
㉰ C/N 비율 : 100~150 ㉱ pH : 6~8

▶ 풀이 ㉮ 온도 : 60~70℃ ㉯ 수분 : 50~60% ㉰ C/N비율 : 30

4. 폐기물 퇴비화 공정시 발생되는 생성물

① CO_2 ② H_2O ③ NH_3

 Question 05

폐기물의 퇴비화 공정에서 발생된 생성물로 가장 거리가 먼 것은?

㉮ NO_3 ㉯ CO_2 ㉰ O_3 ㉱ H_2O

▶ 풀이 ㉰ O_3(오존)은 대기중에서 광화학반응에 의해 생성되는 2차성 물질이다.

5. 슬러지 건조상의 설계를 위한 고려사항

① 일기(기상조건) ② 슬러지 성상 ③ 탈수 보조제

Question 06

슬러지의 건조상(乾操床)의 설계를 위한 고려사항으로 틀린 것은?

㉮ 일기(日氣) ㉯ 슬러지 성상
㉰ 탈수보조제 ㉱ 토질의 증발력

▶ 정답 ㉱

6. 폐기물내 함유된 리그닌의 양으로 생분해도를 평가하기 위한 관계식

$$BF = 0.83 - (0.028 \times LC)$$

여기서, BF : 생물분해성 분율(휘발성 고형분함량 기준)
LC : 휘발성 고형분 중 리그닌 함량(건조무게 %로 표시)

Question 07

폐기물내 함유된 리그린의 양으로 생분해도를 평가하기 위한 관계식으로 알맞은 것은?

- BF : 생물분해성 분율(휘발성 고형분함량 기준)
- LC : 휘발성 고형분 중 리그린 함량(건조무게 %로 표시)

㉮ $BF = 0.83 - (0.028 \times LC)$
㉯ $BF = 0.83 + (0.028 \times LC)$
㉰ $BF = 0.83 / (0.028 \times LC)$
㉱ $BF = 0.83 \times (0.028 \times LC)$

정답 ㉮

PART 02

폐기물 재활용 및 자원화 기술

CHAPTER 01   중간처분
CHAPTER 02   연료화 기술
CHAPTER 03   자원화
CHAPTER 04   토양오염

폐기물처리
기　사
필　기

CHAPTER 01 중간처분

01 슬러지 처리

1. 슬러지 처리의 목표
① 안정화　　② 감량화　　③ 안전화

2. 슬러지의 처리공정
★★　농축 → 유기물 안정화(소화) → 개량 → 탈수 → 건조 → 소각 → 최종처분

Question 01

다음 중 슬러지 처리의 일반적인 순서로 맞는 것은?

㉮ 탈수 - 개량 - 안정화 - 농축 - 소각　　㉯ 개량 - 농축 - 탈수 - 안정화 - 소각
㉰ 농축 - 안정화 - 개량 - 탈수 - 소각　　㉱ 개량 - 안정화 - 농축 - 탈수 - 소각

정답 ㉰

3. 슬러지 농축
★★ **(1) 슬러지 농축 이유**
① 화학약품 투여량 감소　　② 처리비용 감소
③ 저장탱크 용적 감소

(2) 슬러지 농축의 종류

① 중력식 농축
  ⓐ 구조가 간단하여 유지관리 용이
  ⓑ 저장과 농축이 동시에 가능
  ⓒ 동력비 적게 소요
  ⓓ 1차 슬러지에 적합
  ⓔ 약품 사용 안함
  ⓕ 잉여 슬러지 농축에 부적합
  ⓖ 악취 발생
  ⓗ 잉여슬러지의 경우 소요면적이 크다

② 부상식 농축
  ⓐ 고형물 회수율이 높다.
  ⓑ 잉여슬러지에 효과적
  ⓒ 악취 발생
  ⓓ 동력비 많이 소요
  ⓔ 소요면적이 크다
  ⓕ 부식 발생(실내 설치시)
  ⓖ 약품주입 없이도 운전이 가능

③ 원심분리 농축
  ⓐ 잉여슬러지에 효과적
  ⓑ 운전조작 용이
  ⓒ 소요면적이 작다
  ⓓ 악취가 적다
  ⓔ 고농도로 농축 가능
  ⓕ 연속운전가능
  ⓖ 유지관리비 고가
  ⓗ 시설비 고가
  ⓘ 유지관리가 어렵다
  ⓙ 약품주입 없이 운전이 가능하다

④ 중력벨트 농축
  ⓐ 소요면적이 크다
  ⓑ 규격(용량)이 한정된다.
  ⓒ 잉여슬러지에 효과적

4. 유기물의 안정화

(1) 혐기성 소화

① 혐기성 소화의 특징
ⓐ 미량의 요소로서 철은 산화조내에 발생하는 메탄균의 반응조 밖으로 유출을 억제하는 효과가 있다.
ⓑ 탄소는 미생물의 에너지 공급원으로서, 질소와 인은 미생물의 아미노산 등의 형성요소로써 영양원이 된다.
ⓒ 투입 유기물량은 발효조내에 단위용량당 얼마의 유기물을 넣는가를 나타낸다.

★★ ② 혐기성 소화법의 정상적인 작동여부 확인시 조사항목
ⓐ 소화가스량 ⓑ pH
ⓒ 소화가스 중 메탄과 이산화탄소 함량 ⓓ 온도
ⓔ 유기산 농도 ⓕ 소화시간

> **Question 02**
>
> 분뇨를 혐기성 소화법으로 처리하고 있다. 정상적인 작동 여부를 확인하려고 할 때 조사 항목으로 틀린 것은?
> ㉮ 소화가스량 ㉯ 소화가스 중 메탄과 이산화탄소 함량
> ㉰ 유기산 농도 ㉱ 투입 분뇨의 비중
>
> **풀이** ㉮, ㉯, ㉰ 외에 pH, 온도, 소화시간 등이 있다.

★★ ③ 혐기성 소화의 장·단점
ⓐ 장점
㉠ 호기성처리에 비해 탈수성이 양호하다.
㉡ 호기성처리에 비해 슬러지가 적게 발생한다.
㉢ 동력시설의 소모가 적어 운전비용이 저렴하다.
㉣ 고농도 폐수처리에 적합하다.
㉤ 회수된 가스를 연료로 사용 가능하다.
㉥ 소화슬러지의 탈수 및 건조가 양호하다.
㉦ 연속처리가 가능하다.
㉧ 고농도 폐수나 분뇨를 비교적 낮은 에너지 비용으로 처리할 수 있다.
ⓑ 단점
㉠ 운전이 어렵고 반응시간도 길다.

ⓒ 소화가스는 냄새가 나며 부식이 높은 편이다.
ⓒ 소화기간이 비교적 오래 걸린다.
ⓔ 처리수를 다시 호기성처리하여 방류한다.

Question 03

혐기성 소화공법에 대한 내용으로 틀린 것은?

㉮ 호기성 소화에 비하여 소화슬러지의 발생량이 적다.
㉯ 소화슬러지의 탈수 및 건조가 쉽다.
㉰ 소화가스는 냄새가 나고 부식성이 높은 편이다.
㉱ 호기성 소화공법보다 운전이 쉽다.

풀이 ㉱ 호기성 소화공법보다 운전이 어렵다.

★★★ ④ 고농도 액상 폐기물의 혐기성 소화 공정 중 중온소화와 고온소화 비교

	고온소화	중온소화
부하능력	우수	나쁘다
탈수여액의 수질	나쁘다	우수
병원균 사멸	유리	불리
미생물의 활성	나쁘다	우수

Question 04

고농도 액상 폐기물의 혐기성 소화 공정 중 중온소화와 고온소화의 비교로 틀린 것은?

㉮ 부하능력은 고온소화가 우수하다.
㉯ 탈수여액의 수질은 고온소화가 우수하다.
㉰ 병원균의 사멸은 고온소화가 유리하다.
㉱ 중온소화에서 미생물활성이 쉽다.

풀이 ㉯ 탈수여액의 수질은 중온소화가 우수하다.

⑤ 혐기성 분뇨처리의 특징

ⓐ 분뇨처리에서 일반적으로 사용되는 공법이다.
ⓑ 유기물의 농도가 높을수록 유리하다.
ⓒ 소화슬러지의 발생량이 호기성처리보다 적은 편이다.
ⓓ 분해에 소요되는 기간이 길다.

Question 05

혐기성 분뇨처리의 특징 중 가장 틀린 것은?

㉮ 분뇨처리에서 일반적으로 사용되는 공법이다.
㉯ 유기물의 농도가 높을수록 유리하다.
㉰ 소화슬러지의 발생량이 호기성 처리보다 적은 편이다.
㉱ 분해에 소요되는 기간이 짧다.

[풀이] ㉱ 분해에 소요되는 기간이 길다.

⑥ 다량의 분뇨를 일시에 소화조에 투입시 나타나는 장해현상
  ⓐ 스컴(Scum)의 발생 증가
  ⓑ pH 저하
  ⓒ 유기산의 증가
  ⓓ 탈리액의 인출 불균등

Question 06

다량의 분뇨를 일시에 소화조에 투입할 때 일반적으로 나타나는 장해현상으로 틀린 것은?

㉮ 스컴(Scum)의 발생 증가   ㉯ pH 저하
㉰ 유기산의 저하   ㉱ 탈리액의 인출 불균등

[풀이] ㉰ 유기산의 증가

⑦ 발생가스량 계산
  ★★ ⓐ 유기물의 혐기성 분해 반응식

$$C_aH_bO_cN_dS_e + \left(\frac{4a-b-2c+3d+2e}{4}\right)H_2O$$

$$\rightarrow \left(\frac{4a+b-2c-3d-2e}{8}\right)CH_4 + \left(\frac{4a-b+2c+3d+2e}{8}\right)CO_2 + dNH_3 + eH_2S$$

★★ ⓑ 혐기성 분해시 가스의 발생량 계산

Question 07

고형폐기물의 처리시 1kg의 포도당($C_6H_{12}O_6$) 성분의 폐기물이 혐기성분해를 한다면 이론적인 메탄가스 발생량(L)을 계산하시오.

풀이

$C_6H_{12}O_6 \rightarrow 3CO_2 + 3CH_4$

180g : 3×22.4L

1×10^3g : X(CH$_4$)

$\therefore \ X(CH_4) = \dfrac{1 \times 10^3 g \times 3 \times 22.4 L}{180 g} = 373.33 L$

★★★ ⓒ

$$CH_4\text{가스의 발생량}(m^3) = \text{분뇨량}(kg) \times TS \times VS \times \dfrac{m^3 \cdot CH_4}{kg \cdot VS}$$

여기서, TS : 고형물의 양   VS : 휘발성 고형물(가연물)의 양

Question 08

어느 도시의 분뇨 농도는 TS가 6%이고, TS의 65%가 VS이다. 이 분뇨를 혐기성 소화처리를 한다면 분뇨 10m³당 발생하는 CH_4 가스의 양(m³)을 계산하시오. (단, 비중은 1.0으로 가정하고, 분뇨의 VS 1kg당 0.4m³의 CH_4 가스가 발생한다.)

풀이

CH_4 가스의 발생량(m^3) = 분뇨량(kg)×TS×VS× $\dfrac{m^3 \cdot CH_4}{kg \cdot VS}$

$= 10 \times 10^3 kg \times 0.06 \times 0.65 \times \dfrac{0.4 m^3 \cdot CH_4}{kg \cdot VS} = 156 m^3$

TIP

비중이 1.0ton/m³이므로 분뇨량(ton) = 10m³×1.0ton/m³ = 10ton

★★ ⓓ CH_4의 발생량(kcal/hr)

= 분뇨량(m^3/day)×1day/가동시간(hr)×CH_4의 발열량(kcal/m^3)

Question 09

분뇨를 혐기성 소화 처리할 때 발생하는 메탄가스의 부피는 분뇨투입량의 약 8배라고 한다. 1일에 분뇨 600kL씩을 처리하는 소화시설에서 발생하는 CH_4 가스를 에너지원으로 하여 24시간 균등 연소시킬 때 얻을 수 있는 시간당 열량(kcal/hr)을 계산하시오. (단, CH_4 가스의 발열량은 6,000kcal/m^3이다.)

풀이

CH_4의 발생열량(kcal/hr) $= \dfrac{600\text{kL}(m^3)}{\text{day}} \times \dfrac{1\text{day}}{24\text{hr}} \times \dfrac{6,000\text{kcal}}{m^3} \times 8\text{배} = 1.2 \times 10^6 \text{kcal/hr}$

★★★ ⓔ 소화 후 슬러지량 계산

$$\text{소화 후 슬러지량}(m^3) = (\text{VS} + \text{FS}) \times \dfrac{100}{100 - \text{P}(\%)}$$

여기서, VS : 소화 후 잔류VS량(m^3)   FS : 소화 후 FS량(m^3)
P : 소화 후 함수율(%)

Question 10

고형물 중 VS 60%이고, 함수율이 97%인 농축슬러지 100m^3을 소화시켰다. 소화율(VS 대상)이 50%이고, 소화 후 함수율이 95%라면 소화 후의 슬러지량(m^3)을 계산하시오. (단, 슬러지의 비중은 1.0이다.)

풀이

소화 후 슬러지량$(m^3) = (\text{VS} + \text{FS}) \times \dfrac{100}{100 - \text{P}(\%)}$

① 소화 후 VS량$(m^3) = 100m^3 \times 0.03 \times 0.6 \times (1 - 0.5) = 0.9m^3$
② 소화 후 FS량$(m^3) = 100m^3 \times 0.03 \times 0.4 = 1.2m^3$
③ 소화 후 슬러지량$(m^3) = (0.9m^3 + 1.2m^3) \times \dfrac{100}{100 - 95} = 42m^3$

TIP
고형물(TS) = 100 - 함수율(%) = 100 - 97% = 3%

★★ (2) 호기성 소화의 특징

① 장점
 ⓐ 운전이 쉽다.
 ⓑ 단시간에 소화가 가능하다.
 ⓒ 비료가치가 크다.
 ⓓ 상층액의 BOD 농도가 낮다.
 ⓔ 비교적 운전이 쉽고 상징수의 수질도 양호하다.

② 단점
   ⓐ 동력이 많이 소요된다.
   ⓑ 소화슬러지 발생량이 많다.
   ⓒ 소화 슬러지의 탈수성이 불량하다.

> **Question 11**
>
> 혐기성 소화공법에 비해 호기성 소화공법이 갖는 장·단점으로 틀린 것은?
>
> ㉮ 상등액의 BOD농도가 낮다.   ㉯ 소화 슬러지량이 많다.
> ㉰ 소화 슬러지의 탈수성이 좋다.   ㉱ 운전이 쉽다.
>
> **풀이** ㉰ 소화 슬러지의 탈수성이 나쁘다.

5. 슬러지 개량

★★ **(1) 슬러지 개량의 목적**

① 슬러지의 탈수성을 향상시킨다.
② 탈수시 약품소모량을 줄인다.
③ 탈수시 소요동력을 줄인다.
④ 슬러지를 안정화 시킨다.

> **Question 12**
>
> 슬러지를 개량하는 목적으로 알맞은 것은?
>
> ㉮ 슬러지의 탈수가 잘 되게 하기 위함   ㉯ 탈리액의 BOD를 감소시키기 위함
> ㉰ 슬러지 건조를 촉진하기 위함   ㉱ 슬러지의 악취를 줄이기 위함
>
> **정답** ㉮

★★ **(2) 슬러지의 개량방법**

① 슬러지 세정법   ② 약품 처리법
③ 열 처리법   ④ 생물학적 처리법

(3) 슬러지 개량(Sludge Conditioning)의 특징

① 알칼리도를 감소시키기 위해 희석수를 사용하여 슬러지를 개량시키는 방법을 세정법(Elutriation)이라 한다.
② 농축슬러지나 소화슬러지는 여러 유기물과 형상이 다양한 미세 고형물 및 콜로이드로 구성되고, 물과 강한 친화력으로 탈수가 쉽지 않으므로 슬러지를 개량한다.
③ 진공여과기로 슬러지 탈수시, 슬러지 개량에 투입하는 응집제는 무기계통의 응집제를 사용한다.
④ 열처리는 슬러지액을 밀폐된 상황에서 150~200℃ 정도의 온도로 반시간~한시간 정도 처리함으로써 슬러지내의 콜로이드와 겔구조를 파괴하여 탈수성을 개량한다.
⑤ 수세로 슬러지를 개량하는 방법은 혐기성 소화된 슬러지가 대상이 된다.

Question 13

슬러지 개량(Conditioning)에 대한 내용으로 틀린 것은?

㉮ 농축슬러지나 소화슬러지는 여러 유기물과 형상이 다양한 미세 고형물 및 콜로이드로 구성되고, 물과 강한 친화력으로 탈수가 쉽지 않으므로 슬러지를 개량한다.
㉯ 진공여과기로 슬러지 탈수시, 슬러지 개량에 투입하는 응집제는 유기계통의 응집제를 사용한다.
㉰ 열처리는 슬러지액을 밀폐된 상황에서 150~200℃ 정도의 온도로 반시간~한시간 정도 처리함으로써 슬러지 내의 콜로이드와 겔구조를 파괴하여 탈수성을 개량한다.
㉱ 수세로 슬러지를 개량하는 방법은 혐기성 소화된 슬러지가 대상이 된다.

풀이 ㉯ 진공여과기로 슬러지 탈수시, 슬러지 개량에 투입하는 응집제는 무기계통의 응집제를 사용한다.

(4) 슬러지 개량방법 중 세정(Elutriation)

① 알칼리성 슬러지를 세척함으로써 슬러지 탈수에 사용되는 응집제의 양을 줄일 수 있다.
② 소화슬러지를 물과 혼합시킨 다음 슬러지를 재침전시키는 방법이다.
③ 슬러지의 탈수특성을 좋게 하기 위한 직접적인 방법은 아니다.
④ 소화슬러지 내의 가스방울이 없어지므로 부력을 제거하여 농축이 잘 되게 한다.
⑤ 슬러지의 비료가치가 낮아진다.

> **Question 14**
>
> 슬러지 개량방법 중 세정에 대한 내용으로 틀린 것은?
>
> ㉮ 소화슬러지를 물과 혼합시킨 후 슬러지를 재침전시키는 방법이다.
> ㉯ 슬러지를 토양개량제로 사용하는 경우에 활용된다.
> ㉰ 알칼리성 슬러지를 세척함으로써 슬러지 탈수에 이용되는 응집제의 양을 감소시킬 수 있다.
> ㉱ 소화슬러지 내의 가스방울이 없어지므로 부력을 제거하여 농축이 잘 되게 한다.
>
> **풀이** ㉯ 슬러지를 토양개량제로 사용하는 경우에 활용되지 않는다.

6. 기계적인 탈수방법

(1) 원심분리기

① 슬러지의 고형물 비중이 물보다 작아야 한다.
② 정기적인 보수가 필요없다.
③ basket형, disk nozzle형, solid bowl형 등이 있다.

(2) 필터프레스법

여과천으로 덮여있는 판 사이로 슬러지를 공급시켜 가동한다.

(3) 진공탈수법

rotary drum형, belt형, coil형 등이 있다.

(4) 가압탈수법

슬러지 cake 함수율을 가장 낮게 운영할 수 있다.

(5) 벨트프레스(Belt Press)

슬러지 탈수에 널리 이용되는 방법 중 하나로 처음에는 중력에 의해 탈수되다가 롤러에 의해 구동되는 한 개 또는 두 개의 투수성 있는 면 사이의 압력으로 전단 및 압축탈수가 연속적으로 일어나는 형태의 탈수이다.

Question 15

일반적으로 탈수에 이용되는 방법이 아닌 것은?

㉮ 부상분리   ㉯ 진공여과   ㉰ 원심분리   ㉱ 가압여과

풀이 탈수에 이용되는 방법은 원심분리, 필터프레스, 진공여과, 가압여과, 벨트프레스 등이 있으며, 부상분리는 물의 비중보다 작은 물질(부유고형물)을 부상시켜 처리하는 방법이다.

7. 슬러지량 계산식

★★★ ① 슬러지량 계산

$$V_1 \times (100 - P_1) = V_2 \times (100 - P_2)$$

여기서, V_1 : 건조 전 슬러지량(m^3) P_1 : 건조 전 함수율(%)
V_2 : 건조 후 슬러지량(m^3) P_2 : 건조 후 함수율(%)

Question 16

함수율 99%의 슬러지 1,000m^3을 농축시켜 300m^3의 농축슬러지가 얻어졌다고 하면 농축슬러지의 함수율(%)을 계산하시오. (단, 슬러지의 비중은 1.0)

풀이 $V_1 \times (100 - P_1) = V_2 \times (100 - P_2)$
$1,000m^3 \times (100 - 99) = 300m^3 \times (100 - P_2)$
∴ $P_2 = 96.67\%$

★★ ② 슬러지의 부피변화율 계산

$$V_1 \times (100 - P_1) = V_2 \times (100 - P_2)$$

슬러지의 부피 변화율 $\left(\dfrac{V_2}{V_1}\right) = \left(\dfrac{100 - P_1}{100 - P_2}\right)$

Question 17

함수율 98%인 슬러지를 농축하여 함수율을 92%로 하였다면 슬러지의 부피변화율을 계산하시오.

풀이 슬러지의 부피변화율 $\left(\dfrac{V_2}{V_1}\right) = \left(\dfrac{100-P_1}{100-P_2}\right) = \left(\dfrac{100-98}{100-92}\right) = \dfrac{2}{8} = \dfrac{1}{4}$

따라서 $\dfrac{1}{4}$ 배로 감소한다.

★★ ③ 슬러지량 계산

$$슬러지량(m^3) = \dfrac{폐수량(m^3/day) \times 제거된\ 슬러지\ 농도(kg/m^3)}{비중량(kg/m^3)} \times \dfrac{100}{100-함수율(\%)}$$

Question 18

분뇨 100kL에서 SS 24,500mg/L를 제거하였다. SS의 함수율이 96%라고 하면 그 부피(m^3)를 계산하시오. (단, 비중은 1.0 기준)

풀이 $슬러지량(m^3) = \dfrac{100m^3 \times 24.5kg/m^3}{1000kg/m^3} \times \dfrac{100}{100-96} = 61.25m^3$

TIP

① 분뇨 $100kL = 100m^3$
② $mg/L \xrightarrow{\times 10^{-3}} kg/m^3$
③ $24,500mg/L = 24.5kg/m^3$
④ 비중 $1.0 = 1.0 ton/m^3 = 1,000kg/m^3$

★★ ④ 슬러지의 비중계산

$$\dfrac{1}{\rho_{SL}} = \dfrac{W_{TS}}{\rho_{TS}} + \dfrac{W_P}{\rho_P}$$

여기서, ρ_{SL} : 슬러지의 비중 W_{TS} : 고형물 함량
ρ_{TS} : 고형물 비중 W_P : 수분의 함량
ρ_P : 수분의 비중

Question 19

건조된 슬러지 고형분의 비중이 1.28이며, 건조 이전의 슬러지내 고형분 함량이 41%일 때 건조전 슬러지의 비중을 계산하시오.

풀이

$$\frac{1}{\rho_{SL}} = \frac{W_{TS}}{\rho_{TS}} + \frac{W_P}{\rho_P}$$

$$\frac{1}{\rho_{SL}} = \frac{0.41}{1.28} + \frac{0.59}{1.0}$$

$$\therefore \rho_{SL} = 1.099$$

TIP
① $W_P = 100 - 41\% = 59\%$ ② $\rho_P = 1.0$

★★ ⑤ 분뇨투입구 수 계산

$$투입구수(N) = \frac{수거분뇨량}{수거차량의\ 용량 \times 수거차량\ 작업시간 \times 수거차량의\ 분뇨투입시간}$$

Question 20

어느 도시에서 1일 수거되는 분뇨가 600kL, 수거차량의 용량은 3kL/대, 분뇨처리장에서 수거차량 1대의 분뇨투입시간이 30분, 분뇨처리장에서 수거차량 작업시간을 1일 8시간이라 할 때 분뇨처리장에서 수거차량의 분뇨투입을 위한 투입구 수를 계산하시오.

풀이

$$투입구\ 수(N) = \frac{수거분뇨량}{수거차량의\ 용량 \times 수거차량\ 작업시간 \times 수거차량의\ 분뇨투입시간}$$

$$= \frac{600KL}{3KL/대 \times 8hr/일 \times 1대 / 30min \times 60min/hr} = 12.5 = 13개$$

02 물리, 화학, 생물학적 처분

1. 용매추출법
액상폐기물에서 제거하려는 성분을 용매에 흡수시켜 처리하는 방법이다.

★★ **(1) 용매추출방법의 적용대상 폐기물**

　① 미생물에 의해 분해가 어려운 물질을 처리할 경우
　② 활성탄을 이용하기에는 농도가 너무 높은 물질을 처리할 경우
　③ 낮은 휘발성으로 인해 Stripping하기가 곤란한 물질을 처리할 경우
　④ 물에 대한 용해도가 낮은 물질을 처리할 경우

> **TIP**
> Stripping(스트리핑) : 액체 중에 용해되어 있는 기체 또는 증기를 분리 또는 제거하는 것을 말한다.

★ **(2) 용매추출법에 이용 가능성이 높은 폐기물의 특징**

　① 높은 분배계수를 가지는 것　　② 낮은 끓는점을 가질 것
　③ 물에 대한 용해도가 낮은 것　　④ 밀도가 물과 다를 것

📢 Question 21

폐기물을 화학적으로 처리하는 방법 중 용매추출법에 관한 내용으로 틀린 것은?

㉮ 높은 분배계수와 낮은 끓는점을 가지는 폐기물에 이용 가능성이 높다.
㉯ 사용되는 용매는 극성이어야 한다.
㉰ 증류 등에 의한 방법으로 용매 회수가 가능해야 한다.
㉱ 물에 대한 용해도가 낮고 물과 밀도가 다른 폐기물에 이용 가능성이 높다.

풀이 ㉯ 사용되는 용매는 비극성이어야 한다.

★★ **2. Fenton(펜턴) 산화법**

　(1) Fenton 산화법의 특징

　★★ ① Fenton액은 철염과 과산화수소수를 포함한다.

★★② 최적반응을 위해 침출수 pH를 3~5로 조정한다.
★★③ Fenton액을 첨가하여 난분해성 유기물질(NBDCOD)을 산화하여 생분해성 유기물질(BDCOD)로 변화시킨다. (COD는 감소하고 BOD는 증가한다.)
④ 슬러지 생산량이 많아질 수 있다.
⑤ 처리시설은 pH조절조, 중화 및 응집조, 침전조로 구성되어 있다.
⑥ 여분의 과산화수소수는 후처리의 미생물 성장에 영향을 줄 수 있다.
⑦ 유입시설의 변화시 탄력적인 대응이 가능하다.
⑧ 시설비는 오존처리시나 활성탄 흡착법보다 적게 소요된다.
⑨ 펜턴시약의 반응시간은 철염과 과산화수소수의 주입농도에 따라 변화된다.

Question 22

침출수를 처리하는 방법 중 펜톤(Fenton)산화에 대한 내용으로 틀린 것은?

㉮ 슬러지 생산량이 적고, COD는 증가하고 BOD는 감소하는 경향을 보인다.
㉯ 난분해성 물질을 생분해성 물질로 변화시킨다.
㉰ 펜톤의 산화는 pH 3.5 정도에서 가장 효과적인 것으로 알려져 있다.
㉱ 펜톤 시약의 반응시간은 철염과 과산화수소수의 주입농도에 따라 변화된다.

풀이 ㉮ 슬러지 생산량이 많고, COD는 감소하고 BOD는 증가하는 경향을 보인다.

(2) Fenton 산화법 정리

★★① 펜턴시약 : H_2O_2
★★② 촉매 : 황산제1철
③ 강산화제 : OH 라디칼
④ pH : 3~5
★★⑤ 특징 : COD 감소, BOD 증가

Question 23

유기물의 산화공법으로 적용되는 Fenton 산화반응에 사용되는 시약으로 알맞은 것은?

㉮ 아연과 자외선
㉯ 마그네슘과 자외선
㉰ 철과 과산화수소
㉱ 아연과 과산화수소

정답 ㉰

3. 습식 고온 고압 산화처리법(Zimmerman 공법)

① 액상슬러지에 열과 압력을 작용시켜 용존산소에 의하여 화학적으로 슬러지내의 유기물을 산화시키는 방법이다.
② 슬러지를 가열(210℃, 210atm 정도)시켜 슬러지내의 유기물이 공기에 의해 산화되도록 하는 공법이다.
③ 시설의 수명이 짧으며 질소의 제거율이 낮다.
④ 투자, 유지비가 높다.
⑤ 장치의 주요기기는 공기압축기, 고압펌프, 열교환기 등이다.

> **Question 24**
>
> 습식 고온 고압 산화처리에 대한 내용으로 틀린 것은?
>
> ㉮ 산소가 부족한 상태에서 유기물을 연료화시키는 방법이다.
> ㉯ 시설의 수명이 짧으며 질소의 제거율이 낮다.
> ㉰ 투자, 유지비가 높다.
> ㉱ 본 장치의 주요기기는 공기압축기, 고압펌프, 열교환기 등이다.
>
> **풀이** ㉮ 액상슬러지에 열과 압력을 작용시켜 용존산소에 의하여 화학적으로 슬러지내의 유기물을 산화시키는 방법이다.

★★ 4. 침출수 특성에 따른 처리공정

(1) 역삼투법 이용시 효율적인 조건

① $\dfrac{COD}{TOC}$: 2.0~2.8, $\dfrac{BOD}{COD}$: 0.1~0.5, COD : 500~10,000mg/L, 매립연한 : 5~10년

② $\dfrac{COD}{TOC}$: 1.0, $\dfrac{BOD}{COD}$: 0.03, COD : 400mg/L, 매립연한 : 15년 정도

> **Question 25**
>
> 매립지의 침출수의 특성이 COD/TOC = 1.0, BOD/COD = 0.03이라면 효율성이 가장 양호한 처리공정은? (단, 매립연한은 15년 정도이며 COD는 400mg/L)
>
> ㉮ 역삼투 　　　　　　　　㉯ 화학적 침전(석회투여)
> ㉰ 화학적산화 　　　　　　㉱ 이온교환수지
>
> **정답** ㉮

(2) 생물학적처리 이용시 효율적인 조건

$$\frac{COD}{TOC} > 2.8, \quad \frac{BOD}{COD} > 0.5, \quad COD > 10{,}000\,mg/L, \quad 매립연한 : 5년 이하$$

Question 26

매립된지 5년이 넘지 않은 매립지에서 발생되는 침출수를 처리하기 위한 공정으로 가장 효율성이 우수한 것은? (단, 침출수 특성 : COD/TOC 〉 2.8, BOD/COD 〉 0.5, COD 〉 10,000ppm)

㉮ 역삼투   ㉯ 화학적 산화   ㉰ 약품처리   ㉱ 생물학적 처리

정답 ㉱

(3) 활성탄 이용시 효율적인 조건

$$\frac{COD}{TOC} < 2.0, \quad \frac{BOD}{COD} < 0.1, \quad COD : 500\,mg/L 이하, \quad 매립연한 : 10년 이상$$

Question 27

다음과 같은 특성을 가진 침출수의 처리에 가장 효율적인 공정은?

- 침출수 특성 : COD/TOC < 2.0
- BOD/COD < 0.1
- 매립연한 10년 이상
- COD 500 이하
- 단위 mg/L

㉮ 이온교환수지   ㉯ 활성탄
㉰ 화학적 침전(석회투여)   ㉱ 화학적 산화

정답 ㉯

> **TIP**
>
> 고농도 난분해성 독성 유해 폐액의 처리방법
> ① 고온, 고압에서의 분해
> ② 강산화제에 의한 산화 처리
> ③ 열분해

> **TIP**
>
> 건식법에 의한 소각로 유해가스(SO_2) 대책 중 하나인 석회흡수법의 특징
> ① 석회석 값이 저렴하여 운영비의 부담이 적다.
> ② 배기가스의 온도가 떨어지지 않는다.
> ③ 소규모 및 노후 보일러에도 사용되어질 수 있다.
> ④ SO_2가 석회석 분말표면에 침투가 용이하지 못하여 제거효과가 낮다.

5. 흡착법

① 흡착제 : 활성탄, 실리카겔, 활성백토 등
② 흡착 메카니즘 : 1단계(경막으로 이동) → 2단계(경막내 확산) → 3단계(공극내 확산) → 4단계(흡착)

★★ ③ 흡착의 종류

	물리적 흡착	화학적 흡착
흡착열	작다	물리적 흡착에 비해 크다
재생	재생 가능(가역적)	재생 불가능(비가역적)
작용힘	반데스바알스힘	흡착제 - 용질의 화학반응
흡착특성	다분자 흡착	단분자 흡착

6. 표준활성슬러지법(재래식 활성슬러지법)

① MLSS : 1,500~2,500mg/L
② F/M비 : 0.2~0.4/day
③ HRT(수리학적 체류시간) : 6~8hr
④ SRT(미생물 체류시간) : 3~6day
⑤ 반응조 수심 : 4~6m
⑥ 반응조 형상 : 사각형, 다단 완전혼합형
⑦ 포기방식 : 전면포기식, 선회류식, 미세기포 분사식, 수중 교반식

> **TIP**
>
> 표준활성슬러지법 운전조건
> - 온도 25~30℃
> - DO 2mg/L 이상
> - pH 6~8
> - BOD : N : P = 100 : 5 : 1

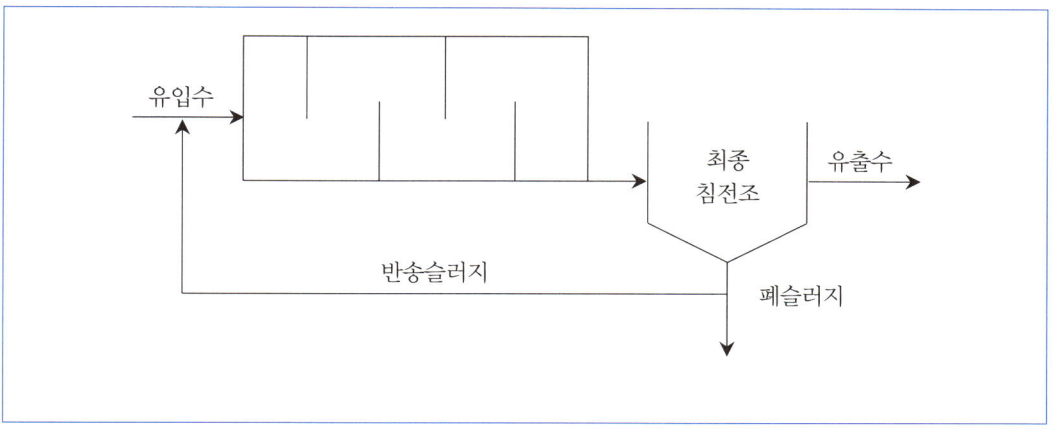

★★★ (1) BOD 제거효율 계산

①
$$희석배수치(P) = \frac{유입수의\ Cl^-}{유출수의\ Cl^-} = \frac{희석\ 후\ 시료량}{희석\ 전\ 시료량}$$

②
$$BOD\ 제거효율(\eta) = \left(1 - \frac{유출수의\ BOD}{유입수의\ BOD}\right) \times 100(\%)$$

③
$$BOD\ 제거효율(\eta) = \left(1 - \frac{유출수의\ BOD \times P}{유입수의\ BOD}\right) \times 100(\%)$$

Question 28

처리장으로 유입되는 생분뇨의 BOD가 15,000ppm, 이때의 염소이온 농도가 6,000ppm 이었다. 이 생분뇨를 희석한 후 활성슬러지법으로 처리한 처리수의 BOD는 60ppm, 염소이온농도가 200ppm이었다면 활성슬러지법에서의 BOD 제거효율(%)을 계산하시오.

풀이

① 희석배수치(P) = $\dfrac{유입수의\ 염소이온농도}{유출수의\ 염소이온농도} = \dfrac{6{,}000ppm}{200ppm} = 30$

② BOD 제거효율(%) = $\left(1 - \dfrac{유출수의\ BOD \times P}{유입수의\ BOD}\right) \times 100 = \left(1 - \dfrac{60ppm \times 30}{15{,}000ppm}\right) \times 100 = 88\%$

★★ (2) BOD의 용적부하 계산

$$\text{BOD의 용적부하}(kg/m^3 \cdot day) = \frac{\text{분뇨의 유입량}(m^3/day) \times \text{BOD 농도}(kg/m^3)}{\text{포기조의 용적}(m^3)}$$

Question 29

BOD 농도가 22,000mg/L인 분뇨를 전처리과정을 거쳐 활성슬러지 공법으로 처리하려고 한다. 분뇨의 유입량이 15kL/day, 전처리과정의 BOD 제거효율이 80%, 포기조의 규격에 폭 4m, 길이 10m, 깊이 4m 라면 포기조의 단위 용적당 BOD 부하($kg/m^3 \cdot day$)를 계산하시오. (단, 비중은 1.0)

풀이

$$\text{BOD 용적부하}(kg/m^3 \cdot day) = \frac{15m^3/day \times 22kg/m^3 \times (1-0.80)}{(4m \times 10m \times 4m)}$$

$$= 0.41 kg/m^3 \cdot day$$

TIP

① 분뇨의 투입량 $15kL/day = 15m^3/day$
② 포기조의 BOD 농도 = $22,000mg/L \times (1-0.80)$
③ $mg/L \xrightarrow{\times 10^{-3}} kg/m^3$
④ BOD 농도 $22,000mg/L = 22kg/m^3$

7. 고도처리법

(1) A/O 공법

① A/O 공법의 공정도

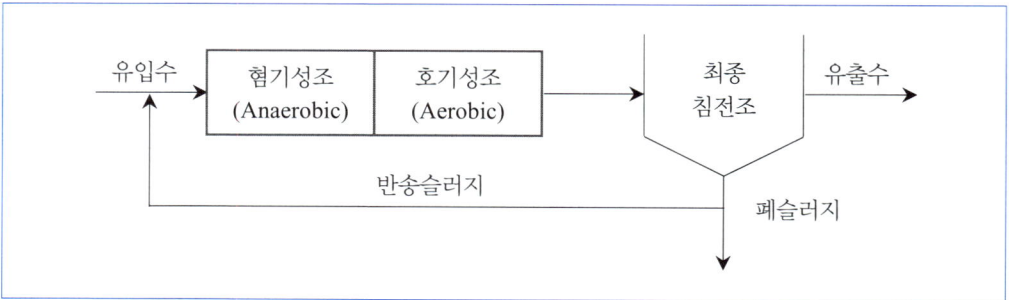

★★ ② A/O 공법의 반응조 역할
  ⓐ 혐기성조(Anaerobic) : 인(P)의 방출, 유기물 제거
  ⓑ 호기성조(Aerobic) : 인(P)의 과잉흡수

(2) A₂/O 공법

① A₂/O 공법의 공정도

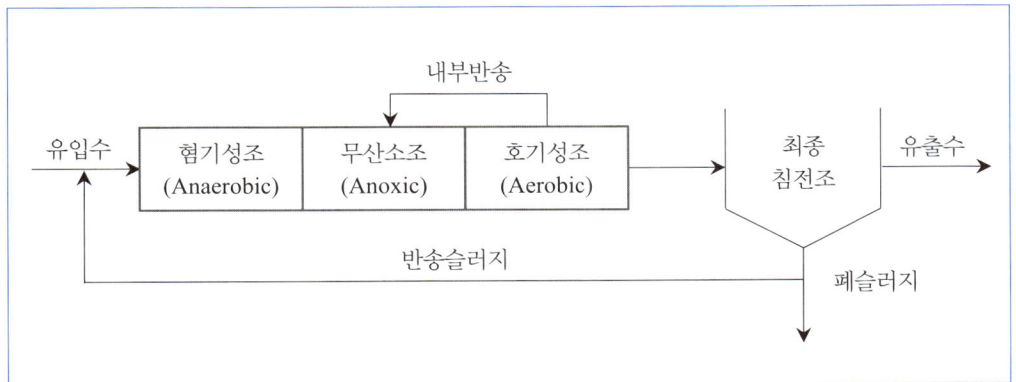

★★ ② A₂/O 공법의 반응조 역할
ⓐ 혐기성조 : 인의 방출, 유기물 제거
ⓑ 무산소조 : 탈질작용(질소제거)
ⓒ 호기성조(포기조 또는 폭기조) : 인의 과잉흡수 및 질산화
ⓓ 내부반송 : 호기성조(폭기조)에서 질산화를 통하여 생성된 질산성 질소를 무산소조로 보내 질소를 제거한다.

> **Question 30**
>
> 질소와 인을 제거하기 위한 생물학적 고도처리공법(A₂/O)의 공정 중 '혐기조'의 역할로 알맞는 것은?
> ㉮ 질산화　　㉯ 탈질화　　㉰ 인의 방출　　㉱ 인의 과잉섭취
>
> ▎정답　㉰

★★ (3) 미생물의 에너지원과 탄소원

분류	에너지원	탄소원
광합성 독립(자가) 영양 미생물	빛	CO_2
화학합성 독립(자가) 영양 미생물	무기물의 산화·환원 반응	CO_2
광합성 종속(타가) 영양 미생물	빛	유기탄소
화학합성 종속(타가) 영양 미생물	유기물의 산화·환원 반응	유기탄소

Question 31

유기성 폐기물의 생물학적 처리와 관련한 미생물에 대한 용어 중 종속영양계인 화학종속영양계 미생물의 에너지원과 탄소원으로 알맞은 것은?

㉮ 에너지원 : 유기 산화 환원반응, 탄소원 : CO_2
㉯ 에너지원 : 무기 산화 환원반응, 탄소원 : CO_2
㉰ 에너지원 : 유기 산화 환원반응, 탄소원 : 유기탄소
㉱ 에너지원 : 무기 산화 환원반응, 탄소원 : 유기탄소

정답 ㉰

03 고형화 처분

★★ 1. 유해폐기물을 고형화하는 목적

① 폐기물을 다루기가 용이하다.
② 폐기물내 오염물질의 용해도가 감소한다.
③ 폐기물 표면적의 감소에 따른 폐기물 성분의 손실을 줄인다.
④ 폐기물의 독성이 감소한다.

Question 32

유해폐기물 최종 처분을 위한 고화처리 목적으로 틀린 것은?

㉮ 폐기물 표면적 증가로 폐기물 성분 손실 감소
㉯ 폐기물을 다루기 용이함
㉰ 폐기물 내의 오염물질의 용해도 감소
㉱ 폐기물의 독성 감소

풀이 ㉮ 폐기물 표면적의 감소로 폐기물 성분 손실 감소

★★2. 유기성 고형화 및 무기성 고형화

★★ (1) 유기성 고형화 방법의 특징

★★ ① 수밀성이 크며 다양한 폐기물에 적용할 수 있다.
② 방사성 폐기물 처리에 적용된다.
★★ ③ 최종 고화체의 체적 증가가 다양하다.
★★ ④ 처리비용이 고가이다.
★★ ⑤ 미생물 및 자외선에 대한 안정성이 약하다.
⑥ 상업화된 처리법의 현장자료가 빈약하다.
⑦ 고도의 기술이 필요하며 촉매 등 유해물질이 사용된다.

Question 33

유기적 고형화 기술에 관한 내용으로 잘못된 것은? (단, 무기적 고형화 기술과 비교)

㉮ 수밀성이 크며 처리비용이 고가이다.　　㉯ 미생물, 자외선에 대한 안정성이 강하다.
㉰ 방사성 폐기물처리에 적용한다.　　㉱ 최종 고화체의 체적 증가가 다양하다.

풀이 ㉯ 미생물, 자외선에 대한 안정성이 약하다.

★★ (2) 무기성 고형화 방법의 특징

★★ ① 처리비용이 싸다.
② 장기적으로 안정성이 지속된다.
③ 고화재료 구입이 용이하며, 재료가 무독성이다.
④ 상온, 상압에서 처리가 용이하다.
★★ ⑤ 수용성이 작고, 수밀성이 양호하다.
★★ ⑥ 다양한 산업폐기물에 적용할 수 있다.
★★ ⑦ 고형화재료에 따라 고화체의 체적 증가가 다양하다.

Question 34

유기적 고형화법과 비교한 무기적 고형화법에 대한 내용으로 잘못된 것은?

㉮ 다양한 산업폐기물에 적용이 가능하다.　　㉯ 비용이 저렴하다.
㉰ 상압 및 상온하에서 처리가 용이하다.　　㉱ 수용성이 크며 재료의 독성이 없다.

풀이 ㉱ 수용성이 작다.

★★ 3. 폐기물의 고화처리방법

(1) 시멘트 기초법

① 장점
- ⓐ 다양한 폐기물을 처리할 수 있다.
- ★★ ⓑ 폐기물의 건조 또는 탈수가 필요없다.
- ⓒ 사용되는 시멘트의 양을 조절함으로써 폐기물 콘크리트의 강도를 높일 수 있다.
- ⓓ 가장 널리 사용되는 방법 중의 하나로 포틀랜드 시멘트를 이용한다.
- ★★ ⓔ 고농도 중금속 폐기물에 적합하다.
- ★★ ⓕ 가장 흔히 사용되는 보통 포틀랜드 시멘트의 주성분은 CaO, SiO_2이다.
- ⓖ 장치이용이 쉽고 고도의 기술이 필요치 않다.
- ⓗ 재료의 가격이 싸고 풍부하게 존재한다.

② 단점
- ★★ ⓐ 낮은 pH에서 폐기물 성분의 용출가능성이 있다.
- ⓑ 고형화된 시료의 $\dfrac{표면적}{부피}$ 비를 감소시키거나 투수성을 감소시키는 것이 중요하다.

> **Question 35**
>
> 폐기물 시멘트 고형화법 중 시멘트 기초법에 대한 내용으로 틀린 것은?
> ㉮ 시멘트 - 포졸란 반응과 처리기술이 잘 발달되어 있다.
> ㉯ 사용되는 시멘트의 양을 조절하여 폐기물 콘크리트의 강도를 높일 수 있다.
> ㉰ 폐기물의 건조나 탈수가 필요하지 않다.
> ㉱ 원료가 풍부하고 값이 싸다.
>
> **풀이** ㉮번은 석회기초법에 대한 설명이다.

TIP

포틀랜드 시멘트의 주성분
① 석회(CaO) : 60 ~ 65% 정도
② 규산(SiO_2) : 22% 정도
③ 기타 : 13% 정도

> **Question 36**
>
> 고형화 처리 중 시멘트 기초법에서 가장 흔히 사용되는 보통 포틀랜드 시멘트 성상의 주성분은?
>
> ㉮ CaO, Al_2O_3　　㉯ CaO, SiO_2　　㉰ CaO, MgO　　㉱ CaO, Fe_2O_3
>
> **정답** ㉯

★★ **(2) 석회 기초법**

　① 장점

　　　ⓐ 석회의 가격이 싸고 널리 이용되고 있다.
★★　ⓑ 탈수가 필요하지 않은 경우가 많다.
　　　ⓒ 석회 – 포졸란 화학반응이 간단하고 용이하다.
　　　ⓓ 공정운전이 간단하고 용이하다.
　　　ⓔ 두 가지 폐기물을 동시에 처리할 수 있다.

　② 단점

★★　ⓐ pH가 낮을 경우 폐기물 성분의 용출가능성이 증가한다.
　　　ⓑ 최종처분 물질의 양이 증가한다.

> **Question 37**
>
> 고화처리 방법인 석회기초법의 장·단점으로 틀린 것은?
>
> ㉮ pH가 낮을 때 폐기물성분의 용출가능성이 증가한다.
> ㉯ 탈수가 필요하다.
> ㉰ 석회가격이 싸고 널리 이용된다.
> ㉱ 두 가지 폐기물을 동시에 처리할 수 있다.
>
> **풀이** ㉯ 탈수가 필요없다.

★★★ **(3) 자가시멘트법**

　① 장점

★★　ⓐ 혼합률(MR)이 낮다.

> **TIP**
>
> $$혼합률(MR) = \frac{첨가제의\ 질량}{폐기물의\ 질량}$$

ⓑ 중금속 저지에 효과적이다.
★★ ⓒ 탈수 등의 전처리가 필요없다.
★★ ⓓ 고농도 황화물 함유 폐기물에 적용한다.
(연소가스 탈황시 발생된 슬러지(FGD 슬러지) 처리에 적용)
ⓔ 폐기물이 스스로 고형화되는 성질을 이용하여 개발되었다.

② 단점
ⓐ 보조에너지가 필요하다.
★★ ⓑ 장치비가 크며 숙련된 기술을 요한다.

Question 38

폐기물 고형화 방법 중 배기가스를 탈황시킬 때 발생되는 슬러지(FGD 슬러지)의 처리에 많이 이용되는 것은?

㉮ 피막형성법　　㉯ 시멘트기초법　　㉰ 석회기초법　　㉱ 자가시멘트법

정답　㉱

Question 39

시멘트 고형화법 중 자가시멘트법에 관한 내용으로 틀린 것은?

㉮ 혼합률이 높고 중금속 저지에 효과적이다.
㉯ 탈수 등 전처리가 필요없다.
㉰ 장치비가 크고 보조에너지가 필요하다.
㉱ 연소가스 탈황시 발생된 슬러지처리에 사용된다.

풀이　㉮ 혼합률이 낮고 중금속 저지에 효과적이다.

★★ **(4) 피막형성법**

① 장점
★★ ⓐ 낮은 혼합률(MR)을 가진다.　　ⓑ 침출성이 낮다.
② 단점
★★ ⓐ 에너지 소요가 크다.　　★★ ⓑ 화재의 위험성이 있다.
ⓒ 피막형성을 위한 수지값이 비싸다.

Question 40

폐기물의 고화처리방법 중 피막형성법의 장점으로 알맞은 것은?

㉮ 화재 위험성이 없다.
㉯ 혼합률이 높다.
㉰ 에너지 소요가 적다.
㉱ 침출성이 낮다.

풀이 ㉮ 화재 위험성이 있다.
㉯ 혼합률이 낮다.
㉰ 에너지 소요가 크다.

★★ (5) 열가소성 플라스틱법

① 장점
★★ ⓐ 용출손실률은 시멘트기초법에 비해 매우 낮다.
ⓑ 대부분의 매트릭스 물질은 수용액의 침투에 저항성이 매우 크다.
ⓒ 고화처리된 폐기물성분을 나중에 회수하여 재활용 할 수 있다.

② 단점
★★ ⓐ 혼합률(MR)이 비교적 높다.
★★ ⓑ 높은 온도에서 분해되는 물질에는 사용할 수 없다.
ⓒ 처리과정에서 화재의 위험성이 있다.
ⓓ 에너지 요구량이 크다.
ⓔ 폐기물을 건조시켜야 한다.

Question 41

고화처리법 중 열가소성 플라스틱법(Thermoplastic Process)에 대한 내용으로 틀린 것은?

㉮ 용출손실율이 시멘트 기초법보다 높다.
㉯ 고온분해되는 물질에는 사용할 수 없다.
㉰ 혼합률이 비교적 높다.
㉱ 고화처리된 폐기물성분을 회수하여 재활용할 수 있다.

풀이 ㉮ 용출손실율이 시멘트 기초법보다 낮다.

★★ (6) 유리화법

① 장점
   ⓐ 첨가제의 비용이 비교적 싸다.
★★ ⓑ 2차 오염물질의 발생이 적다.
② 단점
   ⓐ 에너지 집약적이다.
   ⓑ 특수장치와 숙련된 인원이 필요하다.

Question 42

폐기물 고형화처리법 중 유리화법에 대한 설명으로 틀린 것은?

㉮ 에너지 집약적이다.
㉯ 특수장치와 숙련된 인원이 필요하다.
㉰ 첨가제의 비용이 비교적 싸다.
㉱ 2차 오염물질의 발생이 많다.

풀이   ㉱ 2차 오염물질의 발생이 적다.

4. 고화처리한 후 적정처리 여부를 시험·조사하는 항목

① 물리적 시험 : 투수율, 압축강도, 내구성
② 화학적 시험 : 용출시험

Question 43

지정폐기물을 고화처리한 후 적정처리 여부를 시험·조사하는 항목으로 틀린 것은?

㉮ 독성시험   ㉯ 투수율   ㉰ 압축강도   ㉱ 용출시험

정답 ㉮

★★ 5. 폐기물의 부피변화율 공식

$$부피변화율(VCF) = (1 + MR) \times \frac{\rho_1}{\rho_2}$$

여기서, MR : 혼합률 $\left(MR = \dfrac{첨가제의\ 질량}{폐기물의\ 질량}\right)$

 ρ_1 : 고화처리 전 폐기물의 밀도(g/cm³)
ρ_2 : 고화처리 후 폐기물의 밀도(g/cm³)

Question 44

유해폐기물 고화처리시 흔히 사용하는 지표인 혼합률(MR)은 고화제 첨가량과 폐기물 양의 중량비로 정의된다. 고화처리 전 폐기물의 밀도가 1.0g/cm³, 고화처리후 폐기물의 밀도가 1.3g/cm³이라면 혼합률(MR)이 0.755일 때 고화처리된 폐기물의 부피변화율(VCF)를 계산하시오.

풀이 $VCF = (1 + MR) \times \dfrac{\rho_1}{\rho_2} = (1 + 0.755) \times \dfrac{1.0\text{g/cm}^3}{1.3\text{g/cm}^3} = 1.35$

CHAPTER 02 연료화 기술

01 연료

1. 고체연료

★★ **(1) 고체연료의 특징**

① 고체연료의 C/H비는 15 ~ 20 범위이다.
② 고체연료는 액체연료에 비하여 수소함유량이 적다.
③ 고체연료는 액체연료에 비하여 산소함유량이 크다.
④ 고체연료의 연소속도는 연료단위 표면적당 단위시간당 연료량을 의미한다.
★★ ⑤ 점화와 소화가 용이하지 못하다.
★★ ⑥ 인화, 폭발의 위험성이 적다.
⑦ 가격이 저렴하다
⑧ 저장, 운반시 노천 야적이 가능하다.

Question 01

다음 중 고체연료의 장점으로 틀린 것은?
㉮ 점화와 소화가 용이하다.
㉯ 인화, 폭발의 위험성이 적다.
㉰ 가격이 저렴하다.
㉱ 저장, 운반시 노천 야적이 가능하다.

풀이 ㉮ 점화와 소화가 용이하지 못하다.

★★ (2) 석탄의 탄화도

① 탄화도가 증가하면 고정탄소, 발열량, 착화온도, 연료비$\left(\dfrac{고정탄소}{휘발분}\right)$가 증가

② 탄화도가 증가하면 매연 발생량, 비열, 휘발분, 수분, 산소의 양, 연소속도는 감소

Question 02

석탄의 탄화도가 증가하면 감소하는 것은?

㉮ 휘발분　　㉯ 착화온도　　㉰ 고정탄소　　㉱ 발열량

정답 ㉮

2. 액체연료

★★ (1) 액체연료 특징

① 발열량이 크고 품질이 비교적 균일하다.
② 회분이 거의 없고 점화, 소화 및 연소의 조절이 비교적 쉽다.
③ 계량, 기록이 수월하다.
④ 저장, 운반이 용이하며 배관공사 등에 걸리는 비용도 적게 소요된다.
⑤ 단위질량당의 발열량이 커, 화력이 강하다.
⑥ 액체연료는 비교적 저가로 안정하게 공급되고 품질에도 큰차가 없다.
⑦ 액체연료는 화재, 역화 등의 위험이 크며, 연소온도가 높아 국부가열을 일으키기 쉽다.
⑧ 액체연료의 경우 회분은 적지만, 재속의 금속산화물이 장해원인이 될 수 있다.

Question 03

고체연료 및 액체연료의 비교 특성에 관한 내용으로 잘못된 것은?

㉮ 석유계 연료는 연소의 조절이 간단하고 용이하다.
㉯ 석유계 연료는 동일 중량의 석탄계 연료보다 용적이 35~50% 정도이다.
㉰ 석유계 연료의 발열량(kcal/kg)은 석탄계 연료보다 높다.
㉱ 석유계 연료는 연소시 과잉공기량이 많아 회분 발생량이 적다.

풀이 ㉱ 석유계 연료는 연소시 과잉공기량이 적게 소요되고, 회분 발생량이 적다.

★★ (2) 석유류의 특성

① 비중이 커지면 탄수소비(C/H), 인화점, 점도, 착화점, 매연발생량이 증가한다.
② 비중이 클수록 발열량이 낮아지고 연소성이 낮아진다.
③ 점도가 작아지면 인화점, 끓는점이 낮아지고, 유동성이 좋아져 분무화가 잘 된다.
④ 석유류의 증기압이 큰 것은 착화점이 낮아서 위험하다.
⑤ 인화점이 낮은 경우에는 역화의 위험성이 있고, 높은 경우(140℃ 이상)에서는 착화가 곤란하다.
⑥ 인화점은 화기에 대한 위험도를 나타내며, 인화점이 낮을수록 연소가 잘 되나 위험하다.

Question 04

다음 중 액체연료인 석유류에 대한 내용으로 틀린 것은?

㉮ 비중이 커지면 탄수소비(C/H)가 커진다.
㉯ 비중이 커지면 발열량이 감소한다.
㉰ 점도가 작아지면 인화점이 높아진다.
㉱ 점도가 작아지면 유동성이 좋아져 분무화가 잘 된다.

풀이   ㉰ 점도가 작아지면 인화점이 낮아진다.

---

3. 기체연료

★★ (1) 기체연료의 특징

① 장점
　ⓐ 연소효율이 높고 안정된 연소가 된다.
★★ ⓑ 적은 과잉공기(10 ~ 20%)로 완전연소가 가능하다.
★★ ⓒ 연료의 예열이 쉽고 유황 함유량이 적어 SO_X 발생량이 적다.
　ⓓ 점화, 소화가 용이하고 연소조절이 쉽다.
★★ ⓔ 발열량이 높다.
　ⓕ 회분이나 유해물질의 배출이 적다.
　ⓖ 부하의 변동 범위가 넓다.

② 단점
　ⓐ 설비비가 많이 들고 비싸다.
　ⓑ 취급시 위험성이 크다.
　ⓒ 수송이나 저장이 용이하지 못하다.

Question 05

기체연료의 장·단점으로 잘못된 것은?

㉮ 연소 효율이 높고 안정된 연소가 된다.
㉯ 완전연소시 많은 과잉공기(200~300%)가 소요된다.
㉰ 설비비가 많이 들고 비싸다.
㉱ 연료의 예열이 쉽고 유황 함유량이 적어 SO_x 발생량이 적다.

▶ 풀이 ㉯ 완전연소시 적은 과잉공기(10~20%)가 소요된다.

(2) 기체연료의 종류

★★ ① LNG(액화천연가스)
　★★ ⓐ LNG의 주성분은 CH_4(메탄)이다.
　　ⓑ LNG의 밀도는 공기보다 작다.
　★★ ⓒ LNG는 천연가스를 1기압하에서 -162℃ 정도로 냉각하여 액화시켜 대량 수송 및 저장을 가능하게 한 것이다.
　　ⓓ LNG는 지질학적으로 수용성 가스, 석탄계 가스, 석유계 가스로 구분되며 석탄계 가스가 대부분을 차지한다.
　　ⓔ 고위발열량은 $10,000 kcal/Sm^3$ 이다.

★★ ② LPG(액화석유가스)
　★★ ⓐ LPG의 주성분은 C_3H_8(프로판)과 C_4H_{10}(부탄)이다.
　　ⓑ LPG의 비중이 공기보다 무거워 인화폭발의 위험성이 높다.
　　ⓒ LPG의 발열량은 $26,000\ kcal/Sm^3$이며, 비중은 공기의 1.5배 정도이다.
　★★ ⓓ 석유정제때에 부산물로 생산되는 것과 천연가스에서 회수되는 것이 있으나 전자의 것이 대부분이다.
　　ⓔ 황분이 적고 독성이 없다.
　　ⓕ 액화시키는 이유는 기체상태일 때 보다 부피가 $\frac{1}{240} \sim \frac{1}{280}$로 줄어들기 때문이다.

02 열분해

1. 열분해의 정의

폐기물을 무산소 또는 산소가 부족한 상태에서 고온으로 가열하여 가스, 액체, 고체 상태의 연료를 생산하는 공정이다.

★★★ 2. 열분해의 특징

① 열분해의 방법은 저온법과 고온법이 있다.
② 열분해에서 일반적으로 저온이라 함은 500~900℃, 고온은 1,100~1,500℃를 말한다.
③ 고온열분해에서 1700℃까지 온도를 올리면 생산되는 모든 재는 슬래그(Slag)로 배출된다.
④ 고온의 열분해에서는 가스상태의 연료가 많이 생성된다.
★★ ⑤ 열분해 온도에 따른 가스의 구성비가 좌우되는데 고온이 될수록 CO_2 함량이 감소하고, 수소함량이 증가한다.
★★ ⑥ 열분해를 통하여 얻어지는 연료의 성질을 결정짓는 요소로는 운전온도, 가열속도, 폐기물의 성질 등으로 알려져 있다.
★★ ⑦ 연소가 고도의 발열반응에 비해 열분해는 고도의 흡열반응이다.
⑧ 폐기물을 산소의 공급없이 가열하여 가스, 액체, 고체의 3성분으로 분리한다.
⑨ 열분해에 의해 생성되는 액체물질에는 아세트산, 아세톤, 메탄올, 오일, 타르, 방향성물질이 있다.
★★ ⑩ 열분해 장치는 고정상, 유동상, 부유상태 등의 장치로 구분되어질 수 있다.

Question 06

폐기물 열분해에 대한 내용으로 잘못된 것은?

㉮ 고온 열분해에서는 가스 상태의 연료가 많이 생성된다.
㉯ 열분해 장치는 고정상, 유동상, 부유상태 등으로 구분할 수 있다.
㉰ 열분해 온도에 따라 가스구성비가 좌우되는데, 온도가 증가할수록 CO_2 구성비(함량)는 감소된다.
㉱ 열분해 온도에 따라 가스구성비가 좌우되는데, 온도가 증가할수록 수소 구성비(함량)는 감소된다.

풀이 ㉱ 열분해 온도에 따라 가스구성비가 좌우되는데, 온도가 증가할수록 수소 구성비(함량)는 증가한다.

3. 열분해시 생성물질

① 기체상 물질 : 수소(H_2), 메탄(CH_4), 일산화탄소(CO)
② 액체상 물질 : 아세톤, 메탄올, 오일
③ 고체상 물질 : 탄화물(Char), 불활성 물질

★★ 4. 열분해가 소각처리에 비해 갖는 장점

★★ ① 황 및 중금속이 회분속에 고정되는 비율이 크다.
② 저장 및 수송이 가능한 연료를 회수할 수 있다.
★★ ③ 환원성 분위기가 유지되어 Cr^{3+}가 Cr^{6+}로 변화되기 어렵다.
④ 배기가스량이 적어 가스처리 장치가 소형이다.
★★ ⑤ 소각처리에 비해 상대적으로 저온이기 때문에 NO_X 발생량이 적다.
⑥ 지속적 환원 분위기로 효과적인 에너지 회수가 가능하다.

Question 07

유기성 폐기물로부터 에너지회수를 위한 열분해처리 공법으로 틀린 것은?

㉮ 소각처리에 비해 배기가스량이 적다.
㉯ 소각처리에 비해 황 및 중금속이 회분 속에 고정되는 비율이 적다.
㉰ 소각처리에 비해 상대적으로 저온이기 때문에 NO_X의 발생량이 적다.
㉱ 환원성 분위기가 유지되므로 Cr^{3+}이 Cr^{6+}로 변화되기 어렵다.

풀이 ㉯ 소각처리에 비해 황 및 중금속이 회분 속에 고정되는 비율이 크다.

03 RDF(Refuse Derived Fuel)

폐기물 중의 가연성 물질만을 선별하여 함수율, 염소화합물, 입경 등을 조절하여 연료화 시킨 것이다.

★★ 1. RDF(고형화연료)를 소각로에서 사용시 문제점

① RDF의 조성은 주로 유기물질이므로 수분함량에 따라 부패되기 쉽다.
② RDF 중에 Cl 함량이 크면 다이옥신 발생 위험성이 높다.
③ 소각시설의 부식발생으로 시설수명이 단축될 수 있다.
④ 시설비 및 동력비가 고가이며, 운전에 숙련된 기술이 요구된다.
⑤ 연료공급의 신뢰성 문제가 있을 수 있다.

Question 08

RDF 소각로의 문제점으로 틀린 것은?
㉮ 소각시설의 부식발생으로 수명이 단축될 수 있다.
㉯ 연료공급의 신뢰성 문제가 있을 수 있다.
㉰ 염소보다는 유황의 다량 함유로 SO_X 발생이 문제가 된다.
㉱ 시설비가 고가이고 숙련된 기술이 필요하며 연소분진과 대기오염에 대한 주의가 요망된다.

풀이 ㉰ 염소가 다량 함유되어 다이옥신의 발생이 문제가 된다.

2. RDF의 특징

① 수분함량이 증가하면 부패하여 연료로서의 가치를 상실한다.
② PVC 등이 함유되면 연소시 배기가스 처리에 유의해야 한다.
③ 쓰레기를 연료로 전환하기 위한 전처리에 동력 및 투자비가 많이 소요된다.
④ 배합 조성률이 균일하여야 한다.
⑤ 저장 및 수송이 편리하도록 개질되어야 한다.
⑥ RDF용 소각로 제작이 용이해야하며, 발열량이 높아야 한다.
⑦ 쓰레기 원료중에 비가연성 성분이나 연소후 잔류하는 재의 양이 적어야 한다.
⑧ 조성 배합률이 균일하여야 하고 대기오염이 적어야 한다.

Question 09

쓰레기 전환 연료(RDF)에 관한 내용으로 틀린 것은?

㉮ 수분함량이 증가하면 부패하여 연료로서의 가치를 상실한다.
㉯ PVC 등이 함유되면 연소시 배기가스 처리에 유의해야 한다.
㉰ 쓰레기를 연료로 전환하기 위한 전처리에 동력 및 투자비가 적게 소요된다.
㉱ 배합 조성률이 균일하여야 한다.

풀이 ㉰ 쓰레기를 연료로 전환하기 위한 전처리에 동력 및 투자비가 많이 소요된다.

3. RDF의 종류

(1) Powder RDF(분말화한 모양의 RDF)

① 열용량(발열량)이 4,300Kcal/kg으로 가장 높다.
② 회분량이 10~20%이다.
③ 수분함량이 4% 이하이다.

(2) Pellet RDF(일정한 형태로 가공한 RDF)

① 발열량이 3,300 ~ 4,000Kcal/kg이다.
② 회분량이 12 ~ 25%이다.
③ 수분함량이 12~18% 정도이다.

(3) Fluff RDF(특정한 형태로 가공하지 않은 RDF)

① 발열량은 약 2,500~3,500Kcal/kg이다.
② 회분량이 22 ~ 30%이다.
③ 수분함량이 15~20% 정도이다.

Question 10

일반적으로 직경이 10~20mm이고 길이가 30~50mm인 형태와 크기를 가지며, 보관이나 운반의 효율을 높이는 동시에 단위 무게당 열량을 향상시킨 RDF의 종류는?

㉮ Powder RDF ㉯ Pellet RDF ㉰ Fluff RDF ㉱ Bubble RDF

정답 ㉯

★★ 4. RDF의 구비조건

① 재의 양이 적을 것
② 대기오염이 적을 것
③ 함수율이 낮을 것
④ 균일한 조성을 가질 것
⑤ 발열량(칼로리)이 높을 것

> **Question 11**
>
> RDF를 대량 사용하고자 할 경우의 구비조건으로 틀린 것은?
> ㉮ 함수율이 낮을 것   ㉯ 칼로리가 낮을 것
> ㉰ 재의 양이 적을 것   ㉱ RDF 조성이 균일할 것
>
> 풀이 ㉯ 칼로리가 높을 것

CHAPTER 03 자원화

01 퇴비화

1. 퇴비화 기술의 특징

★★ ① 우리나라 음식물 쓰레기를 퇴비로 재활용하는데 있어서 가장 큰 문제점은 염분함량이다.
② 퇴비화를 정상적으로 유도하기 위해서 공급하는 적정공기량은 5~15% 정도이다.
③ 유기성폐기물이 대상이며 함수율이 60% 전후인 원료가 적합하다.
④ 분해를 위해서는 대상 원료별 적합한 탄질소비(C/N비)를 맞추어 주는 것이 필요하다.
⑤ 통기 개량제는 톱밥 등을 사용하며 수분조절, 탄질소비 조절기능을 겸한다.
★★ ⑥ 생산된 퇴비는 비료의 가치가 낮고 퇴비완성시 부피감소율이 50% 이하로 낮은 편이다.
⑦ 초기시설 투자비가 낮고 운영시 소요에너지도 낮은 편이다.
⑧ 다른 폐기물 처리기술에 비해 고도의 기술수준이 요구되지 않는다.
★★ ⑨ 퇴비제품의 품질표준화가 어렵고, 부지가 많이 필요한 편이다.
★★ ⑩ 퇴비화 후에는 C/N비가 10 정도이다.
⑪ 생산품인 퇴비는 토양개량제로 사용할 수 있다.

📢 Question 01

퇴비화에 대한 내용으로 틀린 것은?

㉮ 퇴비가 완성된 후에도 부피가 크게 감소하지는 않아 통상 50% 이하이다.
㉯ 퇴비화 후에는 C/N비 값이 70~85 정도로 높아진다.
㉰ 다양한 재료를 이용하므로 퇴비제품의 품질표준화가 어렵다.
㉱ 운영시 소요되는 에너지가 낮고, 생산품인 퇴비는 토양개량제로도 사용할 수 있다.

 ㉯ 퇴비화 후에는 C/N비 값이 10 정도이다.

★★ 2. 퇴비화의 영향인자 중 C/N비(탄질비)의 특징

① 질소는 미생물 생장에 필요한 단백질 합성에 주로 쓰인다.
★★ ② 적정 C/N비는 30정도이다.
★★ ③ C/N비가 너무 낮으면(C/N비 20 이하) 암모니아 가스 발생으로 악취가 발생한다.
★★ ④ C/N비가 너무 높으면(C/N비 80 이상) 질소분의 함량이 적어 퇴비화가 잘 안되고 소요시간이 길어진다.
⑤ 일반적으로 퇴비화 탄소가 많으면 퇴비의 pH를 낮춘다.

TIP

C/N비가 낮은 경우(20 이하)의 특징
① 암모니아 가스가 발생할 가능성이 높아진다.
② 질소원 손실이 커서 비료효과가 저하될 가능성이 높다.
③ 퇴비화 과정 중 좋지 않은 냄새가 발생된다.

Question 02

다음 중 C/N비가 낮은 경우(20 이하)에 대한 설명으로 틀린 것은?

㉮ 암모니아 가스가 발생할 가능성이 높아진다.
㉯ 질소원의 손실이 커서 비료효과가 저하될 가능성이 높다.
㉰ 유기산 생성량의 증가로 pH가 저하된다.
㉱ 퇴비화 과정 중 좋지 않은 냄새가 발생된다.

풀이 ㉰ 질소가 암모니아로 변해 pH가 증가한다.

★★ 3. 기계식 반응조 퇴비화 공법의 특징

① 퇴비화가 밀폐된 반응조내에서 수행된다.
★★ ② 일반적으로 퇴비화 원료물질의 혼합에 따라 수직형과 수평형으로 나뉘어 퇴비화를 수행한다.
③ 수직형 퇴비화 반응조는 반응조 전체에 최적조건을 유지하기 어려워 생산된 퇴비의 질이 떨어질 수 있다.
④ 수평형 퇴비화 반응조는 수직형 퇴비화 반응조와 달리 공기흐름 경로를 짧게 유지할 수 있다.

Question 03

기계식 반응조 퇴비화 공법에 대한 내용으로 틀린 것은?

㉮ 퇴비화가 밀폐된 반응조내에서 수행된다.
㉯ 일반적으로 퇴비화 원료물질의 성분에 따라 수직형과 수평형으로 나뉘어 퇴비화를 수행한다.
㉰ 수직형 퇴비화 반응조는 반응조 전체에 최적조건을 유지하기 어려워 생산된 퇴비의 질이 떨어질 수 있다.
㉱ 수평형 퇴비화 반응조는 수직형 퇴비화 반응조와 달리 공기흐름 경로를 짧게 유지할 수 있다.

풀이 ㉯ 일반적으로 퇴비화 원료물질의 혼합에 따라 수직형과 수평형으로 나뉘어 퇴비화를 수행한다.

★★ 4. 친산소성 퇴비화 공정의 설계 운영의 고려인자

① 입자크기 : 폐기물의 적정 입자크기는 25~75mm 정도이다.
② 초기 C/N비는 25~50이 적당하다.
③ C/N비가 너무 높으면 : 질소분의 함량이 적어 퇴비화가 잘 안되고 소요시간이 길어진다.
④ C/N비가 너무 낮으면 : 암모니아 가스 발생으로 악취가 발생한다.
⑤ 병원균제어 : 병원균 사멸을 위해서는 60~70℃에서 24시간 이상 유지하여야 한다.
⑥ pH 조절 : 암모니아 가스에 의한 질소손실을 줄이기 위해서 pH 8.5 이상 올라가지 않도록 주의한다.
⑦ 퇴비화 기간동안 수분함량은 50~60% 범위에서 유지되어야 한다.
⑧ 퇴비단의 온도는 초기 며칠간은 50~55℃를 유지하여야 하며 활발한 분해를 위해서는 55~60℃가 적당하다.

Question 04

친산소성 퇴비화 공정의 설계 운영고려인자에 대한 내용으로 틀린 것은?

㉮ 입자크기 : 폐기물의 적정 입자크기는 25~75mm 정도이다.
㉯ C/N비 : C/N비가 높은 경우는 암모니아 손실로 탄소가 제한 인자로 작용한다.
㉰ 병원균제어 : 병원균 사멸을 위해서는 60~70℃에서 24시간 이상 유지하여야 한다.
㉱ pH 조절 : 암모니아 가스에 의한 질소손실을 줄이기 위해서 pH 8.5 이상 올라가지 않도록 주의한다.

풀이 ㉯ C/N비 : C/N비가 높은 경우는 질소 부족으로 퇴비화가 잘 형성되지 않아 소요시간이 길어진다.

5. 퇴비화를 위한 설비

① 공기공급시설   ② 수분조절시설   ③ 교반시설

Question 05

다음 중 퇴비화를 위한 설비로 가장 틀린 것은?

㉮ 공기공급시설   ㉯ 수분조절시설   ㉰ 교반시설   ㉱ 가온시설

정답 ㉱

6. 퇴비화의 장점과 단점

(1) 장점

① 운영시에 소요되는 에너지가 낮다.
② 다른 폐기물처리 기술에 비하여 고도의 기술수준이 요구되지 않는다.
③ 초기시설 투자가 적다.
④ 퇴비는 토양의 이화학성질을 개선시키는 토양개량제로 사용할 수 있다.
⑤ 초기 시설 투자가 적으므로 운영시에 소요되는 에너지도 낮다.

(2) 단점

 ① 생산된 퇴비는 비료의 가치가 낮다.
 ② 퇴비가 완성되어도 부피가 크게 감소되지 않는다. (감용률 50% 이하)
③ 다양한 재료를 이용하므로 퇴비품질의 표준화가 어렵다.

Question 06

퇴비화의 장·단점으로 잘못된 것은?

㉮ 운영시에 소요되는 에너지가 낮다.
㉯ 다양한 재료를 이용하므로 퇴비제품의 품질 표준화가 어렵다.
㉰ 퇴비화시 부피가 크게(60% 이상) 감소한다.
㉱ 생산된 퇴비는 비료가치가 낮다.

풀이 ㉰ 퇴비화시 부피가 크게(감용율 50% 이하) 감소하지 않는다.

★★ 7. Bulking Agent(팽화제)의 특징

① 수분조절제라고도 한다.
② 처리대상물질의 수분함량을 조절한다.
③ 퇴비의 질(C/N비) 개선에 영향을 준다.
④ 처리대상물질 내의 공기가 원활히 유동될 수 있도록 한다.
⑤ 퇴비생산에 필요한 탄소나 질소를 함유시켜 제공할 수도 있다.
⑥ 톱밥, 볏짚, 낙엽에 기존 퇴비를 혼합하여 퇴비화시키는 것을 말한다.

Question 07

퇴비를 효과적으로 생산하기 위하여 퇴비화 공정 중에 주입하는 Bulking Agent에 대한 설명과 가장 거리가 먼 것은?

㉮ 처리대상물질의 수분함량을 조절한다.
㉯ 미생물의 지속적인 공급으로 퇴비의 완숙을 유도한다.
㉰ 퇴비의 질(C/N비) 개선에 영향을 준다.
㉱ 처리대상물질 내의 공기가 원활히 유통될 수 있도록 한다.

정답 ㉯

8. 통기 개량제의 특성

① 볏짚 : 칼륨(K)분이 높다.
② 톱밥 : 톱밥의 종류에 따라서 분해속도가 다양하다.
③ 파쇄목편 : 폐목재 내에 퇴비화에 영향을 줄 수 있는 유해물질의 함유 가능성이 있다.
④ 왕겨(파쇄) : 발생기간이 한정되어 있기 때문에 저류 공간이 필요하다.

Question 08

퇴비화에 사용되는 통기개량제의 종류별 특성으로 틀린 것은?

㉮ 볏짚 : 칼륨분이 높다.
㉯ 톱밥 : 주성분이 분해성 유기물이기 때문에 분해가 빠르다.
㉰ 파쇄목편 : 폐목재 내에 퇴비화에 영향을 줄 수 있는 유해물질의 함유 가능성이 있다.
㉱ 왕겨(파쇄) : 발생기간이 한정되어 있기 때문에 저류 공간이 필요하다.

풀이 ㉯ 톱밥 : 종류에 따라서 분해속도가 다양하다.

9. humus(부식질)의 특징

① 악취가 없는 안정된 유기물이며, 흙냄새가 난다.
② 물 보유력과 양이온교환능력이 좋다.
③ 짙은 갈색을 띤다.
④ 리그닌의 함량은 높지만 가용영양분의 함량은 낮다.

> **TIP**
> 리그닌(Lignin) : 침엽수, 활엽수 등 목본식물과 일부 조류에서 조직을 지지하는 중요한 구조물질을 형성하는 유기고분자의 일종이다.

⑤ 뛰어난 토양개량제이다.
★★ ⑥ C/N비는 10내외 정도로 낮은 편이다.
⑦ 병원균이 사멸되어 거의 없다.

Question 09

퇴비화는 도시폐기물 중 음식찌꺼기, 낙엽 또는 하수처리장 찌꺼기와 같은 유기물을 안정한 상태의 부식질(Humus)로 변화시키는 공정이다. 다음 중 부식질의 특징으로 틀린 것은?

㉮ 병원균이 사멸되어 거의 없다.
㉯ C/N비가 높아져 토양개량제로 사용된다.
㉰ 물 보유력과 양이온교환능력이 좋다.
㉱ 악취가 없는 안정된 유기물이다.

▶ 풀이 ㉯ C/N비는 10내외 정도로 낮은 편이다.

CHAPTER 04 | 토양오염

01 토양

★★ 1. 토양오염의 특성

① 토양오염은 대기, 수질, 폐기물 등 1차 오염물질에 의한 축적성 오염이다.
② 오염경로의 다양성
③ 피해발현의 완만성 및 만성적인 형태
④ 타 환경인자와의 영향관계의 모호성
⑤ 오염(영향)의 국지성 및 비인지성
⑥ 원상복구가 어렵다.

Question 01

토양오염의 특성에 대한 내용으로 틀린 것은?
㉮ 오염경로가 다양하다.
㉯ 피해발현이 완만하다.
㉰ 오염의 인지가 용이하다.
㉱ 원상복구가 어렵다.

풀이 ㉰ 오염의 인지가 용이하지 못하다.

2. 토양오염의 대책 중 예방대책

① 광산 및 채석장의 침전지 설치
② 비료의 적정량 사용
③ 토양오염 측정망 설치 운영

Question 02

다음은 토양오염의 대책에 관한 사항이다. 예방대책으로 틀린 것은?

㉮ 광산 및 채석장의 침전지 설치   ㉯ 비료의 적정량 사용
㉰ 토양오염 측정망 설치 운영   ㉱ 객토

풀이 ㉱ 객토는 예방대책이 아니라 사후대책이다.

3. 토양의 층위

① O층위(유기물층) : 낙엽 등이 부패하여 퇴적된 층
② A층위(표층) : 생물의 활동이 가장 활발한 층
③ B층위(집적층) : 표층에서 용탈된 물질이 집적
④ C층위(모재층) : 풍화작용으로 인한 거친 암석의 모재층
⑤ R층위(기반암층)

Question 03

다음 중 토양 층위를 나타내는 층위 명에 해당되지 않는 것은?

㉮ O층   ㉯ B층   ㉰ R층   ㉱ D층

정답 ㉱

★★ 2. 토양수분의 물리학적 분류

(1) 흡습수

① 흡습수는 pF 4.5 이상으로 강하게 흡착되어 있다.
② 식물이 직접 이용할 수 없다.
③ 부식토에서의 흡습수의 양은 무게비로 70%에 달한다.

(2) 결합수

① 토양 분자 중에 존재하는 수분으로 화학적으로 결합되어 있다.
② pF는 7.0 이상이다.
③ 식물의 성장에 직접 이용될 수 없는 물이다.
④ 토양수분장력이 가장 큰 물이다.

★★ **(3) 모세관수**

① 중력수 외부에 표면장력과 중력이 평형을 유지하며 존재하는 물이다.
② pF는 2.7~4.2 정도이다.
③ 식물에 의해 이용되는 수분이다.

Question 04

토양수분의 물리학적 분류 중 수분 1,000cm의 물기둥의 압력으로 결합되어 있는 경우 다음 중 어디에 해당되는가?

㉮ 모세관수   ㉯ 흡습수   ㉰ 유효수분   ㉱ 결합수

풀이 $pF = \log[HcmH_2O] = \log[1,000cmH_2O] = 3$

따라서 pF의 값을 살펴보면 모세관수는 2.7 ~ 4.2, 흡습수는 4.5 이상, 결합수는 7.0 이상이므로 ㉮ 모세관수가 정답이다.

(4) 중력수

① 토양입자에서 유리되어 토양입자 사이를 이동하거나 지하로 침투되는 수분이다.
② pF는 2.54 이하이다.
③ 토양수분장력이 가장 낮은 물이다.

Question 05

다음 중 토양수분장력이 가장 낮은 토양 수분은?

㉮ 모세관수   ㉯ 중력수   ㉰ 결합수   ㉱ 흡습수

풀이 토양수분장력이 가장 큰 물은 결합수이고 가장 낮은 물은 중력수이므로 ㉯ 중력수가 정답이다.

★★ **3. pF(potential force)**

① 토양수가 입자에 흡착되어 있는 세기로 토양수를 구분한다.
② 흡착력에 상응하는 수주(cm)의 역수를 pF라 한다.
③ $pF = \log H$ 여기서 H의 단위는 cmH_2O
④ $pF = \log[H\ cmH_2O]$
⑤ $1atm = 760mmHg = 10332mmH_2O = 1033cmH_2O = pF\ 3$

Question 06

토양이 수분을 함유하는 힘을 토양수분장력(pF)이라고 부른다. pF = 4.0인 물기둥의 높이로 알맞은 것은?

㉮ $2^4 = 16m$
㉯ $4^2 = 16m$
㉰ $e^4 = 54.6m$
㉱ $10^4 = 10,000cm$

풀이 $pF = \log[\,H\,cmH_2O\,]$

∴ $H = 10^{pF}\,cmH_2O = 10^{4.0}\,cmH_2O = 10,000\,cmH_2O$ 이므로 정답은 ㉱번이다.

4. 토양공기의 조성

① 토양성분과 식물양분에 산화적 변화를 일으키는 원인이 된다.
② 대기에 비하여 토양공기에 수증기의 함량이 높다.
③ 토양이 깊어질수록 토양공기내 산소량은 감소한다.
④ 대기에 비하여 토양공기내 탄산가스의 함량은 높은 편이다.
⑤ 대기에 비하여 토양공기내 산소의 함량은 낮은 편이다.

Question 07

토양공기의 조성에 관한 내용으로 잘못된 것은?

㉮ 토양성분과 식물양분에 산화적 변화를 일으키는 원인이 된다.
㉯ 대기에 비하여 토양공기 내 탄산가스의 함량이 낮다.
㉰ 대기에 비하여 토양공기 내 수증기의 함량이 높다.
㉱ 토양이 깊어질수록 토양공기 내 산소량은 감소한다.

풀이 ㉯ 대기에 비하여 토양공기 내 탄산가스의 함량은 높은 편이다.

5. 유효공극률 계산

①
$$유효공극률 = \frac{겉보기\ 속도}{침출수\ 속도}$$

Question 08

토양중에서 1분 동안 12m를 침출수가 이동(겉보기 속도) 하였다면, 이때 토양공극내의 침출수속도(m/sec)를 계산하시오. (단, 유효공극률은 0.4)

풀이

$$\text{유효공극률} = \frac{\text{겉보기 속도}}{\text{침출수 속도}}$$

$$0.4 = \frac{12\text{m/min} \times 1\text{min}/60\text{sec}}{\text{침출수 속도}}$$

$$\therefore \text{침출수 속도} = \frac{12\text{m/min} \times 1\text{min}/60\text{sec}}{0.4} = 0.5\text{m/sec}$$

② 공극률(%) 계산

$$공극률(\%) = \left(1 - \frac{용적밀도}{입자밀도}\right) \times 100$$

Question 09

토양의 용적밀도가 1.67g/cm³이고, 입자밀도가 2.55g/cm³일 때 공극률(%)을 계산하시오.

풀이

$$공극률(\%) = \left(1 - \frac{1.67\,\text{g/cm}^3}{2.55\,\text{g/cm}^3}\right) \times 100 = 34.51\%$$

02 토양처리방법

★★★ 1. 토양증기추출법(Soil Vaper Extraction : SVE)

압력 및 농도구배를 형성하기 위하여 추출정을 굴착하여 진공상태로 만들어 줌으로써 토양 내의 휘발성 오염물질을 휘발, 추출하는 기술이다.

> **Question 10**
>
> 토양 복원기술 중 압력 및 농도구배를 형성하기 위하여 추출정을 굴착하여 진공상태로 만들어줌으로써 토양 내의 휘발성 오염물질을 휘발, 추출하는 기술은?
> ㉮ Biopile ㉯ Bioaugmentation
> ㉰ Soil Vapor Extraction ㉱ Thermal Decomposition
>
> **정답** ㉰

(1) 장점

① 굴착이 필요없다.
② 짧은 시간에 설치할 수 있다.
③ 분해에 소요되는 시간이 짧다.
④ 결과를 즉시 알 수 있다.
⑤ 일반적으로 널리 사용되는 장치 재료로 충분하다.
⑥ 지하수의 깊이에 제한을 받지 않는다.
⑦ 생물학적 처리효율을 높여준다.
⑧ 다른 시약이 필요없다.
⑨ 유지 및 관리비가 적게 소요된다.

(2) 단점

① 오염물질의 독성은 처리후에도 변화가 없다.
★★ ② 증기압이 낮은 오염물질의 제거효율이 낮다.
③ 추출된 기체는 대기오염 방지를 위하여 후처리가 필요하다.
④ 토양층이 치밀하여 기체 흐름이 어려운 곳에서는 적용이 어렵다.
★★ ⑤ 지반구조가 복잡하여 총 처리시간을 예측하기가 어렵다.

Question 11

Soil Vapor Extraction(SVE) 기술에 대한 내용으로 옳지 않은 것은?

㉮ 토양층이 치밀하여 기체 흐름이 어려운 곳에서는 적용이 어렵다.
㉯ 지반구조에 상관없이 총 처리시간을 예측하기가 용이하다.
㉰ 생물학적 처리효율을 높여준다.
㉱ 오염물질의 독성은 변화가 없다.

풀이 ㉯ 지반구조가 복잡해 총 처리시간을 예측하기가 어렵다.

★★ 2. 토양세척법(Soil Washing Treatment)

(1) 장점

★★ ① 비휘발성 물질, 생물학적으로 분해성 물질, 중금속 등에 적용된다.
② 광범위한 지역에 균일한 적용이 가능하다.
③ 에너지 소모가 적다.
④ 처리비용이 싸다.
★★ ⑤ 처리효과가 가장 높은 토양입경은 자갈이다.
⑥ 외부 환경의 조건변화에 대한 영향이 적다.
⑦ 부지내에서 유해오염물을 이송 없이 바로 처리할 수 있다.
⑧ 오염토양 부피의 단시간 내의 효율적인 급감으로 2차 처리비용을 절감할 수 있다.

Question 12

토양세척법 처리에 가장 부적합한 토양입경의 정도는?

㉮ 자갈　　　㉯ 중간모래　　　㉰ 점토　　　㉱ 미사

풀이 토양세척법 처리에 가장 적합한 토양입경의 정도는 자갈이고, 가장 부적합한 토양입경의 정도는 점토이므로 ㉰번이 정답이 된다.

(2) 단점

① 비수용성 유기용매에 적용이 어렵다.
② 점토와 같이 미세입자에 흡착된 유기오염물질의 처리효과는 매우 낮다.
★★ ③ 자체적인 조절이 가능한 폐쇄형 공정이며, 고농도의 휴믹질이 존재하는 경우에는 전처리가 필요하다.

> **Question 13**
>
> 토양세척법(Soil Washing)이 다른 토양복원기술에 비하여 갖는 장점으로 틀린 것은?
>
> ㉮ 외부환경의 조건변화에 대한 영향이 적다.
> ㉯ 자체적인 조건조절이 가능한 개방형 공정이며, 고농도의 휴믹질이 존재하는 경우에도 전처리가 불필요하다.
> ㉰ 부지내에서 유해오염물의 이송 없이 바로 처리할 수 있다.
> ㉱ 오염토양 부피의 단시간 내의 효율적인 급감으로 2차 처리비용을 절감할 수 있다.
>
> **풀이** ㉯ 자체적인 조건조절이 가능한 폐쇄형 공정이며, 고농도의 휴믹질이 존재하는 경우에는 전처리가 필요하다.

3. 바이오벤팅(Bioventing)

(1) 바이오벤팅(Bioventing)의 특징

① 휘발성이 강하거나 분자량이 큰 유기물질을 처리할 수 있다.
② 불포화 토양층내에 산소를 공급함으로써 미생물의 분해를 통해 유기물질을 분해 처리한다.
③ 주로 불포화층에 적용한다.
④ 기술 적용시에는 대상부지에 대한 정확한 산소 소모율의 산정이 중요하다.
⑤ 토양 투수성은 공기를 토양내에 강제 순환시킬 때 매우 중요한 영향인자이다.

(2) 바이오벤팅(Bioventing)의 장·단점

① 장점
   ⓐ 배출가스 처리의 추가비용이 없다.
   ⓑ 장치가 간단하고 설치가 용이하다.
   ⓒ 일반적으로 토양증기추출에 비하여 토양공기의 추출량이 약 1/10 수준이다.
   ⓓ 휘발성이 강하거나 분자량이 큰 유기물질을 처리 할수 있다.

② 단점
   ⓐ 추가적인 영양염류의 공급이 필요하다.
   ⓑ 용해도가 큰 오염물질은 많은 양이 토양수분내에 용해상태로 존재하게 되어 처리효율이 떨어진다.
   ⓒ 현장 지반 구조 및 오염물 분포에 따른 처리기간의 변동이 심하다.
   ⓓ 오염부지 주변의 공기 및 물의 이동에 의한 오염물질의 확산이 일어날 수 있다.

Question 14

토양오염정화 방법 중 Bioventing 공법의 장·단점으로 잘못된 것은?

㉮ 배출가스 처리의 추가비용이 없다.
㉯ 추가적인 영양염류의 공급이 필요하다.
㉰ 주로 포화층에 적용한다.
㉱ 장치가 간단하고 설치가 용이하다.

풀이 ㉰ 주로 불포화층에 적용한다.

Question 15

토양오염복원기법 중 Bioventing에 대한 내용으로 틀린 것은?

㉮ 토양 투수성은 공기를 토양내에 강제 순환시킬 때 매우 중요한 영향인자이다.
㉯ 오염부지 주변의 공기 및 물의 이동에 의한 오염물질 확산의 염려가 없다.
㉰ 현장 지반구조 및 오염물 분포에 따른 처리기간의 변동이 심하다.
㉱ 용해도가 큰 오염물질은 많은 양이 토양수분 내에 용해상태로 존재하게 되어 처리효율이 떨어진다.

풀이 ㉯ 오염부지 주변의 공기 및 물의 이동에 의한 오염물질 확산이 일어난다.

PART 03
폐기물공정시험기준

CHAPTER 01   총칙

CHAPTER 02   시료의 채취

CHAPTER 03   일반항목편

CHAPTER 04   금속류(Metals)

CHAPTER 05   기타 항목편

폐기물처리 기사 필기

CHAPTER 01 총칙

01 총칙

1. 목적

이 폐기물공정시험기준은 환경 분야 시험·검사 등에 관한 법률에 의거 폐기물의 성상 및 오염물질을 측정함에 있어서 측정의 정확성 및 통일을 유지하기 위하여 필요한 제반사항에 대하여 규정함을 목적으로 한다.

★★ 2. 적용방법

① 폐기물관리법에 의한 오염실태 조사 중 폐기물에 대한 것은 따로 규정이 없는 한 공정시험기준의 규정에 의하여 시험한다.
② 공정시험기준 이외의 방법이라도 측정결과가 같거나 그 이상의 정확도가 있다고 국내외에서 공인된 방법은 이를 사용할 수 있다.
③ 이 공정시험기준에서 규정하지 않은 사항에 대해서는 일반적인 화학적 상식에 따르도록 하며, 이 공정시험기준에 기재한 방법 중 세부조작은 시험의 본질에 영향을 주지 않는다면 실험자가 일부를 변경할 수도 있다.
④ 하나 이상의 공정시험기준으로 시험한 결과가 서로 달라 제반 기준의 적부 판정에 영향을 줄 경우에는 공정시험기준의 항목별 주시험법에 의한 분석 성적에 의하여 판정한다.

Question 01

총칙에서 규정된 내용으로 틀린 것은?

㉮ 공정시험기준 이외의 방법이라도 측정결과가 같거나 그 이상의 정확도가 있다고 국내외에서 공인된 방법은 이를 사용할 수 있다.
㉯ 공정시험기준에 기재한 방법 중 세부조작은 시험의 본질에 영향을 주지 않는다면 실험자가 일부를 변경할 수 있다.
㉰ 하나 이상의 공정시험기준으로 시험한 결과가 서로 달라 제반 기준의 적부판정에 영향을 줄 경우에 정확도가 높은 방법으로 판정한다.
㉱ 공정시험기준에서 규정하지 않은 사항에 대해서는 일반적인 화학적 상식에 따른다.

풀이 ㉰ 하나 이상의 공정시험기준으로 시험한 결과가 서로 달라 제반 기준의 적부 판정에 영향을 줄 경우에는 공정시험기준의 항목별 주시험법에 의한 분석 성적에 의하여 판정한다.

★★★ 3. 농도

① 백분율(Parts Per Hundred)
  ⓐ W/V% : 용액 100mL 중 성분무게(g), 또는 기체 100mL 중의 성분무게(g)
  ⓑ V/V% : 용액 100mL 중 성분용량(mL), 또는 기체 100mL 중 성분용량(mL)
  ⓒ V/W% : 용액 100g 중 성분용량(mL)
  ⓓ W/W% : 용액 100g 중 성분무게(g)
  ★★ⓔ 용액의 농도를 "%"로만 표시할 때는 W/V%
  ⓕ A/A%(area) : 단위면적(A, area) 중 성분의 면적(A)
② 천분율(Parts Per Thousand)을 표시할 때는 g/L, g/kg의 기호를 쓴다.
★★③ 백만분율(ppm, Parts Per Million)을 표시할 때는 mg/L, mg/kg의 기호를 쓴다.
★★④ 십억분율(ppb, Parts Per Billion)을 표시할 때는 μg/L, μg/kg의 기호를 쓰며, 1ppm의 1/1,000이다.
★★⑤ 기체 중의 농도는 표준상태(0℃, 1기압)로 환산 표시한다.

Question 02

다음 중 농도표시에 관한 내용으로 가장 거리가 먼 것은?

㉮ 용액의 농도를 '%'로만 표시할 때는 W/V%를 말한다.
㉯ 천분율은 g/L의 기호를 쓴다.
㉰ 단위면적(A. area) 중 성분의 면적(A)를 표시할 때는 A/A%(area)의 기호를 쓴다.
㉱ 일억분율은 $\mu g/L$의 기호를 쓴다.

풀이 ㉱ 십억분율은 $\mu g/L$의 기호를 쓴다.

★★★ 4. 온도

① 온도의 표시는 셀시우스(Celcius) 법에 따라 아라비아 숫자의 오른쪽에 ℃를 붙인다. 절대온도는 K로 표시하며, 절대온도 0K는 −273℃로 한다.

★★ ② 표준온도 : 0℃, 상온 : 15~25℃, 실온 : 1~35℃, 찬곳 : 0~15℃

★★ ③ 냉수 : 15℃ 이하, 온수 : 60~70℃, 열수 : 약 100℃

④ 수욕상 또는 수욕중에서 가열한다 : 따로 규정이 없는 한 수온 100℃에서 가열함을 뜻하고 약 100℃의 증기욕을 쓸 수 있다.

★★ ⑤ 각각의 시험은 따로 규정이 없는 한 상온에서 조작하고 조작 직후에 그 결과를 관찰한다. 단, 온도의 영향이 있는 것의 판정은 표준온도를 기준으로 한다.

Question 03

온도에 관한 기준으로 틀린 것은?

㉮ 찬 곳은 따로 규정이 없는 한 0~15℃의 곳을 뜻한다.
㉯ 각각의 시험은 따로 규정이 없는 한 실온에서 조작한다.
㉰ 온수는 60~70℃로 한다.
㉱ 냉수는 15℃ 이하로 한다.

풀이 ㉯ 각각의 시험은 따로 규정이 없는 한 상온에서 조작한다.

---

5. 시약 및 용액

① 시험에 사용하는 시약은 따로 규정이 없는 한 1급 이상 또는 이와 동등한 규격의 시약 사용한다.

② 공정시험기준에서 각 항목의 분석에 사용되는 표준물질은 국가표준에 소급성이 인증된 인증표준물질을 사용한다.

★★ ③ 용액의 농도를 (1 → 10), (1 → 100) 또는 (1 → 1,000) 등으로 표시하는 것은 고체 성분에 있어서는 1g, 액체성분에 있어서는 1mL를 용매에 녹여 전체 양을 10mL, 100mL 또는 1000mL로 하는 비율을 표시한 것이다.

★★ ④ 액체 시약의 농도에 있어서 예를 들어 염산(1+2)이라고 되어있을 때에는 염산 1mL와 물 2mL를 혼합하여 조제한 것을 말한다.

Question 04

용액의 농도에 관한 다음 설명 중 옳지 않은 것은?

㉮ (1 → 10)의 의미는 고체성분 1g을 용매에 녹여 전체량을 10g으로 하는 것임.
㉯ (1 → 100)의 의미는 액체성분 1mL를 용매에 녹여 전체량을 100mL로 하는 것임.
㉰ (1 → 1,000)의 의미는 액체성분 1mL를 용매에 녹여 전체량을 1,000mL로 하는 것임.
㉱ 염산(1+2)의 의미는 염산 1mL와 물 2mL를 혼합하여 제조한 것임.

풀이 ㉮ (1 → 10)의 의미는 고체성분 1g을 용매에 녹여 전체량을 10mL로 하는 것임.

★★★ 6. 관련 용어의 정의

★★★ ① 액상폐기물 : 고형물의 함량이 5% 미만
★★★ ② 반고상폐기물 : 고형물의 함량이 5% 이상 15% 미만
★★★ ③ 고상폐기물 : 고형물의 함량이 15% 이상

Question 05

반고상 폐기물이라 함은 고형물의 함량이 몇 %인 것을 말하는가?

㉮ 5% 이상 10% 미만
㉯ 5% 이상 15% 미만
㉰ 5% 이상 20% 미만
㉱ 5% 이상 25% 미만

정답 ㉯

★★ ④ 함침성 고상폐기물 : 종이, 목재 등 기름을 흡수하는 변압기 내부부재(종이, 나무와 금속이 서로 혼합되어 있어 분리가 어려운 경우를 포함)를 말한다.

Question 06

"함침성 고상폐기물"의 정의로 옳은 것은?

㉮ 종이, 목재 등 수분을 흡수하는 변압기 내부부재(종이, 나무와 금속이 서로 혼합되어 있어 분리가 어려운 경우를 포함한다.)를 말한다.
㉯ 종이, 목재 등 수분을 흡수하는 변압기 내부부재(종이, 나무와 금속이 서로 혼합되어 있어 분리가 어려운 경우는 제외한다.)를 말한다.
㉰ 종이, 목재 등 기름을 흡수하는 변압기 내부부재(종이, 나무와 금속이 서로 혼합되어 있어 분리가 어려운 경우를 포함한다.)를 말한다.
㉱ 종이, 목재 등 기름을 흡수하는 변압기 내부부재(종이, 나무와 금속이 서로 혼합되어 있어 분리가 어려운 경우는 제외한다.)를 말한다.

정답 ㉰

⑤ 비함침성 고상폐기물 : 금속판, 구리선 등 기름을 흡수하지 않는 평면 또는 비평면형태의 변압기 내부부재를 말한다.

Question 07

'비함침성 고형폐기물'의 용어의 정의로 알맞은 것은?

㉮ 금속판, 구리선 등 기름을 흡수하지 않는 평면 또는 비평면형태의 변압기 외부부재를 말한다.
㉯ 금속판, 구리선 등 기름을 흡수하지 않는 평면 또는 비평면형태의 변압기 내부부재를 말한다.
㉰ 금속판, 구리선 등 수분을 흡수하지 않는 평면 또는 비평면형태의 변압기 외부부재를 말한다.
㉱ 금속판, 구리선 등 수분을 흡수하지 않는 평면 또는 비평면형태의 변압기 내부부재를 말한다.

정답 ㉯

⑥ 즉시 : 30초 이내에 표시된 조작을 하는 것
⑦ 감압 또는 진공 : 따로 규정이 없는 한 15mmHg 이하
⑧ "이상"과 "초과", "이하", "미만"이라고 기재하였을 때는 "이상"과 "이하"는 기산점 또는 기준점인 숫자를 포함하며, "초과"와 "미만"의 기산점 또는 기준점인 숫자를 포함하지 않는 것을 뜻한다. 또한, "a~b"라 표시한 것은 a 이상 b 이하임을 뜻한다.
⑨ 바탕시험을 하여 보정한다 : 시료에 대한 처리 및 측정을 할 때, 시료를 사용하지 않고 같은 방법으로 조작한 측정치를 빼는 것
⑩ 방울수 : 20℃에서 정제수 20방울을 적하할 때, 그 부피가 약 1mL 되는 것
⑪ 항량으로 될 때까지 건조한다 : 같은 조건에서 1시간 더 건조할 때 전후 무게의 차가 g 당 0.3mg 이하일 때를 말한다.
⑫ 용액의 산성, 중성, 또는 알칼리성을 검사할 때는 따로 규정이 없는 한 유리전극법에 의한

pH미터로 측정하고 구체적으로 표시할 때는 pH 값을 쓴다.
⑬ 여과용 기구 및 기기를 기재하지 않고 "여과한다"라고 하는 것은 KS M 7602 거름종이 5종 A 또는 이와 동등한 여과지를 사용하여 여과함을 말한다.
★★ ⑭ 정밀히 단다 : 규정된 양의 시료를 취하여 화학저울 또는 미량저울로 칭량함
★★ ⑮ 정확히 단다 : 규정된 수치의 무게를 0.1mg까지 다는 것

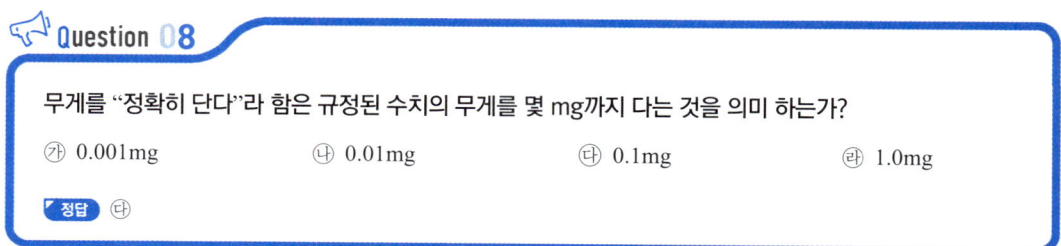

★★ ⑯ 정확히 취하여 : 규정한 양의 액체를 홀피펫으로 눈금까지 취하는 것
⑰ 정량적으로 씻는다 : 어떤 조작으로부터 다음 조작으로 넘어갈 때 사용한 비커, 플라스크 등의 용기 및 여과막 등에 부착한 정량대상 성분을 사용한 용매로 씻어 그 씻어낸 용액을 합하고 먼저 사용한 같은 용매를 채워 일정용량으로 하는 것
★★ ⑱ 약 : 기재된 양에 대하여 ±10% 이상의 차가 있어서는 안된다.

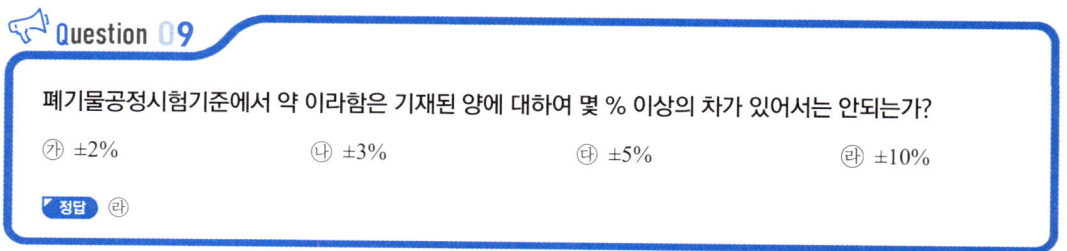

⑲ 냄새가 없다 : 냄새가 없거나, 또는 거의 없는 것을 표시하는 것
⑳ 물 : 따로 규정이 없는 한 정제수를 말한다.

Question 10

폐기물공정시험기준에 적용되는 관련용어에 대한 설명으로 잘못된 것은?

㉮ 반고상폐기물 : 고형물의 함량이 5% 이상 15% 미만인 것을 말한다.
㉯ 비함침성 고상폐기물 : 금속판, 구리선 등 기름을 흡수하지 않는 평면 또는 비평면형태의 변압기 내부부재를 말한다.
㉰ 바탕시험을 하여 보정한다 : 규정된 시료로 같은 방법으로 실험하여 측정치를 보정하는 것을 말한다.
㉱ 정밀히 단다 : 규정된 양의 시료를 취하여 화학저울 또는 미량저울로 칭량함을 말한다.

풀이 ㉰ 바탕시험을 하여 보정한다 : 시료에 대한 처리 및 측정을 할 때, 시료를 사용하지 않고 같은 방법으로 조작한 측정치를 빼는 것이다.

 Question 11

총칙에 관한 내용으로 틀린 것은?

㉮ "정밀히 단다"라 함은 규정된 양의 시료를 취하여 화학저울 또는 미량저울로 칭량함을 말한다.
㉯ "정확히 취하여"라 하는 것은 규정한 양의 액체를 홀피펫으로 눈금까지 취하는 것을 말한다.
㉰ "냄새가 없다"라고 기재한 것은 냄새가 없거나, 또는 거의 없는 것을 표시하는 것이다.
㉱ 방울수라 함은 20℃에서 정제수 10방울을 적하할 때, 그 부피가 약 1mL 되는 것을 뜻한다.

풀이 ㉱ 방울수라 함은 20℃에서 정제수 20방울을 적하할 때, 그 부피가 약 1mL 되는 것을 뜻한다.

★★★ 7. 용기

① 용기 : 시험용액 또는 시험에 관계된 물질을 보존, 운반 또는 조작하기 위하여 넣어두는 것으로 시험에 지장을 주지 않도록 깨끗한 것을 뜻한다.

★★ ② 밀폐용기 : 취급 또는 저장하는 동안에 이물질이 들어가거나 또는 내용물이 손실되지 아니하도록 보호하는 용기

 Question 12

다음 중 취급 또는 저장하는 동안에 이물질이 들어가거나 또는 내용물이 손실되지 아니하도록 보호하는 용기는?

㉮ 기밀용기   ㉯ 밀폐용기   ㉰ 밀봉용기   ㉱ 차광용기

정답 ㉯

★★ ③ 기밀용기 : 취급 또는 저장하는 동안에 밖으로부터의 공기 또는 다른 가스가 침입하지 아니하도록 내용물을 보호하는 용기

> **Question 13**
>
> 다음 용기 중 취급 또는 저장하는 동안에 밖으로부터의 공기 또는 다른 가스가 침입하지 아니하도록 내용물을 보호하는 용기는?
> ㉮ 밀폐용기　　㉯ 기밀용기　　㉰ 밀봉용기　　㉱ 차광용기
>
> 정답　㉯

★★ ④ 밀봉용기 : 취급 또는 저장하는 동안에 기체 또는 미생물이 침입하지 아니하도록 내용물을 보호하는 용기

> **Question 14**
>
> 취급 또는 저장하는 동안에 기체 또는 미생물이 침입하지 않도록 내용물을 보호하는 용기는?
> ㉮ 차광용기　　㉯ 밀봉용기　　㉰ 기밀용기　　㉱ 밀폐용기
>
> 정답　㉯

⑤ 차광용기 : 광선이 투과하지 않는 용기 또는 투과하지 않게 포장을 한 용기이며 취급 또는 저장하는 동안에 내용물이 광화학적 변화를 일으키지 아니하도록 방지할 수 있는 용기

8. 분석용 저울은 0.1mg까지 달 수 있는 것이어야 하며, 분석용 저울 및 분동은 국가 검정을 필한 것을 사용하여야 한다.

02 정도보증/정도관리(QA/QC)

★★ 1. 검정곡선

검정곡선(calibration curve)은 분석물질의 농도변화에 따른 지시값을 나타낸 것으로 시료 중 분석 대상 물질의 농도를 포함하도록 범위를 설정하고, 검정곡선 작성용 표준용액은 가급적 시료의 매질과 비슷하게 제조하여야 한다.

★★ ① 절대검정곡선법(external standard method) : 시료의 농도와 지시값과의 상관성을 검정곡선식에 대입하여 작성하는 방법이다.

★★ ② 표준물질첨가법(standard addition method) : 시료와 동일한 매질에 일정량의 표준물질을 첨가하여 검정곡선을 작성하는 방법으로써, 매질효과가 큰 시험분석방법에서 분석대상시료와 동일한 매질의 표준시료를 확보하지 못한 경우에 매질효과를 보정하여 분석할 수 있는 방법이다.

★★ ③ 상대검정곡선법(internal standard calibration) : 검정곡선 작성용 표준용액과 시료에 동일한 양의 내부표준물질을 첨가하여 시험분석 절차, 기기 또는 시스템의 변동으로 발생하는 오차를 보정하기 위해 사용하는 방법이다. 상대검정곡선법은 시험 분석하려는 성분과 물리·화학적 성질은 유사하나 시료에는 없는 순수 물질을 내부표준물질로 선택한다. 일반적으로 내부표준물질로는 분석하려는 성분에 동위원소가 치환된 것을 많이 사용한다.

📢 Question 15

정도보증/정도관리를 위한 검정곡선 작성법 중 검정곡선 작성용 표준용액과 시료에 동일한 양의 내부표준물질을 첨가하여 시험분석 절차, 기기 또는 시스템의 변동으로 발생하는 오차를 보정하기 위해 사용하는 방법은?

㉮ 상대검정곡선법　　　　　　　　㉯ 표준검정곡선법
㉰ 절대검정곡선법　　　　　　　　㉱ 보정검정곡선법

정답 ㉮

2. 검정곡선의 작성 및 검증

$$★★ \ 감응계수 = \frac{R}{C}$$

여기서, C : 표준용액의 농도　　　R(response) : 반응값

Question 16

감응계수에 대한 설명으로 알맞은 것은?

㉮ 검정곡선 작성용 표준용액의 농도(C)에 대한 반응값(R)으로 구한다.(감응계수= R/C)
㉯ 검정곡선 작성용 표준용액의 농도(C)에 대한 반응값(R)으로 구한다.(감응계수= C/R)
㉰ 검정곡선 작성용 표준용액의 농도(C)에 대한 반응값(R)으로 구한다.(감응계수= R×C)
㉱ 검정곡선 작성용 표준용액의 농도(C)에 대한 반응값(R)으로 구한다.(감응계수= $R^2 × C$)

정답 ㉮

3. 검출한계

① **기기검출한계(IDL)** : 시험분석 대상물질을 기기가 검출할 수 있는 최소한의 농도 또는 양으로서, 일반적으로 S/N비의 2~5배 농도 또는 바탕시료를 반복 측정 분석한 결과의 표준편차에 3배한 값 등을 말한다.

Question 17

정도보증/정도관리에 적용하는 기기검출한계에 대한 설명으로 알맞은 것은?

㉮ 바탕시료를 반복 측정 분석한 결과의 표준편차에 2배한 값
㉯ 바탕시료를 반복 측정 분석한 결과의 표준편차에 3배한 값
㉰ 바탕시료를 반복 측정 분석한 결과의 표준편차에 5배한 값
㉱ 바탕시료를 반복 측정 분석한 결과의 표준편차에 10배한 값

정답 ㉯

★★ ② **정량한계(LOQ)** : 시험분석 대상을 정량화 할 수 있는 측정값으로서, 제시된 정량한계 부근의 농도를 포함하도록 시료를 준비하고 이를 반복 측정하여 얻은 결과의 표준편차(S)에 10배한 값을 사용한다.

★★★ ③ 정량한계 = 10×표준편차(S)

Question 18

정량한계 산정식으로 바르게 된 것은?

㉮ 정량한계 = 3.3×표준편차
㉯ 정량한계 = 5×표준편차
㉰ 정량한계 = 10×표준편차
㉱ 정량한계 = 15×표준편차

정답 ㉰

CHAPTER 02 시료의 채취

01 시료의 채취

★★★ 1. 시료 용기

① 채취용기는 시료를 변질시키거나 흡착하지 않는 것이어야 하며 기밀하고 누수나 흡습성이 없어야 한다.
② 시료용기는 무색경질의 유리병 또는 폴리에틸렌병, 폴리에틸렌백을 사용
★★ ③ 노말헥산 추출물질, 유기인, 폴리클로리네이티드비페닐(PCBs) 및 휘발성 저급 염소화 탄화수소류는 갈색경질 유리병만 사용

> **Question 01**
>
> 다음 성분 시험을 위한 폐기물 시료 채취시 시료용기로 갈색경질의 유리병을 사용하지 않아도 되는 것은?
> ㉮ 유기인　　　　　　　　　　㉯ PCBs
> ㉰ 6가 크롬　　　　　　　　　㉱ 휘발성 저급 염소화 탄화수소류
>
> **정답** ㉰

★★★ ④ 시료 중에 다른 물질의 혼입이나 성분의 손실을 방지하기 위하여 밀봉할 수 있는 마개를 사용하며 코르크 마개를 사용하여서는 안된다. 다만, 고무나 코르크 마개에 파라핀지, 유지 또는 셀로판지를 씌워 사용할 수도 있다.

폐기물시료의 채취용기에 관한 설명으로 틀린 것은?

㉮ 시료용기는 무색경질의 유리병 또는 폴리에틸렌병, 폴리에틸렌백을 사용한다.
㉯ 시료 중에 다른 물질의 혼입을 방지하기 위하여 코르크 마개를 사용하여 밀봉한다.
㉰ 채취용기는 시료를 변질시키거나 흡착하지 아니하는 것이어야 한다.
㉱ 노말헥산추출물질, 유기인, PCB 등의 시료채취는 갈색경질의 유리병을 사용한다.

풀이 ㉯ 시료 중에 다른 물질의 혼입을 방지하기 위하여 밀봉할 수 있는 마개를 사용하며 코르크 마개를 사용하여서는 안된다.

★★ ⑤ 시료용기에는 폐기물의 명칭, 대상 폐기물의 양, 채취장소, 채취시간 및 일기, 시료번호, 채취책임자 이름, 시료의 양, 채취방법, 기타 참고자료(보관상태 등)를 기재한다.

시료 채취시 시료용기에 기재하는 사항으로 틀린 것은?

㉮ 폐기물의 명칭　　　　　　　　　㉯ 폐기물의 성분
㉰ 채취책임자 이름　　　　　　　　㉱ 채취시간 및 일기

정답 ㉯

2. 시료의 채취방법

(1) 일반적 요령

① 시료의 채취는 일반적으로 폐기물이 생성되는 단위공정별로 구분하여 채취하여야 한다.
② 시료를 채취하기 전에 폐기물을 잘 혼합하여야 하며 이것이 불가능할 경우에는 전체의 성질을 대표할 수 있도록 서로 다른 곳에서 채취하여야 한다. 다만, 서로 다른 종류의 폐기물이 혼재되어 있다고 판단될 때에는 혼재된 폐기물의 성분별로 각각에 대해 시료를 채취할 수 있다.

(2) 고상혼합물 시료 채취

고상혼합물의 경우는 적당한 채취도구를 사용하며 한 번에 일정량씩을 채취하여야 한다.

(3) 액상혼합물 시료 채취

액상혼합물의 경우는 원칙적으로 최종지점의 낙하구에서 흐르는 도중에 채취한다. 용기에 들어 있을 때에는 잘 혼합하여 균일한 상태로 하여 채취한다.

★★ (4) 콘크리트 고형화물 시료 채취

콘크리트 고형화물의 경우는 소형일 때는 고상혼합물의 경우에 따른다. ★★ 대형의 고형화물로써 분쇄가 어려울 경우에는 임의의 5개소에서 채취하여 각각 파쇄하여 100g씩 균등 양 혼합하여 채취한다.

Question 04

다음은 콘크리트 고형화물의 시료채취에 관한 내용이다. ( ) 안에 알맞은 것은?

시료채취 때 분쇄가 어려운 대형 고형물인 경우에는 임의의 (㉠)개소에서 채취하여 각각 파쇄하여 (㉡)g 씩 균등량 혼합 채취한다.

㉮ ㉠ 5, ㉡ 100   ㉯ ㉠ 6, ㉡ 100   ㉰ ㉠ 6, ㉡ 500   ㉱ ㉠ 9, ㉡ 500

정답 ㉮

---

(5) 폐기물 소각시설의 소각재 시료 채취

① 일반사항
  ⓐ 연소실 바닥을 통해 배출되는 바닥재와 폐열보일러 및 대기오염 방지시설을 통해 배출되는 비산재의 채취에 적용한다.
  ⓑ 공정상 비산방지나 냉각을 목적으로 소각재에 물을 분사하는 경우를 제외하고는 ★★ 가급적 물을 분사하기 전에 시료를 채취한다. 다만 부득이하게 수분이 함유된 상태에서 시료를 채취할 경우에는 가능한 한 수분을 줄여서 채취한다.

② 연속식 연소방식의 소각재 반출설비에서 시료채취
  ⓐ 연속식 연소방식의 소각재 반출설비에서 채취하는 경우 ★★ 바닥재 저장조에서는 부설된 크레인을 이용하여 채취하고, ★★ 비산재 저장조에서는 낙하구 밑에서 채취하며, 소각재가 ★★ 운반차량에 적재되어 있는 경우에는 적재 차량에서 채취하는 것을 원칙으로 하고, 부지 내에 야적되어 있는 경우에는 야적더미에서 각 층별로 채취하는 것을 원칙으로 한다.

Question 05

폐기물 소각시설의 소각재 시료채취에 관한 내용 중 연속식 연소방식의 소각재 반출설비에서의 시료채취에 대한 설명으로 틀린 것은?

㉮ 바닥재 저장조에서는 부설된 크레인을 이용하여 채취한다.
㉯ 비산재 저장조에서는 유입구에서 혼합 채취한다.
㉰ 소각재가 운반차량에 적재되어 있는 경우에는 적재차량에서 채취하는 것을 원칙으로 한다.
㉱ 부지내에 야적되어 있는 경우에는 야적더미에서 각 층별로 채취하는 것을 원칙으로 한다.

풀이 ㉯ 비산재 저장조에서는 낙하구 밑에서만 채취한다.

ⓑ 소각재 저장조에서 채취하는 경우는 저장조에 쌓여 있는 소각재를 평면상에서 5등분한 후 각 등분마다 크레인을 이용하여 소각재를 상하층으로 잘 섞은 다음 크레인으로 일정량을 저장조 밖으로 운반한다. 다만, 시료채취장소가 좁아 작업하기 힘든 경우에는 크레인으로부터 직접 일정량을 채취하는 것으로 한다. 시료는 운반된 소각재 중 대표성이 있다고 판단되는 곳에서 각 등분마다 500g 이상을 채취한다.

Question 06

다음은 연속식 연소방식의 소각재 반출설비에서 시료를 채취하는 내용이다. ( )안에 알맞은 것은?

소각재 저장소에서 채취하는 경우는 저장조에 쌓여 있는 소각재를 평면상에서 ( )한 후 각 등분마다 크레인을 이용하여 소각재를 상하층으로 잘 섞은 다음 크레인으로 일정량을 저장조 밖으로 운반한다.

㉮ 4등분   ㉯ 5등분   ㉰ 6등분   ㉱ 9등분

정답 ㉯

ⓒ 낙하구 밑에서 채취하는 경우는 시료의 양이 1회에 500g 이상이 되도록 채취한다.
ⓓ 야적더미에서 채취하는 경우는 야적더미를 2m 높이마다 각각의 층으로 나누고 각 층별로 적절한 지점에서 500g 이상의 시료를 채취한다.

Question 07

폐기물 소각시설의 소각재 시료채취에 관한 내용이다. ( )안에 들어갈 내용으로 적당한 것은? (단, 연속식 연소방식의 소각재 반출설비에서 시료채취)

야적더미에서 채취하는 경우는 야적더미를 ( )높이마다 각각의 층으로 나누고 각 층별로 적절한 지점에서 500g 이상의 시료를 채취한다.

㉮ 0.5m　　㉯ 1.0m　　㉰ 1.5m　　㉱ 2.0m

정답 ㉱

ⓒ 소각재가 적재되어 있는 운반차량에서 시료를 채취하는 경우 5톤 미만의 차량에 적재되어 있을 때에는 적재폐기물을 평면상에서 6등분한 후 각 등분마다 시료를 채취한다. 반면, 5톤 이상의 차량에 적재되어 있을 때에는 적재폐기물을 평면상에서 9등분한 후 각 등분마다 시료를 채취한다.

Question 08

폐기물이 5톤 미만의 차량에 적재되어 있는 경우 적재폐기물을 평면상에서 몇 등분하여 시료를 채취하는가?

㉮ 5등분　　㉯ 6등분　　㉰ 8등분　　㉱ 9등분

정답 ㉯

③ 회분식 연소방식의 소각재 반출설비에서 시료채취

회분식 연소방식의 소각재 반출설비에서 채취하는 경우에는 하루 동안의 운전횟수에 따라 매 운전시마다 2회 이상 채취하는 것을 원칙으로 하고, 시료의 양은 1회에 500g 이상으로 한다.

Question 09

회분식 연소방식의 소각재 반출설비에서의 시료채취에 대한 설명으로 알맞은 것은?

㉮ 하루 동안의 운전횟수에 따라 매 운전 시마다 2회 이상 채취하는 것을 원칙으로 한다.
㉯ 하루 동안의 운전횟수에 따라 매 운전 시마다 3회 이상 채취하는 것을 원칙으로 한다.
㉰ 하루 동안의 운행시간에 따라 매 시간 마다 2회 이상 채취하는 것을 원칙으로 한다.
㉱ 하루 동안의 운행시간에 따라 매 시간 마다 3회 이상 채취하는 것을 원칙으로 한다.

풀이 ㉮

★★★ 3. 시료의 양

시료의 양은 1회에 100g 이상 채취한다. 다만, 소각재의 경우에는 1회에 500g 이상을 채취한다.

> **Question 10**
>
> 폐기물공정시험기준상 시료를 채취할 때 시료의 양은 1회에 최소 얼마 이상 채취 하여야 하는가?
>
> ㉮ 100g 이상 ㉯ 200g 이상 ㉰ 500g 이상 ㉱ 1000g 이상
>
> 정답 ㉮

> **Question 11**
>
> 시료의 채취에 있어서 소각재의 경우 1회에 몇 g 이상을 채취 하여야 하는가?
>
> ㉮ 100g 이상 ㉯ 200g 이상 ㉰ 300g 이상 ㉱ 500g 이상
>
> 정답 ㉱

★★★ 4. 대상폐기물의 양과 시료의 최소 수

대상폐기물의 양 (단위 : ton)	시료의 최소 수	대상폐기물의 양 (단위 : ton)	시료의 최소 수
~ 1미만	6	100이상 ~ 500미만	30
1이상 ~ 5미만	10	500이상 ~ 1,000미만	36
5이상 ~ 30미만	14	1,000이상 ~ 5,000미만	50
30이상 ~ 100미만	20	5,000이상	60

> **Question 12**
>
> 대상폐기물의 양이 600톤인 경우 시료의 최소수는 얼마인가?
>
> ㉮ 14 ㉯ 20 ㉰ 30 ㉱ 36
>
> 정답 ㉱

Question 13

폐기물이 1톤 미만 야적되어 있는 적환장에서 채취하여야 할 최소 시료 총량은 얼마인가?
(단, 소각재는 아님)

㉮ 100g　　　㉯ 400g　　　㉰ 600g　　　㉱ 900g

풀이 폐기물이 1톤 미만인 경우 시료 최소수가 6이고, 시료의 양은 1회에 100g 이상을 채취하므로 6×100g=600g이 된다.

5. 시료의 분할 채취 방법

(1) 전처리

① 분석용 또는 수분측정용 시료의 양이 많을 경우에는 (대시료) 실험에 들어가기 전에 시료의 조성을 균일화하기 위하여 시료의 분할채취방법에 따라 균일화 한다.
② 소각잔재, 슬러지 또는 입자상 물질은 그대로 작은 돌멩이 등의 다른 물질을 제거하고, 이외의 폐기물 중 입경이 5mm 미만인 것은 그대로, 입경이 5mm 이상인 것은 분쇄하여 체로 걸러서 입경이 0.5~5mm로 한다.

★★★ (2) 시료의 분할채취방법

★★★ ① 구획법
　　ⓐ 모아진 대시료를 네모꼴로 얇게 균일한 두께로 편다.
★★ ⓑ 이것을 가로 4등분 세로 5등분하여 20개의 덩어리로 나눈다.
　　ⓒ 20개의 각 부분에서 균등량씩을 취하여 혼합하여 하나의 시료로 한다.

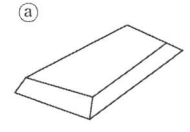
ⓐ
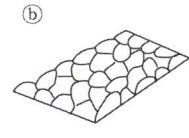
ⓑ
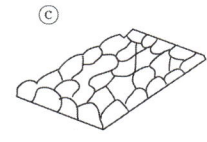
ⓒ

[구획법]

TIP

핵심내용 : 가로 4등분, 세로 5등분, 20개의 덩어리

Question 14

폐기물 시료의 분할채취방법 중 모아진 대시료를 네모꼴로 엷게 균일한 두께로 펴서 20개의 덩어리로 나눈 후 각 등분에서 균등량을 취하여 하나의 시료로 하는 방법은?

㉮ 사각분할법　　㉯ 구획법　　㉰ 교호삽법　　㉱ 원추4분법

정답 ㉯

★★★ ② 교호삽법
　ⓐ 분쇄한 대시료를 단단하고 깨끗한 평면위에 원추형으로 쌓는다.
　ⓑ 원추를 장소를 바꾸어 다시 쌓는다.
★★ ⓒ 원추에서 일정량을 취하여 장방형으로 도포하고 계속해서 일정량을 취하여 그 위에 입체로 쌓는다.
　ⓓ 육면체의 측면을 교대로 돌면서 균등량씩을 취하여 두개의 원추를 쌓는다.
　ⓔ 하나의 원추는 버리고 나머지 원추를 앞의 조작을 반복하면서 적당한 크기까지 줄인다.

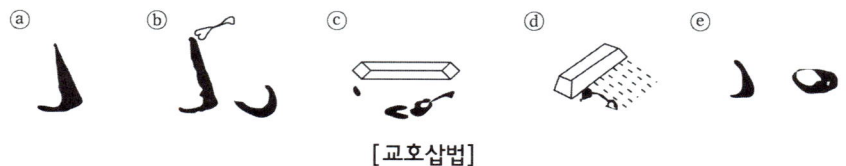

[교호삽법]

TIP

핵심내용 : 원추형, 육면체, 원추쌓기

Question 15

아래의 같은 방식으로 계속 폐기물 시료의 크기를 줄이는 방법은?

분쇄한 대시료를 단단하고 깨끗한 평면위에 원추형으로 쌓는다. → 원추를 장소를 바꾸어 다시 쌓는다. → 원추에서 일정량을 취하여 장방형으로 도포하고 계속해서 일정량을 취하여 그 위에 입체로 쌓는다. → 그 육면체의 측면을 교대로 돌면서 균등량씩을 취하여 두 개의 원추를 쌓는다. → 이 중 하나는 버린다.

㉮ 원추2분법　　㉯ 구획법　　㉰ 교호삽법　　㉱ 원추4분법

정답 ㉰

★★★ ③ 원추 4분법
  ⓐ 분쇄한 대시료를 단단하고 깨끗한 평면위에 원추형으로 쌓아 올린다.
  ⓑ 앞의 원추를 장소를 바꾸어 다시 쌓는다.
★★ ⓒ 원추의 꼭지를 수직으로 눌러서 평평하게 만들고 이것을 부채꼴로 사등분한다.
  ⓓ 마주보는 두 부분을 취하고 반은 버린다.
  ⓔ 반으로 준 시료를 앞의 조작을 반복하여 적당한 크기까지 줄인다.

ⓐ   ⓑ   ⓒ   ⓓ   ⓔ

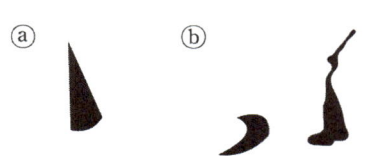 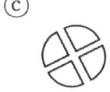  

[원추 4분법]

TIP
핵심내용 : 원추형, 부채꼴로 4등분

Question 16
3,000g의 시료에 대하여 원추 4분법을 5회 조작할 때 시료의 양(g)은 얼마인가?
㉮ 31.3g   ㉯ 62.5g   ㉰ 93.8g   ㉱ 124.2

풀이 분석용 시료량(g) = 전체 시료량(g) $\times \left(\dfrac{1}{2}\right)^n$ = $3000g \times \left(\dfrac{1}{2}\right)^5$ = 93.75g

Question 17
폐기물공정시험기준에 규정된 시료의 축소방법으로 틀린 것은?
㉮ 원추이분법   ㉯ 원추사분법   ㉰ 교호삽법   ㉱ 구획법

정답 ㉮

02 시료의 준비

1. 적용범위

★ (1) 함량 시험방법

지정폐기물 여부 판정을 위한 기름성분, 폴리클로리네이티드비페닐(PCBs) 및 정제유의 품질검사를 위한 실험에 적용한다. 또한 폐기물관리법에서 규정하고 있지 않으나, 폐기물 중에 함유된 오염물질의 농도를 측정하는 시료에 적용한다.

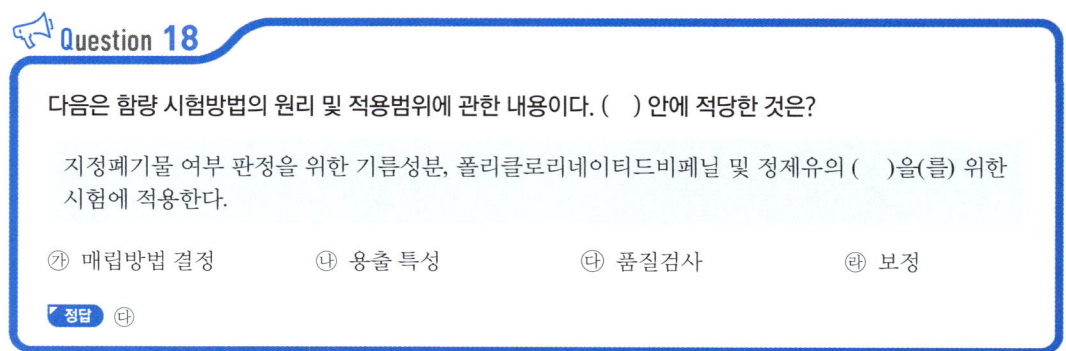

Question 18

다음은 함량 시험방법의 원리 및 적용범위에 관한 내용이다. ( ) 안에 적당한 것은?

지정폐기물 여부 판정을 위한 기름성분, 폴리클로리네이티드비페닐 및 정제유의 (   )을(를) 위한 시험에 적용한다.

㉮ 매립방법 결정   ㉯ 용출 특성   ㉰ 품질검사   ㉱ 보정

정답 ㉰

★ (2) 용출 시험방법

고상 또는 반고상 폐기물에 대하여 폐기물관리법에서 규정하고 있는 지정폐기물의 판정 및 지정폐기물의 중간처리방법 또는 매립방법을 결정하기 위한 실험에 적용한다.

(3) 산분해법

용출용액이나 액상폐기물에는 유기물 및 현탁물질 등이 함유되어 있어 혼탁 되었거나 색상을 띄고 있는 경우가 있을 뿐만 아니라 실험하고자 하는 목적성분들이 입자에 흡착되어 있거나 난분해성의 착화합물 또는 착이온 상태로 존재하는 경우가 있기 때문에 실험의 목적에 따라 적당한 방법으로 전처리를 한 다음 원자흡수분광광도법, 유도결합플라스마 – 원자발광분광법, 자외선/가시선 분광법에 사용한다.

2. 용어정의

(1) 산분해법

시료에 산을 첨가하고 가열하여 시료 중의 유기물 및 방해물질을 제거하는 방법이다. 이 과정에서 시료 중의 유기물 및 방해물질은 산에 의해 분해되고 이들과 착화합물을 형성하고 있던 중금속류는 이온 상태로 시료 중에 존재하게 된다.

(2) 마이크로파 산분해법

전반적인 처리 절차 및 원리는 산분해법과 같으나 마이크로파를 이용해서 시료를 가열하는 것이 다르다. 마이크로파를 이용하여 시료를 가열할 경우 고온·고압 하에서 조작할 수 있어 전처리 효율이 좋아진다.

3. 시험기기 및 기구

(1) 진탕기

★★ 상온, 상압에서 진탕회수가 매분 당 약 200회, 진폭이 4~5cm, 진탕 시간 6시간의 연속진탕이 가능한 왕복진탕기를 사용한다.

(2) 가열장치

가열맨틀 또는 가열판을 규격에 맞게 사용한다.

(3) 마이크로파 분해장치

산과 함께 시료를 용기에 넣어 마이크로파를 가하면 강산에 의해 시료가 산화되면서 빠른 진동과 충돌에 의하여 극성성분들은 시료내 다른 물질들과의 결합이 끊어져 이온상태로 수용액에 용해된다. 이 장치는 가열속도가 빠르고 재현성이 좋으며 폐유 등 유기물이 다량 함유된 시료의 전처리에 이용된다.

4. 분석절차

(1) 함량 시험방법

각 항목별 시험기준의 전처리에서 "액상 폐기물 시료 또는 용출용액 적당량"을 "폐기물시료 적당량"으로 하여 실험한다.

> **TIP**
>
> 주의사항
> 폐기물 시료가 고상이거나 반고상인 경우에는 6가크롬 실험을 적용할 수 없다.

(2) 용출 시험방법

★★★ ① 시료용액의 조제

시료의 조제방법에 따라 조제한 시료 100g 이상을 정확히 달아 정제수에 염산을 넣어 pH를 5.8~6.3으로 한 용매(mL)를 시료 : 용매 = 1 : 10(W : V)의 비로 2,000mL 삼각플라스크에 넣어 혼합한다.

Question 19

다음은 시료 용출시험방법에 관한 설명이다. ( ) 안에 알맞은 것은?

시료의 조제방법에 따라 조제한 시료 100g 이상을 정확히 달아 정제수에 염산을 넣어 pH를 (①)(으)로 한 용매(mL)를 시료 : 용매 = (②)(W/V)의 비로 2,000mL 삼각플라스크에 넣어 혼합한다.

㉮ ① 4.5~5.5 ② 1 : 5
㉯ ① 5.8~6.3 ② 1 : 5
㉰ ① 4.5~5.5 ② 1 : 10
㉱ ① 5.8~6.3 ② 1 : 10

정답 ㉱

② 용출조작

★★ ⓐ 시료용액의 조제가 끝난 혼합액을 상온, 상압에서 진탕회수가 매분 당 약 200회, 진폭이 4~5cm의 왕복진탕기(수평인 것)를 사용하여 6시간 동안 연속 진탕한다.

Question 20

다음은 폐기물 용출시험에 관한 내용이다. ( )안에 알맞은 것은?

시료용액 조제가 끝난 혼합액을 상온, 상압에서 진탕회수가 매분당 ( ), 진폭 ( )의 진탕기를 사용하여 ( ) 연속 진탕한 다음 여과하고 여과액을 적당량 취하여 용출시험용 시료용액으로 한다.

㉮ 약 200회, 4~5cm, 6시간
㉯ 약 200회, 4~5cm, 4시간
㉰ 약 300회, 5~6cm, 6시간
㉱ 약 300회, 5~6cm, 4시간

정답 ㉮

★ ⓑ 1.0μm의 유리섬유 여과지로 여과하고 여과액을 적당량 취하여 용출실험용 시료용액으로 한다.
★★★ ⓒ 여과가 어려운 경우에는 원심분리기를 사용하여 매분당 3,000회전 이상으로 20분 이상 원심분리한 다음 상징액을 적당량 취하여 용출실험용 시료용액으로 한다.

Question 21

다음 용출조작에 대한 내용 중 ( )안에 들어갈 적당한 것은?

여과가 어려운 경우에는 원심분리기를 사용하여 매분당 ( ) 이상으로 ( )이상 원심 분리한 다음 상징액을 적당량 취하여 용출시험용 검액으로 한다.

㉮ 2,000회전, 20분 ㉯ 2,000회전, 30분
㉰ 3,000회전, 20분 ㉱ 3,000회전, 30분

정답 ㉰

③ 실험결과의 보정

항목별 시험기준 중 각항의 규정에 따라 실험한 용출실험의 결과는 시료 중의 수분함량 보정을 위해 함수율 85% 이상인 시료에 한하여 ★★ $\dfrac{15}{100 - 시료의\ 함수율(\%)}$ 을 곱하여 계산된 값으로 한다.

Question 22

용출실험의 결과에서 시료 중의 수분함량을 보정하기 위해 곱하는 식으로 알맞은 것은? (단, 함수율 85% 이상인 시료에 한함)

㉮ $\dfrac{15}{100 - 시료의\ 함수율(\%)}$ ㉯ $\dfrac{100 - 시료의\ 함수율(\%)}{15}$

㉰ $\dfrac{시료의\ 함수율(\%) - 15}{100}$ ㉱ $\dfrac{100}{시료의\ 함수율(\%) - 15}$

정답 ㉮

Question 23

함수율이 90%인 슬러지를 용출 시험하여 납의 농도를 측정하니 0.02mg/L로 나타났다. 수분함량을 보정한 용출시험 결과치는?

㉮ 0.03mg/L　　㉯ 0.05mg/L　　㉰ 0.07mg/L　　㉱ 0.09mg/L

풀이
① 보정계수 $= \dfrac{15}{100-90\%} = 1.5$
② $0.02\text{mg/L} \times 1.5 = 0.03\text{mg/L}$

(3) 산분해법

① 질산 분해법(암기법 : 질낮은)
　유기물 함량이 낮은 시료에 적용

② 질산 – 염산 분해법(암기법 : 염산 인금으로)
　유기물 함량이 비교적 높지 않고 금속의 수산화물, 산화물, 인산염 및 황화물을 함유하고 있는 시료에 적용

 Question 24

유기물 함량이 비교적 높지 않고 금속의 수산화물, 산화물, 인산염 및 황화물을 함유한 시료에 적용하는 산분해법은?

㉮ 질산 분해법　　　　　　　　㉯ 질산 – 황산 분해법
㉰ 질산 – 염산 분해법　　　　　㉱ 질산 – 과염소산 분해법

정답 ㉰

③ 질산 – 황산 분해법(암기법 : 황 많은)
　ⓐ 유기물 등을 많이 함유하고 있는 대부분의 시료에 적용
　ⓑ 칼슘, 바륨, 납 등을 다량 함유한 시료는 난용성의 황산염을 생성하여 다른 금속성분을 흡착하므로 주의하여야 한다.

Question 25

시료의 산분해 전처리 방법 중 유기물 등이 많이 함유하고 있는 대부분의 시료에 적용하는 것으로 알맞은 것은?

㉮ 질산분해법 ㉯ 염산분해법
㉰ 질산-염산분해법 ㉱ 질산-황산분해법

정답 ㉱

④ 질산 – 과염소산 분해법(암기법 : 과산화가 어려운)

유기물을 높은 비율로 함유하고 있으면서 산화분해가 어려운 시료들에 적용

Question 26

유기물을 높은 비율로 함유하고 있으면서 산화분해가 어려운 시료에 적용되는 시료의 전처리 방법으로 가장 적당한 것은?

㉮ 질산-과염소산에 의한 유기물 분해
㉯ 질산-과염소산-불화수소산에 의한 유기물 분해
㉰ 회화에 의한 유기물 분해
㉱ 질산-염산에 의한 유기물 분해

정답 ㉮

주의사항

 ① 과염소산을 넣을 경우 진한질산이 공존하지 않으면 폭발할 위험이 있으므로 반드시 진한질산을 먼저 넣어주어야 하며, 어떠한 경우에도 유기물을 함유한 뜨거운 용액에 과염소산을 넣어서는 안된다.
② 납을 측정할 경우 시료 중에 황산이온(SO_4^{2-})이 다량 존재하면 불용성의 황산납이 생성되어 측정치에 손실을 가져온다. 이때에는 분해가 끝난 용액에 물 대신 아세트산암모늄 용액(5+6) 50mL를 넣고 가열하여 액이 끓기 시작하면 킬달플라스크를 회전시켜 내벽을 용액으로 충분히 씻어준 다음 약 5분 동안 가열을 계속하고 공기중에서 식혀 여과한다.

⑤ 질산 – 과염소산 – 불화수소산 분해법(암기법 : 과불이 절규한다)

점토질 또는 규산염이 높은 비율로 함유된 시료에 적용

⑥ 회화법

★★ ⓐ 목적성분이 400℃ 이상에서 휘산되지 않고 쉽게 회화될 수 있는 시료에 적용
ⓑ 시료 중에 염화암모늄, 염화마그네슘, 염화칼슘 등이 높은 비율로 함유된 경우에는 납, 철, 주석, 아연, 안티몬 등이 휘산되어 손실이 발생하므로 주의하여야 한다.

Question 27

시료 준비를 위한 회화법에 관한 기준으로 알맞은 것은?

㉮ 목적성분이 400℃ 이상에서 회화되지 않고 쉽게 휘산될 수 있는 시료에 적용
㉯ 목적성분이 400℃ 이상에서 휘산되지 않고 쉽게 회화될 수 있는 시료에 적용
㉰ 목적성분이 600℃ 이상에서 회화되지 않고 쉽게 휘산될 수 있는 시료에 적용
㉱ 목적성분이 600℃ 이상에서 휘산되지 않고 쉽게 회화될 수 있는 시료에 적용

정답 ㉯

CHAPTER 03 일반항목편

01 강열감량 및 유기물함량 – 중량법

★ 1. 목적

시료에 질산암모늄용액(25%)을 넣고 가열하여 (600±25)℃의 전기로 안에서 3시간 강열한 다음 데시케이터에서 식힌 후 질량을 측정하여 증발용기의 질량차이로부터 강열감량(%) 및 유기물함량(%)을 구한다.

> **Question 01**
>
> 중량법을 이용하여 강열감량 및 유기물함량을 측정할 때 시료를 전기로에서 강열하기 전에 시료에 넣어 가열하여 강열시키는 시약은?
> ㉮ 질산암모늄용액(5%)   ㉯ 질산암모늄용액(25%)
> ㉰ 과염소산용액(5%)   ㉱ 과염소산용액(25%)
>
> ㉯

(1) 적용범위

이 시험기준은 0.1%까지 측정한다.

(2) 간섭물질

① 눈에 보이는 이물질이 들어 있을 때에는 제거해야 한다.
② 용기 벽에 부착하거나 바닥에 가라앉는 물질이 있는 경우는 시료를 분취하는 과정에서 큰 오차를 발생할 수 있다.

2. 시료채취 및 관리

① 시료는 유리병에 채취하고 가능한 빨리 측정한다.

② 시료를 보관하여야 할 경우 미생물에 의해 분해를 방지하기 위해 0~4℃로 보관한다.

★★ ③ 시료는 24시간 이내에 증발처리를 하는 것이 원칙이며, 부득이한 경우에는 최대한 7일을 넘기지 말아야 한다. 시료를 분석하기 전에 상온이 되게 한다.

3. 분석절차

① 뚜껑을 덮은 증발접시를 미리 (600±25)℃에서 30분간 강열하고 데시케이터 안에서 식힌 후 사용하기 직전에 질량을 단다. (W_1)

② 수분을 제거한 시료 적당량(20g 이상)을 취하여 증발용기의 뚜껑을 덮고 질량을 정확히 단다. (W_2)

TIP

폐기물의 종류와 성상에 관계없이 수분이 첨가된 경우에 있어서는 수분 및 고형물의 시험기준에 따라 수분을 제거한 후 강열감량 실험을 한다.

★★ ③ 질산암모늄용액(25%)을 넣어 시료에 적시고 천천히 가열하여 (600±25)℃의 전기로 안에서 3시간 강열하고 데시케이터 안에 넣어 식힌 후 질량을 정확히 단다. (W_3)

Question 02

강열감량 및 유기물 함량(중량법) 측정에 관한 내용으로 틀린 것은?

㉮ 채취된 시료는 24시간 이내에 증발처리를 하여야 하나 최대한 7일을 넘기지 말아야 한다.

㉯ 뚜껑을 덮은 증발용기를 미리 600±25℃에서 2시간 강열하고 데시케이터 안에서 방냉한 다음 그 질량을 정확히 단다.

㉰ 용기 내의 시료에 25% 질산암모늄용액을 넣어 시료를 적시고 천천히 가열하여 강열시킨다.

㉱ 유기물 함량(%) = [휘발성 고형물(%)/고형물(%)]×100 (단, 휘발성 고형물(%) = 강열감량(%) − 수분(%))

풀이 ㉯ 뚜껑을 덮은 증발용기를 미리 600±25℃에서 3시간 강열하고 데시케이터 안에서 식힌 후 사용하기 직전에 무게를 단다.

4. 결과

★★ ①
$$강열감량(\%) \text{또는 유기물함량}(\%) = \frac{(W_2 - W_3)}{(W_2 - W_1)} \times 100$$

★★ ②
$$유기물함량(\%) = \frac{휘발성\ 고형물(\%)}{고형물(\%)} \times 100$$

여기서, 휘발성고형물(%) = 강열감량(%) − 수분(%)
W_1 : 뚜껑을 포함한 증발용기의 질량
W_2 : 강열 전의 뚜껑을 포함한 증발용기와 시료의 질량
W_3 : 강열 후의 뚜껑을 포함한 증발용기와 시료의 질량

TIP
① 강열 : 항량(건조 또는 가열을 반복하여 중량이 일정하게 변화하지 않게 되었을 때의 중량)이 얻어지는 온도로 물질을 강하게 가열하는 것
② 강열감량 : 분석시료를 가열하였을 때의 질량의 감소분

Question 03

폐기물의 강열감량(%)과 유기물함량(%)을 구하고자 측정한 결과, 뚜껑을 포함한 증발용기 질량 : 50.43g, 강열 전의 뚜껑을 포함한 증발용기 + 시료질량 : 74.59g, 강열 후의 뚜껑을 포함한 증발용기 + 시료질량 : 55.23g이었다면 강열감량(%)과 유기물함량(%)은 얼마인가? (단, 수분 20%, 고형물 80%)

㉮ 강열감량 : 약 25%, 유기물함량 : 약 75%
㉯ 강열감량 : 약 25%, 유기물함량 : 약 94%
㉰ 강열감량 : 약 80%, 유기물함량 : 약 75%
㉱ 강열감량 : 약 80%, 유기물함량 : 약 94%

풀이

① 강열감량(%) $= \left(\frac{W_2 - W_3}{W_2 - W_1}\right) \times 100$

여기서, W_1 : 뚜껑을 포함한 증발용기 질량(g)
W_2 : 강열 전 뚜껑을 포함한 증발용기+시료 질량(g)
W_3 : 강열 후 뚜껑을 포함한 증발용기+시료 질량(g)

따라서 강열감량(%) $= \left(\frac{74.59g - 55.23g}{74.59g - 50.43g}\right) \times 100 = 80.13\%$

② 유기물 함량(%) $= \frac{휘발성\ 고형물(\%)}{고형물(\%)} \times 100$

휘발성 고형물(%) = 강열감량(%) − 수분(%) = 80.13% − 20% = 60.13%

따라서 유기물 함량(%) $= \frac{60.13\%}{80\%} \times 100 = 75.16\%$

02 기름성분 – 중량법

1. 목적
시료를 노말헥산으로 추출하고 잔류물의 질량으로부터 구하는 방법이다.

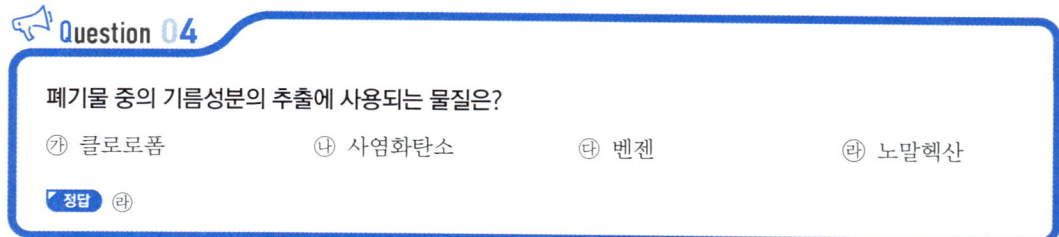

Question 04

폐기물 중의 기름성분의 추출에 사용되는 물질은?

㉮ 클로로폼 ㉯ 사염화탄소 ㉰ 벤젠 ㉱ 노말헥산

정답 ㉱

2. 적용범위

★★ ① 폐기물중의 비교적 휘발되지 않는 탄화수소, 탄화수소유도체, 그리스유상물질 중 노말헥산에 용해되는 성분에 적용
★★ ② 정량한계는 0.1% 이하

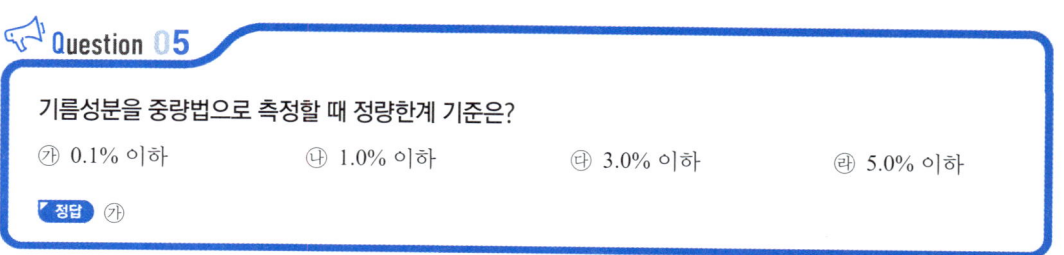

Question 05

기름성분을 중량법으로 측정할 때 정량한계 기준은?

㉮ 0.1% 이하 ㉯ 1.0% 이하 ㉰ 3.0% 이하 ㉱ 5.0% 이하

정답 ㉮

3. 간섭물질

① 눈에 보이는 이물질이 들어 있을 때에는 제거해야 한다.
② 용기 벽에 부착하거나 바닥에 가라앉는 물질이 있는 경우는 시료를 분취하는 과정에서 큰 오차를 발생할 수 있다.

★ 4. 분석기기 및 기구

① 전기열판 또는 전기멘틀 : 80℃ 온도조절이 가능한 것을 사용한다.
② 증발접시 : 알루미늄박으로 만든 접시, 비커 또는 증류플라스크로써 부피는 50~250mL인 것을 사용한다.
③  ㅏ자형 연결관 및 리비히 냉각관 : 증류플라스크를 사용할 경우 사용한다.

5. 시료채취 및 관리

① 시료는 유리병에 채취하고 가능한 빨리 측정한다.
② 시료를 보관하여야 할 경우 미생물에 의해 분해를 방지하기 위해 0~4℃로 보관한다.
★★ ③ 시료는 24시간 이내에 증발처리를 하여야 하나 최대한 7일을 넘기지 말아야 한다. 시료를 분석하기 전에 상온이 되게 한다.

Question 06

중량법으로 기름성분을 측정할 때 시료채취 및 관리에 관한 내용으로 알맞은 것은?

㉮ 시료는 6시간 이내 증발처리를 하여야 하나 최대한 24시간을 넘기지 말아야 한다.
㉯ 시료는 8시간 이내 증발처리를 하여야 하나 최대한 24시간을 넘기지 말아야 한다.
㉰ 시료는 12시간 이내 증발처리를 하여야 하나 최대한 7일을 넘기지 말아야 한다.
㉱ 시료는 24시간 이내 증발처리를 하여야 하나 최대한 7일을 넘기지 말아야 한다.

정답 ㉱

★★★ 6. 분석절차

① 시료 적당량을 분별깔때기에 넣고 메틸오렌지용액(0.1%)을 2~3방울 넣고 황색이 적색으로 변할 때까지 염산(1+1)을 넣어 pH 4 이하로 조절한다. 단, 반고상 또는 고상폐기물인 경우에는 폐기물의 양에 약 2.5배에 해당하는 물을 넣어 잘 혼합한 다음 pH 4이하로 조절하여 상등액으로 한다.

Question 07

기름성분을 측정하기 위한 노말헥산 추출시험방법에서 pH를 4이하로 조절하는 시약으로 가장 옳은 것은?
(단, 노말헥산 추출물질의 함량은 적절함)

㉮ 염산(1+1)   ㉯ 질산(1+1)   ㉰ 염산(1+4)   ㉱ 질산(1+4)

정답 ㉮

TIP

주의사항

노말헥산 추출물질의 함량이 5mg/L 이하로 낮은 경우에는 5L부피 시료병에 시료 4L를 채취하여 염화철(III)용액 4mL를 넣고 자석교반기로 교반하면서 탄산나트륨용액(20W/V%)을 넣어 pH 7~9로 조절한다. 5분간 세게 교반한 다음 방치하여 침전물이 전체액량의 약 1/10이 되도록 침강하면 상층액을 조심하여 흡인하여 버린다. 잔류 침전 층에 염산(1+1)으로 pH를 약 1로 하여 침전을 녹이고 이 용액을 분별깔때기에 옮긴다.

★★ ② 삼각플라스크는 노말헥산 20mL씩으로 2회 씻어서 씻은 액을 분별깔때기에 합하고 마개를 하여 5분간 세게 흔들어 섞고 정치하여 노말헥산층을 분리한다.

TIP

주의사항

추출시 에멀젼을 형성하여 액층이 분리되지 않거나 노말헥산층이 탁할 경우에는 분별깔때기 안의 수층을 원래의 시료용기에 옮긴다. 이후 에멀젼층이 분리되거나 노말헥산층이 맑아질 때까지 에멀젼층 또는 헥산층에 적당량의 염화나트륨 또는 황산암모늄을 넣어 환류냉각관(약 300mm)을 부착하고 80℃ 물중탕에서 약 10분간 가열 분해한 다음 시험기준에 따라 시험한다.

Question 08

중량법에 의한 기름성분 분석방법에 대한 내용으로 틀린 것은?

㉮ 시료를 노말헥산으로 추출한다.
㉯ 이 시험기준의 정량한계는 0.1% 이하로 한다.
㉰ 폐기물중의 휘발성이 높은 탄화수소, 탄화수소유도체, 그리스유상물질 중 노말헥산에 용해되는 성분에 적용한다.
㉱ 눈에 보이는 이물질이 들어 있을 때에는 제거해야 한다.

풀이 ㉰ 폐기물중의 비교적 휘발되지 않는 탄화수소, 탄화수소유도체, 그리스유상물질 중 노말헥산에 용해되는 성분에 적용한다.

7. 결과

$$\text{노말헥산 추출물질(\%)} = \frac{(a-b)}{V} \times 100$$

여기서, a : 실험전후의 증발접시의 질량 차(g)
b : 바탕시험 전후의 증발접시의 질량 차(g)
V : 시료의 양(g)

03 수분 및 고형물 - 중량법

1. 목적

시료를 105~110℃에서 4시간 건조하고 데시케이터에서 식힌 후 무게를 달아 증발접시의 무게차로부터 수분 및 고형물의 양(%)을 구한다.

> **Question 09**
>
> 폐기물에 함유되어 있는 수분을 측정하고자 한다. 증발접시에 시료를 넣고 물중탕 후 건조시킬 때 건조기 안에서 건조시간 및 건조온도로 가장 적당한 것은?
>
> ㉮ 2시간, 105 ~ 110℃ ㉯ 2시간, 115 ~ 120℃
> ㉰ 4시간, 105 ~ 110℃ ㉱ 4시간, 115 ~ 120℃
>
> ㉰

2. 적용범위

이 시험기준은 0.1%까지 측정한다.

3. 간섭물질

① 눈에 보이는 이물질이 들어 있을 때에는 제거해야한다.
② 용기 벽에 부착하거나 바닥에 가라앉는 물질이 있는 경우는 시료를 분취하는 과정에서 큰 오차를 발생할 수 있다.

4. 시료채취 및 보관

① 시료는 수분이 일정하게 유지될 수 있는 용기에 채취한다.
② 폐기물 중 수분은 24시간 이내에 증발처리 하여야 한다.
★★ ③ 시료를 보관하여야 할 경우 기밀용기에 넣어 0~4℃의 냉·암소에 보관하고, 보관된 시료는 7일 이내에 측정하여야 한다.

📢 Question 10

수분 및 고형물(중량법) 측정시 시료채취 및 관리에 관한 내용으로 틀린 것은?

㉮ 시료는 유리병에 채취하여 가능한 빨리 측정한다.
㉯ 시료를 보관하여야 할 경우 미생물에 의한 분해를 방지하기 위해 pH 2 이하로 하여 냉암소에 보관한다.
㉰ 시료는 24시간 이내에 증발처리를 하여야 하나 최대한 7일을 넘기지 말아야 한다.
㉱ 시료를 분석하기 전에 상온이 되게 한다.

풀이 ㉯ 시료를 보관하여야 할 경우 미생물에 의해 분해를 방지하기 위해 0~4℃로 보관한다.

5. 분석절차

① 평량병 또는 증발접시를 미리 105~110℃에서 1시간 건조시킨 다음 데시케이터 안에서 식힌 후 사용하기 직전에 무게를 단다.
② 시료 적당량(5g 이상)을 취하여 평량병 또는 증발접시와 시료의 무게를 정확히 단다.
③ 물중탕에서 수분의 대부분을 날려 보내고 105~110℃의 건조기 안에서 4시간 완전 건조시킨 다음 실리카겔이 담겨있는 데시케이터 안에 넣어 식힌 후 무게를 정확히 단다.

6. 결과

★★ ①
$$수분(\%) = \frac{(W_2 - W_3)}{(W_2 - W_1)} \times 100$$

★★ ②
$$고형물(\%) = \frac{(W_3 - W_1)}{(W_2 - W_1)} \times 100$$

여기서, W_1 : 평량병 또는 증발접시의 무게
W_2 : 건조 전의 평량병 또는 증발접시와 시료의 무게
W_3 : 건조 후의 평량병 또는 증발접시와 시료의 무게

Question 11

시료 중 수분함량 및 고형물함량을 정량하고자 실험한 결과가 다음과 같다면 고형물함량은? (단, 증발접시의 무게(W_1) = 245g, 건조 전의 증발접시와 시료의 무게(W_2) = 260g, 건조 후의 증발접시와 시료의 무게(W_3) = 250g이었다.)

㉮ 약 21% ㉯ 약 24% ㉰ 약 28% ㉱ 약 33%

정답
① 수분의 함량(%) $= \left(\dfrac{W_2 - W_3}{W_2 - W_1}\right) \times 100 = \left(\dfrac{260g - 250g}{260g - 245g}\right) \times 100 = 66.67\%$
② 고형물 함량(%) $= 100 - $ 수분의 함량(%) $= 100 - 66.67\% = 33.33\%$

04 수소이온농도 - 유리전극법

1. 목적

액상 폐기물과 고상 폐기물의 pH를 유리전극과 기준전극으로 구성된 pH 측정기를 사용하여 측정한다.

★★ 2. 적용범위

이 시험기준으로 pH를 0.01까지 측정한다.

Question 12

유리전극법을 이용하여 수소이온농도를 측정할 때 적용범위 기준으로 알맞은 것은?

㉮ pH를 0.01까지 측정한다. ㉯ pH를 0.05까지 측정한다.
㉰ pH를 0.1까지 측정한다. ㉱ pH를 0.5까지 측정한다.

정답 ㉮

★★ 3. 간섭물질

★★★ ① 유리전극은 일반적으로 용액의 색도, 탁도, 콜로이드성 물질들, 산화 및 환원성 물질들 그리고 염도에 의해 간섭을 받지 않는다.
② pH 10 이상에서 나트륨에 의해 오차가 발생할 수 있는데 이는 "낮은 나트륨 오차 전극"을 사용하여 줄일 수 있다.
③ 기름층이나 작은 입자상이 전극을 피복하여 pH 측정을 방해할 수 있는데 이 피복물을 부드럽게 문질러 닦아내거나 세척제로 닦아낸 후 정제수로 세척하고 부드러운 천으로 수분을 제거하여 사용한다. 염산(1+9)용액을 사용하여 피복물을 제거할 수 있다.
★★ ④ pH는 온도변화에 따라 영향을 받는다.

Question 13

유리전극법에 의한 수소이온농도 측정시 간섭물질에 대한 설명으로 틀린 것은?

㉮ pH 10 이상에서 나트륨에 의해 오차가 발생할 수 있는데 이는 "낮은 나트륨 오차 전극"을 사용하여 줄일 수 있다.
㉯ 유리전극은 일반적으로 용액의 색도, 탁도, 콜로이드성 물질들, 산화 및 환원성 물질들, 그리고 염도에 의해 간섭을 많이 받는다.
㉰ 기름층이나 작은 입자상이 전극을 피복하여 pH 측정을 방해할 경우에는 피복물을 부드럽게 문질러 닦아내거나 세척제로 닦아낸 후 정제수로 세척하고 부드러운 천으로 수분을 제거하여 사용한다.
㉱ 피복물을 제거할 때는 염산(1+9) 용액을 사용할 수 있다.

풀이 ㉯ 유리전극은 일반적으로 용액의 색도, 탁도, 콜로이드성 물질들, 산화 및 환원성 물질들 그리고 염도에 의해 간섭을 받지 않는다.

4. 용어정의

① pH : pH는 보통 유리전극과 비교전극으로 된 pH 측정기를 사용하여 측정하는데 양전극 간에 생성되는 <u>기전력의 차를 이용</u>하여 다음과 같은 식으로 정의된다.

★★

$$pH_X = pH_S \pm \frac{F(E_X - E_S)}{2.303RT}$$

여기서, pH_X : 시료의 pH 측정값
pH_S : 표준용액의 pH (-log [H+])
E_X : 시료에서의 유리전극과 비교전극간의 전위차(mV)
E_S : 표준용액에서의 유리전극과 비교전극간의 전위차(mV)
F : 패러데이(Faraday) 상수(9.649×10^{4}C/mol)
R : 기체상수 {8.314J/(K·mol)}
T : 절대온도(K)

Question 14

수소이온농도(pH)는 보통 유리전극과 비교전극으로 된 pH 측정기로 측정하는데 양전극간에 생성되는 기전력차를 이용하여 다음과 같은 식으로 정의된다. 이 식의 기호에 관한 설명으로 틀린 것은?

$$pH_X = pH_S = \frac{F(E_X - E_S)}{2.303RT}$$

㉮ R : 기체상수
㉯ F : 페러데이 상수
㉰ pH_S : 표준용액의 pH
㉱ E_X : 시료전위의 상용대수

풀이 ㉱ E_X : 시료에서의 유리전극과 비교전극간의 전위차

② 기준전극 : 은-염화은의 칼로멜 전극 등으로 구성된 전극으로 pH측정기에서 측정 전위 값의 기준이 된다.
③ 유리전극(작용전극) : pH 측정기에 유리전극으로서 수소이온의 농도가 감지되는 전극이다.

5. 분석기기 및 기구

(1) pH 측정기

① pH 측정기의 구조 : pH 측정기는 보통 유리전극 및 기준전극으로 된 검출부와 검출된 pH를 지시하는 지시부로 되어 있다. 지시부에는 비대칭 전위조절(영점조절) 기능 및 온도보정 기능이 있다. 온도보정 기능이 없는 경우는 온도보정용 감온부가 있다.
② 기준전극 : 은-염화은의 칼로멜 전극 등이 사용될 수 있다. 기준전극과 작용전극이 결합된 전극이 측정하기에 편리하다.
③ 자석 교반기 또는 테플론으로 피복된 자석 바를 사용한다.

★★ 6. 표준용액

① 조제한 pH 표준용액은 경질유리병 또는 폴리에틸렌병에 보관
★★ ② 산성표준용액은 3개월
★★ ③ 염기성 표준용액은 산화칼슘(생석회) 흡수관을 부착하여 1개월 이내에 사용
④ 현재 국내외에 상품화되어 있는 표준용액을 사용할 수 있다.

Question 15

pH 표준용액 조제에 대한 내용으로 틀린 것은?

㉮ 조제한 pH 표준용액은 경질유리병 또는 폴리에틸렌병에 보관한다.
㉯ 염기성 표준용액은 산화칼슘 흡수관을 부착하여 1개월 이내에 사용한다.
㉰ 현재 국내외에 상품화되어 있는 표준용액을 사용할 수 있다.
㉱ pH 표준용액용 정제수는 묽은 염산을 주입한 후 증류하여 사용한다.

정답 ㉱

7. 정도보증/정도관리(QA/QC)

★★★ ① 정밀도 : 임의의 한 종류의 pH 표준용액에 대하여 검출부를 정제수로 잘 씻은 다음 5회 되풀이하여 pH를 측정했을 때 그 재현성이 ±0.05 이내이어야 한다.

TIP

핵심내용 : 5회, ±0.05이므로 숫자 5에 집중!!

★★ ② 내부정도관리 주기 및 목표 : 시료를 측정하기 전에 표준용액 2개 이상으로 보정한다.

Question 16

pH를 유리 전극법으로 측정할 때 임의의 한 종류의 pH 표준용액에 대하여 검출부를 정제수로 잘 씻은 다음 5회 반복 측정한 값의 재현성 범위로 알맞은 것은?

㉮ ±0.01 이내 ㉯ ±0.05 이내 ㉰ ±0.1 이내 ㉱ ±0.5 이내

정답 ㉯

★★ 8. 분석절차(반고상 또는 고상 폐기물)

시료 10g을 50mL 비커에 취한다음 정제수 25mL를 넣어 잘 교반하여 30분 이상 방치한 후 이 현탁액을 시료용액으로 하거나 원심분리한 후 상층액을 시료용액으로 사용한다.

Question 17

다음은 고상 폐기물의 pH(유리전극법)를 측정하기 위한 실험절차이다. ( ) 안에 알맞은 것은?

고상폐기물 10g을 50mL 비커에 취한 다음 정제수 25mL를 넣어 잘 교반하여 ( ) 이상 방치한 후 이 현탁액을 시료용액으로 하거나 원심분리한 후 상층액을 시료용액으로 사용한다.

㉮ 10분 ㉯ 30분 ㉰ 1시간 ㉱ 2시간

정답 ㉯

9. 결과

pH 측정기의 값을 0.01 단위까지 직접 읽고 온도를 함께 측정한다.

 [온도별 표준액의 pH 값]

온도(℃)	수산염표준액	프탈산염표준액	인산염표준액	붕산염표준액	탄산염표준액	수산화칼슘표준액
0	1.67	4.01	6.98	9.46	10.32	13.43
5	1.67	4.01	6.95	9.39	10.25	13.21
10	1.67	4.00	6.92	9.33	10.18	13.00
15	1.67	4.00	6.90	9.27	10.12	12.81
20	1.68	4.00	6.88	9.22	10.07	12.63
25	1.68	4.01	6.86	9.18	10.02	12.45
30	1.69	4.01	6.85	9.14	9.97	12.30
35	1.69	4.02	6.84	9.10	9.93	12.14
40	1.70	4.03	6.84	9.07	–	11.99
50	1.71	4.06	6.83	9.01	–	11.70
60	1.73	4.10	6.84	8.96	–	11.45

(암기법) 수프인 7부옷에 탄숨
(해설) 수 : 수산염, 프 : 프탈산염, 인 : 인산염, 7 : pH 7은 인산염, 부 : 붕산염
       탄 : 탄산염, 숨 : 수산화칼슘

Question 18

수소이온농도를 측정할 때 사용하는 표준액 중 pH 값이 가장 낮은 것은? (단, 0℃ 기준)

㉮ 붕산염 표준액 ㉯ 인산염 표준액 ㉰ 프탈산염 표준액 ㉱ 수산염 표준액

정답 ㉱

Question 19

pH값 크기순으로 pH 표준액을 알맞게 나타낸 것은? (단, 20℃ 기준)

㉮ 수산염표준액 < 프탈산염표준액 < 붕산염표준액 < 수산화칼슘표준액
㉯ 프탈산염표준액 < 인산염표준액 < 탄산염표준액 < 수산염표준액
㉰ 탄산염표준액 < 붕산염표준액 < 수산화칼슘표준액 < 수산염표준액
㉱ 인산염표준액 < 수산염표준액 < 붕산염표준액 < 탄산염 표준액

정답 ㉮

05 석면

1. 석면 – 편광현미경법

(1) 목적

편광현미경과 입체현미경을 이용하여 고체시료 중 석면의 특성을 관찰하여 정성과 정량분석을 하기 위한 것이다.

★★ (2) 적용범위

고형폐기물을 포함한 건축자재의 분석에 사용되며 유기 및 무기성분의 조합으로 된 모든 석면함유 물질에서 석면 유무를 판단할 수 있다. 편광현미경으로 판단할 수 있는 <u>석면의 정량범위는 1~100%</u>이다.

Question 20

편광현미경법으로 석면을 측정할 때 석면의 정량범위는?

㉮ 1~25%　　㉯ 1~50%　　㉰ 1~80%　　㉱ 1~100%

정답 ㉱

(3) 간섭물질

고형 시료의 유기물과 무기물은 석면섬유와 뒤섞이거나 석면섬유를 감싸고 있어 석면고유

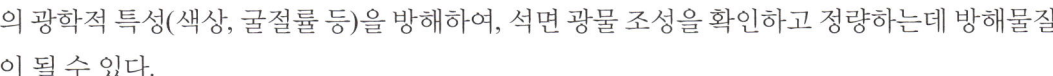

의 광학적 특성(색상, 굴절률 등)을 방해하여, 석면 광물 조성을 확인하고 정량하는데 방해물질이 될 수 있다.

★★ (4) 시료의 양

시료의 양은 1회에 최소한 면적단위로는 1cm², 부피단위로는 1cm³, 무게단위로는 2g 이상 채취한다.

★★★ (5) 석면의 모양과 굴절특성

석면의 종류	★★★ 형태와 색상	굴절률(근사값)		복 굴절률
		신장률(상한)	신장률(하한)	
★★ 백석면 (Chrysotile)	- 꼬인 물결 모양의 섬유 - 다발의 끝은 분산 - 가열되면 무색~밝은 갈색 - 다색성 - 종횡비는 전형적으로 10 : 1 이상	1.54	1.55	0.002 ~0.014
★★ 갈석면 (Amosite)	- 곧은 섬유와 섬유 다발 - 다발 끝은 빗자루 같거나 분산된 모양 - 가열하면 무색~갈색 - 약한 다색성 - 종횡비는 전형적으로 10 : 1 이상	1.67	1.70	0.02 ~0.03
★★ 청석면 (Crocidolite)	- 곧은 섬유와 섬유 다발 - 긴 섬유는 만곡 - 다발 끝은 분산된 모양 - 특징적인 청색과 다색성 - 종횡비는 전형적으로 10 : 1 이상	1.71	1.70	0.014 ~0.016
직섬석 (Anthophyllite)	- 곧은 섬유와 섬유 다발 - 절단된 파편 존재 - 무색~밝은 갈색 - 비다색성 내지 약한 다색성 - 종횡비는 일반적으로 10 : 1 이하	1.61	1.63	0.019 ~0.024
투섬석 (Tremolite)	- 곧고 흰 섬유 - 절단된 파편이 일반적이며 큰 섬유 다발 끝은 분산된 모양 - 무색 - 종횡비는 일반적으로 10 : 1 이하	1.60 ~1.62	1.62 ~1.64	0.02 ~0.03
녹섬석 (Actinolite)	- 곧고 흰 섬유 - 절단된 파편이 일반적이며 큰 섬유 다발 끝은 분산된 모양 - 녹색~약한 다색성 - 종횡비는 일반적으로 10 : 1 이하	1.62 ~1.67	1.64 ~1.68	

Question 21

석면의 종류 중 백석면의 형태와 색상에 대한 설명으로 틀린 것은?

㉮ 곧은 물결 모양의 섬유
㉯ 다발의 끝은 분산
㉰ 다색성
㉱ 가열되면 무색~밝은 갈색

풀이 ㉮ 꼬인 물결 모양의 섬유

Question 22

청석면의 형태와 색상으로 틀린 것은? (단, 편광현미경법 기준)

㉮ 꼬인 물결 모양의 섬유
㉯ 다발 끝은 분산된 모양
㉰ 긴 섬유는 만곡
㉱ 특징적인 청색과 다색성

풀이 ㉮ 곧은 섬유와 섬유다발

2. 석면 - X선 회절기법

(1) 목적

X선 회절기를 이용하여 시료 중 석면의 특정한 회절 피크의 특성을 관찰하여 정성 및 정량분석을 하기 위한 것이다.

★★ (2) 적용범위

고형폐기물을 포함한 건축자재의 분석에 사용되며 유기, 무기성분의 조합으로 된 모든 석면 함유 물질에서 석면 유무를 판단할 수 있다. X선 회절기로 판단할 수 있는 석면의 <u>정량범위는 0.1~100.0wt%</u>이다.

Question 23

X선 회절기법으로 석면을 측정할 때 정량범위는?

㉮ X선 회절기로 판단할 수 있는 석면의 정량범위는 0~100.0wt%이다.
㉯ X선 회절기로 판단할 수 있는 석면의 정량범위는 0.1~100.0wt%이다.
㉰ X선 회절기로 판단할 수 있는 석면의 정량범위는 1~100.0wt%이다.
㉱ X선 회절기로 판단할 수 있는 석면의 정량범위는 10~100.0wt%이다.

정답 ㉯

(3) 간섭물질

간섭물질로는 클로라이트, 세피오라이트, 석고, 섬유소, 탄산염, 탄산칼슘($CaCO_3$), 활석 등이 있어, 회화, 염산, 용매 처리방법을 선택하여 간섭물질을 제거한다. 또한 안티고라이트, 리자다이트는 백석면, 할로이사이트, 카올리나이트는 갈석면과 동일한 X선 회절피크를 가지고 있는 물질이므로 확인이 필요하다.

(4) 발생원에 따른 시료의 채취방법

① 건축 또는 시설물에서 직접 채취하는 하는 경우 : 대상 건물 또는 시설 단위별로 재질의 용도와 형태별로 구분하여 한번에 일정량씩을 채취한다.
② 건축 또는 시설물의 재질이 혼합되어 있는 경우 : 폐기물 처리를 위해 적재되어 있는 곳이나 운반 단위별로 석면 함유가 의심되는 재질을 선택하여 한 번에 일정량씩을 채취한다.
③ 제조 또는 가공 공정에서의 경우 : 제조 또는 공정단위별로 발생 폐기물을 채취한다.
★★④ 석면함유 의심 폐제품의 경우
  ⓐ 소형크기 : 제품별로 채취하고 채취자가 시료량이 부족하다고 판단하는 경우에는 가능한 경우 2개 이상을 채취한다.
  ⓑ 대형크기 : 제품별로 채취하되 시료의 무게나 형태로 인해 운반의 어려움 등이 있어 제품별로 채취하기가 곤란할 경우에는 석면 함유가 의심되는 재질을 별도로 분리하여 채취한다.
⑤ 매립 또는 폐기된 폐기물의 경우 : 발생단위별로 석면 함유가 의심되는 재질들을 선별하여 한 번에 일정량씩을 채취한다.

★★ (5) 시료의 양

시료의 양은 1회에 최소한 면적단위로는 $1cm^2$, 부피단위로는 $1cm^3$, 무게단위로는 2g 이상 채취한다.

(6) 시료의 보관

① 채취시료는 수분 등의 영향으로 재질의 변화가 일어나지 않도록 고온 다습한 곳을 피하고 상온에서 보관한다.
② 채취시료는 공기 중으로 비산되지 않도록 밀폐용기 또는 헤파(HEPA) 필터가 설치된 후드 안에서 보관한다.
③ 시료는 가급적 지정된 장소에 보관한다.

Question 24

석면(X선 회절기법) 측정에 대한 설명으로 틀린 것은?

㉮ X선 회절기로 판단할 수 있는 석면의 정량범위는 0.1~100.0wt%이다.
㉯ 고형폐기물을 포함한 건축자재의 분석에 사용되며 유기, 무기성분의 조합으로 된 모든 석면함유 물질에서 석면유무를 판단할 수 있다.
㉰ 시료의 양은 1회에 최소한 면적단위로는 1cm², 부피단위로는 1cm³, 무게단위로는 1g 이상 채취한다.
㉱ 소형크기의 석면함유 의심 폐제품의 경우, 시료는 제품별로 채취하고 채취자가 시료량이 부족하다고 판단하는 경우에는 가능한 경우 2개 이상을 채취한다.

풀이 ㉰ 시료의 양은 1회에 최소한 면적단위로는 1cm², 부피단위로는 1cm³, 무게단위로는 2g 이상 채취한다.

06 시안

시안의 측정방법	정량한계
자외선/가시선분광법	0.01mg/L
이온전극법	0.5mg/L
연속흐름법	0.01mg/L

Question 25

다음 중 시안의 측정방법으로 틀린 것은?

㉮ 자외선/가시선분광법
㉯ 이온전극법
㉰ 이온크로마토그래피법
㉱ 연속흐름법

정답 ㉰

Question 26

시안을 자외선/가시선분광법으로 측정할 때 정량한계는?

㉮ 0.1mg/L ㉯ 0.01mg/L ㉰ 0.5mg/L ㉱ 0.05mg/L

정답 ㉯

1. 시안 - 자외선/가시선 분광법

(1) 목적

시료를 pH 2 이하의 산성으로 조절한 후에 에틸렌다이아민테트라아세트산이나트륨을 넣고 가열 증류하여 시안화합물을 시안화수소로 유출시켜 수산화나트륨용액에 포집한 다음 중화하고 클로라민 – T와 피리딘 · 피라졸론 혼합액을 넣어 나타나는 청색을 620nm에서 측정하는 방법이다.

> **Question 27**
>
> 다음은 시안의 자외선/가시선 분광법에 관한 내용이다. ( ) 안에 알맞은 것은?
>
> 클로라민 T와 피리딘 · 피라졸론 혼합액을 넣어 나타나는 (   )에서 측정한다.
>
> ㉮ 자색을 460nm   ㉯ 황갈색을 560nm   ㉰ 적색을 520nm   ㉱ 청색을 620nm
>
> **정답** ㉱

(2) 적용범위

① 이 시험기준으로는 각 시안화합물의 종류를 구분하여 정량할 수 없다.
② 폐기물 중에 시안의 정량한계는 0.01mg/L이다.
③ 이 시험기준은 폐기물 중에 시안화물 및 시안착화합물의 분석에 적용한다.

(3) 간섭물질

① 시안화합물을 측정할 때 방해물질들은 증류하면 대부분 제거된다. 그러나 다량의 지방성분, 잔류염소, 황화합물은 시안화합물을 분석할 때 간섭할 수 있다.
② 다량의 지방성분을 함유한 시료는 아세트산 또는 수산화나트륨 용액으로 pH 6~7로 조절한 후 시료의 약 2%에 해당하는 부피의 노말헥산 또는 클로로폼을 넣어 추출하여 유기층은 버리고 수층을 분리하여 사용한다.
③ 황화합물이 함유된 시료는 아세트산아연용액(10W/V%) 2mL를 넣어 제거한다. 이용액 1mL는 황화물이온 약 14mg에 해당된다.

Question 28

시안을 자외선/가시선 분광법으로 정량할 때 황화합물을 제거하기 위해 시료에 넣는 시약은?

㉮ 과산화수소수용액 ㉯ 아스코빈산용액
㉰ 아세트산아연용액 ㉱ 아비산나트륨용액

정답 ㉰

★★④ 잔류염소가 함유된 시료는 잔류염소 20mg당 L – 아스코빈산(10W/V%) 0.6mL 또는 이산화비소산나트륨용액(10W/V%) 0.7mL를 넣어 제거한다.

Question 29

자외선/가시선 분광법에 의한 시안 측정시 사용시약 중 잔류염소를 제거하기 위한 시약은?

㉮ 질산(1+4) ㉯ 클로라민T
㉰ L-아스코빈산 ㉱ 아세트산아연 용액

정답 ㉰

(4) 분석기기 및 기구

★★ ① 자외선/가시선 분광광도계
  ★★ ⓐ 장치순서 : 광원부 → 파장선택부 → 시료부 → 측광부
  ⓑ 빛 경로길이가 1cm이상 되며, 620nm의 파장에서 흡광도의 측정이 가능하여야 한다.

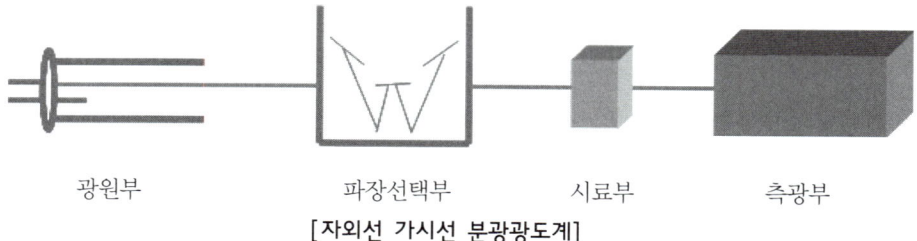

[자외선 가시선 분광광도계]

② 시안증류장치

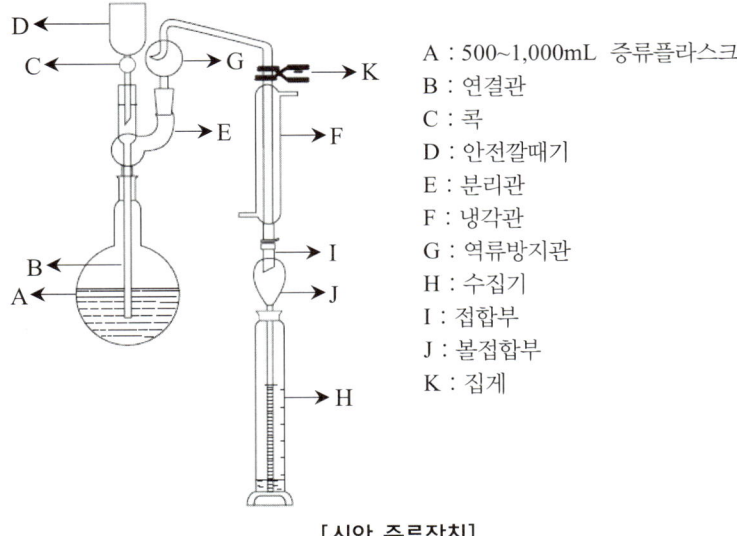

A : 500~1,000mL 증류플라스크
B : 연결관
C : 콕
D : 안전깔때기
E : 분리관
F : 냉각관
G : 역류방지관
H : 수집기
I : 접합부
J : 볼접합부
K : 집게

[시안 증류장치]

(5) 시료채취 및 관리

① 시료는 미리 세척한 유리 또는 폴리에틸렌용기에 채취한다.

★★② 고상폐기물 시료는 채취 후 6℃ 이하의 암소에서 보관하여야 하고, 14일 이내에 용출하여야 한다. 액상폐기물 시료 및 고상폐기물 용출용액의 분석은 24시간 이내에 분석하는 것을 권장하며, 보관이 필요한 경우 6℃ 이하의 암소에서 수산화나트륨용액을 가하여 pH 12 이상으로 조절하고, 14일 이내에 분석하여야 한다.

2. 시안 - 이온전극법

★★★ (1) 목적

액상 폐기물과 고상 폐기물을 ★★pH 12~13의 알칼리성으로 조절한 후 시안 이온전극과 비교전극을 사용하여 전위를 측정하고 그 전위차로부터 시안을 정량하는 방법이다.

Question 30

다음은 시안 - 이온전극법에 관한 내용이다. ( )안에 알맞은 것은?

폐기물 중 시안을 측정하는 방법으로 액상 폐기물과 고상 폐기물을 ( )으로 조절한 후 시안 이온 전극과 비교전극을 사용하여 전위를 측정하고 그 전위차로부터 시안을 정량하는 방법이다.

㉮ pH 2 이하의 산성
㉯ pH 4.5~5.3의 산성
㉰ pH 10의 알칼리성
㉱ pH 12~13의 알칼리성

▎정답 ㉱

★★ **(2) 적용범위**

폐기물 중에 시안의 정량한계는 0.5mg/L이다.

(3) 용어정의

① 이온전극 : 이온전극은 [이온전극 | 측정 용액|비교전극]의 측정계에서 측정대상 이온에 감응하여 네른스트식에 따라 이온 활동도에 비례하는 전위차를 나타낸다.

$$E = E_o + \left[\frac{2.303RT}{zF} \right] \log A$$

여기서, E : 측정 용액에서 이온전극과 비교전극 간에 생기는 전위차(mV)
　　　　E_o : 표준전위(mV)
　　　　R : 기체상수(8.314J/K · mol)
　　　　z : 이온전극에 대하여 전위의 발생에 관계하는 전자수(이온가)
　　　　F : 페러데이(faraday) 상수(96,480C)
　　　　A : 이온 활동도(mol/L)

② 기준전극 : 은 - 염화은의 칼로멜 전극 등으로 구성된 전극으로 pH측정기에서 측정 전위 값의 기준이 된다.

③ 유리전극(작용전극) : 이온 측정기에 유리전극으로서 이온의 농도가 감지되는 전극이다.

(4) 분석기기 및 기구

① **전위차계** : 이온전극과 비교전극 간에 발생하는 전위차를 1mV 단위까지 읽을 수 있고 고압력 저항($10^{12}\Omega$ 이상)의 전위차계로서 pH - mV계, 이온전극용 전위차계 또는 이온 농도계 등을 사용한다.

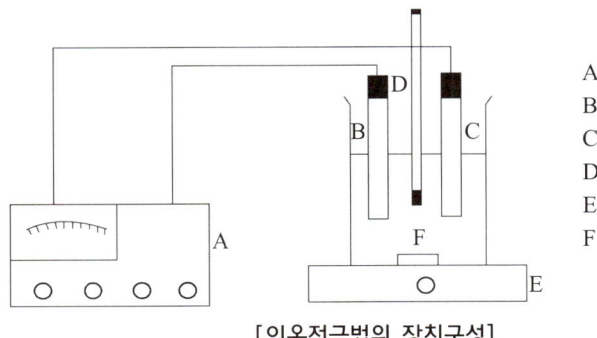

A : 전위차계
B : 이온전극
C : 비교전극
D : 온도계
E : 교반기
F : 마그네틱바

[이온전극법의 장치구성]

② **시안 이온전극** : 이온전극은 분석대상 이온에 대한 고도의 선택성이 있고 이온농도에 비례하여 전위를 발생할 수 있는 전극으로서 시안의 감응막은 $AgI+Ag_2S$, Ag_2S, AgI로 구성되어 있다.

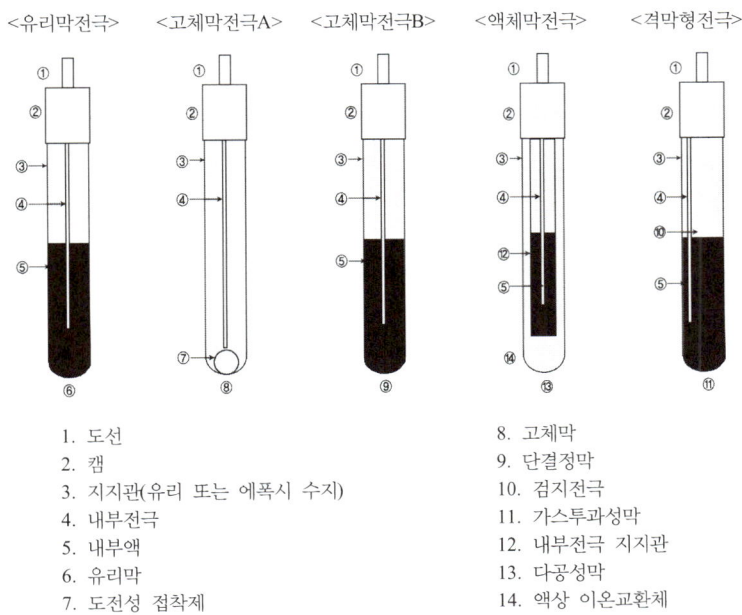

1. 도선
2. 캡
3. 지지관(유리 또는 에폭시 수지)
4. 내부전극
5. 내부액
6. 유리막
7. 도전성 접착제
8. 고체막
9. 단결정막
10. 검지전극
11. 가스투과성막
12. 내부전극 지지관
13. 다공성막
14. 액상 이온교환체

[이온전극의 종류와 구조]

③ 비교전극 : 이온전극과 조합하여 이온농도에 대응하는 전위차를 나타낼 수 있는 것으로서 표준전위가 안정된 전극이 필요하다. 일반적으로 내부전극으로서 염화제일수은전극(칼로멜전극) 또는 은-염화은 전극이 많이 사용된다.

(5) 정확도 및 정밀도

① 정확도는 첨가한 표준물질의 농도에 대한 측정 평균값의 상대 백분율로서 나타내며 그 값이 75~125% 이내이어야 한다.
② 정밀도는 측정값의 % 상대표준편차(RSD)로 계산하며 측정값이 25% 이내이어야 한다.

3. 시안-연속흐름법

(1) 목적

이 시험기준은 폐기물 중에 시안화합물을 분석하기 위하여 시료를 산성상태에서 가열 증류하여 시안화물 및 시안착화합물의 대부분을 시안화수소로 유출시켜 포집한 다음 포집된 시안이온을 중화하고 클로라민-T를 넣어 생성된 염화시안이 발색시약과 반응하여 나타나는 청색을 620nm 또는 기기에 따라 정해진 파장에서 연속흐름법으로 분석하는 시험방법이다.

(2) 적용범위

① 이 시험기준은 폐기물 중에 시안화물 및 시안착화합물의 분석에 적용할 수 있으며, 정량한계는 0.01mg/L이다.
② 시료의 산화, 발색 반응 및 목적성분의 분리를 위해서는 증류장치와 자외선분해기(UV digester)를 사용한다.

CHAPTER 04 금속류(Metals)

01 금속류

1. 금속류 - 원자흡수분광광도법

(1) 목적

폐기물 중에 구리, 납, 카드뮴등의 측정방법으로, 질산을 가한 시료 또는 산분해 후 농축 시료를 직접 불꽃으로 주입하여 원자화한 후 원자흡수분광광도법으로 분석한다.

(2) 적용범위

① 폐기물 중에 구리, 납, 카드뮴등의 분석에 적용한다.
② 구리, 납, 카드뮴은 공기 - 아세틸렌 불꽃에 주입하여 분석하고 정량한계는 표와 같다.
★★ ③ 낮은 농도의 구리, 납, 카드뮴은 암모늄 피롤리딘 다이티오카바메이트(APDC)와 착물을 생성시켜 메틸아이소부틸케톤(MIBK)으로 추출하여 공기 - 아세틸렌 불꽃에 주입하여 분석한다.

★★★ (3) 간섭물질

① 화학물질이 공기 - 아세틸렌 불꽃에서 분자상태로 존재하여 낮은 흡광도를 보일 때가 있다. 이는 불꽃의 온도가 너무 낮아 원자화가 일어나지 않는 경우와 안정한 산화물질로 바뀌어 불꽃에서 원자화가 일어나지 않는 경우에 발생한다.
② 염이 많은 시료를 분석하면 버너 헤드 부분에 고체가 생성되어 불꽃이 자주 꺼지고 버너헤드를 청소해야 하는데 이를 방지하기 위해서는 시료를 묽혀 분석하거나, 메틸아이소부틸케톤 등을 사용하여 추출하여 분석한다.

③ 시료 중에 칼륨, 나트륨, 리튬, 세슘과 같이 쉽게 이온화되는 원소가 1,000mg/L 이상의 농도로 존재할 때에는 금속측정을 간섭한다. 이때에는 검정곡선용 표준물질에 시료의 매질과 유사하게 첨가하여 보정한다.
④ 시료 중에 알칼리금속의 할로겐 화합물을 다량 함유하는 경우에는 분자 흡수나 광산란에 의하여 오차를 발생하므로 추출법으로 카드뮴을 분리하여 실험한다.

> **Question 01**
>
> 원자흡수분광광도법에 의한 금속류 분석방법에 대한 내용으로 틀린 것은?
>
> ㉮ 낮은 농도의 구리, 납, 카드뮴 암모늄 피롤리딘 다이티오카바메이트와 착물을 생성시켜 메틸아이소부틸케톤으로 추출한다.
> ㉯ 화학물질이 공기-아세틸렌 불꽃에서 분자상태로 존재하여 낮은 흡광도를 보일 때가 있는데, 이는 불꽃의 온도가 너무 높아 원자화가 일어나기 때문이다.
> ㉰ 시료 중에 알칼리금속의 할로겐 화합물을 다량 함유하는 경우에는 분자 흡수나 광산란에 의하여 오차를 발생하므로 추출법으로 카드뮴을 분리하여 실험한다.
> ㉱ 염이 많은 시료는 묽혀 분석하거나, 메틸아이소부틸케톤 등을 사용하여 추출하여 분석한다.
>
> **풀이** ㉯ 화학물질이 공기-아세틸렌 불꽃에서 분자상태로 존재하여 낮은 흡광도를 보일 때가 있는데, 이는 불꽃의 온도가 너무 낮아 원자화가 일어나지 않기 때문이다.

(4) 분석기기 및 기구

★★ ① 원자흡수분광광도계
　　　ⓐ 장치순서 : 광원부 → 시료원자화부 → 파장선택부 → 측광부
　　　ⓑ 단광속형과 복광속형으로 구분
　　　ⓒ 다원소 분석이나 내부표준물질법을 사용할 수 있는 다중 채널형도 있다.

★★ ② 광원램프
　　　원자흡수분광광도계에 사용하는 광원으로 좁은 선폭과 높은 휘도를 갖는 스펙트럼을 방사하는 납 속빈음극램프를 사용한다.

Question 02

원자흡수분광광도법에 대한 설명으로 가장 거리가 먼 것은?

㉮ 원자흡수분광광도계에 사용하는 광원으로 넓은 선폭과 낮은 휘도를 갖는 스펙트럼을 방사하는 납 속빈음극램프를 사용한다.
㉯ 단광속형과 복광속형으로 구분한다.
㉰ 다원소 분석이나 내부표준물질법을 사용할 수 있는 다중 채널형도 있다.
㉱ 분석장치는 광원부, 시료원자화부, 파장선택부, 측광부로 구성된다.

풀이 ㉮ 원자흡수분광광도계에 사용하는 광원으로 좁은 선폭과 높은 휘도를 갖는 스펙트럼을 방사하는 납 속빈음극램프를 사용한다.

③ 기체
  ⓐ 원자흡수분광광도계에 불꽃을 만들기 위해 사용하는 가연성기체와 조연성기체를 말하며, 이들의 조합은 아세틸렌 - 공기와 아세틸렌 - 아산화질소를 사용한다.
  ⓑ 일반적으로 가연성기체로 아세틸렌을 조연성기체로 공기를 사용한다.
★★ⓒ 수소 - 공기와 아세틸렌 - 공기는 거의 대부분의 원소 분석에 유효하게 사용한다.
★★ⓓ 수소 - 공기는 원자 외 영역에서 불꽃자체에 의한 흡수가 적기 때문에 이 파장영역에서 흡수선을 갖는 원소의 분석에 적당하다.
★★ⓔ 아세틸렌 - 아산화질소 불꽃은 불꽃의 온도가 높기 때문에 불꽃 중에서 해리하기 어려운 내화성산화물을 만들기 쉬운 원소의 분석에 적당하다. 알루미늄 분석에 아산화질소 및 아세틸렌을 사용한다.
★★ⓕ 프로판 - 공기 불꽃은 불꽃온도가 낮고 일부 원소에 대하여 높은 감도를 나타낸다.
  ⓖ 어떠한 종류의 불꽃이라도 가연성기체와 조연성기체의 혼합비는 감도에 크게 영향을 주므로 금속의 종류에 따라 최적혼합비를 선택하여 사용한다.

★★ [정도관리 목표 값]

정도관리 항목	정도관리 목표
정량한계	구리 0.008mg/L, 납 0.04mg/L, 카드뮴 0.002mg/L
검정곡선	결정계수(R^2) ≥ 0.98
정밀도	상대표준편차±25% 이내
정확도	75~125%

[원자흡수분광광도법에 의한 정량한계 및 정량범위]

금속종류	측정파장(nm)	불꽃기체	정량한계(mg/L)	정량범위(mg/L)
구리	324.7	A - Ac(공기 - 아세틸렌)	0.008	0.008~4
납	283.3	A - Ac(공기 - 아세틸렌)	0.04	0.04~20
카드뮴	228.8	A - Ac(공기 - 아세틸렌)	0.002	0.002~2

2. 금속류 - 유도결합플라스마 - 원자발광분광법

★★ (1) 목적

폐기물 중에 금속류를 측정하는 방법으로, 시료를 고주파유도코일에 의하여 형성된 아르곤 플라스마에 주입하여 6,000~8,000K에서 들뜬 원자가 바닥상태로 이동할 때 방출하는 발광선 및 발광강도를 측정하여 원소의 정성 및 정량분석을 수행한다.

(2) 적용범위

① 폐기물 중에 구리, 납, 비소, 카드뮴, 크롬, 6가크롬 등 원소의 동시 분석에 적용한다.
② 폐기물 중에 각 원소의 정량범위는 표와 같고 정량한계는 0.002~0.01mg/L의 범위를 갖는다.

★★ (3) 간섭물질 : 대부분의 간섭 물질은 산 분해에 의해 제거된다.

① 광학 간섭

분석하는 금속원소 이외에서 발광하는 파장은 측정을 간섭한다. 어떤 원소가 동일 파장에서 발광할 때, 파장의 스펙트럼선이 넓어질 때, 이온과 원자의 재결합으로 연속 발광할 때, 분자 띠 발광시에 간섭이 발생한다.

② 물리적 간섭

시료의 분무 또는 운반과정에서 물리적 특성 즉 점도와 표면장력의 변화 등에 의해 발생한다. 특히 시료 중에 산의 농도가 10v/v% 이상으로 높거나 용존 고형물질이 1,500mg/L 이상으로 높은 반면, 검정용 표준용액의 산의 농도는 5% 이하로 낮을 때에 발생하며 이때 시료를 희석하거나 표준용액을 시료의 매질과 유사하게 하거나 표준물질 첨가법을 사용하면 간섭효과를 줄일 수 있다.

③ 화학적 간섭

분자 생성, 이온화 효과, 열화학 효과 등이 시료 분무와 원자화 과정에서 방해요인으로 나타난다. 이 영향은 별로 심하지 않으며 적절한 운전 조건의 선택으로 최소화 할 수 있다.

④ 만일 간섭효과가 의심되면 대부분의 경우가 시료의 매질로 인해 발생하므로 다음의 조치를 취한다.
  ⓐ 연속 희석법 : 분석 대상의 농도가 수행검출한계의 10배 이상의 농도일 경우에 적용할 수 있으며 시료를 희석하여 측정하였을 때 희석배수를 고려해서 계산한 농도 값이 본래의 농도 값의 10% 이내를 보여야 한다. 만약 10%를 벗어나면 물리 및 화학적 간섭이 의심된다.
  ⓑ 표준물질 첨가법 : 측정시료에 표준물질을 수행검출한계의 20~100배의 농도로 첨가하여 분석하였을 때에 회수율이 90~110% 이내이어야 한다. 만약 이 범위를 벗어나면 매질의 영향을 의심해야 한다.
  ⓒ 대체 분석과 비교 : 원자흡수분광광도법 또는 유도결합플라즈마 – 질량분석법과 같은 대체방법과 비교한다.
  ⓓ 전파장 분석 : 장비가 허용된다면 가능한 파장의 간섭을 알기 위해 전파장 분석(wavelength scanning)을 수행한다.
⑤ 시료 중에 칼슘과 마그네슘의 농도 합이 500mg/L 이상이고 측정값이 규제 값의 90% 이상일 때 표준물질첨가법에 의해 측정하는 것이 좋다.

Question 03

유도결합플라즈마–원자발광분광법에 의한 금속류 ICP 분석방법에 대한 내용으로 틀린 것은?

㉮ 시료를 고주파유도코일에 의하여 형성된 석영 플라즈마에 주입하여 1,000 ~ 2,000K에서 들뜬 원자가 바닥상태로 이동할 때 방출하는 발광선 및 발광강도를 측정한다.
㉯ 대부분의 간섭 물질은 산분해에 의해 제거된다.
㉰ 물리적 간섭은 특히 시료 중에 산의 농도가 10V/V% 이상으로 높거나 용존 고형물질이 1,500mg/L 이상으로 높은 반면, 검정용 표준용액의 산의 농도는 5% 이하로 낮을 때에 발생한다.
㉱ 간섭효과가 의심되면 대부분의 경우가 시료의 매질로 인해 발생하므로 원자흡수분광광도법 또는 유도결합플라즈마-대체방법과 비교하는 것도 간섭효과를 막는 방법이 될 수 있다.

풀이 ㉮ 시료를 고주파유도코일에 의하여 형성된 아르곤 플라즈마에 주입하여 6,000~8,000K에서 들뜬 원자가 바닥상태로 이동할 때 방출하는 발광선 및 발광강도를 측정한다.

(4) 분석기기 및 기구

★★ ① 유도결합플라즈마 – 원자발광분광기(ICP – AES) : 유도결합플라즈마 – 원자발광분광기는 시료 도입부, 고주파전원부, 광원부, 분광부, 연산처리부 및 기록부로 구성되어 있으며, 분광부는 검출 및 측정에 따라 연속주사형 단원소측정장치와 다원소동시측정장치로 구분된다.

★★ ② 아르곤 : 액화 또는 압축 아르곤으로서 99.99V/V% 이상의 순도를 갖는 것이어야 한다.

★★ [정도관리 목표 값]

정도관리 항목	정도관리 목표
정량한계	0.002~0.01mg/L
검정곡선	결정계수(R^2) ≥ 0.98 또는 감응계수(RF)의 상대표준편차 ≤ 10%
정밀도	상대표준편차가±25% 이내
정확도	75~125%

★★ [유도결합플라스마-원자발광광도법에 의한 금속별 측정 파장 정량한계 및 정량범위]

금속종류	측정파장(nm)	제2측정파장(nm)	정량한계(mg/L)	정량범위(mg/L)
구리	324.75	219.96	0.006	0.006~50
납	220.35	217.00	0.040	0.040~100
비소	193.70	189.04	0.050	0.050~100
카드뮴	226.50	214.44	0.004	0.004~50
크롬	267.72	206.15	0.007	0.007~50
6가크롬	267.72	206.15	0.007	0.0073~50

Question 04

유도결합플라스마-원자발광분광법에 의해 측정할 경우 다음 원소 중 가장 높은 측정파장을 요구하는 것은?

㉮ 크롬　　㉯ 비소　　㉰ 구리　　㉱ 카드뮴

풀이 측정파장
　㉮ 크롬 : 267.72nm　㉯ 비소 : 193.70nm
　㉰ 구리 : 324.75nm　㉱ 카드뮴 : 226.50nm

02 구리(Cu)

구리	정량한계	정밀도(RSD)
원자흡수분광광도법	0.008mg/L	±25% 이내
유도결합플라스마-원자발광분광법	0.006mg/L	±25% 이내
자외선/가시선 분광법	0.002mg	±25% 이내

1. 구리 - 자외선/가시선 분광법

(1) 목적

시료 중에 구리이온이 알칼리성에서 다이에틸다이티오카르바민산나트륨과 반응하여 생성하는 황갈색의 킬레이트 화합물을 아세트산부틸로 추출하여 흡광도를 440nm에서 측정하는 방법이다.

> **Question 05**
>
> 다음은 자외선/가시선 분광법을 적용한 구리 측정방법이다. ( )안에 알맞은 것은?
>
> 시료 중에 구리이온이 알칼리성에서 다이에틸다이티오카르바민산나트륨과 반응하여 생성하는 (①)의 킬레이트 화합물을 아세트산부틸로 추출하여 흡광도를 (②)에서 측정하는 방법이다.
>
> ㉮ ① 적자색, ② 540nm   ㉯ ① 적자색, ② 440nm
> ㉰ ① 황갈색, ② 540nm   ㉱ ① 황갈색, ② 440nm
>
> **정답** ㉱

(2) 적용범위

정량범위 : 0.002~0.03mg, 정량한계 : 0.002mg

Question 06

자외선/가시선 분광법을 적용한 구리 측정에 관한 내용으로 알맞은 것은?

㉮ 정량한계는 0.002mg이다.
㉯ 적갈색의 킬레이트 화합물이 생성된다.
㉰ 흡광도는 520nm에서 측정한다.
㉱ 정량범위는 0.01~0.05mg/L이다.

풀이 ㉯ 황갈색의 킬레이트 화합물이 생성된다.
㉰ 흡광도는 440nm에서 측정한다.
㉱ 정량범위는 0.002~0.03mg이다.

★★★ (3) 간섭물질

① 시료의 전처리를 하지 않고 직접 시료를 사용하는 경우, 시료 중에 시안화합물이 함유되어 있으면 염산으로 산성 조건을 만든 후 끓여 시안화물을 완전히 분해 제거한 다음 실험한다.

★★ ② 비스무트(Bi)가 구리의 양보다 2배 이상 존재할 경우에는 황색을 나타내어 방해한다. 이때는 따로 같은 양의 시료를 취하여 시료의 시험기준 중 암모니아수(1+1)를 넣어 중화하기 전에 시안화칼륨용액(5W/V%) 3mL를 넣어 구리를 시안착화합물로 만든 다음 중화하여 실험한다.

Question 07

자외선/가시선 분광법으로 구리를 측정할 때 간섭물질에 대한 설명으로 알맞은 것은?

㉮ 비스무트(Bi)가 구리의 양과 같거나 큰 경우에는 황색을 나타내어 방해한다.
㉯ 비스무트(Bi)가 구리의 양보다 2배 이상 존재할 경우에는 황색을 나타내어 방해한다.
㉰ 비스무트(Bi)가 구리의 양과 같거나 큰 경우에는 청색을 나타내어 방해한다.
㉱ 비스무트(Bi)가 구리의 양보다 2배 이상 존재할 경우에는 청색을 나타내어 방해한다.

 ㉯

(4) 셀의 세척방법

① 흡수셀이 더러우면 측정값에 오차가 발생하므로 다음과 같이 세척하여 사용한다. 또는 시판용 세척액을 사용하여 세척한다.

★★ ② 탄산나트륨용액(2W/V%)에 소량의 음이온 계면활성제를 가한 용액에 흡수셀을 담가 놓고 필요하면 40~50℃로 약 10분간 가열한다.

③ 흡수셀을 꺼내 정제수로 씻은 후 질산(1+5)에 소량의 과산화수소를 가한 용액에 약 30분간

담가 놓았다가 꺼내어 정제수로 잘 씻는다. 깨끗한 가제나 흡수지 위에 거꾸로 놓아 물기를 제거하고 실리카겔을 넣은 데시케이터 중에서 건조하여 보존한다.

④ 급히 사용하고자 할 때는 물기를 제거한 후 에틸알코올로 씻고 다시 에틸에테르로 씻은 다음 드라이어로 건조해서 사용한다.

Question 08

다음은 6가 크롬을 자외선/가시선 분광법으로 측정 시 흡수셀 세척에 관한 내용이다. ( ) 안에 들어갈 알맞은 것은?

- ( )에 소량의 음이온 계면활성제를 가한 용액에 흡수셀을 담가 놓고 필요하면 40~50℃로 약 10분간 가열한다.
- 흡수셀을 꺼내 정제수로 씻은 후 질산(1+5)에 소량의 과산화수소를 가한 용액에 약 30분간 담가 놓았다가 꺼내어 정제수로 잘 씻는다.

㉮ 과망간산칼륨용액(2W/V%) ㉯ 질산암모늄용액(2W/V%)
㉰ 질산나트륨용액(2W/V%)   ㉱ 탄산나트륨용액(2W/V%)

정답 ㉱

(5) 분석기기 및 기구

① 자외선/가시선 분광광도계

★★ ⓐ 장치순서 : 광원부 → 파장선택부 → 시료부 → 측광부
　　ⓑ 광원부에서 측광부까지의 광학계에는 측정목적에 따라 여러 가지 형식이 있다.

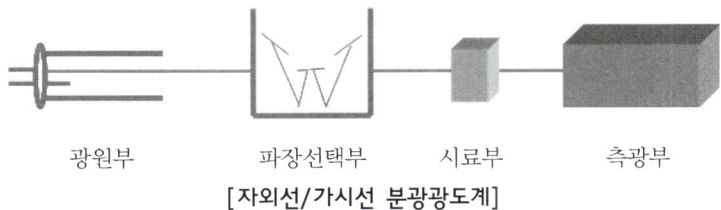

[자외선/가시선 분광광도계]

Question 09

강도 I_0의 단색광이 정색액을 통과할 때 그 빛의 80%가 흡수되었다면 흡광도는?

㉮ 0.823   ㉯ 0.768   ㉰ 0.699   ㉱ 0.597

풀이 흡광도(A) $= \log\left(\dfrac{1}{\text{투과도}}\right) = \log\dfrac{1}{0.2} = 0.699$

★★ ② 광원부의 광원
ⓐ 가시부와 근적외부 : 텅스텐램프
ⓑ 자외부 : 중수소 방전관

Question 10

자외선/가시선 분광광도계의 광원부의 광원 중 자외부의 광원으로 주로 사용하는 것은?
㉮ 속빈음극램프   ㉯ 텅스텐램프   ㉰ 광전도도관   ㉱ 중수소 방전관

정답 ㉱

★★ ③ 흡수셀
★★ ⓐ 시료액의 흡수파장이 약 370nm 이상일 때는 석영 또는 경질유리 흡수셀
★★ ⓑ 시료액의 흡수파장이 약 370nm 이하일 때는 석영 흡수셀
ⓒ 따로 흡수셀의 길이를 지정하지 않았을 때는 10mm셀
ⓓ 시료셀에는 실험용액을, 대조셀에는 따로 규정이 없는 한 정제수를 넣는다.
★★ ⓔ 넣고자 하는 용액으로 흡수셀을 씻은 다음 셀의 약 80%까지 넣고 외면이 젖어 있을 때는 깨끗이 닦는다.
ⓕ 필요하면(휘발성 용매를 사용할 때와 같은 경우) 흡수셀에 마개를 하고 흡수셀에 방향성이 있을 때는 항상 방향을 일정하게 하여 사용한다.
ⓖ 흡광도의 측정값이 0.2~0.8의 범위에 들도록 실험용액의 농도를 조절한다.

Question 11

자외선/가시선 분광광도계에서 사용하는 흡수셀의 준비사항으로 틀린 것은?
㉮ 흡수셀은 미리 깨끗하게 씻은 것을 사용한다.
㉯ 흡수셀의 길이(L)를 따로 지정하지 않았을 때에는 10mm 셀을 사용한다.
㉰ 시료셀에는 실험용액을, 대조셀에는 따로 규정이 없는 한 정제수를 넣는다.
㉱ 시료용액의 흡수파장이 약 370nm 이하일 때는 경질유리 흡수셀을 사용한다.

풀이 ㉱ 시료용액의 흡수파장이 약 370nm 이하일 때는 석영 흡수셀을 사용한다.

03 납(Pb)

납	정량한계	정밀도(RSD)
원자흡수분광광도법	0.04mg/L	±25% 이내
유도결합플라스마-원자발광분광법	0.040mg/L	±25% 이내
자외선/가시선 분광법	0.001mg	±25% 이내

1. 납 - 자외선/가시선 분광법

★★★ **(1) 목적**

시료 중에 납 이온이 시안화칼륨 공존하에 알칼리성에서 디티존과 반응하여 생성하는 납 디티존착염을 사염화탄소로 추출하고 과잉의 디티존을 시안화칼륨용액으로 씻은 다음 납 착염의 흡광도를 520nm에서 측정하는 방법이다.

Question 12

다음 ( )에 알맞은 내용은?

납의 자외선/가시선 분광법의 측정원리는 납 이온이 (①) 공존하에 알칼리성에서 디티존과 반응하여 생성하는 납 디티존착염을 사염화탄소로 추출하고, 과잉의 디티존을 (②)용액으로 씻은 다음 납착염의 흡광도를 (③)nm에서 측정하는 방법이다.

㉮ ① 슬퍼민산암모늄, ② 슬퍼민산암모늄, ③ 520
㉯ ① 시안화칼륨, ② 시안화칼륨, ③ 520
㉰ ① 슬퍼민산암모늄, ② 슬퍼민산암모늄, ③ 560
㉱ ① 시안화칼륨, ② 시안화칼륨, ③ 560

정답 ㉯

★★ **(2) 적용범위**

정량범위 : 0.001~0.04mg, 정량한계 : 0.001mg

(3) 간섭물질

① 전처리를 하지 않고 직접 시료를 사용하는 경우, 시료 중에 시안화합물이 함유되어 있으면 염산 산성으로 하여서 끓여 시안화물을 완전히 분해 제거한 다음 실험한다.

★★ ② 시료에 다량의 비스무트(Bi)가 공존하면 시안화칼륨용액으로 수회 씻어도 무색이 되지 않는다.

Question 13

자외선/가시선 분광법에 의한 납(Pb) 시험에 대한 설명으로 잘못된 것은?

㉮ 납 착염의 흡광도를 520nm에서 측정하는 방법이다.
㉯ 전처리를 하지 않고 직접 시료를 사용하는 경우, 시료중에 시안화합물이 함유되어 있으면 염산 산성으로 끓여 시안화물을 완전히 분해 제거한 다음 실험한다.
㉰ 시료에 다량의 비스무트(Bi)가 공존하면 시안화칼륨 용액으로 수회 씻어 무색으로 하여 실험한다.
㉱ 정량한계는 0.001mg이다.

풀이 ㉰ 시료에 다량의 비스무트(Bi)가 공존하면 시안화칼륨 용액으로 수회 씻어도 무색으로 되지 않는다. 이 때에는 납과 비스무트를 분리하여 실험한다.

---

04 비소(As)

★★

비소	정량한계	정밀도(RSD)
원자흡수분광광도법	0.005mg/L	±25% 이내
유도결합플라스마 – 원자발광분광법	0.050mg/L	±25% 이내
자외선/가시선 분광법	0.002mg	±25% 이내

1. 비소 – 수소화물생성 원자흡수분광광도법

★★ **(1) 목적**

전처리한 시료 용액 중에 아연 또는 나트륨붕소수화물을 넣어 생성된 수소화비소를 원자화 시켜 ★★193.7nm에서 흡광도를 측정하고 비소를 정량하는 방법이다.

Question 14

다음은 비소의 원자흡수분광광도법의 측정원리이다. ( )안에 적당한 것은?

전처리한 시료 용액 중에 ( ) 또는 나트륨붕소수화물을 넣어 생성된 수소화비소를 원자화시켜 193.7nm에서 흡광도를 측정하고 비소를 정량하는 방법이다.

㉮ 염화제이철   ㉯ 아연   ㉰ 중크롬산칼륨   ㉱ 염화제이수은

정답 ㉯

(2) 적용범위

액상폐기물 또는 용출용액 중에 비소의 분석에 적용하며, <u>정량한계는 0.005mg/L</u>이다.

Question 15

비소의 원자흡수분광광도법에 대한 내용으로 틀린 것은?

㉮ 아연 또는 나트륨붕소수화물을 넣어 생성된 수소화비소를 원자화시킨다.
㉯ 수소화비소를 원자화시켜 193.7nm에서 흡광도를 측정한다.
㉰ 아르곤-수소 불꽃에 주입하여 분석한다.
㉱ 정량한계는 0.002mg이다.

풀이 ㉱ 정량한계는 0.005mg/L이다.

2. 비소 - 자외선/가시선 분광법

★★★ (1) 목적

시료 중의 비소를 3가비소로 환원시킨 다음 아연을 넣어 발생되는 비화수소를 다이에틸다이티오카르바민산은의 피리딘용액에 흡수시켜 이때 나타나는 <u>적자색의 흡광도를 530nm에서 측정</u>하는 방법이다.

Question 16

자외선/가시선 분광법에 의한 비소의 측정방법으로 맞는 것은?

㉮ 적자색의 흡광도를 430nm에서 측정   ㉯ 적자색의 흡광도를 530nm에서 측정
㉰ 청색의 흡광도를 430nm에서 측정   ㉱ 청색의 흡광도를 530nm에서 측정

정답 ㉯

★★★ (2) 적용범위
  ① 정량범위 : 0.002 ~ 0.01mg
  ② 정량한계 : 0.002mg

Question 17

자외선/가시선 분광법에 의한 비소의 측정원리에 관한 설명으로 틀린 것은?

㉮ 시료 중의 비소를 3가 비소로 환원시킨다.
㉯ 청색의 흡광도를 610nm에서 측정하는 방법이다.
㉰ 정량범위는 0.002 ~ 0.01mg이다.
㉱ 아연을 넣어 발생되는 비화수소를 다이에틸다이티오카르바민산은의 피리딘용액에 흡수시킨다.

풀이 ㉯ 적자색의 흡광도를 530nm에서 측정하는 방법이다.

(3) 간섭물질
  ① 시료 중 다량의 철과 망간을 함유하는 경우 디티존에 의한 카드뮴추출이 불완전하다.
★★ ② 시료에 다량의 비스무트(Bi)가 공존하면 시안화칼륨용액으로 수회 씻어도 무색이 되지 않는다.

05 수은(Hg)

★★★

수은	정량한계	정밀도(RSD)
원자흡수분광광도법(환원기화법)	0.0005mg/L	±25%
자외선/가시선 분광법(디티존법)	0.001mg	±25%

Question 18

다음 중 폐기물공정시험기준에서 환원기화장치를 이용하여 측정하는 오염물질은?

㉮ 크롬   ㉯ 시안   ㉰ 카드뮴   ㉱ 수은

정답 ㉱

Engineer Wastes Treatment

Question 19

수은을 원자흡수분광광도법(환원기화법)으로 측정할 때 정밀도(RSD)로 맞는 것은?

㉮ ±10% ㉯ ±15% ㉰ ±20% ㉱ ±25%

정답 ㉱

1. 수은 - 환원기화 - 원자흡수분광광도법

★★★ (1) 목적

시료 중 수은을 이염화주석을 넣어 금속수은으로 환원시킨 다음 이 용액에 통기하여 발생하는 수은증기를 253.7nm의 파장에서 원자흡수분광광도법에 따라 정량하는 방법이다.

Question 20

다음은 수은을 환원기화 - 원자흡수분광광도법으로 측정하는 원리이다. ( )안에 맞는 내용은?

시료에 ( )을 넣어 금속수은으로 환원시킨 다음 이 용액에 통기하여 발생하는 수은증기를 원자흡수분광광도법으로 정량한다.

㉮ 아연분말 ㉯ 염산하이드록실아민용액
㉰ 묽은 황산(1+9) ㉱ 이염화주석

정답 ㉱

★★ (2) 적용범위

① 수은은 공기 - 아세틸렌 불꽃을 사용
② 정량범위 : 253.7nm에서 0.0005~0.01mg/L
③ 정량한계 : 0.0005mg/L

★★★ (3) 간섭물질

★★ ① 시료 중 염화물이온이 다량 함유된 경우에는 산화조작시 유리염소를 발생하여 253.7nm 에서 흡광도를 나타낸다. 이때에는 염산하이드록실아민용액을 과잉으로 넣어 유리염소를 환원시키고 용기 중에 잔류하는 염소는 질소가스를 통기시켜 추출한다.

★★ ② 벤젠, 아세톤 등 휘발성 유기물질도 253.7nm에서 흡광도를 나타낸다. 이때에는 과망간산칼륨 분해 후 헥산으로 이들 물질을 추출 분리한 다음 실험한다.

Question 21

원자흡수분광광도법에 의한 수은 분석방법에 대한 내용으로 틀린 것은?

㉮ 수은증기를 253.7nm 파장에서 측정한다.
㉯ 시료 중 수은을 이염화주석을 넣어 금속수은으로 환원시킨다.
㉰ 시료 중 염화물이온이 다량 함유된 경우에는 과망간산칼륨 분해 후 헥산으로 이들 물질을 추출 분리한 다음 실험한다.
㉱ 이 실험에 의한 폐기물 중 수은의 정량한계는 0.0005mg/L이다.

정답 ㉰ 벤젠, 아세톤 등 휘발성 유기물질도 253.7 nm에서 흡광도를 나타낸다. 이때에는 과망간산칼륨 분해 후 헥산으로 이들 물질을 추출 분리한 다음 실험한다.

2. 수은 - 자외선/가시선 분광법

★★ (1) 목적

수은을 황산 산성에서 디티존사염화탄소로 일차 추출하고 브로모화칼륨 존재하에 황산 산성에서 역추출하여 방해성분과 분리한 다음 알칼리성에서 디티존사염화탄소로 수은을 추출하여 490nm에서 흡광도를 측정하는 방법이다.

★★ (2) 적용범위

① 정량범위 : 0.001~0.025mg
② 정량한계 : 0.001mg

Question 22

수은을 자외선/가시선 분광법으로 측정할 때의 내용으로 가장 거리가 먼 것은?

㉮ 디티존사염화탄소로 추출한다.
㉯ 정량범위는 0.001 ~ 0.025mg이다.
㉰ 흡광도의 측정값이 0.2 ~ 0.8의 범위에 들도록 실험용액의 농도를 조절한다.
㉱ 광원부의 광원으로는 주로 중공음극램프를 사용한다.

정답 ㉱

TIP
자외선/가시선 분광법의 광원
① 가시부와 근적외부 : 텅스텐램프
② 자외부 : 중수소 방전관

(3) 시료채취 및 관리

① 시료채취용기는 미리 세척제, 산, 정제수로 닦아주어야 한다.
★★ ② 시료가 액상 폐기물의 경우는 진한질산으로 pH 2 이하로 조절하고 채취시료는 수분, 유기물 등 함유성분의 변화가 일어나지 않도록 0~4℃ 이하의 냉암소에 보관하여야 하며 가급적 빠른 시간 내에 분석하여야 하나 최대 28일 안에 분석한다.
③ 시료가 고상 폐기물의 경우는 0~4℃ 이하의 냉암소에 보관하여야 하며 가급적 빠른 시간 내에 분석하여야 한다.

06 카드뮴(Cd)

카드뮴	정량한계	정밀도(RSD)
원자흡수분광광도법	0.002mg/L	±25% 이내
유도결합플라스마-원자발광분광법	0.004mg/L	±25% 이내
자외선/가시선 분광법(디티존법)	0.001mg	±25% 이내

1. 카드뮴 - 자외선/가시선 분광법

★★ (1) 목적

시료 중에 카드뮴이온을 시안화칼륨이 존재하는 알칼리성에서 디티존과 반응시켜 생성하는 카드뮴착염을 <u>사염화탄소로 추출</u>하고, 추출한 카드뮴착염을 <u>타타르산용액으로 역추출</u>한 다음 수산화나트륨과 시안화칼륨을 넣어 디티존과 반응하여 생성하는 <u>적색의 카드뮴착염을 사염화탄소로 추출</u>하여 그 흡광도를 520nm에서 측정하는 방법이다.

★★ (2) 적용범위

① 정량범위 : 0.001~0.03mg
② 정량한계 : 0.001mg

(3) 간섭물질

① 시료 중 다량의 철과 망간을 함유하는 경우 디티존에 의한 카드뮴추출이 불완전하다.
★★ ② 시료에 다량의 비스무트(Bi)가 공존하면 시안화칼륨용액으로 수회 씻어도 무색이 되지 않는다.

07 크롬(Cr)

크롬	정량한계	정밀도(RSD)
원자흡수분광광도법	0.01mg/L	±25% 이내
유도결합플라스마 - 원자발광분광법	0.007mg/L	±25% 이내
자외선/가시선 분광법(다이페닐카바자이드법)	0.002mg	±25% 이내

Question 23

폐기물공정시험기준에서 시료 중의 크롬을 분석하려고 한다. 다음 중 크롬을 분석하는 방법으로 틀린 것은?

㉮ 원자흡수분광광도법　　　　　㉯ 기체크로마토그래피법
㉰ 자외선/가시선 분광법　　　　　㉱ 유도결합플라스마 - 원자발광분광법

정답 ㉯

1. 크롬 - 원자흡수분광광도법

(1) 목적

크롬의 농도에 따라 다른 전처리 방법을 사용하여 시료를 분해한 후 농축 시료를 직접 불꽃으로 주입하여 원자화하여 원자흡수분광광도법으로 분석하는 방법이다.

(2) 적용범위

① 시료 중 크롬은 아세틸렌 - 공기 또는 아세틸렌 - 일산화이질소 불꽃에 주입하여 분석한다.
 ② 정량범위는 357.9nm에서 최종용액 중에서 0.01~5mg/L, 정량한계는 0.01mg/L

(3) 간섭물질

① 공기 - 아세틸렌으로는 아세틸렌 유량이 많은 쪽이 감도가 높지만 철, 니켈의 방해가 많으며, 아세틸렌 - 일산화이질소는 방해는 적으나 감도가 낮다. 화학물질이 공기 - 아세틸렌 불꽃에서 분자상태로 존재하여 낮은 흡광도를 보일 때가 있다. 이는 불꽃의 온도가 너무 낮아 원자화가 일어나지 않는 경우와 안정한 산화물질로 바뀌어 불꽃에서 원자화가 일어나지 않는 경우에 발생한다.

② 염이 많은 시료를 분석하면 버너 헤드 부분에 고체가 생성되어 불꽃이 자주 꺼지고 버너헤드를 청소해야 하는데 이를 방지하기 위해서는 시료를 묽혀 분석하거나, 메틸아이소부틸케톤 등을 사용하여 추출하여 분석한다.

③ 시료 중에 칼륨, 나트륨, 리튬, 세슘과 같이 쉽게 이온화되는 원소가 1,000mg/L 이상의 농도로 존재할 때에는 금속측정을 간섭한다. 이때에는 시료와 표준물질 모두에 이온 억제제(suppressant)로 염화칼륨을 첨가하거나 간섭이온을 매질과 유사하게 표준물질에 넣어 보정한다.

★★ ④ 공기 – 아세틸렌 불꽃에서는 철, 니켈 등의 공존물질에 의한 방해영향이 크므로 이때는 황산나트륨을 1% 정도 넣어서 측정한다.

 Question 24

크롬의 원자흡수분광광도법에 관한 설명으로 가장 틀린 것은?

㉮ 공기-아세틸렌 불꽃에서는 철, 니켈 등의 공존물질에 의한 방해영향이 크므로 황산나트륨 1%정도 넣어서 측정한다.
㉯ 정량한계는 357.9nm에서 0.005mg/L이다.
㉰ 염이 많은 시료를 분석하면 버너 헤드 부분에 고체가 생성되어 불꽃이 자주 꺼지고 버너 헤드를 청소해야 한다.
㉱ 시료 중에 칼륨, 나트륨, 리튬, 세슘과 같이 쉽게 이혼화되는 원소가 1,000mg/L이상의 농도로 존재할 때에는 금속측정을 간섭한다.

▶ 풀이 ㉯ 정량한계는 357.9nm에서 0.01mg/L이다.

 Question 25

크롬을 원자흡수분광광도법으로 분석할 때 공기 – 아세틸렌 불꽃은 철, 니켈 등의 공존물질에 의한 간섭이 크다. 이를 억제하는 방법으로 알맞은 것은 어느 것인가?

㉮ 황산나트륨을 1% 정도 넣어서 측정한다.
㉯ 질산나트륨을 1% 정도 넣어서 측정한다.
㉰ 황산나트륨을 3% 정도 넣어서 측정한다.
㉱ 질산나트륨을 3% 정도 넣어서 측정한다.

▶ 정답 ㉮

2. 크롬 - 자외선/가시선 분광법

★★ (1) 목적

시료 중에 총 크롬을 <u>과망간산칼륨</u>을 사용하여 6가크롬으로 산화시킨 다음 산성에서 다이페닐카바자이드와 반응하여 생성되는 <u>적자색 착화합물의 흡광도를 540nm에서 측정</u>하여 총크롬을 정량하는 방법이다.

> **Question 26**
>
> 자외선/가시선 분광법으로 크롬을 측정할 때 시료 중 총 크롬을 6가크롬으로 산화시키는데 사용되는 시약은?
> ㉮ 과망간산칼륨　　　　　　　　㉯ 이염화주석
> ㉰ 시안화칼륨　　　　　　　　　㉱ 디티오황산나트륨
>
> **정답** ㉮

★★ (2) 적용범위

① <u>정량범위</u> : 0.002~0.05mg
② <u>정량한계</u> : 0.002mg

> **Question 27**
>
> 폐기물 중에 크롬을 자외선/가시선 분광법으로 측정하는 방법으로 알맞지 않은 것은?
> ㉮ 흡광도는 540nm에서 측정한다.
> ㉯ 총 크롬을 다이페닐카바자이드를 사용하여 6가크롬으로 전환시킨다.
> ㉰ 흡광도의 측정값이 0.2~0.8의 범위에 들도록 실험용액의 농도를 조절한다.
> ㉱ 크롬의 정량한계는 0.002mg이다.
>
> **풀이** ㉯ 총 크롬을 과망간산칼륨을 사용하여 6가크롬으로 전환시킨다.

(3) 간섭물질

★★ ① 시료 중 철이 2.5mg 이하로 공존할 경우에는 다이페닐카바자이드용액을 넣기 전에 피로인산나트륨·10수화물용액(5%) 2mL를 넣어 주면 간섭을 줄일 수 있다.
② 철 및 기타 방해원소를 다량 함유한 경우 방해물질을 제거한다.

Question 28

자외선/가시선 분광법에 의한 크롬 분석에 대한 설명으로 틀린 것은?

㉮ 과망간산칼륨으로 크롬이온 전체를 6가 크롬으로 산화시킨다.
㉯ 알칼리성에서 다이페닐카바자이드와 반응하여 생성되는 적자색의 착화합물의 흡광도를 540nm에서 측정한다.
㉰ 시료 중 철이 2.5mg 이하로 공존할 경우에는 다이페닐카바자이드용액을 넣기 전에 피로인산 나트륨·10수화물용액(5%) 2mL를 넣어 주면 간섭을 줄일 수 있다.
㉱ 정량범위는 0.002~0.05mg 범위이다.

풀이 ㉯ 산성에서 다이페닐카바자이드와 반응하여 생성되는 적자색의 착화합물의 흡광도를 540 nm에서 측정한다.

 6가크롬(Cr^{6+})

크롬	정량한계	정밀도(RSD)
원자흡수분광광도법	0.01mg/L	±25% 이내
유도결합플라스마-원자발광분광법	0.007mg/L	±25% 이내
자외선/가시선 분광법(다이페닐카바자이드법)	0.04mg/L	±25% 이내

 Question 29

폐기물공정시험기준상 6가 크롬의 분석방법으로 틀린 것은?

㉮ 원자흡수분광광도법　　㉯ 이온전극법
㉰ 자외선/가시선 분광법　　㉱ 유도결합플라스마-원자발광분광법

 ㉯

1. 6가크롬 - 원자흡수분광광도법

(1) 목적

　　3가크롬을 선택적으로 침전하여 제거한 후 6가크롬을 환원 및 침전시켜 전처리한 시료를 직접 불꽃으로 주입하여 원자화하여 원자흡수분광광도법으로 분석하는 방법이다.

(2) 적용범위

① 시료 중 크롬은 아세틸렌 - 공기 또는 아세틸렌 - 산화이질소 불꽃에 주입하여 분석한다.
★★ ② 정량범위는 357.9nm에서 0.01~5mg/L, 정량한계는 0.01mg/L이다.
③ 공기, 아세틸렌으로는 아세틸렌 유량이 많은 쪽이 감도가 높지만 철, 니켈의 방해가 많으며, 아세틸렌 - 산화이질소는 방해는 적으나 감도가 낮다.

(3) 간섭물질

① 공기, 아세틸렌으로는 아세틸렌 유량이 많은 쪽이 감도가 높지만 철, 니켈의 방해가 많으며, 아세틸렌 - 산화이질소는 방해는 적으나 감도가 낮다.
② 염이 많은 시료를 분석하면 버너 헤드 부분에 고체가 생성되어 불꽃이 자주 꺼지고 버너 헤드를 청소해야 하는데 이를 방지하기 위해서는 시료를 묽혀 분석하거나, 메틸아이소부틸케톤 등을 사용하여 추출하여 분석한다.
③ 시료 중에 칼륨, 나트륨, 리튬, 세슘과 같이 쉽게 이온화되는 원소가 1,000mg/L 이상의 농도로 존재할 때에는 금속측정을 간섭한다. 이때에는 시료와 표준물질 모두에 이온 억제제(suppressant)로 염화칼륨을 첨가하거나 간섭이온을 매질과 유사하게 표준물질에 넣어 보정한다.
★★ ④ 공기 - 아세틸렌 불꽃에서는 철, 니켈 등의 공존물질에 의한 방해영향이 크므로 이때는 황산나트륨을 1% 정도 넣어서 측정한다.

> **Question 30**
>
> 6가 크롬을 원자흡수분광광도법으로 분석할 때에 내용으로 틀린 것은?
> ㉮ 공기, 아세틸렌으로 분석시 아세틸렌 유량이 많은 쪽이 감도가 높지만 철, 니켈의 방해가 많다.
> ㉯ 정량한계는 248.5nm에서 0.1mg/L이다.
> ㉰ 아세틸렌 - 산화이질소는 방해는 적으나 감도가 낮다.
> ㉱ 염이 많은 시료를 분석할 때는 시료를 묽혀 분석하거나, 메틸아이소부틸케톤 등을 사용하여 추출하여 분석한다.
>
> **풀이** ㉯ 정량한계는 357.9nm에서 0.01mg/L이다.

2. 6가크롬 - 자외선/가시선 분광법

★★ (1) 목적

시료 중에 6가크롬을 다이페닐카바자이드와 반응시켜 생성하는 적자색의 착화합물의 흡광도를 540nm에서 측정하여 6가크롬을 정량하는 방법이다.

> **Question 31**
>
> 다음은 6가 크롬(자외선/가시선 분광법)의 측정원리에 관한 내용이다. ( )안에 알맞은 것은?
>
> 시료 중에 6가 크롬을 다이페닐카바자이드와 반응시켜 생성하는 (①)의 착화합물의 흡광도를 (②)에서 측정하여 6가 크롬을 정량한다.
>
> ㉮ ① 적자색, ② 540nm　　　㉯ ① 적자색, ② 460nm
> ㉰ ① 황갈색, ② 520nm　　　㉱ ① 황갈색, ② 420nm
>
> **정답** ㉮

★★ (2) 적용범위

① 정량범위 : 0.04~1.0mg/L
② 정량한계 : 0.04mg/L

(3) 간섭물질

★★ ① 시료 중에 잔류염소가 공존하면 발색을 방해한다. 이때는 시료에 수산화나트륨용액(20 W/V%)을 넣어 pH 12정도로 조절한 다음 입상활성탄을 10% 정도 되게 넣고 자석교반기로 약 30분간 교반하여 여과한 액을 시료로 사용한다.

★★ ② 시료 중 철이 2.5mg 이하로 공존할 경우에는 다이페닐카바자이드용액을 넣기 전에 피로인산나트륨·10수화물용액(5%) 2mL를 넣어 주면 영향이 없다.

CHAPTER 05 | 기타 항목편

01 유기인

1. 유기인 – 기체크로마토그래피

★★★ **(1) 목적**

유기인 화합물 중 이피엔, 파라티온, 메틸디메톤, 다이아지논 및 펜토에이트의 측정방법으로서, 유기인화합물을 기체크로마토그래프로 분리한 다음 질소인검출기 또는 불꽃광도 검출기로 분석하는 방법이다.

> **Question 01**
>
> 기체크로마토그래피법으로 측정하여야 하는 시험항목으로 틀린 것은?
> ㉮ 시안   ㉯ PCBs
> ㉰ 유기인   ㉱ 휘발성 저급 염소화 탄화수소류
>
> **정답** ㉮ 시안의 측정방법은 자외선/가시선 분광법, 이온전극법, 연속흐름법이다.

(2) 적용범위

★★ ① 유기인 화합물 중 이피엔, 파라티온, 메틸디메톤, 다이아지논 및 펜토에이트의 분석에 적용
★★ ② 기체크로마토그래프로 분리한 다음 질소인검출기 또는 불꽃광도검출기로 측정하는 방법이다.
★★ ③ 정량한계 : 0.0005mg/L

Question 02

다음 중 폐기물공정시험기준에서 규정하고 있는 유기인 화합물(기체크로마토그래피법)의 측정대상 성분으로 틀린 것은?

㉮ 이피엔 ㉯ 펜토에이트 ㉰ 디타온 ㉱ 다이아지논

풀이 유기인 화합물 중 이피엔, 파라티온, 메틸디메톤, 다이아지논 및 펜토에이트의 분석에 적용한다.

Question 03

기체크로마토그래피를 이용한 유기인 분석시 정량한계로 알맞은 것은?

㉮ 사용하는 장치 및 측정조건에 따라 다르나 각 성분당 0.5mg/L이다.
㉯ 사용하는 장치 및 측정조건에 따라 다르나 각 성분당 0.05mg/L이다.
㉰ 사용하는 장치 및 측정조건에 따라 다르나 각 성분당 0.005mg/L이다.
㉱ 사용하는 장치 및 측정조건에 따라 다르나 각 성분당 0.0005mg/L이다.

정답 ㉱

★★ (3) 간섭물질

① 추출용매 안에 함유하고 있는 불순물이 분석을 방해할 수 있다. 이 경우 바탕시료나 시약바탕시료를 분석하여 확인할 수 있다. 방해물질이 존재하면 용매를 증류하거나 컬럼크로마토그래피를 이용하여 제거한다. 고순도의 시약이나 용매를 사용하면 방해물질을 최소화할 수 있다.

② 유리기구류는 세정제, 수돗물, 정제수 그리고 아세톤으로 차례로 닦아준 후 400℃에서 15~30분 동안 가열한 후 식혀 알루미늄박으로 덮어 깨끗한 곳에 보관하여 사용한다.

③ 매트릭스로부터 추출되어 나오는 방해물질이 있을 수 있는데 이는 시료마다 다르다. 만약 방해가 심하면 추가적으로 플로리실과 같은 고체상 정제과정이 필요하다.

★★ (4) 기체크로마토그래프

① 컬럼은 안지름 0.20~0.35mm, 필름두께 0.1~0.50μm, 길이 15~60m의 cross-linked methylsilicone 또는 cross-linked 5% phenylmethylsilicone 모세관이나 동등한 분리성능을 가진 모세관으로 대상 분석 물질의 분리가 양호한 것을 택하여 실험한다.

★★ ② 운반기체는 부피백분율 99.999% 이상의 헬륨(또는 질소)을 사용하며 유량은 0.5~4 mL/min, 시료 도입부 온도는 200~250℃, 컬럼온도는 40~280℃로 사용한다.

③ 질소인 검출기(NPD) 또는 불꽃광도 검출기(FPD)

질소나 인이 불꽃 또는 열에서 생성된 이온이 루비듐 염과 반응하여 전자를 전달하여 이때 흐르는 전자가 포착되어 전류의 흐름으로 바꾸어 측정하는 방법으로 유기인 화합물 및 유기질소화합물을 선택적으로 검출할 수 있다.

Question 04

유기인 화합물을 기체크로마토그래피로 분석하는 방법에 대한 내용으로 거리가 먼 것은?

㉮ 유기인화합물 중 파라티온, 이피엔, 메틸디메톤, 다이아지논, 펜토에이트의 분석에 적용된다.
㉯ 검출기는 불꽃광도 검출기(FPD)나 질소인 검출기(NPD)를 사용할 수 있다.
㉰ 운반가스는 99.999% 이상의 질소 또는 헬륨을 사용한다.
㉱ 정제용 칼럼은 규산 칼럼, 제오라이트 칼럼, 실리카겔 칼럼 중 하나를 선택한다.

풀이 ㉱ 정제용 칼럼은 활성탄 칼럼, 플로리실 칼럼, 실리카겔 칼럼 중 하나를 선택한다.

TIP

주의사항

 검출기는 불꽃광도형검출기 대신에 알칼리열 이온화 검출기 또는 전자 포획형 검출기를 사용할 수 있다.

④ 구데르나다니쉬 농축기
 ⑤ 정제용 칼럼 : 실리카겔 컬럼, 플로리실 컬럼, 활성탄 컬럼

Question 05

유기인을 기체크로마토그래피로 분석할 때 사용되는 검출기의 종류로 틀린 것은?

㉮ 질소인 검출기 ㉯ 열전도도 검출기
㉰ 전자포획형 검출기 ㉱ 불꽃광도 검출기

정답 ㉯

TIP

헥산으로 추출할 경우 메틸디메톤의 추출율이 낮아질 수도 있다. 이때에는 헥산 대신 다이클로로메탄과 헥산의 혼합액(15 : 85)을 사용한다.

Question 06

유기인을 기체크로마토그래피로 분석할 때 헥산으로 추출하면 메틸디메톤의 추출률이 낮아질 수 있으므로 이에 대체하여 사용하는 물질로 가장 적합한 것은?

㉮ 다이클로로메탄과 헥산의 혼합액(15 : 85)
㉯ 메틸에틸케톤과 에탄올의 혼합액(15 : 85)
㉰ 메틸에틸케톤과 헥산의 혼합액(15 : 85)
㉱ 다이클로로메탄과 에탄올의 혼합액(15 : 85)

정답 ㉮

(5) 시료채취 및 관리

★ ① 시료채취는 유리병을 사용하며 채취 전에 시료로서 세척하지 말아야 한다.
★★ ② 모든 시료는 시료채취 후 추출하기 전까지 4℃ 냉암소에서 보관하고 7일 이내에 추출하고 40일 이내에 분석한다.

Question 07

기체크로마토그래피로 유기인을 측정할 때 시료관리 기준으로 알맞은 것은?

㉮ 시료채취 후 추출하기 전까지 4℃ 냉암소에서 보관하고 7일 이내에 추출하고 21일 이내에 분석한다.
㉯ 시료채취 후 추출하기 전까지 4℃ 냉암소에서 보관하고 7일 이내에 추출하고 40일 이내에 분석한다.
㉰ 시료채취 후 추출하기 전까지 pH 4 이하로 보관하고 7일 이내에 추출하고 21일 이내에 분석한다.
㉱ 시료채취 후 추출하기 전까지 pH 4 이하로 보관하고 7일 이내에 추출하고 40일 이내에 분석한다.

정답 ㉯

2. 유기인 - 기체크로마토그래프 - 질량분석법

(1) 목적

유기인 화합물 중 이피엔, 파라티온, 메틸디메톤, 다이아지논 및 펜토에이트의 측정방법으로서, 유기인화합물을 기체크로마토그래프로 분리한 다음 질량검출기로 분석하는 방법이다.

(2) 적용범위

★★ ① 유기인 화합물 중 이피엔, 파라티온, 메틸디메톤, 다이아지논 및 펜토에이트의 분석에 적용
② 이 시험기준 기체크로마토그래프로 분리한 다음 질량분석기로 측정하는 방법

③ 정량한계 : 각 성분 당 0.0005mg/L

(3) 분석기기 및 기구

★★ ① 기체크로마토그래프
  ⓐ 컬럼은 안지름 0.20~0.35mm, 필름두께 0.1~0.50μm, 길이 15~60m의 cross-linked methylsilicone 또는 cross-linked 5% phenylmethylsilicone 등의 모세관이나 동등한 분리성능을 가진 모세관으로 대상물질의 분리가 양호한 것을 택하여 실험한다.
★★ ⓑ 운반기체는 부피백분율 99.999% 이상의 헬륨을 사용하며 유량은 0.5~2mL/min, 시료도입부 온도는 200~250℃, 컬럼온도는 40~280℃로 사용한다.
★★ ② 질량분석기(mass spectrometer)
  ★★ ⓐ 이온화방식은 전자충격법(EI, electron impact)을 사용하며 이온화에너지는 35~70 eV을 사용한다.
  ⓑ 질량분석기는 자기장형, 사중극자형 및 이온트랩형 등의 성능을 가진 것을 사용한다.
  ⓒ 정량분석에는 선택이온검출법(SIM)을 이용하는 것이 바람직하다.
③ 구데르나다니쉬 농축기
★★ ④ 정제용 컬럼 : 실리카겔 컬럼, 플로리실 컬럼, 활성탄 컬럼

02 폴리클로리네이티드비페닐(PCBs)

1. 폴리클로리네이티드비페닐(PCBs) - 기체크로마토그래피

(1) 목적

시료 중의 폴리클로리네이티드비페닐(PCBs)을 ★★<u>헥산으로 추출</u>하여 실리카겔 컬럼 등을 통과시켜 정제한 다음 기체크로마토그래프에 주입하여 크로마토그램에 나타난 피크 패턴에 따라 폴리클로리네이티드비페닐(PCBs)를 확인하고 정량하는 방법이다.

★★★ (2) 적용범위

★★ ① 용출용액 정량한계 : 0.0005mg/L, 액상 폐기물의 정량한계 : 0.05mg/L
★★ ② 비함침성 고상폐기물의 정량한계는 표면채취법은 0.05μg/100cm^2, 부재 채취법은 0.005mg/kg

TIP
① 비함침성 고상폐기물 : 금속판, 구리선 등 기름을 흡수하지 않는 평면 또는 비평면형태의 변압기 내부부재를 말한다.
② 함침성 고상폐기물 : 종이, 목재 등 기름을 흡수하는 변압기 내부부재(종이, 나무와 금속이 서로 혼합되어 있어 분리가 어려운 경우를 포함)을 말한다.

Question 08

기체크로마토그래피로 비함침성 고상 폐기물 중 폴리클로리네이티드비페닐(PCBs)를 검사할 때 비함침성 고상폐기물의 정량한계(부재 채취법)는?

㉮ 0.05mg/L
㉯ 0.005mg/kg
㉰ 0.01μg/10cm²
㉱ 0.01μg/100cm²

정답 ㉯

(3) 간섭물질

★★ ① 알칼리 분해를 하여도 헥산층에 유분이 존재할 경우에는 실리카겔 컬럼으로 정제조작을 하기 전에 플로리실 컬럼을 통과시켜 유분을 분리한다.
② 유리기구류는 세정제, 뜨거운 수돗물 그리고 정제수 순으로 닦아준 후 400℃에서 15~30분 동안 가열한 후 식혀 알루미늄박으로 덮어 깨끗한 곳에 보관하여 사용한다.
③ 고순도의 시약이나 용매를 사용하여 방해물질을 최소화하여야 한다.
④ 전자포획검출기로 폴리클로리네이티드비페닐(PCBs)을 측정할 때 프탈레이트가 방해할 수 있는데 이는 플라스틱 용기를 사용하지 않음으로서 최소화 할 수 있다.
★★ ⑤ 실리카겔 컬럼 정제는 산, 염화페놀, 폴리클로로페녹시페놀 등의 극성화합물을 제거하기 위하여 수행하며, 사용 전에 정제하고 활성화시켜야 한다.

Question 09

기체크로마토그래피에 의한 폴리클로리네이티드비페닐(PCBs) 분석방법에 관한 내용으로 틀린 것은?

㉮ 용출액의 경우 각 PCB류의 정량한계는 0.0005mg/L이며, 액상 폐기물의 정량한계는 0.05mg/L이다.
㉯ 비함침고상폐기물의 정량한계는 시료채취방법에 따라 표면채취법은 0.1μg/100cm²으로 하고 부재 채취법은 0.05mg/kg이다.
㉰ 알칼리 분해를 하여도 헥산층에 유분이 존재할 경우에는 실리카겔 컬럼으로 정제조작을 하기 전에 플로리실 컬럼을 통과시켜 유분을 분리한다.
㉱ 시료 중 PCBs를 헥산으로 추출하여 실리카겔컬럼 등을 통과시켜 정제한 다음 기체크로마토그래프에 주입한다.

풀이 ㉯ 비함침고상폐기물의 정량한계는 시료채취방법에 따라 표면채취법은 0.05μg/100cm²으로 하고 부재 채취법은 0.005mg/kg이다.

(4) 폴리클로리네이티드비페닐 동질체(PCB congener)

폴리클로리네이티드비페닐(PCBs)는 비페닐 구조에 염소가 치환하여 총 209종류의 폴리클로리네이티드비페닐(PCBs)가 존재한다. 각각의 이성질체를 동질체(congener)라고 부른다.

(5) 기체크로마토그래프

① 컬럼은 안지름 0.20~0.53mm, 필름두께 0.1~5.0μm, 길이 30~100m의 DB-1, DB-5 및 DB-608 등의 모세관이나 동등한 분리성능을 가진 모세관으로 대상 분석 물질의 분리가 양호한 것을 택하여 실험한다.

★★ ② 운반기체는 부피백분율 99.999% 이상의 질소로서 유량은 0.5~3mL/min, 시료 도입부온도는 250~300℃, 컬럼온도는 50~320℃, 검출기온도는 270~320℃로 사용한다.

★★ ③ 검출기는 전자포획검출기(ECD)를 사용한다.

(6) 정제 컬럼 : 플로리실 컬럼, 실리카겔 컬럼

(7) 농축장치 : 구데르나다니쉬(KD)농축기 또는 회전증발농축기를 사용한다.

(8) 기타

① 부피실린더는 부피 50mL의 마개 있는 것을 사용한다.
② 미량주사기는 1~10μL부피의 액체용을 사용한다.

(9) 시료채취 및 관리

① 액상폐기물 및 고상폐기물
 ⓐ 사용 중인 기기 내에 있는 경우
  ㉠ 비상사태의 돌발 위험이 있으므로 반드시 시설 담당자의 도움을 받아 시료 채취를 하도록 한다.
  ㉡ 준비된 시료용기의 내부를 채취하고자 하는 절연유로 3회 정도 완전히 닦아낸 다음 시료를 채취한다.
★★ ⓑ 용기에 보관되어 있는 경우
  ㉠ 잘 섞은 후 균일하게 시료를 채취한다.
  ㉡ 두 층으로 분리되어 있어 섞기 어려운 경우에는 각 층의 양에 비례하여 채취한다.
  ㉢ 큰 저장용기에 들어있는 경우에 채취병을 사용하여 상, 중, 하, 저층 등을 구별하여 층별 비례채취법에 따라 채취한다.

② 비함침성 고상폐기물
   ⓐ 시료채취용기
      ㉠ 채취용기는 청결, 견고, 밀봉이 가능한 것으로 시료를 변질시키거나 흡착하지 않는 것이어야 하며 기밀하고 누수나 흡습성이 없는 갈색 경질의 유리병을 원칙으로 하나, 시료의 특성과 크기 등의 형태에 따라 알루미늄박 등을 사용할 수 있다.
      ㉡ 유리용기에 폴리테트라플루오로에틸렌(PTFE)으로 피복된 격막이 내장되어 있는 뚜껑이나 동일 격막의 알루미늄 캡으로 밀봉한다.
③ 시료채취방법
   ⓐ 폴리클로리네이티드비페닐(PCBs)의 오염가능성이 있거나, 처리시설 내부에서 시료를 채취하는 경우, 채취자의 안전을 위하여 보호 마스크, 시료채취용 장갑 등을 착용하고 시료를 채취하도록 한다.
   ⓑ 채취 대상 고상폐기물을 함침성과 비함침성 폐기물로 구분하고, 비함침성 폐기물은 다시 평면형 부재(규소강판, 플라스틱 등)와 비평면 부재(동선 등)로 나눠 잘 섞은 후 균일하게 채취한다.
④ 시료채취량
★★ ⓐ 시료채취량은 비평면형 비함침성 폐기물은 폐기물 종류별로 100g 이상씩 채취한다.
★★ ⓑ 평면형 비함침성 폐기물은 종류별로 면적이 500cm² 이상이 되도록 채취한다.
⑤ 시료의 보관
   채취된 시료는 수분, 온도, 직사광선, 유기물 등의 영향이 없는 장소로서, 0~4℃ 이하의 냉암소에 보관하여야 하며, 가급적 빠른 시일내(4주 이내 권고)에 분석하여야 한다.

2. 폴리클로리네이티드비페닐(PCBs) - 기체크로마토그래프 - 질량분석법

(1) 목적

시료 중의 폴리클로리네이티드비페닐(PCBs)을 ★★ 헥산으로 추출하여 실리카겔 컬럼 등을 통과시켜 정제한 다음 기체크로마토그래프 - 질량분석기로 분석하여 크로마토그램에 나타난 피크 패턴에 의하여 폴리클로리네이티드비페닐을 정량하는 방법이다.

★★ (2) 적용범위

폴리클로리네이티드비페닐의 정량한계는 1.0mg/L이다.

(3) 분석기기 및 기구

① 기체크로마토그래프
  ⓐ 컬럼은 내경 0.20~0.53mm, 필름두께 0.1~5.0μm, 길이 30~100m의 DB-1, DB-5 및 DB-608 등의 모세관이나 동등한 분리성능을 가진 모세관으로 대상 분석 물질의 분리가 양호한 것을 택하여 실험한다.
  ⓑ 운반기체는 부피백분율 99.999% 이상의 헬륨 또는 질소로서 유량은 0.5~3mL/min, 시료 도입부 온도는 250~300℃, 컬럼온도는 50~320℃, 검출기온도는 270~320℃로 사용한다.

② 질량분석기(mass spectrometer)
★★ ⓐ 이온화방식은 전자충격법(EI)을 사용하며 이온화에너지는 35~70eV을 사용한다.
  ⓑ 질량분석기는 자기장형, 사중극자형 및 이온트랩형등의 성능을 가진 것을 사용한다.
  ⓒ 정량분석에는 선택이온검출법(SIM)을 이용하는 것이 바람직하다.

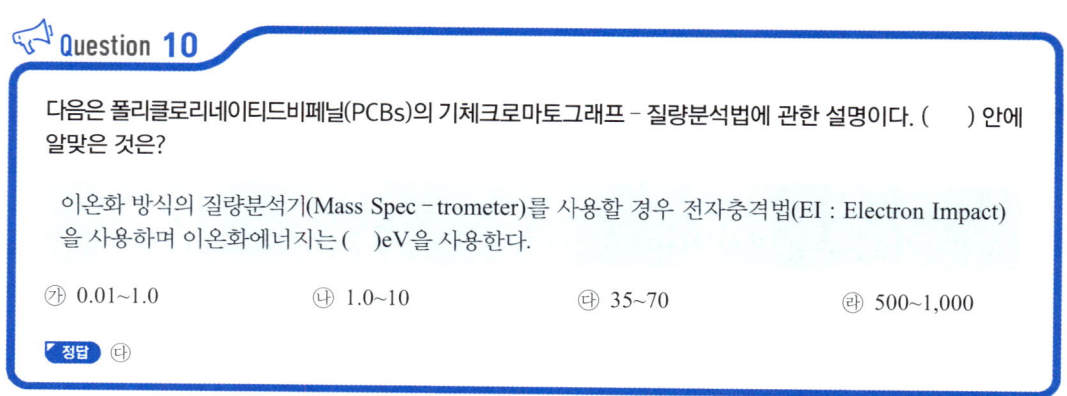

Question 10

다음은 폴리클로리네이티드비페닐(PCBs)의 기체크로마토그래프 - 질량분석법에 관한 설명이다. ( ) 안에 알맞은 것은?

이온화 방식의 질량분석기(Mass Spec-trometer)를 사용할 경우 전자충격법(EI : Electron Impact)을 사용하며 이온화에너지는 ( )eV을 사용한다.

㉮ 0.01~1.0   ㉯ 1.0~10   ㉰ 35~70   ㉱ 500~1,000

정답 ㉰

3. 폴리클로리네이티드비페닐(PCBs) - 기체크로마토그래피(절연유분석법)

★★ (1) 목적

절연유를 진탕 알칼리 분해하고 대용량 다층실리카겔 컬럼을 통과시켜 정제한 다음, 기체크로마토그래프 - 전자포획검출기(GC-ECD)에 주입하여 크로마토그램에 나타난 피크 형태에 따라 폴리클로리네이티드비페닐을 확인하고 신속하게 정량하는 방법이다.

(2) 적용범위

① 절연유 중에 폴리클로리네이티드비페닐(PCBs)을 신속하게 분석하는 목적에 적용한다.
★★ ② 정량한계는 0.5mg/L 이상이다. 단, 실험결과의 최소자리는 소수 첫째자리에서 반올림하

여 일의 자리까지 나타내고, 이때 정량한계 미만은 '0.5mg/L 미만' 또는 '< 0.5mg/L'로 표기한다.

> **Question 11**
>
> 기체크로마토그래피(절연유분석법)에 의한 폴리클로리네이티드비페닐(PCBs) 분석방법에 관한 설명으로 틀린 것은?
> ㉮ 이 방법에 따라 실험할 경우 정량한계는 0.5mg/L 이상이다.
> ㉯ 실리카겔 컬럼 정제는 산, 페놀, 염화페놀, 폴리클로로페녹시페놀 등의 극성화합물을 제거하기 위하여 사용한다.
> ㉰ 사용 전에 실리카겔은 정제하고 활성화시켜야 한다.
> ㉱ ECD를 사용하여 PCBs을 측정할 때 프탈레이트가 방해할 수 있는데 이는 플라스틱 용기를 사용함으로써 최소화할 수 있다.
>
> **풀이** ㉱ ECD(전자포획검출기)를 사용하여 PCBs을 측정할 때 프탈레이트가 방해할 수 있는데 이는 플라스틱 용기를 사용하지 않음으로서 최소화할 수 있다.

03 할로겐화 유기물질

1. 할로겐화 유기물질 - 기체크로마토그래피 - 질량분석법

(1) 목적

폐유기용제 등의 시료 적당량을 희석용 용매로 희석한 후, 기체크로마토그래프 - 질량분석계에 직접 주입하여 시료 중 할로겐화 유기물질류를 분석하는 방법이다.

(2) 적용범위

① 다이클로로메탄, 트리클로로메탄, 테트라클로로메탄, 다이클로로디플루오로메탄, 트리클로로플루오로메탄, 1,1 - 다이클로로에탄, 1,2 - 다이클로로에탄, 1,1,1 - 트리이클로로에탄, 1,1,2 - 트리클로로에탄, 트리클로로트리플루오로에탄, 트리클로로에틸렌, 테트라클로로에틸렌, 클로로벤젠, 1,2 - 다이클로로벤젠, 1,3 - 다이클로로벤젠, 1,4 - 다이클로로벤젠, 2 - 클로로페놀, 3 - 클로로페놀, 4 - 클로로페놀, 2,3 - 다이클로로페놀, 2,4 - 다이클로로페놀, 2,5 - 다이클로로페놀, 2,6 - 다이클로로페놀, 3,4 - 다이클로로페놀, 3,5 - 다이클로로페놀, 1,1 - 다이클로로에틸렌, 시스 - 1,3 - 다이클로로프로펜, 트란스 - 1,3 - 다이클

로로프로펜, 1,1,2 - 트리클로로 - 1,2,2 - 트리플로로에탄의 분석에 적용한다.

★★ ② 정량한계는 각 할로겐화유기물질에 대하여 10mg/kg

Question 12

할로겐화 유기물질을 기체크로마토그래피-질량분석법으로 분석하는 경우 정량한계는?

㉮ 각 할로겐화 유기물질에 대하여 2mg/kg이다.
㉯ 각 할로겐화 유기물질에 대하여 5mg/kg이다.
㉰ 각 할로겐화 유기물질에 대하여 10mg/kg이다.
㉱ 각 할로겐화 유기물질에 대하여 15mg/kg이다.

정답 ㉰

(3) 간섭물질

① 추출용매에는 분석성분의 머무름 시간에서 피크가 나타나는 간섭물질이 있을 수 있다. 추출용매 안에 간섭물질이 발견되면 증류하거나 컬럼크로마토그래피에 의해 제거한다.

★★ ② 이 실험으로 끓는점이 높거나 극성 유기화합물들이 함께 추출되므로 이들 중에는 분석을 간섭하는 물질이 있을 수 있다.

★★ ③ 다이클로로메탄과 같이 머무름 시간이 짧은 화합물은 용매의 피크와 겹쳐 분석을 방해할 수 있다.

★★ ④ 플루오르화탄소나 다이클로로메탄과 같은 휘발성 유기물은 보관이나 운반 중에 격막(septum)을 통해 시료 안으로 확산되어 시료를 오염시킬 수 있으므로 현장 바탕시료로서 이를 점검하여야 한다.

Question 13

할로겐화 유기물질(기체크로마토그래피-질량분석법) 측정시 간섭물질에 대한 내용으로 잘못된 것은?

㉮ 추출용매 안에 간섭물질이 발견되면 증류하거나 컬럼크로마토그래피에 의해 제거한다.
㉯ 다이클로로메탄과 같이 머무름 시간이 긴 화합물은 용매의 피크와 겹쳐 분석을 방해할 수 있다.
㉰ 이 실험으로 끓는 점이 높거나 극성 유기화합물들이 함께 추출되므로 이들 중에는 분석을 간섭하는 물질이 있을 수 있다.
㉱ 플루오르화탄소나 다이클로로메탄과 같은 휘발성 유기물은 보관이나 운반 중에 격막을 통해 시료 안으로 확산되어 시료를 오염시킬 수 있으므로 현장 바탕시료로서 이를 점검하여야 한다.

풀이 ㉯ 다이클로로메탄과 같이 머무름 시간이 짧은 화합물은 용매의 피크와 겹쳐 분석을 방해할 수 있다.

(4) 분석기기 및 기구

① 기체크로마토그래프
    ⓐ 컬럼은 안지름 0.20~0.35mm, 필름두께 0.1~0.50μm, 길이 15~60m의 DB-1, DB-5 및 DB-624 등의 모세관이나 동등한 분리성능을 가진 모세관으로 대상 분석 물질의 분리가 양호한 것을 택하여 실험한다.
★★ ⓑ 운반기체는 부피백분율 99.999% 이상의 헬륨으로서(또는 질소) 유량은 0.5~4mL/min, 시료 도입부 온도는 150~250℃, 컬럼온도는 30~250℃ 로 사용한다.

② 질량분석기(mass spectrometer)
★★ ⓐ 이온화방식은 전자충격법(EI)을 사용하며 이온화 에너지는 35~70eV을 사용한다.
    ⓑ 질량분석기는 자기장형, 사중극자형 및 이온트랩형등의 성능을 가진 것을 사용한다.
    ⓒ 정량분석에는 선택이온검출법(SIM)을 이용하는 것이 바람직하다.

(5) 시료채취 및 관리

유리용기에 상부공간이 없도록 채취하여 폴리테트라플루오로에틸렌(PTFE)으로 피복된 격막이 내장되어 있는 뚜껑이나 동일 격막의 알루미늄캡으로 밀봉한다.

2. 할로겐화 유기물질 - 기체크로마토그래피

(1) 목적

폐유기용제 등의 시료 적당량을 희석용 용매로 희석한 후, 기체크로마토그래프에 직접 주입하여 시료 중 할로겐화 유기물질류를 분석하는 방법이다.

(2) 적용범위

① 다이클로로메탄, 트리클로로메탄, 테트라클로로메탄, 다이클로로디플루오로메탄, 트리클로로플루오로메탄, 1,1-다이클로로에탄, 1,2-다이클로로에탄, 1,1,1-트리클로로에탄, 1,1,2-트리클로로에탄, 트리클로로트리플루오로에탄, 트리클로로에틸렌, 테트라클로로에틸렌, 클로로벤젠, 1,2-다이클로로벤젠, 1,3-다이클로로벤젠, 1,4-다이클로로벤젠, 2-클로로페놀, 3-클로로페놀, 4-클로로페놀, 2,3-다이클로로페놀, 2,4-다이클로로페놀, 2,5-다이클로로페놀, 2,6-다이클로로페놀, 3,4-다이클로로페놀, 3,5-다이클로로페놀, 1,1-다이클로로에틸렌, 시스-1,3-다이클로로프로펜, 트란스-1,3-다이클로로프로펜, 1,1,2-트리클로로-1,2,2-트리플루오로에탄의 분석에 적용한다.
★★ ② 정량한계는 각 화합물에 대하여 10mg/kg

(3) 검출기

① 불꽃이온화검출기(FID)

수소연소노즐, 이온 수집기로 구성되는 본체와 이 전극 사이에 직류전압을 주어 흐르는 이온전류를 측정하기 위한 직류전압 변환회로, 감도 조절부, 신호감쇄부 등으로 구성된다.

★★ ② 전자포획검출기(ECD)

방사선 동위원소(^{63}Ni, ^{3}H 등)로부터 방출되는 β선이 운반기체를 전리하여 미소전류를 흘려보낼 때 시료 중의 할로겐이나 산소와 같이 전자포획력이 강한 화합물에 의하여 전자가 포획되어 전류가 감소하는 것을 이용하는 방법으로 유기할로겐화합물, 나이트로화합물 및 유기금속화합물을 선택적으로 검출할 수 있다.

04 휘발성 저급염소화 탄화수소류

1. 기체크로마토그래피

★★ (1) 목적

시료 중의 트리클로로에틸렌 및 테트라클로로에틸렌을 헥산으로 추출하여 기체크로마토그래프로 정량하는 방법이다.

★★ (2) 적용

① 트리클로로에틸렌(C_2HCl_3) 및 테트라클로로에틸렌(C_2Cl_4) 등의 휘발성 저급염소화 탄화수소류의 분석에 적용한다.
② 트리클로로에틸렌(C_2HCl_3)의 정량한계는 0.008mg/L, 테트라클로로에틸렌(C_2Cl_4)의 정량한계는 0.002mg/L이다.

★★ (3) 간섭물질

① 추출용매에는 분석성분의 머무름 시간에서 피크가 나타나는 간섭물질이 있을 수 있다. 추출용매 안에 간섭물질이 발견되면 증류하거나 컬럼크로마토그래피에 의해 제거한다.
★★ ② 이 실험으로 끓는점이 높거나 극성 유기화합물들이 함께 추출되므로 이들 중에는 분석을 간섭하는 물질이 있을 수 있다.
★★ ③ 다이클로로메탄과 같이 머무름 시간이 짧은 화합물은 용매의 피크와 겹쳐 분석을 방해할 수 있다.

★★ ④ 플루오르화탄소나 다이클로로메탄과 같은 휘발성 유기물은 보관이나 운반 중에 격막(septum)을 통해 시료 안으로 확산되어 시료를 오염시킬 수 있으므로 현장 바탕시료로서 이를 점검하여야 한다.

Question 14

기체크로마토그래피로 휘발성 저급염소화 탄화수소류 측정시 간섭물질에 대한 설명으로 틀린 것은?

㉮ 추출용매 안에 간섭물질이 발견되면 증류하거나 칼럼 크로마토그래피에 의해 제거한다.
㉯ 다이클로로메탄과 같이 머무름 시간이 짧은 화합물은 용매의 피크와 겹치지 않아 분석의 방해가 적다.
㉰ 플루오르화탄소나 다이클로로메탄과 같은 휘발성 유기물은 보관이나 운반 중에 격막을 통해 시료 안으로 확산되어 시료를 오염시킬 수 있으므로 현장 바탕시료로서 이를 점검하여야 한다.
㉱ 이 실험으로 끓는점이 높거나 극성 유기화합물들이 함께 추출되므로 이들 중에는 분석을 간섭하는 물질이 있을 수 있다.

풀이 ㉯ 다이클로로메탄과 같이 머무름 시간이 짧은 화합물은 용매의 피크와 겹쳐 분석을 방해할 수 있다.

(4) 분석기기 및 기구

① 기체크로마토그래프
  ⓐ 컬럼은 안지름 0.20~0.35mm, 필름두께 0.1~0.50μm, 길이 15~60m의 DB-1, DB-5 및 DB-624 등의 모세관이나 동등한 분리성능을 가진 모세관으로 대상 분석 물질의 분리가 양호한 것을 택하여 실험한다.
★★ ⓑ 운반기체는 부피백분율 99.999% 이상의 헬륨으로서(또는 질소) 유량은 0.5~4mL/min, 시 도입부 온도는 150~250℃, 컬럼온도는 30~250℃로 사용한다.

Question 15

휘발성 저급염소화 탄화수소류를 기체크로마토그래피법을 이용하여 측정하고자 할 때 사용하는 운반가스는?

㉮ 수소   ㉯ 산소   ㉰ 질소   ㉱ 알곤

정답 ㉰

② 전자포획검출기(ECD)

방사선 동위원소(^{63}Ni, ^{3}H 등)로부터 방출되는 β선이 운반기체를 전리하여 미소전류를 흘려보낼 때 시료 중의 할로겐이나 산소와 같이 전자포획력이 강한 화합물에 의하여 전자가 포획되어 전류가 감소하는 것을 이용하는 방법으로 유기할로겐화합물, 나이트로화합물 및 유기금속화합물을 선택적으로 검출할 수 있다.

Question 16

기체크로마토그래피 분석에 사용되는 검출기 중 유기할로겐화합물, 나이트로화합물 및 유기금속화합물을 검출할 때 사용되는 검출기는?

㉮ ECD(전자포획검출기) ㉯ FPD(불꽃광도검출기)
㉰ FID(불꽃이온화검출기) ㉱ TCD(열전도도검출기)

정답 ㉮

③ 전해전도 검출기(HECD)

Question 17

휘발성 저급염소화 탄화수소류를 기체크로마토그래피법으로 측정시 사용되는 기구 및 기기에 대한 설명으로 알맞지 않은 것은?

㉮ 검출기는 전자포획검출기 또는 전해전도검출기를 사용한다.
㉯ 칼럼은 석영제로서 내경 2~3mm, 길이 0.1m의 것을 사용한다.
㉰ 운반기체는 부피백분율 99.999% 이상의 헬륨(또는 질소)이다.
㉱ 시료 도입부 온도는 150~250℃ 범위이다.

풀이 ㉯ 칼럼은 내경 0.20~0.35mm, 길이는 15~60m의 것을 사용한다.

2. 퍼지·트랩-기체크로마토그래피-질량분석법

(1) 목적

시료 중의 트리클로로에틸렌 및 테트라클로로에틸렌을 불활성기체로 퍼지시켜 기상으로 추출한 다음 트랩관으로 흡착·농축하고, 가열·탈착시켜 모세관 컬럼을 사용한 기체크로마토그래피-질량분석기로 분석한다.

(2) 적용범위

이 시험기준은 폐기물 중에 트리클로로에틸렌(C_2HCl_3) 및 테트라클로로에틸렌(C_2Cl_4) 등의 휘발성 저급염소화 탄산수소류 분석에 적용할 수 있으며, 각 성분별 정량한계는 0.001mg/L 이다.

(3) 간섭물질

① 유리스파저, 그 연결부위나 트랩 연결관 등의 오염이나 실험실 공기 속에 기화된 용매가 오염원이 될 수 있다. 따라서 바탕시료를 사용하여 이를 점검하여야 한다.

★★ ② 폴리테트라플루오로에틸렌(PTFE, Polytetrafluoroethylene) 재질이 아닌 튜브, 봉합제 및 유속조절제의 사용을 피해야 한다.

★★ ③ 다이클로로메탄은 보관이나 운반 중에 격막(septum)을 통해 확산되기 때문에 시료에 영향을 미칠 수 있고, 공기로부터 직접 오염되거나 옷에 흡착하였다가 오염될 수 있으므로 바탕시료를 사용하여 점검하여야 한다.

④ 높은 농도의 시료와 낮은 농도의 시료를 연속하여 분석할 때에 오염이 될 수 있으므로 시료 분석 사이에 정제수 세척 과정을 두어야 한다. 높은 농도의 시료를 분석한 후에는 바탕시료를 분석하는 것이 좋다.

⑤ 많은 양의 수용성 물질, 부유물질, 높은 끓는점 또는 휘발성 물질을 함유하는 시료를 분석한 후에는 퍼지장치들을 세척해야 한다.

⑥ 높은 순도의 메탄올에도 아세톤이나 다이클로로메탄 등의 유기용매가 존재할 수 있으므로 이를 사용하여 표준용액을 제조할 때에도 용매 내 잔존량을 조사하여야 한다.

3. 헤드스페이스-기체크로마토그래피-질량분석법

(1) 목적

시료 중의 트리클로로에틸렌 및 테트라클로로에틸렌을 헤드스페이스/기체크로마토그래피-질량분석기로 분석한다.

(2) 적용범위

이 시험기준은 폐기물 중에 트리클로로에틸렌(C_2HCl_3) 및 테트라클로로에틸렌(C_2Cl_4) 등의 휘발성 저급염소화 탄화수소류 분석에 적용할 수 있으며, 각 성분별 정량한계는 0.005mg/L 이다.

(3) 간섭물질

① 용매, 시약, 유기기구류 및 실험도구에 간섭물질이 존재할 수 있으므로 사용 전에 점검하여야 한다.
② 실험실 공기 중에 기화된 용매로 인해 오염이 발생할 수 있으므로, 바탕시료를 사용하여 점검하여야 한다.
③ 다이클로로메탄은 보관이나 운반 중에 격막(septum)을 통해 확산되기 때문에 시료에 영향을 미칠 수 있고, 공기로부터 직접 오염되거나 옷에 흡착하였다가 오염될 수 있으므로 바탕시료를 사용하여 점검하여야 한다.

(4) 기체크로마토그래프(gas chromtograph)

① 컬럼은 안지름 0.20mm~0.35mm, 필름두께 0.1μm~1.0μm, 길이 15m~60m의 100% - 메틸폴리실록산(100% - methyl-polssiloxane) 또는 5% - 페닐메틸폴리실록산(5% - phenyl methylpolysiloxane)이 코팅된 DB-1, DB-5 및 DB-624 등의 모세관이나 동등한 분리성능을 가진 모세관으로 대상 분석 물질의 분리가 양호한 것을 택하여 시험한다.
② 운반기체는 순도 99.999% 이상의 헬륨으로 유량은 0.5mL/min~2mL/min, 시료도입부 온도는 150℃~250℃, 컬럼온도는 35℃~250~℃, 검출기온도는 250℃~280℃로 한다.

(5) 질량분석기(mass spectrometer)

① 이온화방식은 전자충격법(EI, electron impact)을 사용하며 이온화에너지는 35~70 eV을 사용한다.
② 질량분석기는 자기장형(magnetic sector), 사중극자형(quadrupole) 및 이온트랩형(ion

trap) 또는 이와 동등 이상의 성능을 가진 것을 사용한다.
③ 검출방법은 선택이온검출법(SIM, selected ion monitoring) 또는 Scan mode을 이용한다.

(6) 퍼지 · 트랩 장치(purge · trap concentrator)

① 퍼지부는 5mL~25mL의 시료를 주입할 수 있는 스파저(sparger) 및 시료를 일정 온도로 가열할 수 있는 가열장치(선택사항)로 구성되어 있다.
② 트랩관은 길이 5cm~30cm 이상, 안지름 2mm 이상의 스테인리스강관에 휘발성 저급염소화 탄화수소류를 흡착 · 농축할 수 있는 충전재가 충전된 것 또는 이와 동등 이상의 성능을 가진 것으로 구성되어 있다.
③ 탈착부는 트랩 관에 농축된 휘발성 저급염소화 탄화수소류를 가열 · 탈착할 수 있는 가열장치를 포함하고 있다.
④ 냉각 응측부는 연결되어 있는 안지름 0.20mm~0.53mm의 모세관 컬럼을 -50℃~-150℃ 정도로 냉각 가능하고, 또한 200℃로 가열 가능한 장치 또는 이와 동등 이상의 성능을 가진 것으로 이루어져 있으며, 경우에 따라 냉각 응축 과정은 생략해도 좋다.

05 감염성미생물

★★★ 1. 감염성미생물의 검사방법

① 아포균 검사법
② 세균배양 검사법
③ 멸균테이프 검사법

Question 18

감염성 미생물 검사법으로 틀린 것은?

㉮ 아포균 검사법 ㉯ 최적확수 검사법
㉰ 세균배양 검사법 ㉱ 멸균테이프 검사법

정답 ㉯

2. 감염성미생물-아포균 검사법

(1) 목적

감염성폐기물을 증기멸균분쇄시설, 열관멸균분쇄시설, 마이크로웨이브멸균분쇄시설에서 멸균처리한 결과 특정한 저항성 미생물 포자가 사멸된 경우 병원성미생물을 포함한 다른 종류의 미생물도 사멸된 것으로 판단하는 방법이다.

(2) 적용범위

감염성폐기물의 멸균잔류물에 대한 멸균여부의 판정은 병원성미생물보다 열저항성이 강하고 비병원성인 아포형성 미생물을 이용한 아포균 검사법으로 실험한 결과 표준 지표생물포자가 10^4개 이상 감소하면 멸균된 것으로 본다.

(3) 간섭물질

일반적으로 미생물 실험은 시료 중에 함유된 미생물의 상태가 시시각각으로 변할 수 있으며, 당초 시료 중에 함유되어 있던 미생물 이외의 다른 미생물이 조작 중에 오염될 수 있다. 이러한 실험상의 오염을 방지하기 위하여 배지, 시약, 기구, 장비 등과 모든 실험조작은 원칙적으로 무균조작을 하여야 한다.

★★ (4) 지표생물포자

감염성폐기물의 멸균잔류물에 대한 멸균여부의 판정은 병원성미생물보다 열저항성이 강하고 비병원성인 아포형성 미생물을 이용하는데 이를 지표생물포자라 한다.

(5) 분석기기 및 기구

★★ ① 배양기 : 온도가 (30±1)℃ 또는 (55±1)℃ 이상 유지되는 항온배양기를 사용한다.
② 시험아포 주입용기 : 부피는 120mL 이상이고 3~4개의 작은 구멍을 뚫어 증기가 침투할 수 있으며 높은 열저항성과 비접착성 재질의 회전식 뚜껑이 있는 용기를 사용하거나 시험아포를 담을 수 있도록 주름끈 또는 접착포가 달린 천으로 만든 주머니를 사용한다.
③ 멸균된 플라스틱 페트리 디쉬 : 안지름 83mm, 깊이 12mm의 디쉬를 사용한다.

(6) 표준지표생물

★★ ① 증기멸균분쇄시설의 표준지표생물은 지오바실러스 스테어로써머필러스, 바실러스 섭틸리스, 바실러스 아트로페이어스로 하고, 열관멸균분쇄시설의 표준지표생물은 바실러스 섭틸리스로 한다. 또한 마이크로웨이브멸균분쇄시설의 표준지표생물은 바실러스 섭틸리스로 한다.

② 표준 지표생물의 아포밀도는 세균현탁액 1mL에 1×10^4개 이상의 아포를 함유하여야 한다. 이러한 표준 지표생물은 스트립(strips), 바이알(vials) 또는 디스크(discs) 등의 팩형태로 시판되고 있는 것을 사용할 수 있으며, 이 경우 반드시 유효기간과 아포밀도를 확인하여야 한다.

③ 지표생물의 스트립, 바이알 또는 디스크는 시험아포 주입용기에 넣어 처리대상 감염성폐기물에 혼입시킨다.

(7) 시료채취 및 관리

① 정상운전조건에서 멸균처리가 끝난 다음 멸균잔류물을 잘 혼합하거나 혼합이 불가능할 경우에는 전체의 성상을 대표할 수 있도록 서로 다른 곳에서 시료를 채취한다.

★★ ② 시료의 채취는 가능한 한 무균적으로 하고 멸균된 용기에 넣어 1시간 이내에 실험실로 운반·실험하여야 하며, 그 이상의 시간이 소요될 경우에는 10℃ 이하로 냉장하여 6시간 이내에 실험실로 운반하고 실험실에 도착한 후 2시간 이내에 배양조작을 완료하여야 한다. 다만 8시간 이내에 실험이 불가능할 경우에는 현지 실험용 기구세트를 준비하여 현장에서 배양조작을 하여야 한다.

Question 19

다음은 세균배양 검사법으로 감염성미생물을 측정할 때 시료채취 및 관리에 관한 내용이다. (   )안에 알맞은 것은?

> 시료의 채취는 가능한 한 무균적으로 하고 멸균된 용기에 넣어 1시간 이내에 실험실로 운반, 실험하여야 하며 그 이상의 시간이 소요될 경우 (   )에 실험실로 운반하고 실험실에 도착한 후 2시간 이내에 배양조작을 완료하여야 한다.

㉮ 4℃ 이하로 냉장하여 8시간 이내
㉯ 4℃ 이하로 냉장하여 6시간 이내
㉰ 10℃ 이하로 냉장하여 8시간 이내
㉱ 10℃ 이하로 냉장하여 6시간 이내

정답 ㉱

3. 감염성미생물 - 세균배양 검사법

(1) 목적

감염성폐기물을 증기·열관멸균분쇄시설의 정상운전으로 멸균처리한 다음 그 멸균잔류물의 추출물을 혐기성 및 호기성균이 동시에 생장할 수 있는 티오글리콜레이트 배지에 배양하여 미생물의 생장여부로부터 멸균상태를 확인하는 방법이다.

(2) 적용범위

이 시험기준은 폐기물 중에 감염성미생물을 아포균검사법으로 검사하는 방법으로 감염성폐기물의 멸균잔류물에 대한 멸균여부의 판정은 세균배양 검사법으로 실험한 결과 세균이 검출되지 않으면 멸균된 것으로 본다.

(3) 간섭물질

일반적으로 미생물 실험은 시료 중에 함유된 미생물의 상태가 시시각각으로 변할 수 있으며, 당초 시료 중에 함유되어 있던 미생물 이외의 다른 미생물이 조작 중에 오염될 수 있다. 이러한 실험상의 오염을 방지하기 위하여 배지, 시약, 기구, 장비 등과 모든 실험조작은 원칙적으로 무균조작을 하여야 한다.

(4) 감염성폐기물 지표생물

감염성폐기물을 증기·열관멸균분쇄시설의 정상운전으로 멸균처리한 다음 그 멸균잔류물의 추출물을 혐기성 및 호기성균이 동시에 생장할 수 있는 티오글리콜레이트 배지에 배양하여 미생물의 생장여부로부터 멸균상태를 검사하는데 여기에서 혐기성 및 호기성균이 지표생물이 된다.

(5) 분석기기 및 기구

★★ ① 배양기 : 온도가 30~37℃가 유지되는 항온배양기를 사용한다.
② 증기멸균이 가능한 45mL 유리시험관 : 지름 18mm, 길이 180mm의 유리 시험관을 사용한다.
③ 현미경 : 미생물의 관찰이 가능한 현미경을 사용한다.

4. 감염성미생물 - 멸균테이프 검사법

(1) 목적

감염성폐기물을 증기멸균분쇄시설에서 멸균 처리하는 과정에 특정 수준의 온도, 증기 및 압력에서 시간이 경과함에 따라 변색하는 화학약품이 도포된 멸균테이프를 부착하여 그 변색여부로 멸균기의 고장이나 오류 등 성능상의 문제와 멸균상태를 간접적으로 확인하는 방법이다.

(2) 적용범위

감염성폐기물을 멸균테이프를 이용하여 실험한 결과 멸균테이프 제품에서 지정한 색으로 변색이 되면 멸균기의 성능과 멸균상태가 정상적인 것으로 본다.

(3) 간섭물질

일반적으로 미생물 실험은 시료 중에 함유된 미생물의 상태가 시시각각으로 변할 수 있으며, 당초 시료 중에 함유되어 있던 미생물 이외의 다른 미생물이 조작 중에 오염될 수 있다. 이러한 실험상의 오염을 방지하기 위하여 배지, 시약, 기구, 장비 등과 모든 실험조작은 원칙적으로 무균조작을 하여야 한다.

(4) 감염성폐기물 표시물질

감염성폐기물을 증기멸균분쇄시설에서 멸균 처리하는 과정에 특정 수준의 온도, 증기 및 압력에서 시간이 경과함에 따라 변색하는 화학약품이 도포된 멸균테이프를 이용

(5) 멸균테이프

스트립 또는 접착 테이프(tapes)형태로서 증기멸균분쇄시설에서 사용이 가능하고 특정수준의 온도, 증기 및 압력에서 시간이 경과함에 따라 변색하는 화학약품이 도포된 것을 사용한다.

PART 04

폐기물 처분기술

CHAPTER 01 연료 및 소각로
CHAPTER 02 열분해 및 부대설비 및 연소영향인자
CHAPTER 03 연소
CHAPTER 04 오염물질 처리법
CHAPTER 05 오염물질 제거장치
CHAPTER 06 매립

폐기물처리

기 사

필 기

CHAPTER 01 연료 및 소각로

01 연료

1. 고체연료

★★ **(1) 고체연료의 특징**

① 고체연료의 C/H비는 15~20 범위이다.
② 고체연료는 액체연료에 비하여 수소함유량이 적다.
③ 고체연료는 액체연료에 비하여 산소함유량이 크다.
④ 고체연료의 연소속도는 연료단위 표면적당 단위시간당 연료량을 의미한다.
★★ ⑤ 점화와 소화가 용이하지 못하다.
★★ ⑥ 인화, 폭발의 위험성이 적다.
⑦ 가격이 저렴하다
⑧ 저장, 운반시 노천 야적이 가능하다.

Question 01

다음 중 고체연료의 장점으로 틀린 것은?
㉮ 점화와 소화가 용이하다.
㉯ 인화, 폭발의 위험성이 적다.
㉰ 가격이 저렴하다.
㉱ 저장, 운반시 노천 야적이 가능하다.

풀이 ㉮ 점화와 소화가 용이하지 못하다.

★★ **(2) 석탄의 탄화도**

① 탄화도가 증가하면 고정탄소, 발열량, 착화온도, 연료비 $\left(\dfrac{고정탄소}{휘발분}\right)$가 증가

② 탄화도가 증가하면 매연 발생량, 비열, 휘발분, 수분, 산소의 양, 연소속도는 감소

Question 02

석탄의 탄화도가 증가하면 감소하는 것은?

㉮ 휘발분　　　㉯ 착화온도　　　㉰ 고정탄소　　　㉱ 발열량

정답 ㉮

---

2. 액체연료

★★ **(1) 액체연료 특징**

① 발열량이 크고 품질이 비교적 균일하다.
② 회분이 거의 없고 점화, 소화 및 연소의 조절이 비교적 쉽다.
③ 계량, 기록이 수월하다.
④ 저장, 운반이 용이하며 배관공사 등에 걸리는 비용도 적게 소요된다.
⑤ 단위질량당의 발열량이 커, 화력이 강하다.
⑥ 액체연료는 비교적 저가로 안정하게 공급되고 품질에도 큰차가 없다.
⑦ 액체연료는 화재, 역화 등의 위험이 크며, 연소온도가 높아 국부가열을 일으키기 쉽다.
⑧ 액체연료의 경우 회분은 적지만, 재속의 금속산화물이 장해원인이 될 수 있다.

Question 03

고체연료 및 액체연료의 비교 특성에 관한 내용으로 잘못된 것은?

㉮ 석유계 연료는 연소의 조절이 간단하고 용이하다.
㉯ 석유계 연료는 동일 중량의 석탄계 연료보다 용적이 35~50% 정도이다.
㉰ 석유계 연료의 발열량(kcal/kg)은 석탄계 연료보다 높다.
㉱ 석유계 연료는 연소시 과잉공기량이 많아 회분 발생량이 적다.

풀이 ㉱ 석유계 연료는 연소시 과잉공기량이 적게 소요되고, 회분 발생량이 적다.

★★ **(2) 석유류의 특성**

① 비중이 커지면 탄수소비(C/H), 인화점, 점도, 착화점, 매연발생량이 증가한다.
② 비중이 클수록 발열량이 낮아지고 연소성이 낮아진다.
③ 점도가 작아지면 인화점, 끓는점이 낮아지고, 유동성이 좋아져 분무화가 잘 된다.
④ 석유류의 증기압이 큰 것은 착화점이 낮아서 위험하다.
⑤ 인화점이 낮은 경우에는 역화의 위험성이 있고, 높은 경우(140℃ 이상)에서는 착화가 곤란하다.
⑥ 인화점은 화기에 대한 위험도를 나타내며, 인화점이 낮을수록 연소가 잘 되나 위험하다.

Question 04

다음 중 액체연료인 석유류에 대한 내용으로 틀린 것은?
㉮ 비중이 커지면 탄수소비(C/H)가 커진다.
㉯ 비중이 커지면 발열량이 감소한다.
㉰ 점도가 작아지면 인화점이 높아진다.
㉱ 점도가 작아지면 유동성이 좋아져 분무화가 잘 된다.

풀이 ㉰ 점도가 작아지면 인화점이 낮아진다.

3. 기체연료

★★ **(1) 기체연료의 특징**

① 장점
 ⓐ 연소효율이 높고 안정된 연소가 된다.
★★ ⓑ 적은 과잉공기(10~20%)로 완전연소가 가능하다.
★★ ⓒ 연료의 예열이 쉽고 유황 함유량이 적어 SO_x 발생량이 적다.
 ⓓ 점화, 소화가 용이하고 연소조절이 쉽다.
★★ ⓔ 발열량이 높다.
 ⓕ 회분이나 유해물질의 배출이 적다.
 ⓖ 부하의 변동 범위가 넓다.
② 단점
 ⓐ 설비비가 많이 들고 비싸다.
 ⓑ 취급시 위험성이 크다.
 ⓒ 수송이나 저장이 용이하지 못하다.

Question 05

기체연료의 장·단점으로 잘못된 것은?

㉮ 연소 효율이 높고 안정된 연소가 된다.
㉯ 완전연소시 많은 과잉공기(200~300%)가 소요된다.
㉰ 설비비가 많이 들고 비싸다.
㉱ 연료의 예열이 쉽고 유황 함유량이 적어 SO_X 발생량이 적다.

풀이 ㉯ 완전연소시 적은 과잉공기(10~20%)가 소요된다.

(2) 기체연료의 종류

★★ ① LNG(액화천연가스)
　★★ ⓐ LNG의 주성분은 CH_4(메탄)이다.
　　 ⓑ LNG의 밀도는 공기보다 작다.
　★★ ⓒ LNG는 천연가스를 1기압하에서 -162℃ 정도로 냉각하여 액화시켜 대량 수송 및 저장을 가능하게 한 것이다.
　　 ⓓ LNG는 지질학적으로 수용성 가스, 석탄계 가스, 석유계 가스로 구분되며 석탄계 가스가 대부분을 차지한다.
　　 ⓔ 고위발열량은 10,000kcal/Sm^3이다.

★★ ② LPG(액화석유가스)
　★★ ⓐ LPG의 주성분은 C_3H_8(프로판)과 C_4H_{10}(부탄)이다.
　　 ⓑ LPG의 비중이 공기보다 무거워 인화폭발의 위험성이 높다.
　　 ⓒ LPG의 발열량은 26,000 kcal/Sm^3이며, 비중은 공기의 1.5배 정도이다.
　★★ ⓓ 석유정제때에 부산물로 생산되는 것과 천연가스에서 회수되는 것이 있으나 전자의 것이 대부분이다.
　　 ⓔ 황분이 적고 독성이 없다.
　　 ⓕ 액화시키는 이유는 기체상태일 때 보다 부피가 $\frac{1}{240} \sim \frac{1}{280}$로 줄어들기 때문이다.

02 소각로의 종류

★★★ 1. 유동층 소각로

(1) 장점

★★ ① 기계적 구동부분이 적어 고장율이 낮다.
★★ ② 가스의 온도가 낮고 과잉공기량이 적어 질소산화물(NO_X)도 적게 배출된다.
③ 로내 온도의 자동제어와 열회수가 용이하다.
★★ ④ 반응시간이 빨라 소각시간이 짧다.(로 부하율이 높다.)
⑤ 유동매체의 축열량이 높아 단기간 정지후 가동시에 보조연료 사용 없이 정상가동이 가능하다.
★★ ⑥ 연소효율이 높아 미연소분의 배출이 적고 2차 연소실이 필요없다.
⑦ 유동매체의 열용량이 커서 액상, 기상, 고형폐기물의 전소 및 혼소가 가능하다.

(2) 단점

① 로내로 투입전 파쇄 등의 전처리가 필요하다.(투입이나 유동화를 위해 파쇄가 필요하다.)
★★ ② 상(床)으로부터 찌꺼기 분리가 어렵다.
③ 유동매체의 손실로 인한 보충이 필요하다.

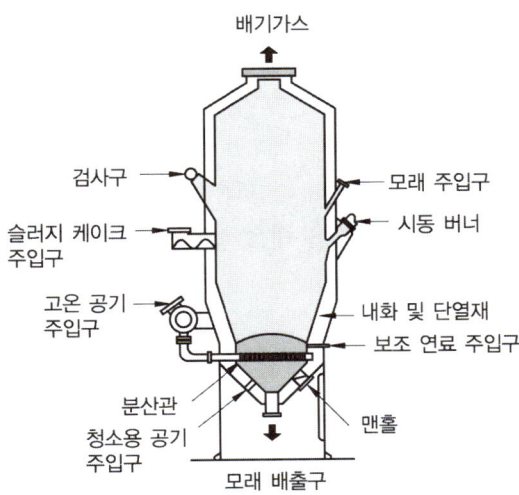

Question 06

유동층 소각로방식에 대한 내용으로 잘못된 것은?

㉮ 반응시간이 빨라 소각시간이 짧다. (로 부하율이 높다.)
㉯ 기계적 구동부분이 많아 고장율이 높다.
㉰ 폐기물의 투입이나 유동화를 위해 파쇄가 필요하다.
㉱ 가스온도가 낮고 과잉공기량이 적어 NO_X도 적게 배출된다.

풀이 ㉯ 기계적 구동부분이 적어 고장율이 낮다.

Question 07

유동층 소각로에 대한 내용으로 틀린 것은?

㉮ 상(床)으로부터 찌꺼기의 분리가 어렵다.
㉯ 가스온도가 높고 과잉공기량이 커 NO_X가 많이 배출된다.
㉰ 폐기물의 투입이나 유동화를 위해 파쇄가 필요하다.
㉱ 기계적 구동부분이 적어 고장률이 낮다.

풀이 ㉯ 가스온도가 낮고 과잉공기량이 작아 NO_X가 적게 배출된다.

(3) 유동상 소각로에서 유동층 물질의 조건

① 불활성일 것
② 융점이 높을 것
③ 비중이 작을 것
④ 내마모성이 있을 것
⑤ 열충격에 강할 것
⑥ 가격이 쌀 것

★★ 2. 화격자식(Stoker) 소각로

휘발성이 많고 열분해하기 쉬운 물질을 태울 경우에는 공기를 위쪽에서 아래쪽으로 통과시키는 하향식 연소방식을 쓴다.

(1) 장점

① 연속적인 소각과 배출이 가능하다.
② 경사 Stoker방식의 경우 수분이 많은 것이나 발열량이 낮은 것도 어느 정도 소각이 가능하다.

(2) 단점

★★ ① 체류시간이 길고 교반력이 약하여 국부가열이 발생할 염려가 있다.
② 고온중에서 기계적으로 구동하기 때문에 금속부의 마모손실이 심하다.
③ 플라스틱 등과 같이 열에 쉽게 용해되는 물질은 화격자가 막힐 염려가 있다.

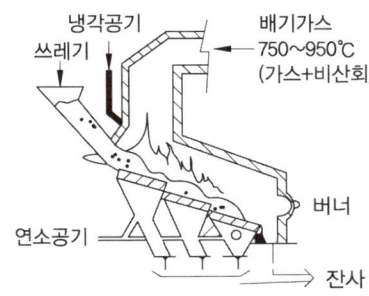

> **Question 08**
>
> 화격자(Grate or Stoker) 연소기에 대한 내용으로 틀린 것은?
>
> ㉮ 고온 중에서 기계적으로 구동하므로 금속부의 마모손실이 심한 편이다.
> ㉯ 체류시간이 짧고, 교반력이 강하며, 열에 쉽게 용융되는 물질의 소각에 효과적이다.
> ㉰ 경사 Stoker 방식은 수분이 많은 것이나 발열량이 낮은 것도 어느 정도 소각이 가능하다.
> ㉱ 휘발성분이 많고 열분해하기 쉬운 물질을 태울 경우에는 공기를 위쪽에서 아래쪽으로 통과시키는 하향식 연소방식을 쓴다.
>
> **풀이** ㉯ 체류시간이 길고, 교반력이 약하며, 열에 쉽게 용융되는 물질의 소각에 비효과적이다.

★★ 3. Rotary Kiln(로터리 킬른) = 회전로 소각로

(1) 장점

★★ ① 습식가스 세정시스템과 함께 사용할 수 있다.
★★ ② 경사진 구조로 용융상태의 물질에 의하여 방해를 받지 않는다.
③ 폐기물의 체류시간은 로의 회전속도를 조절함으로써 제어할 수 있다.
④ 고형폐기물에 높은 난류도와 공기에 대한 접촉을 크게 할 수 있다.
★★ ⑤ 대체로 예열, 혼합, 파쇄 등의 전처리 없이 폐기물 주입이 가능하다.
⑥ 액상이나 고상의 여러 가지 폐기물을 동시에 처리할 수 있다.
⑦ 드럼이나 대형용기를 그대로 집어넣을 수 있다.

(2) 단점

★★ ① 비교적 열효율이 낮은 편이다.
★★ ② 로 내에서의 공기유출이 크므로 종종 대량의 과잉공기가 필요하다.
　　③ 처리량이 적은 경우 설치비가 많이 든다.
★★ ④ 분진 발생량이 많다.
　　⑤ 구형 및 원통형 물질은 완전연소가 끝나기 전에 굴러 떨어질 수 있다.
　　⑥ 대기오염 제어 시스템에 분진 부하율이 높다.

> **Question 09**
>
> Rotary Kiln 소각로에 관한 내용으로 잘못된 것은?
> ㉮ 액상이나 고상의 여러 가지 폐기물을 동시에 처리할 수 있다.
> ㉯ 로 내에서의 공기의 유출이 크고 대기오염 제어시스템에 분진 부하율이 높다.
> ㉰ 비교적 열효율이 높은 편이다.
> ㉱ 대체로 예열, 혼합, 파쇄 등 전처리 없이 주입이 가능하다.
>
> **풀이** ㉰ 비교적 열효율이 낮은 편이다.

> **Question 10**
>
> 소각방식 중 로타리킬른식 소각로의 장점으로 틀린 것은?
> ㉮ 과잉공기량을 최소화할 수 있어 분진발생량이 적다.
> ㉯ 고형 폐기물에 높은 난류도와 공기에 대한 접촉을 크게 할 수 있다.
> ㉰ 용융상태의 물질에 의하여 방해받지 않는다.
> ㉱ 대체로 예열, 혼합, 파쇄 등 전처리 없이 주입 가능하다.
>
> **풀이** ㉮ 과잉공기량의 소모가 크다.

★★ ## 4. 다단로

　다단로는 내화물을 입힌 가열판, 중앙의 회전축, 일렬의 평판상을 구성하는 교반팔로구성되어 있다.

(1) 장점

　① 다량의 수분이 증발되므로 수분함량이 높은 폐기물의 연소가 가능하다.
　② 체류시간이 길어 특히 휘발성이 적은 폐기물 연소에 유리하다.

③ 많은 연소영역이 있으므로 연소효율을 높일 수 있다.
④ 천연가스, 프로판, 오일, 폐유 등 다양한 연료를 사용할 수 있다.
⑤ 물리, 화학적으로 성분이 다른 각종 폐기물을 처리할 수 있다.
⑥ 액상 및 기상 폐기물의 이용은 보조연료의 양을 감소시켜 운전비용을 절감할 수 있다.

(2) 단점

① 열적 충격이 발생되고 내화물 등의 손상이 발생된다.
★★ ② 늦은 온도반응 때문에 보조연료 사용을 조절하기가 어렵다.
★★ ③ 유해폐기물의 완전분해를 위한 2차 연소실이 필요하다.
★★ ④ 분진 발생량이 높다.
⑤ 체류시간이 길기 때문에 온도반응이 더디다.

> **Question 11**
>
> 연소기 중 다단로의 장·단점으로 잘못된 것은?
> ㉮ 분진 발생률이 높다.
> ㉯ 체류시간이 길어 휘발성이 적은 폐기물 연소에 유리하다.
> ㉰ 온도반응이 비교적 신속하여 보조연료사용 조절이 용이하다.
> ㉱ 많은 연소영역이 있어 연소효율을 높일 수 있다.
>
> **풀이** ㉰ 늦은 온도반응 때문에 보조연료 사용을 조절하기가 어렵다.

★★ 5. 액상분사 소각로(Liquid Injection Incincrator) = 액체 주입형 연소기

액체 주입형 연소기의 가장 일반적인 형식은 수평점화식이다.

(1) 장점

★★ ① 구동장치가 간단하고 고장이 적다.
② 하방점화방식의 경우에는 염이나 입상물질을 포함한 폐기물의 소각도 가능하다.

(2) 단점

① 완전히 연소시켜야 하며 내화물의 파손을 막아 주어야 한다.
② 고형분의 농도가 높으면 버너가 막히기 쉽다.
★★ ③ 대량처리가 불가능하다.

④ 버너노즐 없이 액체의 미립화가 어렵다.
⑤ 소각재 배출설비가 없어 회분함량이 낮은 액상폐기물에 사용된다.

> **Question 12**
>
> 액체주입형 연소기에 대한 내용으로 잘못된 것은?
> ㉮ 구동장치가 없어서 고장이 적다.
> ㉯ 대기오염 방지시설과 소각재 배출설비가 있다.
> ㉰ 연소기의 가장 일반적인 형식은 수평 점화식이다.
> ㉱ 버너 노즐을 통하여 액체를 미립화하여야 하며 대량처리가 어렵다.
>
> **풀이** ㉯ 대기오염 방지시설과 소각재 배출설비가 없다.

04 로 본체의 형식

1. 로 본체의 형식

★★ **(1) 역류식(향류식)**

① 연소가스에 의한 방사열이 폐기물에 유효하게 적용한다.
★★ ② 수분이 많고 저위발열량이 낮은 쓰레기에 적합하다.
③ 후연소내의 온도저하 및 불완전연소가 발생할 수 있다.
★★ ④ 연소실내의 연소가스의 흐름방향과 폐기물의 이송방향이 반대인 형식이다.

★★ **(2) 병류식**

★★ ① 수분이 적고 저위발열량이 높은 폐기물에 적합하다.
★★ ② 폐기물의 이송방향과 연소가스의 흐름방향이 같은 형식이다.
③ 건조대에서 건조효율이 저하될 수 있다.

Question 13

수분이 적고 저위발열량이 높은 폐기물에 적합하며 폐기물의 이송방향과 연소가스 흐름방향이 같은 소각방식은?

㉮ 향류식   ㉯ 병류식   ㉰ 교류식   ㉱ 복류식

`정답` ㉯

(3) 교류식(중간류식)

① 역류식(향류식)과 병류식의 중간적인 형식이다.
② 폐기물 질의 변동이 심한 경우에 사용한다.

(4) 복류식

① 2개의 출구를 가지고 있다.
② 댐퍼의 개폐로 역류식, 병류식, 교류식으로 조절할 수 있다.
★★ ③ 폐기물의 질이나 저위발열량의 변동이 심할 경우에 사용한다.

> **TIP**
> 로의 본체 형식

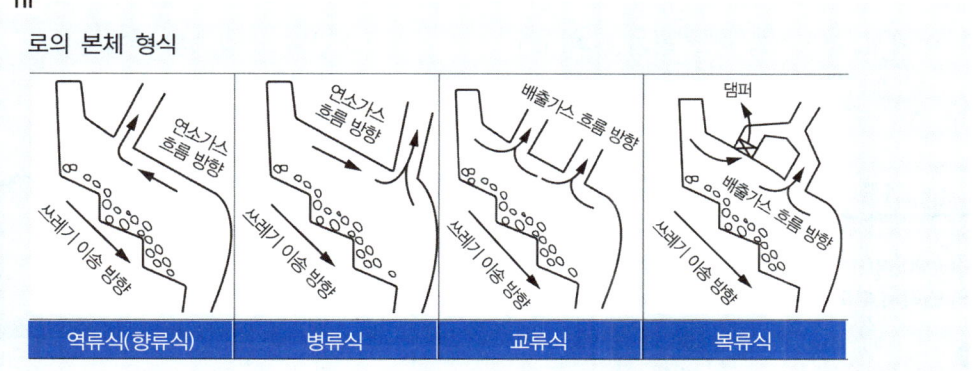

Question 14

소각로 내 연소가스의 폐기물 흐름에 따른 조작방법에 대한 설명으로 틀린 것은?
- ㉮ 병류식은 폐기물의 이송방향과 연소가스의 흐름 방향이 같은 형식으로 건조대에서의 건조효율이 저하될 수 있다.
- ㉯ 역류식은 수분이 적고 저위발열량이 낮은 쓰레기에 적합하며 후연소 내의 온도저하나 불완전연소의 염려가 없다.
- ㉰ 교류식은 역류식과 병류식의 중간적인 형식이다.
- ㉱ 복류식은 2개의 출구를 가지고 있고 댐퍼의 개폐로 역류식, 병류식, 교류식으로 조절할 수 있어 폐기물의 질이나 저위발열량의 변동이 심할 경우에 사용한다.

풀이 ㉯ 역류식은 수분이 많고 저위발열량이 낮은 쓰레기에 적합하며, 후연소내의 온도저하 및 불완전연소가 발생할 수 있다.

2. 소각시 부피감소율과 소각재 밀도 계산

★ (1) 소각시 부피감소율(%) 계산공식

$$부피감소율(\%) = \left(1 - \frac{V_2}{V_1}\right) \times 100$$

여기서, V_1 : 소각 전 쓰레기 부피(m^3) V_2 : 소각 후 소각재의 부피(m^3)

Question 15

밀도가 600kg/m³인 도시형 쓰레기 200ton을 소각한 결과 밀도가 1,000kg/m³인 소각재가 60ton이 되었다면 소각시 부피감소율(%)을 계산하시오.

풀이
$$부피감소율(\%) = \left(1 - \frac{V_2}{V_1}\right) \times 100$$

$$V_1 = \frac{200 \times 10^3 \text{kg}}{600 \text{kg/m}^3} = 333.33 \text{m}^3 \qquad V_2 = \frac{60 \times 10^3 \text{kg}}{1000 \text{kg/m}^3} = 60 \text{m}^3$$

따라서 부피감소율(%) $= \left(1 - \dfrac{60 \text{m}^3}{333.33 \text{m}^3}\right) \times 100 = 82.0\%$

(2) 소각재의 밀도 계산식

★ ①
$$\text{소각재의 밀도}(kg/m^3) = \text{폐기물의 밀도}(kg/m^3) \times \frac{100 - \text{질량 감소율}(\%)}{100 - \text{부피 감소율}(\%)}$$

Question 16

밀도가 800kg/m³인 폐기물을 처리하는 소각로에서 질량 감소율은 85%이고 부피 감소율은 90%이었을 경우 이 소각로에서 발생하는 소각재의 밀도(kg/m³)를 계산하시오.

풀이
$$\text{소각재의 밀도}(kg/m^3) = \text{폐기물의 밀도}(kg/m^3) \times \frac{100 - \text{질량 감소율}(\%)}{100 - \text{부피 감소율}(\%)}$$
$$= 800 kg/m^3 \times \frac{100-85}{100-90} = 1,200 kg/m^3$$

② 재의 밀도 계산식

$$\text{재의 밀도}(ton/m^3) = \frac{\text{재의 중량}(ton)}{\text{재의 용적}(m^3)}$$

Question 17

쓰레기를 1일 100ton 소각하여 소각 후 남은 재는 전체 소각한 쓰레기 질량의 20%라고 한다. 남은 재의 용적이 15m³일 때 재의 밀도(ton/m³)를 계산하시오.

풀이
$$\text{재의 밀도}(ton/m^3) = \frac{\text{재의 중량}(ton)}{\text{재의 용적}(m^3)} = \frac{100 ton \times 0.2}{15 m^3} = 1.33 ton/m^3$$

CHAPTER 02 | 열분해 및 부대설비 및 연소영향인자

01 열분해

1. 열분해의 정의

폐기물을 무산소 또는 산소가 부족한 상태에서 고온으로 가열하여 가스, 액체, 고체 상태의 연료를 생산하는 공정이다.

★★★ 2. 열분해의 특징

① 열분해의 방법은 저온법과 고온법이 있다.
② 열분해에서 일반적으로 저온이라 함은 500~900℃, 고온은 1,100~1,500℃를 말한다.
③ 고온열분해에서 1700℃까지 온도를 올리면 생산되는 모든 재는 슬래그(Slag)로 배출된다.
④ 고온의 열분해에서는 가스상태의 연료가 많이 생성된다.
★★ ⑤ 열분해 온도에 따른 가스의 구성비가 좌우되는데 고온이 될수록 CO_2 함량이 감소하고, 수소함량이 증가한다.
★★ ⑥ 열분해를 통하여 얻어지는 연료의 성질을 결정짓는 요소로는 운전온도, 가열속도, 폐기물의 성질 등으로 알려져 있다.
★★ ⑦ 연소가 고도의 발열반응에 비해 열분해는 고도의 흡열반응이다.
⑧ 폐기물을 산소의 공급없이 가열하여 가스, 액체, 고체의 3성분으로 분리한다.
⑨ 열분해에 의해 생성되는 액체물질에는 아세트산, 아세톤, 메탄올, 오일, 타르, 방향성물질이 있다.
★★ ⑩ 열분해 장치는 고정상, 유동상, 부유상태 등의 장치로 구분되어질 수 있다.

Question 01

폐기물 열분해에 대한 내용으로 잘못된 것은?

㉮ 고온 열분해에서는 가스 상태의 연료가 많이 생성된다.
㉯ 열분해 장치는 고정상, 유동상, 부유상태 등으로 구분할 수 있다.
㉰ 열분해 온도에 따라 가스구성비가 좌우되는데, 온도가 증가할수록 CO_2 구성비(함량)는 감소된다.
㉱ 열분해 온도에 따라 가스구성비가 좌우되는데, 온도가 증가할수록 수소 구성비(함량)는 감소된다.

풀이 ㉱ 열분해 온도에 따라 가스구성비가 좌우되는데, 온도가 증가할수록 수소 구성비(함량)는 증가한다.

3. 열분해시 생성물질

① **기체상 물질** : 수소(H_2), 메탄(CH_4), 일산화탄소(CO)
② **액체상 물질** : 아세톤, 메탄올, 오일
③ **고체상 물질** : 탄화물(Char), 불활성 물질

★★ 4. 열분해가 소각처리에 비해 갖는 장점

★★ ① 황 및 중금속이 회분속에 고정되는 비율이 크다.
② 저장 및 수송이 가능한 연료를 회수할 수 있다.
★★ ③ 환원성 분위기가 유지되어 Cr^{3+}가 Cr^{6+}로 변화되기 어렵다.
④ 배기가스량이 적어 가스처리 장치가 소형이다.
★★ ⑤ 소각처리에 비해 상대적으로 저온이기 때문에 NO_X 발생량이 적다.
⑥ 지속적 환원 분위기로 효과적인 에너지 회수가 가능하다.

Question 02

유기성 폐기물로부터 에너지회수를 위한 열분해처리 공법으로 틀린 것은?

㉮ 소각처리에 비해 배기가스량이 적다.
㉯ 소각처리에 비해 황 및 중금속이 회분 속에 고정되는 비율이 적다.
㉰ 소각처리에 비해 상대적으로 저온이기 때문에 NO_X의 발생량이 적다.
㉱ 환원성 분위기가 유지되므로 Cr^{3+}이 Cr^{6+}로 변화되기 어렵다.

풀이 ㉯ 소각처리에 비해 황 및 중금속이 회분 속에 고정되는 비율이 크다.

02 열교환기

열교환기의 구성은 과열기, 재열기, 절탄기(이코노마이저), 공기예열기로 구성되어 있다.

★★★ 1. 과열기

★★ ① 과열기는 보일러에서 발생하는 포화증기에 다수의 수분이 함유되어 있으므로 이것을 과열하여 수분을 제거하고 과열도가 높은 증기를 얻기 위해 설치한다.
② 과열기의 재료는 탄소강을 비롯하여 니켈, 몰리브덴, 바나듐, 크롬 등을 함유한 특수내열강관을 사용한다.
③ 과열기는 부착위치에 따라 전열형태가 다르며, 방사형, 대류형, 방사·대류형 과열기로 구분된다.
④ 방사형 과열기는 화실의 천장부 또는 노벽에 배치한다.
★★ ⑤ 일반적으로 보일러의 부하가 높아질수록 방사과열기에 의한 과열온도가 낮아진다.
★★ ⑥ 일반적으로 보일러의 부하가 높아질수록 대류과열기에 의한 과열온도가 상승한다.
⑦ 방사·대류형 과열기는 대류 전달면 입구 가까이에 설치하고 방사열과 대류전달열을 동시에 이용하는 과열기이다.

> **TIP**
> (핵심내용) 보일러 부하와 방사과열기는 반비례, 대류과열기는 비례관계

Question 03

열교환기 중 과열기에 대한 내용으로 잘못된 것은?

㉮ 보일러에서 발생하는 포화증기에 다수의 수분이 함유되어 있으므로 이것을 과열하여 수분을 제거하고 과열도가 높은 증기를 얻기 위해 과열기를 설치한다.
㉯ 과열기의 재료는 탄소강을 비롯 니켈, 크롬 등을 함유한 특수 내열 강관을 사용하고 있다.
㉰ 과열기는 그 부착위치에 따라 전열 형태가 다르다.
㉱ 일반적으로 보일러의 부하가 높아질수록 방사과열기에 의한 과열 온도가 상승한다.

풀이 ㉱ 일반적으로 보일러의 부하가 높아질수록 방사과열기에 의한 과열 온도가 낮아진다.

2. 재열기

① 과열기와 같은 구조로 되어 있다.
② 설치위치는 과열기의 중간 또는 뒤쪽에 배치되어 있다.
 ③ 증기터빈 속에서 팽창하여 포화증기에 도달한 증기를 도중에서 이끌어내어 그 압력으로 다시 가열하여 터빈에 되돌려 팽창시키는 장치이다.

Question 04

일반적으로 과열기의 중간 또는 뒤쪽에 배치되어 증기터빈 속에서 팽창하여 포화증기에 도달한 증기를 도중에서 이끌어내어 그 압력으로 다시 가열하여 터빈에 되돌려 팽창시키는 열교환기는?

㉮ 재열기　　㉯ 절탄기　　㉰ 공기예열기　　㉱ 압열기

정답 ㉮

 3. 절탄기(이코노마이저)

 ① 설치위치는 연도에 설치한다.
② 폐열회수를 위한 열교환기이다.
 ③ 보일러 전열면을 통하여 연소가스의 여열로 보일러 급수를 예열하여 보일러 효율을 높이는 장치이다.
④ 급수 예열에 의해 보일러수와의 온도차가 감소하므로 보일러 드럼에 발생하는 열응력이 경감된다.
⑤ 급수온도가 낮을 경우, 굴뚝가스 온도가 저하하면 절탄기 저온부에 접하는 가스온도가 노점에 달하여 절탄기를 부식시킨다.
⑥ 굴뚝의 가스온도 저하로 인한 굴뚝 통풍력의 감소에 주의 하여야 한다.

Question 05

폐열회수를 위한 열교환기 중 연도에 설치하며, 보일러 전열면을 통하여 연소가스의 여열로 보일러 급수를 예열하여 보일러 효율을 높이는 장치는?

㉮ 재열기　　㉯ 절탄기　　㉰ 공기예열기　　㉱ 과열기

정답 ㉯

Question 06

열교환기 중 절탄기에 대한 내용으로 잘못된 것은?

㉮ 급수 예열에 의해 보일러수와의 온도차가 증가함에 따라 보일러 드럼에 열응력이 발생한다.
㉯ 급수온도가 낮을 경우, 굴뚝가스 온도가 저하하면 절탄기 저온부에 접하는 가스온도가 노점에 달하여 절탄기를 부식시킨다.
㉰ 굴뚝의 가스온도 저하로 인한 굴뚝 통풍력의 감소에 주의하여야 한다.
㉱ 보일러 전열면을 통하여 연소가스의 여열로 보일러 급수를 예열하여 보일러의 효율을 높이는 장치이다.

풀이 ㉮ 급수 예열에 의해 보일러수와의 온도차가 감소하므로 보일러 드럼에 발생하는 열응력이 경감된다.

4. 공기예열기

★★ ① 굴뚝가스 여열을 이용하여 연소용 공기를 예열하여 보일러의 효율을 높이는 장치이다.
② 연료의 착화와 연소를 양호하게 하고 연소온도를 높이는 부대효과가 있다.
③ 대표적인 판상 공기예열기, 관형 공기예열기 및 재생식 공기예열기 등이 있다.
★★ ④ 이코노마이저(절탄기)와 병용 설치하는 경우에는 공기예열기를 저온측에 설치한다.

 Question 07

폐열회수를 위한 열교환기 중 공기예열기에 대한 내용으로 틀린 것은?

㉮ 굴뚝 가스 여열을 이용하여 연소용 공기를 예열하여 보일러의 효율을 높이는 장치이다.
㉯ 연료의 착화와 연소를 양호하게 하고 연소온도를 높이는 부대효과가 있다.
㉰ 대표적으로 판상 공기예열기, 관형 공기예열기 및 재생식 공기예열기 등이 있다.
㉱ 이코노마이저와 병용 설치하는 경우에는 공기예열기를 고온 측에 설치한다.

풀이 ㉱ 이코노마이저와 병용 설치하는 경우에는 공기예열기를 저온 측에 설치한다.

03 증기 터빈

★★★ 1. 증기 터빈의 분류

★★ ① 증기작동방식으로 분류하면 충동 터빈, 반동 터빈, 혼합식 터빈으로 나누어진다.
★★ ② 증기이용방식으로 분류하면 배압 터빈, 복수 터빈, 혼합 터빈으로 나누어진다.
★★ ③ 증기유동방향으로 분류하면 축류 터빈, 반경류 터빈으로 나누어진다.
④ 흐름수로 분류하면 단류 터빈, 복류 터빈으로 나누어진다.
⑤ 피구동기로 분류하면 감속형 터빈, 직결형 터빈으로 나누어진다.

TIP
암기법 : 작동은 충동, 반동, 혼합식이고/이용은 배압, 복수, 혼합이고/유동은 축류, 반경류이다.

Question 08

폐열이용시설 중 하나인 증기터빈의 분류과정과 터빈 형식의 연결이 틀린 것은?

㉮ 흐름수 : 단류 터빈, 복류 터빈
㉯ 증기작동방식 : 축류 터빈, 반경류 터빈
㉰ 증기이용방식 : 배압 터빈, 복수 터빈, 혼합 터빈, 추기배압 터빈, 추기복수 터빈
㉱ 피구동기 : 발전용(직결형 터빈, 감속형 터빈), 기계구동형(급수펌프 구동 터빈, 압축기구 터빈)

풀이 ㉯ 증기작동방식 : 충동터빈, 반동터빈, 혼합식터빈

2. 배압 터빈의 특징

① 증기 터빈 중에서 산업용의 약 70% 정도를 차지하고 있다.
② 증기를 다량으로 소비하는 산업분야에 널리 적용된다.
③ 열효율은 90% 정도에 달한다.
④ 증기 터빈의 분류관점으로 보면 증기이용방식에 속한다.

Question 09

증기 터빈 중에서 산업용의 약 70%를 점하는 것으로 증기를 다량으로 소비하는 산업분야에 널리 적용되고 있으며 열효율은 90%에 가까운 평가를 기대할 수 있는 것은? (단, 증기 터빈 분류관점 : 증기이용방식 기준)

㉮ 충동 터빈 ㉯ 축류 터빈 ㉰ 단류 터빈 ㉱ 배압 터빈

정답 ㉱

04 통풍방식의 종류

1. 압입통풍(가압통풍)

★★ ① 연소실 공기를 예열할 수 있다.
★★ ② 송풍기의 고장이 적고 점검 및 보수가 용이하다.
★★ ③ 내압이 정압(+)으로 연소효율이 좋다.
★★ ④ 역화의 위험성이 있다.
⑤ 흡인통풍식보다 송풍기의 동력소모가 적다.
⑥ 압입통풍은 노압에 설치된 가압송풍기에 의해 연소용 공기를 연소로 안으로 압입한다.

2. 흡입통풍

① 굴뚝의 통풍저항이 큰 경우에 적합하다.
★★ ② 노내압이 부압으로 역화의 우려가 없다.
③ 이젝트를 사용할 경우 동력이 불필요하다.
★★ ④ 송풍기의 점검 및 보수가 어렵다.
⑤ 통풍력이 크다.

3. 평형통풍

★★ ① 대용량의 연소설비에 적합하다.
② 통풍 및 노내압 조절이 용이하다.
③ 냉기의 침입이 없다.
④ 통풍손실이 큰 연소설비에 사용된다.
★★ ⑤ 동력소모가 크고, 설비비 및 유지비가 많이 든다.
★★ ⑥ 소음발생이 심하다.

Question 10

소각로의 통풍장치 중 강제통풍 방법으로 틀린 것은?

㉮ 진공통풍   ㉯ 가압통풍   ㉰ 흡입통풍   ㉱ 평형통풍

정답 ㉮

05 연소영향인자

1. 착화온도

(1) 착화온도의 정의

충분한 공기의 공급하에서 고체연료를 가열해가면 어떤 온도에 달하여 더 가열하지 않아도 연료자신의 연소열에 의하여 연소를 계속하게 되는 온도이다.

★★★ (2) 착화온도의 특징

① 가연물의 증발량이 많을수록 낮아진다.
② 화학결합의 활성도가 클수록 낮아진다.
③ 산소와의 친화성이 클수록 낮아진다.
★★ ④ 활성화에너지가 작을수록 낮아진다.
⑤ 분자구조가 복잡할수록 낮아진다.
⑥ 발열량이 높을수록 낮아진다.
⑦ 공기 중의 산소농도가 클수록 낮아진다.
⑧ 화학반응성이 클수록 낮아진다.
⑨ 공기의 압력이 높을수록 착화온도는 낮아진다.
⑩ 탄화수소의 착화온도는 분자량이 클수록 낮아진다.
⑪ 비표면적이 클수록 낮아진다.

TIP

핵심내용 : 착화온도는 활성화에너지에 비례, 나머지 조건에는 반비례 관계

Question 11

일반적 착화온도에 관한 내용으로 틀린 것은?
㉮ 연료의 분자구조가 간단할수록 착화온도는 높아진다.
㉯ 연료의 화학적 발열량이 클수록 착화온도는 낮다.
㉰ 연료의 화학결합 활성도가 작을수록 착화온도는 낮다.
㉱ 연료의 화학반응성이 클수록 착화온도는 낮다.

풀이 ㉰ 연료의 화학결합 활성도가 클수록 착화온도는 낮다.

★★ 2. 등가비(ϕ ; equivalent ratio)

① $\phi = \dfrac{\text{실제의 연료량/산화제}}{\text{완전연소를 위한 이상적 연료량/산화제}}$

② $\phi = \dfrac{1}{\text{공기비}(m)}$ 이다.

③ $\phi = 1$ 경우는 완전연소로 연료와 산화제의 혼합이 이상적이다.
④ $\phi > 1$ 경우는 연료가 과잉이며 불완전 연소로 CO, HC 최대이고 NO_X 최소가 된다.
⑤ $\phi < 1$ 경우는 공기가 과잉, 완전연소가 기대되며 CO가 최소가 된다.

 Question 12

연소과정에서 등가비가 1보다 큰 경우는?
㉮ 과잉공기가 공급된 경우
㉯ 연료가 이론적인 경우보다 적을 경우
㉰ 완전 연소에 알맞은 연료와 산화제가 혼합될 경우
㉱ 연료가 과잉으로 공급된 경우

정답 ㉱

★★ 3. 탄수소비(C/H)

① 석유계 연료의 탄수소비는 연소용 공기량과 발열량 그리고 연료의 연소특성에도 영향을 미친다.
② 탄수소비가 크면 비교적 비점이 높은 연료는 매연이 발생되기 쉽다.
③ 기체연료의 탄수소비는 올레핀계 > 나프텐계 > 아세틸계 > 프로필계 > 프로판 > 메탄 순으로 감소한다.

★★ ④ 중질 연료일수록 C/H비는 크다.
★★ ⑤ C/H비가 클수록 이론공연비는 감소된다.
★★ ⑥ C/H비는 휘발유 < 등유 < 경유 < 중유 순으로 증가한다.
★★ ⑦ C/H비가 클수록 휘도가 높고 방사율이 크다.

> **Question 13**
>
> 다음 액체연료 중 탄수소비(C/H비)가 가장 큰 것은?
> ㉮ 휘발유　　　㉯ 경유　　　㉰ 중유　　　㉱ 등유
>
> 정답 ㉰

★★ 4. 그을음(매연)

★★ ① 분해나 산화하기 쉬운 탄화수소는 그을음 발생이 적다.
　② C/H비가 큰 연료일수록 그을음이 잘 발생된다.
★★ ③ 발생빈도의 순서는 천연가스 < LPG < 제조가스 < 석탄가스 < 코크스이다.
★★ ④ - C - C -의 탄소결합을 절단하기 보다 탈수소가 쉬운 쪽이 매연이 생기기 쉽다.
★★ ⑤ 탈수소, 중합 및 고리화합물 등과 같이 반응이 일어나기 쉬운 탄화수소일수록 매연이 잘 생긴다.
　⑥ 연소실의 체적이 작을 때 매연이 발생한다.
　⑦ 중유연소에서 공기비가 클수록 검댕이 적게 생긴다.
　⑧ 중유연소에서 생성되는 검댕의 입경은 메탄연소의 경우보다 크다.
★★ ⑨ 석탄 연소에서는 석탄의 휘발분이 많을수록 검댕이 생기기 쉽다.
　⑩ 통풍력이 부족할 때 매연이 발생한다.
　⑪ 무리하게 연소시킬 때 매연이 발생한다.
　⑫ 방향족 생성반응이 일어나기 쉬운 탄화수소일수록 발생하기 쉽다.

TIP

핵심내용 : 휘발분이 높은 연료, 불완전연소 조건 시 매연발생

06 RDF(Refuse Derived Fuel)

폐기물 중의 가연성 물질만을 선별하여 함수율, 염소화합물, 입경 등을 조절하여 연료화 시킨 것이다.

★★ 1. RDF(고형화연료)를 소각로에서 사용시 문제점

① RDF의 조성은 주로 유기물질이므로 수분함량에 따라 부패되기 쉽다.
② RDF 중에 Cl 함량이 크면 다이옥신 발생 위험성이 높다.
③ 소각시설의 부식발생으로 시설수명이 단축될 수 있다.
④ 시설비 및 동력비가 고가이며, 운전에 숙련된 기술이 요구된다.
⑤ 연료공급의 신뢰성 문제가 있을 수 있다.

Question 14

RDF 소각로의 문제점으로 틀린 것은?
㉮ 소각시설의 부식발생으로 수명이 단축될 수 있다.
㉯ 연료공급의 신뢰성 문제가 있을 수 있다.
㉰ 염소보다는 유황의 다량 함유로 SO_X 발생이 문제가 된다.
㉱ 시설비가 고가이고 숙련된 기술이 필요하며 연소분진과 대기오염에 대한 주의가 요망된다.

풀이 ㉰ 염소가 다량 함유되어 다이옥신의 발생이 문제가 된다.

2. RDF의 특징

① 수분함량이 증가하면 부패하여 연료로서의 가치를 상실한다.
② PVC 등이 함유되면 연소시 배기가스 처리에 유의해야 한다.
③ 쓰레기를 연료로 전환하기 위한 전처리에 동력 및 투자비가 많이 소요된다.
④ 배합 조성률이 균일하여야 한다.
⑤ 저장 및 수송이 편리하도록 개질되어야 한다.
⑥ RDF용 소각로 제작이 용이해야하며, 발열량이 높아야 한다.
⑦ 쓰레기 원료중에 비가연성 성분이나 연소후 잔류하는 재의 양이 적어야 한다.
⑧ 조성 배합률이 균일하여야 하고 대기오염이 적어야 한다.

Question 15

쓰레기 전환 연료(RDF)에 관한 내용으로 틀린 것은?

㉮ 수분함량이 증가하면 부패하여 연료로서의 가치를 상실한다.
㉯ PVC 등이 함유되면 연소시 배기가스 처리에 유의해야 한다.
㉰ 쓰레기를 연료로 전환하기 위한 전처리에 동력 및 투자비가 적게 소요된다.
㉱ 배합 조성률이 균일하여야 한다.

풀이 ㉰ 쓰레기를 연료로 전환하기 위한 전처리에 동력 및 투자비가 많이 소요된다.

3. RDF의 종류

(1) Powder RDF(분말화한 모양의 RDF)

① 열용량(발열량)이 4,300Kcal/kg으로 가장 높다.
② 회분량이 10~20%이다.
③ 수분함량이 4% 이하이다.

(2) Pellet RDF(일정한 형태로 가공한 RDF)

① 발열량이 3,300 ~ 4,000Kcal/kg이다.
② 회분량이 12 ~ 25%이다.
③ 수분함량이 12~18% 정도이다.

(3) Fluff RDF(특정한 형태로 가공하지 않은 RDF)

① 발열량은 약 2,500~3,500Kcal/kg이다.
② 회분량이 22 ~ 30%이다.
③ 수분함량이 15~20% 정도이다.

Question 16

일반적으로 직경이 10~20mm이고 길이가 30~50mm인 형태와 크기를 가지며, 보관이나 운반의 효율을 높이는 동시에 단위 무게당 열량을 향상시킨 RDF의 종류는?

㉮ Powder RDF   ㉯ Pellet RDF   ㉰ Fluff RDF   ㉱ Bubble RDF

 정답 ㉯

★★ 4. RDF의 구비조건

① 재의 양이 적을 것
② 대기오염이 적을 것
③ 함수율이 낮을 것
④ 균일한 조성을 가질 것
⑤ 발열량(칼로리)이 높을 것

 Question 17

RDF를 대량 사용하고자 할 경우의 구비조건으로 틀린 것은?

㉮ 함수율이 낮을 것　　　　　　　　㉯ 칼로리가 낮을 것
㉰ 재의 양이 적을 것　　　　　　　　㉱ RDF 조성이 균일할 것

풀이　㉯ 칼로리가 높을 것

CHAPTER 03 연소

01 발열량 계산

1. 발열량의 정의
① 고위발열량(Hh) : 연료 연소시 발생되는 총 발열량
② 저위발열량(Hl) : 고위발열량에서 수분의 증발잠열을 제외한 값

TIP
소각로 설계의 기준이 되고 있는 발열량은 저위발열량이다.

2. 고체연료 및 액체연료의 발열량 계산식

★★ ① 고체, 액체 연료의 저위발열량(Hl) 계산식

$$Hl = Hh - 600(9H + W)$$

여기서, Hl : 저위발열량(kcal/kg)　　Hh : 고위발열량(kcal/kg)
　　　　H : 수소의 함량　　　　　　W : 수분의 함량

Question 01

수소 12%, 수분 0.3%가 포함된 고체연료의 고위 발열량이 10,000kcal/kg일 때 이 연료의 저위발열량(kcal/kg)은?

풀이　$Hl = Hh - 600(9H + W)(kcal/kg)$
　　　　$= 10,000 \text{kcal/kg} - 600 \times (9 \times 0.12 + 0.003) = 9,350.2 \text{kcal/kg}$

★★★ ② 듀롱(Dulong)식에 의한 고위발열량(Hh) 계산식

$$Hh = 8,100C + 34,000\left(H - \frac{O}{8}\right) + 2,500S \, (kcal/kg)$$

여기서, Hh : 고위발열량(kcal/kg)　　C : 탄소의 함량
　　　　H : 수소의 함량　　　　　　O : 산소의 함량
　　　　S : 황의 함량　　　　　　　$\left(H - \frac{O}{8}\right)$: 유효수소
　　　　$\frac{O}{8}$: 무효수소

📢 Question 02

액체연료의 성분분석결과 탄소 84%, 수소 11%, 황 2.4%, 산소 1.3%, 수분 1.3%이었다면 이 연료의 저위발열량(kcal/kg)은? (단, Dulong식을 이용)

풀이 ① Dulong식에 의한 고위발열량(Hh)공식
$$= 8,100 \times 0.84 + 34,000 \times \left(0.11 - \frac{0.013}{8}\right) + 2,500 \times 0.024$$
$$= 10,548.75 \, kcal/kg$$
② 저위발열량(Hl) = 고위발열량(Hh) − 600(9H + W)(kcal/kg)
$$= 10,548.75 \, kcal/kg - 600(9 \times 0.11 + 0.013)$$
$$= 9,946.95 \, kcal/kg$$

3. 기체연료의 발열량 계산식

★★ ① 기체연료의 완전연소반응식

$$C_mH_n + \left(m + \frac{n}{4}\right)O_2 \rightarrow mCO_2 + \frac{n}{2}H_2O$$

★★★ ② 기체연료의 저위발열량(Hl) 계산식

$$Hl = Hh - 480 \times H_2O량 \, (kcal/Sm^3)$$

여기서, Hl : 저위발열량(kcal/Sm³)
　　　　Hh : 고위발열량(kcal/Sm³)
　　　　H₂O량 : 완전연소반응식에서 H₂O 갯수

Question 03

메탄의 고위발열량이 9,900kcal/Sm³이라면 저위발열량(kcal/Sm³)은?

풀이 $CH_4 + 2O_2 \rightarrow CO_2 + 2H_2O$

$Hl = Hh - 480 \times H_2O량 (kcal/Sm^3)$

$= 9,900 kcal/Sm^3 - 480 \times 2 = 8,940 kcal/Sm^3$

02 고체연료 및 액체연료의 연소계산식

1. 가연성분의 연소반응식

① $\underset{12kg}{C} + \underset{\underset{32kg}{22.4Sm^3}}{O_2} \rightarrow \underset{\underset{44kg}{22.4Sm^3}}{CO_2}$

② $\underset{2kg}{H_2} + \underset{\underset{16kg}{11.2Sm^3}}{\frac{1}{2}O_2} \rightarrow \underset{\underset{18kg}{22.4Sm^3}}{H_2O}$

③ $\underset{32kg}{S} + \underset{\underset{32kg}{22.4Sm^3}}{O_2} \rightarrow \underset{\underset{64kg}{22.4Sm^3}}{SO_2}$

2. 연소계산식(kg/kg ; 질량비)

① $O_o(\text{이론산소량}) = \frac{32kg}{12kg}C + \frac{16kg}{2kg}\left(H - \frac{O}{8}\right) + \frac{32kg}{32kg}S$

$= 2.667C + 8\left(H - \frac{O}{8}\right) + 1S$

② $A_o(\text{이론공기량}) = O_o(\text{이론산소량}) \times \frac{1}{0.232}$

$= \left\{2.667C + 8\left(H - \frac{O}{8}\right) + 1S\right\} \times \frac{1}{0.232}$

★★★ 3. 연소계산식(Sm^3/kg ; 체적비)

① O_o(이론산소량) $= \dfrac{22.4Sm^3}{12kg}C + \dfrac{11.2Sm^3}{2kg}\left(H - \dfrac{O}{8}\right) + \dfrac{22.4Sm^3}{32kg}S$

$= 1.867C + 5.6\left(H - \dfrac{O}{8}\right) + 0.7S$

② A_o(이론공기량) $= O_O$(이론산소량) $\times \dfrac{1}{0.21}$

$= \left\{\dfrac{22.4Sm^3}{12kg}C + \dfrac{11.2Sm^3}{2kg}\left(H - \dfrac{O}{8}\right) + \dfrac{22.4Sm^3}{32kg}S\right\} \times \dfrac{1}{0.21}$

$= \left\{1.867C + 5.6\left(H - \dfrac{O}{8}\right) + 0.7S\right\} \times \dfrac{1}{0.21}$

$= 8.89C + 26.67\left(H - \dfrac{O}{8}\right) + 3.33S$

여기서, C : 연료 중 탄소의 함량　　　H : 연료 중 수소의 함량
　　　　O : 연료 중 산소의 함량　　　S : 연료 중 황의 함량
　　　　$\left(H - \dfrac{O}{8}\right)$: 유효수소　　　$\dfrac{O}{8}$: 무효수소

③ God(이론건연소가스량) $= A_o - 5.6H + 0.7O + 0.8N$

$= Gow - \{1.244(9H + W)\}$

④ Gd(실제건연소가스량) $= mA_o - 5.6H + 0.7O + 0.8N$

$= God + \{(m-1)A_o\}$

$= Gw - \{1.244(9H + W)\}$

⑤ Gow(이론습연소가스량) $= A_o + 5.6H + 0.7O + 0.8N + 1.244W$

$= Gw - \{(m-1)A_o\}$

⑥ Gw(실제습연소가스량) $= mA_o + 5.6H + 0.7O + 0.8N + 1.244W$

$= Gd + \{1.244(9H + W)\}$

$= Gow + \{(m-1)A_o\}$

TIP
★★★ 고체연료 및 액체연료의 연소계산식 중 필수암기사항

1. 연소계산식(kg/kg ; 질량비)

   ① O_0(이론산소량) $= 2.667C + 8\left(H - \dfrac{O}{8}\right) + 1S$

   ② A_0(이론공기량) $= \left\{2.667C + 8\left(H - \dfrac{O}{8}\right) + 1S\right\} \times \dfrac{1}{0.232}$

★★★ 2. 연소계산식(Sm^3/kg ; 체적비)

   ① O_0(이론산소량) $= 1.867C + 5.6\left(H - \dfrac{O}{8}\right) + 0.7S$

   ② A_0(이론공기량) $= 8.89C + 26.67\left(H - \dfrac{O}{8}\right) + 3.33S$

   ③ God(이론건연소가스량) $= A_0 - 5.6H + 0.7O + 0.8N$

   ④ Gd(실제건연소가스량) $= mA_0 - 5.6H + 0.7O + 0.8N$

   ⑤ Gow(이론습연소가스량) $= A_0 + 5.6H + 0.7O + 0.8N + 1.244W$

   ⑥ Gw(실제습연소가스량) $= mA_0 + 5.6H + 0.7O + 0.8N + 1.244W$

TIP
① 실제 − 이론 = 과잉공기량 $= (m-1)A_0 (Sm^3/kg)$

② 습가스량 − 건가스량 = 수분량 $= 1.244(9H + W)(Sm^3/kg)$

★★ ⑦ CO_2량 $= \dfrac{22.4 Sm^3}{12 kg}C = 1.867C\,(Sm^3/kg)$

★★ ⑧ SO_2량 $= \dfrac{22.4 Sm^3}{32 kg}S = 0.7S\,(Sm^3/kg)$

Question 04

탄소 85%, 수소 13%, 황 2%를 함유하는 중유 10kg 연소에 필요한 이론산소량(Sm^3)을 계산하시오.

풀이

O_0(이론산소량) $= 1.867C + 5.6\left(H - \dfrac{O}{8}\right) + 0.7S\,(Sm^3/kg)$

$= (1.867 \times 0.85 + 5.6 \times 0.13 + 0.7 \times 0.02)\,Sm^3/kg \times 10kg = 23.29\,Sm^3$

Question 05

탄소 85%, 수소 13%, 황 2%로 조성된 중유의 연소에 필요한 이론공기량(Sm^3/kg)을 계산하시오.

풀이

$$A_o = 8.89C + 26.67\left(H - \frac{O}{8}\right) + 3.33S \,(Sm^3/kg)$$
$$= 8.89 \times 0.85 + 26.67 \times 0.13 + 3.33 \times 0.02$$
$$= 11.09 \, Sm^3/kg$$

TIP

문제의 조건에서 산소(O)의 함량이 없으므로 $\frac{O}{8}$를 생략하여 계산하시면 됩니다.

Question 06

메탄올(CH_3OH) 3kg을 완전연소하는데 필요한 이론공기량(Sm^3)을 계산하시오.

풀이

① $CH_3OH + 1.5O_2 \rightarrow CO_2 + 2H_2O$
  32kg : $1.5 \times 22.4 \, Sm^3$
  3kg : X(이론산소량)

∴ X(이론산소량) = $\dfrac{3kg \times 1.5 \times 22.4 \, Sm^3}{32kg} = 3.15 \, Sm^3$

② 이론공기량(Sm^3) = 이론산소량(Sm^3) × $\dfrac{1}{0.21}$
  = $3.15 \, Sm^3 \times \dfrac{1}{0.21} = 15 \, Sm^3$

TIP

이론공기량(A_o) 및 이론가스량(G_o)

	이론공기량(A_o) 및 이론가스량(G_o)	Rosin	고체 및 액체
고체연료 (석탄) (Sm^3/kg)	A_o	$1.01 \times \dfrac{Hl}{1,000} + 0.5$	$1.05 \times \dfrac{Hl}{1,000} + 0.1$
	G_o	$0.89 \times \dfrac{Hl}{1,000} + 1.65$	$1.11 \times \dfrac{Hl}{1,000} + 0.3$
액체연료 (Sm^3/kg)	A_o	$0.85 \times \dfrac{Hl}{1,000} + 2$	$1.04 \times \dfrac{Hl}{1,000} + 0.02$
	G_o	$1.1 \times \dfrac{Hl}{1,000}$	$1.11 \times \dfrac{Hl}{1,000} + 0.04$

★★★ 4. 공기비(m)

★★ ① 배출가스 분석시($CO_2\%$, $O_2\%$, $N_2\%$ 주어질 때)

$$m = \frac{N_2\%}{N_2\% - 3.76 \times O_2\%}$$

Question 07

석탄 사용 가열로의 배기가스를 분석한 결과 CO_2 : 15%, O_2 : 5%, N_2 : 80%였다. 이 때 공기비는?

풀이 공기비(m) $= \dfrac{N_2\%}{N_2\% - 3.76 \times O_2\%} = \dfrac{80}{80 - 3.76 \times 5} = 1.31$

★★ ② 과잉공기율(%) $= (m-1) \times 100 (\%)$

예를 들어 과잉공기량이 20%이면 $100\% + 20\% = 120\%$ 가 된다.

따라서 공기비(m) $= 1.2$

★★ ③ 배출가스 중 $O_2\%$가 존재할 때

$$m = \frac{21}{21 - O_2\%}$$

Question 08

배기가스중에 일산화탄소가 전혀 없는 완전연소가 일어나고, O_2가 10.5%라면 공기비(m)는?

풀이 $O_2\%$만 존재시 공기비(m) 구하는 공식

$m = \dfrac{21}{21 - O_2\%} = \dfrac{21}{21 - 10.5\%} = 2.0$

④ 실제공기량($mA_o = A$)과 이론공기량(A_o)이 존재할 때

$$m = \frac{A}{A_o}$$

⑤ $CO_2 max(\%)$와 $CO_2(\%)$가 존재할 때

$$m = \frac{CO_2 max(\%)}{CO_2(\%)}$$

4. 공기비(m)의 특징

★★★ **(1) 공기비(m)가 작을 경우 발생하는 현상**

① 연소가스 중의 CO와 HC의 농도가 증가한다.
② 매연이나 검댕의 발생량이 증가한다.
③ 연소효율이 저하한다.

★★★ **(2) 공기비(m)가 클 경우 발생하는 현상**

① 연소실에서 연소온도가 낮아진다.(연소실의 냉각효과를 가져옴)
② 통풍력이 강하여 배기가스에 의한 열손실이 증대된다.
③ 황산화물과 질소산화물의 함량이 증가하여 부식이 촉진된다.
④ CH_4, CO 및 C 등 물질의 농도가 감소한다.
⑤ 방지시설의 용량이 커지고 에너지 손실이 증가한다.
⑥ 희석효과가 높아져 연소 생성물의 농도가 감소한다.

★★★ **Question 09**

연소장치에서 공기비가 큰 경우에 나타나는 현상으로 틀린 것은?

㉮ 연소실에서 연소온도가 낮아진다.
㉯ 배기가스 중 질소산화물량이 증가한다.
㉰ 불완전연소로 일산화탄소량이 증가한다.
㉱ 통풍력이 강하여 배기가스에 의한 열손실이 크다.

풀이 ㉰ 일산화탄소량이 감소한다.

4. 고체(쓰레기)에서 공급공기량 계산식

★★ ①
$$실제공기량(A) = m \times A_o (Sm^3/kg)$$

여기서, m : 공기비(과잉공기계수) A_o : 이론공기량(Sm^3/kg)

Question 10

쓰레기를 소각처리하고자 한다. 중량분율로 탄소성분이 11%, 수소 3%, 산소 13% 이고, 기타 성분(불연소분)이 73%일 때 소각로에 공급해야 할 실제공기량(Sm^3/kg)을 계산하시오. (단, 과잉공기계수(m) = 1.5)

풀이

이론공기량(A_o) = $8.89C + 26.67\left(H - \dfrac{O}{8}\right) + 3.33S \, (Sm^3/kg)$

$= 8.89 \times 0.11 + 26.67 \times \left(0.03 - \dfrac{0.13}{8}\right) = 1.3446 \, Sm^3/kg$

따라서 실제공기량(A) = $m \times A_o = 1.5 \times 1.3446 \, Sm^3/kg = 2.02 \, Sm^3/kg$

★★ ②
$$공급공기량(Sm^3/hr) = m \times A_o \times Gf$$

여기서, m : 공기비(과잉공기계수) A_o : 이론공기량(Sm^3/kg)
Gf : 연료량(kg/hr)

Question 11

탄소, 수소 및 황의 중량비가 83%, 14%, 3%인 폐유 3kg/hr을 소각시키는 경우 배기가스의 분석치가 CO_2 12.5%, O_2 3.5%, N_2 84%이었다면 매시 필요한 공기량(Sm^3/hr)을 계산하시오.

풀이

① $m = \dfrac{N_2\%}{N_2\% - 3.76 \times O_2\%} = \dfrac{84\%}{84\% - 3.76 \times 3.5\%} = 1.1858$

② $A_o = 8.89C + 26.67\left(H - \dfrac{O}{8}\right) + 3.33S \, (Sm^3/kg)$

$= 8.89 \times 0.83 + 26.67 \times 0.14 + 3.33 \times 0.03$

$= 11.2124 \, Sm^3/kg$

③ 필요한 공기량 = $1.1858 \times 11.2124 \, Sm^3/kg \times 3 \, kg/hr = 39.89 \, Sm^3/hr$

03. 기체연료의 연소계산식

★★ 1. 기체 연료의 완전연소반응식

$$C_mH_n + \left(m + \frac{n}{4}\right)O_2 \rightarrow mCO_2 + \frac{n}{2}H_2O$$

★★★ 2. 기체연료의 연소계산식(Sm^3/Sm^3)

① O_o(이론산소량) = 산소의 갯수

② A_o(이론공기량) = O_o(이론산소량) × $\frac{1}{0.21}$

③ God(이론건연소가스량) = $(1-0.21)A_o + CO_2$량

④ Gd(실제건연소가스량) = $(m-0.21)A_o + CO_2$량

⑤ Gow(이론습연소가스량) = $(1-0.21)A_o + CO_2$량 + H_2O량

⑥ Gw(실제습연소가스량) = $(m-0.21)A_o + CO_2$량 + H_2O량

TIP

Sm^3/Sm^3 = 체적비 = 몰비 = 갯수비

3. C_3H_8의 연소계산식(Sm^3/Sm^3)

$$C_3H_8 + 5O_2 \rightarrow 3CO_2 + 4H_2O$$

① $O_o = \dfrac{5 \times 22.4 Sm^3}{1 \times 22.4 Sm^3} = 5$

② $A_o = O_o(Sm^3/Sm^3) \times \dfrac{1}{0.21} = \dfrac{5 \times 22.4\,Sm^3}{1 \times 22.4\,Sm^3} \times \dfrac{1}{0.21} = 5 \times \dfrac{1}{0.21}$

③ $God = (1-0.21) \times \dfrac{5 \times 22.4\,Sm^3}{1 \times 22.4\,Sm^3 \times 0.21} + \dfrac{3 \times 22.4\,Sm^3}{1 \times 22.4\,Sm^3}$

$$= (1-0.21) \times \frac{5}{0.21} + 3$$

④ $Gd = (m - 0.21) \times \dfrac{5 \times 22.4\,Sm^3}{1 \times 22.4\,Sm^3 \times 0.21} + \dfrac{3 \times 22.4\,Sm^3}{1 \times 22.4\,Sm^3}$

$$= (m - 0.21) \times \frac{5}{0.21} + 3$$

⑤ $Gow = (1-0.21) \times \dfrac{5 \times 22.4\,Sm^3}{1 \times 22.4\,Sm^3 \times 0.21} + \dfrac{3 \times 22.4\,Sm^3}{1 \times 22.4\,Sm^3} + \dfrac{4 \times 22.4\,Sm^3}{1 \times 22.4\,Sm^3}$

$$= (1-0.21) \times \frac{5}{0.21} + 3 + 4$$

⑥ $Gw = (m - 0.21) \times \dfrac{5 \times 22.4\,Sm^3}{1 \times 22.4\,Sm^3 \times 0.21} + \dfrac{3 \times 22.4\,Sm^3}{1 \times 22.4\,Sm^3} + \dfrac{4 \times 22.4\,Sm^3}{1 \times 22.4\,Sm^3}$

$$= (m - 0.21) \times \frac{5}{0.21} + 3 + 4$$

4. C_3H_8의 연소계산식(kg/kg)

$$C_3H_8 + 5O_2 \rightarrow 3CO_2 + 4H_2O$$

① $O_o = \dfrac{5 \times 32\,kg}{1 \times 44\,kg}$

② $A_o = O_o(kg/kg) \times \dfrac{1}{0.232} = \dfrac{5 \times 32\,kg}{1 \times 44\,kg} \times \dfrac{1}{0.232}$

③ $God = (1 - 0.232) \times \dfrac{5 \times 32\,kg}{1 \times 44\,kg \times 0.232} + \dfrac{3 \times 44\,kg}{1 \times 44\,kg}$

④ $Gd = (m - 0.232) \times \dfrac{5 \times 32\,kg}{1 \times 44\,kg \times 0.232} + \dfrac{3 \times 44\,kg}{1 \times 44\,kg}$

⑤ $Gow = (1 - 0.232) \times \dfrac{5 \times 32\,kg}{1 \times 44\,kg \times 0.232} + \dfrac{3 \times 44\,kg}{1 \times 44\,kg} + \dfrac{4 \times 18\,kg}{1 \times 44\,kg}$

⑥ $Gw = (m - 0.232) \times \dfrac{5 \times 32\,kg}{1 \times 44\,kg \times 0.232} + \dfrac{3 \times 44\,kg}{1 \times 44\,kg} + \dfrac{4 \times 18\,kg}{1 \times 44\,kg}$

Question 12

프로판(C_3H_8) $5Sm^3$을 연소시킬 때 필요한 이론공기량(Sm^3)을 계산하시오.

풀이

① 완전연소 반응식 $C_3H_8 + 5O_2 \rightarrow 3CO_2 + 4H_2O$

② A_o = 이론산소량 $\times \dfrac{1}{0.21} = 5 \times \dfrac{1}{0.21}(Sm^3/Sm^3) \times 5Sm^3 = 119.05\,Sm^3$

Question 13

메탄 $1Sm^3$을 공기과잉계수 1.8로 연소시킬 경우, 실제습윤연소가스량(Sm^3) 계산하시오.

풀이 $CH_4 + 2O_2 \rightarrow CO_2 + 2H_2O$

$G_w = (m-0.21)A_o + CO_2량 + H_2O량 = (1.8-0.21) \times \dfrac{2}{0.21} + 1 + 2 = 18.14\,Sm^3/Sm^3$

04 공연비(AFR)

★★ ① 완전연소 반응식

$$C_mH_n + \left(m + \dfrac{n}{4}\right)O_2 \rightarrow mCO_2 + \dfrac{n}{2}H_2O$$

★★ ② AFR(공연비)를 체적으로 구하는 식

$$AFR(Sm^3/Sm^3) = \dfrac{\text{산소갯수} \times 22.4Sm^3 \times \dfrac{1}{0.21}}{\text{연료갯수} \times 22.4Sm^3} = \dfrac{\text{산소갯수}}{0.21}$$

★★ ③ AFR(공연비)를 질량으로 구하는 식

① $AFR(kg/kg) = \dfrac{\text{산소갯수} \times 32kg \times \dfrac{1}{0.232}}{\text{연료갯수} \times \text{연료의 분자량}(kg)}$

② $AFR(kg/kg) = \dfrac{AFR(Sm^3/Sm^3) \times \text{공기의 분자량}(kg)}{\text{연료갯수} \times \text{연료의 분자량}(kg)}$

Question 14

옥탄(C_8H_{18})이 완전연소되는 경우에 공기연료비(AFR, 질량기준)를 계산하시오.

풀이 $C_8H_{18} + 12.5O_2 \rightarrow 8CO_2 + 9H_2O$

$$AFR(kg/kg) = \frac{12.5 \times 32kg \times \frac{1}{0.232}}{114kg} = 15.12$$

TIP
C_8H_{18}의 분자량 $= 8 \times 12 + 18 \times 1 = 114kg$

05 이론연소온도 계산공식

$$H1 = G \times C \times (t_2 - t_1) \quad \therefore t_2 = \frac{H1}{G \times C} + t_1$$

여기서, $H1$: 저위발열량($kcal/Sm^3$) C : 평균정압 비열($kcal/Sm^3 \cdot ℃$)
G : 가스량(Sm^3/Sm^3) t_2 : 이론연소온도(℃)
t_1 : 기준온도(℃)

Question 15

저위발열량이 7,000kcal/Sm^3의 가스연료의 이론연소온도는 몇 ℃인가? (단, 이론연소가스량은 20Sm^3/Sm^3, 연료연소가스의 평균정압비열 0.35kcal/$Sm^3 \cdot ℃$, 기준온도 15℃, 공기는 예열하지 않으며, 연소가스는 해리되지 않는다.)

풀이 $t_2 = \dfrac{7,000kcal/Sm^3}{20Sm^3/Sm^3 \times 0.35kcal/Sm^3 \cdot ℃} + 15℃ = 1,015℃$

06 연소실 열발생율 계산공식

① 고체 및 액체연료의 연소실 열발생율 계산공식

$$\text{연소실 열발생율}(kcal/m^3 \cdot hr) = \frac{\text{저위발열량}(kcal/kg) \times \text{연료량}(kg/hr)}{\text{연소실의 체적}(m^3)}$$

② 기체연료의 연소실 열발생율 계산공식

$$\text{연소실 열발생율}(kcal/m^3 \cdot hr) = \frac{\text{저위발열량}(kcal/Sm^3) \times \text{연료량}(Sm^3/hr)}{\text{연소실의 체적}(m^3)}$$

Question 16

가로 1.2m, 세로 2.0m, 높이 12m의 연소실에서 저위발열량 10,000kcal/kg의 중유를 1시간에 100kg 연소한다면 연소실의 열발생율(kcal/m³·hr)을 계산하시오.

풀이

$$\text{열발생율}(kcal/m^3 \cdot hr) = \frac{\text{저위발열량}(kcal/kg) \times \text{연료량}(kg/hr)}{\text{연소실의 체적}(m^3)}$$

$$= \frac{10,000 kcal/kg \times 100 kg/hr}{1.2m \times 2.0m \times 12m} = 34,722.22 kcal/m^3 \cdot hr$$

07 소각로의 화격자 소각능력 계산공식

$$\text{화격자 소각능력}(kg/m^2 \cdot hr) = \frac{\text{소각할 쓰레기의 양}(kg/hr)}{\text{화격자 면적}(m^2)}$$

Question 17

소각로의 화격자 연소능력이 340kg/m² · hr이고 1일 소각할 쓰레기의 양이 20,000kg이다. 1일 8시간 소각하면 필요한 화격자의 면적(m²)을 계산하시오.

풀이

$$340\text{kg/m}^2 \cdot \text{hr} = \frac{20,000\text{kg/day} \times 1\text{day}/8\text{hr}}{\text{화격자의 면적(m}^2)}$$

$$\therefore \text{화격자의 면적} = \frac{20,000\text{kg/day} \times 1\text{day}/8\text{hr}}{340\text{kg/m}^2 \cdot \text{hr}} = 7.35\text{m}^2$$

08 소요동력 계산

$$\text{Kw} = \frac{\text{Ps} \times \text{Q}}{102 \times \eta} \times \alpha \qquad \text{Hp} = \frac{\text{Ps} \times \text{Q}}{75 \times \eta} \times \alpha$$

여기서, Ps : 전압력손실(mmH₂O)   Q : 가스량(m³/sec)
       η : 처리효율   α : 여유율
       1Kw = 102kg · m/sec   1Hp(Ps) = 75kg · m/sec

TIP

102와 75의 시간 단위가 "sec"이므로 가스량(Q)의 시간 단위는 반드시 "sec"임을 숙지하셔야 합니다.

Question 18

폐처리가스량이 5,400Sm³/hr인 스토크식 소각시설의 정압을 측정하였더니 20 mmH₂O였다. 여유율이 20%인 송풍기를 사용할 경우 필요한 소요동력(Kw)을 계산하시오. (단, 송풍기의 정압효율은 80%, 전동기효율은 70%이다.)

풀이

$$\text{Kw} = \frac{20\text{mmH}_2\text{O} \times 5,400\text{Sm}^3/\text{hr} \times 1\text{hr}/3,600\text{sec}}{102 \times 0.8 \times 0.7} \times 1.2 = 0.63\text{Kw}$$

09 최대탄산가스량($CO_2 max$)

1. $CO_2 max$의 특징

① 최대탄산가스량은 연료의 조성에 따라 정해지며, 연료에 따라 서로 다른 값을 갖는다.
② 최대탄산가스량은 과잉공기를 사용하지 않고 가연물을 산화시켰을 때 발생되는 건조가스량을 기준으로 한 CO_2의 부피 백분율이다.
③ 최대탄산가스량의 산출법은 연료의 원소조성을 이용하는 방법과 배기가스의 조성을 이용하는 방법이 있다.

2. 고체 및 액체 연료에서 $CO_2 max$(최대탄산가스량) 계산식

①
$$CO_2 max(\%) = \frac{1.867C}{God} \times 100(\%)$$

여기서, $CO_2 max(\%)$: 최대탄산가스량(%)   God : 이론건연소가스량(Sm^3/kg)
1.867C : CO_2량(Sm^3/kg)
$God = A_o - 5.6H + 0.7O + 0.8N(Sm^3/kg)$

②
$$CO_2 max(\%) = \frac{21 \times (CO_2\% + CO\%)}{21 - O_2\% + 0.395 \times CO\%}$$

③
$$CO_2 max(\%) = \frac{21 - CO_2\%}{21 - O_2\%}$$

3. 기체연료에서 $CO_2 max$(최대탄산가스량) 계산식

$$CO_2 max(\%) = \frac{CO_2량}{God} \times 100(\%)$$

여기서, $CO_2 max(\%)$: 최대탄산가스량(%)
God : 이론건연소가스량(Sm^3/Sm^3)
$God = (1 - 0.21)A_o + CO_2량(Sm^3/Sm^3)$
CO_2량 : 완전연소반응식에서의 CO_2발생 갯수(Sm^3/Sm^3)

$$A_o(\text{이론공기량}) = \text{산소의 갯수}(Sm^3/Sm^3) \times \frac{1}{0.21}$$

Question 19

공기를 이용하여 일산화탄소를 완전연소시킬 때 건조연소가스 중 최대탄산가스량(%)을 계산하시오. (단, 표준상태 기준)

풀이

$CO + 0.5O_2 \rightarrow CO_2$

$$CO_2\max(\%) = \frac{CO_2 \text{량}}{God} \times 100$$

$$God = (1-0.21)A_o + CO_2\text{량}(Sm^3/Sm^3) = (1-0.21) \times \frac{0.5}{0.21} + 1 = 2.881 Sm^3/Sm^3$$

따라서 $CO_2\max(\%) = \dfrac{1 Sm^3/Sm^3}{2.881 Sm^3/Sm^3} \times 100 = 34.71\%$

CHAPTER 04 오염물질 처리법

01 황산화물(SOx) 처리

★★ 1. 중유 탈황법

① 금속산화물에 의한 흡착탈황법
② 미생물에 의한 생화학적 탈황법
③ 방사선화학에 의한 탈황법
④ 접촉수소화 탈황법

2. 배기가스 탈황법 중 습식탈황법

★★(1) 종류

① 석회법(석회세정법)
② 아황산소오다법
③ 암모니아법
④ 가성소다 흡수법
⑤ 산화마그네슘 세정법

(2) 배연탈황법 중 습식법의 특징

① 배출가스가 굴뚝으로 배출될때 확산이 나쁘다.
② 반응 효율은 높다
③ 수질오염의 문제가 심하다.

3. 배기가스 탈황법 중 건식탈황법

★★ (1) 종류

① 건식 석회석 주입법
② 활성산화망간법
③ 알칼리성 알루미나 흡수법
④ 활성탄흡착법

(2) 배연탈황법 중 건식법의 특징

① 장치가 대규모로 크다.
② 배출가스 온도저하가 없다.
③ 대용량 처리가 가능하다.

★★ 4. 황산화물(SOx) 처리 반응식

★★★ ①
$$S + O_2 \rightarrow SO_2$$

TIP

아황산가스(SO_2) 계산 방법

$$\begin{array}{ccc} S & +O_2 \rightarrow & SO_2 \\ 32kg & : & 22.4Sm^3 \\ 중유량(kg/hr) \times \dfrac{S\%}{100} & : & X(Sm^3/hr) \end{array}$$

Question 01

유황 함량이 2%인 벙커C유 1.0ton을 연소시킬 경우 발생되는 SO_2의 양(kg)은? (단, 황성분 전량이 SO_2로 전환된다.)

㉮ 30kg ㉯ 40kg ㉰ 50kg ㉱ 60kg

 풀이

$$\begin{array}{ccc} S & +O_2 \rightarrow & SO_2 \\ 32kg & : & 64kg \\ 1,000kg \times 0.02 & : & X \end{array}$$

$$\therefore X = \dfrac{64kg \times 1,000kg \times 0.02}{32kg} = 40kg$$

② 건식석회석 주입법

$$S + O_2 \rightarrow SO_2 + CaCO_3 + 1/2 O_2 \rightarrow CaSO_4 + CO_2$$

TIP

탄산칼슘($CaCO_3$) 계산 방법

$$S + O_2 \rightarrow SO_2 + CaCO_3 + \frac{1}{2}O_2 \rightarrow CaSO_4 + CO_2$$

$\quad$ 32kg $\qquad\qquad\qquad\qquad$: $\quad$ 100kg

중유량(kg/hr) × $\dfrac{S\%}{100}$ × $\dfrac{탈황률(\%)}{100}$: X(kg/hr)

석고($CaSO_4$) 계산 방법

$$S + O_2 \rightarrow SO_2 + CaCO_3 + \frac{1}{2}O_2 \rightarrow CaSO_4 + CO_2$$

$\quad$ 32kg $\qquad\qquad\qquad\qquad$: $\quad$ 136kg

중유량(kg/hr) × $\dfrac{S\%}{100}$ × $\dfrac{탈황률(\%)}{100}$: X(kg/hr)

Question 02

황성분이 0.8%인 폐기물을 20t/hr 소각하는 소각로에서 배기가스 중의 SO_2를 $CaCO_3$로 완전히 탈황하는 경우 이론상 하루에 필요한 $CaCO_3$의 양(ton/day)은? (단, 폐기물 중의 S는 모두 SO_2로 전환되며, 소각로의 1일 가동시간은 16시간, Ca 원자량 : 40)

㉮ 1.0ton/day   ㉯ 2.0ton/day   ㉰ 4.0ton/day   ㉱ 8.0ton/day

풀이
$$S + O_2 \rightarrow SO_2 + CaCO_3 + 0.5O_2 \rightarrow CaSO_4 + CO_2$$
$\quad$ 32kg $\qquad\qquad\qquad\qquad$: $\quad$ 100kg
20ton/hr × 0.008 × 16hr/day $\quad$: $\quad$ X

$\therefore X = \dfrac{20\text{ton/hr} \times 0.008 \times 16\text{hr/day} \times 100\text{kg}}{32\text{kg}}$

$\quad = 8.0\text{ton/day}$

02 질소산화물(NO_X) 처리

1. 선택적 촉매(접촉)환원법(SCR) - 건식법

배기가스 중에 존재하는 산소와는 무관하게 NO_X를 선택적으로 접촉환원시키는 방법이다.

★★ ① 질소산화물이 촉매에 의하여 선택적으로 환원되어 질소분자와 물로 전환된다.
② 환원제로는 NH_3가 사용된다.
③ 질소산화물 전환율은 반응온도에 따라 종모양(bell shape)을 나타낸다.
④ 선택적인 접촉환원법에서 Al_2O_3계의 촉매는 SO_2, SO_3, O_2와 반응하여 황산염이 되기 쉽고, 촉매의 활성이 저하된다.
⑤ 선택적 촉매환원법에서 NH_3를 환원제로 사용하는 탈질법은 산소존재에 의해 반응속도가 증대하는 특이한 반응이고, 2차 공해의 문제도 적은 편이므로 광범위하게 적용된다.

2. 비선택적 접촉환원법(NCR)

배기가스 중의 산소를 환원제로 소비한 다음 NO_X를 접촉환원시키는 방법이다.
① 촉매로는 Pt 뿐만아니라 Co, Ni, Cu, Cr등의 산화물도 이용 가능하다.
② 비선택적 촉매환원법에서 NO 환원제는 아세틸렌계 > 올레핀계 > 방향족계 > 파라핀계 순으로 불포화도가 높은만큼 반응성이 좋다.
③ 비선택적 촉매환원법에서 NO_X와 환원제의 반응서열은 CH_4 < H_2 < CO 이며, 탄화수소의 경우 탄소수의 증가에 따라 일반적으로 반응성이 개선된다고 볼 수 있다.

★★★ 3. NO_X(질소산화물)의 발생억제법

① 저산소 연소법(저과잉공기량 연소법)
② 2단 연소법
③ 배기가스 재순환법
④ 연소부분의 냉각법
⑤ 버너 및 연소실의 구조 개선
⑥ 저온도 연소법
⑦ 연소영역에서 연소가스의 체류시간을 짧게
⑧ 촉매(TiO_2, V_2O_5)를 이용하여 제거하는 방법

⑨ 촉매를 이용하지 않고 암모니아수 또는 요소수를 주입하여 제거하는 방법

Question 03

소각로에 발생하는 질소산화물의 발생억제방법으로 틀린 것은?

㉮ 버너 및 연소실의 구조를 개선한다.
㉯ 배기가스를 재순환한다.
㉰ 예열온도를 높여 연소온도를 낮춘다.
㉱ 2단 연소시킨다.

풀이 ㉰ 예열온도를 낮게하여 연소온도를 낮춘다.

03 가스상 물질의 처리반응식

① $2HCl + Ca(OH)_2 \rightarrow CaCl_2 + 2H_2O$

② $2Cl_2 + 2Ca(OH)_2 \rightarrow CaCl_2 + Ca(OCl)_2 + 2H_2O$

③ $HCl + NaOH \rightarrow NaCl + H_2O$

④ $Cl_2 + 2NaOH \rightarrow NaCl + NaOCl + H_2O$

⑤ $2HF + Ca(OH)_2 \rightarrow CaF_2 + 2H_2O$

Question 04

소각과정에서 Cl_2농도가 0.4%인 배출가스 5,000 Sm³/hr를 Ca(OH)₂ 현탁액으로 세정 처리하여 Cl_2를 제거하려 할 때 이론적으로 필요한 Ca(OH)₂양(kg/hr)을 계산하시오.

풀이
$$2Cl_2 + 2Ca(OH)_2 \rightarrow CaCl_2 + Ca(OCl)_2 + 2H_2O$$
$2 \times 22.4 Sm^3$: $2 \times 74 kg$
$5,000 Sm^3/hr \times 0.4\% \times 10^{-2}$: X
$\therefore X = 66.07 kg/hr$

04 다이옥신류

1. 다이옥신류 저감방안 및 제거기술

① 소각로 배출가스의 재연소기에 의한 제거기술을 도입한다.
② 다이옥신 분해 촉매에 의한 제거기술을 도입한다.
③ 활성탄에 의한 흡착기술을 도입한다.
④ 로내 온도를 1,000℃ 이상으로 운전하여 다이옥신 성분 발생량을 최소화 한다.
⑤ 배기가스 conditioning시 칼슘 및 활성탄분말 투입시설을 설치하여 다이옥신과 반응후집진함으로써 줄일 수 있다.
⑥ 유기염소계 화합물(PVC 제품류) 반입을 제한한다.
⑦ 페인트가 칠해져 있거나 페인트로 처리된 목재, 가구류 반입을 억제 제한한다.
⑧ 활성탄과 백필터를 같이 사용하는 경우에는 분무된 활성탄이 필터 백 표면에 코팅되어 백필터에서도 흡착이 활발하게 일어남다.
⑨ 촉매에 의한 다이옥신 분해 방식은 활성탄 흡착 처리방법에 비해 다이옥신을 무해화하기 위한 후처리가 필요없는 것이 장점이다.
⑩ 촉매에 의한 다이옥신 분해 방식에 사용되는 촉매는 반응성이 높은 금속 산화물이 주로 사용된다.

Question 05

다이옥신 방지 및 제어기술에 대한 설명으로 틀린 것은?

㉠ 활성탄과 백 필터를 같이 사용하는 경우에는 분무된 활성탄이 필터 백 표면에 코팅되어 백 필터에서도 흡착이 활발하게 일어난다.
㉡ 활성탄과 백 필터를 같이 사용하는 경우에는 활성탄과 비산재를 분리, 재활용하기 용이하여 활성탄의 사용량이 절감되는 장점이 있다.
㉢ 촉매에 의한 다이옥신 분해 방식은 활성탄 흡착 처리방법에 비해 다이옥신을 무해화하기 위한 후처리가 필요없는 것이 장점이다.
㉣ 촉매에 의한 다이옥신 분해 방식에 사용되는 촉매는 반응성이 높은 금속 산화물이 주로 사용된다.

풀이 ㉡ 활성탄과 백 필터를 같이 사용하는 경우에는 활성탄과 비산재를 분리, 재활용하기 용이하지 못하여 활성탄의 사용량이 증가되는 단점이 있다.

★★ 2. 활성탄 + 백필터

① 파손여과포의 교체회수가 많아 인력 및 경비 부담이 크고 설비의 연속운전에 지장을 줄 수 있다.
② 다이옥신과 함께 중금속 등이 흡착된다.
③ 활성탄 주입량을 변경하면 제거효율을 어느정도 변경 가능하다.
④ 체류시간이 작아 다이옥신 재형성 방지가 어렵다.

★★ 3. 소각공정에서 발생하는 다이옥신과 퓨란류의 특징

① 쓰레기 중 PVC 또는 플라스틱류 등을 포함하고 있는 합성물질을 연소시킬 때 발생한다.
② 여러개의 염소원자와 1~2개의 산소원자가 결합된 두 개의 벤젠고리를 포함하고 있다.
③ 다이옥신의 이성체는 75개이고, 퓨란은 135개이다.
④ 2, 3, 7, 8 PCDD의 독성계수가 1이며 여타 이성체는 1보다 작은 등가계수를 갖는다.
⑤ 연소시 발생하는 미연분의 양과 비산재의 양을 줄여 다이옥신을 줄일 수 있다.
⑥ 활성탄과 백필터를 적용하여 다이옥신을 제거하는 설비가 많이 이용된다.
⑦ 다이옥신은 저온(300~400℃)에서 재생성이 활발하므로 700℃ 이상 고온에서 열분해하여 제거한다.

Question 06

다이옥신과 퓨란에 관한 내용으로 잘못된 것은?
㉮ PVC 또는 플라스틱 등을 포함하는 합성물질을 연소시킬 때 발생한다.
㉯ 여러 개의 염소원자와 1~2개의 수소원자가 결합된 두 개의 벤젠고리를 포함하고 있다.
㉰ 다이옥신의 이성체는 75개이고, 퓨란은 135개이다.
㉱ 2, 3, 7, 8 PCDD의 독성계수가 1이며 여타 이성체는 1보다 작은 등가계수를 갖는다.

풀이 ㉯ 여러 개의 염소원자와 1~2개의 산소원자가 결합된 두 개의 벤젠고리를 포함하고 있다.

05 연소법과 산화법

1. 연소법의 특징

① 가스유량이 많고 유해가스의 농도가 낮은 경우에 주로 사용한다.
② 주용도는 악취물질이나 매연의 제거이다.
③ 연소장치의 설계 및 조업을 적절하게 함으로써 가연성 오염물질을 거의 완전히 제거할 수 있다.
④ 촉매에 바람직하지 않은 원소는 납, 비소, 수은 등이다.

2. 연소법의 종류

(1) 가열 연소법(가열 소각법)

★★ ① 배출가스내 가연성 물질의 농도가 매우 낮아 직접 연소가 어려울 경우에 주로 사용한다.
② After burner법이라고도 하며, hydrocarbons, H_2, NH_3, HCN 등의 제거가 유용하다.
③ 오염기체의 농도가 낮을 경우 보조연료가 필요하며, 보통 경제적으로 오염가스의 농도가 연소하한치(LEL)의 50% 이상이 적합하다.
④ 그을음은 연료중의 C/H비가 3 이상일 때 주로 발생되므로 수증기 주입으로 C/H비를 낮추면 해결 가능하다.
★★ ⑤ 보통 연소실의 온도는 500~800℃, 체류시간은 0.2~0.8초 정도로 설계하고 있다.

(2) 촉매 연소법

① 장치의 부식과 처리대상 가스의 제한이 있다.
② 촉매를 사용하여 연소에 필요한 활성화에너지를 낮춤으로써 연소가 효과적으로 일어난다.
③ 촉매는 백금, 코발트, 니켈 등이 있으나, 고가이지만 성능이 우수한 백금계의 것이 많이 사용된다.
④ 활성도가 높은 촉매를 사용하는 것이 바람직하지만 내열성과 촉매독의 문제가 있다.
⑤ 촉매연소법은 직접 연소법과 비교하여 연료 소비량이 적기 때문에 운전비가 절감되지만 촉매의 수명이 문제가 된다.
★★ ⑥ 촉매연소법은 약 300~400℃의 온도에서 산화분해시킨다.
⑦ 일산화탄소를 백금계의 촉매를 사용하여 연소시켜 처리하고자 할 때 촉매독으로 작용하는 물질은 Pb, As, S, Zn 등이다.

⑧ 낮은 온도에서 반응이 가능하며 분자량이 작은 탄화수소가 큰 탄화수소보다 쉽게 산화되지 않는다.

★★ ⑨ 반응속도가 빠르고 온도를 낮출 수 있어 NO_x 발생이 가장 적게 발생한다.

(3) 직접연소법

① 직접연소법은 연소장치 설계시 오염물의 폭발한계점 또는 인화점을 잘 알아야 한다.
② 직접연소법은 after burner법이라고도 하며 HC, H_2, NH_3, HCN 및 유독가스 제거법으로 사용된다.

★★ ③ 직접연소법은 700~800℃에서 0.5초 정도가 일반적이다.

★★ ④ 직접연소법은 경우에 따라 보조연료나 보조공기가 필요하며 대체로 오염물질의 발열량이 연소에 필요한 전체 열량의 50% 이상일 때 경제적으로 타당하다.

Question 07

소각시 탈취방법의 촉매법과 연소법(직접, 가열)에 대한 내용으로 틀린 것은?

㉮ 직접연소법 : 연소장치 설계시 오염물의 폭발한계점 또는 인화점을 잘 알아야 한다.
㉯ 직접연소법 : HC, H_2, NH_3, HCN 및 유독성 가스의 제거법으로 사용한다.
㉰ 촉매연소법 : 장치의 부식과 처리대상 가스의 제한이 없는 것이 장점이다.
㉱ 촉매연소법 : 촉매를 사용하여 연소에 필요한 활성화에너지를 낮춤으로써 연소가 효과적으로 일어난다.

풀이 ㉰ 촉매연소법 : 장치의 부식과 처리대상 가스의 제한이 있다.

CHAPTER 05 오염물질 제거장치

01 전기집진장치

코로나 방전에 의해 발생하는 기전력으로 입자를 대전시켜 집진한다.

★★ 1. 전기집진장치의 특징

(1) 장점

① 집진효율이 높다.
★★ ② 유지관리가 용이하고 운전비, 유지비가 적게 소요된다.
③ 압력손실이 적고 대량의 분진함유가스를 처리할 수 있다.
④ 회수할 가치가 있는 입자의 포집이 가능하다.
★★ ⑤ 부식성가스가 함유된 먼지도 처리가 가능하다.
★★ ⑥ 고온가스, 대량의 가스처리가 가능하다.
⑦ 미세입자 제거가 가능하다.
★★ ⑧ 배출가스의 온도 강하가 작다.

(2) 단점

① 설치시 소요 부지면적이 크다.
② 초기시설비가 크다.
★★ ③ 전압변동과 같은 조건변동에 쉽게 적응하기 어렵다.

> **Question 01**
>
> 전기집진장치에 관한 내용으로 잘못된 것은?
> ㉮ 회수가치성이 있는 입자포집이 가능하고 압력손실이 적어 소요동력이 적다.
> ㉯ 고온가스, 대량의 가스처리가 가능하다.
> ㉰ 전압변동과 같은 조건변동에 쉽게 적응한다.
> ㉱ 배출가스의 온도강하가 적다.
>
> **풀이** ㉰ 전압변동과 같은 조건변동에 쉽게 적응하기 어렵다.

02 여과집진장치

1. 여과집진장치의 특징

(1) 장점

① 1 μm 이상의 미세입자의 제거가 용이하다.
② 세정집진장치보다 압력손실과 동력소모가 적다.
★★ ③ 다양한 여과재의 사용으로 인하여 설계시 융통성이 있다.

(2) 단점

★★ ① 폭발성, 점착성 및 흡습성 먼지의 제거가 어렵다.
② 수분이나 여과속도에 대한 적응성이 낮다.
③ 여과재의 교환으로 유지비가 고가이다.

> **Question 02**
>
> 다음 중 여과집진장치에 대한 설명으로 틀린 것은?
> ㉮ 다양한 여과재의 사용으로 인하여 설계시 융통성이 있다.
> ㉯ 폭발성, 점착성 먼지의 제거에 용이하다.
> ㉰ 수분이나 여과속도에 대한 적응성이 낮다.
> ㉱ 여과재의 교환으로 유지비가 고가이다.
>
> **풀이** ㉯ 폭발성, 점착성 먼지의 제거가 어렵다.

2. 여과집진장치의 집진 원리

① 확산작용   ② 관성충돌   ③ 차단작용   ④ 중력작용

★★ 3. 여과집진장치의 여과속도

$$Q = A \times V_f$$

여기서, Q : 처리가스량(m^3/sec)
A : 여과포 유효면적(m^2)
V_f : 여과속도(m/sec)

> **Question 03**
>
> 백필터를 이용하여 가스유량이 100m^3/min의 함진가스를 2.0cm/sec의 여과속도로 처리하고자 한다. 소요되는 여과포의 유효면적(m^2)은?
>
> ㉮ 83.3m^2　　㉯ 94.5m^2　　㉰ 111.2m^2　　㉱ 124.3m^2
>
> 유효면적(m^2) = $\dfrac{가스유량(m^3/sec)}{여과속도(m/sec)}$ = $\dfrac{100m^3/min \times 1min/60sec}{0.02m/sec}$ = 83.33m^2

03 스크러버(세정집진장치)

스크러버는 액적 또는 액막을 형성시켜 함진가스와의 접촉에 의해 오염물질을 제거시키는 장치이다.

★★★ 1. 세정집진장치의 특징

(1) 장점

① 2차적 먼지처리가 불필요하다.
② 전기, 여과집진장치보다 좁은 공간에 설치가 가능하다.
③ 한번 제거된 입자는 다시 처리가스 속으로 재비산 되지 않는다.
★★ ④ 고온다습한 가스나 연소성 및 폭발성 가스의 처리가 가능하다.

⑤ 가동부분이 작고 조작이 간단하다.
★★ ⑥ 입자상 물질과 가스상 물질을 동시에 제거가 가능하다.
★★ ⑦ 접착성 및 조해성 먼지의 처리가 가능하다.
★★ ⑧ 친수성 더스트의 집진효과가 높다.

(2) 단점

① 냉한기에 세정수의 동결에 의한 대책 수립이 필요하다.
② 부식성 가스의 흡수로 재료 부식이 발생할 수 있다.
③ 소수성 먼지의 집진효과가 낮다.
④ 압력손실과 동력소비량이 크고 많은 물이 필요하다.

> **Question 04**
>
> 먼지 및 유해가스를 동시 처리 가능한 스크러버의 장점으로 틀린 것은?
> ㉮ 미세먼지 처리효율이 높고 2차적 분진처리가 불필요하다.
> ㉯ 설치비용이 저렴하고 좁은 공간에도 설치가 가능하다.
> ㉰ 부식성 가스의 회수가 가능하고 가스에 의한 폭발위험이 없다.
> ㉱ 유지관리비가 저렴하고 부식성 가스 용해로 인한 부식을 방지할 수 있다.
>
> **풀이** ㉱ 유지관리비가 비싸고 부식성 가스 용해로 인한 부식이 발생한다.

2. 세정집진장치의 종류

(1) 유수식 세정집진장치

① 가스 선회형　　　　　② 임펠라형
③ 로타형　　　　　　　④ 분수형

(2) 가압수식 세정집진장치

① 충전탑　　　　　　　② 분무탑
③ 벤츄리스크러버　　　④ 제트스크러버

(3) 회전식 세정집진장치

① 타이젠와셔　　　　　② 임펄스 스크러버

04 사이클론(원심력 집진장치)

★★ ① 압력손실($80 \sim 100\,mmH_2O$)이 비교적 작다.
★★ ② 고온가스의 처리가 가능하다.
★★ ③ 먼지량과 유량의 변화에 민감하다.
★★ ④ 미세입자의 집진효율이 낮다.
★★ ⑤ 고농도는 병렬로 연결하고, 응집성이 강한 먼지는 직렬연결(단수 3단 한계)하여 주로 사용한다.
⑥ 일반적으로 축류식 직진형, 접선 유입식, 소구경 multiclone에서 blow down 효과를 얻을 수 있다.
⑦ 함진가스의 온도가 높아지면 집진율은 저하되나 그 영향은 크지 않다.
⑧ 가동부(moving part)가 없는 것이 기계적 특징이다.
⑨ 원심력과 중력이 동시에 작용하며 중력은 보다 큰 입자의 분진에 작용한다.
⑩ 유입속도 변화없이 입구면적이 증가하면 압력손실은 증가하고 효율은 감소한다.

Question 05

소각로에서 발생하는 유해가스 처리시설인 사이클론에 대한 설명으로 틀린 것은?

㉮ 압력손실($80\sim100mmH_2O$)이 비교적 적다.
㉯ 고온가스의 처리가 가능하다.
㉰ 먼지량과 유량의 변화에 민감하다.
㉱ 미세입자의 처리효율이 높다.

풀이 ㉱ 미세입자의 처리효율이 낮다.

05 관성력 집진장치

★★ 1. 관성력 집진장치의 효율향상 조건

① 일반적으로 충돌 직전의 처리가스의 속도가 크고, 처리 후의 출구 가스속도가 늦을수록 미립자의 제거가 쉽다.
② 기류의 방향전환 각도가 작고, 방향전환 횟수가 많을수록 압력손실은 커지나 집진은 잘 된다.
③ 적당한 모양과 크기의 호퍼가 필요하다.
④ 함진가스의 충돌 또는 기류의 방향전환 직전의 가스속도가 크고, 방향전환시에 곡률반경이 작을수록 미세입자의 포집이 가능하다.

Question 06

관성력 집진장치의 효율향상 조건으로 틀린 것은?

㉠ 일반적으로 충돌 직전의 처리가스의 속도가 크고, 처리후의 출구 가스속도가 늦을수록 미립자의 제거가 쉽다.
㉡ 기류의 방향전환 각도가 작고, 방향전환 횟수가 많을수록 압력손실은 커지나 집진은 잘된다.
㉢ 적당한 모양과 크기의 호퍼가 필요하다.
㉣ 함진가스의 충돌 또는 기류의 방향전환 직전의 가스속도가 작고, 방향전환시에 곡률반경이 클수록 미세입자의 포집이 가능하다.

풀이 ㉣ 함진가스의 충돌 또는 기류의 방향전환 직전의 가스속도가 크고, 방향전환시에 곡률반경이 작을수록 미세입자의 포집이 가능하다.

2. 관성력 집진장치의 특징

① 충돌식과 반전식이 있으며, 일반적으로 고온가스의 처리가 가능하므로 굴뚝 또는 배관내에 적용될 때가 있다.
② 액체입자의 포집에 사용되는 multibaffle형을 $1\mu m$ 전후의 미립자 제거가 가능하나, 완전하게 처리하기 위해 가스출구에 충전층을 설치하는 것이 좋다.
③ 집진가능한 입자는 주로 $10\mu m$ 이상의 조대입자이며 일반적으로 집진율은 50~70% 정도이다.

중력집진장치

1. 중력집진장치의 특징

① 중력에 의한 자연침강의 방법으로 주로 입자의 크기가 $50\mu m$ 이상의 입자상물질을 처리하는데 사용된다.
② 함진가스의 온도변화에 의한 영향을 거의 받지 않는다.
★★ ③ 전처리(1차처리장치)로 사용된다.
★★ ④ 유지비 및 설치비가 적게드나 신뢰도가 낮다.

2. 집진효율 향상조건

★★ ① 침강실내의 처리가스 속도가 작을수록 미립자가 잘 포집된다.
★★ ② 침강실의 높이가 낮고 길이가 길수록 집진율은 높아진다.
③ 입자가 작을 때 침강속도가 작아져 집진이 잘 안된다.
④ 침강실내의 배기가스 기류는 균일해야 한다.
⑤ 다단일 경우에는 단수가 증가할수록 집진율은 커지나 압력손실은 증가한다.

CHAPTER 06 매립

01 매립

★★★ 1. 매립공법의 종류

★★ (1) 내륙매립공법의 종류

① 샌드위치 공법(Sandwich system)   ② 셀 공법(Cell system)
③ 압축매립 공법(Baling system)   ④ 도랑형 공법(Trench system)

Question 01

다음 중 내륙매립공법의 종류가 아닌 것은?
㉮ 샌드위치공법   ㉯ 셀공법   ㉰ 순차투입공법   ㉱ 압축매립공법

〖풀이〗 ㉰ 순차투입공법은 해안매립공법의 종류이다.

★★ (2) 해안매립공법의 종류

① 박층뿌림공법   ② 순차투입공법
③ 내수배제 및 수중투기공법

(3) 매립지 선정시 고려사항

① 육상 매립지 선정시 고려사항
ⓐ 경관의 손상이 적을 것
ⓑ 집수면적이 작을 것
ⓒ 지하수의 흐름이 없을 것

② 해안 매립지 선정시 고려사항
   ⓐ 조류특성에 변화를 주기 쉬운 장소를 피할 것
   ⓑ 물질확산에 영향을 주는 장소를 피할 것
   ⓒ 침식이 일어나는 장소를 피할 것
   ⓓ 수심이 깊고 조류의 변화가 큰 장소를 피할 것

> **Question 02**
>
> 육상 및 해안매립을 선정할 경우 고려사항으로 틀린 것은?
> ㉮ 육상매립 : 경관의 손상이 적을 것
> ㉯ 육상매립 : 집수면적이 클 것
> ㉰ 해안매립 : 조류특성에 변화를 주기 쉬운 장소를 피할 것
> ㉱ 해안매립 : 물질확산에 영향을 주는 장소를 피할 것
>
> **풀이** ㉯ 육상매립 : 집수면적이 작을 것

★★★ 2. 내륙매립공법

★★ (1) 샌드위치 공법

쓰레기를 수평으로 고르게 깔아서 압축한 다음 그 위에 복토를 하여 쓰레기와 복토를 번갈아 하면서 쌓는 방법이다.

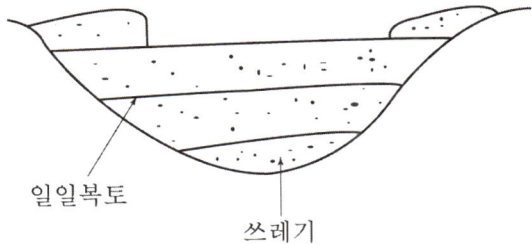

일일복토
쓰레기

★★ (2) 셀공법

★★ ① 쓰레기 비탈면의 경사를 20% 전후(15~25%)로 하여 쓰레기를 셀모양으로 쌓고 각각의 셀에 복토하는 방법이다.
② 화재의 발생 및 확산을 방지할 수 있다.
★★ ③ 1일 작업하는 셀 크기는 매립 처분량에 따라 결정된다.
④ 발생가스와 매립층 내 수분의 이동이 용이하지 못하다.

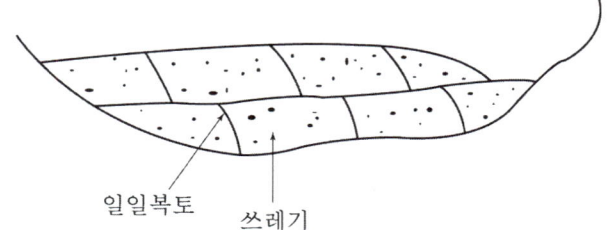

일일복토   쓰레기

> **Question 03**
>
> 내륙매립방법인 셀(cell)공법에 대한 내용으로 틀린 것은?
>
> ㉮ 화재의 확산을 방지할 수 있다.
> ㉯ 쓰레기 비탈면의 경사는 12~25%의 기울기로 하는 것이 좋다.
> ㉰ 1일 작업하는 셀 크기는 매립장 면적에 따라 결정된다.
> ㉱ 발생가스 및 매립층내 수분의 이동이 억제된다.
>
> **풀이** ㉰ 1일 작업하는 셀 크기는 매립 처분량에 따라 결정된다.

★★ (3) 압축매립공법

쓰레기를 매립하기 전에 이의 감량화를 목적으로 먼저 쓰레기를 일정한 더미형태로 압축하여 부피를 감소시킨 후 포장을 실시하여 매립하는 방법이다.

① 특징
  ⓐ 쓰레기 발생량 증가와 매립지 확보 및 사용년한 문제에 있어서 유리하다.
  ⓑ 운송이 간편하고 안정성이 있다.
  ⓒ 지가(地價)가 비쌀 경우에 유효한 방법이다.
  ⓓ 층별로 정렬하는 것이 보편적이며 매립 각 층별로 일일복토를 실시하여야 한다.

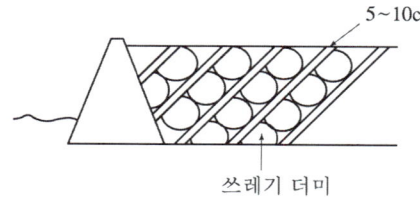
5~10cm로 복토
쓰레기 더미

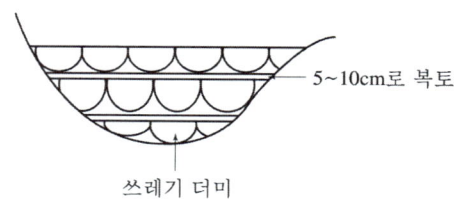
5~10cm로 복토
쓰레기 더미

Question 04

매립공법 중 압축매립공법(Baling System)에 대한 내용으로 틀린 것은?

㉮ 쓰레기를 매립후 다짐기계를 이용하여 일정한 압축을 실시한다.
㉯ 쓰레기의 운반이 쉽다.
㉰ 지가(地價)가 비쌀 경우에 유효한 방법이다.
㉱ 층별로 정렬하는 것이 보편적이며 매립 각 층별로 일일복토를 실시하여야 한다.

풀이 ㉮ 쓰레기를 일정한 더미형태로 압축하여 부피를 감소시킨 후 포장을 실시하여 매립하는 방법이다.

★★ (4) 도랑형 공법

★★ ① 폭 20m, 깊이 10m 정도의 도랑을 판 다음 일정한 두께로 쓰레기를 매립한 다음 인근 도랑에서 굴착한 흙으로 복토하는 방법이다.

★★ ② 매립지 바닥이 두껍고(지하수면이 지표면으로부터 깊은 곳에 있는 경우) 또한 복토로 적합한 지역에 이용하는 방법으로 단층매립만 가능한 공법이다.

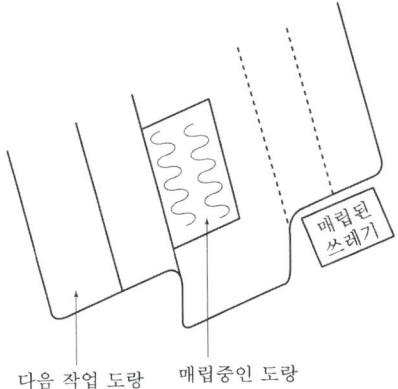

다음 작업 도랑   매립중인 도랑

Question 05

다음 중 매립지 바닥이 두껍고(지하수면이 지표면으로부터 깊은 곳에 있는 경우) 또한 복토로 적합한 지역에 이용하는 방법으로 거의 단층매립만 가능한 공법으로 알맞은 것은?

㉮ 도랑굴착매립공법   ㉯ 압축매립공법
㉰ 샌드위치공법   ㉱ 순차투입공법

정답 ㉮

3. 해안매립공법

① 처분장은 면적이 크고 1일 처분량이 많다.
★★ ② 수중에 쓰레기를 깔고 압축작업과 복토를 실시하기가 어려워 근본적으로 내륙매립과 다르다.

(1) 박층뿌림공법

★★ ① 개량된 지반이 붕괴될 위험이 있을 때 밑면이 뚫린 바지선을 이용하여 쓰레기를 박층으로 떨어뜨려 뿌려주어 바닥의 지반하중을 균등하게 하기 위해 사용하는 방법이다.
② 쓰레기 지반 안정화 및 매립부지 조기 이용 등에 유리하지만 매립효율이 떨어진다.

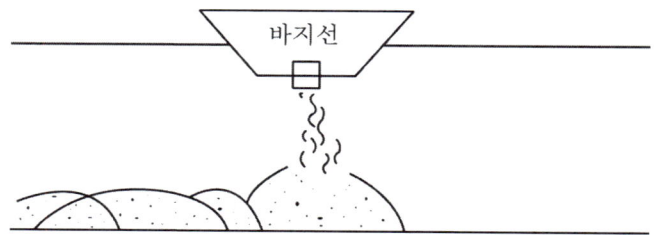

> **Question 06**
>
> 개량된 지반이 붕괴될 위험이 있을 때 밑면이 뚫린 바지선을 이용하여 쓰레기를 박층으로 떨어뜨려 뿌려주어 바닥의 지반하중을 균등하게 하기 위해 사용하는 방법은?
>
> ㉮ 박층뿌림공법   ㉯ 순차투입공법   ㉰ 수중투기공법   ㉱ 내수배제공법
>
> 정답 ㉮

★★ (2) 순차투입공법

① 호안측으로부터 순차적으로 쓰레기를 투입하여 육지화하는 방법이다.
② 수심이 깊은 처분장에서는 건설비 과다로 내부수를 완전히 배제하기가 곤란한 경우 사용한다.
③ 부유성 쓰레기의 수면확산에 의해 수면부와 육지부 경계구분이 어려워 매립장비가 매몰되기도 한다.

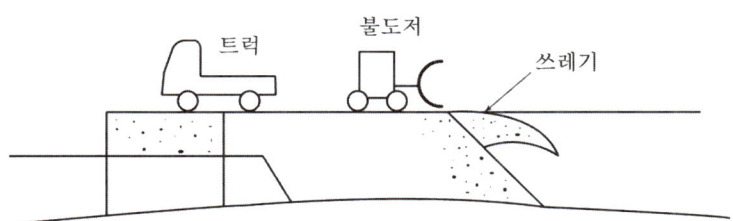

Question 07

해안매립공법 중 순차투입방법에 대한 내용으로 알맞지 않은 것은?
㉮ 호안측으로부터 순차적으로 쓰레기를 투입하여 육지화하는 방법이다.
㉯ 부유성 쓰레기의 수면 확산에 의해 수면부와 육지부의 경계 구분이 어려워 매립장비가 매몰되기도 한다.
㉰ 바닥지반이 연약한 경우 쓰레기 하중으로 연약층이 유동하거나 국부적으로 두껍게 퇴적되기도 한다.
㉱ 수심이 깊은 처분장은 내수를 완전히 배제한 후 순차투입방법을 택하는 경우가 많다.

풀이 ㉱ 수심이 깊은 처분장은 내수를 완전히 배제하기가 어려우므로 순차투입방법을 택하는 경우가 많다.

(3) 수중투기공법 및 내수배제공법

호 안에 해수를 그대로 둔 채 폐기물을 투기하거나, 매립전에 내수를 배제시킨 후 폐기물을 매립하는 방법이다.

4. 매립면적 계산 및 매립지 사용연수 계산

①
$$매립면적(m^2/년) = \frac{쓰레기\ 발생량(kg/년) \times (1 - 부피감소율)}{쓰레기\ 밀도(kg/m^3) \times 매립지\ 깊이(m)}$$

Question 08

인구가 200,000명인 어느 도시에 매립지를 조성하고자 한다. 1일 1인 쓰레기 발생량은 1.3kg이고 쓰레기 밀도는 0.5ton/m³이며, 이 쓰레기를 압축하면 그 용적이 $\frac{2}{3}$로 줄어든다. 압축한 쓰레기를 매립할 경우, 연간 필요한 매립면적(m²/년)을 계산하시오. (단, 매립지 깊이는 2m이다.)

풀이
$$매립면적(m^2/년) = \frac{1.3kg/인 \cdot 일 \times 200,000인 \times 365day/년 \times \frac{2}{3}}{500kg/m^3 \times 2m} = 63,266.67m^2/년$$

★★ ② 매립지의 사용연수(매립기간) 계산

$$매립기간(년) = \frac{매립용적(m^3)}{쓰레기\ 발생량(m^3/년) \times (1 - 부피감소율)}$$

Question 09

어느 매립지 쓰레기 수용량은 1,635,200m³이고 수거대상인구는 100,000명, 1인 1일 쓰레기발생량은 2.0kg 매립시의 쓰레기 부피감소율은 30%라고 할 때 매립지의 사용연수(년)를 계산하시오. (단, 쓰레기의 밀도는 500kg/m³이다.)

풀이

$$매립기간(년) = \frac{1,635,200m^3}{2.0kg/인 \cdot 일 \times 100,000인 \times 365day/년 \times \frac{1}{500kg/m^3} \times (1-0.3)} = 16년$$

5. 복토

(1) 복토의 종류

① 당일복토
  ⓐ 복토의 최소두께 : 15cm 이상
  ⓑ 복토 실시시기 : 매립작업이 끝난 후

② 중간복토
  ⓐ 복토의 최소두께 : 30cm 이상
  ⓑ 복토 실시시기 : 매립작업이 7일 이상 중단될 때

③ 최종복토
  ⓐ 복토의 최소두께 : 60cm 이상
  ⓑ 복토 실시시기 : 매립시설의 사용이 종료되었을 때

★★ (2) 인공복토재의 조건

★★ ① 투수계수가 낮아야 한다.
② 연소가 잘되지 않아야 한다.
③ 생분해가 가능하여야 한다.
④ 살포가 용이해야 한다.
⑤ 미관상 좋아야 한다.
⑥ 매립지 공간을 절약할 수 있어야 한다.
⑦ 위생문제를 해결하여야 한다.
⑧ 독성이 없어야 한다.
⑨ 가격이 저렴해야 한다.
⑩ 악취발생을 저감시킬 수 있어야 한다.

Question 10

폐기물 매립시 사용되는 인공복토재의 조건으로 틀린 것은?

㉮ 연소가 잘 되지 않아야 한다.　　㉯ 살포가 용이하여야 한다.
㉰ 투수계수가 높아야 한다.　　㉱ 미관상 좋아야 한다.

풀이 ㉰ 투수계수가 낮아야 한다.

★★ (3) 복토의 목적

① 우수의 침투를 방지한다.
② 쓰레기의 비산을 방지한다.
③ 화재를 예방한다.
④ 유해곤충이나 해충의 서식을 방지한다.
⑤ 악취를 방지한다.

Question 11

다음 중 복토의 목적에 해당되지 않는 것은?

㉮ 우수의 침투를 방지한다.　　㉯ 쓰레기의 비산을 방지한다.
㉰ 식물이 식생하는 것을 방지한다.　　㉱ 악취를 방지한다.

정답 ㉰

02 차수시설 및 침출수

1. 차수시설의 특징

① 매립지의 침출수 유출을 방지한다.
② 지하수가 매립지 내부로 유입되는 것을 방지한다.
★★ ③ 매립지내에서의 물의 이동은 다르시(Darcy)법칙으로 나타낸다.
④ 투수방지를 위해 불투수층 차수막 또는 점토를 사용한다.

★★ 2. 연직차수막 공법의 종류

① 강널말뚝 공법　　② 굴착에 의한 차수시트 매설 공법
③ 어스댐 코어 공법　④ 그라우트 공법

> **Question 12**
>
> 연직차수막 공법의 종류에 해당하지 않는 것은?
>
> ㉮ 강널말뚝　　　　　　　　　　　㉯ 어스 라이닝
> ㉰ 굴착에 의한 차수시트 매설법　　㉱ 어스댐 코어
>
> **정답** ㉯

★★★ 3. 차수시설의 종류

(1) 연직차수막

① 차수막 보강시공이 가능하다.
② 지중에 수평방향의 차수층이 존재할 때 사용한다.
★★ ③ 지하수 집배수시설이 불필요하다.
★★ ④ 단위면적당 공사비는 비싸지만 총공사비는 싸다.
⑤ 지하매설로써 차수성 확인이 어렵다.
⑥ 연직차수막은 지중에 암반 및 점성토로 구성된 불투수층이 수평방향으로 넓게 분포하고 있는 경우 수직 또는 경사로 시공한다.

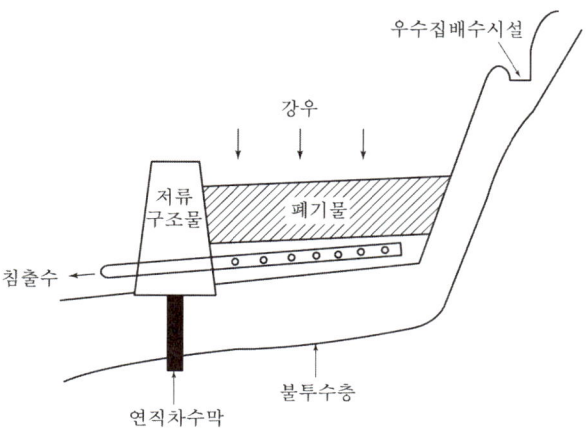

Question 13

연직차수막에 관한 내용으로 틀린 것은?
㉮ 지중에 수평방향의 차수층이 존재할 경우 사용 가능하다.
㉯ 단위면적당 공사비는 고가이나 총공사비는 싸다.
㉰ 지중이므로 보수가 어렵지만 차수막 보강시공이 가능하다.
㉱ 지하수 집배수시설이 필요하다.

풀이 ㉱ 지하수 집배수시설이 불필요하다.

★★★ (2) 표면차수막

① 시공시에는 눈으로 차수성 확인이 가능하나 매립후에는 곤란하다.
★★ ② 지하수 집배수시설이 필요하다.
★★ ③ 차수막 단위면적당 공사비는 싸지만 매립지 전체를 시공하는 경우가 많아 총공사비는 비싸다.
④ 보수 가능성면에 있어서는 매립전에는 용이하나 매립후에는 어렵다.
⑤ 매립지 필요범위에 차수재료로 덮인 바닥이 있을 때 사용한다.
⑥ 매립지 지반의 투수계수가 큰 경우에 사용한다.

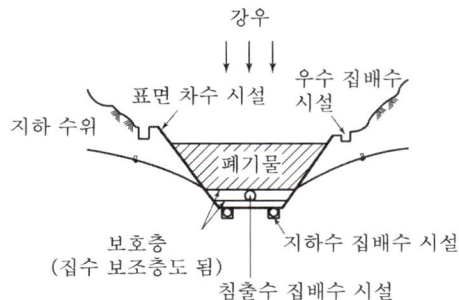

Question 14

매립지의 표면차수막에 대한 내용으로 틀린 것은?

㉮ 매립지 지반의 투수계수가 큰 경우에 사용한다.
㉯ 지하수 집배수시설이 필요하다.
㉰ 단위면적당 공사비는 비싸나 총공사비는 싸다.
㉱ 보수는 매립전에는 용이하나 매립후에는 어렵다.

풀이 ㉰ 단위면적당 공사비는 싸나 총공사비는 비싸다.

TIP

★★★ 연직차수막과 표면차수막의 비교

	연직차수막	표면차수막
차수성 확인	지하에 매설하기 때문에 확인이 어렵다.	시공시에는 가능하나 매립후에는 곤란하다.
경제성	단위면적당 공사비가 비싼 반면 총공사비는 싸다.	단위면적당 공사비는 싸지만 매립지 전체를 시공하는 경우가 많아 총공사비는 비싸다.
보수성	차수막 보강시공이 가능하다.	매립전에는 가능하나 매립후에는 어렵다.
지하수 집배수시설	필요없다.	필요하다.

Question 15

매립장 침출수 차단방법인 연직차수막과 표면차수막 비교 내용이 잘못된 것은?

㉮ 연직차수막은 지중에 수평방향의 차수층이 존재할 때 사용한다.
㉯ 연직차수막은 지하수 집배수시설이 필요하다.
㉰ 연직차수막은 차수막 보강시공이 가능하다.
㉱ 연직차수막은 차수막 단위면적당 공사비가 비싸다.

풀이 ㉯ 연직차수막은 지하수 집배수시설이 필요없다.

★★ 4. 합성차수막의 Crystallinity(결정도)가 증가할수록 나타나는 성질

① 충격에 약하다.
② 화학물질에 대한 저항성이 증가한다.
③ 인장강도가 증가한다.(단단해진다.)
④ 투수계수가 감소한다.
⑤ 열에 대한 저항성이 증가한다.

> **TIP**
> 암기법 : 결정도가 증가할수록 충격과 투수계수는 감소하고, 나머지 조건은 증가한다.

Question 16

결정도(Crystallinity)에 따른 합성차수막의 성질로 잘못된 것은?

㉮ 결정도가 증가할수록 단단해진다.
㉯ 결정도가 증가할수록 충격에 약해진다.
㉰ 결정도가 증가할수록 화학물질에 대한 저항성이 증가한다.
㉱ 결정도가 증가할수록 열에 대한 저항성이 감소한다.

풀이 ㉱ 결정도가 증가할수록 열에 대한 저항성이 증가한다.

★★★ 5. 합성차수막의 종류

(1) CR(Choroprene Rubber)

① 장점
　ⓐ 대부분의 화학물질에 대한 저항성이 높다.
★★ ⓑ 마모 및 기계적 충격에 강하다.

② 단점
★★ ⓐ 접합이 용이하지 못하다.　　ⓑ 가격이 비싸다.

Question 17

합성차수막 중 CR의 장·단점으로 틀린 것은?

㉮ 가격이 비싸다.
㉯ 마모 및 기계적 충격에 약하다.
㉰ 접합이 용이하지 못하다.
㉱ 대부분의 화학물질에 대한 저항성이 높다.

풀이 ㉯ 마모 및 기계적 충격에 강하다.

(2) PVC(Polyvinyl Chloride)

① 장점
- ⓐ 가격이 저렴하다.
- ⓑ 작업이 용이하다.
- ⓒ 강도가 크다.
- ★★ ⓓ 접합이 용이하다.

② 단점
- ⓐ 대부분의 유기화학물질에 약하다.
- ★★ ⓑ 자외선, 오존, 기후에 약하다.

Question 18

차수막의 종류 중 PVC의 장점으로 틀린 것은?

㉮ 자외선, 오존 및 기후에 강하다.
㉯ 접합이 용이하다.
㉰ 강도가 높다.
㉱ 작업이 용이하다.

풀이) ㉮ 자외선, 오존 및 기후에 약하다.

(3) CSPE(Chlorosulfonated Polyethylene)

① 장점
- ⓐ 접합이 용이하다.
- ⓑ 미생물에 강하다.
- ★★ ⓒ 산 및 알칼리에 강하다.

② 단점
- ★★ ⓐ 기름, 탄화수소, 용매류에 약하다.
- ★★ ⓑ 강도가 약하다.

Question 19

합성차수막인 CSPE에 대한 내용으로 틀린 것은?

㉮ 미생물에 강하다.
㉯ 접합이 용이하다.
㉰ 산과 알칼리에 약하다.
㉱ 기름, 탄화수소 및 용매류에 약하다.

풀이) ㉰ 산과 알칼리에 강하다.

(4) HDPE & LDPE(High Density Polyethylene & Low Density Polyethylene)

① 대부분의 화학물질에 대한 저항성이 높다.
② 접합상태가 양호하다.
★★③ 온도에 대한 저항성이 높다.
④ 강도가 높다.
★★⑤ 유연하지 못하고 손상의 우려가 높다.

Question 20

합성차수막의 재료 중 High-density polyethylene에 대한 내용으로 틀린 것은?

㉮ 유연하여 손상의 우려가 적다.
㉯ 대부분의 화학물질에 대한 저항성이 높다.
㉰ 온도에 대한 저항성이 높다.
㉱ 접합상태가 양호하다.

풀이 ㉮ 유연하지 못하여 손상의 우려가 높다.

(5) EPDM(Ethylene Propylene Diene Monomer)

① 장점
ⓐ 수분의 함량이 낮다.   ⓑ 강도가 높다.
② 단점
★★ⓐ 접합상태가 양호하지 못하다.
ⓑ 기름, 방향족 탄화수소, 용매류에 약하다.

Question 21

매립지에 쓰이는 합성차수막의 재료별 장·단점으로 틀린 것은?

㉮ HDPE : 대부분의 화학물질에 대한 저항성이 높다.
㉯ CPE : 방향족 탄화수소 및 기름종류에 약하다.
㉰ CR : 마모 및 기계적 충격에 강하다.
㉱ EPDM : 접합상태가 양호하다.

풀이 ㉱ EPDM : 접합상태가 양호하지 못하다.

(6) CPE(Chlorinated Polyethylene)

① 강도가 높다.
★★ ② 접합상태가 양호하지 못하다.
③ 방향족 탄화수소 및 기름종류에 약하다.

Question 22

매립지에 사용되는 합성차수막의 재료별 장·단점에 대한 내용으로 알맞지 않은 것은?

㉮ PVC : 가격은 저렴하나 자외선, 오존, 기후에 약하다.
㉯ HDPE : 온도에 대한 저항성이 높다.
㉰ CSPE : 산과 알칼리에 특히 강하다.
㉱ CPE : 접합상태가 양호하다.

풀이 ㉱ CPE(Chlorinated Polyethylene) : 접합상태가 양호하지 못하다.

★★★ 6. 점토의 차수막 적합조건

① 투수계수 : 10^{-7} cm/sec 미만
② 소성지수 : 10% 이상 30% 미만
③ 액성한계 : 30% 이상
④ 점토 및 미사토 함량 : 20% 이상
⑤ 자갈 함유량 : 10% 미만
⑥ 직경이 2.5cm 이상인 입자의 함유량 : 0%

Question 23

매립지 차수막으로서의 점토조건으로 틀린 것은?

㉮ 액성한계 : 60% 이상
㉯ 투수계수 : 10^{-7} cm/s 미만
㉰ 소성지수 : 10% 이상 30% 미만
㉱ 자갈 함유량 : 10% 미만

풀이 ㉮ 액성한계 : 30% 이상

TIP

★★ 합성차수계 차수막과 점토차수막의 비교
① 합성차수계 차수막은 점토에 비해 내구성이 높으나 열화위험이 있다.
② 합성차수계 차수막은 점토에 비해 가격은 비싸나 시공이 용이하다.
③ 점토차수막은 벤토나이트 첨가시 차수성이 더 좋아진다.
④ 점토차수막은 바닥처리가 나쁘면 부등침하 및 균열의 위험이 있다.

Question 24

매립장에서 적용되는 점토와 합성차수계 차수막에 대한 내용으로 거리가 먼 것은?

㉮ 점토는 벤토나이트 첨가시 차수성이 더 좋아진다.
㉯ 점토는 바닥처리가 나쁘면 부등침하 및 균열 위험이 있다.
㉰ 합성수지계 차수막은 점토에 비하여 내구성이 높으나 열화 위험이 있다.
㉱ 합성수지계 차수막은 점토에 비하여 가격은 저렴하나 시공이 어렵다.

풀이 ㉱ 합성수지계 차수막은 점토에 비하여 가격은 비싸나 시공이 용이하다.

7. 소성지수

① **액성한계** : 수분의 함량이 일정수준 이상이 되면 점토의 상태가 액체상태로 변하게 되는데 이때의 한계 수분 함량을 말한다.
② **소성한계** : 수분의 함량이 일정수준 미만이 되면 점토가 성형상태를 유지하지 못하고 부숴지게 되는데 이때의 한계 수분 함량을 말한다.
★★ ③ 소성지수(PI) = 액성한계(LL) - 소성한계(PL)

Question 25

점토의 수분함량 지표인 소성지수, 액성한계, 소성한계의 관계가 알맞은 것은?

㉮ 소성지수 = 액성한계 - 소성한계
㉯ 소성지수 = 액성한계 + 소성한계
㉰ 소성지수 = 액성한계 / 소성한계
㉱ 소성지수 = 소성한계 / 액성한계

정답 ㉮

8. 매립지 저류 구조물의 조건

① 옹벽, 성토(흙댐), 콘크리트댐으로 크게 구분할 수 있다.
② 침출수의 유출이나 누출을 방지하여야 한다.
③ 강우발생에 대비하여 계획 최고 수위를 미리 결정해 둔다.
④ 필요에 따라 차수기능을 갖추어야 한다.

★★ 9. 침출수 농도에 미치는 영향인자

① 매립된 쓰레기의 높이
② 매립된 쓰레기의 질
③ 연간 평균강수량
④ 매립된 쓰레기의 조성
⑤ 매립된 쓰레기의 경과시간
⑥ 쓰레기의 매립방법

★★ 10. 침출수량에 영향을 주는 요인

① 강우량
② 증발량
③ 지하수량
④ 침투수량
⑤ 표면유출량
⑥ 폐기물 분해시 발생량

11. 매립장을 관리할 때 사후 관리항목

① 우수배제시설 설치 및 관리
② 침출수 관리
③ 배기가스 관리
④ 지하수 오염도 조사

> **TIP**
>
> **매립지에서 지하수에 용해된 이산화탄소의 영향**
> ① 지하수 중 광물의 함량을 증가시킨다.
> ② 지하수의 경도를 높인다.
> ③ 지하수의 pH를 낮춘다.

> **TIP**
>
> 일반적으로 매립지 침출수 생성에 가장 큰 영향을 미치는 인자는 표토를 침투하는 강수이다.

Question 26

일반적으로 매립장 침출수 생성에 가장 큰 영향을 미치는 인자는?

㉮ 쓰레기의 함수율
㉯ 지하수의 유입
㉰ 표토를 침투하는 강수(降水)
㉱ 쓰레기 분해과정에서 발생하는 발생수

정답 ㉰

12. 침출수 계산

★★★ (1) Darcy의 법칙

$$t = \frac{d^2 \times n}{k \times (d+h)}$$

여기서, d : 점토층의 두께(m) n : 유효공극률
  k : 투수계수(m/년) h : 침출수 수두(m)
  t : 침출수가 점토층을 통과하는 시간(년)

Question 27

유효공극률 0.2, 점토층위의 침출수 수두 1.5m인 점토차수층 1.0m를 통과하는데 10년이 걸렸다면 점토차수층의 투수계수(cm/sec)를 계산하시오.

풀이

① $t = \dfrac{d^2 n}{k(d+h)}$

  $10년 = \dfrac{(1.0m)^2 \times 0.2}{k \times (1.0m + 1.5m)}$

  ∴ $k = \dfrac{(1.0m)^2 \times 0.2}{10년 \times (1.0m + 1.5m)} = 0.008 m/년$

② $k(cm/sec) = \dfrac{0.008\,m}{년} \times \dfrac{10^2\,cm}{1\,m} \times \dfrac{1년}{365\,day} \times \dfrac{1\,day}{24\,hr} \times \dfrac{1\,hr}{3,600\,sec} = 2.54 \times 10^{-8} cm/sec$

TIP

★★ 매립지로부터 침출수의 유출을 방지하기 위해서는 투수계수 및 수두차를 감소시킨다.

Question 28

매립지내의 물의 이동을 나타내는 Darcy의 법칙을 기준으로 침출수의 유출을 방지하기 위한 방법으로 알맞은 것은?

㉮ 투수계수는 감소, 수두차는 증가시킨다.
㉯ 투수계수는 증가, 수두차는 감소시킨다.
㉰ 투수계수 및 수두차를 증가시킨다.
㉱ 투수계수 및 수두차를 감소시킨다.

정답 ㉱

★★ (2) 도달시간 계산

$$도달시간(년) = \frac{이동거리(m) \times 유효공극률}{유출속도(m/년)}$$

Question 29

오염된 지하수의 Darcy속도(유출속도)가 0.1m/day이고 유효공극률이 0.4일 때 오염원으로부터 500m 떨어진 지점에 도달하는데 걸리는 시간(년)을 계산하시오. (단, 유출속도는 단위시간에 흙의 전체 단면적을 통하여 흐르는 물의 속도)

풀이
$$도달시간(년) = \frac{이동거리(m) \times 유효공극률}{유출속도(m/년)} = \frac{500m \times 0.4}{0.1m/day \times 365day/년} = 5.48년$$

★★ (3) 침출수 발생량 계산

침출수 발생량(ton/년)
= 침출되는 강우량(m/년) × 매립장의 면적(m^2) × 비중(ton/m^3)

Question 30

인구 400,000명에 1인당 하루 1.15kg의 쓰레기를 배출하는 지역에 면적이 2,000,000m^2의 매립장을 건설하려고 한다. 강우량이 1,250mm/년인 경우 강우로 인한 침출수 발생량(ton/년)을 계산하시오.
(단, 강우량 중 60%는 증발되고, 40%만 침출수로 발생된다고 가정하며, 침출수의 비중은 1.0이다.)

풀이 침출수 발생량(ton/년) = $1,250 \times 10^{-3}$m/년 × 0.4 × 2,000,000m^2 × 1.0ton/m^3
= 1,000,000ton/년

TIP
침출수의 비중 1.0 = 1.0ton/m^3

★★★ (4) 반응속도식

① 1차 반응속도식

$$\ln \frac{C_t}{C_o} = -k \times t$$

여기서 C_o : 초기농도 C_t : t시간후의 농도
       k : 상수 t : 시간

② 1차 반응속도식(반감기 사용)

$$\ln \frac{C_t}{C_o} = -k \times t \xrightarrow[C_t = \frac{1}{2}C_o]{\text{반감기 사용}} \ln \frac{\frac{1}{2}C_o}{C_o} = -k \times t \Rightarrow \ln \frac{1}{2} = -k \times t$$

반감기 사용공식 : $\ln \frac{1}{2} = -k \times t$

Question 31

어느 매립지의 침출수 농도가 반으로 감소하는데 4년이 걸린다면 이 침출수 농도가 90% 분해되는데 걸리는 시간(년)을 계산하시오. (단, 1차 반응기준)

 풀이

① $\ln \frac{C_t}{C_o} = -k \times t$

$\ln\left(\frac{1}{2}\right) = -k \times 4년$

∴ $k = \dfrac{\ln\left(\frac{1}{2}\right)}{-4년} = 0.1733/년$

② $\ln\left(\dfrac{100-90}{100}\right) = -0.1733/년 \times t$

∴ $t = \dfrac{\ln\left(\dfrac{100-90}{100}\right)}{-0.1733/년} = 13.29년$

03 가스발생 및 처분

★★ 1. 폐기물 매립후 발생되는 생성가스 농도변화

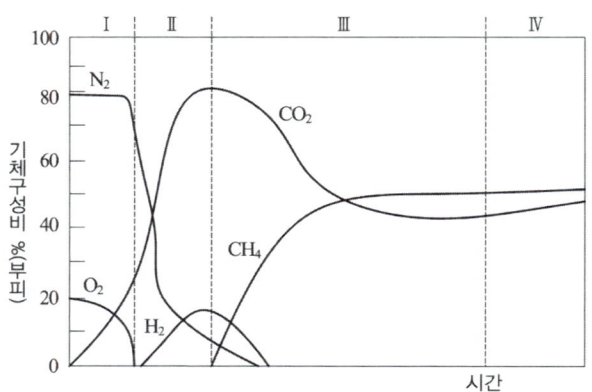

① Ⅰ 단계(호기성단계)
ⓐ 산소가 급감하여 거의 사라지고 이산화탄소(탄산가스)가 생성되기 시작한다.
ⓑ 가스의 발생량이 적다.
ⓒ 질소가 감소한다.
ⓓ 매립물의 분해속도에 따라 수일에서 수개월 동안 지속된다.
ⓔ 폐기물내 수분이 많은 경우 반응이 빨라져 호기성 단계가 짧아진다.

Question 32

폐기물내 가스생성과정을 기간별로 4개로 나눌 때 1단계인 호기성 단계에 대한 설명으로 잘못된 것은?
㉮ 폐기물내 수분이 많은 경우 반응이 늦어 호기성 단계가 길어진다.
㉯ 가스의 발생량이 적다.
㉰ 질소의 양이 감소하기 시작한다.
㉱ 산소가 급감하여 거의 사라지고 탄산가스가 발생하기 시작한다.

풀이 ㉮ 폐기물내 수분이 많은 경우 반응이 빨라 호기성 단계가 짧아진다.

② Ⅱ 단계(혐기성 비메탄단계)

혐기성 단계지만 CH_4가 형성되지 않고, H_2가 생성되기 시작하고 SO_4^{2-}, NO_3^- 등이 환원된다.

③ Ⅲ 단계(메탄생성축적단계)

혐기성 단계이며 CH_4가 발생하기 시작한다.

④ Ⅳ 단계(정상적인 혐기단계)

정상적인 혐기단계로 CH_4와 CO_2의 함량이 거의 일정하다. (CH_4 55%, CO_2 45%로 구성)

Question 33

다음 그림은 쓰레기 매립지에서 발생되는 가스의 성상이 시간에 따라 변하는 과정을 보이고 있다. 곡선 ①과 ②의 가스로 알맞은 것은?

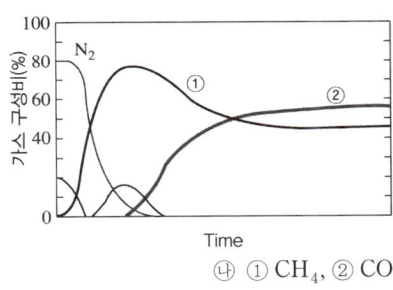

㉮ ① H_2, ② CH_4
㉯ ① CO_2, ② CH_4
㉰ ① CH_4, ② CO_2
㉱ ① CH_4, ② H_2

풀이 ①의 가스는 이산화탄소(CO_2)이고, ②의 가스는 메탄(CH_4)이므로 정답은 ㉯번이다.

★★ 2. 매립지의 매립폐기물 및 발생가스 조건

① 폐기물중에는 약 50%의 분해 가능한 물질이어야 한다.
② 폐기물 중 분해가능한 물질의 50% 이상이 실제 분해하여 기체를 발생시켜야 한다.
③ 발생기체의 50% 이상을 포집할 수 있어야 한다.
④ 기체의 발열량은 $2,200\,kcal/Sm^3$ 이상이어야 한다.

★★★ 3. 매립지 내 유기물의 혐기성 분해 반응식

$$C_aH_bO_cN_dS_e + \left(\frac{4a-b-2c+3d+2e}{4}\right)H_2O$$
$$\rightarrow \left(\frac{4a+b-2c-3d-2e}{8}\right)CH_4 + \left(\frac{4a-b+2c+3d+2e}{8}\right)CO_2 + dNH_3 + eH_2S$$

Question 34

매립물의 조성이 $C_{45}H_{63}O_{30}N$인 경우 이 매립물 1mol당 발생하는 메탄(mol)을 계산하시오. (단, 혐기성 반응 기준이다.)

풀이 혐기성 반응에서 CH_4의 계수 구하는 공식

$$C_{45}H_{63}O_{30}N \rightarrow \left(\frac{4a+b-2c-3d}{8}\right)CH_4 \text{ 이므로}$$

여기서 a = 45, b = 63, c = 30, d = 1이므로

$$CH_4 \text{ 계수} = \frac{(4\times45)+63-(2\times30)-(3\times1)}{8} = 22.5$$

따라서 $\begin{array}{c} C_{45}H_{63}O_{30}N \\ 1mol \end{array} : \begin{array}{c} 22.5CH_4 \\ 22.5mol \end{array}$ 이므로 발생되는 메탄(CH_4)은 22.5mol이다.

★★ 4. LFG(Landfill Gas) 중 CO_2 제거공정

① 흡수법
② 흡착법
③ 화학적 전환법
④ 저온분리법 : 저온 증류에 의해 분리
⑤ 막분리법 : 막으로 선택적 통과 분리

Question 35

LFG 중 CO_2제거공정으로 틀린 것은?

㉮ 흡수, 흡착법 ㉯ 화학적 전환법
㉰ 고온분리 : 고온 증류에 의해 분리 ㉱ 막분리 : 막으로 선택적 통과 분리

풀이 ㉰ 저온분리 : 저온 증류에 의해 분리

PART

실전문제

폐기물처리
기   사
필   기

2014 1회 기출문제

| 제1과목 | 폐기물개론

01 폐기물 차량 총질량이 24,725kg, 공차량 질량이 13,725kg이며, 적재함의 크기 L : 400cm, W : 250cm, H : 170cm일 때 차량 적재 계수(ton/m³)는 얼마인가?

㉮ 0.757 ㉯ 0.708
㉰ 0.687 ㉱ 0.647

풀이 적재차량 계수(ton/m³)
$= \dfrac{\text{차량 총 질량} - \text{공차량 질량(ton)}}{\text{적재함의 크기(m}^3\text{)}}$
$= \dfrac{(24{,}725\text{kg} - 13{,}725\text{kg}) \times 10^{-3}\text{ton/kg}}{4\text{m} \times 2.5\text{m} \times 1.7\text{m}}$
$= 0.647\text{ton/m}^3$

02 수분함량이 20%인 쓰레기의 수분함량을 10%로 감소시키면 감소 후 쓰레기 질량은 처음 질량의 몇 %가 되겠는가? (단, 쓰레기의 비중은 1.0 기준이다.)

㉮ 87.6% ㉯ 88.9%
㉰ 90.3% ㉱ 92.9%

풀이 $W_1 \times (100 - P_1) = W_2 \times (100 - P_2)$
$W_1 \times (100 - 20) = W_2 \times (100 - 10)$
$\therefore \dfrac{W_2}{W_1} = \dfrac{(100-20)}{(100-10)} = 0.8889$
따라서 W_2는 W_1의 88.89%에 해당한다.

03 쓰레기 선별에 사용되는 직경이 5.0m인 트롬멜 스크린의 최적속도(rpm)는 얼마인가?

㉮ 약 9rpm ㉯ 약 11rpm
㉰ 약 14rpm ㉱ 약 16rpm

풀이 ① 임계속도(N_C) $= \sqrt{\dfrac{g}{4\pi^2 r}} \times 60$
$= \sqrt{\dfrac{9.8\text{m/sec}^2}{4 \times \pi^2 \times \dfrac{5.0\text{m}}{2}}} \times 60$
$= 18.91\text{rpm}$
② 최적속도(N_S) = 임계속도(N_C) × 0.45
$= 18.91\text{rpm} \times 0.45$
$= 8.51\text{rpm}$

04 쓰레기를 압축시켜 부피감소율이 55%인 경우 압축비는 얼마인가?

㉮ 약 2.2 ㉯ 약 2.8
㉰ 약 3.2 ㉱ 약 3.6

풀이 압축비 $= \dfrac{100}{100 - \text{부피감소율(\%)}}$
$= \dfrac{100}{100 - 55\%} = 2.22$

answer 01 ㉱ 02 ㉯ 03 ㉮ 04 ㉮

05 쓰레기 수거노선 설정요령으로 틀린 것은 어느 것인가?

㉮ 지형이 언덕인 경우는 내려가면서 수거한다.
㉯ U자 회전을 피하여 수거한다.
㉰ 아주 많은 양의 쓰레기가 발생되는 발생원은 하루 중 가장 나중에 수거한다.
㉱ 가능한 한 시계 방향으로 수거노선을 설정한다.

풀이 ㉰ 아주 많은 양의 쓰레기가 발생되는 발생원은 하루 중 가장 먼저 수거한다.

06 다음 중에서 쓰레기 발생량 조사방법에 해당하지 않는 것은 어느 것인가?

㉮ 적재차량계수분석법
㉯ 직접계근법
㉰ 물질수지법
㉱ 경향법

풀이
1. 쓰레기(폐기물) 발생량 예측방법의 종류
  ① 다중회귀모델
  ② 동적모사모델
  ③ 경향모델
2. 쓰레기(폐기물) 발생량 조사방법의 종류
  ① 물질수지법
  ② 직접계근법
  ③ 적재차량계수법
  ④ 통계조사법(표본조사, 전수조사)

07 슬러지 수분 중 가장 용이하게 분리할 수 있는 수분의 형태로 알맞은 것은 어느 것인가?

㉮ 모관결합수   ㉯ 세포수
㉰ 표면부착수   ㉱ 내부수

풀이 슬러지내의 탈수성 순서는 간극모관결합수 > 모관결합수 > 쐐기상모관결합수 > 표면부착수 > 내부수 순이다.

08 폐기물에 함유된 유용 성분을 분리해 내기 위해 1,000kg의 폐기물을 처리하여 700kg과 300kg으로 분류하였다. 이들 각 폐기물에 함유된 유용성분의 함량을 조사 하였더니 각각의 질량의 30%와 0.15%를 차지하고 있음을 알았다. 그러면 전체 폐기물에 함유되어 있는 유용성분의 함량(%)은 얼마인가? (단, 질량 기준)

㉮ 21%   ㉯ 27%
㉰ 31%   ㉱ 34%

풀이 유용성분의 함량(%)
$= \dfrac{\text{유용성분 함유 폐기물(kg)}}{\text{폐기물의 양(kg)}} \times 100$

① 유용성분 함유 폐기물(kg)
 $= 700\text{kg} \times 0.3 + 300\text{kg} \times 0.0015$
 $= 210.45\text{kg}$

② 유용성분의 함량(%) $= \dfrac{210.45\text{kg}}{1,000\text{kg}} \times 100$
 $= 21.05\%$

09 1,000세대(세대 당 평균 가족 수 5인)인 아파트에서 배출하는 쓰레기를 3일마다 수거하는데 적재용량 11.0 m^3의 트럭 5대(1회 기준)가 소요된다. 쓰레기 단위 용적당 질량이 210 kg/m^3이라면 1인 1일당 쓰레기 배출량은 얼마인가?

㉮ 2.31kg/인·일
㉯ 1.38kg/인·일
㉰ 1.12kg/인·일

answer 05 ㉰ 06 ㉱ 07 ㉮ 08 ㉮ 09 ㉱

㉣ 0.77kg/인·일

풀이 쓰레기 배출량(kg/인·일)
$= \dfrac{\text{쓰레기 수거량(kg/일)}}{\text{인구수(인)}}$
$= \dfrac{11.0\,m^3/\text{대} \times 5\text{대}/1\text{회} \times 1\text{회}/3\text{일} \times 210\,kg/m^3}{1,000\text{세대} \times 5\text{인}/1\text{세대}}$
$= 0.77\,kg/\text{인}\cdot\text{일}$

10 투입량이 1.0t/hr이고, 회수량이 620kg/hr(그 중 회수대상물질은 550kg/hr)이며 제거량은 400kg/hr(그 중 회수대상물질은 70kg/hr)일 때 선별효율(%)은 얼마인가? (단, Worrell식 적용)

㉮ 77% ㉯ 79%
㉰ 81% ㉣ 84%

풀이 Worrell의 선별효율(E)
$= \left(\dfrac{X_c}{X_i} \times \dfrac{Y_o}{Y_i}\right) \times 100$
$= \left(\dfrac{550\,kg/hr}{620\,kg/hr} \times \dfrac{330\,kg/hr}{380\,kg/hr}\right) \times 100$
$= 77.04\%$

TIP
X_i(투입량 중 회수대상물질) $= 620\,kg/hr$
Y_i(투입량 중 비회수대상물질) $= 380\,kg/hr$
X_o(제거량 중 회수대상물질) $= 70\,kg/hr$
Y_o(제거량 중 비회수대상물질) $= 330\,kg/hr$
X_c(회수량 중 회수대상물질) $= 550\,kg/hr$
Y_c(회수량 중 비회수대상물질) $= 50\,kg/hr$

11 함수율 95%의 슬러지를 함수율 80%인 슬러지로 만들려면 슬러지 1ton당 증발시켜야 하는 수분량은 얼마인가? (단, 비중은 1.0 기준이다.)

㉮ 750kg ㉯ 650kg
㉰ 550kg ㉣ 450kg

풀이 ① $W_1 \times (100-P_1) = W_2 \times (100-P_2)$
$1,000\,kg \times (100-95) = W_2 \times (100-80)$
$\therefore W_2 = \dfrac{1,000\,kg \times (100-95)}{(100-80)} = 250\,kg$
② 증발된 수분량 $= W_1 - W_2$
$= 1,000\,kg - 250\,kg$
$= 750\,kg$

12 인구 15만명, 쓰레기 발생량 1.4kg/인·일, 쓰레기 밀도 $400\,kg/m^3$, 일일 운전시간 6시간, 운반거리 6km, 적재용량 $12\,m^3$, 1회 운반 소요시간 60분(적재시간, 수송시간 등 포함)일 때 운반에 필요한 일일 소요 차량대수는 얼마인가? (단, 대기 차량 포함, 대기 차량 3대, 압축비 2.0)

㉮ 6대 ㉯ 7대
㉰ 8대 ㉣ 11대

풀이 ① 차량대수(대)
$= \dfrac{\text{쓰레기 발생량(kg/인·일)} \times \text{인구수} \times \dfrac{1}{\text{밀도(kg/m}^3\text{)}}}{\text{적재용량(m}^3/\text{대·회)} \times \text{운전시간(hr/대·일)} \times \dfrac{1\text{회}}{\text{소요시간(min)}} \times \dfrac{60\min}{hr} \times \text{압축비}}$
$= \dfrac{1.4\,kg/\text{인}\cdot\text{일} \times 150{,}000\text{인} \times \dfrac{1}{400\,kg/m^3}}{12\,m^3/\text{대}\cdot\text{회} \times 6\text{시간/일} \times \dfrac{1\text{회}}{60\min} \times \dfrac{60\min}{1\,hr} \times 2.0} = 4\text{대}$
② 소요차량대수 = 실제차량 + 대기차량
$= 4\text{대} + 3\text{대} = 7\text{대}$

answer 10 ㉮ 11 ㉮ 12 ㉯

13 3.5%의 고형물을 함유하는 슬러지 300 m^3를 탈수시켜 70%의 함수율을 갖는 케이크를 얻었다면 탈수된 케이크의 양(m^3)은 얼마인가? (단, 슬러지의 밀도는 1 ton/m^3 기준)

㉮ $35m^3$ ㉯ $40m^3$
㉰ $45m^3$ ㉱ $50m^3$

풀이
$V_1 \times TS_1 = V_2 \times (100 - P_2)$
$300m^3 \times 3.5\% = V_2 \times (100 - 70\%)$
$\therefore V_2 = \dfrac{300m^3 \times 3.5\%}{(100-70\%)} = 35m^3$

TIP
① 고형분(TS) + 함수율(P) = 100%
② TS(%) = 100 - P(%)

14 청소상태의 평가방법에 내용으로 틀린 것은 어느 것인가?

㉮ 지역사회 효과지수는 가로 청소상태의 문제점이 관찰되는 경우 각 10점씩 감점한다.
㉯ 지역사회 효과지수에서 가로 청결상태의 scale은 1~10로 정하여 각각 10점 범위로 한다.
㉰ 사용자 만족도 지수는 서비스를 받는 사람들의 만족도를 설문조사하여 계산되며 설문 문항은 6개로 구성되어 있다.
㉱ 사용자 만족도 설문지 문항의 총점은 100점이다.

풀이 ㉯ 지역사회 효과지수에서 가로 청결상태의 scale은 1~4로 정하며, 각각 100점, 50점, 25점, 0점으로 한다.

15 인구 1천만명인 도시를 위한 쓰레기 위생매립지(매립용량 100,000,000 m^3)를 계획하였다. 매립 후 폐기물의 밀도는 500 kg/m^3이고 복토량은 폐기물 : 복토 부피 비율로 5 : 1이며 해당 도시 일인 일일 쓰레기 발생량이 2kg일 경우 매립장의 수명은 몇 년이 되는가?

㉮ 5.7년 ㉯ 6.8년
㉰ 8.3년 ㉱ 14.6년

풀이 매립장의 수명(년)
$= \dfrac{\text{매립용량}(m^3) \times \text{밀도}(kg/m^3)}{\text{쓰레기 배출량}(kg/년)} \times \dfrac{\text{폐기물}}{\text{폐기물}+\text{복토}}$
$= \dfrac{100,000,000m^3 \times 500kg/m^3}{2kg/\text{인}\cdot\text{일} \times 10,000,000\text{인} \times 365\text{일/년}} \times \left(\dfrac{5}{5+1}\right)$
$= 5.71$년

16 물렁거리는 가벼운 물질로부터 딱딱한 물질을 선별하는데 사용하며 경사진 콘베이어를 통해 폐기물을 주입시켜 천천히 회전하는 드럼 위에 떨어뜨려서 분류하는 선별법은 어느 것인가?

㉮ Stoners ㉯ Jigs
㉰ Secators ㉱ Table

풀이 ㉰ Secators에 대한 설명이다.

answer 13 ㉮ 14 ㉯ 15 ㉮ 16 ㉰

17 40ton/hr 규모의 시설에서 평균크기가 30.5cm인 혼합된 도시폐기물을 최종크기 5.1cm로 파쇄하기 위한 동력(kW)은 얼마인가? (단, 평균크기 15.2cm에서 5.1cm로 파쇄하기 위하여 필요한 에너지 소모율은 14.9kW·hr/ton 이며 킥의 법칙을 적용한다.)

㉮ 약 380kW   ㉯ 약 580kW
㉰ 약 780kW   ㉱ 약 980kW

▸ 풀이
Kick의 법칙 : $E = C \ln\left(\dfrac{dp_1}{dp_2}\right)$

여기서 E: 에너지 소모율
  dp_1: 평균크기
  dp_2: 최종크기

① $14.9 \text{kw·hr/ton} = C \times \ln\left(\dfrac{15.2\text{cm}}{5.1\text{cm}}\right)$

∴ $C = \dfrac{14.9 \text{ kw·hr/ton}}{\ln\left(\dfrac{15.2\text{cm}}{5.1\text{cm}}\right)} = 13.64 \text{ kw·hr/ton}$

② $E = 13.64 \text{kw·hr/ton} \times \ln\left(\dfrac{30.5\text{cm}}{5.1\text{cm}}\right)$
  $= 24.4 \text{kw·hr/ton}$

③ 동력 $= 24.4 \text{kw·hr/ton} \times 40 \text{ton/hr}$
  $= 976 \text{kw}$

18 인구 500,000인 어느 도시의 쓰레기 발생량 중 가연성이 60%라고 한다. 쓰레기 발생량이 1.2kg/인·일이고, 밀도는 0.8ton/m³, 쓰레기차의 적재용량이 15m³일 때, 가연성 쓰레기를 운반하는데 필요한 차량은 몇 대인가? (단, 차량은 1일 1회 운행 기준)

㉮ 50대/일   ㉯ 30대/일
㉰ 20대/일   ㉱ 10대/일

▸ 풀이
운반차량수(대)

$= \dfrac{\text{가연성 쓰레기 발생량(kg)} \times \dfrac{1}{\text{밀도(kg/m}^3)}}{\text{적재용량(m}^3\text{/대)}}$

$= \dfrac{1.2\text{kg/인·일} \times 500,000\text{인} \times \dfrac{1}{800\text{kg/m}^3} \times 0.6}{15\text{m}^3\text{/대}}$

$= 30\text{대/일}$

19 쓰레기를 체분석하여 다음과 같은 결과를 얻었다. 곡률계수는 얼마인가? (단, D_{10}, D_{30}, D_{60}은 쓰레기 시료의 체 질량통과백분율이 각각 10%, 30%, 60%에 해당되는 직경임.)

〈결과〉
- D_{10} : 0.01mm
- D_{30} : 0.05mm
- D_{60} : 0.25mm

㉮ 0.5   ㉯ 0.85
㉰ 1.0   ㉱ 1.25

▸ 풀이
곡률계수 $= \dfrac{(D_{30\%})^2}{(D_{10\%} \times D_{60\%})}$

$= \dfrac{(0.05\text{mm})^2}{(0.01\text{mm} \times 0.25\text{mm})} = 1.0$

TIP
① 유효입경 $= D_{10\%}$
② 균등계수 $= \dfrac{D_{60\%}}{D_{10\%}}$

과년도 기출문제

answer 17 ㉱   18 ㉯   19 ㉰

20 $X_{90} = 3.0\,cm$ 로 도시폐기물을 파쇄하고자 할 때, 즉 90% 이상을 3.0cm보다 작게 파쇄하고자 할 때 Rosin-Rammler 모델에 의한 특성입자크기(cm)는 얼마인가? (단, n = 1로 가정한다.)

㉮ 1.30cm ㉯ 1.42cm
㉰ 1.74cm ㉱ 1.92cm

풀이 $Y = 1 - \exp\left[-\left(\dfrac{X}{X_o}\right)^n\right]$

여기서 Y: 체하분율(%)
X: 폐기물 입자의 크기(cm)
X_o: 특성입자의 크기(cm)
n: 상수

따라서 $0.90 = 1 - \exp\left[-\left(\dfrac{3.0\,cm}{X_o}\right)^1\right]$

$\therefore X_o = \dfrac{-3.0\,cm}{LN(1-0.90)} = 1.30\,cm$

TIP
$Y = 1 - \exp\left[-\left(\dfrac{X}{X_o}\right)^n\right] \Rightarrow X_o = \dfrac{-X}{LN(1-Y)}$

| 제2과목 | 폐기물 재활용 및 자원화 기술

21 어느 매립지에서 침출된 침출수 농도가 반으로 감소하는데 약 3.5년이 걸렸다면 이 침출수 농도가 95% 분해되는데 소요되는 시간(년)은 얼마인가? (단, 침출수 분해 반응은 1차 반응 기준.)

㉮ 약 5년   ㉯ 약 10년
㉰ 약 15년 ㉱ 약 20년

풀이 ① 반감기 사용
$\ln\dfrac{1}{2} = -k \times t$ 이용
$\ln\dfrac{1}{2} = -k \times 3.5$년
$\therefore k = \dfrac{\ln\dfrac{1}{2}}{-3.5년} = 0.198/$년

② 1차 반응식
$\ln\dfrac{C_t}{C_o} = -k \times t$ 이용
$\ln\dfrac{5\%}{100\%} = -0.198/$년 $\times t$
$\therefore t = \dfrac{\ln\dfrac{5\%}{100\%}}{-0.198/년} = 15.13$년

22 다음과 같은 특성을 가진 침출수의 처리에 가장 효율적인 공정은 어느 것인가?

- 침출수 특성 : COD/TOC < 2.0
- BOD/COD < 0.1
- 매립연한 10년 이상
- COD 500 이하
- 단위 mg/L

㉮ 이온교환수지
㉯ 활성탄
㉰ 화학적 침전(석회투여)
㉱ 화학적 산화

풀이 ㉯ 활성탄으로 처리하는 것이 가장 효율적이다.

answer 20 ㉮ 21 ㉰ 22 ㉯

23 슬러지를 톤당 5,000원에 위탁 처리하는 배출업소가 있다. 고성능 탈수기를 사용, 함수율을 낮추어 위탁비용을 줄이려 하는 경우 다음 조건하에서 탈수기 사용이 경제적이 되기 위해서는 탈수된 슬러지의 함수율(%)이 얼마 이하가 되어야 하는가?

[조건]
- 탈수 전 슬러지 함수율 : 85%
- 탈수기 사용경비: 유입슬러지 톤당 2,000원
- 위탁 비용은 슬러지의 함수율에 무관함
- 비중은 1.0 기준

㉮ 81% ㉯ 79%
㉰ 77% ㉱ 75%

풀이 $V_1 \times (100 - P_1) = V_2 \times (100 - P_2)$를 이용한다.
5,000원/ton $\times (100 - 85) = 3,000$원/ton $\times (100 - P_2)$
따라서
$P_2 = 100 - \dfrac{5,000원/ton \times (100 - 85)}{3,000원/ton} = 75\%$

TIP
V_2는 탈수기 사용 경비를 제외한 비용이므로
$V_2 = 5,000$원/ton $- 2,000$원/ton $= 3,000$원/ton이다.

24 다음 그림은 쓰레기 매립지에서 발생되는 가스의 성상이 시간에 따라 변하는 과정을 보이고 있다. 곡선 ①과 ②의 가스로 알맞은 것은 어느 것인가?

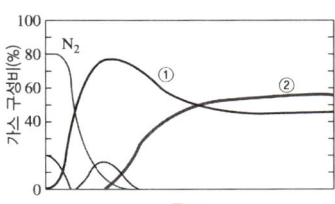

㉮ ① H_2 ② CH_4
㉯ ① CH_4 ② CO_2
㉰ ① CO_2 ② CH_4
㉱ ① CH_4 ② H_2

풀이 ①의 가스는 이산화탄소(CO_2)이고
②의 가스는 메탄(CH_4)이다.

25 함수율 95%인 분뇨의 유기탄소량은 30%/TS이고 총질소량은 15%/TS이다. 이 분뇨와 혼합할 볏짚의 함수율은 30%이며 유기탄소량은 90%/TS, 총질소량은 3%/TS이다. 분뇨 : 볏짚을 질량비 2 : 3으로 혼합했을 경우의 C/N비는 얼마인가?

㉮ 약 22.6   ㉯ 약 24.6
㉰ 약 26.6   ㉱ 약 28.6

풀이
$\dfrac{C}{N} = \dfrac{(1-0.95) \times 0.3 \times \dfrac{2}{5} + (1-0.3) \times 0.9 \times \dfrac{3}{5}}{(1-0.95) \times 0.15 \times \dfrac{2}{5} + (1-0.3) \times 0.03 \times \dfrac{3}{5}}$
$= 24.62$

answer 23 ㉱   24 ㉰   25 ㉯

26 유해폐기물을 고화처리 할 때 사용하는 지표인 Mix Ratio(MR 또는 섞음율)는 고화제 첨가량과 폐기물 양과의 질량비로 정의된다. 고화처리 전 폐기물의 밀도가 $1.0g/cm^3$, 고화처리 후 폐기물의 밀도가 $1.2g/cm^3$ 이라면 MR이 0.3일 때 고화 처리 후 폐기물의 부피는 처리 전 폐기물의 부피의 몇 배로 되는가?

㉮ 약 1.1   ㉯ 약 1.2
㉰ 약 1.3   ㉱ 약 1.4

풀이 부피변화율(VCF) $= (1+MR) \times \dfrac{\rho_1}{\rho_2}$

여기서 MR : 혼합율
  ρ_1 : 고화처리 전 폐기물의 밀도(g/cm^3)
  ρ_2 : 고화처리 후 폐기물의 밀도(g/cm^3)

따라서
부피변화율(VCF) $= (1+0.3) \times \dfrac{1.0g/cm^3}{1.2g/cm^3} = 1.08$

27 쓰레기와 하수처리장에서 얻어진 슬러지를 함께 매립하려고 한다. 쓰레기와 슬러지의 고형물함량이 각각 80%, 30%라고 하면 쓰레기와 슬러지를 8 : 2로 섞을 때의 이 혼합폐기물의 함수율은 얼마인가? (단, 질량 기준이며 비중은 1.0으로 가정함)

㉮ 30%   ㉯ 50%
㉰ 70%   ㉱ 80%

풀이 혼합 폐기물의 함수율(%) $= \dfrac{20\% \times 8 + 70\% \times 2}{8+2}$
$= 30\%$

TIP
① 쓰레기의 함수율(%)
  $= 100 - $ 고형물 함량(%)
  $= 100 - 80\% = 20\%$
② 슬러지의 함수율(%)
  $= 100 - $ 고형물 함량(%)
  $= 100 - 30\% = 70\%$

28 생분뇨 농축조에서의 SS 제거량은 농축조 투입 생분뇨 1L당 50,000mg이다. 농축 후 제거된 SS를 탈수하여 감량화하는 경우 탈수기에서 발생하는 탈수액의 양(m^3/일)은 얼마인가? (단, 농축조 생분뇨투입량은 100kL/일, 탈수기 유입 SS 슬러지의 수분 97%, 탈수된 SS 슬러지의 수분 70%, 모든 분뇨 및 슬러지의 비중은 1.0)

㉮ $75m^3$/일   ㉯ $110m^3$/일
㉰ $125m^3$/일   ㉱ $150m^3$/일

풀이 ① 슬러지량(m^3/day)
$= \dfrac{고형물농도(kg/m^3) \times 생분뇨투입량(m^3/day)}{비중량(kg/m^3)}$
$\times \dfrac{100}{100-함수율(\%)}$

② 탈수기 유입 전 슬러지량
$= \dfrac{50kg/m^3 \times 100m^3/day}{1,000kg/m^3} \times \dfrac{100}{100-97\%}$
$= 166.67m^3/day$

③ 탈수기 유입 후 슬러지량
$= \dfrac{50kg/m^3 \times 100m^3/day}{1,000kg/m^3} \times \dfrac{100}{100-70\%}$
$= 16.67m^3/day$

④ 탈수기에서 발생하는 탈수액의 양(m^3/일)
$= 166.67m^3/day - 16.67m^3/day = 150m^3/day$

TIP
① 고형물의 농도 $= 50,000mg/L = 50kg/m^3$
② 생분뇨투입량 $= 100KL/day = 100m^3/day$
③ 비중 $1.0 = 1.0ton/m^3 = 1,000kg/m^3$

answer 26 ㉮   27 ㉮   28 ㉱

29 처리용량이 50kL/day인 혐기성 소화식 분뇨처리장에 가스저장탱크를 설치하고자 한다. 가스 저류시간은 8시간으로 하고 생성가스량을 투입 분뇨량의 6배로 가정한다면, 가스탱크의 용량(m^3)은 얼마인가?

㉮ $90m^3$ ㉯ $100m^3$
㉰ $110m^3$ ㉱ $120m^3$

풀이 가스탱크의 용량(m^3)
= 처리용량(m^3/day) × 저류시간(day)
= $50m^3$/day × 6배 × $\left(\dfrac{8hr}{24}\right)$day
= $100m^3$

TIP
처리용량 50kL/day = $50m^3$/day

---

30 내륙매립방법인 셀(cell)공법에 대한 내용으로 틀린 것은 어느 것인가?

㉮ 화재의 확산을 방지할 수 있다.
㉯ 쓰레기 비탈면의 경사는 12~25%의 기울기로 하는 것이 좋다.
㉰ 1일 작업하는 셀 크기는 매립장 면적에 따라 결정된다.
㉱ 발생가스 및 매립층내 수분의 이동이 억제된다.

풀이 ㉰ 1일 작업하는 셀 크기는 매립 처분량에 따라 결정된다.

---

31 BOD가 15,000mg/L, Cl^-이 800ppm인 분뇨를 희석하여 활성슬러지법으로 처리한 결과 BOD가 60mg/L, Cl^-이 40ppm이었다면 활성슬러지법의 처리효율(%)은 얼마인가? (단, 희석수 중에 BOD와 Cl^-은 없는 것으로 가정)

㉮ 90% ㉯ 92%
㉰ 94% ㉱ 96%

풀이 처리효율(%)
= $\left\{1 - \dfrac{\text{유출수 BOD} \times \text{희석배수치(P)}}{\text{유입수 BOD}}\right\} \times 100$

① 희석배수치(P) = $\dfrac{800ppm}{40ppm}$ = 20

② 처리효율(%) = $\left\{1 - \dfrac{60mg/L \times 20}{15,000mg/L}\right\} \times 100$
= 92%

---

32 다음 중 C/N비가 낮은 경우(20 이하)에 대한 설명으로 틀린 것은 어느 것인가?

㉮ 암모니아 가스가 발생할 가능성이 높아진다.
㉯ 질소원의 손실이 커서 비료효과가 저하될 가능성이 높다.
㉰ 유기산 생성양의 증가로 pH가 저하된다.
㉱ 퇴비화 과정 중 좋지 않은 냄새가 발생된다.

풀이 ㉰ 질소가 암모니아로 변해 pH가 증가한다.

---

answer 29 ㉯ 30 ㉰ 31 ㉯ 32 ㉰

33 인구 10만인 도시의 폐기물 발생량이 1kg/c·d이며, 발생하는 폐기물을 모두 도랑식으로 매립하려고 한다. 도랑의 깊이가 3m, 폐기물의 밀도가 400kg/m³이며, 매립시 폐기물의 부피감소율이 40%라고 할 때 연간 필요한 매립토지의 면적(m²/년)은 얼마인가? (단, 1년은 365일이고, 복토량 등 기타 조건은 고려하지 않는다.)

㉮ 15,250m²/년 ㉯ 16,250m²/년
㉰ 17,250m²/년 ㉱ 18,250m²/년

풀이 매립면적(m²/년)
$$= \frac{\text{폐기물 발생량(kg/년)} \times (1 - \text{부피감소율})}{\text{폐기물 밀도(kg/m}^3) \times \text{깊이(m)}}$$
$$= \frac{1\text{kg/인·일} \times 100,000\text{인} \times 365\text{일/년} \times (1-0.40)}{400\text{kg/m}^3 \times 3\text{m}}$$
$$= 18,250 \text{m}^2/\text{년}$$

TIP
폐기물 발생량 1kg/c·d = 1kg/인·일

34 혐기성 소화조에서 유기물질 90%, 무기물질 10%의 슬러지(고형물 기준)를 소화 처리한 결과 소화슬러지(고형물 기준)는 유기물질 70%, 무기물질 30%로 되었다. 이때 소화율(%)은 얼마인가?

㉮ 약 54% ㉯ 약 64%
㉰ 약 74% ㉱ 약 84%

풀이 소화율(%)
$$= \left\{1 - \frac{\text{소화 후}\left(\frac{\text{유기물질}}{\text{무기물질}}\right)}{\text{소화 전}\left(\frac{\text{유기물질}}{\text{무기물질}}\right)}\right\} \times 100(\%)$$
$$= \left\{1 - \frac{70\%/30\%}{90\%/10\%}\right\} \times 100 = 74.07\%$$

35 합성차수막인 CSPE에 관한 설명으로 틀린 것은 어느 것인가?

㉮ 미생물에 강하다.
㉯ 강도가 약하다.
㉰ 접합이 용이하다.
㉱ 산과 알칼리에 약하다.

풀이 ㉱ 산과 알칼리에 강하다.

36 매립지의 연직 차수막에 관한 설명으로 알맞은 것은 어느 것인가?

㉮ 지중에 암반이나 점성토의 불투수층이 수직으로 깊이 분포하는 경우에 설치한다.
㉯ 지하수 집배수시설이 불필요하다.
㉰ 지하에 매설되므로 차수막 보강시공이 불가능하다.
㉱ 차수막의 단위면적당 공사비는 적게 소요되나 총공사비로는 비싸다.

풀이 ㉮ 지중에 암반이나 점성토의 불투수층이 수평으로 깊이 분포하는 경우에 설치한다.
㉰ 차수막 보강시공이 가능하다.
㉱ 차수막의 단위면적당 공사비는 비싸지만 총공사비로는 싸다.

37 친산소성 퇴비화 공정의 설계 운영고려 인자에 관한 설명으로 잘못된 것은 어느 것인가?

㉮ 공기의 채널링이 원활하게 발생하도록 반응기간 동안 규칙적으로 교반하거나 뒤집어 주어야 한다.
㉯ 퇴비단의 온도는 초기 며칠간은 50~55℃를 유지하여야 하며 활발한 분해를 위해서는 55~60℃가 적당하다.
㉰ 퇴비화 기간 동안 수분함량은 50~60%

answer 33 ㉱ 34 ㉰ 35 ㉱ 36 ㉯ 37 ㉮

범위에서 유지되어야 한다.
㉣ 초기 C/N비는 25~50이 적정하다.

풀이 ㉮ 공기의 채널링을 방지하기 위해 반응기간 동안 규칙적으로 교반하거나 뒤집어 주어야 한다.

TIP
채널링현상 : 공기가 퇴비사이를 통화할때의 통과능력을 말한다.

㉣ $587.5 \times 10^3 \text{kcal}/일$

풀이 열량(kcal/일)
= 수거분뇨량(m^3/일) × 비열(kcal/kg·℃) × 온도차(℃)
① 분뇨수거량(kg/일)
= 20kL/일 × 10^3L/kL × 1.02kg/L
= 20,400kg/일
② 열량(kcal/일)
= 20,400kg/일 × 1.1kcal/kg·℃ × (35 − 20)℃
= 3.366×10^5 kcal/일
= 336.6×10^3 kcal/일

38 유해폐기물 고화처리 방법 중 자가시멘트법에 대한 내용으로 틀린 것은 어느 것인가?

㉮ 혼합율(MR)이 일반적으로 높다.
㉯ 장치비가 크며 숙련된 기술이 요구된다.
㉰ 보조에너지가 필요하다.
㉱ 고농도의 황화물 함유 폐기물에 적용된다.

풀이 ㉮ 혼합률(MR)이 낮다.

TIP
혼합율(MR) = $\dfrac{첨가제의질량}{폐기물의질량}$

40 토양수분의 물리학적 분류 중 수분 1,000cm의 물기둥의 압력으로 결합되어 있는 경우 다음 중 어디에 해당되는가?

㉮ 모세관수
㉯ 흡습수
㉰ 유효수분
㉱ 결합수

풀이 pF = log[HcmH₂O] = log[1,000cmH₂O] = 3
따라서 pF의 값을 살펴보면 모세관수는 2.7 ~ 4.2, 흡습수는 4.5 이상, 결합수는 7.0 이상이므로 pF 3에 해당하는 수분이 정답이 되므로 ㉮ 모세관수가 정답이 된다.

39 평균온도가 20℃인 수거분뇨 20kL/일을 처리하는 혐기성 소화조의 소화온도를 외부 가온에 의해 35℃로 유지하고자 한다. 이때 소요되는 열량(kcal/일)은 얼마인가? (단, 소화조의 열손실은 없는 것으로 간주하고, 분뇨의 비열은 1.1kcal/kg·℃, 비중은 1.020이다.)

㉮ 293.8×10^3 kcal/일
㉯ 336.6×10^3 kcal/일
㉰ 489.0×10^3 kcal/일

answer 38 ㉮ 39 ㉯ 40 ㉮

| 제3과목 | 폐기물 처분기술

41 열분해에 대한 설명으로 틀린 것은 어느 것인가?

㉮ 열분해를 통한 연료의 성질을 결정짓는 요소로는 운전온도, 가열속도, 폐기물의 성질 등이다.
㉯ 열분해공정으로부터 아세트산, 아세톤, 메탄올 등과 같은 액체상물질을 얻을 수 있다.
㉰ 열분해 온도가 증가할수록 발생가스 내 수소의 구성비는 감소한다.
㉱ 열분해 온도가 증가할수록 발생가스 내 CO_2의 구성비는 감소한다.

풀이 ㉰ 열분해 온도가 증가할수록 발생가스 내 수소의 구성비는 증가한다.

42 연소실 내 가스와 폐기물의 흐름에 관한 설명으로 틀린 것은 어느 것인가?

㉮ 병류식은 폐기물의 발열량이 낮은 경우에 적합한 형식이다.
㉯ 교류식은 향류식과 병류식의 중간적인 형식이다.
㉰ 교류식은 중간 정도의 발열량을 가지는 폐기물의 질에 적합하다.
㉱ 향류식은 폐기물의 이송방향과 연소가스의 흐름이 반대로 향하는 형식이다.

풀이 ㉮ 병류식은 폐기물의 수분이 적고, 발열량이 높은 경우에 적합한 형식이다.

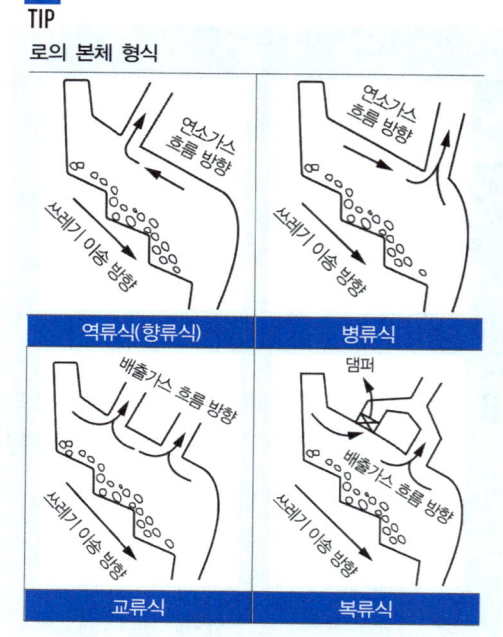

TIP
로의 본체 형식

역류식(향류식) / 병류식 / 교류식 / 복류식

43 소각로에서 열교환기를 이용해 배기가스의 열을 전량 회수하여 급수 예열을 한다고 한다면 급수 입구온도가 20℃일 경우 급수의 출구 온도(℃)는 얼마인가? (단, 배기가스 유량 1,000kg/hr, 급수량 1,000kg/hr, 배기가스 입구온도 400℃, 출구온도 100℃, 물비열 1.03 kcal/kg·℃, 배기가스 평균정압비열 0.25kcal/kg·℃)

㉮ 79　　㉯ 82
㉰ 87　　㉱ 93

풀이 급수의 출구온도(℃)
= $\dfrac{배기가스의\ 발생열량(kcal/hr)}{급수량(kg/hr) \times 물비열(kcal/kg·℃)}$ + 급수입구온도(℃)

answer　41 ㉰　42 ㉮　43 ㉱　43 ㉱

① 배기가스의 발생열량(kcal/hr)
  = 배기가스유량(kg/hr) × 배기가스 평균정압비열(kcal/kg·℃) × 온도차(℃)
  = 1,000kg/hr × 0.25kcal/kg·℃ × (400 − 100)℃
  = 75,000 kcal/hr

② 급수의 출구온도(℃)
  = $\dfrac{75,000\,\text{kcal/hr}}{1,000\,\text{kg/hr} \times 1.03\,\text{kcal/kg·℃}} + 20℃$
  = 92.82℃

44 소각로에 폐기물을 투입하는 1시간 중에 투입작업시간을 40분, 나머지 20분은 정리시간과 휴식시간으로 한다. 크레인 바켓트 용량 4m^3, 1회에 투입하는 시간은 120초, 바켓트로 폐기물을 짚었을 때 용적질량은 최대 $0.4\text{ton}/\text{m}^3$으로 본다면 폐기물의 1일 최대 공급능력(ton/day)은 얼마인가? (단, 소각로는 24시간 연속가동한다.)

㉮ 524ton/day ㉯ 684ton/day
㉰ 768ton/day ㉱ 874ton/day

풀이 폐기물 최대 공급 능력(ton/day)
= $0.4\text{ton/m}^3 \times 4\text{m}^3/회 \times 1회/120\text{sec} \times 40\text{min}/1\text{hr}$
  $\times 3,600\text{sec}/1\text{hr} \times 1\text{hr}/60\text{min} \times 24\text{hr}/1\text{day}$
= 768 ton/day

45 어떤 1차 반응에서 1,000초 동안 반응물의 1/2이 분해되었다면 반응물이 1/10 남을 때까지는 얼마의 시간이 소요되는가?

㉮ 3,923초 ㉯ 3,623초
㉰ 3,323초 ㉱ 3,023초

풀이 ① 1차 반응식: $\ln\dfrac{C_t}{C_o} = -k \times t$

따라서 $\ln\dfrac{1}{2} = -k \times 1,000\text{sec}$

∴ $k = \dfrac{\ln\dfrac{1}{2}}{-1,000\text{sec}} = 6.93 \times 10^{-4}/\text{sec}$

② $\ln\dfrac{1}{10} = -6.93 \times 10^{-4}/\text{sec} \times t$

∴ $t = \dfrac{\ln\dfrac{1}{10}}{-6.93 \times 10^{-4}/\text{sec}} = 3,323\text{sec}$

46 탄소 85%, 수소 13%, 황 2%의 중유를 공기과잉계수 1.2로 연소시킬 때 건조 배기가스 중의 이산화황의 부피분율(ppm)은 얼마인가? (단, 황성분은 전량 이산화황으로 전환되고, 표준상태 기준이다.)

㉮ 약 370ppm ㉯ 약 880ppm
㉰ 약 1,110ppm ㉱ 약 1,440ppm

풀이 $SO_2(\text{ppm}) = \dfrac{0.7S(\text{Sm}^3/\text{kg})}{Gd(\text{Sm}^3/\text{kg})} \times 10^6$

① 공기과잉계수(m) = 1.2
② 이론공기량(A_o)
  = $8.89C + 26.67\left(H - \dfrac{O}{8}\right) + 3.33S\,(\text{Sm}^3/\text{kg})$
  = $8.89 \times 0.85 + 26.67 \times 0.13 + 3.33 \times 0.02$
  = 11.0902 Sm^3/kg
③ 실제건연소가스량(Gd)
  = $mA_o - 5.6H + 0.7O + 0.8N\,(\text{Sm}^3/\text{kg})$
  = $1.2 \times 11.0902\,\text{Sm}^3/\text{kg} - 5.6 \times 0.13$
  = $12.58024\,\text{Sm}^3/\text{kg}$
④ $SO_2\,\text{ppm} = \dfrac{0.7 \times 0.02\,\text{Sm}^3/\text{kg}}{12.58024\,\text{Sm}^3/\text{kg}} \times 10^6$
  = 1,112.86 ppm

answer 44 ㉰ 45 ㉰ 46 ㉰

47 메탄의 고위발열량이 $9,000\,\text{kcal/Sm}^3$이라면 저위발열량(kcal/Sm^3)은 얼마인가?

㉮ 8,640　　㉯ 8,440
㉰ 8,240　　㉱ 8,040

▶ 풀이
$CH_4 + 2O_2 \rightarrow CO_2 + 2H_2O$
저위발열량(Hl)
= 고위발열량(Hh) $- 480 \times H_2O$량(kcal/Sm^3)
= $9,000\,\text{kcal/Sm}^3 - 480 \times 2$
= $8,040\,\text{kcal/Sm}^3$

48 다음의 집진장치 중 압력손실이 가장 큰 것은 어느 것인가?

㉮ 벤튜리 스크러버(Venturi Scrubber)
㉯ 사이클론 스크러버(Cyclone Scrubber)
㉰ 팩킹 타워(Packing Tower)
㉱ 제트 스크러버(Jet Scrubber)

▶ 풀이 집진장치의 압력손실
㉮ 벤튜리 스크러버(Venturi Scrubber)
　: $300 \sim 800\,\text{mmH}_2O$
㉯ 사이클론 스크러버(Cyclone Scrubber)
　: $100 \sim 200\,\text{mmH}_2O$
㉰ 팩킹 타워(Packing Tower)
　: $100 \sim 250\,\text{mmH}_2O$
㉱ 제트 스크러버(Jet Scrubber)
　: $0 \sim 150\,\text{mmH}_2O$

49 로타리 킬른식(Rotary Kiln) 소각로의 단점으로 틀린 것은 어느 것인가?

㉮ 처리량이 적은 경우 설치비가 높다.
㉯ 구형 및 원통형 물질은 완전연소가 끝나기 전에 굴러 떨어질 수 있다.
㉰ 로에서의 공기유출이 크므로 종종 대량의 과잉공기가 필요하다.
㉱ 습식가스 세정시스템과 함께 사용할 수 없다.

▶ 풀이 ㉱ 습식가스 세정시스템과 함께 사용할 수 있다.

50 폐기물을 완전연소 시키기 위한 조건인 3T로 알맞은 것은 어느 것인가?

㉮ 온도, 압력, 연소시간
㉯ 온도, 압력, 연소율
㉰ 온도, 연소시간, 혼합
㉱ 온도, 압력, 공기량

▶ 풀이 소각로의 완전연소 조건(3T)
① 충분한 체류시간(Time)
② 충분한 난류(Turbulence)
③ 적당한 온도(Temperature)

51 증기 터어빈을 증기 이용 방식에 따라 분류했을 때의 형식으로 틀린 것은 어느 것인가?

㉮ 반동 터어빈(reaction turbine)
㉯ 복수 터어빈(condensing turbine)
㉰ 혼합 터어빈(mixed pressure turbine)
㉱ 배압 터어빈(back pressure turbine)

▶ 풀이 증기터어빈의 분류
① 증기작동방식으로 분류 : 충동터어빈, 반동터어빈, 혼합식터어빈
② 증기이용방식으로 분류 : 배압터어빈, 복수터어빈, 혼합터어빈
③ 증기유동방향으로 분류 : 축류터어빈, 반경류터어빈
④ 흐름수로 분류 : 단류터어빈, 복류터어빈
⑤ 피구동기로 분류 : 감속형 터어빈, 직결형 터어빈

---

answer　47 ㉱　48 ㉮　49 ㉱　50 ㉰　51 ㉮

52 다이옥신 방지 및 제어기술에 대한 설명으로 틀린 것은 어느 것인가?

㉮ 활성탄과 백 필터를 같이 사용하는 경우에는 분무된 활성탄이 필터 백 표면에 코팅되어 백 필터에서도 흡착이 활발하게 일어난다.
㉯ 활성탄과 백 필터를 같이 사용하는 경우에는 활성탄과 비산재를 분리, 재활용하기 용이하여 활성탄의 사용량이 절감되는 장점이 있다.
㉰ 촉매에 의한 다이옥신 분해 방식은 활성탄 흡착 처리방법에 비해 다이옥신을 무해화하기 위한 후처리가 필요 없는 것이 장점이다.
㉱ 촉매에 의한 다이옥신 분해 방식에 사용되는 촉매는 반응성이 높은 금속 산화물이 주로 사용된다.

풀이 ㉯ 활성탄과 백 필터를 같이 사용하는 경우에는 활성탄과 비산재를 분리, 재활용하기 용이하지 못하여 활성탄의 사용량이 증가되는 단점이 있다.

53 다음의 타는 성분(완전연소의 경우) 중 고위발열량(kcal/kg)이 가장 큰 것은 어느 것인가?

㉮ 메탄   ㉯ 에탄
㉰ 프로판   ㉱ 부탄

풀이 기체연료에서는 탄소수가 많을수록 고위발열량이 증가하므로 정답은 부탄이 된다.

TIP
기체의 화학식
㉮ 메탄(CH_4)   ㉯ 에탄(C_2H_6)
㉰ 프로판(C_3H_8)   ㉱ 부탄(C_4H_{10})

54 전기집진장치(EP)의 특징으로 틀린 것은 어느 것인가?

㉮ 전압변동과 같은 조건변동에 쉽게 적응할 수 있다.
㉯ 회수할 가치성이 있는 입자의 채취가 가능하다.
㉰ 유지관리가 용이하고 유지비가 저렴하다.
㉱ 대량의 가스처리가 가능하다.

풀이 ㉮ 전압변동과 같은 조건변동에 쉽게 적응하기 어렵다.

55 아래와 같은 조건에서 연료의 이론 연소온도(℃)는 얼마인가?

[조건]
- 가스연료의 저발열량: $5,000 \text{kcal/Sm}^3$
- 이론습연소가스량: $8 \text{Sm}^3/\text{Sm}^3$
- 평균정압비열: $0.32 \text{kcal/Sm}^3 \cdot ℃$
- 연소용 공기 및 연료온도: $10℃$

㉮ 1,923℃   ㉯ 1,943℃
㉰ 1,963℃   ㉱ 1,983℃

풀이 이론연소온도(℃)
$$= \frac{\text{저위발열량}(\text{kcal/Sm}^3)}{\text{가스량}(\text{Sm}^3/\text{Sm}^3) \times \text{비열}(\text{kcal/Sm}^3 \cdot ℃)} + \text{연료온도}(℃)$$
$$= \frac{5,000 \text{kcal/Sm}^3}{8 \text{Sm}^3/\text{Sm}^3 \times 0.32 \text{kcal/Sm}^3 \cdot ℃} + 10℃$$
$$= 1,963.13℃$$

TIP
저위발열량(kcal/Sm^3)
= 가스량(Sm^3/Sm^3) × 비열($\text{kcal/Sm}^3 \cdot ℃$) × 온도차(℃)

answer 52 ㉯   53 ㉱   54 ㉮   55 ㉰

56 액체 주입형 연소기에 대한 내용으로 틀린 것은 어느 것인가?

㉮ 소각재 배출설비가 있어 회분함량이 높은 액상 폐기물에도 널리 사용된다.
㉯ 구동장치가 없어서 고장이 적다.
㉰ 고형분의 농도가 높으면 버너가 막히기 쉽다.
㉱ 하방점화 방식의 경우에는 염이나 입상물질을 포함한 폐기물의 소각이 가능하다.

풀이 ㉮ 소각재 배출설비가 없어 회분함량이 낮은 액상 폐기물에 사용된다.

57 매시간 4ton의 폐유를 소각하는 소각로에서 발생하는 황산화물을 접촉산화법으로 탈황하고 부산물로 50%의 황산을 회수한다면 회수되는 부산물량(kg/hr)은 얼마인가? (단, 폐유 중 황성분 3%, 탈황율 95%라 가정한다.)

㉮ 약 500   ㉯ 약 600
㉰ 약 700   ㉱ 약 800

풀이
$S + O_2 \to SO_2 + 0.5O_2 \to SO_3 + H_2O \to H_2SO_4$
32kg : 98kg
$4 \times 10^3 \text{kg/hr} \times 0.03 \times 0.95$: $X \times 0.5$

$\therefore X = \dfrac{98\text{kg} \times 4 \times 10^3 \text{kg/hr} \times 0.03 \times 0.95}{0.5 \times 32\text{kg}}$

$= 698.25 \text{kg/hr}$

TIP
$S + O_2 \to SO_2 + 0.5O_2 \to SO_3 + H_2O \to H_2SO_4$
32kg : 98kg
폐유량(kg/hr) $\times \dfrac{S(\%)}{100} \times \dfrac{탈황율(\%)}{100}$: $X \times \dfrac{순도(\%)}{100}$

58 폐열회수를 위한 열교환기 중 연도에 설치하며, 보일러 전열면을 통하여 연소가스의 여열로 보일러 급수를 예열하여 보일러 효율을 높이는 장치는 어느 것인가?

㉮ 재열기   ㉯ 절탄기
㉰ 공기예열기 ㉱ 과열기

풀이 ㉯ 절탄기에 대한 설명이며, 핵심 내용인 "급수예열 = 절탄기"임을 숙지하시면 됩니다.

59 다음 중 고체연료의 장점으로 틀린 것은 어느 것인가?

㉮ 점화와 소화가 용이하다.
㉯ 인화, 폭발의 위험성이 적다.
㉰ 가격이 저렴하다.
㉱ 저장, 운반시 노천 야적이 가능하다.

풀이 ㉮ 점화와 소화가 용이하지 못하다.

60 메탄올(CH_3OH) 5kg을 연소하는데 필요한 이론공기량(A_o)은 얼마인가?

㉮ 약 $12 Sm^3$ ㉯ 약 $18 Sm^3$
㉰ 약 $21 Sm^3$ ㉱ 약 $25 Sm^3$

풀이 ① 이론산소량(Sm^3)을 계산한다.
$CH_3OH + 1.5O_2 \to CO_2 + 2H_2O$
32kg : $1.5 \times 22.4 Sm^3$
5kg : $O_o(Sm^3)$

$\therefore 산소량(O_o) = \dfrac{5\text{kg} \times 1.5 \times 22.4 Sm^3}{32\text{kg}} = 5.25 Sm^3$

② 이론공기량(Sm^3)을 계산한다.
이론공기량(Sm^3)
$= 이론산소량(Sm^3) \times \dfrac{1}{0.21}$
$= 5.25 Sm^3 \times \dfrac{1}{0.21} = 25 Sm^3$

answer 56 ㉮ 57 ㉰ 58 ㉯ 59 ㉮ 60 ㉱

| 제4과목 | 폐기물공정시험기준

61 휘발성 저급염소화 탄화수소류를 기체크로마토그래피법으로 측정시 사용되는 기구 및 기기에 대한 설명으로 알맞지 않은 것은 어느 것인가?

㉮ 검출기는 전자포획검출기 또는 전해전도검출기를 사용한다.
㉯ 칼럼은 석영제로서 안지름 2~3mm, 길이 0.1m의 것을 사용한다.
㉰ 운반기체는 부피백분율 99.999% 이상의 헬륨(또는 질소)이다.
㉱ 시료 도입부 온도는 150~250℃ 범위이다.

풀이 ㉯ 칼럼은 안지름 0.20~0.35mm, 길이는 15~60m의 것을 사용한다.

62 폐기물 중에 크롬을 자외선/가시선 분광법으로 측정하는 방법으로 알맞지 않은 것은 어느 것인가?

㉮ 흡광도는 540nm에서 측정한다.
㉯ 총 크롬을 다이페닐카바자이드를 사용하여 6가크롬으로 전환시킨다.
㉰ 흡광도의 측정값이 0.2~0.8의 범위에 들도록 실험용액의 농도를 조절한다.
㉱ 크롬의 정량한계는 0.002mg이다.

풀이 ㉯ 총 크롬을 과망간산칼륨을 사용하여 6가크롬으로 전환시킨다.

63 다음 중 자외선/가시선 분광법과 원자흡수분광광도법의 두 가지 시험방법으로 모두 분석할 수 있는 항목은? (단, 폐기물공정시험기준에 준함)

㉮ 시안
㉯ 수은
㉰ 유기인
㉱ 폴리클로리네이티드비페닐

풀이 자외선/가시선 분광법과 원자흡수분광광도법의 두 가지 시험방법으로 모두 분석할 수 있는 항목은 중금속인 수은이다.

64 정도보증/정도관리를 위한 검정곡선 작성법 중 검정곡선 작성용 표준용액과 시료에 동일한 양의 내부표준물질을 첨가하여 시험분석 절차, 기기 또는 시스템의 변동으로 발생하는 오차를 보정하기 위해 사용하는 방법은 어느 것인가?

㉮ 상대검정곡선법
㉯ 표준검정곡선법
㉰ 절대검정곡선법
㉱ 보정검정곡선법

풀이 ㉮ 상대검정곡선법에 대한 설명이다.

65 3,000g의 시료에 대하여 원추 4분법을 5회 조작할 때 시료의 양(g)은 얼마인가?

㉮ 31.3g ㉯ 62.5g
㉰ 93.8g ㉱ 124.2

풀이 분석용 시료량(g) = 전체 시료량(g) × $\left(\dfrac{1}{2}\right)^n$
$= 3,000g \times \left(\dfrac{1}{2}\right)^5 = 93.75g$

answer 61 ㉯ 62 ㉯ 63 ㉯ 64 ㉮ 65 ㉰

66 기체크로마토그래피를 적용한 유기인 분석에 대한 설명으로 잘못된 것은 어느 것인가?

㉮ 유기인 화합물 중 이피엔, 파라티온, 메틸디메톤, 다이아지논 및 펜토에이트의 측정에 이용된다.
㉯ 유기인의 정량분석에 사용되는 검출기는 질소인검출기 또는 불꽃광도 검출기이다.
㉰ 정량한계는 사용하는 장치 및 측정조건에 따라 다르나 각 성분 당 0.0005mg/L이다.
㉱ 유기인을 정량할 때 주로 사용하는 정제용 칼럼은 활성알루미나 칼럼이다.

> **풀이** ㉱ 유기인을 정량할 때 주로 사용하는 정제용 칼럼은 실리카겔 칼럼, 플로리실 칼럼, 활성탄 칼럼이 있다.

67 유기물 함량이 비교적 높지 않고 금속의 수산화물, 산화물, 인산염 및 황화물을 함유한 시료에 적용하는 산분해법은 어느 것인가?

㉮ 질산 분해법
㉯ 질산 - 황산 분해법
㉰ 질산 - 염산 분해법
㉱ 질산 - 과염소산 분해법

> **풀이** ㉰ 질산-염산분해법에 대한 설명이며, 핵심 내용인 "염산 = 인금"임을 숙지하시면 됩니다.

68 질량법에 의한 기름성분 분석방법에 대한 내용으로 틀린 것은 어느 것인가?

㉮ 시료를 직접 사용하거나, 시료에 적당한 응집제 또는 흡착제 등을 넣어 노말헥산 추출 물질을 포집한 다음 노말헥산으로 추출한다.
㉯ 이 시험기준의 정량한계는 0.1% 이하로 한다.
㉰ 폐기물중의 휘발성이 높은 탄화수소, 탄화수소유도체, 그리스유상물질 중 노말헥산에 용해되는 성분에 적용한다.
㉱ 눈에 보이는 이물질이 들어 있을 때에는 제거해야 한다.

> **풀이** ㉰ 폐기물중의 비교적 휘발되지 않는 탄화수소, 탄화수소유도체, 그리스유상물질 중 노말헥산에 용해되는 성분에 적용한다.

69 기체크로마토그래피에 의한 휘발성 저급 염소화 탄화수소류 분석방법에 대한 설명으로 틀린 것은 어느 것인가?

㉮ 이 실험으로 끓는점이 낮거나 비극성 유기화합물들이 함께 추출되어 간섭현상이 일어난다.
㉯ 이 시험기준에 의해 시료 중에 트리클로로에틸렌(C_2HCl_3)의 정량한계는 0.008mg/L, 테트라클로로에틸렌(C_2Cl_4)의 정량한계는 0.002mg/L이다.
㉰ 다이클로로메탄과 같은 휘발성 유기물은 보관이나 운반중에 격막(septum)을 통해 시료 안으로 확산되어 시료를 오염시킬 수 있으므로 현장 바탕시료로서 이를 점검하여야 한다.
㉱ 다이클로로메탄과 같이 머무름 시간이

answer 66 ㉱ 67 ㉰ 68 ㉰ 69 ㉮

짧은 화합물은 용매의 피크와 겹쳐 분석을 방해할 수 있다.

풀이 ㉮ 이 실험으로 끓는점이 높거나 극성 유기화합물들이 함께 추출되어 간섭현상이 일어날 수 있다.

70 총칙에 관한 내용으로 틀린 것은 어느 것인가?

㉮ "정밀히 단다"라 함은 규정된 수치의 무게를 0.1mg까지 다는 것을 말한다.
㉯ "정확히 취하여"라 하는 것은 규정한 양의 액체를 홀피펫으로 눈금까지 취하는 것을 말한다.
㉰ "냄새가 없다"라고 기재한 것은 냄새가 없거나, 또는 거의 없는 것을 표시하는 것이다.
㉱ 방울수라 함은 20℃에서 정제수 20방울을 적하할 때, 그 부피가 약 1mL 되는 것을 뜻한다.

풀이 ㉮ "정밀히 단다"라 함은 규정된 양의 시료를 취하여 화학저울 또는 미량저울로 칭량함을 말한다.

TIP
"정확히 단다"라 함은 규정된 수치의 무게를 0.1mg까지 다는 것을 말한다.

71 수소이온농도(유리전극법) 측정을 위한 표준 용액 중 가장 강한 산성을 나타내는 것은 어느 것인가?

㉮ 수산염 표준액   ㉯ 인산염 표준액
㉰ 붕산염 표준액   ㉱ 탄산염 표준액

풀이 표준액의 pH값 순서
수산염 표준액<프탈산염 표준액<인산염 표준액<붕산염 표준액<탄산염 표준액<수산화칼슘 표준액 순이며, 암기법은 "수프인 7부옷에 탄숨"임을 숙지하시면 됩니다.

72 다음은 용출시험방법의 용출조작에 관한 내용이다. (   )안에 알맞은 것은 어느 것인가?

시료용액의 조제가 끝난 혼합액을 상온, 상압에서 진탕회수가 매분 당 약 200회, 진폭이 4~5cm의 진탕기를 사용하여 6시간 연속 진탕한 다음 1.0 μm 의 유리섬유과지로 여과하고 여과액을 적당량 취하여 용출실험용 시료용액으로 한다. 다만 여과가 어려운 경우 원심분리기를 사용하여 매분당 (   ) 원심분리한 다음 상징액을 적당량 취하여 용출실험용 시료용액으로 한다.

㉮ 2,000회전 이상으로 20분 이상
㉯ 2,000회전 이상으로 30분 이상
㉰ 3,000회전 이상으로 20분 이상
㉱ 3,000회전 이상으로 30분 이상

풀이 용출시험용 시료용액
① 여과가 가능한 경우 : 매분당 200회, 진폭 4~5cm, 6시간
② 여과가 어려운 경우 : 매분당 3,000회전 이상, 20분 이상

answer   70 ㉮   71 ㉮   72 ㉰

73 다음은 시안-이온전극법에 관한 내용이다. ( )안에 알맞은 것은 어느 것인가?

> 폐기물 중 시안을 측정하는 방법으로 액상 폐기물과 고상 폐기물을 ( )으로 조절한 후 시안 이온전극과 비교전극을 사용하여 전위를 측정하고 그 전위차로부터 시안을 정량하는 방법이다.

㉮ pH 2 이하의 산성
㉯ pH 4.5~5.3의 산성
㉰ pH 10의 알칼리성
㉱ pH 12~13의 알칼리성

풀이 시안의 측정방법에서 pH
① 자외선/가시선분광법 : pH 2 이하의 산성
② 이온전극법 : pH 12~13의 알칼리성

74 pH 측정(유리전극법)의 내부정도관리 주기 및 목표 기준에 대한 내용으로 알맞은 것은 어느 것인가?

㉮ 시료를 측정하기 전에 표준용액 2개 이상으로 보정한다.
㉯ 시료를 측정하기 전에 표준용액 3개 이상으로 보정한다.
㉰ 정도관리 목표(정도관리 항목 : 정밀도)는 ±0.01 이내이다.
㉱ 정도관리 목표(정도관리 항목 : 정밀도)는 ±0.03 이내이다.

풀이 정도보증/정도관리(QA/QC)
① 정밀도 : 임의의 한 종류의 pH 표준용액에 대하여 검출부를 정제수로 잘 씻은 다음 5회 되풀이하여 pH를 측정했을 때 그 재현성이 ±0.05 이내이어야 한다.
② 내부정도관리 주기 및 목표 : 시료를 측정하기 전에 표준용액 2개 이상으로 보정한다.

75 폐기물이 1톤 미만 야적되어 있는 적환장에서 채취하여야 할 최소 시료 총량은 얼마인가? (단, 소각재는 아님)

㉮ 100g   ㉯ 400g
㉰ 600g   ㉱ 900g

풀이 폐기물이 1톤 미만인 경우 시료 최소수가 6이고, 시료의 양은 1회에 100g 이상을 채취하므로 6×100g=600g이 된다.

76 폐기물공정시험기준에 따라 용출 시험한 결과는 함수율 85% 이상인 시료에 한하여 시료의 수분함량을 보정하다. 수분함량이 90%일 때 보정계수는 얼마인가?

㉮ 0.67   ㉯ 0.9
㉰ 1.5   ㉱ 2.0

풀이 수분함이 85% 이상인 시료의

보정계수 $= \dfrac{15}{100 - \text{시료의 함수율}(\%)}$

$= \dfrac{15}{100 - 90\%} = 1.5$

answer 73 ㉱   74 ㉮   75 ㉰   76 ㉰

77 총칙 내용 중 용어의 정의로 잘못된 것은 어느 것인가?

㉮ 시험조작 중 '즉시'란 30초 이내에 표시된 조작을 하는 것을 뜻한다.
㉯ 감압 또는 진공이라 함은 따로 규정이 없는 한 15mmHg 이하를 말한다.
㉰ '항량으로 될 때까지 건조한다'라 함은 같은 조건에서 1시간 더 건조할 때 전후 무게의 차가 g당 0.1mg이하 일 때를 말한다.
㉱ '비함침성 고상폐기물'이라 함은 금속판, 구리선 등 기름을 흡수하지 않는 평면 또는 비평면형태의 변압기 내부부재를 말한다.

풀이 ㉰ '항량으로 될 때까지 건조한다'라 함은 같은 조건에서 1시간 더 건조할 때 전후 무게의 차가 g당 0.3mg이하 일 때를 말한다.

78 폐기물 시료 20g에 고형물 함량이 1.2g이었다면 다음 중 어떤 폐기물에 해당하는가? (단, 폐기물의 비중은 1.0이다.)

㉮ 액상폐기물　㉯ 반액상폐기물
㉰ 반고상폐기물　㉱ 고상폐기물

풀이 고형물 함량(%) = $\dfrac{\text{고형물 함량(g)}}{\text{폐기물 시료(g)}} \times 100$
$= \dfrac{1.2g}{20g} \times 100 = 6\%$

따라서 반고상폐기물에 해당한다.

TIP
폐기물의 분류
① 액상폐기물 : 고형물의 함량이 5% 미만
② 반고상폐기물 : 고형물의 함량이 5% 이상 15% 미만
③ 고상폐기물 : 고형물의 함량이 15% 이상

79 시안을 자외선/가시선 분광법으로 측정할 때 사용하는 발색관련 시약과 발색된 색으로 알맞은 것은 어느 것인가?

㉮ 다이페닐카바자이드, 적자색
㉯ 다이에틸다이티오카르바민산, 황갈색
㉰ 디티존, 적색
㉱ 피리딘·피라졸론, 청색

풀이 시안을 자외선/가시선분광법으로 분석할 때 발색 관련 시약은 클로라민-T와 피리딘·피라졸론 혼합액이다.

80 휘발성 고형물이 15%, 고형물이 40%인 경우 강열감량(%) 및 유기물함량(%)은 각각 얼마인가?

㉮ 75% 및 37.5%　㉯ 75% 및 47.5%
㉰ 85% 및 37.5%　㉱ 85% 및 47.5%

풀이 ① 강열감량(%) = 휘발성 고형물(%) + 수분(%)
$= 15\% + 60\% = 75\%$
② 유기물 함량(%)
$= \dfrac{\text{휘발성 고형물(\%)}}{\text{고형물(\%)}} \times 100$
$= \dfrac{15\%}{40\%} \times 100 = 37.5\%$

TIP
수분(%) = 100 - 고형물(%)
$= 100 - 40\% = 60\%$

answer 77 ㉰　78 ㉰　79 ㉱　80 ㉮

2014 2회 기출문제

| 제1과목 | 폐기물개론

01 어떤 쓰레기의 가연분의 조성비가 60%이며 수분의 함유율이 30%라면 이 쓰레기의 저위발열량(kcal/kg)은 얼마인가? (단, 쓰레기 3성분의 조성비 기준의 추정식 적용.)

㉮ 약 2,520kcal/kg ㉯ 약 2,440kcal/kg
㉰ 약 2,320kcal/kg ㉱ 약 2,280kcal/kg

풀이 $Hl = 45VS - 6W$
여기서, Hl : 저위발열량(kcal/kg)
VS : 가연성분(%)
W : 수분(%)
따라서 $Hl = 45 \times 60\% - 6 \times 30\%$
$= 2,520 \text{kcal/kg}$

02 폐기물의 수거노선 설정 시 고려해야 할 사항으로 틀린 것은 어느 것인가?

㉮ 지형이 언덕인 경우는 내려가면서 수거한다.
㉯ 발생량은 적으나 수거빈도가 동일하기를 원하는 곳은 같은 날 왕복내에서 수거 처리한다.
㉰ 가능한 한 시계방향으로 수거노선을 정한다.
㉱ 발생량이 가장 적은 곳부터 시작하여 많은 곳으로 수거노선을 정한다.

풀이 ㉱ 발생량이 가장 많은 곳부터 시작하여 적은 곳으로 수거노선을 정한다.

03 폐기물 압축기에 대한 설명으로 잘못된 것은 어느 것인가?

㉮ 압축에 의해 부피를 1/10까지 감소시킬 수 있으며 수분이 빠지므로 질량도 감소시킬 수 있다.
㉯ 고압력 압축기로 폐기물의 밀도를 1,600 kg/m³까지 압축시킬 수 있으나 경제적 압축 밀도는 1,000kg/m³ 정도이다.
㉰ 고정식 압축기는 주로 유압에 의해 압축시키며 압축방법에 따라 회분식과 연속식으로 구분된다.
㉱ 수직식 또는 소용돌이식 압축기는 기계적 작동이나 유압 또는 소용돌이식 압축기는 기계적 작동이나 유압 또는 공기압에 의해 작동하는 압축피스톤을 갖고 있다.

풀이 ㉰ 고정식 압축기는 주로 수압에 의해 압축시키며 압축방법에 따라 수평식과 수직식으로 구분된다.

answer 01 ㉮ 02 ㉱ 03 ㉰

04 청소상태의 평가방법에 대한 내용으로 틀린 것은 어느 것인가?

㉮ 지역사회 효과지수는 가로의 청소상태를 기준으로 평가한다.
㉯ 사용자 만족도 지수는 서비스를 받는 사람들의 만족도를 설문조사하여 계산된다.
㉰ 지역사회 효과지수에서 가로 청결상태를 0~10점으로 부여하며 문제점 여부에 따라 1~2점씩 감점한다.
㉱ 지역사회 효과지수에서 감점이 되는 문제점은 화재유발이 가능한 경우, 자동차와 같은 큰 폐기물이 버려져 있는 경우 등이다.

▶풀이 ㉰ 지역사회 효과지수에서 가로 청결상태를 0~100점으로 부여하며 문제점 여부에 따라 10점씩 감점한다.

05 1일 폐기물 발생량이 1,000톤인 도시에서 5톤 트럭(적재가능량)을 이용하여 쓰레기를 매립지까지 운반하려고 한다. 다음과 같은 조건하에서 하루에 필요한 운반트럭의 대수는 얼마인가? (단, 예비차량 포함하고, 기타조건 고려하지 않는다.)

[조건]
- 하루 트럭의 작업시간 : 8시간
- 적재시간 : 15분
- 운반거리 : 10km
- 적하시간 : 15분
- 왕복운반시간 : 30분
- 예비차량 : 5대

㉮ 20대 ㉯ 25대
㉰ 30대 ㉱ 35대

▶풀이 ① 차량대수(대)

$$= \frac{\text{폐기물 발생량(톤/일)}}{\text{적재용량(톤/대·회)} \times \text{운전시간(hr/일)} \times \frac{1회}{\text{소요시간(min)}} \times \frac{60\text{min}}{1\text{hr}}}$$

$$= \frac{1,000\text{톤/일}}{5\text{톤/대·회} \times 8\text{hr/일} \times \frac{1회}{(30+15+15)\text{min}} \times \frac{60\text{min}}{1\text{hr}}}$$

$$= 25\text{대}$$

② 소요차량 대수 = 실제차량 대수 + 예비차량
= 25대 + 5대 = 30대

06 다음과 같은 조건의 혼합쓰레기를 이용하여 함수량 20%의 쓰레기로 건조시켰다면 건조된 쓰레기의 양(ton)은 얼마인가? (단, 비중은 1.0 기준이며, 기타조건은 고려하지 않는다.)

성 분	쓰레기양(t)	함수량(%)
음식물류	9.5	85
계 분	3.4	25
폐 톱 밥	1.2	10

㉮ 6.32ton ㉯ 8.05ton
㉰ 10.13ton ㉱ 12.38ton

▶풀이 ① 평균함수율(P_1)을 계산한다.

$$P_1 = \frac{9.5\text{ton} \times 85\% + 3.4\text{ton} \times 25\% + 1.2\text{ton} \times 10\%}{9.5\text{ton} + 3.4\text{ton} + 1.2\text{ton}}$$

$$= 64.15\%$$

② W_1을 계산한다.
$W_1 = 9.5\text{ton} + 3.4\text{ton} + 1.2\text{ton} = 14.1\text{ton}$

③ $W_1 \times (100 - P_1) = W_2 \times (100 - P_2)$
$14.1\text{ton} \times (100 - 64.15) = W_2 \times (100 - 20)$

$$\therefore W_2 = \frac{14.1\text{ton} \times (100 - 64.15)}{(100 - 20)} = 6.32\text{ton}$$

answer   04 ㉰   05 ㉰   06 ㉮

07 $X_{90} = 3.5\,cm$ 로 도시폐기물을 파쇄하고자 할 때(즉, 90% 이상을 3.5cm보다 작게 파쇄하고자 할 때) Rosin-Rammler 모델에 의한 특성입자의 크기 X_o는 얼마인가?

㉮ 약 1.15cm ㉯ 약 1.38cm
㉰ 약 1.52cm ㉱ 약 1.78cm

풀이
$$Y = 1 - \exp\left[-\left(\frac{X}{X_o}\right)^n\right]$$

여기서, Y : 체하분율(%)
X : 폐기물 입자의 크기(cm)
X_o : 특성입자의 크기(cm)
n : 상수

따라서 $0.90 = 1 - \exp\left[-\left(\frac{3.5\,cm}{X_o}\right)^1\right]$

$\therefore X_o = \dfrac{-3.5\,cm}{LN(1-0.90)} = 1.52\,cm$

TIP
$Y = 1 - \exp\left[-\left(\dfrac{X}{X_o}\right)^n\right] \Rightarrow X_o = \dfrac{-X}{LN(1-Y)}$

08 함수율 50%인 쓰레기를 건조시켜 함수율이 20%인 쓰레기로 만들려면 쓰레기 톤당 얼마의 수분을 증발시켜야 하는가? (단, 비중은 1.0 기준이다.)

㉮ 255kg ㉯ 275kg
㉰ 355kg ㉱ 375kg

풀이 ① W_2를 계산한다.
$W_1 \times (100 - P_1) = W_2 \times (100 - P_2)$
$1{,}000\,kg \times (100 - 50\%) = W_2 \times (100 - 20\%)$
$\therefore W_2 = \dfrac{1{,}000\,kg \times (100 - 50\%)}{(100 - 20\%)} = 625\,kg$

② 증발되는 수분량(kg)을 계산한다.
증발되는 수분량 $= W_1 - W_2$
$= 1{,}000\,kg - 625\,kg = 375\,kg$

09 어느 도시의 쓰레기 발생량이 6배로 증가하였으나 쓰레기 수거노동력(MHT)은 그대로 유지시키고자 한다. 수거시간을 50% 증가시키는 경우 수거인원은 몇 배로 증가되어야 하는가?

㉮ 2.0배 ㉯ 3.0배
㉰ 3.5배 ㉱ 4.0배

풀이 $MHT = \dfrac{수거인부수(인) \times 작업시간(hr)}{쓰레기\ 수거량(ton)}$

① $MHT = \dfrac{1인 \times 1hr/day}{1ton/day} = 1.0\,MHT$

② 수거시간을 50% 증가시켰을 때 인부수 계산
$1.0\,MHT = \dfrac{X인 \times 1.5hr/day}{6ton/day}$

$\therefore X = \dfrac{1.0\,MHT \times 6ton/day}{1.5hr/day} = 4인$

따라서 수거인원은 처음의 4배가 증가되어야 한다.

10 폐기물의 일반적인 수거방법 중 관거(pipe-line)를 이용한 수거방법으로 틀린 것은 어느 것인가?

㉮ 캡슐수송 방법
㉯ 슬러리수송 방법
㉰ 공기수송방법
㉱ 모노레일 수송방법

풀이 관거(pipe-line)를 이용한 수거방법에는 캡슐수송 방법, 슬러리수송 방법, 공기수송방법이 있다.

answer 07 ㉰ 08 ㉱ 09 ㉱ 10 ㉱

11 폐기물의 성상조사 결과, 표와 같은 결과를 구했다. 이 지역에 Home Compaction Unit(가정용 부피 축소기)를 설치하고 난 후의 폐기물 전체의 밀도가 400kg/m^3으로 예상된다면 부피감소율(%)은 얼마인가?

성 분	질량비(%)	밀도(kg/m³)
음식물	20	280
종 이	50	80
골판지	10	50
기 타	20	150
계 분	3.4	25

㉮ 약 62% ㉯ 약 67%
㉰ 약 74% ㉱ 약 78%

풀이 부피감소율(%) = $\left(1 - \dfrac{V_2}{V_1}\right) \times 100$

① 가정용 부피 축소기 설치전 폐기물의 밀도
 = $280\text{kg/m}^3 \times 0.2 + 80\text{kg/m}^3 \times 0.5 + 50\text{kg/m}^3 \times 0.1 + 150\text{kg/m}^3 \times 0.2$
 = $131\,\text{kg/m}^3$

② $V_1 = 1\text{kg} \times \dfrac{1}{131\text{kg/m}^3} = 0.00763\,\text{m}^3$

③ $V_2 = 1\text{kg} \times \dfrac{1}{400\text{kg/m}^3} = 0.0025\,\text{m}^3$

④ 부피감소율(%) = $\left(1 - \dfrac{0.0025\,\text{m}^3}{0.00763\,\text{m}^3}\right) \times 100$
 = 67.24%

TIP 표에 있는 성분 중 계분은 가정용 폐기물이 아니므로 계산에서 제외하여야 함을 숙지하셔야 합니다.

12 인구 10만명(1인 1일 쓰레기량이 0.9kg)인 도시에서 배출하는 쓰레기를 하루기준으로 적재용량 10m^3인 차량 60대를 사용하여 처리하였다면 배출 쓰레기의 밀도(kg/m^3)는 얼마인가? (단, 차량은 1회 운행기준이며, 기타조건은 고려하지 않는다.)

㉮ 125kg/m^3 ㉯ 150kg/m^3
㉰ 175kg/m^3 ㉱ 200kg/m^3

풀이 쓰레기밀도(kg/m³) = $\dfrac{쓰레기\ 배출량(\text{kg})}{적재용량(\text{m}^3)}$
 = $\dfrac{0.9\text{kg/인}\cdot\text{일} \times 100,000\text{인}}{10\text{m}^3/\text{대}\cdot\text{일} \times 60\text{대}}$
 = 150kg/m^3

13 적환장에 대한 내용으로 잘못된 것은 어느 것인가?

㉮ 폐기물의 수거와 운반을 분리하는 기능을 한다.
㉯ 적환장에서 재생 가능한 물질의 선별을 고려하도록 한다.
㉰ 최종처분지와 수거지역의 거리가 먼 경우에 설치 운영한다.
㉱ 고밀도 거주지역이 존재할 때 설치 운영한다.

풀이 ㉱ 저밀도 거주지역이 존재할 때 설치 운영한다.

answer 11 ㉯ 12 ㉯ 13 ㉱

14 굴림통 분쇄기(Roll Crusher)에 대한 내용으로 잘못된 것은 어느 것인가?

㉮ 재회수 과정에서 유리같이 깨지기 쉬운 물질을 분쇄할 때 이용된다.
㉯ 퍼짐성이 있는 금속캔류는 단순히 납작하게 된다.
㉰ 유리와 금속류가 섞인 폐기물을 굴림통 분쇄기에 투입하면 분쇄된 유리를 체로 쳐서 쉽게 분리할 수 있다.
㉱ 분쇄는 투입물 선별과정과 이것을 압축시키는 두가지 과정으로 구성된다.

풀이 ㉱ 분쇄는 투입물 포집과정과 이것을 굴림통 사이로 통과시키는 두가지 과정으로 구성된다.

TIP
굴림통 분쇄기에서 포집은 입자의 크기, 굴림통의 크기, 틈에 따라 좌우된다.

15 어느 지역에서 1주일 동안 쓰레기 수거현황을 조사한 결과가 다음과 같았다. 쓰레기발생량(kg/cap·day)은 얼마인가?

[조건]
- 수거 대상 인구 : 500,000명
- 수거용적 : 12,000m³
- 적재시 밀도 : 0.5t/m³

㉮ 0.75   ㉯ 1.25
㉰ 1.71   ㉱ 2.14

풀이 쓰레기발생량(kg/cap·day)
$= \dfrac{쓰레기발생량(kg)}{인구수 \times 일수}$
$= \dfrac{12{,}000m^3 \times 500kg/m^3}{500{,}000인 \times 7day} = 1.71 kg/cap \cdot day$

TIP
① $0.5 ton/m^3 = 500 kg/m^3$
② $kg/cap \cdot day = kg/인 \cdot day$

16 쓰레기 발생량 예측모델 중 모든 인자를 시간에 대한 함수로 나타낸 후 시간에 대한 함수로 표현된 각 영향인자들 간의 상관관계를 수식화 하는 방법은 어느 것인가?

㉮ 동적모사모델   ㉯ 다중인자모델
㉰ 다중회귀모델   ㉱ 동적인자모델

풀이 ㉮ 동적모사모델에 대한 설명이며, 핵심 내용인 "각 영향인자들 간의 상관관계 수식화 = 동적모사모델"임을 숙지하시면 됩니다.

TIP
쓰레기(폐기물) 발생량 예측방법과 조사방법의 종류
① 예측방법 : 다중회귀모델, 동적모사모델, 경향모델
② 조사방법 : 물질수지법, 직접계근법, 적재차량계수법, 통계조사법(표본조사, 전수조사)

17 건식파쇄인 전단파쇄기에 대한 내용으로 잘못된 것은 어느 것인가?

㉮ 주로 목재류, 플라스틱류 및 종이류를 파쇄하는데 이용된다.
㉯ 고정칼, 왕복 또는 회전칼과의 교합에 의하여 폐기물을 전단한다.
㉰ Hammermill이 대표적이며, Impact crusher 등이 있다.
㉱ 충격파쇄기에 비하여 파쇄속도가 느리고 이물질의 혼입에 약하다.

풀이 ㉰ 전단파쇄기의 종류에는 Van Roll식, Lindemann식이 있으며, 보기 중 ㉰번의 설명에

answer 14 ㉱ 15 ㉰ 16 ㉮ 17 ㉰

서 Hammermill은 충격파쇄기의 종류이고, Impact crusher는 압축파쇄기의 종류에 해당한다.

TIP
파쇄기의 종류
① 전단파쇄기 : Van Roll식, Lindemann식
② 충격파쇄기 : Hammermill, Flail mill식
③ 압축파쇄기 : Rotary Mill식, Impact crusher

18 쓰레기를 압축시키기 전 밀도가 0.38 ton/m³이었던 것을 압축기에 넣어 압축시킨 결과 0.57ton/m³으로 증가하였다. 이때 부피감소율(%)은 얼마인가?

㉮ 24.3%   ㉯ 27.3%
㉰ 30.3%   ㉱ 33.3%

풀이 부피감소율(%) $= \left(1 - \dfrac{V_2}{V_1}\right) \times 100$

여기서, V_1 : 압축 전 부피(m³)
V_2 : 압축 후 부피(m³)

① $V_1 = 1\text{ton} \times \dfrac{1}{0.38\text{ton/m}^3} = 2.632\text{m}^3$

② $V_2 = 1\text{ton} \times \dfrac{1}{0.57\text{ton/m}^3} = 1.754\text{m}^3$

③ 부피감소율(%) $= \left(1 - \dfrac{1.754\text{m}^3}{2.632\text{m}^3}\right) \times 100$
$= 33.36\%$

19 함수율이 94%인 수거분뇨 200kL/d를 70% 함수율의 건조슬러지로 만들면 하루의 건조 슬러지 생성량(kL/d)은 얼마인가? (단, 수거분뇨의 비중은 1.0 기준이다.)

㉮ 30kL/d   ㉯ 35kL/d
㉰ 40kL/d   ㉱ 45kL/d

풀이 $V_1 \times (100 - P_1) = V_2 \times (100 - P_2)$

$200\text{kL/day} \times (100 - 94) = V_2 \times (100 - 70)$

$\therefore V_2 = \dfrac{200\text{kL/day} \times (100 - 94)}{(100 - 70)} = 40\text{kL/day}$

20 다음의 폐기물의 성상분석 절차 중 가장 먼저 이루어지는 것은 어느 것인가?

㉮ 절단 및 분쇄   ㉯ 건조
㉰ 밀도측정   ㉱ 전처리

풀이 폐기물의 성상분석 절차는 시료→밀도 측정→물리적 조성분석→건조→분류(가연성, 불연성)→전처리(절단 및 분쇄)→화학적 조성분석 순이다.

| 제2과목 | 폐기물 재활용 및 자원화 기술

21 유해폐기물의 고형화방법 중 열가소성 플라스틱법에 대한 내용으로 틀린 것은 어느 것인가?

㉮ 고온에서 분해되는 물질에는 사용할 수 없다.
㉯ 용출손실율이 시멘트 기초법보다 낮다.
㉰ 혼합율(MR)이 비교적 낮다.
㉱ 고화처리된 폐기물 성분을 나중에 회수하여 재활용 할 수 있다.

풀이 ㉰ 혼합율(MR)이 비교적 높다.

TIP
혼합율(MR) $= \dfrac{\text{첨가제의 질량}}{\text{폐기물의 질량}}$

answer 18 ㉱ 19 ㉰ 20 ㉰ 21 ㉰

22 어느 도시의 쓰레기 발생량은 1,000t/일, 밀도는 $0.5t/m^3$, trench법으로 매립할 계획이다. 압축에 따른 부피감소율 40%, trench 깊이 4.0m, 매립에 사용되는 도랑면적 점유율이 전체부지의 60%라면 연간 필요한 전체 부지면적(m^2)은 얼마인가?

㉮ $182,500m^2$ ㉯ $243,500m^2$
㉰ $292,500m^2$ ㉱ $325,500m^2$

풀이 매립지면적(m^2/년)

$= \dfrac{\text{폐기물의 양}(kg/년) \times (1-\text{부피감소율})}{\text{폐기물의 밀도}(kg/m^3) \times \text{깊이}(m)} \times \dfrac{1}{\text{점유율}}$

$= \dfrac{1,000 ton/일 \times 365일/년 \times (1-0.40)}{0.5 ton/m^3 \times 4.0m} \times \dfrac{1}{0.60}$

$= 182,500 m^2/년$

23 $5,000m^3$/일의 하수를 처리하는 처리장의 1차 침전지에서 침전된 슬러지내 고형물이 0.2톤/일, 2차 침전지에서 0.1톤/일이 제거되며, 각 슬러지의 함수율은 98%, 99.5%이다. 침전지에서 발생한 슬러지의 체류시간을 10일로 하여 농축시키려면 농축조의 크기(m^3)는 얼마인가?

㉮ $100m^3$ ㉯ $200m^3$
㉰ $300m^3$ ㉱ $400m^3$

풀이 ① 발생슬러지량(m^3/day)을 계산한다.

슬러지량(m^3/day)

$= \dfrac{\text{슬러지량}(kg/day)}{\text{비중량}(kg/m^3)} \times \dfrac{100}{100-P(\%)}$

ⓐ 1차 슬러지량(m^3/day)

$= \dfrac{0.2 \times 10^3 kg/day}{1,000 kg/m^3} \times \dfrac{100}{100-98\%} = 10 m^3/day$

ⓑ 2차 슬러지량(m^3/day)

$= \dfrac{0.1 \times 10^3 kg/day}{1,000 kg/m^3} \times \dfrac{100}{100-99.5\%}$

$= 20 m^3/day$

ⓒ 발생슬러지량(m^3/day)

$= 10 m^3/day + 20 m^3/day = 30 m^3/day$

② 농축조의 크기(m^3)을 계산한다.

농축조의 크기(m^3)

= 발생슬러지량(m^3/day) × 체류시간(day)

$= 30 m^3/day \times 10 day = 300 m^3$

24 다음의 조건에서 침출수 통과 년수는 얼마인가?

[조건]
- 점토층의 두께 : 1m
- 투수계수 : $10^{-7} cm/sec$
- 유효공극율 : 0.40
- 상부침출수 수두 : 0.4m

㉮ 약 7년 ㉯ 약 8년
㉰ 약 9년 ㉱ 약 10년

풀이 $t = \dfrac{d^2 \cdot n}{k \cdot (d+h)}$

① k(m/년)

$= \dfrac{10^{-7} cm}{sec} \times \dfrac{1m}{10^2 cm} \times \dfrac{3,600 sec}{1hr} \times \dfrac{24hr}{1day} \times \dfrac{365day}{1년}$

$= 3.15 \times 10^{-2} m/년$

② $t = \dfrac{(1m)^2 \times 0.40}{3.15 \times 10^{-2} m/년 \times (1m + 0.4m)}$

$= 9.07년$

TIP 이 문제의 핵심 내용은 투수계수의 단위를 cm/sec → m/년로 환산하는 것임을 숙지하셔야 합니다.

answer 22 ㉮ 23 ㉰ 24 ㉰

25 하수처리과정에서 발생하는 슬러지의 탈수특성을 평가하기 위한 모세관 흡수시간(CST) 측정법에 대한 내용으로 잘못된 것은 어느 것인가?

㉮ 여과지의 일정한 거리를 시료의 물이 흡수되어 전파되어 가는 시간을 측정하는 것으로 슬러지 입자의 크기 및 친수성 정도에 따라 측정되는 시간이 다르게 나타난다.
㉯ 다른 탈수성능을 측정하는 방법에 비하여 장치가 간단하고 측정시간이 짧다는 장점이 있다.
㉰ 탈수성이 불량한 시료의 경우, CST 수치는 높게 나타난다.
㉱ 본 실험에 사용되는 장치로는 Graduated Cylinder와 Buchner Funnel을 사용한다.

풀이 ㉱ 본 실험에 사용되는 장치는 전극과 타이머를 사용한다.

26 분뇨를 1차 처리한 후 BOD 농도가 4,000mg/L이었다. 이를 약 20배로 희석한 후 2차 처리를 하려 한다. 분뇨의 방류수 허용기준 이하로 처리하려면 2차 처리공정에서 요구되는 BOD 제거효율(%)은 얼마인가? (단, 분뇨 BOD 방류수 허용기준은 40mg/L이고, 기타 조건은 고려하지 않는다.)

㉮ 50% 이상
㉯ 60% 이상
㉰ 70% 이상
㉱ 80% 이상

풀이 BOD 제거효율(%)
$= \left\{1 - \dfrac{\text{유출수의 BOD} \times \text{희석배수치(P)}}{\text{유입수의 BOD}}\right\} \times 100$

$= \left\{1 - \dfrac{40\text{mg/L} \times 20\text{배}}{4,000\text{mg/L}}\right\} \times 100$

$= 80\%$

27 슬러지를 개량하는 목적으로 가장 알맞은 것은 어느 것인가?

㉮ 슬러지의 탈수가 잘되게 하기 위해서
㉯ 탈리액의 BOD를 감소시키기 위해서
㉰ 슬러지의 건조를 촉진하기 위해서
㉱ 슬러지의 악취를 줄이기 위해서

풀이 슬러지를 개량하는 목적은 슬러지의 탈수성을 높이기 위해서이다.

28 슬러지 수분 결합상태 중 탈수하기 가장 어려운 형태는 어느 것인가?

㉮ 모관결합수
㉯ 간극모관결합수
㉰ 표면부착수
㉱ 내부수

풀이 슬러지내의 탈수성 순서는 간극모관결합수 > 모관결합수 > 쐐기상모관결합수 > 표면부착수 > 내부수 순이다.

29 어느 펄프공장의 폐수를 생물학적으로 처리한 결과 매일 500kg의 슬러지가 발생하였다. 함수율이 80%이면 건조슬러지의 질량(kg/일)은 얼마인가? (단, 비중은 1.0 기준이다.)

㉮ 50kg/일
㉯ 100kg/일
㉰ 200kg/일
㉱ 400kg/일

풀이 $W_1 \times (100 - P_1) = W_2 \times (100 - P_2)$
$500\text{kg} \times (100 - 80) = W_2 \times (100 - 0)$

answer 25 ㉱ 26 ㉱ 27 ㉮ 28 ㉱ 29 ㉯

$$\therefore W_2 = \frac{500\text{kg} \times (100-80)}{(100-0)} = 100\text{kg}$$

TIP
W_2가 건조슬러지이므로 $P_2 = 0$이 된다.

30 합성차수막의 종류 중 PVC의 장점으로 잘못된 것은 어느 것인가?

㉮ 가격이 저렴하다.
㉯ 접합이 용이하다.
㉰ 강도가 높다.
㉱ 대부분의 유기화학물질에 강하다.

풀이 ㉱ 대부분의 유기화학물질 및 자외선, 오존, 기후에 약하다.

31 매립공법 중 내륙매립공법에 대한 설명으로 잘못된 것은 어느 것인가?

㉮ 셀(cell)공법 : 쓰레기 비탈면의 경사는 15~25%의 구배로 하는 것이 좋다.
㉯ 셀(cell)공법 : 1일 작업하는 셀 크기는 매립처분량에 따라 결정된다.
㉰ 도랑형 공법 : 파낸 흙이 항상 남는데 이를 복토재로 이용할 수 있다.
㉱ 도랑형 공법 : 쓰레기를 투입하여 순차적으로 육지화 하는 방법이다.

풀이 ㉱번의 설명은 해안매립공법 중 순차투입공법에 대한 설명이다.

32 다음 조건의 중금속 슬러지를 시멘트 고형화할 때 부피변화율(VCF)은 얼마인가?

[조건]
- 고화처리 전 중금속 슬러지 비중 : 1.1
- 고화처리 후 폐기물 비중 : 1.4
- 시멘트 첨가량 : 슬러지 질량의 60%

㉮ 약 1.32   ㉯ 약 1.26
㉰ 약 1.19   ㉱ 약 1.12

풀이
부피변화율(VCF) = $(1 + MR) \times \dfrac{\rho_1}{\rho_2}$

여기서, MR(혼합율) = $\dfrac{첨가제의\ 질량}{폐기물의\ 질량}$

$= \dfrac{60\%}{100\%} = 0.6$

ρ_1 : 고화처리 전 밀도
ρ_2 : 고화처리 후 밀도

따라서, VCF = $(1 + 0.6) \times \dfrac{1.1\,\text{g/cm}^3}{1.4\,\text{g/cm}^3} = 1.26$

33 친산소성 퇴비화 공정의 설계 운영고려 인자에 대한 설명으로 잘못된 것은 어느 것인가?

㉮ 수분함량 : 퇴비화 기간동안 수분함량은 50~60% 범위에서 유지된다.
㉯ C/N비 : 초가 C/N비는 25~50이 적당하며 C/N비가 높은 경우는 암모니아 가스가 발생한다.
㉰ pH 조절 : 적당한 분해작용을 위해서는 pH 7~7.5 범위를 유지하여야 한다.
㉱ 공기공급 : 이론적인 산소요구량은 식을 이용하여 추정 가능하다.

풀이 ㉯ C/N비 : 초가 C/N비는 25~50이 적당하며 C/N비가 낮은 경우는 암모니아 가스가 발생한다.

answer 30 ㉱ 31 ㉱ 32 ㉯ 33 ㉯

34 유기물($C_6H_{12}O_6$) 0.1톤(ton)에서 혐기성 소화시 생성될 수 있는 최대 메탄의 양(kg) 및 체적(Sm^3)은 얼마인가?

㉮ 12kg, 31Sm^3 ㉯ 27kg, 37Sm^3
㉰ 34kg, 42Sm^3 ㉱ 42kg, 47Sm^3

풀이 ① CH_4의 질량(kg)을 계산한다.
$C_6H_{12}O_6 \rightarrow 3CO_2 + 3CH_4$
180kg : 3×16kg
100kg : X_1
$\therefore X_1 = \dfrac{100kg \times 3 \times 16kg}{180kg} = 26.67 kg$

② CH_4의 체적(Sm^3)을 계산한다.
$C_6H_{12}O_6 \rightarrow 3CO_2 + 3CH_4$
180kg : $3 \times 22.4Sm^3$
100kg : X_2
$\therefore X_2 = \dfrac{100kg \times 3 \times 22.4Sm^3}{180kg} = 37.33Sm^3$

35 차수설비에는 표면차수막과 연직차수막으로 구분되어 지는데, 연직차수막에 대한 일반적인 설명으로 틀린 것은 어느 것인가?

㉮ 지중에 수평방향의 차수층이 존재하는 경우에 적용한다.
㉯ 지하수 집배수 시설이 필요하다.
㉰ 지하에 매설하기 때문에 차수성 확인이 어렵다.
㉱ 차수막 단위면적당 공사비가 비싸지만 총공사비는 싸다.

풀이 ㉯ 지하수 집배수 시설이 필요없다.

36 소화조로 유입되는 슬러지의 양이 500 m^3/일 이고 고형물과 고형물 중 VS함량이 각각 3.5%와 70%이다. 소화조의 VS 소화율은 60%이고, 소화조의 가스발생량은 0.75m^3/kg−VS일 때 일일 생성되는 가스량(m^3/일)은 얼마인가? (단, 비중은 1.0 기준이다.)

㉮ 약 3,510m^3/일 ㉯ 약 4,520m^3/일
㉰ 약 5,510m^3/일 ㉱ 약 6,550m^3/일

풀이 가스발생량(m^3/day)
= 슬러지량(m^3/day) $\times \dfrac{\text{고형물}(\%)}{100} \times \dfrac{\text{VS함량}(\%)}{100}$
$\times \dfrac{\text{VS소화율}(\%)}{100} \times \dfrac{m^3 \cdot \text{가스량}}{kg \cdot VS} \times \text{비중량}(kg/m^3)$
= 500m^3/day $\times 0.035 \times 0.70 \times 0.60 \times 0.75 m^3$/kg
$\times 1,000 kg/m^3$
= 5,512.5m^3/day

TIP 비중 1.0 = 1.0ton/m^3 = 1,000kg/m^3

answer 34 ㉯ 35 ㉯ 36 ㉰

37 고형물의 함량이 80kg/m³인 농축슬러지를 18m³/hr 유량으로 탈수시키려 한다. 고형물 질량에 대해 25%의 소석회를 넣으면 함수율 80%의 탈수 cake이 얻어진다고 할 때 농축 슬러지로부터 얻어지는 탈수 cake의 양(t/day)은 얼마인가? (단, 하루 운전시간은 24시간이고, cake의 비중은 1.0 기준이다.)

㉮ 약 120t/day ㉯ 약 220t/day
㉰ 약 320t/day ㉱ 약 420t/day

풀이 탈수 Cake의 양(ton/day)
= {고형물의 함량(kg/m³)×농축슬러지량(m³/hr)
  ×10^{-3}ton/kg×소석회 첨가량}×$\frac{100}{100-함수율(\%)}$
= (80kg/m³×18m³/hr×24hr/1day×
  10^{-3}ton/kg×1.25)×$\frac{100}{100-80\%}$
= 216ton/day

TIP 소석회 첨가량 1.25 = 100%+25% = 125%

38 건조된 고형분의 비중이 1.4이며, 이 슬러지 케익의 건조 이전에 고형분의 함량은 40%이다. 슬러지 건조질량이 400kg이라면 슬러지 케익의 건조 이전의 부피(m³)는 얼마인가?

㉮ 약 0.59 m³ ㉯ 약 0.69 m³
㉰ 약 0.79 m³ ㉱ 약 0.89 m³

풀이 ① $\frac{1}{\rho_{SL}} = \frac{W_{TS}}{\rho_{TS}} + \frac{W_P}{\rho_P}$

따라서 $\frac{1}{\rho_{SL}} = \frac{0.4}{1.4} + \frac{0.6}{1.0}$

∴ ρ_{SL} = 1.129

② 슬러지 케이크의 부피(m³)
= $\frac{고형물의\ 건조질량(kg)}{비중량(kg/m³)} \times \frac{100}{100-함수율(\%)}$
= $\frac{400kg}{1,129kg/m³} \times \frac{100}{100-60\%}$ = 0.89m³

TIP 슬러지 비중 1.29ton/m³ = 1,129kg/m³

39 1일 처리량이 100kL인 분뇨처리장에서 중온소화방식을 택하고자 한다. 소화 후 슬러지량(m³/day)은 얼마인가? (단, 투입 분뇨의 함수율 98%, 고형물 중 유기물 함유율 70%, 그 중 60%가 액화 및 가스화되고 소화슬러지 함수율은 96%이다. 슬러지 비중 1.0기준)

㉮ 15m³/day ㉯ 29m³/day
㉰ 44m³/day ㉱ 53m³/day

풀이 소화 후 슬러지량(m³/day)
= (VS+FS)(m³)×$\frac{100}{100-함수율(\%)}$

① 소화 후 잔류VS량(m³/day)
= 분뇨처리량(m³/day)×$\frac{고형물량(\%)}{100}$
  ×$\frac{유기물(\%)}{100}$×$\frac{100-VS제거율(\%)}{100}$
= 100m³/day×(1-0.98)×0.70×(1-0.60)
= 0.56m³/day

② 소화 후 FS량(m³/day)
= 분뇨처리량(m³/day)×$\frac{고형물량(\%)}{100}$
  ×$\frac{100-VS량(\%)}{100}$
= 100m³/day×(1-0.98)×(1-0.70)
= 0.6 m³/day

③ 소화 후 슬러지량(m³/day)
= (0.56+0.6)m³/day×$\frac{100}{100-96\%}$
= 29m³/day

answer 37 ㉯ 38 ㉱ 39 ㉯

TIP
① 분뇨처리량 100kL/day = 100m³/day
② FS량 = (100 − VS량)
        = (100 − 70) = (1 − 0.70)

40 용적 1,000 m³인 슬러지 혐기성 소화조가 함수율 95%의 슬러지를 하루에 20 m³를 소화 시킨다면 이 소화조의 유기물 부하율(kg VS/m³·d)은 얼마인가? (단, 슬러지 고형물 중 무기물 비율은 40%이고, 슬러지의 비중을 1.0 기준.)

㉮ 0.2 kg VS/m³·d
㉯ 0.4 kg VS/m³·d
㉰ 0.6 kg VS/m³·d
㉱ 0.8 kg VS/m³·d

풀이 유기물 부하량(kg/m³·day)
= 슬러지 농도(kg/m³) × 슬러지량(m³/day)
  × 유기물량(%)/100 × 1/용적(m³)
= 50kg/m³ × 20m³/day × (1 − 0.4) × 1/1,000m³
= 0.6kg/m³·day

TIP
① 고형물 농도 = 100 − 함수율(%)
            = 100 − 95% = 5%
② 슬러지 농도 = 5 × 10⁴mg/L = 50kg/m³
③ 유기물 함량(%) = 100 − 무기물 함량(%)
④ % —×10⁴→ mg/L —×10⁻³→ kg/m³

| 제3과목 | 폐기물 처분기술

41 유동층 소각로의 장·단점으로 틀린 것은 어느 것인가?

㉮ 반응시간이 빨라 소각시간이 짧은 장점이 있다.
㉯ 상(床)으로부터 찌꺼기의 분리가 어려운 단점이 있다.
㉰ 기계적 구동부분이 많아 고장률이 높은 단점이 있다.
㉱ 투입이나 유동화를 위해 파쇄가 필요한 단점이 있다.

풀이 ㉰ 기계적 구동부분이 적어 고장률이 낮은 장점이 있다.

42 어느 도시의 폐기물을 분석한 결과 가연성 성분이 70%, 불연성 성분이 30%였다. 이 지역의 폐기물발생량은 1일 1인 1.2kg이다. 인구 50,000명인 이곳에서 가연성 성분을 85%를 회수하여 RDF를 생산한다면 RDF의 년간 생산량(톤/년)은 얼마인가?

㉮ 약 11,000톤/년   ㉯ 약 12,000톤/년
㉰ 약 13,000톤/년   ㉱ 약 14,000톤/년

풀이 RDF생산량(ton/년)
= 폐기물발생량(ton/년) × 가연성분(%)/100
  × 가연성분 회수율(%)/100
= 1.2kg/인·일 × 50,000인 × 365일/년
  × 10⁻³ton/kg × 0.70 × 0.85
= 13,030.5ton/년

answer 40 ㉰ 41 ㉰ 42 ㉰

43 황의 함량이 5%인 폐기물 30,000kg을 연소할 때 생성되는 SO_2 가스의 총 부피(Sm^3)는 얼마인가? (단, 표준상태를 기준으로 하며, 황성분은 전량 SO_2로 가스화 되며, 완전연소이다.)

㉮ $850 Sm^3$　㉯ $950 Sm^3$
㉰ $1,050 Sm^3$　㉱ $1,150 Sm^3$

풀이
$$S + O_2 \rightarrow SO_2$$
$$32kg \quad : \quad 22.4 Sm^3$$
$$30,000kg \times 0.05 \quad : \quad X$$
$$\therefore X = \frac{30,000kg \times 0.05 \times 22.4 Sm^3}{32kg} = 1,050 Sm^3$$

TIP
① 질량(kg) = 계수 × 분자량(kg)
② 체적(Sm^3) = 계수 × 22.4(Sm^3)

44 화씨온도 100°F 는 몇 ℃인가?

㉮ 35.2　㉯ 37.8
㉰ 39.7　㉱ 41.3

풀이 ℃ = (°F − 32) ÷ 1.8 = (100°F − 32) ÷ 1.8
= 37.78 ℃

45 CH_3OH 2kg을 연소시키는데 필요한 이론공기량의 부피(Sm^3)는 얼마인가?

㉮ $7 Sm^3$　㉯ $8 Sm^3$
㉰ $9 Sm^3$　㉱ $10 Sm^3$

풀이 ① 이론산소량(Sm^3)을 계산한다.
$$CH_3OH + 1.5O_2 \rightarrow CO_2 + 2H_2O$$
$$32kg \quad : \quad 1.5 \times 22.4 Sm^3$$
$$2kg \quad : \quad O_o(Sm^3)$$

$$\therefore 산소량(O_o) = \frac{2kg \times 1.5 \times 22.4 Sm^3}{32kg} = 2.1 Sm^3$$

② 이론공기량(Sm^3)을 계산한다.
$$이론공기량(Sm^3) = 이론산소량(Sm^3) \times \frac{1}{0.21}$$
$$= 2.1 Sm^3 \times \frac{1}{0.21} = 10 Sm^3$$

46 쓰레기 소각에 비하여 열분해공정의 특징으로 틀린 것은 어느 것인가?

㉮ 배기가스량이 적다.
㉯ 환원성 분위기를 유지할 수 있어서 Cr^{3+}가 Cr^{6+}로 변화하지 않는다.
㉰ 황분, 중금속분이 Ash 중에 고정되는 비율이 작다.
㉱ 흡열반응이다.

풀이 ㉰ 황분, 중금속분이 Ash 중에 고정되는 비율이 크다.

47 소각공정에서 발생하는 다이옥신에 대한 내용으로 틀린 것은 어느 것인가?

㉮ 쓰레기 중 PVC 또는 플라스틱류 등을 포함하고 있는 합성물질을 연소시킬 때 발생한다.
㉯ 연소시 발생하는 미연분의 양과 비산재의 양을 줄여 다이옥신을 저감할 수 있다.
㉰ 다이옥신 재형성 온도구역을 설정하여 재합성을 유도함으로써 제거할 수 있다.
㉱ 활성탄과 백필터를 적용하여 다이옥신을 제거하는 설비가 많이 이용된다.

풀이 ㉰ 다이옥신은 저온(300℃ ~ 400℃)에서 재생성이 활발하므로 700℃ 이상 고온에서 열분해하여 제거한다.

answer 43 ㉰　44 ㉯　45 ㉱　46 ㉰　47 ㉰

48 연소과정에서 등가비가 1보다 큰 경우는 어느 것인가?

㉮ 공기가 과잉으로 공급된 경우
㉯ 연료가 이론적인 경우보다 적을 경우
㉰ 완전 연소에 알맞은 연료와 산화제가 혼합될 경우
㉱ 연료가 과잉으로 공급된 경우

[풀이] ㉱ 등가비가 1보다 큰 경우는 연료가 과잉으로 공급된 불완전연소이다.

49 연소실의 부피를 결정하려고 한다. 연소실의 부하율은 $3.6 \times 10^5 \text{kcal/m}^3 \cdot \text{hr}$ 이고 발열량이 1,600kcal/kg인 쓰레기를 1일 400ton 소각시킬 때 소각로의 연소실 부피(m^3)는 얼마인가? (단, 소각로는 연속 가동 한다.)

㉮ $104 m^3$ ㉯ $974 m^3$
㉰ $84 m^3$ ㉱ $74 m^3$

[풀이] 연소실의 부하율($\text{kcal/m}^3 \cdot \text{hr}$)
$= \dfrac{\text{저위발열량(kcal/kg)} \times \text{쓰레기량(kg/hr)}}{\text{연소실 부피}(m^3)}$

$3.6 \times 10^5 \text{kcal/m}^3 \cdot \text{hr} = \dfrac{1,600 \text{kcal/kg} \times 400 \times 10^3 \text{kg/day} \times 1\text{day}/24\text{hr}}{\text{연소실 부피}(m^3)}$

∴ 연소실 부피
$= \dfrac{1,600 \text{kcal/kg} \times 400 \times 10^3 \text{kg/day} \times 1\text{day}/24\text{hr}}{3.6 \times 10^5 \text{kcal/m}^3 \cdot \text{hr}}$
$= 74.07 m^3$

50 밀도가 600kg/m^3인 쓰레기 100ton을 소각한 결과 밀도가 $1,200 \text{kg/m}^3$인 소각재가 60ton이 발생하였다면 소각시 쓰레기 용적감소율(%)은 얼마인가?

㉮ 70%   ㉯ 75%
㉰ 80%   ㉱ 85%

[풀이] 용적감소율(%) $= \left(1 - \dfrac{V_2}{V_1}\right) \times 100$

여기서, V_1 : 소각전의 부피(m^3)
V_2 : 소각후의 부피(m^3)

① $V_1 = 100\text{ton} \times \dfrac{1}{0.6\text{ton/m}^3} = 166.67 m^3$

② $V_2 = 60\text{ton} \times \dfrac{1}{1.2\text{ton/m}^3} = 50 m^3$

③ 용적감소율(%) $= \left(1 - \dfrac{50 m^3}{166.67 m^3}\right) \times 100 = 70\%$

51 탄소 및 수소의 질량조성이 각각 80%, 20%인 액체연료를 매시간 200kg 연소시켜 배기가스의 조성을 분석한 결과 CO_2 12.5%, O_2 3.5%, N_2 84%이었다. 이 경우 시간당 필요한 공기량(Sm^3)은 얼마인가?

㉮ 약 $3,450 Sm^3$ ㉯ 약 $2,950 Sm^3$
㉰ 약 $2,450 Sm^3$ ㉱ 약 $1,950 Sm^3$

[풀이] ① 공기비(m) $= \dfrac{N_2\%}{N_2\% - 3.76 \times O_2\%}$
$= \dfrac{84\%}{84\% - 3.76 \times 3.5\%} = 1.1858$

② 이론공기량(A_o)
$= 8.89C + 26.67\left(H - \dfrac{O}{8}\right) + 3.33S (Sm^3/kg)$
$= 8.89 \times 0.80 + 26.67 \times 0.20$
$= 12.446 Sm^3/kg$

③ 실제 필요한 공기량 (Sm^3/hr)
$=$ 공기비(m) $\times$ 이론공기량(Sm^3/kg) $\times$ 연료량(kg/hr)
$= 1.1858 \times 12.446 Sm^3/kg \times 200 kg/hr$
$= 2,951.69 Sm^3/hr$

answer 48 ㉱ 49 ㉱ 50 ㉮ 51 ㉯

52 CH_4 80%, CO_2 5%, N_2 3%, O_2 12%로 조성된 기체연료 $1Sm^3$을 $12Sm^3$의 공기로 연소한다면 이때 공기비는 얼마인가?

㉮ 1.4   ㉯ 1.7
㉰ 2.1   ㉱ 2.3

풀이 ① 이론공기량(Sm^3/Sm^3)을 계산한다.
$CH_4 + 2O_2 \rightarrow CO_2 + 2H_2O$: 80%
O_2 : 12%
이론공기량(A_o)
$= \dfrac{\text{가연물 연소시 필요한 산소량} - \text{연료의 산소량}}{0.21}$
$= \dfrac{2 \times 0.8 - 0.12}{0.21} = 7.05 Sm^3/Sm^3$

② 실제공기량(A) $= 12 Sm^3/Sm^3$
③ 공기비(m)$= \dfrac{\text{실제공기량(A)}}{\text{이론공기량}(A_o)}$
$= \dfrac{12 Sm^3/Sm^3}{7.05 Sm^3/Sm^3} = 1.70$

53 다음 조건과 같은 함유성분의 폐기물을 연소 처리할 때 저위발열량(kcal/kg)은 얼마인가?

[조건]
- 함수율 : 30%   - 불활성분 : 14%
- 탄소 : 20%   - 수소 : 10%
- 산소 : 24%   - 유황 : 2%
- Dulong식 기준

㉮ 약 2,400kcal/kg   ㉯ 약 3,300kcal/kg
㉰ 약 4,200kcal/kg   ㉱ 약 4,600kcal/kg

풀이 ① Dulong식에 의한 고위발열량(Hh)을 계산한다.
$Hh = 8,100C + 34,000\left(H - \dfrac{O}{8}\right) + 2,500S$ (kcal/kg)
$= 8,100 \times 0.20 + 34,000 \times \left(0.10 - \dfrac{0.24}{8}\right) + 2,500$
$\times 0.02$
$= 4,050 kcal/kg$

② 저위발열량(Hl)을 계산한다.
$Hl = Hh - 600(9H + W)$ (kcal/kg)
$= 4,050 kcal/kg - 600 \times (9 \times 0.10 + 0.30)$
$= 3,330 kcal/kg$

54 에틸렌(C_2H_4)의 고발열량이 $15,280 kcal/Sm^3$이라면 저발열량($kcal/Sm^3$)은 얼마인가?

㉮ $14,920 kcal/kg$ ㉯ $14,800 kcal/kg$
㉰ $14,680 kcal/kg$ ㉱ $14,320 kcal/kg$

풀이 $C_2H_4 + 3O_2 \rightarrow 2CO_2 + 2H_2O$
저위발열량(Hl)
$= $ 고위발열량$(Hh) - 480 \times H_2O$량$(kcal/Sm^3)$
$= 15,280 kcal/Sm^3 - 480 \times 2$
$= 14,320 kcal/Sm^3$

55 저위발열량 $10,000 kcal/Sm^3$인 기체연료를 연소시, 이론습연소가스량이 $20 Sm^3/Sm^3$이고 이론연소온도는 2,500℃라고 한다. 연료 연소가스의 평균 정압비열($kcal/Sm^3 \cdot ℃$)은 얼마인가? (단, 연소용 공기, 연료 온도는 15℃이다.)

㉮ $0.2(kcal/Sm^3 \cdot ℃)$
㉯ $0.3(kcal/Sm^3 \cdot ℃)$
㉰ $0.4(kcal/Sm^3 \cdot ℃)$
㉱ $0.5(kcal/Sm^3 \cdot ℃)$

풀이 저위발열량(Hl)
$=$ 가스량(G)$\times$평균정압비열(C)$\times$온도차$(t_2 - t_1)$
$10,000 kcal/Sm^3 = 20 Sm^3/Sm^3 \times C \times (2,500 - 15)℃$
$\therefore C = \dfrac{10,000 kcal/Sm^3}{20 Sm^3/Sm^3 \times (2,500 - 15)℃}$
$= 0.20 kcal/Sm^3 \cdot ℃$

answer   52 ㉯   53 ㉯   54 ㉱   55 ㉮

56 보일러 전열면을 통하여 연소가스의 여열로 보일러 급수를 예열하여 보일러 효율을 높이는 열교환 장치는 어느 것인가?

㉮ 공기예열기　㉯ 절탄기
㉰ 과열기　　㉱ 재열기

풀이 ㉯ 절탄기에 대한 설명이며, 핵심 내용인 "급수예열 = 절탄기"임을 숙지하시면 됩니다.

57 탄소함유율이 50wt%와 불연분 50wt%인 고형폐기물 100kg을 완전연소 시킬 때 필요한 이론공기량(Sm^3)은 얼마인가?

㉮ 약 $93 Sm^3$　㉯ 약 $256 Sm^3$
㉰ 약 $445 Sm^3$　㉱ 약 $577 Sm^3$

풀이 ① 이론산소량(Sm^3)을 계산한다.
$$C \;+\; O_2 \;\to\; CO_2$$
$$12kg \;:\; 22.4 Sm^3$$
$$100kg \times 0.50 \;:\; X(이론산소량)$$

$$\therefore X(이론산소량) = \frac{100kg \times 0.50 \times 22.4 Sm^3}{12kg}$$
$$= 93.33 Sm^3$$

② 이론공기량(Sm^3)을 계산한다.
$$이론공기량(Sm^3) = 이론산소량(Sm^3) \times \frac{1}{0.21}$$
$$= 93.33 Sm^3 \times \frac{1}{0.21}$$
$$= 444.43 Sm^3$$

58 표준상태에서 한 배기가스 내에 존재하는 CO_2 농도가 0.01%일 때 이것은 몇 mg/m^3인가?

㉮ $146 mg/m^3$　㉯ $196 mg/m^3$
㉰ $266 mg/m^3$　㉱ $296 mg/m^3$

풀이
$$mg/Sm^3 = \frac{0.01 \times 10^4 mL}{Sm^3} \times \frac{44mg}{22.4mL}$$
$$= 196.43 mg/Sm^3$$

TIP
① $ppm = mL/Sm^3 = mL/Nm^3$
② CO_2 1mol $\begin{cases} 44mg \\ 22.4mL \end{cases}$
③ % $\xrightarrow{\times 10^4}$ $ppm(mL/Sm^3)$

59 도시쓰레기 성분 중 수소 5kg이 완전연소 되었을 때 필요로 한 이론적 산소요구량과 연소생성물(combustion product)인 수분의 양은 각각 얼마인가? (단, 산소(O_2), 수분(H_2O) 순서)

㉮ 25kg, 30kg　㉯ 30kg, 35kg
㉰ 35kg, 40kg　㉱ 40kg, 45kg

풀이
$$H_2 \;+\; 0.5 O_2 \;\to\; H_2O$$
$$2kg \;:\; 0.5 \times 32kg \;:\; 18kg$$
$$5kg \;:\; X_1 \;:\; X_2$$

$$\therefore X_1(O_2) = \frac{5kg \times 0.5 \times 32kg}{2kg} = 40kg$$

$$\therefore X_2(H_2O) = \frac{5kg \times 18kg}{2kg} = 45kg$$

60 탄소 5kg을 완전 연소할 경우 발생하는 CO_2의 가스량(Sm^3)은 얼마인가?

㉮ $3.3 Sm^3$　㉯ $5.3 Sm^3$
㉰ $7.3 Sm^3$　㉱ $9.3 Sm^3$

풀이
$$C \;+ O_2 \to\; CO_2$$
$$12kg \;:\; 22.4 Sm^3$$
$$5kg \;:\; X$$

$$\therefore X = \frac{5kg \times 22.4 Sm^3}{12kg} = 9.33 Sm^3$$

실전문제
과년도 기출문제

answer 58 ㉯　59 ㉱　60 ㉱

제4과목 | 폐기물공정시험기준

61 이온전극법을 적용하여 분석하는 항목은 어느 것인가? (단, 폐기물공정시험기준에 의함)

㉮ 시안 ㉯ 수은
㉰ 유기인 ㉱ 비소

풀이 분석방법
㉮ 시안 : 이온전극법, 자외선/가시선분광법, 연속흐름법
㉯ 수은 : 원자흡수분광광도법(환원기화법), 자외선/가시선 분광법(디티존법)
㉰ 유기인 : 기체크로마토그래피
㉱ 비소 : 원자흡수분광광도법, 유도결합플라스마 - 원자발광분광법, 자외선/가시선 분광법

62 다음은 시안의 자외선/가시선 분광법에 관한 내용이다. ( )안에 알맞은 것은 어느 것인가?

> 클로라민 T와 피리딘 피라졸론 혼합액을 넣어 나타나는 ( )에서 측정한다.

㉮ 적색을 460nm
㉯ 황갈색을 560nm
㉰ 적자색을 520nm
㉱ 청색을 620nm

풀이 시안의 측정방법의 주요내용
① 자외선/가시선분광법 : pH 2 이하의 산성, 청색, 620nm
② 이온전극법 : pH 12~13의 알칼리성
③ 연속흐름법 : 청색, 620nm

63 질량법으로 기름성분을 측정할 때 시료채취 및 관리에 대한 설명으로 알맞은 것은 어느 것인가?

㉮ 시료는 6시간 이내 증발처리를 하여야 하나 최대한 24시간을 넘기지 말아야 한다.
㉯ 시료는 8시간 이내 증발처리를 하여야 하나 최대한 24시간을 넘기지 말아야 한다.
㉰ 시료는 12시간 이내 증발처리를 하여야 하나 최대한 7일을 넘기지 말아야 한다.
㉱ 시료는 24시간 이내 증발처리를 하여야 하나 최대한 7일을 넘기지 말아야 한다.

풀이 시안의 시료채취 및 관리
① 보관온도 : 0~4℃
② 증발처리 : 24시간 이내, 최대 7일 이내

64 폐기물의 강열감량 및 유기물함량을 질량법으로 시험시 시료를 가열하기 위해 사용하는 용액으로 가장 알맞은 것은 어느 것인가?

㉮ 15% 황산암모늄용액
㉯ 15% 질산암모늄용액
㉰ 25% 황산암모늄용액
㉱ 25% 질산암모늄용액

풀이 강열감량 및 유기물함량(중량법)
① 시료 가열을 위해 사용하는 시약 : 25% 질산암모늄용액
② 온도 : (600±25)℃, 강열시간 : 3시간

answer 61 ㉮ 62 ㉱ 63 ㉱ 64 ㉱

65 자외선/가시선 분광법으로 크롬을 정량할 때 $KMnO_4$를 사용하는 목적은 무엇인가?

㉮ 시료 중의 총 크롬을 6가 크롬으로 하기 위해서다.
㉯ 시료 중의 총 크롬을 3가 크롬으로 하기 위해서다.
㉰ 시료 중의 총 크롬을 이온화하기 위해서다.
㉱ 다이페닐카바자이드와 반응을 최적화하기 위해서다.

풀이 $KMnO_4$는 강산화제이므로 총크롬을 6가크롬으로 산화시키는 역할을 하는 시약이다.

66 폐기물이 적재되어 있는 운반차량에서 시료를 채취할 경우 5톤 이상의 차량에 적재되어 있을 때에는 적재폐기물을 평면상에서 몇 등분 한 후 각 등분마다 시료를 채취하는가?

㉮ 3등분　　㉯ 6등분
㉰ 9등분　　㉱ 12등분

풀이 차량에 적재되어 있는 분할방법
① 5톤 미만의 차량 : 6등분
② 5톤 이상의 차량 : 9등분

67 유도결합플라스마-원자발광광도법의 구성 장치의 순서로 알맞은 것은 어느 것인가?

㉮ 시료 도입부, 고주파 전원부, 광원부, 분광부, 연산처리부, 기록부
㉯ 시료 도입부, 시료 원자화부, 광원부, 측광부, 연산처리부, 기록부
㉰ 시료 도입부, 고주파 전원부, 광원부, 파장선택부, 연산처리부, 기록부
㉱ 시료 도입부, 시료 원자화부, 파장선택부, 측광부, 연산처리부, 기록부

풀이 유도결합 플라스마-원자발광광도법의 장치구성은 ㉮번이며 암기법은 "유도는 시고광분 연기"로 숙지하시면 됩니다.

68 소각재 10g이 있다. 이 소각재의 pH를 측정하기 위하여 몇 mL의 정제수를 넣고 교반하는가?

㉮ 10.0mL　　㉯ 25.0mL
㉰ 50.0mL　　㉱ 100.0mL

풀이 이 문제는 재출제 시 동일하게 출제되는 문제로 예상되므로 정답만 숙지하시면 됩니다.

69 다음 중 분석용 저울은 몇 mg까지 달 수 있는 것이어야 하는가? (단, 총칙 기준)

㉮ 1.0mg　　㉯ 0.1mg
㉰ 0.01mg　　㉱ 0.001mg

풀이 분석용 저울은 소수점 넷째자리까지 측정하므로 0.0001g이 기준이 된다. 따라서 0.0001g = 0.1mg이다.

answer 65 ㉮　66 ㉰　67 ㉮　68 ㉯　69 ㉯

70 취급 또는 저장하는 동안에 밖으로부터의 공기 또는 다른 가스가 침입하지 아니하도록 내용물을 보호하는 용기는 어떤 용기인가?

㉮ 기밀용기   ㉯ 밀폐용기
㉰ 밀봉용기   ㉱ 차광용기

풀이 용기
㉮ 기밀용기 : 공기나 다른 가스
㉯ 밀폐용기 : 이물질
㉰ 밀봉용기 : 기체 또는 미생물
㉱ 차광용기 : 광선

71 폐기물공정시험기준에서 규정하고 있는 대상폐기물의 양과 시료의 최소수가 잘못 연결된 것은 어느 것인가?

㉮ 1톤 미만 : 6
㉯ 5톤 이상~30톤 미만 : 14
㉰ 100톤 이상~500톤 미만 : 28
㉱ 500톤 이상~1,000톤 미만 : 36

풀이 대상폐기물의 양과 시료의 최소 수

대상폐기물의 양 (단위 : ton)	시료의 최소 수	대상폐기물의 양 (단위 : ton)	시료의 최소 수
~1미만	6	100이상~500미만	30
1이상~5미만	10	500이상~1,000미만	36
5이상~30미만	14	1,000이상~5,000미만	50
30이상~100미만	20	5,000이상	60

72 다음은 폐기물 용출조작에 관한 내용이다. ( )안에 알맞은 것은 어느 것인가?

> 시료용액 조제가 끝난 혼합액을 상온, 상압에서 진탕회수가 매분당 약 200회, 진폭 ( )의 진탕기를 사용하여 ( ) 연속 진탕한 다음 여과하고 여과액을 적당량 취하여 용출시험용 시료용액으로 한다.

㉮ 4~5cm, 4시간
㉯ 4~5cm, 6시간
㉰ 5~6cm, 4시간
㉱ 5~6cm, 6시간

풀이 용출시험용 시료용액
① 여과가 가능한 경우 : 매분당 200회, 진폭 4~5cm, 6시간
② 여과가 어려운 경우 : 매분당 3,000회전 이상, 20분 이상

73 수은을 환원기화 – 원자흡수분광광도법으로 측정할 때 시료 중 수은을 금속수은으로 환원시키기 위해 넣는 시약은 어느 것인가?

㉮ 아연분말   ㉯ 황산나트륨
㉰ 시안화칼륨   ㉱ 이염화주석

풀이 수은의 환원기화 – 원자흡수분광광도법
① 금속수은으로 환원시키는 시약 : 이염화주석
② 측정파장 : 253.7nm

answer 70 ㉮ 71 ㉰ 72 ㉯ 73 ㉱

74 시료의 채취방법에 대한 설명으로 알맞은 것은 어느 것인가?

㉮ 콘크리트고형화물의 경우 대형의 고형화물로써 분쇄가 어려운 경우에는 임의의 2개소에서 채취하여 각각 파쇄하여 100g씩 균등량 혼합하여 채취한다.
㉯ 콘크리트고형화물의 경우 대형의 고형화물로써 분쇄가 어려운 경우에는 임의의 2개소에서 채취하여 각각 파쇄하여 500g씩 균등량 혼합하여 채취한다.
㉰ 콘크리트고형화물의 경우 대형의 고형화물로써 분쇄가 어려운 경우에는 임의의 5개소에서 채취하여 각각 파쇄하여 100g씩 균등량 혼합하여 채취한다.
㉱ 콘크리트고형화물의 경우 대형의 고형화물로써 분쇄가 어려운 경우에는 임의의 5개소에서 채취하여 각각 파쇄하여 500g씩 균등량 혼합하여 채취한다.

풀이 콘크리트고형화물(대형)로써 분쇄가 어려운 경우
① 5개소에서 채취
② 100g씩 균등량 채취

75 수분함량이 94%인 시료의 카드뮴(Cd)을 용출하여 실험한 결과 농도가 1.2mg/L이었다면 시료의 수분함량을 보정한 농도(mg/L)는 얼마인가?

㉮ 1.7mg/L ㉯ 2.4mg/L
㉰ 3.0mg/L ㉱ 3.4mg/L

풀이 ① 수분 함량이 85% 이상인 시료의
보정계수 $= \dfrac{15}{100 - \text{시료의 함수율}(\%)}$
$= \dfrac{15}{100-94\%} = 2.5$
② $1.2\text{mg/L} \times 2.5 = 3.0\text{mg/L}$

76 '항량으로 될 때까지 건조한다.'라 함은 같은 조건에서 1시간 더 건조할 때 전후 무게의 차가 g당 몇 mg 이하일 때를 말하는가?

㉮ 0.01mg ㉯ 0.03mg
㉰ 0.1mg   ㉱ 0.3mg

풀이 항량으로 될 때까지 건조한다는 핵심내용인 "1시간, g당 0.3mg 이하"임을 숙지하시면 됩니다.

77 다음은 정량한계(LOQ)에 관한 내용이다. (   )안에 알맞은 것은 어느 것인가?

> 정량한계란 시험분석 대상을 정량화할 수 있는 측정값으로서 제시된 정량한계 부근의 농도를 포함하도록 시료를 준비하고 이를 반복 측정하여 얻은 결과의 표준편차에 ( )한 값을 사용한다.

㉮ 3배   ㉯ 3.3배
㉰ 5배   ㉱ 10배

풀이 정도보증/정도관리
① 감응계수 $= \dfrac{\text{반응값}(R)}{\text{표준용액의 농도}(C)}$
② 검출기기한계 = 표준편차 × 3
③ 정량한계 = 표준편차 × 10

answer 74 ㉰ 75 ㉰ 76 ㉱ 77 ㉱

78 폐기물의 시료채취 방법에 대한 내용으로 잘못된 것은 어느 것인가?

㉮ 시료의 채취는 일반적으로 폐기물이 생성되는 단위 공정별로 구분하여 채취하여야 한다.
㉯ 폐기물소각시설의 연속식 연소방식 소각재 반출설비에서 채취할 때 소각재가 운반차량에 적재되어 있는 경우에는 적재차량에서 채취하는 것을 원칙으로 한다.
㉰ 폐기물소각시설의 연속식 연소방식 소각재 반출설비에서 채취하는 경우, 비산재 저장조에서는 부설된 크레인을 이용하여 채취한다.
㉱ PCBs 및 휘발성 저급 염소화 탄화수소류 실험을 위한 시료의 채취시는 갈색경질의 유리병을 사용한다.

풀이 ㉰ 폐기물소각시설의 연속식 연소방식 소각재 반출설비에서 채취하는 경우, 비산재 저장조에서는 낙하구 밑에서 채취한다.

79 자외선/가시선 분광법에 의하여 폐기물 내 크롬을 분석하기 위한 실험방법에 대한 내용으로 알맞은 것은 어느 것인가?

㉮ 발색시 수산화나트륨의 최적 농도는 0.5N이다. 만일 수산화나트륨의 양이 부족하면 5mL을 넣어 시험한다.
㉯ 시료중에 철이 5mg 이상으로 공존할 경우에는 다이페닐카바자이드 용액을 넣기 전에 10% 피로인산나트륨·10수화물 용액 2mL를 넣는다.
㉰ 적자색의 착화합물을 흡광도 540nm에서 측정한다.
㉱ 총 크롬을 과망간산나트륨을 사용하여 6가크롬으로 산화시킨 다음 알칼리성에서 다이페닐카바자이드와 반응시킨다.

풀이 ㉮ 발색 시 황산의 최적농도는 0.1 M이다. 시료의 전처리에서 다량의 황산을 사용하였을 경우에는 시료에 무수황산나트륨 20 mg을 넣고 가열하여 황산의 백연을 발생시켜 황산을 제거한 다음 황산(1+9) 3mL를 넣고 실험한다.
㉯ 시료중에 철이 5mg 이하로 공존할 경우에는 다이페닐카바자이드 용액을 넣기 전에 10% 피로인산나트륨·10수화물 용액 2mL를 넣는다.
㉱ 총 크롬을 과망간산나트륨을 사용하여 6가크롬으로 산화시킨 다음 산성에서 다이페닐카바자이드와 반응시킨다.

80 음식물 폐기물의 수분을 측정하기 위해 실험하였더니 다음과 같은 결과를 얻었다. 수분은 몇 %인가?

- 건조 전 시료의 질량 : 50g
- 증발접시의 질량 : 7.25g
- 증발접시 및 시료의 건조 후 질량 : 15.75g

㉮ 87% ㉯ 83%
㉰ 78% ㉱ 74%

풀이 수분(%) = $\dfrac{W_2 - W_3}{W_2 - W_1} \times 100$

여기서, W_1 : 증발접시의 질량(g)
W_2 : 건조 전 증발접시+시료의 질량(g)
W_3 : 건조 후 증발접시+시료의 질량(g)

따라서 수분(%) = $\dfrac{(50g+7.25g)-15.75g}{(50g+7.25g)-7.25g} \times 100$
= 83%

answer 78 ㉰ 79 ㉰ 80 ㉯

2014 4회 기출문제

| 제1과목 | 폐기물개론

01 밀도가 400 kg/m³인 쓰레기 10ton을 압축시켰더니 처음 부피보다 50%가 줄었다. 이 경우 Compaction ratio는 얼마인가?

㉮ 1.5 ㉯ 2.0
㉰ 2.5 ㉱ 3.0

풀이 Compaction ratio(압축비)
$= \dfrac{100}{100 - 부피감소율(\%)}$
$= \dfrac{100}{100 - 50\%} = 2.0$

02 폐기물을 파쇄하여 입도를 분석하였더니 폐기물 입도 분포 곡선상 통과백분율이 10%, 30%, 60%, 90%에 해당되는 입경이 각각 2mm, 4mm, 6mm, 8mm이었다. 곡률계수는 얼마인가?

㉮ 0.93 ㉯ 1.13
㉰ 1.33 ㉱ 1.53

풀이 곡률계수 $= \dfrac{(D_{30\%})^2}{(D_{10\%} \times D_{60\%})}$
$= \dfrac{(4mm)^2}{(2mm \times 6mm)} = 1.33$

TIP
① 유효입경 $= D_{10\%}$
② 균등계수 $= \dfrac{D_{60\%}}{D_{10\%}}$

03 압축비가 4인 쓰레기의 부피감소율(%)은 얼마인가?

㉮ 70% ㉯ 75%
㉰ 80% ㉱ 85%

풀이 부피감소율(%) $= \left(1 - \dfrac{1}{압축비}\right) \times 100$
$= \left(1 - \dfrac{1}{4}\right) \times 100 = 75\%$

04 폐기물의 수거노선 설정 시 고려해야 할 사항으로 틀린 것은 어느 것인가?

㉮ 언덕지역에서는 언덕의 꼭대기에서부터 시작하여 적재하면서 차량이 아래로 진행하도록 한다.
㉯ U자 회전을 피하여 수거한다.
㉰ 아주 많은 양의 쓰레기가 발생되는 발생원은 하루 중 가장 나중에 수거한다.
㉱ 가능한 한 시계방향으로 수거노선을 정한다.

풀이 ㉰ 아주 많은 양의 쓰레기가 발생되는 발생원은 하루 중 가장 먼저 수거한다.

answer 01 ㉯ 02 ㉰ 03 ㉯ 04 ㉰

05 1일 폐기물 발생량이 1,244톤인 도시에서 6톤 트럭(적재 가능량)을 이용하여 쓰레기를 매립지까지 운반하려고 한다. 다음과 같은 조건하에서 하루에 필요한 운반트럭의 대수는 얼마인가? (단, 예비차량 포함, 기타조건 고려하지 않는다.)

(조건)
- 하루 트럭의 작업시간 : 8시간
- 운반거리 : 10km
- 왕복운반시간 : 35분
- 적재시간 : 15분
- 적하시간 : 10분
- 예비차량 : 10대

㉮ 25대   ㉯ 29대
㉰ 31대   ㉱ 36대

풀이 ① 차량대수(대)
$$= \frac{\text{폐기물 발생량(톤/일)}}{\text{적재용량(톤/대·회)} \times \text{운전시간(hr/일)} \times \frac{1회}{\text{소요시간(min)}} \times \frac{60\min}{1\text{hr}}}$$
$$= \frac{1,244 \text{톤/일}}{6\text{톤/대·회} \times 8\text{hr/일} \times \frac{1회}{(15+35+10)\min} \times \frac{60\min}{1\text{hr}}}$$
$$= 26\text{대}$$
② 소요차량 대수 = 실제차량 대수 + 예비차량
= 26대 + 10대 = 36대

06 관거(Pipe line)를 이용한 수거방식인 공기수송에 대한 설명으로 잘못된 것은 어느 것인가?

㉮ 공기수송은 고층주택밀집지역에서 적합하다.
㉯ 공기수송은 소음방지시설을 설치해야 한다.
㉰ 공기수송에 소요되는 동력은 캡슐수송에 소요되는 동력보다 훨씬 적게 소요된다.
㉱ 공기수송 방법 중 가압수송은 진공수송보다 수송거리를 더 길게 할 수 있다.

풀이 ㉰ 공기수송에 소요되는 동력은 캡슐수송에 소요되는 동력보다 훨씬 많이 소요된다.

07 비자성이고 전기전도성이 좋은 물질(동, 알루미늄, 아연)을 다른 물질로부터 분리하는 데 가장 적절한 선별 방법은 어느 것인가?

㉮ 와전류선별   ㉯ 자기선별
㉰ 자장선별   ㉱ 정전기선별

풀이 ㉮ 와전류선별법에 대한 내용이며, 핵심 내용인 "비자성, 전기전도성이 좋은 물질 분리 = 와전류선별법"임을 숙지하시면 됩니다.

08 직경이 1.0m인 트롬멜 스크린의 최적 속도(rpm)는 얼마인가?

㉮ 약 63 rpm   ㉯ 약 42 rpm
㉰ 약 19 rpm   ㉱ 약 8 rpm

풀이 ① $N_C = \sqrt{\frac{g}{4\pi^2 r}} \times 60$

여기서 N_C : 임계속도(rpm = 회/min)
g : 중력가속도(9.8m/sec^2)
r : 스크린 반경(m)

따라서 $N_C = \sqrt{\frac{9.8\text{m/sec}^2}{4 \times \pi^2 \times \frac{1.0\text{m}}{2}}} \times 60$
$= 42.2765 \text{rpm}$

② $N_s = N_c \times 0.45$
여기서 N_s : 최적속도(rpm)
N_c : 임계속도(rpm)
따라서 $N_s = 42.2765\text{rpm} \times 0.45 = 19.02\text{rpm}$

answer 05 ㉱   06 ㉰   07 ㉮   08 ㉰

09 채취된 쓰레기의 성상분석 절차로 가장 알맞은 것은 어느 것인가?

㉮ 시료 - 절단 및 분쇄 - 건조 - 물리적조성 - 밀도측정 - 화학적 조성분석
㉯ 시료 - 절단 및 분쇄 - 건조 - 밀도측정 - 물리적조성 - 화학적 조성분석
㉰ 시료 - 밀도측정 - 건조 - 절단 및 분쇄 - 물리적조성 - 화학적 조성분석
㉱ 시료 - 밀도측정 - 물리적조성 - 건조 - 절단 및 분쇄 - 화학적 조성분석

풀이 성상분석 절차에서 가장 먼저 행하는 것은 밀도측정임을 반드시 숙지하여야 하며, 정답은 ㉱번이다.

10 청소상태를 평가하는 방법 중 서비스를 받는 사람들의 만족도를 설문조사하여 계산하는 '사용자 만족도 지수'의 약자로 알맞은 것은 어느 것인가?

㉮ USI ㉯ UAI
㉰ CEI ㉱ CDI

풀이 청소상태의 평가법
① CEI(지역사회 효과지수) : 청소상태 만족도 평가를 위한 지역사회 효과지수
② USI(사용자 만족도 지수) : 청소상태를 평가하는 방법 중 서비스를 받는 시민들의 만족도를 설문조사하여 나타내어지는 사용자 만족도 지수이다.

11 물렁거리는 가벼운 물질로부터 딱딱한 물질을 선별하는데 사용하는 선별분류법으로 경사진 컨베이어를 통해 폐기물을 주입시켜 천천히 회전하는 드럼 위에 떨어뜨려서 분류하는 방법은 어느 것인가?

㉮ Jigs ㉯ Table
㉰ Secators ㉱ Stoners

풀이 ㉰ Secators에 대한 설명이며, 핵심 내용인 "물렁거리는 물질과 딱딱한 물질 선별 = 세카터"임을 숙지하시면 됩니다.

12 50ton/hr 규모의 시설에서 평균크기가 30.5cm인 혼합된 도시 폐기물을 최종크기 5.1cm로 파쇄하기 위해 필요한 동력(kW)은 얼마인가? (단, 평균크기를 15.2cm에서 5.1cm로 파쇄하기 위한 에너지 소모율은 15kW·hr/ton이며, 킥의 법칙을 적용하시오.)

㉮ 약 1,033 kW ㉯ 약 1,156 kW
㉰ 약 1,228 kW ㉱ 약 1,345 kW

풀이 Kick의 법칙 : $E = C \ln\left(\dfrac{dp_1}{dp_2}\right)$

여기서 E : 에너지 소모율
dp_1 : 평균크기
dp_2 : 최종크기

① $15\,kW \cdot hr/ton = C \ln\left(\dfrac{15.2cm}{5.1cm}\right)$

$\therefore C = \dfrac{15\,kW \cdot hr/ton}{\ln\left(\dfrac{15.2cm}{5.1cm}\right)}$

$= 13.7356\,kW \cdot hr/ton$

② $E = 13.7356\,kW \cdot hr/ton \times \ln\left(\dfrac{30.5cm}{5.1cm}\right)$

$= 24.5659\,kW \cdot hr/ton$

③ 동력 $= 24.5659\,kW \cdot hr/ton \times 50\,ton/hr$
$= 1,228.30\,kW$

answer 09 ㉱ 10 ㉮ 11 ㉰ 12 ㉰

13 어느 폐기물의 밀도가 0.45ton/m^3 이던 것을 압축기로 압축하여 0.75ton/m^3로 하였다. 이 때 부피감소율(%)은 얼마인가?

㉮ 36% ㉯ 40%
㉰ 44% ㉱ 48%

풀이

부피감소율(%) $= \left(1 - \dfrac{V_2}{V_1}\right) \times 100$

여기서 V_1 : 압축 전 부피(m^3)
V_2 : 압축 후 부피(m^3)

① $V_1 = 1 \text{ton} \times \dfrac{1}{0.45 \text{ton/m}^3} = 2.2222 m^3$

② $V_2 = 1 \text{ton} \times \dfrac{1}{0.75 \text{ton/m}^3} = 1.3333 m^3$

③ 부피감소율(%) $= \left(1 - \dfrac{1.3333 m^3}{2.2222 m^3}\right) \times 100 = 40\%$

14 어느 폐기물의 성분을 조사한 결과 플라스틱의 함량이 10%(질량비)로 나타났다. 이 폐기물의 밀도가 300kg/m^3이라면 폐기물 $10 m^3$ 중에 함유된 플라스틱의 양(kg)은 얼마인가?

㉮ 300 kg ㉯ 400 kg
㉰ 500 kg ㉱ 600 kg

풀이

플라스틱의 양(kg)
= 폐기물의 양(m^3) × 폐기물의 밀도(kg/m^3)
$\times \dfrac{\text{폐기물 중 플라스틱 함량(\%)}}{100}$
= $10 m^3 \times 300 \text{kg/m}^3 \times 0.10$
= 300 kg

15 $X_{90} = 4.6 \text{cm}$로 도시폐기물을 파쇄하고자 할 때 Rosin-Rammler 모델에 의한 특성입자크기 X_o(cm)는 얼마인가?
(단, n = 1로 가정)

㉮ 1.2cm ㉯ 1.6cm
㉰ 2.0cm ㉱ 2.3cm

풀이

$Y = 1 - \exp\left[-\left(\dfrac{X}{X_o}\right)^n\right]$

여기서 Y : 체하분율(%)
X : 폐기물 입자의 크기(cm)
X_o : 특성입자의 크기(cm)
n : 상수

따라서 $0.90 = 1 - \exp\left[-\left(\dfrac{4.6 \text{cm}}{X_o}\right)^1\right]$

$\therefore X_o = \dfrac{-4.6 \text{cm}}{\text{LN}(1-0.90)} = 2.0 \text{cm}$

TIP

$Y = 1 - \exp\left[-\left(\dfrac{X}{X_o}\right)^n\right] \Rightarrow X_o = \dfrac{-X}{\text{LN}(1-Y)}$

16 어느 도시의 쓰레기 특성을 조사하기 위하여 시료 100kg에 대한 습윤상태의 질량과 함수율을 측정한 결과가 다음 표와 같을 때 이 시료의 건조질량(kg)은 얼마인가?

성분	습윤상태의 질량(kg)	함수율(%)
연탄재	60	20
채소, 음식물류	10	65
종이, 목재류	10	10
고무, 가죽류	15	3
금속, 초자기류	5	2

answer 13 ㉯ 14 ㉮ 15 ㉰ 16 ㉯

㉮ 70 kg　㉯ 80 kg
㉰ 90 kg　㉱ 100 kg

풀이 ① 쓰레기의 평균함수율(%)을 계산한다.
평균 함수율(%)
$= \dfrac{\text{합(습윤상태의 질량} \times \text{함수율)}}{\text{합(습윤상태의 질량)}}$
$= \dfrac{60kg \times 20\% + 10kg \times 65\% + 10kg \times 10\% + 15kg \times 3\% + 5kg \times 2\%}{60kg + 10kg + 10kg + 15kg + 5kg}$
$= 20.05\%$

② 시료의 건조질량(kg)을 계산한다.
건조질량(kg)
$= \text{쓰레기의 시료량(kg)} \times \dfrac{100 - \text{함수율(\%)}}{100}$
$= 100kg \times \dfrac{100 - 20.05\%}{100}$
$= 79.95 kg$

17
어떤 도시에서 폐기물 발생량이 185,000 톤/년이였다. 수거 인부는 1일 550명이었으며, 이 도시 인구는 250,000명이라고 할 때 1인 1일 폐기물 발생량(kg)은 얼마인가? (단, 1년은 365일 기준이다.)

㉮ 2.03 kg/인·day　㉯ 2.35 kg/인·day
㉰ 2.45 kg/인·day　㉱ 2.77 kg/인·day

풀이 폐기물 발생량(kg/인·일)
$= \dfrac{\text{폐기물 발생량(kg/일)}}{\text{인구수(인)}}$
$= \dfrac{185,000 \times 10^3 kg/년 \times 1년/365일}{250,000 인}$
$= 2.03 kg/인 \cdot 일$

18
쓰레기 발생량 조사방법에 대한 내용으로 잘못된 것은 어느 것인가?

㉮ 직접계근법 : 적재차량 계수분석에 비하여 작업량이 많고 번거롭다는 단점이 있다.
㉯ 물질수지법 : 주로 산업폐기물 발생량 추산에 이용한다.
㉰ 물질수지법 : 비용이 많이 들어 특수한 경우에 사용한다.
㉱ 적재차량 계수분석 : 쓰레기의 밀도 또는 압축정도를 정확하게 파악할 수 있다.

풀이 ㉱ 적재차량 계수분석 : 쓰레기의 밀도 또는 압축정도를 정확하게 파악하기가 어렵다.

19
함수율이 97%인 수거분뇨를 55% 함수율의 건조분뇨로 만들면 그 부피는 얼마로 감소하게 되는가? (단, 비중은 1.0 기준이다.)

㉮ 1/5로 감소　㉯ 1/10로 감소
㉰ 1/15로 감소　㉱ 1/20로 감소

풀이 $V_1 \times (100 - P_1) = V_2 \times (100 - P_2)$
$V_1 \times (100 - 97\%) = V_2 \times (100 - 55\%)$
$\dfrac{V_2}{V_1} = \dfrac{(100 - 97\%)}{(100 - 55\%)} = \dfrac{3}{45} = \dfrac{1}{15}$

20
인구가 300,000명인 도시에서 폐기물 발생량이 1.2kg/인·일이라고 한다. 수거된 폐기물의 밀도가 0.8kg/L, 수거 차량의 적재용량이 12 m³라면, 1일 2회 수거하기 위한 수거차량의 대수는 얼마인가? (단, 기타 조건은 고려하지 않는다.)

㉮ 15대　㉯ 17대
㉰ 19대　㉱ 21대

answer 17 ㉮　18 ㉱　19 ㉰　20 ㉰

풀이 차량대수

$$= \frac{쓰레기\ 발생량(kg/일) \times \frac{1}{쓰레기의\ 밀도(kg/m^3)}}{적재용량(m^3/대)}$$

$$= \frac{1.2kg/인\cdot일 \times 300,000인 \times \frac{1}{800kg/m^3}}{12m^3/대\cdot회 \times 2회/일}$$

$$= 18.75대 ≒ 19대$$

TIP
폐기물의 밀도 $0.8kg/L = 0.8ton/m^3 = 800kg/m^3$

| 제2과목 | 폐기물 재활용 및 자원화 기술

21 도랑식(trench)으로 밀도가 $0.55\,t/m^3$인 폐기물을 매립하려고 한다. 도랑의 깊이가 3m이고, 다짐에 의해 폐기물을 $\frac{2}{3}$로 압축시킨다면 도랑 $1m^2$당 매립할 수 있는 폐기물의 양(ton)은 얼마인가? (단, 기타 조건은 고려하지 않는다.)

㉮ 2.15ton ㉯ 2.48ton
㉰ 3.35ton ㉱ 3.65ton

풀이 매립폐기물의 양(ton/m^2)

$$= 밀도(ton/m^3) \times 깊이(m) \times \frac{1}{(1-부피감소율)}$$

$$= 0.55\,ton/m^3 \times 3m \times \frac{1}{\left(1-\frac{1}{3}\right)}$$

$$= 2.48\,ton/m^2$$

22 함수율이 97%, 총 고형물중의 유기물이 80%인 슬러지를 소화조에 $500\,m^3/day$의 율로 투입하여 유기물의 2/3가 가스화 또는 액화 후 함수율 95%인 소화 슬러지가 얻어졌다고 한다. 소화 슬러지량(m^3/day)은 얼마인가? (단, 비중은 1.0을 기준으로 한다.)

㉮ $120\,m^3/day$ ㉯ $140\,m^3/day$
㉰ $160\,m^3/day$ ㉱ $180\,m^3/day$

풀이 소화슬러지량(m^3/day)

$$= (VS + FS) \times \frac{100}{100 - P(\%)}$$

여기서 VS : 잔류휘발성 고형물(m^3/day)
　　　 FS : 잔류성 고형물(m^3/day)
　　　 P : 소화 후 함수율(%)

① VS(m^3/day)
　= 슬러지량(m^3/day) × 고형물량 × VS량
　　× (1 - VS소화율)
　= $500m^3/day \times (1-0.97) \times 0.80 \times \left(1-\frac{2}{3}\right)$
　= $4m^3/day$

② FS(m^3/day)
　= 슬러지량(m^3/day) × 고형물량 × (1 - VS량)
　= $500m^3/day \times (1-0.97) \times (1-0.80)$
　= $3m^3/day$

③ 소화슬러지량(m^3/day)
　= $(4+3)m^3/day \times \frac{100}{100-95\%}$
　= $140m^3/day$

TIP
① 고형물 = (1 - 함수율) = (1 - 0.97)
② FS량 = (1 - VS량) = (1 - 0.80)

---

answer　21 ㉯　22 ㉯

23 다음 중 악취성 물질인 CH_3SH를 나타낸 것은 어느 것인가?

㉮ 메틸오닌 ㉯ 다이메틸설파이드
㉰ 메틸메르캅탄 ㉱ 메틸케톤

풀이 CH_3SH는 메틸메르캅탄이며, 양파나 양배추 썩는 냄새가 나고, 석유정제나 약품제조 시 발생하는 물질이다.

24 침출수가 점토층을 통과하는데 소요되는 시간을 계산하는 식으로 알맞은 것은 어느 것인가? (단, t : 통과시간(year), d : 점토층두께(m), h : 침출수 수두(m), k : 투수계수(m/year), n : 유효공극율)

㉮ $t = \dfrac{nd^2}{k(d+h)}$ ㉯ $t = \dfrac{dn}{k(d+h)}$

㉰ $t = \dfrac{nd^2}{k(2d+h)}$ ㉱ $t = \dfrac{dn}{k(2h+d)}$

25 수거분뇨 1kL를 전처리(SS제거율 30%)하여 발생한 슬러지를 수분함량 80%로 탈수한 슬러지량(kg)은 얼마인가? (단, 수거분뇨의 SS농도는 4%, 비중은 1.0 기준이다.)

㉮ 20 kg ㉯ 40 kg
㉰ 60 kg ㉱ 80 kg

풀이 탈수한 슬러지량(kg)

= 제거된 슬러지량(kg) × $\dfrac{100}{100 - 함수율(\%)}$

= $1KL \times 10^3 L/KL \times 1.0 kg/L \times 0.04 \times 0.3 \times \dfrac{100}{100-80\%}$

= 60 kg

TIP
① 1KL = 1,000L
② 비중 1.0 = 1.0kg/L = 1.0kg/L = 1.0ton/m³

26 어떤 도시의 폐기물 중 불연성분 70%, 가연성분 30%이고, 이 지역의 폐기물 발생량은 1.4kg/인·일이다. 인구 50,000명인 이 지역에서 불연성분 60%, 가연성분 70%를 회수하여 이 중 가연성분으로 RDF를 생산한다면 RDF의 일일 생산량(톤)은 얼마인가?

㉮ 약 15톤 ㉯ 약 20톤
㉰ 약 25톤 ㉱ 약 30톤

풀이 RDF 생산량(ton/일)

= 폐기물 발생량(ton/일) × $\dfrac{가연성분(\%)}{100}$

× $\dfrac{가연성분 회수율(\%)}{100}$

= $1.4kg/인·일 \times 10^{-3} ton/kg \times 50,000인 \times 0.30 \times 0.70$

= 14.7 ton/일

27 신도시에 분뇨처리장 투입시설을 설계하려고 한다. 1일 수거 분뇨투입량은 300kL이고, 수거차 용량이 3.0kL/대, 수거차 1대의 투입시간은 20분이 소요되며 분뇨처리장 작업시간은 1일 8시간으로 계획하면 분뇨투입구 수는 얼마인가? (단, 최대 수거율을 고려하여 안전율을 1.2배로 한다.)

㉮ 2개 ㉯ 5개
㉰ 8개 ㉱ 13개

answer 23 ㉰ 24 ㉮ 25 ㉰ 26 ㉮ 27 ㉯

풀이 투입구 수

$$= \frac{수거분뇨량}{수거차량의 용량 \times 수거차량작업시간 \times 수거차량의 분뇨투입시간} \times 안전율$$

$$= \frac{300\text{kL}/일}{3.0\text{kL}/대 \times 8\text{hr}/일 \times 1대/20\text{min} \times 60\text{min}/1\text{hr}} \times 1.2$$

$$= 5 개$$

28 쓰레기의 밀도가 750kg/m^3이며 매립된 쓰레기의 총량은 30,000ton이다. 여기에서 유출되는 침출수의 양(m^3/년)은 얼마인가? (단, 침출수 발생량은 강우량의 60%이고, 쓰레기의 매립높이는 6m이며, 연간 강우량은 1,300mm, 기타 조건은 고려하지 않는다.)

㉮ $2,600\,\text{m}^3$/년 ㉯ $3,200\,\text{m}^3$/년
㉰ $4,300\,\text{m}^3$/년 ㉱ $5,200\,\text{m}^3$/년

풀이 유출되는 침출수량(m^3/년)

$$= \frac{매립쓰레기량(\text{ton})}{쓰레기 밀도(\text{ton/m}^3) \times 매립높이(\text{m})} \times 침출되는 강우량(\text{m}/년)$$

$$= \frac{30,000\text{ton}}{0.75\text{ton/m}^3 \times 6\text{m}} \times 1,300 \times 10^{-3}\text{m}/년 \times 0.60$$

$$= 5,200\,\text{m}^3/년$$

29 매립지에 흔히 쓰이는 합성 차수막의 종류인 CR에 대한 설명으로 틀린 것은 어느 것인가?

㉮ 대부분의 화학물질에 대한 저항성이 높다.
㉯ 마모 및 기계적 충격에 약하다.
㉰ 접합이 용이하지 못하다.
㉱ 가격이 비싸다.

풀이 ㉯ 마모 및 기계적 충격에 강하다.

풀이 CR(Chloroprene Rubber) : 클로로프렌의 중합체로 이루어진 합성고무의 일종이다.

30 매일 평균 200t의 쓰레기를 배출하는 도시가 있다. 매립지의 평균 매립 두께를 5m, 매립 밀도를 0.8t/m^3로 가정할 때 향후 1년간(1년은 360일로 가정)의 쓰레기 매립을 위한 최소 매립지 면적(m^2)은 얼마인가? (단, 기타 조건은 고려하지 않는다.)

㉮ $12,000\,\text{m}^2$ ㉯ $15,000\,\text{m}^2$
㉰ $18,000\,\text{m}^2$ ㉱ $21,000\,\text{m}^2$

풀이 매립지 면적(m^2/년)

$$= \frac{쓰레기 배출량(\text{ton}/년)}{매립밀도(\text{ton/m}^3) \times 매립두께(\text{m})}$$

$$= \frac{200\text{ton}/일 \times 360일/1년}{0.8\text{ton/m}^3 \times 5\text{m}} = 18,000\,\text{m}^2/년$$

31 BOD가 15,000mg/L, Cl^-이 800ppm인 분뇨를 희석하여 활성슬러지법으로 처리한 결과 BOD가 45mg/L, Cl^-이 40ppm이었다면 활성슬러지법의 처리효율(%)은 얼마인가? (단, 희석수 중에 BOD, Cl^-은 없음)

㉮ 92% ㉯ 94%
㉰ 96% ㉱ 98%

풀이 ① 희석배수치(P)

$$= \frac{유입수의 Cl^- 농도}{유출수의 Cl^- 농도} = \frac{800\text{ppm}}{40\text{ppm}} = 20$$

② 처리효율(%)

$$= \left(1 - \frac{유출수의 BOD \times P}{유입수의 BOD}\right) \times 100$$

$$= \left(1 - \frac{45\text{mg/L} \times 20}{15,000\text{mg/L}}\right) \times 100$$

$$= 94\%$$

answer 28 ㉱ 29 ㉯ 30 ㉰ 31 ㉯

32 차수막 재료로서 점토의 조건으로 틀린 것은 어느 것인가?

㉮ 투수계수 10^{-7} cm/sec 미만
㉯ 소성지수 10% 이상 30% 미만
㉰ 액성한계 10% 이상 20% 미만
㉱ 자갈함유량 10% 미만

풀이 ㉰ 액성한계 30% 이상

TIP
① 액성한계 : 수분의 함량이 일정 수준 이상이 되면 점토의 상태가 액체상태로 변하게 되는데 이때의 한계 수분 함량을 말한다.
② 소성한계 : 수분의 함량이 일정 수준 미만이 되면 점토가 성형상태를 유지하지 못하고 부서지게 되는데 이때의 한계 수분 함량을 말한다.

33 소각장 굴뚝에서 배기가스 중의 염소(Cl_2) 농도를 측정하였더니 150 mL/Sm³ 이었다. 이 배기가스 중의 염소(Cl_2)농도를 35.5 mg/Sm³로 줄이기 위하여 제거해야 할 염소(Cl_2)농도(mL/Sm³)는 얼마인가? (단, 염소 원자량 35.5이다.)

㉮ 약 102 mL/Sm³
㉯ 약 116 mL/Sm³
㉰ 약 128 mL/Sm³
㉱ 약 139 mL/Sm³

풀이 Cl_2 1mol $\begin{cases} 71mg \\ 22.4mL \end{cases}$

① 배출농도 = 150mL/Sm³
② 기준치 농도
$= \dfrac{35.5mg}{Sm^3} \times \dfrac{22.4mL}{71mg} = 11.2 mL/Sm^3$
③ 제거해야 할 농도
$= 150 mL/Sm^3 - 11.2 mL/Sm^3$
$= 138.8 mL/Sm^3$

34 매립지의 침출수의 농도가 반으로 감소하는데 약 3년이 걸렸다면 이 침출수의 농도가 99% 감소하는데 걸리는 시간(년)은 얼마인가? (단, 1차 반응 기준이다.)

㉮ 약 10년   ㉯ 약 15년
㉰ 약 20년   ㉱ 약 25년

풀이 1차 반응식 : $\ln \dfrac{C_t}{C_o} = -k \times t$

여기서 C_o : 초기농도
C_t : t시간 후 농도
k : 상수
t : 시간

① $\ln \dfrac{1}{2} = -k \times 3년$

$\therefore k = \dfrac{\ln \dfrac{1}{2}}{-3년} = 0.2311/년$

② $\ln \dfrac{100-99}{100} = -0.2311/년 \times t$

$\therefore t = \dfrac{\ln \dfrac{100-99}{100}}{-0.2311/년} = 19.93년$

35 연직차수막 시설에 대한 설명으로 잘못된 것은 어느 것인가?

㉮ 차수막 보강시공이 가능하다.
㉯ 차수막 단위 면적당 공사비는 비싸지만 총공사비로는 싸다.
㉰ 지하수 집배수시설이 필요하다.
㉱ 지하매설로 차수성의 확인이 어렵다.

풀이 ㉰ 지하수 집배수시설이 불필요하다.

answer 32 ㉰ 33 ㉱ 34 ㉰ 35 ㉰

36 퇴비화의 장·단점으로 틀린 것은 어느 것인가?

㉮ 운영시에 소요되는 에너지가 낮은 장점이 있다.
㉯ 다양한 재료를 이용하므로 퇴비제품의 품질 표준화가 어려운 단점이 있다.
㉰ 퇴비화가 완성되어도 부피가 크게 감소(50% 이하)하지 않는 단점이 있다.
㉱ 생산된 퇴비는 비료가치가 높은 장점이 있다.

풀이 ㉱ 생산된 퇴비는 비료가치가 낮다.

37 매립지 기체 발생단계를 4단계로 나눌 때 매립초기의 호기성 단계(혐기성 전단계)에 관한 내용으로 잘못된 것은 어느 것인가?

㉮ 폐기물내 수분이 많은 경우에는 반응이 가속화된다.
㉯ O_2가 대부분 소모된다.
㉰ N_2가 급격히 발생한다.
㉱ 주요 생성기체는 CO_2이다.

풀이 ㉰ N_2가 급격히 감소한다.

38 6.3%의 고형물을 함유한 150,000kg의 슬러지를 농축한 후, 농축슬러지를 소화조로 이송할 경우의 농축슬러지의 질량은 70,000kg이다. 이때 소화조로 이송한 농축된 슬러지의 고형물 함유율(%)은 얼마인가? (단 슬러지의 비중은 1.0으로 가정, 상등액의 고형물 함량은 무시한다.)

㉮ 11.5% ㉯ 13.5%
㉰ 15.5% ㉱ 17.5%

풀이 고형물 함유율(%)
$= \dfrac{\text{고형물의 함유량(kg)}}{\text{농축슬러지의 질량(kg)}} \times 100$
$= \dfrac{150,000\text{kg} \times 0.063}{70,000\text{kg}} \times 100$
$= 13.5\%$

39 고형폐기물을 매립 처리할 때 $C_6H_{12}O_6$ 성분 1톤(ton)의 폐기물이 혐기성 분해를 한다면 이론적 메탄가스 발생량(m^3)은 얼마인가? (단, 표준상태 기준이다.)

㉮ 약 280 m^3 ㉯ 약 370 m^3
㉰ 약 450 m^3 ㉱ 약 560 m^3

풀이 $C_6H_{12}O_6 \rightarrow 3CH_4 + 3CO_2$
180kg : $3 \times 22.4 Sm^3$
1,000kg : $CH_4(Sm^3)$
$\therefore CH_4(Sm^3) = \dfrac{1,000\text{kg} \times 3 \times 22.4 Sm^3}{180\text{kg}}$
$= 373.33 Sm^3$

answer 36 ㉱ 37 ㉰ 38 ㉯ 39 ㉯

40 총질소 2%인 고형 폐기물 1t을 퇴비화 했더니 총질소는 2.5%가 되고 고형 폐기물의 질량은 0.75t이 되었다. 이 고형 폐기물은 결과적으로 퇴비화 과정에서 질소를 어느 정도 소비하였는가? (단, 기타 조건은 고려하지 않는다.)

㉮ 1.25kg의 질소 소비
㉯ 3.25kg의 질소 소비
㉰ 5.25kg의 질소 소비
㉱ 7.25kg의 질소 소비

풀이 소비된 질소량(kg)
$= 1,000kg \times 0.02 - 750kg \times 0.025$
$= 1.25 kg$

| 제3과목 | 폐기물 처분기술

41 유황 함량이 2%인 벙커C유 1.0 ton을 연소시킬 경우 발생되는 SO_2의 양(kg)은 얼마인가? (단, 황성분 전량이 SO_2로 전환된다.)

㉮ 30 kg ㉯ 40 kg
㉰ 50 kg ㉱ 60 kg

풀이 $S + O_2 \rightarrow SO_2$
32kg : 64kg
1,000kg×0.02 : X
$\therefore X = \dfrac{1,000kg \times 0.02 \times 64kg}{32kg} = 40kg$

42 열교환기 중 절탄기에 대한 내용으로 잘못된 것은 어느 것인가?

㉮ 급수예열에 의해 보일러수와의 온도차가 감소하므로 보일러 드럼에 발생하는 열응력이 증가된다.
㉯ 급수온도가 낮을 경우, 굴뚝가스 온도가 저하하면 절탄기 저온부에 접하는 가스 온도가 노점에 달하여 절탄기를 부식시키는 것을 주의하여야 한다.
㉰ 보일러 전열면을 통하여 연소가스의 여열로 보일러 급수를 예열하여 보일러 효율을 높이는 장치이다.
㉱ 굴뚝의 가스온도의 저하로 인한 굴뚝 통풍력의 감소를 주의하여야 한다.

풀이 ㉮ 급수예열에 의해 보일러수와의 온도차가 감소하므로 보일러 드럼에 발생하는 열응력이 감소된다.

43 탄소(C) 10kg을 완전연소시키는데 필요한 이론적 산소량(Sm^3)은 얼마인가?

㉮ 약 7.8 Sm^3 ㉯ 약 12.6 Sm^3
㉰ 약 15.5 Sm^3 ㉱ 약 18.7 Sm^3

풀이 $C + O_2 \rightarrow CO_2$
12kg : 22.4Sm^3
10kg : X
$\therefore X = \dfrac{10kg \times 22.4Sm^3}{12kg} = 18.67 Sm^3$

answer 40 ㉮ 41 ㉯ 42 ㉮ 43 ㉱

44 프로판(C_3H_8)의 고위발열량이 24,300 $kcal/Sm^3$ 이라면 저위발열량($kcal/Sm^3$)은 얼마인가?

㉮ 22,380 $kcal/Sm^3$
㉯ 22,840 $kcal/Sm^3$
㉰ 23,340 $kcal/Sm^3$
㉱ 23,820 $kcal/Sm^3$

풀이 $C_3H_8 + 5O_2 \rightarrow 3CO_2 + 4H_2O$
Hl = Hh − 480 × H_2O량($kcal/Sm^3$)

여기서 Hl : 저위발열량($kcal/Sm^3$)
　　　Hh : 고위발열량($kcal/Sm^3$)
　　　H_2O량 : H_2O의 개수(Sm^3/Sm^3)

따라서 Hl = 24,300 $kcal/Sm^3$ − 480 × 4
　　　　　= 22,380 $kcal/Sm^3$

45 유동층 소각로에 관한 내용으로 잘못된 것은 어느 것인가?

㉮ 가스의 온도가 낮고 과잉공기량이 낮다.
㉯ 연소효율이 높아 미연소분 배출이 적고 따라서 2차 연소실이 불필요하다.
㉰ 로내 온도의 자동제어로 열회수가 용이하다.
㉱ 기계적 구동부분이 많아 고장율이 높다.

풀이 ㉱ 기계적 구동부분이 적어 고장율이 낮다.

46 메탄 $10\,Sm^3$를 공기과잉계수 1.2로 연소시킬 경우 습윤연소가스량(Sm^3)은 얼마인가?

㉮ 약 $82\,Sm^3$　　㉯ 약 $95\,Sm^3$
㉰ 약 $113\,Sm^3$　㉱ 약 $124\,Sm^3$

풀이 ① $CH_4 + 2O_2 \rightarrow CO_2 + 2H_2O$
실제습윤가스량(Gw)
　= (m − 0.21)A_o + CO_2량 + H_2O량(Sm^3/Sm^3)
　= (1.2 − 0.21) × $\dfrac{2}{0.21}$ + 1 + 2
　= 12.4286 Sm^3/Sm^3
② 12.4286 Sm^3/Sm^3 × 10 Sm^3 = 124.29 Sm^3

TIP
① 공기비(m)가 주어지면 실제가스량 기준
② 공기비(m)가 주어지면 습윤가스량이므로 실제습윤가스량(Gw)이 된다.
③ 체적비 = Sm^3/Sm^3 = 부피비 = 갯수비

47 소각과정에서 Cl_2 농도가 0.5%인 배출가스 $10,000\,Sm^3/hr$를 $Ca(OH)_2$ 현탁액으로 세정 처리하여 Cl_2를 제거하려 할 때 이론적으로 필요한 $Ca(OH)_2$ 양(kg/hr)은 얼마인가?

[$2Cl_2 + 2Ca(OH)_2 \rightarrow CaCl_2 + Ca(OCl)_2 + 2H_2O$]
(단, 원자량 Cl : 35.5, Ca : 40)

㉮ 약 145　　㉯ 약 165
㉰ 약 185　　㉱ 약 195

풀이 $2Cl_2 + 2Ca(OH)_2 \rightarrow CaCl_2 + Ca(OCl)_2 + 2H_2O$
$2 \times 22.4\,Sm^3 : 2 \times 74\,kg$
$10,000\,Sm^3/hr \times 0.5\% \times 10^{-2} : X$
∴ X = $\dfrac{10,000\,Sm^3/hr \times 0.5\% \times 10^{-2} \times 2 \times 74\,kg}{2 \times 22.4\,Sm^3}$
　　= 165.18 kg/hr

TIP
① 체적(Sm^3) = 계수 × 22.4(Sm^3)
② 질량(kg) = 계수 × 분자량(kg)
③ $Ca(OH)_2$의 분자량
　= 40 + 2 × 16 + 2 × 1 = 74

answer　44 ㉮　45 ㉱　46 ㉱　47 ㉯

48 RDF(Refuse Drived Fuel)가 갖추어야 하는 조건에 대한 내용으로 틀린 것은 어느 것인가?

㉮ 제품의 함수율이 낮아야 한다.
㉯ RDF용 소각로 제작이 용이하도록 발열량이 높지 않아야 한다.
㉰ 원료 중에 비가연성 성분이나 연소 후 잔류하는 재의 양이 적어야 한다.
㉱ 조성 배합율이 균일하여야 하고 대기오염이 적어야 한다.

풀이 ㉯ RDF용 소각로 제작이 용이해야 하며, 발열량이 높아야 한다.

49 다음과 같은 질량조성의 고체연료의 고위 발열량(Hh)은 얼마인가?

(조건 : $C = 70\%$, $H = 5\%$, $O = 15\%$, $S = 5\%$, 기타, Dulong식을 이용하시오.)

㉮ 약 5,400 kcal/kg   ㉯ 약 6,900 kcal/kg
㉰ 약 7,700 kcal/kg   ㉱ 약 8,400 kcal/kg

풀이 고위발열량(Hh)
$= 8,100C + 34,000\left(H - \dfrac{O}{8}\right) + 2,500S \,(\text{kcal/kg})$
$= 8,100 \times 0.70 + 34,000 \times \left(0.05 - \dfrac{0.15}{8}\right) + 2,500 \times 0.05$
$= 6,857.5 \,\text{kcal/kg}$

50 연소 배출 가스량이 $5,400 \,\text{Sm}^3/\text{hr}$ 인 소각시설의 굴뚝에서 정압을 측정하였더니 $20 \,\text{mmH}_2\text{O}$ 였다. 여유율 20%인 송풍기를 사용할 경우 필요한 소요 동력(kW)은 얼마인가? (단, 송풍기 정압효율 80%, 전동기 효율 70%이다.)

㉮ 약 0.18 kW   ㉯ 약 0.32 kW
㉰ 약 0.63 kW   ㉱ 약 0.87 kW

풀이 소요동력(kW) $= \dfrac{\text{PS} \times Q}{102 \times \eta_1 \times \eta_2} \times \alpha$

여기서 PS : 정압(mmH_2O)
 Q : 가스량(Sm^3/sec)
 η_1 : 송풍기 정압효율
 η_2 : 전동기 효율
 α : 여유율
따라서 소요동력(kW)
$= \dfrac{20\,\text{mmH}_2\text{O} \times 5,400\,\text{Sm}^3/\text{hr} \times 1\text{hr}/3,600\text{sec}}{102 \times 0.80 \times 0.70} \times 1.2$
$= 0.63 \,\text{kW}$

TIP
① $1\text{kW} = 102 \text{kg} \cdot \text{m/sec}$ 이므로 가스량(Q)의 시간단위는 반드시 "sec"임에 주의하셔야 합니다.
② 여유율이 20%이면 120%이므로 $\alpha = 1.2$이다.

51 다음 중 착화온도에 대한 내용으로 잘못된 것은 어느 것인가? (단, 고체연료 기준이다.)

㉮ 분자구조가 간단할수록 착화온도는 낮다.
㉯ 화학적으로 발열량이 클수록 착화온도는 낮다.
㉰ 화학반응성이 클수록 착화온도는 낮다.
㉱ 화학결합의 활성도가 클수록 착화온도는 낮다.

풀이 ㉮ 분자구조가 복잡할수록 착화온도는 낮다.

answer 48 ㉯ 49 ㉯ 50 ㉰ 51 ㉮

> **TIP**
> 착화온도는 활성화에너지, 석탄의 탄화도와는 비례관계이고 나머지 조건에는 반비례관계임을 숙지하셔야 합니다.

52 소각로에 발생하는 질소산화물의 발생억제방법으로 틀린 것은 어느 것인가?

㉮ 버너 및 연소실의 구조를 개선한다.
㉯ 배기가스를 재순환한다.
㉰ 예열온도를 높여 연소온도를 상승시킨다.
㉱ 2단 연소시킨다.

> **풀이** ㉰번은 질소산화물이 많이 발생하는 조건이다.

53 증기터어빈의 분류관점에 따른 터어빈 형식으로 틀린 것은 어느 것인가?

㉮ 증기 작동방식 - 충동 터어빈, 반동 터어빈, 혼합식 터어빈
㉯ 흐름수 - 단류 터어빈, 복류 터어빈
㉰ 피구동기(발전용) - 직결형 터어빈, 감속형 터어빈
㉱ 증기 이용방식 - 반경류 터어빈, 축류 터어빈

> **풀이** ㉱ 증기이용방식 - 배압 터빈, 복수 터빈, 혼합 터빈

54 소각로의 소각능률이 $160\,kg/m^2 \cdot hr$이며 1일 처리하는 쓰레기의 양이 15,000kg이다. 1일 7시간 소각하면 로스톨의 면적(m^2)은 얼마인가?

㉮ $7.4\,m^2$ ㉯ $8.2\,m^2$
㉰ $11.7\,m^2$ ㉱ $13.4\,m^2$

> **풀이** 소각로의 소각능률($kg/m^2 \cdot hr$)
> $= \dfrac{소각량(kg/hr)}{로스톨의 면적(m^2)}$
> ∴ 로스톨의 면적(m^2)
> $= \dfrac{15,000kg/day \times 1day/7hr}{160kg/m^2 \cdot hr}$
> $= 13.39\,m^2$

55 어느 폐기물 소각처리 시 회분의 질량이 폐기물의 15%라고 한다. 이 때 회분의 밀도가 $2\,g/cm^3$이고 처리해야 할 폐기물이 40,000kg이라면 소각 후 남게 되는 재의 이론체적(m^3)은 얼마인가?

㉮ $2.0\,m^3$ ㉯ $3.0\,m^3$
㉰ $4.0\,m^3$ ㉱ $5.0\,m^3$

> **풀이** 재의 체적(m^3) $= \dfrac{회분의 질량(kg)}{회분의 밀도(kg/m^3)}$
> $= \dfrac{40,000kg \times 0.15}{2 \times 10^3 kg/m^3} = 3.0\,m^3$

> **TIP**
> ① 회분의 질량(kg)
>   = 폐기물의 15% = 40,000kg × 0.15
> ② $g/cm^3 \xrightarrow{\times 10^3} kg/m^3$
> ③ 회분의 밀도
>   = $2g/cm^3 \times 10^3 = 2 \times 10^3 kg/m^3$

answer 52 ㉰ 53 ㉱ 54 ㉱ 55 ㉯

56 저발열량이 $9,000\,kcal/Sm^3$인 기체연료를 연소할 때 이론습연소가스량은 $25\,Sm^3/Sm^3$이고, 이론연소온도는 2,000℃이었다. 이 때 연소가스의 평균정압비열($kcal/Sm^3 \cdot ℃$)은 얼마인가? (단, 연소용 공기, 연료 온도는 15℃이다.)

㉮ $0.12\,kcal/Sm^3 \cdot ℃$
㉯ $0.18\,kcal/Sm^3 \cdot ℃$
㉰ $0.24\,kcal/Sm^3 \cdot ℃$
㉱ $0.35\,kcal/Sm^3 \cdot ℃$

풀이 저위발열량($kcal/Sm^3$)
= 이론습연소가스량(Sm^3/Sm^3)
 ×평균정압비열($kcal/Sm^3 \cdot ℃$) ×온도차(℃)
따라서
평균정압비열 $= \dfrac{9,000\,kcal/Sm^3}{25Sm^3/Sm^3 \times (2,000-15)℃}$
$= 0.18kcal/Sm^3 \cdot ℃$

57 배기가스 성분을 검사해보니 O_2량이 5.25%(부피기준)였다. 완전연소로 가정한다면 공기비(m)는 얼마인가? (단, N_2는 79%이다.)

㉮ 1.33   ㉯ 1.54
㉰ 1.84   ㉱ 1.94

풀이 O_2% 존재시 공기비(m) $= \dfrac{21}{21-O_2\%}$
따라서 공기비(m) $= \dfrac{21}{21-5.25\%} = 1.33$

58 이소프로필알콜(C_3H_7OH) 5kg이 완전연소 하는데 필요한 이론공기량(Sm^3)은 얼마인가? (단, 표준상태 기준이다.)

㉮ $20\,Sm^3$ ㉯ $30\,Sm^3$
㉰ $40\,Sm^3$ ㉱ $50\,Sm^3$

풀이 ① 이론산소량(Sm^3)을 계산한다.
$C_3H_7OH + 4.5O_2 \rightarrow 3CO_2 + 4H_2O$
60kg : $4.5 \times 22.4Sm^3$
5kg : 이론산소량
∴ 이론산소량 $= \dfrac{5kg \times 4.5 \times 22.4Sm^3}{60kg} = 8.4Sm^3$
② 이론공기량(Sm^3)을 계산한다.
이론공기량(Sm^3)
$= \dfrac{이론산소량(Sm^3)}{0.21} = \dfrac{8.4Sm^3}{0.21} = 40Sm^3$

59 폐지 250kg을 소각하고자 한다. 이론공기량(Sm^3)은 얼마인가? (단, 폐지의 성분은 모두 셀룰로오스($C_6H_{10}O_5$)로 가정한다.)

㉮ 약 $690\,Sm^3$ ㉯ 약 $790\,Sm^3$
㉰ 약 $890\,Sm^3$ ㉱ 약 $990\,Sm^3$

풀이 ① 이론산소량(Sm^3)을 계산한다.
$C_6H_{10}O_5 + 6O_2 \rightarrow 6CO_2 + 5H_2O$
162kg : $6 \times 22.4Sm^3$
250kg : 이론산소량
∴ 이론산소량 $= \dfrac{250kg \times 6 \times 22.4Sm^3}{162kg}$
$= 207.4074Sm^3$
② 이론공기량(Sm^3)을 계산한다.
이론공기량(Sm^3) $= \dfrac{이론산소량(Sm^3)}{0.21}$
$= \dfrac{207.4074Sm^3}{0.21}$
$= 987.65Sm^3$

answer 56 ㉯   57 ㉮   58 ㉰   59 ㉱

60 주성분이 $C_{10}H_{17}O_6N$인 활성슬러지 폐기물을 소각처리하려고 한다. 폐기물 5kg당 필요한 이론적 공기의 질량(kg)은 얼마인가? (단, 공기 중 산소량은 질량비로 23%이다.)

㉮ 약 12 kg ㉯ 약 22 kg
㉰ 약 32 kg ㉱ 약 42 kg

풀이 ① 이론산소량(Sm^3)을 계산한다.
$C_{10}H_{17}O_6N + 11.25O_2 \rightarrow 10CO_2 + 8.5H_2O + 0.5N_2$
247kg : 11.25×32kg
5kg : 이론산소량
∴ 이론산소량 = $\frac{5kg \times 11.25 \times 32kg}{247kg}$ = 7.2875kg

② 이론공기량(Sm^3)을 계산한다.
이론공기량(Sm^3)
= $\frac{이론산소량(kg)}{0.23}$ = $\frac{7.2875 kg}{0.23}$ = 31.69 kg

---

| 제4과목 | 폐기물공정시험기준

61 대상폐기물의 양이 1,100톤인 경우 시료의 최소 수는 얼마인가?

㉮ 40 ㉯ 50
㉰ 60 ㉱ 80

풀이 대상폐기물의 양과 시료의 최소 수

대상폐기물의 양 (단위 : ton)	시료의 최소 수	대상폐기물의 양 (단위 : ton)	시료의 최소 수
~1미만	6	100이상~500미만	30
1이상~5미만	10	500이상~1,000미만	36
5이상~30미만	14	1,000이상~5,000미만	50
30이상~100미만	20	5,000이상	60

62 시료의 용출시험방법에 대한 내용으로 알맞은 것은 어느 것인가? (단, 상온, 상압 기준)

㉮ 용출조작은 진폭이 4~5cm인 진탕기로 200회/min로 6시간 연속 진탕한다.
㉯ 용출조작은 진폭이 4~5cm인 진탕기로 200회/min로 8시간 연속 진탕한다.
㉰ 용출조작은 진폭이 4~5cm인 진탕기로 300회/min로 6시간 연속 진탕한다.
㉱ 용출조작은 진폭이 4~5cm인 진탕기로 300회/min로 8시간 연속 진탕한다.

풀이 용출시험용 시료용액
① 여과가 가능한 경우 : 매분당 200회, 진폭 4~5cm, 6시간
② 여과가 어려운 경우 : 매분당 3,000회전 이상, 20분 이상

63 액상폐기물 중 PCB_S를 기체크로마토그래피로 분석시 사용되는 시약으로 틀린 것은 어느 것인가?

㉮ 수산화칼슘 ㉯ 무수황산나트륨
㉰ 실리카겔 ㉱ 노말 헥산

풀이 사용되는 시약으로는 아세톤, 노말 헥산, 무수황산나트륨, 실리카겔, 플로리실, 수산화칼륨, 황산, 에틸에테르 등이 있다.

---

answer 60 ㉰ 61 ㉯ 62 ㉮ 63 ㉮

64 다음 시료의 전처리(산분해법)방법 중 유기물 등을 많이 함유하고 있는 대부분의 시료에 적용하는 방법은 어느 것인가?

㉮ 질산-염산 분해법
㉯ 질산-황산 분해법
㉰ 염산-황산 분해법
㉱ 염산-과염소산 분해법

풀이 산분해법
① 질산 분해법 : 유기물 함량이 낮은 시료에 적용
② 질산-염산 분해법 : 유기물 함량이 비교적 높지 않고 금속의 수산화물, 산화물, 인산염 및 황화물을 함유하고 있는 시료에 적용
③ 질산-황산 분해법 : 유기물 등을 많이 함유하고 있는 대부분의 시료에 적용
④ 질산-과염소산 분해법 : 유기물을 높은 비율로 함유하고 있으면서 산화분해가 어려운 시료에 적용
⑤ 질산-과염소산-불화수소산 분해법 : 점토질 또는 규산염이 높은 비율로 함유된 시료에 적용

TIP
암기법
질 낮은 시료는/염산인금주고/황 많은/과산화가 어려우면/과불점규로 한다.

65 폐기물시료의 강열감량을 측정한 결과 다음과 같은 자료를 얻었다. 해당시료의 강열감량(%)은 얼마인가?

- 증발용기의 질량(W_1) : 51.045g
- 강열 전의 증발용기와 시료의 질량 (W_2) : 92.345g
- 강열 후의 증발용기와 시료의 질량 (W_3) : 53.125g

㉮ 93% ㉯ 95% ㉰ 97% ㉱ 99%

풀이
$$강열감량(\%) = \left(\frac{W_2 - W_3}{W_2 - W_1}\right) \times 100$$
$$= \left(\frac{92.345g - 53.125g}{92.345g - 51.045g}\right) \times 100$$
$$= 94.96\%$$

66 원자흡수분광광도법에 의한 구리(Cu) 시험방법으로 알맞은 것은 어느 것인가?

㉮ 정량범위는 440nm에서 0.2~4mg/L 범위 정도이다.
㉯ 정밀도는 측정값의 상대표준편차(RSD)로 산출하며 측정한 결과 ±25% 이내이어야 한다.
㉰ 검정곡선의 결정계수(R^2)는 0.999 이상이어야 한다.
㉱ 표준편차율은 표준물질의 농도에 대한 측정 평균값의 상대 백분율로서 나타내며 5~15% 범위이다.

풀이 ㉮ 정량범위는 324.7nm에서 0.008~4mg/L 범위 정도이다.
㉰ 검정곡선의 결정계수(R^2)는 0.98 이상이어야 한다.
㉱ 정확도는 첨가한 표준물질의 농도에 대한 측정 평균값의 상대 백분율로서 나타내고 그 값이 75~125% 이내이어야 한다.

answer 64 ㉯ 65 ㉯ 66 ㉯

67 다음에 설명한 시료 축소 방법은 어느 것인가?

> ① 모아진 대시료를 네모꼴로 엷게 균일한 두께로 편다.
> ② 이것을 가로 4등분, 세로 5등분하여 20개의 덩어리로 나눈다.
> ③ 20개의 각 부분에서 균등량씩 취하여 혼합하여 하나의 시료로 한다.

㉮ 구획법　　㉯ 등분법
㉰ 균등법　　㉱ 분할법

풀이 ㉮ 구획법에 대한 설명이며, 핵심 내용인 "가로 4등분, 세로 5등분의 20개의 덩어리 = 구획법"임을 숙지하시면 됩니다.

68 시안 측정을 위한 이온전극법을 적용시 내부정도관리 주기 기준에 대한 내용으로 알맞은 것은 어느 것인가?

㉮ 방법검출한계, 정량한계, 정밀도 및 정확도는 2월 1회 이상 산정하는 것을 원칙으로 한다.
㉯ 방법검출한계, 정량한계, 정밀도 및 정확도는 분기 1회 이상 산정하는 것을 원칙으로 한다.
㉰ 방법검출한계, 정량한계, 정밀도 및 정확도는 반기 1회 이상 산정하는 것을 원칙으로 한다.
㉱ 방법검출한계, 정량한계, 정밀도 및 정확도는 연 1회 이상 산정하는 것을 원칙으로 한다.

69 자외선/가시선 분광법을 적용한 시안화합물 측정에 대한 설명으로 잘못된 것은 어느 것인가?

㉮ 시안화합물을 측정할 때 방해물질들은 증류하면 대부분 제거된다.
㉯ 황화합물이 함유된 시료는 아세트산용액을 넣어 제거한다.
㉰ 잔류염소가 함유된 시료는 L-아스코빈산 용액을 넣어 제거한다.
㉱ 잔류염소가 함유된 시료는 이산화비소산나트륨 용액을 넣어 제거한다.

풀이 ㉯ 황화합물이 함유된 시료는 아세트산아연용액(10W/V%) 2mL를 넣어 제거한다.

70 다음은 용출시험방법에 대한 설명이다. (　) 안에 알맞은 말은 어느 것인가?

> 시료의 조제방법에 따라 조제한 시료 100g 이상을 정확히 달아 정제수에 염산을 넣어 (　)(으)로 한 용매(mL)를 시료 : 용매 = 1 : 10(W/V)의 비로 2,000mL 삼각플라스크에 넣어 혼합한다.

㉮ pH 4 이하　　㉯ pH 4.3~5.8
㉰ pH 5.8~6.3　　㉱ pH 6.3~7.2

풀이 정제수에 염산을 주입하는 것은 pH를 약산성으로 조절하기 위함이므로 약산의 pH를 찾으면 ㉰번이 정답이 됩니다.

answer 67 ㉮　68 ㉱　69 ㉯　70 ㉰

71 비소를 자외선/가시선 분광법으로 측정시 잘못된 설명은 어느 것인가?

㉮ 정량한계는 0.002mg이다.
㉯ 적자색의 흡광도를 530nm에서 측정한다.
㉰ 정량범위는 0.002~0.01mg이다.
㉱ 시료 중의 비소를 아연을 넣어 3가 비소로 환원시킨다.

풀이 ㉱ 시료 중의 비소를 3가 비소로 환원시킨 다음 아연을 넣는다.

72 용액의 농도를 %로만 표시할 경우 알맞은 것은 어느 것인가? (단, W : 성분무게, V : 성분용량)

㉮ V/V%   ㉯ W/W%
㉰ V/W%   ㉱ W/V%

73 폐기물공정시험기준의 총칙에서 규정하고 있는 내용으로 알맞은 것은 어느 것인가?

㉮ '약'이라 함은 기재된 양에 대하여 ±15% 이상의 차가 있어서는 안 된다.
㉯ '정밀히 단다'라 함은 규정된 양의 시료를 취하여 화학저울 또는 미량저울로 칭량함을 말한다.
㉰ '정확히 취하여'라 하는 것은 규정한 양의 액체를 메스플라스크로 눈금까지 취하는 것을 말한다.
㉱ '정량적으로 씻는다'라 함은 사용된 용기 등에 남은 대상성분을 수돗물로 씻어냄을 말한다.

풀이 ㉮ '약'이라 함은 기재된 양에 대하여 ±10% 이상의 차가 있어서는 안 된다.

㉰ '정확히 취하여'라 하는 것은 규정한 양의 액체를 홀피펫으로 눈금까지 취하는 것을 말한다.
㉱ '정량적으로 씻는다'라 함은 어떤 조작으로부터 다음 조작으로 넘어갈 때 사용한 비커, 플라스크 등의 용기 및 여과막 등에 부착한 정량대상 성분을 사용한 용매로 씻어 그 씻어낸 용액을 합하고 먼저 사용한 같은 용매를 채워 일정용량으로 하는 것이다.

74 유도결합플라스마-원자발광분광법을 사용한 금속류 측정에 대한 설명으로 잘못된 것은 어느 것인가?

㉮ 대부분의 간섭물질은 산 분해에 의해 제거된다.
㉯ 유도결합플라스마-원자발광분광기는 시료도입부, 고주파전원부, 광원부, 분광부, 연산처리부 및 기록부로 구성된다.
㉰ 시료 중에 칼슘과 마그네슘의 농도가 높고 측정값이 규제값의 90% 이상일 때는 희석 측정하여야 한다.
㉱ 유도결합플라스마-원자발광분광기의 분광부는 검출 및 측정에 따라 연속주사형 단원소측정장치와 다원소 동시 측정장치로 구분된다.

풀이 ㉰ 시료 중에 칼슘과 마그네슘의 농도 합이 500 mg/L 이상이고 측정값이 규제 값의 90% 이상일 때 표준물질첨가법에 의해 측정하는 것이 좋다.

answer 71 ㉱ 72 ㉱ 73 ㉯ 74 ㉰

75 기체크로마토그래피로 유기인을 분석할 때 시료 관리에 대한 설명으로 알맞은 것은 어느 것인가?

㉮ 모든 시료는 시료채취 후 추출하기 전까지 4℃ 냉암소에서 보관하고 5일 이내에 추출하고 30일 이내에 분석한다.
㉯ 모든 시료는 시료채취 후 추출하기 전까지 4℃ 냉암소에서 보관하고 5일 이내에 추출하고 40일 이내에 분석한다.
㉰ 모든 시료는 시료채취 후 추출하기 전까지 4℃ 냉암소에서 보관하고 7일 이내에 추출하고 30일 이내에 분석한다.
㉱ 모든 시료는 시료채취 후 추출하기 전까지 4℃ 냉암소에서 보관하고 7일 이내에 추출하고 40일 이내에 분석한다.

풀이 유기인의 시료관리
① 보관 : 4℃ 냉암소
② 추출 : 7일 이내
③ 분석 : 40일 이내

76 다음은 정량한계에 대한 설명이다. ( )안에 알맞은 말은 어느 것인가?

정량한계란 시험분석 대상을 정량화할 수 있는 측정값으로서, 제시된 정량한계 부근의 농도를 포함하도록 시료를 준비하고 이를 반복 측정하여 얻은 결과의 표준편차(s)에 ( )한 값을 사용한다.

㉮ 3배 ㉯ 3.3배
㉰ 5배 ㉱ 10배

풀이 정도보증/정도관리
① 감응계수 = $\dfrac{반응값(R)}{표준용액의 농도(C)}$
② 기기검출한계 = 표준편차(S) × 3
③ 정량한계 = 표준편차(S) × 10

77 폐기물공정시험기준에서 규정하고 있는 온도에 관한 내용으로 잘못된 것은 어느 것인가?

㉮ 실온 1~35℃   ㉯ 온수 60~70℃
㉰ 열수 약 100℃ ㉱ 냉수 4℃ 이하

풀이 ㉱ 냉수 15℃ 이하

78 다음은 회분식 연소방식의 소각재 반출설비에서의 시료채취에 대한 설명이다. ( )안에 알맞은 말은 어느 것인가?

회분식 연소방식의 소각재 반출설비에서 채취하는 경우에는 하루 동안의 운전 횟수에 따라 매 운전시마다 (①) 이상 채취하는 것을 원칙으로 하고, 시료의 양은 1회에 (②) 이상으로 한다.

㉮ ① 2회 ② 100g   ㉯ ① 4회 ② 100g
㉰ ① 2회 ② 500g   ㉱ ① 4회 ② 500g

풀이 회분식 연소방식의 소각재 반출설비
① 시료채취 : 매 운전 시마다 2회 이상
② 시료의 양 : 1회 500g 이상

answer 75 ㉱ 76 ㉱ 77 ㉱ 78 ㉰

79 다음은 용출시험방법의 적용에 대한 내용이다. ( )안에 알맞은 말은 어느 것인가?

> ( )에 대하여 폐기물관리법에서 규정하고 있는 지정폐기물의 판정 및 지정폐기물의 중간처리방법 또는 매립방법을 결정하기 위한 실험에 적용한다.

㉮ 수거 폐기물
㉯ 고상 폐기물
㉰ 고상 및 반고상 폐기물
㉱ 일반 폐기물

풀이 용출시험방법
① 대상 : 고상 및 반고상 폐기물
② 목적 : 지정폐기물의 판정과 처리방법 결정

80 시료 채취를 위한 용기사용에 대한 내용으로 잘못된 것은 어느 것인가?

㉮ 시료용기는 갈색경질의 유리병 또는 폴리에틸렌병, 폴리에틸렌백을 사용한다.
㉯ 시료 중에 다른 물질의 혼입이나 성분의 손실을 방지하기 위하여 밀봉할 수 있는 마개를 사용하며 코르크 마개를 사용하여서는 안 된다. 다만 고무나 코르크 마개에 파라핀, 유지 또는 셀로판지를 씌워 사용할 수도 있다.
㉰ 시안, 수은 등 휘발성 성분의 실험을 위한 시료의 채취 시는 갈색경질의 유리병을 사용하여야 한다.
㉱ 채취용기는 시료를 변질시키거나 흡착하지 않는 것이어야 하며 기밀하고 누수나 흡습성이 없어야 한다.

풀이 ㉰ 노말헥산 추출물질, 유기인, 폴리클로리네이티드비페닐(PCBs) 및 휘발성 저급 염소화 탄화수소류는 갈색경질 유리병만 사용한다.

answer 79 ㉰ 80 ㉰

2015 1회 기출문제

| 제1과목 | 폐기물개론

01 완전히 건조시킨 폐기물 20g을 취해 회분량을 조사하니 5g이었다. 이 폐기물의 원래 함수율이 40%이었다면, 이 폐기물의 습량기준 회분 질량비(%)는 얼마인가?

㉮ 5% ㉯ 10%
㉰ 15% ㉱ 20%

풀이
① 습량기준 회분량(g) 계산
$W_1 \times (100 - P_1) = W_2 \times (100 - P_2)$
$W_1 \times (100 - 40\%) = 20g \times (100 - 0)$
∴ $W_1 = 33.33g$
② 습량기준 회분의 질량비 계산
질량비(%) = $\dfrac{회분량(g)}{습량기준 폐기물(g)} \times 100$
 = $\dfrac{5g}{33.33g} \times 100 = 15\%$

02 도시폐기물을 $X_{90} = 2.5cm$로 파쇄하고자 할 때 Rosin-Rammler 모델에 의한 특성입자 크기(X_o)는 얼마인가? (단, n=1로 가정한다.)

㉮ 1.09cm ㉯ 1.18cm
㉰ 1.22cm ㉱ 1.34cm

풀이
$Y = 1 - \exp\left[-\left(\dfrac{X}{X_o}\right)^n\right]$
여기서 Y : 체하분율
X : 폐기물 입자의 크기(cm)
X_o : 특성입자의 크기(cm)
n : 상수
따라서 $0.90 = 1 - \exp\left[-\left(\dfrac{2.5cm}{X_o}\right)^1\right]$
∴ $X_o = \dfrac{-2.5cm}{LN(1-0.90)} = 1.09cm$

TIP
$Y = 1 - \exp\left[-\left(\dfrac{X}{X_o}\right)^n\right] \Rightarrow X_o = \dfrac{-X}{LN(1-Y)}$

03 쓰레기의 성상분석 절차로 가장 알맞은 것은 어느 것인가?

㉮ 시료→전처리→물리적 조성→밀도측정→건조→분류
㉯ 시료→전처리→건조→분류→물리적 조성→밀도측정
㉰ 시료→밀도측정→건조→분류→전처리→물리적 조성
㉱ 시료→밀도측정→물리적 조성→건조→분류→전처리

풀이 쓰레기의 성상분석 절차 중 가정 먼저 시행하는 것은 밀도측정이며, 절차 순서는 ㉱번임을 숙지하셔야 합니다.

answer 01 ㉰ 02 ㉮ 03 ㉱

04 쓰레기의 수거노선을 설정할 때 유의할 사항으로 틀린 것은 어느 것인가?

㉮ 많은 양의 쓰레기 발생원은 하루 중 가장 나중에 수거한다.
㉯ U자형 회전을 피하여 수거한다.
㉰ 적은 양의 쓰레기가 발생하나 동일한 수거빈도를 받기를 원하는 적재지점은 가능한 한 같은 날 왕복 내에서 수거하도록 한다.
㉱ 가능한 한 시계방향으로 수거노선을 정한다.

풀이 ㉮ 많은 양의 쓰레기 발생원은 하루 중 가장 먼저 수거한다.

05 새로운 쓰레기 수집 시스템에 대한 내용으로 잘못된 것은 어느 것인가?

㉮ 모노레일 수송 : 쓰레기를 적환장에서 최종처분장까지 수송하는데 적용할 수 있다.
㉯ 콘베이어 수송 : 광대한 지역에 적용될 수 있는 방법으로 콘베이어 세정에 문제가 있다.
㉰ 관거 수송 : 쓰레기 발생밀도가 높은 곳에서 현실성이 있으며 조대쓰레기는 파쇄, 압축 등의 전처리가 필요하다.
㉱ 관거 수송 : 잘못 투입된 물건은 회수하기가 곤란하며 가설 후에 경로변경이 어렵다.

풀이 ㉯ 사용 후 세정으로 세정수 처리문제를 고려해야 하는 수송방법은 컨테이너 수송이다.

06 유기물(포도당 $C_6H_{12}O_6$) 2kg을 혐기성분해로 완전히 안정화시키는 경우 이론적으로 생성되는 메탄의 체적(m^3)은 얼마인가? (단, 표준상태 기준이다.)

㉮ 약 $0.25m^3$ ㉯ 약 $0.45m^3$
㉰ 약 $0.75m^3$ ㉱ 약 $1.35m^3$

풀이 $C_6H_{12}O_6 \rightarrow 3CH_4 + 3CO_2$
180kg : $3 \times 22.4 Sm^3$
2kg : X
$\therefore X = \dfrac{2kg \times 3 \times 22.4 Sm^3}{180kg} = 0.75 Sm^3$

07 어느 폐기물의 밀도가 $0.32ton/m^3$이던 것을 압축기로 압축하여 $0.8ton/m^3$로 하였다. 부피감소율(%)은 얼마인가?

㉮ 40% ㉯ 50%
㉰ 60% ㉱ 70%

풀이 부피감소율(%) = $\left(1 - \dfrac{V_2}{V_1}\right) \times 100$

여기서 V_1 : 압축 전 부피(m^3)
V_2 : 압축 후 부피(m^3)

① $V_1 = 1ton \times \dfrac{1}{0.32ton/m^3} = 3.125m^3$

② $V_2 = 1ton \times \dfrac{1}{0.8ton/m^3} = 1.25m^3$

따라서
부피감소율(%) = $\left(1 - \dfrac{1.25m^3}{3.125m^3}\right) \times 100 = 60.0\%$

answer　04 ㉮　05 ㉯　06 ㉰　07 ㉰

08 파쇄장치 중 전단파쇄기에 대한 내용으로 틀린 것은 어느 것인가?

㉮ 고정칼이나 왕복 또는 회전칼과의 교합에 의하여 폐기물을 전단한다.
㉯ 충격파쇄기에 비하여 대체로 파쇄속도가 느리다.
㉰ 충격파쇄기에 비하여 파쇄물의 크기를 고르게 할 수 있는 장점이 있다.
㉱ 충격파쇄기에 비하여 이물질 혼입에 강하다.

풀이 ㉱ 충격파쇄기에 비하여 이물질 혼입에 약하다.

09 함수율 80%(질량비)인 슬러지 내 고형물은 비중 2.5인 FS 1/3과 비중이 1.0인 VS 2/3로 되어 있다. 이 슬러지의 비중은 얼마인가? (단, 물의 비중은 1.0 기준이다.)

㉮ 1.04　　㉯ 1.08
㉰ 1.12　　㉱ 1.16

풀이 $\dfrac{1}{\rho_{SL}} = \dfrac{W_{VS}}{\rho_{VS}} + \dfrac{W_{FS}}{\rho_{FS}} + \dfrac{W_P}{\rho_P}$

여기서 ρ_{SL} : 슬러지의 비중
ρ_{VS} : 유기물의 비중
W_{VS} : 유기물의 함량
ρ_{FS} : 무기물의 비중
W_{FS} : 무기물의 함량
ρ_P : 수분의 비중
W_P : 수분의 함량

따라서 $\dfrac{1}{\rho_{SL}} = \dfrac{0.20 \times \frac{2}{3}}{1.0} + \dfrac{0.20 \times \frac{1}{3}}{2.5} + \dfrac{0.80}{1.0}$

∴ $\rho_{SL} = 1.04$

10 함수율 40%인 쓰레기를 건조시켜 함수율이 15%인 쓰레기를 만들었다면, 쓰레기 톤당 증발되는 수분량(kg)은 얼마인가? (단, 비중은 1.0 기준이다.)

㉮ 약 185kg　　㉯ 약 294kg
㉰ 약 326kg　　㉱ 약 425kg

풀이 ① $W_1 \times (100 - P_1) = W_2 \times (100 - P_2)$
$1,000 \text{kg} \times (100 - 40\%) = W_2 \times (100 - 15\%)$
∴ $W_2 = 705.88 \text{kg}$
② 증발되는 수분량
$= W_1 - W_2$
$= 1,000 \text{kg} - 705.88 \text{kg} = 294.12 \text{kg}$

11 다음 중 쓰레기 발생량을 예측하는 방법으로 틀린 것은 어느 것인가?

㉮ Trend method
㉯ Material balance method
㉰ Multiple regression model
㉱ Dynamic simulation model

풀이 ㉯ 물질수지법(Material balance method)은 쓰레기 발생량 조사방법이다.

TIP

폐기물 발생량
① 예측방법 : 다중회귀모델, 동적모사모델, 경향모델
② 조사방법 : 물질수지법, 직접계근법, 적재차량계수법, 통계조사법

answer 08 ㉱　09 ㉮　10 ㉯　11 ㉯

12 폐기물적재차량 질량이 28,500kg, 빈차의 질량이 15,000kg, 적재함의 크기는 가로 300cm, 세로 150cm, 높이 500cm일 때 단위 용적당 적재량(t/m³)은 얼마인가?

㉮ 0.22t/m³ ㉯ 0.46t/m³
㉰ 0.60t/m³ ㉱ 0.81t/m³

풀이 적재량(ton/m³)
$= \dfrac{(폐기물\ 적재차량\ 질량 - 빈차의\ 질량)(ton)}{적재함\ 체적(m^3)}$
$= \dfrac{(28.5-15)\,ton}{3m \times 1.5m \times 5m}$
$= 0.60\,ton/m^3$

13 고형분 20%인 폐기물 10톤을 소각하기 위해 함수율이 15%가 되도록 건조시켰다. 이 건조폐기물의 질량(톤)은 얼마인가? (단, 비중은 1.0 기준이다.)

㉮ 약 1.8톤 ㉯ 약 2.4톤
㉰ 약 3.3톤 ㉱ 약 4.3톤

풀이 $W_1 \times TS_1 = W_2 \times (100 - P_2)$
$10톤 \times 20\% = W_2 \times (100-15\%)$
$\therefore W_2 = 2.35\,톤$

14 서비스를 받는 사람들의 만족도를 설문조사하여 지수로 나타내는 청소상태 평가법의 약자로 알맞은 것은 어느 것인가?

㉮ SEI ㉯ CEI
㉰ USI ㉱ ESI

풀이 ㉰ USI(사용자 만족도 지수)에 대한 설명이다.

TIP
CEI는 청소상태 만족도 평가를 위한 지역사회효과 지수이다.

15 pH가 2인 폐산용액은 pH가 4인 폐산용액에 비해 수소이온이 몇 배 더 함유되어 있는가?

㉮ 5배 ㉯ 2배
㉰ 100배 ㉱ 10배

풀이 $pH = -\log[H^+]$ 에서 $[H^+] = 10^{-pH}\,mol/L$
$\dfrac{pH\,2}{pH\,4} = \dfrac{10^{-2}\,mol/L}{10^{-4}\,mol/L} = 100배$

16 수거대상 인구가 10,000명인 도시에서 발생되는 폐기물의 밀도는 0.5ton/m³이고, 하루 폐기물 수거를 위해 차량적재 용량이 10m³인 차량 10대가 사용된다면 1일 1인당 폐기물 발생량은 얼마인가? (단, 차량은 1일 1회 운행 기준이다.)

㉮ 2kg/인·일 ㉯ 3kg/인·일
㉰ 4kg/인·일 ㉱ 5kg/인·일

풀이 폐기물 발생량(kg/인·일)
$= \dfrac{적재용량(m^3/일·대) \times 밀도(kg/m^3) \times 차량수}{수거대상인구수(인)}$
$= \dfrac{10m^3/일·대 \times 500kg/m^3 \times 10대}{10,000인}$
$= 5.0\,kg/인·일$

answer 12 ㉰ 13 ㉯ 14 ㉰ 15 ㉰ 16 ㉱

17 함수율 82%의 하수슬러지 80m³와 함수율 15%의 톱밥 120m³을 혼합했을 때의 함수율(%)은 얼마인가? (단, 비중은 1.0 기준이다.)

㉮ 42% ㉯ 45%
㉰ 48% ㉱ 55%

풀이 혼합물의 함수율(%)
$$= \frac{80m^3 \times 82\% + 120m^3 \times 15\%}{80m^3 + 120m^3}$$
$$= 41.8\%$$

18 3,000,000ton/year의 쓰레기 수거에 4,000명의 인부가 종사한다면 MHT값은 얼마인가? (단, 수거인부의 1일 작업시간은 8시간이고 1년 작업일수는 300일이다.)

㉮ 2.4 ㉯ 3.2
㉰ 4.0 ㉱ 5.6

풀이 MHT(man · hr/ton)
$$= \frac{수거인부수 \times 작업시간}{쓰레기 수거실적}$$
$$= \frac{4,000인 \times 8hr/day \times 300day/1년}{3,000,000ton/년}$$
$$= 3.2$$

19 지정폐기물인 폐석면의 입도를 분석한 결과에 의하면 d_{10} = 3mm, d_{30} = 6mm, d_{60} = 12mm 그리고 d_{90} = 15mm이었다. 이때 균등계수와 곡률계수는 각각 얼마인가?

㉮ 1, 0.5 ㉯ 1, 1.0
㉰ 4, 0.5 ㉱ 4, 1.0

풀이 ① 균등계수 = $\frac{D_{60\%}}{D_{10\%}} = \frac{12mm}{3mm} = 4.0$

② 곡률계수 = $\frac{(D_{30\%})^2}{(D_{10\%} \times D_{60\%})}$
$$= \frac{(6mm)^2}{(3mm \times 12mm)} = 1.0$$

TIP
유효입경 = $D_{10\%}$

20 다음 조건을 가진 지역의 일일 최소 쓰레기 수거횟수는 얼마인가?

[조건]
- 발생쓰레기 밀도 : 500kg/m³
- 발생량 : 1.5kg/인 · 일
- 수거대상 : 200,000인
- 차량대수 : 4(동시사용)
- 차량적재용적 : 50m³
- 적재함 이용율 : 80%
- 압축비 : 2
- 수거인부 : 20명

㉮ 2회 ㉯ 4회
㉰ 6회 ㉱ 8회

풀이 수거횟수 = $\frac{쓰레기 발생량(m^3/일)}{적재용량(m^3/회)}$

$$= \frac{1.5kg/인 \cdot 일 \times 200,000인 \times \frac{1}{500kg/m^3}}{50m^3/회 \cdot 대 \times 4대 \times 2 \times 0.80}$$
$$= 2회/일$$

answer 17 ㉮ 18 ㉯ 19 ㉱ 20 ㉮

| 제2과목 | 폐기물 재활용 및 자원화 기술

21 슬러지 매립지 침출수에 함유되어 있는 암모니아를 염소로 처리하려고 한다. 침출수 발생량은 3,780m³/d이고, 이를 처리하기 위해 7.7kg/d의 염소를 주입하고 잔류염소농도는 0.2mg/L이었다면 염소요구량(mg/L)은 얼마인가?

㉮ 약 4.31mg/L ㉯ 약 3.83mg/L
㉰ 약 2.21mg/L ㉱ 약 1.84mg/L

풀이 염소요구량 = 염소주입량 - 염소잔류량
① 염소주입량(mg/L) = $\dfrac{주입량(kg/day)}{발생량(m^3/day)} \times 10^3$
   $= \dfrac{7.7\,kg/day}{3,780\,m^3/day} \times 10^3$
   $= 2.037\,mg/L$
② 염소요구량 = $2.037 - 0.2\,mg/L = 1.84\,mg/L$

22 최근 국내에서도 도입되고 있는 폐기물 소각재의 용융고화방식에 대한 내용으로 틀린 것은 어느 것인가?

㉮ 용융방식에는 코크스 베드식, 아크 용융, 플라즈마 용융 등이 있다.
㉯ 최종 처분되는 폐기물의 부피는 크게 감소시키고, 2차오염의 가능성을 감소시킨다.
㉰ 용융되어 생성되는 슬래그에서 다량의 중금속이 용출된다.
㉱ 생성된 슬래그는 도로포장재 등 자원으로 활용이 가능하다.

풀이 ㉰ 용융되어 생성되는 슬래그에서는 중금속의 용출이 거의 없다.

23 매립지 선정에 있어서 고려하여야 하는 항목으로 틀린 것은 어느 것인가?

㉮ 매립지로 유입되는 쓰레기 성상
㉯ 사후 매립지 이용 계획
㉰ 주변 환경 조건
㉱ 운반도로의 확보 및 지형지질

풀이 ㉮번은 침출수 농도에 미치는 영향인자에 해당한다.

24 다음 중 합성차수막의 분류가 틀린 것은 어느 것인가?

㉮ PVC - Thermoplastics
㉯ CR - Elastomer
㉰ EDPM - Crystalline Thermoplastics
㉱ CPE - Thermoplastic Elastomers

풀이 ㉰ EPDM - Elastomer Thermoplastics(중합 열가소성 플라스틱)

TIP
합성차수막의 분류
㉮ PVC : Thermoplastics(열가소성 플라스틱)
㉯ CR : Elastomer(중합체)
㉰ EPDM : Elastomer Thermoplastics (중합 열가소성 플라스틱)
㉱ CPE : Thermoplastic Elastomers (열가소성 플라스틱 중합체)

answer 21 ㉱ 22 ㉰ 23 ㉮ 24 ㉰

25 침출수의 혐기성 처리에 관한 내용으로 잘못된 것은 어느 것인가?

㉮ 고농도의 침출수를 희석없이 처리할 수 있다.
㉯ 중금속에 의한 저해효과가 호기성 공정에 비해 작다.
㉰ 미생물의 낮은 증식으로 슬러지 처리 비용이 감소된다.
㉱ 호기성 공정에 비해 낮은 영양물 요구량을 가진다.

▶ **풀이** ㉯ 중금속에 의한 저해효과가 호기성 공정에 비해 크다.

26 밀도가 $2.0g/cm^3$인 폐기물 20kg에 고형화재료를 20kg 첨가하여 고형화 시킨 결과 밀도가 $2.8g/cm^3$으로 증가하였다면 부피변화율(VCF)은 얼마인가?

㉮ 1.04   ㉯ 1.17
㉰ 1.27   ㉱ 1.43

▶ **풀이** 부피변화율(VCF) = $(1+MR) \times \dfrac{\rho_1}{\rho_2}$

여기서 MR(혼합율) = $\dfrac{첨가제의\ 질량}{폐기물의\ 질량}$

$= \dfrac{20kg}{20kg} = 1.0$

따라서 VCF = $(1+1.0) \times \dfrac{2.0g/cm^3}{2.8g/cm^3} = 1.43$

27 공극율이 0.4인 토양이 깊이 5m까지 오염되어 있다면 오염된 토양의 m^2당 공극의 체적은 몇 m^3인가?

㉮ $1.0m^3$ ㉯ $1.5m^3$
㉰ $2.0m^3$ ㉱ $2.5m^3$

▶ **풀이** 공극의 체적(m^3)
= 면적(m^2)×깊이(m)×공극율
= $1m^2 \times 5m \times 0.4$
= $2.0m^3$

28 고형물 농도가 80,000ppm인 농축 슬러지량 $20m^3/hr$를 탈수하기 위해 개량제($Ca(OH)_2$)를 고형물당 10wt% 주입하여 함수율 85wt%인 슬러지 cake을 얻었다면 예상슬러지 cake의 량(m^3/hr)은 얼마인가? (단, 비중은 1.0 기준이다.)

㉮ 약 $7.3m^3/hr$ ㉯ 약 $9.6m^3/hr$
㉰ 약 $11.7m^3/hr$ ㉱ 약 $13.2m^3/hr$

▶ **풀이** Cake의 발생량(m^3/hr)

$= \dfrac{고형물의\ 농도(kg/m^3) \times 슬러지량(m^3/hr) \times 소석회\ 첨가량}{비질량(kg/m^3)}$

$\times \dfrac{100}{100-함수율(\%)}$

$= \dfrac{80kg/m^3 \times 20m^3/hr \times 1.1}{1,000kg/m^3} \times \dfrac{100}{100-85\%}$

$= 11.73m^3/hr$

TIP
① 소석회 첨가량은 고형물당 10%이므로 110%가 되므로 1.1이다.
② 비중 1.0 = $1.0ton/m^3$ = $1,000kg/m^3$
③ ppm(mg/L) $\xrightarrow{\times 10^{-3}}$ kg/m^3

answer 25 ㉯ 26 ㉱ 27 ㉰ 28 ㉰

29 인구가 400,000명인 어느 도시의 쓰레기 배출 원단위가 1.2kg/인·일이고, 밀도는 0.45t/m³으로 측정되었다. 이러한 쓰레기를 분쇄하여 그 용적이 2/3로 되었으며, 이 분쇄된 쓰레기를 다시 압축하면서 또다시 1/3 용적이 축소되었다. 분쇄만 하여 매립할 때와 분쇄, 압축 후에 매립할 때에 양자간의 년간 매립소요면적의 차이는 얼마인가? (단, Trench 깊이는 4m이며 기타 조건은 고려하지 않는다.)

㉮ 약 12,820m²   ㉯ 약 16,230m²
㉰ 약 21,630m²   ㉱ 약 28,540m²

풀이 매립면적(m²/년)

$= \dfrac{\text{폐기물 발생량(kg/년)} \times (1 - \text{부피감소율})}{\text{밀도(kg/m}^3) \times \text{깊이(m)}}$

① 분쇄한 경우 매립면적(m²/년)

$= \dfrac{1.2\text{kg/인·일} \times 400{,}000\text{인} \times 365\text{일/년} \times \frac{2}{3}}{450\text{kg/m}^3 \times 4\text{m}}$

$= 64{,}888.89\text{m}^2/\text{년}$

② 분쇄, 압축한 경우 매립면적(m²/년)

$= 64{,}888.89\text{m}^2/\text{년} \times \left(1 - \dfrac{1}{3}\right)$

$= 43{,}259.26\text{m}^2/\text{년}$

③ 소요면적의 차
$= 64{,}888.89\text{m}^2/\text{년} - 43{,}259.26\text{m}^2/\text{년}$
$= 21{,}629.63\text{m}^2/\text{년}$

30 퇴비화는 도시폐기물 중 음식찌꺼기, 낙엽 또는 하수처리장 찌꺼기와 같은 유기물을 안정한 상태의 부식질(humus)로 변화시키는 공정이다. 다음 중 부식질의 특징으로 틀린 것은 어느 것인가?

㉮ 병원균이 사멸되어 거의 없다.
㉯ C/N비가 높아져 토양개량제로 사용된다.
㉰ 물 보유력과 양이온교환능력이 좋다.
㉱ 악취가 없는 안정된 유기물이다.

풀이 ㉯ C/N비는 10~20 정도로 낮은 편이다.

31 플라스틱을 다시 활용하는 방법으로 틀린 것은 어느 것인가?

㉮ 열분해 이용법
㉯ 용융고화재생 이용법
㉰ 유리화 이용법
㉱ 파쇄 이용법

풀이 플라스틱을 재활용하는 방법에는 열분해 이용법, 용융고화재생 이용법, 파쇄 이용법이 있다.

32 건조된 고형물의 비중이 1.42이고 건조 이전의 슬러지 내 고형물 함량이 40%, 건조 질량이 400kg이라고 할 때 건조 이전의 슬러지 케이크의 부피(m³)는 얼마인가?

㉮ 약 0.5m³   ㉯ 약 0.7m³
㉰ 약 0.9m³   ㉱ 약 1.2m³

풀이 ① $\dfrac{1}{\rho_{SL}} = \dfrac{W_{TS}}{\rho_{TS}} + \dfrac{W_P}{\rho_P}$

따라서 $\dfrac{1}{\rho_{SL}} = \dfrac{0.40}{1.42} + \dfrac{0.60}{1.0}$

∴ $\rho_{SL} = 1.134$

answer 29 ㉰   30 ㉯   31 ㉰   32 ㉰

② 슬러지 케이크의 부피(m^3)

$$= \frac{고형물의\ 건조질량(kg)}{비질량(kg/m^3)} \times \frac{100}{100-함수율(\%)}$$

$$= \frac{400kg}{1,134kg/m^3} \times \frac{100}{100-60\%}$$

$$= 0.88m^3$$

TIP
① 비중의 단위 : g/mL = kg/L = ton/m^3
② 비중 $\xrightarrow{\times 10^3}$ 비중량(kg/m^3)

33 가장 흔히 사용되는 고화처리 방법 중의 하나이며 무기성고화재를 사용하여 고농도의 중금속의 폐기에 적합한 화학적 처리 방법은 어느 것인가?

㉮ 피막형성법
㉯ 유리화법
㉰ 시멘트 기초법
㉱ 열가소성 플라스틱법

풀이 ㉰ 시멘트기초법에 대한 설명이며, 핵심 내용은 "고농도 중금속 처리 = 시멘트 기초법"임을 숙지하시면 됩니다.

34 포도당($C_6H_{12}O_6$)만으로 된 유기물 3.0kg이 혐기성 상태에서 완전분해 된다면 생산되는 메탄의 용적(Sm^3)은 얼마인가?

㉮ 약 $0.66Sm^3$ ㉯ 약 $1.12Sm^3$
㉰ 약 $1.43Sm^3$ ㉱ 약 $1.86Sm^3$

풀이 $C_6H_{12}O_6 \rightarrow 3CH_4 + 3CO_2$
180kg : $3 \times 22.4Sm^3$
3.0kg : X
∴ X = $1.12Sm^3$

35 퇴비생산에 영향을 주는 요소에 관한 내용으로 틀린 것은 어느 것인가?

㉮ 수분이 많으면 공극개량제를 이용하여 조절한다.
㉯ 온도는 55 ~ 65℃ 이내로 유지시켜야 병원균을 죽일 수 있다.
㉰ pH는 미생물의 활발한 활동을 위하여 5.5 ~ 8.0 범위가 적당하다.
㉱ C/N비가 너무 크면 퇴비화기간이 짧게 소요된다.

풀이 ㉱ C/N비가 너무 크면 퇴비화에 소요되는 기간이 길어진다.

TIP
① C/N비가 20 이하이면 NH_3가 발생되어 악취가 발생한다.
② C/N비가 80 이상이면 질소분의 함량이 적어 퇴비화에 소요되는 시간이 길어진다.

36 토양오염의 특성에 대한 내용으로 틀린 것은 어느 것인가?

㉮ 오염경로가 다양하다.
㉯ 피해발현이 완만하다.
㉰ 오염의 인지가 용이하다.
㉱ 원상복구가 어렵다.

풀이 ㉰ 오염의 인지가 용이하지 못하다.

answer 33 ㉰ 34 ㉯ 35 ㉱ 36 ㉰

37 수거대상인구가 350,000명인 도시에서 일주일간 수거한 쓰레기의 양이 13,000m³이다. 쓰레기 발생량은 얼마인가?
(단, 쓰레기의 밀도는 0.35t/m³이다.)

㉮ 약 0.005kg/인·일
㉯ 약 0.54kg/인·일
㉰ 약 1.86kg/인·일
㉱ 약 13.0kg/인·일

풀이 쓰레기 발생량(kg/인·일)
$= \dfrac{\text{수거한 쓰레기의 양(kg/일)}}{\text{수거대상 인구수(인)}}$
$= \dfrac{13,000\text{m}^3/\text{주} \times 1\text{주}/7\text{일} \times 350\text{kg/m}^3}{350,000\text{인}}$
$= 1.86\,\text{kg/인·일}$

38 체의 통과 백분율이 10%, 30%, 50%, 60%인 입자의 직경이 각각 0.05mm, 0.15mm, 0.45mm, 0.55mm일 때 곡률계수는 얼마인가?

㉮ 0.82   ㉯ 1.32
㉰ 2.76   ㉱ 3.71

풀이 곡률계수 $= \dfrac{(D_{30\%})^2}{(D_{10\%} \times D_{60\%})}$
$= \dfrac{(0.15\text{mm})^2}{(0.05\text{mm} \times 0.55\text{mm})} = 0.82$

TIP
① 유효입경 $= D_{10\%}$
② 균등계수 $= \dfrac{D_{60\%}}{D_{10\%}}$

39 COD/TOC<2.0, BOD/COD<0.1, COD는 500mg/L 미만인 매립연한 10년 이상된 곳에서 발생된 침출수의 처리공정의 효율성을 틀리게 나타낸 것은 어느 것인가?

㉮ 활성탄 - 불량
㉯ 이온교환수지 - 보통
㉰ 화학적침전(석회투여) - 불량
㉱ 화학적산화 - 보통

풀이 ㉮ 활성탄 - 양호

40 토양오염복원기법 중 Bioventing에 대한 내용으로 틀린 것은 어느 것인가?

㉮ 토양 투수성은 공기를 토양 내에 강제 순환시킬 때 매우 중요한 영향인자이다.
㉯ 오염부지 주변의 공기 및 물의 이동에 의한 오염물질의 확산의 염려가 있다.
㉰ 현장 지반구조 및 오염물 분포에 따른 처리기간의 변동이 심하다.
㉱ 용해도가 큰 오염물질은 많은 양이 토양 수분 내에 용해상태로 존재하게 되어 처리효율이 좋아진다.

풀이 ㉱ 용해도가 큰 오염물질은 많은 양이 토양수분 내에 용해상태로 존재하게 되어 처리효율이 떨어진다.

answer 37 ㉰ 38 ㉮ 39 ㉮ 40 ㉱

| 제3과목 | 폐기물 처분기술

41 가정에서 발생되는 쓰레기를 소각시킨 후 남은 재의 질량은 소각된 쓰레기의 1/5 이다. 쓰레기 100톤을 소각하여 소각재 부피가 20m³이 되었다면 소각재의 밀도(톤/m³)는 얼마인가?

㉮ 2.0톤/m³ ㉯ 1.5톤/m³
㉰ 1.0톤/m³ ㉱ 0.5톤/m³

풀이 소각재의 밀도(톤/m³) = $\dfrac{\text{소각재의 질량(톤)}}{\text{소각재의 부피}(m^3)}$

$= \dfrac{100\text{톤} \times \dfrac{1}{5}}{20m^3} = 1.0\text{톤}/m^3$

42 완전연소일 경우의 (CO₂)max의 값(%)은 어느 것인가? (단, CO₂ : 배출가스 중 CO₂량 (Sm³/Sm³), O₂ : 배출가스 중 O₂량(Sm³/Sm³), N₂ : 배출가스 중 N₂량(Sm³/Sm³))

㉮ $\dfrac{0.21(CO_2)}{0.21-(O_2)} \times 100$

㉯ $\dfrac{(O_2)}{1-0.21(CO_2)} \times 100$

㉰ $\dfrac{0.21(CO_2)}{(CO_2)+(N_2)} \times 100$

㉱ $\dfrac{0.21(CO_2)}{0.21(N_2)-0.79(O_2)} \times 100$

풀이 $CO_2\max(\%) = \dfrac{21 \times (CO_2\% + CO\%)}{21 - O_2\% + 0.395 \times CO\%}$

$= \dfrac{21 \times CO_2\%}{21 - O_2\%}$

43 열분해방법이 소각방법에 비교해서 공해물질 발생면에서 유리한 점으로 볼 수 없는 것은 어느 것인가?

㉮ 중금속의 최소부분만이 재(ash) 속에 고정되며 나머지는 쉽게 분리된다.
㉯ 대기로 방출되는 가스가 적다.
㉰ 고온용융식을 이용하면 재를 고형화할 수 있고 중금속의 용출은 없어서 자원으로서 활용할 수 있다.
㉱ 배기가스 중 질소산화물, 염화수소의 양이 적다.

풀이 ㉮ 황 및 중금속이 회분 속에 고정되는 비율이 크다.

44 다음 중 표면연소에 관한 내용으로 알맞은 것은 어느 것인가?

㉮ 코크스나 목탄과 같은 휘발성 성분이 거의 없는 연료의 연소형태를 말한다.
㉯ 휘발유와 같이 끓는점이 낮은 기름의 연소나 왁스가 액화하여 다시 기화되어 연소하는 것을 말한다.
㉰ 기체연료와 같이 공기의 확산에 의한 연소를 말한다.
㉱ 나이트로글리세린 등과 같이 공기 중 산소를 필요로 하지 않고 분자 자신 속의 산소에 의해서 연소하는 것을 말한다.

풀이 ㉮ 표면연소
㉯ 증발연소
㉰ 확산연소
㉱ 자기연소

answer 41 ㉰ 42 ㉮ 43 ㉮ 44 ㉮

45 발열량 1,000kcal/kg인 쓰레기의 발생량이 20ton/day인 경우, 소각로내 열부하가 50,000kcal/m³·hr인 소각로의 용적(m³)은 얼마인가? (단, 1일 가동시간은 8hr이다.)

㉮ 50m³ ㉯ 60m³
㉰ 70m³ ㉱ 80m³

풀이 소각로 내의 열부하(kcal/m³·h)
$= \dfrac{발열량(kcal/kg) \times 쓰레기\ 발생량(kg/hr)}{소각로의\ 용적(m^3)}$

따라서 $50,000 kcal/m^3 \cdot hr$
$= \dfrac{1,000 kcal/kg \times 20 \times 10^3 kg/day \times 1day/8hr}{소각로의\ 용적(m^3)}$

∴ 소각로의 용적 = 50m³

46 다음의 조건에서 화격자 연소율(kg/m²·hr)은 얼마인가?

- 쓰레기 소각량 : 100,000kg/d
- 1일 가동시간 : 8시간
- 화격자 면적 : 50m²

㉮ 185kg/m²·h ㉯ 250kg/m²·h
㉰ 320kg/m²·h ㉱ 2300kg/m²·h

풀이 화격자 연소율(kg/m²·hr)
$= \dfrac{쓰레기\ 소각량(kg/hr)}{화격자면적(m^2)}$
$= \dfrac{100,000 kg/day \times 1day/8hr}{50m^2}$
$= 250 kg/m^2 \cdot hr$

47 다단로 소각로방식에 관한 내용으로 잘못된 것은 어느 것인가?

㉮ 온도제어가 용이하고 동력이 적게 들며 운전비가 저렴하다.
㉯ 수분이 적고 혼합된 슬러지 소각에 적합하다.
㉰ 가동부분이 많아 고장율이 높다.
㉱ 24시간 연속운전을 필요로 한다.

풀이 ㉯ 수분이 많고 혼합된 슬러지 소각에 적합하다.

48 고체 및 액체 연료의 연소 이론 산소량을 질량으로 구하는 경우, 산출식으로 알맞은 것은 어느 것인가?

㉮ 2.67C+8H+O+S(kg/kg)
㉯ 3.67C+8H+O+S(kg/kg)
㉰ 2.67C+8H-O+S(kg/kg)
㉱ 3.67C+8H-O+S(kg/kg)

풀이 이론산소량(kg/kg)
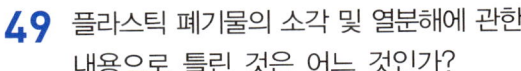
$= 2.67C + 8H - O + S$

49 플라스틱 폐기물의 소각 및 열분해에 관한 내용으로 틀린 것은 어느 것인가?

㉮ 감압증류법은 황의 함량이 낮은 저유황유를 회수할 수 있다.
㉯ 멜라민 수지를 불완전 연소하면 HCN과 NH_3가 생성된다.
㉰ 열분해에 의해 생성된 모노머는 발화성이 크고, 생성가스의 연소성도 크다.
㉱ 고온열분해법에서는 타르, char 및 액체 상태의 연료가 많이 생성된다.

풀이 고온 열분해에서는 가스상태의 연료가 많이 생성되며, ㉱번의 설명은 저온열분해법에 대한 설명이다.

answer 45 ㉮ 46 ㉯ 47 ㉯ 48 ㉰ 49 ㉱

50 유동층 소각로에서 슬러지의 온도가 30℃, 연소온도 850℃, 배기온도 450℃일 때, 유동층 소각로의 열효율(%)은 얼마인가?

㉮ 49% ㉯ 51%
㉰ 62% ㉱ 77%

풀이 열효율(%)
$= \dfrac{연소온도(℃) - 배기온도(℃)}{연소온도(℃) - 슬러지온도(℃)} \times 100$
$= \dfrac{850℃ - 450℃}{850℃ - 30℃} \times 100$
$= 48.78\%$

51 연소에 있어 검댕의 생성에 대한 내용으로 틀린 것은 어느 것인가?

㉮ A중유 < B중유 < C중유 순으로 검댕이 발생한다.
㉯ 공기비가 매우 적을 때 다량 발생한다.
㉰ 중합, 탈수소축합 등의 반응을 일으키는 탄화수소가 적을수록 검댕은 많이 발생한다.
㉱ 전열면 등으로 발열속도 보다 방열속도가 빨라서 화염의 온도가 저하될 때 많이 발생한다.

풀이 ㉰ 중합, 탈수소축합 등의 반응을 일으키는 탄화수소가 적을수록 검댕은 적게 발생한다.

52 소각로에서 쓰레기의 소각과 동시에 배출되는 가스성분을 분석한 결과 N_2 85%, O_2 6%, CO 1%와 같은 조성을 나타냈다. 이 때 이 소각로의 공기비는 얼마인가? (단, 쓰레기에는 질소, 산소 성분이 없다고 가정한다.)

㉮ 1.25 ㉯ 1.32
㉰ 1.81 ㉱ 2.28

풀이 공기비(m) $= \dfrac{N_2(\%)}{N_2(\%) - 3.76(O_2\% - 0.5CO\%)}$
$= \dfrac{85\%}{85\% - 3.76 \times (6\% - 0.5 \times 1\%)}$
$= 1.32$

53 공기비가 클 때 일어나는 현상으로 틀린 것은 어느 것인가?

㉮ 연소가스가 폭발할 위험이 커진다.
㉯ 연소실의 온도가 낮아진다.
㉰ 부식이 증가한다.
㉱ 열손실이 커진다.

풀이 공기비(m)가 클 경우 발생하는 현상
① 연소실에서 연소온도가 낮아진다.(연소실의 냉각 효과를 가져옴)
② 통풍력이 강하여 배기가스에 의한 열손실이 증대된다.
③ 황산화물과 질소산화물의 함량이 증가하여 부식이 촉진된다.
④ CH_4, CO 및 C 등 물질의 농도가 감소한다.
⑤ 방지시설의 용량이 커지고 에너지 손실이 증가한다.
⑥ 희석효과가 높아져 연소 생성물의 농도가 감소한다.

answer 50 ㉮ 51 ㉰ 52 ㉯ 53 ㉮

54 연소공정 중 연소실에 관한 내용으로 잘못된 것은 어느 것인가?

㉮ 연소실의 운전척도는 공기/연료비, 혼합정도, 연소온도 등이 있고 연소실의 크기는 충분히 커야 한다.
㉯ 연소실은 1차 및 2차 연소실로 구성되는데 주입폐기물을 건조, 휘발, 점화시켜 연소시키는 곳은 2차 연소실이다.
㉰ 연소실의 연소온도는 600~1,000℃이며, 연소실의 크기는 주입폐기물 톤당 0.4~0.6m^3/일로 설계한다.
㉱ 연소로 모양은 직사각형, 수직원통형, 혼합형, 로타리킬른형 등이 있는데, 대부분이 직사각형의 연소로이다.

풀이 ㉯ 연소실은 1차 및 2차 연소실로 구성되는데 주입폐기물을 건조, 휘발, 점화시켜 연소시키는 곳은 1차 연소실이다.

55 전기집진장치에 관한 내용으로 잘못된 것은 어느 것인가?

㉮ 회수가치성이 있는 입자 포집이 가능하다.
㉯ 고온가스, 대량의 가스처리가 가능하다.
㉰ 전압변동과 같은 조건변동에 쉽게 적응하기 어렵다.
㉱ 유지관리가 어렵고 유지비가 많이 소요된다.

풀이 ㉱ 유지관리가 용이하고 유지비가 적게 소요된다.

56 연소방법에 따른 소각로 종류에 대한 내용으로 틀린 것은 어느 것인가?

㉮ 준연속식 소각로는 회분식 소각로와 같이 쓰레기를 간헐적으로 투입하나 화격자를 건조층과 연소층으로 구분하여 건조 및 연소속도를 향상시킨 소각로이다.
㉯ 회분식 기계화 소각로는 재나 불연잔사물의 배출을 자동화하여 회분식 소각로의 단점을 보완한 것이다.
㉰ 회분식 소각로는 간단한 구조를 갖는 것이 일반적이며 처리량은 로당 20ton/day가 일반적이다.
㉱ 완전연속식 소각로는 계장장비를 완비하고 적은 작업인원으로 24시간 연속운전이 가능한 소각로이다.

풀이 ㉮ 준연속식 소각로는 연속식에 비해 설치비나 유지비, 관리비를 줄이기 위해서 부분적으로 간소화하며 수동운전을 할 수 있도록 한 소각로이며 1일 16시간 정도 운전한다.

57 분자식 C_mH_n인 탄화수소가스 1Sm^3의 완전연소에 필요한 이론공기량(Sm^3)은 얼마인가?

㉮ 4.76m+1.19n ㉯ 5.67m+0.73n
㉰ 8.89m+2.67n ㉱ 1.867m+5.67n

풀이 ① 완전연소 반응식
$$C_mH_n + \left(m+\frac{n}{4}\right)O_2 \rightarrow mCO_2 + \frac{n}{2}H_2O$$
② 이론산소량 = $\left(m+\frac{n}{4}\right)(Sm^3/Sm^3)$
③ 이론공기량(Sm^3/Sm^3)
  = 이론산소량(Sm^3/Sm^3) × $\frac{1}{0.21}$
  = $\dfrac{\left(m+\frac{n}{4}\right)(Sm^3/Sm^3)}{0.21}$
  = 4.76m + 1.19n

answer 54 ㉯ 55 ㉱ 56 ㉮ 57 ㉮

58 10g의 RDF를 열용량이 8,600cal/°C인 열량계에서 연소하였다. 감지된 온도상승은 4.72°C이다. 이 시료의 발열량은 얼마인가?

㉮ 3,544cal/g ㉯ 3,672cal/g
㉰ 4,059cal/g ㉱ 4,201cal/g

풀이 시료의 발열량 = $8,600\text{cal}/°C \times \dfrac{4.72°C}{10g}$
= 4,059.2 cal/g

59 완전건조된 폐기물 10,000kg/h을 소각할 때 폐기물 중 유기물성분이 60%이면 굴뚝으로부터 배출되는 배기가스의 열량(kJ/h)은 얼마인가? (단, 건조기준으로 유기물의 연소열은 19,193kJ/kg으로 가정하며, 복사에 의한 열손실은 입력의 5%이고, 발생열의 10%가 소각재에 잔존한다고 가정한다.)

㉮ 98×10^6 kJ/h ㉯ 109×10^6 kJ/h
㉰ 116×10^6 kJ/h ㉱ 125×10^6 kJ/h

풀이 입열 = 출열
① 입열 = 연소열×소각폐기물량(kg/hr)
$\times \dfrac{\text{휘발성 고형물}(\%)}{100}$
= 19,193kJ/kg×10,000kg/hr×0.60
= 1.15×10^8 kJ/hr
② 복사에 의한 열손실 = 1.15×10^8 kJ/hr×0.05
= 5.75×10^6 kJ/hr
③ 소각재의 열 = 1.15×10^8 kJ/hr×0.10
= 1.15×10^7 kJ/hr
④ 입열 = 복사에 의한 열손실+소각재의 열
+ 배기가스의 열량
1.15×10^8 kJ/hr = 5.75×10^6 kJ/hr+1.15×10^7 kJ/hr
+배기가스의 열량
∴ 배기가스의 열량 = 98×10^6 kJ/hr

60 소각로에 열교환기를 설치, 배기가스의 열을 회수하여 급수 예열에 사용할 때 급수 출구 온도(°C)는 얼마인가? (단, 배기가스량 : 100kg/hr, 급수량 : 200kg/hr, 배기가스 열교환기 유입온도 : 500°C, 출구온도 : 200°C, 급수의 입구온도 : 10°C, 배기가스 정압비열 : 0.24kcal/kg · °C)

㉮ 26°C ㉯ 36°C
㉰ 46°C ㉱ 56°C

풀이 ① 배기가스의 열량 계산
열량 = 배기가스량(kg/hr)×배기가스의 비열
(kcal/kg · °C)×온도차(°C)
= 100kg/hr×0.24kcal/kg · °C
×(500-200)°C
= 7,200kcal/hr
② 물의 열량 계산
열량 = 급수량(kg/hr)×물의 비열(kcal/kg · °C)
×온도차(°C)
= 200kg/hr×1.0kcal/kg · °C×(t-10°C)
③ 배기가스의 열량 = 물의 열량
7,200kcal/hr = 200kg/hr×1.0kcal/kg · °C×(t-10°C)
∴ t = $\dfrac{7,200\text{kcal/hr}}{200\text{kg/hr} \times 1.0\text{kcal/kg} \cdot °C} + 10°C = 46°C$

answer 58 ㉰ 59 ㉮ 60 ㉰

| 제4과목 | 폐기물공정시험기준

61 마이크로파 분해장치에 관한 내용으로 틀린 것은 어느 것인가?

㉮ 산과 함께 시료를 용기에 넣어 마이크로파를 가하면 강산에 의해 시료가 산화된다.
㉯ 극성성분들의 빠른 진동과 충돌에 의하여 시료의 분자 결합이 절단되어 시료가 이온상태의 수용액으로 분해된다.
㉰ 유기물이 소량 함유된 시료의 전처리에 자주 이용된다.
㉱ 이 장치는 가열속도가 빠르고 재현성이 좋다.

풀이 ㉰ 유기물이 다량 함유된 시료의 전처리에 자주 이용된다.

62 자외선/가시선 분광법에서 시료액의 흡수파장이 약 370nm 이하일 때 어떤 흡수셀을 일반적으로 사용하는가?

㉮ 10mm셀　　㉯ 석영흡수셀
㉰ 경질유리흡수셀　㉱ 플라스틱셀

풀이 흡수셀
① 흡수파장이 약 370nm 이상 : 석영 또는 경질유리 흡수셀
② 흡수파장이 약 370nm 이하 : 석영 흡수셀

63 폐기물공정시험기준에서 시안분석방법으로 알맞은 것은 어느 것인가?

㉮ 원자흡수분광광도법
㉯ 이온전극법
㉰ 기체크로마토그래피
㉱ 유도결합플라즈마-원자발광분광법

풀이 시안(CN)의 측정방법은 자외선/가시선분광법, 이온전극법, 연속흐름법이다.

64 다음은 자외선/가시선 분광광도계의 광원에 대한 내용이다. ( )안에 알맞은 말은 어느 것인가?

> 광원부의 광원으로 가시부와 근적외부의 광원으로는 주로 (①)를 사용하고 자외부의 광원으로는 주로 (②)을 사용한다.

㉮ ① 텅스텐램프, ② 중수소 방전관
㉯ ① 중수소 방전관, ② 텅스텐램프
㉰ ① 할로겐램프, ② 헬륨 방전관
㉱ ① 헬륨 방전관, ② 할로겐램프

풀이 자외선/가시선 분광법의 광원
① 가시부와 근적외부 : 텅스텐램프
② 자외부 : 중수소방전관

answer　61 ㉰　62 ㉯　63 ㉯　64 ㉮

65 용출시험방법의 용출조작에 대한 내용으로 틀린 것은 어느 것인가?

㉮ 시료액의 조제가 끝난 혼합액은 유리섬유 여과지로 여과하여 진탕용 시료로 사용한다.
㉯ 진탕용 시료는 분당 약 200회, 진폭 4~5cm인 진탕기를 사용하여 6시간 연속 진탕한다.
㉰ 원심분리기를 사용할 필요가 있는 경우는 3,000rpm 이상으로 20분 이상 원심분리한다.
㉱ 시료를 원심분리한 경우는 상징액을 적당량 취하여 용출시험용 시료용액으로 한다.

▶풀이 ㉮ 시료액의 조제가 끝난 혼합액은 유리섬유 여과지로 여과하여 용출시험용액으로 사용한다.

66 유리전극법을 이용하여 수소이온농도를 측정할 때 적용범위 기준으로 알맞은 것은 어느 것인가?

㉮ pH를 0.01까지 측정한다.
㉯ pH를 0.05까지 측정한다.
㉰ pH를 0.1까지 측정한다.
㉱ pH를 0.5까지 측정한다.

▶풀이 유리전극법으로 수소이온농도 분석 시 적용범위는 pH를 0.01까지 측정한다.

67 pH 표준용액 조제에 대한 내용으로 틀린 것은 어느 것인가?

㉮ 염기성 표준용액은 산화칼슘(생석회) 흡수관을 부착하여 2개월 이내에 사용한다.
㉯ 조제한 pH 표준용액은 경질유리병에 보관한다.
㉰ 산성표준용액은 3개월 이내에 사용한다.
㉱ 조제한 pH 표준용액은 폴리에틸렌병에 보관한다.

▶풀이 ㉮ 염기성 표준용액은 산화칼슘(생석회) 흡수관을 부착하여 1개월 이내에 사용한다.

68 크롬함량을 자외선/가시선 분광법에 의해 정량하고자 할 때 다음 설명 중 틀린 것은 어느 것인가?

㉮ 흡광도는 540nm에서 측정한다.
㉯ 발색 시 황산의 최적농도는 0.1M이다.
㉰ 시료 중 철이 20mg 이하로 공존할 경우에는 다이페닐카바자이드용액을 넣기 전에 피로인산나트륨·10수화물 용액(5%) 2mL를 넣어 주면 간섭을 줄일 수 있다.
㉱ 시료의 전처리에서 다량의 황산을 사용하였을 경우에는 시료에 무수황산나트륨 20mg을 넣고 가열하여 황산의 백연을 발생시켜 황산을 제거한 후 황산(1+9) 3mL를 넣고 실험한다.

▶풀이 ㉰ 시료 중 철이 2.5mg 이하로 공존할 경우에는 다이페닐카바자이드용액을 넣기 전에 피로인산나트륨·10수화물 용액(5%) 2mL를 넣어 주면 간섭을 줄일 수 있다.

answer 65 ㉮ 66 ㉮ 67 ㉮ 68 ㉰

69 시료채취시 대상폐기물의 양이 10톤인 경우 시료의 최소수는 얼마인가?

㉮ 10 ㉯ 14
㉰ 20 ㉱ 24

풀이 대상폐기물의 양과 시료의 최소 수

대상폐기물의 양 (단위 : ton)	시료의 최소 수	대상폐기물의 양 (단위 : ton)	시료의 최소 수
~1 미만	6	100 이상~ 500 미만	30
1 이상~5 미만	10	500 이상~1,000 미만	36
5 이상~30 미만	14	1,000 이상~ 5,000 미만	50
30 이상~100 미만	20	5,000 이상	60

70 크롬의 원자흡수분광광도법에 의한 측정에서 공기-아세틸렌 불꽃으로는 철, 니켈 등에 기인한 방해영향이 크다. 이때의 대책으로 가장 알맞은 것은 어느 것인가?

㉮ 황산나트륨을 1% 정도 넣어서 측정한다.
㉯ 수소 - 공기 - 알곤 불꽃으로 바꾸어 측정한다.
㉰ 수소 - 산소 불꽃으로 바꾸어 측정한다.
㉱ 이소부틸케톤 용액 20mL를 넣어 측정한다.

풀이 크롬의 원자흡수분광광도법에서 "철, 니켈의 방해는 황산나트륨 주입"임을 숙지하시면 됩니다.

71 유기인의 정제용 컬럼으로 알맞지 않은 것은 어느 것인가?

㉮ 실리카겔 컬럼 ㉯ 플로리실 컬럼
㉰ 활성탄 컬럼 ㉱ 실리콘 컬럼

풀이 유기인의 정제용 컬럼으로는 실리카겔 컬럼, 플로리실 컬럼, 활성탄 컬럼이 있다.

72 다량의 점토질 또는 규산염을 함유한 시료에 적용되는 시료의 전처리 방법으로 알맞은 것은 어느 것인가?

㉮ 질산 - 과염소산 - 불화수소산에 의한 유기물 분해
㉯ 질산 - 염산에 의한 유기물 분해
㉰ 질산 - 과염소산에 의한 유기물 분해
㉱ 질산 - 황산에 의한 유기물 분해

풀이 시료의 전처리방법(산분해법)
① 질산 분해법 : 유기물 함량이 낮은 시료
② 질산 - 염산 분해법 : 유기물 함량이 비교적 높지 않고 금속의 수산화물, 산화물, 인산염 및 황화물을 함유하고 있는 시료
③ 질산 - 황산 분해법 : 유기물 등을 많이 함유하고 있는 대부분의 시료
④ 질산 - 과염소산 분해법 : 유기물을 높은 비율로 함유하고 있으면서 산화분해가 어려운 시료
⑤ 질산 - 과염소산 - 불화수소산 분해법 : 점토질 또는 규산염이 높은 비율로 함유된 시료에 적용

TIP
암기법
질낮은 시료는/염산인금주고/황많은/과산화가 어려우면/과불점규로 한다.

73 원자흡수분광광도계에 대한 내용으로 잘못된 것은 어느 것인가?

㉮ 광원부, 시료원자화부, 파장선택부 및 측광부로 구성되어 있다.
㉯ 일반적으로 가연성기체로 아세틸렌을, 조연성기체로 공기를 사용한다.
㉰ 단광속형과 복광속형으로 구분된다.
㉱ 광원으로 좁은 선폭과 낮은 휘도를 갖는 스펙트럼을 방사하는 납 음극램프를 사용한다.

풀이 ㉱ 광원으로 좁은 선폭과 높은 휘도를 갖는 스펙트럼을 방사하는 납 음극램프를 사용한다.

answer 69 ㉯ 70 ㉮ 71 ㉱ 72 ㉮ 73 ㉱

74 폐기물분석을 위한 일반적 총칙에 대한 내용으로 틀린 것은 어느 것인가?

㉮ 천분율을 표시할 때는 g/L, g/kg의 기호를 쓴다.
㉯ "바탕시험을 하여 보정한다"라 함은 시료에 대한 처리 및 측정을 할 때, 시료를 사용하지 않고 같은 방법으로 조작한 측정치를 빼는 것을 뜻한다.
㉰ 진공이라 함은 따로 규정이 없는 한 15mmH$_2$O 이하를 말한다.
㉱ 방울수라 함은 20℃에서 정제수 20방울을 적하할 때, 그 부피가 약 1mL 되는 것을 뜻한다.

풀이 ㉰ 진공이라 함은 따로 규정이 없는 한 15mmHg 이하를 말한다.

75 온도의 표시방법으로 틀린 것은 어느 것인가?

㉮ 실온은 1~25℃로 한다.
㉯ 찬곳은 따로 규정이 없는 한 0~15℃인 곳을 뜻한다.
㉰ 온수는 60~70℃를 말한다.
㉱ 냉수는 15℃ 이하를 말한다.

풀이 ㉮ 실온은 1~35℃로 한다.

76 총칙에 대한 설명으로 알맞은 것은 어느 것인가?

㉮ "고상폐기물"이라 함은 고형물의 함량이 5% 이상인 것을 말한다.
㉯ "반고상폐기물"이라 함은 고형물의 함량이 10% 미만인 것을 말한다.
㉰ "방울수"라 함은 4℃에서 정제수 20방울을 적하할 때 그 부피가 약 1mL 되는 것을 뜻한다.
㉱ "온수"는 60~70℃를 말한다.

풀이 ㉮ "고상폐기물"이라 함은 고형물의 함량이 15% 이상인 것을 말한다.
㉯ "반고상폐기물"이라 함은 고형물의 함량이 5% 이상 15% 미만인 것을 말한다.
㉰ "방울수"라 함은 20℃에서 정제수 20방울을 적하할 때 그 부피가 약 1mL 되는 것을 뜻한다.

77 감염성 미생물의 분석방법으로 틀린 것은 어느 것인가?

㉮ 아포균 검사법
㉯ 열멸균 검사법
㉰ 세균배양 검사법
㉱ 멸균테이프 검사법

풀이 감염성 미생물의 분석방법으로는 아포균 검사법, 세균배양 검사법, 멸균테이프 검사법이 있다.

78 유도결합플라스마-원자발광분광기의 일반적인 구성으로 알맞은 것은 어느 것인가?

㉮ 광원부, 파장선택부, 시료부 및 측광부로 구성된다.
㉯ 시료도입부, 고주파전원부, 광원부, 분광부, 연산처리부 및 기록부로 구성된다.
㉰ 시료도입부, 시료원자화부, 분광부, 측광부, 연산처리부로 구성된다.
㉱ 광원부, 분광부, 단색화부, 고주파전원부, 측광부 및 기록부로 구성된다.

풀이 유도결합플라스마-원자발광분광기의 구성 순서 암기법은 "유도는 시고 광분 연기이다."로 숙지하시면 됩니다.

---

answer 74 ㉰ 75 ㉮ 76 ㉱ 77 ㉯ 78 ㉯

79 X선 회절기법으로 석면 측정시 X선 회절기로 판단할 수 있는 석면의 정량범위는 얼마인가?

㉮ 0.1 ~ 100.0wt% ㉯ 1.0 ~ 100.0wt%
㉰ 0.1 ~ 10.0wt%   ㉱ 1.0 ~ 10.0wt%

풀이 석면의 분석방법과 정량범위
① 편광현미경법 : 1 ~ 100.0%
② X선 회절기법 : 0.1 ~ 100.0wt%

80 강열감량 측정 실험에서 다음 데이터를 얻었다. 유기물 함량(%)은 얼마인가?

- 증발용기의 질량(W_1) = 30.5238g
- 강열 전 증발용기와 시료의 질량(W_2) = 58.2695g
- 강열 후 증발용기와 시료의 질량(W_3) = 43.3767g

㉮ 49.56%   ㉯ 51.69%
㉰ 53.68%   ㉱ 95.88%

풀이
$$유기물함량(\%) = \left(\frac{W_2 - W_3}{W_2 - W_1}\right) \times 100$$
$$= \left(\frac{58.2695g - 43.3767g}{58.2695g - 30.5238g}\right) \times 100$$
$$= 53.68\%$$

answer 79 ㉮   80 ㉰

2015년 2회 기출문제

| 제1과목 | 폐기물개론

01 폐기물의 재활용 기술 중에 RDF(Refuse Derived Fuel)가 있다. RDF를 만들기 위한 조건으로 틀린 것은 어느 것인가?

㉮ 칼로리가 높아야 하므로 고분자 물질인 PVC 함량을 높여야 한다.
㉯ 재의 함량이 적어야 한다.
㉰ 저장 및 운반이 용이해야 한다.
㉱ 대기오염도가 낮아야 한다.

풀이 ㉮ 칼로리는 높아야 하고, 고분자 물질인 PVC 함량은 낮아야 한다.

02 퇴비화의 진행 시간에 따른 온도의 변화 단계가 순서대로 바르게 나열된 것은 어느 것인가?

㉮ 고온단계 - 중온단계 - 냉각단계 - 숙성단계
㉯ 중온단계 - 고온단계 - 냉각단계 - 숙성단계
㉰ 숙성단계 - 고온단계 - 중온단계 - 냉각단계
㉱ 숙성단계 - 중온단계 - 고온단계 - 냉각단계

풀이 퇴비화의 진행 시간에 따른 온도의 변화 단계 순서는 중온단계 → 고온단계 → 냉각단계 → 숙성단계 순서이며, 암기법은 퇴비화 온도변화는 "중고냉숙"으로 숙지하시면 됩니다.

03 파쇄시의 에너지 소모량을 예측하기 위한 여러 모델들 중 다음 식의 형태로 요약되는 법칙과 관계가 없는 것은 어느 것인가?

$$\frac{dE}{dL} = -CL^{-n}$$

(단, E : 폐기물 파쇄에너지, L : 입자의 크기, n : 상수, C : 상수)

㉮ Rittinger의 법칙
㉯ Kick의 법칙
㉰ Caster의 법칙
㉱ Bond의 법칙

풀이 파쇄에 대한 법칙은 Rittinger의 법칙, Kick의 법칙, Bond의 법칙이 있다.

04 적환장의 설치가 필요한 경우로 틀린 것은 어느 것인가?

㉮ 고밀도 거주지역이 존재할 때
㉯ 작은 용량의 수집차량을 사용할 때
㉰ 슬러지 수송이나 공기수송 방식을 사용할 때
㉱ 불법투기와 다량의 어지러진 쓰레기들이 발생할 때

풀이 ㉮ 저밀도 거주지역이 존재할 때

answer 01 ㉮ 02 ㉯ 03 ㉰ 04 ㉮

05 투입량이 1.0t/hr이고, 회수량이 600kg/hr(그 중 회수대상물질은 550kg/hr)이며 제거량은 400kg/hr(그 중 회수대상물질은 70kg/hr)일 때 선별효율(%)은 얼마인가? (단, Rietema식을 적용하시오.)

㉮ 87% ㉯ 84%
㉰ 79% ㉱ 76%

풀이 Rietema의 선별효율(E)
$$= \left| \left(\frac{X_c}{X_i} - \frac{Y_c}{Y_i} \right) \right| \times 100(\%)$$
$$= \left| \frac{550 \text{kg/hr}}{620 \text{kg/hr}} - \frac{50 \text{kg/hr}}{380 \text{kg/hr}} \right| \times 100(\%)$$
$$= 75.55\%$$

TIP
① X_i(투입량 중 회수대상물질) = 620kg/hr
　X_o(제거량 중 회수대상물질) = 70kg/hr
　X_c(회수량 중 회수대상물질) = 550kg/hr
　Y_i(투입량 중 비회수대상물질) = 380kg/hr
　Y_o(제거량 중 비회수대상물질) = 330kg/hr
　Y_c(회수량 중 비회수대상물질) = 50kg/hr
② Worrell식의 선별효율(E)
$$= \left(\frac{X_c}{X_i} \times \frac{Y_o}{Y_i} \right) \times 100$$

06 쓰레기 시료 100kg의 습윤조건 질량 및 함수율 측정결과가 다음과 같을 때 이 시료의 건조 질량(kg)은 얼마인가?

성분	습윤상태의 질량(kg)	함수율(%)
음식류	70	60
목재류	13	18
종이류	9	12
기타	8	10

㉮ 39kg ㉯ 46kg
㉰ 54kg ㉱ 62kg

풀이 ① 쓰레기의 평균함수율(%)을 계산한다.
평균함수율(%)
$$= \frac{70\text{kg} \times 60\% + 13\text{kg} \times 18\% + 9\text{kg} \times 12\% + 8\text{kg} \times 10\%}{70\text{kg} + 13\text{kg} + 9\text{kg} + 8\text{kg}}$$
$$= 46.22\%$$
② 시료의 건조질량(kg)을 계산한다.
건조질량(kg)
$$= 쓰레기의 시료량(\text{kg}) \times \frac{100 - 함수율(\%)}{100}$$
$$= 100\text{kg} \times \left(\frac{100 - 46.22\%}{100} \right) = 53.78\text{kg}$$

07 다음과 같은 조성의 폐기물의 저위발열량(kcal/kg)을 Dulong식을 이용하여 계산하면 얼마인가? (단, 탄소, 수소, 황의 연소발열량은 각각 8,100kcal/kg, 34,000 kcal/kg, 2,500kcal/kg으로 한다.)

조성(%) : 휘발성고형물 = 50, 회분 = 50 이며, 휘발성고형물의 원소분석결과는 C = 50, H = 30, O = 10, N = 10이다.

㉮ 약 5,200kcal/kg ㉯ 약 5,700kcal/kg
㉰ 약 6,100kcal/kg ㉱ 약 6,400kcal/kg

풀이 ① Dulong식의 고위발열량(Hh)을 계산한다.
$$Hh = 8,100C + 34,000\left(H - \frac{O}{8}\right) + 2,500S (\text{kcal/kg})$$
$$= 8,100 \times 0.5 \times 0.5 + 34,000$$
$$\times \left(0.5 \times 0.3 - \frac{0.5 \times 0.1}{8} \right)$$
$$= 6,912.5 \text{kcal/kg}$$
② 저위발열량(Hl)을 계산한다.
$$Hl = Hh - 600(9H + W) (\text{kcal/kg})$$
$$= 6,912.5 \text{kcal/kg} - 600 \times (9 \times 0.5 \times 0.3)$$
$$= 6,102.5 \text{kcal/kg}$$

answer 05 ㉱　06 ㉰　07 ㉰

08 파쇄장치 중 전단식 파쇄기에 대한 내용으로 틀린 것은 어느 것인가?

㉮ 고정칼이나 왕복칼 또는 회전칼을 이용하여 폐기물을 전단한다.
㉯ 충격파쇄기에 비해 대체적으로 파쇄속도가 빠르다.
㉰ 충격파쇄기에 비해 이물질의 혼입에 대하여 약하다.
㉱ 파쇄물의 크기를 고르게 할 수 있다.

풀이 ㉯ 충격파쇄기에 비해 대체적으로 파쇄속도가 느리다.

09 분리수거제도에서 감량화 대책으로 틀린 것은 어느 것인가?

㉮ 수익성, 채산성이 있는 것은 민간이, 민간이 기피하는 것은 공공부문이 역할분담
㉯ 분리대상 재활용품의 품목을 지정
㉰ 쓰레기 수집·운반장비의 기계화·현대화
㉱ 각종 상품구매시에 봉투 사용권장

풀이 ㉱ 각종 상품구매시에 봉투 사용제한

10 생활폐기물 중 포장폐기물 감량화에 대한 내용으로 알맞은 것은 어느 것인가?

㉮ 포장지의 무료제공
㉯ 상품의 포장공간 비율 감소화
㉰ 백화점 자체 봉투 사용 장려
㉱ 백화점에서 구매직후 상품 겉포장 벗기는 행위 금지

풀이 ㉮ 포장지의 무료제공 금지
㉰ 백화점 자체 봉투 사용 금지
㉱ 백화점의 구매상품 겉포장 금지

11 1일 폐기물의 발생량이 2,880m³인 도시에서 3m³ 용적의 차량으로 쓰레기를 매립장까지 운반하고자 한다. 운전시간 16시간, 운반거리 2km, 적재시간 25분, 운송(왕복)시간 25분, 적하시간 10분, 대기차량 2대를 고려하여 소요차량 수(대/일)는 얼마인가?

㉮ 60   ㉯ 62
㉰ 64   ㉱ 66

풀이 차량대수(대/일)

$$= \frac{\text{폐기물 발생량}(m^3/일)}{\text{적재용량}(m^3/대 \cdot 회) \times \text{운전시간}(hr/일) \times \frac{1회}{\text{작업시간}(min)} \times \frac{60min}{1hr}} +$$

$$= \frac{2,880\ m^3/일}{3\ m^3/대 \cdot 회 \times 16\ hr/일 \times \frac{1회}{(25+25+10)min} \times \frac{60min}{1hr}} + 2대$$

$$= 62대$$

12 관거 수거에 관한 내용으로 틀린 것은 어느 것인가?

㉮ 현탁물 수송은 관의 마모가 크고 동력소모가 많은 것이 단점이다.
㉯ 캡슐수송은 쓰레기를 충전한 캡슐을 수송관내에 삽입하여 공기나 물의 흐름을 이용하여 수송하는 방식이다.
㉰ 공기수송은 공기의 동압에 의해 쓰레기를 수송하는 것으로서 진공수송과 가압수송이 있다.
㉱ 공기수송은 고층주택밀집지역에 적합하며 소음방지시설 설치가 필요하다.

풀이 ㉮ 현탁물(slurry) 수송은 관의 마모가 적고 동력소모가 적다.

answer 08 ㉯ 09 ㉱ 10 ㉯ 11 ㉯ 12 ㉮

13 밀도가 200kg/m³인 폐기물을 압축하여 밀도가 500kg/m³가 되도록 하였다면 압축된 폐기물 부피(%)는 얼마인가?

㉮ 초기부피의 25%
㉯ 초기부피의 30%
㉰ 초기부피의 40%
㉱ 초기부피의 45%

풀이
① $V_1 = 1\text{kg} \times \dfrac{1}{200\text{kg/m}^3} = 0.005\text{m}^3$
② $V_2 = 1\text{kg} \times \dfrac{1}{500\text{kg/m}^3} = 0.002\text{m}^3$
③ $\dfrac{V_2}{V_1} = \dfrac{0.002\text{m}^3}{0.005\text{m}^3} \times 100 = 40\%$
④ $V_2 = V_1 \times 40\%$ 이므로 압축된 폐기물의 부피(V_2)는 압축 전 부피(V_1)의 40%에 해당한다.

14 폐기물을 Ultimate Analysis에 의해 분석할 때 분석대상 항목으로 틀린 것은 어느 것인가?

㉮ 질소(N)   ㉯ 황(S)
㉰ 인(P)   ㉱ 산소(O)

풀이 Ultimate Analysis(원소분석)에 의한 분석대상 항목은 탄소(C), 수소(H), 산소(O), 황(S), 질소(N), 수분(H_2O), 염소(Cl)이다.

15 4%의 고형물을 함유하는 슬러지 300m³를 탈수시켜 70%의 함수율을 갖는 케이크를 얻었다면 탈수된 케이크의 양(m³)은 얼마인가? (단, 슬러지의 밀도는 1ton/m³이다.)

㉮ 50m³   ㉯ 40m³
㉰ 30m³   ㉱ 20m³

풀이 $V_1 \times TS_1 = V_2 \times (100 - P_2)$

$300\text{m}^3 \times 4\% = V_2 \times (100 - 70\%)$
∴ $V_2 = \dfrac{300\text{m}^3 \times 4\%}{(100 - 70\%)} = 40\text{m}^3$

16 다음 중 유해폐기물의 불법매립과 가장 관련이 깊은 사건은 어느 것인가?

㉮ 러브커넬 사건   ㉯ 도노라 사건
㉰ 뮤즈계곡 사건   ㉱ 포자리카 사건

풀이 ㉯·㉰·㉱ 사건은 대기오염과 관련된 사건이다.

17 밀도가 350kg/m³인 쓰레기 12m³ 중 비가연성 부분이 질량비로 약 65%를 차지하고 있을 때, 가연성 물질의 양(톤)은 얼마인가?

㉮ 1.32톤   ㉯ 1.38톤
㉰ 1.43톤   ㉱ 1.47톤

풀이 가연성 물질의 양(ton)
= 쓰레기의 양(m³)×밀도(ton/m³)×(1-비가연성 성분)
= 12m³×0.35ton/m³×(1-0.65)
= 1.47ton

18 발열량 분석에 관한 내용으로 틀린 것은 어느 것인가?

㉮ 저위발열량은 소각로 설계기준이 된다.
㉯ 원소분석방법에 의하여 저위발열량을 추정할 수 있다.
㉰ 단열열량계에 의하여 저위발열량을 추정할 수 있다.
㉱ 원소분석방법 중 Steuer의 식은 O가 전부 CO의 형태로 되어 있다고 가정한 경우이다.

풀이 ㉱ 원소분석방법 중 Steuer의 식은 O가 전부 CO_2의 형태로 되어 있다고 가정한 경우이다.

answer 13 ㉰   14 ㉰   15 ㉯   16 ㉮   17 ㉱   18 ㉱

19 분뇨의 함수율이 95%이고 유기물 함량이 고형물질량의 60%를 차지하고 있다. 소화조를 거친 뒤 유기물량을 조사하였더니 원래의 반으로 줄었다고 한다. 소화된 분뇨의 함수율 (%)은 얼마인가? (단, 소화시 수분의 변화는 없다고 가정하고, 분뇨 비중은 1.0으로 가정한다.)

㉮ 95.5% ㉯ 96.0%
㉰ 96.5% ㉱ 97.0%

풀이
소화 후 VS량 = (1-0.95)×0.60×(1-0.50)
            = 0.015
소화 후 FS량 = (1-0.95)×(1-0.60) = 0.02
따라서 소화 후 함수율 = 1 - 소화 후 고형물 함량
                  = 1 - (0.015 + 0.02)
                  = 0.965
따라서 소화 후 함수율은 96.5%이다.

20 폐기물 발생량을 예측하는 방법 중 단지 시간과 그에 따른 쓰레기 발생량(또는 성상)간의 상관관계만을 고려하는 모델은 어느 것인가?

㉮ 동적모사모델
㉯ 발생량 관계 변수법
㉰ 경향법
㉱ 다중회귀모델

풀이 ㉰ 경향법에 대한 설명이며, 핵심 내용인 "시간과 쓰레기 발생량의 상관관계만 고려 = 경향법"임을 숙지하시면 됩니다.

TIP
폐기물(쓰레기) 발생량
① 예측방법 : 다중회귀모델, 동적모사모델, 경향모델
② 조사방법 : 물질수지법, 직접계근법, 적재차량 계수법, 통계조사법

| 제2과목 | 폐기물 재활용 및 자원화 기술

21 매립지의 표면차수막에 대한 내용으로 틀린 것은 어느 것인가?

㉮ 매립지 지반의 투수계수가 큰 경우에 사용한다.
㉯ 지하수 집배수시설이 필요하다.
㉰ 단위면적당 공사비는 비싸나 총공사비는 싸다.
㉱ 보수는 매립 전에는 용이하나 매립 후는 어렵다.

풀이 ㉰ 단위면적당 공사비는 싸지나 총공사비는 비싸다.

22 일반적으로 매립지 침출수 중 중금속의 농도가 가장 높게 나타나는 시기는 어느 단계인가?

㉮ 호기성 단계   ㉯ 산 형성 단계
㉰ 메탄 발효 단계 ㉱ 숙성 단계

풀이 매립지 침출수 중 중금속의 농도가 가장 높게 나타나는 시기는 산 형성 단계이다.

23 매립장에서 침출된 침출수가 다음과 같은 점토로 이루어진 90cm의 차수층을 통과하는데 걸리는 시간(년)은 얼마인가?

- 유효 공극률 : 0.5
- 점토층 하부의 수두는 점토층 아랫면과 일치
- 점토층 투수계수 : 10^{-7}cm/sec
- 점토층 위의 침출수 수두 : 40cm

answer 19 ㉰ 20 ㉰ 21 ㉰ 22 ㉯ 23 ㉯

㉮ 약 8년 ㉯ 약 10년
㉰ 약 12년 ㉱ 약 14년

풀이

$t = \dfrac{d^2 n}{k(d+h)}$

여기서 t : 침출수가 점토층을 통과하는 시간(년)
 d : 점토층의 두께(m)
 n : 유효공극률
 k : 투수계수(m/년)
 h : 침출수 수두(m)

① k(m/년)
$= \dfrac{10^{-7}\text{cm}}{\text{sec}} \times \dfrac{1\text{m}}{10^2\text{cm}} \times \dfrac{3{,}600\text{sec}}{1\text{hr}} \times \dfrac{24\text{hr}}{1\text{day}} \times \dfrac{365\text{day}}{1년}$
$= 3.15 \times 10^{-2}\text{m/년}$

② $t = \dfrac{(0.9\text{m})^2 \times 0.5}{3.15 \times 10^{-2}\text{m/년} \times (0.9\text{m}+0.4\text{m})}$
$= 9.89년$

24 유기물($C_6H_{12}O_6$) 8kg을 혐기성으로 완전 분해할 때 생성될 수 있는 이론적 메탄의 양(Sm^3)은 얼마인가?

㉮ 약 2.0Sm^3 ㉯ 약 3.0Sm^3
㉰ 약 4.0Sm^3 ㉱ 약 5.0Sm^3

풀이

$C_6H_{12}O_6 \rightarrow 3CH_4 + 3CO_2$
 180kg : 3×22.4Sm^3
 8kg : X

∴ $X = \dfrac{8\text{kg} \times 3 \times 22.4Sm^3}{180\text{kg}} = 2.99Sm^3$

25 어느 하수처리장에서 발생한 생슬러지내 고형물은 유기물(VS)이 85%, 무기물(FS)이 15%로 구성되어 있으며, 이를 혐기 소화조에서 처리하자 소화 슬러지내 고형물은 유기물(VS)이 70%, 무기물(FS)이 30%로 되었다면 이 때 소화율(%)은 얼마인가?

㉮ 45.8% ㉯ 48.8%
㉰ 54.8% ㉱ 58.8%

풀이

소화율(%)
$= \left\{1 - \dfrac{소화슬러지(VS_2/FS_2)}{생슬러지(VS_1/FS_1)}\right\} \times 100$
$= \left\{1 - \dfrac{70\%/30\%}{85\%/15\%}\right\} \times 100 = 58.82\%$

26 1일 폐기물 배출량이 700t인 도시에서 도랑(Trench)법으로 매립지를 선정하려 한다. 쓰레기의 압축이 30%가 가능하다면 1일 필요한 면적(m^2)은 얼마인가? (단, 발생된 쓰레기의 밀도는 250kg/m^3, 매립지의 깊이는 2.5m이다.)

㉮ 약 634m^2 ㉯ 약 784m^2
㉰ 약 854m^2 ㉱ 약 964m^2

풀이

매립면적(m^2/일)
$= \dfrac{폐기물발생량(\text{kg/일}) \times (1 - 압축율)}{쓰레기의 밀도(\text{kg}/m^3) \times 매립지 깊이(\text{m})}$
$= \dfrac{700 \times 10^3 \text{kg/일} \times (1-0.30)}{250\text{kg}/m^3 \times 2.5\text{m}}$
$= 784 m^2/일$

27 다음 유해성물질 중 침전, 이온교환기술을 적용하여 처리하기에 가장 어려운 물질은 어느 것인가?

㉮ As ㉯ CN
㉰ Pb ㉱ Hg

풀이 ㉯ 시안(CN)은 알칼리염소법을 이용하여 처리한다.

answer 24 ㉯ 25 ㉱ 26 ㉯ 27 ㉯

28 폐기물의 퇴비화에 관한 내용으로 틀린 것은 어느 것인가?

㉮ 탄질율(C/N)은 퇴비화가 진행되면서 점차 낮아져 최종적으로 30 정도가 된다.
㉯ 폐기물 내에 질소함량이 적은 것은 퇴비화가 잘 되지 않는다.
㉰ pH는 운전 초기에는 5~6 정도로 떨어졌다가 퇴비화됨에 따라 증가하여 최종적으로 8~9 가량이 된다.
㉱ 온도가 서서히 내려가 40℃ 이하 정도가 되면 퇴비화가 거의 완성된 상태로 간주한다.

풀이 ㉮ 탄질율(C/N)은 퇴비화가 진행되면서 점차 낮아져 최종적으로 10 정도가 된다.

29 폐기물 최종처분장의 매립시설에서 저류구조물의 종류 및 특징을 설명한 내용으로 알맞은 것은 어느 것인가?

㉮ 중력식 콘크리트 제방 - 기초지반이 견고해야 한다 - 내진성이 우수해야 한다 - 콘크리트 사용량이 많이 소요된다.
㉯ 아치(Arch)식 콘크리트 제방 - 기초 및 양안이 견고한 암반이어야 한다 - 콘크리트 사용량이 많이 소요된다.
㉰ 균일형 성토 제방 - 시공이 복잡하다 - 배수구를 설치해야 한다 - 안정성이 낮다.
㉱ 존(Zone)형 성토 제방 - 안정성이 낮다 - 제방높이가 높은 경우에 적합하다 - 시공속도가 느리다.

풀이 이 문제는 재출제 시 동일하게 출제될 것으로 예상되는 문제이므로 문제와 정답만 숙지하시면 됩니다.

30 매립지 주위의 우수를 배수하기 위한 배수관의 결정시 고려사항으로 틀린 것은 어느 것인가?

㉮ 수로의 형상은 장방형 또는 사다리꼴이 좋으며 조도계수 또한 크게 하는 것이 좋다.
㉯ 유수단면적은 토사의 혼입으로 인한 유량증가 및 여유고를 고려하여야 한다.
㉰ 우수의 배수에 있어서 토수로의 경우는 평균유속이 3m/sec 이하가 좋다.
㉱ 우수의 배수에 있어서 콘크리트 수로의 경우는 평균유속이 8m/sec 이하가 좋다.

풀이 ㉮ 수로의 형상은 장방형 또는 원형이 좋으며, 조도계수는 작은 것이 좋다.

31 밀도가 1.5g/cm³인 폐기물 10kg에 고형물 재료를 5kg 첨가하여 고형화 시킨 결과 밀도가 6.0g/cm³으로 증가하였다면 폐기물의 부피변화율(VCF)은 얼마인가?

㉮ 0.48   ㉯ 0.42
㉰ 0.38   ㉱ 0.32

풀이
부피변화율(VCF) $= (1+MR) \times \dfrac{\rho_1}{\rho_2}$

여기서 MR : 혼합율
$\left(MR = \dfrac{\text{첨가제의 질량}}{\text{폐기물의 질량}} = \dfrac{5kg}{10kg} = 0.5\right)$
ρ_1 : 고화처리 전 폐기물의 밀도(g/cm³)
ρ_2 : 고화처리 후 폐기물의 밀도(g/cm³)

따라서
부피변화율(VCF)$= (1+0.5) \times \dfrac{1.5g/cm^3}{6.0g/cm^3} = 0.38$

answer 28 ㉮   29 ㉮   30 ㉮   31 ㉰

32 폐기물매립지에서 우수 집배수시설의 기능에 관한 내용으로 틀린 것은 어느 것인가?

㉮ 침출수의 유출이나 누수 및 지하수의 침입을 방지
㉯ 미 매립구역의 우수 등이 매립구역 내로 유입되는 것을 방지
㉰ 기 매립구역의 우수 등이 매립구역 내로 유입되는 것을 방지
㉱ 매립지 주변의 강우 등이 매립지에 유입되는 것을 방지

풀이 ㉮번의 설명은 차수시설의 역할이다.

33 슬러지 개량(conditioning)에 대한 내용으로 틀린 것은 어느 것인가?

㉮ 주로 슬러지의 탈수 성질을 향상시키기 위하여 시행한다.
㉯ 주로 화학약품처리, 열처리를 행하며, 수세나 물리적인 세척방법 등도 효과가 있다.
㉰ 슬러지를 열처리함으로서 슬러지 내의 Colloid와 미세입자 결합을 유도, 고액분리를 쉽게 한다.
㉱ 수세는 주로 혐기성 소화된 슬러지 대상으로 실시하며 소화슬러지의 알칼리도를 낮춘다.

풀이 ㉰ 슬러지를 열처리함으로써 세포가 파괴되면서 수분이 제거되는 방법이다.

34 매립지의 침출수의 특성이 COD/TOC = 1.0, BOD/COD = 0.03이라면 효율성이 가장 양호한 처리공정은 어느 것인가? (단, 매립연한은 15년 정도, COD는 400 mg/L이다.)

㉮ 역삼투
㉯ 화학적 침전(석회투여)
㉰ 화학적 산화
㉱ 이온교환수지

풀이 ㉮ 역삼투에 대한 설명이다.

35 Soil Vaper Extraction(SVE) 기술에 관한 설명으로 틀린 것은 어느 것인가?

㉮ 토양층이 치밀하여 기체 흐름이 어려운 곳에서는 적용이 어렵다.
㉯ 지반구조에 상관없이 총 처리시간을 예측하기가 용이하다.
㉰ 생물학적 처리효율을 높여준다.
㉱ 오염물질의 독성은 변화가 없다.

풀이 ㉯ 지반구조가 복잡하여 총 처리시간을 예측하기가 어렵다.

TIP
Soil Vaper Extraction(SVE)는 토양중기추출법이다.

36 고형화 처리 중 시멘트 기초법에서 가장 흔히 사용되는 보통 포틀랜드 시멘트 성상의 주 성분은 어느 것인가?

㉮ CaO, Al$_2$O$_3$
㉯ CaO, SiO$_2$
㉰ CaO, MgO
㉱ CaO, Fe$_2$O$_3$

풀이 보통 포틀랜드 시멘트 성상의 주 성분은 CaO(석회), SiO$_2$(규산)이다.

answer 32 ㉮ 33 ㉰ 34 ㉮ 35 ㉯ 36 ㉯

37 쓰레기 수거차의 적재능력은 10m³이고, 8톤을 적재할 수 있다. 밀도가 0.7ton/m³인 폐기물 3,000m³을 동시에 수거하려면 몇 대의 수거차가 필요한가?

㉮ 200대 ㉯ 250대
㉰ 300대 ㉱ 350대

풀이 수거차량 대수 = $\dfrac{\text{폐기물량}(m^3)}{\text{적재능력}(m^3/\text{대})}$

= $\dfrac{3,000m^3}{10m^3/\text{대}}$ = 300대

38 다량의 분뇨를 일시에 소화조에 투입할 때 일반적으로 나타나는 장해라 볼 수 없는 것은 어느 것인가?

㉮ 스컴(scum)의 발생 증가
㉯ pH 저하
㉰ 유기산의 저하
㉱ 탈리액의 인출 불균등

풀이 ㉰ 유기산의 증가

39 매립지에서 침출된 침출수 농도가 반으로 감소하는데 약 3년이 걸린다면 이 침출수 농도가 90% 분해되는데 걸리는 시간(년)은 얼마인가? (단, 1차 반응 기준이다.)

㉮ 6년 ㉯ 8년
㉰ 10년 ㉱ 12년

풀이 ① 1차 반응식 $\ln\dfrac{C_t}{C_o} = -k \times t$를 이용한다.

$\ln\dfrac{1}{2} = -k \times 3$년

∴ k = 0.2310/년

② $\ln\dfrac{(100-90)\%}{100\%} = -0.2310/\text{년} \times t$

∴ t = 9.97년

40 쓰레기의 퇴비화 과정에서 총질소 농도의 비율이 증가되는 원인으로 가장 알맞은 것은 어느 것인가?

㉮ 퇴비화 과정에서 미생물의 활동으로 질소를 고정시킨다.
㉯ 퇴비화 과정에서 원래의 질소분이 소모되지 않으므로 생긴 결과이다.
㉰ 질소분의 소모에 비해 탄소분이 급격히 소모되므로 생긴 결과이다.
㉱ 단백질의 분해로 생긴 결과이다.

풀이 퇴비 과정에서는 질소분의 소모에 비해 탄소분이 급격히 소모되므로 총질소의 농도가 증가한다.

| 제3과목 | 폐기물 처분기술

41 어떤 폐기물의 원소조성이 다음과 같을 때 연소시 필요한 이론공기량(kg/kg)은 얼마인가? (단, 질량기준이고, 표준상태기준으로 계산하시오.)

• 가연성분 : 70%
 (C 60%, H 10%, O 25%, S 5%)
• 회분 : 30%

㉮ 6.65kg/kg ㉯ 7.15kg/kg
㉰ 8.35kg/kg ㉱ 9.45kg/kg

answer 37 ㉰ 38 ㉰ 39 ㉰ 40 ㉰ 41 ㉮

풀이 이론공기량(A_o)
$= \left\{2.667C + 8\left(H - \dfrac{O}{8}\right) + S\right\} \times \dfrac{1}{0.232}$
$= 2.667 \times 0.7 \times 0.6 + 8 \times (0.7 \times 0.1$
$\quad - \dfrac{0.7 \times 0.25}{8}) + 0.7 \times 0.05 \} \times \dfrac{1}{0.232}$
$= 6.64 \,\text{kg/kg}$

42 액상폐기물의 소각처리를 위하여 액체 주입형 연소기(Liquid Injection Incinerator)를 사용하고자 할 때 장점으로 틀린 것은 어느 것인가?

㉮ 광범위한 종류의 액상폐기물을 연소할 수 있다.
㉯ 대기오염 방지시설 이외에 소각재의 처리설비가 필요없다.
㉰ 구동장치가 없어서 고장이 적다.
㉱ 대량처리가 가능하다.

풀이 ㉱ 대량처리가 불가능하다.

43 소각할 쓰레기의 양이 12,760kg/day이다. 1일 10시간 소각로를 가동시키고 화격자의 면적이 7.25m²일 경우 이 쓰레기 소각로의 소각능력(kg/m²·hr)은 얼마인가?

㉮ 116 ㉯ 138
㉰ 176 ㉱ 189

풀이 소각로의 소각능력(kg/m²·hr)
$= \dfrac{\text{소각할 쓰레기의 양(kg/hr)}}{\text{화격자 면적(m}^2\text{)}}$
$= \dfrac{12{,}760\,\text{kg/day} \times 1\,\text{day}/10\,\text{hr}}{7.25\,\text{m}^2}$
$= 176\,\text{kg/m}^2 \cdot \text{hr}$

44 쓰레기의 발열량을 H, 불완전연소에 의한 열손실을 Q, 태우고 난 후의 재의 열손실을 R이라 할 때 연소효율(η)을 구하는 공식으로 알맞은 것은 어느 것인가?

㉮ $\eta = \dfrac{H - Q - R}{H}$ ㉯ $\eta = \dfrac{H + Q + R}{H}$

㉰ $\eta = \dfrac{H - Q + R}{H}$ ㉱ $\eta = \dfrac{H + Q - R}{H}$

풀이 연소효율(η)
$= \dfrac{\text{발열량(H)} - \text{불완전연소시 연손실(Q)} - \text{재의 열손실(R)}}{\text{발열량(H)}}$

45 메탄 80%, 에탄 11%, 프로판 6%, 나머지는 부탄으로 구성된 기체연료의 고위발열량이 10,000kcal/Sm³이다. 기체연료의 저위발열량(kcal/Sm³)은 얼마인가? (단, 메탄 : CH_4, 에탄 : C_2H_6, 프로판 : C_3H_8, 부탄 : C_4H_{10}, 부피기준)

㉮ 약 8,100 ㉯ 약 8,300
㉰ 약 8,500 ㉱ 약 8,900

실전문제
과년도 기출문제

풀이 $CH_4 + 2O_2 \rightarrow CO_2 + 2H_2O$: 80%
$C_2H_6 + 3.5O_2 \rightarrow 2CO_2 + 3H_2O$: 11%
$C_3H_8 + 5O_2 \rightarrow 3CO_2 + 4H_2O$: 6%
$C_4H_{10} + 6.5O_2 \rightarrow 4CO_2 + 5H_2O$: 3%
Hl = Hh - 480×H₂O량(kcal/Sm³)
$= 10{,}000\,\text{kcal/Sm}^3 - 480$
$\quad \times (2 \times 0.8 + 3 \times 0.11 + 4 \times 0.06 + 5 \times 0.03)$
$= 8{,}886.4\,\text{kcal/Sm}^3$

answer 42 ㉱   43 ㉰   44 ㉮   45 ㉱

46 SO_2 100kg의 표준상태에서 부피(m^3)는 얼마인가? (단, SO_2는 이상기체이고, 표준상태로 가정한다.)

㉮ $63.3m^3$ ㉯ $59.5m^3$
㉰ $44.3m^3$ ㉱ $35.0m^3$

풀이 이상기체 방정식 $PV = \dfrac{W}{M}RT$ 를 이용한다.

$1atm \times V = \dfrac{100 \times 10^3 g}{64g} \times 0.082 \, atm \cdot L/mol \cdot K \times (273 + 0℃)K$

∴ $V = 34,978.125L = 34.98m^3$

47 다음 중 폐기물의 발열량을 계산하는 공식은 어느 것인가?

㉮ 듀롱(Dulong)의 식
㉯ 보상케 - 사툰(Bosanquet-Sutton)의 식
㉰ 브리그(Briggs)의 식
㉱ 베르누이(Bernoulli)의 식

풀이 ㉮ 듀롱(Dulong)의 식은 고위발열량을 계산하는 공식이며, 고위발열량(Hh) = $8,100C + 34,000(H - \dfrac{O}{8}) + 2,500S$(kcal/kg)이다.

48 옥탄(C_8H_{18})이 완전연소할 때 AFR은 얼마인가? (단, $kgmol_{air}/kgmol_{fuel}$)

㉮ 15.1 ㉯ 29.1
㉰ 32.5 ㉱ 59.5

풀이 AFR(kg mol/kg mol)

$= \dfrac{산소갯수 \times 22.4Sm^3 \times \dfrac{1}{0.21}}{연료갯수 \times 22.4Sm^3}$

$C_8H_{18} + 12.5O_2 \rightarrow 8CO_2 + 9H_2O$
AFR(kg mol/kg mol)

$= \dfrac{12.5 \times 22.4Sm^3 \times \dfrac{1}{0.21}}{1 \times 22.4Sm^3} = 59.52$

TIP 체적비 = Sm^3/Sm^3 = kg mol/kg mol = kmol/kmol

49 유동층 소각로의 장·단점으로 틀린 것은 어느 것인가?

㉮ 기계적 구동부분이 많아 고장율이 높다.
㉯ 연소효율이 높아 미연소분이 적고 2차 연소실이 불필요하다.
㉰ 상(床)으로부터 찌꺼기의 분리가 어렵다.
㉱ 반응시간이 빨라 소각시간이 짧다. (로의 부하율이 높다.)

풀이 ㉮ 기계적 구동부분이 적어 고장율이 낮다.

50 폐기물 소각시스템에서 연소가스 냉각설비로 폐열보일러를 많이 채택하고 있다. 이 폐열 보일러의 구성요소로 틀린 것은 어느 것인가?

㉮ 슈트 블로어
㉯ 증기 복수설비
㉰ 절탄기
㉱ 이류체 압력분무 Nozzle

풀이 ㉱ 이체류 압력분무 노즐은 기체와 액체를 혼합해 분사하는 용도로 사용된다.

answer 46 ㉱ 47 ㉮ 48 ㉱ 49 ㉮ 50 ㉱

51 일반적으로 과열기의 중간 또는 뒤쪽에 배치되어 증기터빈 속에서 팽창하여 포화증기 도달한 증기를 도중에서 이끌어내어 그 압력으로 다시 가열하여 터빈에 되돌려 팽창시키는 열교환기는 어느 것인가?

㉮ 재열기
㉯ 절탄기
㉰ 공기예열기
㉱ 압열기

풀이 ㉮ 재열기에 대한 설명이며, 핵심 내용인 "다시 가열하여 = 재열기"임을 숙지하시면 됩니다.

52 다단로 연소방식의 내용으로 틀린 것은 어느 것인가?

㉮ 다단로는 내화물을 입힌 가열판, 중앙의 회전축, 일련의 평판상을 구성하는 교반팔로 구성되어 있다.
㉯ 천연가스, 프로판, 오일, 폐유 등 다양한 연료를 사용할 수 있다.
㉰ 물리, 화학적 성분이 다른 각종 폐기물을 처리할 수 있다.
㉱ 온도반응이 신속하여 보조연료사용 조절이 용이하다.

풀이 ㉱ 늦은 온도반응 때문에 보조연료 사용을 조절하기 어렵다.

53 다음 중 소각로의 설계공정에서 소각 연소 효율(연소성능)의 영향인자로 틀린 것은 어느 것인가?

㉮ 열 부하율
㉯ 소각온도
㉰ 체류시간
㉱ 산소공급과 난류혼합

풀이 소각로의 완전연소 3대 요소로 충분한 체류시간, 충분한 난류, 적당한 온도가 있다.

54 배연탈황법에 관한 내용으로 틀린 것은 어느 것인가?

㉮ 석회석 슬러리를 이용한 흡수법은 탈황율의 유지 및 스케일 형성을 방지하기 위해 흡수액의 pH를 6으로 조정한다.
㉯ 활성탄흡착법에서 SO_2는 활성탄 표면에서 산화된 후 수증기와 반응하여 황산으로 고정된다.
㉰ 수산화나트륨용액 흡수법에서는 탄산나트륨의 생성을 억제하기 위해 흡수액의 pH를 7로 조정한다.
㉱ 활성산화망간은 상온에서 SO_2 및 O_2와 반응하여 황산망간을 생성한다.

풀이 ㉱ 활성산화망간은 암모니아와 공기(산소)와 반응하여 황산암모늄과 석고 등을 생성한다.

55 폐기물의 저위발열량을 폐기물 3성분 조성비를 바탕으로 추정할 때 다음 중 3가지 성분에 포함되지 않는 것은?

㉮ 수분
㉯ 회분
㉰ 가연성분
㉱ 휘발분

풀이 ① 폐기물의 3성분 : 가연성분, 수분, 회분
② 폐기물의 4성분 : 고정탄소, 휘발분, 수분, 회분

answer 51 ㉮ 52 ㉱ 53 ㉮ 54 ㉱ 55 ㉱

56 기체연료의 장·단점으로 틀린 것은 어느 것인가?

㉮ 연소 효율이 높고 안정된 연소가 된다.
㉯ 완전연소시 많은 과잉공기(200~300%)가 소요된다.
㉰ 설비비가 많이 들고 비싸다.
㉱ 연료의 예열이 쉽고 유황 함유량이 적어 SO_x 발생량이 적다.

풀이 ㉯ 완전연소시 적은 과잉공기량이 소요된다.

57 열분해 공정에 관한 내용으로 틀린 것은 어느 것인가?

㉮ 배기가스량이 적다.
㉯ 환원성 분위기를 유지할 수 있어 3가 크롬이 6가 크롬으로 변화하지 않는다.
㉰ 황분, 중금속분이 재 중에 고정되는 확률이 적다.
㉱ 질소산화물의 발생량이 적다.

풀이 ㉰ 황분, 중금속분이 재 중에 고정되는 확률이 많다.

58 소각로에서 하루 10시간 조업에 10,000kg의 폐기물을 소각처리한다. 소각로내의 열부하는 30,000kcal/m³·hr이고, 로의 체적은 15m³이다. 이 폐기물의 발열량(kcal/kg)은 얼마인가?

㉮ 150kcal/kg   ㉯ 300kcal/kg
㉰ 450kcal/kg   ㉱ 600kcal/kg

풀이 소각내의 열부하(kcal/m³·h)
$= \dfrac{발열량(kcal/kg) \times 폐기물량(kg/hr)}{로의\ 체적(m^3)}$
따라서 $30,000kcal/m^3 \cdot hr$
$= \dfrac{발열량(kcal/kg) \times 10,000kg/10hr}{15m^3}$
$\therefore 발열량 = \dfrac{30,000kcal/m^3 \cdot hr \times 15m^3}{10,000kg/10hr}$
$= 450kcal/kg$

59 준연속 연소식 소각로의 가동시간으로 적당한 설계조건은 어느 것인가?

㉮ 8시간   ㉯ 12시간
㉰ 16시간   ㉱ 18시간

풀이 준연속 연소식 소각로는 1일 16시간 정도를 가동목표로 한다.

60 폐기물 소각공정에서 주요 공정상태를 감시하기 위하여 CCTV(감시용 폐쇄회로 카메라)를 설치한다. CCTV 위치별 설치 목적으로 틀린 것은 어느 것인가?

[조건]
스토커식 소각로, 1일 200톤 소각규모, 1일 24시간 가동기준이다.

㉮ 소각로 - 로내 연소상태 및 화염감시
㉯ 연돌 - 연돌매연 배출감시
㉰ 보일러드럼 - 보일러 내부 화염상태 감시
㉱ 쓰레기투입호퍼 - 호퍼의 투입구 레벨상태 감시

풀이 ㉰ 화염검출기 - 보일러 내부 화염상태 감시

answer 56 ㉯ 57 ㉰ 58 ㉰ 59 ㉰ 60 ㉰

| 제4과목 | 폐기물공정시험기준

61 폐기물공정시험기준에 적용되는 관련 용어에 대한 설명으로 틀린 것은 어느 것인가?

㉮ 반고상폐기물 : 고형물의 함량이 5% 이상 15% 미만인 것을 말한다.
㉯ 비함침성 고상폐기물 : 금속판, 구리선 등 기름을 흡수하지 않는 평면 또는 비평면형태의 변압기 내부부재를 말한다.
㉰ 바탕시험을 하여 보정한다 : 규정된 시료로 같은 방법으로 실험하여 측정치를 보정하는 것을 말한다.
㉱ 정밀히 단다 : 규정된 양의 시료를 취하여 화학저울 또는 미량저울로 칭량함을 말한다.

풀이 ㉰ 바탕시험을 하여 보정한다 : 시료에 대한 처리 및 측정을 할 때, 시료를 사용하지 않고 같은 방법으로 조작한 측정치를 빼는 것을 말한다.

62 수소이온농도(pH)시험방법에 대한 내용으로 틀린 것은 어느 것인가? (단, 유리전극법 기준이다.)

㉮ pH를 0.1까지 측정한다.
㉯ 기준전극은 은-염화은의 칼로멜 전극 등으로 구성된 전극으로 pH측정기에서 측정 전위값의 기준이 된다.
㉰ 유리전극은 일반적으로 용액의 색도, 탁도, 콜로이드성 물질들, 산화 및 환원성 물질들 그리고 염도에 의해 간섭을 받지 않는다.
㉱ pH는 온도변화에 영향을 받는다.

풀이 ㉮ pH를 0.01까지 측정한다.

63 용매추출법에 의한 휘발성 저급염소화 탄화수소류 분석방법은 다음 어느 물질의 분석에 이용 가능한가?

㉮ Dioxin
㉯ Polychlorinated biphenyl
㉰ Trichloroethylene
㉱ Polyvinylchloride

풀이 용매추출법에 의한 휘발성 저급염소화 탄화수소류 분석방법은 트리클로로에틸렌, 테트라클로로에틸렌의 분석에 이용된다.

64 다음은 기체크로마토그래피에 사용되는 검출기에 관한 설명이다. ( ) 안에 알맞은 것은 어느 것인가?

> 질소인 검출기(NPD) 또는 불꽃광도 검출기(FPD)는 질소나 인이 불꽃 또는 열에서 생성된 이온이 ( ) 염과 반응하여 전자를 전달하여 이때 흐르는 전자가 포착되어 전류의 흐름으로 바꾸어 측정하는 방법으로 유기인 화합물 및 유기질소 화합물을 선택적으로 검출할 수 있다.

㉮ 세슘 ㉯ 루비듐
㉰ 프란슘 ㉱ 니켈

풀이 질소인 검출기 또는 불꽃광도 검출기
① 이온 + 루비듐염 $\xrightarrow{반응}$ 전자 전달
② 검출물질 : 유기인 화합물, 유기질소 화합물

answer 61 ㉰ 62 ㉮ 63 ㉰ 64 ㉯

65 질량법에 의한 기름성분 시험방법에 관한 내용으로 틀린 것은 어느 것인가?

㉮ 폐기물 중의 비교적 휘발되지 않는 탄화수소, 탄화수소유도체, 그리이스유상물질이 노말헥산층에 용해되는 성질을 이용한 방법이다.
㉯ 정량한계는 0.1% 이하이다.
㉰ 질량법만으로도 광물유류와 동식물 유지류를 분별하여 정량할 수 있다.
㉱ 시료 중에 염산을 가하는 이유는 지방산 중의 금속을 분해하여 유리시키고, 또한 미생물에 의한 분해 등을 방지하기 위한 것이다.

풀이 ㉰ 질량법만으로 광물유류와 동식물 유지류를 분별하여 정량할 수 없다.

66 pH가 각각 10과 12인 폐액을 동일 부피로 혼합하면 pH는 얼마가 되는가?

㉮ 10.3 ㉯ 10.7
㉰ 11.3 ㉱ 11.7

풀이 ① 혼합물질의 $[OH^-]$농도
$$= \frac{10^{-4}\,mol/L \times 1 + 10^{-2}\,mol/L \times 1}{1+1}$$
$$= 5.05 \times 10^{-3}\,mol/L$$
② $pH = 14 + \log[OH^-]$
$$= 14 + \log[5.05 \times 10^{-3}\,mol/L]$$
$$= 11.70$$

TIP
① pOH = 14-pH = 14-10 = 4이므로
  $[OH^-] = 10^{-pOH}\,mol/L = 10^{-4}\,mol/L$
② pOH = 14-pH = 14-12 = 2이므로
  $[OH^-] = 10^{-pOH}\,mol/L = 10^{-2}\,mol/L$
③ 알칼리성물질에서 $pH = 14 + \log[OH^-]$
④ 산성물질에서 $pH = -\log[H^+]$

67 비소시험법에서 비화수소 발생장치의 반응 용기에 무엇을 넣어 비화수소를 발생시키는가?

㉮ 아연(Zn) 분말
㉯ 알루미늄(Al) 분말
㉰ 철(Fe) 분말
㉱ 비스미스(Bi) 분말

풀이 비소의 자외선/가시선분광법은 시료 중의 비소를 3가 비소로 환원시킨 다음 아연을 넣어 비화수소를 발생시키며, 적자색의 흡광도를 530nm에서 측정한다.

68 원자흡수분광광도법에 의한 분석에서 일반적으로 일어나는 간섭으로 틀린 것은 어느 것인가?

㉮ 장치나 불꽃의 성질에 기인하는 분광학적 간섭
㉯ 시료용액의 점성이나 표면장력 등에 의한 물리적 간섭
㉰ 시료 중에 포함된 유기물 함량, 성분 등에 의한 유기적 간섭
㉱ 불꽃 중에서 원자가 이온화하거나 공존물질과 작용하여 해리하기 어려운 화합물을 생성, 기저상태 원자수가 감소되는 것과 같은 화학적 간섭

풀이 간섭의 종류에는 분광학적 간섭, 물리적 간섭, 화학적 간섭이 있다.

answer 65 ㉰ 66 ㉱ 67 ㉮ 68 ㉰

69 기체크로마토그래피법의 정량분석에 관한 내용으로 틀린 것은 어느 것인가?

㉮ 곡선 면적 또는 피이크 높이를 측정하여 분석한다.
㉯ 얻어진 정량치는 질량%, 부피%, 몰%, ppm 등으로 표시한다.
㉰ 검출한계는 각 분석 방법에서 규정하고 있는 잡음신호(Noise)의 1/2배의 신호로 한다.
㉱ 동일시료의 재현성 시험시 평균치 차이가 허용차를 초과해서는 안 된다.

풀이 ㉰ 검출한계는 각 분석 방법에서 규정하고 있는 잡음신호(Noise)의 2배의 신호로 한다.

70 도시에서 밀도가 0.3t/m³인 쓰레기 1,200m³가 발생되어 있다면 폐기물의 성상분석을 위한 최소 시료수는 얼마인가?

㉮ 20   ㉯ 30
㉰ 36   ㉱ 50

풀이 ① 폐기물의 양(ton) = 1,200m³×0.3ton/m³ = 360ton
② 대상 폐기물의 양이 360ton이므로 시료의 최소수는 30이다.

TIP
대상폐기물의 양과 시료의 최소수

대상폐기물의 양(ton)	시료 최소 수	대상폐기물의 양(ton)	시료 최소 수
~1 미만	6	100 이상~500 미만	30
1 이상~5 미만	10	500 이상~1,000 미만	36
5 이상~30 미만	14	1,000 이상~5,000 미만	50
30 이상~100 미만	20	5,000 이상	60

71 다음은 구리(자외선/가시선 분광법 기준) 측정에 대한 설명이다. ( )안에 알맞은 것은?

폐기물 중에 구리를 자외선/가시선 분광법으로 측정하는 방법으로 시료 중에 구리이온이 알칼리성에서 다이에틸다이티오카르바민산나트륨과 반응하여 생성하는 황갈색의 킬레이트 화합물을 ( )(으)로 추출하여 흡광도를 440nm에서 측정하는 방법이다.

㉮ 아세트산부틸   ㉯ 사염화탄소
㉰ 벤젠   ㉱ 노말헥산

풀이 구리의 자외선/가시선 분광법
① 추출용매 : 아세트산부틸
② 황갈색의 킬레이트 화합물을 440nm에서 흡광도 측정

answer 70 ㉯ 71 ㉮

72 다음 보기들은 시료의 전처리 방법들을 설명하고 있다. 이 중에서 질산–황산에 의한 유기물 분해에 해당되는 항목들로 알맞게 짝지어진 것은 어느 것인가?

[보기]
㉠ 시료를 서서히 가열하여 액량이 약 15mL가 될 때까지 증발 농축하고 방냉한다.
㉡ 용액의 산 농도는 약 0.8N이다.
㉢ 염산(1+1) 10mL와 물 15mL를 넣고 약 15분간 가열하여 잔류물을 녹인다.
㉣ 분해가 끝나면 공기 중에서 식히고 정제수 50mL를 넣어 끓기 직전까지 서서히 가열하여 침전된 용해성염들을 녹인다.
㉤ 유기물 등을 많이 함유하고 있는 대부분의 시료에 적용된다.

㉮ ㉡, ㉢, ㉣ 　　㉯ ㉢, ㉣, ㉤
㉰ ㉠, ㉣, ㉤ 　　㉱ ㉠, ㉢, ㉤

73 다음의 실험 총칙에 대한 설명으로 틀린 것은 어느 것인가?

㉮ 연속측정 또는 현장측정의 목적으로 사용하는 측정기기는 공정시험기준에 의한 측정치와의 정확한 보정을 행한 후 사용할 수 있다.
㉯ 분석용 저울은 0.1mg까지 달 수 있는 것이어야 하며 분석용 저울 및 분동은 국가 검정을 필한 것을 사용하여야 한다.
㉰ 공정시험기준에 각 항목의 분석에 사용되는 표준물질은 특급시약으로 제조하여야 한다.
㉱ 시험에 사용하는 시약은 따로 규정이 없는 한 1급 이상의 시약 또는 동등한 규격의 시약을 사용하여 각 시험항목별 '시약 및 표준용액'에 따라 조제하여야 한다.

▶풀이 ㉰ 공정시험기준에서 각 항목의 분석에 사용되는 표준물질은 국가표준에 소급성이 인증된 인증표준물질을 사용한다.

74 총칙에서 규정하고 있는 사항으로 알맞은 것은 어느 것인가?

㉮ '약'이라 함은 기재된 양에 대하여 ±5% 이상의 차이가 있어서는 안 된다.
㉯ '감압 또는 진공'이라 함은 따로 규정이 없는 한 15mmH$_2$O 이하를 말한다.
㉰ '정확히 단다'라 함은 규정된 양의 검체를 취하여 분석용 저울로 0.1mg까지 다는 것을 말한다.
㉱ '정확히 취하여'라 함은 규정한 양의 검체 또는 시액을 뷰렛으로 취하는 것을 말한다.

▶풀이 ㉮ '약'이라 함은 기재된 양에 대하여 ±10% 이상의 차이가 있어서는 안 된다.
㉯ '감압 또는 진공'이라 함은 따로 규정이 없는 한 15mmHg 이하를 말한다.
㉱ '정확히 취하여'라 함은 규정한 양의 액체를 홀피펫으로 눈금까지 취하는 것을 말한다.

answer　72 ㉰　73 ㉰　74 ㉰

75 다음의 폐기물 중 금속류 중 유도결합플라스마 원자발광분광법으로 측정하지 않는 것은?

㉮ 납
㉯ 비소
㉰ 카드뮴
㉱ 수은

풀이
① 납, 비소, 카드뮴의 분석법은 원자흡수분광광도법, 유도결합플라스마 - 원자발광분광법, 자외선/가시선 분광법이다.
② 수은의 분석법은 원자흡수분광광도법(환원기화법), 자외선/가시선 분광법(디티존 법)이다.

76 노말헥산 추출물질시험에서 다음과 같은 결과를 얻었다. 이 때 노말헥산 추출물질량(mg/L)은 얼마인가?

[결과]
- 건조 증발용 접시의 질량 : 52.0424g
- 추출건조 후 증발용 접시의 질량과 잔류물질 질량 : 52.0748g
- 시료량 : 400mL

㉮ 81mg/L
㉯ 93mg/L
㉰ 108mg/L
㉱ 113mg/L

풀이 노말헥산추출물질량(mg/L)
$= \dfrac{(시료 + 증발용 접시의 질량) - 증발용 접시의 질량(mg)}{시료량(L)}$
$= \dfrac{(52.0748 - 52.0424)g \times 10^3 mg/g}{0.4L}$
$= 81 mg/L$

77 질량법을 이용하여 강열감량 및 유기물함량을 측정할 때, 전기로에서 강열하기 전에 시료와 함께 넣어주는 탄화시약은 어느 것인가?

㉮ 질산암모늄용액(5%)
㉯ 질산암모늄용액(25%)
㉰ 과염소산용액(5%)
㉱ 과염소산용액(25%)

풀이 중량법을 이용한 강열감량 및 유기물함량 측정
① 가열 전 주입 시약 : 질산암모늄용액(25%)
② 온도 : (600±25)℃
③ 전기로 강열시간 : 3시간

78 시료의 전처리 방법 중 유기물 등을 많이 함유하고 있는 대부분의 시료에 적용되는 방법은 어느 것인가?

㉮ 질산 분해법
㉯ 질산 - 염산 분해법
㉰ 질산 - 황산 분해법
㉱ 질산 - 과염소산 분해법

풀이
㉮ 질산 분해법 : 유기물 함량이 낮은 시료에 적용
㉯ 질산 - 염산 분해법 : 유기물 함량이 비교적 높지 않고 금속의 수산화물, 산화물, 인산염 및 황화물을 함유하고 있는 시료에 적용
㉱ 질산 - 과염소산 분해법 : 유기물을 높은 비율로 함유하고 있으면서 산화분해가 어려운 시료에 적용

TIP
① 질산 - 황산분해법 : 유기물 등을 많이 함유하고 있는 대부분의 시료에 적용
② 암기법은 "황 많은"으로 숙지하시면 됩니다.

answer 75 ㉱ 76 ㉮ 77 ㉯ 78 ㉰

79 시안(CN)을 자외선/가시선 분광법에 의한 방법으로 분석 시 틀린 것은 어느 것인가?

㉮ 클로라민-T와 피리딘·피라졸론 혼합액을 넣어 나타나는 청색을 620nm에서 측정한다.
㉯ 정량한계는 0.01mg/L이다.
㉰ pH 2 이하 산성에서 피리딘·피라졸론을 넣고 가열 증류한다.
㉱ 유출되는 시안화수소를 수산화나트륨용액으로 포집한다.

풀이 ㉰ pH 2 이하의 산성으로 조절한 후에 에틸렌다이아민테트라아세트산이나트륨을 넣고 가열 증류한다.

80 분석하고자 하는 대상폐기물의 양이 100톤 이상 500톤 미만인 경우에 채취하는 시료의 최소수는 얼마인가?

㉮ 30개 ㉯ 36개
㉰ 45개 ㉱ 50개

풀이 대상 폐기물의 양이 100톤 이상 500톤 미만인 경우 시료의 최소수는 30이다.

TIP 대상폐기물의 양과 시료의 최소수

대상폐기물의 양(ton)	시료 최소 수	대상폐기물의 양(ton)	시료 최소 수
~1 미만	6	100 이상 ~500 미만	30
1 이상 ~5 미만	10	500 이상 ~1,000 미만	36
5 이상 ~30 미만	14	1,000 이상 ~5,000 미만	50
30 이상 ~100 미만	20	5,000 이상	60

answer 79 ㉰ 80 ㉮

2015 4회 기출문제

| 제1과목 | 폐기물개론

01 다음 국제협약 및 조약 중에서 유해폐기물의 국가간 이동 및 그 처리의 통제를 위한 협약은 어느 것인가?

㉮ 런던국제덤핑협약
㉯ GATT협약
㉰ 리우(Rio)협약
㉱ 바젤(Basel)협약

풀이 ㉱ 바젤협약에 대한 설명이며, 핵심 내용인 "유해폐기물의 국가간 이동 = 바젤협약"임을 숙지하시면 됩니다.

02 폐기물의 열분해에 대한 내용으로 틀린 것은 어느 것인가?

㉮ 폐기물의 입자크기가 작을수록 열분해가 조성된다.
㉯ 열분해 장치로는 고정상, 유동상, 부유상태 등의 장치로 구분되어질 수 있다.
㉰ 연소가 고도의 발열반응임에 비해 열분해는 고도의 흡열반응이다.
㉱ 폐기물에 충분한 산소를 공급해서 가열하여 기체, 액체 및 고체의 3성분으로 분리하는 방법이다.

풀이 ㉱ 폐기물에 산소의 공급없이 가열하여 기체, 액체 및 고체의 3성분으로 분리하는 방법이다.

03 효율적이고 경제적인 수거노선을 결정할 때 유의할 사항으로 틀린 것은 어느 것인가?

㉮ 수거인원 및 차량형식이 같은 기존 시스템의 조건들을 서로 관련시킨다.
㉯ 아주 많은 양의 쓰레기가 발생되는 발생원은 하루 중 가장 먼저 수거한다.
㉰ U자형 회전을 이용하여 수거하고 가능한 시계방향으로 수거노선을 결정한다.
㉱ 출발점은 차고와 가깝게 하고 수거된 마지막 콘테이너가 처분지의 가장 가까이에 위치하도록 배치한다.

풀이 ㉰ U자형 회전을 피하여 수거하고, 가능한 시계방향으로 수거노선을 결정한다.

04 쓰레기의 양이 2,000m³이며, 밀도는 0.95t/m³이다. 적재용량 20ton의 트럭이 있다면 운반하는데 몇 대의 트럭이 필요한가?

㉮ 100대   ㉯ 50대
㉰ 48대   ㉱ 95대

풀이 대수 = $\dfrac{\text{쓰레기의 양(ton)}}{\text{적재용량(ton/대)}}$
= $\dfrac{2,000\,m^3 \times 0.95\,t/m^3}{20\,ton/대}$ = 95대

answer 01 ㉱ 02 ㉱ 03 ㉰ 04 ㉱

05 쓰레기 적환장 설치가 필요한 조건으로 틀린 것은 어느 것인가?

㉮ 고밀도 거주 지역이 존재하는 경우
㉯ 불법 투기와 다량의 어지러진 쓰레기가 발생하는 경우
㉰ 상업지역에서 폐기물 수집에 소형용기를 많이 사용하는 경우
㉱ 슬러지 수송이나 공기수송방식을 사용하는 경우

풀이 ㉮ 저밀도 거주 지역이 존재하는 경우

06 취성도가 낮은 쓰레기는 전단파쇄가 유효하다. 취성도를 알맞게 표현한 것은 어느 것인가?

㉮ 압축강도와 인장강도의 비로 나타낸다.
㉯ 인장강도와 전단강도의 비로 나타낸다.
㉰ 충격강도와 전단강도의 비로 나타낸다.
㉱ 충격강도와 압축강도의 비로 나타낸다.

풀이 취성도란 물체가 외부에서 힘을 받았을 때 소성변형을 거의 보이지 않고 파괴되는 강도를 말하며, 압축강도를 인장강도로 나눈 값을 의미한다.

07 다음 중 pipe line(관로수송)에 의한 폐기물 수송에 관한 내용으로 틀린 것은 어느 것인가?

㉮ 단거리 수송에 적합하다.
㉯ 잘못 투입된 물건은 회수하기가 곤란하다.
㉰ 조대쓰레기에 대한 파쇄, 압축 등의 전처리가 필요하다.
㉱ 쓰레기 발생밀도가 낮은 곳에서 사용된다.

풀이 ㉱ 쓰레기 발생밀도가 높은 곳에서 사용된다.

08 채취한 쓰레기 시료에 대한 성상분석 절차 중 가장 먼저 이루어지는 것은 어느 것인가?

㉮ 전처리 ㉯ 분류
㉰ 건조 ㉱ 밀도측정

풀이 쓰레기 시료에 대한 성상분석 절차는 시료 → 밀도 측정 → 물리적 조성 → 분류 → 전처리 → 조성 분석 순이다.

09 폐기물 발생량 예측방법 중 하나의 수식으로 쓰레기 발생량에 영향을 주는 각 인자들의 효과를 총괄적으로 나타내어 복잡한 시스템의 분석에 유용하게 사용할 수 있는 것은 어느 것인가?

㉮ 상관계수 분석모델
㉯ 다중회귀 모델
㉰ 동적모사 모델
㉱ 경향법 모델

풀이 ㉯ 다중회귀 모델에 대한 설명이며, 핵심 내용은 "복잡한 시스템의 분석 = 다중회귀 모델"임을 숙지하시면 됩니다.

answer 05 ㉮ 06 ㉮ 07 ㉱ 08 ㉱ 09 ㉯

10 슬러지를 처리하기 위하여 생슬러지를 분석한 결과 수분은 90%, 총고형물 중 휘발성 고형물은 70%, 휘발성 고형물의 비중은 1.1, 무기성 고형물의 비중은 2.2였다. 생슬러지의 비중은 얼마인가? (단, 무기성 고형물+휘발성 고형물 = 총 고형물)

㉮ 1.023 ㉯ 1.032
㉰ 1.041 ㉱ 1.053

풀이
$$\frac{1}{\rho_{SL}} = \frac{W_{VS}}{\rho_{VS}} + \frac{W_{FS}}{\rho_{FS}} + \frac{W_P}{\rho_P}$$

여기서 ρ_{SL} : 슬러지의 비중
W_{VS} : 유기물 함량
ρ_{VS} : 유기물 비중
W_{FS} : 무기물 함량
ρ_{FS} : 무기물 비중
W_P : 수분의 함량
ρ_P : 수분의 비중

따라서 $\frac{1}{\rho_{SL}} = \frac{0.10 \times 0.70}{1.1} + \frac{0.10 \times 0.30}{2.2} + \frac{0.90}{1.0}$

∴ ρ_{SL} = 1.023

11 쓰레기를 파쇄하여 매립할 때의 이점으로 틀린 것은 어느 것인가?

㉮ 곱게 파쇄하면 매립시 복토가 필요없거나 복토요구량이 절감된다.
㉯ 매립시 안정적인 혐기성 조건을 유지하여 냄새가 방지된다.
㉰ 매립작업이 용이하고 압축장비가 없어도 고밀도의 매립이 가능하다.
㉱ 폐기물 입자의 표면적이 증가되어 미생물작용이 촉진된다.

풀이 ㉯ 매립시 안정적인 호기성 조건을 유지하여 냄새가 방지된다.

12 쓰레기 발생량 및 성상변동에 대한 내용으로 틀린 것은 어느 것인가?

㉮ 일반적으로 도시의 규모가 커질수록 쓰레기의 발생량이 증가한다.
㉯ 일반적으로 수집빈도가 높을수록 발생량이 증가한다.
㉰ 일반적으로 쓰레기통이 작을수록 발생량이 증가한다.
㉱ 생활수준이 높아지면 발생량이 증가하며 다양화된다.

풀이 ㉰ 일반적으로 쓰레기통이 작을수록 발생량이 감소한다.

13 어느 도시의 쓰레기 특성을 조사하기 위하여 시료 90kg에 대한 습윤상태의 질량과 함수율을 측정한 결과가 다음표와 같을 때 이 시료의 건조질량(kg)은 얼마인가?

성분	습윤상태의 질량(kg)	함수율(%)
연탄재	60	24
채소·음식류	16	60
종이·목재류	9	7
고무·가죽류	3	3
금속·초자기류	2	3

㉮ 약 50kg ㉯ 약 65kg
㉰ 약 70kg ㉱ 약 75kg

풀이 ① 쓰레기의 평균 함수율(%)을 계산한다.
평균 함수율
$= \frac{\text{합[습윤상태의 질량(kg)} \times \text{함수율(\%)]}}{\text{합[습윤상태의 질량(kg)]}}$

$= \frac{60kg \times 24\% + 16kg \times 60\% + 9kg \times 7\% + 3kg \times 3\% + 2kg \times 3\%}{60kg + 16kg + 9kg + 3kg + 2kg}$

$= 27.53\%$

answer 10 ㉮ 11 ㉯ 12 ㉰ 13 ㉯

② 시료의 건조질량(kg)을 계산한다.
건조질량(kg)
= 쓰레기의 시료량(kg) × $\frac{100-함수율(\%)}{100}$

= 90kg × $\frac{100-27.53\%}{100}$ = 65.22kg

14 슬러지의 수분을 결합상태에 따라 구분한 것 중에서 탈수가 가장 어려운 것은?

㉮ 내부수 ㉯ 간극모관결합수
㉰ 표면부착수 ㉱ 간극수

풀이 슬러지 내의 탈수성 순서는 간극모관결합수 > 모관결합수 > 쐐기상모관결합수 > 표면부착수 > 내부수 순이다.

15 쓰레기 선별에 대한 내용으로 틀린 것은 어느 것인가?

㉮ 관성선별은 분쇄된 폐기물을 가벼운 것(유기물)과 무거운 것(무기물)으로 분리한다.
㉯ 인력선별은 정확도가 높고 파쇄공정 유입전 폭발가능 위험물질을 분류할 수 있는 장점이 있다.
㉰ Zigzag 공기 선별기는 컬럼의 층류를 발달시켜 선별효율을 증진시킨 것이다.
㉱ 진동 스크린 선별은 주로 골재 분리에 많이 이용하며 체경이 막히는 문제가 발생할 수 있다.

풀이 ㉰ Zigzag 공기 선별기는 컬럼 내 난류를 높여줌으로써 선별효율을 증진시킨 것이다.

16 폐유리병을 크기 및 색깔별로 선별할 수 있는 방법으로 가장 적절한 방법은 어느 것인가?

㉮ Hand Sorting ㉯ Flotation
㉰ Wet-Classifier ㉱ Screen

풀이 ㉮ Hand Sorting에 대한 설명이며, 핵심 내용인 "크기 및 색깔별 선별 = 손 선별"임을 숙지하시면 됩니다.

17 쓰레기 압축기를 형태에 따라 구별한 것으로 틀린 것은 어느 것인가?

㉮ 소용돌이식 압축기
㉯ 충격식 압축기
㉰ 고정식 압축기
㉱ 백(bag) 압축기

풀이 쓰레기 압축기를 형태에 따라 소용돌이식 압축기, 고정식 압축기, 백(bag) 압축기로 구분된다.

18 함수율 90%인 폐기물에서 수분을 제거하여 처음 질량의 70%로 줄이고 싶다면 함수율을 얼마로 감소시켜야 하는가? (단, 폐기물 비중은 1.0 기준이다.)

㉮ 72.3% ㉯ 77.2%
㉰ 81.6% ㉱ 85.7%

풀이
$W_1 \times (100 - P_1) = W_2 \times (100 - P_2)$
$W_1 \times (100 - 90) = W_1 \times 0.70 \times (100 - P_2)$
따라서 $P_2 = 100 - \frac{100-90}{0.70} = 85.71\%$

answer 14 ㉮ 15 ㉰ 16 ㉮ 17 ㉯ 18 ㉱

19 다음 경우의 쓰레기 수거 노동력(MHT)은 얼마인가?

- 총 쓰레기 발생량 : 20,000톤/년
- 수거인원 : 20명
- 일일수거시간 : 10시간
- 연간수거일수 : 300일

㉮ 1 ㉯ 2
㉰ 3 ㉱ 4

풀이 MHT(man · hr/ton)
= $\dfrac{\text{수거인부수} \times \text{작업시간}}{\text{쓰레기 수거 실적}}$
= $\dfrac{20인 \times 10hr/day \times 300day/1년}{20,000 ton/년}$
= 3.0MHT

20 쓰레기의 발열량을 구하는 식 중 Dulong 식에 관한 내용으로 알맞은 것은 어느 것인가?

㉮ 고위발열량은 저위발열량, 수소함량, 수분함량만으로 구할 수 있다.
㉯ 원소분석에서 나온 C, H, O, N 및 수분 함량으로 계산할 수 있다.
㉰ 목재나 쓰레기와 같은 셀룰로오스와 연소에서는 발열량이 약 10% 높게 추정된다.
㉱ Bomb 열량계로 구한 발열량에 근사시키기 위해 Dulong의 보정식이 사용된다.

풀이 ㉮ 고위발열량은 탄소(C), 수소(H), 산소(O), 황(S)의 함량으로 구할 수 있다.
㉯ 원소분석에서 나온 C, H, O, S 함량으로 계산할 수 있다.
㉰ 목재나 쓰레기와 같은 셀룰로오스의 연소에서는 발열량이 약 10% 낮게 추정된다.

| 제2과목 | 폐기물 재활용 및 자원화 기술

21 다음 중 자가시멘트법에 대한 설명으로 틀린 것은?

㉮ 혼합율(MR)이 낮다.
㉯ 탈수 등 전처리가 필요하다.
㉰ 중금속 저지에 효과적이다.
㉱ 보조에너지가 필요하다.

풀이 ㉯ 탈수 등의 전처리가 필요없다.

22 위생매립방법 중 매립지 바닥층이 두껍고 복토로 적합한 지역에 이용하며, 거의 단층매립만 가능한 방법은 어느 것인가?

㉮ Trench 방식 ㉯ Sandwich 방식
㉰ Area 방식 ㉱ Ramp 방식

풀이 ㉮ Trench 방식에 대한 설명이며, 핵심 내용인 "단층매립만 가능 = Trench 방식"임을 숙지하시면 됩니다.

23 다음과 같은 조건으로 중금속슬러지를 시멘트 고형화할 때 용적변화는 얼마인가?

- 고형화 처리 전 : 중금속슬러지 비중 : 1.2
- 고형화 처리 후 : 폐기물의 비중 : 1.5
- 시멘트 첨가량 : 슬러지 질량의 50%

㉮ 20% 증가 ㉯ 30% 증가
㉰ 40% 증가 ㉱ 50% 증가

풀이 부피변화율(VCF) = $(1 + MR) \times \dfrac{\rho_1}{\rho_2}$

answer 19 ㉰ 20 ㉱ 21 ㉯ 22 ㉮ 23 ㉮

여기서 MR(혼합율) = $\dfrac{\text{첨가제의 질량}}{\text{폐기물의 질량}}$

$= \dfrac{50\%}{100\%} = 0.5$

ρ_1 : 고화처리 전 밀도
ρ_2 : 고화처리 후 밀도

∴ ∴ VCF $= (1+0.5) \times \dfrac{1.2\,\text{ton/m}^3}{1.5\,\text{ton/m}^3} = 1.2$

따라서 20% 증가한다.

24 건조된 고형분의 비중이 1.4이며 이 슬러지케익의 건조 이전의 고형분 함량이 50%이라면 건조 이전 슬러지케익의 비중은 얼마인가?

㉮ 1.129　　㉯ 1.132
㉰ 1.143　　㉱ 1.167

풀이 $\dfrac{1}{\rho_{SL}} = \dfrac{W_{TS}}{\rho_{TS}} + \dfrac{W_P}{\rho_P}$

여기서 ρ_{SL} : 슬러지의 겉보기 비중
ρ_{TS} : 고형물의 비중
W_{TS} : 고형물의 함량
ρ_P : 수분의 비중
W_P : 수분의 함량

따라서 $\dfrac{1}{\rho_{SL}} = \dfrac{0.50}{1.4} + \dfrac{0.50}{1.0}$

∴ $\rho_{SL} = 1.167$

TIP
수분(P) = 100 - 고형물(TS)

25 포도당($C_6H_{12}O_6$)으로 구성된 유기물 3kg이 혐기성 미생물에 의해 완전히 분해되어 생성되는 메탄의 용적(Sm^3)은 얼마인가?

㉮ $1.12\,Sm^3$　　㉯ $1.37\,Sm^3$
㉰ $1.52\,Sm^3$　　㉱ $1.83\,Sm^3$

풀이 $C_6H_{12}O_6 \rightarrow 3CO_2 + 3CH_4$
180kg　　　:　$3 \times 22.4\,Sm^3$
3kg　　　　:　X

∴ X $= \dfrac{3\text{kg} \times 3 \times 22.4\,Sm^3}{180\text{kg}} = 1.12\,Sm^3$

26 토양오염 물질 중 BTEX에 포함되지 않는 것은 어느 것인가?

㉮ 벤젠　　㉯ 톨루엔
㉰ 자일렌　　㉱ 에틸렌

풀이 BTEX는 벤젠, 톨루엔, 에틸벤젠, 크실렌(자일렌)이다.

27 결정도(Crystallinity)에 따른 합성 차수막의 성질에 대한 설명으로 틀린 것은 어느 것인가?

㉮ 결정도가 증가할수록 단단해진다.
㉯ 결정도가 증가할수록 충격에 약해진다.
㉰ 결정도가 증가할수록 화학물질에 대한 저항성이 증가한다.
㉱ 결정도가 증가할수록 열에 대한 저항성이 감소한다.

풀이 ㉱ 결정도가 증가할수록 열에 대한 저항성이 증가한다.

TIP
합성차수막의 결정도
① 충격과 투수계수와는 반비례 관계
② 화학물질 및 열에 대한 저항성과 인장강도와는 비례관계

answer 24 ㉱　25 ㉮　26 ㉱　27 ㉱

28 미생물 일단배양(batch culture)하는 경우 일반적인 미생물의 성장단계로 알맞은 것은 어느 것인가?

㉮ 대수성장단계 → 감소성장단계 → 내생성장단계
㉯ 감소성장단계 → 대수성장단계 → 내생성장단계
㉰ 대수성장단계 → 내생성장단계 → 감소성장단계
㉱ 내생성장단계 → 대수성장단계 → 감소성장단계

[풀이] 미생물의 성장단계 순서는 유도기 → 대수성장단계 → 감소성장단계 → 내생성장단계 순이다.

29 퇴비화의 영향인자인 C/N비에 대한 설명으로 틀린 것은 어느 것인가?

㉮ 질소는 미생물 생장에 필요한 단백질합성에 주로 쓰인다.
㉯ 보통 미생물 세포의 탄질비는 25~50 정도이다.
㉰ 탄질비가 너무 낮으면 암모니아 가스가 발생한다.
㉱ 일반적으로 퇴비화 탄소가 많으면 퇴비의 pH를 낮춘다.

[풀이] ㉯ 보통 미생물 세포의 탄질비는 5~15 정도이다.

30 매립지 내의 물의 이동을 나타내는 Darcy의 법칙을 기준으로 침출수의 유출을 방지하기 위한 방법으로 알맞은 것은 어느 것인가?

㉮ 투수계수는 감소, 수두차는 증가시킨다.
㉯ 투수계수는 증가, 수두차는 감소시킨다.
㉰ 투수계수 및 수두차를 증가시킨다.
㉱ 투수계수 및 수두차를 감소시킨다.

[풀이] 매립지로부터 침출수의 유출을 방지하기 위해서는 투수계수 및 수두차를 감소시킨다.

31 토양오염 처리기술 중 토양증기추출법에 관한 내용으로 알맞은 것은 어느 것인가?

㉮ 증기압이 낮은 오염물의 제거효율이 높다.
㉯ 추출된 기체는 대기오염방지를 위해 후처리가 필요하다.
㉰ 필요한 기계장치가 복잡하여 유지, 관리비가 많이 소요된다.
㉱ 토양층이 균일하고 치밀하여 기체 흐름이 어려운 곳에서 적용이 용이하다.

[풀이] ㉮ 증기압이 낮은 오염물의 제거효율이 낮다.
㉰ 필요한 기계장치가 간단하여 유지, 관리비가 적게 소요된다.
㉱ 토양층이 균일하고 치밀하여 기체 흐름이 어려운 곳에서 적용이 어렵다.

answer   28 ㉮   29 ㉯   30 ㉱   31 ㉯

32 다음 중 부식질에 포함된 물질이 아닌 것은 어느 것인가?

㉮ 휴민(Humin)
㉯ 플브산(Fulvic Acid)
㉰ 휴믹산(Humic Acid)
㉱ 아세트산(Acetic Acid)

[풀이] 부식질은 휴민, 플브산, 휴믹산 등으로 되어있다.

33 폐기물을 화학적으로 처리하는 방법 중 용매추출법에 대한 특징으로 틀린 것은 어느 것인가?

㉮ 높은 분배계수와 낮은 끓는점을 가지는 폐기물에 이용 가능성이 높다.
㉯ 사용되는 용매는 극성이어야 한다.
㉰ 증류 등에 의한 방법으로 용매 회수가 가능해야 한다.
㉱ 물에 대한 용해도가 낮고 물과 밀도가 다른 폐기물에 이용 가능성이 높다.

[풀이] ㉯ 사용되는 용매는 비극성이어야 한다.

34 매립장 침출수 차단방법인 연직차수막과 표면차수막을 비교한 것으로 틀린 것은 어느 것인가?

㉮ 연직차수막은 지중에 수평방향의 차수층이 존재할 때 사용한다.
㉯ 연직차수막은 지하수 집배수 시설이 필요하다.
㉰ 연직차수막은 차수막 보강시공이 가능하다.
㉱ 연직차수막은 차수막 단위면적당 공사비가 비싸다.

[풀이] ㉯ 연직차수막은 지하수 집배수 시설이 불필요하다.

35 다음 중 용매추출방법의 적용대상 폐기물이 아닌 것은?

㉮ 미생물에 의해 분해가 어려운 물질
㉯ 물에 대한 용해도가 높은 물질
㉰ 활성탄을 이용하기에는 농도가 너무 높은 물질
㉱ 낮은 휘발성으로 인해 Stripping하기가 곤란한 물질

[풀이] ㉯ 물에 대한 용해도가 낮은 물질

36 지하수의 두 지점간(거리 0.5m)의 수리수두차가 0.1m이고, 투수계수는 10^{-5}m/sec일 때, 지하수의 Darcy 속도(m/sec)는 얼마인가? (단, 공극률은 고려하지 않는다.)

㉮ 2×10^{-5} ㉯ 2×10^{-6}
㉰ 3.5×10^{-5} ㉱ 3×10^{-6}

[풀이]
$$V = \frac{Q}{A} = k \times \frac{dH}{dL}$$
여기서 V : 속도(m/sec)
Q : 유량(m³/sec)
A : 면적(m²)
k : 투수계수(m/sec)
dH : 수두차(m)
dL : 두지점간 거리(m)

따라서 $V = 10^{-5}$m/sec $\times \frac{0.1m}{0.5m}$
$= 2.0 \times 10^{-6}$ m/sec

answer 32 ㉱ 33 ㉯ 34 ㉯ 35 ㉯ 36 ㉯

37 매립장에서 침출된 침출수가 다음과 같은 점토로 이루어진 90cm의 차수층을 통과하는데 걸리는 시간(년)은 얼마인가?

- 유효공극률 : 0.5
- 점토층 하부의 수두는 점토층 아랫면과 일치
- 점토층 투수계수 : 10^{-7} cm/sec
- 점토층 위의 침출수 수두 : 40cm

㉮ 6.9년 ㉯ 7.9년
㉰ 8.9년 ㉱ 9.9년

풀이

Darcy의 법칙 : $t = \dfrac{d^2 n}{k(d+h)}$

여기서 d : 점토층의 두께(m)
n : 유효공극률
k : 투수계수(m/년)
h : 침출수 수두(m)
t : 침출수가 점토층을 통과하는 시간(년)

① k(m/년)
$= \dfrac{10^{-7} \text{cm}}{\text{sec}} \times \dfrac{1\text{m}}{10^2 \text{cm}} \times \dfrac{3{,}600 \text{sec}}{1 \text{hr}} \times \dfrac{24 \text{hr}}{1 \text{day}} \times \dfrac{365 \text{day}}{1\text{년}}$
$= 3.15 \times 10^{-2}$ m/년

② $t = \dfrac{d^2 n}{k(d+h)}$
$= \dfrac{(0.9\text{m})^2 \times 0.5}{3.15 \times 10^{-2} \text{m/년} \times (0.9\text{m}+0.4\text{m})}$
$= 9.89$년

38 매립지 바닥이 두껍고(지하수면이 지표면으로부터 깊은 곳에 있는 경우), 복토로 적합한 지역에 이용하는 방법으로 거의 단층매립만 가능한 공법은 어느 것인가?

㉮ 도랑굴착매립공법
㉯ 압축매립공법
㉰ 샌드위치공법
㉱ 순차투입공법

풀이 ㉮ 도랑굴착매립공법에 대한 설명이며, 핵심 내용인 "단층매립만 가능 = 도랑식 매립공법"임을 숙지하시면 됩니다.

39 슬러지를 고형화하는 목적으로 틀린 것은 어느 것인가?

㉮ 슬러지를 다루기 용이하게 함 (Handling)
㉯ 슬러지 내 오염물질의 용해도 감소 (Solubility)
㉰ 유해한 슬러지인 경우 독성감소 (Toxicity)
㉱ 슬러지 표면적 감소에 따른 운반 매립 비용감소 (Surface)

풀이 ㉱ 슬러지 표면적 감소에 따른 폐기물 성분의 손실을 줄인다.

40 일반적으로 폐기물매립지의 혐기성 상태에서 발생 가능한 가스의 종류로 틀린 것은 어느 것인가?

㉮ 이산화탄소 ㉯ 황화수소
㉰ 염화수소   ㉱ 암모니아

풀이 혐기성 상태에서는 이산화탄소(CO_2), 황화수소(H_2S), 암모니아(NH_3), 메탄(CH_4) 등이 발생한다.

answer 37 ㉱ 38 ㉮ 39 ㉱ 40 ㉰

| 제3과목 | 폐기물 처분기술

41 메탄의 고위발열량이 11,000kcal/Sm³이면, 저위발열량(kcal/Sm³)은 얼마인가? (단, 물의 기화열은 600kcal/kg이다.)

㉮ 7,586 ㉯ 8,543
㉰ 9,800 ㉱ 10,036

풀이 $CH_4 + 2O_2 \rightarrow CO_2 + 2H_2O$
Hl = Hh - 480×H₂O량
여기서 Hl : 저위발열량(kcal/Sm³)
　　　Hh : 고위발열량(kcal/Sm³)
　　　H₂O : 반응식에서 H₂O의 개수
따라서 Hl = 11,000kcal/Sm³ - 480×2
　　　　 = 10,040kcal/Sm³

TIP
고체와 액체연료에서 저위발열량(Hl) 공식
Hl = Hh - 600(9H+W)(kcal/kg)

42 옥탄(C_8H_{18}) 1mol을 완전연소시킬 때 공기연료비를 질량비(kg공기/kg연료)로 얼마인가? (단, 표준상태 기준이다.)

㉮ 8.3 ㉯ 10.5
㉰ 12.8 ㉱ 15.1

풀이 ① 완전연소 반응식
　　　$C_8H_{18} + 12.5O_2 \rightarrow 8CO_2 + 9H_2O$
② 공연비(AFR)(kg/kg)

$$= \frac{산소개수 \times 32kg \times \frac{1}{0.232}}{연료개수 \times 연료의 분자량(kg)}$$

$$= \frac{12.5 \times 32kg \times \frac{1}{0.232}}{114kg} = 15.12$$

43 폐기물의 소각을 위해 원소분석을 한 결과, 가연성 폐기물 1kg당 C : 50%, H : 10%, O : 16%, S : 3%, 수분 10%, 나머지는 재로 구성된 것으로 나타났다. 이 폐기물을 공기비 1.1로 연소시킬 경우 발생하는 습윤연소가스량(Sm³/kg)은 얼마인가?

㉮ 약 6.3Sm³/kg ㉯ 약 6.8Sm³/kg
㉰ 약 7.7Sm³/kg ㉱ 약 8.2Sm³/kg

풀이 ① 공기비(m) = 1.1
② 이론공기량(A_o)

$$= 8.89C + 26.67\left(H - \frac{O}{8}\right) + 3.33S \, (Sm^3/kg)$$

$$= 8.89 \times 0.50 + 26.67 \times \left(0.10 - \frac{0.16}{8}\right)$$
$$+ 3.33 \times 0.03$$

$$= 6.6785 \, Sm^3/kg$$

③ 실제 습연소가스량(Gw)
$= mA_o + 5.6H + 0.7O + 0.8N$
$\quad + 1.244W \, (Sm^3/kg)$
$= 1.1 \times 6.6785 Sm^3/kg + 5.6 \times 0.10 + 0.7$
$\quad \times 0.16 + 1.244 \times 0.10$
$= 8.14 \, Sm^3/kg$

44 저발열량이 10,000kcal/Sm³이고, 이론습연소가스량이 15Sm³/Sm³인 가스 연료의 이론연소온도(℃)는 얼마인가? (단, 연소가스의 비열은 0.5kcal/Sm³·℃이며 공급공기 및 연료온도는 25℃로 가정한다.)

㉮ 1,058℃ ㉯ 1,158℃
㉰ 1,258℃ ㉱ 1,358℃

풀이 $t_2 = \frac{Hl}{G \times C} + t_1$
여기서 t_2 : 이론연소온도(℃)
　　　t_1 : 기준온도(℃)

answer 41 ㉱ 42 ㉱ 43 ㉱ 44 ㉱

Hl : 저위발열량(kcal/Sm³)
G : 연소가스량(Sm³/Sm³)
C : 정압비열(kcal/Sm³·℃)

따라서
$$t_2 = \frac{10,000\,kcal/Sm^3}{15\,Sm^3/Sm^3 \times 0.5\,kcal/Sm^3\cdot℃} + 25℃$$
$$= 1,358.33\,℃$$

45 질량비로 탄소 75%, 수소 15%, 황 10%인 액체연료를 연소한 경우 최대탄산가스량(CO_2 max(%))은 얼마인가?

㉮ 약 28% ㉯ 약 22%
㉰ 약 18% ㉱ 약 14%

풀이
$$CO_{2\,max} = \frac{CO_2\,량}{God} \times 100\,(\%)$$

① 이론공기량(A_o)
$$= 8.89C + 26.67\left(H - \frac{O}{8}\right) + 3.33S\,(Sm^3/kg)$$
$$= 8.89 \times 0.75 + 26.67 \times 0.15 + 3.33 \times 0.10$$
$$= 11.001\,Sm^3/kg$$

② 이론건연소가스량(God)
$$= A_o - 5.6H + 0.7O + 0.8N\,(Sm^3/kg)$$
$$= 11.001\,Sm^3/kg - 5.6 \times 0.15$$
$$= 10.161\,Sm^3/kg$$

③ CO_2량 $= 1.867C = 1.867 \times 0.75\,Sm^3/kg$

④ $CO_{2\,max} = \dfrac{CO_2\,량}{God} \times 100$
$$= \frac{1.867 \times 0.75\,Sm^3/kg}{10.161\,Sm^3/kg} \times 100 = 13.78\,\%$$

TIP
최대탄산가스량은 이론건연소가스량(God)를 기준으로 계산해야 함을 반드시 숙지하셔야 합니다.

46 착화온도에 대한 내용으로 틀린 것은 어느 것인가?

㉮ 화학반응성이 클수록 착화온도는 낮다.
㉯ 분자구조가 간단할수록 착화온도는 높다.
㉰ 화학 결합의 활성도가 클수록 착화온도는 낮다.
㉱ 화학적 발열량이 클수록 착화온도는 높다.

풀이 ㉱ 화학적 발열량이 클수록 착화온도는 낮다.

TIP
착화온도는 활성화에너지와 석탄의 탄화도에는 비례관계이고 나머지 조건에는 반비례관계이다.

47 소각로 배기가스 중 HCl(분자량 : 36.5) 농도가 544ppm이면 이는 몇 mg/Sm³에 해당하는가? (단, 표준상태 기준이다.)

㉮ 약 665 mg/Sm³ ㉯ 약 789 mg/Sm³
㉰ 약 886 mg/Sm³ ㉱ 약 978 mg/Sm³

풀이
$$mg/Sm^3 = \frac{544\,mL}{Sm^3} \times \frac{36.5\,mg}{22.4\,mL} = 886.43\,mg/Sm^3$$

TIP
① HCl 1mol $\begin{cases} 36.5\,mg \\ 22.4\,mL \end{cases}$
② ppm = mL/Sm³
③ 표준상태 = 0℃, 760mmHg = Sm³ = Nm³

answer 45 ㉱ 46 ㉱ 47 ㉰

48 열분해 발생 가스 중 온도가 증가할수록 함량이 증가하는 가스는 어느 것인가? (단, 열분해 온도에 따른 가스의 구성비(%) 기준이다.)

㉮ 메탄 ㉯ 일산화탄소
㉰ 이산화탄소 ㉱ 수소

풀이 온도가 증가할수록 수소(H_2)함량이 증가하고 이산화탄소(CO_2)는 감소한다.

49 폐기물 소각 보일러에 Na_2SO_3(MW = 126)을 가하여 공급수 중의 산소를 제거한다. 이 때 반응식은 $2Na_2SO_3 + O_2 \rightarrow 2Na_2SO_4$이다. 보일러 공급수 3,000톤에 산소함량 6mg/L일 때 이 산소를 제거하는데 필요한 Na_2SO_3의 이론량(kg)은 얼마인가? (단, 공급수 비중은 1.0이다.)

㉮ 약 75kg ㉯ 약 95kg
㉰ 약 142kg ㉱ 약 193kg

풀이 $2Na_2SO_3 + O_2 \rightarrow 2Na_2SO_4$
2×126kg : 32kg
X : $3,000m^3 \times 6 \times 10^{-3}$kg/$m^3$

$\therefore X = \dfrac{2 \times 126\,kg \times 3,000\,m^3 \times 6 \times 10^{-3}\,kg/m^3}{32\,kg}$

$= 141.75\,kg$

TIP
mg/L $\xrightarrow{\times 10^{-3}}$ kg/m^3

50 유동층 소각로에 대한 내용으로 틀린 것은 어느 것인가?

㉮ 상(床)으로부터 찌꺼기의 분리가 어렵다.
㉯ 가스의 온도가 낮고 과잉공기량이 낮다.
㉰ 미연소분 배출로 2차 연소실이 필요하다.
㉱ 기계적 구동부분이 적어 고장률이 낮다.

풀이 ㉰ 미연소분 배출로 2차 연소실이 불필요하다.

51 화격자 연소기의 장·단점에 관한 내용으로 틀린 것은 어느 것인가?

㉮ 연속적인 소각과 배출이 가능하다.
㉯ 수분이 많거나 열에 쉽게 용해되는 물질의 소각에 주로 적용된다.
㉰ 체류시간이 길고 교반력이 약하여 국부 가열의 염려가 있다.
㉱ 고온 중에서 기계적으로 구동하기 때문에 금속부의 마모손실이 심하다.

풀이 ㉯ 수분이 많거나 발열량이 낮은 폐기물의 소각에 주로 적용된다.

52 폐기물의 이송방향과 연소가스의 흐름방향에 따라 소각로 본체의 형식을 분류한다면 폐기물의 수분이 적고 저위발열량이 높은 경우에 사용하는 소각로 형식은 어느 것인가?

㉮ 교차류식 소각로
㉯ 역류식 소각로
㉰ 2회류식 소각로
㉱ 병류식 소각로

풀이 ㉱ 병류식 소각로에 대한 설명이며, 핵심 내용인 "수분이 적고 저위발열량이 높은 폐기물 소각 = 병류식 소각로"임을 숙지하시면 됩니다.

answer 48 ㉱ 49 ㉰ 50 ㉰ 51 ㉯ 52 ㉱

53 다음 중 전기집진기의 특징으로 틀린 것은 어느 것인가?

㉮ 회수가치성이 있는 입자 포집이 가능하다.
㉯ 압력손실이 적고 미세입자까지도 제거할 수 있다.
㉰ 유지관리가 용이하고 유지비가 저렴하다.
㉱ 전압변동과 같은 조건변동에 적응하기가 용이하다.

풀이 ㉱ 전압변동과 같은 조건변동에 적응하기가 용이하지 못하다.

54 어느 도시폐기물 중 가연성 성분이 70%이고, 불연성 성분이 30%일 때 다음의 조건 하에서 생활폐기물 고형연료제품(RDF)을 생산한다면 일주일 동안의 생산량(m^3)은 얼마인가?

- 폐기물 발생량 : 2kg/인·일
- 세대수 : 50,000세대
- 세대당 평균 인구수 : 3명
- RDF : 밀도 1,500kg/m^3
- 가연성 성분 회수율 : 90%
- RDF는 가연성 물질기준

㉮ 386m^3 ㉯ 486m^3
㉰ 686m^3 ㉱ 882m^3

풀이 RDF 생산량(m^3/주)

$= 폐기물\ 발생량(kg/주) \times \dfrac{가연성분(\%)}{100}$

$\times \dfrac{가연성분\ 회수율(\%)}{100} \times \dfrac{1}{RDF\ 밀도(kg/m^3)}$

$= 2kg/인\cdot일 \times 50{,}000세대 \times 3인/세대 \times 7일/주$

$\times 0.70 \times 0.90 \times \dfrac{1}{1{,}500kg/m^3}$

$= 882\ m^3/주$

55 스토커식 소각로의 열부하가 40,000 kcal/m^3·hr이며, 폐기물의 저위발열량이 700kcal/kg일 때 소각로의 부피(m^3)는 얼마인가? (단, 폐기물의 소각량은 1일 10톤이며, 소각로 가동시간은 1일 10시간 가동 기준이다.)

㉮ 15.0m^3 ㉯ 17.5m^3
㉰ 20.0m^3 ㉱ 22.5m^3

풀이 연소실 열부하(kcal/m^3·hr)

$= \dfrac{저위발열량(kcal/kg) \times 폐기물\ 소각량(kg/hr)}{소각로의\ 부피(m^3)}$

$40{,}000\ kcal/m^3 \cdot hr$

$= \dfrac{700kcal/kg \times 10 \times 10^3 kg/day \times 1day/10hr}{소각로의\ 부피(m^3)}$

∴ 소각로의 부피

$= \dfrac{700kcal/kg \times 10 \times 10^3 kg/day \times 1day/10hr}{40{,}000\ kcal/m^3 \cdot hr}$

$= 17.5\ m^3$

56 밀도가 600kg/m^3인 도시쓰레기 100ton을 소각시킨 결과 밀도가 1,200kg/m^3인 재 10ton이 남았다. 이 경우 부피감소율과 질량감소율에 관한 설명으로 알맞은 것은 어느 것인가?

㉮ 부피감소율이 질량감소율보다 크다.
㉯ 질량감소율이 부피감소율보다 크다.
㉰ 부피감소율과 질량감소율은 동일하다.
㉱ 주어진 조건만으로는 알 수 없다.

풀이 ① 소각 전 부피(V_1)

$= 100\ ton \times \dfrac{1}{0.6\ ton/m^3} = 166.67\ m^3$

소각 후 부피(V_2)

$= 10\ ton \times \dfrac{1}{1.2\ ton/m^3} = 8.333\ m^3$

answer 53 ㉱ 54 ㉱ 55 ㉯ 56 ㉮

따라서 부피감소율(%) = $(1 - \frac{V_2}{V_1}) \times 100$

$= (1 - \frac{8.33 m^3}{166.67 m^3}) \times 100$

$= 95.0\%$

② 질량감소율 = $(1 - \frac{W_2}{W_1}) \times 100$

$= (1 - \frac{10 \, t \, on}{100 \, t \, on}) \times 100 = 90\%$

③ 따라서 부피감소율이 질량감소율보다 크다.

57 연료는 일반적으로 탄화수소화합물로 구성되어 있다. 어떤 액체연료의 질량조성이 C : 75%, H : 25%일 때 C/H 물질량(mole) 비는 얼마인가?

㉮ 0.25 ㉯ 0.50
㉰ 0.75 ㉱ 0.90

풀이 ① 탄소(C)의 mole을 계산한다.

C의 mole = $\frac{75 \times 10^4 \, mg}{L} \times \frac{1g}{10^3 \, mg} \times \frac{1 mole}{12g}$

$= 62.5 \, mole/L$

② 수소(H)의 mole을 계산한다.

H의 mole = $\frac{25 \times 10^4 \, mg}{L} \times \frac{1g}{10^3 \, mg} \times \frac{1 mole}{1g}$

$= 250 \, mole/L$

③ $\frac{C}{H} = \frac{62.5 \, mole/L}{250 \, mole/L} = 0.25$

TIP

① % $\xrightarrow{\times 10^4}$ ppm

② ppm = mg/L

58 절탄기 설치 시 주의할 점으로 틀린 것은 어느 것인가?

㉮ 통풍저항 증가
㉯ 굴뚝가스 온도의 저하로 인한 굴뚝 통풍력 감소
㉰ 급수온도가 낮은 경우, 굴뚝가스 온도가 저하하면 절탄시 저온부에 접하는 가스온도가 노점에 달하여 절탄기를 부식시킴
㉱ 보일러 드럼에 발생하는 열응력 증가

풀이 ㉱ 보일러 드럼에 발생하는 열응력 감소

59 열교환기 중 과열기에 관한 내용으로 틀린 것은 어느 것인가?

㉮ 보일러에서 발생하는 포화증기에 다수의 수분이 함유되어 있으므로 이것을 과열하여 수분을 제거하고 과열도가 높은 증기를 얻기 위해 설치한다.
㉯ 일반적으로 보일러 부하가 높아질수록 대류 과열기에 의한 과열 온도는 저하하는 경향이 있다.
㉰ 과열기는 그 부착 위치에 따라 전열형태가 다르다.
㉱ 방사형 과열기는 주로 화염의 방사열을 이용한다.

풀이 ㉯ 일반적으로 보일러 부하가 높아질수록 대류 과열기에 의한 과열 온도는 상승한다.

answer 57 ㉮ 58 ㉱ 59 ㉯

60 RDF(Refuse Derived Fuel)에 대한 내용으로 틀린 것은 어느 것인가?

㉮ 폐기물 내의 불순물과 입자의 크기, 수분 함량, 재의 함량을 조정하여 생산하는 연료이다.
㉯ 수분함량에 따른 부패 염려가 없다.
㉰ RDF 내의 Cl 함량이 문제가 되는 경우가 있다.
㉱ 전처리에 상당한 동력 및 투자비가 소요된다.

풀이 ㉯ 수분함량에 따른 부패 염려가 있다.

| 제4과목 | 폐기물공정시험기준

61 취급 또는 저장하는 동안에 밖으로부터의 공기 또는 다른 가스가 침입하지 아니하도록 내용물을 보호하는 용기는 어느 것인가?

㉮ 밀폐용기 ㉯ 기밀용기
㉰ 밀봉용기 ㉱ 차광용기

풀이 용기
㉮ 밀폐용기 : 이물질
㉯ 기밀용기 : 공기
㉰ 밀봉용기 : 미생물
㉱ 차광용기 : 광선

62 원자흡수분광광도법으로 수은을 측정하고자 한다. 분석절차(전처리) 과정 중 과잉의 과망간산칼륨을 분해하기 위해 사용하는 용액은 어느 것인가?

㉮ 10W/V% 염산하이드록시암모늄용액
㉯ (1+4) 암모니아수
㉰ 10W/V% 이염화주석용액
㉱ 10W/V% 과황산칼륨

63 백분율에 대한 내용으로 틀린 것은 어느 것인가?

㉮ 용액 100mL 중 성분무게(g), 또는 기체 100mL 중의 성분무게(g)를 표시할 때는 W/V%의 기호를 쓴다.
㉯ 용액 100mL 중 성분용량(mL), 또는 기체 100mL 중 성분용량(mL)을 표시할 때는 V/V%의 기호를 쓴다.
㉰ 용액 100g 중 성분용량(mL)을 표시할 때는 V/W%의 기호를 쓴다.
㉱ 용액 100g 중 성분무게(g)를 표시할 때는 W/V%의 기호를 쓴다. 다만, 용액의 농도를 %로만 표시할 때는 W/W%를 뜻한다.

풀이 ㉱ 용액 100g 중 성분무게(g)를 표시할 때는 W/W%의 기호를 쓴다. 다만, 용액의 농도를 %로만 표시할 때는 W/V%를 뜻한다.

64 PCBs(기체크로마토그래피-질량분석법) 분석 시 PCBs 정량한계는 얼마인가?

㉮ 0.01mg/L ㉯ 0.05mg/L
㉰ 0.1mg/L   ㉱ 1.0mg/L

풀이 PCBs의 기체크로마토그래피-질량분석법
① 정량한계 : 1.0mg/L
② 추출용매 : 헥산

answer 60 ㉯ 61 ㉯ 62 ㉮ 63 ㉱ 64 ㉱

65 폐기물 소각시설의 소각재 시료채취에 관한 내용 중 회분식 연소 방식의 소각재 반출 설비에서의 시료채취 내용으로 알맞은 것은 어느 것인가?

㉮ 하루 동안의 운행시간에 따라 매 시간마다 2회 이상 채취하는 것을 원칙으로 한다.
㉯ 하루 동안의 운행시간에 따라 매 시간마다 3회 이상 채취하는 것을 원칙으로 한다.
㉰ 하루 동안의 운전횟수에 따라 매 운전 시마다 2회 이상 채취하는 것을 원칙으로 한다.
㉱ 하루 동안의 운전횟수에 따라 매 운전시마다 3회 이상 채취하는 것을 원칙으로 한다.

풀이 회분식 연소방식의 소각재 반출설비에서 시료채취
① 기준 : 하루 동안의 운전횟수에 따라
② 횟수 : 매 운전 시마다 2회 이상
③ 시료의 양 : 1회 500g 이상

66 폐기물공정시험기준에서 규정하고 있는 시료채취의 방법에 대한 설명으로 틀린 것은 어느 것인가?

㉮ 시료는 일반적으로 폐기물이 생성되는 단위 공정 구분없이 성분에 따라 채취한다.
㉯ 서로 다른 종류의 폐기물이 혼재되어 있을 경우 혼재된 폐기물의 성분별로 각각 시료를 채취한다.
㉰ 액상 혼합물의 경우에는 원칙적으로 최종 지점의 낙하구에서 흐르는 도중에 채취한다.
㉱ 대형의 콘크리트 고형화물이며 분쇄가 어려울 경우에는 임의 5개소에서 시료를 채취하여 각각 파쇄한 후 100g씩 균등한 양을 혼합하여 채취한다.

풀이 ㉮ 시료는 일반적으로 폐기물이 생성되는 단위 공정별로 구분하여 채취하여야 한다.

67 기체크로마토그래피법으로 측정하여야 하는 시험항목이 아닌 것은 어느 것인가?

㉮ 시안
㉯ PCB_S
㉰ 유기인
㉱ 휘발성 저급염소화 탄화수소류

풀이 시안(CN)의 시험방법으로는 자외선/가시선분광법, 이온전극법, 연속흐름법이다.

68 폐기물에 함유된 오염물질을 분석하기 위한 용출시험방법 조작시 조건으로 틀린 것은 어느 것인가?

㉮ 진폭 : 4~5cm
㉯ 진탕시간 : 연속 2시간
㉰ 진탕횟수 : 분당 약 200회
㉱ 원심분리 : 분당 3,000회전 이상, 20분 이상

풀이 ㉯ 진탕시간 : 연속 6시간

69 고형물의 함량이 50%, 수분함량이 50%, 강열감량이 85%인 폐기물이 있다. 이 폐기물의 고형물 중 유기물 함량(%)은 얼마인가?

㉮ 40% ㉯ 50%
㉰ 60% ㉱ 70%

풀이
$$유기물\ 함량(\%) = \frac{휘발성\ 고형물(\%)}{고형물(\%)} \times 100$$
$$= \frac{85\% - 50\%}{50\%} \times 100 = 70\%$$

TIP
휘발성 고형물(%) = 강열감량(%) - 수분함량(%)

answer 65 ㉰ 66 ㉮ 67 ㉮ 68 ㉯ 69 ㉱

70 질량법에 의한 기름성분 시험에서 pH를 조절할 때 사용하는 지시약은 어느 것인가?

㉮ Methyl violet ㉯ Methyl orange
㉰ Methyl red   ㉱ Phenolphthalein

풀이 중량법에 의한 기름성분 시험에서 사용하는 지시약은 메틸오렌지용액(0.1%)이다.

71 수분함량이 90%인 폐기물의 용출시험결과 카드뮴의 농도가 0.25mg/L이었다. 함수율을 보정한 카드뮴의 농도(mg/L)는 얼마인가?

㉮ 0.125mg/L   ㉯ 0.295mg/L
㉰ 0.375mg/L   ㉱ 0.435mg/L

풀이 ① 수분함량이 85% 이상인 시료의
보정계수 = $\dfrac{15}{100 - \text{시료의 함수율(\%)}}$
= $\dfrac{15}{100 - 90}$ = 1.5
② 카드뮴의 농도 = 1.5×0.25 mg/L
= 0.375 mg/L

72 정도보증/정도관리를 위한 현장 이중시료에 관한 내용으로 ( )에 알맞은 말은 어느 것인가?

> 현장 이중시료는 동일 위치에서 동일한 조건으로 중복 채취한 시료로서 독립적으로 분석하여 비교한다. 현장 이중시료는 필요시 하루에 ( ) 이하의 시료를 채취할 경우에는 1개를 그 이상의 시료를 채취할 때에는 시료( )당 1개를 추가로 채취한다.

㉮ 5개   ㉯ 10개
㉰ 15개   ㉱ 20개

73 노말헥산 추출물질을 측정하기 위해 시료 30g을 사용하여 공정시험기준에 따라 실험하였다. 실험전후의 증발용기의 질량차는 0.0176g이고 바탕 실험 전후의 증발용기의 질량 차가 0.0011g이었다면 이를 적용하여 계산된 노말헥산 추출물질(%)은 얼마인가?

㉮ 0.035%   ㉯ 0.055%
㉰ 0.075%   ㉱ 0.095%

풀이 노말헥산 추출물질(%) = $(a-b) \times \dfrac{100}{V}$

여기서 a : 실험전후의 증발용기의 질량차(g)
       b : 바탕시험 전후의 증발용기의 질량차(g)
       V : 시료의 양(g)

따라서 노말헥산 추출물질(%)
= $(0.0176 - 0.0011)\text{g} \times \dfrac{100}{30\text{g}}$
= 0.055%

answer 70 ㉯   71 ㉰   72 ㉱   73 ㉯

74 반고상 또는 고상폐기물의 pH 측정(유리전극법)방법으로 가장 알맞은 것은 어느 것인가?

㉮ 시료 5g을 50mL 비커에 취한 다음 정제수 25mL를 넣어 잘 교반하여 30분 이상 방치
㉯ 시료 10g을 50mL 비커에 취한 다음 정제수 25mL를 넣어 잘 교반하여 30분 이상 방치
㉰ 시료 15g을 50mL 비커에 취한 다음 정제수 25mL를 넣어 잘 교반하여 30분 이상 방치
㉱ 시료 20g을 50mL 비커에 취한 다음 정제수 25mL를 넣어 잘 교반하여 30분 이상 방치

풀이 반고상 또는 고상폐기물 분석절차

시료 10g $\xrightarrow{\text{정제수 25mL}}$ 50mL 비커 $\xrightarrow{\text{교반}}$

30분 이상 방치 $\xrightarrow{\text{현탁액을 그대로}}_{\text{원심분리 후 상층액}}$ 시료용액

75 구리측정(자외선/가시선 분광법)에 대한 내용이다. ( )안에 알맞은 말은 어느 것인가?

시료 중에 구리이온이 알칼리성에서 다이에틸다이티오카르바민산나트륨과 반응하여 생성하는 황갈색의 킬레이트 화합물을 ( )(으)로 추출하여 흡광도를 440nm에서 측정한다.

㉮ 사염화탄소　　㉯ 아세트산부틸
㉰ 클로로포름　　㉱ 노말헥산

풀이 구리의 자외선/가시선 분광법
① 추출용매 : 아세트산부틸
② 황갈색의 킬레이트 화합물의 흡광도를 440nm에서 측정

76 총칙에서 규정하고 있는 내용으로 틀린 것은 어느 것인가?

㉮ "항량으로 될 때까지 건조한다" 함은 같은 조건에서 10시간 더 건조할 때 전후 무게의 차가 g당 0.1mg 이하일 때를 말한다.
㉯ "방울수"라 함은 20℃에서 정제수 20방울을 적하할 때, 그 부피가 약 1mL 되는 것을 뜻한다.
㉰ "감압 또는 진공"이라 함은 따로 규정이 없는 한 15mmHg 이하를 뜻한다.
㉱ 무게를 "정확히 단다"라 함은 규정된 수치의 무게를 0.1mg까지 다는 것을 말한다.

풀이 ㉮ "항량으로 될 때까지 건조한다" 함은 같은 조건에서 1시간 더 건조할 때 전후 무게의 차가 g당 0.3mg 이하일 때를 말한다.

77 아래와 같은 방식으로 계속 폐기물 시료의 크기를 줄이는 방법은 어느 것인가?

분쇄한 대시료를 단단하고 깨끗한 평면 위에 원추형으로 쌓는다. → 원추를 장소를 바꾸어 다시 쌓는다. → 원추에서 일정한 양을 취하여 장방형으로 도포하고 계속해서 일정한 양을 취하여 그 위에 입체로 쌓는다. → 육면체의 측면을 교대로 돌면서 각각 균등한 양을 취하여 두 개의 원추를 쌓는다. → 이 중 하나는 버린다.

㉮ 원추 2분법　　㉯ 원추 4분법
㉰ 교호삽법　　　㉱ 구획법

풀이 ㉰ 교호삽법에 대한 설명이며, 핵심 내용인 "원추형, 육면체 = 교호삽법"임을 숙지하시면 됩니다.

answer 74 ㉯　75 ㉯　76 ㉮　77 ㉰

TIP

시료의 분할 채취방법의 핵심내용
① 구획법 : 가로 4등분, 세로 5등분, 20개의 덩어리
② 교호삽법 : 원추형, 육면체
③ 원추 4분법 : 원추형, 부채꼴로 4등분

78 시안의 측정(자외선/가시선 분광법)시, 시료 내의 황화합물 함유로 인한 측정방해를 방지하기 위해 첨가하는 용액은 어느 것인가?

㉮ L-아스코빈산 용액
㉯ 수산화나트륨 용액
㉰ 아세트산아연 용액
㉱ 이산화비소산나트륨 용액

풀이 황화합물의 간섭은 아세트산아연용액으로 제거한다.

79 석면(X선 회절기법) 측정을 위한 분석절차 중 시료의 균일화에 관한 내용(기준)으로 알맞은 것은 어느 것인가?

㉮ 정성분석용 시료의 입자크기는 $0.1\mu m$ 이하로 분쇄를 한다.
㉯ 정성분석용 시료의 입자크기는 $1.0\mu m$ 이하로 분쇄를 한다.
㉰ 정성분석용 시료의 입자크기는 $10\mu m$ 이하로 분쇄를 한다.
㉱ 정성분석용 시료의 입자크기는 $100\mu m$ 이하로 분쇄를 한다.

풀이 X선 회절기법으로 석면을 측정할 때 정성분석용 시료입자의 크기는 $100\mu m$ 이하로 분쇄를 한다.

80 대상폐기물의 양이 450톤인 경우, 현장 시료의 최소 수는 얼마인가?

㉮ 14   ㉯ 20
㉰ 30   ㉱ 36

풀이 대상폐기물의 양과 시료의 최소 수

대상폐기물의 양 (단위 : ton)	시료의 최소 수	대상폐기물의 양 (단위 : ton)	시료의 최소 수
~1 미만	6	100 이상~500 미만	30
1 이상~5 미만	10	500 이상~1,000 미만	36
5 이상~30 미만	14	1,000 이상~5,000 미만	50
30 이상~100 미만	20	5,000 이상	60

answer 78 ㉰ 79 ㉱ 80 ㉰

2016년 1회 기출문제

| 제1과목 | 폐기물개론

01 쓰레기발생량 예측방법으로 틀린 것은 어느 것인가?

㉮ 물질수지법　㉯ 경향법
㉰ 다중회귀모델　㉱ 동적모사모델

▶ 풀이　폐기물의 발생량의 예측방법과 조사방법의 종류
① 예측방법 : 다중회귀모델, 동적모사모델, 경향모델
② 조사방법 : 물질수지법, 직접계근법, 적재차량계수법, 통계조사법(표본조사, 전수조사)

02 쓰레기 발생량에 영향을 미치는 요인에 대한 내용으로 틀린 것은 어느 것인가?

㉮ 수거빈도가 잦거나 쓰레기통의 크기가 크면 쓰레기 발생량이 증가한다.
㉯ 재활용품의 회수 및 재이용률이 높을수록 쓰레기 발생량이 감소한다.
㉰ 쓰레기 관련 법규는 쓰레기 발생량에 중요한 영향을 미친다.
㉱ 생활수준이 높은 주민들의 쓰레기 발생량은 그렇지 않은 주민들보다 적고 종류 또한 단순하다.

▶ 풀이　㉱ 생활수준이 높은 주민들의 쓰레기 발생량은 그렇지 않은 주민들보다 많고 종류 또한 다양하다.

03 발열량의 관계식으로 알맞은 것은 어느 것인가?

㉮ 고위발열량 = 저위발열량 + 수분의 응축열
㉯ 고위발열량 = 저위발열량 − 수분의 응축열
㉰ 고위발열량 = 저위발열량 + 회분(재)의 잠열
㉱ 고위발열량 = 저위발열량 − 회분(재)의 잠열

▶ 풀이　**발열량 계산식**
① 고체 및 액체연료 :
　$Hl = Hh - 600 \times (9H+W)(kcal/kg)$
② 기체연료 : $Hl = Hh - 480 \times H_2O량(kcal/Sm^3)$

04 폐기물 압축기에 대한 내용으로 틀린 것은 어느 것인가?

㉮ 고정압축기는 주로 수압으로 압축시킨다.
㉯ 고정압축기는 압축방법에 따라 수평식과 수직식 압축기로 나눌 수 있다.
㉰ 백(bag) 압축기는 회전판 위에 열려진 상태로 놓여 있는 백과 압축피스톤의 조합으로 구성된다.
㉱ 백(bag) 압축기 중 회분식이란 투입량을 일정량씩 수회 분리하여 간헐적인 조작을 행하는 것을 말한다.

▶ 풀이　㉰번은 회전식 압축기에 대한 설명이다.

answer　01 ㉮　02 ㉱　03 ㉮　04 ㉰

05 오니의 혐기성 소화 과정에서 메탄발효단계에서의 반응속도가 2차 반응일 경우, 반응속도 상수의 단위로 알맞은 것은 어느 것인가?

㉮ 시간/농도 ㉯ 농도 × 시간
㉰ 1/시간 ㉱ 1/(농도 × 시간)

06 폐기물로부터 불연성 폐기물을 제거한 후 연료로 이용한 방법으로 열용량이 가장 낮고 회분이 많으며 수분함량이 15~20%인 RDF의 종류로 알맞은 것은 어느 것인가?

㉮ Power RDF ㉯ Pellet RDF
㉰ Powder RDF ㉱ Fluff RDF

▶풀이 ㉱ Fluff RDF에 대한 설명이며, 핵심 내용인 "수분함량 15~20% = Fluff RDF"임을 숙지하시면 됩니다.

07 한 해 동안 A시에서 발생한 폐기물의 성분 중 비가연성이 질량비로서 67.5%였다. 지금 밀도가 650kg/m³인 폐기물 2m³있을 때 가연성 물질의 양(kg)은 얼마인가? (단, 폐기물은 비연성과 가연성으로 나눈다.)

㉮ 423kg ㉯ 578kg
㉰ 635kg ㉱ 782kg

▶풀이 가연성 물질의 양(kg)
= 폐기물의 양(m^3)×폐기물의 밀도(kg/m^3)
 ×(1-비가연성 함량)
= 650kg/m^3×2m^3×(1-0.675) = 422.5kg

08 건식 전단파쇄기에 대한 내용으로 틀린 것은 어느 것인가?

㉮ 고정칼, 왕복 또는 회전칼의 교합에 의하여 폐기물을 전단한다.
㉯ 충격파쇄기에 비하여 파쇄속도가 느리다.
㉰ 충격파쇄기에 비하여 이물질의 혼입에 강하다.
㉱ 충격파쇄기에 비하여 파쇄물의 크기를 고르게 할 수 있다.

▶풀이 ㉰ 충격파쇄기에 비하여 이물질의 혼입에 약하다.

09 국내에서 발생되는 사업장폐기물의 특성으로 틀린 것은 어느 것인가?

㉮ 사업장폐기물 중 가장 높은 증가율을 보이는 것은 폐유이다.
㉯ 사업장폐기물의 대부분은 일반사업장폐기물이다.
㉰ 일반사업장폐기물 중 무기물류가 가장 많은 비중을 차지하고 있다.
㉱ 지정폐기물 중 그 배출량이 가장 많은 것은 폐산·폐알칼리이다.

▶풀이 사업장폐기물 중 가장 높은 증가율을 보이는 것은 건설폐기물이다.

10 폐기물의 관거(Pipeline)를 이용한 수거 방식에 대한 내용으로 틀린 것은 어느 것인가?

㉮ 자동화, 무공해화가 가능하다.
㉯ 잘못 투입된 폐기물의 즉시 회수가 용이하다.
㉰ 가설 후에 경로변경이 곤란하고 설치비가 높다.
㉱ 장거리 수송이 곤란하다.

▶풀이 ㉯ 잘못 투입된 폐기물의 회수가 어렵다.

answer 05 ㉱ 06 ㉱ 07 ㉮ 08 ㉰ 09 ㉮ 10 ㉯

11 도시 쓰레기 수거계획 수립 시 가장 중요하게 고려하여야 할 사항으로 알맞은 것은 어느 것인가?

㉮ 수거 인부 ㉯ 수거 빈도
㉰ 수거 노선 ㉱ 수거 장비

풀이 도시 쓰레기 수거계획 수립 시 가장 중요하게 고려하여야 할 사항은 수거 노선이다.

12 다음의 지정폐기물 중 연중 발생량이 가장 많은 것은 어느 것인가?

㉮ 먼지
㉯ 슬러지
㉰ 폐유기용제
㉱ 폐합성고분자화합물

풀이 지정폐기물 중 연중 발생량이 가장 많은 것은 폐유기용제이다.

13 고정압축기의 작동에 대한 용어로 틀린 것은 어느 것인가?

㉮ 적하(Loading)
㉯ 카셋용기(Cassettes Containing bag)
㉰ 충전(Fill Charging)
㉱ 램압축(Ram Compacts)

풀이 ㉯ 카셋용기는 백압축기에 사용되는 장치이다.

14 폐기물의 관리 계획 시 조사 및 예측하여야 할 항목으로 틀린 것은 어느 것인가?

㉮ 배출원에 따른 폐기물의 배출량과 시간적 변동량을 파악한다.
㉯ 수집 및 운반, 처리방법과 처분방법 등에 따른 소요비용을 검토한다.
㉰ 폐기물의 재활용 또는 자원화 여부를 검토한다.
㉱ 중간처리 과정에서 배출되는 폐기물의 질과 양을 예측한다.

풀이 폐기물의 관리 계획은 폐기물의 발생, 처분, 재활용에 관한 내용이므로 ㉱번은 해당하지 않는다.

15 전과정평가(LCA)의 구성요소로 가장 거리가 먼 내용은?

㉮ 개선평가 ㉯ 영향평가
㉰ 과정분석 ㉱ 목록분석

풀이 전과정평가(LCA)의 평가단계 순서
목적 및 범위 설정 → 목록분석 → 영향평가 → 개선평가 및 해석

16 폐기물을 Proximate Analysis 분석 대상 성분으로만 짝지어진 것은 어느 것인가?

㉮ 수분함량, 가연성물질, 고정산소, 회분
㉯ 고정산소, 고정질소, 고정황, 고정탄소
㉰ 고정탄소, 회분, 휘발성고형물, 수분함량
㉱ 수분함량, 회분, 가연분, 고정원소분

풀이 폐기물의 개략 분석(Proximate Analysis)
① 3성분 : 수분, 가연분, 회분
② 4성분 : 고정탄소, 휘발성고형물, 수분, 회분

answer 11 ㉰ 12 ㉰ 13 ㉯ 14 ㉱ 15 ㉰ 16 ㉰

17 쓰레기 수송방법 중 가장 위생적인 수송방법은 어느 것인가?

㉮ mono-rail ㉯ conveyer
㉰ container ㉱ pipeline

> **풀이** 가장 위생적인 수송방법은 ㉱ 관거(pipeline)수송방식이다.

18 파쇄기로 20cm의 폐기물을 5cm로 파쇄하는데 에너지가 40kWh/ton이 소요되었다. 15cm의 폐기물을 5cm로 파쇄시 톤당 소요되는 에너지량(kWh/ton)은 얼마인가? (단, Kick의 법칙을 이용할 것)

㉮ 30.4kWh/ton ㉯ 31.7kWh/ton
㉰ 34.6kWh/ton ㉱ 36.8kWh/ton

> **풀이** Kick의 법칙 : $E = C \ln\left(\dfrac{dp_1}{dp_2}\right)$
>
> 여기서, E : 에너지 소모율
> dp_1 : 평균크기
> dp_2 : 최종크기
>
> ① $40\text{kWh/ton} = C \times \ln\left(\dfrac{20\text{cm}}{5\text{cm}}\right)$
>   ∴ $C = 28.8539\text{kWh/ton}$
> ② $E = 28.8539\text{kWh/ton} \times \ln\left(\dfrac{15\text{cm}}{5\text{cm}}\right)$
> $= 31.7\text{kWh/ton}$

19 함수율 70%인 하수슬러지 50m³와 함수율 36%인 1,200m³의 쓰레기를 혼합했을 때 함수율(%)은 얼마인가?

㉮ 35% ㉯ 37%
㉰ 39% ㉱ 41%

> **풀이** 혼합 함수율(%) = $\dfrac{70\% \times 50\text{m}^3 + 36\% \times 1{,}200\text{m}^3}{50\text{m}^3 + 1{,}200\text{m}^3}$
> $= 37.4\%$

20 밀도가 a인 도시쓰레기를 밀도가 b(a<b)인 상태로 압축시킬 경우 부피(%)는 얼마인가?

㉮ $100\left(1 - \dfrac{a}{b}\right)$ ㉯ $100\left(1 - \dfrac{b}{a}\right)$
㉰ $100\left(a - \dfrac{a}{b}\right)$ ㉱ $100\left(b - \dfrac{b}{a}\right)$

> **풀이** 부피감소율(%) = $\left(1 - \dfrac{\text{압축 후 부피}}{\text{압축 전 부피}}\right) \times 100$
> $= \left(1 - \dfrac{\text{압축 전 밀도}}{\text{압축 후 밀도}}\right) \times 100$

| 제2과목 | 폐기물 재활용 및 자원화 기술

21 시멘트 고형화 방법 중 연소가스 탈황 시 발생된 슬러지처리에 주로 적용되는 방법은 어느 것인가?

㉮ 시멘트기초법 ㉯ 석회기초법
㉰ 포졸란첨가법 ㉱ 자가시멘트법

> **풀이** ㉱ 자가시멘트법에 대한 설명이며, 핵심내용인 "탈황슬러지처리 = 자가시멘트" 임을 숙지하시면 됩니다.

answer 17 ㉱ 18 ㉯ 19 ㉯ 20 ㉮ 21 ㉱

22 소각로에서 열효율 향상의 대책으로 틀린 것은 어느 것인가?

㉮ 열분해 생성물의 완전 연소화
㉯ 배기가스의 현열배출 손실의 저감
㉰ 연소잔사의 현열손실 감소
㉱ 전열 효율의 감소

풀이 ㉱ 전열 효율의 증가

23 최종처분장의 지하수 오염방지를 위한 지중배수시설(Subsurface Drainage System)에 대한 내용으로 틀린 것은 어느 것인가?

㉮ 유해폐기물 매립장에 널리 이용된다.
㉯ 반응성 화학물질(철, 망간, 칼슘)의 침적으로 막힘이 발생하기 쉽다.
㉰ 연직차수시설과 함께 사용되어야 한다.
㉱ 주로 12m 이하의 얕은 깊이에 설치된다.

풀이 ㉰ 표면차수시설과 함께 사용되어야 한다.

24 관리형 폐기물매립지에서 발생하는 침출수의 주된 발생원은 어느 것인가?

㉮ 주위의 지하수로부터 유입되는 물
㉯ 주변으로부터의 유입지표수(Run-on)
㉰ 강우에 의하여 상부로부터 유입되는 물
㉱ 폐기물 자체의 수분 및 분해에 의하여 생성되는 물

풀이 침출수의 주된 발생원은 강우에 의하여 상부로부터 유입되는 물이다.

25 분뇨 투입량이 50kL/일인 소화조가 있다. 온도 20℃에서 온도를 중온(35℃) 소화의 적정 한계에 맞추려고 한다. 소화조의 열손실이 30%라면 소요열량(kcal)은 얼마인가? (단, 소화조의 분뇨 비열 1.2, 분뇨 비중 1)

㉮ 1.3×10^6 ㉯ 3.3×10^6
㉰ 4.3×10^6 ㉱ 7.3×10^6

풀이 소요열량(kcal)
= 분뇨투입량(kg/일) × 비열(kcal/kg·℃)
  × 온도차(℃) × $\frac{100}{열효율(\%)}$
= 50×10^3 kg/일 × 1.2 kcal/kg·℃ × (35-20)℃ × $\frac{100}{70\%}$
= 1.29×10^6 kcal/일

TIP
① 분뇨투입량
  = 50×10^3 L/일 × 1.0kg/L = 50×10^3 kg/일
② 분뇨 비열 1.2 = 1.2 kcal/kg·℃

26 평균입경이 10cm인 플라스틱을 재활용하기 위하여 2cm로 파쇄하는데 20kWh/ton이 소요된다면, 입경이 20cm인 플라스틱을 2cm로 파쇄하는데 소요되는 에너지(kWh/ton)는 얼마인가?
(단, Kick의 법칙에 의하여 에너지량 $W = C\log(X_i/X_f)$ 이다.)

㉮ 약 28   ㉯ 약 32
㉰ 약 36   ㉱ 약 40

풀이 Kick의 법칙 : $W = C \log\left(\frac{X_i}{X_f}\right)$

① 20 kWh/ton = $C \times \log\left(\frac{10\,cm}{2\,cm}\right)$
  ∴ $C = 28.6135$ kWh/ton

answer 22 ㉱ 23 ㉰ 24 ㉰ 25 ㉮ 26 ㉮

② $W = 28.6135 \text{kWh/ton} \times \log\left(\dfrac{20\,\text{cm}}{2\,\text{cm}}\right)$
   $= 28.6 \text{ kWh/ton}$

27 유기성폐기물 처리방법 중 퇴비화의 장·단점으로 틀린 것은 어느 것인가?

㉮ 생산된 퇴비는 비료가치가 낮다.
㉯ 퇴비제품의 품질 표준화가 어렵다.
㉰ 생산품인 퇴비는 토양의 이화학성질을 개선시키는 토양개량제로 사용할 수 있다.
㉱ 퇴비화 과정 중 80% 이상 부피가 크게 감소된다.

풀이 ㉱ 퇴비화 과정 중 부피가 크게 감소되지 않는다.(감용율 50% 이하)

28 퇴비생산 공정에 대한 내용으로 틀린 것은 어느 것인가?

㉮ 퇴비생산에 수분함량, 온도, pH, 영양소 함량, 산소농도 등이 영향을 준다.
㉯ 슬러지 수분함량이 크면 bulking agent를 섞는다.
㉰ 최소의 수분함량은 12~15%이나 최적 수분함량은 70% 가량이다.
㉱ 온도 55~65℃로 유지시켜야 하며 80℃ 이상은 좋지 않다.

풀이 ㉰ 퇴비화 기간 동안 수분함량은 50~60% 범위에서 유지되어야 한다.

29 매립지에서 발생하는 메탄 가스를 메탄산화세균을 이용하여 처리하고자 한다. 메탄산화 세균에 의한 메탄 처리에 대한 내용으로 틀린 것은 어느 것인가?

㉮ 메탄산화세균은 혐기성 미생물이다.
㉯ 메탄산화세균은 자가영양미생물이다.
㉰ 메탄산화세균은 주로 복토층 부근에서 많이 발견된다.
㉱ 메탄은 메탄산화세균에 의해 산화되며, 이산화탄소로 바뀐다.

풀이 ㉮ 메탄산화세균은 자가영양 미생물(독립영양미생물)이며, 자가영양미생물은 절대호기성미생물이다.

30 토양오염 물질 중 BTEX에 포함되지 않는 것은 어느 것인가?

㉮ 벤젠   ㉯ 톨루엔
㉰ 에틸렌   ㉱ 자일렌

풀이 BTEX는 Benzene(벤젠), Toluene(톨루엔), Ethybenzene(에틸벤젠), Xylene(자일렌)을 의미한다.

answer 27 ㉱ 28 ㉰ 29 ㉮ 30 ㉰

31 분뇨의 슬러지 건량은 5m³이며 함수율이 90%이다. 함수율을 80%까지 농축하면 농축조에서의 분리액(m³)은 얼마인가? (단, 비중은 1.0 기준)

㉮ 15m³   ㉯ 20m³
㉰ 25m³   ㉱ 30m³

풀이 농축후 슬러지량(m³)

= 슬러지량(m³) × $\dfrac{100}{100 - 함수율(\%)}$

① $V_1 = 5m^3 \times \dfrac{100}{100 - 90\%} = 50\,m^3$

② $V_2 = 5m^3 \times \dfrac{100}{100 - 80\%} = 25\,m^3$

③ 분리액 = $V_1 - V_2 = 50\,m^3 - 25\,m^3 = 25\,m^3$

32 매립공법 중 압축매립공법(Baling System)에 대한 내용으로 틀린 것은 어느 것인가?

㉮ 쓰레기를 매립 후 다짐기계를 이용하여 일정한 압축을 실시한다.
㉯ 쓰레기의 운반이 쉽다.
㉰ 지가(地價)가 비쌀 경우에 유효한 방법이다.
㉱ 층별로 정렬하는 것이 보편적이며 매립 각 층별로 일일복토를 실시하여야 한다.

풀이 ㉮ 쓰레기를 일정한 더미형태로 압축하여 부피를 감소시킨 후 포장을 실시하여 매립하는 방법이다.

33 인구 600,000명에 1인당 하루 1.3kg의 쓰레기를 배출하는 지역에 면적이 500,000m²의 매립장을 건설하려고 한다. 강우량이 1,350 mm/year인 경우 침출수 발생량(톤/년)은 얼마인가? (단, 강우량 중 60%는 증발되고 40%만 침출수로 발생된다고 가정하고, 침출수 비중은 1, 기타 조건은 고려하지 않는다.)

㉮ 약 140,000톤/년
㉯ 약 180,000톤/년
㉰ 약 240,000톤/년
㉱ 약 270,000톤/년

풀이 ① 침출수 발생량(m³/년)
= 면적(m²) × 침출되는 강우량(m/년)
= 500,000m² × 1,350 × 10⁻³m/년 × 0.4
= 270,000m³/년
② 270,000m³/년 × 1.0ton/m³ = 270,000ton/년

34 폐기물 매립지의 매립구조를 분류하면 여러 방법이 있다. 다음 설명에 해당하는 매립구조 방법은 어느 것인가?

> 혐기성 위생매립 바닥 저부에 침출수 배제 집수관을 설치하여 오수 대책을 세운 구조이다. 일반적으로 매립지 장외에 저류조를 설치하고 침출수를 배제하는 오수관리를 주체한 구조로 되어 있으며, 현재 시행되고 있는 위생매립의 대부분이 이에 속한다.

㉮ 개량형 혐기성 위생매립
㉯ 준통기성 위생매립
㉰ 혐기성 관리 위생매립
㉱ 준호기성 위생매립

풀이 ㉮ 개량형 혐기성 위생매립에 대한 설명이며, 핵심 내용인 "침출수 배제 집수관 설치 = 개량형 혐기성 위생매립"임을 숙지하시면 됩니다.

---

answer 31 ㉰   32 ㉮   33 ㉱   34 ㉮

35 고화처리 방법인 석회기초법의 장·단점으로 틀린 것은 어느 것인가?

㉮ pH가 낮을 때 폐기물성분의 용출가능성이 증가한다.
㉯ 탈수가 필요하다.
㉰ 석회가격이 싸고 널리 이용된다.
㉱ 두 가지 폐기물을 동시에 처리할 수 있다.

풀이 ㉯ 탈수가 불필요하다.

TIP
석회나 시멘트를 사용하는 고화처리방법은 물을 사용해 반죽 상태로 만들어 고화처리를 하기 때문에 폐기물에 있는 수분을 제거할 필요가 없다.

36 폐기물 고화처리에 주로 사용되는 보통 포틀랜드 시멘트의 주성분을 옳게 나열한 것은 어느 것인가?

㉮ Al_2O_3 65%, MgO 22%
㉯ MgO 65%, Al_2O_3 22%
㉰ SiO_2 65%, CaO 22%
㉱ CaO 65%, SiO_2 22%

풀이 보통 포틀랜드 시멘트의 주성분은 석회(CaO) 65%, 규산(SiO_2) 22%, 기타 13%로 되어 있다.

37 매립기간에 따른 침출수의 성상변화를 나타낸 다음 그림에서 A에 해당하는 수질인자는 어느 것인가?

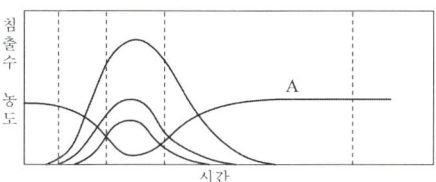

㉮ COD   ㉯ NH_4^+
㉰ pH   ㉱ 휘발성 유기산

풀이 침출수의 pH 변화는 매립기간이 많이 경과한 경우 일정하게 나타나므로 A그래프가 pH이다.

38 A 매립지의 경우 COD를 기준 이내로 처리하기 위해 기존공정에 펜톤처리 공정과 RBC 공정을 추가하여 운전하고 있다면 다음 중 공정 추가 원인으로 알맞은 것은 어느 것인가?

㉮ 난분해성 유기물질의 과다유입
㉯ 휘발성 유기화합물의 과다유입
㉰ 질소성분 과다유입
㉱ 용존고형물 과다유입

풀이 펜톤처리 공정은 고도처리의 하나로 난분해성 유기물질을 처리하기 위해서 사용하는 공정이므로 ㉮번이 정답이다.

answer 35 ㉯ 36 ㉱ 37 ㉰ 38 ㉮

39 유기성폐기물의 퇴비화과정(초기단계-고온단계-숙성단계) 중 고온단계에서 주된 역할을 담당하는 미생물은 어느 것인가?

㉮ 전반기 : Pseudomonas
　후반기 : Bacillus
㉯ 전반기 : Thermoactinomyces
　후반기 : Enterbacter
㉰ 전반기 : Enterbacter
　후반기 : Pseudomonas
㉱ 전반기 : Bacillus
　후반기 : Thermoactinomyces

풀이 이 문제는 재출제 시 동일하게 출제되는 것으로 예상되는 문제이므로 정답만 숙지하시면 됩니다.

40 토양세척법 처리에 가장 부적합한 토양입경의 정도는 어느 것인가?

㉮ 자갈　　　㉯ 중간모래
㉰ 점토　　　㉱ 미사

풀이 토양세척법 처리에 가장 적합한 토양입경의 정도는 자갈이고, 가장 부적합한 토양 입경의 정도는 점토이다.

| 제3과목 | 폐기물 처분기술

41 C_3H_8 $1Sm^3$를 연소시킬 때 이론건조연소가스량(m^3)은 얼마인가?

㉮ $17.8Sm^3$　　㉯ $19.8Sm^3$
㉰ $21.8Sm^3$　　㉱ $23.8Sm^3$

풀이 $C_3H_8 + 5O_2 \rightarrow 3CO_2 + 4H_2O$
God(이론건조가스량)
$= (1-0.21)A_o + CO_2$량
$= (1-0.21) \times \dfrac{5}{0.21} + 3 = 21.81\,Sm^3/Sm^3$

42 다이옥신을 억제시키는 방법으로 틀린 것은 어느 것인가?

㉮ 제1차적(사전방지) 방법
㉯ 제2차적(로내) 방법
㉰ 제3차적(후처리) 방법
㉱ 제4차적 전자선조사법

풀이 다이옥신을 억제시키는 방법은 ㉮, ㉯, ㉰이다.

43 가로 1.5m, 세로 2.0m, 높이 15.0m의 연소실에서 저위발열량 10,000kcal/kg의 중유를 1시간에 200kg 연소한다. 연소실 열발생률($kcal/m^3 \cdot hr$)은 얼마인가?

㉮ 약 2.2×10^4　　㉯ 약 4.4×10^4
㉰ 약 6.6×10^4　　㉱ 약 8.8×10^4

풀이 연소실 열발생율($kcal/m^3 \cdot hr$)
$= \dfrac{\text{저위발열량}(kcal/kg) \times \text{중유량}(kg/hr)}{\text{가로} \times \text{세로} \times \text{높이}(m^3)}$
$= \dfrac{10,000\,kcal/kg \times 200\,kg/hr}{1.5\,m \times 2.0\,m \times 15.0\,m}$
$= 4.4 \times 10^4\,kcal/m^3 \cdot hr$

answer 39 ㉱　40 ㉰　41 ㉰　42 ㉱　43 ㉯

44 스토커식 소각로에 있어서 여러 개의 부채형 화격자를 로폭(爐幅) 방향으로 병렬로 조합하고, 한 조의 화격자를 형성하여 편심 캠에 의한 역주행 Grate로 되어 있는 연소장치의 종류는 어느 것인가?

㉮ 반전식(Traveling back Stoker)
㉯ 계단식(Multistepped pushing grate Stoker)
㉰ 병렬계단식(Rows forced feed grate Stoker)
㉱ 역동식(Pushing back grate Stoker)

풀이 ㉮ 반전식에 대한 설명이며, 핵심 내용인 "편심 캠에 의한 역주행 Grate = 반전식"임을 숙지하시면 됩니다.

45 연소기 중 다단로의 장·단점으로 틀린 것은 어느 것인가?

㉮ 열용량이 높아 먼지 발생율이 낮다.
㉯ 체류시간이 길어 휘발성이 적은 폐기물 연소에 유리하다.
㉰ 늦은 온도반응 때문에 보조연료사용을 조절하기가 어렵다.
㉱ 많은 연소영역이 있어 연소효율을 높일 수 있다.

풀이 ㉮ 열용량이 낮아 먼지 발생율이 높다.

46 밀도가 500kg/m³인 도시형 쓰레기 50ton을 소각한 결과 밀도가 1,500kg/m³인 소각재가 15ton 발생되었다면 소각 시 용량감소율(%)은 얼마인가?

㉮ 80% ㉯ 85%
㉰ 90% ㉱ 95%

풀이
용량감소율(%) $= \left(1 - \dfrac{V_2}{V_1}\right) \times 100$

$V_1 = 50\,\text{ton} \times \dfrac{1}{0.5\,\text{ton/m}^3} = 100\,\text{m}^3$

$V_2 = 15\,\text{ton} \times \dfrac{1}{1.5\,\text{ton/m}^3} = 10\,\text{m}^3$

∴ 용량감소율(%) $= \left(1 - \dfrac{10\,\text{m}^3}{100\,\text{m}^3}\right) \times 100 = 90\%$

47 반응속도가 빨라 폐기물의 수분함량 변화에도 큰 문제없이 운전되지만 열손실이 크며 운전이 까다로운 단점을 가진 열분해 장치는 어느 것인가?

㉮ 유동상 열분해 장치
㉯ 부유상태 열분해 장치
㉰ 고정상 열분해 장치
㉱ 회전상 열분해 장치

풀이 ㉮ 유동상 열분해 장치에 대한 설명이며, 핵심 내용인 "열손실이 크고, 운전이 까다로운 장치 = 유동상"임을 숙지하시면 됩니다.

answer 44 ㉮ 45 ㉮ 46 ㉰ 47 ㉮

48 황 성분이 2%인 중유 300ton/hr를 연소하는 열설비에서 배기가스 중 SO_2를 $CaCO_3$로 완전 탈황하는 경우 이론상 필요한 $CaCO_3$의 양(ton/hr)은 얼마인가? (단, Ca : 40, 중유 중 S는 모두 SO_2로 산화)

㉮ 약 13ton/hr   ㉯ 약 19ton/hr
㉰ 약 24ton/hr   ㉱ 약 27ton/hr

풀이 $S+O_2 \rightarrow SO_2+CaCO_3+0.5O_2 \rightarrow CaSO_4+CO_2$
32kg : 100kg
300ton/hr×0.02 : X
$\therefore X = \dfrac{300\,\text{ton/hr} \times 0.02 \times 100\,\text{kg}}{32\,\text{kg}}$
$= 18.8\,\text{ton/hr}$

49 탄소 70%, 수소 30%로 구성된 액상폐기물을 완전 연소할 때, $(CO_2)_{max}$은 얼마인가? (단, 표준상태, 이론건조가스 기준이다.)

㉮ 약 9.1%   ㉯ 약 10.4%
㉰ 약 13.1% ㉱ 약 14.8%

풀이 $CO_{2\,max} = \dfrac{CO_2 \text{량}}{God} \times 100(\%)$

① 이론공기량(A_o)
$= 8.89C + 26.67\left(H - \dfrac{O}{8}\right) + 3.33S\,(Sm^3/kg)$
$= 8.89 \times 0.7 + 26.67 \times 0.3 = 14.224\,Sm^3/kg$

② 이론건연소가스량(God)
$= A_o - 5.6H + 0.7O + 0.8N\,(Sm^3/kg)$
$= 14.224\,Sm^3/kg - 5.6 \times 0.3 = 12.544\,Sm^3/kg$

③ CO_2량$= 1.867C = 1.867 \times 0.7$
$= 1.3069\,Sm^3/kg$

④ $CO_{2\,max} = \dfrac{CO_2 \text{량}}{God} \times 100(\%)$
$= \dfrac{1.3069\,Sm^3/kg}{12.544\,Sm^3/kg} \times 100 = 10.42\%$

50 폐기물 열분해 연소공정에 대한 설명으로 틀린 것은 어느 것인가?

㉮ 열분해공정 중 고온법이란 열분해온도가 1,100~1,500℃의 고온에서 행하는 방법이다.
㉯ 열분해공정 중 저온법이란 고온법에 비해 타르(Tar), 유기산, 탄화물(Char) 및 액체상태의 연료가 적게 생성되는 방법이다.
㉰ 폐기물 내 수분함량이 많을수록 열분해에 소요되는 시간이 길어진다.
㉱ 폐기물의 입경이 미세할수록 열분해가 쉽게 일어난다.

풀이 ㉯ 열분해공정 중 저온법이란 열분해온도가 500~900℃의 온도에서 행하는 방법이며, 고온법에 비해 타르, 유기산, 탄화물 및 액체상태의 연료가 많이 생성되는 방법이다.

51 폐기물 연소 후 배출되는 배기가스 중 염화수소 농도가 361ppm이고, 배기가스 부피가 2,900Sm³/hr일 때, 배기가스 내 염화수소를 $Ca(OH)_2$로 처리시 필요한 $Ca(OH)_2$량(kg/hr)은 얼마인가? (단, 표준상태를 기준으로 하고, Ca 원자량 : 40, 처리 반응율은 100%로 한다.)

㉮ 1.73kg/hr   ㉯ 2.82kg/hr
㉰ 3.64kg/hr   ㉱ 4.81kg/hr

풀이 $2HCl+Ca(OH)_2 \rightarrow CaCl_2+2H_2O$
$2 \times 22.4\,Sm^3$: 74kg
2,900Sm³/hr×361ppm×10⁻⁶ : X
$\therefore X = \dfrac{2,900\,Sm^3/hr \times 361\,ppm \times 10^{-6} \times 74\,kg}{2 \times 22.4\,Sm^3}$
$= 1.73\,kg/hr$

answer 48 ㉯   49 ㉯   50 ㉯   51 ㉮

52 폐기물 소각능력이 600kg/m²·hr인 소각로를 1일 8시간 동안 운전시, 로스톨의 면적(m²)은 얼마인가? (단, 소각량은 1일 40톤이다.)

㉮ 8.3m² ㉯ 9.5m²
㉰ 10.7m² ㉱ 12.9m²

풀이
소각능력(kg/m²·hr) = $\frac{\text{쓰레기 소각량}(kg/hr)}{\text{화격자 면적}(m^2)}$

∴ 화격자 면적(m²)
= $\frac{\text{쓰레기 소각량}(kg/hr)}{\text{소각능력}(kg/m^2 \cdot hr)}$
= $\frac{40 \times 10^3 kg/day \times 1 day/8hr}{600 kg/m^2 \cdot hr}$ = 8.3m²

53 고체연료의 연소형태에 관한 내용 중 틀린 것은 어느 것인가?

㉮ 증발연소는 비교적 용융점이 높은 고체연료가 용융되어 액체연료와 같은 방식으로 증발되어 연소하는 현상을 말한다.
㉯ 분해연소는 증발온도보다 분해온도가 낮은 경우에, 가열에 의하여 열분해가 일어나고 휘발하기 쉬운 성분이 표면에서 떨어져 나와 연소하는 것을 말한다.
㉰ 표면연소는 휘발분을 거의 포함하지 않는 목탄이나 코크스 등의 연소로서, 산소나 산화성 가스가 고체 표면이나 내부의 빈공간에 확산되어 표면반응을 하는 것을 말한다.
㉱ 열분해로 발생된 휘발분이 점화되지 않고 다량의 발연(發煙)을 수반하며 표면반응을 일으키면서 연소하는 것을 발연연소라 한다.

풀이 ㉮ 증발연소는 화염으로부터 열을 받으면 가연성 증기가 발생하는 연소로서 휘발유, 등유, 알콜, 벤젠 등의 액체연료의 형태이다.

54 폐기물의 연소열을 나타내는 발열량에 관한 내용으로 틀린 것은 어느 것인가?

㉮ 폐기물의 저위발열량은 가연분, 수분, 회분의 조성비에 의해 추정할 수 있다.
㉯ 고위발열량은 수분의 응축잠열을 뺀 것으로 소각로의 설계기준이 된다.
㉰ 단열열량계로 폐기물의 발열량을 측정 시 폐기물의 성상은 습량기준이다.
㉱ 폐기물을 자체 소각처리하기 위해서는 약 1,500kcal/kg의 자체열량이 있어야 한다.

풀이 ㉯ 수분의 응축잠열을 뺀 것으로 소각로의 설계기준이 되는 것은 저위발열량이다.

55 석탄계 가스 연료를 다음과 같은 조건으로 완전 연소시켰을 경우 이론연소온도(℃)는 얼마인가? (단, 저위발열량 4,500 kcal/Sm³, 이론연소가스량 20Sm³/Sm³, 연소가스 평균 정압비열 0.35kcal/Sm³·℃, 실온 20℃이다.)

㉮ 약 660℃ ㉯ 약 720℃
㉰ 약 780℃ ㉱ 약 840℃

풀이
$t_2 = \frac{Hl}{G \times C} + t_1$

여기서 t_2 : 이론연소온도(℃)
t_1 : 기준온도(℃)
Hl : 저위발열량(kcal/Sm³)
G : 연소가스량(Sm³/Sm³)
C : 정압비열(kcal/Sm³·℃)

따라서
$t_2 = \frac{4,500 kcal/Sm^3}{20 Sm^3/Sm^3 \times 0.35 kcal/Sm^3 \cdot ℃} + 20℃$
= 662.9℃

answer 52 ㉮ 53 ㉮ 54 ㉯ 55 ㉮

56 액체 주입형 연소기(Liquid Injection Incinerator)에 관한 내용으로 틀린 것은 어느 것인가?

㉮ 고형분의 농도가 높으면 버너가 막히기 쉽다.
㉯ 광범위한 종류의 액상폐기물을 연소할 수 있다.
㉰ 소각재의 처리설비가 필요하다.
㉱ 구동장치가 없어 고장이 적다.

풀이 ㉰ 소각재의 처리설비가 필요없다.

57 이론공기량(A_o)과 이론연소가스량(G_o)은 연료종류에 따라 특유한 값을 취하며, 연료중의 탄소분은 저위발열량에 대략 비례한다고 나타낸 식은 어느 것인가?

㉮ Bragg의 식   ㉯ Rosin의 식
㉰ Pauli의 식   ㉱ Lewis의 식

풀이 ㉯ Rosin의 식에 대한 설명이며, 액체연료인 경우
$A_o = 0.85 \times \dfrac{Hl}{1,000} + 2$, $G_o = 1.1 \times \dfrac{Hl}{1,000}$ 이다.

58 어떤 연료를 분석한 결과, C 83%, H 14%, H_2O 3%였다면 건조연료 1kg의 연소에 필요한 이론공기량(Sm^3/kg)은 얼마인가?

㉮ $7.5 Sm^3/kg$ ㉯ $9.5 Sm^3/kg$
㉰ $11.5 Sm^3/kg$ ㉱ $13.5 Sm^3/kg$

풀이 이론공기량(A_o)
$= 8.89C + 26.67\left(H - \dfrac{O}{8}\right) + 3.33S\,(Sm^3/kg)$
$= 8.89 \times 0.83 + 26.67 \times 0.14 = 11.1\,Sm^3/kg$

59 스토카식 일반생활폐기물 소각로를 설계할 경우 폐기물 소각설비 설계 기준에 대한 내용으로 틀린 것은 어느 것인가? (단, 소각규모 기준은 1일 200톤 규모임)

㉮ 연소실의 출구온도는 850℃ 이상
㉯ 연소실의 체류시간은 2초 이상
㉰ 연소실의 내부 연소상태를 볼 수 있는 구조
㉱ 바닥재의 강열감량은 20% 이하

풀이 ㉱ 바닥재의 강열감량은 5% 이하

60 소각시 탈취방법 중 직접연소법을 적용할 때의 주의할 사항으로 틀린 것은 어느 것인가?

㉮ 연소반응은 연료가 폭발한계보다 약간 적을 때 일어나며 폭발한계를 넘으면 일어나지 않는다.
㉯ 오염물의 발열량이 연소에 필요한 전체 열량의 50% 이상일 때 경제적으로 타당하다.
㉰ 연소장치 설계시 오염물의 폭발한계점 또는 인화점을 잘 알아야 한다.
㉱ 화염온도가 1,400℃ 이상이 되면 질소산화물이 생성될 염려가 있다.

풀이 ㉮ 연소반응은 폭발범위(폭발하한값~폭발상한값)에서 일어나며, 폭발한계 농도 이하에서는 일어나지 않는다.

answer 56 ㉰   57 ㉯   58 ㉰   59 ㉱   60 ㉮

| 제4과목 | 폐기물공정시험기준

61 기체크로마토그래피법에 의한 PCBs 분석과정에 관한 내용으로 틀린 것은 어느 것인가? (단, 용출용액 중의 PCBs 기준이다.)

㉮ 검출기는 전자포획검출기(ECD) 또는 이와 동등 이상의 검출성능을 가진 것을 사용한다.
㉯ 칼럼은 안지름 0.20~0.53mm, 필름두께 0.1~5.0㎛, 길이 30~100m의 DB-1, DB-5, DB-608 등의 모세관이나 동등한 분리성능을 가진 것을 사용한다.
㉰ 농축기는 구데르나다니쉬농축기 또는 회전증발농축기를 사용한다.
㉱ PCBs를 사염화탄소로 추출하여 알루미나칼럼을 통과시켜 정제한다.

[풀이] ㉱ PCBs를 헥산으로 추출하여 실리카겔칼럼 등을 통과시켜 정제한 다음 기체크로마토그래프에 주입한다.

62 고상폐기물의 pH 측정방법에 대한 내용으로 알맞은 것은 어느 것인가?

㉮ 시료 5g과 정제수 25mL를 잘 교반하여 20분 이상 방치 후 이 현탁액을 시료용액으로 함
㉯ 시료 5g과 정제수 25mL를 잘 교반하여 30분 이상 방치 후 이 현탁액을 시료용액으로 함
㉰ 시료 10g과 정제수 25mL를 잘 교반하여 20분 이상 방치 후 이 현탁액을 시료용액으로 함
㉱ 시료 10g과 정제수 25mL를 잘 교반하여 30분 이상 방치 후 이 현탁액을 시료용액으로 함

[풀이] 반고상 또는 고상폐기물의 분석절차

시료 10g $\xrightarrow{\text{정제수 25mL}}$ 50mL 비커 $\xrightarrow{\text{교반}}$

30분 이상 방치 $\xrightarrow[\text{원심분리 후 상층액}]{\text{현탁액을 그대로}}$ 시료용액

63 석면의 종류 중 백석면의 형태와 색상에 대한 설명으로 틀린 것은 어느 것인가?

㉮ 곧은 물결 모양의 섬유
㉯ 다발의 끝은 분산
㉰ 다색성
㉱ 가열되면 무색~밝은 갈색

[풀이] ㉮ 꼬인 물결 모양의 섬유

64 원자흡수분광광도계에서 해리하기 어려운 내화성 산화물을 만들기 쉬운 원소의 분석에 적당한 불꽃은 어느 것인가?

㉮ 아세틸렌-공기
㉯ 프로판-공기
㉰ 아세틸렌-일산화이질소
㉱ 수소-공기

[풀이] ㉰ 아세틸렌-일산화이질소에 대한 설명이며, 핵심내용인 "해리하기 어려운 내화성산화물 = 아세틸렌-일산화이질소"임을 숙지하시면 됩니다.

answer 61 ㉱ 62 ㉱ 63 ㉮ 64 ㉰

65 30% 수산화나트륨(NaOH)은 몇 몰(M)인가? (단, NaOH의 분자량 40)

㉮ 4.5M ㉯ 5.5M
㉰ 6.5M ㉱ 7.5M

풀이 수산화나트륨(NaOH) 1mol = 40g

$$\frac{mol}{L} = \frac{30 \times 10^4 \, mg}{L} \times \frac{1 \, g}{10^3 \, mg} \times \frac{1 \, mol}{40 \, g} = 7.5 \, mol/L$$

TIP
① 1mol = 분자량(g)
② % $\xrightarrow{\times 10^4}$ ppm(mg/L)

66 순수한 물 1,000mL에 비중이 1.18인 염산 100mL를 혼합하였을 때, 염산의 W/V% 농도는 얼마인가?

㉮ 10.55 ㉯ 10.61
㉰ 10.73 ㉱ 10.86

풀이
$$W/V(\%) = \frac{용질}{용질 + 용매}$$
$$= \frac{100 \, mL \times 1.18 \, g/mL}{100 \, mL + 1,000 \, mL} \times 100 = 10.73\%$$

67 질산-과염소산 분해법에 대한 설명으로 ( )에 알맞은 말은 어느 것인가?

> 질산-과염소산에 의하여 유기물분해시에 분해가 끝나면 공기중에서 식히고 정제수 50mL를 넣어 서서히 끓이면서 (①) 및 (②)을/를 완전히 제거한다. 납의 분석시에는 황산이온이 존재하면 물 대신 (③) 50mL를 넣고 가열하여 전처리한다.

㉮ ① 유기물 ② 수산화물 ③ 황산
㉯ ① 질소산화물 ② 유리염소 ③ 황산
㉰ ① 유기물 ② 수산화물 ③ 아세트산암모늄용액
㉱ ① 질소산화물 ② 유리염소 ③ 아세트산암모늄용액

68 흡광광도계에서 광원으로부터 나오는 빛의 30%를 흡수하였다면 흡광도는 얼마인가?

㉮ 0.273 ㉯ 0.245
㉰ 0.155 ㉱ 0.124

풀이 흡광도(A) $= \log \frac{1}{투과도} = \log \frac{1}{0.7} = 0.155$

여기서, 투과도 $= 1 - 흡수도 = 1 - 0.3 = 0.7$

69 폐기물공정시험기준에서 규정하고 있는 유기인 화합물(기체크로마토그래피법)의 측정대상 성분으로 틀린 것은 어느 것인가?

㉮ 이피엔 ㉯ 펜토에이트
㉰ 디티온 ㉱ 다이아지논

풀이 유기인 화합물 중 이피엔, 파라티온, 메틸디메톤, 다이아지논 및 펜토에이트의 분석에 적용한다.

answer 65 ㉱ 66 ㉰ 67 ㉱ 68 ㉰ 69 ㉰

70 수분 측정 시 사용하는 평량병 또는 증발접시(하부면적이 넓은 것)에 넣는 시료양의 기준으로 알맞은 것은 어느 것인가?

㉮ 두께 5mm 이하로 넓게 펼 수 있을 정도
㉯ 두께 10mm 이하로 넓게 펼 수 있을 정도
㉰ 두께 15mm 이하로 넓게 펼 수 있을 정도
㉱ 두께 20mm 이하로 넓게 펼 수 있을 정도

풀이 수분 측정 시 시료의 양은 두께 10mm 이하로 넓게 펼 수 있을 정로를 기준으로 한다.

71 다음 중 농도가 가장 낮은 것은 어느 것인가?

㉮ 수산화나트륨(1 → 10)
㉯ 수산화나트륨(1 → 20)
㉰ 수산화나트륨(5 → 100)
㉱ 수산화나트륨(3 → 100)

풀이 용액의 농도를 (1 → 10) 표시하는 것은 고체성분 1g을 용매에 녹여 전체양을 10mL로 하는 비율을 표시한 것이다.

㉮ 수산화나트륨(1 → 10) : $\dfrac{1g}{10mL}$ = 0.1g/mL

㉯ 수산화나트륨(1 → 20) : $\dfrac{1g}{20mL}$ = 0.05g/mL

㉰ 수산화나트륨(5 → 100) : $\dfrac{5g}{100mL}$ = 0.05g/mL

㉱ 수산화나트륨(3 → 100) : $\dfrac{3g}{100mL}$ = 0.03g/mL

따라서 농도가 가장 낮은 것은 ㉱번이다.

72 다음 pH 표준액 중 pH 값이 가장 높은 것은 어느 것인가? (단, 0℃ 기준)

㉮ 붕산염 표준액
㉯ 인산염 표준액
㉰ 프탈산염 표준액
㉱ 수산염 표준액

풀이 표준액의 pH값 순서
수산염 표준액 < 프탈산염 표준액 < 인산염 표준액 < 붕산염 표준액 < 탄산염 표준액 < 수산화칼슘 표준액 순이며, 암기법은 "수프인 7부 옷에 탄숨"으로 숙지하시면 됩니다.

73 6가크롬(자외선/가시선 분광법)의 측정원리에 관한 내용으로 (   )에 알맞은 말은 어느 것인가?

> 시료 중에 6가크롬을 다이페닐카바자이드와 반응시켜 생성하는 (①)의 착화합물의 흡광도를 (②)에서 측정하여 6가크롬을 정량한다.

㉮ ① 적자색 ② 540nm
㉯ ① 적자색 ② 460nm
㉰ ① 황갈색 ② 520nm
㉱ ① 황갈색 ② 420nm

풀이 6가 크롬의 자외선/가시선 분광법
① 발색시약 : 다이페닐카바자이드
② 발색 : 적자색
③ 흡광도 측정파장 : 540nm

answer 70 ㉯ 71 ㉱ 72 ㉮ 73 ㉮

74 인 또는 유황화합물을 선택적으로 검출할 수 있는 기체크로마토그래피 검출기는 어느 것인가?

㉮ TCD   ㉯ FID
㉰ ECD   ㉱ FPD

풀이 ㉱ 불꽃광도 검출기(FPD)에 대한 설명이며, 핵심 내용인 "인 또는 유황화합물 = FPD"임을 숙지하시면 됩니다.

75 휘발성 저급염소화 탄화수소류 측정을 위한 기체크로마토그래피 정량방법에 대한 내용으로 틀린 것은 어느 것인가?

㉮ 시료중의 트리클로로에틸렌, 테트라클로로에틸렌을 헥산으로 추출하여 기체크로마토그래피법으로 정량하는 방법이다.
㉯ 이 시험기준에 의해 시료중에 트리클로로에틸렌(C_2HCl_3)의 정량한계는 0.008 mg/L이다.
㉰ 검출기는 전자포획 검출기 또는 전해전도 검출기를 사용한다.
㉱ 질량분석계로는 자기장형과 사중극자형 등을 사용한다.

풀이 ㉱ 질량분석법이 아니므로 질량분석계를 사용하지 않는다.

TIP
테트라클로로에틸렌(C_2Cl_4)의 정량한계는 0.002mg/L 이다.

76 가열속도가 빠르고 재현성이 좋으며 폐유 등 유기물이 다량 함유된 시료의 전처리에 이용되는 방법으로 가장 알맞은 것은 어느 것인가?

㉮ 회화에 의한 유기물분해 방법
㉯ 질산-과염소산-불화수소산에 의한 유기물분해 방법
㉰ 마이크로파에 의한 유기물분해 방법
㉱ 질산에 의한 유기물분해 방법

풀이 ㉰ 마이크로파에 의한 유기물분해 방법에 대한 설명이며, 핵심 내용인 "유기물 다량 함유된 시료 = 마이크로파"임을 숙지하시면 됩니다.

77 크롬(자외선/가시선 분광법)을 측정할 때 크롬이온 전체를 6가크롬으로 산화시키는데 이 때 사용되는 시약은 어느 것인가?

㉮ 염화제일주석산   ㉯ 다이크롬산칼륨
㉰ 과망간산칼륨   ㉱ 아연분말

풀이 ㉰ 과망간산칼륨은 강산화제로 크롬이온 전체를 6가크롬으로 산화시킨다.

78 원자흡수분광광도법에 의한 비소 측정에 대한 내용으로 틀린 것은 어느 것인가?

㉮ 정량한계는 0.005mg/L이다.
㉯ 아연또는 나트륨붕소수화물을 넣어 생성된 수소화비소를 원자화시킨다.
㉰ 흡광도 측정파장은 293.7nm이다.
㉱ 아르곤 - 수소불꽃에 주입하여 분석한다.

풀이 ㉰ 흡광도 측정파장은 193.7nm이다.

answer 74 ㉱ 75 ㉱ 76 ㉰ 77 ㉰ 78 ㉰

79 자외선/가시선 분광광도계의 광원부의 광원 중 자외부의 광원으로 주로 사용되는 것은 어느 것인가?

㉮ 중수소 방전관 ㉯ 텅스텐 램프
㉰ 나트륨 램프   ㉱ 중공음극 램프

풀이
① 가시부와 근적외부의 광원 : 텅스텐램프
② 자외부의 광원 : 중수소방전관

80 감염성 미생물 검사법으로 틀린 것은 어느 것인가?

㉮ 아포균 검사법
㉯ 최적확수 검사법
㉰ 세균배양 검사법
㉱ 멸균테이프 검사법

풀이 감염성 미생물 검사법으로는 아포균 검사법, 세균배양 검사법, 멸균테이프 검사법이 있다.

answer 79 ㉮   80 ㉯

2016 2회 기출문제

| 제1과목 | 폐기물개론

01 수송설비를 하수도처럼 개설하여 각 가정의 쓰레기를 최종 처리처분장까지 운반할 수 있으나, 전력비, 내구성 및 미생물의 부착 등이 문제가 되는 쓰레기 수송방법은 어느 것인가?

㉮ Monorail 수송 ㉯ Container 수송
㉰ Conveyer 수송 ㉱ 철도수송

풀이 ㉰ Conveyer 수송에 대한 설명이며, 핵심 내용인 "하수도처럼 개설 = 컨베이어 수송"임을 숙지하시면 됩니다.

02 트롬멜 스크린에 대한 내용으로 틀린 것은 어느 것인가?

㉮ 회전속도는 임계속도 이상으로 운전할 때가 최적이다.
㉯ 선별효율이 좋고 유지관리상의 문제가 적다.
㉰ 경사도가 크면 효율도 떨어지고 부하율도 커지며 대개 2~3° 정도이다.
㉱ 길이가 길면 효율은 증진되나 동력소모가 많다.

풀이 ㉮ 회전속도는 임계속도×0.45로 운전할 때가 최적이다. 따라서 최적속도(Ns) = 임계속도(Nc)×0.45이다.

03 쓰레기 파쇄(shredding)에 관한 내용으로 틀린 것은 어느 것인가?

㉮ 압축 시 밀도증가율이 크므로 운반비가 감소된다.
㉯ 조대쓰레기에 의한 소각로의 손상을 방지해 준다.
㉰ 곱게 파쇄하면 매립 시 복토요구량이 증가된다.
㉱ 파쇄에 의한 물질별 분리로 고순도의 유가물 회수가 가능하다.

풀이 ㉰ 곱게 파쇄하면 매립 시 복토요구량이 절감된다.

04 쓰레기를 소각했을 때 남은 재의 질량은 쓰레기의 30%이다. 쓰레기 10ton을 태웠을 때 남은 재의 부피가 2m³라고 하면 재의 밀도(ton/m³)는 얼마인가?

㉮ 1.0 ㉯ 1.5
㉰ 2.0 ㉱ 2.5

풀이
$$\text{재의 밀도(ton/m}^3) = \frac{\text{재의 질량(ton)}}{\text{재의 용적(m}^3)}$$
$$= \frac{10\text{ton} \times 0.3}{2\text{m}^3} = 1.50\text{ton/m}^3$$

answer 01 ㉰ 02 ㉮ 03 ㉰ 04 ㉯

05 쓰레기 수집방법 중 pipe-line 방식에 대한 내용으로 틀린 것은 어느 것인가?

㉮ 고장 및 긴급사고 발생에 대한 대처방법이 필요하다.
㉯ 쓰레기 발생 빈도가 낮아야 현실성이 있다.
㉰ 장거리 수송이 곤란하다.
㉱ 가설 후 경로변경이 곤란하고 설치비가 높다.

▶ 풀이 ㉯ 쓰레기 발생 빈도가 높아야 현실성이 있다.

06 도시쓰레기 중 가연성 쓰레기를 선별하여 분쇄한 후 250℃ 정도로 가열하고 길이 1m, 지름 15cm 정도로 만든 연료는 무엇인가?

㉮ RDF   ㉯ Shredder
㉰ Pyrolysis   ㉱ Composting

▶ 풀이 ㉮ 고형화(RDF)연료이며, 핵심 내용인 "가연성 쓰레기의 연료화 = 고형화 연료"임을 숙지하시면 됩니다.

07 폐기물의 수거 및 운반 시 중계소의 설치가 필요한 경우로 틀린 것은 어느 것인가?

㉮ 처리장이 멀리 떨어져 있을 경우
㉯ 압축식 수거 시스템인 경우
㉰ 수거차량이 대형인 경우
㉱ 쓰레기 수송 비용절감이 필요한 경우

▶ 풀이 ㉰ 수거차량이 소형인 경우

08 쓰레기 배출량을 추정하는 방법으로 시간만 고려하는 방법과 시간을 단순히 하나의 독립적인 종속인자로 고려하는 방법의 문제점을 보완할 수 있도록 고안된 모델은 어느 것인가?

㉮ 시간상관모델   ㉯ 다중회귀모델
㉰ 동적모사모델   ㉱ 경향법

▶ 풀이 ㉰ 동적모사모델에 대한 설명이며, 핵심 내용인 "시간을 독립적인 종속인자로 고려 = 동적모사모델"임을 숙지하시면 됩니다.

09 해안매립공법에 관한 내용으로 틀린 것은 어느 것인가?

㉮ 순차투입공법은 호안측에서부터 쓰레기를 투입하여 순차적으로 육지화하는 방법이다.
㉯ 수중투기공법은 고립된 매립지 내의 해수를 그대로 둔 채 쓰레기를 투기하는 매립방법이다.
㉰ 해안매립공법은 매립작업이 연속적인 투입방법으로 이루어지므로 완전한 샌드위치 방식의 매립에 적합하다.
㉱ 박층뿌림공법은 밑면이 뚫린 바지선 등으로 쓰레기를 박층으로 떨어뜨려 뿌려 줌으로써 바다지반의 하중을 균등하게 해주는 방법이다.

▶ 풀이 ㉰ 해안매립공법은 매립작업이 비연속적인 투입방법으로 이루어지므로 완전한 샌드위치 방식의 매립에 부적합하다.

answer   05 ㉯   06 ㉮   07 ㉰   08 ㉰   09 ㉰

10 스크린상에서 비중이 다른 입자의 층을 통과하는 액류를 상하로 맥동시켜서 층의 팽창 수축을 반복하여 무거운 입자는 하층으로 가벼운 입자는 상층으로 이동시켜 분리하는 중력분리 방법은 어느 것인가?

㉮ Secators ㉯ Jigs
㉰ Melt separation ㉱ Air stoners

풀이 ㉯ Jigs에 대한 설명이며, 핵심 내용인 "층의 팽창 수축을 반복하는 방법 = Jigs"임을 숙지하시면 됩니다.

11 폐기물관리의 우선순위를 순서대로 나열한 것은 어느 것인가?

㉮ 에너지회수 - 감량화 - 재이용 - 재활용 - 소각 - 매립
㉯ 재이용 - 재활용 - 감량화 - 에너지회수 - 소각 - 매립
㉰ 감량화 - 재이용 - 재활용 - 에너지회수 - 소각 - 매립
㉱ 소각 - 감량화 - 재이용 - 재활용 - 에너지회수 - 매립

풀이 폐기물관리의 우선순위는 감량화 - 재이용 - 재활용 - 에너지회수 - 소각 - 매립 순이며, 최우선 순위는 "감량화"임을 숙지하시면 됩니다.

12 적환 및 적환장에 대한 설명으로 틀린 것은 어느 것인가?

㉮ 수송차량 종류에 따라 직접적환, 간접적환, 저장적환으로 구분할 수 있다.
㉯ 적환을 시행하는 주된 이유는 폐기물 운반거리가 연장되었기 때문이다.
㉰ 적환장 설계 시 사용하고자 하는 적환작업의 종류, 용량 소요량, 환경요건 등을 고려하여야 한다.
㉱ 적환장 설치장소는 수거하고자 하는 개별적 고형물 발생지역의 하중중심에 되도록 가까운 곳에 설치한다.

풀이 ㉮ 적재방식의 종류에 따라 직접투하방식, 저장투하방식, 직접·저장 투하방식으로 구분한다.

13 폐기물의 발생량을 추정하는 방법으로 틀린 것은 어느 것인가?

㉮ 재생 또는 재활용 되는 양에 의하여 추정한다.
㉯ 발생량을 직접 측정한다.
㉰ 원자재의 사용량으로부터 추정한다.
㉱ 주민의 수입이나 매상고와 같은 2차적인 자료로 추정한다.

풀이 재생 또는 재활용되는 양을 근거로 전체 발생되는 폐기물량을 추정하면 편차가 심해 사용할 수 없다.

14 쓰레기의 분석결과가 다음과 같을 때 함수비(%)는 얼마인가?

구 성	구성비	함수비
연 탄 재	50%	5%
음식물찌꺼기	20%	60%
기 타	30%	30%

㉮ 18.5% ㉯ 23.5%
㉰ 24.7% ㉱ 26.5%

풀이 함수율(%) = 50%×0.05 + 20%×0.6 + 30%×0.3
= 23.5%

answer 10 ㉯ 11 ㉰ 12 ㉮ 13 ㉮ 14 ㉯

15 쓰레기의 용적을 감소시키는 방법으로 틀린 것은 어느 것인가?

㉮ 압축 ㉯ 매립
㉰ 소각 ㉱ 열분해

▶풀이 ㉯ 매립은 쓰레기의 용적을 감소시키는 중간처리 방법이 아니고 최종처분방법에 해당한다.

16 도시폐기물을 원소 분석한 결과일 때 이 도시폐기물의 저위발열량(kcal/kg)은 얼마인가? (단, C=24%, H=3%, O=10%, S=0.5%, 수분=15%)

㉮ 252 ㉯ 756
㉰ 2,299.5 ㉱ 2,551.5

▶풀이
① $Hh = 8,100C + 34,000(H - \dfrac{O}{8})$
$\qquad + 2,500S \text{(kcal/kg)}$
$= 8,100 \times 0.24 + 34,000 \times \left(0.03 - \dfrac{0.1}{8}\right)$
$\qquad + 2,500 \times 0.005$
$= 2,551.5 \text{kcal/kg}$

② $Hl = Hh - 600(9H + W) \text{(kcal/kg)}$
$= 2,551.5 \text{kcal/kg} - 600 \times (9 \times 0.03 + 0.15)$
$= 2,299.5 \text{kcal/kg}$

17 쓰레기 발생량이 5백만 톤/년인 지역의 수거인부의 하루 작업시간이 10시간이고, 1년의 작업일수는 300일이며, 수거효율(MHT)은 1.8로 운영되고 있다면 필요한 수거인부의 수(명)는?

㉮ 3,000 ㉯ 3,100
㉰ 3,200 ㉱ 3,300

▶풀이 $\text{MHT} = \dfrac{\text{수거인부수} \times \text{작업시간}}{\text{쓰레기 수거실적}}$

$1.8 = \dfrac{\text{수거인부수} \times 10\text{hr/일} \times 300\text{일/년}}{5,000,000 \text{ton/년}}$

∴ 수거인부수 = 3,000인

18 쓰레기를 압축시켜 부피감소율이 55%인 경우 압축비는 얼마인가?

㉮ 약 2.2 ㉯ 약 2.8
㉰ 약 3.2 ㉱ 약 3.6

▶풀이 압축비 $= \dfrac{100}{100 - \text{부피감소율(\%)}}$
$= \dfrac{100}{100 - 55\%} = 2.22$

19 수분이 96%인 슬러지를 수분 60%로 탈수했을 때, 탈수 후 슬러지의 체적(m³)은 얼마인가? (단, 탈수 전 슬러지의 체적은 500m³이다.)

㉮ 30m³ ㉯ 50m³
㉰ 70m³ ㉱ 90m³

▶풀이 $V_1 \times (100 - P_1) = V_2 \times (100 - P_2)$
따라서 $500\text{m}^3 \times (100 - 96) = V_2 \times (100 - 60)$
∴ $V_2 = \dfrac{500\text{m}^3 \times (100 - 96)}{(100 - 60)} = 50 \text{m}^3$

answer 15 ㉯ 16 ㉰ 17 ㉮ 18 ㉮ 19 ㉯

20 1년 연속 가동하는 폐기물 소각시설의 저장용량을 결정하고자 한다. 폐기물 수거인부가 주 5일, 일 8시간 근무할 때 필요한 저장시설의 최소 용량은 얼마인가? (단, 토요일 및 일요일을 제외한 공휴일에도 폐기물 수거는 시행된다고 가정한다.)

㉮ 1일 소각용량 이하
㉯ 1~2일 소각용량
㉰ 2~3일 수거용량
㉱ 3~4일 수거용량

풀이 이 문제는 재출제 시 동일하게 출제되는 문제로 예상되므로 정답만 숙지하시면 됩니다.

| 제2과목 | 폐기물 재활용 및 자원화 기술

21 화강암에서 유래된 토양의 용적밀도가 1.4g/cm³이었다면 공극률(%)은? (단, 입자의 밀도는 2.85g/cm³이다.)

㉮ 42   ㉯ 46
㉰ 51   ㉱ 58

풀이 공극률(%) $= \left(1 - \dfrac{\text{용적밀도}}{\text{입자밀도}}\right) \times 100$
$= \left(1 - \dfrac{1.4\,\text{g/cm}^3}{2.85\,\text{g/cm}^3}\right) \times 100 = 50.88\%$

22 침출수의 특성이 다음과 같을 때 처리공정의 효율성 연결이 순서대로 나열된 것은 어느 것인가?

〈침출수의 특성〉
• COD/TOC > 2.8
• BOD/COD > 0.5
• 매립연한 : 5년이하
• COD : 10,000mg/L 이상

〈처리공정의 효율성〉
• 생물학적처리 : (①)
• 화학적침전(석회투여) : (②)
• 화학적산화 : (③)
• 이온교환수지 : (④)

㉮ ① 양호, ② 양호, ③ 불량, ④ 불량
㉯ ① 양호, ② 불량, ③ 불량, ④ 양호
㉰ ① 양호, ② 불량, ③ 양호, ④ 양호
㉱ ① 양호, ② 불량, ③ 불량, ④ 불량

23 매립지의 총면적은 100km²이고 연간 평균 강수량이 1,100mm가 될 때 그 매립지에서 침출수로의 유출률이 0.6이었다고 한다. 이 때 침출수의 일 평균처리 계획수량(m³/day)은 얼마인가? (단, 강우강도 대신에 평균 강수량으로 계산하시오.)

㉮ 약 171,000m³/day
㉯ 약 181,000m³/day
㉰ 약 191,000m³/day
㉱ 약 201,000m³/day

풀이 처리계획수량(m³/day)
= 연간평균 강수량(m/day) × 면적(m²) × 유출율
= 1,100mm/년 × 10⁻³m/mm × 1년/365일
  × 100km² × 10⁶m²/km² × 0.6
= 180,821.92 m³/day

answer 20 ㉰ 21 ㉰ 22 ㉱ 23 ㉯

24 Crystallinity가 증가할수록 합성차수막에 나타내는 성질이라 볼 수 없는 것은?

㉮ 인장강도 증가
㉯ 열에 대한 저항성 증가
㉰ 화학물질에 대한 저항성 증가
㉱ 투수계수의 증가

풀이 ㉱ 투수계수의 감소

TIP
① Crystallinity(크리스탈리니티이)＝결정도
② 결정도는 화학물질 및 열에 대한 저항성, 인장강도와는 비례관계
③ 결정도는 충격과 투수계수와는 반비례관계

25 매립지에서 침출된 침출수 농도가 반으로 감소하는데 5년 걸렸다면 이 침출수 농도의 90%가 감소하는데 걸리는 시간(년)은 얼마인가? (단, 1차 반응 기준이다.)

㉮ 약 14.7년   ㉯ 약 16.6년
㉰ 약 18.2년   ㉱ 약 19.1년

풀이 ① 반감기 공식을 이용하여 k를 계산한다.

$\ln\frac{1}{2} = -k \times t$ 에서

$\ln\frac{1}{2} = -k \times 5$년

$\therefore k = \frac{\ln\frac{1}{2}}{-5년} = 0.1386/년$

② 1차반응식 공식을 이용하여 t를 계산한다.

$\ln\frac{C_t}{C_o} = -k \times t$ 에서

$\ln\frac{(100-90)\%}{100\%} = -0.1386/년 \times t$

$\therefore t = 16.61$ 년

26 수분함량이 90%인 슬러지를 수분함량 60%로 낮추기 위해 톱밥을 첨가하였다면 슬러지 톤당 소요되는 톱밥의 양(kg)은? (단, 비중 1.0, 톱밥의 수분함량 20%라 가정함)

㉮ 650kg   ㉯ 750kg
㉰ 850kg   ㉱ 950kg

풀이 톱밥의 양(kg)을 X라고 두고, 평균함수율(%) 구하는 식을 이용하면

$0.60 = \left\{\frac{1,000\text{kg} \times 0.90 + X\text{kg} \times 0.20}{1,000\text{kg} + X\text{kg}}\right\}$

$\therefore X = 750\text{kg}$

27 총고형물 중 유기물이 60%이고 함수율이 98%인 슬러지를 소화조에 100 m³/day 투입하여 30일 소화시켰더니 유기물의 2/3가 가스화 또는 액화하여 함수율 90%인 소화 슬러지가 얻어졌다고 한다. 소화 후 슬러지량(m³)은 얼마인가? (단, 슬러지의 비중 1.0이다.)

㉮ 8m³   ㉯ 12m³
㉰ 16m³   ㉱ 20m³

풀이 소화 후 슬러지량(m³/day)

$= (\text{VS} + \text{FS}) \times \frac{100}{100 - P(\%)}$

① 소화 후 VS량(m³/day)

$= 100\text{m}^3/\text{day} \times 0.02 \times 0.60 \times \left(1 - \frac{2}{3}\right)$

$= 0.40\text{m}^3/\text{day}$

② 소화 후 FS량(m³/day)

$= 100\text{m}^3/\text{day} \times 0.02 \times 0.40 = 0.80\text{m}^3/\text{day}$

③ 소화 후 슬러지량(m³/day)

$= (0.40 + 0.80)\text{m}^3/\text{day} \times \frac{100}{100 - 90}$

$= 12\text{m}^3/\text{day}$

answer 24 ㉱   25 ㉯   26 ㉯   27 ㉯

TIP
① 고형물(TS)
 =100-함수율(%) =100-98% =2%
② VS(휘발성고형물 =유기물) =60%
③ FS(잔류성 고형물 =무기물)
 =100%-60% =40%

28 진공여과기로 슬러지를 탈수하여 cake의 함수율을 80%로 할 때 여과속도는 20kg/m² · h(고형물기준), 여과면적은 50m²의 조건에서 5시간 동안의 cake 발생량(ton)은 얼마인가? (단, 비중은 1.0으로 가정한다.)

㉮ 약 10ton   ㉯ 약 15ton
㉰ 약 20ton   ㉱ 약 25ton

풀이 탈수슬러지 발생량(ton/hr)
= 건조슬러리량(ton/hr) × $\frac{100}{100-P}$
= $20kg/m^2 \cdot hr \times 10^{-3} ton/kg \times 5hr \times 50m^2 \times \frac{100}{100-80}$
= 25 ton

29 시멘트 고형화법 중 자가시멘트법에 관한 내용으로 틀린 것은 어느 것인가?

㉮ 혼합율이 낮고 중금속 저지에 효과적이다.
㉯ 탈수 등 전처리와 보조에너지가 필요하다.
㉰ 장치비가 크고 숙련된 기술을 요한다.
㉱ 연소가스 탈황 시 발생된 슬러지처리에 사용된다.

풀이 ㉯ 탈수 등 전처리가 필요없고 보조에너지가 필요하다.

30 도시에서 1일 쓰레기 발생량이 200톤이다. 이를 trench법으로 매립하는데 압축에 따른 부피감소율이 40%이고, trench의 깊이가 2.5m라면 1년간 매립부지면적(m²)은 얼마인가? (단, 발생쓰레기 밀도 600kg/m³, 도랑 점유율 60%이다.)

㉮ 약 42,667m²   ㉯ 약 44,667m²
㉰ 약 46,667m²   ㉱ 약 48,667m²

풀이 매립지 면적(m²/년)
= $\frac{폐기물의 양(kg/년) \times (1-부피감소율)}{폐기물 밀도(kg/m^3) \times 깊이(m)} \times \frac{1}{점유율}$
= $\frac{200 \times 10^3 kg/일 \times 365일/년 \times (1-0.40)}{600 kg/m^3 \times 2.5m} \times \frac{1}{0.60}$
= 48,666.67 m²/년

31 아세트산(CH_3COOH)과 포도당($C_6H_{12}O_6$)을 각각 1몰씩 혐기성 소화하였을 때 양론적 메탄 발생량을 비교한 것으로 알맞은 것은 어느 것인가?

㉮ 포도당 1몰 혐기성소화시, 아세트산 1몰 혐기성소화시보다 메탄발생량은 2배 많다.
㉯ 포도당 1몰 혐기성소화시, 아세트산 1몰 혐기성소화시보다 메탄발생량은 3배 많다.
㉰ 포도당 1몰 혐기성소화시, 아세트산 1몰 혐기성소화시보다 메탄발생량은 4배 많다.
㉱ 포도당 1몰 혐기성소화시, 아세트산 1몰 혐기성소화시보다 메탄발생량은 6배 많다.

풀이 메탄(CH_4) 발생량 계산
① 아세트산=CH_3COOH
 $CH_3COOH \rightarrow CO_2 + CH_4$
  1mol : 22.4L
② 포도당=글루코스=$C_6H_{12}O_6$
 $C_6H_{12}O_6 \rightarrow 3CO_2 + 3CH_4$
  1mol : 3×22.4L
③ $C_6H_{12}O_6$이 CH_3COOH보다 메탄발생량이 3배 많다.

answer 28 ㉱   29 ㉯   30 ㉱   31 ㉯

32 고형물 4.2%를 함유한 슬러지 150,000kg을 농축조로 이송한다. 농축조에서 농축 후 고형물의 손실 없이 농축슬러지를 소화조로 이송할 경우 슬러지의 질량이 70,000kg이라면 농축된 슬러지의 고형물 함유율(%)은 얼마인가? (단, 슬러지 비중은 1.0으로 가정한다.)

㉮ 6.0% ㉯ 7.0%
㉰ 8.0% ㉱ 9.0%

풀이
$W_1 \times TS_1 = W_2 \times TS_2$
$150,000\text{kg} \times 4.2\% = 70,000\text{kg} \times TS_2$
$\therefore TS_2 = \dfrac{150,000\text{kg} \times 4.2\%}{70,000\text{kg}} = 9.0\%$

33 연직차수막 공법의 종류로 틀린 것은 어느 것인가?

㉮ Earth Dam 코어 공법
㉯ 지하연속벽 공법
㉰ 강널말뚝 공법
㉱ Grout 공법

풀이 연직차수막 공법의 종류로는 Earth Dam(어스댐) 코어 공법, 강널말뚝 공법, Grout(그라우트) 공법이 있다.

34 퇴비화의 장점으로 틀린 것은 어느 것인가?

㉮ 운영시에 소요되는 에너지가 낮다.
㉯ 다른 폐기물처리 기술에 비해 고도의 기술수준을 요구하지 않는다.
㉰ 생산된 퇴비의 비료가치가 높다.
㉱ 초기의 시설투자비가 낮다.

풀이 ㉰ 생산된 퇴비의 비료가치가 낮다.

35 3,785m³/일 규모의 하수처리장의 유입수의 BOD와 SS농도가 각각 200mg/L 라고 하고, 1차 침전에 의하여 SS는 60%, 이에 따라 BOD도 30% 제거된다. 후속처리인 활성슬러지 공법(폭기조)에 의해 남은 BOD의 90%가 제거되며 제거된 kgBOD당 0.2kg의 슬러지가 생산된다면 1차 침전에서 발생한 슬러지와 활성슬러지공법에 의해 발생된 슬러지량의 총합(kg/일)은 얼마인가? (단, 비중은 1.0 기준이고, 기타 조건은 고려하지 않는다.)

㉮ 약 530 ㉯ 약 550
㉰ 약 570 ㉱ 약 590

풀이
① 1차 침전지에서 발생한 슬러지량 계산
슬러지량(kg/day)
= 유량(m^3/day) × SS농도(kg/m^3) × 제거율
= $3,785\,m^3/day \times 0.2\,kg/m^3 \times 0.6$
= $454.2\,kg/day$

② 활성슬러지공법에 의해 발생된 슬러지량 계산 슬러지량(kg/day)
= $3,785\,m^3/day \times 0.2\,kg/m^3 \times (1-0.30)$
$\times 0.90 \times 0.2\,kg/$ 제거 BOD 1kg
= $95.382\,kg/day$

③ 총 슬러지량 = $454.2\,kg/day + 95.382\,kg/day$
= $549.58\,kg/day$

TIP
① mg/L $\xrightarrow{\times 10^{-3}}$ kg/m^3
② 200mg/L $\xrightarrow{\times 10^{-3}}$ 0.2kg/m^3

answer 32 ㉱ 33 ㉯ 34 ㉰ 35 ㉯

36 매립지에 쓰이는 합성차수막의 재료별 장단점에 대한 내용으로 틀린 것은 어느 것인가?

㉮ PVC : 가격은 저렴하나 자외선, 오존, 기후에 약하다.
㉯ HDPE : 온도에 대한 저항성이 높으나 접합상태가 양호하지 못하다.
㉰ CSPE : 산과 알칼리에 특히 강하나 기름, 탄화수소 및 용매류에 약하다.
㉱ CPE : 강도가 높으나 방향족탄화수소 및 기름종류에 약하다.

풀이 ㉯ HDPE : 온도에 대한 저항성이 높으며, 접합상태가 양호하다.

37 토양오염처리방법인 Air Sparging의 적용조건에 대한 내용으로 틀린 것은 어느 것인가?

㉮ 오염물질의 용해도가 높은 경우에 적용이 유리하다.
㉯ 자유면 대수층 조건에서 적용이 유리하다.
㉰ 오염물질의 호기성 생분해능이 높은 경우에 적용이 유리하다.
㉱ 토양의 종류가 사질토, 균질토일 때 적용이 유리하다.

풀이 ㉮ 오염물질의 용해도가 높은 경우에 적용이 불리하다.

TIP
Air Sparging는 공기살포방법으로 지하수에 공기를 주입하여 이물질을 제거하는 방법이다.

38 함수율 97%의 슬러지를 농축하였더니 부피가 처음 부피의 1/3로 줄어들었다. 이때 농축 슬러지의 함수율(%)은 얼마인가? (단, 비중은 1.0 기준이다.)

㉮ 95%   ㉯ 93%
㉰ 91%   ㉱ 89%

풀이 $V_1 \times (100-P_1) = V_2 \times (100-P_2)$
농축전 부피(V_1) = 1
농축후 부피(V_2) = $\frac{1}{3}$
따라서 $1 \times (100-97) = \frac{1}{3} \times (100-P_2)$
$\therefore P_2 = 100 - \frac{1 \times (100-97)}{1/3} = 91\%$

39 BOD 농도 15,000mg/L인 생분뇨를 투입하여 1차 소화를 거친 다음, 30배 희석한 후 2차 처리를 하여 방류수 BOD 농도를 27mg/L로 하고자 한다. 1차 소화조에서의 BOD 제거율이 65%, 희석수의 BOD 농도가 4mg/L라면 2차 처리장치에서의 BOD 제거율(%)은 얼마인가?

㉮ 약 55%   ㉯ 약 65%
㉰ 약 75%   ㉱ 약 85%

풀이 ① 2차처리장치의 유입수 BOD
 $= 15,000 \, \text{mg/L} \times (1-0.65)$
 $= 5,250 \, \text{mg/L}$
② 2차처리장치의 유출수 BOD $= 27 \, \text{mg/L}$
③ 희석배수치 $= 30$
④ 2차처리장치의 BOD 제거효율(%)
 $= \left(1 - \frac{\text{유출수 BOD} \times \text{희석배수치(P)}}{\text{유입수 BOD}}\right) \times 100$
 $= \left(1 - \frac{27 \, \text{mg/L} \times 30}{5,250 \, \text{mg/L}}\right) \times 100 = 84.57\%$

answer 36 ㉯ 37 ㉮ 38 ㉰ 39 ㉱

40 총고형물이 36,500mg/L, 휘발성 고형물이 총고형물 중 64.5%인 폐기물 100 m^3/day를 혐기성 소화조에서 소화시켰을 때 1일 가스발생량(m^3/day)은 얼마인가? (단, 폐기물 비중 1.0, 가스발생량 0.35m^3/kg(VS))

㉮ 약 764m^3/day ㉯ 약 784m^3/day
㉰ 약 804m^3/day ㉱ 약 824m^3/day

풀이 가스발생량(m^3/day)
= 100m^3/day × 36.5kg/m^3 × 0.645
 × 0.35m^3/kg · VS
= 823.99m^3/day

TIP
① mg/L $\xrightarrow{\times 10^{-3}}$ kg/m^3
② 36,500mg/L $\xrightarrow{\times 10^{-3}}$ 36.5kg/m^3

| 제3과목 | 폐기물 처분기술

41 연소장치에서 공기비가 큰 경우에 나타나는 현상으로 틀린 것은 어느 것인가?

㉮ 연소실에서 연소온도가 낮아진다.
㉯ 배기가스 중 질소산화물량이 증가한다.
㉰ 불완전연소로 일산화탄소량이 증가한다.
㉱ 통풍력이 강하여 배기가스에 의한 열손실이 크다.

풀이 ㉰번의 설명은 공기비가 적은 경우에 해당한다.

42 도시생활폐기물을 대상으로 하는 소각방법에 많이 이용되는 형식으로 틀린 것은 어느 것인가?

㉮ Stoker type incinerator
㉯ Multiple hearth incinerator
㉰ Rotary kiln incinerator
㉱ Fluidized bed incinerator

풀이 도시생활폐기물을 대상으로 하는 소각방법에 많이 이용되는 형식으로는
㉮ Stoker type incinerator,
㉰ Rotary kiln incinerator,
㉱ Fluidized bed incinerator이다.

TIP
㉮ Stoker type incinerator(스토커식 소각로)
㉯ Multiple hearth incinerator(다단로 소각로)
㉰ Rotary kiln incinerator(로터리킬른 소각로)
㉱ Fluidized bed incinerator(유동층 소각로)

43 아래 반응은 수소의 연소반응식이다. 여기서, 141.8MJ/kg을 가장 알맞게 나타낸 것은 어느 것인가?

$$H_2 + \frac{1}{2}O_2 \rightarrow H_2O + 141.8\,MJ/kg$$

㉮ 수소의 흡수열이다.
㉯ 수소의 고위발열량이다.
㉰ 수소의 저위발열량이다.
㉱ 수소의 비열이다.

풀이 141.8MJ/kg은 수소의 고위발열량이다.

---

answer 40 ㉱   41 ㉰   42 ㉯   43 ㉯

44 소각로의 소각능률이 170kg/m²·hr이며 쓰레기의 양이 20,000kg/일이다. 1일 8시간 소각하면 화격자 면적(m²)은 얼마인가?

㉮ 약 7.2m² ㉯ 약 10.4m²
㉰ 약 12.4m² ㉱ 약 14.7m²

풀이 소각로의 소각능률(kg/m²·hr)

$$= \frac{쓰레기의 소각량(kg/hr)}{화격자 면적(m^2)}$$

$$170 kg/m^2 \cdot hr = \frac{20,000 kg/일 \times 1일/8hr}{화격자 면적(m^2)}$$

$$\therefore 화격자 면적 = \frac{20,000 kg/일 \times 1일/8hr}{170 kg/m^2 \cdot hr}$$

$$= 14.71 m^2$$

45 소각로 화격자에서 고온부식은 국부적으로 연소가 심한 장소에서 화격자의 온도가 상승함에 따라 발생한다. 방지대책으로 틀린 것은 어느 것인가?

㉮ 화격자의 냉각률을 올린다.
㉯ 공기주입량을 줄여 화격자의 과열을 막는다.
㉰ 부식되는 부분에 고온공기를 주입하지 않는다.
㉱ 화격자의 재질을 고 크롬, 저 니켈강으로 한다.

풀이 ㉯ 공기주입량을 늘려 화격자의 과열을 막는다.

46 고위발열량이 16,820kcal/Sm³인 에탄(C_2H_6)을 연소시킬 때 이론연소온도(℃)는 얼마인가? (단, 이론습연소가스량 21 Sm³/Sm³, 연소가스 정압 비열 0.63kcal/Sm³·℃, 연소용 공기, 연료온도는 15℃, 공기는 예열하지 않으며, 연소가스는 해리되지 않는다.)

㉮ 약 1,132℃ ㉯ 약 1,154℃
㉰ 약 1,178℃ ㉱ 약 1,196℃

풀이 ① 저위발열량을 계산한다.
$C_2H_6 + 3.5O_2 \rightarrow 2CO_2 + 3H_2O$
저위발열량(Hl)
= 고위발열량(Hh) − 480×H_2O량(kcal/Sm³)
= 16,820 kcal/Sm³ − 480×3
= 15,380 kcal/Sm³

② $t_2 = \dfrac{Hl}{G \times C} + t_1$

여기서 t_2 : 이론연소온도(℃)
t_1 : 연료온도(℃)
Hl : 저위발열량(kcal/Sm³)
G : 가스량(Sm³/Sm³)
C : 비열(kcal/Sm³·℃)

따라서

$$t_2 = \frac{15,380 kcal/Sm^3}{21 Sm^3/Sm^3 \times 0.63 kcal/Sm^3 \cdot ℃} + 15℃$$

$$= 1,177.51 ℃$$

47 이론공기량을 산정하는 방법으로 틀린 것은 어느 것인가?

㉮ 원소조성에 의한 방법
㉯ 발열량에 의한 방법
㉰ 실측치에 의한 방법
㉱ 셀룰로오스 치환법에 의한 방법

풀이 이론공기량을 산정하는 방법으로는 원소조성에 의한 방법, 발열량에 의한 방법, 셀룰로오스 치환법에 의한 방법이 있다.

answer 44 ㉱ 45 ㉯ 46 ㉰ 47 ㉰

48 열분해방법 중 산소 흡입 고온 열분해법의 특징에 관한 내용으로 틀린 것은 어느 것인가?

㉮ 폐플라스틱, 폐타이어 등의 열분해시설로 많이 사용된다.
㉯ 분해온도는 높지만 공기를 공급하지 않기 때문에 질소산화물의 발생량이 적다.
㉰ 이동바닥로의 밑으로부터 소량의 순산소를 주입, 노내의 폐기물 일부를 연소, 강열시켜 이 때 발생되는 열을 이용해 상부의 쓰레기를 열분해한다.
㉱ 폐기물을 선별, 파쇄 등 전처리과정을 하지 않거나 간단히 하여도 된다.

[풀이] ㉮ 폐플라스틱, 폐타이어는 산소가 없는 상태에서 저온열분해시켜 액체 오일을 생산한다.

49 저위발열량 10,000kcal/kg의 중유를 연소시키는데 필요한 이론공기량(Sm³/kg)은 얼마인가? (단, Rosin식 적용)

㉮ 8.5Sm³/kg   ㉯ 10.5Sm³/kg
㉰ 12.5Sm³/kg ㉱ 14.5Sm³/kg

[풀이] 이론공기량 $= 0.85 \times \dfrac{Hl}{1,000} + 2$
$= 0.85 \times \dfrac{10,000\,\text{kcal/kg}}{1,000} + 2$
$= 10.5\,\text{Sm}^3/\text{kg}$

50 수분이 적고 저위발열량이 높은 폐기물에 적합하며 폐기물의 이송방향과 연소가스 흐름 방향이 같은 소각방식은 어느 것인가?

㉮ 향류식   ㉯ 병류식
㉰ 교류식   ㉱ 복류식

[풀이] ㉯ 병류식에 대한 설명이며, 핵심 내용인 "수분이 적고 저위발영량이 높은 폐기물 소각 = 병류식"임을 숙지하시면 됩니다.

51 중유연소에서 보일러의 경우, 배가스 중의 CO_2 농도 범위는 얼마인가?

㉮ 1~3%   ㉯ 5~8%
㉰ 11~14%   ㉱ 16~20%

[풀이] 중유 연소 시 배기가스 중 CO_2 농도는 11~14%이다.

52 물질의 연소특성에 관한 내용으로 틀린 것은 어느 것인가?

㉮ 탄소의 착화온도는 800℃이다.
㉯ 황의 착화온도는 장작의 경우보다 높다.
㉰ 수소의 착화온도는 장작의 경우보다 높다.
㉱ 용광로가스의 착화온도는 700~800℃ 부근이다.

[풀이] ㉯ 황의 착화온도(200~250℃)는 장작(250~300℃)의 경우보다 낮다.

answer 48 ㉮ 49 ㉯ 50 ㉯ 51 ㉰ 52 ㉯

53 유동층 소각로방식에 관한 내용으로 틀린 것은 어느 것인가?

㉮ 반응시간이 빨라 소각시간이 짧다. (로 부하율이 높다.)
㉯ 기계적 구동부분이 많아 고장율이 높다.
㉰ 폐기물의 투입이나 유동화를 위해 파쇄가 필요하다.
㉱ 가스온도가 낮고 과잉공기량이 적어 NO_x도 적게 배출된다.

풀이 ㉯ 기계적 구동부분이 적어 고장율이 낮다.

54 소각로에 폐기물을 투입하는 1시간 중에 투입작업시간을 40분, 나머지 20분은 정리시간과 휴식시간으로 한다. 크레인 바켓트 용량 $4m^3$, 1회에 투입하는 시간을 120초, 바켓트로 폐기물을 짚었을 때 용적질량은 최대 $0.4ton/m^3$으로 본다면 폐기물의 1일 최대 공급능력(ton/day)은 얼마인가? (단, 소각로는 24시간 연속가동한다.)

㉮ 524ton/day
㉯ 684ton/day
㉰ 768ton/day
㉱ 874ton/day

풀이 폐기물 최대 공급능력(ton/day)
$= 0.4ton/m^3 \times 4m^3/회 \times 1회/120sec \times 40min/1hr$
$\times 3,600sec/1hr \times 1hr/60min \times 24hr/1day$
$= 768ton/day$

55 다이옥신의 로내 제어 방법이 알맞은 것은 어느 것인가?

㉮ 온도는 300~400℃ 유지
㉯ 연소가스는 400℃ 이하에서 연소실 체류시간 2초 이상 유지
㉰ 2차 공기 공급에 의한 미연분의 완전연소
㉱ O_2의 농도를 25~30%로 지속 유지

풀이 다이옥신의 로내 제어방법
㉮ 온도는 850℃ 이상 유지
㉯ 연소가스는 850℃ 이상에서 연소실 체류시간 2초 이상 유지
㉱ O_2의 농도는 적정량을 효과적으로 배분하여 공급

56 다단로 소각로의 내용으로 틀린 것은 어느 것인가?

㉮ 다단로 소각로는 건조영역, 연소 및 탈취영역, 냉각영역으로 나눌 수 있다.
㉯ 물리, 화학적 성분이 다른 각종 폐기물을 처리할 수 있다.
㉰ 먼지발생율이 높다.
㉱ 단계적 온도반응으로 보조연료이용 조절이 용이하다.

풀이 ㉱ 늦은 온도반응 때문에 보조연료 사용을 조절하기 어렵다.

answer 53 ㉯ 54 ㉰ 55 ㉰ 56 ㉱

57 매시간 4ton의 폐유를 소각하는 소각로에서 발생하는 황산화물을 접촉산화법으로 탈황하고 부산물로 50%의 황산을 회수한다면 회수되는 부산물량(kg/hr)은 얼마인가? (단, 폐유 중 황성분 3%, 탈황율 95%라 가정한다.)

㉮ 약 500kg/hr   ㉯ 약 600kg/hr
㉰ 약 700kg/hr   ㉱ 약 800kg/hr

풀이
$S + O_2 \rightarrow SO_2 + 0.5O_2 \rightarrow SO_3 + H_2O \rightarrow H_2SO_4$
32kg : 98kg
$4 \times 10^3 kg/hr \times 0.03 \times 0.95$: $0.5 \times X$

$\therefore X = \dfrac{98kg \times 4 \times 10^3 kg/hr \times 0.03 \times 0.95}{0.5 \times 32kg}$
$= 698.25 \, kg/hr$

TIP
$S + O_2 \rightarrow SO_2 + 0.5O_2 \rightarrow SO_3 + H_2O \rightarrow H_2SO_4$
32kg : 98kg
폐유량(kg/hr) $\times \dfrac{S(\%)}{100} \times \dfrac{탈황율(\%)}{100}$: $X \times \dfrac{순도(\%)}{100}$

58 에탄(C_2H_6)의 이론적 연소 시 부피기준 AFR(air-fuel ratio, mols air/mol fuel)는 얼마인가?

㉮ 약 10.5   ㉯ 약 12.5
㉰ 약 14.2   ㉱ 약 16.7

풀이
$C_2H_6 + 3.5O_2 \rightarrow 2CO_2 + 3H_2O$

$AFR(mol/mol) = \dfrac{산소갯수 \times 22.4 Sm^3 \times \dfrac{1}{0.21}}{연료갯수 \times 22.4 Sm^3}$

$= \dfrac{3.5 \times 22.4 Sm^3 \times \dfrac{1}{0.21}}{22.4 Sm^3} = 16.67$

59 소각 시 탈취방법 중 직접연소법에 대한 내용으로 틀린 것은 어느 것인가?

㉮ 유독성가스의 제거법으로 사용하며 촉매 사용없이 직접연소하는 방법이다.
㉯ 연소장치 설계 시 오염물의 폭발한계점 또는 인화점을 잘 알아야 한다.
㉰ 오염물의 발열량이 연소에 필요한 전체 열량의 50% 이상일 때 경제적으로 타당하다.
㉱ 반응속도가 낮은 경우 장치의 대형화로 인하여 부식 등 관리문제가 있다.

풀이 ㉱ 반응속도가 높은 경우 장치의 대형화로 인하여 부식 등 관리문제가 있다.

60 폐기물 소각, 매립 설계과정에서 중요한 인자로 작용하고 있는 강열감량(Ignition Loss)에 관한 내용으로 틀린 것은 어느 것인가?

㉮ 소각로의 운전상태를 파악할 수 있는 중요한 지표
㉯ 소각로의 종류, 처리용량에 따른 화격자의 면적을 선정하는데 중요자료
㉰ 소각잔사 중 가연분을 질량 백분율로 나타낸 수치
㉱ 폐기물의 매립처분에 있어서 중요한 지표

풀이 ㉰ 분석 시료를 가열하였을 때의 질량의 감소분이다.

answer 57 ㉰ 58 ㉱ 59 ㉱ 60 ㉰

| 제4과목 | 폐기물공정시험기준

61 시료의 전처리 방법으로 많은 시료를 동시에 처리하기 위하여 회화에 의한 유기물 분해 방법을 이용하고자 하며, 시료 중에는 염화칼슘이 다량 함유되어 있는 것으로 조사되었다. 아래 보기 중 회화에 의한 유기물분해 방법이 적용 가능한 중금속은 어느 것인가?

㉮ 납(Pb)   ㉯ 철(Fe)
㉰ 안티몬(Sb)   ㉱ 크롬(Cr)

풀이 납, 철, 주석, 아연, 안티몬은 적용되지 않는다.

62 노말헥산 추출시험방법에 의한 유분함량 측정시 증발용기는 실리카겔 데시케이터에 넣고 정확히 얼마 동안 방냉한 후 무게를 다는가?

㉮ 30분   ㉯ 1시간
㉰ 3시간   ㉱ 5시간

풀이 30분간 방냉 후 무게를 단다.

63 $K_2Cr_2O_7$을 사용하여 1,000mg/L의 Cr표준원액 100mL를 제조하려면 필요한 $K_2Cr_2O_7$의 양(mg)은 얼마인가? (단, 원자량은 K=39, Cr=52, O=16이다.)

㉮ 141mg   ㉯ 283mg
㉰ 354mg   ㉱ 565mg

풀이 $K_2Cr_2O_7$: $2Cr^{3+}$
294g : 2×52g
X : 1,000mg/L×0.1L
∴ $X = \dfrac{294g \times 1,000mg/L \times 0.1L}{2 \times 52g}$
= 282.69mg ≒ 0.283g

64 함수량이 90%인 시료를 용출실험하여 분석한 결과, 카드뮴의 함량이 5ppm이었다. 수분 함량을 보정하여 계산하면 카드뮴의 함량(ppm)은 얼마인가?

㉮ 5.5   ㉯ 7.5
㉰ 10.5   ㉱ 12.5

풀이 ① 용출실험의 결과는 시료중의 수분함량 보정을 위해 함수율 85%이상인 시료에 한하여
$\dfrac{15}{100 - \text{시료의 함수율(\%)}}$ 을 곱하여 계산된 값으로 한다.
따라서 $\dfrac{15}{100-90\%} = 1.5$
② $5\text{ppm} \times 1.5 = 7.5\text{ppm}$

answer 61 ㉱ 62 ㉮ 63 ㉯ 64 ㉯

65 원자흡광분석에서 검량선작성법에 해당되지 않는 것은 어느 것인가?

㉮ 절대검정곡선법 ㉯ 표준물첨가법
㉰ 검량표준법   ㉱ 상대검정곡선법

▶풀이 원자흡광분석에서 검정곡선작성법으로는 절대검정곡선법, 표준물첨가법, 상대검정곡선법이 있다.

66 다음 시약 제조 방법 중 틀린 것은 어느 것인가?

㉮ 1N-NaOH 용액은 NaOH 42g을 물 950mL에 넣어 녹이고 새로 만든 수산화바륨 용액(포화)을 침전이 생기지 않을 때까지 한 방울씩 떨어뜨려 잘 섞고 마개를 하여 24시간 방치한 다음 여과하여 사용한다.
㉯ 1N-HCl 용액은 염산(35% 이상) 120mL를 물에 넣어 1,000mL로 한다.
㉰ 20W/V%-KI(비소시험용) 용액은 KI 20g을 물에 녹여 100mL로 하며 사용할 때 조제한다.
㉱ 2N-H_2SO_4 용액은 황산(95.0% 이상) 60mL를 물 1L 중에 섞으면서 천천히 넣어 식힌다.

▶풀이 이 문제는 재출제 시 동일하게 출제될 것으로 예상되는 문제이므로 정답만 숙지하시면 됩니다.

67 공정시험방법에서의 용출시험방법 중 진탕회수와 진탕시간으로 알맞은 것은 어느 것인가?

㉮ 진탕회수 : 매분당 약 100회
   진탕시간 : 4시간 연속
㉯ 진탕회수 : 매분당 약 200회
   진탕시간 : 6시간 연속
㉰ 진탕회수 : 매분당 약 300회
   진탕시간 : 8시간 연속
㉱ 진탕회수 : 매분당 약 400회
   진탕시간 : 10시간 연속

▶풀이 용출시험용 시료용액
① 여과가 가능한 경우 : 매 분당 200회, 진폭 4~5cm, 6시간
② 여과가 어려운 경우 : 매 분당 3,000회전 이상, 20분 이상

68 자외선/가시선 분광법에 의한 크롬 분석에 대한 설명으로 틀린 것은 어느 것인가?

㉮ 과망간산칼륨으로 크롬이온 전체를 6가 크롬으로 산화시킨다.
㉯ 알칼리성에서 다이페닐카바자이드와 반응하여 생성되는 적자색의 착화합물의 흡광도를 540nm에서 측정한다.
㉰ 시료 중 철이 2.5mg 이하로 공존할 경우에는 다이페닐카바자이드용액을 넣기 전에 피로인산나트륨·10수화물용액(5%) 2mL를 넣어 주면 간섭을 줄일 수 있다.
㉱ 정량범위는 0.002~0.05mg 범위이다.

▶풀이 ㉯ 산성에서 다이페닐카바자이드와 반응하여 생성되는 적자색의 착화합물의 흡광도를 540nm에서 측정한다.

answer 65 ㉰ 66 ㉯ 67 ㉯ 68 ㉯

69 기름성분을 노말헥산추출시험방법에 따라 정량할 때 분석시료의 pH 범위는 얼마인가?

㉮ 염산(1+1)을 넣어 pH 4 이하로 조절한다.
㉯ 염산(1+1)을 넣어 pH 6 이하로 조절한다.
㉰ 수산화나트륨(1+1)을 넣어 pH 8 이상으로 조절한다.
㉱ 수산화나트륨(1+1)을 넣어 pH 10 이상으로 조절한다.

풀이 기름성분의 노말헥산추출 시험방법
① 지시약 : 메틸오렌지용액
② 적정액 : 염산(1+1)
③ 종말점 : pH 4 이하(황색 → 적색)

70 회화에 의한 유기물 분해시 회화로의 가열온도로서 알맞은 것은 어느 것인가?

㉮ 200~300℃   ㉯ 300~400℃
㉰ 400~500℃   ㉱ 500~600℃

풀이 회화법에서 회화로의 가열온도는 400~500℃이다.

71 수은의 환원기화 – 원자흡수분광광도법에 대한 시험방법으로 알맞은 것은 어느 것인가?

㉮ 시료에 이염화주석을 넣어 금속수은으로 환원시킨다.
㉯ 시료에 아연을 넣어 수은증기를 발생시킨다.
㉰ 정량한계는 0.05mg/L이다.
㉱ 벤젠 등 휘발성 유기물질의 방해를 방지하기 위해 염산으로 분해시킨 후 시험한다.

풀이 ㉮ 시료에 이염화주석을 넣어 수은증기를 발생시킨다.

㉰ 정량한계는 0.0005mg/L이다.
㉱ 벤젠 등 휘발성 유기물질의 방해를 방지하기 위해 과망간산칼륨으로 분해시킨 후 시험한다.

72 자외선/가시선분광법에서 자외부 파장 부분을 사용할 경우에 해당되지 않는 것은 어느 것인가?

㉮ 중수소 방전관 광원을 사용한다.
㉯ 플라스틱제 흡수셀을 사용한다.
㉰ 측광부에는 광전자증배관을 사용한다.
㉱ 파장선택부로는 모노크로메타를 사용한다.

풀이 ㉯ 석영 또는 경질유리 흡수셀을 사용한다.

73 0.1N–$AgNO_3$ 규정액 1mL는 몇 mg의 NaCl과 반응하는가? (단, 분자량은 $AgNO_3$ 169.87, NaCl 58.5이다.)

㉮ 0.585mg   ㉯ 5.85mg
㉰ 58.5mg   ㉱ 585mg

풀이 $AgNO_3$: NaCl
169.87g : 58.5g
$0.1 \dfrac{eq}{L} \times \dfrac{169.87g}{1\,eq} \times 1\,mL \times \dfrac{1L}{10^3\,mL}$: X
$\therefore X = 5.85 \times 10^{-3}g = 5.85mg$

TIP
g/L = mg/mL

answer 69 ㉮ 70 ㉰ 71 ㉮ 72 ㉯ 73 ㉯

74 자외선/가시선 분광광도계에서 사용하는 흡수셀의 준비사항으로 틀린 것은 어느 것인가?

㉮ 흡수셀은 미리 깨끗하게 씻은 것을 사용한다.
㉯ 흡수셀의 길이(L)를 따로 지정하지 않았을 때는 10mm셀을 사용한다.
㉰ 시료셀에는 실험용액을, 대조셀에는 따로 규정이 없는 한 정제수를 넣는다.
㉱ 시료용액의 흡수파장이 약 370nm 이하일 때는 경질유리 흡수셀을 사용한다.

풀이 ㉱ 시료용액의 흡수파장이 약 370nm 이하일 때는 석영 흡수셀을 사용한다.

TIP
흡수파장이 370nm 이상일 때는 석영 또는 경질유리 흡수셀을 사용한다.

75 휘발성 저급염소화 탄화수소류를 기체크로마토그래피로 정량하는 방법에 대한 내용으로 틀린 것은 어느 것인가?

㉮ 시료 중 트리클로로에틸렌 및 테트라클로로에틸렌을 헥산으로 추출하여 기체크로마토그래피법으로 정량한다.
㉯ 휘발성 저급염소화 탄화수소류는 휘발성이 높기 때문에 시료를 채취할 때 유리제 용기에 상부공간이 없도록 채취하여야 한다.
㉰ 트리클로로에틸렌의 정량한계는 0.008 mg/L, 테트라클로로에틸렌의 정량한계는 0.002mg/L이다.
㉱ FID(수소염이온화검출기) 또는 HECD(전해전도검출기)를 주로 사용한다.

풀이 ㉱ ECD(전자포획형검출기) 또는 HECD(전해전도검출기)를 주로 사용한다.

76 총칙에서 규정하고 있는 용기에 관한 내용으로 알맞은 것은 어느 것인가?

㉮ 기밀용기라 함은 기체 또는 미생물이 침입하지 아니하도록 내용물을 보호하는 용기를 말한다.
㉯ 밀봉용기라 함은 이물이 들어가거나 또는 내용물이 손실되지 아니하도록 보호하는 용기를 말한다.
㉰ 밀폐용기라 함은 공기 또는 다른 가스가 침입하지 아니하도록 내용물을 보호하는 용기를 말한다.
㉱ 차광용기라 함은 내용물이 광화학적 변화를 일으키지 아니하도록 방지할 수 있는 용기를 말한다.

풀이 ㉮ 밀봉용기라 함은 기체 또는 미생물이 침입하지 아니하도록 내용물을 보호하는 용기를 말한다.
㉯ 밀폐용기라 함은 이물이 들어가거나 또는 내용물이 손실되지 아니하도록 보호하는 용기를 말한다.
㉰ 기밀용기라 함은 공기 또는 다른 가스가 침입하지 아니하도록 내용물을 보호하는 용기를 말한다.

answer 74 ㉱ 75 ㉱ 76 ㉱ 77 ㉮

77 용출시험법 중 시료용액의 조제에 대한 내용으로 알맞은 것은 어느 것인가?

㉮ 용매의 pH는 5.8~6.3으로 조절한다.
㉯ 시료와 용매의 비율은 1 : 20(W/V)의 비로 한다.
㉰ 시료와 용매를 1,000mL 삼각플라스크에 넣어 혼합한다.
㉱ 용매의 pH를 조절하기 위해 질산을 사용한다.

풀이 ㉯ 시료와 용매의 비율은 1 : 10(W/V)의 비로 한다.
㉰ 시료와 용매를 2,000mL 삼각플라스크에 넣어 혼합한다.
㉱ 용매의 pH를 조절하기 위해 염산을 사용한다.

78 기체크로마토그래피의 검출기 중 인 또는 유황화합물을 선택적으로 검출할 수 있는 것으로 운반가스와 조연가스의 혼합부, 수소공급구, 연소노즐, 광학필터, 광전자 증배관 및 전원 등으로 구성된 것은 어느 것인가?

㉮ TCD(Thermal Conductivity Detector)
㉯ FID(Flame Ionization Detector)
㉰ FPD(Flame Photometric Detector)
㉱ FTD(Flame Thermionic Detector)

풀이 ㉰ 불꽃광도검출기(FPD)에 대한 설명이며, 핵심 내용인 "인 또는 유황물화합물 검출 = FPD"임을 숙지하시면 됩니다.

79 흡광도의 눈금을 보정하기 위하여 사용되는 시약은 어느 것인가?

㉮ 과망간산칼륨을 N/20 수산화나트륨용액에 녹여 사용
㉯ 과망간산칼륨을 N/20 수산화칼륨용액에 녹여 사용
㉰ 다이크롬산칼륨을 N/20 수산화나트륨용액에 녹여 사용
㉱ 다이크롬산칼륨을 N/20 수산화칼륨용액에 녹여 사용

풀이 흡광도의 눈금보정은 다이크롬산칼륨($K_2Cr_2O_7$)을 $\frac{N}{20}$ 수산화칼륨(KOH)용액에 녹인 시약을 사용한다.

80 흡광광도법에서 투과도가 0.24일 경우 흡광도는 얼마인가?

㉮ 0.32 ㉯ 0.42
㉰ 0.52 ㉱ 0.62

풀이 흡광도(A) $= \log\dfrac{1}{투과도} = \log\dfrac{1}{0.24} = 0.62$

answer 77 ㉮ 78 ㉰ 79 ㉱ 80 ㉱

2016 4회 기출문제

| 제1과목 | 폐기물개론

01 최근 10년 동안 우리나라 생활폐기물 처리방법 중 처리비율이 증가하는 것과 감소하는 것의 바른 조합은 어느 것인가?

㉮ 증가 : 매립, 감소 : 소각
㉯ 증가 : 재활용, 감소 : 매립
㉰ 증가 : 소각, 감소 : 재활용
㉱ 증가 : 매립, 감소 : 재활용

풀이 재활용은 증가하고 매립은 감소하고 있다.

02 용매추출(solvent extraction)공정을 적용하기 어려운 폐기물은 어느 것인가?

㉮ 분배계수가 높은 폐기물
㉯ 물에 대한 용해도가 높은 폐기물
㉰ 끓는점이 낮은 폐기물
㉱ 물에 대한 밀도가 낮은 폐기물

풀이 ㉯ 물에 대한 용해도가 낮은 폐기물

03 분뇨의 특성으로 틀린 것은 어느 것인가?

㉮ 분뇨에 포함된 협잡물의 양은 발생지역에 따라 차이가 크다.
㉯ 고액 분리가 용이하다.
㉰ 분과 뇨(분 : 뇨)의 고형질의 비는 7 : 1 정도이다.
㉱ 분뇨의 비중은 1.02 정도이며 질소화합물 함유도가 높다.

풀이 ㉯ 고액 분리가 어렵다.

04 파쇄에너지 계산과 관련된 이론이 아닌 것은 어느 것인가?

㉮ Rittinger의 법칙
㉯ Kick의 법칙
㉰ Bond의 법칙
㉱ Worrell의 법칙

풀이 ㉱ Worrell의 법칙은 선별과 관련이 있다.

answer 01 ㉯ 02 ㉯ 03 ㉯ 04 ㉱

05 새로운 쓰레기 수거 시스템인 관거수거방법 중 공기수송에 관한 내용으로 틀린 것은 어느 것인가?

㉮ 공기수송은 고층주택 밀집지역에 적합하며 소음방지시설이 필요하다.
㉯ 진공수송은 쓰레기를 받는 쪽에서 흡인하여 수송하는 것으로 진공압력은 최소 $1.5\,kg_f/cm^2$ 이상이다.
㉰ 진공수송의 경제적인 수집거리는 약 2km 정도이다.
㉱ 가압수송은 쓰레기를 불어서 수송하는 방법으로 진공수송보다는 수송거리를 더 길게 할 수 있다.

풀이 ㉯ 진공수송에서 진공압력은 최대 $0.5\,kg_f/cm^2$ 정도이다.

06 적환장에 관한 내용으로 틀린 것은 어느 것인가?

㉮ 직접투하 방식은 건설비 및 운영비가 다른 방법에 비해 모두 적다.
㉯ 저장투하 방식은 수거차의 대기시간이 직접투하방식 보다 길다.
㉰ 직접저장투하 결합방식은 재활용품의 회수율을 증대시킬 수 있는 방법이다.
㉱ 적환장의 위치는 해당지역의 발생 폐기물의 무게 중심에 가까운 곳이 유리하다.

풀이 ㉯ 저장투하 방식은 수거차의 대기시간이 직접투하 방식 보다 짧다.

07 3.5%의 고형물을 함유하는 슬러지 300 m^3를 탈수시켜 70%의 함수율을 갖는 케이크를 얻었다면 탈수된 케이크의 양(m^3)은 얼마인가?(단, 슬러지의 밀도 $1ton/m^3$)

㉮ 35
㉯ 40
㉰ 45
㉱ 50

풀이
$V_1 \times (100 - P_1) = V_2 \times (100 - P_2)$
$300\,m^3 \times (100 - 96.5\%) = V_2 \times (100 - 70\%)$
$\therefore V_2 = 35\,m^3$

TIP
① 함수율(%) = 100 - 고형물(%)
② $P_1 = 100 - 3.5\% = 96.5\%$

08 도시쓰레기 중 비가연성 부분이 질량비로 약 60% 차지하였다. 밀도가 $450kg/m^3$인 쓰레기 $8m^3$가 있을 때 가연성 물질의 양(kg)은 얼마인가?

㉮ 270
㉯ 1,440
㉰ 2,160
㉱ 3,600

풀이 가연성 물질의 양(kg)
= 쓰레기의 양(m^3) × 밀도(kg/m^3) × $\dfrac{100 - 비가연성(\%)}{100}$
= $8\,m^3 \times 450\,kg/m^3 \times (1 - 0.60)$
= $1,440\,kg$

answer 05 ㉯ 06 ㉯ 07 ㉮ 08 ㉯

09 원소분석에 의한 발열량(kcal/kg) 계산방법 중에서 O의 절반이 CO의 형으로, 나머지 절반은 H_2O의 형으로 되어 있다고 가정한 Steuer식으로 알맞은 것은 어느 것인가?

㉮ H(L)=81(C−3×O/8)+57(3×O/8)+345(H−O/16)+25S−6(9H+W)
㉯ H(L)=81(C−3×O/8)+80(3×O/16)+245(H−O/8)+35S−9(6H+W)
㉰ H(L)=81(C−3×O/8)+345H+35S+80(3×O/4)−9(6H+W)
㉱ H(L)=81(C−3×O/8)+245H+25S+57(3×O/4)−6(9H+W)

풀이 이 문제는 공식을 찾는 문제이므로 정답을 숙지하시면 됩니다.

10 폐기물 소각처리에 비해 Pyrolysis가 가지는 장점으로 틀린 것은 어느 것인가?

㉮ 배기가스량이 상대적으로 적다.
㉯ 중금속 성분이 재에 고정되는 확률이 크다.
㉰ 질소산화물의 발생량이 적다.
㉱ 산화성 분위기를 유지할 수 있다.

풀이 ㉱ 환원성 분위기를 유지할 수 있다.

11 쓰레기 수거노선 설정요령으로 틀린 것은 어느 것인가?

㉮ 지형이 언덕인 경우는 내려가면서 수거한다.
㉯ U자 회전을 피하여 수거한다.
㉰ 아주 많은 양의 쓰레기가 발생되는 발생원은 하루 중 가장 나중에 수거한다.
㉱ 가능한 한 시계 방향으로 수거노선을 설정한다.

풀이 ㉰ 아주 많은 양의 쓰레기가 발생되는 발생원은 하루 중 가장 먼저 수거한다.

12 도시의 쓰레기 수거대상 인구가 648,825명이며 이 도시의 쓰레기 배출량은 1.15 kg/인·일이다. 수거인부는 233명이며, 이들이 1일에 8시간을 작업한다면 이 때 MHT는 얼마인가?

㉮ 2.5 ㉯ 3.2
㉰ 3.8 ㉱ 4.2

풀이
$$MHT = \frac{수거인부수 \times 작업시간}{쓰레기 수거실적}$$

$$= \frac{233인 \times 8hr/일}{1.15kg/인·일 \times 648,825인 \times 10^{-3} ton/kg}$$
$$= 2.50 MHT$$

TIP
MHT=man·hr/ton

13 우리나라 쓰레기 수거형태 중 효율이 가장 나쁜 것은 어느 것인가?

㉮ 타종수거
㉯ 손수레 문전수거
㉰ 대형쓰레기통수거
㉱ 블럭식 수거

풀이 수거효율이 가장 낮은 것은 손수레 문전수거이다.

answer 09 ㉮ 10 ㉱ 11 ㉰ 12 ㉮ 13 ㉯

14 최소 크기가 10cm인 폐기물을 2cm로 파쇄하고자 할 때 Kick's 법칙에 의한 소요동력은 동일 폐기물을 4cm로 파쇄할 때 소요되는 동력의 몇 배인가? (단, n=1로 가정)

㉮ 1.76배 ㉯ 1.62배
㉰ 1.56배 ㉱ 1.42배

풀이
Kick의 법칙 : 동력(E) $= C \ln\left(\dfrac{dp_1}{dp_2}\right)$

① $E_1 = C \ln\left(\dfrac{10 cm}{2 cm}\right) = C \ln 5$

② $E_2 = C \ln\left(\dfrac{10 cm}{4 cm}\right) = C \ln 2.5$

③ 소요에너지의 변화 $= \dfrac{E_1}{E_2} = \dfrac{C \ln 5}{C \ln 2.5} = 1.76$배

15 생활쓰레기 감량화에 관한 내용으로 틀린 것은 어느 것인가?

㉮ 가정에서의 물품 저장량을 적정 수준으로 유지한다.
㉯ 깨끗하게 다듬은 채소의 시장 반입량을 증가시킨다.
㉰ 백화점의 무포장센터 설치를 증가시킨다.
㉱ 상품의 포장 공간 비율을 증가시킨다.

풀이 ㉱ 상품의 포장 공간 비율을 감소시킨다.

16 탄소를 함유한 폐기물의 연소시 탄소 1kg당 발열량이 가장 작은 경우는 어느 것인가?

㉮ C가 CO_2와 반응해 2CO로 될 때
㉯ C가 H_2O와 반응해 CO와 H_2로 될 때
㉰ C가 $0.5O_2$와 반응해 CO로 될 때
㉱ C가 O_2와 반응해 CO_2로 될 때

17 폐타이어의 이용, 처리방법으로 가장 거리가 먼 것은?

㉮ 시멘트킬른 열이용 : 시멘트킬른 연료인 유연탄의 일부를 폐타이어로 대체하여 시멘트 제조 보조연료로 이용
㉯ 토목공사 : 폐타이어 내부에 흙과 골재를 투입하여 사방공사에 이용
㉰ 건류소각재 이용 : 폐타이어 원형을 소각한 후 발생한 소각재를 이용하여 카본블랙 제조
㉱ 고무분말 : 폐타이어를 분쇄하여 고무분말을 만들고 고무분말을 탈황하여 재생고무를 생산

풀이 폐타이어의 처리는 폐타이어 속에 있는 철심은 회수하여 고철로 사용하고 폐카본은 소각하여 처리한다.

18 폐기물의 화학적 성분에는 3성분이 있다. 3성분에 속하지 않는 것은 어느 것인가?

㉮ 가연분 ㉯ 무기물질
㉰ 수분   ㉱ 회분

풀이 3성분은 가연분, 수분, 회분이다.

19 퇴비화 과정의 초기단계에서 나타나는 미생물은 어느 것인가?

㉮ Bacillus sp.
㉯ Streptomyces sp.
㉰ Aspergillus fumigatus
㉱ fungi

풀이 퇴비화 과정의 초기단계에서 나타나는 미생물은 곰팡이(fungi)이다.

answer 14 ㉮ 15 ㉱ 16 ㉰ 17 ㉰ 18 ㉯ 19 ㉱

20 전단파쇄기에 대한 설명으로 틀린 것은?

㉮ 주로 목재류, 플라스틱류, 종이류를 파쇄하는데 이용된다.
㉯ 충격파쇄기에 비해 파쇄속도가 빠르다.
㉰ 충격파쇄기에 비해 이물질 혼입에 약하다.
㉱ 충격파쇄기에 비해 파쇄물의 크기를 고르게 할 수 있다.

풀이 ㉯ 충격파쇄기에 비해 파쇄속도가 느리다.

| 제2과목 | 폐기물 재활용 및 자원화 기술

21 평균온도가 20℃인 수거분뇨 20kL/일을 처리하는 혐기성 소화조의 소화온도를 외부 가온에 의해 35℃로 유지하고자 한다. 이때 소요되는 열량(kcal/일)은 얼마인가? (단, 소화조의 열손실은 없는 것으로 간주, 분뇨의 비열=1.1kcal/kg·℃, 비중=1.02)

㉮ 2.4×10^5 ㉯ 3.4×10^5
㉰ 4.4×10^5 ㉱ 5.4×10^5

풀이 소요되는 열량(kcal/일)
= $20 \times 10^3 \text{L/일} \times 1.02 \text{kg/L} \times 1.1 \text{kcal/kg} \cdot ℃$
  $\times (35-20)℃$
= $3.37 \times 10^5 \text{kcal/일}$

22 합성차수막인 CSPE에 대한 내용으로 틀린 것은 어느 것인가?

㉮ 미생물에 강하다.
㉯ 강도가 높다.
㉰ 산과 알칼리에 특히 강하다.
㉱ 기름, 탄화수소 및 용매류에 약하다.

풀이 ㉯ 강도가 낮다.

23 합성차수막의 crystallinity가 증가하면 나타나는 성질로 틀린 것은 어느 것인가?

㉮ 화학물질에 대한 저항성이 커짐
㉯ 충격에 약해짐
㉰ 열에 대한 저항성이 감소됨
㉱ 투수계수가 감소됨

풀이 ㉰ 열에 대한 저항성이 증가됨

TIP
① 결정도와 충격, 투수계수와는 반비례 관계
② 결정도와 화학물질 및 열에 대한 저항성, 인장강도와는 비례관계

24 매립지 침출수 처리에 대한 내용으로 틀린 것은 어느 것인가?

㉮ 고농도의 TDS(50,000mg/L 이상)를 포함한 침출수는 생물학적 처리가 곤란하다.
㉯ 많은 생물학적 처리시설에 있어서는 중금속의 독성이 문제가 되기도 한다.
㉰ 황화물의 농도가 높으면 혐기성 처리 시 악취 문제가 발생할 수 있다.
㉱ 높은 COD의 침출수는 호기성 처리하는 것이 혐기성 처리보다 경제적이다.

풀이 ㉱ 높은 COD의 침출수는 혐기성 처리하는 것이 호기성 처리보다 경제적이다.

answer 20 ㉯ 21 ㉯ 22 ㉯ 23 ㉰ 24 ㉱

25 해안매립공법 중 순차투입방법에 대한 내용으로 틀린 것은 어느 것인가?

㉮ 호안측으로부터 순차적으로 쓰레기를 투입하여 육지화하는 방법이다.
㉯ 부유성 쓰레기의 수면확산에 의해 수면부와 육지부의 경계 구분이 어려워 매립장비가 매몰되기도 한다.
㉰ 바닥지반이 연약한 경우 쓰레기 하중으로 연약층이 유동하거나 국부적으로 두껍게 퇴적되기도 한다.
㉱ 수심이 깊은 처분장은 내수를 완전히 배제한 후 순차투입방법을 택하는 경우가 많다.

풀이 ㉱ 수심이 깊은 처분장에서는 건설비 과다로 내부 수를 완전히 배제하기가 곤란한 경우 사용한다.

26 용적 200m³인 혐기성소화조가 휘발성고형물(VS)을 70% 함유하는 슬러지고형물을 하루 100kg 받아들인다면 이 소화조의 휘발성고형물 부하율(kg VS/m³·d)은 얼마인가?

㉮ 0.35 ㉯ 0.55
㉰ 0.75 ㉱ 0.95

풀이 휘발성 고형물 부하율(kg/m³·day)
$= \dfrac{100\,\text{kg/day} \times 0.70}{200\,\text{m}^3} = 0.35\,\text{kg/m}^3\cdot\text{day}$

27 혐기성 소화공법에 대한 내용으로 틀린 것은 어느 것인가?

㉮ 호기성 소화에 비하여 소화 슬러지의 발생량이 적다.
㉯ 오랜 소화기간으로 소화 슬러지 탈수 및 건조가 어렵다.
㉰ 소화 가스는 냄새가 나고 부식성이 높은 편이다.
㉱ 고농도 폐수나 분뇨를 비교적 낮은 에너지 비용으로 처리할 수 있다.

풀이 ㉯ 오랜 소화기간으로 소화 슬러지 탈수 및 건조가 양호하다.

28 BOD 농도가 30,000ppm인 생분뇨를 1차 처리(소화)하여 BOD를 75% 제거하였다. 이 1차 처리수를 20배 희석하여 2차 처리하였을 때 방류수의 BOD 농도가 20ppm 이었다면, 2차 처리에서의 BOD 제거율(%)은 얼마인가?
(단, 희석수의 BOD=0ppm 가정)

㉮ 90.8% ㉯ 92.2%
㉰ 94.7% ㉱ 98.3%

풀이 ① 1차 처리 장치의 유출수의 BOD 농도 계산
$75\% = \left(1 - \dfrac{\text{유출수 BOD} \times 20배}{30{,}000\,\text{ppm}}\right) \times 100$
∴ 유출수 BOD = 375 ppm
② 2차 처리 장치의 제거율(%) 계산
$\eta = \left(1 - \dfrac{\text{유출수의 BOD}}{\text{유입수의 BOD}}\right) \times 100$
$= \left(1 - \dfrac{20\,\text{ppm}}{375\,\text{ppm}}\right) \times 100 = 94.67\%$

answer 25 ㉱ 26 ㉮ 27 ㉯ 28 ㉰

29 시멘트 기초법에 의한 폐기물고화처리 시 액상 규산소다를 첨가하는 이유로 알맞은 것은 어느 것인가?

㉮ 액상 규산소다가 일종의 폐기물이며 두 가지 폐기물을 동시에 처리할 목적으로 첨가한다.
㉯ 수분함량이 낮은 폐기물을 고화처리하기 위하여 사용한다.
㉰ 폐기물 성분의 분해를 촉진시켜 고화효율을 증진시킬 목적으로 첨가한다.
㉱ 폐기물, 시멘트 반죽을 교화질로 만들어 주기 위하여 첨가한다.

풀이 액상 규산소다를 첨가하는 이유는 폐기물, 시멘트 반죽을 교화질로 만들어 주기 위하여 첨가한다.

30 친산소성 퇴비화 공정의 설계 운영고려 인자에 대한 내용으로 틀린 것은 어느 것인가?

㉮ 공기의 채널링이 원활하게 발생하도록 반응기간 동안 규칙적으로 교반하거나 뒤집어 주어야 한다.
㉯ 퇴비단의 온도는 초기 며칠간은 50~55℃를 유지하여야 하며 활발한 분해를 위해서는 55~60℃가 적당하다.
㉰ 퇴비화 기간 동안 수분함량은 50~60% 범위에서 유지되어야 한다.
㉱ 초기 C/N비는 25~50이 적당하다.

풀이 ㉮ 공기의 채널링을 방지하기 위해 반응기간 동안 규칙적으로 교반하거나 뒤집어 주어야 한다.

31 육상 및 해안매립지 선정 시 고려사항에 관한 내용으로 틀린 것은 어느 것인가?

㉮ 육상매립 : 경관의 손상이 적을 것
㉯ 육상매립 : 집수면적이 클 것
㉰ 해안매립 : 조류특성에 변화를 주기 쉬운 장소를 피할 것
㉱ 해안매립 : 물질확산에 영향을 주는 장소를 피할 것

풀이 ㉯ 육상매립 : 집수면적이 작을 것

32 침출수의 물리·화학적 처리 방법에 포함되지 않는 것은 어느 것인가?

㉮ 중화 침전법   ㉯ 황화물 침전법
㉰ 이온 교환법   ㉱ 습식 산화법

풀이 ㉱ 습식산화법은 액상슬러지에 열과 압력을 작용시켜 용존산소에 의하여 화학적으로 슬러지내의 유기물을 산화시키는 방법이다.

33 함수율이 96%인 슬러지 10L에 응집제를 가하여 침전 농축시킨 결과 상등액과 침전슬러지의 용적비가 2 : 1이었다면 침전슬러지의 함수율(%)은 얼마인가?
(단, 비중=1.0 기준, 상층액 SS, 응집제량 등 기타사항은 고려하지 않음)

㉮ 84%   ㉯ 88%
㉰ 92%   ㉱ 94%

풀이 $V_1 \times (100 - P_1) = V_2 \times (100 - P_2)$
$3 \times (100 - 96\%) = 1 \times (100 - P_2)$
$\therefore P_2 = 100 - \left\{\dfrac{3 \times (100 - 96\%)}{1}\right\} = 88\%$

answer 29 ㉱ 30 ㉮ 31 ㉯ 32 ㉱ 33 ㉯

TIP
침전슬러지의 용적비가 2 : 1이므로 $V_1=3$, $V_2=1$이 된다.

34 다이옥신을 제어하는 촉매로 효과적이지 못한 것은 어느 것인가?

㉮ Al_2O_3 ㉯ V_2O_5
㉰ TiO_2 ㉱ Pd

풀이 다이옥신을 제거하기 위해 사용하는 촉매는 V_2O_5, TiO_2, Pd이다.

35 일반적으로 방사성폐기물을 고준위 및 저준위로 나누는 기준은 어느 것인가?

㉮ 5rem ㉯ 10rem
㉰ 15rem ㉱ 20rem

풀이 방사성폐기물을 고준위 및 저준위로 나누는 기준은 10rem이다.

36 30ton의 음식물쓰레기를 볏짚과 혼합하여 C/N비 30으로 조정하여 퇴비화하고자 한다. 이 때 볏짚의 필요량(ton)은 얼마인가? (단, 음식물쓰레기와 볏짚의 C/N비는 각각 20과 100이고, 다른 조건은 고려하지 않는다.)

㉮ 약 4.3 ㉯ 약 7.3
㉰ 약 9.3 ㉱ 약 11.3

풀이
$$C/N비 = \frac{Q_1C_1 + Q_2C_2}{Q_1 + Q_2}$$
$$30 = \frac{30톤 \times 20 + Q_2 \times 100}{30톤 + Q_2}$$

∴ Q_2(볏짚) = 4.29톤

37 슬러지에 포함된 물의 형태 중 탈수성이 가장 용이한 물은 어느 것인가?

㉮ 모관결합수 ㉯ 표면부착수
㉰ 내부수 ㉱ 입자경계수

풀이 슬러지에 포함된 물의 형태 중 탈수성이 용이한 순서는 간극모관결합수＞모관결합수＞표면부착수＞내부수 순이다.

38 음식물쓰레기 처리방법으로 가장 부적당한 것은 어느 것인가?

㉮ 호기성 퇴비화 ㉯ 사료화
㉰ 감량 및 소멸화 ㉱ 고형화

풀이 ㉱ 고형화는 독성이 있는 폐기물을 고형화 재료를 이용해 고체화시키는 방법이다.

39 연직차수막에 관한 내용으로 틀린 것은 어느 것인가?

㉮ 지중에 수평방향의 차수층이 존재할 경우 사용 가능하다.
㉯ 단위면적당 공사비는 고가이나 총공사비는 싸다.
㉰ 지중이므로 보수가 어렵지만 차수막 보강시공이 가능하다.
㉱ 지하수 집배수 시설이 필요하다.

풀이 ㉱ 지하수 집배수 시설이 불필요하다.

answer 34 ㉮ 35 ㉯ 36 ㉮ 37 ㉮ 38 ㉱ 39 ㉱

40 복합퇴비화 시 함수율 85%인 슬러지와 함수율 40%인 톱밥을 1 : 2로 혼합한 후의 함수율과 퇴비화의 적정성 여부에 대한 내용으로 알맞은 것은 어느 것인가?

㉮ 혼합 후 함수율은 65%로 퇴비화에 부적절한 함수율이라 판단된다.
㉯ 혼합 후 함수율은 65%로 퇴비화에 적절한 함수율이라 판단된다.
㉰ 혼합 후 함수율은 55%로 퇴비화에 부적절한 함수율이라 판단된다.
㉱ 혼합 후 함수율은 55%로 퇴비화에 적절한 함수율이라 판단된다.

풀이
$$C_m = \frac{Q_1C_1 + Q_2C_2}{Q_1 + Q_2}$$
$$= \frac{85\% \times 1 + 40\% \times 2}{1 + 2} = 55\%$$
따라서 혼합 후 함수율은 55%가 적절하다.

TIP 폐기물의 퇴비화에서 적정 수분함량은 50~60%이다.

| 제3과목 | 폐기물 처분기술

41 RDF에 대한 내용으로 틀린 것은 어느 것인가?

㉮ RDF내 염소함량이 크면 연료로 사용 시 다이옥신의 발생 등이 문제가 된다.
㉯ RDF의 조성은 셀룰로오스가 주성분이므로 수분에 따른 부패의 우려가 없다.
㉰ RDF를 대량으로 사용하기 위해서는 배합률(조성)이 일정하여야 하며 재의 양이 적어야 한다.
㉱ RDF의 종류는 Power RDF, Pellet RDF, Fluff RDF가 있다.

풀이 ㉯ RDF의 조성은 유기물이 주성분이며 수분에 따른 부패의 우려가 있다.

42 공기를 사용하여 C_4H_{10}을 완전 연소시킬 때 건조 연소가스 중의 $(CO_2)_{max}(\%)$는 어느 것인가?

㉮ 12.4% ㉯ 14.1%
㉰ 16.6% ㉱ 18.3%

풀이 ① $C_4H_{10} + 6.5O_2 \rightarrow 4CO_2 + 5H_2O$
② 이론건연소가스량(God)
　$= (1 - 0.21)A_o + CO_2량$
　$= (1 - 0.21) \times \frac{6.5}{0.21} + 4$
　$= 28.4524 \, Sm^3/Sm^3$
③ $CO_2 \max(\%) = \frac{CO_2량}{God} \times 100$
　$= \frac{4 \, Sm^3/Sm^3}{28.4524 \, Sm^3/Sm^3} \times 100$
　$= 14.06\%$

43 연료 중의 산소가 결합수의 상태로 있기 때문에 전수소에서 연소에 이용되지 않는 수소분을 공제한 수소는 어느 것인가?

㉮ 결합수소　㉯ 고립수소
㉰ 유효수소　㉱ 자유수소

풀이 ㉰ 유효수소에 대한 설명이다.

answer　40 ㉱　41 ㉯　42 ㉯　43 ㉰

44 증기 터어빈의 형식이 잘못 연결된 것은 어느 것인가?

㉮ 증기작동방식 - 충동, 반동, 혼합식 터어빈
㉯ 증기이용방식 - 배압, 복수, 혼합 터어빈
㉰ 증기유동방향 - 단류, 복류 터어빈
㉱ 케이싱 수 - 1케이싱, 2케이싱 터어빈

풀이 ㉰ 증기유동방향 - 축류, 반경류 터어빈

45 폐기물 소각에 필요한 이론공기량이 1.49 Nm³/kg이고 공기비는 1.20이었다. 하루 폐기물 소각량이 200ton일 때 실제 필요한 공기량(Nm³/hr)은 얼마인가? (단, 24시간 연속 소각 기준)

㉮ 약 15,000Nm³/hr
㉯ 약 20,000Nm³/hr
㉰ 약 25,000Nm³/hr
㉱ 약 30,000Nm³/hr

풀이 실제 필요한 공기량(Nm³/hr)
= 공기비(m) × 이론공기량(Nm³/kg)
  × 폐기물 소각량(kg/hr)
= 1.2 × 1.49Nm³/kg × 200 × 10³kg/day × 1day/24hr
= 14,900Nm³/hr

46 쓰레기를 소각 후 남은 재의 질량은 소각 전 쓰레기질량의 1/4이다. 쓰레기 30 ton을 소각하였을 때 재의 용량이 4m³라면 재의 밀도(ton/m³)는 얼마인가?

㉮ 1.3ton/m³
㉯ 1.6ton/m³
㉰ 1.9ton/m³
㉱ 2.1ton/m³

풀이 재의 밀도(ton/m³)
$= \dfrac{\text{재의 질량(ton)}}{\text{재의 용량(m}^3\text{)}} = \dfrac{30\text{ton} \times \dfrac{1}{4}}{4\text{m}^3}$
$= 1.88 \text{ton/m}^3$

47 폐플라스틱 소각에 관한 내용으로 틀린 것은 어느 것인가?

㉮ 열가소성 폐플라스틱은 열분해 휘발분이 매우 많고 고정탄소는 적다.
㉯ 열가소성 폐플라스틱은 분해 연소를 원칙으로 한다.
㉰ 열경화성 폐플라스틱은 일반적으로 연소성이 우수하고 점화가 용이하여 수열에 의한 팽윤 균열이 적다.
㉱ 열경화성 폐플라스틱의 적당한 로 형식은 전처리 파쇄 후 유동층 방식에 의한 것이 좋다.

풀이 ㉰ 열경화성 폐플라스틱은 일반적으로 연소성이 낮고 점화가 어려우며 수열에 의한 팽윤 균열이 적다.

48 소각공정에서 발생하는 다이옥신에 대한 내용으로 틀린 것은 어느 것인가?

㉮ 쓰레기 중 PVC 또는 플라스틱류 등을 포함하고 있는 합성물질을 연소시킬 때 발생한다.
㉯ 연소 시 발생하는 미연분의 양과 비산재의 양을 줄여 다이옥신을 저감할 수 있다.
㉰ 다이옥신 재형성 온도구역을 설정하여 재합성을 유도함으로써 제거할 수 있다.
㉱ 활성탄과 백필터를 적용하여 다이옥신을 제거하는 설비가 많이 이용된다.

풀이 ㉰ 다이옥신은 저온(300~400℃)에서 재생성이 활

answer 44 ㉰ 45 ㉮ 46 ㉰ 47 ㉰ 48 ㉰

발하므로 800℃ 이상 고온에서 열분해되어 제거된다.

49 착화온도에 관한 일반적인 내용으로 틀린 것은 어느 것인가?

㉮ 연료의 분자구조가 간단할수록 착화온도는 높다.
㉯ 연료의 화학적 발열량이 클수록 착화온도는 낮다.
㉰ 연료의 화학결합 활성도가 작을수록 착화온도는 낮다.
㉱ 연료의 화학반응성이 클수록 착화온도는 낮다.

풀이 ㉰ 연료의 화학결합 활성도가 작을수록 착화온도는 높다.

TIP
착화온도는 활성화에너지와 석탄의 탄화도와는 비례관계이고 나머지는 조건에 반비례관계이다.

50 소각 연소가스 중 질소산화물(NO_X)을 제거하는 방법으로 틀린 것은 어느 것인가?

㉮ 촉매(TiO_2, V_2O_5)를 이용하여 제거하는 방법
㉯ 촉매를 이용하지 않고 암모니아수 또는 요소수를 주입하여 제거하는 방법
㉰ 연소용 공기의 예열온도를 높여 제거하는 방법
㉱ 연소가스를 소각로로 재순환시키는 방법

풀이 ㉰ 연소용 공기의 예열온도를 높이면 질소산화물(NO_X)이 많이 발생한다.

51 다음 공식은 무엇을 구하는 식인가? (단, H_1 : 연료의 저위발열량, G : 이론 연소가스량, t_o : 실제온도, Cp : 연소가스의 정압비열)

$$X = (H_1/(G \cdot Cp)) + t_o$$

㉮ 이론 연소온도
㉯ 이론 착화온도
㉰ 이론 고위발열량
㉱ 이론 인화점온도

풀이 이론연소온도 = $\dfrac{저위발열량}{가스량 \times 비열}$ + 실제온도

52 화상부하율이 300kg/m²·hr인 연소실에서 가연성 폐기물을 하루 7ton을 소각시킬 때 필요한 연소실의 화상면적(m²)은 얼마인가? (단, 하루 8시간 소각을 행한다.)

㉮ 약 2m²　　㉯ 약 3m²
㉰ 약 4m²　　㉱ 약 5m²

풀이 화상부하율(kg/m²·hr) = $\dfrac{폐기물의\ 양(kg/hr)}{화상면적(m^2)}$

$300 kg/m^2 \cdot hr = \dfrac{7 \times 10^3 kg/day \times 1 day/8 hr}{화상면적(m^2)}$

∴ 화상면적 = $2.92 m^2$

실전문제
과년도 기출문제

answer 49 ㉰　50 ㉰　51 ㉮　52 ㉯

53 $20m^3$ 용적의 소각로에서 연소실 열발생율이 $20,000kcal/m^3 \cdot hr$로 하기 위한 저위발열량이 $8,000kcal/kg$인 폐기물 투입량(kg/hr)은 얼마인가?

㉮ 100kg/hr ㉯ 75kg/hr
㉰ 50kg/hr   ㉱ 25kg/hr

풀이 열발생율(kcal/m³ · hr)

$= \dfrac{\text{저위발열량}(kcal/kg) \times \text{폐기물의 양}(kg/hr)}{\text{용적}(m^3)}$

$20,000 kcal/m^3 \cdot hr$

$= \dfrac{8,000 kcal/kg \times \text{폐기물의 양}(kg/hr)}{20 m^3}$

∴ 폐기물의 양 $= 50 kg/hr$

54 도시폐기물의 소각으로 인하여 배출되는 다이옥신과 퓨란에 관한 내용으로 틀린 것은 어느 것인가?

㉮ 일반적으로 860~920℃에 도달하면 파괴
㉯ 여러 가지 유기물과 염소공여체로부터 생성
㉰ 다이옥신의 이성체는 75개이고, 퓨란은 135개
㉱ 600℃이상에서 촉매화 반응에 의해 먼지와 결합하여 생성

풀이 ㉱ 저온(300~400℃)에서 재생성이 활발하다.

55 탄소(C) 10kg을 완전 연소시키는데 필요한 이론적 산소량(Sm^3)은 얼마인가?

㉮ 약 $7.8Sm^3$ ㉯ 약 $12.6Sm^3$
㉰ 약 $15.5Sm^3$ ㉱ 약 $18.7Sm^3$

풀이 $C + O_2 \rightarrow CO_2$
12kg : $22.4Sm^3$
10kg : X(산소량)
∴ X(산소량) $= 18.67 Sm^3$

56 플라스틱 재질 중 발열량(kcal/kg)이 가장 낮은 물질은 어느 것인가?

㉮ 폴리에틸렌(PE)
㉯ 폴리프로필렌(PP)
㉰ 폴리스티렌(PS)
㉱ 폴리염화비닐(PVC)

풀이 보기 중에서 발열량이 가장 낮은 것은 ㉱ 폴리염화비닐((PVC)이다.

57 고체연료의 연소 중 표면연소의 내용으로 틀린 것은 어느 것인가?

㉮ 목탄, 코크스, 챠 등이 연소하는 형식이다.
㉯ 고체를 열분해하여 발생한 휘발분을 연소시킨다.
㉰ 고체표면에서 연소하는 현상으로 불균일 연소라고도 한다.
㉱ 연소속도는 산소의 연료표면으로의 확산속도와 표면에서의 화학반응속도에 의해 영향을 받는다.

풀이 ㉯ 분해연소에 대한 설명이다.

answer 53 ㉰ 54 ㉱ 55 ㉱ 56 ㉱ 57 ㉯

58 에탄(C_2H_6)의 고위발열량이 16,620kcal/Sm^3이라면 저위발열량(kcal/Sm^3)은 얼마인가?

㉮ 14,880kcal/Sm^3 ㉯ 14,980kcal/Sm^3
㉰ 15,180kcal/Sm^3 ㉱ 15,380kcal/Sm^3

풀이 $C_2H_6 + 3.5O_2 \rightarrow 2CO_2 + 3H_2O$
저위발열량(Hl)
= 고위발열량(Hh) − 480 × H_2O량
= 16,620kcal/Sm^3 − 480 × 3
= 15,180kcal/Sm^3

TIP
① Sm^3/Sm^3 = 체적비 = 부피비 = 갯수비
② 수분량 = H_2O갯수 = 3Sm^3/Sm^3

59 완전연소가능량에 대한 내용으로 틀린 것은 어느 것인가?

㉮ 소각로의 연소율 등 소각로를 설계할 때 중요한 설계지표가 된다.
㉯ 완전연소가능량은 소각잔사의 무해화를 판단하는 척도가 된다.
㉰ 완전연소가능량이라는 항목을 위생상태의 판단근거로 삼는 것이 반드시 적당하다고 할 수 없다.
㉱ 소각회 잔사 중에 존재하는 연소 분량을 백분율로 나타낸 것이다.

풀이 ㉱ 소각회 잔사 중에 존재하는 미연소 분량을 백분율로 나타낸 것이다.

60 로타리 킬른식(rotary kiln)소각로의 특징으로 틀린 것은 어느 것인가?

㉮ 습식가스 세정시스템과 함께 사용할 수 있다.
㉯ 넓은 범위의 액상 및 고상 폐기물을 소각할 수 있다.
㉰ 용융상태의 물질에 의하여 방해받지 않는다.
㉱ 예열, 혼합, 파쇄 등 전처리 후 주입한다.

풀이 ㉱ 예열, 혼합, 파쇄 등 전처리 없이 주입한다.

| 제4과목 | 폐기물공정시험기준

61 취급 또는 저장하는 동안에 밖으로부터의 공기 또는 다른 가스가 침입하지 아니하도록 내용물을 보호하는 용기는 무엇인가?

㉮ 기밀용기   ㉯ 밀폐용기
㉰ 밀봉용기   ㉱ 차광용기

풀이 ㉮ 기밀용기에 대한 설명이며, 핵심 내용인 "공기 또는 다른 가스 = 기밀용기"임을 숙지하시면 됩니다.

62 폐기물공정시험기준에서 규정하고 있는 대상폐기물의 양과 시료의 수가 잘못 연결된 것은 어느 것인가?

㉮ 1톤 미만 : 6
㉯ 5톤 이상 ~ 30톤 미만 : 14
㉰ 100톤 이상 ~ 500톤 미만 : 20
㉱ 500톤 이상 ~ 1,000톤 미만 : 36

풀이 ㉰ 100톤 이상~500톤 미만 : 30

answer 58 ㉰   59 ㉱   60 ㉱   61 ㉮   62 ㉰

TIP
대상폐기물의 양과 시료의 최소수

대상폐기물의 양 (단위 : ton)	시료의 최소 수	대상폐기물의 양 (단위 : ton)	시료의 최소 수
~1미만	6	100이상~500미만	30
1이상~5미만	10	500이상~1,000미만	36
5이상~30미만	14	1,000이상~5,000미만	50
30이상~100미만	20	5,000이상	60

63 자외선/가시선 분광법을 이용한 6가크롬의 측정에 대한 내용으로 틀린 것은 어느 것인가?

㉮ 6가크롬에 다이페닐카바자이드와 반응시켜 생성되는 적자색의 착화합물의 흡광도를 측정한다.
㉯ 정량범위는 0.04~1.0mg/L이고 정량한계는 0.04mg/L이다.
㉰ 시료 중에 잔류염소가 공존하면 발색을 방해한다.
㉱ 시료 중 3가크롬이 다량 포함되어 있을 경우는 수산화나트륨용액으로 pH 12 이상으로 조절한다.

풀이 ㉱ 시료 중 잔류염소가 공존하면 발색을 방해하므로 수산화나트륨용액으로 pH 12 정도로 조절한다.

64 pH 측정에 대한 내용으로 틀린 것은 어느 것인가?

㉮ 수소이온 전극의 기전력은 온도에 의하여 변화한다.
㉯ pH측정 시 pH 11 이상의 시료는 오차가 크므로 알칼리에서 오차가 적은 특수전극을 쓰고 필요한 보정을 한다.
㉰ 조제한 pH 표준용액 중 산성표준용액은 보통 1개월, 염기성표준용액은 산화칼슘(생석회) 흡수관을 부착하여 3개월 이내에 사용한다.
㉱ pH 미터는 임의의 한 종류의 pH 표준용액에 대하여 검출부를 정제수로 잘 씻은 다음 5회 되풀이하여 측정하였을 때 그 재현성이 ±0.05 이내이어야 한다.

풀이 ㉰ 조제한 pH 표준용액 중 산성표준용액은 보통 3개월, 염기성표준용액은 산화칼슘(생석회) 흡수관을 부착하여 1개월 이내에 사용한다.

65 카드뮴을 유도결합플라즈마-원자발광광도법에 따라 정량 시 일반적인 발광측정 파장(nm)은 얼마인가?

㉮ 226.5nm   ㉯ 440nm
㉰ 490nm   ㉱ 530nm

answer 63 ㉱ 64 ㉰ 65 ㉮

66 정량한계(LOQ)에 관한 설명으로 (   )에 들어갈 말은 어느 것인가?

> 정량한계란 시험분석 대상을 정량화할 수 있는 측정값으로서 제시된 정량한계 부근의 농도를 포함하도록 시료를 준비하고 이를 반복 측정하여 얻은 결과의 표준편차에 (   )한 값을 사용한다.

㉮ 3배 ㉯ 3.3배
㉰ 5배 ㉱ 10배

풀이 정도보증/정도관리
① 감응계수 = $\dfrac{\text{반응값}(R)}{\text{표준용액의 농도}(C)}$
② 기기검출한계 = 표준편차(S)×3
③ 정량한계 = 표준편차(S)×10

67 액상폐기물 중 PCBs를 기체크로마토그래피로 분석 시 사용되는 시약으로 틀린 것은 어느 것인가?

㉮ 수산화칼슘 ㉯ 무수황산나트륨
㉰ 실리카겔   ㉱ 노말 헥산

68 시안 측정을 위한 이온전극법을 적용 시 내부정도관리 주기 기준에 대한 내용으로 알맞은 것은 어느 것인가?

㉮ 방법검출한계, 정량한계, 정밀도 및 정확도는 2월 1회 이상 산정하는 것을 원칙으로 한다.
㉯ 방법검출한계, 정량한계, 정밀도 및 정확도는 분기 1회 이상 산정하는 것을 원칙으로 한다.
㉰ 방법검출한계, 정량한계, 정밀도 및 정확도는 반기 1회 이상 산정하는 것을 원칙으로 한다.
㉱ 방법검출한계, 정량한계, 정밀도 및 정확도는 연 1회 이상 산정하는 것을 원칙으로 한다.

69 폐기물 시료 20g에 고형물 함량이 1.2g이었다면 다음 중 어떤 폐기물에 속하는가? (단, 폐기물의 비중=1.0)

㉮ 액상폐기물   ㉯ 반액상폐기물
㉰ 반고상폐기물 ㉱ 고상폐기물

풀이 고형물 함량(%)
$= \dfrac{\text{고형물}}{\text{폐기물}} \times 100 = \dfrac{1.2g}{20g} \times 100 = 6\%$
따라서 반고상폐기물이다.

TIP
① 액상폐기물 : 고형물의 함량이 5% 미만
② 반고상폐기물 : 고형물의 함량이 5% 이상 15% 미만
③ 고상폐기물 : 고형물의 함량이 15% 이상

70 원자흡수분광광도법으로 비소를 분석하려고 한다. 시료중의 비소를 수소화비소로 환원하기 위하여 사용하는 시약은 어느 것인가?

㉮ 아연   ㉯ 이염화주석
㉰ 요오드화칼륨 ㉱ 과망간산칼륨

풀이 비소의 원자흡수분광광도법
① 환원제 : 아연 또는 나트륨붕소수화물
② 흡광도 측정 파장 : 193.7nm

answer 66 ㉱ 67 ㉮ 68 ㉱ 69 ㉰ 70 ㉯

71 시료전처리 방법에 관한 내용으로 틀린 것은 어느 것인가?

㉮ 점토질이 높은 비율로 함유된 시료는 질산-과염소산-불화수소산에 의한 전처리가 적용된다.
㉯ 유기물 함량이 비교적 높지 않고 금속의 수산화물, 산화물, 인산염 및 황화물을 함유하고 있는 시료는 질산-염산에 의한 전처리가 적용된다.
㉰ 회화에 의한 유기물 분해법은 400℃ 이상에서 쉽게 휘산되는 유기물에 적용된다.
㉱ 마이크로파에 의한 유기물분해는 가열속도가 빠르고 재현성이 좋으며 폐유 등 유기물이 다량 함유된 시료의 전처리에 적용된다.

풀이 ㉰ 회화에 의한 유기물 분해법은 400℃ 이상에서 휘산되지 않고 쉽게 회화될 수 있는 시료에 적용된다.

72 가스체의 농도는 표준상태로 환산 표시한다. 이 조건에 해당되지 않는 것은 어느 것인가?

㉮ 상대습도 : 100%
㉯ 온도 : 0℃
㉰ 기압 : 760mmHg
㉱ 온도 : 273K

풀이 ㉮ 상대습도 : 0%

73 대상폐기물의 양이 15,000kg인 경우 현장 시료의 최소수는 얼마인가?

㉮ 4 ㉯ 6
㉰ 10 ㉱ 14

풀이 대상폐기물의 양이 15,000kg이면 15ton이므로 시료의 최소수는 14이다.

TIP
대상폐기물의 양과 시료의 최소수

대상폐기물의 양(ton)	시료 최소 수	대상폐기물의 양(ton)	시료 최소 수
~1 미만	6	100 이상 ~500 미만	30
1 이상 ~5 미만	10	500 이상 ~1,000 미만	36
5 이상 ~30 미만	14	1,000 이상 ~5,000 미만	50
30 이상 ~100 미만	20	5,000 이상	60

74 크롬 표준원액(100mgCr/L) 1,000mL를 만들기 위하여 필요한 다이크롬산칼륨(표준시약)의 양(g)은 얼마인가?
(단, K : 39, Cr : 52)

㉮ 0.213g ㉯ 0.283g
㉰ 0.353g ㉱ 0.393g

풀이 $K_2Cr_2O_7 : 2Cr^{3+}$
294g : 2×52g
X : 100mg/L×10^{-3}g/mg×1L
∴ X = 0.283g

answer 71 ㉰ 72 ㉮ 73 ㉱ 74 ㉯

75 자외선/가시선 분광법을 적용한 구리 측정에 대한 설명으로 알맞은 것은 어느 것인가?

㉮ 정량한계는 0.002mg이다.
㉯ 적갈색의 킬레이트 화합물이 생성된다.
㉰ 흡광도는 520nm에서 측정한다.
㉱ 정량범위는 0.01~0.05mg/L이다.

풀이 ㉯ 황갈색의 킬레이트 화합물이 생성된다.
㉰ 흡광도는 440nm에서 측정한다.
㉱ 정량범위는 0.002~0.03mg이다.

76 함수율이 90%인 슬러지를 용출시험하여 납의 농도를 측정하니 0.02mg/L로 나타났다. 수분함량을 보정한 용출시험 결과치 (mg/L)는 얼마인가?

㉮ 0.03mg/L ㉯ 0.05mg/L
㉰ 0.07mg/L ㉱ 0.09mg/L

풀이 ① 함수율이 85% 이상인 시료의

$$보정계수 = \frac{15}{100 - 시료의\ 함수율(\%)}$$

$$= \frac{15}{100 - 90\%} = 1.5$$

② 보정한 용출시험 결과치
$= 0.02\,mg/L \times 1.5 = 0.03\,mg/L$

77 총칙에 대한 설명으로 틀린 것은 어느 것인가?

㉮ "정밀히 단다"라 함은 규정된 수치의 무게를 0.1mg까지 다는 것을 말한다.
㉯ "정확히 취하여"라 하는 것은 규정한 양의 액체를 홀피펫으로 눈금까지 취하는 것을 말한다.
㉰ "냄새가 없다"라고 기재한 것은 냄새가 없거나, 또는 거의 없는 것을 표시하는 것이다.
㉱ 방울수라 함은 20℃에서 정제수 20방울을 적하할 때, 그 부피가 약 1mL 되는 것을 뜻한다.

풀이 ㉮ "정밀히 단다"라 함은 규정된 양의 시료를 취하여 화학저울 또는 미량저울로 칭량한다.

78 용출시험의 시료액 조제에 관한 설명으로 ( )에 들어갈 말은 어느 것인가?

> 조제한 시료 100g 이상을 정밀히 달아 정제수에 염산을 넣어 ( )으로 한 용매 (mL)를 1 : 10(W : V)의 비율로 넣어 혼합한다.

㉮ pH 8.8~9.3 ㉯ pH 7.8~8.3
㉰ pH 6.8~7.3 ㉱ pH 5.8~6.3

풀이 용출시험의 시료액 조제
① 염산으로 pH 5.8~6.3으로 조절
㉯ 여과가 가능한 경우 : 매 분당 200회, 진폭 4~5cm, 6시간
② 여과가 어려운 경우 : 매 분당 3,000회전 이상, 20분 이상

answer 76 ㉮ 77 ㉮ 78 ㉱

79 자외선/가시선 분광법과 원자흡수분광광도법의 두 가지 시험방법으로 모두 분석할 수 있는 항목은 어느 것인가? (단, 폐기물 공정시험기준에 준함)

㉮ 시안
㉯ 수은
㉰ 유기인
㉱ 폴리클로리네이티드비페닐

풀이 시험방법
㉮ 시안 : 자외선/가시선분광법, 이온전극법, 연속흐름법
㉯ 수은 : 원자흡수분광광도법, 자외선/가시선분광법
㉰ 유기인 : 기체크로마토그래피
㉱ 폴리클로리네이티드비페닐 : 기체크로마토그래피

80 원자흡수분광광도법에서 사용되는 용어 중 파장에 대한 스펙트럼선의 강도를 나타내는 곡선으로 정의되는 것은 어느 것인가?

㉮ 선속밀도   ㉯ 공명선
㉰ 선프로파일 ㉱ 근접선

풀이 ㉰ 선프로파일에 대한 설명이다.

answer 79 ㉯ 80 ㉰

2017 1회 기출문제

| 제1과목 | 폐기물개론

01 폐기물 파쇄의 장점으로 틀린 것은 어느 것인가?

㉮ 압축시에 밀도증가율이 크므로 운반비가 감소된다.
㉯ 대형쓰레기에 의한 소각로의 손상을 방지할 수 있다.
㉰ 매립시 폐기물 입자의 표면적 감소로 매립지의 조기 안정화를 꾀할 수 있다.
㉱ 곱게 파쇄하면 매립시 복토가 필요 없거나 복토요구량이 절감된다.

풀이 ㉰ 매립시 폐기물 입자의 표면적 증가로 매립지의 조기 안정화를 꾀할 수 있다.

02 도시쓰레기 수거 계획을 수립할 때 가장 우선으로 고려하여야 할 사항은 어느 것인가?

㉮ 수거노선 ㉯ 수거빈도
㉰ 수거지역 특성 ㉱ 수거인부의 수

풀이 도시쓰레기 수거 계획을 수립할 때 가장 우선으로 고려하여야 할 사항은 수거노선이다.

03 쓰레기의 가연분, 소각잔사의 미연분, 고형물 중의 유기분을 측정하기 위한 열작감량(완전연소가능량, ignition loss)에 관한 내용으로 틀린 것은 어느 것인가?

㉮ 고형물 중 탄산염, 염화물, 황산염 등과 같은 무기물의 감량은 없다.
㉯ 소각잔사는 매립처분에 있어 중요한 의미를 갖는다.
㉰ 소각로의 운전상태를 파악할 수 있는 중요한 지표이다.
㉱ 소각로의 종류, 처리용량에 따른 화격자 면적을 설정하는데 참고가 된다.

풀이 ㉮ 고형물 중 탄산염, 염화물, 황산염 등과 같은 무기물의 감량이 있다.

TIP
열작감량 : 폐기물을 높은 온도에서 강하게 가열할 때, 증발이나 축소에 의해 질량이나 부피가 감소하는 현상이다.

answer 01 ㉰ 02 ㉮ 03 ㉮

04 돌, 코르크 등의 불투명한 것과 유리 같은 투명한 것의 분리에 이용되는 선별방법은 어느 것인가?

㉮ floatation
㉯ optical sorting
㉰ inertial separation
㉱ electrostatic separation

풀이 ㉯ 광학선별(optical sorting)에 대한 설명이며, 핵심 내용인 "불투명, 투명한 것 분리 = 광학선별"임을 숙지하시면 됩니다.

05 도시폐기물을 파쇄할 경우 $X_{90}=2.5cm$로 하여 구한 X_o(특성입자, cm)는 얼마인가? (단, Rosin Rammler 모델 적용, $n=1$)

㉮ 약 1.1 ㉯ 약 1.3
㉰ 약 1.5 ㉱ 약 1.7

풀이
$$Y = 1 - \exp\left[-\left(\frac{X}{X_o}\right)^n\right]$$
여기서 X : 폐기물 입자의 크기
X_o : 특성입자의 크기
n : 상수

따라서 $0.90 = 1 - \exp\left[-\left(\frac{2.5\,cm}{X_o}\right)^1\right]$

∴ $X_o = \dfrac{-2.5\,cm}{LN(1-0.90)} = 1.09\,cm$

TIP
$Y = 1 - \exp\left[-\left(\dfrac{X}{X_o}\right)^n\right] \Rightarrow X_o = \dfrac{-X}{LN(1-Y)}$

06 쓰레기를 소각한 후 남은 재의 질량은 소각 전 쓰레기 질량의 약 1/50이다. 재의 밀도가 2.5ton/m³이고, 재의 용적이 3.3m³이 될 때 소각 전 원래 쓰레기의 질량(ton)은 얼마인가?

㉮ 12.3ton ㉯ 23.6ton
㉰ 34.8ton ㉱ 41.3ton

풀이 재의 밀도(ton/m³)
$= \dfrac{\text{소각 전 쓰레기의 질량(ton)} \times \text{재의 질량}}{\text{재의 용적}(m^3)}$

따라서
$2.5\,ton/m^3 = \dfrac{\text{소각 전 쓰레기의 질량(ton)} \times \dfrac{1}{5}}{3.3\,m^3}$

∴ 소각 전 쓰레기의 질량
$= \dfrac{2.5\,ton/m^3 \times 3.3\,m^3}{\dfrac{1}{5}} = 41.25\,ton$

07 폐기물 생산량의 결정 방법으로 틀린 것은 어느 것인가?

㉮ 생산량을 직접 추정하는 방법
㉯ 도시의 규모가 커짐을 이용하여 추정하는 방법
㉰ 주민의 수입 또는 매상고와 같은 이차적인 자료를 이용하여 추정하는 방법
㉱ 원자재 사용으로부터 추정하는 방법

풀이 ㉯번은 폐기물 발생에 대한 구체적인 근거가 없으므로 발생량을 추정하기 곤란하므로 사용할 수 없다.

answer 04 ㉯ 05 ㉮ 06 ㉱ 07 ㉯

08 투입량이 1ton/hr이고 회수량이 600kg/hr(그 중 회수대상물질은 500kg/hr)이며, 제거량은 400kg/hr(그 중 회수대상물질은 100kg/hr)일 때 선별효율(%)은 얼마인가? (단, Worrell식 적용)

㉮ 약 63% ㉯ 약 69%
㉰ 약 74% ㉱ 약 78%

풀이 Worrell의 선별효율$(E) = \left(\dfrac{X_c}{X_i} \times \dfrac{Y_o}{Y_i}\right) \times 100$

$= \left(\dfrac{500\text{kg/hr}}{600\text{kg/hr}} \times \dfrac{300\text{kg/hr}}{400\text{kg/hr}}\right) \times 100 = 62.5\%$

TIP
X_i(투입량 중 회수대상물질) = 600kg/hr
Y_i(투입량 중 비회수대상물질) = 400kg/hr
X_o(제거량 중 회수대상물질) = 100kg/hr
Y_o(제거량 중 비회수대상물질) = 300kg/hr
X_c(회수량 중 회수대상물질) = 500kg/hr
Y_c(회수량 중 비회수대상물질) = 100kg/hr

09 함수율이 77%인 하수슬러지 20ton을 함수율 26%인 1,000ton의 폐기물과 섞어서 함께 처리하고자 한다. 이 혼합 폐기물의 함수율(%)은 얼마인가? (단, 비중은 1.0 기준)

㉮ 27 ㉯ 29
㉰ 31 ㉱ 34

풀이 혼합 폐기물의 함수율(%)
$= \dfrac{20톤 \times 77\% + 1,000톤 \times 26\%}{20톤 + 1,000톤} = 27\%$

10 적환장에 대한 내용으로 틀린 것은 어느 것인가?

㉮ 수거지점으로부터 처리장까지의 거리가 먼 경우 중간에 설치한다.
㉯ 슬러지수송이나 공기수송방식을 사용할 때에는 설치가 어렵다.
㉰ 작은 용기로 수거한 쓰레기를 대형트럭에 옮겨 싣는 곳이다.
㉱ 저밀도 주거지역이 존재할 때 설치한다.

풀이 ㉯ 슬러지수송이나 공기수송방식을 사용할때에는 설치가 용이하다.

11 쓰레기의 입도를 분석하였더니 입도누적곡선상의 10%, 30%, 60%, 90%의 입경이 각각 2, 6, 16, 25mm이었다면 이 쓰레기의 균등계수는 얼마인가?

㉮ 2.0 ㉯ 3.0
㉰ 8.0 ㉱ 13.0

풀이 균등계수 $= \dfrac{D_{60\%}}{D_{10\%}}$

여기서 $D_{10\%}$: 입도누적곡선상 10% 입경
$D_{60\%}$: 입도누적곡선상 60% 입경

따라서 균등계수 $= \dfrac{16\text{mm}}{2\text{mm}} = 8.0$

TIP
① 유효입경 $= D_{10\%}$
② 균등계수 $= \dfrac{D_{60\%}}{D_{10\%}}$
③ 곡률계수 $= \dfrac{(D_{30\%})^2}{(D_{10\%} \times D_{60\%})}$

answer 08 ㉮ 09 ㉮ 10 ㉯ 11 ㉰

12 파쇄기의 마모가 적고 비용이 적게 소요되는 장점이 있으나, 금속, 고무의 파쇄는 어렵고, 나무나 플라스틱류, 콘크리트덩이, 건축폐기물의 파쇄에 이용되며, Rotary Mill 식, Impact crusher 등이 해당되는 파쇄기는 어느 것인가?

㉮ 충격파쇄기 ㉯ 습식파쇄기
㉰ 왕복전단파쇄기 ㉱ 압축파쇄기

풀이 ㉱ 압축파쇄기에 대한 설명이며, 핵심 내용인 "Rotary Mill 식 = 압축파쇄기"임을 숙지하시면 됩니다.

13 침출수의 처리에 관한 내용으로 틀린 것은 어느 것인가?

㉮ BOD/COD > 0.5인 초기 매립지에선 생물학적 처리가 효과적이다.
㉯ BOD/COD < 0.1인 오래된 매립지에선 물리화학적 처리가 효과적이다.
㉰ 매립지의 매립대상물질이 가연성쓰레기가 주종인 경우 물리화학적 처리가 주로 이루어진다.
㉱ 매립초기에는 생물학적처리가 주체가 되지만 유기물질의 안정화가 이루어지는 매립 후기에는 물리화학적 처리가 주로 이루어진다.

풀이 ㉰ 매립지의 매립대상물질이 가연성쓰레기가 주종인 경우 생물학적 처리가 주로 이루어진다.

14 LCA의 구성요소로 틀린 것은 어느 것인가?

㉮ 자료평가
㉯ 개선평가
㉰ 목록분석
㉱ 목적 및 범위의 설정

풀이 전과정평가(LCA)의 순서는 목적 및 범위의 설정 → 목록분석 → 영향평가 → 개선 평가 및 해석 순이다.

15 1982년 세베스 사건을 계기로 1989년 체결된 국제조약으로, 유해폐기물 국가간 이동 및 그 처분의 규제에 관한 내용을 담고 있는 협약은 어느 것인가?

㉮ 리우협약 ㉯ 바젤협약
㉰ 베를린협약 ㉱ 함부르크협약

풀이 ㉯ 바젤협약에 대한 설명이며, 핵심 내용인 "유해폐기물 국가간 이동 규제 = 바젤협약"임을 숙지하시면 됩니다.

16 가연성분이 30%(질량기준)이고, 밀도가 620kg/m³인 쓰레기 5m³ 중 가연성분의 질량(kg)은 얼마인가?

㉮ 650kg ㉯ 780kg
㉰ 870kg ㉱ 930kg

풀이 가연성분의 질량(kg) = 5m³×620kg/m³×0.3
= 930kg

answer 12 ㉱ 13 ㉰ 14 ㉮ 15 ㉯ 16 ㉱

17 아파트단지의 세대수 400, 한 세대당 가족 수 4인, 단위용적당 쓰레기 질량 120kg/m³, 적재용량 8m³의 트럭 7대로 2일마다 수거할 때, 1인 1일당 쓰레기 배출량(kg)은 얼마인가?

㉮ 약 2.1kg   ㉯ 약 2.5kg
㉰ 약 3.1kg   ㉱ 약 3.5kg

풀이 쓰레기 배출량(kg/인·일)
$= \dfrac{\text{쓰레기 수거량(kg/일)}}{\text{쓰레기 배출량(kg/인·일)}}$
$= \dfrac{8.0\text{m}^3/\text{대} \times 7\text{대} \times 120\text{kg/m}^3}{4\text{인}/1\text{세대} \times 400\text{세대} \times 2\text{일}}$
$= 2.1 \text{kg/인·일}$

18 폐기물의 성상분석 단계로 가장 알맞은 것은 어느 것인가?

㉮ 건조 → 물리적 조성분석 → 분류(가연, 불연성) → 절단 및 분쇄 → 화학적 조성분석
㉯ 건조 → 분류(가연, 불연성) → 물리적 조성분석 → 발열량 측정 → 화학적 조성분석
㉰ 밀도측정 → 물리적 조성분석 → 건조 → 분류(가연, 불연성) → 절단 및 분쇄 → 화학적 조성분석
㉱ 밀도측정 → 전처리 → 물리적 조성분석 → 분류(가연, 불연성) → 건조 → 화학적 조성분석

풀이 폐기물 성상분석 단계에서 가장 먼저 이루어지는 단계는 밀도측정임을 숙지해야 하며, 순서는 ㉰번이다.

19 쓰레기의 발생량 조사법에 관한 내용으로 알맞은 것은 어느 것인가?

㉮ 적재차량 계수분석은 쓰레기의 밀도 또는 압축정도를 정확히 파악할 수 있는 장점이 있다.
㉯ 직접계근법은 적재차량 계수분석에 비해 작업량은 적지만 정확한 쓰레기 발생량의 파악이 어렵다.
㉰ 물질수지법은 산업폐기물의 발생량 추산시 많이 사용되는 방법이다.
㉱ 쓰레기의 발생량은 각 지역의 규모나 특성에 따라 많은 차이가 있어 주로 총 발생량으로 표기한다.

풀이 ㉮ 적재차량 계수분석은 쓰레기의 밀도 또는 압축정도를 정확히 파악할 수 없다.
㉯ 직접계근법은 적재차량 계수분석에 비해 작업량이 많지만, 정확한 쓰레기 발생량의 파악이 용이하다.
㉱ 쓰레기의 발생량은 각 지역의 규모나 특성에 따라 많은 차이가 있으며, 1인 1일 발생량으로 표기한다.

20 인구 100,000인 어느 도시의 1인 1일 쓰레기 배출량이 1.8kg이다. 쓰레기 밀도가 0.5ton/m³이라면 적재량 15m³의 트럭이 처리장으로 한달 동안 운반해야 할 횟수(회)는? (단, 한달은 30일, 트럭은 1대 기준)

㉮ 510회   ㉯ 620회
㉰ 720회   ㉱ 840회

풀이 운행횟수(회)
$= \dfrac{\text{쓰레기 발생량(kg/달)} \times \dfrac{1}{\text{밀도(kg/m}^3\text{)}}}{\text{적재용량(m}^3/\text{대)}}$

answer 17 ㉮   18 ㉰   19 ㉰   20 ㉰

$$= \frac{1.8\text{kg/인}\cdot\text{일}\times 100,000\text{인}\times 30\text{일}\times \dfrac{1}{500\text{kg/m}^3}}{15\text{m}^3/\text{회}}$$

$= 720$회

| 제2과목 | 폐기물 재활용 및 자원화 기술

21 혐기성 소화단계를 가스분해단계, 산생성단계, 메탄생성단계로 나눌 때 산생성단계에서 생성되는 물질로 틀린 것은 어느 것인가?

㉮ 글리세린 ㉯ 케톤
㉰ 알콜 ㉱ 알데하이드

풀이 산생성단계에서 생성되는 물질은 케톤, 알콜, 알데하이드이다.

22 다음 중 바이오벤팅(Bioventing)에 대한 설명으로 틀린 것은?

㉮ 배출가스 처리의 추가 비용이 없다.
㉯ 장치가 복잡하고 설치가 어렵다.
㉰ 주로 불포화층에 적용한다.
㉱ 휘발성이 강하거나 분자량이 큰 유기물질 처리에 적합하다.

풀이 ㉯ 장치가 간단하고 설치가 용이하다.

23 Belt Press를 이용한 탈수에 영향을 주는 운전요소로 틀린 것은 어느 것인가?

㉮ 벨트의 종류
㉯ 세척수의 유량과 압력
㉰ 폴리머 주입량과 주입 지점
㉱ Bowl 최대속도 유지 시간

풀이 Belt Press를 이용한 탈수에 영향을 주는 운전요소로는 벨트의 종류, 세척수의 유량과 압력, 폴리머 주입량과 주입 지점이 있다.

24 퇴비화 공정의 설계 및 조작인자에 관한 내용으로 틀린 것은 어느 것인가?

㉮ 공급원료의 C/N비는 대략 30 : 1 정도이다.
㉯ 포기, 혼합, 온도조절 등이 필요조건이다.
㉰ 퇴비화의 유기물 분해반응은 혐기성이 가장 빠르다.
㉱ 함수율은 50~60% 정도이다.

풀이 ㉰ 퇴비화의 유기물 분해반응은 호기성이 가장 빠르다.

25 매립지 기체의 회수재활용을 위한 조건으로 알맞은 것은 어느 것인가?

㉮ 폐기물 1kg당 0.5m³ 이상의 기체가 생성되어야 한다.
㉯ 폐기물 속에 약 60% 이상의 분해 가능한 물질이 포함되어야 한다.
㉰ 발생기체의 70% 이상을 포집할 수 있어야 한다.
㉱ 기체의 발열량이 2,200kcal/Sm³ 이상이어야 한다.

풀이
㉮ 폐기물 중 분해가능한 물질의 50% 이상이 실제 분해하여 기체를 발생시켜야 한다.
㉯ 폐기물 속에 약 50% 이상의 분해 가능한 물질이 포함되어야 한다.
㉰ 발생기체의 50% 이상을 포집할 수 있어야 한다.

answer 21 ㉮ 22 ㉯ 23 ㉱ 24 ㉰ 25 ㉱

26 매립방법에서 침출수 유량조정조의 기능에 관한 내용으로 틀린 것은 어느 것인가?

㉮ 침출수처리 전처리 기능
㉯ 침출수 수질 균일화
㉰ 우수 배제 기능
㉱ 유입수 수량 변동 조절

풀이 ㉰ 우수배재 기능은 차수시설에 해당한다.

27 쓰레기와 하수처리장에서 얻어진 슬러지를 함께 매립하려고 한다. 쓰레기와 슬러지의 고형물 함량이 각각 80%, 30%라고 하면 쓰레기와 슬러지를 8 : 2로 섞었을 때, 이 혼합폐기물의 함수율(%)은 얼마인가? (단, 무게 기준이며 비중은 1.0으로 가정함)

㉮ 30% ㉯ 50%
㉰ 70% ㉱ 80%

풀이 혼합폐기물의 함수율(%) = $\dfrac{20\% \times 8 + 70\% \times 2}{8 + 2}$
= 30%

TIP
함수율(%) = 100-고형물(%)
① 쓰레기의 함수율(%) = 100-80% = 20%
② 슬러지의 함수율(%) = 100-30% = 70%

28 호기성 퇴비화 공정 설계인자에 관한 내용으로 틀린 것은 어느 것인가?

㉮ 퇴비화에 적당한 수분함량은 50~60%로 40%이하가 되면 분해율이 감소한다.
㉯ 온도는 55~60℃로 유지시켜야 하며 70℃를 넘어서면 공기공급량을 증가시켜 온도를 적정하게 조절한다.
㉰ C/N비가 20 이하이면 질소가 암모니아로 변하여 pH를 증가시켜 악취를 유발시킨다.
㉱ 산소요구량은 체적당 20~30%의 산소를 공급하는 것이 좋다.

풀이 ㉱ 산소요구량은 체적당 5~15%의 산소를 공급하는 것이 좋다.

29 매립지에서 침출된 침출수의 농도가 반으로 감소하는데 약 3.3년이 걸린다면 이 침출수의 농도가 90% 분해되는데 걸리는 시간(년)은 얼마인가? (단, 1차 반응 기준)

㉮ 약 7년 ㉯ 약 9년
㉰ 약 11년 ㉱ 약 13년

풀이 ① 반감기 사용 : $\ln \dfrac{1}{2} = -k \times t$ 이용

$\ln \dfrac{1}{2} = -k \times 3.3$년

$\therefore k = \dfrac{\ln \dfrac{1}{2}}{-3.3\text{년}} = 0.21/\text{년}$

② 1차 반응식 : $\ln \dfrac{C_t}{C_o} = -k \times t$ 이용

$\ln \dfrac{10\%}{100\%} = -0.21/\text{년} \times t$

$\therefore t = \dfrac{\ln \dfrac{10\%}{100\%}}{-0.21/\text{년}} = 10.96$년

answer 26 ㉰ 27 ㉮ 28 ㉱ 29 ㉰

30 소각공정에 비해 열분해 과정의 장점으로 틀린 것은 어느 것인가?

㉮ 배기가스가 적다.
㉯ 보조연료의 소비량이 적다.
㉰ 크롬의 산화가 억제된다.
㉱ NO_x의 발생량이 억제된다.

▶ 풀이 ㉯ 보조연료의 소비량이 많다.

31 침출수가 점토층을 통과하는데 소요되는 시간을 계산하는 식으로 알맞은 것은 어느 것인가? (단, t = 통과시간(year), d = 점토층두께(m), h = 침출수 수두(m), k = 투수계수(m/year), n = 유효공극율)

㉮ $t = \dfrac{nd^2}{k(d+h)}$

㉯ $t = \dfrac{dn}{k(d+h)}$

㉰ $t = \dfrac{nd^2}{k(2d+h)}$

㉱ $t = \dfrac{dn}{k(2h+d)}$

32 토양의 양이온치환용량(CEC)이 10meq/100g이고, 염기포화도가 70%라면, 이 토양에서 H^+이 차지하는 양(meq/100g)은?

㉮ 3   ㉯ 5
㉰ 7   ㉱ 10

▶ 풀이 $H^+ = 10meq \times (1-0.70) = 3meq/100g$

33 토양증기추출공정에서 발생되는 2차 오염 배가스 처리를 위한 흡착방법에 관한 내용으로 틀린 것은 어느 것인가?

㉮ 배가스의 온도가 높을수록 처리성능은 향상된다.
㉯ 배가스 중의 수분을 전단계에서 최대한 제거해 주어야 한다.
㉰ 흡착제의 교체주기는 파과지점을 설계하여 정한다.
㉱ 흡착반응기내 채널링(channeling) 현상을 최소화하기 위하여 배가스의 선속도를 적정하게 조절한다.

▶ 풀이 ㉮ 배가스의 온도가 높을수록 처리성능은 저하된다.

34 수분함량 95%(질량%)의 슬러지에 응집제를 소량 가해 농축시킨 결과 상등액과 침전 슬러지의 용적비가 3 : 5이었다. 이 침전 슬러지의 함수율(%)은 얼마인가? (단, 응집제의 주입량은 소량이므로 무시, 농축 전후 슬러지 비중 = 1)

㉮ 94   ㉯ 92
㉰ 90   ㉱ 88

▶ 풀이 $V_1 \times (100-P_1) = V_2 \times (100-P_2)$
$8 \times (100-95) = 5 \times (100-P_2)$
$\therefore P_2 = 100 - \left\{\dfrac{8 \times (100-95)}{5}\right\} = 92\%$

🔑 answer 30 ㉯ 31 ㉮ 32 ㉮ 33 ㉮ 34 ㉯

35 혐기성 소화조에서 일반적으로 사용되는 단위용적에 대한 유기물 부하율은 kg·VS/m³·day로 표시하는데 고율소화조의 유기물 부하율로 가장 적절한 것은?

㉮ 0.2 ㉯ 0.6
㉰ 1.1 ㉱ 1.8

풀이 혐기성소화조에서 고율소화조의 유기물 부하율은 $1.8 kg/m^3 \cdot day$이다.

36 침출수 처리를 위한 Fenton 산화법에 대한 내용으로 틀린 것은 어느 것인가?

㉮ 여분의 과산화수소수는 후처리의 미생물 성장에 영향을 줄 수 있다.
㉯ 최적반응을 위해 침출수 pH를 9~10으로 조정한다.
㉰ Fenton액을 첨가하여 난분해성 유기물질을 산화시킨다.
㉱ Fenton액을 철염과 과산화수소수를 포함한다.

풀이 ㉯ 최적반응을 위해 침출수 pH를 3~5으로 조정한다.

37 폐기물부담금제도에 해당되지 않는 품목은 어느 것인가?

㉮ 500mL 이하의 살충제 용기
㉯ 자동차 타이어
㉰ 껌
㉱ 1회용 기저귀

풀이 자동차 타이어처럼 재활용이 가능한 품목은 폐기물 부담금제도에 해당하지 않는다.

38 침출수 집배수 설비에 관한 내용으로 틀린 것은 어느 것인가?

㉮ 집배수층은 일반적으로 자갈을 많이 사용한다.
㉯ 집배수관의 최소직경은 30cm 이상이다.
㉰ 집배수설비는 발생하는 침출수를 차수설비로부터 제거시키는 설비이다.
㉱ 집배수층의 바닥경사는 2~4% 정도이다.

풀이 ㉯ 집배수관의 최소직경은 15cm 이상이다.

39 유기적 고형화 기술에 관한 내용으로 틀린 것은 어느 것인가? (단, 무기적 고형화 기술과 비교)

㉮ 수밀성이 크며, 처리비용이 고가이다.
㉯ 미생물, 자외선에 대한 안정성이 강하다.
㉰ 방사성 폐기물처리에 적용한다.
㉱ 최종 고화체의 체적 증가가 다양하다.

풀이 ㉯ 미생물, 자외선에 대한 안정성이 약하다.

40 폐기물 매립지에서 매립시간 경과에 따라 크게 초기조절단계, 전이단계, 산형성 단계, 메탄발효단계, 숙성단계의 총 5단계로 구분이 되는데, 4단계인 메탄발효단계에서 나타나는 현상과 가장 근접한 것은?

㉮ 수소농도가 증가함
㉯ 산 형성 속도가 상대적으로 증가함
㉰ 침출수의 전도도가 증가함
㉱ pH가 중성값보다 약간 증가함

풀이 ㉮, ㉯, ㉰번의 설명은 3단계인 산 형성단계에 해당하며, 4단계인 메탄발효단계에서는 유기물질이 메탄

answer 35 ㉱ 36 ㉯ 37 ㉯ 38 ㉯ 39 ㉯ 40 ㉱

과 이산화탄소로 배출되며 메탄의 농도가 가장 높은 단계이다. 그리고 암모니아성 질소가 침출수 중에 존재하게 되어 ㉣번을 나타내게 된다.

의 과잉공기가 필요하다.
㉣ 습식가스 세정시스템과 함께 사용할 수 없다.

풀이 ㉣ 습식가스 세정시스템과 함께 사용할 수 있다.

| 제3과목 | 폐기물 처분기술

41 메탄을 공기비 1.1에서 완전 연소시킬 경우 건조연소가스 중의 CO_{2max}(%, vol)는 얼마인가?

㉮ 약 10.6% ㉯ 약 12.3%
㉰ 약 14.5% ㉱ 약 15.4%

풀이 $CH_4 + 2O_2 \rightarrow CO_2 + 2H_2O$

실제건조연소가스량(Gd) = $(m-0.21)A_o + CO_2$량

$= (1.1 - 0.21) \times \dfrac{2}{0.21} + 1$

$= 9.4762 \, Sm^3/Sm^3$

$CO_{2max}(\%) = \dfrac{CO_2 량}{Gd} \times 100$

$= \dfrac{1 Sm^3/Sm^3}{9.4762 \, Sm^3/Sm^3} \times 100 = 10.55\%$

TIP
① Sm^3/Sm^3 = 체적비 = 갯수비
② CO_2량 = CO_2 개수 = $1 Sm^3/Sm^3$
③ $A_o(Sm^3/Sm^3) = \dfrac{산소\ 개수}{0.21}$

42 로타리 킬른식(Rotary Kiln) 소각로의 단점으로 틀린 것은 어느 것인가?

㉮ 처리량이 적은 경우 설치비가 높다.
㉯ 구형 및 원통형 물질은 완전연소가 끝나기 전에 굴러 떨어질 수 있다.
㉰ 로에서의 공기유출이 크므로 종종 대량

43 액체연료의 연소속도에 영향을 미치는 인자로 틀린 것은 어느 것인가?

㉮ 분무입경
㉯ 기름방울과 공기의 혼합율
㉰ 충분한 체류시간
㉱ 연료의 예열온도

풀이 액체연료의 연소속도에 영향을 미치는 인자로는 분무입경, 기름방울과 공기의 혼합율, 연료의 예열온도가 있다.

44 연소에 관한 내용으로 틀린 것은 어느 것인가?

㉮ 연소공정은 폐기물 주입 → 연소 → 연소가스 처리 → 재의 처분 등으로 구성되어 있다.
㉯ 연소기 설계 시 폐기물의 예상 생산량보다 2배 이상을 처리할 수 있는 크기로 설계하여야 한다.
㉰ 폐기물을 연소기에 주입시키는 방법에는 회분식과 연속식이 있다.
㉱ 폐기물은 강우에 의해 젖지 않도록 지붕을 씌워서 보관한다.

풀이 ㉯ 연소기 설계 시 폐기물의 예상 생산량보다 1.2배 이상을 처리할 수 있는 크기로 설계하여야 한다.

answer 41 ㉮ 42 ㉱ 43 ㉰ 44 ㉯

45 CH_4 75%, CO_2 5%, N_2 8%, O_2 12%로 조성된 기체연료 $1Sm^3$을 $10Sm^3$의 공기로 연소한다면 이 때 공기비는 얼마인가?

㉮ 1.22
㉯ 1.32
㉰ 1.42
㉱ 1.52

풀이 ① 이론공기량(Sm^3/Sm^3)을 계산한다.
$CH_4 + 2O_2 \rightarrow CO_2 + H_2O$: 75%
O_2 : 12%
이론공기량(A_o)
$= \dfrac{\text{가연성분 연소시 필요한 산소량 - 연료의 산소량}}{0.21}$
$= \dfrac{2 \times 0.75 - 0.12}{0.21} = 6.57 Sm^3/Sm^3$

② 실제공기량(A) = $10Sm^3/Sm^3$

③ 공기비(m) = $\dfrac{\text{실제공기량(A)}}{\text{이론공기량}(A_o)} = \dfrac{10Sm^3}{6.57Sm^3}$
$= 1.52$

46 RDF(Refuse Derived Fuel)가 갖추어야 하는 조건에 대한 내용으로 틀린 것은 어느 것인가?

㉮ 제품의 함수율이 낮아야 한다.
㉯ RDF용 소각로 제작이 용이하도록 발열량이 높지 않아야 한다.
㉰ 원료 중에 비가연성 성분이나 연소 후 잔류하는 재의 양이 적어야 한다.
㉱ 조성 배합율이 균일하여야 하고 대기오염이 적어야 한다.

풀이 ㉯ RDF는 발열량이 높아야 한다.

47 폐기물의 소각시설에서 발생하는 먼지의 특징으로 틀린 것은 어느 것인가?

㉮ 흡수성이 작고 냉각되면 고착하기 어렵다.
㉯ 부피에 비해 비중이 작고 가볍다.
㉰ 입자가 큰 먼지는 가스 냉각장치 등의 비교적 가스 통과속도가 느린 부분에서 침강하기 때문에 먼지의 평균입경이 작다.
㉱ 염화수소나 황산화물을 포함하기 때문에 설비의 부식을 방지하기 위해 일반적으로 가스냉각장치 출구에서 250℃ 정도의 온도가 되어야 한다.

풀이 ㉮ 흡수성이 크고 냉각되면 고착하기 쉽다.

48 폐기물의 연소 및 열분해에 대한 내용으로 틀린 것은 어느 것인가?

㉮ 열분해는 무산소 또는 저산소 상태에서 유기성 폐기물을 열분해시키는 방법이다.
㉯ 습식산화는 젖은 폐기물이나 슬러지를 고온, 고압하에서 산화시키는 방법이다.
㉰ Steam Reforming은 산화시에 스팀을 주입하여 일산화탄소와 수소를 생성시키는 방법이다.
㉱ 가스화는 완전연소에 필요한 양보다 과잉공기 상태에서 산화시키는 방법이다.

풀이 ㉱ 가스화는 과잉공기 상태보다 완전연소 상태에서 산화시키는 방법이다.

answer 45 ㉱ 46 ㉯ 47 ㉮ 48 ㉱

49 증기터어빈의 분류관점에 따른 터어빈 형식이 잘못 연결된 것은 어느 것인가?

㉮ 증기 작동방식 - 충동 터어빈, 반동 터어빈, 혼합식 터어빈
㉯ 흐름수 - 단류 터어빈, 복류 터어빈
㉰ 피구동기(발전용) - 직결형 터어빈, 감속형 터어빈
㉱ 증기 이용방식 - 반경류 터어빈, 축류 터어빈

풀이 ㉱ 증기이용방식 - 배압터빈, 복수터빈, 혼합터빈

50 유동층 소각로의 Bed(층)물질이 갖추어야 하는 조건으로 틀린 것은 어느 것인가?

㉮ 비중이 클 것
㉯ 입도분포가 균일할 것
㉰ 불활성일 것
㉱ 열충격에 강하고 융점이 높을 것

풀이 ㉮ 비중이 작을 것

51 탄소 85%, 수소 14%, 황 1% 조성의 중유 연소시 배기가스 조성은 $(CO_2)+(SO_2)$가 13%, (O_2)가 3%, (CO)가 0.5%였다. 건조연소가스 중 SO_2농도(ppm)는 얼마인가?

㉮ 약 525 ㉯ 약 575
㉰ 약 625 ㉱ 약 675

풀이 $SO_2(ppm) = \dfrac{0.7S(Sm^3/kg)}{Gd(Sm^3/kg)} \times 10^6$

① 공기과잉계수(m)
$= \dfrac{N_2\%}{N_2\% - 3.76 \times (O_2\% - 0.5 \times CO\%)}$

$= \dfrac{83.5\%}{83.5\% - 3.76 \times (3\% - 0.5 \times 0.5\%)}$

$= 1.14$

② 이론공기량(A_o)
$= 8.89C + 26.67\left(H - \dfrac{O}{8}\right) + 3.33S(Sm^3/kg)$
$= 8.89 \times 0.85 + 26.67 \times 0.14 + 3.33 \times 0.01$
$= 11.3236 Sm^3/kg$

③ 실제건연소가스량(Gd)
$= mA_o - 5.6H + 0.7O + 0.8N(Sm^3/kg)$
$= 1.14 \times 11.3236 Sm^3/kg - 5.6 \times 0.14$
$= 12.1249 Sm^3/kg$

④ $SO_2(ppm) = \dfrac{0.7 \times 0.01 Sm^3/kg}{12.1249 Sm^3/kg} \times 10^6$
$= 577.32 ppm$

TIP
$N_2\% = 100 - (CO_2\% + O_2\% + CO\%)$
$= 100 - (13\% + 3\% + 0.5\%)$
$= 83.5\%$

52 황화수소 $1Sm^3$의 이론연소 공기량(Sm^3)은 얼마인가?

㉮ 7.1 ㉯ 8.1
㉰ 9.1 ㉱ 10.1

풀이 $H_2S + 1.5O_2 \rightarrow H_2O + SO_2$

이론공기량(Sm^3) = 이론산소량$(Sm^3) \times \dfrac{1}{0.21}$

$= 1.5 Sm^3 \times \dfrac{1}{0.21} = 7.14 Sm^3$

answer 49 ㉱ 50 ㉮ 51 ㉯ 52 ㉮

53 배기가스 성분 중 O_2량이 5.25%(부피기준)였을 때 완전연소로 가정한다면 공기비는 얼마인가? (단, N_2는 79%)

㉮ 1.33   ㉯ 1.54
㉰ 1.84   ㉱ 1.94

풀이 공기비(m) = $\dfrac{21}{21 - O_2\%} = \dfrac{21}{21 - 5.25\%} = 1.33$

54 유동층 소각로(Fluidized Bed Incinerator)의 특성에 관한 내용으로 틀린 것은 어느 것인가?

㉮ 미연소분 배출이 많아 2차 연소실이 필요하다.
㉯ 반응시간이 빨라 소각시간이 짧다.
㉰ 기계적 구동부분이 상대적으로 적어 고장률이 낮다.
㉱ 소량의 과잉공기량으로도 연소가 가능하다.

풀이 ㉮ 미연소분 배출이 적어 2차 연소실이 필요없다.

55 소각로를 이용하여 폐기물을 소각할 때의 장점으로 틀린 것은 어느 것인가?

㉮ 폐기물의 부피를 최대한 감소시켜 매립지 면적을 감소
㉯ 폐기물 중의 부패성 유기물, 병원균 등을 완전 산화를 통한 무해화
㉰ 소각공정을 통해 발생된 열에너지를 회수
㉱ 2차 오염물질을 발생시키지 않음

풀이 ㉱ 2차 오염물질을 발생시킴

56 연소실 내 가스와 폐기물의 흐름에 대한 내용으로 틀린 것은 어느 것인가?

㉮ 병류식은 폐기물의 발열량이 낮은 경우에 적합한 형식이다.
㉯ 교류식은 향류식과 병류식의 중간적인 형식이다.
㉰ 교류식은 중간 정도의 발열량을 가지는 폐기물에 적합하다.
㉱ 역류식은 폐기물의 이송방향과 연소가스의 흐름이 반대로 향하는 형식이다.

풀이 ㉮ 병류식은 폐기물의 발열량이 높은 경우에 적합한 형식이다.

57 기체연료에 대한 설명으로 틀린 것은 어느 것인가?

㉮ 적은 과잉공기(10~20%)로 완전연소가 가능하다.
㉯ 유황 함유량이 적어 SO_2 발생량이 적다.
㉰ 저질연료로 고온 얻기와 연료의 예열이 어렵다.
㉱ 취급시 위험성이 크다.

풀이 ㉰ 저질연료로 고온 얻기와 연료의 예열이 가능하다.

answer 53 ㉮   54 ㉮   55 ㉱   56 ㉮   57 ㉰

58 연소에 관한 내용으로 틀린 것은 어느 것인가?

㉮ 증발연소는 비교적 용융점이 낮은 고체가 연소되기 이전에 용융되어 액체와 같이 표면에서 증발되는 기체가 연소하는 현상
㉯ 분해연소는 가열에 의해 열분해된 휘발하기 쉬운 성분이 표면으로부터 떨어진 곳에서 연소하는 현상
㉰ 액면연소는 산소나 산화가스가 고체표면이나 내부의 빈 공간에 확산되어 표면 반응하는 현상
㉱ 내부연소는 물질 자체가 포함하고 있는 산소에 의해서 연소하는 현상

풀이 ㉰ 액면연소는 등유나 경유와 같은 경질유 연소방법의 하나로서, 화염으로부터의 방사나 대류에 의해 오일 연료 표면이 가열되어 증발이 일어나며, 발생한 연료 증기가 공기와 접촉하여 유면의 상부에서 확산 연소하는 것을 말한다.

59 연소기 내에 단회로(short-circuit)가 형성되면 불완전 연소된 가스가 외부로 배출된다. 이를 방지하기 위한 대책으로 알맞은 것은 어느 것인가?

㉮ 보조버너를 가동시켜 연소온도를 증대시킨다.
㉯ 2차연소실에서 체류시간을 늘린다.
㉰ Grate의 간격을 줄인다.
㉱ Baffle을 설치한다.

풀이 ㉱ Baffle(방해판)을 설치한다.

60 착화온도에 관한 내용으로 틀린 것은 어느 것인가?

㉮ 화학결합의 활성도가 클수록 착화온도는 낮다.
㉯ 분자구조가 간단할수록 착화온도는 낮다.
㉰ 화학반응성이 클수록 착화온도는 낮다.
㉱ 화학적으로 발열량이 클수록 착화온도는 낮다.

풀이 ㉯ 분자구조가 간단할수록 착화온도는 높다.

TIP
착화온도는 활성화에너지와 석탄의 탄화도와는 비례관계이고, 나머지 조건에는 반비례관계이다.

| 제4과목 | 폐기물공정시험기준

61 검정곡선 작성용 표준용액과 시료에 동일한 양의 내부표준물질을 첨가하여 시험분석 절차, 기기 또는 시스템의 변동으로 발생하는 오차를 보정하기 위해 사용하는 방법은 어느 것인가?

㉮ 절대검정곡선법(external standard method)
㉯ 표준물질첨가법(standard addition method)
㉰ 상대검정곡선법(internal standard calibration)
㉱ 백분율법

풀이 ㉰ 상대검정곡선법에 대한 설명이며, 핵심 내용인 "시험분석 절차, 기기 또는 시스템의 변동으로 발생하는 오차 보정 = 상대검정곡선법"임을 숙지하시면 됩니다.

answer 58 ㉰ 59 ㉱ 60 ㉯ 61 ㉰

62 유도결합플라스마발광광도법(ICP)에 대한 내용으로 틀린 것은 어느 것인가?

㉮ ICP는 시료를 고주파유도코일에 의하여 형성된 알곤 플라스마에 도입하여 4,000~6,000K에서 기저된 원자가 여기상태로 이동할 때 방출하는 발광선 및 발광광도를 측정하여 원소의 정성 및 정량분석에 이용하는 방법이다.
㉯ ICP는 알곤가스를 플라스마 가스로 사용하여 수정발진식 고주파 발생기로부터 발생된 27.13MHz 주파수영역에서 유도코일에 의하여 플라스마를 발생시킨다.
㉰ ICP의 구조는 중심에 저온, 저전자 밀도의 영역이 형성되어 도너츠 형태로 되는데, 이 도너츠 모양의 구조가 ICP의 특징이다.
㉱ 플라스마의 온도는 최고 15,000K까지 이른다.

풀이 ㉮ ICP는 시료를 고주파유도코일에 의하여 형성된 알곤 플라스마에 도입하여 6,000~8,000K에서 여기된 원자가 기저상태로 이동할 때 방출하는 발광선 및 발광 광도를 측정하여 원소의 정성 및 정량분석에 이용하는 방법이다.

63 폐기물 시료용기에 기재해야 할 사항으로 틀린 것은 어느 것인가?

㉮ 시료번호
㉯ 채취시간 및 일기
㉰ 채취책임자 이름
㉱ 채취장비

풀이 폐기물 시료용기에 기재해야 할 사항으로는 폐기물의 명칭, 대상 폐기물의 양, 채취 장소, 채취시간 및 일기, 시료번호, 채취책임자 이름, 시료의 양, 채취방법 등이 있다.

64 기름성분-질량법(노말헥산 추출방법)에 관한 내용으로 틀린 것은 어느 것인가?

㉮ 폐기물 중 비교적 휘발되지 않는 탄화수소 및 탄화수소유도체, 그리스 유상물질 등을 측정하기 위한 시험이다.
㉯ 시료중에 있는 기름성분의 분해방지를 위하여 수산화나트륨(0.1N)을 사용하여 pH11 이상으로 조정한다.
㉰ 시료를 노말헥산으로 추출한 후 무수황산나트륨으로 수분을 제거하여야 한다.
㉱ 노말헥산을 휘산하기 위해 알맞은 온도는 80℃ 정도이다.

풀이 ㉯ 시료중에 있는 기름성분의 분해방지를 위하여 염산(1+1)을 넣어 pH 4이하로 조정한다.

65 유기인 정량시 검량선을 작성하기 위해 사용되는 표준용액이 아닌 것은 어느 것인가?

㉮ 이피엔 표준액
㉯ 파라티온 표준액
㉰ 다이아지논 표준액
㉱ 바비트레이트 표준액

풀이 이피엔, 파라티온, 다이아지논, 메틸디메톤, 펜토에이트 표준용액이 있다.

answer 62 ㉮ 63 ㉱ 64 ㉯ 65 ㉱

66 유기인을 기체크로마토그래피로 분석할 때 헥산으로 추출하면 메틸디메톤의 추출율이 낮아질 수 있으므로 이에 대체하여 사용하는 물질로 알맞은 것은 어느 것인가?

㉮ 다이클로로메탄과 헥산의 혼합액 (15 : 85)
㉯ 메틸에틸케톤과 에탄올의 혼합액 (15 : 85)
㉰ 메틸에틸케톤과 헥산의 혼합액 (15 : 85)
㉱ 다이클로로메탄과 에탄올의 혼합액 (15 : 85)

풀이 헥산 대신 다이클로로메탄과 헥산의 혼합액(15 : 85)을 사용한다.

67 자외선/가시선분광법(흡광광도법)에서 기본원리인 Lambert Beer 법칙에 대한 내용으로 틀린 것은 어느 것인가?

㉮ 흡광도는 광이 통과하는 용액층의 두께에 비례한다.
㉯ 흡광도는 광이 통과하는 용액층의 농도에 비례한다.
㉰ 흡광도는 용액층의 투광도에 비례한다.
㉱ 램버트비어의 법칙을 식으로 표현하면 $A = \epsilon cl$ 이다. (단, A : 흡광도, ϵ : 흡광계수, c : 농도, l : 빛의 투과거리)

풀이 ㉰ 흡광도는 용액층의 투광도에 반비례한다.

68 다음에 설명한 시료축소방법은 어느 것인가?

① 모아진 대시료를 네모꼴로 얇게 균일한 두께로 편다.
② 이것을 가로 4등분, 세로 5등분하여 20개의 덩어리로 나눈다.
③ 20개의 각 부분에서 균등량씩을 취하여 혼합하여 하나의 시료로 한다.

㉮ 구획법   ㉯ 등분법
㉰ 균등법   ㉱ 분할법

풀이 ㉮ 구획법에 대한 설명이며, 핵심 내용인 "가로 4등분, 세로 5등분, 20개의 덩어리 = 구획법"임을 숙지하시면 됩니다.

69 소각재 5g의 Pb 함유량을 측정하기 위해 질산-염산분해법의 전처리 과정을 거친 100mL 용액의 Pb 농도를 원자흡수분광광도계를 이용하여 측정하였더니 10mg/L이었을 때, 소각재의 Pb 함유량(mg/kg)은 얼마인가?

㉮ 100   ㉯ 200
㉰ 300   ㉱ 400

풀이 소각재의 Pb 함유량(mg/kg)
$= \dfrac{10\,\text{mg}}{\text{L}} \times \dfrac{100 \times 10^{-3}\,\text{L}}{5 \times 10^{-3}\,\text{kg}} = 200\,\text{mg/kg}$

answer 66 ㉮   67 ㉰   68 ㉮   69 ㉯

70 환원기화 – 원자흡수분광광도법에 의한 수은 분석방법에 대한 내용으로 틀린 것은 어느 것인가?

㉮ 수은증기를 253.7nm 파장에서 측정한다.
㉯ 시료 중 수은을 이염화주석을 넣어 금속 수은으로 환원시킨다.
㉰ 시료 중 염화물이온이 다량 함유된 경우에는 과망간산칼륨 분해 후 헥산으로 이들 물질을 추출 분리한 다음 실험한다.
㉱ 이 실험에 의한 폐기물 중 수은의 정량한계는 0.0005mg/L이다.

풀이 ㉰ 염산하이드록실아민용액을 과잉으로 넣어 유리염소를 환원시키고 용기중에 잔류하는 염소는 질소가스를 통기시켜 추출한다.

71 수분 및 고형물을 질량법으로 측정할 때 사용하는 데시케이터에 대한 설명으로 알맞은 것은 어느 것인가?

㉮ 실리카겔과 묽은 황산을 넣어 사용한다.
㉯ 실리카겔과 염화칼슘이 담겨 있는 것을 사용한다.
㉰ 무수황산나트륨이 담겨 있는 것을 사용한다.
㉱ 활성탄 분말과 염화칼륨을 넣어 사용한다.

풀이 사용되는 데시케이터는 실리카겔과 염화칼슘이 담겨 있는 것을 사용한다.

72 중금속 분석에 있어, 산화분해가 어려운 유기물을 높은 비율로 함유하고 있는 시료의 전처리 방법으로 알맞은 것은 어느 것인가?

㉮ 질산 분해법
㉯ 질산 - 염산 분해법
㉰ 질산 - 과염소산 분해법
㉱ 질산 - 과염소산 - 불화수소산 분해법

풀이 ㉰ 질산 - 과염소산 분해법에 대한 설명이며, 암기법은 "과산화가 어려우면 = 질산 - 과염소산법"임을 숙지하시면 됩니다.

73 유도결합플라스마발광광도 기계의 토치에 흐르는 운반물질, 보조물질, 냉각물질의 종류는 몇 종류의 물질로 구성되는가?

㉮ 2종의 액체와 1종의 기체
㉯ 1종의 액체와 2종의 기체
㉰ 1종의 액체와 1종의 기체
㉱ 1종의 기체

풀이 기계의 토치에 흐르는 운반물질, 보조물질, 냉각물질은 1종의 기체로 구성되어 있다.

74 자외선/가시선 분광법에 의한 수은 측정 시, 전처리된 시료에서 수은의 분리추출을 위하여 사용되는 용액은 무엇인가?

㉮ 과망간산칼륨
㉯ 염산하이드록실아민
㉰ 염화제일주석
㉱ 디티존사염화탄소

풀이 수은의 자외선/가시선 분광법
① 1차 추출 : 황산산성에서 디티존사염화탄소 사용
② 2차 추출 : 알칼리성에서 디티존사염화탄소 사용

answer 70 ㉰ 71 ㉯ 72 ㉰ 73 ㉱ 74 ㉱

75 성상에 따른 시료의 채취방법에 관한 내용으로 틀린 것은 어느 것인가?

㉮ 콘크리트 고형화물이 소형일 때는 적당한 채취도구를 사용하며, 한번에 일정량씩을 채취하여야 한다.
㉯ 고상혼합물의 경우, 시료는 적당한 시료 채취 도구를 사용하여 한번에 일정량씩을 채취하여야 한다.
㉰ 액상혼합물이 용기에 들어 있을 때에는 교란되어 혼합되지 않도록 하여 균일한 상태로 채취한다.
㉱ 액상혼합물의 경우는 원칙적으로 최종 지점의 낙하구에서 흐르는 도중에 채취한다.

풀이 ㉰ 액상혼합물이 용기에 들어 있을 때에는 잘 혼합하여 균일한 상태로 채취한다.

76 폐기물공정시험기준에서 규정하고 있는 진공에 해당하지 않는 것은?

㉮ 10mmHg   ㉯ 13torr
㉰ 0.03atm   ㉱ 0.18nH$_2$O

풀이 진공이라함은 15mmHg 이하이므로
㉰ 0.03atm은 0.03atm×760mmHg/1atm
   =22.8mmHg이므로 진공에 해당하지 않는다.

77 이온전극법에 관한 설명으로 ( )에 들어갈 알맞은 말은?

> 이온전극은 [이온전극|측정용액|비교전극]의 측정계에서 측정대상 이온에 .하여 ( )에 따라 이온활동도에 비례하는 전위차를 나타낸다.

㉮ 네른스트(Nernst)식
㉯ 램버트(Lambert)식
㉰ 패러데이식
㉱ 플래밍식

풀이 ㉮ 네른스트(Nernst)식에 대한 설명이다.

78 시료 용출시험방법에 대한 내용으로 ( )에 들어갈 알맞은 말은?

> 시료의 조제방법에 따라 조제한 시료 100g 이상을 정확히 달아 정제수에 염산을 넣어 pH를 (①)(으)로 한 용매(mL)를 시료 : 용매 =(②)(W : V)의 비로 2,000mL 삼각플라스크에 넣어 혼합한다.

㉮ ① 4.5~5.5, ② 1 : 5
㉯ ① 4.5~5.5, ② 1 : 10
㉰ ① 5.8~6.3, ② 1 : 5
㉱ ① 5.8~6.3, ② 1 : 10

풀이 용출시험용 시료용액
① pH : 정제수에 염산을 가해 5.8~6.3으로 조절
① 여과가 가능한 경우 : 매 분당 200회, 진폭 4~5cm, 6시간
② 여과가 어려운 경우 : 매 분당 3,000회전 이상, 20분 이상

---

answer 75 ㉰   76 ㉰   77 ㉮   78 ㉱

79 기름성분을 질량법으로 분석할 때의 내용으로 ( )에 들어갈 알맞은 말은?

> 추출시 에멀젼을 형성하여 액층이 분리되지 않거나 노말헥산층이 탁할 경우에는 분액깔때기 안의 수층을 원래의 시료 용기에 옮기고 에멀젼층 또는 헥산층에 약 10 g의 ( ) 또는 황산암모늄을 넣어 환류냉각관을 부착하고 80℃ 물중탕에서 약 10분간 가열분해한 다음 실험한다.

㉮ 질산암모늄   ㉯ 염화나트륨
㉰ 아비산나트륨   ㉱ 질산나트륨

풀이 ㉯ 염화나트륨에 대한 설명이다.

80 용출액 중의 PCBs 시험방법(기체크로마토그래프법)에 관한 내용으로 틀린 것은 어느 것인가?

㉮ 용출액 중의 PCBs를 헥산으로 추출한다.
㉯ 전자포획형 검출기(ECD)를 사용한다.
㉰ 정제는 활성탄칼럼을 사용한다.
㉱ 용출용액의 정량한계는 0.0005mg/L이다.

풀이 ㉰ 정제는 플로리실 칼럼, 실리카겔 칼럼을 사용한다.

TIP
PCBs의 기체크로마토그래피의 정량한계
① 용출용액 : 0.0005mg/L
② 액상폐기물 : 0.05mg/L
③ 비함침성 고상폐기물의 표면채취법 : 0.05μg/100cm²
④ 비함침성 고상폐기물의 부재채취법 : 0.005mg/kg

answer 79 ㉯   80 ㉰

2017년 2회 기출문제

| 제1과목 | 폐기물개론

01 폐기물의 수거형태 중 인부가 각 가정에 방문하여 수거하는 방식은 어느 것인가?

㉮ 타종 수거
㉯ 문전 수거
㉰ 콘테이너 수거
㉱ 대형쓰레기통 수거

> **풀이** ㉯ 문전수거에 대한 설명이며, 핵심 내용인 "가정에 방문하여 수거 = 문전수거"임을 숙지하시면 됩니다.

02 서비스를 받는 사람들의 만족도를 설문조사하여 지수로 나타내는 청소상태 평가법의 약자로 알맞은 것은 어느 것인가?

㉮ SEI
㉯ CEI
㉰ USI
㉱ ESI

> **풀이** ㉰ 사용자 만족도 지수(USI)에 대한 설명이며, 핵심 내용인 "만족도 설문조사 지수 = USI"임을 숙지하시면 됩니다.

03 도시폐기물의 유기성 성분 중 셀룰로오스에 해당하는 것은 어느 것인가?

㉮ 6탄당의 중합체
㉯ 5탄당과 6탄당의 중합체
㉰ 아미노산 중합체
㉱ 방향환과 메톡실기를 포함한 중합체

> **풀이** 셀룰로오스는 6탄당의 중합체이며, 화학식이 $(C_6H_{10}O_5)n$인 다당류로 구성된 유기화합물이다.

04 가정용쓰레기를 수거할 때 쓰레기통의 위치와 구조에 따라서 수거효율이 달라진다. 다음 중 수거효율이 가장 좋은 방식은 어느 것인가?

㉮ 집 밖 이동식
㉯ 집 안 이동식
㉰ 벽면 부착식
㉱ 집 밖 고정식

> **풀이** ㉮ 집 밖 이동식에 대한 설명이며, 수거효율은 MHT로 나타내며 MHT 값이 작을수록 수거효율이 좋은 편이다.

05 우리나라 폐기물관리법에서는 폐기물을 고형물 함량에 따라 액상, 반고상, 고상 폐기물로 구분하고 있다. 액상폐기물의 기준으로 알맞은 것은 어느 것인가?

㉮ 고형물 함량이 3% 미만인 것
㉯ 고형물 함량이 5% 미만인 것
㉰ 고형물 함량이 10% 미만인 것
㉱ 고형물 함량이 15% 미만인 것

> **풀이** 고형물의 함량에 따른 폐기물의 분류
> ① 고상폐기물 : 고형물의 함량이 15% 이상
> ② 반고상폐기물 : 고형물의 함량이 5% 이상

answer 01 ㉯ 02 ㉰ 03 ㉮ 04 ㉮ 05 ㉯

15% 미만
③ 액상폐기물 : 고형물의 함량이 5% 미만

06 함수율 50%인 폐기물을 건조시켜 함수율이 20%인 폐기물로 만들려면 쓰레기 톤당 얼마의 수분을 증발시켜야 하는가?
(단, 비중은 1.0 기준)

㉮ 255kg   ㉯ 275kg
㉰ 355kg   ㉱ 375kg

풀이
① $W_1 \times (100 - P_1) = W_2 \times (100 - P_2)$
$1,000kg \times (100 - 50) = W_2 \times (100 - 20)$
$\therefore W_2 = \dfrac{1,000kg \times (100 - 50)}{(100 - 20)} = 625kg$
② 증발된 수분량
$= W_1 - W_2 = 1,000kg - 625kg = 375kg$

07 다음 중 폐기물이 거의 완전 연소된다는 가정하에서 발열량을 구하는 식은 어느 것인가?

㉮ Dulong식
㉯ Sumegi식
㉰ Rosin-Rammler식
㉱ Gumz식

풀이 ㉮ Dulong식은 고위발열량을 구하는 식이다.

08 전과정평가(LCA)의 절차로 알맞은 것은 어느 것인가?

㉮ 목록분석 → 목적 및 범위설정 → 영향평가 → 결과해석
㉯ 목적 및 범위설정 → 목록분석 → 영향평가 → 결과해석
㉰ 목적 및 범위설정 → 목록분석 → 결과해석 → 영향평가
㉱ 목록분석 → 목적 및 범위설정 → 결과해석 → 영향평가

풀이 전과정평가(LCA)의 절차는 목적 및 범위설정 → 목록분석 → 영향평가 → 결과해석 순이다.

09 폐기물 파쇄기에 관한 내용으로 틀린 것은 어느 것인가?

㉮ 회전드럼식 파쇄기는 폐기물의 강도차를 이용하는 파쇄장치이며 파쇄와 분별을 동시에 수행할 수 있다.
㉯ 일반적으로 전단파쇄기는 충격파쇄기보다 파쇄속도가 느리다.
㉰ 압축파쇄기는 기계의 압착력을 이용하여 파쇄하는 장치로 파쇄기의 마모가 적고 비용도 적다.
㉱ 해머밀 파쇄기는 고정칼, 왕복 또는 회전칼과의 교합에 의하여 폐기물을 전단하는 파쇄기이다.

풀이 ㉱ 전단파쇄기는 고정칼, 왕복 또는 회전칼과의 교합에 의하여 폐기물을 전단하는 파쇄기이다.

TIP
해머밀 파쇄기는 충격파쇄기에 해당하며, 여러개의 해머가 회전을 하면서 충격을 가해 폐기물을 파쇄하는 장치이다.

answer 06 ㉱ 07 ㉮ 08 ㉯ 09 ㉱

10 폐기물의 일반적인 수거방법 중 관거(pipeline)를 이용한 수거방법으로 틀린 것은 어느 것인가?

㉮ 캡슐수송 방법
㉯ 슬러리수송 방법
㉰ 공기수송 방법
㉱ 모노레일수송 방법

풀이 관거수송방식에는 캡슐수송 방법, 슬러리수송 방법, 공기수송 방법이 있다.

11 돌, 코크스 등의 불투명한 것과 유리 같은 투명한 것의 분리에 이용되는 방식인 광학선별에 대한 내용으로 틀린 것은 어느 것인가?

㉮ 입자는 기계적으로 투입된다.
㉯ 선별입자는 와전류형성으로 제거된다.
㉰ 광학적으로 조사된다.
㉱ 조사결과는 전기전자적으로 평가된다.

풀이 ㉯ 선별대상 입자는 압축공기분사에 의해 정밀하게 제거된다.

12 습량기준 회분량이 16%인 폐기물의 건량기준 회분량(%)은 얼마인가? (단, 폐기물의 함수율 = 20%)

㉮ 20% ㉯ 18%
㉰ 16% ㉱ 14%

풀이 폐기물의 건량기준 회분량(%)
$= 16\% \times \dfrac{100\%}{100\% - 20\%} = 20\%$

13 도시폐기물의 성상분석 절차로 알맞은 것은 어느 것인가?

㉮ 시료 채취 - 절단 및 분쇄 - 건조 - 물리적 조성 분류 - 겉보기밀도 측정 - 화학적 조성 분석
㉯ 시료 채취 - 절단 및 분쇄 - 건조 - 겉보기밀도 측정 - 물리적 조성 분류 - 화학적 조성 분석
㉰ 시료 채취 - 겉보기밀도 측정 - 건조 - 절단 및 분쇄 - 물리적 조성 분류 - 화학적 조성 분석
㉱ 시료 채취 - 겉보기밀도 측정 - 물리적 조성 분류 - 건조 - 절단 및 분쇄 - 화학적 조성 분석

풀이 도시폐기물의 성상분석 절차 중 가장 먼저 시험하는 것은 밀도측정이며, 순서는 ㉱번이 해당한다.

14 30만 인구규모를 갖는 도시에서 발생되는 도시쓰레기량이 년간 40만톤이고, 수거 인부가 하루 500명이 동원되었을 때 MHT는 얼마인가? (단, 1일 작업시간 = 8시간, 연간 300일 근무)

㉮ 3 ㉯ 4
㉰ 6 ㉱ 7

풀이 $\text{MHT} = \dfrac{\text{수거인부수} \times \text{작업시간}}{\text{쓰레기 수거실적}}$

$= \dfrac{500 \text{인} \times 8\text{hr/day} \times 300\text{day/년}}{400,000 \text{ton/년}}$

$= 3.0 \text{ MHT}$

TIP
MHT = man · hr/ton

answer 10 ㉱ 11 ㉯ 12 ㉮ 13 ㉱ 14 ㉮

15 폐기물의 관리단계 중 비용이 가장 많이 소요되는 단계는 무엇인가?

㉮ 중간처리 단계
㉯ 수거 및 운반단계
㉰ 중간처리된 폐기물의 수송단계
㉱ 최종 처리단계

풀이 비용이 가장 많이 소요되는 단계는 수거 및 운반단계이며, 전체 비용의 60% 이상을 차지한다.

16 폐기물의 밀도가 400kg/m³인 것을 800kg/m³의 밀도가 되도록 압축시킬 때 폐기물의 부피 변화는 얼마인가?

㉮ 30% 증가   ㉯ 30% 감소
㉰ 40% 증가   ㉱ 50% 감소

풀이 부피감소율(%) = $\left(1 - \dfrac{V_2}{V_1}\right) \times 100$

여기서 V_1 : 압축 전 부피(m³)
　　　V_2 : 압축 후 부피(m³)

① $V_1 = 1\text{kg} \times \dfrac{1}{400\text{kg/m}^3} = 0.0025\text{m}^3$

② $V_2 = 1\text{kg} \times \dfrac{1}{800\text{kg/m}^3} = 0.00125\text{m}^3$

③ 부피감소율(%)
　= $\left(1 - \dfrac{0.00125\text{m}^3}{0.0025\text{m}^3}\right) \times 100 = 50\%$

17 도시에서 폐기물 발생량이 185,000톤/년, 수거인부는 1일 550명, 인구는 250,000명이라고 할 때 1인 1일 폐기물 발생량(kg/인·day)은? (단, 1년 365일 기준)

㉮ 2.03   ㉯ 2.35
㉰ 2.45   ㉱ 2.77

풀이 폐기물 생산량(kg/인·일)
= $\dfrac{\text{폐기물 수거량(kg/일)}}{\text{인구수(인)}}$
= $\dfrac{185,000 \times 10^3 \text{kg/년} \times 1\text{년}/365\text{일}}{250,000\text{인}}$
= 2.03kg/인·일

18 폐기물 발생량 예측방법 중에서 각 인자들의 효과를 총괄적으로 나타내어 복잡한 시스템의 분석에 유용하게 적용할 수 있는 것은 무엇인가?

㉮ 경향법   ㉯ 다중회귀모델
㉰ 동적모사모델   ㉱ 인자분석모델

풀이 ㉯ 다중회귀모델에 대한 설명이며, 핵심 내용인 "복잡한 시스템의 분석 = 다중회귀모델"임을 숙지하시면 됩니다.

19 사업장에서 배출되는 폐기물을 감량화시키기 위한 대책으로 틀린 것은 어느 것인가?

㉮ 원료의 대체
㉯ 공정 개선
㉰ 제품내구성 증대
㉱ 포장횟수의 확대 및 장려

풀이 ㉱ 포장횟수의 축소 및 제한

answer 15 ㉯   16 ㉱   17 ㉮   18 ㉯   19 ㉱

20 유기성폐기물의 퇴비화에 있어서 초기 원료가 갖추어야 할 조건으로 틀린 것은 어느 것인가?

㉮ 적정 입자크기가 25~75mm가 적당하다.
㉯ 공기공급은 50~200L/min·m³이 적당하다.
㉰ 초기 수분함량은 20~30%가 적당하다.
㉱ 초기 C/N비는 25~50이 적당하다.

풀이 ㉰ 초기 수분함량은 50~60%가 적당하다.

| 제2과목 | 폐기물 재활용 및 자원화 기술

21 점토차수층과 비교하여 합성수지계 차수막에 대한 설명으로 틀린 것은 어느 것인가?

㉮ 경제성 : 재료의 가격이 고가이다.
㉯ 차수성 : Bentonite 첨가시 차수성이 높아진다.
㉰ 적용지반 : 어떤 지반에도 가능하나 급경사에는 시공시 주의가 요구된다.
㉱ 내구성 : 내구성은 높으나 파손 및 열화 위험이 있으므로 주의가 요구된다.

풀이 ㉯ 차수성 : Bentonite 첨가시 차수성이 낮아진다.

TIP
벤토나이트(Bentonite)는 대부분 몬모릴로나이트로 구성된 점토로 다량의 물을 흡수하는 능력이 있어 건물이나 도로 건설에는 적합하지 않은 재료이다.

22 처리용량이 50kL/day인 혐기성 소화식 분뇨처리장에 가스저장탱크를 설치하고자 한다. 가스 저류시간을 8시간으로 하고 생성가스량을 투입 분뇨량의 6배로 가정한다면, 가스탱크의 용량(m³)은 얼마인가?

㉮ 90m³   ㉯ 100m³
㉰ 110m³ ㉱ 120m³

풀이 가스탱크의 용량(m³)
= 처리용량(m³/day) × 저류시간(day)
= 50m³/day × 6배 × $\left(\dfrac{8hr}{24}\right)$day
= 100m³

TIP
처리용량 50kL/day = 50m³/day

23 고형화처리방법 중 가장 흔히 사용되는 시멘트기초법의 장점으로 틀린 것은 어느 것인가?

㉮ 원료가 풍부하고 값이 싸다.
㉯ 다양한 폐기물을 처리할 수 있다.
㉰ 폐기물의 건조나 탈수가 필요하지 않다.
㉱ 낮은 pH에서도 폐기물 성분의 용출가능성이 없다.

풀이 ㉱ 낮은 pH에서는 폐기물 성분의 용출가능성이 있다.

24 함수율이 97%인 잉여슬러지 120m³가 농축되어 함수율이 94%로 되었을 때 농축잉여슬러지의 부피(m³)는? (단, 슬러지 비중은 1.0)

㉮ 40m³   ㉯ 50m³
㉰ 60m³   ㉱ 70m³

answer 20 ㉰ 21 ㉯ 22 ㉯ 23 ㉱ 24 ㉰

풀이
$V_1 \times (100 - P_1) = V_2 \times (100 - P_2)$
$120m^3 \times R(100 - 97) = V_2 \times (100 - 94)$
$\therefore V_2 = \dfrac{120m^3 \times (100-97)}{(100-94)} = 60m^3$

25 시멘트 고형화처리에 관한 내용으로 틀린 것은 어느 것인가?

㉮ 폐기물의 오염물질 용해도가 감소한다.
㉯ 무기적 방법이며 대표적인 것으로 시멘트 기초법, 석회기초법, 자가시멘트법이 있다.
㉰ 표면적 증가에 따른 운반비용이 증가한다.
㉱ 폐기물의 독성이 감소한다.

풀이 ㉰ 표면적이 감소하며, 운반비용은 증가한다.

26 매립지 가스발생량의 추정방법으로 틀린 것은 어느 것인가?

㉮ 화학양론적인 접근에 의한 폐기물 조성으로부터 추정
㉯ BMP(Biological Methane Potential)법에 의한 메탄가스 발생량 조사법
㉰ 라이지미터(Lysimeter)에 의한 가스발생량 추정법
㉱ 매립지에 화염을 접근시켜 화력에 의해 추정하는 방법

풀이 ㉱번은 화재나 폭발의 우려가 있어서 가스발생량의 추정방법으로 사용할 수 없다.

27 매립지 기체 발생단계를 4단계로 나눌 때 매립초기의 호기성 단계(혐기성 전단계)에 관한 내용으로 틀린 것은 어느 것인가?

㉮ 폐기물내 수분이 많은 경우에는 반응이 가속화된다.
㉯ O_2가 대부분 소모된다.
㉰ N_2가 급격히 발생한다.
㉱ 주요 생성기체는 CO_2이다.

풀이 ㉰ N_2가 감소한다.

28 육상 매립지로서 적합하지 않은 장소는 어느 것인가?

㉮ 표층수, 복류수가 없는 곳
㉯ 단층 지대
㉰ 지지력 2,400~2,900kg/m² 인 곳
㉱ 지하수위 1.5m 이상인 곳

풀이 ㉯ 다층지대

29 휘발성 유기화합물(VOCs)의 물리·화학적 특징으로 틀린 것은 어느 것인가?

㉮ 증기압이 높다.
㉯ 물에 대한 용해도가 높다.
㉰ 생물농축계수(BCF)가 낮다.
㉱ 유기탄소 분배계수가 높다.

풀이 ㉱ 유기탄소 분배계수가 낮다.

answer 25 ㉰ 26 ㉱ 27 ㉰ 28 ㉯ 29 ㉱

30 1일 쓰레기의 발생량이 10톤인 지역에서 트렌치 방식으로 매립장을 계획한다면 1년간 필요한 토지면적(m²/년)은 얼마인가? (단, 도랑의 깊이 = 2.5m, 매립에 따른 쓰레기의 부피감소율 = 60%, 매립전 쓰레기 밀도 = 400kg/m³, 기타조건은 고려하지 않음)

㉮ 1,153m²/년 ㉯ 1,460m²/년
㉰ 2,410m²/년 ㉱ 2,840m²/년

풀이 매립면적

$$= \frac{\text{폐기물 발생량(kg/년)} \times (1-\text{부피감소율})}{\text{폐기물 밀도(kg/m}^3) \times \text{깊이(m)}}$$

$$= \frac{10 \times 10^3 \text{kg/일} \times 365\text{일/년} \times (1-0.60)}{400\text{kg/m}^3 \times 2.5\text{m}}$$

$$= 1,460\text{m}^2/\text{년}$$

31 침출수의 혐기성 처리에 관한 내용으로 틀린 것은 어느 것인가?

㉮ 고농도의 침출수를 희석없이 처리할 수 있다.
㉯ 온도, 중금속 등의 영향이 호기성 공정에 비해 작다.
㉰ 미생물의 낮은 증식으로 슬러지 발생량이 작다.
㉱ 호기성 공정에 비해 낮은 영양물 요구량을 가진다.

풀이 ㉯ 온도, 중금속 등의 영향이 호기성 공정에 비해 크다.

32 매립공법 중 내륙매립공법에 대한 설명으로 틀린 것은 어느 것인가?

㉮ 셀(cell)공법 : 쓰레기 비탈면의 경사는 15~25%의 구배로 하는 것이 좋다.
㉯ 셀(cell)공법 : 1일 작업하는 셀 크기는 매립처분량에 따라 결정된다.
㉰ 도랑형 공법 : 파낸 흙이 항상 남는데 이를 복토재로 이용할 수 있다.
㉱ 도랑형 공법 : 쓰레기를 투입하여 순차적으로 육지화하는 방법이다.

풀이 ㉱번의 설명은 해안매립공법 중 순차투입공법에 대한 설명이다.

33 악취성 물질인 CH_3SH는 어떤 물질인가?

㉮ 메틸오닌 ㉯ 다이메틸설파이드
㉰ 메틸메르캅탄 ㉱ 메틸케톤

풀이 CH_3SH는 메틸메르캅탄이다.

34 BOD가 15,000mg/L, Cl^-이 800mg/L인 분뇨를 희석하여 활성슬러지법으로 처리한 결과 BOD가 60mg/L, Cl^-이 40mg/L이었다면 활성슬러지법의 처리효율(%)은 얼마인가? (단, 희석수 중에 BOD, Cl^-은 없음)

㉮ 90% ㉯ 92%
㉰ 94% ㉱ 96%

풀이 처리효율(%)

$$= \left\{1 - \frac{\text{유출수 BOD} \times \text{희석배수치(P)}}{\text{유입수 BOD}}\right\} \times 100$$

① 희석배수치(P) $= \dfrac{800\text{mg/L}}{40\text{mg/L}} = 20$

answer 30 ㉯ 31 ㉯ 32 ㉱ 33 ㉰ 34 ㉯

② 처리효율(%) = $\left\{1 - \dfrac{60\text{mg/L} \times 20}{15,000\text{mg/L}}\right\} \times 100$
= 92%

35 방사성 폐기물에 관한 내용으로 틀린 것은 어느 것인가?

㉮ 10Rem 이상의 고준위 폐기물과 10Rem 이하의 저준위 폐기물로 구분된다.
㉯ 방사성폐기물은 폐기물관리법에 의하여 관리되고 있다.
㉰ 이들 폐기물은 감용/농축이나 고화처리를 하여 격리처분하고 있다.
㉱ 외국의 경우 저준위 방사성 폐기물은 해양투기나 육지보관을 실시한다.

풀이 ㉯ 방사성폐기물은 원자력안전법에 의하여 관리되고 있다.

TIP
방사선과 관련된 단위는 렘(Rem), 베크렐(Bq), 시버트(Sv), 최근에는 Rem은 사용하지 않고 Bq(방사선의 위험도를 나타내는 단위)과 Sv(방사선에 노출된 양을 측정하는 단위)를 사용한다.

36 매립지에 흔히 쓰이는 합성 차수막의 종류인 CR(Neoprene)에 대한 설명으로 틀린 것은 어느 것인가?

㉮ 대부분의 화학물질에 대한 저항성이 높다.
㉯ 마모 및 기계적 충격에 약하다.
㉰ 접합이 용이하지 못하다.
㉱ 가격이 비싸다.

풀이 ㉯ 마모 및 기계적 충격에 강하다.

37 화학구조에 따른 활성탄의 흡착정도에 관한 내용으로 틀린 것은 어느 것인가?

㉮ 수산기가 있으면 흡착률이 낮아진다.
㉯ 불포화 유기물이 포화 유기물보다 흡착이 잘된다.
㉰ 방향족의 고리수가 증가하면 일반적으로 흡착률이 증가한다.
㉱ 방향족 내 할로겐족의 수가 증가하면 일반적으로 흡착률이 감소한다.

풀이 ㉱ 방향족 내 할로겐족의 수가 증가하면 일반적으로 흡착률이 증가한다.

38 퇴비화 과정의 영향인자에 관한 내용으로 틀린 것은 어느 것인가?

㉮ 슬러지 입도가 너무 작으면 공기유통이 나빠져 혐기성 상태가 될 수 있다.
㉯ 슬러지를 퇴비화할 때 Bulking agent를 혼합하는 주목적은 산소와 접촉면적을 넓히기 위한 것이다.
㉰ 숙성퇴비를 반송하는 것은 Seeding과 pH 조정이 목적이다.
㉱ C/N비가 너무 높으면 유기물의 암모니아화로 악취가 발생한다.

풀이 ㉱ C/N비가 너무 낮으면 유기물의 암모니아화로 악취가 발생한다.

answer 35 ㉯ 36 ㉯ 37 ㉱ 38 ㉱

39 기계적 반응조 퇴비화 공법에 대한 내용으로 틀린 것은 어느 것인가?

㉮ 퇴비화가 밀폐된 반응조 내에서 수행된다.
㉯ 일반적으로 퇴비화 원료물질의 성분에 따라 수직형과 수평형으로 나누어 퇴비화를 수행한다.
㉰ 수직형 퇴비화 반응조는 반응조 전체에 최적조건을 유지하기 어려워 생산된 퇴비의 질이 떨어질 수 있다.
㉱ 수평형 퇴비화 반응조는 수직형 퇴비화 반응조와 달리 공기흐름 경로를 짧게 유지할 수 있다.

▶풀이 ㉯ 일반적으로 퇴비화 원료물질의 혼합에 따라 수직형과 수평형으로 나누어 퇴비화를 수행한다.

40 토양오염의 예방대책으로 틀린 것은 어느 것인가?

㉮ 광산 및 채석장의 침전지 설치
㉯ 비료의 적정량 사용
㉰ 토양오염 측정망 설치 운영
㉱ 상하 토양의 치환

▶풀이 ㉱번은 예방대책이 아니라 사후대책이다.

| 제3과목 | 폐기물 처분기술

41 소각로의 부식에 관한 내용으로 틀린 것은 어느 것인가?

㉮ 150~320℃에서는 부식이 잘 일어나지 않고 노점인 150℃ 이하의 온도에서는 저온부식이 발생한다.
㉯ 320℃ 이상에서는 소각재가 침착된 금속면에서 고온부식이 발생한다.
㉰ 저온부식은 결로로 생성된 수분에 산성가스 등의 부식성가스가 용해되어 이온으로 해리되면서 금속부와 전기화학적 반응에 의한 금속염으로 부식이 진행된다.
㉱ 480℃까지는 염화철 또는 알칼리철 황산염 분해에 의한 부식이고, 700℃까지는 염화철 또는 알칼리철 황산염 생성에 의한 부식이 진행된다.

▶풀이 ㉱ 480℃까지는 염화철 또는 알칼리철 황산염 생성에 의한 부식이고, 700℃까지는 염화철 또는 알칼리철 황산염 분해에 의한 부식이 진행된다.

42 다이옥신(Dioxin)과 퓨란(Furan)의 생성기전에 관한 내용으로 틀린 것은 어느 것인가?

㉮ 투입 폐기물내에 존재하던 PCDD/PCDF가 연소시 파괴되지 않고 배기가스 중으로 배출
㉯ 전구물질(클로로페놀, 폴리염화바이페닐 등)이 반응을 통하여 PCDD/PCDF로 전환되어 생성
㉰ 여러 가지 유기물과 염소공여체로부터 생성
㉱ 약 800℃의 고온 촉매화반응에 의해 먼지로부터 생성

▶풀이 ㉱ 약 800℃의 고온 촉매화반응에 의해 분해

answer 39 ㉯ 40 ㉱ 41 ㉱ 42 ㉱

43 폐기물의 소각에 따른 열회수에 관한 내용으로 틀린 것은 어느 것인가?

㉮ 회수된 열을 이용하여 전력만 생산할 경우 70~80%의 높은 에너지효율을 얻을 수 있다.
㉯ 온수나 연소공기 예열 및 증기생산 등의 에너지활용은 단순에너지 활용으로 소규모 소각방식에 적합하다.
㉰ 열병합방식을 활용하면 에너지의 활용을 극대화시킬 수 있다.
㉱ 열회수장치는 고온연소가스와 냉각수나 공기사이에서 대류, 전도, 복사열 전달현상에 의하여 열을 회수한다.

44 연소에 있어 검댕의 생성에 관한 내용으로 틀린 것은 어느 것인가?

㉮ A중유 < B중유 < C중유 순으로 검댕이 발생한다.
㉯ 공기비가 매우 적을 때 다량 발생한다.
㉰ 중합, 탈수소축합 등의 반응을 일으키는 탄화수소가 적을수록 검댕은 많이 발생한다.
㉱ 전열면 등으로 발열속도보다 방열속도가 빨라서 화염의 온도가 저하될 때 많이 발생한다.

〔풀이〕 ㉰ 중합, 탈수소축합 등의 반응을 일으키는 탄화수소가 적을수록 검댕은 적게 발생한다.

45 소각로 배출가스 중 염소(Cl_2)가스 농도가 0.5%인 배출가스 3,000Sm³/hr를 수산화칼슘 현탁액으로 처리하고자 할 때 이론적으로 필요한 수산화칼슘의 양(kg/hr)은 얼마인가? (단, Ca 원자량 = 40)

㉮ 약 12.4 ㉯ 약 24.8
㉰ 약 49.6 ㉱ 약 62.1

〔풀이〕 $2Cl_2 + 2Ca(OH)_2 \rightarrow CaCl_2 + Ca(OCl)_2 + 2H_2O$
$2 \times 22.4 Sm^3 : 2 \times 74 kg$
$3,000 Sm^3/hr \times 0.5\% \times 10^{-2} : X$

$$\therefore X = \frac{3,000 Sm^3/hr \times 0.5\% \times 10^{-2} \times 2 \times 74 kg}{2 \times 22.4 Sm^3}$$

$= 49.55 kg/hr$

46 소각 시 발생되는 황산화물(SO_X)의 발생 방지대책으로 틀린 것은 어느 것인가?

㉮ 저황 함유연료의 사용
㉯ 높은 굴뚝으로의 배출
㉰ 촉매산화법 이용
㉱ 입자이월의 최소화

〔풀이〕 ㉱번은 다이옥신을 제거하는 2차적(로내) 처리방법에 해당한다.

47 우리나라 폐기물관리법상 소각시설의 설치기준 중 연소실의 출구온도로 틀린 것은 어느 것인가?

㉮ 일반소각시설 - 850℃ 이상
㉯ 고온소각시설 - 1,100℃ 이상
㉰ 열분해시설 - 1,200℃ 이상
㉱ 고온용융시설 - 1,200℃ 이상

〔풀이〕 ㉰ 열분해시설 - 850℃ 이상

answer 43 ㉮ 44 ㉰ 45 ㉰ 46 ㉱ 47 ㉰

48 착화온도에 대한 내용으로 틀린 것은 어느 것인가? (단, 고체연료 기준)

㉮ 분자구조가 간단할수록 착화온도는 낮다.
㉯ 화학적으로 발열량이 클수록 착화온도는 낮다.
㉰ 화학반응성이 클수록 착화온도는 낮다.
㉱ 화학결합의 활성도가 클수록 착화온도는 낮다.

풀이 ㉮ 분자구조가 간단할수록 착화온도는 높다.

TIP
착화온도는 활성화에너지와 석탄의 탄화도와는 비례관계이고 나머지 조건에는 반비례관계이다.

49 폐기물 소각시 완전 연소를 위해 필요한 조건으로 틀린 것은 어느 것인가?

㉮ 적절히 높은 온도
㉯ 충분한 접촉시간과 혼합이 된 상태
㉰ 충분한 산소 공급
㉱ 적절한 유동매체 보충 공급

풀이 ㉱ 유동매체는 유동층 소각로에 대한 설명이다.

50 폐기물의 원소조성이 다음과 같을 때 완전 연소에 필요한 이론공기량(Sm^3/kg)은 얼마인가? (단, 가연성분 : 70%(C = 50%, H = 10%, O = 35%, S = 5%), 수분 : 20%, 회분 : 10%)

㉮ 3.4Sm^3/kg ㉯ 3.7Sm^3/kg
㉰ 4.0Sm^3/kg ㉱ 4.3Sm^3/kg

풀이 이론공기량(A_o)

$= 8.89C + 26.67\left(H - \dfrac{O}{8}\right) + 3.33S (Sm^3/kg)$

$= 8.89 \times 0.7 \times 0.5 + 26.67 \times$
$\left(0.7 \times 0.1 - \dfrac{0.7 \times 0.35}{8}\right) + 3.33 \times 0.7 \times 0.05$

$= 4.28 Sm^3/kg$

51 유동층연소의 단점 중 하나로는 부하변동에 따른 적응력이 나쁜 점이다. 이를 해결하기 위하여 연소율을 바꾸고자 할 때 틀린 것은 어느 것인가?

㉮ 층내의 연료비율을 변화시킨다.
㉯ 공기분산판을 통합하여 층을 전체적으로 유동시킨다.
㉰ 유동층을 몇 개의 셀로 분할하여 부하에 따라 작동시키는 수를 변화시킨다.
㉱ 층의 높이를 변화시킨다.

풀이 ㉯ 공기분산판을 분산시켜 층을 부분적으로 유동시킨다.

52 프로판(C_3H_8)의 고위발열량이 24,300 kcal/Sm^3일 때 저위발열량(kcal/Sm^3)은 얼마인가?

㉮ 22,380kcal/Sm^3
㉯ 22,840kcal/Sm^3
㉰ 23,340kcal/Sm^3
㉱ 23,820kcal/Sm^3

풀이 $C_3H_8 + 5O_2 \rightarrow 3CO_2 + 4H_2O$
저위발열량(kcal/Sm^3)
= 고위발열량(kcal/Sm^3) - 480×H_2O량(kcal/Sm^3)
= 24,300kcal/Sm^3 - 480×4 = 22,380kcal/Sm^3

answer 48 ㉮ 49 ㉱ 50 ㉱ 51 ㉯ 52 ㉮

53 다단로 소각로에 관한 내용으로 틀린 것은 어느 것인가?

㉮ 신속한 온도반응으로 보조연료사용 조절이 용이하다.
㉯ 다량의 수분이 증발되므로 수분함량이 높은 폐기물의 연소가 가능하다.
㉰ 물리, 화학적으로 성분이 다른 각종 폐기물을 처리할 수 있다.
㉱ 체류시간이 길어 휘발성이 적은 폐기물 연소에 유리하다.

풀이 ㉮ 온도반응이 느려 보조연료사용 조절이 어렵다.

54 폐기물의 원소조성 성분을 분석해보니 C 51.9%, H 7.62%, O 38.15%, N 2.0%, S 0.33%이었다면 고위발열량(kcal/kg)은 얼마인가?

(단, $H_h = 8,100C + 34,000\left(H - \dfrac{O}{8}\right) + 2,500S$)

㉮ 약 8,800kcal/kg
㉯ 약 7,200kcal/kg
㉰ 약 6,100kcal/kg
㉱ 약 5,200kcal/kg

풀이 $H_h = 8,100C + 34,000\left(H - \dfrac{O}{8}\right) + 2,500S$

$= 8,100 \times 0.519 + 34,000 \times \left(0.0762 - \dfrac{0.3815}{8}\right)$
$\quad + 2,500 \times 0.0033$
$= 5,181.58\text{kcal/kg}$

55 소각로에서 배출되는 비산재(fly ash)에 관한 내용으로 틀린 것은 어느 것인가?

㉮ 입자크기가 바닥재보다 미세하다.
㉯ 유해물질을 함유하고 있지 않아 일반폐기물로 취급된다.
㉰ 폐열보일러 및 연소가스 처리설비 등에서 포집된다.
㉱ 시멘트 제품 생산을 위한 보조원료로 사용 가능하다.

풀이 ㉯ 소각로에서 배출되는 비산재(fly ash)는 사업장폐기물에 해당한다.

56 연소설비의 열효율 정의에 관한 내용으로 틀린 것은 어느 것인가?

㉮ 열효율$(\eta) = \dfrac{공급열}{유효열} \times 100$로 표시한다.
㉯ 공급열은 열수지에서 입열 전부를 취하는 경우와 연료의 연소열만을 취하는 경우가 있다.
㉰ 유효열은 연소에 의한 생성열을 증발, 건조, 가열에 이용하는 경우 100% 이용은 불가능하다.
㉱ 유효열은 복사전도에 의한 열손실, 배가스의 현열손실, 불완전연소에 의한 손실열 등을 공급열에서 뺀 값이다.

풀이 ㉮ 열효율$(\eta) = \dfrac{유효열}{공급열} \times 100(\%)$로 표시한다.

answer 53 ㉮ 54 ㉱ 55 ㉯ 56 ㉮

57 사이클론(cyclone) 집진장치에 관한 내용으로 틀린 것은 어느 것인가?

㉮ 원심력을 활용하는 집진장치이다.
㉯ 설치면적이 작고 운전비용이 비교적 적은 편이다.
㉰ 온도가 높을수록 포집효율이 높다.
㉱ 사이클론 내부에서 먼지는 벽면과 마찰을 일으켜 운동에너지를 상실한다.

풀이 ㉰ 온도가 높을수록 포집효율이 낮다.

58 고체 및 액체연료의 이론적인 습윤연소 가스량을 산출하는 계산식이다. ①, ② 값으로서 알맞은 것은 어느 것인가?

$$Gow = 8.89C+32.3H+3.3S+0.8N+(①)W-(②)O(Sm^3/kg)$$

㉮ ① 1.12, ② 1.32
㉯ ① 1.24, ② 2.64
㉰ ① 2.48, ② 5.28
㉱ ① 4.96, ② 10.56

풀이
$$Gow = A_o + 5.6H + 0.7O + 0.8N + 1.244W$$
$$= 8.89C + 26.67 \times (H - \frac{O}{8}) + 3.33S$$
$$+ 5.6H \times 0.7O \times 0.8N + 1.244W$$
$$= 8.89C + 26.67H + 5.6H + 26.67 \times (-\frac{O}{8})$$
$$+ 0.7O + 3.33S + 0.8N + 1.244W$$
$$= 8.89C + 32.27H - 2.63O + 3.33S + 0.8N$$
$$+ 1.244W(Sm^3/kg)$$

59 폐기물 처리공정에서 소각공정과 열분해공정을 비교한 내용으로 틀린 것은 어느 것인가?

㉮ 소각공정은 산소가 존재하는 조건에서 시행되고, 열분해공정은 산소가 거의 없거나 무산소 상태에서 진행된다.
㉯ 열분해공정은 소각공정에 비하여 배기가스량이 많다.
㉰ 열분해공정은 소각공정에 비하여 NO_X(질소산화물) 발생량이 적다.
㉱ 소각공정은 발열반응이나 열분해공정은 흡열반응이다.

풀이 ㉯ 열분해공정은 소각공정에 비하여 배기가스량이 적다.

60 공기비가 클 때 일어나는 현상으로 틀린 것은 어느 것인가?

㉮ 연소가스가 폭발할 위험이 커진다.
㉯ 연소실의 온도가 낮아진다.
㉰ 부식이 증가한다.
㉱ 열손실이 커진다.

풀이 ㉮번은 공기비가 작을 때 설명이다.

answer 57 ㉰ 58 ㉯ 59 ㉯ 60 ㉮

| 제4과목 | 폐기물공정시험기준

61 자외선/가시선 분광법으로 크롬을 측정할 때 시료 중 총 크롬을 6가크롬으로 산화시키는데 사용되는 시약은 무엇인가?

㉮ 과망간산칼륨 ㉯ 이염화주석
㉰ 시안화칼륨   ㉱ 디티오황산나트륨

풀이 ㉮ 과망간산칼륨에 대한 설명이며, 과망간산칼륨($KMnO_4$)는 강산화제이다.

62 폐기물로부터 유류 추출 시 에멀전을 형성하여 액층이 분리되지 않을 경우, 조작법으로 알맞은 것은 어느 것인가?

㉮ 염화제이철 용액 4mL를 넣고 pH를 7~9로 하여 자석교반기로 교반한다.
㉯ 메틸오렌지를 넣고 황색이 적색이 될 때까지 (1+1)염산을 넣는다.
㉰ 노말헥산층에 무수황산나트륨을 넣어 수분간 방치한다.
㉱ 에멀견층 또는 헥산층에 적당량의 황산암모늄을 넣고 환류냉각관을 부착한 후 80℃ 물중탕에서 가열한다.

풀이 액층이 분리되지 않을 경우 ㉱번처럼 조작한다.

63 유도결합플라즈마-원자발광분광법에 관한 내용으로 틀린 것은 어느 것인가?

㉮ 바닥상태의 원자가 이 원자 증기층을 투과하는 특유 파장의 빛을 흡수하는 현상을 이용한다.
㉯ 아르곤가스를 플라즈마 가스로 사용하여 수정발진식 고주파 발생기로부터 발생된 주파수 영역에서 유도코일에 의하여 플라즈마를 발생시킨다.
㉰ 알곤플라즈마를 점등시키려면 테슬라코일에 방전하여 알곤가스의 일부가 전리되도록 한다.
㉱ 유도결합플라즈마의 중심부는 저온, 저전자 밀도가 형성되며 화학적으로 불활성이다.

풀이 ㉮번은 원자흡수분광광도법에 대한 설명이다.

64 십억분율(Parts Per Billion)을 표시하는 기호는 어느 것인가?

㉮ %   ㉯ g/L
㉰ ppm   ㉱ μg/L

풀이 십억분율(ppb)의 단위는 μg/L이다.

65 정량한계에 대한 설명으로 ( )안에 들어갈 알맞은 말은?

> 정량한계란 시험분석 대상을 정량화할 수 있는 측정값으로서, 제시된 정량한계 부근의 농도를 포함하도록 시료를 준비하고 이를 반복 측정하여 얻은 결과의 표준편차(s)에 ( )한 값을 사용한다.

㉮ 3배   ㉯ 3.3배
㉰ 5배   ㉱ 10배

풀이 정량한계 = 표준편차(s)×10

answer 61 ㉮ 62 ㉱ 63 ㉮ 64 ㉱ 65 ㉱

66 트리클로로에틸렌 정량을 위한 전처리 및 분석방법으로 틀린 것은 어느 것인가?

㉮ 휘발성이 있으므로 마개 있는 시험관이나 삼각 플라스크를 사용한다.
㉯ 시료의 전처리 시 진탕기를 이용하여 6시간 연속 교반한다.
㉰ 시료와 용매의 혼합액이 삼각플라스크의 용량과 비슷한 것을 사용하여 삼각플라스크 상부의 headspace를 가능한 적게 한다.
㉱ 유지시간에 해당하는 크로마토그램의 피이크 높이 또는 면적을 측정하여 표준액 농도와의 관계선을 작성한다.

풀이 ㉯ 시료의 전처리는 시료 약 0.5g을 정확히 달아 50mL의 부피플라스크에 넣고, 즉시 희석용 용매로 눈금까지 채운 다음 마개를 하여 흔들어 섞는다. 이 용액에 내부 표준용액 1.0mL을 넣고 다시 희석용 용매로 20배 희석한다.

67 시료의 전처리 방법과 사용되는 용액의 산 농도값으로 틀린 것은 어느 것인가?

㉮ 질산에 의한 유기물분해 : 약 0.7N
㉯ 질산-염산에 의한 유기물분해 : 약 0.5N
㉰ 질산-황산에 의한 유기물분해 : 약 0.6N
㉱ 질산-과염소산에 의한 유기물분해 : 약 0.8N

풀이 ㉰ 질산-황산에 의한 유기물분해 : 약 1.5N~3N

68 시료의 수분함량이 85% 이상이면 용출시험 결과를 보정하는 이유는 무엇인가?

㉮ 수분함량에 따라 중금속농도 분석오차가 다르기 때문에
㉯ 수분함량에 따라 유기물 농도가 변하기 때문에
㉰ 수분함량에 따라 소각 시 중금속 용출이 다르기 때문에
㉱ 매립을 위한 최대 함수율 기준이 정해져 있기 때문에

풀이 ① 수분 함량이 85% 이상인 시료의
$$보정계수 = \frac{15}{100 - 시료의\ 함수율(\%)}$$
② 보정이유 : 매립을 위한 최대 함수율 기준을 맞추기 위해서

69 기체크로마토그래피를 이용한 유기인 분석에 대한 내용으로 틀린 것은 어느 것인가?

㉮ 검출기는 불꽃광도검출기(FPD)를 사용한다.
㉯ 규산 칼럼 또는 실리카겔 칼럼을 사용하여 시료를 농축한다.
㉰ 칼럼온도는 40~280℃로 사용한다.
㉱ 유기인 화합물 중 이피엔, 파라티온, 메틸디메톤, 다이아지논, 펜토에이트의 측정에 적용된다.

풀이 ㉯ 실리카겔 컬럼, 플로리실 컬럼, 활성탄 컬럼을 사용한다.

answer 66 ㉯ 67 ㉰ 68 ㉱ 69 ㉯

70 폐기물 시료에 대해 강열감량과 유기물함량을 조사하기 위해 다음과 같은 실험을 하였다. 아래와 같은 결과를 이용한 강열감량(%)은 얼마인가?

> ① 600±25℃에서 30분간 강열하고 데시케이터 안에서 방냉 후 접시의 질량계(W_1) : 48.256 g
> ② 여기에 시료를 취한 후 접시와 시료의 질량(W_2) : 73.352 g
> ③ 여기서 25% 질산암모늄용액을 넣고 시료를 적시고 천천히 가열시킨 다음 600±25℃에서 3시간 강열하고 데시케이터안에서 방냉 후 질량(W_3) : 52.824 g

㉮ 약 74% ㉯ 약 76%
㉰ 약 82% ㉱ 약 89%

풀이 강열감량(%)
$= \dfrac{(W_2 - W_3)}{(W_2 - W_1)} \times 100$
$= \dfrac{(73.352\,g - 52.824\,g)}{(73.325\,g - 48.256\,g)} \times 100 = 81.80\%$

71 다음 조건에서 폐기물의 강열감량 또는 유기물함량은? (단, 강열 전의 용기+시료의 질량 : 74.59g, 강열 후의 용기+시료의 질량 : 55.23g, 용기의 질량 : 50.43g)

㉮ 약 60% ㉯ 70%
㉰ 약 80% ㉱ 90%

풀이 강열감량 또는 유기물함량
$= \left(\dfrac{W_2 - W_3}{W_2 - W_1}\right) \times 100$
$= \left(\dfrac{74.59\,g - 55.23\,g}{74.59\,g - 50.43\,g}\right) \times 100 = 80.13\%$

72 환원기화 – 원자흡수분광광도법에 의한 수은(Hg)의 측정방법에 대한 설명으로 틀린 것은 어느 것인가?

㉮ 환원기화장치를 사용하여 수은증기를 발생시킨다.
㉯ 시료중의 수은을 금속수은으로 환원시키려면 이염화주석용액이 필요하다.
㉰ 황산산성에서 방해성분과 분리한 다음 알칼리성에서 디티존사염화탄소로 수은을 추출한다.
㉱ 시료 중 벤젠, 아세톤 등의 휘발성 유기물질도 253.7nm에서 흡광도를 나타내므로 추출분리 후 시험한다.

풀이 ㉰번의 설명은 자외선/가시선분광법에 대한 설명이다.

73 자외선/가시선 분광법으로 카드뮴을 정량 시 쓰이는 시약과 그 용도가 잘못 짝지어진 것은?

㉮ 발색시약 : 디티존
㉯ 시료의 전처리 : 질산-황산
㉰ 추출용매 : 사염화탄소
㉱ 억제제 : 황화나트륨

풀이 이 문제는 재출제 시 동일하게 출제될 것으로 예상되는 문제이므로 정답만 숙지하시면 됩니다.

answer 70 ㉰ 71 ㉰ 72 ㉰ 73 ㉱

74 pH 측정(유리전극법)의 내부정도관리 주기 및 목표 기준에 관한 내용으로 알맞은 것은 어느 것인가?

㉮ 시료를 측정하기 전에 표준용액 2개 이상으로 보정한다.
㉯ 시료를 측정하기 전에 표준용액 3개 이상으로 보정한다.
㉰ 정도관리 목표(정도관리 항목 : 정밀도)는 ±0.01 이내이다.
㉱ 정도관리 목표(정도관리 항목 : 정밀도)는 ±0.03 이내이다.

풀이 ① 정밀도 : 5회 되풀이하며 그 재현성이 ±0.05 이내
② 내부정도관리 : 표준용액 2개 이상으로 보정

75 원자흡수분광광도법으로 구리를 측정할 때 정밀도(RDS)는 얼마인가? (단, 정량한계는 0.008mg/L)

㉮ ±10% 이내   ㉯ ±15% 이내
㉰ ±20% 이내   ㉱ ±25% 이내

풀이 구리의 측정방법은 원자흡수분광광도법, 유도결합 플라스마 - 원자발광분광법, 자외선/가시선분광법이며, 정밀도는 ±25% 이내이다.

76 중금속시료(염화암모늄, 염화마그네슘, 염화칼슘 등이 다량 함유된 경우)의 전처리 시, 회화에 의한 유기물의 분해과정 중에 휘산되어 손실을 가져오는 중금속으로 거리가 가장 먼 것은 무엇인가?

㉮ 크롬   ㉯ 납
㉰ 철   ㉱ 아연

풀이 휘산되어 손실을 가져오는 중금속으로는 납, 철, 주석, 아연, 안티몬이다.

77 유기물 함량이 비교적 높지 않고 금속의 수산화물, 산화물, 인산염 및 황화물을 함유하고 있는 시료에 적용되는 전처리 방법으로 알맞은 것은 어느 것인가?

㉮ 질산 - 염산 분해법
㉯ 질산 - 황산 분해법
㉰ 질산 - 과염소산 분해법
㉱ 질산 - 불화수소산 분해법

풀이 ㉮ 질산 - 염산 분해법에 대한 설명이며, 암기법은 "염산 인금주고"임을 숙지하시면 됩니다.

78 유도결합플라스마-원자발광분광법의 장치에 포함되지 않는 것은 무엇인가?

㉮ 시료주입부, 고주파전원부
㉯ 광원부, 분광부
㉰ 운반가스유로, 가열오븐
㉱ 연산처리부

풀이 유도결합플라스마-원자발광분광법의 장치구성은 시료도입부 - 고주파전원부 - 광원부 - 분광부 - 연산처리부 - 기록부로 되어 있다.

79 3,000g의 시료에 대하여 원추 4분법을 5회 조작하여 최종 분취된 시료(g)는?

㉮ 약 31.3g   ㉯ 약 62.5g
㉰ 약 93.8g   ㉱ 약 124.2g

풀이 최종 분취된 시료
$= 시료(g) \times (\frac{1}{2})^n = 3,000g \times (\frac{1}{2})^5 = 93.75g$

answer 74 ㉮ 75 ㉱ 76 ㉮ 77 ㉮ 78 ㉰ 79 ㉰

80 10mm셀을 사용하여 흡광도를 측정한 결과 흡광도가 0.5였다. 이 정색액을 5mm의 셀을 사용한다면 흡광도는 얼마인가?

㉮ 0.1 ㉯ 0.25
㉰ 1   ㉱ 2

풀이 흡광도(A)와 시료셀의 두께(L)은 비례관계이므로
10mm : 0.5 = 5mm : A
∴ A = 0.25

answer 77 ㉮ 78 ㉰ 79 ㉰ 80 ㉯

2017 4회 기출문제

| 제1과목 | 폐기물개론

01 물렁거리는 가벼운 물질로부터 딱딱한 물질을 선별하는 데 사용되는 선별장치는 무엇인가?

㉮ Secators ㉯ Stoners
㉰ Jigs   ㉱ Tables

풀이 ㉮ 세카터(Secators)에 대한 설명이며, 핵심 내용인 "물렁거리는 가벼운 물질로 부터 딱딱한 물질 선 = 세카터"임을 숙지하시면 됩니다.

02 수중에 용해되어 있거나 고체상태로 부유하고 있는 유기물을 고온, 고압 하에 공기에 의해 산화시키는 처리방법은 무엇인가?

㉮ Hydrogasification
㉯ Hydrogenation
㉰ Wet Air Oxidation
㉱ Air Stripping

풀이 ㉰ 습식산화법에 대한 설명이며, 핵심 내용인 "유기물을 고온, 고압하에서 공기에 의해 산화 = 습식산화법"임을 숙지하시면 됩니다.

03 직경이 1.0 m인 트롬멜스크린의 최적 속도(rpm)는 얼마인가?

㉮ 약 63   ㉯ 약 42
㉰ 약 19   ㉱ 약 8

풀이 ① 임계속도(N_C)

$$= \sqrt{\frac{g}{4\pi^2 r}} \times 60 = \sqrt{\frac{9.8 \text{m/sec}^2}{4 \times \pi^2 \times \frac{1.0\text{m}}{2}}} \times 60$$

$= 42.2765 \text{rpm}$

② 최적속도(N_S)
  $=$ 임계속도(N_C)$\times 0.45$
  $= 42.2765 \text{rpm} \times 0.45 = 19.02 \text{rpm}$

04 폐기물 관로수송 시스템에 관한 내용으로 틀린 것은 어느 것인가?

㉮ 폐기물의 발생밀도가 높은 지역이 보다 효과적이다.
㉯ 대용량 수송과 장거리 수송에 적합하다.
㉰ 조대폐기물은 파쇄 등의 전처리가 필요하다.
㉱ 자동집하시설로 투입하는 폐기물의 종류에 제한이 있다.

풀이 ㉯ 대용량 수송과 장거리 수송에 부적합하다.

---

answer 01 ㉮ 02 ㉰ 03 ㉰ 04 ㉯

05 폐기물 성상분석에 대한 분석절차로 알맞은 것은 어느 것인가?

㉮ 물리적 조성 → 밀도측정 → 건조 → 절단 및 분쇄 → 발열량 분석
㉯ 밀도측정 → 물리적 조성 → 건조 → 절단 및 분쇄 → 발열량 분석
㉰ 물리적 조성 → 밀도측정 → 절단 및 분쇄 → 건조 → 발열량 분석
㉱ 밀도측정 → 물리적 조성 → 절단 및 분쇄 → 건조 → 발열량 분석

풀이 분석순서는 밀도측정 → 물리적 조성 → 건조 → 절단 및 분쇄 → 발열량 분석 순이며, 가장 먼저 시행하는 절차는 밀도측정임을 숙지하시면 됩니다.

06 단열열량계로 측정할 때 얻어지는 발열량으로 알맞은 것은 어느 것인가?

㉮ 습량기준 저위발열량
㉯ 습량기준 고위발열량
㉰ 건량기준 저위발열량
㉱ 건량기준 고위발열량

풀이 단열열량계로 측정할 때 얻어지는 발열량은 건량기준 고위발열량이다.

07 함수율이 97%인 수거분뇨를 55% 함수율로 건조하였다면 그 부피변화는 얼마인가? (단, 비중은 1.0)

㉮ 1/5로 감소   ㉯ 1/10로 감소
㉰ 1/15로 감소   ㉱ 1/20로 감소

풀이 $V_1 \times (100 - P_1) = V_2 \times (100 - P_2)$
$V_1 \times (100 - 97) = V_2 \times (100 - 55)$
$\therefore \dfrac{V_2}{V_1} = \dfrac{(100-97)}{(100-55)} = \dfrac{3}{45} = \dfrac{1}{15}$

08 폐기물 관리차원의 3R로 틀린 것은 어느 것인가?

㉮ Resource   ㉯ Recycle
㉰ Reduction   ㉱ Reuse

풀이 3R은 Recycle(재활용)/Reuse(재이용), Reduction(감량화), Recovery(회수이용)이다.

09 2025년 폐기물 발생량이 1,100ton인 도시의 연간 폐기물 발생 증가율이 10%라고 할 때 2030년의 폐기물 예측발생량(ton)은 얼마인가?

㉮ 1671.6ton   ㉯ 1771.6ton
㉰ 1871.6ton   ㉱ 1971.6ton

풀이 폐기물 예측발생량(ton)
= 폐기물발생량×(1+폐기물 증가율)^n
= $1,100ton \times (1+0.1)^5 = 1,771.56ton$

10 적환장(transfer station)에서 수송차량에 옮겨 싣는 방식으로 틀린 것은 어느 것인가?

㉮ 직접 투하 방식
㉯ 저장 투하 방식
㉰ 연속 투하 방식
㉱ 직접·저장 투하 결합방식

풀이 수송차량에 옮겨 싣는 방식은 직접 투하 방식, 저장 투하 방식, 직접·저장 투하 결합방식이 있다.

answer 05 ㉯ 06 ㉱ 07 ㉰ 08 ㉮ 09 ㉯ 10 ㉰

11 관거(Pipeline)를 이용한 수거방식인 공기수송에 대한 설명으로 틀린 것은 어느 것인가?

㉮ 공기수송은 고층주택밀집지역에서 적합하다.
㉯ 공기수송은 소음방지시설을 설치해야 한다.
㉰ 공기수송에 소요되는 동력은 캡슐수송에 소요되는 동력보다 훨씬 적게 소요된다.
㉱ 공기수송 방법 중 가압수송은 진공수송보다 수송거리를 더 길게 할 수 있다.

풀이 ㉰ 공기수송에 소요되는 동력은 캡슐수송에 소요되는 동력보다 훨씬 많이 소요된다.

12 폐기물처리장치 중 쓰레기를 물과 섞어 잘게 부순 뒤 다시 물과 분리시키는 습식처리장치는 어느 것인가?

㉮ Baler   ㉯ Compactor
㉰ Pulverizer   ㉱ Shredder

풀이 ㉰ 펄브라이저(Pulverizer)에 대한 설명이며, 핵심 내용인 "쓰레기를 물과 섞어 부순 뒤 다시 분리 = 펄브라이저"임을 숙지하시면 됩니다.

13 도시폐기물의 수거노선 설정방법으로 틀린 것은 어느 것인가?

㉮ 언덕인 경우 위에서 내려가며 수거한다.
㉯ 반복운행을 피한다.
㉰ 출발점은 차고와 가까운 곳으로 한다.
㉱ 가능한 한 반시계방향으로 설정한다.

풀이 ㉱ 가능한 한 시계방향으로 설정한다.

14 일반적인 폐기물관리 우선순위로 알맞은 것은 어느 것인가?

㉮ 재사용 → 감량 → 물질재활용 → 에너지회수 → 최종처분
㉯ 재사용 → 감량 → 에너지회수 → 물질재활용 → 최종처분
㉰ 감량 → 재사용 → 물질재활용 → 에너지회수 → 최종처분
㉱ 감량 → 물질재활용 → 재사용 → 에너지회수 → 최종처분

풀이 폐기물관리 우선순위는 감량 → 재사용 → 물질재활용 → 에너지회수 → 최종처분 순서이며, 가장 우선순위는 "감량화"임을 숙지하시면 됩니다.

15 지정폐기물인 폐석면의 입도를 분석한 결과가 D_{10} = 3mm, D_{30} = 6mm, D_{60} = 12mm, D_{90} = 15mm이었을 때 균등계수와 곡률계수는 얼마인가?

㉮ 1, 0.5   ㉯ 1, 1.0
㉰ 4, 0.5   ㉱ 4, 1.0

풀이
① 균등계수 = $\dfrac{D_{60\%}}{D_{10\%}} = \dfrac{12\,mm}{3\,mm} = 4$

② 곡률계수 = $\dfrac{(D_{30\%})^2}{(D_{10\%} \times D_{60\%})}$
   $= \dfrac{(6\,mm)^2}{(3\,mm \times 12\,mm)} = 1.0$

TIP
① 유효입경 = $D_{10\%}$
② 균등계수 = $\dfrac{D_{60\%}}{D_{10\%}}$
③ 곡률계수 = $\dfrac{(D_{30\%})^2}{(D_{10\%} \times D_{60\%})}$

answer 11 ㉰ 12 ㉰ 13 ㉱ 14 ㉰ 15 ㉱

16 폐기물 발생량 조사 및 예측에 관한 내용으로 틀린 것은 어느 것인가?

㉮ 생활폐기물 발생량은 지역규모나 지역 특성에 따라 차이가 크기 때문에 주로 kg/인·일 으로 표기한다.
㉯ 사업장폐기물 발생량은 제품제고공정에 따라 다르며 원단위로 ton/종업원수, ton/면적 등이 사용된다.
㉰ 우리나라 폐기물관리법 상 폐기물관리 종합계획은 10년을 주기로 한다.
㉱ 폐기물 발생량 예측방법으로 적재차량 계수법, 직접계근법, 물질수지법이 있다.

풀이 ㉱ 폐기물 발생량 예측방법으로는 다중회귀모델, 동적모사모델, 경향모델이 있다.

17 폐기물의 분석 결과 가연성 물질의 함유율이 35%이었다. 밀도가 250kg/m³인 폐기물 16m³에 포함된 가연성 물질의 양(kg)은 얼마인가?

㉮ 1,200kg ㉯ 1,400kg
㉰ 1,600kg ㉱ 1,800kg

풀이 가연성 물질의 양(kg) = 16m³×250kg/m³×0.35
= 1,400kg

18 밀도가 200kg/m³인 폐기물을 압축하여 밀도가 500kg/m³가 되도록 하였다면 압축된 폐기물 부피는 얼마인가?

㉮ 초기부피의 25%
㉯ 초기부피의 30%
㉰ 초기부피의 40%
㉱ 초기부피의 45%

풀이 압축전 부피(V_1) = $1kg \times \frac{1}{200kg/m^3}$ = $0.005m^3$

압축후 부피(V_2) = $1kg \times \frac{1}{500kg/m^3}$ = $0.002m^3$

따라서 $\frac{V_2}{V_1} = \frac{0.002m^3}{0.005m^3} \times 100 = 40\%$

∴ 압축된 폐기물의 부피는 압축전 부피의 40%에 해당한다.

19 퇴비화의 진행 시간에 따른 온도의 변화 단계가 순서대로 연결된 것은 어느 것인가?

㉮ 고온단계 - 중온단계 - 냉각단계 - 숙성단계
㉯ 중온단계 - 고온단계 - 냉각단계 - 숙성단계
㉰ 숙성단계 - 고온단계 - 중온단계 - 냉각단계
㉱ 숙성단계 - 중온단계 - 고온단계 - 냉각단계

풀이 퇴비화의 진행 시간에 따른 온도의 변화 단계는 중온단계 - 고온단계 - 냉각단계 - 숙성단계 순이다.

20 폐기물 적환장의 필요성에 관한 내용으로 틀린 것은 어느 것인가?

㉮ 고밀도 주거지역이 존재할 때 필요하다.
㉯ 작은 용량의 수집차량을 사용할 때 필요하다.
㉰ 상업지역에서 폐기물수집에 소형용기를 많이 사용할 때 필요하다.
㉱ 불법투기와 다량의 어지러진 폐기물이 발생할 때 필요하다.

풀이 ㉮ 저밀도 주거지역이 존재할 때 필요하다.

answer 16 ㉱ 17 ㉯ 18 ㉰ 19 ㉯ 20 ㉮

| 제2과목 | 폐기물 재활용 및 자원화 기술

21 지정폐기물을 고화처리 후 적정처리 여부를 시험 조사하는 항목으로 틀린 것은 어느 것인가?

㉮ 압축강도   ㉯ 인장강도
㉰ 투수율   ㉱ 용출시험

풀이 고화처리 후 적정처리 여부를 시험 조사하는 항목으로는 투수율, 압축강도, 내구성, 용출시험 등이다.

22 수은을 함유한 폐액 처리방법으로 가장 알맞은 것은 무엇인가?

㉮ 황화물침전법
㉯ 열가수분해법
㉰ 산화제에 의한 습식산화분해법
㉱ 자외선 오존 산화처리

풀이 수은을 함유한 폐액 처리방법으로는 황화물침전법이다.

23 진공 여과 탈수기로 투입되는 슬러지량이 $240m^3/hr$이고 슬러지 함수율 98%, 여과율(고형물기준)이 $120kg/m^2 \cdot hr$의 조건을 가질 때 여과 면적(m^2)은 얼마인가? (단, 탈수기는 연속가동, 슬러지 비중=1.0)

㉮ $40m^2$ ㉯ $50m^2$
㉰ $60m^2$ ㉱ $70m^2$

풀이 여과율($kg/m^2 \cdot hr$)
$= \dfrac{고형물\ 농도(kg/m^3) \times 슬러지량(m^3/hr)}{여과면적(m^2)}$

$120kg/m^2 \cdot hr = \dfrac{20kg/m^3 \times 240m^3/hr}{여과면적(m^2)}$

$\therefore 여과면적 = \dfrac{20kg/m^3 \times 240m^3/hr}{120kg/m^2 \cdot hr} = 40m^2$

TIP

① % $\xrightarrow{\times 10^4}$ ppm
② ppm = mg/L
③ mg/L $\xrightarrow{\times 10^{-3}}$ kg/m^3
④ 고형물(%) = 100-함수율(%) = 100-98% = 2%
⑤ 고형물 2% = $20kg/m^3$

24 다음 물질을 같은 조건하에서 혐기성 처리를 할 때 슬러지 생산량이 가장 많은 것은 어느 것인가?

㉮ Protein   ㉯ Amino acid
㉰ Carbohydrate ㉱ Lipid

풀이 ㉰ 탄수화물(Carbohydrate)이다.

25 토양오염의 영향에 관한 내용으로 틀린 것은 어느 것인가?

㉮ 분해되지 않는 농약의 토양축적
㉯ 비료 속의 중금속으로 인한 농경지의 오염
㉰ 오염된 토양 인근하천의 부영양화
㉱ 홑알구조(단립구조) → 떼알구조(입단구조)로의 변화

풀이 ㉱ 떼알구조(입단구조) → 홑알구조(단립구조)로의 변화

answer 21 ㉯ 22 ㉮ 23 ㉮ 24 ㉰ 25 ㉱

26 소각시설에서 다이옥신 생성에 미치는 영향인자로 틀린 것은 어느 것인가?

㉮ 투입되는 폐기물 종류
㉯ 질소산화물 농도
㉰ 배출(후류)가스 온도
㉱ 연소공기의 양 및 분포

풀이 질소산화물(NO_X) 농도와 다이옥신 생성은 아무런 관계가 없다.

27 지정폐기물의 고화처리에 관한 내용으로 틀린 것은 어느 것인가?

㉮ 고화의 비용은 다른 처리에 비하여 일반적으로 저렴하다.
㉯ 처리공정은 다른 처리공정에 비하여 비교적 간단하다.
㉰ 고화처리 후 폐기물의 밀도가 커지고 부피가 줄어 운반비를 절감할 수 있다.
㉱ 고화처리 후 유해물질의 용해도는 감소한다.

풀이 ㉰ 고화처리 후 폐기물의 밀도가 커지고 부피가 늘어 운반비가 증가한다.

28 폐기물 매립지의 중간 복토재 또는 당일 복토재로써 점토를 사용할 경우, 기능상 가장 취약한 것은 무엇인가?

㉮ 외관 및 쓰레기 비산 방지
㉯ 위생 해충 서식 억제
㉰ 수분 보유능력
㉱ 표면수 침투 억제

풀이 복토재로 점토를 사용할 경우 가장 문제점은 수분보유능력이다.

29 합성차수막의 재료 중 High-density polyethylene에 대한 설명으로 틀린 것은?

㉮ 대부분의 화학물질에 대한 저항성이 높다.
㉯ 접합 상태가 양호하다.
㉰ 유연하며 손상의 우려가 적다.
㉱ 강도가 높다.

풀이 ㉰ 유연하지 못하고 손상의 우려가 높다.

30 지하수 상·하류 두 지점의 수두차 1m, 두 지점 사이의 수평거리 500m, 투수계수 200m/day일 때 대수층의 두께 2m, 폭 1.5m인 지하수의 유량(m^3/day)은?

㉮ $1.2m^3/day$ ㉯ $2.4m^3/day$
㉰ $3.6m^3/day$ ㉱ $4.8m^3/day$

풀이 지하수의 유량(m^3/day)
= 면적×속도×기울기($\frac{수두차}{거리차}$)
= $2m \times 1.5m \times 200m/day \times \frac{1m}{500m}$
= $1.2m^3/day$

31 분뇨소화조에서 소화 슬러지를 1일 투입량 이상 과다하게 인출하면 소화조 내의 상태는?

㉮ 산성화 된다.
㉯ 알칼리성으로 된다.
㉰ 중성을 유지한다.
㉱ pH의 변동은 없다.

풀이 소화 슬러지를 1일 투입량 이상 과다하게 인출하면 산성화가 된다.

answer 26 ㉯ 27 ㉰ 28 ㉰ 29 ㉰ 30 ㉮ 31 ㉮

32 매립방법의 분류에 관한 설명으로 가장 알맞은 것은 어느 것인가?

㉮ 폐기물 유·무해성에 따른 분류는 혐기성 매립구조, 혐기성 위생매립, 준호기성 매립 등으로 나눌 수 있다.
㉯ 폐기물 분해성상에 따른 분류는 차단형, 안정형, 관리형 매립 등으로 나눌 수 있다.
㉰ 폐기물 매립 방법에 따라 단순매립, 위생매립, 안전매립 등으로 나눌 수 있다.
㉱ 폐기물 매립 형상에 따른 분류는 도랑식, 지역식 등으로 나눌 수 있다.

풀이 ㉮ 폐기물 유·무해성에 따른 분류는 차단형, 안정형, 관리형 매립 등으로 나눌 수 있다.
㉯ 폐기물 분해성상에 따른 분류는 혐기성 매립구조, 혐기성 위생매립, 준호기성 매립 등을 나눌 수 있다.
㉱ 폐기물 매립 형상에 따른 분류는 도랑식, 샌드위치방식, 셀방식 등으로 나눌 수 있다.

33 폐기물을 위생 매립하여 처리할 때 가장 큰 단점은 무엇인가?

㉮ 다른 방법에 비해 초기투자비 비용이 높다.
㉯ 처분대상 폐기물의 증가에 따른 추가인원 및 장비가 크다.
㉰ 인구밀집 지역에서는 경제적 수송거리 내에서 부지확보 문제가 있다.
㉱ 폐기물의 분류가 선행되어야 한다.

풀이 위생매립을 위해서는 부지확보가 가장 중요하므로 ㉰번이 정답이 된다.

34 매립 시 폐기물 분해과정을 시간 순으로 알맞게 나열한 것은?

㉮ 혐기성 분해→호기성 분해→메탄 생성→유기산 형성
㉯ 호기성 분해→혐기성 분해→산성물질 생성→메탄 생성
㉰ 호기성 분해→유기산 생성→혐기성 분해→메탄 생성
㉱ 혐기성 분해→호기성 분해→산성물질 생성→메탄 생성

풀이 매립 시 폐기물 분해 순서는 호기성 분해→혐기성 분해→산성물질 생성(유기산 생성)→메탄 생성 순이다.

35 다음은 분뇨를 혐기성 소화와 활성슬러지 공법을 연계하여 처리할 때의 공정들이다. 가장 합리적 처리 계통 순서는 어느 것인가?

㉠ 1차 소화조　　㉤ 저류조
㉡ 2차소화조　　㉥ 투입조
㉢ 폭기조　　　　㉦ 희석조
㉣ 소독조　　　　㉧ 침전조

㉮ ㉤→㉥→㉠→㉡→㉢→㉧→㉣→㉦
㉯ ㉥→㉧→㉤→㉠→㉡→㉦→㉢→㉣
㉰ ㉥→㉤→㉧→㉠→㉡→㉢→㉣→㉦
㉱ ㉥→㉤→㉠→㉡→㉦→㉢→㉧→㉣

풀이 처리 계통 순서는 투입조→저류조→1차 소화조→2차소화조→희석조→폭기조→침전조→소독조이다.

answer 32 ㉰　33 ㉰　34 ㉯　35 ㉱

36 퇴비화 과정에서 총질소 농도의 비율이 증가되는 원인으로 가장 알맞은 것은?

㉮ 퇴비화 과정에서 미생물의 활동으로 질소를 고정시킨다.
㉯ 퇴비화 과정에서 원래의 질소분이 소모되지 않으므로 생긴 결과이다.
㉰ 질소분의 소모에 비해 탄소분이 급격히 소모되므로 생긴 결과이다.
㉱ 단백질의 분해로 생긴 결과이다.

풀이 질소분의 소모에 비해 탄소분이 급격히 소모되므로 총질소 농도의 비율이 증가한다.

37 매립 후 중기단계(10년 정도)에서 배출되는 매립가스의 주요 성분은 무엇인가?

㉮ CO_2, CH_4 ㉯ CO, CH_4
㉰ H_2, CO_2 ㉱ CO, H_2

풀이 매립가스의 주요 성분은 메탄(CH_4)과 이산화탄소(CO_2)이다.

38 C/N비가 낮은 경우(20 이하)에 관한 내용으로 틀린 것은 어느 것인가?

㉮ 암모니아 가스가 발생할 가능성이 높아진다.
㉯ 질소원의 손실이 커서 비료효과가 저하될 가능성이 높다.
㉰ 유기산 생성양의 증가로 pH가 저하된다.
㉱ 퇴비화 과정 중 좋지 않은 냄새가 발생된다.

풀이 ㉰ 질소가 암모니아로 변해 pH가 증가한다.

39 COD/TOC < 2.0, BOD/COD < 0.1, COD가 500mg/L 미만이며 매립연한이 10년 이상 된 곳에서 발생된 침출수의 처리공정 효율성을 틀리게 나타낸 것은 어느 것인가?

㉮ 활성탄 - 불량
㉯ 이온교환수지 - 불량
㉰ 화학적침전(석회투여) - 불량
㉱ 화학적산화 - 보통

풀이 ㉮ 활성탄 - 보통

40 쓰레기 수거차의 적재능력은 10m³이고 또한 8톤을 적재할 수 있다. 밀도가 0.7ton/m³인 폐기물 3,000m³을 동시에 수거하려고 할 때 필요한 수거차(대)는 얼마인가?

㉮ 200대   ㉯ 250대
㉰ 300대   ㉱ 350대

풀이 수거차(대) = $\dfrac{폐기물량}{1대당 적재량}$ = $\dfrac{3,000 m^3}{10 m^3}$ = 300대

answer 36 ㉰ 37 ㉮ 38 ㉰ 39 ㉮ 40 ㉰

| 제3과목 | 폐기물 처분기술

41 다음 조건일 때 도시 폐기물의 저위발열량(Hl, kcal/kg)은 얼마인가? (단, 도시폐기물의 질량 조성(C=65%, H=6%, O=8%, S=3%, 수분=3%), 각 원소의 단위질량당 열량(C=8,100kcal/kg, H=34,000kcal/kg, S=2,200kcal/kg), 연소조건은 상온, 상온 상태의 물의 증발잠열=600kcal/kg)

㉮ 5,473kcal/kg ㉯ 6,689kcal/kg
㉰ 7,135kcal/kg ㉱ 8,288kcal/kg

풀이 ① Dulong공식에서 고위발열량(Hh)
$= 8,100C + 34,000\left(H - \dfrac{O}{8}\right) + 2,500S$ (kcal/kg)

$Hh = 8,100 \times 0.65 + 34,000 \times \left(0.06 - \dfrac{0.08}{8}\right)$
$\quad + 2,500 \times 0.03$
$\quad = 7,040$ kcal/kg

② 저위발열량(Hl)
$= $ 고위발열량(Hh)$-600(9H+W)$
$= 7,040$ kcal/kg$-600(9 \times 0.06 + 0.03)$
$= 6,698$ kcal/kg

42 CO 100kg을 이론적으로 완전연소시킬 때 필요한 O_2 부피(Sm^3)와 생성되는 CO_2 부피(Sm^3)는 얼마인가?

㉮ 20, 40 ㉯ 40, 80
㉰ 60, 120 ㉱ 80, 160

풀이 $CO + 0.5O_2 \rightarrow CO_2$
28kg : $0.5 \times 22.4Sm^3$: $22.4Sm^3$
100kg : $X_1(O_2)$: $X_2(CO_2)$

$\therefore X_1(O_2) = \dfrac{100kg \times 0.5 \times 22.4Sm^3}{28kg} = 40Sm^3$

$X_2(CO_2) = \dfrac{100kg \times 22.4Sm^3}{28kg} = 80Sm^3$

43 유동층 소각로에서 슬러지의 온도가 30℃, 연소온도 850℃, 배기온도 450℃일 때, 유동층 소각로의 열효율(%)은 얼마인가?

㉮ 49% ㉯ 51%
㉰ 62% ㉱ 77%

풀이 열효율(%) $= \dfrac{배기온도 - 슬러지의 온도}{연소온도} \times 100$
$= \dfrac{450℃ - 30℃}{850℃} \times 100 = 49.41\%$

44 소각로의 설계기준이 되고 있는 저위발열량에 대한 설명으로 알맞은 것은 어느 것인가?

㉮ 쓰레기 속의 수분과 연소에 의해 생성된 수분의 응축열을 포함한 열량
㉯ 고위발열량에서 수분의 응축열을 빼고 남는 열량
㉰ 쓰레기를 연소할 때 발생되는 열량으로 수분의 수증기 열량이 포함된 열량
㉱ 연소 배출가스 속의 수분에 의한 응축열

풀이 저위발열량 = 고위발열량 - $600(9H+W)$(kcal/kg)

45 플라스틱 처리에 가장 유리한 소각방식은 어느 것인가?

㉮ Grate 방식 ㉯ 고정상 방식
㉰ 로타리킬른 방식 ㉱ Stoker 방식

풀이 플라스틱은 열에 열화되고 용해되는 물질이므로 고정상 소각로를 사용하여 소각처리한다.

answer 41 ㉯ 42 ㉯ 43 ㉮ 44 ㉯ 45 ㉯

46 소각에 관한 내용으로 틀린 것은 어느 것인가?

㉮ 1차연소실은 폐기물의 건조, 휘발, 점화시키는 기능을, 2차연소실은 1차연소실의 미연소분을 연소시키는 기능을 한다.
㉯ 연소기내 격벽(baffle)을 설치함으로써 불완전연소에 의한 가스가 유출되는 문제를 예방할 수 있다.
㉰ 폐기물의 이송방향과 연소가스의 흐름 방향에 따라 로본체의 형식을 구분하며, 소각폐기물의 성상과 수분에 따라 형식을 달리 적용한다.
㉱ 불완전연소가능량이란 연소율 및 소각잔사의 질량비를 나타내는 척도로써 소각재 잔사 중에 존재하는 미연소 분량을 표시한다.

풀이 ㉱ 불완전연소가능량이란 연소율 및 소각잔사의 무해화를 판단하는 척도로써 소각재 중에 존재하는 미연소 분량을 백분율로 표시한 것이다.

47 질소산화물의 제거 처리를 위한 선택적 촉매환원법(SCR)과 비교한 선택적 비촉매환원법(SNCR)에 관한 내용으로 틀린 것은 어느 것인가?

㉮ 운전온도는 850~950℃ 정도로 고온이다.
㉯ 다이옥신의 제거는 매우 어렵다.
㉰ 설치공간이 적고 설치비는 저렴하다.
㉱ 암모니아 슬립(Slip)이 적다.

풀이 ㉱ 암모니아 슬립(Slip)이 많다.

TIP
암모니아 슬립 : 암모니아를 혼소하는 과정에서 보일러내에서 연소되지 않은 미연소된 암모니아가 배출되는 것을 말한다.

48 소각로 본체의 형식 중 병류식에 대한 내용으로 틀린 것은 어느 것인가?

㉮ 폐기물의 이송방향과 연소가스의 흐름 방향이 같은 형식이다.
㉯ 수분이 적고 저위발열량이 높은 폐기물에 적합하다.
㉰ 건조대에서의 건조효율이 저하될 수 있다.
㉱ 폐기물의 질이나 저위발열량 변동이 심한 경우에 사용한다.

풀이 ㉱번의 설명은 복류식에 해당한다.

49 다음 연소장치 중 가장 적은 공기비의 값을 요구하는 것은 어느 것인가?

㉮ 가스 버너
㉯ 유류 버너
㉰ 미분탄 버너
㉱ 수동수평화격자

풀이 가장 적은 공기비의 값을 요구하는 것은 가스연료를 연소시키는 가스버너이다.

50 화씨온도 100°F는 몇 ℃인가?

㉮ 35.2
㉯ 37.8
㉰ 39.7
㉱ 41.3

풀이 ℃ = (°F-32)÷1.8 = (100°F-32)÷1.8 = 37.78℃

answer 46 ㉱ 47 ㉱ 48 ㉱ 49 ㉮ 50 ㉯

51 NOx처리를 위하여 사용되는 선택적촉매환원기술(SCR)에 대한 설명으로 틀린 것은 어느 것인가?

㉮ SCR은 촉매하에서 NH_3, CO 등의 환원제를 사용하여 NOx를 N_2로 전환시키는 기술이다.
㉯ 연소방법의 개선이나 저농도 NOx 연소기의 사용은 공정상에서 직접 이루어지는 질소 산화물 저감방법이다.
㉰ 촉매독과 먼지의 부착에 따른 폐색과 압력손실을 방지하기 위하여 유해가스 제거 및 먼지제거 장치 후단에 설치되는 것이 일반적이다.
㉱ 먼지제거 SCR로 유입되는 배출가스의 온도가 150~200℃이므로 제거효율의 저하 및 저온부식의 우려가 있다.

풀이 ㉯ 연소방법의 개선이나 저농도 NOx 연소기의 사용은 공정상에서 직접 이루어지는 질소산화물 저감방법은 아니다.

52 다음 집진장치 중 압력손실이 가장 큰 장치는 어느 것인가?

㉮ Venturi Scrubber
㉯ Cyclone Scrubber
㉰ Packed Tower
㉱ Jet Scrubber

풀이 ㉮ Venturi Scrubber의 압력손실은 300~800 mmH_2O로 가장 크다.

53 소각로의 화격자에서 고온부식 방지대책으로 틀린 것은 어느 것인가?

㉮ 화격자의 냉각률을 올린다.
㉯ 부식되는 부분으로 고온 공기를 주입하지 않는다.
㉰ 화격자 재질을 고크롬강, 저니켈강으로 한다.
㉱ 공기 주입량을 감소시켜 화격자를 가온시킨다.

풀이 ㉱ 공기 주입량을 증가시켜 화격자를 냉각시킨다.

54 폐기물 소각시설의 연소실에 관한 내용으로 틀린 것은 어느 것인가?

㉮ 연소실은 내화재를 충전한 연소로와 Water wall 연소기로 구분된다.
㉯ 연소로의 모양은 대부분 직사각형인 Box 형식이다.
㉰ Water wall 연소기는 여분의 공기가 많이 소요되므로 대기오염 방지시설의 규모가 커진다.
㉱ 대체로 주입되는 공기량은 폐기물 주입량의 13~17배 정도가 된다.

풀이 ㉰ Water wall 연소기는 여분의 공기가 적게 소요되므로 대기오염 방지시설의 규모가 작아진다.

answer 51 ㉯ 52 ㉮ 53 ㉱ 54 ㉰

55 탄소분 50wt%, 불연분 50wt%인 고형 폐기물 100kg을 완전연소시킬 때 필요한 이론공기량(Sm^3)은?

㉮ 약 93Sm^3 ㉯ 약 256Sm^3
㉰ 약 445Sm^3 ㉱ 약 577Sm^3

풀이 ① 이론산소량(Sm^3/kg)을 계산한다.
$C + O_2 \rightarrow CO_2$
12kg : 22.4Sm^3
100kg×0.5 : O_o(이론산소량)
∴ O_o(이론산소량) = $\dfrac{100kg \times 0.5 \times 22.4Sm^3}{12kg}$
= 93.3333Sm^3
② 이론공기량(Sm^3)을 계산한다.
이론공기량(Sm^3) = 이론공기량(Sm^3) × $\dfrac{1}{0.21}$
= 93.3333Sm^3 × $\dfrac{1}{0.21}$
= 444.44Sm^3

56 탄소 80%, 수소 10%, 산소 8%, 황 2%로 조성된 중유 1kg을 공기비 1.2로 완전연소시킬 때 필요한 실제공기량(Sm^3/kg)은 얼마인가?

㉮ 8.5Sm^3/kg ㉯ 9.5Sm^3/kg
㉰ 10.5Sm^3/kg ㉱ 11.5Sm^3/kg

풀이 ① 이론공기량(A_o)
= $8.89C + 26.67\left(H - \dfrac{O}{8}\right) + 3.33S$ (Sm^3/kg)
= $8.89 \times 0.80 + 26.67 \times \left(0.10 - \dfrac{0.08}{8}\right) + 3.33 \times 0.02$
= 9.5789Sm^3/kg
② 공기비(공기과잉계수) = 1.2
③ 필요한 실제공기량(A)
= 공기비(m)×이론공기량(A_o)
= 1.2×9.5789Sm^3/kg = 11.50Sm^3/kg

57 전처리기술에 해당되는 것은 어느 것인가?
㉮ 열분해   ㉯ 용융
㉰ 발효   ㉱ 파쇄

풀이 폐기물의 전처리기술에는 파쇄, 압축, 선별 등이 있다.

58 소각로 설계에서 중요하게 활용되고 있는 저위발열량을 수정하는 방법으로 틀린 것은 어느 것인가?

㉮ 폐기물의 입자분포에 의한 방법
㉯ 단열열량계에 의한 방법
㉰ 물리적조성에 의한 방법
㉱ 원소분석에 의한 방법

풀이 ㉮ 폐기물(쓰레기) 조성에 의한 추정식 이용 방법

59 다음 공법을 비교 설명한 내용으로 알맞은 것은 어느 것인가?

> 폐기물 소각시스템에서 발생하는 질소산화물 (NOx)을 저감시키는 방법에는 일반적으로 선택적 비촉매환원법(SNCR, 요소수 사용)과 선택적 촉매환원법(SCR, 암모니아수 사용) 등을 많이 이용하고 있다.

㉮ 소요공사비는 선택적 촉매환원법이 선택적 비촉매환원법보다 저렴하다.
㉯ 유지관리비는 선택적 촉매환원법이 선택적 비촉매환원법보다 저렴하다.
㉰ 질소산화물 제거율은 선택적 촉매환원법이 선택적 비촉매환원법보다 높다.
㉱ 취급약품의 안전성은 선택적 촉매환원법이 선택적 비촉매환원법보다 안전하다.

answer 55 ㉰ 56 ㉱ 57 ㉱ 58 ㉮ 59 ㉰

풀이 설명이 알맞은 것은 ㉰번이며, 나머지 보기의 내용은 반대로 생각하면 된다.

60 소각로 내의 온도가 너무 높으면 NOx나 SOx가 많이 생성되지만 반대로 온도가 너무 낮을 경우, 불완전 연소에 의해 생성되는 물질은 무엇인가?

㉮ H_2O와 CO_2 ㉯ HC와 CO
㉰ $Ca(OH)_2$와 SO_2 ㉱ Cl과 CH_4

풀이 소각로 내의 연소온도
① 너무 높으면 : NOx, SOx 발생
② 너무 낮으면 : CO, HC 발생

| 제4과목 | 폐기물공정시험기준

61 단색광이 임의의 시료용액을 통과할 때 그 빛의 80%가 흡수되었다면 흡광도는 얼마인가?

㉮ 약 0.5 ㉯ 약 0.6
㉰ 약 0.7 ㉱ 약 0.8

풀이 흡광도(A) = $\log \dfrac{1}{투과율(\%)} = \log \dfrac{1}{0.2} = 0.70$

TIP
투과율(%) = 100-흡수율(%) = 100-80% = 20%

62 기체크로마토그래피에 의한 정성분석에 대한 내용으로 틀린 것은 어느 것인가?

㉮ 유지치의 표시는 무효부피의 보정유무를 기록하여야 한다.
㉯ 일반적으로 5~30분 정도에서 측정하는 피크의 머무름 시간은 반복시험을 할 때 ±3% 이내이어야 한다.
㉰ 유지시간을 측정할 때는 3회 측정하여 그 중 최대치로 정한다.
㉱ 유지치의 종류로는 유지시간, 유지용량, 비유지용량, 유지비, 유지지표 등이 있다.

풀이 ㉰ 유지시간을 측정할 때는 3회 측정하여 그 중 평균치로 정한다.

63 유기인 시험법에서 유기인의 정재용 컬럼으로 틀린 것은 어느 것인가?

㉮ 실리카켈컬럼
㉯ 플로리실컬럼
㉰ 활성탄컬럼
㉱ 활성규산마크네슘컬럼

풀이 유기인의 정재용 컬럼으로는 실리카켈컬럼, 플로리실컬럼, 활성탄컬럼을 사용한다.

64 기체크로마토그래피 분석에 사용하는 검출기에 대한 설명으로 틀린 것은 어느 것인가?

㉮ 열전도도 검출기(TCD) - 유기할로겐화합물
㉯ 전자포획 검출기(ECD) - 나이트로화합물 및 유기금속화합물
㉰ 불꽃광도 검출기(EPD) - 유기질소 화합

answer 60 ㉯ 61 ㉰ 62 ㉰ 63 ㉱ 64 ㉮

물 및 유기인 화합물
㉣ 불꽃열이온 검출기(FTD) - 유기질소 화합물 및 유기염소 화합물

[풀이] ㉮ 불꽃이온화 검출기(FID) - 유기할로겐화합물

65 회분식 연소방식의 소각재 반출설비에서의 시료채취에 관한 내용으로 ( )안에 들어갈 알맞은 말은?

> 회분식 연소방식의 소각재 반출설비에서 채취하는 경우에는 하루 동안의 운전 횟수에 따라 매 운전시마다 (㉠) 이상 채취하는 것을 원칙으로 하고, 시료의 양은 1회에 (㉡) 이상으로 한다.

㉮ ㉠ 2회, ㉡ 100g
㉯ ㉠ 4회, ㉡ 100g
㉰ ㉠ 2회, ㉡ 500g
㉱ ㉠ 4회, ㉡ 500g

[풀이] 회분식 연소방식의 소각재 반출설비
① 기준 : 하루동안의 운전 횟수
② 채취회수 : 2회 이상
③ 채취시료의 양 : 500g 이상

66 폐기물이 적재되어 있는 운반차량에서 시료를 채취할 경우 5톤 이상의 차량에 적재되어 있을 때에는 적재폐기물을 평면상에서 몇 등분한 후 각 등분마다 시료를 채취하는가?

㉮ 3등분   ㉯ 6등분
㉰ 9등분   ㉱ 12등분

[풀이] 5톤 이상 : 9등분, 5톤미만 : 6등분

67 시료의 전처리(산분해법)방법 중 유기물 등을 많이 함유하고 있는 대부분의 시료에 적용하는 방법은 무엇인가?

㉮ 질산 - 염산 분해법
㉯ 질산 - 황산 분해법
㉰ 염산 - 황산 분해법
㉱ 염산 - 과염소산 분해법

[풀이] ㉯ 질산 - 황산 분해법에 대한 설명이며, 암기방법은 "황 많은"으로 숙지하시면 됩니다.

68 자외선/가시선 분광법에서 시료액의 흡수파장이 약 370nm 이하일 때 일반적으로 사용하는 흡수셀은 어느 것인가?

㉮ 젤라틴셀   ㉯ 석영셀
㉰ 유리셀   ㉱ 플라스틱셀

[풀이] ① 흡수파장이 약 370nm 이하일 때는 석영셀
② 흡수파장이 약 370nm 이상일 때는 석영셀 또는 경질유리셀

69 일반적으로 기체크로마토그래피에 사용하는 분배형 충전물질 중에서 고정상 액체의 종류와 물질명이 바르게 짝지어진 것은?

㉮ 탄화수소계 - 폴리페닐에테르
㉯ 실리콘계 - 불화규소(플루오린화 규소)
㉰ 에스테르계 - 스쿠아란
㉱ 폴리글리콜계 - 고진공 그리스

[풀이] ㉮ 에테르계 - 폴리페닐에테르
㉰ 탄화수소계 - 스쿠아란
㉱ 탄화수소계 - 고진공 그리스

answer 65 ㉰ 66 ㉰ 67 ㉯ 68 ㉯ 69 ㉯

70 유도결합 플라스마 발광광도법(ICP)에 대한 내용으로 틀린 것은 어느 것인가?

㉮ 시료 중의 원소가 여기되는데 필요한 온도는 6,000~8,000K이다.
㉯ ICP 분석장치에서 에어로졸 상태로 분무된 시료는 가장 안쪽의 관을 통하여 도너츠 모양의 플라즈마 중심부에 도달한다.
㉰ 시료측정에 따른 정량분석은 절대검정곡선법, 상대검정곡선법, 표준물첨가법을 사용한다.
㉱ 플라즈마는 그 자체가 광원으로 이용되기 때문에 매우 좁은 농도범위의 시료를 측정하는 데 주로 사용된다.

풀이 ㉱ 플라즈마는 그 자체가 광원으로 이용되기 때문에 매우 넓은 농도범위의 시료를 측정하는 데 주로 사용된다.

71 유기인과 PCBs실험에서 사용하는 구데르나다니쉬 농축기의 용도는 무엇인가?

㉮ n-hexane을 휘산시킨다.
㉯ 다이클로로 메탄을 휘산시킨다.
㉰ 수분을 휘발시킨다.
㉱ 염분을 휘발시킨다.

풀이 구데르나다니쉬 농축기의 용도는 n-hexane을 휘산시킨다.

72 강열감량 측정 실험에서 다음 데이터를 얻었을 때 유기물 함량(%)은 얼마인가?

- 용기의 질량(W_1) = 30.5238g
- 강열 전 용기와 시료의 질량(W_2) = 58.2695g
- 강열 후 용기와 시료의 질량(W_3) = 43.3767g

㉮ 43.68% ㉯ 53.68%
㉰ 63.68% ㉱ 73.68%

풀이 유기물 함량(%) $= \dfrac{(W_2 - W_3)}{(W_2 - W_1)} \times 100$

$= \dfrac{(58.2695\,g - 43.3767\,g)}{(58.2695\,g - 30.5238\,g)} \times 100$

$= 53.68\%$

73 정도보증/정도관리를 위한 검정곡선 작성법 중 검정곡선 작성용 표준용액과 시료에 동일한 양의 내부표준물질을 첨가하여 시험분석 절차, 기기 또는 시스템의 변동으로 발생하는 오차를 보정하기 위해 사용하는 방법은 무엇인가?

㉮ 상대검정곡선법
㉯ 표준검정곡선법
㉰ 절대검정곡선법
㉱ 보정검정곡선법

풀이 ㉮ 상대검정곡선법에 대한 설명이며, 핵심 내용인 "기기 또는 시스템의 변동으로 발생하는 오차 보정 - 상대검정곡선법"임을 숙지하시면 됩니다.

answer 70 ㉱ 71 ㉮ 72 ㉯ 73 ㉮

74 시료의 조제방법에 대한 내용으로 틀린 것은 어느 것인가?

㉮ 시료의 축소방법에는 구획법, 교호삽법, 원추4분법이 있다.
㉯ 소각잔재, 슬러지 또는 입자상 물질 중 입경이 5mm 이상인 것은 분쇄하여 체로 걸러서 입경이 0.5~5mm로 한다.
㉰ 시료의 축소방법 중 구획법은 대시료를 네모꼴로 얇게 균일한 두께로 편 후, 가로 4등분, 세로 5등분하여 20개의 덩어리로 나누어 20개의 각 부분에서 균등량씩을 취해 혼합하여 하나의 시료로 한다.
㉱ 축소라 함은 폐기물에서 시료를 채취할 경우 혹은 조제된 시료의 양이 많은 경우에 모은 시료의 평균적 성질을 유지하면서 양을 감소시켜 측정용 시료를 만드는 것을 말한다.

풀이 ㉯ 소각 잔재, 슬러지 또는 입자상 물질은 그대로 작은 돌멩이 등의 이물질을 제거하고, 이외의 폐기물 중 입경이 5mm 미만인 것은 그대로, 입경이 5mm 이상인 것은 분쇄하여 체로 거른 후 입경이 0.5mm~5mm로 한다.

75 질량법에 의해 기름성분을 측정할 때 필요한 기구 또는 기기로 틀린 것은 어느 것인가?

㉮ 전기열판 또는 전기멘틀
㉯ 분액깔때기
㉰ 회전증발농축기
㉱ 리비히 냉각관

76 폐기물공정시험기준의 총칙에서 규정하고 있는 사항 중 알맞은 것은 어느 것인가?

㉮ '약'이라 함은 기재된 양에 대하여 15% 이상의 차가 있어서는 안된다.
㉯ '정밀히 단다'라 함은 규정된 양의 시료를 취하여 화학저울 또는 미량저울로 칭량함을 말한다.
㉰ '정확히 취하여'라 하는 것은 규정한 양의 액체를 메스플라스크로 눈금까지 취하는 것을 말한다.
㉱ '정량적으로 씻는다'라 함은 사용된 용기 등에 남은 대상성분을 수돗물로 씻어냄을 말한다.

풀이 ㉮ '약'이라 함은 기재된 양에 대하여 ±10% 이상의 차가 있어서는 안된다.
㉰ '정확히 취하여'라 하는 것은 규정한 양의 액체를 홀피펫으로 눈금까지 취하는 것을 말한다.
㉱ '정량적으로 씻는다'라 함은 어떤 조작으로부터 다음 조작으로 넘어갈 때 사용한 비커, 플라스크 등의 용기 및 여과막 등에 부착한 정량대상 성분을 사용한 용매로 씻어 그 씻어낸 용액을 합하고 먼저 사용한 같은 용매를 채워 일정용량으로 하는 것이다.

77 0.002N NaOH 용액의 pH는 얼마인가?

㉮ 11.3 ㉯ 11.5
㉰ 11.7 ㉱ 11.9

풀이 pH = 14 + log[OH$^-$] = 14 + log[0.002M]
= 11.30

TIP
① NaOH → Na$^+$ + OH$^-$
  0.002M 0.002M 0.002M
② NaOH는 1가물질이므로 N농도와 M농도가 동일하다.

answer 74 ㉯ 75 ㉰ 76 ㉯ 77 ㉮

78 질량법에 의한 기름성분 분석방법에 대한 내용으로 틀린 것은 어느 것인가?

㉮ 시료를 직접 사용하거나, 시료에 적당한 응집제 또는 흡착제 등을 넣어 노말헥산 추출 물질을 포집한 다음 노말헥산으로 추출한다.
㉯ 시험기준의 정량한계는 0.1% 이하로 한다.
㉰ 폐기물중의 휘발성이 높은 탄화수소, 탄화수소유도체, 그리스유상물질 중 노말헥산에 용해되는 성분에 적용한다.
㉱ 눈에 보이는 이물질이 들어 있을 때에는 제거해야 한다.

풀이 ㉰ 폐기물 중의 비교적 휘발되지 않는 탄화수소, 탄화수소유도체, 그리스유상물질 중 노말헥산에 용해되는 성분에 적용한다.

79 시료 준비를 위한 회화법에 대한 기준으로 알맞은 것은 어느 것인가?

㉮ 목적성분이 400℃ 이상에서 회화되지 않고 쉽게 휘산될 수 있는 시료에 적용
㉯ 목적성분이 400℃ 이상에서 휘산되지 않고 쉽게 회화될 수 있는 시료에 적용
㉰ 목적성분이 800℃ 이상에서 회화되지 않고 쉽게 휘산될 수 있는 시료에 적용
㉱ 목적성분이 800℃ 이상에서 휘산되지 않고 쉽게 회화될 수 있는 시료에 적용

80 함수율이 95%인 시료에 용출시험 결과를 보정하기 위해 곱하여야 하는 값은 얼마인가?

㉮ 1.5 ㉯ 2.0
㉰ 2.5 ㉱ 3.0

풀이 수분 함량이 85% 이상인 시료의
$$보정계수 = \frac{15}{100 - 시료의\ 함수율(\%)}$$
$$= \frac{15}{100 - 95} = 3.0$$

answer 78 ㉰   79 ㉯   80 ㉱

2018년 1회 기출문제

| 제1과목 | 폐기물개론

01 적정한 수집·운반시스템에 대한 대책을 수립하는 과정에서 검토해야 할 항목으로 가장 거리가 먼 것은?

㉮ 수집구역 ㉯ 배출방법
㉰ 수집빈도 ㉱ 최종처분

풀이 적정한 수집·운반시스템에 대한 대책을 수립하는 과정에서 검토해야 할 항목으로는 수집구역, 배출방법, 수집빈도 등이 있다.

02 혐기성소화에 대한 설명으로 틀린 것은?

㉮ 가수분해, 산생성, 메탄생성 단계로 구분된다.
㉯ 처리속도가 느리고 고농도 처리에 적합하다.
㉰ 호기성처리에 비해 동력비 및 유지관리비가 적게 든다.
㉱ 유기산의 농도가 높을수록 처리효율이 좋아진다.

풀이 ㉱ 유기산의 농도가 낮을수록 처리효율이 좋아진다.

03 폐기물 선별과정에서 회전방식에 의해 폐기물을 크기에 따라 분리하는데 사용되는 장치는?

㉮ Reciprocating Screen
㉯ Air Classifier
㉰ Ballistic Separator
㉱ Trommel Screen

풀이 회전방식에 의해 폐기물을 크기에 따라 분리하는 장치는 트롬멜 스크린(Trommel Screen)이다.

04 수거차의 대기시간이 없이 빠른 시간 내에 적하를 마치므로 적환장 내·외에서 교통체증현상을 감소시켜주는 적환 시스템은?

㉮ 직접투하방식 ㉯ 저장투하방식
㉰ 간접투하방식 ㉱ 압축투하방식

풀이 적재방식의 특징
① 직접투하방식 : 주택지역과 거리가 먼 교외지역에 주로 사용하는 방식
② 저장투하방식 : 수거차의 대기시간이 없이 빠른 시간 내에 적하를 마치므로 적환장 내·외에서 교통체증 현상 감소
③ 직접·저장 투하 결합방식 : 재활용품의 회수율을 높이기 위한 적재방식

answer 01 ㉱ 02 ㉱ 03 ㉱ 04 ㉯

05 트롬멜 스크린에 대한 설명으로 틀린 것은?

㉮ 수평으로 회전하는 직경 3미터 정도의 원통형태이며 가장 널리 사용되는 스크린의 하나이다.
㉯ 최적회전속도는 임계회전속도의 45% 정도이다.
㉰ 도시폐기물 처리 시 적정회전속도는 100~180rpm이다.
㉱ 경사도는 대개 2~3°를 채택하고 있다.

풀이 ㉰ 도시폐기물 처리 시 적정회전속도는 11~13rpm이다.

06 굴림통 분쇄기(Roll Crusher)에 관한 설명으로 틀린 것은?

㉮ 재회수과정에서 유리같이 깨지기 쉬운 물질을 분쇄할 때 이용된다.
㉯ 퍼짐성이 있는 금속캔류는 단순히 납작하게 된다.
㉰ 유리와 금속류가 섞인 폐기물을 굴림통 분쇄기에 투입하면 분쇄된 유리를 체로 쳐서 쉽게 분리할 수 있다.
㉱ 분쇄는 투입물 선별 과정과 이것을 압축시키는 두 가지 과정으로 구성된다.

풀이 ㉱ 분쇄는 투입물을 포집하는 과정과 이것을 굴림통 사이로 통과시키는 두 가지 과정으로 구성된다.

07 도시폐기물을 물리적 특성 중 하나인 겉보기 밀도의 대푯값이 가장 높은 것은? (단, 비압축 상태 기준)

㉮ 재 ㉯ 고무류
㉰ 가죽류 ㉱ 알루미늄캔

풀이 가벼운 물질일수록 겉보기 밀도가 크고, 입자가 작은 물질일수록 겉보기 면적이 크다.

08 분뇨처리 결과를 나타낸 그래프의 ( )에 들어갈 말로 가장 알맞은 것은? (단, Se : 유출수의 휘발성 고형물질 농도(mg/L), So : 유입수의 휘발성고형물질 농도(mg/L), SRT : 고형물질의 체류시간)

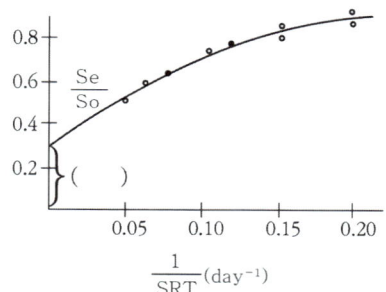

㉮ 생물학적 분해 가능한 유기물질 분율
㉯ 생물학적 분해 불가능한 휘발성 고형물질 분율
㉰ 생물학적 분해 가능한 무기물질 분율
㉱ 생물학적 분해 불가능한 유기물질 분율

풀이 ① $\frac{Se}{So}$ 가 0~0.3 범위 : 생물학적 분해 불가능한 휘발성고형물질(유기물질)분율
② $\frac{Se}{So}$ 가 0.3 이상 범위 : 생물학적 분해 가능한 휘발성고형물질(유기물질)분율

answer 05 ㉰ 06 ㉱ 07 ㉮ 08 ㉯

09 다음 유기물 중 분해가 가장 빠른 것은?

㉮ 리그닌 ㉯ 단백질
㉰ 셀룰로오즈 ㉱ 헤미셀룰로오즈

풀이 보기의 유기물 중 분해가 가장 빠른 것은 단백질이다.

10 분뇨를 혐기성 소화공법으로 처리할 때 발생하는 CH_4가스의 부피는 분뇨투입량의 약 8배라고 한다. 1일 분뇨 500kL/day씩 처리하는 소화시설에서 발생하는 CH_4가스를 포함하여 24시간 균등연소 시킬 때 시간당 발열량(kcal/hr)은 얼마인가? (단, CH_4가스의 발열량 = 약 5,500kcal/m³)

㉮ 5.5×10^6 ㉯ 2.5×10^7
㉰ 9.2×10^5 ㉱ 1.5×10^8

풀이 발열량(kcal/hr) = $\dfrac{500\,m^3}{day} \times \dfrac{1\,day}{24\,hr} \times 8배 \times \dfrac{5,500\,kcal}{m^3}$
= 9.2×10^5 kcal/hr

11 발열량에 대한 설명으로 틀린 것은?

㉮ 우리나라 소각로의 설계 시 이용하는 열량은 저위발열량이다.
㉯ 수분을 50% 이상 함유하는 쓰레기는 삼성분 조성비를 바탕으로 발열량을 측정하여야 오차가 적다.
㉰ 폐기물의 가연분, 수분, 회분의 조성비로 저위발열량을 추정할 수 있다.
㉱ Dulong 공식에 의한 발열량 계산은 화학적 원소분석을 기초로 한다.

풀이 ㉯ 수분을 50% 이상 함유하는 쓰레기는 원소분석에 의해 발열량을 측정하여야 오차를 줄일 수 있다.

12 적환장에 대한 설명으로 틀린 것은?

㉮ 적환장의 위치는 주민들의 생활환경을 고려하여 수거 지역의 무게중심과 되도록 멀리 설치하여야 한다.
㉯ 최종처분지와 수거지역의 거리가 먼 경우 적환장을 설치한다.
㉰ 작은 용량의 차량을 이용하여 폐기물을 수집해야 할 때 필요한 시설이다.
㉱ 폐기물의 수거와 운반을 분리하는 기능을 한다.

풀이 ㉮ 적환장의 위치는 주민들의 생활환경을 고려하여 수거 지역의 무게중심과 가깝게 설치하여야 한다.

13 쓰레기의 성상분석 절차로 가장 옳은 것은?

㉮ 시료 → 전처리 → 물리적조성 분류 → 밀도측정 → 건조 → 분류
㉯ 시료 → 전처리 → 건조 → 분류 → 물리적조성 분류 → 밀도측정
㉰ 시료 → 밀도측정 → 건조 → 분류 → 전처리 → 물리적조성 분류
㉱ 시료 → 밀도측정 → 물리적조성 분류 → 건조 → 분류 → 전처리

풀이 쓰레기의 성상분석 절차는 시료 → 밀도측정 → 물리적조성 분류 → 건조 → 분류 → 전처리 순이며, 가장 먼저 시행하는 것은 밀도측정임을 숙지하시면 됩니다.

answer 09 ㉯ 10 ㉰ 11 ㉯ 12 ㉮ 13 ㉱

14 폐기물의 운송기술에 대한 설명으로 틀린 것은?

㉮ 파이프라인(pipe-line) 수송은 폐기물의 발생빈도가 높은 곳에서는 현실성이 있다.
㉯ 모노레일(mono-rail) 수송은 가설이 곤란하고 설치비가 고가이다.
㉰ 컨베이어(conveyor) 수송은 넓은 지역에서 사용되고 사용 후 세정에 많은 물을 사용해야 한다.
㉱ 파이프라인(pipe line) 수송은 장거리 이송이 곤란하고 투입구를 이용한 범죄나 사고의 위험이 있다.

풀이 ㉰번의 설명은 컨테이너 수송에 대한 설명이다.

15 고형분이 20%인 폐기물 12ton을 건조시켜 함수율이 40%가 되도록 하였을 때 감량된 질량(ton)은 얼마인가? (단, 비중은 1.0 기준)

㉮ 5   ㉯ 6
㉰ 7   ㉱ 8

풀이 ① $W_1 \times TS_1 = W_2 \times (100 - P_2)$
$12\,ton \times 20\% = W_2 \times (100 - 40\%)$
$\therefore W_2 = 4\,ton$
② 감량된 질량 $= W_1 - W_2$
$= 12\,ton - 4\,ton$
$= 8\,ton$

16 환경경영체제(ISO-14000)에 대한 설명으로 틀린 내용은?

㉮ 기업이 환경문제의 개선을 위해 자발적으로 도입하는 제도이다.
㉯ 환경사업을 기업 영업의 최우선 과제 중의 하나로 삼는 경영체제이다.
㉰ 기업의 친환경성 이미지에 대한 광고 효과를 위해 도입할 수 있다.
㉱ 전과정평가(LCA)를 이용하여 기업의 환경성과를 측정하기도 한다.

풀이 ㉯ 환경관리를 기업경영의 방침으로 삼고 기업활동이 환경에 미치는 부정적인 영향을 최소화하는 경영체계이다.

17 폐기물 발생량 조사방법에 관한 설명으로 틀린 것은?

㉮ 물질수지법은 일반적인 생활폐기물 발생량을 추산할 때 주로 이용한다.
㉯ 적재차량 계수분석법은 일정기간 동안 특정지역의 폐기물 수거, 운반차량의 대수를 조사하여, 이 결과에 밀도를 이용하여 질량으로 환산하는 방법이다.
㉰ 직접계근법은 비교적 정확한 폐기물 발생량을 파악할 수 있다.
㉱ 직접계근법은 적재차량 계수 분석에 비하여 작업량이 많고 번거롭다는 단점이 있다.

풀이 ㉮ 물질수지법은 산업폐기물 발생량을 추산할 때 주로 이용한다.

answer 14 ㉰ 15 ㉱ 16 ㉯ 17 ㉮

18 폐기물의 성분을 조사한 결과 플라스틱의 함량이 20%(질량비)로 나타났다. 이 폐기물의 밀도가 300kg/m³이라면 6.5m³ 중에 함유된 플라스틱의 양(kg)은 얼마인가?

㉮ 300 ㉯ 345
㉰ 390 ㉱ 415

풀이 플라스틱의 양(kg) = $6.5\,m^3 \times 300\,kg/m^3 \times 0.20$
= $390\,kg/m^3$

19 폐기물 연소 시 저위발열량과 고위발열량의 차이를 결정짓는 물질은?

㉮ 물 ㉯ 탄소
㉰ 소각재의 양 ㉱ 유기물 총량

풀이 저위발열량과 고위발열량의 차이는 수분(물)의 증발잠열 차이이다.

20 전과정평가(LCA)를 4단계로 구성할 때 다음 중 가장 거리가 먼 것은?

㉮ 영향평가 ㉯ 목록분석
㉰ 해석(개선평가) ㉱ 현황조사

풀이 전과정평가(LCA) 4단계
① 목적 및 범위의 설정
② 목록분석
③ 영향평가
④ 개선평가 및 해석

| 제2과목 | 폐기물 재활용 및 자원화 기술

21 흔히 사용되는 폐기물 고화처리 방법은 보통 포틀랜드 시멘트를 이용한 방법이다. 보통포틀랜드 시멘트에서 가장 많이 함유한 성분은?

㉮ SiO_2 ㉯ Al_2O_3
㉰ Fe_2O_3 ㉱ CaO

풀이 포틀랜드 시멘트의 주성분
① 석회(CaO) : 60~65% 정도
② 규산(SiO_2) : 22%

22 합성차수막인 CSPE에 관한 설명으로 틀린 것은?

㉮ 미생물에 강하다.
㉯ 강도가 약하다.
㉰ 접합이 용이하다.
㉱ 산과 알칼리에 약하다.

풀이 ㉱ 산과 알칼리에 강하다.

23 다음 조건의 관리형 매립지에서 침출수의 통과 년 수는? (단, 점토층 두께=1m, 유효공극률=0.2, 투수 계수=10^{-7}cm/sec, 침출수 수두=0.4m, 기타 조건은 고려하지 않음)

㉮ 약 6.33년 ㉯ 약 5.24년
㉰ 약 4.53년 ㉱ 약 3.81년

풀이 $t = \dfrac{d^2 \cdot n}{k \times (d+h)}$
여기서 t : 시간(년)
  n : 유효공극률
  k : 투수계수(m/년)

실전문제

answer 18 ㉰ 19 ㉮ 20 ㉱ 21 ㉱ 22 ㉱ 23 ㉰

d : 점토층의 수두(m)
h : 침출수 수두(m)

① k(m/년)
$$= \frac{10^{-7}\,cm}{sec} \times \frac{1\,m}{10^2\,cm} \times \frac{3,600\,sec}{1\,hr} \times \frac{24\,hr}{1\,day} \times \frac{365\,day}{1\,년}$$
$$= 3.15 \times 10^{-2}\,m/년$$

② $t = \dfrac{(1m)^2 \times 0.2}{3.15 \times 10^{-2}\,m/년 \times (1m+0.4m)} = 4.54$년

24 수중 유기화합물의 활성탄 흡착에 관한 사항으로 틀린 것은?

㉮ 가지구조의 화합물이 직선구조의 화합물보다 잘 흡착된다.
㉯ 기공확산이 율속단계인 경우, 분자량이 클수록 흡착속도는 늦다.
㉰ 불포화탄화수소가 포화탄화수소보다 잘 흡착된다.
㉱ 물에 대한 용해도가 높은 화합물이 낮은 화합물보다 잘 흡착된다.

풀이 ㉱ 물에 대한 용해도가 낮은 화합물이 높은 화합물보다 잘 흡착된다.

TIP
흡착제 중 활성탄은 소수성이며 비극성 흡착제이다.

25 토양수분장력이 100,000cm의 물기둥 높이의 압력과 같다면 pF(Potential Force)의 값은?

㉮ 4.5 ㉯ 5.0
㉰ 5.5 ㉱ 6.0

풀이 $pF = \log[H\,cmH_2O] = \log[100,000\,cmH_2O]$
$= \log[10^5\,cmH_2O] = 5.0$

26 수거분뇨 1kL를 전처리(SS제거율 30%)하여 발생한 슬러지를 수분함량 80%로 탈수한 슬러지량(kg)은 얼마인가? (단, 수거분뇨 SS농도 = 4%, 비중 = 1.0 기준)

㉮ 20 ㉯ 40
㉰ 60 ㉱ 80

풀이 $W_1 \times TS_1 = W_2 \times (100 - P_2)$
$1,000\,kg \times 4\% \times 0.30 = W_2 \times (100 - 80\%)$
∴ $W_2 = 60\,kg$

TIP
① 비중 1.0 = 1.0 ton/m³
② kL = m³이므로 1kL = 1m³
③ 1KL(m³) × 1.0 ton/m³ = 1ton = 1,000kg
④ $W_1 \times (100-P_2) = W_2 \times (100-P_2)$
⑤ $W_1 \times TS_1 = W_2 \times TS_2$

27 다이옥신과 퓨란에 대한 설명으로 틀린 것은?

㉮ PVC 또는 플라스틱 등을 포함하는 합성물질을 연소시킬 때 발생한다.
㉯ 여러 개의 염소원자와 1~2개의 수소원자가 결합된 두 개의 벤젠고리를 포함하고 있다.
㉰ 다이옥신의 이성체는 75개이고, 퓨란은 135개이다.
㉱ 2, 3, 7, 8 PCDD의 독성계수가 1이며 여타 이성체는 1보다 작은 등가계수를 갖는다.

풀이 ㉯ 여러 개의 염소원자와 1~2개의 산소원자가 결합된 두 개의 벤젠고리를 포함하고 있다.

answer 24 ㉱ 25 ㉯ 26 ㉰ 27 ㉯

28 뒤집기 퇴비단 공법의 장점이 아닌 것은?

㉮ 건조가 빠르다.
㉯ 병원균 파괴율이 높다.
㉰ 많은 양을 다룰 수 있다.
㉱ 상대적으로 투자비가 낮다.

풀이 ㉯ 병원균 파괴율이 낮다.

29 혐기성 분해 시 메탄균은 pH에 민감하다. 메탄균의 최적 환경으로 가장 적합한 것은?

㉮ 강산성 상태
㉯ 약산성 상태
㉰ 약알칼리성 상태
㉱ 강알칼리성 상태

풀이 메탄균의 최적 환경은 pH 7.0~7.2 정도인 약알칼리성 상태이다.

30 고형물농도 80kg/m³의 농축 슬러지를 1시간에 8m³ 탈수시키려 한다. 슬러지 중의 고형물당 소석회 첨가량을 질량기준으로 20% 첨가했을 때 함수율 90%의 탈수 cake가 얻어졌다. 이 탈수 cake의 겉보기 비질량을 1,000kg/m³로 할 경우 발생 cake의 부피(m³/hr)는 얼마인가?

㉮ 약 5.5   ㉯ 약 6.6
㉰ 약 7.7   ㉱ 약 8.8

풀이 탈수케이크의 발생량(m³/hr)
$= \dfrac{\text{발생슬러지량(kg/hr)}}{\text{비중량(kg/m}^3\text{)}} \times \dfrac{100}{100 - \text{함수율(\%)}}$

① 발생슬러지량 $= 80\text{kg/m}^3 \times 8\text{m}^3/\text{hr} \times 1.2$
$= 768\text{kg/hr}$

② 탈수케이크의 발생량(m³/hr)

$= \dfrac{768\text{kg/hr}}{1,000\text{kg/m}^3} \times \dfrac{100}{100 - 90\%}$
$= 7.68 \text{m}^3/\text{hr}$

31 6.3%의 고형물을 함유한 150,000kg의 슬러지를 농축한 후, 소화조로 이송할 경우 농축슬러지의 질량은 70,000kg이다. 이때 소화조로 이송한 농축된 슬러지의 고형물 함유율(%)은 얼마인가? (단, 슬러지의 비중=1.0, 상등액의 고형물 함량은 무시)

㉮ 11.5   ㉯ 13.5
㉰ 15.5   ㉱ 17.5

풀이 $W_1 \times TS_1 = W_2 \times TS_2$
$150,000\text{kg} \times 6.3\% = 70,000\text{kg} \times TS_2$
$\therefore TS_2 = 13.5\%$

32 일반적인 폐기물의 매립방법에 관한 설명 중 틀린 것은?

㉮ 폐기물은 매일 1.8~2.4m의 높이로 매립한다.
㉯ 중간복토는 30cm의 흙으로 덮고 최종복토는 60cm의 흙으로 덮는다.
㉰ 다짐 후 폐기물 밀도가 390~740kg/m³이 되도록 한다.
㉱ 폐기물을 충분히 다짐하면 공기함유량이 감소되어 CH_4의 생성이 감소한다.

풀이 ㉱ 폐기물을 충분히 다짐하면 공기함유량이 감소되어 CH_4의 생성이 증가한다.

answer 28 ㉯   29 ㉰   30 ㉰   31 ㉯   32 ㉱

33 차수설비인 복합차수층에서 일반적으로 합성차수막 바로 상부에 위치하는 것은?

㉮ 점토층
㉯ 침출수집배수층
㉰ 차수막지지층
㉱ 공기층(완충지층)

🔑 풀이) 합성차수막 바로 상부에 위치하는 것은 침출수 집배수층이다.

34 오염토의 토양증기추출법 복원기술에 대한 장·단점으로 옳은 것은?

㉮ 증기압이 낮은 오염물질의 제거효율이 높다.
㉯ 다른 시약이 필요없다.
㉰ 추출된 기체의 대기오염방지를 위한 후처리가 필요없다.
㉱ 유지 및 관리비가 많이 소요된다.

🔑 풀이) ㉮ 증기압이 높은 오염물질의 제거효율이 높다.
㉰ 추출된 기체의 대기오염방지를 위한 후처리가 필요하다.
㉱ 유지 및 관리비가 적게 소요된다.

35 혐기성 소화공법에 비해 호기성 소화공법이 갖는 장·단점으로 틀린 것은?

㉮ 상등액의 BOD농도가 낮다.
㉯ 소화 슬러지량이 많다.
㉰ 소화 슬러지의 탈수성이 좋다.
㉱ 운전이 용이하다.

🔑 풀이) ㉰ 소화 슬러지의 탈수성이 나쁘다.

36 매립가스 추출에 대한 설명으로 틀린 것은?

㉮ 매립가스에 의한 환경영향을 최소화하기 위해 매립지 운영 및 사용종료 후에도 지속적으로 매립가스를 강제적으로 추출하여야 한다.
㉯ 굴착정의 깊이는 매립깊이의 75% 수준으로 하며, 바닥 차수층이 손상되지 않도록 주의하여야 한다.
㉰ LFG 추출시에는 공기 중의 산소가 충분히 유입되도록 일정 깊이(6m)까지는 유공부위를 설치하지 않고 그 아래에 유공부위를 설치한다.
㉱ 여름철 집중 호우시 지표면에서 6m이내에 있는 포집정 주위에는 매립지내 지하수위가 상승하여 LFG 진공추출시 지하수도 함께 빨려 올라올 수 있으므로 주의하여야 한다.

🔑 풀이) ㉰ LFG 추출시에는 공기 중의 산소가 유입되지 않도록 일정 깊이(6m)까지는 유공부위를 설치하고 그 아래에는 유공부위를 설치하지 않는다.

37 육상매립 공법에 대한 설명으로 틀린 것은?

㉮ 트렌치 굴착 방식(Trench method)은 폐기물을 일정한 두께로 매립한 다음 인접 도랑에서 굴착된 복토재로 복토하는 방법이다.
㉯ 지역식 매립(Area method)은 바닥을 파지 않고 제방을 쌓아 입지조건과 규모에 따라 매립지의 길이를 정한다.
㉰ 트렌치 굴착은 지하수위가 높은 지역에서 가능하다.
㉱ 지역식 매립은 해당지역이 트렌치 굴착을 하기에 적당하지 않은 지역에 적용할 수 있다.

answer 33 ㉯ 34 ㉯ 35 ㉰ 36 ㉰ 37 ㉰

> **풀이** ④ 트렌치 굴착은 지하수위가 낮은 지역에서 가능하다.

38 매립지 침하에 영향을 미치는 내용과 가장 관계가 없는 것은?

㉮ 다짐정도
㉯ 폐기물의 성상
㉰ 생물학적 분해정도
㉱ 차수재 종류

> **풀이** ㉱ 차수재의 종류는 침출수 및 지하수와 관련이 있다.

39 체의 통과 백분율이 10%, 30%, 50%, 60%인 입자의 직경이 각각 0.05mm, 0.15mm, 0.45mm, 0.55mm일 때 곡률계수는 얼마인가?

㉮ 0.82
㉯ 1.32
㉰ 2.76
㉱ 3.71

> **풀이**
> $$곡률계수 = \frac{(D_{30\%})^2}{(D_{10\%} \times D_{60\%})}$$
> $$= \frac{(0.15mm)^2}{(0.05mm \times 0.55mm)}$$
> $$= 0.82$$

TIP
① 유효입경 = $D_{10\%}$
② 균등계수 = $\dfrac{D_{60\%}}{D_{10\%}}$

40 소각로에서 발생되는 다이옥신을 저감하기 위한 방법으로 잘못 설명된 것은?

㉮ 쓰레기 조성 및 공급특성을 일정하게 유지하여 정상 소각이 되도록 한다.
㉯ 미국 EPA에서는 다이옥신 제어를 위해 완전혼합 상태에서 평균 980℃ 이상으로 소각하도록 권장하고 있다.
㉰ 쓰레기 소각로로부터 빠져나가는 이월(carryover) 입자의 양을 최대화 하도록 한다.
㉱ 연소기 출구와 굴뚝사이의 후류온도를 조절하여 다이옥신이 재형성되지 않도록 한다.

> **풀이** ㉰ 쓰레기 소각로로부터 빠져나가는 이월입자의 양을 최소화 하도록 한다.

| 제3과목 | 폐기물 처분기술

41 폐기물을 소각할 때 발생하는 폐열을 회수하여 이용할 수 있는 보일러에 대한 설명으로 틀린 것은?

㉮ 보일러의 배출가스 온도는 대략 100~200℃이다.
㉯ 보일러는 연료의 연소열을 압력용기 속의 물로 전달하여 소요압력의 증기를 발생시키는 장치이다.
㉰ 보일러의 용량 표시는 정격증발량으로 나타내는 경우와 환산증발량으로 나타내는 경우가 있다.
㉱ 보일러의 효율은 연료의 연소에 의한 화학에너지가 열에너지로 전달되었는가를 나타내는 것이다.

answer 38 ㉱ 39 ㉮ 40 ㉰ 41 ㉮

풀이 ㉮ 보일러의 배출가스 온도는 대략 250~300℃ 이다.

42 유동상 소각로의 특징으로 틀린 것은?

㉮ 과잉공기율이 작아도 된다.
㉯ 층내 압력손실이 작다.
㉰ 층내 온도의 제어가 용이하다.
㉱ 노부하율이 높다.

풀이 ㉯ 층내 압력손실이 크다.

43 저위발열량 10,000kcal/Sm³인 기체연료 연소시, 이론습연소가스량이 20Sm³/Sm³이고 이론연소온도는 2,500℃라고 한다. 연료 연소가스의 평균 정압비열(kcal/Sm³·℃)은 얼마인가? (단, 연소용 공기, 연료 온도=15℃)

㉮ 0.2　　㉯ 0.3
㉰ 0.4　　㉱ 0.5

풀이 저위발열량(kcal/Sm³)
= 가스량(Sm³/Sm³) × 정압비열(kcal/Sm³·℃)
　× 온도차(℃)
∴ 정압비열(kcal/Sm³·℃)
$$= \frac{저위발열량(kcal/Sm^3)}{가스량(Sm^3/Sm^3) \times 온도차(℃)}$$
$$= \frac{10,000\,kcal/Sm^3}{20Sm^3/Sm^3 \times (2,500-15)℃}$$
$$= 0.20\,kcal/Sm^3 \cdot ℃$$

44 폐기물 소각로의 종류 중 회전로식 소각로(Rotary Kiln Incinerator)의 장점으로 틀린 것은?

㉮ 소각대상물에 관계없이 소각이 가능하며 또한 연속적으로 재 배출이 가능하다.
㉯ 연소실내 폐기물의 체류시간은 노의 회전속도를 조절함으로써 가능하다.
㉰ 연소효율이 높으며, 미연소분의 배출이 적고 2차 연소실이 불필요하다.
㉱ 소각대상물의 전처리 과정이 불필요하다.

풀이 ㉰ 연소효율이 낮으며, 미연소분의 배출이 많고, 2차 연소실이 필요하다.

45 메탄 80%, 에탄 11%, 프로판 6%, 나머지는 부탄으로 구성된 기체연료의 고위발열량이 10,000kcal/Sm³이다. 기체연료의 저위발열량은 얼마인가?

㉮ 약 8,100　　㉯ 약 8,300
㉰ 약 8,500　　㉱ 약 8,900

풀이 $CH_4 + 2O_2 \rightarrow CO_2 + 2H_2O$: 80%
$C_2H_6 + 3.5O_2 \rightarrow 2CO_2 + 3H_2O$: 11%
$C_3H_8 + 5O_2 \rightarrow 3CO_2 + 4H_2O$: 6%
$C_4H_{10} + 6.5O_2 \rightarrow 4CO_2 + 5H_2O$: 3%
저위발열량(Hl)
= 고위발열량(Hh) − 480 × H_2O량(kcal/Sm³)
= 10,000kcal/Sm³ − 480
　× (2×0.8 + 3×0.11 + 4×0.06 + 5×0.03)
= 8,886.4 kcal/Sm³

answer 42 ㉯　43 ㉮　44 ㉰　45 ㉱

46 표면연소에 대한 설명으로 옳은 것은?

㉮ 코크스나 목탄과 같은 휘발성 성분이 거의 없는 연료의 연소형태를 말한다.
㉯ 휘발유와 같이 끓는점이 낮은 기름의 연소나 왁스가 액화하여 다시 기화되어 연소하는 것을 말한다.
㉰ 기체연료와 같이 공기의 확산에 의한 연소를 말한다.
㉱ 나이트로글리세린 등과 같이 공기 중 산소를 필요로 하지 않고 분자 자신 속의 산소에 의해서 연소하는 것을 말한다.

▶ 풀이 연소형태
㉮ 표면연소
㉯ 증발연소
㉰ 확산연소
㉱ 자기연소

47 슬러지 소각에 부적합한 소각로는 어느 것인가?

㉮ 고정상 소각로
㉯ 다단로 소각로
㉰ 유동층 소각로
㉱ 화격자 소각로

▶ 풀이 ㉱ 화격자 소각로는 슬러지 소각에 부적합하고, 도시폐기물 소각에 적합하다.

48 수분함량이 20%인 폐기물의 발열량을 단열열량계로 분석한 결과가 1,500 kcal/kg 이라면 저위발열량(kcal/kg)은 얼마인가?

㉮ 1,320   ㉯ 1,380
㉰ 1,410   ㉱ 1,500

▶ 풀이 저위발열량 = 고위발열량-600(9H+W)(kcal/kg)
= 1,500kcal/kg-600×0.20
= 1,380kcal/kg

49 소각로에 폐기물을 연속적으로 주입하기 위해서는 충분한 저장시설을 확보하여야 한다. 연속주입을 위한 폐기물의 일반적인 저장시설 크기로 적당한 것은?

㉮ 24~36시간분   ㉯ 2~3일분
㉰ 7~10일분   ㉱ 15~20일분

▶ 풀이 연속주입을 위한 폐기물의 일반적인 저장시설 크기는 2~3일분이다.

50 열분해에 의한 에너지 회수법의 단점으로 틀린 것은?

㉮ 보일러 튜브가 쉽게 부식된다.
㉯ 초기 시설비가 매우 높다.
㉰ 열공급에 대한 확실성이 없으며 또한 시장의 절대적 확보가 어렵다.
㉱ 지역난방에 효과적이지 못하다.

▶ 풀이 ㉱ 지역난방에 효과적이다.

51 액체 주입형 소각로의 단점으로 틀린 것은?

㉮ 대기오염 방지시설 이외의 소각재 처리설비가 필요하다.
㉯ 완전히 연소시켜 주어야 하며 내화물의 파손을 막아주어야 한다.
㉰ 고농도 고형분으로 인하여 버너가 막히기 쉽다.
㉱ 대량 처리가 어렵다.

▶ 풀이 ㉮ 대기오염방지시설과 소각재 배출설비가 필요없다.

answer 46 ㉮ 47 ㉱ 48 ㉯ 49 ㉯ 50 ㉱ 51 ㉮

52 소각능이 1,200kg/m²·hr인 스토커형 소각로에서 1일 80톤의 폐기물을 소각시킨다. 이 소각로의 화격자 면적(m²)은 얼마인가? (단, 소각로는 1일 16시간 가동한다.)

㉮ 약 2.1
㉯ 약 2.8
㉰ 약 4.2
㉱ 약 6.6

풀이 소각로의 소각능(kg/m²·hr)
$= \dfrac{\text{쓰레기의 소각량(kg/hr)}}{\text{화격자 면적(m²)}}$

$1,200\,\text{kg/m}^2\cdot\text{hr} = \dfrac{80,000\,\text{kg/일} \times 1\text{일}/16\text{hr}}{\text{화격자 면적(m²)}}$

∴ 화격자 면적
$= \dfrac{80,000\,\text{kg/일} \times 1\text{일}/16\text{hr}}{1,200\,\text{kg/m}^2\cdot\text{hr}} = 4.17\,\text{m}^2$

53 표준상태(0℃, 1기압)에서 어떤 배기가스 내에 CO_2 농도가 0.05%라면 몇 mg/m³에 해당되는가?

㉮ 832
㉯ 982
㉰ 1124
㉱ 1243

풀이 $\text{mg/Sm}^3 = \dfrac{0.05 \times 10^4\,\text{mL}}{\text{Sm}^3} \times \dfrac{44\,\text{mg}}{22.4\,\text{mL}}$
$= 982.14\,\text{mg/Sm}^3$

TIP
① % $\xrightarrow{\times 10^4}$ ppm
② ppm = mL/Sm³
③ CO_2 1mol $\begin{cases} 44\text{mg} \\ 22.4\text{mL} \end{cases}$

54 열분해 방법을 습식산화법, 저온열분해, 고온열 분해로 구분할 때 각각의 온도영역을 순서대로 나열한 것은?

㉮ 100~200℃, 300~400℃, 700~800℃
㉯ 200~300℃, 400~600℃, 900~1,000℃
㉰ 200~300℃, 500~900℃, 1,100~1,500℃
㉱ 300~500℃, 700~900℃, 1,100~1,500℃

풀이 열분해 방법별 온도영역
① 습식산화법 : 200~300℃
② 저온열분해법 : 500~900℃
③ 고온열분해법 : 1,100~1,500℃

55 폐기물 소각 연소과정에서 연소효율을 향상시키는 대책이 아닌 것은?

㉮ 복사 전열에 의한 방열손실을 최대한 줄인다.
㉯ 연소생성 열량을 피연소물에 유효하게 전달하고 배기가스에 의한 열손실을 줄인다.
㉰ 연소과정에서 발생하는 배기가스를 재순환시켜 전열효율을 높이고, 최종 배출가스 온도를 높인다.
㉱ 연소잔사에 의한 열손실을 줄인다.

풀이 ㉰ 연소과정에서 발생하는 배기가스를 재순환을 방지하고, 최종 배출가스 온도를 낮춘다.

answer 52 ㉰ 53 ㉯ 54 ㉰ 55 ㉰

56 연소시키는 물질의 발화온도, 함수량, 공급공기량, 연소기의 형태에 따라 연소온도가 변화된다. 연소온도에 관한 설명 중 옳지 않은 것은?

㉮ 연소온도가 낮아지면 불완전 연소로 HC나 CO 등이 생성되며 냄새가 발생된다.
㉯ 연소온도가 너무 높아지면 NOx나 SOx가 생성되며 냉각공기의 주입량이 많아지게 된다.
㉰ 소각로의 최소온도는 650℃ 정도이지만 스팀으로 에너지를 회수하는 경우에는 연소온도를 870℃ 정도로 높인다.
㉱ 함수율이 높으면 연소온도가 상승하며, 연소물질의 입자가 커지면 연소시간이 짧아진다.

풀이 ㉱ 함수율이 높으면 연소온도가 낮아지며, 연소물질의 입자가 커지면 연소시간이 길어진다.

57 폐기물 소각 후 발생하는 소각재의 처리방법에는 여러 가지가 있다. 소각재 고형화 처리방식이 아닌 것은?

㉮ 전기를 이용한 포졸란 고화방식
㉯ 시멘트를 이용한 콘크리트 고화방식
㉰ 아스팔트를 이용한 아스팔트 고화방식
㉱ 킬레이트 등 약제를 이용한 고화방식

풀이 ㉮ 석회를 이용한 포졸란 고화방식

58 폐기물 중 가연분을 셀룰로오스로 간주하여 계산하는 값은?

㉮ 최대이산화탄소 발생량
㉯ 이론 산소량
㉰ 이론 공기량
㉱ 과잉공기계수

풀이 ㉰ 이론 공기량은 폐기물 중 가연분을 셀룰로오스로 간주하여 계산한다.

59 도시폐기물 성분 중 수소 5kg이 완전연소 되었을 때 필요로 한 이론적 산소 요구량(kg)과 연소생성물인 수분의 양(kg)은 얼마인가? (단, 산소(O_2), 수분(H_2O) 순서)

㉮ 25, 30
㉯ 30, 35
㉰ 35, 40
㉱ 40, 45

풀이 $H_2 + 0.5O_2 \rightarrow H_2O$
2kg : 0.5×32kg : 18kg
5kg : X_1 : X_2

$\therefore X_1(\text{이론산소량}) = \dfrac{5\text{kg} \times 0.5 \times 32\text{kg}}{2\text{kg}} = 40\text{kg}$

$X_2(H_2O\text{량}) = \dfrac{5\text{kg} \times 18\text{kg}}{2\text{kg}} = 45\text{kg}$

60 어떤 도시 폐기물의 조성이 함수율 25%, 불연성분 15%, 탄소 25%, 수소 8%, 산소 25%, 황 2%일 때 고위발열량은? (단, Dulong식 적용)

㉮ 약 3,740kcal/kg
㉯ 약 4,970kcal/kg
㉰ 약 5,260kcal/kg
㉱ 약 6,620kcal/kg

풀이 Dulong공식에서 고위발열량(Hh)

$= 8,100C + 34,000\left(H - \dfrac{O}{8}\right) + 2,500S \,(\text{kcal/kg})$

$Hh = 8,100 \times 0.25 + 34,000 \times \left(0.08 - \dfrac{0.25}{8}\right)$
$\quad + 2,500 \times 0.02$
$= 3,732.5 \,\text{kcal/kg}$

answer 56 ㉱ 57 ㉮ 58 ㉰ 59 ㉱ 60 ㉮

| 제4과목 | 폐기물공정시험기준

61 시료의 전처리방법 중 질산-황산에 의한 유기물분해에 해당되는 항목들로 짝지어진 것은?

> ㉠ 시료를 서서히 가열하여 액체의 부피가 약 15mL가 될 때까지 증발 농축한 후 공기 중에서 식힌다.
> ㉡ 용액의 산 농도는 약 0.8N이다.
> ㉢ 염산(1+1) 10mL와 물 15mL를 넣고 약 15분간 가열하여 잔류물을 녹인다.
> ㉣ 분해가 끝나면 공기 중에서 식히고 정제수 50mL를 넣어 끓기 직전까지 서서히 가열하여 침전된 용해성염들을 녹인다.
> ㉤ 유기물 등을 많이 함유하고 있는 대부분의 시료에 적용된다.

㉮ ㉡, ㉢, ㉣ ㉯ ㉢, ㉣, ㉤
㉰ ㉠, ㉣, ㉤ ㉱ ㉠, ㉢, ㉤

풀이 보기 중에서 염산을 이용하는 ㉢이 없는 보기를 찾으면 ㉰번이 정답이 된다.

62 기체크로마토그래피로 유기인 분석 시 검출기에 관한 설명으로 ( )에 들어갈 알맞은 말은?

> 질소인 검출기(NPD) 또는 불꽃광도 검출기(FPD)는 질소나 인이 불꽃 또는 열에서 생성된 이온이 ( )염과 반응하여 전자를 전달하며, 이때 흐르는 전자가 포착되어 전류의 흐름으로 바꾸어 측정하는 방법으로 유기인화합물 및 유기질소 화합물을 선택적으로 검출할 수 있다.

㉮ 세슘   ㉯ 루비듐
㉰ 프란슘 ㉱ 니켈

풀이 ㉯ 루비듐(Rb)을 찾는 문제이다.

63 금속류-원자흡수분광광도법에 대한 설명으로 틀린 것은?

㉮ 폐기물 중의 구리, 납, 카드뮴 등의 측정방법으로, 질산을 가한 시료 또는 산 분해 후 농축시료를 직접 불꽃으로 주입하여 원자화 한 후 원자흡수분광광도법으로 분석한다.
㉯ 정확도는 첨가한 표준물질의 농도에 대한 측정 평균값의 상대 백분율로 나타내고 그 값이 75~125 % 이내이어야 한다.
㉰ 원자흡수분광광도계(AAS)는 일반적으로 광원부, 시료원자화부, 파장선택부 및 측광부로 구성되어 있으며 단광속형과 복광속형으로 구분된다.
㉱ 원자흡수분광광도계에 불꽃을 만들기 위해 가연성기체와 조연성기체를 사용하는데, 일반적으로 조연성기체로 아세틸렌을 가연성기체로 공기를 사용한다.

풀이 ㉱ 원자흡수분광광도계에 불꽃을 만들기 위해 가연성기체와 조연성기체를 사용하는데, 일반적으로 가연성기체로 아세틸렌을 조연성기체로 공기를 사용한다.

answer 61 ㉰ 62 ㉯ 63 ㉱

64 총칙의 용어 설명으로 틀린 것은?

㉮ 액상폐기물이라 함은 고형물의 함량이 5% 미만인 것을 말한다.
㉯ 방울수라 함은 20℃에서 정제수 20방울을 적하할 때, 그 부피가 약 0.1mL 되는 것을 뜻한다.
㉰ 시험조작 중 즉시란 30초 이내에 표시된 조작을 하는 것을 뜻한다.
㉱ 고상폐기물이라 함은 고형물의 함량이 15% 이상인 것을 말한다.

풀이 ㉯ 방울수라 함은 20℃에서 정제수 20방울을 적하할 때, 그 부피가 약 1mL 되는 것을 뜻한다.

65 유도결합플라즈마-원자발광분광법(ICP)에 의한 중금속 측정 원리에 대한 설명으로 옳은 것은?

㉮ 고온(6,000~8,000K)에서 들뜬 원자가 바닥상태로 이동할 때 방출하는 발광강도를 측정한다.
㉯ 고온(6,000~8,000K)에서 들뜬 원자가 바닥상태로 이동할 때 흡수되는 흡광강도를 측정한다.
㉰ 바닥상태의 원자가 고온(6,000~8,000K)의 들뜬상태로 이동할 때 방출되는 발광강도를 측정한다.
㉱ 바닥상태의 원자가 고온(6,000~8,000K)의 들뜬상태로 이동할 때 흡수되는 흡광강도를 측정한다.

풀이 유도결합플라즈마-원자발광분광법(ICP)
① 온도 : 6,000~8,000K
② 발광강도 측정 : 들뜬(여기) 상태 → 바닥(기저) 상태

66 PCBs를 기체크로마토그래피로 분석할 때 실리카겔 칼럼에 무수황산나트륨을 첨가하는 이유는 무엇인가?

㉮ 유분제거 ㉯ 수분제거
㉰ 미량 중금속제거 ㉱ 먼지제거

풀이 무수황산나트륨의 용도 : 수분 제거

67 용매추출 후 기체크로마토그래피를 이용하여 휘발성 저급염소화 탄화수소류 분석 시 가장 적합한 물질은?

㉮ Dioxin
㉯ Polychlorinated biphenyls
㉰ Trichloroethylene
㉱ Ployvinylchloride

풀이 용매추출 후 기체크로마토그래피를 이용하여 휘발성 저급염소화 탄화수소류 분석시 적합한 물질은 트리클로로에틸렌, 테트라클로로에틸렌이다.

68 유도결합플라즈마-원자발광광도계 구성장치로 가장 옳은 것은?

㉮ 시료 도입부, 고주파전원부, 광원부, 분광부, 연산처리부, 기록부
㉯ 시료 도입부, 시료 원자화부, 광원부, 측광부, 연산처리부, 기록부
㉰ 시료 도입부, 고주파전원부, 광원부, 파장선택부, 연산처리부, 기록부
㉱ 시료 도입부, 시료 원자회부, 파장선택부, 측광부, 연산처리부, 기록부

풀이 유도결합플라즈마-원자발광광도계 구성 장치는 시료 도입부, 고주파접원부, 광원부, 분광부, 연산처리부, 기록부로 구성되어 있다.

answer 64 ㉯ 65 ㉮ 66 ㉯ 67 ㉰ 68 ㉮

69 발색 용액의 흡광도를 20mm셀을 사용하여 측정한 결과 흡광도는 1.34이었다. 이 액을 10mm의 셀로 측정한다면 흡광도는 얼마인가?

㉮ 0.32　　㉯ 0.67
㉰ 1.34　　㉱ 2.68

풀이 흡광도(A) = $\epsilon \cdot C \cdot L$이므로
흡광도(A)와 흡수셀의 두께(L)은 비례관계이므로
20mm : 1.34 = 10mm : A
흡광도(A) = $\dfrac{1.34 \times 10\text{mm}}{20\text{mm}}$ = 0.67

70 자외선/가시선 분광법에서 램비어트 비어의 법칙을 올바르게 나타낸 식은? (단, Io = 입사강도, It = 투과강도, L = 셀의 두께, ϵ = 상수, C = 농도)

㉮ $I_t = I_o \cdot 10^{-\epsilon C L}$
㉯ $I_o = I_t \cdot 10^{-\epsilon C L}$
㉰ $I_t = C \cdot I_o \cdot 10^{-\epsilon L}$
㉱ $I_o = L \cdot I_t \cdot 10^{-\epsilon C}$

풀이 램비어트 비어의 법칙
① $I_t = I_o \cdot 10^{-\epsilon C L}$
② $I_o = I_t \cdot 10^{\epsilon C L}$

71 강열감량 및 유기물 함량을 질량법으로 분석 시 이에 대한 설명으로 옳지 않은 것은?

㉮ 시료에 질산암모늄용액(25%)을 넣고 가열한다.
㉯ 600±25℃의 전기로 안에서 1시간 강열한다.
㉰ 시료는 24시간 이내에 증발 처리를 하는 것이 원칙이며, 부득이한 경우에는 최대 7일을 넘기지 말아야 한다.
㉱ 용기 벽에 부착하거나 바닥에 가라앉는 물질이 있는 경우에는 시료를 분취하는 과정에서 오차가 발생할 수 있다.

풀이 ㉯ 600±25℃의 전기로 안에서 3시간 강열한다.

72 원자흡수분광광도법 분석 시, 질산-염산법으로 유기물을 분해시켜 분석한 결과 폐기물시료량 5g, 최종 여액량 100mL, Pb농도가 20mg/L였다면, 이 폐기물의 Pb함유량(mg/kg)은 얼마인가?

㉮ 100　　㉯ 200
㉰ 300　　㉱ 400

풀이 폐기물의 Pb함유량(mg/kg)
= $\dfrac{20\text{mg/L} \times 0.1\text{L}}{5 \times 10^{-3}\text{kg}}$
= 400 mg/kg

73 '항량으로 될 때까지 건조한다.'라 함은 같은 조건에서 1시간 더 건조할 때 전후 무게의 차가 g당 몇 mg 이하일 때를 말하는가?

㉮ 0.01mg　　㉯ 0.03mg
㉰ 0.1mg　　㉱ 0.3mg

풀이 '항량으로 될 때까지 건조한다.'라 함은 같은 조건에서 1시간 더 건조할 때 전후 무게의 차가 매 g당 0.3mg 이하이다.

answer 69 ㉯　70 ㉮　71 ㉯　72 ㉱　73 ㉱

74 pH가 2인 용액 2L와 pH가 1인 용액 2L를 혼합하였을 때 pH는 얼마인가?

㉮ 약 1.0
㉯ 약 1.3
㉰ 약 1.5
㉱ 약 1.8

풀이
① pH = -log[H^+] ⇒ [H^+] = 10^{-pH} mol/L
  pH 2 ⇒ [H^+] = 10^{-2} mol/L
  pH 1 ⇒ [H^+] = 10^{-1} mol/L
② 혼합농도 = $\dfrac{C_1Q_1 + C_2Q_2}{Q_1 + Q_2}$
  = $\dfrac{10^{-2}\,mol/L \times 2L + 10^{-1}\,mol/L \times 2L}{2L + 2L}$
  = 0.055 mol/L
③ pH = -log[H^+] = -log[0.055 mol/L] = 1.26

75 자외선/가시선 분광법으로 납을 측정할 때 전처리를 하지 않고 직접 시료를 사용하는 경우 시료 중에 시안화합물이 함유되었을 때 조치사항으로 옳은 것은?

㉮ 염산 산성으로 하여 끓여 시안화물을 완전히 분해 제거한다.
㉯ 사염화탄소로 추출하고 수층을 분리하여 시안화물을 완전히 제거한다.
㉰ 음이온 계면활성제와 소량의 활성탄을 주입하여 시안화물을 완전히 흡착 제거한다.
㉱ 질산(1+5)와 과산화수소를 가하여 시안화물을 완전히 분해 제거한다.

풀이 직접 시료를 사용하는 경우, 시료 중에 시안화합물이 함유되어 있는 경우는 염산 산성으로 하여 끓여 시안화물을 완전히 분해 제거한다.

76 환경측정의 정도보증/정도관리(QA/AC)에서 검정곡선방법으로 틀린 것은?

㉮ 절대검정곡선법
㉯ 표준물질첨가법
㉰ 상대검정곡선법
㉱ 외부표준법

풀이 정도보증/정도관리에서 검정곡선방법
① 절대검정곡선법
② 표준물질첨가법
③ 상대검정곡선법

77 용출시험방법에서 함수율 95%인 시료의 용출시험결과에 수분함량 보정을 위해 곱해야하는 값은 얼마인가?

㉮ 1.5
㉯ 3.0
㉰ 4.5
㉱ 5.0

풀이 함수율 85% 이상인 시료의
보정계수 = $\dfrac{15}{100 - 시료의\ 함수율(\%)}$
= $\dfrac{15}{100 - 95\%}$ = 3.0

78 환원기화 – 원자흡수분광광도법으로 수은을 측정하고자 한다. 분석절차(전처리) 과정 중 과잉의 과망간산칼륨을 분해하기 위해 사용하는 용액은 무엇인가?

㉮ 10W/V% 염화하이드록시암모늄용액
㉯ (1+4) 암모니아수
㉰ 10W/V% 이염화주석용액
㉱ 10W/V% 과황산칼륨

풀이 과잉의 과망간산칼륨을 분해하기 위해 사용하는 용액은 10W/V% 염화하이드록시암모늄용액이다.

answer 74 ㉯ 75 ㉮ 76 ㉱ 77 ㉯ 78 ㉮

79 시료의 조제방법으로 옳지 않은 것은?

㉮ 돌멩이 등의 이물질을 제거하고, 입경이 5mm 이상인 것은 분쇄하여 체로 거른 후 입경이 0.5~5mm로 한다.
㉯ 시료의 축소방법으로는 구획법, 교호삽법, 원추4분법이 있다.
㉰ 원추4분법을 3회 시행하면 원래 양의 1/3이 된다.
㉱ 교호삽법과 원추4분법은 축소과정에서 공히 원추를 쌓는다.

풀이 ㉰ 원추4분법을 3회 시행하면 원래 양의 1/8이 된다.

TIP
원추4분법의 시료분할방법
분석용 시료의 양(g)
$= 전체\ 시료의\ 양(g) \times \left(\dfrac{1}{2}\right)^n$

80 아래와 같은 방식으로 폐기물 시료의 크기를 줄이는 방법은 무엇인가?

> 분쇄한 대시료를 단단하고 깨끗한 평면 위에 원추형으로 쌓는다. → 원추를 장소를 바꾸어 다시 쌓는다. → 원추에서 일정한 양을 취하여 장방형으로 도포하고 계속해서 일정한 양을 취하여 그 위에 입체로 쌓는다. → 육면체의 측면을 교대로 돌면서 각각 균등한 양을 취하여 두 개의 원추를 쌓는다. → 이중 하나는 버린다. → 조작을 반복하면서 적당한 크기까지 줄인다.

㉮ 원추2분법   ㉯ 원추4분법
㉰ 교호삽법   ㉱ 구획법

풀이 ㉰ 교호삽법에 대한 설명이며, 핵심내용인 "원추형, 육면체, 원추 쌓기 = 교호삽법"임을 숙지하시면 됩니다.

answer 79 ㉰   80 ㉰

2018 2회 기출문제

| 제1과목 | 폐기물개론

01 인구 50만명인 도시의 쓰레기발생량이 연간 165,000톤일 경우 MHT는 얼마인가? (단, 수거인부수 = 148명, 1일 작업시간 8시간, 연간휴가일수 = 90일)

㉮ 1.5 ㉯ 2
㉰ 2.5 ㉱ 3

풀이
$$MHT = \frac{수거인부수 \times 작업시간}{쓰레기 수거실적}$$
$$= \frac{148인 \times 8hr/day \times 275day/년}{165,000 ton/년}$$
$$= 1.97 \, MHT$$

TIP
MHT = man · hr/ton

02 적환장에 대한 설명으로 틀린 것은?

㉮ 폐기물의 수거와 운반을 분리하는 기능을 한다.
㉯ 적환장에서 재생 가능한 물질의 선별을 고려하도록 한다.
㉰ 최종처분지와 수거지역의 거리가 먼 경우에 설치 운영한다.
㉱ 고밀도 거주지역이 존재할 때 설치 운영한다.

풀이 ㉱ 저밀도 거주지역이 존재할 때 설치 운영한다.

03 폐기물의 파쇄에 대한 설명으로 틀린 것은?

㉮ 파쇄하면 부피가 커지는 경우도 있다.
㉯ 파쇄를 통해 조성이 균일해 진다.
㉰ 매립작업 시 고밀도 매립이 가능하다.
㉱ 압축 시 밀도 증가율이 감소하므로 운반비가 감소된다.

풀이 ㉱ 압축 시 밀도 증가율이 증가하므로 운반비가 감소된다.

04 쓰레기의 발생량에 가장 관계가 적은 것은?

㉮ 주민의 생활법 및 문화수준
㉯ 분리수거제도의 정책정도
㉰ 수거차량의 용적 및 처리시설
㉱ 법규 및 제도

풀이 쓰레기의 발생량에 영향을 미치는 인자
① 주민의 생활법 및 문화수준
② 분리수거제도의 정책정도
③ 법규 및 제도
④ 가구당 인원수
⑤ 쓰레기통의 크기
⑥ 수거빈도
⑦ 계절

실전문제

answer 01 ㉯ 02 ㉱ 03 ㉱ 04 ㉰

05 쓰레기 수거계획 수립 시 가장 우선되어야 할 항목은?

㉮ 수거빈도　　㉯ 수거노선
㉰ 차량의 적재량　㉱ 인부수

풀이 쓰레기 수거계획 수립 시 가장 우선되어야 할 항목은 수거노선이다.

06 도시폐기물의 화학적 특성 중 재의 융점을 설명한 것으로 (　)에 들어갈 알맞은 말은?

> 재의 융점은 폐기물 소각으로부터 생긴 재가 용융, 응고되어 고형물을 형성시키는 온도로 정의된다. 폐기물로부터 클링크가 생성되는 대표적인 융점의 범위는 (　)이다.

㉮ 700~800℃　　㉯ 900~1,000℃
㉰ 1,100~1,200℃　㉱ 1,300~1,400℃

풀이 폐기물로부터 클링크가 생성되는 대표적인 융점의 범위는 1,100~1,200℃이다.

07 쓰레기에서 타는 성분의 화학적 성상 분석 시 사용되는 자동원소분석기에 의해 동시 분석이 가능한 항목을 모두 알맞게 나열한 것은?

㉮ 질소, 수소, 탄소
㉯ 탄소, 황, 수소
㉰ 탄소, 수소, 산소
㉱ 질소, 황, 산소

풀이 자동원소분석기에 의해 동시 분석이 가능한 항목은 질소(N), 수소(H), 탄소(C)이다.

08 인구 15만명, 쓰레기발생량 1.4kg/인·일, 쓰레기 밀도 400kg/m³, 운반거리 6km, 적재용량 12m³, 1회 운반 소요시간 60분(적재시간, 수송시간 등 포함)일 때 운반에 필요한 일일 소요 차량대수(대)는 얼마인가? (단, 대기 차량 포함, 대기 차량 = 3대, 압축비 = 2.0, 일일 운전시간 6시간 기준이다.)

㉮ 6　　㉯ 7
㉰ 8　　㉱ 11

풀이 ① 차량 대수

$$= \frac{\text{쓰레기 발생량}(kg/\text{인·일}) \times \text{인구수} \times 10^{-3} ton/kg}{\text{적재용량}(ton/\text{대}) \times \text{차량 운전시간}(hr/\text{대·일}) \times \frac{1\text{대}}{\text{운반소요시간}(min)} \times \frac{60}{}} \times \frac{1}{\text{압축비}}$$

$$= \frac{1.4 kg/\text{인·일} \times 150,000\text{인} \times 10^{-3} ton/kg}{12m^3/\text{대} \times 0.4 ton/m^3 \times 6 hr/\text{대·일} \times \frac{1\text{대}}{60min} \times \frac{60min}{1hr}} \times \frac{1}{2.0}$$

$= 3.64$대 $= 4$대

② 차량대수 = 실제차량대수 + 대기 차량
= 4대 + 3대 = 7대

09 폐기물의 열분해에 관한 설명으로 틀린 것은?

㉮ 폐기물의 입자 크기가 작을수록 열분해가 잘 일어난다.
㉯ 열분해 장치로는 고정상, 유동상, 부유상태 등의 장치로 구분되어질 수 있다.
㉰ 연소가 고도의 발열반응임에 비해 열분해는 고도의 흡열반응이다.
㉱ 폐기물에 충분한 산소를 공급해서 가열하여 기체, 액체 및 고체의 3성분으로 분리하는 방법이다.

풀이 ㉱ 폐기물을 무산소 또는 산소가 부족한 상태에서 고온으로 가열하여 기체, 액체 및 고체 상태의 연료를 생산하는 공정이다.

answer　05 ㉯　06 ㉰　07 ㉮　08 ㉯　09 ㉱

10 폐기물과 관련된 설명 중 맞는 것은?

㉮ 쓰레기 종량제는 1992년에 전국적으로 실시하였다.
㉯ SRF(Solid Refuse Fuel)를 통해 폐기물로부터 에너지를 회수할 수 있다.
㉰ 쓰레기 수거 노동력을 표시하는 단위로 시간당 필요인원(man/hour)를 사용한다.
㉱ 고로(高爐)에서는 고철을 재활용하여 철강재를 생산한다.

풀이
㉮ 쓰레기 종량제는 1995년에 전국적으로 실시하였다.
㉰ 쓰레기 수거 노동력을 표시하는 단위로 시간당 필요인원(man · hour/ton)를 사용한다.
㉱ 고로(高爐)에서는 철광석으로부터 선철을 생산한다.

11 폐기물의 성상조사 결과, 표와 같은 결과를 구했다. 이 지역에 Home Compaction Unit(가정용 부피 축소기)를 설치하고 난 후의 폐기물 전체의 밀도가 400kg/m³으로 예상된다면 부피 감소율(%)은 얼마인가?

성분	질량비(%)	밀도(kg/m³)
음식물	20	280
종이	50	80
골판지	10	50
기타	20	150

㉮ 약 62 ㉯ 약 67
㉰ 약 74 ㉱ 약 78

풀이
부피감소율(%) $= \left(1 - \dfrac{V_2}{V_1}\right) \times 100$

① 가정용 부피 축소기 설치 전 폐기물의 양
$= 280\text{kg/m}^3 \times 0.2 + 80\text{kg/m}^3 \times 0.5 + 50\text{kg/m}^3 \times 0.1 + 150\text{kg/m}^3 \times 0.2$
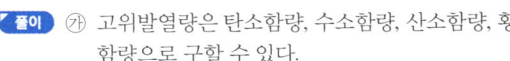
$= 131 \text{kg/m}^3$

② $V_1 = 1\text{kg} \times \dfrac{1}{131\text{kg/m}^3} = 0.00763\,\text{m}^3$

③ $V_2 = 1\text{kg} \times \dfrac{1}{400\text{kg/m}^3} = 0.0025\,\text{m}^3$

④ 부피감소율(%) $= \left(1 - \dfrac{0.0025\text{m}^3}{0.00763\text{m}^3}\right) \times 100$
$= 67.23\%$

12 쓰레기의 발열량을 구하는 식 중 Dulong 식에 대한 설명으로 맞는 것은?

㉮ 고위발열량은 저위발열량, 수소함량, 수분함량만으로 구할 수 있다.
㉯ 원소분석에서 나온 C, H, O, N 및 수분 함량으로 계산할 수 있다.
㉰ 목재나 쓰레기와 같은 셀룰로오스의 연소에서는 발열량이 약 10% 높게 추정된다.
㉱ Bomb 열량계로 구한 발열량에 근사시키기 위해 Dulong의 보정식이 사용된다.

풀이
㉮ 고위발열량은 탄소함량, 수소함량, 산소함량, 황함량으로 구할 수 있다.
㉯ 원소분석에서 나온 C, H, O, S 함량으로 계산할 수 있다.
㉰ 목재나 쓰레기와 같은 셀룰로오스의 연소에서는 발열량이 약 10% 낮게 추정된다.

13 쓰레기 소각로에서 효율의 향상인자가 아닌 것은?

㉮ 적당한 압력
㉯ 적당한 온도
㉰ 적당한 연소시간
㉱ 적당한 공연비

풀이 쓰레기 소각로에서 효율의 향상인자
① 적당한 온도

answer 10 ㉯ 11 ㉯ 12 ㉱ 13 ㉮

② 적당한 연소시간
③ 적당한 공연비

14 폐기물을 분류하여 철금속류를 회수하려고 할 때 가장 적당한 분리 방법은?

㉮ Air separation
㉯ Screening
㉰ Floatation
㉱ Magnetic Separation

풀이 철금속류를 분리하는 방법은 자력선별(Magnetic Separation)이다.

15 수분함량이 20%인 쓰레기의 수분함량을 10%로 감소시키면 감소 후 쓰레기 질량은 처음 질량의 몇 %가 되겠는가? (단, 쓰레기의 비중 = 1.0)

㉮ 87.6%
㉯ 88.9%
㉰ 90.3%
㉱ 92.9%

풀이 $W_1 \times (100 - P_1) = W_2 \times (100 - P_2)$
$W_1 \times (100 - 20) = W_2 \times (100 - 10)$
$\therefore \dfrac{W_2}{W_1} = \dfrac{(100-20)}{(100-10)} = 0.8889$
따라서 W_2는 W_1의 88.89%에 해당한다.

16 입자성 물질의 겉보기 비중을 구할 때 맞지 않는 것은?

㉮ 미리 부피를 알고 있는 용기에 시료를 넣는다.
㉯ 60cm 높이에서 2회 낙하시킨다.
㉰ 낙하시켜 감소하면 감소된 양만큼 추가하여 반복한다.
㉱ 단위는 kg/m³ 또는 ton/m³로 나타낸다.

풀이 ㉯ 30cm 높이에서 3회 낙하시킨다.

17 도시폐기물을 $X_{90} = 2.5$cm로 파쇄하고자 할 때 Rosin-Rammler 모델에 의한 특성 입자크기(X_o, cm)는 얼마인가? (단, n = 1로 가정)

㉮ 1.09
㉯ 1.18
㉰ 1.22
㉱ 1.34

풀이 $Y = 1 - \exp\left[-\left(\dfrac{X}{X_o}\right)^n\right]$

여기서 X : 폐기물 입자의 크기
X_o : 특성입자의 크기
n : 상수

따라서 $0.90 = 1 - \exp\left[-\left(\dfrac{2.5\,cm}{X_o}\right)^1\right]$

$\therefore X_o = \dfrac{-2.5\,cm}{LN(1-0.90)} = 1.09\,cm$

TIP

$Y = 1 - \exp\left[-\left(\dfrac{X}{X_o}\right)^n\right] \Rightarrow X_o = \dfrac{-X}{LN(1-Y)}$

18 일반 폐기물의 수집운반 처리 시 고려사항으로 틀린 것은?

㉮ 지역별, 계절별 발생량 및 특성 고려
㉯ 다른 지역의 경유 시 밀폐 차량 이용
㉰ 해충방지를 위해서 약제살포 금지
㉱ 지역여건에 맞게 기계식 상차방법 이용

풀이 ㉰ 해충방지를 위해서 약제살포

answer 14 ㉱ 15 ㉯ 16 ㉯ 17 ㉮ 18 ㉰

19 쓰레기 발생량을 예측하는 방법이 아닌 것은?

㉮ Trend method
㉯ Material balance method
㉰ Multiple regression model
㉱ Dynamic simulation model

풀이 폐기물의 발생량
① 예측방법 : 다중회귀모델, 동적모사모델, 경향모델
② 조사방법 : 물질수지법, 직접계근법, 적재차량계수법, 통계조사법

TIP
암기법 : 예측은 다중이 동적으로 경향을 파악하고/조사는 물질을 직접 적재한 통계로 한다.

20 비자성이고 전기전도성이 좋은 물질(동, 알루미늄, 아연)을 다른 물질로부터 분리하는 데 가장 적절한 선별 방식은 어느 것인가?

㉮ 와전류선별 ㉯ 자기선별
㉰ 자장선별   ㉱ 정전기선별

풀이 ㉮ 와전류선별법에 대한 설명이며, 핵심 내용인 "비자성, 전기전도성 좋은 물질 선별 = 와전류선별"임을 숙지하시면 됩니다.

|제2과목| 폐기물 재활용 및 자원화 기술

21 부식질(Humus)의 특징으로 틀린 것은?

㉮ 뛰어난 토양 개량제이다.
㉯ C/N비가 30~50 정도로 높다.
㉰ 물 보유력과 양이온교환능력이 좋다.
㉱ 짙은 갈색이다.

풀이 ㉯ C/N비는 10 내외로 낮은 편이다.

22 슬러지를 안정화시키는데 사용되는 첨가제는 어느 것인가?

㉮ 시멘트   ㉯ 포졸란
㉰ 석회   ㉱ 용해성 규산염

풀이 슬러지를 안정화시키는데 사용되는 첨가제는 석회이다.

23 함수율이 99%인 슬러지와 함수율이 40%인 톱밥을 2 : 3으로 혼합하여 복합비료로 만들고자 할 때 함수율(%)은 얼마인가?

㉮ 약 61   ㉯ 약 64
㉰ 약 67   ㉱ 약 70

풀이 혼합물의 함수율 = $\dfrac{99\% \times 2 + 40\% \times 3}{2+3}$ = 63.6%

answer 19 ㉯ 20 ㉮ 21 ㉯ 22 ㉰ 23 ㉯

24 폐수유입량이 10,000m³/day이고 유입 폐수의 SS가 400mg/L이라면 이것을 alum($Al_2(SO_4)_3 \cdot 18H_2O$) 350mg/L로 처리할 때 1일 발생하는 침전슬러지(건조 고형물 기준)의 양(kg)은? (단, 응집침전 시 유입 SS의 75%가 제거되며 생성되는 $Al(OH)_3$는 모두 침전하고 $CaSO_4$는 용존 상태로 존재, Al : 27, S : 32, Ca : 40)

[반응식]
$Al_2(SO_4)_3 \cdot 18H_2O + 3Ca(HCO_3)_2 \rightarrow 2Al(OH)_3 + 3CaSO_4 + 6CO_2 + 18H_2O$

㉮ 약 3,520   ㉯ 약 3,620
㉰ 약 3,720   ㉱ 약 3,820

풀이
① $Al(OH)_3$의 양(kg/day) 계산
 $Al_2(SO_4)_3 \cdot 18H_2O$: $2Al(OH)_3$
 666kg : 2×78kg
 0.35kg/m³×10,000m³/day : X_1
 ∴ X_1 = 819.82kg/day
② 침전되는 SS의 양(kg/day) 계산
 10,000m³/day×0.4kg/m³×0.75 = 3,000kg/day
③ 침전슬러지 발생량(kg/day)
 = X_1+X_2
 = 819.82kg/day+3,000kg/day
 = 3,819.82kg/day

25 COD/TOC < 2.0, BOD/COD < 0.1인 매립지에서 발생하는 침출수 처리에 가장 효과적이지 못한 공정은? (단, 매립연한이 10년 이상, COD(mg/L) = 500 이하)

㉮ 생물학적처리공정
㉯ 역삼투공정
㉰ 이온교환공정
㉱ 활성탄흡착공정

풀이 ㉮ 생물학적처리공정은 일반적으로 COD의 농도가 10,000mg/L 이상이고 매립연한이 5년 이하인 경우에 적당하다.

26 매립의 종류 중 매립구조에 따른 분류가 아닌 것은?

㉮ 혐기성 위생매립
㉯ 위생매립
㉰ 혐기성 매립
㉱ 호기성 매립

풀이 매립구조에 의한 매립방법
① 호기성 매립
② 준호기성 매립
③ 혐기성 매립
④ 혐기성 위생매립
⑤ 개량혐기성 위생매립

27 토양의 현장처리기법 중 토양세척법의 장점으로 틀린 것은?

㉮ 유기물 함량이 높을수록 세척효율이 높아진다.
㉯ 오염토양의 부피를 급격히 줄일 수 있다.
㉰ 무기물과 유기물을 동시에 처리할 수 있다.
㉱ 다양한 오염 토양 농도에 적용가능하다.

풀이 ㉮ 유기물 함량이 낮을수록 세척효율이 높아진다.

answer 24 ㉱ 25 ㉮ 26 ㉯ 27 ㉮

28 퇴비화 과정에서 필수적으로 필요한 공기 공급에 관한 내용으로 틀린 것은?

㉮ 온도조절 역할을 수행한다.
㉯ 일반적으로 5~15%의 산소가 퇴비물질 공극 내에 잠재하도록 해야 한다.
㉰ 공기주입률은 일반적으로 5~20L/min·m³ 정도가 적합하다.
㉱ 수분증발 역할을 수행하며 자연순환 공기공급이 가장 바람직하다.

풀이 ㉰ 공기주입률은 일반적으로 50~200L/min·m³ 정도가 적합하다.

29 차수시설의 종류 중 연직차수막 대한 설명으로 틀린 것은?

㉮ 차수막 보강시공이 가능하다.
㉯ 지하수 집배수시설이 필요없다.
㉰ 단위 면적당 공사비는 싸지만 총공사비는 비싸다.
㉱ 지하매설로써 차수성 확인이 어렵다.

풀이 ㉰ 단위 면적당 공사비는 비싸지만 총공사비는 싸다.

30 고형 폐기물의 매립 시 10kg의 $C_6H_{12}O_6$가 혐기성분해를 한다면 이론적 가스발생량(L)은 얼마인가? (단, 밀도 : CH_4 0.7167g/L, CO_2 1.9768g/L)

㉮ 약 7,131   ㉯ 약 7,431
㉰ 약 8,131   ㉱ 약 8,831

풀이 $C_6H_{12}O_6 \rightarrow 3CO_2 + 3CH_4$
180g : 3×44g : 3×16g
10,000g : X_1 : X_2

① $X_1(CO_2) = \dfrac{10,000g \times 3 \times 44g}{180g} = 7,333.33g$

따라서 $CO_2(L) = 7,333.33g \times \dfrac{1}{1.9768g/L}$
$= 3,709.70L$

② $X_2(CH_4) = \dfrac{10,000g \times 3 \times 16g}{180g} = 2,666.67g$

따라서 $CH_4(L) = 2,666.67g \times \dfrac{1}{0.7167g/L}$
$= 3,720.76L$

③ 가스 총 발생량 $= 3,709.70L + 3,720.76L$
$= 7,430.46L$

31 토양오염처리기술 중 화학적 처리 기술이 아닌 것은?

㉮ 토양증기추출   ㉯ 용매추출
㉰ 토양세척   ㉱ 열탈착법

풀이 ㉱ 열탈착법은 물리적 처리기술에 해당한다.

32 유동상식 소각로의 특징으로 틀린 것은?

㉮ 반응시간이 빠르고 연소효율이 높다.
㉯ 이차연소실이 필요하다.
㉰ 과잉공기량이 낮아 NO_X가 적게 배출된다.
㉱ 유동매체의 손실로 인한 보충이 필요하다.

풀이 ㉯ 이차연소실이 불필요하다.

answer 28 ㉰ 29 ㉰ 30 ㉯ 31 ㉱ 32 ㉯

33 슬러지를 개량하는 목적으로 가장 적합한 것은?

㉮ 슬러지의 탈수가 잘 되게 하기 위해서
㉯ 탈리액의 BOD를 감소시키기 위해서
㉰ 슬러지 건조를 촉진하기 위해서
㉱ 슬러지의 악취를 줄이기 위해서

풀이 슬러지를 개량하는 목적은 슬러지의 탈수가 잘 되게 하기 위해서이다.

34 매립지의 총 면적은 35km²이고 연간 평균 강수량이 1,100mm가 될 때 그 매립지에서 침출수로의 유출률이 0.5이었다고 한다. 이때 침출수의 일평균 처리계획수량으로 가장 적절한 것은? (단, 강우강도 대신에 평균 강수량으로 계산)

㉮ 약 43,000m³/day
㉯ 약 53,000m³/day
㉰ 약 63,000m³/day
㉱ 약 73,000m³/day

풀이 처리계획수량(m³/day)
= 연간평균강수량(m/day)×면적(m²)×유출율
= 1,100mm/년×10⁻³m/mm×1년/365일×35km²
  ×10⁶m²/km²×0.5 = 52,739.73m³/day

35 폐기물 매립장의 복토에 대한 설명으로 틀린 것은?

㉮ 폐기물을 덮어 주어 미관을 보존하고 바람에 의한 날림을 방지한다.
㉯ 매립가스에 의한 악취 및 화재발생 등을 방지한다.
㉰ 강우의 지하침투를 방지하여 침출수 발생을 최소화할 수 있다.
㉱ 복토재로 부숙토(콤포스트)나 생물발효를 시킨 오니를 사용하면 폐기물의 분해를 저해할 수 있다.

풀이 ㉱ 복토재로 부숙토(콤포스트)나 생물발효를 시킨 오니를 사용하면 폐기물의 분해를 촉진할 수 있다.

36 포졸란(POZZOLAN)에 관한 설명으로 알맞지 않은 것은?

㉮ 포졸란의 실질적인 활성에 기여하는 부분은 CaO이다.
㉯ 규소를 함유하는 미분상태의 물질이다.
㉰ 대표적인 포졸란으로는 분말성이 좋은 Flyash가 있다.
㉱ 포졸란은 석회와 결합하면 불용성 수밀 성화합물을 형성한다.

풀이 ㉮ 포졸란의 실질적인 활성에 기여하는 부분은 규산(SiO_2)이다.

37 인구 100만 명인 도시의 쓰레기 발생률은 2.0kg/인·일이다. 아래의 조건들에 따라 쓰레기를 매립하고자 할 때 연간 매립지의 소요면적(m²)은 얼마인가? (단, 매립쓰레기 압축밀도 = 500kg/m³, 매립지 Cell 1층의 높이 = 5m, 총 8개의 층으로 매립, 기타 조건은 고려하지 않음)

㉮ 32,500 ㉯ 34,200
㉰ 36,500 ㉱ 38,200

풀이 소요면적(m²/년)
$$= \frac{쓰레기\ 발생량(kg/년)}{밀도(kg/m^3) \times 매립지\ 높이(m)}$$

answer 33 ㉮ 34 ㉯ 35 ㉱ 36 ㉮ 37 ㉰

$$= \frac{2.0\text{kg/인·일} \times 1{,}000{,}000\text{인} \times 365\text{일/년}}{500\text{kg/m}^3 \times 5\text{m/1층} \times 8\text{층}}$$
$$= 36{,}500\text{m}^2/\text{년}$$

38 용매추출처리에 이용 가능성이 높은 유해 폐기물과 가장 거리가 먼 것은?

㉮ 미생물에 의해 분해가 힘든 물질
㉯ 활성탄을 이용하기에는 농도가 너무 높은 물질
㉰ 낮은 휘발성으로 인해 스트리핑하기가 곤란한 물질
㉱ 물에 대한 용해도가 높아 회수성이 낮은 물질

풀이 ㉱ 물에 대한 용해도가 낮은 물질

39 중유연소 시 황산화물을 탈황시키는 방법으로 틀린 것은?

㉮ 미생물에 의한 탈황
㉯ 방사선에 의한 탈황
㉰ 금속산화물 흡착에 의한 탈황
㉱ 질산염 흡수에 의한 탈황

풀이 ㉱ 접촉수소화 탈황법

40 석면해체 및 제조작업의 조치기준으로 적합하지 않은 것은?

㉮ 건식으로 작업할 것
㉯ 당해장소를 음압으로 유지시킬 것
㉰ 당해장소를 밀폐시킬 것
㉱ 신체를 감싸는 보호의를 착용할 것

풀이 ㉮ 습식으로 작업할 것

| 제3과목 | 폐기물 처분기술

41 가로 1.2m, 세로 2.0m, 높이 11.5m의 연소실에서 저위발열량 10,000kcal/kg의 중유를 1시간에 100kg 연소한다. 연소실의 열발생률(kcal/m³·h)은 얼마인가?

㉮ 약 29,200
㉯ 약 36,200
㉰ 약 43,200
㉱ 약 51,200

풀이 연소실 열발생율(kcal/m³·hr)
$$= \frac{\text{저위발열량(kcal/kg)} \times \text{중유량(kg/hr)}}{\text{가로} \times \text{세로} \times \text{높이(m}^3\text{)}}$$
$$= \frac{10{,}000\text{kcal/kg} \times 100\text{kg/hr}}{1.2\text{m} \times 2.0\text{m} \times 11.5\text{m}}$$
$$= 36{,}231.88\,\text{kcal/m}^3\cdot\text{hr}$$

42 유동층 소각로의 장점으로 틀린 것은?

㉮ 연소효율이 높아 미연소분의 배출이 적고 2차 연소실이 불필요하다.
㉯ 유동매체의 열용량이 커서 액상, 기상, 고형폐기물의 전소 및 혼소가 가능하다.
㉰ 유동매체의 축열량이 높은 관계로 단기간 정지 후 가동 시 보조연료 사용 없이 정상가동이 가능하다.
㉱ 층의 유동으로 상(床)으로부터 찌꺼기 분리가 용이하다.

풀이 ㉱ 층의 유동으로 상(床)으로부터 찌꺼기 분리가 용이하지 못하다.

answer 38 ㉱ 39 ㉱ 40 ㉮ 41 ㉯ 42 ㉱

43 발열량 계산의 대표적인 공식인 Dulong식의 (H−O/8)과 (9H+W)의 의미로 가장 알맞게 짝지어진 것은?

㉮ 이론수소 - 총수분량
㉯ 결합수소 - 증발잠열
㉰ 과잉수소 - 증발잠열
㉱ 유효수소 - 총수분량

풀이 ① (H-O/8) : 유효수소
② (9H+W) : 총수분량

44 폐기물의 저위발열량을 폐기물 3성분 조성비를 바탕으로 추정할 때 3가지 성분에 포함되지 않는 것은?

㉮ 수분   ㉯ 회분
㉰ 가연분   ㉱ 휘발분

풀이 ① 3성분 : 가연분, 회분, 수분
② 4성분 : 고정탄소, 휘발분, 수분, 회분

45 배연탈황법에 대한 설명으로 틀린 것은?

㉮ 석회석 슬러리를 이용한 흡수법은 탈황률의 유지 및 스케일 형성을 방지하기 위해 흡수액의 pH를 6으로 조정한다.
㉯ 활성탄흡착법에서 SO_2는 활성탄 표면에서 산화된 후 수증기와 반응하여 황산으로 고정된다.
㉰ 수산화나트륨용액 흡수법에서는 탄산나트륨의 생성을 억제하기 위해 흡수액의 pH를 7로 조정한다.
㉱ 활성산화망간은 상온에서 SO_2 및 O_2와 반응하여 황산망간을 생성한다.

풀이 ㉱ 활성산화망간은 200~300℃ 정도에서 SO_2 및 O_2와 반응하여 황산망간을 생성한다.

46 소각로에 발생하는 질소산화물의 발생억제방법으로 틀린 것은?

㉮ 버너 및 연소실의 구조를 개선한다.
㉯ 배기가스를 재순환한다.
㉰ 예열온도를 높여 연소온도를 상승시킨다.
㉱ 2단 연소시킨다.

풀이 ㉰ 연소온도를 낮게 한다.

47 기체연료 중 건성가스의 주성분은 무엇인가?

㉮ H_2 ㉯ CO
㉰ CO_2 ㉱ CH_4

풀이 건성가스의 주성분은 메탄(CH_4)이다.

48 통풍에 관한 설명으로 틀린 것은?

㉮ 자연통풍은 연돌에만 의존하는 통풍이다.
㉯ 흡인통풍의 경우, 일반적으로 연소실내 압력을 (-)로 유지한다.
㉰ 평형통풍은 냉공기의 침입 및 화염의 손실을 방지하는 이점이 있다.
㉱ 연돌고를 2배 증가시키면 통풍력은 2배로 향상된다.

풀이 ㉰ 평형통풍은 열가스의 누설 및 냉기의 침입이 없다.

answer 43 ㉱ 44 ㉱ 45 ㉱ 46 ㉰ 47 ㉱ 48 ㉰

49 폐기물 50ton/day를 소각로에서 1일 24시간 연속가동하여 소각처리할 때 화상면적(m^2)은 얼마인가? (단, 화상부하 = 150kg/m^2·hr)

㉮ 약 14 ㉯ 약 18
㉰ 약 22 ㉱ 약 26

풀이 화상부하(kg/m^2·hr) = $\dfrac{\text{폐기물의 양(kg/hr)}}{\text{화상면적}(m^2)}$

∴ 화상면적(m^2) = $\dfrac{\text{폐기물의 양(kg/hr)}}{\text{화상부하(kg/}m^2\text{·hr)}}$

= $\dfrac{50 \times 10^3 \text{kg/day} \times 1\text{day}/24\text{hr}}{150 \text{kg}/m^2 \cdot \text{hr}}$

= $13.89 m^2$

50 폐기물 1톤을 소각 처리하고자 한다. 폐기물의 조성이 C : 70%, H : 20%, O : 10%일 때 이론공기량(Sm^3)은 얼마인가?

㉮ 약 6,200 ㉯ 약 8,200
㉰ 약 9,200 ㉱ 약 11,200

풀이 ① 이론공기량(A_o)

= $8.89C + 26.67\left(H - \dfrac{O}{8}\right) + 3.33S$ (Sm^3/kg)

= $8.89 \times 0.70 + 26.67 \times \left(0.20 - \dfrac{0.10}{8}\right)$

= $11.2236 Sm^3$/kg

② $11.2236 Sm^3$/kg × 1,000kg = $11,223.6 Sm^3$

51 폐기물 내 유기물을 완전연소시키기 위해서는 3T라는 조건이 구비되어야 한다. 3T에 해당하지 않는 것은?

㉮ 충분한 온도
㉯ 충분한 연소시간
㉰ 충분한 연료
㉱ 충분한 혼합

52 주성분이 $C_{10}H_{17}O_6N$인 활성슬러지 폐기물을 소각처리하려고 한다. 폐기물 5kg당 필요한 이론적 공기의 질량(kg)은 얼마인가? (단, 공기 중 산소량은 질량비로 23%)

㉮ 약 12 ㉯ 약 22
㉰ 약 32 ㉱ 약 42

풀이 ① 이론산소량(kg)을 계산한다.

$C_{10}H_{17}O_6N + 11.25O_2 \rightarrow 10CO_2 + 8.5H_2O + 0.5N_2$

247kg : 11.25 × 32kg
5kg : O_o(이론산소량)

∴ O_o(이론산소량) = $\dfrac{5\text{kg} \times 11.25 \times 32\text{kg}}{247\text{kg}}$

= 7.2875 kg

② 이론공기량(kg)을 계산한다.

이론공기량(kg) = 이론산소량(kg) × $\dfrac{1}{0.23}$

= 7.2875kg × $\dfrac{1}{0.23}$

= 31.69 kg

53 30ton/day의 폐기물을 소각한 후 남은 재는 전체 질량의 20%이다. 남은 재의 용적이 10.3m^3일 때 재의 밀도(ton/m^3)는 얼마인가?

㉮ 0.32 ㉯ 0.58
㉰ 1.45 ㉱ 2.30

풀이 재의 밀도(ton/m^3) = $\dfrac{30 \text{ton/day} \times 0.20}{10.3 m^3}$

= 0.58 ton/m^3

answer 49 ㉮ 50 ㉱ 51 ㉰ 52 ㉰ 53 ㉯

54 고체연료의 장점으로 틀린 것은?

㉮ 점화와 소화가 용이하다.
㉯ 인화, 폭발의 위험성이 적다.
㉰ 가격이 저렴하다.
㉱ 저장, 운반 시 노천 야적이 가능하다.

풀이 ㉮ 점화와 소화가 용이하지 못하다.

55 폐타이어를 소각 전에 분석한 결과, C 78%, H 6.7%, O 1.9%, S 1.9%, N 1.1%, Fe 9.3%, Zn 1.1%의 조성을 보였다. 공기비(m)가 2.2일 때, 연소 시 발생되는 질소의 양(Sm^3/kg)은 얼마인가?

㉮ 약 15.16 ㉯ 약 25.16
㉰ 약 35.16 ㉱ 약 45.16

풀이 ① 이론공기량(A_o)
$= 8.89C + 26.67\left(H - \dfrac{O}{8}\right) + 3.33S \,(Sm^3/kg)$
$= 8.89 \times 0.78 + 26.67 \times \left(0.067 - \dfrac{0.019}{8}\right) + 3.33 \times 0.019$
$= 8.721\, Sm^3/kg$
② 실제공기량(A) = 공기비(m) × 이론공기량(A_o)
$= 2.2 \times 8.721\, Sm^3/kg = 19.186\, Sm^3/kg$
③ 질소의 양 = 실제공기량 × 0.79
$= 19.186\, Sm^3/kg \times 0.79$
$= 15.16\, Sm^3/kg$

56 소각로에서 고체, 액체 및 기체 연료가 잘 연소되기 위한 조건으로 틀린 것은?

㉮ 공기연료비가 잘 맞아야 한다.
㉯ 충분한 산소가 공급되어야 한다.
㉰ 점화를 위해 혼합도가 높아야 한다.
㉱ 로 내의 체류시간은 가급적 짧아야 한다.

풀이 ㉱ 로 내의 체류시간은 가급적 길어야 한다.

57 폐열회수를 위한 열교환기 중 연도에 설치하며, 보일러 전열면을 통하여 연소가스의 여열로 보일러 급수를 예열하여 보일러 효율을 높이는 장치는 무엇인가?

㉮ 재열기   ㉯ 절탄기
㉰ 공기예열기 ㉱ 과열기

풀이 ㉯ 절탄기(이코노마이저)에 대한 설명이며, 핵심 내용인 "보일러 급수예열 = 절탄기"임을 숙지하시면 됩니다.

58 고체 및 액체 연료의 연소 이론 산소량을 질량으로 구하는 경우, 산출식으로 옳은 것은?

㉮ 2.67C+8H+O+S(kg/kg)
㉯ 3.67C+8H+O+S(kg/kg)
㉰ 2.67C+8H-O+S(kg/kg)
㉱ 3.67C+8H-O+S(kg/kg)

풀이 이론산소량(kg/kg)
$= \dfrac{32\,kg}{12\,kg} \times C + \dfrac{16\,kg}{2\,kg} \times \left(H - \dfrac{O}{8}\right) + \dfrac{32\,kg}{32\,kg} \times S$
$= 2.67 \times C + 8 \times H - O + S$

answer 54 ㉮ 55 ㉮ 56 ㉱ 57 ㉯ 58 ㉰

59 저위발열량이 8,000kcal/Sm³인 가스연료의 이론연소온도(℃)는 얼마인가? (단, 이론연소가스량은 10Sm³/Sm³, 연료연소가스의 평균정압비열은 0.35kcal/Sm³℃, 기준온도는 실온(15℃), 지금 공기는 예열되지 않으며, 연소가스는 해리되지 않는 것으로 한다.)

㉮ 약 2,100 ㉯ 약 2,200
㉰ 약 2,300 ㉱ 약 2,400

풀이
$$t_2 = \frac{Hl}{G \times C} + t_1$$
여기서 t_2 : 이론연소온도(℃)
t_1 : 기준온도(℃)
H_1 : 저위발열량(kcal/Sm³)
G : 연소가스량(Sm³/Sm³)
C : 정압비열(kcal/Sm³·℃)

따라서 $t_2 = \frac{8,000 \text{kcal/Sm}^3}{10\text{Sm}^3/\text{Sm}^3 \times 0.35 \text{kcal/Sm}^3 \cdot ℃} + 15℃$
$= 2,300.71℃$

60 다단로 소각로방식에 대한 설명으로 틀린 것은?

㉮ 온도제어가 용이하고 동력이 적게 들며 운전비가 저렴하다.
㉯ 수분이 적고 혼합된 슬러지 소각에 적합하다.
㉰ 가동부분이 많아 고장률이 높다.
㉱ 24시간 연속운전을 필요로 한다.

풀이 ㉯ 수분함량이 높은 폐기물의 소각에 적합하다.

| 제4과목 | 폐기물공정시험기준

61 휘발성 저급염소화 탄화수소류를 기체크로마토그래피로 정량분석 시 검출기와 운반기체로 옳게 짝지어진 것은?

㉮ ECD - 질소
㉯ TCD - 질소
㉰ ECD - 아세틸렌
㉱ TCD - 헬륨

풀이 기체크로마토그래피
① 검출기 : 전자포획검출기(ECD), 전해전도검출기(HECD)
② 운반기체 : 부피 백분율 99.999% 이상의 헬륨(또는 질소)

62 감염성 미생물의 분석방법으로 틀린 것은?

㉮ 아포균 검사법
㉯ 열멸균 검사법
㉰ 세균배양 검사법
㉱ 멸균테이프 검사법

풀이 감염성 미생물의 분석방법
① 아포균 검사법
② 세균배양 검사법
③ 멸균테이프 검사법

answer 59 ㉰ 60 ㉯ 61 ㉮ 62 ㉯

63 원자흡수분광광도법에 있어서 간섭이 발생되는 경우가 아닌 것은?

㉮ 불꽃의 온도가 너무 낮아 원자화가 일어나지 않는 경우
㉯ 불안정한 환원물질로 바뀌어 불꽃에서 원자화가 일어나지 않는 경우
㉰ 염이 많은 시료를 분석하여 버너 헤드 부분에 고체가 생성되는 경우
㉱ 시료 중에 알칼리금속의 할로겐 화합물을 다량 함유하는 경우

풀이 ㉯ 안정한 산화물질로 바뀌어 불꽃에서 원자화가 일어나지 않는 경우

64 폐기물공정시험기준 중 수소이온농도 시험방법에 관한 내용으로 틀린 것은?

㉮ pH는 수소이온농도를 그 역수의 상용대수로서 나타내는 값이다.
㉯ 유리전극을 정제수로 잘 씻고 남아있는 물을 여과지 등으로 조심하여 닦아낸 다음 측정값이 0.5 이하의 pH 차이를 보일 때까지 반복 측정한다.
㉰ 산성표준용액은 3개월, 염기성 표준용액은 산화칼슘 흡수관을 부착하여 1개월 이내에 사용한다.
㉱ pH미터는 임의의 한 종류의 표준용액에 대하여 검출부를 정제수로 잘 씻은 다음 5회 되풀이 하여 측정하였을 때 재현성이 ±0.05이내의 것을 쓴다.

풀이 ㉯ 유리전극을 정제수로 잘 씻고 남아있는 물을 여과지 등으로 조심하여 닦아낸 다음 측정값이 0.05 이하의 pH 차이를 보일 때까지 반복 측정한다.

65 용출시험방법에 관한 설명으로 ( )에 들어갈 알맞은 내용은?

> 시료의 조제방법에 따라 조제한 시료 100g 이상을 정확히 달아 정제수에 염산을 넣어 ( )(으)로 한 용매(mL)를 시료 : 용매= 1 : 10(W : V)의 비로 2,000mL 삼각플라스크에 넣어 혼합한다.

㉮ pH 4 이하   ㉯ pH 4.3~5.8
㉰ pH 5.8~6.3 ㉱ pH 6.3~7.2

66 기체크로마토그래피법의 정량분석에 관한 설명으로 ( )에 옳지 않은 것은?

> 각 분석방법에서 규정하는 방법에 따라 시험 하여 얻어진 ( ),( ),( ) 와의 관계를 검토하여 분석한다.

㉮ 크로마토그램의 재현성
㉯ 시료성분의 양
㉰ 분리관의 검출한계
㉱ 피크의 면적 또는 높이

풀이 기체크로마토그래피법의 정량분석은 각 분석방법에서 규정하는 방법에 따라 시험하여 얻어진 크로마토그램의 재현성, 시료성분의 양, 피크의 면적 또는 높이와의 관계를 검토하여 분석한다.

answer 63 ㉯ 64 ㉯ 65 ㉰ 66 ㉰

67 자외선/가시선 분광법으로 시안을 분석할 때 간섭물질을 제거하는 방법으로 틀린 것은?

㉮ 시안화합물을 측정할 때 방해물질들은 증류하면 대부분 제거된다. 그러나 다량의 지방성분, 잔류염소, 황화합물은 시안화합물을 분석할 때 간섭할 수 있다.
㉯ 황화합물이 함유된 시료는 아세트산아연용액(10W/V%) 2mL를 넣어 제거한다.
㉰ 다량의 지방성분을 함유한 시료는 아세트산 또는 수산화나트륨 용액으로 pH 6~7로 조절한 후 노말헥산 또는 클로로폼을 넣어 추출하여 수층은 버리고 유기물층을 분리하여 사용한다.
㉱ 잔류염소가 함유된 시료는 잔류염소 20mg당 L-아스코빈산(10W/V%) 0.6mL 또는 이산화비소산나트륨용액(10W/V%) 0.7mL를 넣어 제거한다.

▶풀이 ㉰ 다량의 지방성분을 함유한 시료는 아세트산 또는 수산화나트륨 용액으로 pH 6~7로 조절한 후 노말헥산 또는 클로로폼을 넣어 추출하여 유기층은 버리고 수층을 분리하여 사용한다.

68 용출시험방법의 용출조작기준에 대한 설명으로 옳은 것은?

㉮ 진탕기의 진폭은 5~10cm로 한다.
㉯ 진탕기의 진탕회수는 매분 당 약 100회로 한다.
㉰ 진탕기를 사용하여 6시간 연속 진탕한 다음 1.0μm의 유리섬유여지로 여과한다.
㉱ 시료 : 용매 = 1 : 20(W : V)의 비로 2,000mL 삼각 플라스크에 넣어 혼합한다.

▶풀이 ㉮ 진탕기의 진폭은 4~5cm로 한다.
㉯ 진탕기의 진탕회수는 매분 당 약 200회로 한다.
㉱ 시료 : 용매 = 1 : 10(W : V)의 비로 2,000mL 삼각 플라스크에 넣어 혼합한다.

69 기체크로마토그래피법을 이용하여 폴리클로리네이티드비페닐(PCBs)을 분석할 때 사용되는 검출기로 가장 적당한 것은?

㉮ ECD   ㉯ TCD
㉰ FPD   ㉱ FID

▶풀이 PCBs를 분석할 때 사용되는 검출기는 전자포획검출기(ECD)이다.

70 강도 I_0의 단색광이 발색 용액을 통과할 때 그 빛의 30%가 흡수되었다면 흡광도는 얼마인가?

㉮ 0.155   ㉯ 0.181
㉰ 0.216   ㉱ 0.283

▶풀이 흡광도(A) = $\log \dfrac{1}{투과도}$
= $\log \dfrac{1}{0.70}$ = 0.155

TIP
① 흡광도(A) = $\log \dfrac{1}{투과도}$
② 투과율 + 흡수율 = 100%
③ 투과율 = 100 - 흡수율 = 100 - 30 = 70%

answer 66 ㉰ 67 ㉰ 68 ㉰ 69 ㉮ 70 ㉮

71 정량한계에 대한 설명으로 ( )에 들어갈 알맞은 말은?

> 정량한계(LOQ, limit of quantification)란 시험분석 대상을 정량화할 수 있는 측정값으로서, 제시된 정량한계 부근의 농도를 포함하도록 시료를 준비하고 이를 반복 측정하여 얻은 결과의 표준편차에 ( )배한 값을 사용한다.

㉮ 2 ㉯ 5
㉰ 10 ㉱ 20

풀이 ① 정량한계 = 표준편차(S) × 10
② 기기검출한계 = 표준편차(S) × 3
③ 감응계수 = $\dfrac{\text{반응값(R)}}{\text{표준용액의 농도(C)}}$

72 흡광도를 이용한 자외선/가시선 분광법에 대한 내용으로 틀린 것은?

㉮ 흡광도는 투과도의 역수이다.
㉯ 램버트-비어 법칙에서 흡광도는 농도에 비례한다는 의미이다.
㉰ 흡광계수가 증가하면 흡광도도 증가한다.
㉱ 검량선을 얻으면 흡광계수 값을 몰라도 농도를 알 수 있다.

풀이 ㉮ 흡광도는 투과도의 역수에 상용대수를 취한 값이다.

73 마이크로파에 의한 유기물분해 방법으로 틀린 것은?

㉮ 밀폐 용기 내의 최고압력은 약 120~200psi이다.
㉯ 분해가 끝난 후 충분히 용기를 냉각시키고 용기 내에 남아 있는 질산 가스를 제거한다. 필요하면 여과하고 거름종이를 정제수로 2~3회 씻는다.
㉰ 시료는 고체 0.25g 이하 또는 용출액 50mL 이하를 정확하게 취하여 용기에 넣고 수산화나트륨 10~20mL를 넣는다.
㉱ 마이크로파 전력은 밀폐 용기 1~3개는 300W, 4~6개는 600W, 7개 이상은 1,200W로 조정한다.

풀이 ㉰ 시료는 고체 0.25g 이하 또는 용출액 50mL 이하를 정확하게 취하여 용기에 넣고 질산 10~20mL를 넣는다.

74 대상폐기물의 양이 5,400톤인 경우 채취해야 할 시료의 최소 수는 얼마인가?

㉮ 20 ㉯ 40
㉰ 60 ㉱ 80

풀이 대상폐기물의 양과 시료의 최소 수

대상폐기물의 양(단위 : ton)	시료의 최소 수
~1 미만	6
1 이상~5 미만	10
5 이상~30 미만	14
30 이상~100 미만	20
100 이상~500 미만	30
500 이상~1,000 미만	36
1,000 이상~5,000 미만	50
5,000 이상	60

answer 71 ㉰ 72 ㉮ 73 ㉰ 74 ㉰

75 수분함량이 94%인 시료의 카드뮴(Cd)을 용출하여 실험한 결과 농도가 1.2mg/L이었다면 시료의 수분함량을 보정할 농도(mg/L)는 얼마인가?

㉮ 1.2 ㉯ 2.4
㉰ 3.0 ㉱ 3.4

풀이 ① 함수율 85% 이상인 시료의
$$\text{보정계수} = \frac{15}{100 - \text{시료의 함수율(\%)}}$$
$$= \frac{15}{100 - 94\%} = 2.5$$
② $1.2\,\text{mg/L} \times 2.5 = 3.0\,\text{mg/L}$

76 다음 ( )에 들어갈 적절한 내용은?

> 기체크로마토그래피 분석에서 머무름시간을 측정할 때는 (㉠)회 측정하여 그 평균치를 구한다. 일반적으로 (㉡)분 정도에서 측정하는 피이크의 머무름시간은 반복 시험을 할 때 (㉢)% 오차범위 이내 이어야 한다.

㉮ ㉠ 3, ㉡ 5~30, ㉢ ±3
㉯ ㉠ 5, ㉡ 5~30, ㉢ ±5
㉰ ㉠ 3, ㉡ 5~15, ㉢ ±3
㉱ ㉠ 5, ㉡ 5~15, ㉢ ±5

풀이 기체크로마토그래피에서 머무름시간
① 측정횟수 : 3회
② 측정시간 : 5~30분 정도
③ 오차범위 : ±3% 이내

77 폴리클로리네이티드비페닐(PCBs)의 기체크로마토그래피법 분석에 대한 설명으로 틀린 것은?

㉮ 운반기체는 부피백분율 99.999% 이상의 아세틸렌을 사용한다.
㉯ 고순도의 시약이나 용매를 사용하여 방해물질을 최소화하여야 한다.
㉰ 정제컬럼으로는 플로리실 컬럼과 실리카겔 컬럼을 사용한다.
㉱ 농축장치로 구데르나다니쉬(KD)농축기 또는 회전증발농축기를 사용한다.

풀이 ㉮ 운반기체는 부피백분율 99.999% 이상의 질소를 사용한다.

78 원자흡수분광광도법으로 크롬 정량 시 공기-아세틸렌 불꽃에서 철, 니켈 등의 공존물질에 의한 방해영향을 최소화하기 위해 첨가하는 물질은 무엇인가?

㉮ 수산화나트륨
㉯ 시안화칼륨
㉰ 황산나트륨
㉱ L-아스코르빈산

풀이 크롬 정량 시 공기-아세틸렌 불꽃에서 철, 니켈 등의 공존물질에 의한 방해영향을 최소화하기 위해 첨가하는 물질은 황산나트륨이다.

answer 75 ㉰ 76 ㉮ 77 ㉮ 78 ㉰

79 수소이온농도[H⁺]와 pH와의 관계가 올바르게 설명된 것은?

㉮ pH는 [H⁺]의 역수의 상용대수이다.
㉯ pH는 [H⁺]의 상용대수의 절대상수이다.
㉰ pH는 [H⁺]의 상용대수이다.
㉱ pH는 [H⁺]의 상용대수의 역이다.

풀이 $pH = \log \dfrac{1}{[H^+]} = -\log[H^+]$

80 기체크로마토그래피법에 대한 설명으로 틀린 것은?

㉮ 일정 유량으로 유지되는 운반가스는 시료도입부로터 분리관내를 흘러서 검출기를 통하여 외부로 방출된다.
㉯ 할로겐 화합물을 다량 함유하는 경우에는 분자 흡수나 광산란에 의하여 오차가 발생하므로 추출법으로 분리하여 실험한다.
㉰ 유기인 분석시 추출 용매 안에 함유하고 있는 불순물이 분석을 방해할 수 있으므로 바탕시료나 시약바탕시료를 분석하여 확인할 수 있다.
㉱ 장치의 기본구성은 압력조절밸브, 유량조절기, 압력계, 유량계, 시료도입부, 분리관, 검출기 등으로 되어 있다.

풀이 ㉯ 할로겐화합물을 다량함유하는 경우에는 전자포획검출기(ECD)를 이용하여 선택적으로 검출할 수 있다.

answer 79 ㉮ 80 ㉯

2018 4회 기출문제

01 폐기물 수거방법 중 수거효율이 가장 높은 방법은 무엇인가?

㉮ 대형쓰레기통 수거
㉯ 문전식 수거
㉰ 타종식 수거
㉱ 적환식 수거

풀이 수거효율이 가장 높은 방법은 타종식 수거이며, MHT는 0.84이다.

02 관거를 이용한 공기수송에 관한 설명으로 틀린 것은?

㉮ 공기를 동압에 의해 쓰레기를 수송한다.
㉯ 고층주택밀집지역에 적합하다.
㉰ 지하 매설로 수송관에서 발생되는 소음에 대한 방지시설이 필요없다.
㉱ 가압수송은 송풍기로 쓰레기를 불어서 수송하는 것으로 진공수송보다 수송거리를 길게 할 수 있다.

풀이 ㉰ 지하 매설로 수송관에서 발생되는 소음에 대한 방지시설이 필요하다.

03 발생 쓰레기 밀도 500kg/m³, 차량적재용량 6m³, 압축비 2.0, 발생량 1.1kg/인·일, 차량적재함 이용율 85%, 차량수 3대, 수거대상인구 15,000명, 수거인부 5명의 조건에서 차량을 동시 운행할 때, 쓰레기 수거는 일주일에 최소 몇 회 이상 하여야 하는가?

㉮ 4   ㉯ 6
㉰ 8   ㉱ 10

풀이 수거회수(회)

$= \dfrac{쓰레기\ 발생량(m^3/주)}{적재용량(m^3/대)}$

$= \dfrac{1.1kg/인·일 \times 15,000인 \times 7일/주 \times \dfrac{1}{500kg/m^3}}{6m^3/대·회 \times 3대/1회 \times 0.85 \times 2.0}$

$= 7.55회 ≒ 8회$

04 적환장에 관한 설명으로 틀린 것은?

㉮ 공중위생을 위하여 수거지로부터 먼 곳에 설치한다.
㉯ 소형수거를 대형수송으로 연결해 주는 장치이다.
㉰ 적환장에서 재생 가능한 물질의 선별을 고려하도록 한다.
㉱ 간선도로에 쉽게 연결될 수 있는 곳에 설치한다.

풀이 ㉮ 수거하고자 하는 개별적 고형폐기물 발생지역의 하중중심과 되도록 가까운 곳에 설치한다.

answer 01 ㉰ 02 ㉰ 03 ㉰ 04 ㉮

05 2차 파쇄를 위해 6cm의 폐기물을 1cm로 파쇄하는데 소요되는 에너지(kW·hr/ton)은 얼마인가? (단, Kick의 법칙을 이용, 동일한 파쇄기를 이용하여 10cm의 폐기물을 2cm로 파쇄하는데 에너지가 50kW·hr/ton 소모됨)

㉮ 55.66 ㉯ 57.66
㉰ 59.66 ㉱ 61.66

풀이 Kick의 법칙 : $E = C \ln\left(\dfrac{dp_1}{dp_2}\right)$

여기서 E : 에너지 소모율
  dp_1 : 평균크기
  dp_2 : 최종크기

① $50 \text{kw·hr/ton} = C \times \ln\left(\dfrac{10\text{cm}}{2\text{cm}}\right)$

  $\therefore C = \dfrac{50 \text{ kw·hr/ton}}{\ln\left(\dfrac{10\text{cm}}{2\text{cm}}\right)} = 31.0667 \text{ kw·hr/ton}$

② $E = 31.0667 \text{ kw·hr/ton} \times \ln\left(\dfrac{6\text{cm}}{1\text{cm}}\right)$

  $= 55.66 \text{ kw·hr/ton}$

06 전과정평가(LCA)를 구성하는 4부분 중, 조사분석과정에서 확정된 자원요구 및 환경부하에 대한 영향을 평가하는 기술적, 정량적, 정성적 과정인 것은?

㉮ impact analysis
㉯ initiation analysis
㉰ inventory analysis
㉱ improvement analysis

풀이 ㉮ 영향평가(impact analysis)과정이며, 핵심 내용인 "환경부하 = 영향평가"임을 숙지하시면 됩니다.

07 폐기물 발생량 예측 시 고려되는 직접적인 인자로 가장 거리가 먼 것은?

㉮ 인구   ㉯ GNP
㉰ 쓰레기통 위치 ㉱ 자원회수량

풀이 ㉰ 쓰레기통의 크기

08 쓰레기 수거차 5대가 각각 10m³의 쓰레기를 운반하였다. 쓰레기의 밀도를 0.5ton/m³라고 하면 운반된 쓰레기의 총 질량(ton)은 얼마인가?

㉮ 5   ㉯ 15
㉰ 25   ㉱ 35

풀이 쓰레기의 총 질량(ton) = $\dfrac{0.5 \text{ ton}}{\text{m}^3} \times \dfrac{10 \text{ m}^3}{1\text{대}} \times 5\text{대}$

  $= 25 \text{ ton}$

09 쓰레기의 발생량 예측에 적용하는 방법이 아닌 것은?

㉮ 경향법   ㉯ 물질수지법
㉰ 동적모사 모델 ㉱ 다중회귀 모델

풀이 쓰레기 발생량
① 예측방법 : 다중회귀모델, 동적모사모델, 경향모델
② 조사방법 : 물질수지법, 직접계근법, 적재차량계수법, 통계조사법

TIP
암기법 : 예측은 다중이 동적으로 경향을 파악하고/조사는 물질을 직접 적재한 통계로 한다.

---

answer 05 ㉮ 06 ㉮ 07 ㉰ 08 ㉰ 09 ㉯

10 쓰레기의 겉보기 비중과 관계 없는 것은?

㉮ 밀도
㉯ 진비중
㉰ 시료질량/용기부피
㉱ ton/m³

11 청소상태의 평가방법에 관한 설명으로 틀린 것은?

㉮ 지역사회 효과지수는 가로 청소상태의 문제점이 관찰되는 경우 각 10점씩 감점한다.
㉯ 지역사회 효과지수에서 가로 청결상태의 scale 1~10로 정하여 각각 10점 범위로 한다.
㉰ 사용자 만족도 지수는 서비스를 받는 사람들의 만족도를 설문조사하여 계산되며 설문 문항은 6개로 구성되어 있다.
㉱ 사용자 만족도 설문지 문항의 총점은 100점이다.

풀이 ㉯ 지역사회 효과지수에서 가로 청결상태의 scale은 1~4로 정하며, 각각 100점, 50점, 25점, 0점으로 한다.

12 와전류선별기에 관한 설명으로 틀린 것은?

㉮ 비철금속의 분리, 회수에 이용된다.
㉯ 자력선을 도체가 스칠 때에 진행방향과 직각방향으로 힘이 작용하는 것을 이용해서 분리한다.
㉰ 연속적으로 변화하는 자장 속에 비자성이며 전기전도성이 좋은 금속을 넣어 분리시킨다.
㉱ 와전류 선별기는 자기드럼식, 자기벨트식, 자기전도식으로 대별된다.

풀이 와전류선별기는 경사판선별기, 수직형선별기, 회전식 디스크선별기가 있다.

13 쓰레기의 발생량 조사 방법이 아닌 것은?

㉮ 직접계근법
㉯ 경향법
㉰ 적재차량계수 분석법
㉱ 물질수지법

풀이 쓰레기 발생량
① 예측방법 : 다중회귀모델, 동적모사모델, 경향모델
② 조사방법 : 물질수지법, 직접계근법, 적재차량계수법, 통계조사법

TIP
암기법 : 예측은 다중이 동적으로 경향을 파악하고/ 조사는 물질을 직접 적재한 통계로 한다.

answer 10 ㉯ 11 ㉯ 12 ㉱ 13 ㉯

14 파쇄시설의 에너지 소모량은 평균크기 비의 상용로그값에 비례한다. 에너지 소모량에 대한자료가 다음과 같을 때 평균크기가 10cm인 혼합도시폐기물을 1cm로 파쇄 하는데 필요한 에너지 소모율(kW·시간/톤)은 얼마인가? (단, kick 법칙 적용)

파쇄 전 크기	파쇄 후 크기	에너지 소모량
2cm	1cm	3.0kW·시간/톤
6cm	2cm	4.8kW·시간/톤
20cm	4cm	7.0kW·시간/톤

㉮ 7.82 ㉯ 8.61
㉰ 9.97 ㉱ 12.83

풀이 Kick의 법칙 : $E = C \ln\left(\dfrac{dp_1}{dp_2}\right)$

여기서 E : 에너지 소모율
dp_1 : 평균크기
dp_2 : 최종크기

① $3\,kw \cdot hr/ton = C \times \ln\left(\dfrac{2\,cm}{1\,cm}\right)$

∴ $C = \dfrac{3\,kw \cdot hr/ton}{\ln\left(\dfrac{2\,cm}{1\,cm}\right)}$

$= 4.328\,kw \cdot hr/ton$

② $E = 4.328\,kw \cdot hr/ton \times \ln\left(\dfrac{10\,cm}{1\,cm}\right)$

$= 9.97\,kw \cdot hr/ton$

15 슬러지 수분 중 가장 용이하게 분리할 수 있는 수분의 형태로 옳은 것은?

㉮ 모관결합수 ㉯ 세포수
㉰ 표면부착수 ㉱ 내부수

풀이 슬러지내의 탈수성의 순서는 간극모관결합수 > 모관결합수 > 쐐기상모관결합수 > 표면부착수 > 내부수이다.

16 수거대상 인구가 10,000명인 도시에서 발생되는 폐기물의 밀도는 0.5ton/m³이고 하루 폐기물 수거를 위해 차량적재 용량이 10m³인 차량 10대가 사용된다면 1일 1인당 폐기물 발생량(kg/인·일)은 얼마인가? (단, 차량은 1일 1회 운행 기준)

㉮ 2 ㉯ 3
㉰ 4 ㉱ 5

풀이 쓰레기 발생량(kg/인·일)

$= \dfrac{쓰레기\ 수거량(kg/일)}{인구수(인)}$

$= \dfrac{10m^3/대 \cdot 회 \times 10대 \times 1회/1일 \times 500kg/m^3}{10,000인}$

$= 5\,kg/인 \cdot 일$

17 함수율 95% 분뇨의 유기탄소량이 TS의 35%, 총질소량은 TS의 10%이다. 이와 혼합할 함수율 20%인 볏짚의 유기탄소량이 TS의 80%이고, 총질소량이 TS의 4%라면 분뇨와 볏짚을 1:1로 혼합했을 때 C/N비는?

㉮ 17.8 ㉯ 28.3
㉰ 31.3 ㉱ 41.3

풀이 $\dfrac{C}{N} = \dfrac{(1-0.95) \times 0.35 \times \dfrac{1}{2} + (1-0.2) \times 0.8 \times \dfrac{1}{2}}{(1-0.95) \times 0.10 \times \dfrac{1}{2} + (1-0.2) \times 0.04 \times \dfrac{1}{2}}$

$= 17.77$

answer 14 ㉰ 15 ㉮ 16 ㉱ 17 ㉮

18 폐기물의 성분을 조사한 결과 플라스틱의 함량이 30%(질량비)로 나타났다. 이 폐기물의 밀도가 300kg/m³이라면 10m³ 중에 함유된 플라스틱의 양(kg)은?

㉮ 300
㉯ 600
㉰ 900
㉱ 1,000

풀이 플라스틱의 양(kg) = $10\,m^3 \times \dfrac{300\,kg}{m^3} \times 0.3$
= $900\,kg$

19 플라스틱 폐기물 중 할로겐 화합물을 함유하고 있는 것은?

㉮ 폴리에틸렌
㉯ 멜라민수지
㉰ 폴리염화비닐
㉱ 폴리아크릴로니트릴

풀이 할로겐 화합물을 함유하고 있는 것은 폴리염화비닐이다. 즉, 염소를 함유하고 있는 물질을 찾는 문제이다.

20 사업장내에서 폐기물의 발생량을 억제하기 위한 방안으로 틀린 것은?

㉮ 자원, 원료의 선택
㉯ 제조, 가공공정의 선택
㉰ 제품 사용연수의 감안
㉱ 최종처분의 체계화

풀이 ㉱번은 발생 후 방안이다.

제2과목 폐기물 재활용 및 자원화 기술

21 유기성폐기물의 퇴비화과정(초기단계 – 고온단계 – 숙성단계) 중 고온단계에서 주된 역할을 담당하는 미생물은?

㉮ 전반기 : Pseudomonas,
후반기 : Bacillus
㉯ 전반기 : Thermoactinomyces,
후반기 : Enterbactor
㉰ 전반기 : Enterbactor,
후반기 : Pseudomonas
㉱ 전반기 : Bacillus,
후반기 : Thermoactinomyces

22 매립지 중간복토에 관한 설명으로 틀린 것은?

㉮ 복토는 메탄가스가 외부로 나가는 것을 방지한다.
㉯ 폐기물이 바람에 날리는 것을 방지한다.
㉰ 복토재로는 모래나 점토질을 사용하는 것이 좋다.
㉱ 지반의 안정과 강도를 증가시킨다.

풀이 ㉰ 복토재로는 양질토를 사용하는 것이 좋다.

answer 18 ㉰ 19 ㉰ 20 ㉱ 21 ㉱ 22 ㉰

23 매립가스의 강제포집방식 중 수직포집방식의 장점으로 틀린 것은?

㉮ 폐기물 부등침하에 영향이 적음
㉯ 파손된 포집정의 교환이나 추가시공이 가능함
㉰ 포집공의 압력조절이 가능함
㉱ 포집효율이 비교적 낮음

풀이 ㉱ 포집효율이 비교적 높음

24 합성차수막 중 CR의 장·단점에 관한 설명으로 틀린 것은?

㉮ 가격이 비싸다.
㉯ 마모 및 기계적 충격에 약하다.
㉰ 접합이 용이하지 못하다.
㉱ 대부분의 화학물질에 대한 저항성이 높다.

풀이 ㉯ 마모 및 기계적 충격에 강하다.

TIP
CR = Chloroprene Rubber

25 고형폐기물을 매립 처리할 때 $C_6H_{12}O_6$ 성분 1톤(ton)의 폐기물이 혐기성 분해를 한다면 이론적 메탄가스 발생량(L)은 얼마인가? (단, 메탄가스 밀도 : 0.7167kg/L)

㉮ 약 280   ㉯ 약 370
㉰ 약 450   ㉱ 약 560

풀이 $C_6H_{12}O_6 \rightarrow 3CO_2 + 3CH_4$
180kg : 3×16kg
1,000kg : X
∴ $X(CH_4) = \dfrac{1,000kg \times 3 \times 16kg}{180kg} = 266.67kg$

따라서
$CH_4(L) = 266.67kg \times \dfrac{1}{0.7167kg/L} = 372.08L$

26 일반적으로 C/N비가 가장 높은 것은?

㉮ 신문지   ㉯ 톱밥
㉰ 잔디   ㉱ 낙엽

풀이 C/N비가 가장 높은 것은 질소에 비해 탄소의 함량이 높은 물질이므로 신문지가 정답이 된다.

27 퇴비화 대상 유기물질의 화학식이 $C_{99}H_{148}O_{59}N$이라고 하면, 이 유기물질의 C/N비는 얼마인가?

㉮ 64.9   ㉯ 84.9
㉰ 104.9   ㉱ 124.9

풀이 $C_{99}H_{148}O_{59}N$의 C/N비 = $\dfrac{탄소량}{질소량}$

C/N비 = $\dfrac{99 \times 12}{1 \times 14} = 84.86$

TIP
① 탄소(C)량 = 99×12
② 질소(N)량 = 1×14

28 매립지 바닥에 복토가 충분할 때 사용하는 내륙매립방법은 어느 것인가?

㉮ 계곡매립법   ㉯ 지역법
㉰ 경사법   ㉱ 도랑법

풀이 매립지 바닥에 복토가 충분할 때 사용하는 내륙매립방법은 도랑법이다.

---

answer 23 ㉱ 24 ㉯ 25 ㉯ 26 ㉮ 27 ㉯ 28 ㉱

29 폐기물 건조기 중 기류건조기의 특징으로 틀린 것은?

㉮ 건조시간이 짧다.
㉯ 고온의 건조가스 사용이 가능하다.
㉰ 가연성 재료에서는 먼지폭발 및 화재의 위험성이 있다.
㉱ 작은 입경의 폐기물 건조에는 적합하지 않다.

풀이 ㉱ 작은 입경의 폐기물 건조에도 적합하다.

30 분뇨저장탱크 내의 악취발생 공간 체적이 40m³이고, 이를 시간당 5차례 교환하고자 한다. 발생된 악취공기를 퇴비 여과방식을 채택하여 투과속도 20m/hr로 처리하고자 할 때 필요한 퇴비여과상의 면적(m²)은 얼마인가?

㉮ 6   ㉯ 8
㉰ 10   ㉱ 12

풀이 퇴비여과상의 면적(m²) = $\dfrac{가스량(m^3/hr)}{투과속도(m/hr)}$
= $\dfrac{40m^3 \times 5/hr}{20m/hr}$ = $10m^2$

31 관리형 폐기물 매립지에서 발생하는 침출수의 주된 발생원은 무엇인가?

㉮ 주위의 지하수로부터 유입되는 물
㉯ 주변으로부터의 유입지표수(Run-on)
㉰ 강우에 의하여 상부로부터 유입되는 물
㉱ 폐기물 자체의 수분 및 분해에 의하여 생성되는 물

풀이 침출수의 주된 발생원은 강우에 의하여 상부로부터 유입되는 물이다.

32 폐기물 매립 시 사용되는 인공복토재의 조건으로 틀린 것은?

㉮ 연소가 잘 되지 않아야 한다.
㉯ 살포가 용이하여야 한다.
㉰ 투수계수가 높아야 한다.
㉱ 미관상 좋아야 한다.

풀이 ㉰ 투수계수가 낮아야 한다.

33 열분해와 운전인자에 대한 설명으로 틀린 것은?

㉮ 열분해는 무산소상태에서 일어나는 반응이며 필요한 에너지를 외부에서 공급해 주어야 한다.
㉯ 열분해가스 중 CO, H_2, CH_4 등의 생성율은 열공급속도가 커짐에 따라 증가한다.
㉰ 열분해 반응에서는 열공급속도가 커짐에 따라 유기성 액체와 수분, 그리고 Char의 생성량은 감소한다.
㉱ 산소가 일부 존재하는 조건에서 열분해가 진행되면 CO_2의 생성량이 최대가 된다.

풀이 ㉱ 열분해 온도가 고온이 될수록 CO_2 함량이 감소하고, H_2 함량이 증가한다.

34 폐기물처리시설 설치의 환경성조사서에 포함되어야 할 사항이 아닌 것은?

㉮ 지역의 폐기물 처리에 관한 사항
㉯ 처리시설입지에 관한 사항
㉰ 처리시설에 관한 사항
㉱ 소요사업비 및 재원조달계획

answer 29 ㉱ 30 ㉰ 31 ㉰ 32 ㉰ 33 ㉱ 34 ㉱

35 Soil washing기법을 적용하기 위하여 토양의 입도분포를 조사한 결과가 다음과 같을 경우, 유효입경(mm)과 곡률계수는 얼마인가? (단, D_{10}, D_{30}, D_{60}는 각각 통과백분율 10%, 30%, 60%에 해당하는 입자 직경이다.)

	D_{10}	D_{30}	D_{60}
입자의 크기(mm)	0.25	0.60	0.90

㉮ 유효입경 : 0.25, 곡률계수 : 1.6
㉯ 유효입경 : 3.60, 곡률계수 : 1.6
㉰ 유효입경 : 0.25, 곡률계수 : 2.6
㉱ 유효입경 : 3.60, 곡률계수 : 2.6

풀이 ① 유효입경 $= D_{10\%} = 0.25\,mm$

② 곡률계수 $= \dfrac{(D_{30\%})^2}{(D_{10\%} \times D_{60\%})}$
$= \dfrac{(0.6mm)^2}{(0.25mm \times 0.9mm)}$
$= 1.6$

TIP
균등계수 $= \dfrac{D_{60\%}}{D_{10\%}}$

36 호기성 소화공법이 혐기성 소화공법에 비하여 갖고 있는 장점으로 틀린 것은?

㉮ 반응시간이 짧아 시설비가 저렴할 수 있다.
㉯ 운전이 용이하고 악취발생이 적다.
㉰ 생산된 슬러지의 탈수성이 우수하다.
㉱ 반응조의 가온이 불필요하다.

풀이 ㉰ 생산된 슬러지의 탈수성이 어렵다.

37 분뇨처리 프로세스 중 습식 고온고압 산화처리 방식에 대한 설명 중 틀린 것은?

㉮ 일반적으로 70기압과 210℃로 가동된다.
㉯ 처리시설의 수명이 짧다.
㉰ 완전멸균이 되고, 질소 등 영양소의 제거율이 높다.
㉱ 탈수성이 좋고 고액분리가 잘된다.

풀이 ㉰ 질소 등 영양소의 제거율이 낮다.

38 폐기물의 고화처리방법 중 피막형성법의 장점으로 옳은 것은?

㉮ 화재 위험성이 없다.
㉯ 혼합율이 높다.
㉰ 에너지 소비가 적다.
㉱ 침출성이 낮다.

풀이 ㉮ 화재 위험성이 있다.
㉯ 혼합율이 낮다.
㉰ 에너지 소비가 크다.

TIP
혼합율$(MR) = \dfrac{첨가제의\ 질량}{폐기물의\ 질량}$

39 위생매립의 장점이 아닌 것은?

㉮ 타 방법과 비교하여 초기 투자비용이 높다.
㉯ 부지확보가 가능할 경우 가장 경제적인 방법이다.
㉰ 거의 모든 종류의 폐기물처분이 가능하다.
㉱ 사후부지는 공원, 운동장 등으로 이용될 수 있다.

풀이 ㉮ 타 방법과 비교하여 초기 투자비용이 낮다.

answer 35 ㉮ 36 ㉰ 37 ㉰ 38 ㉱ 39 ㉮

40 총고형물이 36,500mg/L, 휘발성 고형물이 총고형물 중 64.5%인 폐기물 100m³/day를 혐기성 소화조에서 소화시켰을 때 1일 가스 발생량(m³/day)은 얼마인가? (단, 폐기물 비중 1.0, 가스발생량 0.35m³/kg(VS))

㉮ 약 764m³/day ㉯ 약 784m³/day
㉰ 약 804m³/day ㉱ 약 824m³/day

풀이 가스발생량(m^3/day)
= $100\,m^3/day \times 36.5\,kg/m^3 \times 0.645 \times 0.35\,m^3/kg \cdot VS$
= $823.99\,m^3/day$

TIP
① mg/L $\xrightarrow{\times 10^{-3}}$ kg/m³
② 36,500mg/L = 36.5kg/m³

| 제3과목 | 폐기물 처분기술

41 화상부하율(연소량/화상면적)에 대한 설명으로 옳지 않은 것은?

㉮ 화상부하율을 크게 하기 위해서는 연소량을 늘리거나 화상면적을 줄인다.
㉯ 화상부하율이 너무 크면 로내 온도가 저하하기도 한다.
㉰ 화상부하율이 적어질수록 화상면적이 축소되어 compact화 된다.
㉱ 화상부하율이 너무 커지면 불완전연소의 문제를 야기 시킨다.

풀이 ㉰ 화상부하율이 커질수록 화상면적이 축소되어 compact화 된다.

42 폐기물 처리방법 중, 소각공정에 대한 열분해 공정의 비교설명으로 옳은 것은?

㉮ 열분해공정은 소각공정에 비해 배기가스량이 많다.
㉯ 열분해공정은 소각공정에 비해 황 및 중금속이 회분 속에 고정되는 비율이 낮다.
㉰ 열분해공정은 소각공정에 비해 질소산화물 발생량이 적다.
㉱ 열분해공정은 소각공정에 비해 산화성 분위기를 유지한다.

풀이 ㉮ 열분해공정은 소각공정에 비해 배기가스량이 적다.
㉯ 열분해공정은 소각공정에 비해 황 및 중금속이 회분 속에 고정되는 비율이 높다.
㉱ 열분해공정은 소각공정에 비해 환원성 분위기를 유지한다.

43 폐플라스틱 소각처리 시 발생되는 문제점 중 옳은 것은?

㉮ 플라스틱은 용융점이 높아 화격자나 구동장치 등에 고장을 일으킨다.
㉯ 플라스틱 발열량은 보통 3,000~5,000kcal/kg 범위로 도시폐기물 발열량의 2배 정도이다.
㉰ 플라스틱 자체의 열전도율이 낮아 온도분포가 불균일하다.
㉱ PVC를 연소 시 HCN이 다량 발생되어 시설의 부식을 일으킨다.

풀이 ㉮ 플라스틱은 용융점이 낮아 화격자나 구동장치 등에 고장을 일으킨다.
㉯ 플라스틱 발열량은 보통 700~2,000kcal/kg 범위로 도시폐기물 발열량 보다 낮다.
㉱ PVC를 연소 시 다이옥신이 다량 발생한다.

answer 40 ㉱ 41 ㉰ 42 ㉰ 43 ㉰

44 유동상식 소각로의 장·단점에 대한 설명으로 틀린 것은?

㉮ 반응시간이 빨라 소각시간이 짧다.(로 부하율이 높다.)
㉯ 연소효율이 높아 미연소분 배출이 적고 2차 연소실이 불필요하다.
㉰ 기계적 구동부분이 많아 고장율이 높다.
㉱ 상(床)으로부터 찌꺼기의 분리가 어려우며 운전비 특히 동력비가 높다.

풀이 ㉰ 기계적 구동부분이 적어 고장율이 낮다.

45 폐기물 소각에 따른 문제점은 지구온난화 가스의 형성이다. 다음 배가스 성분 중 온실가스는 어느 것인가?

㉮ CO_2 ㉯ NO_X
㉰ SO_2 ㉱ HCl

풀이 온실효과 기여도가 50% 이상인 가스가 이산화탄소(CO_2)이다.

46 준연속 연소식 소각로의 가동시간으로 적당한 설계조건은?

㉮ 8시간   ㉯ 12시간
㉰ 16시간   ㉱ 18시간

풀이 준연속 연소식 소각로의 가동시간은 16시간을 목표로 한다.

47 폐기물소각 시 발생되는 질소산화물 저감 및 처리방법으로 틀린 것은?

㉮ 알칼리 흡수법   ㉯ 산화 흡수법
㉰ 접촉 환원법   ㉱ 다이메틸아닐린법

풀이 ㉱ 다이메틸아닐린법은 황화수소(H_2S) 제거법이다.

48 폐기물 소각로에서 배출되는 연소공기의 조성이 아래와 같을 때 연소가스의 평균분자량은 얼마인가? (단, CO_2 = 13.0%, O_2 = 8%, H_2O = 10%, N_2 = 69%)

㉮ 27.4   ㉯ 28.4
㉰ 28.8   ㉱ 29.4

풀이 평균 분자량
= 44×0.13 + 32×0.08 + 18×0.1 + 28×0.69
= 29.4

49 소각 과정에 대한 설명으로 틀린 것은?

㉮ 수분이 적을수록 착화도달 시간이 적다.
㉯ 회분이 많을수록 발열량이 낮아진다.
㉰ 폐기물의 건조는 자유건조 → 항율건조 → 감율건조 순으로 이루어진다.
㉱ 발열량이 작을수록 연소온도가 높아진다.

풀이 ㉱ 발열량이 작을수록 연소온도가 낮아진다.

answer 44 ㉰ 45 ㉮ 46 ㉰ 47 ㉱ 48 ㉱ 49 ㉱

50 수소 22.0%, 수분 0.7%인 중유의 고위발열량이 12,600kcal/kg일 때 저위발열량(kcal/kg)은 얼마인가?

㉮ 11,408   ㉯ 17,425
㉰ 19,328   ㉱ 20,314

풀이 저위발열량
= 고위발열량 $-600\times(9H+W)$ (kcal/kg)
= $12,600\,\text{kcal/kg} - 600\times(9\times0.22+0.007)$
= $11,407.8\,\text{kcal/kg}$

51 아세틸렌(C_2H_2) 100kg을 완전 연소시킬 때 필요한 이론적 산소요구량(kg)은 얼마인가?

㉮ 약 123   ㉯ 약 214
㉰ 약 308   ㉱ 약 415

풀이 $C_2H_2 + 2.5O_2 \rightarrow 2CO_2 + H_2O$
26kg : 2.5×32kg
100kg : O_0(이론산소량)
∴ O_0(이론산소량) $= \dfrac{100\,\text{kg}\times2.5\times32\,\text{kg}}{26\,\text{kg}}$
$= 307.69\,\text{kg}$

52 에틸렌(C_2H_4)의 고위발열량이 15,280kcal/Sm^3이라면 저위발열량(kcal/Sm^3)은 얼마인가?

㉮ 14,920   ㉯ 14,800
㉰ 14,680   ㉱ 14,320

풀이 $C_2H_4 + 3O_2 \rightarrow 2CO_2 + 2H_2O$
저위발열량(kcal/Sm^3)
= 고위발열량(kcal/Sm^3) $- 480\times H_2O$량(kcal/Sm^3)
= $15,280\,\text{kcal}/Sm^3 - 480\times2$
= $14,320\,\text{kcal}/Sm^3$

53 화격자 연소기(Grate or Stoker)에 대한 설명으로 옳은 것은?

㉮ 휘발성분이 많고 열분해 하기 쉬운 물질을 소각할 경우 상향식 연소방식을 쓴다.
㉯ 이동식 화격자는 주입폐기물을 잘 운반 시키거나 뒤집지는 못하는 문제점이 있다.
㉰ 수분이 많거나 플라스틱과 같이 열에 쉽게 용해되는 물질에 의한 화격자 막힘의 우려가 없다.
㉱ 체류시간이 짧고 교반력이 강하여 국부 가열이 발생할 우려가 있다.

풀이 ㉮ 휘발성분이 많고 열분해 하기 쉬운 물질을 소각할 경우 하향식 연소방식을 쓴다.
㉰ 수분이 많거나 플라스틱과 같이 열에 쉽게 용해되는 물질에 의한 화격자 막힘의 우려가 있다.
㉱ 체류시간이 길고 교반력이 약하여 국부가열이 발생할 우려가 있다.

54 폐기물 소각, 매립 설계과정에서 중요한 인자로 작용하고 있는 강열감량(Ignition Loss)에 대한 설명으로 틀린 것은?

㉮ 소각로의 운전상태를 파악할 수 있는 중요한 지표
㉯ 소각로의 종류, 처리용량에 따른 화격자의 면적을 선정하는 데 중요자료
㉰ 소각잔사 중 가연분을 질량 백분율로 나타낸 수치
㉱ 폐기물의 매립처분에 있어서 중요한 지표

풀이 ㉰ 소각잔사 중 탄화 후 성분을 질량 백분율로 나타낸 수치

answer 50 ㉮ 51 ㉰ 52 ㉱ 53 ㉯ 54 ㉰

55 표준상태에서 배기가스 내에 존재하는 CO_2 농도가 0.01%일 때 이것은 몇 mg/m^3 인가?

㉮ 146   ㉯ 196
㉰ 266   ㉱ 296

풀이
$$mg/Sm^3 = \frac{0.01 \times 10^4 mL}{Sm^3} \times \frac{44mg}{22.4mL}$$
$$= 196.43 mg/Sm^3$$

TIP
① % $\xrightarrow{\times 10^4}$ ppm
② ppm = mL/Sm^3
③ CO_2 1mol $\begin{cases} 44mg \\ 22.4mL \end{cases}$

56 스크러버는 액적 또는 액막을 형성시켜 함진가스와의 접촉에 의해 오염물질을 제거시키는 장치이다. 다음 중 스크러버의 장점 및 단점에 대한 설명으로 틀린 것은?

㉮ 2차적 먼지처리가 불필요하다.
㉯ 냉한기에 세정수의 동결에 의한 대책 수립이 필요하다.
㉰ 좁은 공간에도 설치가 가능하다.
㉱ 부식성가스의 흡수로 재료 부식이 방지된다.

풀이 ㉱ 부식성가스의 흡수로 재료 부식에 주의해야 한다.

57 화격자 연소기의 장·단점에 대한 설명으로 옳지 않은 것은?

㉮ 연속적인 소각과 배출이 가능하다.
㉯ 수분이 많거나 열에 쉽게 용해되는 물질의 소각에 주로 적용된다.
㉰ 체류시간이 길고 교반력이 약하여 국부가열의 염려가 있다.
㉱ 고온 중에서 기계적으로 구동하기 때문에 금속부의 마모 손실이 심하다.

풀이 ㉯ 수분이 많거나 열에 쉽게 용해되는 물질의 소각에 부적합하다.

58 폐기물 소각로의 화상부하율이 $600 kg/m^2 \cdot hr$, 하루에 소각할 폐기물 양이 200ton일 경우 요구되는 화상면적(m^2)은 얼마인가? (단, 소각로 전연속식, 가동시간 = 24 hr/일)

㉮ 6.91   ㉯ 8.54
㉰ 10.27   ㉱ 13.89

풀이 소각로의 화상부하율($kg/m^2 \cdot hr$)
$$= \frac{쓰레기의 소각량(kg/hr)}{화상면적(m^2)}$$
$$600 kg/m^2 \cdot hr = \frac{200,000 kg/일 \times 1일/24hr}{화상면적(m^2)}$$
$$\therefore 화상면적 = \frac{200,000 kg/일 \times 1일/24hr}{600 kg/m^2 \cdot hr} = 13.89 m^2$$

answer 55 ㉯   56 ㉱   57 ㉯   58 ㉱

59 중유에 대한 설명으로 틀린 것은?

㉮ 중유의 탄수소비(C/H)가 증가하면 비열은 감소한다.
㉯ 중유의 유동점은 일정 시험기에서 온도와 유동상태를 관찰하여 측정하며, 고온에서 취급시 난이도를 표시하는 척도이다.
㉰ 비중이 큰 중유는 일반적으로 발열량이 낮고 비중이 작을수록 연소성이 양호하다.
㉱ 잔류탄소가 많은 중유는 일반적으로 점도가 높으며, 일반적으로 중질유일수록 잔류탄소가 많다.

풀이 ㉯ 중유의 유동점은 일정 시험기에서 온도와 유동상태를 관찰하여 측정하며, 저온에서 취급시 난이도를 표시하는 척도이다.

60 도시폐기물의 질량 조성이 C 65%, H 6%, O 8%, S 3%, 수분 3%였으며, 각 원소의 단위 질량당 열량은 C 8,100kcal/kg, H 34,000 kcal/kg, S 2,200kcal/kg이었다. 이 도시 폐기물의 저위발열량(Hl, kcal/kg)은 얼마인가? (단, 연소조건은 상온으로 보고 상온상태의 물의 증발잠열은 600kcal/kg으로 함)

㉮ 5,473　　㉯ 6,689
㉰ 7,135　　㉱ 8,288

풀이 ① Dulong공식에서 고위발열량(Hh)
$= 8,100C + 34,000\left(H - \dfrac{O}{8}\right) + 2,200S \,(kcal/kg)$
$= 8,100 \times 0.65 + 34,000 \times \left(0.06 - \dfrac{0.08}{8}\right) + 2,200 \times 0.03$
$= 7,031 \,kcal/kg$
② 저위발열량
$=$ 고위발열량 $- 600 \times (9H + W) \,(kcal/kg)$
$= 7,031 \,kcal/kg - 600 \times (9 \times 0.06 + 0.03)$
$= 6,689 \,kcal/kg$

| 제4과목 | 폐기물공정시험기준

61 자외선/가시선 분광광도계의 광원부의 광원 중 자외부의 광원으로 주로 사용하는 것은?

㉮ 속빈음극램프　㉯ 텅스텐램프
㉰ 광전도도관　　㉱ 중수소 방전관

풀이 자외선/가시선 분광광도계의 광원
① 가시부 : 텅스텐램프
② 자외부 : 중수소방전관

62 폐기물 시료의 용출 시험 방법에 대한 설명으로 틀린 것은?

㉮ 지정폐기물의 판정이나 매립방법을 결정하기 위한 시험에 적용한다.
㉯ 시료 100g 이상을 정밀히 달아 정제수에 염산을 넣어 pH를 4.5~5.3 정도로 조절한 용매와 1 : 5의 비율로 혼합한다.
㉰ 진탕여과한 액을 검액으로 사용하나 여과가 어려운 경우 원심분리기를 이용한다.
㉱ 용출시험 결과는 수분함량 보정을 위해 함수율 85% 이상인 시료에 한하여 [15/(100-시료의 함수율(%))]을 곱하여 계산된 값으로 한다.

풀이 ㉯ 시료 100g 이상을 정밀히 달아 정제수에 염산을 넣어 pH를 5.8~6.3 정도로 조절한 용매와 1 : 10의 비율로 혼합한다.

answer 59 ㉯　60 ㉯　61 ㉱　62 ㉯

63 원자흡수분광광도법에서 일어나는 분광학적 간섭에 해당하는 것은?

㉮ 불꽃 중에서 원자가 이온화하는 경우
㉯ 시료용액의 점성이나 표면장력 등에 의하여 일어나는 경우
㉰ 분석에 사용하는 스펙트럼선이 다른 인접선과 완전히 분리되지 않는 경우
㉱ 공존물질과 작용하여 해리하기 어려운 화합물이 생성되어 흡광에 관계하는 기저상태의 원자수가 감소하는 경우

풀이 간섭의 종류
㉮ 화학적 간섭 ㉯ 물리적 간섭 ㉱ 화학적 간섭

64 시료의 조제방법에 대한 내용으로 틀린 것은?

㉮ 폐기물 중 입경이 5mm미만인 것은 그대로, 입경이 5mm이상인 것은 분쇄하여 입경이 0.5~5mm로 한다.
㉯ 구획법 - 20개의 각 부분에서 균등량 취하여 혼합하여 하나의 시료로 한다.
㉰ 교호삽법 - 일정량을 장방형으로 도포하고 균등량씩 취하여 하나의 시료로 한다.
㉱ 원추4분법 - 원추의 꼭지를 눌러 평평하게 한 후 균등량씩 취하여 하나의 시료로 한다.

풀이 ㉱ 원추4분법 - 원추의 꼭지를 수직으로 눌러서 평평하게 만들고 이것을 부채꼴로 사등분한다.

65 강열감량 및 유기물 함량 분석에 관한 내용으로 ( )에 알맞은 것은?

> 도가니 또는 접시를 미리 (㉠)에서 30분 동안 강열하고 데시케이터 안에서 식힌 후 사용하기 직전에 질량을 단다. 수분을 제거한 시료 적당량(㉡)을 취하여 용기와 시료의 질량을 정확히 단다. 여기에 (㉢)을 넣어 시료를 적시고 서서히 가열하여 (㉣)의 전기로 안에서 3시간 동안 강열하고 데시케이터 안에 넣어 식힌 후 질량을 정확히 단다.

㉮ ㉠ (550±25)℃
㉯ ㉡ 10g 이상
㉰ ㉢ 25% 황산암모늄용액
㉱ ㉣ (600±25)℃

풀이 ㉮ ㉠ (600±25)℃
㉯ ㉡ 20g 이상
㉰ ㉢ 25% 질산암모늄용액

66 석면의 종류 중 백석면의 형태와 색상에 관한 내용으로 틀린 것은?

㉮ 곧은 물결 모양의 섬유
㉯ 다발의 끝은 분산
㉰ 다색성
㉱ 가열되면 무색~밝은 갈색

풀이 ㉮ 꼬인 물결 모양의 섬유

answer 63 ㉰ 64 ㉱ 65 ㉱ 66 ㉮

67 노말 헥산 추출물질을 측정하기 위해 시료 30g을 사용하여 공정시험기준에 따라 실험하였다. 실험전후의 증발용기의 질량 차는 0.0176g이고 바탕 실험전후의 증발용기의 질량 차가 0.0011g이었다면 이를 적용하여 계산된 노말헥산 추출물질(%)은 얼마인가?

㉮ 0.035 ㉯ 0.055
㉰ 0.075 ㉱ 0.095

풀이 노말헥산 추출물질(%)
$= \dfrac{(0.0176\,g - 0.0011\,g)}{30\,g} \times 100$
$= 0.055\%$

68 기체 중의 농도는 표준상태로 환산 표시한다. 이 때 표준상태를 바르게 표현한 것은?

㉮ 25℃, 1기압
㉯ 25℃, 0기압
㉰ 0℃, 1기압
㉱ 0℃, 0기압

풀이 표준상태는 0℃, 1기압이다.

69 0.1N-AgNO₃ 규정액 1mL는 몇 mg의 NaCl과 반응하는가? (단, 분자량 : AgNO₃ = 169.87, NaCl = 58.5)

㉮ 0.585 ㉯ 5.85
㉰ 58.5   ㉱ 585

풀이 $mg = \dfrac{0.1\,eq}{L} \times \dfrac{58.5\,g}{1\,eq} \times \dfrac{1\,L}{10^3\,mL} \times \dfrac{10^3\,mg}{1\,g}$
$= 5.85\,mg$

70 음식물 폐기물의 수분을 측정하기 위해 실험하였더니 다음과 같은 결과를 얻었을 때 수분(%)은 얼마인가? (단, 건조 전 시료의 질량 = 50g, 용기의 질량 = 7.25g, 용기 및 시료의 건조 후 질량 = 15.75g)

㉮ 87%   ㉯ 83%
㉰ 78%   ㉱ 74%

풀이 ① 고형물(%)
$= \dfrac{(용기 + 시료의\ 질량)g - 용기의\ 질량(g)}{시료(g)} \times 100$
$= \dfrac{15.75\,g - 7.25\,g}{50\,g} \times 100$
$= 17\%$
② 수분(%) = 100-고형물(%)
$= 100 - 17\% = 83\%$

71 ICP(유도결합플라스마-원자발광분광법)의 특징을 설명한 것으로 틀린 것은?

㉮ 6,000~8,000℃에서 여기된 원자가 바닥상태에서 방출하는 발광선 및 발광광도를 측정하여 정성 및 정량 분석하는 방법이다.
㉯ 아르곤가스를 플라즈마 가스로 사용하여 수정발진식 고주파발생기로부터 27.13MHz 영역에서 유도코일에 의하여 플라즈마를 발생시킨다.
㉰ 토치는 3중으로 된 석영관이 이용되며 제일 안쪽이 운반가스, 중간이 보조가스 그리고 제일 바깥쪽이 냉각가스가 도입된다.
㉱ ICP구조는 중심에 저온, 저전자밀도의 영역이 도너츠 형태로 형성된다.

풀이 ㉮ 6,000~8,000K서 여기된 원자가 바닥상태에서 방출하는 발광선 및 발광광도를 측정하여 정성 및 정량 분석하는 방법이다.

answer 67 ㉯ 68 ㉰ 69 ㉯ 70 ㉯ 71 ㉮

72 자외선/가시선 분광법으로 크롬을 정량할 때 $KMnO_4$를 사용하는 목적은 무엇인가?

㉮ 시료 중의 총 크롬을 6가크롬으로 하기 위해서다.
㉯ 시료 중의 총 크롬을 3가크롬으로 하기 위해서다.
㉰ 시료 중의 총 크롬을 이온화하기 위해서다.
㉱ 다이페닐카바자이드와 반응을 최적화하기 위해서다.

풀이 과망산칼륨($KMnO_4$)은 강산화제이므로 총크롬을 6가크롬으로 산화시키는 역할을 한다.

73 대상 폐기물의 양이 1,100톤인 경우 현장 시료의 최소 수(개)는 얼마인가?

㉮ 40　　㉯ 50
㉰ 60　　㉱ 80

풀이 대상폐기물의 양과 시료의 최소 수

대상폐기물의 양(단위 : ton)	시료의 최소 수
~ 1 미만	6
1 이상 ~ 5 미만	10
5 이상 ~ 30 미만	14
30 이상 ~ 100 미만	20
100 이상 ~ 500 미만	30
500 이상 ~ 1,000 미만	36
1,000 이상 ~ 5,000 미만	50
5,000 이상	60

74 기체크로마토그래피법에 의한 유기인 정량에 관한 설명으로 틀린 것은?

㉮ 검출기는 불꽃이온화 검출기 또는 질소·인 검출기(NPD)를 사용한다.
㉯ 운반기체는 질소 또는 헬륨을 사용한다.
㉰ 시료전처리를 위한 추출용매로는 주로 노말헥산을 사용한다.
㉱ 방해물질을 함유하지 않은 시료일 경우는 정제 조작을 생략할 수 있다.

풀이 ㉮ 검출기는 불꽃광도검출기 또는 질소·인 검출기(NPD)를 사용한다.

75 총칙에서 규정하고 있는 내용으로 틀린 것은?

㉮ 표준온도는 0℃, 찬 곳은 1~15℃, 열수는 약 100℃, 온수는 50~60℃를 말한다.
㉯ "약"이라 함은 기재된 양에 대하여 ±10% 이상의 차가 있어서는 안된다.
㉰ 무게를 "정확히 단다"라 함은 규정된 수치의 무게를 0.1mg까지 다는 것을 말한다.
㉱ "감압 또는 진공"이라 함은 따로 규정이 없는 한 15mmHg 이하를 뜻한다.

풀이 ㉮ 표준온도는 0℃, 찬 곳은 0~15℃, 열수는 약 100℃, 온수는 60~70℃를 말한다.

answer 72 ㉮　73 ㉯　74 ㉮　75 ㉮

76 원자흡수분광광도계에서 해리하기 어려운 내화성 산화물을 만들기 쉬운 원소의 분석에 적당한 불꽃은 어느 것인가?

㉮ 아세틸렌-공기
㉯ 프로판-공기
㉰ 아세틸렌-아산화질소
㉱ 수소-공기

[풀이] ㉰ 아세틸렌(C_2H_2)-아산화질소(N_2O)에 대한 설명이며, 핵심 내용인 "해리하기 어려운 내화성 산화물 = 아세틸렌-아산화질소"임을 숙지하시면 됩니다.

77 자외선/가시선 분광법에 의한 시안 시험법에 대한 옳은 설명은?

㉮ 염소이온을 제거하기 위하여 황산을 첨가한다.
㉯ 시안측정용 시료를 보관할 경우 황산을 넣어서 pH 2로 만든다.
㉰ 클로라민-T용액 및 피리딘·피라졸론혼합 용액은 사용할 때 조제한다.
㉱ 클로라민-T를 첨가하는 목적은 중금속을 제거하기 위해서이다.

[풀이] ㉮ 잔류염소제거 : 아스코빈산 또는 이산화비소산나트륨용액 주입
㉯ 시안측정용시료 : 수산화나트륨용액을 넣어 pH 12로 만든 후 보관
㉱ 클로라민-T : 발색시약

78 기체크로마토그래피에서 일반적으로 전자포획형 검출기에서 사용하는 운반가스는?

㉮ 순도 99.9% 이상의 수소나 헬륨
㉯ 순도 99.9% 이상의 질소 또는 헬륨
㉰ 순도 99.999% 이상의 질소 또는 헬륨
㉱ 순도 99.999% 이상의 수소 또는 헬륨

[풀이] 전자포획형검출기(ECD)에서 사용하는 운반 가스는 순도 99.999% 이상의 질소(N_2) 또는 헬륨(He)이다.

79 휘발성 저급염소화 탄화수소류 정량을 위해 사용하는 기체크로마토그래프의 검출기로 가장 알맞은 것은?

㉮ 열전도도 검출기(TCD)
㉯ 불꽃이온화 검출기(FID)
㉰ 불꽃광도 검출기(FPD)
㉱ 전해전도 검출기(HECD)

[풀이] 휘발성 저급염소화 탄화수소류 정량을 위한 기체크로마토그래프의 검출기는 전자포획검출기(ECD), 전해전도검출기(HECD)이다.

80 다음 완충용액 중 pH 4.0 부근에서 조제되는 것은?

㉮ 수산염 표준액
㉯ 프탈산염 표준액
㉰ 인산염 표준액
㉱ 붕산염 표준액

[풀이] 완충용액의 pH
㉮ 수산염 표준액 : 약 1.7
㉯ 프탈산염 표준액 : 약 4.0
㉰ 인산염 표준액 : 6.9
㉱ 붕산염 표준액 : 9.2

answer 76 ㉰ 77 ㉰ 78 ㉰ 79 ㉱ 80 ㉯

2019 1회 기출문제

| 제1과목 | 폐기물개론

01 적환장(transfer station)을 설치하는 일반적인 경우로 틀린 것은?

㉮ 불법 투기 쓰레기들이 다량 발생할 때
㉯ 고밀도 거주지역이 존재할 때
㉰ 상업지역에서 폐기물 수집에 소형용기를 많이 사용할 때
㉱ 슬러지수송이나 공기수송 방식을 사용할 때

풀이 ㉯ 저밀도 거주지역이 존재할 때

02 유해 폐기물 성분물질 중 As에 의한 피해 증세로 틀린 것은?

㉮ 무기력증 유발
㉯ 피부염 유발
㉰ Fanconi씨 증상
㉱ 암 및 돌연변이 유발

풀이 ㉰ Fanconi씨 증상 : 암 치료제인 항암제가 주 원인이며, 신장세관의 기능장애를 말한다.

03 전과정평가(LCA)는 4부분으로 구성된다. 그 중 상품, 포장, 공정, 물질, 원료 및 활동에 의해 발생하는 에너지 및 천연원료 요구량, 대기, 수질 오염물질 배출, 고형폐기물과 기타 기술적 자료구축 과정에 속하는 단계는?

㉮ scoping analysis
㉯ inventory analysis
㉰ impact analysis
㉱ improvement analysis

풀이 ㉯ inventory analysis(목록분석)단계의 설명이다.

TIP
① 전과정평가의 순서 : 목적 및 범위설정 → 목록분석 → 영향 평가 → 개선평가 및 해석
② 영향평가(impact analysis)단계는 환경부하에 대한 영향을 평가하는 기술적, 정량적, 정성적 과정이다.

04 분뇨처리를 위한 혐기성 소화조의 운영과 통제를 위하여 사용하는 분석항목과는 직접적 관계가 없는 것은?

㉮ 휘발성 산의 농도
㉯ 소화가스 발생량
㉰ 세균수
㉱ 소화조 온도

풀이 혐기성 소화조의 운영과 통제를 위한 분석항목은 휘발성 산의 농도, 소화가스 발생량, 소화조 온도이다.

answer 01 ㉯ 02 ㉰ 03 ㉯ 04 ㉰

05 관로를 이용한 쓰레기의 수송에 관한 설명으로 틀린 것은?

㉮ 잘못 투입된 물건은 회수하기 어렵다.
㉯ 가설 후에 경로변경이 곤란하고 설치비가 높다.
㉰ 조대 쓰레기의 파쇄 등 전처리가 필요없다.
㉱ 쓰레기의 발생밀도가 높은 인구 밀집지역에서 현실성이 있다.

풀이 ㉰ 조대 쓰레기의 파쇄 등 전처리가 필요하다.

06 쓰레기 발생량 조사방법으로 틀린 것은?

㉮ 적재차량 계수분석법
㉯ 물질 수지법
㉰ 분류법
㉱ 직접 계근법

풀이 쓰레기 발생량
① 예측방법 : 다중회귀모델, 동적모사모델, 경향모델
② 조사방법 : 물질수지식, 직접계근법, 적재차량계수법, 통계조사법

TIP
암기법 : 예측은 다중이 동적으로 경향을 파악하고/ 조사는 물질을 직접 적재한 통계로 한다.

07 분쇄기들 중 그 분쇄물의 크기가 큰 것에서부터 작아지는 순서로 옳게 나열한 것은?

㉮ Jaw Crusher - Cone Crusher - Ball Mill
㉯ Cone Crusher - Jaw Crusher - Ball Mill
㉰ Ball Mill - Cone Crusher - Jaw Crusher
㉱ Cone Crusher - Ball Mill - Jaw Crusher

풀이 분쇄기의 종류
① Jaw Crusher(조크러셔) : 1차 분쇄기
② Cone Crusher(콘크러셔) : 2차 및 3차 분쇄기
③ Ball Mill(볼밀) : 3차 분쇄기

08 단열열량계를 이용하여 측정한 폐기물의 건량기준 고위발열량이 8,000kcal/kg이었을 때 폐기물의 습량기준 고위발열량(kcal/kg)과 저위발열량(kcal/kg)은?
(단, 폐기물의 수분함량은 20%, 수분함량 외 기타 항목에 따른 수분함량은 고려하지 않는다.)

㉮ 1,600, 1,480   ㉯ 3,200, 3,080
㉰ 6,400, 6,280   ㉱ 7,800, 7,680

풀이
① 습량기준 고위발열량(kcal/kg)
= 건량기준 고위발열량(kcal/kg) $\times \dfrac{(100 - 수분함량(\%))}{100}$
= $8,000 \, kcal/kg \times \dfrac{100 - 20\%}{100}$
= $6,400 \, kcal/kg$

② 습량기준 저위발열량(kcal/kg)
= 습량기준 고위발열량(kcal/kg) $- 600(9H+W)$
= $6,400 \, kcal/kg - 600 \times 0.2$
= $6,280 \, kcal/kg$

answer 05 ㉰ 06 ㉰ 07 ㉮ 08 ㉰

09 수송설비를 하수도처럼 개설하여 각 가정의 쓰레기를 최종 처분장까지 운반할 수 있으나, 전력비, 내구성 및 미생물의 부착 등이 문제가 되는 쓰레기 수송방법은?

㉮ Monorail 수송
㉯ Container 수송
㉰ Conveyor 수송
㉱ 철도수송

풀이 ㉰ Conveyor 수송에 대한 설명이다.

TIP
쓰레기 수송방법
① 모노레일(Monorail) 수송 : 적환장에서 최종처분장까지 수송하는데 사용한다.
② 컨테이너(Container) 수송 : 광대한 국토와 철도망이 있는 곳에서 사용한다.
③ 관거(pipe-line) 수송 : 자동화, 무공해화, 안전화가 가능하고, 수거차량에 의한 도심지 교통량 증가가 없으며, 고밀도 인구밀집지역에 적당하다.

10 쓰레기를 체분석하여 D_{10} = 0.01mm, D_{30} = 0.05mm, D_{60} = 0.25mm으로 결과를 얻었을 때 곡률계수는? (단, D_{10}, D_{30}, D_{60}은 쓰레기 시료의 체 중량통과 백분율이 각각 10%, 30%, 60%에 해당하는 직경임.)

㉮ 0.5
㉯ 0.85
㉰ 1.0
㉱ 1.25

풀이
$$곡률계수 = \frac{(D_{30\%})^2}{(D_{10\%} \times D_{60\%})}$$
$$= \frac{(0.05\,\text{mm})^2}{(0.01\,\text{mm} \times 0.25\,\text{mm})} = 1.0$$

TIP
① 유효입경 = $D_{10\%}$
② 균등계수 = $\dfrac{D_{60\%}}{D_{10\%}}$
③ 곡률계수 = $\dfrac{(D_{30\%})^2}{(D_{10\%} \times D_{60\%})}$

11 폐기물의 발열량 분석법으로 틀린 것은?

㉮ 폐기물의 원소분석 값을 이용
㉯ 폐기물의 물리적 조성을 이용
㉰ 열량계에 의한 방법
㉱ 고정탄소 함유량을 이용

풀이 **폐기물의 발열량 분석법**
① 폐기물의 원소분석 값을 이용
② 폐기물의 물리적 조성을 이용
③ 열량계에 의한 방법
④ 폐기물 조성에 의한 추정식 이용

12 쓰레기 관리 체계에서 비용이 가장 많이 드는 단계는?

㉮ 저장　　㉯ 매립
㉰ 퇴비화　㉱ 수거

풀이 쓰레기 관리체계에서 비용이 가장 많이 드는 단계는 수거단계이며, 수거단계가 전체비용의 60% 이상을 차지한다.

13 인력선별에 관한 설명으로 틀린 것은?

㉮ 사람의 손을 통한 수동 선별이다.
㉯ 콘베이어 벨트의 한쪽 또는 양쪽에서 사람이 서서 선별한다.
㉰ 기계적인 선별보다 작업량이 떨어질 수 있다.
㉱ 선별의 정확도가 낮고 폭발가능 물질 분류가 어렵다.

풀이 ㉱ 선별의 정확도가 높고 폭발가능 물질 분류가 용이하다.

14 폐기물 보관을 위한 폐기물 전용 컨테이너에 관한 설명으로 틀린 것은?

㉮ 폐기물 수집 작업을 자동화와 기계화 할 수 있다.
㉯ 언제라도 폐기물을 투입할 수 있고 주변 미관을 크게 해치지 않는다.
㉰ 폐기물 수집차와 결합하여 운용이 가능하여 효율적이다.
㉱ 폐기물의 선별 보관, 분리수거가 어려운 단점이 있다.

풀이 ㉱ 폐기물의 선별 보관, 분리수거가 용이하다.

15 폐기물 처리와 관련된 설명으로 틀린 것은?

㉮ 지역사회 효과지수(CEI)는 청소상태 평가에 사용되는 지수이다.
㉯ 컨테이너 철도수송은 광대한 지역에서 효율적으로 적용될 수 있는 방법이다.
㉰ 폐기물 수거 노동력을 비교하는 지표로서는 MHT(man/hr·ton)를 주로 사용한다.
㉱ 직접저장투하 결합방식에서 일반 부패성 폐기물은 직접 상차 투입구로 보낸다.

풀이 ㉰ 폐기물 수거 노동력을 비교하는 지표로서는 MHT(man·hr/ton)를 주로 사용한다.

TIP
청소상태의 평가법
① CEI(지역사회 효과지수) : 청소상태만족도 평가를 위한 지역사회 효과지수이다.
② USI(사용자 만족 지수) : 청소상태를 평가하는 방법 중 서비스를 받는 시민들의 만족도를 설문조사하여 나타내어지는 사용자 만족도 지수이다.

16 쓰레기 수거노선 설정에 대한 설명으로 틀린 것은?

㉮ 출발점은 차고와 가까운 곳으로 한다.
㉯ 언덕지역의 경우 내려가면서 수거한다.
㉰ 발생량이 많은 곳은 하루 중 가장 나중에 수거한다.
㉱ 될 수 있는 한 시계방향으로 수거한다.

풀이 ㉰ 발생량이 많은 곳은 하루 중 가장 먼저 수거한다.

17 함수율 95%인 폐기물 10톤을 탈수공정을 통해 함수율을 각각 85% 및 75%로 감소시킨 경우, 각각 탈수 후 남은 무게(ton)는?

㉮ 3.33, 2.00   ㉯ 3.33, 2.50
㉰ 5.33, 3.00   ㉱ 5.33, 3.50

풀이 $W_1 \times (100 - P_1) = W_2 \times (100 - P_2)$
① 함수율 95% → 함수율 85%로 탈수한 경우
$10톤 \times (100 - 95\%) = W_2 \times (100 - 85\%)$
$\therefore W_2 = \dfrac{10톤 \times (100 - 95\%)}{(100 - 85\%)} = 3.33톤$
② 함수율 95% → 함수율 75%로 탈수한 경우
$10톤 \times (100 - 95\%) = W_2 \times (100 - 75\%)$
$\therefore W_2 = \dfrac{10톤 \times (100 - 95\%)}{(100 - 75\%)} = 2톤$

answer 13 ㉱ 14 ㉱ 15 ㉰ 16 ㉰ 17 ㉮

18 한해 동안 폐기물 수거량이 253,000톤, 수거인부는 1일 850명, 수거 대상 인구는 250,000명이라고 할 때 1인 1일 폐기물 발생량(kg/인·일)은?

㉮ 1.87　　㉯ 2.77
㉰ 3.15　　㉱ 4.12

풀이 폐기물 생산량(kg/인·일)
$= \dfrac{폐기물\ 수거량(kg/일)}{인구수(인)}$
$= \dfrac{253,000 \times 10^3 kg/년 \times 1년/365일}{250,000인}$
$= 2.77 kg/인 \cdot 일$

19 밀도가 a인 도시 쓰레기를 밀도가 b(a < b)인 상태로 압축시킬 경우 부피감소(%)는?

㉮ $100(1-\dfrac{a}{b})$　　㉯ $100(1-\dfrac{b}{a})$
㉰ $100(a-\dfrac{a}{b})$　　㉱ $100(b-\dfrac{b}{a})$

풀이 부피감소율(%) $= \dfrac{b-a}{b} \times 100$
$= (1-\dfrac{a}{b}) \times 100$

20 폐기물의 화학적 특성 분석에 사용되는 성분항목이 아닌 것은?

㉮ 탄소성분　　㉯ 수소성분
㉰ 질소성분　　㉱ 수분성분

풀이 폐기물의 화학적 특성 분석에 사용되는 성분항목은 탄소(C), 수소(H), 산소(O), 황(S), 질소(N)이다.

| 제2과목 | 폐기물 재활용 및 자원화 기술

21 다이옥신을 제어하는 촉매로 가장 비효과적인 것은?

㉮ Al_2O_3　　㉯ V_2O_5
㉰ TiO_2　　㉱ Pd

풀이 ㉮ Al_2O_3는 알루미나 또는 산화알루미늄이라고 하며, 용도는 흡착제이다.

22 펄프공장의 폐수를 생물학적으로 처리한 결과 매일 500kg의 슬러지가 발생하였다. 함수율이 80%이면 건조 슬러지 중량(kg/day)은? (단, 비중은 1.0 기준)

㉮ 50　　㉯ 100
㉰ 200　　㉱ 400

풀이 $W_1 \times (100-P_1) = W_2 \times (100-P_2)$
$500 kg/day \times (100-80) = W_2 \times (100-0)$
$\therefore W_2 = 100 kg/day$

TIP
슬러지 공식
① $W_1 \times (100-P_1) = W_2 \times (100-P_2)$
② $W_1 \times TS_1 = W_2 \times TS_2$
③ P_2는 건조 후 함수율이므로 0%이다.

answer 18 ㉯　19 ㉮　20 ㉱　21 ㉮　22 ㉯

23 매립방식 중 cell방식에 대한 내용으로 틀린 것은?

㉮ 일일복토 및 침출수 처리를 통해 위생적인 매립이 가능하다.
㉯ 쓰레기의 흩날림을 방지하며, 악취 및 해충의 발생을 방지하는 효과가 있다.
㉰ 일일복토와 bailing을 통한 폐기물 압축으로 매립부피를 줄일 수 있다.
㉱ cell마다 독립된 매립층이 완성되므로 화재확산 방지에 유리하다.

풀이 ㉰번의 설명은 압축매립공법에 대한 설명이다.

TIP
압축매립공법은 쓰레기를 매립하기 전에 감량화를 목적으로 먼저 쓰레기를 일정한 더미형태로 압축하여 부피를 감소시킨 후 포장을 실시하여 매립하는 방법으로, 일일복토와 bailing(베일포장)을 통한 폐기물 압축으로 매립부피를 줄이는 방법이다.

24 사료화 기계설비의 구비요건으로 틀린 것은?

㉮ 사료화의 소요시간이 길고 우수한 품질의 사료생산이 가능해야 한다.
㉯ 오수발생, 소음 등의 2차 환경오염이 없어야 한다.
㉰ 미생물 첨가제 등 발효제의 안정적 공급과 일정시간이 미생물 활성이 유지되어야 한다.
㉱ 내부식성이 있고 소요부지가 적어야 한다.

풀이 ㉮ 사료화의 소요시간이 짧고 우수한 품질의 사료생산이 가능해야 한다.

25 혐기성 소화법의 특성에 관한 설명으로 틀린 것은?

㉮ 탈수성이 호기성에 비해 양호하다.
㉯ 부패성 유기물을 안정화 시킨다.
㉰ 암모니아, 인산 등 영양염류의 제거율이 높다.
㉱ 슬러지 양을 감소시킨다.

풀이 ㉰ 암모니아, 인산 등 영양염류의 제거율이 낮다.

26 쓰레기의 퇴비화가 가장 빨리 형성되는 탄질비(C/N)의 범위는? (단, 기타 조건은 모두 동일)

㉮ 25~50   ㉯ 50~80
㉰ 80~100   ㉱ 100~150

풀이 퇴비화 공정의 환경변화인자
① 수분함량 : 50~60%
② pH : 6~8
③ C/N비 : 25~50
④ 온도 : 60~70℃

answer 23 ㉰ 24 ㉮ 25 ㉰ 26 ㉮

27 슬러지를 처리하기 위해 하수처리장 활성 슬러지 1% 농도의 폐액 100m³을 농축조에 넣었더니 5% 농도의 슬러지로 농축되었다. 농축조에 농축되어 있는 슬러지 양(m³)은? (단, 상징액의 농도는 고려하지 않으며, 비중은 1.0 기준)

㉮ 35 ㉯ 30
㉰ 25 ㉱ 20

풀이 슬러지 발생량(m^3)
$= \dfrac{\text{슬러지 농도}(kg/m^3) \times \text{슬러지량}(m^3)}{\text{비중량}(kg/m^3)} \times \dfrac{100}{TS(\%)}$
$= \dfrac{10kg/m^3 \times 100m^3}{1000kg/m^3} \times \dfrac{100}{5\%}$
$= 20m^3$

TIP
① $\% \xrightarrow{\times 10^4} ppm \xrightarrow{\times 10^{-3}} kg/m^3$
② $\% \xrightarrow{\times 10} kg/m^3$
③ 슬러지 농도 1% $\xrightarrow{\times 10}$ $10kg/m^3$
④ 비중 $\xrightarrow{\times 10^3}$ 비중량(kg/m^3)
⑤ 비중(1.0) $\xrightarrow{\times 10^3}$ $1000 kg/m^3$
③ 고형물(%) = TS(%)

28 고농도 액상 폐기물의 혐기성 소화 공정 중 중온소화와 고온소화의 비교에 관한 내용으로 틀린 것은?

㉮ 부하능력은 고온소화가 우수하다.
㉯ 탈수여액의 수질은 고온소화가 우수하다.
㉰ 병원균의 사멸은 고온소화가 유리하다.
㉱ 중온소화에서 미생물의 활성이 쉽다.

풀이 ㉯ 탈수여액의 수질은 고온소화가 나쁘다.

TIP
고농도 액상폐기물의 혐기성 소화 공정 중 중온소화와 고온소화 비교

	고온소화	중온소화
부하능력	우수	나쁘다
탈수여액의 수질	나쁘다	우수
병원균 사멸	유리	불리
미생물의 활성	나쁘다	우수

29 토양오염 물질 중 BTEX에 포함되지 않는 것은?

㉮ 벤젠 ㉯ 톨루엔
㉰ 에틸렌 ㉱ 자일렌

풀이 BTEX
B : Benzene(벤젠)
T : Toluene(톨루엔)
E : Ethybenzene(에틸벤젠)
X : Xylene(자일렌 = 크실렌)

30 토양오염복원기법 중 Bioventing에 관한 설명으로 틀린 것은?

㉮ 토양 투수성은 공기를 토양내에 강제 순환시킬 때 매우 중요한 영향인자이다.
㉯ 오염부지 주변의 공기 및 물의 이동에 의한 오염물질의 확산의 염려가 있다.
㉰ 현장 지반구조 및 오염물 분포에 따른 처리기간의 변동이 심하다.
㉱ 용해도가 큰 오염물질은 많은 양이 토양수분내에 용해상태로 존재하게 되어 처리효율이 좋아진다.

풀이 ㉱ 용해도가 큰 오염물질은 많은 양이 토양수분내에 용해상태로 존재하게 되어 처리효율이 떨어진다.

answer 27 ㉱ 28 ㉯ 29 ㉰ 30 ㉱

31 1일 처리량이 100kL인 분뇨처리장에서 중온소화방식을 택하고자 한다. 소화 후 슬러지량(m³/day)은?

- 투입 분뇨의 함수율은 98%
- 고형물 중 유기물 함유율은 70% 그 중 60%가 액화 및 가스화 된다.
- 소화슬러지 함수율은 96%
- 슬러지의 비중은 1.0

㉮ 15 ㉯ 29
㉰ 44 ㉱ 53

풀이 소화슬러지 부피(m³)

$= (잔류 VS + FS) \times \dfrac{100}{100 - 함수율(\%)}$

① 잔류 VS(m³)
= 슬러지량(m³)×고형물량×유기물량 ×유기잔류량
= $100 m^3/day \times 0.02 \times 0.70 \times (1-0.6)$
= $0.56 m^3/day$

② FS(m³) = 슬러지량(m³)×고형물량×무기물량
= $100 m^3/day \times 0.02 \times 0.3 = 0.6 m^3/day$

③ 소화슬러지 부피(m³)
= $(0.56 m^3/day + 0.6 m^3/day) \times \dfrac{100}{100-96\%}$
= $29 m^3/day$

TIP
① 고형물(%) = 100-함수율(%) = 100-98% = 2%
② 무기물(%) = 100-유기물 = 100%-70% = 30%
③ 처리량 $100 kL/day = 100 m^3/day$

32 강우량으로부터 매립지역내의 지하침투량(C)을 산정하는 식으로 옳은 것은?

(단, P : 총강우량, R : 유출률, S : 폐기물의 수분저장량, E : 증발량)

㉮ $C = P(1-R) - S - E$
㉯ $C = P(1-R) + S - E$
㉰ $C = P - R + S - E$
㉱ $C = P - R - S - E$

풀이 지하침투수량(C)
= 총강우량(P)×[1-유출률(R)])
− 폐기물의 수분저장량(S) − 증발량(E)

33 유해물질별 처리가능 기술로 틀린 것은?

㉮ 납 - 응집   ㉯ 비소 - 침전
㉰ 수은 - 흡착 ㉱ 시안 - 용매추출

풀이 ㉱ 시안 - 알칼리염소법

34 토양 층위에 해당하지 않는 것은?

㉮ O층   ㉯ B층
㉰ R층   ㉱ D층

풀이 토양의 층위는 O층위(유기물층) - A층위(표층) - B층위(집적층) - C층위(모재층) - R층위(기반암층) 순이다.

35 바이오리엑터형 매립공법의 장점이 아닌 것은?

㉮ 침출수 재순환에 의한 염분 및 암모니아성 질소 농축
㉯ 매립지 가스 회수율의 증대
㉰ 추가 공간확보로 인한 매립지 수명연장
㉱ 폐기물의 조기 안정화

풀이 바이오리엑터형 매립공법의 장점
① 매립지 가스 회수율의 증대
② 추가 공간확보로 인한 매립지 수명연장
③ 폐기물의 조기 안정화

answer 31 ㉯ 32 ㉮ 33 ㉱ 34 ㉱ 35 ㉮

TIP
바이오리엑터형 매립공법이란 생체 내에서 이뤄지고 있는 물질의 분해, 합성, 화학적인 변환 등의 생화학적 반응 과정을 인공적으로 재현하는 장치를 이용한 매립공법이다.

36 분뇨를 1차 처리한 후 BOD 농도가 4,000mg/L 이었다. 이를 약 20배로 희석한 후 2차 처리를 하려 한다. 분뇨의 방류수 허용기준 이하로 처리하려면 2차 처리공정에서 요구되는 BOD 제거효율은? (단, 분뇨 BOD 방류수 허용기준은 40mg/L, 기타 조건은 고려하지 않는다.)

㉮ 50%이상 ㉯ 60%이상
㉰ 70%이상 ㉱ 80%이상

풀이 BOD 제거효율(%)
$$= \left\{1 - \frac{\text{유출수의 BOD} \times \text{희석배수치(P)}}{\text{유입수의 BOD}}\right\} \times 100$$
$$= \left(1 - \frac{40\,\text{mg/L} \times 20\text{배}}{4,000\,\text{mg/L}}\right) \times 100$$
$$= 80\%$$

37 폐기물 매립지에 설치되어 있는 침출수 유량조정설비의 기능 설명으로 틀린 것은?

㉮ 침출수의 수질 균등화
㉯ 호우시 또는 계절적 수량변동의 조정
㉰ 수처리 설비의 전처리 기능
㉱ 매립지의 부등침하의 최소화

풀이 침출수 유량조정설비의 기능
① 침출수의 수질 균등화
② 호우시 또는 계절적 수량변동의 조정
③ 수처리 설비의 전처리 기능

38 매립지 주위의 우수를 배수하기 위한 배수관의 결정에 관한 사항으로 틀린 것은?

㉮ 수로의 형상은 장방형 또는 사다리꼴이 좋으며 조도계수 또한 크게 하는 것이 좋다.
㉯ 유수단면적은 토사의 혼입으로 인한 유량증가 및 여유고를 고려하여야 한다.
㉰ 우수의 배수에 있어서 토수로의 경우는 평균유속이 3m/sec 이하가 좋다.
㉱ 우수의 배수에 있어서 콘크리트수로의 경우는 평균유속이 8m/sec 이하가 좋다.

풀이 ㉮ 수로의 형상은 장방형 또는 원형이 좋으며 조도계수 또한 작은 것이 좋다.

39 안정화된 도시폐기물 매립장에서 발생되는 주요 가스성분인 메탄가스와 탄산가스에 대하여 올바르게 설명한 것은?

㉮ 혐기성 상태가 된 매립지에서 메탄가스와 탄산가스의 무게 구성비는 50%, 50%이다.
㉯ 탄산가스나 메탄가스 모두 공기보다 가벼워 매립지 지표면으로 상승한다.
㉰ 탄산가스는 침출수의 산도를 높인다.
㉱ 메탄가스는 악취성분을 가지고 있고, 일반적으로 유기성 토양으로 복토하면 대부분 제어될 수 있다.

풀이 ㉮ 혐기성 상태가 된 매립지에서 메탄가스와 탄산가스의 무게 구성비는 55%, 45% 이다.
㉯ 탄산가스는 공기보다 무겁고, 메탄가스는 공기보다 가볍다.
㉱ 메탄가스는 냄새가 없다.

answer 36 ㉱ 37 ㉱ 38 ㉮ 39 ㉰

40 퇴비화에 사용되는 통기 개량제의 종류별 특성으로 틀린 것은?

㉮ 볏집 : 칼륨분이 높다.
㉯ 톱밥 : 주성분이 분해성 유기물이기 때문에 분해가 빠르다.
㉰ 파쇄목편 : 폐목재 내 퇴비화에 영향을 줄 수 있는 유해물질의 함유 가능성이 있다.
㉱ 왕겨(파쇄) : 발생기간이 한정되어 있기 때문에 저류공간이 필요하다.

풀이 ㉯ 톱밥 : 종류에 따라서 분해속도가 다양하다.

| 제3과목 | 폐기물 처분기술

41 가스연료의 저위발열량이 15,000kcal/Sm³, 이론연소 가스량 20Sm³/Sm³, 공기온도 20℃ 일 때 연료의 이론 연소온도(℃)는?
(단, 연료 연소가스의 평균정압비열은 0.75kcal/Sm³·℃, 공기는 예열되지 않으며 연소가스는 해리되지 않는다.)

㉮ 720 ㉯ 880
㉰ 920 ㉱ 1,020

풀이 $t_2 = \dfrac{Hl}{G \times C} + t_1$

여기서 t_2 : 이론연소온도(℃)
　　　t_1 : 공기(기준)온도(℃)
　　　Hl : 저위발열량(kcal/Sm³)
　　　G : 연소가스량(Sm³/Sm³)
　　　C : 평균정압비열(kcal/Sm³·℃)

따라서

$t_2 = \dfrac{15,000\,\text{kcal/Sm}^3}{20\text{Sm}^3/\text{Sm}^3 \times 0.75\,\text{kcal/Sm}^3\cdot\text{℃}} + 20\text{℃}$
$= 1,020\,\text{℃}$

42 소각연소공정에서 발생하는 질소산화물(NO_X)의 발생억제에 관한 설명으로 틀린 것은?

㉮ 이단연소법은 열적 NO_X 및 연료 NO_X의 억제에 효과가 있다.
㉯ 저산소 운전법으로 연소실 내 연소가스 온도를 최대한 높게 하는 것이 NO_X의 억제에 효과가 있다.
㉰ 화염온도의 저하는 열적 NO_X의 억제에 효과가 있다.
㉱ 저NO_X 버너에 열적 NO_X의 억제에 효과가 있다.

풀이 ㉯ 저산소 운전법으로 연소실 내 연소가스 온도를 최대한 낮게 하는 것이 NO_X의 억제에 효과가 있다.

43 유동층 소각로에서 슬러지의 온도가 30℃, 연소온도 850℃, 배기온도 450℃ 일 때, 유동층소각로의 열효율(%)은?

㉮ 49% ㉯ 51%
㉰ 62% ㉱ 77%

풀이 열효율(%) $= \dfrac{\text{배기온도} - \text{슬러지온도}}{\text{연소온도}} \times 100$
$= \dfrac{450℃ - 30℃}{850℃} \times 100 = 49.41\%$

answer 40 ㉯ 41 ㉱ 42 ㉯ 43 ㉮

44 1차 반응에서 1,000초 동안 반응물의 1/2이 분해되었다면 반응물이 1/10 남을 때까지 소요되는 시간(sec)은?

㉮ 3,923 ㉯ 3,623
㉰ 3,323 ㉱ 3,023

풀이 ① 1차 반응식 : $\ln \dfrac{C_t}{C_o} = -k \times t$

$\ln \dfrac{1}{2} = -k \times 1,000 \sec$

$\therefore k = \dfrac{\ln \dfrac{1}{2}}{-1,000 \sec} = 6.93 \times 10^{-4}/\sec$

② 1차반응식 : $\ln \dfrac{C_t}{C_o} = -k \times t$

$\ln \dfrac{1}{10} = -6.93 \times 10^{-4}/\sec \times t$

$\therefore t = \dfrac{\ln \dfrac{1}{10}}{-6.93 \times 10^{-4}/\sec} = 3,322.63 \sec$

45 열분해 발생가스 중 온도가 증가할수록 함량이 증가하는 것은? (단, 열분해 온도에 따른 가스의 구성비(%) 기준)

㉮ 메탄 ㉯ 일산화탄소
㉰ 이산화탄소 ㉱ 수소

풀이 온도가 증가할수록 이산화탄소(CO_2)는 감소하고, 수소(H_2)는 증가한다.

46 석탄의 재성분이 다량 포함되어 있고, 재의 융점이 높은 것은?

㉮ Fe_2O_3 ㉯ MgO
㉰ Al_2O_3 ㉱ CaO

풀이 석탄의 재성분이 다량 포함되어 있고, 재의 융점이 높은 것은 Al_2O_3(알루미나 또는 산화알루미늄)이다.

47 유동층 소각로의 특징으로 틀린 것은?

㉮ 가스의 온도가 높고 과잉공기량이 많아 NO_X배출이 많다.
㉯ 투입이나 유동화를 위해 파쇄가 필요하다.
㉰ 연소효율이 높아 미연분의 배출이 적다.
㉱ 반응시간이 빨라 소각시간이 짧다.(로 부하율이 높다.)

풀이 ㉮ 가스의 온도가 낮고 과잉공기량이 적어 NO_X 배출이 적다.

48 H_2S의 완전연소 시 이론공기량 A_o(Sm^3/Sm^3)은?

㉮ 6.14 ㉯ 7.14
㉰ 8.14 ㉱ 9.14

풀이 $H_2S + 1.5O_2 \rightarrow H_2O + SO_2$
이론공기량(Sm^3)
$= $ 이론산소량(Sm^3) $\times \dfrac{1}{0.21}$
$= 1.5 Sm^3/Sm^3 \times \dfrac{1}{0.21} = 7.14 Sm^3/Sm^3$

TIP
Sm^3/Sm^3 = 체적비 = 갯수비

49 보일러 전열면을 통하여 연소가스의 여열로 보일러 급수를 예열하여 보일러 효율을 높이는 열교환 장치는?

㉮ 공기 예열기 ㉯ 절탄기
㉰ 과열기 ㉱ 재열기

풀이 ㉯ 절탄기(이코노마이저)에 대한 설명이다.

answer 44 ㉰ 45 ㉱ 46 ㉰ 47 ㉮ 48 ㉯ 49 ㉯

50 폐기물의 건조과정에서 함수율과 표면온도의 변화에 대한 설명으로 틀린 것은?

㉮ 폐기물의 건조방식은 쓰레기의 허용온도, 형태, 물리적 및 화학적 성질 등에 의해 결정된다.
㉯ 수분을 함유한 폐기물의 건조과정은 예열건조기간 → 항율건조기간 → 감율건조기간 순으로 건조가 이루어진다.
㉰ 항율건조기간에는 건조시간에 비례하여 수분감량과 함께 건조속도가 빨라진다.
㉱ 감율건조기간에는 고형물의 표면온도 상승 및 유입되는 열량감소로 건조속도가 느려진다.

▶ 풀이 ㉰ 항율건조기간에는 건조시간에 반비례하여 수분감량과 함께 건조속도가 빨라진다.

TIP
① 항율건조기간 : 연속된 동일한 건조시간에서 무게가 일정하게 감소되는 건조기간을 말한다.
② 감율건조기간 : 일정한 공기조건하에서 건조될 때 건조초기에는 항율건조기간을 나타내고, 이어서 감율건조가 시작된다.

51 화격자 연소 중 상부투입 연소에 대한 설명으로 틀린 것은?

㉮ 공급공기는 우선 재층을 통과한다.
㉯ 연료와 공기의 흐름이 반대이다.
㉰ 하부투입 연소보다 높은 연소온도를 얻는다.
㉱ 착화면 이동방향과 공기 흐름방향이 반대이다.

▶ 풀이 ㉱ 착화면 이동방향과 공기 흐름방향이 같다.

52 착화온도에 관한 설명으로 틀린 것은?

㉮ 화학반응성이 클수록 착화온도는 낮다.
㉯ 분자구조가 간단할수록 착화온도는 높다.
㉰ 화학결합의 활성도가 클수록 착화온도는 낮다.
㉱ 화학적 발열량이 클수록 착화온도는 높다.

▶ 풀이 ㉱ 화학적 발열량이 클수록 착화온도는 낮다.

TIP
암기법
착화온도는 활성화에너지와 비례관계, 나머지 조건은 반비례 관계

53 소각대상물 중 함수율이 높은 폐기물을 소각시 유의할 내용으로 틀린 것은?

㉮ 가능한 연소속도를 느리게 한다.
㉯ 함수율이 높은 폐기물의 종류에는 주방쓰레기 및 하수슬러지 등이 있다.
㉰ 건조장치 설치 시 건조효율이 높은 기기를 선정한다.
㉱ 폐기물의 교란, 반전, 유동 등의 조작을 겸할 수 있는 기종을 선정한다.

▶ 풀이 ㉮ 가능한 연소속도를 빠르게 한다.

54 소각로의 종류 중 유동층 소각로(FluidizedBed Incinerator)를 구성하고 있는 구성인자가 아닌 것은?

㉮ Wind Box   ㉯ 역동식 화격자
㉰ Tuyeres   ㉱ Free Board층

▶ 풀이 ㉯ 역동식 화격자는 화격자(stoker) 소각로의 종류이다.

answer 50 ㉰ 51 ㉱ 52 ㉱ 53 ㉮ 54 ㉯

55 매시간 4톤의 폐유를 소각하는 소각로에서 발생하는 황산화물을 접촉산화법으로 탈황하고 부산물로 50%의 황산을 회수한다면 회수되는 부산물의 양(kg/hr)은?
(단, 폐유중 황성분은 3%, 탈황율은 95%이다.)

㉮ 약 500 ㉯ 약 600
㉰ 약 700 ㉱ 약 800

풀이 $S + O_2 \rightarrow SO_2 + H_2O + \frac{1}{2}O_2 \rightarrow H_2SO_4$
32kg : 98kg
$4000 \, kg/hr \times 0.03 \times 0.95 : 0.5 \times X$
∴ $X = 698.25 \, kg/hr$

56 스토카식 도시폐기물 소각로에서 유기물을 완전연소시키기 위한 3T 조건으로 틀린 것은?

㉮ 혼합   ㉯ 체류시간
㉰ 온도   ㉱ 압력

풀이 완전연소 조건(3T)
① 충분한 체류시간(Time)
② 충분한 난류(Turbulence)
③ 적당한 온도(Temperature)

57 소각로에서 쓰레기의 소각과 동시에 배출되는 가스성분을 분석한 결과 N_2 85%, O_2 6%, CO 1%와 같은 조성일 때 소각로의 공기비는?

㉮ 1.25 ㉯ 1.32
㉰ 1.81 ㉱ 2.28

풀이 공기비(m) = $\dfrac{N_2\%}{N_2\% - 3.76 \times (O_2\% - 0.5 \, CO\%)}$
= $\dfrac{85\%}{85\% - 3.76 \times (6\% - 0.5 \times 1\%)} = 1.32$

58 증기터어빈을 증기이용방식에 따라 분류했을 때의 형식이 아닌 것은?

㉮ 반동 터빈(reaction turbine)
㉯ 복수 터빈(condensing turbine)
㉰ 혼합 터빈(mixed pressure turbine)
㉱ 배압 터빈(back pressure turbine)

풀이 증기터빈의 종류
① 증기작동방식 : 충동터빈, 반동터빈, 혼합식터빈
② 증기이용방식 : 배압터빈, 복수터빈, 혼합터빈
③ 증기유동방향 : 축류터빈, 반경류터빈
④ 흐름수 : 단류터빈, 복류터빈
⑤ 피구동기 : 감속형터빈, 직결형터빈

TIP
암기법 : 작동은 충동, 반동, 혼합식이고/이용은 배압, 복수, 혼합이고/유동은 축류, 반경류이다.

59 메탄의 고위발열량이 9,000kcal/Sm^3이라면 저위발열량(kcal/Sm^3)은?

㉮ 8,640 ㉯ 8,440
㉰ 8,240 ㉱ 8,040

풀이 $CH_4 + 2O_2 \rightarrow CO_2 + 2H_2O$
저위발열량(Hl)
= 고위발열량(Hh) − 480 × H_2O량(kcal/Sm^3)
= 9,000 kcal/Sm^3 − 480 × 2
= 8,040 kcal/Sm^3

answer 55 ㉰ 56 ㉱ 57 ㉯ 58 ㉮ 59 ㉱

60 액체 주입형 연소기에 관한 설명으로 틀린 것은?

㉮ 소각재 배출설비가 있어 회분함량이 높은 액상 폐기물에도 널리 사용된다.
㉯ 구동장치가 없어서 고장이 적다.
㉰ 고형분의 농도가 높으면 버너가 막히기 쉽다.
㉱ 하방 점화방식의 경우에는 염이나 입상물질을 포함한 폐기물의 소각이 가능하다.

풀이 ㉮ 소각재 배출설비가 없으므로 회분함량이 낮은 액상 폐기물에 사용한다.

| 제4과목 | 폐기물공정시험기준

61 이온전극법으로 분석이 가능한 것은? (단, 폐기물공정시험기준 적용)

㉮ 시안   ㉯ 비소
㉰ 유기인   ㉱ 크롬

풀이 분석방법
㉮ 시안 : 자외선/가시선 분광법, 이온전극법, 연속흐름법
㉯ 비소 : 원자흡수분광광도법, 유도결합플라스마-원자발광분광법, 자외선/가시선 분광법
㉰ 유기인 : 기체크로마토그래피
㉱ 크롬 : 원자흡수분광광도법, 유도결합플라스마-원자발광분광법, 자외선/가시선 분광법

62 용출시험방법의 용출조작을 나타낸 것으로 틀린 것은?

㉮ 혼합액을 상온, 상압에서 진탕 횟수가 매분당 약 200회 되도록 한다.
㉯ 진폭이 7~9cm의 진탕기를 사용한다.
㉰ 6시간 연속 진탕한 다음 1.0μm의 유리섬유 여과지로 여과한다.
㉱ 여과하기가 어려운 경우 원심분리기를 사용하여 매분당 3,000회전 이상으로 20분 이상 원심 분리한다.

풀이 ㉯ 진폭이 4~5cm의 진탕기를 사용한다.

63 원자흡수분광광도법(AAS)을 이용하여 중금속을 분석할 때 중금속의 종류와 측정파장이 틀린 것은?

㉮ 크롬 - 357.9nm
㉯ 6가 크롬 - 253.7nm
㉰ 카드뮴 - 228.8nm
㉱ 납 - 283.3nm

풀이 ㉯ 6가 크롬 - 357.9nm

64 시안(CN)을 분석하기 위한 자외선/가시선 분광법에 대한 설명으로 틀린 것은?

㉮ 클로라민-T와 피리딘·피라졸론 혼합액을 넣어 나타나는 청색을 620nm에서 측정한다.
㉯ 정량한계는 0.01mg/L이다.
㉰ pH 2이하 산성에서 피리딘·피라졸론을 넣고 가열 증류한다.
㉱ 유출되는 시안화수소를 수산화나트륨용액으로 포집한 다음 중화한다.

풀이 ㉰ pH 2이하 산성에서 에틸렌다이아민테트라아세트산이나트륨을 넣고 가열 증류한다.

answer 60 ㉮ 61 ㉮ 62 ㉯ 63 ㉯ 64 ㉰

65. 유해특성(재활용환경성평가) 중 폭발성 시험방법에 대한 설명으로 틀린 것은?

㉮ 격렬한 연소반응이 예상되는 경우에는 시료의 양을 0.5g으로 하여 시험을 수행하며, 폭발성 폐기물로 판정될 때 까지 시료의 양을 0.5g씩 점진적으로 늘려준다.
㉯ 시험결과는 게이지 압력이 690kPa에서 2,070kPa까지 상승할 때 걸리는 시간과 최대 게이지 압력 2,070kPa에 도달 여부로 해석한다.
㉰ 최대 연소속도는 산화제를 무게비율로써 10~90%를 포함한 혼합물질의 연소속도 중 가장 빠른 측정값을 의미한다.
㉱ 최대 게이지 압력이 2,070kPa이거나 그 이상을 나타내는 폐기물은 폭발성 폐기물로 간주하며, 점화 실패는 폭발성이 없는 것으로 간주한다.

> **풀이** ㉰번의 설명은 유해특성(재활용환경성평가) 중 산화성 시험 방법(고상)에 대한 내용이다.

66. 유리전극법에 의한 수소이온농도 측정 시 간섭물질에 관한 설명으로 틀린 것은?

㉮ pH 10 이상에서는 나트륨에 의해 오차가 발생할 수 있는데 이는 "낮은 나트륨 오차 전극"을 사용하여 줄일 수 있다.
㉯ 유리전극은 일반적으로 용액의 색도, 탁도, 염도, 콜로이드성 물질들 등에 의해 간섭을 많이 받는다.
㉰ 기름층이나 작은 입자상이 전극을 피복하여 pH 측정을 방해할 경우에는 세척제로 닦아낸 후 정제수로 세척하고 부드러운 천으로 수분을 제거하여 사용한다.
㉱ 피복물을 제거할 때에는 염산(1+1)용액을 사용할 수 있다.

> **풀이** ㉯ 유리전극은 일반적으로 용액의 색도, 탁도, 염도, 콜로이드성 물질들 등에 의해 간섭을 받지 않는다.

67. 폐기물공정시험기준에 따라 용출 시험한 결과는 함수율이 85% 이상인 시료에 한하여 시료의 수분함량을 보정한다. 수분함량이 90%일 때 보정계수는?

㉮ 0.67
㉯ 0.9
㉰ 1.5
㉱ 2.0

> **풀이**
> 보정계수 $= \dfrac{15}{100 - 함수율(\%)}$
> $= \dfrac{15}{100 - 90\%} = 1.5$

68. 기체크로마토그래피로 유기인을 분석할 때 시료관리 기준으로 ( )에 옳은 것은?

> 시료채취 후 추출하기 전까지 (㉠) 보관하고, 7일 이내에 추출하고, (㉡) 이내에 분석한다.

㉮ ㉠ 4℃ 냉암소에서, ㉡ 21일
㉯ ㉠ 4℃ 냉암소에서, ㉡ 40일
㉰ ㉠ pH 4 이하로, ㉡ 21일
㉱ ㉠ pH 4 이하로, ㉡ 40일

> **풀이** 시료채취 및 관리
> ① 시료채취는 유리병
> ② 4℃ 냉암소에서 보관
> ③ 7일이내에 추출
> ④ 40일 이내에 분석

answer 65 ㉰ 66 ㉯ 67 ㉰ 68 ㉯

69 취급 또는 저장하는 동안에 기체 또는 미생물이 침입하지 않도록 내용물을 보호하는 용기는?

㉮ 차광용기 ㉯ 밀봉용기
㉰ 기밀용기 ㉱ 밀폐용기

풀이 용기
㉮ 차광용기 : 빛
㉯ 밀봉용기 : 미생물
㉰ 기밀용기 : 공기
㉱ 밀폐용기 : 이물질

70 크롬 표준원액(100mgCr/L) 1,000mL를 만들기 위하여 필요한 다이크롬산칼륨(표준시약)의 양(g)은 얼마인가?
(단, K : 39, Cr : 52)

㉮ 0.213g ㉯ 0.283g
㉰ 0.353g ㉱ 0.393g

풀이 $K_2Cr_2O_7$: $2Cr^{3+}$
294 g : 2×52g
X : 100mg/L×10^{-3}g/mg×1L
∴ X = 0.283g

71 중금속 분석의 전처리인 질산-과염소산 분해법에서 진한 질산이 공존하지 않는 상태에서 과염소산을 넣을 경우 발생되는 문제점은?

㉮ 킬레이트 형성으로 분해 효율이 저하됨
㉯ 급격한 가열반응으로 휘산 됨
㉰ 폭발 가능성이 있음
㉱ 중금속의 응집침전이 발생함

풀이 진한 질산이 공존하지 않는 상태에서 과염소산을 넣을 경우 폭발의 가능성이 있다.

72 휘발성 저급 염소화 탄화수소류의 기체 크로마토그래피법에 대한 설명으로 틀린 것은?

㉮ 검출기는 전자포획검출기 또는 전해전도 검출기를 사용한다.
㉯ 시료 중의 트리클로로에틸렌 및 테트라클로로에틸렌 성분은 염산으로 추출한다.
㉰ 운반기체는 부피백분율 99.999% 이상의 헬륨(또는 질소)을 사용한다.
㉱ 시료 도입부 온도는 150~250℃ 범위이다.

풀이 ㉯ 시료 중의 트리클로로에틸렌 및 테트라클로로에틸렌 성분은 헥산으로 추출한다.

73 시료채취를 위한 용기사용에 관한 설명으로 틀린 것은?

㉮ 시료용기는 무색경질의 유리병 또는 폴리에틸렌병, 폴리에틸렌백을 사용한다.
㉯ 시료 중에 다른 물질의 혼입이나 성분의 손실을 방지하기 위하여 밀봉할 수 있는 마개를 사용하며 코르크 마개를 사용하여서는 안된다. 다만 유지 또는 셀로판지를 씌워 사용할 수도 있다.
㉰ 휘발성 저급 염소화 탄화수소류 실험을 위한 시료의 채취시에는 폴리에틸렌병을 사용하여야 한다.
㉱ 시료용기는 시료를 변질시키거나 흡착하지 않는 것이어야 하며 기밀하고 누수나 흡습성이 없어야 한다.

풀이 ㉰ 휘발성 저급 염소화 탄화수소류 실험을 위한 시료의 채취시에는 갈색 경질 유리병만 사용하여야 한다.

TIP
갈색경질유리병 : 노말헥산추출물질, 유기인, 폴리클로리네이티드비페닐(PCB), 휘발성 저급 염소화 탄화수소류

answer 69 ㉯ 70 ㉯ 71 ㉰ 72 ㉯ 73 ㉰

74 액상 폐기물에서 유기인을 추출하고자 하는 경우 가장 적당한 추출용매는?

㉮ 아세톤 ㉯ 노말헥산
㉰ 클로로포름 ㉱ 아세토니트릴

풀이 유기인의 추출용매는 노말헥산이다.

75 수산화나트륨(NaOH) 40%(무게 기준) 용액을 조제한 후 100mL를 취하여 다시 물에 녹여 2,000mL로 하였을 때 수산화나트륨의 농도(N)는? (단, Na의 원자량은 23이다.)

㉮ 0.1 ㉯ 0.5
㉰ 1 ㉱ 2

풀이 ① $N(eq/L) = \frac{40g}{0.1L} \times \frac{1\,eq}{40g} = 10\,N$

② $N_1 \times V_1 = N_2 \times V_2$
$10\,N \times 100\,mL = N_2 \times 2,000\,mL$
$\therefore N_2 = 0.5\,N$

TIP
① $40\% = \frac{40\,g}{100\,mL} = \frac{40g}{0.1L}$
② NaOH $1\,eq = \frac{40\,g}{1}$
③ N농도의 단위는 eg/L

76 폐기물 중에 포함된 수분과 고형물을 정량하여 다음과 같은 결과를 얻었을 때 수분함량(%)과 고형물 함량(%)은? (단, 수분함량 - 고형물함량 순서)

1) 미리 105~110℃에서 1시간 건조시킨 증발접시의 무게(W_1) = 48.953g
2) 이 증발접시에 시료를 담은 후 무게(W_2) = 68.057g
3) 수욕상에서 수분을 거의 날려 보내고 105~110℃에서 4시간 건조시킨 후 무게(W_3) = 63.125g

㉮ 25.82, 74.18 ㉯ 74.18, 25.82
㉰ 34.80, 65.20 ㉱ 65.20, 34.80

풀이 ① 수분의 함량(%)
$= \left(\frac{W_2 - W_3}{W_2 - W_1}\right) \times 100$
$= \left(\frac{68.057g - 63.125g}{68.057g - 48.953g}\right) \times 100$
$= 25.82\%$

② 고형물 함량(%) = 100 - 수분의 함량(%)
$= 100 - 25.82\%$
$= 74.18\%$

77 pH 표준용액 조제에 대한 설명으로 틀린 것은?

㉮ 염기성 표준용액은 산화칼슘(생석회) 흡수관을 부착하여 2개월 이내에 사용한다.
㉯ 조제한 pH 표준용액은 경질유리병에 보관한다.
㉰ 산성표준용액은 3개월 이내에 사용한다.
㉱ 조제한 pH 표준용액은 폴리에틸렌병에 보관한다.

풀이 ㉮ 염기성 표준용액은 산화칼슘(생석회) 흡수관을 부착하여 1개월 이내에 사용한다.

answer 74 ㉯ 75 ㉯ 76 ㉮ 77 ㉮

78 5톤 이상의 차량에서 적재 폐기물의 시료를 채취할 때 평면상에서 몇 등분하여 채취하는가?

㉮ 3등분 ㉯ 5등분
㉰ 6등분 ㉱ 9등분

풀이 차량에 적재되어 있는 경우 분할방법
① 5톤 미만의 차량 : 6등분
② 5톤 이상의 차량 : 9등분

TIP
비소의 자외선/가시선 분광법
시료중의 비소를 3가비소로 환원시킨 다음 아연을 넣어 발생되는 비화수소를 다이에틸다이티오카르바민산은의 피리딘용액에 흡수시켜 이 때 나타나는 적자색의 흡광도를 530nm에서 측정한다.

79 폐기물공정시험기준 총칙에서 규정하고 있는 사항 중 옳은 것은?

㉮ '약'이라 함은 기재된 양에 대하여 ±5% 이상의 차이가 있어서는 안된다.
㉯ '감압 또는 진공'이라 함은 따로 규정이 없는 한 15mmH$_2$O 이하를 말한다.
㉰ 무게를 '정확히 단다'라 함은 규정된 수치의 무게를 0.1mg까지 다는 것을 말한다.
㉱ '정확히 취하여'라 함은 규정된 양의 검체 또는 시액을 뷰렛으로 취하는 것을 말한다.

풀이 ㉮ '약'이라 함은 기재된 양에 대하여 ±10% 이상의 차이가 있어서는 안된다.
㉯ '감압 또는 진공'이라 함은 따로 규정이 없는 한 15mmHg 이하를 말한다.
㉱ '정확히 취하여'라 함은 규정된 양의 액체를 홀피펫으로 눈금까지 취하는 것을 말한다.

80 자외선/가시선 분광법으로 비소를 측정할 때 비화수소를 발생시키기 위해 시료 중의 비소를 3가비소로 환원한 다음 넣어 주는 시약은?

㉮ 아연 ㉯ 이염화주석
㉰ 염화제일주석 ㉱ 시안화칼륨

answer 78 ㉱ 79 ㉰ 80 ㉮

2019년 2회 기출문제

| 제1과목 | 폐기물개론

01 쓰레기발생량이 6배로 증가하였으나 쓰레기 수거노동력(MHT)은 그대로 유지시키고자 한다. 수거시간을 50% 증가시키는 경우 수거인원을 몇 배로 증가시켜야 하는가?

㉮ 2.0배
㉯ 3.0배
㉰ 3.5배
㉱ 4.0배

풀이

$$\text{MHT} = \frac{\text{수거인부수} \times \text{작업시간}}{\text{쓰레기 수거량}}$$

① $\text{MHT} = \dfrac{1인 \times 1\text{hr}/1\text{day}}{1\text{ton}/\text{day}} = 1.0\,\text{MHT}$

② 수거시간을 50% 증가시켰을 때 인부수 계산

$$1.0\,\text{MHT} = \frac{X인 \times 1.5\text{hr}/\text{day}}{6\text{ton}/\text{day}}$$

$$\therefore X = \frac{1.0\,\text{MHT} \times 6\text{ton}/\text{day}}{1.5\text{hr}/\text{day}} = 4인$$

따라서 수거인원은 처음의 4.0배가 증가되어야 한다.

02 MBT에 관한 설명으로 맞는 것은?

㉮ 생물학적 처리가 가능한 유기성폐기물이 적은 우리나라는 MBT 설치 및 운영이 적합하지 않다.
㉯ MBT는 지정폐기물의 전처리 시스템으로서 폐기물 무해화에 효과적이다.
㉰ MBT는 주로 기계적 선별, 생물학적 처리 등을 통해 재활용 물질을 회수하는 시설이다.
㉱ MBT는 생활폐기물 소각 후 잔재물을 대상으로 재활용 물질을 회수하는 시설이다.

풀이 MBT는 Mechanical Biological Treatment의 약자로 주로 기계적 선별, 생물학적 처리 등을 통해 재활용 물질을 회수하는 시설을 의미한다.

03 쓰레기 발생량 조사방법이 아닌 것은?

㉮ 적재차량 계수분석법
㉯ 직접 계근법
㉰ 물질수지법
㉱ 경향법

풀이 쓰레기 발생량
① 예측방법 : 다중회귀모델, 동적모사모델, 경향모델
② 조사방법 : 물질수지법, 직접계근법, 적재차량계수법, 통계조사법

TIP
암기법 : 예측은 다중이 동적으로 경향을 파악하고/조사는 물질을 직접 적재한 통계로 한다.

04 폐기물의 수거노선 설정 시 고려해야 할 사항과 가장 거리가 먼 것은?

㉮ 지형이 언덕인 경우는 내려가면서 수거한다.
㉯ 발생량은 적으나 수거빈도가 동일하기를 원하는 곳은 같은 날 왕복하면서 수거한다.

answer 01 ㉱ 02 ㉰ 03 ㉱ 04 ㉱

㉰ 가능한 한 시계방향으로 수거노선을 정한다.
㉱ 발생량이 가장 적은 곳부터 시작하여 많은 곳으로 수거노선을 정한다.

풀이 ㉱ 발생량이 가장 많은 곳부터 시작하여 적은 곳으로 수거노선을 정한다.

05 폐기물 수거체계 방식 가운데 하나인 HCS (견인식 컨테이너 시스템)의 장점으로 옳지 않은 것은?

㉮ 미관상 유리하다.
㉯ 손작업 운반이 용이하다.
㉰ 시간 및 경비 절약이 가능하다.
㉱ 비위생의 문제를 제거할 수 있다.

풀이 ㉯ 손작업 운반이 용이하지 못하다.

06 국내에서 발생되는 사업장폐기물 및 지정폐기물의 특성에 대한 설명으로 가장 거리가 먼 것은?

㉮ 사업장폐기물 중 가장 높은 증가율을 보이는 것은 폐유이다.
㉯ 지정폐기물은 사업장폐기물의 한 종류이다.
㉰ 일반사업장폐기물 중 무기물류가 가장 많은 비중을 차지하고 있다.
㉱ 지정폐기물 중 그 배출량이 가장 많은 것은 폐산·폐알칼리이다.

풀이 ㉮ 사업장폐기물 중 가장 높은 증가율을 보이는 것은 건설폐기물이다.

07 쓰레기 발생량 예측방법으로 적절하지 않는 것은?

㉮ 물질수지법 ㉯ 경향법
㉰ 다중회귀모델 ㉱ 동적모사모델

풀이 쓰레기 발생량
① 예측방법 : 다중회귀모델, 동적모사모델, 경향모델
② 조사방법 : 물질수지법, 직접계근법, 적재차량계수법, 통계조사법

TIP
암기법 : 예측은 다중이 동적으로 경향을 파악하고 / 조사는 물질을 직접 적재한 통계로 한다.

08 고형물의 함량이 30%, 수분함량이 70%, 강열감량이 85%인 폐기물의 유기물 함량(%)은?

㉮ 40 ㉯ 50
㉰ 60 ㉱ 65

풀이 폐기물의 유기물 함량(%)
$= \dfrac{휘발성고형물}{고형물} \times 100$
$= \dfrac{85\% - 70\%}{30\%} \times 100$
$= 50\%$

TIP
① 휘발성고형물(%) = 강열감량(%) - 수분(%)
② 강열감량 : 분석 시료를 가열하였을 때의 질량의 감소분

answer 05 ㉯ 06 ㉮ 07 ㉮ 08 ㉯

09 적환장의 위치를 결정하는 사항으로 옳지 못한 것은?

㉮ 건설과 운용이 가장 경제적인 곳
㉯ 수거해야 할 쓰레기 발생지역의 무게 중심에 가까운 곳
㉰ 적환장의 운용에 있어서 공중의 반대가 적고 환경적 영향이 최소인 곳
㉱ 쉽게 간선도로에 연결될 수 있고, 2차 보조 수송수단과는 관련이 없는 곳

풀이 ㉱ 쉽게 간선도로에 연결될 수 있고, 2차 보조 수송수단과 관련이 있는 곳

10 적환장을 이용한 수집, 수송에 관한 설명으로 가장 거리가 먼 것은?

㉮ 소형의 차량으로 폐기물을 수거하여 대형차량에 적환 후 수송하는 시스템이다.
㉯ 처리장이 원거리에 위치할 경우에 적환장을 설치한다.
㉰ 적환장은 수송차량에 싣는 방법에 따라서 직접투하식, 간접투하식으로 구별된다.
㉱ 적환장 설치장소는 쓰레기 발생 지역의 무게 중심에 되도록 가까운 곳이 알맞다.

풀이 ㉰ 적환장은 수송차량에 싣는 방법에 따라서 직접투하식, 저장투하식, 직접·저장 투하 결합식으로 구별된다.

11 건조된 쓰레기 성상분석 결과가 다음과 같을 때 생물분해성 분율(BF)은? (단, 휘발성 고형물량 = 80%, 휘발성 고형물 중 리그닌 함량 = 25%)

㉮ 0.785   ㉯ 0.823
㉰ 0.915   ㉱ 0.985

풀이 $BF = 0.83 - (0.028 \times LC)$
여기서
BF : 생물분해성 분율(휘발성 고형분함량 기준)
LC : 휘발성 고형분 중 리그린 함량
따라서 $BF = 0.83 - (0.028 \times 0.25)$
$= 0.823$

12 생활 쓰레기 감량화에 대한 설명으로 가장 거리가 먼 것은?

㉮ 가정에서의 물품 저장량을 적정 수준으로 유지한다.
㉯ 깨끗하게 다듬은 채소의 시장 반입량을 증가시킨다.
㉰ 백화점의 무포장센터 설치를 증가시킨다.
㉱ 상품의 포장 공간 비율을 증가시킨다.

풀이 ㉱ 상품의 포장 공간 비율을 감소시킨다.

13 관거(pipeline)를 이용한 폐기물의 수거 방식에 대한 설명으로 옳지 않은 것은?

㉮ 장거리 수송이 곤란하다.
㉯ 전처리 공정이 필요없다.
㉰ 가설 후에 경로변경이 곤란하고 설치비가 비싸다.
㉱ 쓰레기 발생밀도가 높은 곳에서만 사용이 가능하다.

풀이 ㉯ 전처리 공정이 필요하다.

answer 09 ㉱ 10 ㉰ 11 ㉯ 12 ㉱ 13 ㉯

14 유해폐기물을 소각하였을 때 발생하는 물질로서 광화학스모그의 주된 원인이 되는 물질은?

㉮ 염화수소 ㉯ 일산화탄소
㉰ 메탄 ㉱ 일산화질소

풀이 소각시 발생되는 광화학스모그의 주 원인 물질은 질소산화물(NO_X)이다.

15 강열감량(열작감량)의 정의에 대한 설명으로 가장 거리가 먼 것은?

㉮ 강열감량이 높을수록 연소효율이 좋다.
㉯ 소각잔사의 매립처분에 있어서 중요한 의미가 있다.
㉰ 3성분 중에서 가연분이 타지 않고 남는 양으로 표현된다.
㉱ 소각로의 연소효율을 판정하는 지표 및 설계인자로 사용된다.

풀이 ㉮ 강열감량이 높을수록 연소효율이 낮다.

TIP
강열감량 : 분석시료를 가열하였을 때의 질량의 감소분을 의미한다.

16 철, 구리, 유리가 혼합된 폐기물로부터 3가지를 각각 따로 분리할 수 있는 방법은?

㉮ 정전기 선별 ㉯ 전자석 선별
㉰ 광학 선별 ㉱ 와전류 선별

풀이 철, 구리, 유리가 혼합된 폐기물로부터 3가지를 각각 따로 분리할 수 있는 방법은 와전류 선별법이다.

17 퇴비화 과정의 초기단계에 나타나는 미생물은?

㉮ Bacillus sp.
㉯ Streptomyces sp.
㉰ Aspergillus fumigatus
㉱ Fungi

풀이 퇴비화 과정의 초기단계에 나타나는 미생물은 곰팡이(Fungi)이다.

18 하수처리장에서 발생되는 슬러지와 비교한 분뇨의 특성이 아닌 것은?

㉮ 질소의 농도가 높음
㉯ 다량의 유기물을 포함
㉰ 염분농도가 높음
㉱ 고액분리가 쉬움

풀이 ㉱ 고액분리가 어려움

19 물렁거리는 가벼운 물질로부터 딱딱한 물질을 선별하는 데 사용하며 경사진 컨베이어를 통해 폐기물을 주입시켜 천천히 회전하는 드럼 위에 떨어뜨려서 분류하는 것은?

㉮ Stoners ㉯ Jigs
㉰ Secators ㉱ Table

풀이 ㉰ 세카터(Secators)에 대한 설명이다.

answer 14 ㉱ 15 ㉮ 16 ㉱ 17 ㉱ 18 ㉱ 19 ㉰

20 도시쓰레기 중 비가연성 부분이 중량비로 약 60%를 차지하였다. 밀도가 450kg/m³인 쓰레기 8m³이 있을 때 가연성 물질의 양(kg)은?

㉮ 270 ㉯ 1,440
㉰ 2,160 ㉱ 3,600

풀이 가연성 물질의 양(kg)
= 쓰레기의 양(m³) × 밀도(kg/m³) × $\frac{가연성분(\%)}{100}$
= $8m^3 \times 450kg/m^3 \times (1-0.60)$
= 1,440kg

TIP
① 가연성분(%)+비가연성분(%) = 100%
② 가연성분(%) = 100-비가연성분(%)

| 제2과목 | 폐기물 재활용 및 자원화 기술

21 매립지에서 침출된 침출수 농도가 반으로 감소하는 데 약 3년이 걸린다면 이 침출수 농도가 90% 분해되는 데 걸리는 시간(년)은? (단, 일차반응 기준)

㉮ 6 ㉯ 8
㉰ 10 ㉱ 12

풀이 ① 반감기 : $\ln\frac{1}{2} = -k \times t$

$\ln\frac{1}{2} = -k \times 3년$

$\therefore k = \frac{\ln\frac{1}{2}}{-3년} = 0.231/년$

② 1차 반응식 : $\ln\frac{C_t}{C_o} = -k \times t$

$\ln\frac{10\%}{100\%} = -0.231/년 \times t$

$\therefore t = \frac{\ln\frac{10\%}{100\%}}{-0.231/년} = 9.97년$

TIP
① C_o(초기농도) = 100%
② C_t(t시간 후 농도) = 100% - 90% = 10%

22 분뇨 슬러지를 퇴비화할 때 고려하여야 할 사항이 아닌 것은?

㉮ 자연상태에서 생화학적으로 안정되어야 함
㉯ 병원균, 회충란 등의 유무는 무관함
㉰ 악취 등의 발생이 없어야 함
㉱ 취급이 용이한 상태이여야 함

풀이 ㉯ 병원균, 회충란 등의 유무와 상관있음

23 차수설비는 표면차수막과 연직차수막으로 구분되어 지는데, 연직차수막에 대한 일반적인 내용으로 가장 거리가 먼 것은?

㉮ 지중에 수평방향의 차수층이 존재하는 경우에 적용한다.
㉯ 지하수 집배수 시설이 필요하다.
㉰ 지하에 매설하기 때문에 차수성 확인이 어렵다.
㉱ 차수막 단위면적당 공사비가 비싸지만 총공사비는 싸다.

풀이 ㉯ 지하수 집배수 시설이 필요없다.

answer 20 ㉯ 21 ㉰ 22 ㉯ 23 ㉯

TIP

연직차수막과 표면차수막의 비교

	연직차수막	표면차수막
차수성 확인	지하에 매설하기 때문에 확인이 어렵다.	시공시에는 가능하나 매립후에는 곤란하다.
경제성	단위면적당 공사비가 비싼 반면 총공사비는 싸다.	단위면적당 공사비는 싸지만 매립지 전체를 시공하는 경우가 많아 총공사비는 비싸다.
보수성	차수막 보강시공이 가능	매립전에는 가능하나 매립후에는 어렵다.
지하수 집배수 시설	필요없다.	필요하다.

24 유기물($C_6H_{12}O_6$) 0.1ton을 혐기성 소화할 때 생성될 수 있는 최대 메탄의 양(kg)은?

㉮ 12.5   ㉯ 26.7
㉰ 37.3   ㉱ 42.9

풀이 $C_6H_{12}O_6 \rightarrow 3CH_4 + 3CO_2$
180kg : 3×16kg
100kg : X(CH_4)
∴ X(CH_4) = $\frac{100kg \times 3 \times 16kg}{180kg}$ = 26.67kg

TIP

혐기성 완전분해식

$C_aH_bO_cN_d + \left(\frac{4a-b-2c+3d}{4}\right)H_2O$
$\rightarrow \left(\frac{4a+b-2c-3d}{8}\right)CH_4$
$+ \left(\frac{4a-b+2c+3d}{8}\right)CO_2 + dNH_3$

25 도시쓰레기를 위생 매립 시 고려하여야 할 사항으로 가장 거리가 먼 것은?

㉮ 지반의 침하
㉯ 침출수에 의한 지하수 오염
㉰ CH_4 가스 발생
㉱ CO_2 가스 발생

풀이 위생 매립 시 고려 할 사항
① 지반의 침하
② 침출수에 의한 지하수 오염
③ CH_4 가스 발생

26 분뇨를 혐기성소화법으로 처리하는 경우, 정상적인 작동 여부를 파악할 때 꼭 필요한 조사 항목으로 가장 거리가 먼 것은?

㉮ 분뇨의 투입량에 대한 발생 가스량
㉯ 발생 가스 중 CH_4와 CO_2의 비
㉰ 슬러지 내의 유기산 농도
㉱ 투입 분뇨의 비중

풀이 정상적인 작동 여부 파악 시 조사 항목
① 분뇨의 투입량에 대한 발생 가스량
② 발생 가스 중 CH_4와 CO_2의 비
③ 슬러지 내의 유기산 농도
④ pH   ⑤ 온도   ⑥ 소화시간

27 내륙매립방법인 셀(cell)공법에 관한 설명으로 옳지 않은 것은?

㉮ 화재의 확산을 방지할 수 있다.
㉯ 쓰레기 비탈면의 경사는 15~25%의 기울기로 하는 것이 좋다.
㉰ 1일 작업하는 셀 크기는 매립장 면적에 따라 결정된다.
㉱ 발생가스 및 매립층 내 수분의 이동이 억제된다.

answer 24 ㉯ 25 ㉱ 26 ㉱ 27 ㉰

풀이 ㉰ 1일 작업하는 셀 크기는 매립 처분량에 따라 결정된다.

28 슬러지 수분 결합상태 중 탈수하기 가장 어려운 형태는?

㉮ 모관결합수 ㉯ 간극모관결합수
㉰ 표면부착수 ㉱ 내부수

풀이 슬러지내의 탈수성 순서
간극모관결합수 > 모관결합수 > 쐐기상모관결합수 > 표면부착수 > 내부수

29 매립지에서 폐기물의 생물학적 분해과정(5단계) 중 산 형성단계(제3단계)에 대한 설명으로 가장 거리가 먼 것은?

㉮ 호기성 미생물에 의한 분해가 활발함
㉯ 침출수의 pH가 5이하로 감소함
㉰ 침출수의 BOD와 COD는 증가함
㉱ 매립가스의 메탄 구성비가 증가함

풀이 ㉮ 혐기성 미생물에 의해 분해됨

30 가연성 물질의 연소 시 연소효율은 완전연소량에 비하여 실제 연소되는 양의 백분율로 표시한다. 관계식을 옳게 나타낸 것은? (단, η_o = 연소효율 (%), Hl = 저위발열량, L_C = 미연소 손실, L_i = 불완전연소손실)

㉮ $\eta_o(\%) = \dfrac{Hl - (L_C + Li)}{Hl} \times 100$

㉯ $\eta_o(\%) = \dfrac{(L_C + Li) - Hl}{Hl} \times 100$

㉰ $\eta_o(\%) = \dfrac{(L_C + Li) - Hl}{(L_C + Li)} \times 100$

㉱ $\eta_o(\%) = \dfrac{Hl - (L_C + Li)}{(L_C + Li)} \times 100$

31 매립가스 이용을 위한 경제기술 중 흡착법(PSA)의 장점으로 가장 거리가 먼 것은?

㉮ 다양한 가스 조성에 적용이 가능함
㉯ 고농도 CO_2 처리에 적합함
㉰ 대용량의 가스처리에 유리함
㉱ 공정수 및 폐수 발생이 없음

풀이 ㉰ 대용량의 가스처리에 불리함

32 토양이 휘발성유기물에 의해 오염되었을 경우 가장 적합한 공정은?

㉮ 토양세척법 ㉯ 토양증기추출법
㉰ 열탈착법   ㉱ 이온교환수지법

풀이 토양이 휘발성유기물에 의해 오염되었을 경우 가장 적합한 공정은 토양증기추출법(SVE)이다.

33 유해폐기물의 고형화 방법 중 열가소성 플라스틱법에 관한 설명으로 옳지 않은 것은?

㉮ 고온에서 분해되는 물질에는 사용할 수 없다.
㉯ 용출손실율이 시멘트 기초법보다 낮다.
㉰ 혼합률(MR)이 비교적 낮다.
㉱ 고화처리된 폐기물성분을 나중에 회수하여 재활용 할 수 있다.

풀이 ㉰ 혼합률(MR)이 비교적 높다.

answer 28 ㉱ 29 ㉮ 30 ㉮ 31 ㉰ 32 ㉯ 33 ㉰

TIP

혼합률(MR) = $\dfrac{\text{첨가제의 질량}}{\text{폐기물의 질량}}$

34 VS 75%를 함유하는 슬러지고형물을 1ton/day로 받아들일 경우 소화조의 부하율(kgVS/m³·day)은? (단, 슬러지의 소화용적 = 550m³, 비중 = 1.0)

㉮ 1.26   ㉯ 1.36
㉰ 1.46   ㉱ 1.56

풀이 소화조의 부하율 = $\dfrac{1000\,kg/day \times 0.75}{550\,m^3}$
= $1.36\,kg/m^3 \cdot day$

35 먼지제거를 위한 집진시설에 대한 설명으로 틀린 것은?

㉮ 중력식 집진장치는 내부 가스유속을 5~10m/sec 정도로 유지하는 것이 바람직하다.
㉯ 관성력식 집진장치는 100μm 이상의 먼지를 50~70%까지 집진할 수 있다.
㉰ 여과식 집진장치는 운전비가 많이 들고 고온다습한 가스에는 부적합하다.
㉱ 전기식 집진장치는 집진효율이 좋으며, 고온(350℃)에서도 운전이 가능하다.

풀이 ㉮ 중력식 집진장치는 내부 가스유속을 작게 유지하는 것이 바람직하다.

36 합성차수막의 종류 중 PVC의 장점에 관한 설명으로 틀린 것은?

㉮ 가격이 저렴하다.
㉯ 접합이 용이하다.
㉰ 강도가 높다.
㉱ 대부분의 유기화학물질에 강하다.

풀이 ㉱ 대부분의 유기화학물질에 약하다.

37 다음의 조건에서 침출수 통과 연수(년)는? (단, 점토층의 두께 = 1m, 유효공극률 = 0.40, 투수계수 = 10^{-7}cm/sec, 상부침출수 수두 = 0.4m)

㉮ 약 7   ㉯ 약 8
㉰ 약 9   ㉱ 약 10

풀이
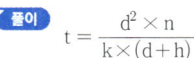
$t = \dfrac{d^2 \times n}{k \times (d+h)}$

여기서 t : 시간(년)
n : 유효공극률
k : 투수계수(m/년)
d : 점토층의 두께(m)
h : 침출수 수두(m)

① k(m/년)
= $\dfrac{10^{-7}\,cm}{sec} \times \dfrac{1\,m}{10^2\,cm} \times \dfrac{3600\,sec}{1\,hr} \times \dfrac{24\,hr}{1\,day} \times \dfrac{365\,day}{1\,년}$
= $3.15 \times 10^{-2}\,m/년$

② t = $\dfrac{(1m)^2 \times 0.40}{3.15 \times 10^{-2}\,m/년 \times (1m + 0.4m)}$
= 9.07년

answer 34 ㉯ 35 ㉮ 36 ㉱ 37 ㉰

38 하수처리장에서 발생한 생슬러지내 고형물은 유기물(VS) 85%, 무기물(FS) 15%로 되어있으며, 이를 혐기소화조에서 처리하여 소화 슬러지내 고형물은 유기물(VS) 70%, 무기물(FS) 30%로 되었을 때 소화율(%)은?

㉮ 45.8　　㉯ 48.8
㉰ 54.8　　㉱ 58.8

풀이 소화율(%)
$= \left\{1 - \dfrac{\text{소화후(유기물질/무기물질)}}{\text{소화전(유기물질/무기물질)}}\right\} \times 100(\%)$
$= \left\{1 - \dfrac{70\%/30\%}{85\%/15\%}\right\} \times 100$
$= 58.82\%$

39 진공 여과 탈수기로 투입되는 슬러지량이 240m³/hr이고 슬러지 함수율 98%, 여과율(고형물 기준)이 120kg/m²-hr의 조건을 가질 때 여과 면적(m²)은? (단, 탈수기는 연속가동하며 슬러지 비중은 1.0 기준)

㉮ 40m²　　㉯ 50m²
㉰ 60m²　　㉱ 70m²

풀이 여과율(kg/m²·hr)
$= \dfrac{\text{고형물 농도}(kg/m^3) \times \text{슬러지량}(m^3/hr)}{\text{여과면적}(m^2)}$

$120\,kg/m^2 \cdot hr = \dfrac{20\,kg/m^3 \times 240\,m^3/hr}{\text{여과면적}(m^2)}$

∴ 여과면적 $= \dfrac{20\,kg/m^3 \times 240\,m^3/hr}{120\,kg/m^2 \cdot hr} = 40\,m^2$

TIP
① % $\xrightarrow{\times 10^4}$ ppm $\xrightarrow{\times 10^{-3}}$ kg/m³
② ppm = mg/L
③ % $\xrightarrow{\times 10}$ kg/m³

④ 고형물(%) = 100 − 함수율(%)
　　　　　　 = 100 − 98% = 2%
⑤ 고형물 2% = 20kg/m³

40 주유소에서 오염된 토양을 복원하기 위해 오염 정도 조사를 실시한 결과, 토양 오염 부피는 5,000m³, BTEX는 평균 300mg/kg으로 나타났다. 이 때 오염토양에 존재하는 BTEX의 총 함량(kg)은?
(단, 토양의 bulk density = 1.9g/cm³)

㉮ 2,650　　㉯ 2,850
㉰ 3,050　　㉱ 3,250

풀이 BTEX의 총함량(kg)
$= 5{,}000\,m^3 \times 300\,mg/kg \times 10^{-6}\,kg/mg \times 1.9 \times 10^3\,kg/m^3$
$= 2{,}850\,kg$

TIP
① g/cm³ $\xrightarrow{\times 10^3}$ kg/m³
② 비중 $\xrightarrow{\times 10^3}$ kg/m³
③ 비중의 단위 : g/cm³ = g/mL = ton/m³

| 제3과목 | 폐기물 처분기술

41 소각로 본체 내부는 내화벽돌로 구성되어 있다. 내부에서 차례로 두께가 114, 65, 230mm이고 또 k의 값은 0.104, 0.0595, 1.04kcal/m·hr·℃이다. 내부온도 900℃, 외벽온도 40℃일 경우 단위면적당 전체 열저항(m²·hr·℃/kcal)은?

㉮ 1.42　　㉯ 1.52
㉰ 2.42　　㉱ 2.52

answer 38 ㉱　39 ㉮　40 ㉯　41 ㉰　42 ㉮

풀이 단위면적당 전체 열저항 $(m^2 \cdot hr \cdot ℃/kcal)$

$$= \frac{0.114m}{0.104 kcal/m \cdot hr \cdot ℃} + \frac{0.065m}{0.0595 kcal/m \cdot hr \cdot ℃}$$
$$+ \frac{0.230m}{1.04 kcal/m \cdot hr \cdot ℃}$$
$$= 2.41 m^2 \cdot hr \cdot ℃/kcal$$

42 황화수소 $1Sm^3$의 이론연소 공기량(Sm^3)은?

㉮ 7.1 ㉯ 8.1
㉰ 9.1 ㉱ 10.1

풀이 $H_2S + 1.5O_2 \rightarrow H_2O + SO_2$

이론공기량(Sm^3) = 이론산소량(Sm^3) $\times \frac{1}{0.21}$

$= 1.5Sm^3 \times \frac{1}{0.21} = 7.14Sm^3$

TIP
① 체적비 = 몰비 = 갯수비
② 공기 중 산소의 체적비 : 21%
③ 공기 중 산소의 질량비 : 23.2%

43 오리피스 구멍에서 유량과 유압의 관계가 옳은 것은?

㉮ 유량은 유압에 정비례한다.
㉯ 유량은 유압의 세제곱근에 비례한다.
㉰ 유량은 유압의 제곱근에 비례한다.
㉱ 유량은 유압의 제곱에 비례한다.

풀이 오리피스 구멍에서 유량과 유압의 관계를 살펴보면 유량은 유압의 제곱근에 비례한다.

44 탄소 및 수소의 중량조성이 각각 80%, 20%인 액체연료를 매 시간 200kg씩 연소시켜 배기가스의 조성을 분석한 결과 CO_2 12.5%, O_2 3.5%, N_2 84%이였다. 이 경우 시간당 필요한 공기량(Sm^3)은?

㉮ 약 3,450 ㉯ 약 2,950
㉰ 약 2,450 ㉱ 약 1,950

풀이
① 공기비(m) $= \frac{N_2\%}{N_2\% - 3.76 \times O_2\%}$
$= \frac{84\%}{84\% - 3.76 \times 3.5\%}$
$= 1.1858$

② 이론공기량(A_o)
$= 8.89C + 26.67\left(H - \frac{O}{8}\right) + 3.33S (Sm^3/kg)$
$= 8.89 \times 0.80 + 26.67 \times 0.20$
$= 12.446 Sm^3/kg$

③ 실제 필요한 공기량(Sm^3/hr)
= 공기비(m) × 이론공기량(Sm^3/kg)
  × 연료량(kg/hr)
$= 1.1858 \times 12.446 Sm^3/kg \times 200 kg/hr$
$= 2,951.69 Sm^3/hr$

45 소각로 설계에 필요한 쓰레기의 발열량 분석방법이 아닌 것은?

㉮ 단열 열량계에 의한 방법
㉯ 원소분석에 의한 방법
㉰ 추정식에 의한 방법
㉱ 상온상태하의 수분증발 잠열에 의한 방법

풀이 ㉱ 물리적 조성분석에 의한 방법

answer 43 ㉰ 44 ㉯ 45 ㉱

46 소각공정에서 발생하는 다이옥신에 관한 설명으로 가장 거리가 먼 것은?

㉮ 쓰레기 중 PVC 또는 플라스틱류 등을 포함하고 있는 합성물질을 연소시킬 때 발생한다.
㉯ 연소 시 발생하는 미연분의 양과 비산재의 양을 줄여 다이옥신을 저감할 수 있다.
㉰ 다이옥신 재형성 온도구역을 최대화하여 재합성 양을 줄일 수 있다.
㉱ 활성탄과 백필터를 적용하여 다이옥신을 제거하는 설비가 많이 이용된다.

풀이 ㉰ 다이옥신 재형성 온도구역을 최소화하여 재합성 양을 줄일 수 있다.

47 배가스 세정 흡수탑의 조건에 관한 설명으로 가장 거리가 먼 것은?

㉮ 흡수장치에 들어가는 가스의 온도는 일정하게 높게 유지시켜 주어야 한다.
㉯ 세정액의 중화제액 혼입에 의한 화학반응 속도를 향상시킬 필요가 있다.
㉰ 세정액과 가스의 접촉면적을 크게 잡고 교란에 의한 기체/액체 접촉을 높여야 한다.
㉱ 비교적 물에 대한 용해도가 낮은 CO, NO, H_2S 등의 흡수 평형조건은 헨리의 법칙을 따른다.

풀이 ㉮ 흡수장치에 들어가는 가스의 온도는 일정하게 낮게 유지시켜 주어야 한다.

48 밀도가 600kg/m³인 도시쓰레기 100ton을 소각시킨 결과 밀도가 1,200kg/m³인 재 10ton이 남았다. 이 경우 부피 감소율과 무게 감소율에 관한 설명으로 옳은 것은?

㉮ 부피 감소율이 무게 감소율 보다 크다.
㉯ 무게 감소율이 부피 감소율 보다 크다.
㉰ 부피 감소율과 무게 감소율은 동일하다.
㉱ 주어진 조건만으로는 알 수 없다.

풀이
(1) 부피 감소율(%) $= \left(1 - \dfrac{V_2}{V_1}\right) \times 100$

여기서 V_1 : 소각 전 부피(m^3)
V_2 : 소각 후 부피(m^3)

① $V_1 = 100 ton \times \dfrac{1}{0.6 ton/m^3} = 166.67 m^3$

② $V_2 = 10 ton \times \dfrac{1}{1.2 ton/m^3} = 8.33 m^3$

③ 부피 감소율(%) $= \left(1 - \dfrac{8.33 m^3}{166.67 m^3}\right) \times 100$
$= 95.0\%$

(2) 무게 감소율(%) $= \left(1 - \dfrac{W_2}{W_1}\right) \times 100$
$= \left(1 - \dfrac{10 ton}{100 ton}\right) \times 100$
$= 90.0\%$

(3) 따라서 부피 감소율이 무게 감소율 보다 크다.

49 스토커식 소각로에 있어서 여러 개의 부채형 화격자를 노폭 방향으로 병렬로 조합하고, 한 조의 화격자를 형성하여 편심 캠에 의한 역주행 Grate 로 되어 있는 연소장치의 종류는?

㉮ 반전식(Traveling back Stoker)
㉯ 계단식(Multistepped pushing grate Stoker)
㉰ 병열계단식(Rows forced feed grate Stoker)

answer 46 ㉰ 47 ㉮ 48 ㉮ 49 ㉮

㉣ 역동식(Pushing back grate Stoker)

풀이 ㉮ 반전식에 대한 설명이다.

TIP
화격자 = stoker = grate

50 소각로의 연소온도에 관한 설명으로 가장 거리가 먼 것은?

㉮ 연소온도가 너무 높아지면 NOx 또는 SOx가 생성된다.
㉯ 연소온도가 낮게 되면 불완전연소로 HC 또는 CO 등이 생성된다.
㉰ 연소온도는 600~1,000℃ 정도이다.
㉱ 연소실에서 굴뚝으로 유입되는 온도는 700~800℃ 정도이다.

풀이 ㉱ 연소실에서 굴뚝으로 유입되는 온도는 250~300℃ 정도이다.

51 유동층 소각로의 Bed(층)물질이 갖추어야 하는 조건으로 틀린 것은?

㉮ 비중이 클 것
㉯ 입도분포가 균일할 것
㉰ 불활성일 것
㉱ 열충격에 강하고 융점이 높을 것

풀이 ㉮ 비중이 작을 것

52 소각로로부터 폐열을 회수하는 경우의 장점에 해당되지 않는 것은?

㉮ 열회수로 연소가스의 온도와 부피를 줄일 수 있다.
㉯ 과잉 공기량이 비교적 적게 요구된다.
㉰ 소각로의 연소실 크기가 비교적 크지 않다.
㉱ 조작이 간단하며 수증기 생산설비가 필요없다.

풀이 ㉱ 조작이 복잡하며 수증기 생산설비가 필요하다.

53 소각로의 연소효율을 증대시키는 방법이 아닌 것은?

㉮ 적절한 연소시간
㉯ 적절한 온도유지
㉰ 적절한 공기공급과 연료비
㉱ 연소조건은 층류

풀이 ㉱ 연소조건은 난류

54 유동층 소각로의 특성에 대한 설명으로 옳지 않은 것은?

㉮ 미연소분 배출이 많아 2차 연소실이 필요하다.
㉯ 반응시간이 빨라 소각시간이 짧다.
㉰ 기계적 구동부분이 상대적으로 적어 고장률이 낮다.
㉱ 소량의 과잉공기량으로도 연소가 가능하다.

풀이 ㉮ 미연소분 배출이 적고, 2차 연소실이 필요없다.

answer 50 ㉱ 51 ㉮ 52 ㉱ 53 ㉱ 54 ㉮

55 다음 조건과 같은 함유성분의 폐기물을 연소 처리할 때 저위발열량(kcal/kg)은?
(단, 함수율 : 30%, 불활성분 : 14%, 탄소 : 20%, 수소 : 10%, 산소 : 24%, 유황 : 2%, Dulong식 기준)

㉮ 약 2,400 ㉯ 약 3,300
㉰ 약 4,200 ㉱ 약 4,600

풀이 ① Dulong식에 의한 고위발열량(Hh)을 계산한다.
$$Hh = 8,100C + 34,000 \times \left(H - \frac{O}{8}\right) + 2,500S \,(kcal/kg)$$
$$= 8,100 \times 0.2 + 34,000 \times \left(0.1 - \frac{0.24}{8}\right)$$
$$+ 2,500 \times 0.02$$
$$= 4,050 \,kcal/kg$$
② 저위발열량(Hl)을 계산한다.
$$Hl = Hh - 600 \times (9H + W)(kcal/kg)$$
$$= 4,050 \,kcal/kg - 600 \times (9 \times 0.1 + 0.3)$$
$$= 3,330 \,kcal/kg$$

56 탄소(C) 10kg을 완전 연소시키는 데 필요한 이론적 산소량(Sm^3)은?

㉮ 약 7.8 ㉯ 약 12.6
㉰ 약 15.5 ㉱ 약 18.7

풀이 $C + O_2 \rightarrow CO_2$
12kg : 22.4Sm^3
10kg : 이론적 산소량(O_o)
∴ 이론적 산소량(O_o) $= \frac{10kg \times 22.4 \,Sm^3}{12kg}$
$= 18.67 \,Sm^3$

57 화격자 연소 중 상부투입 연소에 대한 설명으로 잘못된 것은?

㉮ 공급공기는 우선 재층을 통과한다.
㉯ 연료와 공기의 흐름이 반대이다.
㉰ 하부투입 연소보다 높은 연소온도를 얻는다.
㉱ 착화면 이동방향과 공기 흐름방향이 반대이다.

풀이 ㉱ 착화면 이동방향과 공기 흐름방향이 동일하다.

58 도시폐기물의 연속식소각로 과잉공기비로 가장 적당한 것은?

㉮ 0.1~1.0 ㉯ 1.5~2.5
㉰ 5~10 ㉱ 25~35

풀이 도시폐기물의 연속식소각로 과잉공기비(m)는 1.5~2.5이다.

59 폐기물의 연소실에 관한 설명으로 적절치 않은 것은?

㉮ 연소실은 폐기물을 건조, 휘발, 점화시켜 연소시키는 1차 연소실과 여기서 미연소된 것을 연소시키는 2차 연소실로 구성된다.
㉯ 연소실의 온도는 1,500~2,000℃ 정도이다.
㉰ 연소실의 크기는 주입폐기물의 무게(ton)당 0.4~0.6m^3/day로 설계되고 있다.
㉱ 연소로의 모형은 직사각형, 수직원통형, 혼합형, 로타리킬른형 등이 있다.

풀이 ㉯ 연소실의 온도는 800~1,000℃ 정도이다.

answer 55 ㉯ 56 ㉱ 57 ㉱ 58 ㉯ 59 ㉯

60 연소기 내에 단회로(short-circuit)가 형성되면 불완전 연소된 가스가 외부로 배출된다. 이를 방지하기 위한 대책으로 가장 적절한 것은?

㉮ 보조버너를 가동시켜 연소온도를 증대시킨다.
㉯ 2차연소실에서 체류시간을 늘린다.
㉰ Grate의 간격을 줄인다.
㉱ Baffle을 설치한다.

▸풀이 연소기 내에 단회로가 형성되어 불완전 연소된 가스의 외부 배출을 방지하는 대책은 방해판(Baffle)을 설치한다.

TIP
화격자 = stoker = grate

| 제4과목 | 폐기물공정시험기준

61 수소이온농도를 유리전극법으로 측정할 때 적용범위 및 간섭물질에 관한 설명으로 옳지 않은 것은?

㉮ 적용범위 : 시험기준으로 pH를 0.01까지 측정한다.
㉯ pH 10 이상에서 나트륨에 의해 오차가 발생할 수 있는데 이는 '낮은 나트륨 오차 전극'을 사용하여 줄일 수 있다.
㉰ 유리전극은 일반적으로 용액의 색도, 탁도에 영향을 받지 않는다.
㉱ 유리전극은 산화 및 환원성 물질이나 염도에는 간섭을 받는다.

▸풀이 ㉱ 유리전극은 산화 및 환원성 물질이나 염도에는 간섭을 받지 않는다.

62 운반가스로 순도 99.99% 이상의 질소 또는 헬륨을 사용하여야 하는 기체크로마토그래피의 검출기는?

㉮ 열전도도형 검출기
㉯ 알칼리열이온화 검출기
㉰ 염광광도형 검출기
㉱ 전자포획형 검출기

▸풀이 ㉱ 전자포획형 검출기에 대한 설명이다.

63 폐기물 소각시설의 소각재 시료채취에 관한 내용 중 회분식 연소 방식의 소각재 반출설비에서의 시료채취 내용으로 옳은 것은?

㉮ 하루 동안의 운행시간에 따라 매 시간마다 2회 이상 채취하는 것을 원칙으로 한다.
㉯ 하루 동안의 운행시간에 따라 매 시간마다 3회 이상 채취하는 것을 원칙으로 한다.
㉰ 하루 동안의 운행횟수에 따라 매 운전시마다 2회 이상 채취하는 것을 원칙으로 한다.
㉱ 하루 동안의 운행횟수에 따라 매 운전시마다 3회 이상 채취하는 것을 원칙으로 한다.

▸풀이 회분식 연소 방식의 소각재 반출설비에서의 시료채취는 하루 동안의 운행횟수에 따라 매 운전시마다 2회 이상 채취하는 것을 원칙으로 한다.

answer 60 ㉱ 61 ㉱ 62 ㉱ 63 ㉰

64 반고상 폐기물이라 함은 고형물의 함량이 몇 %인 것을 말하는가?

㉮ 5% 이상 10% 미만
㉯ 5% 이상 15% 미만
㉰ 5% 이상 20% 미만
㉱ 5% 이상 25% 미만

TIP
폐기물의 분류
① 액상폐기물 : 고형물의 함량이 5% 미만
② 반고상폐기물 : 고형물의 함량이 5% 이상 15% 미만
③ 고상폐기물 : 고형물의 함량이 15% 이상

65 다음에 설명한 시료 축소 방법은?

> ㉠ 모아진 대시료를 네모꼴로 엷게 균일한 두께로 편다.
> ㉡ 이것을 가로 4등분, 세로 5등분하여 20개의 덩어리로 나눈다.
> ㉢ 20개의 각 부분에서 균등량씩을 취하여 혼합하여 하나의 시료로 한다.

㉮ 구획법　　㉯ 등분법
㉰ 균등법　　㉱ 분할법

풀이 ㉮ 구획법에 대한 설명이다.

TIP
구획법의 핵심내용 : 가로 4등분, 세로 5등분, 20개의 덩어리

66 자외선/가시선 분광광도계의 광원에 관한 설명으로 ( )에 알맞은 것은?

> 광원부의 광원으로 가시부와 근적외부의 광원으로는 주로 (㉠)를 사용하고 자외부의 광원으로는 주로 (㉡)을 사용한다.

㉮ ㉠ 텅스텐램프, ㉡ 중수소 방전관
㉯ ㉠ 중수소 방전관, ㉡ 텅스텐램프
㉰ ㉠ 할로겐램프, ㉡ 헬륨 방전관
㉱ ㉠ 헬륨 방전관, ㉡ 할로겐램프

풀이 자외선/가시선 분광광도계의 광원
① 가시부와 근적외부 : 텅스텐램프
② 자외부 : 중수소방전관

67 폐기물공정시험기준의 용어 정의로 틀린 것은?

㉮ 시험조작 중 '즉시'란 30초 이내에 표시된 조작을 하는 것을 뜻한다.
㉯ 감압 또는 진공이라 함은 따로 규정이 없는 한 15mmHg 이하를 말한다.
㉰ '항량으로 될 때까지 건조한다'라 함은 같은 조건에서 1시간 더 건조할 때 전후 무게의 차가 g당 0.1mg 이하일 때를 말한다.
㉱ '비함침성 고상폐기물'이라 함은 금속판, 구리선 등 기름을 흡수하지 않는 평면 또는 비평면형태의 변압기 내부부재를 말한다.

풀이 ㉰ '항량으로 될 때까지 건조한다'라 함은 같은 조건에서 1시간 더 건조할 때 전후 무게의 차가 g당 0.3mg 이하일 때를 말한다.

answer 64 ㉯　65 ㉮　66 ㉮　67 ㉰

68 자외선/가시선 분광법으로 비소를 측정하는 방법으로 ( )에 옳은 것은?

> 시료 중의 비소를 3가비소로 환원시킨 다음 ( )을 넣어 발생되는 비화수소를 다이에틸다이티오카르바민산의 피리딘 용액에 흡수시켜 이때 나타나는 적자색의 흡광도를 측정한다.

㉮ 과망간산칼륨 용액
㉯ 과산화수소수 용액
㉰ 요오드
㉱ 아연

풀이 자외선/가시선 분광법으로 비소를 측정할 때 환원제는 아연을 사용한다.

69 수소이온농도(유리전극법) 측정을 위한 표준용액 중 가장 강한 산성을 나타내는 것은?

㉮ 수산염 표준액 ㉯ 인산염 표준액
㉰ 붕산염 표준액 ㉱ 탄산염 표준액

풀이 표준액 중 산성이 강한 순서는 수산염 > 프탈산염 > 인산염 > 붕산염 > 탄산염 > 수산화칼슘 순이다.

TIP
암기법 : 수프인 7부옷에 탄숨

70 용출액 중의 PCBs 시험방법(기체크로마토그래피법)을 설명한 것으로 틀린 것은?

㉮ 용출액 중의 PCBs를 헥산으로 추출한다.
㉯ 전자포획형 검출기(ECD)를 사용한다.
㉰ 정제는 활성탄칼럼을 사용한다.
㉱ 용출용액의 정량한계는 0.0005mg/L이다.

풀이 ㉰ 정제는 실리카겔 칼럼을 사용한다.

TIP
폴리클로리네이티드비페닐(PCBs)의 정량한계
① 용출용액 정량한계 : 0.0005mg/L
② 액상폐기물의 정량한계 : 0.05mg/L

71 원자흡수분광광도법에 의한 분석 시 일반적으로 일어나는 간섭과 가장 거리가 먼 것은?

㉮ 장치나 불꽃의 성질에 기인하는 분광학적 간섭
㉯ 시료용액의 점성이나 표면장력 등에 의한 물리적 간섭
㉰ 시료 중에 포함된 유기물 함량, 성분 등에 의한 유기적 간섭
㉱ 불꽃 중에서 원자가 이온화하거나 공존물질과 작용하여 해리하기 어려운 화합물을 생성, 기저상태 원자수가 감소되는 것과 같은 화학적 간섭

풀이 간섭의 종류에는 분광학적 간섭, 물리적 간섭, 화학적 간섭이 있다.

72 기름성분을 중량법으로 측정할 때 정량한계 기준은?

㉮ 0.1% 이하   ㉯ 1.0% 이하
㉰ 3.0% 이하   ㉱ 5.0% 이하

풀이 기름성분을 중량법으로 측정할 때 정량한계는 0.1% 이하이다.

answer 68 ㉱ 69 ㉮ 70 ㉰ 71 ㉰ 72 ㉮

73 폐기물 시료 20g에 고형물 함량이 1.2g이었다면 다음 중 어떤 폐기물에 속하는가?
(단, 폐기물의 비중 = 1.0)

㉮ 액상폐기물 ㉯ 반액상폐기물
㉰ 반고상폐기물 ㉱ 고상폐기물

풀이 고형물 함량(%) = $\dfrac{\text{고형물 함량(g)}}{\text{폐기물 시료(g)}} \times 100$

$= \dfrac{1.2g}{20g} \times 100 = 6\%$

따라서 반고상폐기물에 해당한다.

TIP
폐기물의 분류
① 액상폐기물 : 고형물의 함량이 5% 미만
② 반고상폐기물 : 고형물의 함량이 5% 이상 15% 미만
③ 고상폐기물 : 고형물의 함량이 15% 이상

74 다음 중 HCl의 농도가 가장 높은 것은?
(단, HCl 용액의 비중 = 1.18)

㉮ 14W/W% ㉯ 15W/V%
㉰ 155g/L ㉱ 1.3×10^5ppm

풀이 ㉮ $M = \dfrac{1.18g}{mL} \times \dfrac{10^3 mL}{1L} \times \dfrac{1 mol}{36.5g} \times \dfrac{14\%}{100}$
$= 4.526 M$

㉯ $M = \dfrac{15g}{100mL} \times \dfrac{10^3 mL}{1L} \times \dfrac{1 mol}{36.5g}$
$= 4.11 M$

㉰ $M = \dfrac{155g}{L} \times \dfrac{1 mol}{36.5g}$
$= 4.25 M$

㉱ $M = \dfrac{1.3 \times 10^5 mg}{L} \times \dfrac{1g}{10^3 mg} \times \dfrac{1 mol}{36.5g}$
$= 3.56 M$

TIP
① $15 \dfrac{W}{V}\% = \dfrac{15g}{100mL}$

② ppm = mg/L
③ HCl 1mol = 분자량(g)
④ HCl의 분자량 = 1+35.5 = 36.5g

75 자외선/가시선 분광법과 원자흡수분광광도법의 두 가지 시험방법으로 모두 분석할 수 있는 항목은? (단, 폐기물공정시험기준에 준함)

㉮ 시안
㉯ 수은
㉰ 유기인
㉱ 폴리클로리네이티드비페닐

풀이 **수은의 시험방법**
① 자외선/가시선 분광법(디티존법)
② 원자흡수분광광도법(환원기화법)

76 시료의 용출시험방법에 관한 설명으로 ( )에 옳은 것은? (단, 상온, 상압 기준)

용출조작은 진폭이 4~5cm인 진탕기로 (㉠)회/min로 (㉡)시간 연속 진탕한다.

㉮ ㉠ 200, ㉡ 6 ㉯ ㉠ 200, ㉡ 8
㉰ ㉠ 300, ㉡ 6 ㉱ ㉠ 300, ㉡ 8

풀이 용출시험방법에서 용출조작은 진폭이 4~5cm인 진탕기로 200회/min로 6시간 연속 진탕한다.

TIP
용출 시험방법
(1) 시료용액의 조제
시료의 조제방법에 따라 조제한 시료 100g 이상을 정확히 달아 정제수에 염산을 넣어 pH를 5.8~6.3으로 한 용매(mL)를 시료 : 용매 = 1 : 10(W : V)의 비로 2,000mL 삼각플라스크에 넣어 혼합한다.

answer 73 ㉰ 74 ㉮ 75 ㉯ 76 ㉮

(2) 용출조작
① 시료용액의 조제가 끝난 혼합액을 상온 상압에서 진탕회수가 매분 당 약 200회, 진폭이 4~5cm의 진탕기를 사용하여 6시간 연속 진탕한다.
② 1.0㎛의 유리섬유 여과지로 여과하고 여과액을 적당량 취하여 용출실험용 시료용액으로 한다.
③ 여과가 어려운 경우에는 원심분리기를 사용하여 매분당 3,000회전 이상으로 20분 이상 원심분리한 다음 상징액을 적당량 취하여 용출실험용 시료용액으로 한다.

TIP
① pH 10은 pOH 4이므로
  $[OH^-] = 10^{-pOH} mol/L = 10^{-4} mol/L$
② pH 12는 pOH 2이므로
  $[OH^-] = 10^{-pOH} mol/L = 10^{-2} mol/L$
③ 산성물질에서 $pH = -\log[H^+]$
④ 알칼리성물질에서 $pH = 14 + \log[OH^-]$

77 정도관리 요소 중 다음이 설명하고 있는 것은?

> 동일한 매질의 인증시료를 확보할 수 있는 경우에는 표준절차서에 따라 인증표준 물질을 분석한 결과값과 인증값과의 상대백분율로 구한다.

㉮ 정확도 ㉯ 정밀도
㉰ 검출한계 ㉱ 정량한계

풀이 ㉮ 정확도에 대한 설명이다.

78 pH가 각각 10과 12인 폐액을 동일 부피로 혼합하면 pH는?

㉮ 10.3 ㉯ 10.7
㉰ 11.3 ㉱ 11.7

풀이 ① 혼합용액의 농도
$= \dfrac{10^{-4} mol/L \times 1 + 10^{-2} mol/L \times 1}{1+1}$
$= 5.05 \times 10^{-3} mol/L$
② $pH = 14 + \log[OH^-]$
$= 14 + \log[5.05 \times 10^{-3} mol/L]$
$= 11.70$

79 용출시험 대상의 시료용액 조제에 있어서 사용하는 용매의 pH범위는?

㉮ 4.8~5.3 ㉯ 5.8~6.3
㉰ 6.8~7.3 ㉱ 7.8~8.3

풀이 용출시험에서 시료용액 조제에 사용하는 용매의 pH는 5.8~6.3이다.

80 시료 중 수분함량 및 고형물함량을 정량한 결과가 다음과 같다면 고형물함량(%)은?
(단, 증발접시의 무게(W_1) = 245g, 건조 전의 증발접시와 시료의 무게(W_2) = 260g, 건조 후의 증발접시와 시료의 무게(W_3) = 250g)

㉮ 약 21 ㉯ 약 24
㉰ 약 28 ㉱ 약 33

풀이 ① 수분의 함량(%) $= \left(\dfrac{W_2 - W_3}{W_2 - W_1}\right) \times 100$
$= \left(\dfrac{260g - 250g}{260g - 245g}\right) \times 100$
$= 66.67\%$
② 고형물 함량(%) $= 100 -$ 수분의 함량(%)
$= 100 - 66.67\%$
$= 33.33\%$

answer 77 ㉮ 78 ㉱ 79 ㉯ 80 ㉱

2019 4회 기출문제

| 제1과목 | 폐기물개론

01 종이, 천, 돌, 철, 나무조각, 구리, 알루미늄이 혼합된 폐기물 중에서 재활용 가치가 높은 구리, 알루미늄만을 따로 분리, 회수하는 데 가장 적절한 기계적 선별법은?

㉮ 자력선별법 ㉯ 트롬멜선별법
㉰ 와전류선별법 ㉱ 정전기선별법

풀이 ㉰ 와전류선별법에 대한 설명이다.

02 폐기물의 관리정책에서 중점을 두어야 할 우선순위로 가장 적당한 것은?

㉮ 감량화(발생원) > 처리(소각 등) > 재활용 > 최종처분
㉯ 감량화(발생원) > 재활용 > 처리(소각 등) > 최종처분
㉰ 처리(소각 등) > 감량화(발생원) > 재활용 > 최종처분
㉱ 재활용 > 처리(소각 등) > 감량화(발생원) > 최종처분

풀이 폐기물의 관리정책 상 우선순위는 감량화(발생원) > 재활용 > 처리(소각 등) > 최종처분 순이다.

03 폐기물에 관한 설명으로 맞는 것은?

㉮ 음식폐기물을 분리수거하면 유기물 감소로 인해 생활폐기물의 발열량은 감소한다.
㉯ 일반적으로 생활폐기물의 화학성분 중에 제일 많은 것 2개는 산소(O)와 수소(H)이다.
㉰ 소각로 설계 시 기준 발열량은 고위발열량이다.
㉱ 폐기물의 비중은 일반적으로 겉보기 비중을 말한다.

풀이 ㉮ 음식폐기물을 분리수거하면 유기물 증가로 인해 생활폐기물의 발열량은 증가한다.
㉯ 일반적으로 생활폐기물의 화학성분 중에 제일 많은 것 2개는 탄소(C)와 수소(H)이다.
㉰ 소각로 설계 시 기준 발열량은 저위발열량이다.

04 폐기물 저장시설과 컨베이어 설계 시 고려할 사항으로 가장 거리가 먼 것은?

㉮ 수분함량 ㉯ 안식각
㉰ 입자크기 ㉱ 화학조성

풀이 ㉱ 화학조성은 폐기물의 구성 성분에 해당하므로 고려 사항이 아니다.

answer 01 ㉰ 02 ㉯ 03 ㉱ 04 ㉱

05 $X_{90} = 3.0$ cm로 도시폐기물을 파쇄하고자 한다. 90% 이상을 3.0cm보다 작게 파쇄하고자 할 때 Rosin – Rammler 모델에 의한 특성입자크기(cm)는? (단, n = 1)

㉮ 1.30 ㉯ 1.42
㉰ 1.74 ㉱ 1.92

풀이
$$Y = 1 - \exp\left[-\left(\frac{dp_1}{dp_2}\right)\right]^n$$

여기서 dp_1 : 폐기물 입자의 크기
dp_2 : 특성입자의 크기
n : 상수

따라서 $0.90 = 1 - \exp\left[-\left(\frac{3.0\,cm}{dp_2}\right)^1\right]$

$\therefore dp_2 = \dfrac{-3.0\,cm}{LN(1-0.90)} = 1.30\,cm$

06 폐기물의 소각 시 소각로의 설계기준이 되는 발열량은?

㉮ 고위 발열량 ㉯ 전수 발열량
㉰ 저위 발열량 ㉱ 부분 발열량

풀이 폐기물의 소각 시 소각로의 설계기준이 되는 발열량은 저위발열량이다.

07 도시쓰레기의 특성에 대한 설명으로 옳지 않은 것은?

㉮ 배출량은 생활수준의 향상, 생활양식, 수집형태 등에 따라 좌우된다.
㉯ 도시쓰레기의 처리에 있어서 그 성상은 크게 문제시 되지 않는다.
㉰ 쓰레기의 질은 지역, 계절, 기후 등에 따라 달라진다.
㉱ 계절적으로 연말이나 여름철에 많은 양의 쓰레기가 배출된다.

풀이 ㉯ 도시쓰레기의 처리에 있어서 성상이 크게 문제가 된다.

08 폐기물의 기계적처리 중 폐기물을 섞어 잘게 부순 뒤 물과 분리하는 장치는?

㉮ Grinder ㉯ Hammer Mill
㉰ Balers   ㉱ Pulverizer

풀이 ㉱ 펄버라이저(Pulverizer)에 대한 설명이다.

09 납과 구리의 합금 제조시 첨가제로 사용되며 발암성과 돌연변이성이 있으며 장기적인 노출시 피로와 무기력증을 유발하는 성분은?

㉮ As   ㉯ Pb
㉰ 벤젠 ㉱ 린덴

풀이 ㉮ 비소(As)에 대한 설명이다.

10 폐기물의 수거노선 설정 시 고려해야 할 내용으로 옳지 않은 것은?

㉮ 언덕지역에서는 언덕의 꼭대기에서부터 시작하여 적재하면서 차량이 아래로 진행하도록 한다.
㉯ U자 회전을 피하여 수거한다.
㉰ 아주 많은 양의 쓰레기가 발생되는 발생원은 하루 중 가장 나중에 수거한다.
㉱ 가능한 한 시계방향으로 수거노선을 정한다.

풀이 ㉰ 아주 많은 양의 쓰레기가 발생되는 발생원은 하루 중 가장 먼저 수거한다.

answer 05 ㉮ 06 ㉰ 07 ㉯ 08 ㉱ 09 ㉮ 10 ㉰

11 1,000세대(세대당 평균 가족수 5인) 아파트에서 배출하는 쓰레기를 3일마다 수거하는데 적재용량 11.0m³의 트럭 5대(1회 기준)가 소요된다. 쓰레기 단위 용적당 중량이 210kg/m³이라면 1인 1일당 쓰레기 배출량(kg/인·일)은?

㉮ 2.31 ㉯ 1.38
㉰ 1.12 ㉱ 0.77

풀이 쓰레기 배출량(kg/인·일)
$= \dfrac{\text{쓰레기 수거량(kg/일)}}{\text{인구수(인)}}$

$= \dfrac{11.0\text{m}^3/\text{대} \times 5\text{대}/1\text{회} \times 210\text{kg/m}^3 \times 1\text{회}/3\text{일}}{1,000\text{세대} \times 5\text{인}/1\text{세대}}$

$= 0.77 \text{kg/인·일}$

12 50ton/hr 규모의 시설에서 평균크기가 30.5cm인 혼합된 도시폐기물을 최종크기로 5.1cm로 파쇄하기 위해 필요한 동력(kW)은? (단, 평균크기를 15.2cm에서 5.1cm로 파쇄하기위한 에너지 소모율 = 15kW·h/t, 킥의 법칙 적용)

㉮ 약 1,033 ㉯ 약 1,156
㉰ 약 1,228 ㉱ 약 1,345

풀이 Kick의 법칙 : $E = C \ln\left(\dfrac{dp_1}{dp_2}\right)$

여기서 E : 에너지 소모율
  dp_1 : 평균크기
  dp_2 : 최종크기

① $15 \text{kw·hr/ton} = C \times \ln\left(\dfrac{15.2\text{cm}}{5.1\text{cm}}\right)$

∴ $C = \dfrac{15 \text{kw·hr/ton}}{\ln\left(\dfrac{15.2\text{cm}}{5.1\text{cm}}\right)}$

$= 13.7356 \text{kw·hr/ton}$

② $E = 13.7356 \text{kw·hr/ton} \times \ln\left(\dfrac{30.5\text{cm}}{5.1\text{cm}}\right)$
  $= 24.5659 \text{kW·hr/ton}$
③ 동력 $= 24.5659 \text{kW·hr/ton} \times 50 \text{ton/hr}$
  $= 1,228.30 \text{kW}$

13 완전히 건조시킨 폐기물 20g을 취해 회분량을 조사하니 5g이었다. 폐기물의 함수율이 40%이었다면, 습량기준 회분 중량비(%)는? (단, 비중 = 1.0)

㉮ 5   ㉯ 10
㉰ 15 ㉱ 20

풀이 ① 습량기준 회분량(g) 계산
  $W_1 \times (100 - P_1) = W_2 \times (100 - P_2)$
  $W_1 \times (100 - 40\%) = 20\text{g} \times (100 - 0)$
  ∴ $W_1 = 33.33\text{g}$
② 습량기준 회분의 중량비 계산
  중량비(%) $= \dfrac{\text{회분량(g)}}{\text{습량기준 회분량(g)}} \times 100$
  $= \dfrac{5\text{g}}{33.33\text{g}} \times 100 = 15\%$

14 적환장의 설치가 필요한 경우와 가장 거리가 먼 것은?

㉮ 고밀도 거주지역이 존재할 때
㉯ 작은 용량의 수집차량을 사용할 때
㉰ 슬러지수송이나 공기수송 방식을 사용할 때
㉱ 불법투기와 다량의 어질러진 쓰레기들이 발생할 때

풀이 ㉮ 저밀도 거주지역이 존재할 때

answer 11 ㉱ 12 ㉰ 13 ㉰ 14 ㉮

15 함수율 97%인 분뇨와 함수율 30%인 쓰레기를 무게비 1 : 3으로 혼합하여 퇴비화하고자 할 때 함수율(%)은? (단, 분뇨와 쓰레기의 비중은 같다고 가정함)

㉮ 약 62 ㉯ 약 57
㉰ 약 52 ㉱ 약 47

풀이 평균 함수율(%) = $\dfrac{97\% \times 1 + 30\% \times 3}{1+3}$ = 46.75%

16 쓰레기 발생량 조사방법에 관한 설명으로 틀린 것은?

㉮ 직접계근법 : 적재차량 계수분석에 비하여 작업량이 많고 번거롭다는 단점이 있다.
㉯ 물질수지법 : 주로 산업폐기물 발생량 추산에 이용한다.
㉰ 물질수지법 : 비용이 많이 들어 특수한 경우에 사용한다.
㉱ 적재차량 계수분석 : 쓰레기의 밀도 또는 압축정도를 정확하게 파악할 수 있다.

풀이 ㉱ 적재차량 계수분석 : 쓰레기의 밀도 또는 압축정도를 정확하게 파악할 수 없다.

17 유기물을 혐기성 및 호기성으로 분해 시킬 때 공통적으로 생성되는 물질은?

㉮ N_2와 H_2O ㉯ NH_3와 CH_4
㉰ CH_4와 H_2S ㉱ CO_2와 H_2O

풀이 유기물을 혐기성 및 호기성으로 분해 시킬 때 공통적으로 생성되는 물질은 CO_2와 H_2O이다.

18 관거 수거에 대한 설명으로 옳지 않은 것은?

㉮ 현탁물 수송은 관의 마모가 크고 동력소모가 많은 것이 단점이다.
㉯ 캡슐수송은 쓰레기를 충전한 캡슐을 수송관내에 삽입하여 공기나 물의 흐름을 이용하여 수송하는 방식이다.
㉰ 공기수송은 공기의 동압에 의해 쓰레기를 수송하는 것으로서 진공수송과 가압수송이 있다.
㉱ 공기수송은 고층주택밀집지역에 적합하며 소음방지시설 설치가 필요하다.

풀이 ㉮ 현탁물 수송은 관의 마모가 작고 동력소모가 적다.

19 파쇄에 따른 문제점은 크게 공해발생상의 문제와 안전상의 문제로 나눌 수 있는 데 안전상의 문제에 해당하는 것은?

㉮ 폭발 ㉯ 진동
㉰ 소음 ㉱ 분진

풀이 파쇄의 문제점
① 공해상의 문제 : 진동발생, 소음발생, 분진발생
② 안전상의 문제 : 폭발

20 청소상태를 평가하는 방법 중 서비스를 받는 사람들의 만족도를 설문조사하여 계산하는 '사용자 만족도 지수'는?

㉮ USI ㉯ UAI
㉰ CEI ㉱ CDI

풀이 ㉮ USI(사용자 만족도 지수)에 대한 설명이다.

answer 15 ㉱ 16 ㉱ 17 ㉱ 18 ㉮ 19 ㉮ 20 ㉮

TIP

청소상태의 평가법
① CEI : 가로의 청소상태를 평가하는 지역사회효과 지수이다.
② USI : 서비스를 받는 시민들의 만족도를 설문조사하여 나타내어지는 사용자 만족도 지수이다.

| 제2과목 | 폐기물 재활용 및 자원화 기술

21 소각공정에 비해 열분해 과정의 장점이라 볼 수 없는 것은?

㉮ 배기가스가 적다.
㉯ 보조연료의 소비량이 적다.
㉰ 크롬의 산화가 억제된다.
㉱ NO_x의 발생량이 억제된다.

풀이 ㉯ 보조연료의 소비량이 많다.

22 아래와 같은 조건일 때 혐기성 소화조의 용량(m^3)은? (단, 유기물량의 50%가 액화 및 가스화된다고 한다. 방식은 2조식이다.)

〈조건〉
- 분뇨투입량 = 1,000kL/day
- 투입 분뇨 함수율 = 95%
- 유기물농도 = 60%
- 소화일수 = 30일
- 인발 슬러지 함수율 = 90%

㉮ 12,350 ㉯ 17,850
㉰ 21,000 ㉱ 25,500

풀이 소화슬러지 부피(m^3/day)
$$= (잔류VS + FS) \times \frac{100}{100 - 함수율(\%)}$$

① 잔류VS(m^3/day)
= 분뇨투입량(m^3) × 고형물량 × 유기물량 × (1-소화율)
= 1,000m^3/day × 0.05 × 0.60 × (1-0.50) × 2
= 30 m^3/day

② FS(m^3/day)
= 분뇨투입량(m^3) × 고형물량 × 무기물량
= 1,000m^3/day × 0.05 × 0.40 × 2
= 40 m^3/day

③ 소화슬러지 부피(m^3/년)
= (30m^3/day + 40m^3/day) × $\frac{100}{100-90\%}$
= 700 m^3/day

④ 혐기성 소화조의 용량(m^3)
= 700m^3/day × 30일
= 21,000m^3

TIP
① 고형물(%) = 100 - 함수율(%)
  = 100 - 95% = 5%
② 무기물(%) = 100 - 유기물
  = 100% - 60% = 40%
③ 분뇨 투입량 = 1,000kL/day
  = 1,000m^3/day

23 소각로의 백연(white plume) 방지시설의 역할로 가장 옳게 설명된 것은?

㉮ 배출가스 중 수증기 응축을 방지하여 지역 주민의 대기오염 피해의식을 줄이기 위해
㉯ 먼지 제거
㉰ 폐열 회수
㉱ 질소산화물 제거

풀이 소각로의 백연 방지시설의 역할은 배출가스 중 수증기 응축을 방지하여 지역 주민의 대기오염 피해의식을 줄이기 위해서이다.

answer 21 ㉯ 22 ㉰ 23 ㉮

24 토양 복원기술 중 압력 및 농도구배를 형성하기 위하여 추출정을 굴착하여 진공상태로 만들어 줌으로써 토양 내의 휘발성 오염물질을 휘발, 추출하는 기술은?

㉮ Biopile
㉯ Bioaugmentation
㉰ Soil vapor extraction
㉱ Thermal Decomposition

풀이 ㉰ 토양증기추출법(Soil vapor extraction)에 대한 설명이다.

25 소각로의 부식에 대한 설명으로 틀린 것은?

㉮ 480~700℃사이에서는 염화철이나 알칼리철 황산염 분해에 의한 부식이 발생한다.
㉯ 저온부식은 100~150℃사이에서 부식속도가 가장 느리고, 고온부식은 600~700℃에서 가장 부식이 느리다.
㉰ 150~320℃에서는 부식이 잘 일어나지 않고, 고온부식은 320℃이상에서 소각재가 침착된 금속면에서 발생된다.
㉱ 320~480℃사이에서는 염화철이나 알칼리철 황산염 생성에 의한 부식이 발생된다.

풀이 ㉯ 저온부식은 100~150℃사이에서 부식속도가 가장 빠르고, 고온부식은 600~700℃에서 가장 부식이 빠르다.

26 함수율이 96%인 슬러지 10L에 응집제를 가하여 침전 농축시킨 결과 상층액과 침전 슬러지의 용적비가 2 : 1이었다면 침전 슬러지의 함수율(%)은? (단, 비중 = 1.0 기준, 상층액 SS, 응집제량 등 기타사항은 고려하지 않음)

㉮ 84   ㉯ 88
㉰ 92   ㉱ 94

풀이 $V_1 \times (100 - P_1) = V_2 \times (100 - P_2)$
$3 \times (100 - 96) = 1 \times (100 - P_2)$
$\therefore P_2 = 100 - \left\{ \dfrac{3 \times (100 - 96)}{1} \right\} = 88\%$

TIP
상등액 : 침전슬러지 = 2 : 1이므로
$V_1 = 3$, $V_2 = 1$가 된다.

27 피부염, 피부궤양을 일으키며 흡입으로 코, 폐, 위장에 점막을 생성하고 폐암을 유발하는 중금속은?

㉮ 비소   ㉯ 납
㉰ 6가 크롬   ㉱ 구리

풀이 ㉰ 6가 크롬(Cr^{6+})에 대한 설명이다.

28 폐기물부담금제도에 해당되지 않는 품목은?

㉮ 500mL 이하의 살충제 용기
㉯ 자동차 타이어
㉰ 껌
㉱ 1회용 기저귀

풀이 폐기물부담금제도에 해당하는 항목은 재활용이 되지 않는 것들이므로 ㉯ 자동차 타이어는 해당하지 않는다.

answer 24 ㉰ 25 ㉯ 26 ㉯ 27 ㉰ 28 ㉯

29 매립지 가스발생량의 추정방법으로 가장 거리가 먼 것은?

㉮ 화학양론적인 접근에 의한 폐기물 조성으로부터 추정
㉯ BMP(Biological Methane Potential)법에 의한 메탄가스 발생량 조사법
㉰ 라이지미터(Lysimeter)에 의한 가스발생량 추정법
㉱ 매립지에 화염을 접근시켜 화력에 의해 추정하는 방법

▶ 풀이 ▶ 매립지에서는 가연성가스의 발생으로 인해 화재가 발생할 수 있으므로 ㉱번은 사용하지 않는다.

30 퇴비화의 장·단점과 가장 거리가 먼 것은?

㉮ 병원균 사멸이 가능한 장점이 있다.
㉯ 다양한 재료를 이용하므로 퇴비제품의 품질 표준화가 어려운 단점이 있다.
㉰ 퇴비화가 완성되어도 부피가 크게 감소(50% 이하)하지 않는 단점이 있다.
㉱ 생산된 퇴비는 비료가치가 높은 장점이 있다.

▶ 풀이 ▶ ㉱ 생산된 퇴비는 비료가치가 낮은 단점이 있다.

31 침출수가 점토층을 통과하는데 소요되는 시간을 계산하는 식으로 옳은 것은? (단, t = 통과시간(year), d = 점토층 두께(m), h = 침출수 수두(m), K = 투수계수(m/year), n = 유효공극율)

㉮ $t = \dfrac{nd^2}{K(d+h)}$ ㉯ $t = \dfrac{dn}{K(d+h)}$
㉰ $t = \dfrac{nd^2}{K(2d+h)}$ ㉱ $t = \dfrac{dn}{K(2h+d)}$

32 수분함량 95%(무게%)의 슬러지에 응집제를 소량 가해 농축시킨 결과 상등액과 침전 슬러지의 용적비가 3 : 5이었다. 이 침전슬러지의 함수율(%)은? (단, 응집제의 주입량은 소량이므로 무시, 농축전후 슬러지 비중 = 1)

㉮ 94 ㉯ 92
㉰ 90 ㉱ 88

▶ 풀이 ▶ $V_1 \times (100 - P_1) = V_2 \times (100 - P_2)$
$8 \times (100 - 95) = 5 \times (100 - P_2)$
$\therefore P_2 = 100 - \left\{ \dfrac{8 \times (100-95)}{5} \right\}$
$= 92\%$

TIP
상등액 : 침전슬러지 = 3 : 5이므로
$V_1 = 8, V_2 = 5$가 된다.

33 매립지에서 침출된 침출수의 농도가 반으로 감소하는데 약 3.3년이 걸린다면 이 침출수의 농도가 90% 분해되는데 걸리는 시간(년)은? (단, 1차 반응 기준)

㉮ 약 7 ㉯ 약 9
㉰ 약 11 ㉱ 약 13

▶ 풀이 ▶ 1차 반응식 : $\ln \dfrac{C_t}{C_o} = -k \times t$
여기서 C_o : 초기농도
C_t : t시간후의 농도
k : 상수
t : 시간
① $\ln \dfrac{1}{2} = -k \times 3.3$년
$\therefore k = \dfrac{\ln \dfrac{1}{2}}{-3.3년} = 0.21/$년

answer 29 ㉱ 30 ㉱ 31 ㉮ 32 ㉯ 33 ㉰

② $\ln\frac{10}{100} = -0.21/\text{년} \times t$

∴ $t = \dfrac{\ln\dfrac{10}{100}}{-0.21/\text{년}} = 10.96\text{년}$

TIP
$C_t = 100 - 90\% = 10\%$

34 폐기물의 퇴비화에 관한 설명으로 옳지 않은 것은?

㉮ C/N비가 클수록 퇴비화에 시간이 많이 소요하게 된다.
㉯ 함수율이 높을수록 미생물의 분해속도는 빠르다.
㉰ 공기가 과잉공급되면 열손실이 생겨 미생물의 대사열을 빼앗겨서 동화작용이 저해된다.
㉱ 공기공급이 부족하면 혐기성분해에 의해 퇴비화 속도의 저하를 초래하고 악취 발생의 원인이 된다.

풀이 ㉯ 함수율이 적정할수록 미생물의 분해속도는 빠르다.

35 함수율이 95%이고 고형물 중 유기물이 70%인 하수슬러지 300m³/day를 소화시켜 유기물의 2/3가 분해되고 함수율 90%인 소화슬러지를 얻었다. 소화슬러지의 양(m³/day)은? (단, 슬러지 비중 = 1.0)

㉮ 80   ㉯ 90
㉰ 100   ㉱ 110

풀이 소화 후 슬러지량(m³/day)
$= (VS + FS) \times \dfrac{100}{100 - \text{함수율}(\%)}$

여기서 VS : 휘발성 고형물(유기물)
　　　FS : 잔류성 고형물(무기물)
　　　P : 소화 후 함수율(%)

① VS(m³/day)
= 하수슬러지량(m³/day)×고형물량×VS×소화율
= $300\text{m}^3/\text{day} \times 0.05 \times 0.70 \times (1 - \dfrac{2}{3})$
= $3.5\text{m}^3/\text{day}$

② FS(m³/day)
= 하수슬러지량(m³/day)×고형물량×FS
= $300\text{m}^3/\text{day} \times 0.05 \times 0.30$
= $4.5\text{m}^3/\text{day}$

③ 소화후 슬러지 부피(m³/day)
= $(3.5\text{m}^3/\text{day} + 4.5\text{m}^3/\text{day}) \times \dfrac{100}{100 - 90\%}$
= $80\text{m}^3/\text{day}$

TIP
① 슬러지량(%) = 고형물(%)+함수율(%)
② 고형물(%) = 100%-95% = 5%
③ 고형물(%) = VS(%)+FS(%)
④ FS(%) = 100%-70% = 30%

36 매립지 바닥이 두껍고(지하수면이 지표면으로부터 깊은 곳에 있는 경우), 복토로 적합한 지역에 이용하는 방법으로 거의 단층매립만 가능한 공법은?

㉮ 도랑굴착매립공법
㉯ 압축매립공법
㉰ 샌드위치공법
㉱ 순차투입공법

풀이 ㉮ 도랑굴착매립공법(트렌치공법)에 해당한다.

answer 34 ㉯　35 ㉮　36 ㉮

37 폐기물 매립지에서 매립시간 경과에 따라 크게 초기조절단계, 전이단계, 산형성 단계, 메탄발효단계, 숙성단계의 총 5단계로 구분이 되는데, 4단계인 메탄발효단계에서 나타나는 현상과 가장 근접한 것은?

㉮ 수소농도가 증가함
㉯ 산 형성 속도가 상대적으로 증가함
㉰ 침출수의 전도도가 증가함
㉱ pH가 중성값보다 약간 증가함

풀이 4단계인 메탄발효단계에서는 pH가 중성값보다 약간 증가한다.

38 토양세척법의 처리효과가 가장 높은 토양 입경정도는?

㉮ 슬러지   ㉯ 점토
㉰ 미사   ㉱ 자갈

풀이 토양세척법의 처리효과가 가장 높은 토양입경정도는 자갈이며, 가장 낮은 토양입경정도는 점토이다.

39 폐기물 매립지에서 나오는 침출수에 관한 설명으로 가장 거리가 먼 것은?

㉮ 폐기물을 통과하면서 폐기물내의 성분을 용해시키거나 부유물질을 함유하기도 한다.
㉯ 가스 발생량이 많을수록 침출수내 유기물질농도가 증가한다.
㉰ 외부에서 침투하는 물과 내부에 있는 물이 유출되어 형성된다.
㉱ 매립지의 침출수의 이동은 서서히 이동된다고 한다.

풀이 ㉯ 가스 발생량이 많을수록 침출수내 유기물질농도가 감소한다.

40 폐기물 매립시 매립된 물질의 분해과정은?

㉮ 혐기성 → 호기성 → 메탄생성 → 산성물질형성
㉯ 호기성 → 혐기성 → 산성물질형성 → 메탄형성
㉰ 호기성 → 혐기성 → 메탄생성 → 산성물질형성
㉱ 혐기성 → 호기성 → 산성물질형성 → 메탄생성

풀이 폐기물 매립시 매립된 물질의 분해과정은 호기성 → 혐기성 → 산성물질형성 → 메탄형성 순이다.

| 제3과목 | 폐기물 처분기술

41 폐기물의 이송과 연소가스의 유동방향에 의해 소각로 형상을 구분해 볼 때 난연성 또는 착화하기 어려운 폐기물에 적합한 방식은?

㉮ 병류식   ㉯ 하향식
㉰ 향류식   ㉱ 중간류식

풀이 ㉰ 향류식(역류식)에 대한 설명이다.

42 폐기물의 열분해 시 저온열분해의 온도 범위는?

㉮ 100~300℃   ㉯ 500~900℃
㉰ 1,100~1,500℃ ㉱ 1,300~1,900℃

풀이 폐기물의 열분해
① 저온 열분해 온도 : 500~900℃
② 고온 열분해 온도 : 1,100~1,500℃

answer 37 ㉱ 38 ㉱ 39 ㉯ 40 ㉯ 41 ㉰ 42 ㉯

43 폐기물 조성이 $C_{760}H_{1980}O_{870}N_{12}S$일 때 고위발열량(kcal/kg)은? (단, Dulong 식을 이용하여 계산한다.)

㉮ 약 5,860 ㉯ 약 4,560
㉰ 약 3,260 ㉱ 약 2,860

풀이
① $C_{760}H_{1980}O_{870}N_{12}S$의 분자량을 계산한다.
$C_{760}H_{1980}O_{870}N_{12}S$의 분자량
$= 760 \times 12 + 1980 \times 1 + 870 \times 16 + 12 \times 14 + 32$
$= 25,220$

② 각 원소의 성분(%)을 계산한다.
$C = \dfrac{760 \times 12}{25,220} = 0.3616$
$H = \dfrac{1980 \times 1}{25,220} = 0.0785$
$O = \dfrac{870 \times 16}{25,220} = 0.552$
$N = \dfrac{12 \times 14}{25,220} = 0.0067$
$S = \dfrac{1 \times 32}{25,220} = 0.0013$

③ Dulong식을 이용해 고위발열량(Hh)을 계산한다.
$Hh = 8,100C + 34,000\left(H - \dfrac{O}{8}\right) + 2,500S \text{ (kcal/kg)}$
$= 8,100 \times 0.3616 + 34,000 \times \left(0.0785 - \dfrac{0.552}{8}\right)$
$+ 2500 \times 0.0013$
$= 3,255.21 \text{ kcal/kg}$

44 고체 및 액체연료의 이론적인 습윤연소가스량을 산출하는 계산식이다. ㉠, ㉡의 값으로 적당한 것은?

$Gow = 8.89C + 32.3H + 3.33S + 0.8N$
$+ (\ ㉠\ )W - (\ ㉡\ )O\ (Sm^3/kg)$

㉮ ㉠ 1.12, ㉡ 1.32
㉯ ㉠ 1.24, ㉡ 2.64
㉰ ㉠ 2.48, ㉡ 5.28
㉱ ㉠ 4.96, ㉡ 10.56

풀이
$Gow = 8.89C + 26.67\left(H - \dfrac{O}{8}\right) + 3.33S$
$+ 0.8N + 0.70 + 5.6H + 1.244W$
$= 8.89C + 32.3H + 3.33S + 0.8N + 1.24W - 2.64O$

45 폐기물의 연소 및 열분해에 관한 설명으로 잘못된 것은?

㉮ 열분해는 무산소 또는 저산소 상태에서 유기성 폐기물을 열분해시키는 방법이다.
㉯ 습식산화는 젖은 폐기물이나 슬러지를 고온, 고압하에서 산화시키는 방법이다.
㉰ Steam Reforming은 산화 시에 스팀을 주입하여 일산화탄소와 수소를 생성시키는 방법이다.
㉱ 가스화는 완전연소에 필요한 양보다 과잉 공기 상태에서 산화시키는 방법이다.

풀이 ㉱ 가스화는 완전연소에 필요한 양보다 적은 공기나 무산소 상태에서 반응시키는 방법이다.

46 연소를 위한 공기의 상태로 가장 좋은 것은?

㉮ 연소용 공기를 직접 이용한다.
㉯ 연소용 공기를 예열한다.
㉰ 연소용 공기를 냉각시켜 온도를 낮춘다.
㉱ 연소용 공기에 벙커의 폐수를 분사하여 습하게 하여 주입시킨다.

풀이 연소온도를 높이기 위해서 연소용 공기를 예열한다.

answer 43 ㉰ 44 ㉯ 45 ㉱ 46 ㉯

47 소각로에서 배출되는 비산재(fly ash)에 대한 설명으로 옳지 않은 것은?

㉮ 입자크기가 바닥재보다 미세하다.
㉯ 유해물질을 함유하고 있지 않아 일반폐기물로 취급된다.
㉰ 폐열보일러 및 연소가스 처리설비 등에서 포집된다.
㉱ 시멘트 제품 생산을 위한 보조 원료로 사용 가능하다.

풀이 ㉯ 유해물질을 함유하고 있으며 사업장폐기물로 취급된다.

48 도시생활폐기물을 대상으로 하는 소각방법에 많이 이용되는 형식이 아닌 것은?

㉮ Stoker type incinerator
㉯ Multiple hearth incinerator
㉰ Rotaty kiln incinerator
㉱ Fluidized bed incinerator

풀이 ㉯ 다단로 소각로(Multiple hearth incinerator)는 하수슬러지 소각시 사용된다.

49 연소실 내 가스와 폐기물의 흐름에 관한 설명으로 가장 거리가 먼 것은?

㉮ 병류식은 폐기물의 발열량이 낮은 경우에 적합한 형식이다.
㉯ 교류식은 향류식과 병류식의 중간적인 형식이다.
㉰ 교류식은 중간 정도의 발열량을 가지는 폐기물에 적합하다.
㉱ 역류식은 폐기물의 이송방향과 연소가스의 흐름이 반대로 향하는 형식이다.

풀이 ㉮ 병류식은 수분이 적고 저위발열량이 높은 폐기물에 적합하다.

TIP
로 본체의 형식
① 역류식(향류식) : 수분이 많고 저위발열량이 낮은 쓰레기에 적합하고, 연소가스 흐름방향과 폐기물의 이송방향은 반대방향이다.
② 병류식 : 수분이 적고 저위발열량이 높은 폐기물에 적합하고, 연소가스 흐름방향과 폐기물의 이송방향은 같은방향이다.
③ 교류식(중간류식) : 역류식과 병류식의 중간적인 형식이며, 폐기물 질의 변동이 심한 경우에 사용한다.
④ 복류식 : 폐기물의 질이나 저위발열량의 변동이 심한 경우에 사용하며, 2개의 출구를 가지며, 댐퍼의 개폐로 역류식, 병류식, 교류식으로 조절할 수 있다.

50 폐기물의 소각시설에서 발생하는 먼지의 특징에 대한 설명으로 가장 거리가 먼 것은?

㉮ 흡수성이 작고 냉각되면 고착하기 어렵다.
㉯ 부피에 비해 비중이 작고 가볍다.
㉰ 입자가 큰 먼지는 가스 냉각장치 등의 비교적 가스 통과속도가 느린 부분에서 침강하기 때문에 먼지의 평균입경이 작다.
㉱ 염화수소나 황산화물로 인한 설비의 부식을 방지하기 위해 일반적으로 가스냉각장치 출구에서 250℃ 정도의 온도가 되어야 한다.

풀이 ㉮ 흡수성이 크고 냉각되면 고착하기 쉽다.

answer 47 ㉯ 48 ㉯ 49 ㉮ 50 ㉮

51 연소실의 부피를 결정하려고 한다. 연소실의 부하율은 $3.6 \times 10^5 \text{kcal/m}^3 \cdot \text{hr}$ 이고 발열량이 1,600kcal/kg인 쓰레기를 1일 400ton 소각시킬 때 소각로의 연소실 부피(m^3)는? (단, 소각로는 연속가동 한다.)

㉮ 74 ㉯ 84
㉰ 104 ㉱ 974

풀이 연소실 부하율(kcal/m³·hr)
$= \dfrac{\text{저위발열량(kcal/kg)} \times \text{쓰레기량(kg/hr)}}{\text{연소실 부피(m}^3)}$

$3.6 \times 10^5 \text{ kcal/m}^3 \cdot \text{hr}$
$= \dfrac{1,600\text{kcal/kg} \times 400 \times 10^3 \text{kg/day} \times 1\text{day}/24\text{hr}}{V(\text{m}^3)}$

∴ $V = 74.07\text{m}^3$

52 원소분석으로부터 미지의 쓰레기 발열량은 듀롱(Dulong)식으로부터 계산될 수 있다. 계산식에서 $(H - \dfrac{O}{8})$가 의미하는 것은?

$$Hh = 8,100\,C + 34,000\left(H - \dfrac{O}{8}\right) + 2,500\,S \text{ (kcal/kg)}$$

㉮ 유효수소 ㉯ 무효수소
㉰ 이론수소 ㉱ 과잉수소

풀이 ① 유효수소 : $H - \dfrac{O}{8}$
② 무효수소 : $\dfrac{O}{8}$

53 원심력식 집진장치의 장점이 아닌 것은?

㉮ 조작이 간단하고 유지관리가 용이하다.
㉯ 건식 포집 및 제진이 가능하다.
㉰ 고온가스의 처리가 가능하다.
㉱ 먼지량과 유량의 변화에 민감하다.

풀이 ㉱번은 단점이다.

54 다음 중 불연성분에 해당하는 것은?

㉮ H(수소) ㉯ O(산소)
㉰ N(질소) ㉱ S(황)

풀이 가연성분은 탄소(C), 수소(H), 황(S)이며, 불연성분은 질소(N), 조연성분은 산소(O)이다.

55 폐플라스틱 소각에 대한 설명으로 틀린 것은?

㉮ 열가소성 폐플라스틱은 열분해 휘발분이 매우 많고 고정탄소는 적다.
㉯ 열가소성 폐플라스틱은 분해 연소를 원칙으로 한다.
㉰ 열경화성 폐플라스틱은 일반적으로 연소성이 우수하고 점화가 용이하여 수열에 의한 팽윤 균열이 적다.
㉱ 열경화성 폐플라스틱의 로 형식은 전처리 파쇄 후 유동층 방식에 의한 것이 좋다.

풀이 ㉰ 열경화성 폐플라스틱은 일반적으로 연소성이 불량하고 점화가 어렵고 수열에 의한 팽윤 균열이 많다.

TIP
용어 설명
① 열가소성 : 열을 가하면 부드럽게 되고 열을 식히면 굳어지며, 다시 열을 가하면 부드럽게 되는 성질이다.

answer 51 ㉮ 52 ㉮ 53 ㉱ 54 ㉰ 55 ㉰

② 열경화성 : 열을 가하면 부드럽게 되지만 한 번 냉각하면 다시 열을 가해도 부드럽게 되지 않는 성질이다.
③ 팽윤 : 물질이 용매를 흡수하여 부푸는 성질이다.

56 연소속도에 영향을 미치는 요인으로 가장 거리가 먼 것은?

㉮ 산소의 농도 ㉯ 촉매
㉰ 반응계의 온도 ㉱ 연료의 발열량

풀이 연소속도에 영향을 미치는 요인으로는 산소의 농도, 촉매, 반응계의 온도 등이다.

57 유동층 소각로에서 슬러지의 온도가 30℃, 연소온도 850℃, 배기온도 450℃일 때, 유동층 소각로의 열효율(%)은?

㉮ 49 ㉯ 51
㉰ 62 ㉱ 77

풀이 열효율(%) = $\dfrac{배기온도 - 슬러지온도}{연소온도} \times 100$
= $\dfrac{450℃ - 30℃}{850℃} \times 100 = 49.41\%$

58 SO_2 100kg의 표준상태에서 부피(m^3)는? (단, SO_2는 이상기체, 표준상태로 가정한다.)

㉮ 63.3 ㉯ 59.5
㉰ 44.3 ㉱ 35.0

풀이 SO_2 1kmol $\begin{cases} 64kg \\ 22.4Sm^3 \end{cases}$
$SO_2 (Sm^3) = 100kg \times \dfrac{22.4Sm^3}{64kg} = 35.0\,Sm^3$

59 기체연료에 관한 내용으로 옳지 않은 것은?

㉮ 적은 과잉공기(10~20%)로 완전연소가 가능하다.
㉯ 유황 함유량이 적어 SO_2 발생량이 적다.
㉰ 저질연료로 고온 얻기와 연료의 예열이 어렵다.
㉱ 취급 시 위험성이 크다.

풀이 ㉰ 저질연료로 고온 얻기와 연료의 예열이 용이하다.

60 소각로의 완전연소 조건에 고려되어야 할 사항으로 가장 거리가 먼 것은?

㉮ 소각로 출구온도 850℃ 이상 유지
㉯ 연소 시 CO 농도 30ppm 이하 유지
㉰ O_2농도 6~12% 유지 (화격자식)
㉱ 강열감량(미연분) 5% 이상 유지

풀이 ㉱ 강열감량(미연분) 5% 이하 유지

| 제4과목 | 폐기물공정시험기준

61 시안을 자외선/가시선 분광법으로 측정할 때 발색된 색은?

㉮ 적자색 ㉯ 황갈색
㉰ 적색 ㉱ 청색

풀이 시안을 자외선/가시선 분광법으로 측정할 때 발색된 색은 청색이며, 파장은 620nm이다.

answer 56 ㉱ 57 ㉮ 58 ㉱ 59 ㉰ 60 ㉱ 61 ㉱

62 Lambert Beer 법칙에 관한 설명으로 틀린 것은? (단, A : 흡광도, ϵ : 흡광계수, C : 농도, L : 빛의 투과거리)

㉮ 흡광도는 광이 통과하는 용액층의 두께에 비례한다.
㉯ 흡광도는 광이 통과하는 용액층의 농도에 비례한다.
㉰ 흡광도는 용액층의 투과도에 비례한다.
㉱ 램버트비어의 법칙을 식으로 표현하면 $A = \epsilon \times C \times L$ 이다.

풀이 ㉰ 흡광도(A) $= \log\dfrac{1}{\text{투과도}}$ 이므로 흡광도는 용액층의 투과도에 반비례한다.

63 대상폐기물의 양이 450톤인 경우, 현장 시료의 최소 수는?

㉮ 14 ㉯ 20
㉰ 30 ㉱ 36

풀이 대상폐기물의 양과 시료의 최소 수

대상폐기물의 양 (단위 : ton)	시료의 최소 수	대상폐기물의 양 (단위 : ton)	시료의 최소 수
~1 미만	6	100 이상~500 미만	30
1 이상~5 미만	10	500 이상~1,000 미만	36
5 이상~30 미만	14	1,000 이상~5,000 미만	50
30 이상~100 미만	20	5,000 이상	60

64 액상 폐기물 중 PCBs를 기체크로마토그래피로 분석 시 사용되는 시약이 아닌 것은?

㉮ 수산화칼슘 ㉯ 무수황산나트륨
㉰ 실리카겔 ㉱ 노말헥산

풀이 이 문제는 정답만 암기해 두면 된다.

65 다음 pH 표준액 중 pH 값이 가장 높은 것은?

㉮ 붕산염 표준액 ㉯ 인산염 표준액
㉰ 프탈산염 표준액 ㉱ 수산염 표준액

풀이 pH값 크기 순서는 수산염표준액 < 프탈산염표준액 < 인산염표준액 < 붕산염표준액 < 탄산염표준액 < 수산화칼슘표준액 순이다.

TIP
암기법 : 수프인 7부옷에 탄숨

66 0.1N HCl 표준용액 50mL를 반응시키기 위해 0.1M Ca(OH)₂를 사용하였다. 이때 사용된 Ca(OH)₂의 소비량(mL)은?
(단, HCl과 Ca(OH)₂의 역가는 각각 0.995와 1.005이다.)

㉮ 24.75 ㉯ 25.00
㉰ 49.50 ㉱ 50.00

풀이 $N_1 \times V_1 \times f_1 = N_2 \times V_2 \times f_2$
$0.1\,\text{N} \times 50\,\text{mL} \times 0.995 = 0.2\,\text{N} \times V_2 \times 1.005$
$\therefore V_2 = 24.75\,\text{mL}$

TIP
① M농도 × 가수 = N농도
② Ca(OH)₂은 OH⁻가 2개이므로 2가(2당량)물질이다.
③ Ca(OH)₂은 $0.1\text{M} \times 2 = 0.2\text{N}$

answer 62 ㉰ 63 ㉰ 64 ㉮ 65 ㉮ 66 ㉮

67 기체크로마토그래프를 이용하여 물질의 정량 및 정성분석이 가능하다. 이 중 정량 및 정성분석을 가능하게 하는 측정치는?

㉮ 정량 - 유지시간, 정성 - 피이크 높이
㉯ 정량 - 유지시간, 정성 - 피이크의 폭
㉰ 정량 - 피이크의 높이, 정성 - 유지시간
㉱ 정량 - 피이크의 폭, 정성 - 유지시간

풀이 기체크로마토그래피법
① 정량분석 : 피이크(봉우리)의 높이
② 정성분석 : 유지시간

68 중금속시료(염화암모늄, 염화마그네슘, 염화칼슘 등이 다량 함유된 경우)의 전처리 시, 회화에 의한 유기물의 분해과정 중에 휘산되어 손실을 가져오는 중금속으로 거리가 가장 먼 것은?

㉮ 크롬　　㉯ 납
㉰ 철　　　㉱ 아연

풀이 휘산되어 손실을 가져오는 중금속은 납, 철, 주석, 아연, 안티몬이다.

69 폐기물로부터 유류 추출 시 에멀젼을 형성하여 액층이 분리되지 않을 경우, 조작법으로 옳은 것은?

㉮ 염화제이철 용액 4mL를 넣고 pH를 7~9로 하여 자석교반기로 교반한다.
㉯ 메틸오렌지를 넣고 황색이 적색이 될 때까지 (1+1)염산을 넣는다.
㉰ 노말헥산층에 무수황산나트륨을 넣어 수분간 방치한다.
㉱ 에멀젼층 또는 헥산층에 적당량의 황산암모늄을 넣고 환류냉각관을 부착한 후 80℃ 물중탕에서 가열한다.

풀이 폐기물로부터 유류 추출 시 에멀젼을 형성하여 액층이 분리되지 않을 경우, 에멀젼층 또는 헥산층에 적당량의 황산암모늄을 넣고 환류냉각관을 부착한 후 80℃ 물중탕에서 가열한다.

70 시료의 전처리 방법 중 유기물 등을 많이 함유하고 있는 대부분의 시료에 적용되는 방법은?

㉮ 질산분해법
㉯ 질산-염산 분해법
㉰ 질산-황산 분해법
㉱ 질산-과염소산 분해법

풀이 유기물 등을 많이 함유하고 있는 대부분의 시료는 질산-황산법을 이용한다.

TIP
암기법 : 황많은
여기서 황 : 질산-황산법, 많은 : 유기물 많이 함유

71 원자흡수분광광도계의 구성 순서로 가장 알맞은 것은?

㉮ 시료원자화부 - 광원부 - 단색화부 - 측광부
㉯ 시료원자화부 - 광원부 - 측광부 - 단색화부
㉰ 광원부 - 시료원자화부 - 측광부 - 단색화부
㉱ 광원부 - 시료원자화부 - 단색화부 - 측광부

풀이 원자흡수분광광도계의 구성 순서는 광원부 - 시료원자화부 - 단색화부 - 측광부이다.

answer　67 ㉰　68 ㉮　69 ㉱　70 ㉰　71 ㉱

72 자외선/가시선 분광법을 적용한 시안화합물 측정에 관한 내용으로 틀린 것은?

㉮ 시안화합물을 측정할 때 방해물질들은 증류하면 대부분 제거된다.
㉯ 황화합물이 함유된 시료는 아세트산용액을 넣어 제거한다.
㉰ 잔류염소가 함유된 시료는 L-아스코빈산 용액을 넣어 제거한다.
㉱ 잔류염소가 함유된 시료는 이산화비소산나트륨 용액을 넣어 제거한다.

풀이 ㉯ 황화합물이 함유된 시료는 아세트산아연용액을 넣어 제거한다.

73 폐기물공정시험기준상의 규정이다. A+B+C+D의 합을 구한 것은?

- 방울수는 20℃에서 정제수 A 방울을 적하 시, 부피가 약 1mL가 되는 것을 뜻한다.
- 항량은 건조 시 같은 조건에서 1시간 더 건조할 때 전후 무게의 차가 g 당 B mg이하일 때이다.
- 상온의 최저온도는 C ℃이다.
- ppm은 pphb의 D배이다.

㉮ 31.3   ㉯ 45.3
㉰ 58.3   ㉱ 68.3

풀이 A(20)+B(0.3)+C(15)+D(10) = 45.3

74 시안의 분석에 사용되는 방법으로 적당한 것은?

㉮ 피리딘·피라졸론법
㉯ 다이페닐카바자이드법
㉰ 다이에틸다이티오카르바민산법
㉱ 디티존법

풀이 시안의 분석에 사용되는 방법으로는 자외선/가시선 분광법(피리딘·피라졸론법)과 이온전극법, 연속흐름법이 있다.

75 일정량의 유기물을 질산-과염소산법으로 전처리하여 최종적으로 50mL로 하였다. 용액의 납을 분석한 결과 농도가 2.0mg/L 이었다면, 유기물의 원래의 농도(mg/L)는?

㉮ 0.1   ㉯ 1.0
㉰ 2.0   ㉱ 4.0

풀이 유기물의 원래의 농도(mg/L)
$= 2.0\,\text{mg/L} \times \dfrac{100\,\text{mL}}{50\,\text{mL}}$
$= 4.0\,\text{mg/L}$

TIP
분해가 끝나면 공기 중에서 식히고 정제수 50mL를 넣고 서서히 끓이면서 질소산화물 및 유리염소를 완전히 제거한다. 필요하면 여과하고, 여과지를 정제수로 2회~3회 씻어준 다음 여과액과 씻은 액을 합하여 정확히 100mL로 만든다.

76 원자흡수분광광도법으로 구리를 측정할 때 정밀도(RDS)는? (단, 정량한계는 0.008mg/L)

㉮ ± 10%   ㉯ ± 15%
㉰ ± 20%   ㉱ ± 25%

answer 72 ㉯   73 ㉯   74 ㉮   75 ㉱   76 ㉱

풀이 원자흡수분광광도법으로 구리를 측정할 때 정밀도(RDS)는 ± 25%이다.

77 다음 설명 중 틀린 것은?

㉮ 공정시험기준에서 사용하는 모든 기구 및 기기는 측정결과에 오차가 허용되는 범위 이내인 것을 사용하여야 한다.
㉯ 연속측정 또는 현장측정의 목적으로 사용하는 측정기기는 공정시험기준에 의한 측정치와의 정확한 보정을 행한 후 사용할 수 있다.
㉰ 각각의 시험은 따로 규정이 없는 한 실온에서 실시하고 조작 직후에 그 결과를 관찰한다. 단, 온도의 영향이 있는 것의 판정은 상온을 기준으로 한다.
㉱ 비함침성 고상폐기물이라 함은 금속판, 구리선 등 기름을 흡수하지 않는 평면 또는 비평면형태의 변압기 내부부재를 말한다.

풀이 ㉰ 각각의 시험은 따로 규정이 없는 한 상온에서 실시하고 조작 직후에 그 결과를 관찰한다. 단, 온도의 영향이 있는 것의 판정은 표준온도를 기준으로 한다.

78 기체크로마토그래피법에 대한 설명으로 틀린 것은?

㉮ 일반적으로 유기화합물에 대한 정성 및 정량분석에 이용된다.
㉯ 일정유량으로 유지되는 운반가스는 시료도입부로부터 분리관내를 흘러서 검출기를 통하여 외부로 방출된다.
㉰ 정성분석은 동일 조건하에서 특정한 미지성분의 머무른값과 예측되는 물질의 피이크의 머무른값을 비교하여야 한다.
㉱ 분리관은 충전물질을 채운 내경 2~7mm의 시료에 대하여 활성금속, 유리 또는 합성수지관으로 각 분석방법에 사용한다.

풀이 ㉱ 분리관은 충전물질을 채운 내경 2~7mm의 시료에 대하여 불활성금속, 유리 또는 합성수지관으로 각 분석방법에 사용한다.

79 자외선/가시선 분광광도계의 흡수셀 중에서 자외부의 파장범위를 측정할 때 사용하는 것은?

㉮ 유리 ㉯ 석영
㉰ 플라스틱 ㉱ 광전관

풀이 흡수셀의 재질
① 유리제 : 가시 및 근적외부 파장범위
② 석영제 : 자외부 파장범위
③ 플라스틱제 : 근적외부 파장범위

80 시료 채취 시 시료용기에 기재하는 사항으로 가장 거리가 먼 것은?

㉮ 폐기물의 명칭
㉯ 폐기물의 성분
㉰ 채취 책임자 이름
㉱ 채취 시간 및 일기

풀이 시료 채취 시 시료용기에 기재하는 사항으로는 폐기물의 명칭, 대상 폐기물의 양, 채취장소, 채취시간 및 일기, 시료번호, 채취책임자 이름, 시료의 양, 채취방법, 기타 참고사항(보관상태)를 기재한다.

---

answer 77 ㉰ 78 ㉱ 79 ㉯ 80 ㉯

2020 1·2회 기출문제

| 제1과목 | 폐기물개론

01 원소분석에 의한 듀롱의 발열량 계산식은?

㉮ Hl(kcal/kg) =
81C+242.5(H-O/8)+32.5S-9(9H+W)

㉯ Hl(kcal/kg) =
81C+242.5(H-O/8)+22.5S-9(6H+W)

㉰ Hl(kcal/kg) =
81C+342.5(H-O/8)+32.5S-6(6H+W)

㉱ Hl(kcal/kg) =
81C+342.5(H-O/8)+22.5S-6(9H+W)

풀이 고위발열량 구하는 듀롱공식

① $Hh = 8,100C + 34,000\left(H - \dfrac{O}{8}\right) + 2,500S \, (kcal/kg)$

② $Hh = 8,100C + 34,250\left(H - \dfrac{O}{8}\right) + 2,250S \, (kcal/kg)$

TIP
저위발열량(Hl)
= 고위발열량(Hh) − 600×(9×H + W)

02 다음 중 지정폐기물이 아닌 것은?

㉮ pH 1인 폐산
㉯ pH 11인 폐알칼리
㉰ 기름성분 만으로 이루어진 폐유
㉱ 폐석면

풀이 ㉯ 폐알칼리 : 액체상태의 폐기물로서 수소이온 농도지수가 12.5 이상

03 10일 동안의 폐기물 발생량(m³/day)이 다음 표와 같을 때 평균치(m³/day), 표준편차 및 분산계수(%)가 순서대로 옳은 것은?

1	2	3	4	5	6	7	8	9	10	계
34	48	290	61	205	170	120	75	110	90	1,203

㉮ 120.3, 91.2, 75.8
㉯ 120.3, 85.6, 71.2
㉰ 120.3, 80.1, 66.6
㉱ 120.3, 77.8, 64.7

풀이 ① 평균치

$= \dfrac{34+48+290+61+205+170+120+75+110+90}{10}$

$= 120.3$

② 표준편차 $= \sqrt{\dfrac{\sum_{i=1}^{n}(X_i - \text{평균값})^2}{n-1}}$

$\sum_{i=1}^{n}(X_i - \text{평균값})^2$
$= (34-120.3)^2+(48-120.3)^2+(290-120.3)^2+$

answer 01 ㉱ 02 ㉯ 03 ㉰

$(61-120.3)^2+(205-120.3)^2+(170-120.3)^2+$
$(120-120.3)^2+(75-120.3)^2+(110-120.3)^2+$
$(90-120.3)^2$
$= 57,710.1$

표준편차 $= \sqrt{\dfrac{\sum_{i=1}^{n}(X_i - 평균값)^2}{n-1}}$

$= \sqrt{\dfrac{57,710.01}{10-1}} = 80.08$

③ 분산계수(%) $= \dfrac{표준편차값}{평균값} \times 100$

$= \dfrac{80.08}{120.3} \times 100 = 66.57\%$

04
도시의 연간 쓰레기발생량이 14,000,000 ton이고 수거대상 인구가 8,500,000명, 가구당 인원은 5명, 수거인부는 1일당 12,460명이 작업하며 1명의 인부가 매일 8시간씩 작업할 경우 MHT는? (단, 1년은 365일)

㉮ 1.9 ㉯ 2.1
㉰ 2.3 ㉱ 2.6

풀이 MHT $= \dfrac{수거인부수 \times 작업시간}{쓰레기 수거실적}$

$= \dfrac{12,460인 \times 8hr/일 \times 365일/1년}{14,000,000톤/년}$

$= 2.60 \, MHT$

TIP
MHT $=$ man·hr/ton

05
액주입식 소각로의 장점이 아닌 것은?

㉮ 대기오염 방지시설 이외 재처리 설비가 필요 없다.
㉯ 구동장치가 없어 고장이 적다.
㉰ 운영비가 적게 소요되며 기술개발 수준이 높다.
㉱ 고형분이 있을 경우에도 정상 운영이 가능하다.

풀이 ㉱ 고형분의 농도가 높으면 버너가 막히기 쉽다.

06
집배수관을 덮는 필터재료가 주변에서 유입된 미립자에 의해 막히지 않도록 하기 위한 조건으로 옳은 것은? (단, D_{15}, D_{85}는 입경누적 곡선에서 통과한 중량의 백분율로 15%, 85%에 상당하는 입경)

㉮ $\dfrac{D_{15}(필터재료)}{D_{85}(주변토양)} < 5$

㉯ $\dfrac{D_{15}(필터재료)}{D_{85}(주변토양)} > 5$

㉰ $\dfrac{D_{15}(필터재료)}{D_{85}(주변토양)} < 2$

㉱ $\dfrac{D_{15}(필터재료)}{D_{85}(주변토양)} > 2$

풀이 집배수관을 덮는 필터재료가 주변에서 유입된 미립자에 의해 막히지 않도록 하기 위한 조건은
㉮ $\dfrac{D_{15}(필터재료)}{D_{85}(주변토양)} < 5$이다.

answer 04 ㉱ 05 ㉱ 06 ㉮

07 폐기물의 수거 및 운반 시 적환장의 설치가 필요한 경우로 가장 거리가 먼 것은?

㉮ 처리장이 멀리 떨어져 있을 경우
㉯ 저밀도 거주지역이 존재할 때
㉰ 수거차량이 대형인 경우
㉱ 쓰레기 수송 비용 절감이 필요한 경우

풀이 ㉰ 수거차량이 소형인 경우

08 1일 1인당 1kg의 폐기물을 배출하고, 1가구당 3인이 살며, 총 가구수가 2,821 가구일 때 1주일간 배출된 폐기물의 양(ton)은? (단, 1주일간 7일 배출함)

㉮ 43　　㉯ 59
㉰ 64　　㉱ 76

풀이 폐기물 배출량(톤/주)
= 1kg/인·일 × 3인/가구 × 2,821가구 × 7일/주 × 10^{-3} 톤/kg
= 59.24 톤/주

09 새로운 쓰레기 수송방법이라 할 수 없는 것은?

㉮ Pipe Line 수송
㉯ Monorail 수송
㉰ Container 철도수송
㉱ Dust-Box 수송

풀이 ㉱ 컨베이어 수송

10 유기성 폐기물의 퇴비화에 대한 설명으로 가장 거리가 먼 것은?

㉮ 유기성 폐기물을 재활용함으로써 폐기물을 감량화 할 수 있다.
㉯ 퇴비로 이용 시 토양의 완충능력이 증가된다.
㉰ 생산된 퇴비는 C/N비가 높다.
㉱ 초기 시설 투자비가 일반적으로 낮다.

풀이 ㉰ 생산된 퇴비의 C/N비는 10 이하로 낮다.

11 발열량 계산식 중 폐기물 내 산소의 반은 H_2O 형태로 나머지 반은 CO_2의 형태로 전환된다고 가정하여 나타낸 식은?

㉮ Dulong식
㉯ Steuer식
㉰ Scheure-kestner식
㉱ 3성분 조성비 이용식

풀이 폐기물 내 산소의 반은 H_2O 형태로 나머지 반은 CO_2의 형태로 전환된다고 가정하여 나타낸 식은 Steuer식이다.

TIP
Steuer식
$$Hh = 8,100 \times (C - \frac{3}{8} \times O) + 5,700 \times \frac{3}{8} \times O + 34,500 \times (H - \frac{O}{16}) + 2,500 \times S$$

answer 07 ㉰　08 ㉯　09 ㉱　10 ㉰　11 ㉯

12 스크린 선별에 관한 설명으로 알맞지 않은 것은?

㉮ 일반적으로 도시폐기물 선별에 진동스크린이 많이 사용된다.
㉯ Post-screening의 경우는 선별효율의 증진을 목적으로 한다.
㉰ Pre-screening의 경우는 파쇄설비의 보호를 목적으로 많이 이용된다.
㉱ 트롬멜스크린은 스크린 중에서 선별효율이 좋고 유지관리가 용이하다.

풀이 ㉮ 일반적으로 도시폐기물 선별에 체 스크린이 많이 사용된다.

13 전과정 평가(LCA)의 평가단계 순서로 옳은 것은?

㉮ 목적 및 범위 설정 → 목록 분석 → 개선평가 및 해석 → 영향평가
㉯ 목적 및 범위 설정 → 목록 분석 → 영향평가 → 개선평가 및 해석
㉰ 목록분석 → 목적 및 범위 설정 → 개선평가 및 해석 → 영향평가
㉱ 목록분석 → 목적 및 범위 설정 → 영향평가 → 개선평가 및 해석

풀이 전과정 평가(LCA)의 평가단계 순서는 목적 및 범위 설정 → 목록 분석 → 영향평가 → 개선평가 및 해석 순이다.

14 플라스틱 폐기물을 유용하게 재이용할 때 가장 적당하지 않은 이용 방법은?

㉮ 열분해 이용법
㉯ 접촉 산화법
㉰ 파쇄 이용법
㉱ 용융고화 재생 이용법

풀이 ㉯ 접촉 산화법은 황산화물을 제거하는 방법이다.

15 함수율(습윤중량 기준)이 a%인 도시쓰레기를 함수율이 b%(a 〉 b)로 감소시켜 소각시키고자 한다면 함수율 감소 후의 중량은 처음 중량의 몇 %인가?

㉮ $\dfrac{b}{a} \times 100$
㉯ $\dfrac{a-b}{a} \times 100$
㉰ $\dfrac{100-a}{100-b} \times 100$
㉱ $\left(1+\dfrac{b}{a}\right) \times 100$

풀이 $W_1 \times (100-a) = W_2 \times (100-b)$
$\dfrac{W_2}{W_1} \times 100 = \dfrac{100-a}{100-b} \times 100$

16 일반폐기물의 관리 체계상 가장 먼저 분리해야 하는 폐기물은?

㉮ 재활용물질   ㉯ 유해물질
㉰ 자원성물질   ㉱ 난분해성물질

풀이 일반폐기물의 관리 체계상 가장 먼저 분리해야 하는 폐기물은 유해물질이다.

answer 12 ㉮ 13 ㉯ 14 ㉯ 15 ㉰ 16 ㉯

17 우리나라 쓰레기 수거형태 중 효율이 가장 나쁜 것은?

㉮ 타종수거
㉯ 손수레 문전수거
㉰ 대형쓰레기통수거
㉱ 컨테이너 수거

풀이 우리나라 쓰레기 수거형태 중 효율이 가장 나쁜 것은 ㉯ 손수레 문전수거방식이다.

18 물렁거리는 가벼운 물질로부터 딱딱한 물질을 선별하는데 사용하며 경사진 컨베이어를 통해 폐기물을 주입시켜 천천히 회전하는 드럼 위에 떨어뜨려 분류하는 것은?

㉮ Stoners
㉯ Secators
㉰ Conveyor sorting
㉱ Jigs

풀이 ㉯ 세카터(Secators)에 대한 설명이다.

19 폐기물의 발생원 선별 시 일반적인 고려사항으로 가장 거리가 먼 것은?

㉮ 주민들의 협력과 참여
㉯ 변화하고 있는 주민의 폐기물 저장 습관
㉰ 새로운 컨테이너, 장비, 시설을 위한 투자
㉱ 방류수 규제기준

풀이 ㉱ 방류수 규제기준은 발생원 선별 시 고려사항이 아니다.

20 함수율 40%인 폐기물 1톤을 건조시켜 함수율 15%로 만들었을 때 증발된 수분량(kg)은?

㉮ 약 104　　㉯ 약 254
㉰ 약 294　　㉱ 약 324

풀이 ① $W_1 \times (100 - P_1) = W_2 \times (100 - P_2)$
$1000 \text{kg} \times (100 - 40) = W_2 \times (100 - 15)$
$\therefore W_2 = \dfrac{1000 \text{kg} \times (100 - 40)}{(100 - 15)} = 705.88 \text{kg}$
② 증발된 수분량 $= W_1 - W_2$
$= 1000 \text{kg} - 705.88 \text{kg} = 294.12 \text{kg}$

제2과목 | 폐기물 재활용 및 자원화 기술

21 폐기물 매립지에 소요되는 연직차수막과 표면차수막의 비교설명으로 옳지 않은 것은?

㉮ 연직차수막은 지중에 수직방향의 차수층이 존재하는 경우에 적용한다.
㉯ 표면차수막은 매립지 지반의 투수계수가 큰 경우에 사용되는 방법이다.
㉰ 표면차수막에 비하여 연직차수막의 단위면적당 공사비는 비싸지만 총공사비는 더 싸다.
㉱ 연직차수막은 지하수 집배수시설이 불필요하나 표면차수막은 필요하다.

풀이 ㉮ 연직차수막은 지중에 수평방향의 차수층이 존재하는 경우에 적용한다.

answer 17 ㉯　18 ㉯　19 ㉱　20 ㉰　21 ㉮

22 혐기성소화에 의한 유기물의 분해단계로 옳게 나타낸 것은?

㉮ 산생성 → 가수분해 → 수소생성 → 메탄생성
㉯ 산생성 → 수소생성 → 가수분해 → 메탄생성
㉰ 가수분해 → 수소생성 → 산생성 → 메탄생성
㉱ 가수분해 → 산생성 → 수소생성 → 메탄생성

풀이 혐기성소화에 의한 유기물의 분해단계는 ㉱ 가수분해 → 산생성 → 수소생성 → 메탄생성 순이다.

23 함수율 97%의 슬러지를 농축하였더니 부피가 처음부피의 1/3로 줄어들었을 때 농축슬러지의 함수율(%)은? (단, 비중은 함수율과 관계없이 1.0으로 동일하다.)

㉮ 95 ㉯ 93
㉰ 91 ㉱ 89

풀이 $V_1 \times (100-P_1) = V_2 \times (100-P_2)$
농축전 부피(V_1) = 3
농축후 부피(V_2)는 $\frac{1}{3}$ 배가 되었으므로 $V_2 = 1$
따라서 $3 \times (100-97) = 1 \times (100-P_2)$
∴ $P_2 = 91\%$

24 폐기물 매립지의 4단계 분해과정에 대한 설명으로 옳지 않은 것은?

㉮ 1단계: 호기성 단계로서 며칠 또는 몇 개월 가량 지속되며, 용존산소가 쉽게 고갈된다.
㉯ 2단계: 혐기성 단계이며 메탄가스가 형성되지 않고 SO_4^{2-}와 NO_3^-가 환원되는 단계이다.
㉰ 3단계: 혐기성 단계로 메탄가스와 수소가스 발생량이 증가되고 온도가 약 55℃ 내외로 증가된다.
㉱ 4단계: 혐기성 단계로 메탄가스와 이산화탄소 함량이 정상상태로 거의 일정하다.

풀이 ㉰ 3단계: 혐기성 단계로 메탄가스(CH_4)가 발생하기 시작한다.

TIP
폐기물 매립지의 4단계 분해과정
① 1단계: 호기성 단계
② 2단계: 혐기성 비메탄 단계
③ 3단계: 메탄생성 축적 단계
④ 4단계: 정상적인 혐기 단계

25 매립지에서 사용하는 열가소성(thermoplastic) 합성차수막이 아닌 것은?

㉮ Ethylene propylene diene monomer (EPDM)
㉯ High-density polyethylene(HDPE)
㉰ Chlorinated polyethylene(CPE)
㉱ Polyvinyl chloride(PVC)

TIP
① 열가소성: 열을 가하면 부드럽게 되고 열을 식히면 찍힌 모양대로 굳어지며, 다시 열을 가하면 부드럽게 되는 성질이다.
② 열경화성: 열을 가하면 부드럽게 되지만 한 번 냉각하면 열을 가해도 부드럽게 되지 않는 성질이다.

answer 22 ㉱ 23 ㉰ 24 ㉰ 25 ㉮

26 토양의 양이온치환용량(CEC)이 10meq /100g이고, 염기포화도가 70%라면, 이 토양에서 H^+이 차지하는 양(meq/100g)은?

㉮ 3 ㉯ 5
㉰ 7 ㉱ 10

풀이 $[H^+] = 10meq \times (1-0.70) = 3meq$

27 중금속의 토양오염원이 아닌 것은?

㉮ 공장폐수 ㉯ 도시하수
㉰ 소각장 배연 ㉱ 지하수

풀이 ㉱ 지하수에는 중금속이 포함되어 있지 않다.

28 도시가정 쓰레기의 매립 시 유출되는 침출수의 정화시설 운전에 주의할 사항이 아닌 것은?

㉮ BOD : N : P의 비율로 조사하여 생물학적 처리의 문제점을 조사할 것
㉯ 강우상태에 따른 매립장에서의 유출 오수량 조절방안을 강구할 것
㉰ 폐수처리 시 거품의 발생과 제거에 대한 방안을 강구할 것
㉱ 생물학적 처리에 유해한 고농도의 유해 중금속물질 처리를 위한 처리 방안을 조사할 것

풀이 도시가정 쓰레기의 매립시 유출되는 침출수에는 유해중금속물질이 거의 없다.

29 소각처리에 가장 부적합한 폐기물은?

㉮ 폐종이 ㉯ 폐유
㉰ 폐목재 ㉱ PVC

풀이 소각처리에 가장 부적합한 폐기물은 다이옥신 등의 오염물질이 많이 배출되는 PVC이다.

30 다음은 음식물쓰레기의 혐기성소화에 있어서 메탄발효조의 효과적인 운전조건과 거리가 먼 것은?

㉮ 온도 : 35~37℃
㉯ pH : 7.0~7.8
㉰ ORP : 100mV
㉱ 발생가스 : CH_4 60% 이상 유지

풀이 정답만 기억하시면 되는 문제입니다.

31 BOD 농도가 30,000ppm인 생분뇨를 1차 처리(소화)하여 BOD를 75% 제거하였다. 이 1차 처리수를 20배 희석하여 2차 처리하였을 때 방류수의 BOD 농도가 20ppm이었다면, 2차 처리에서의 BOD 제거율(%)은? (단, 희석수의 BOD = 0ppm 가정)

㉮ 90.8% ㉯ 92.2%
㉰ 94.7% ㉱ 98.3%

풀이 ① 1차 처리 장치의 유출수의 BOD 농도 계산
$$75\% = \left(1 - \frac{유출수\ BOD \times 20배}{30,000ppm}\right) \times 100$$
∴ 유출수 BOD $= 375ppm$
② 2차 처리 장치의 제거율(%) 계산
$$\eta = \left(1 - \frac{유출수의\ BOD}{유입수의\ BOD}\right) \times 100$$
$$= \left(1 - \frac{20ppm}{375ppm}\right) \times 100 = 94.67\%$$

answer 26 ㉮ 27 ㉱ 28 ㉱ 29 ㉱ 30 ㉰ 31 ㉰

32 다음 중 유동층 소각로의 특징이 아닌 것은?

㉮ 밑에서 공기를 주입하여 유동매체를 띄운 후 이를 가열시키고 상부에서 폐기물을 주입하여 소각하는 방식이다.
㉯ 내화물을 입힌 가열판, 중앙의 회전축, 일련의 평판상으로 구성되며, 건조영역, 연소영역, 냉각영역으로 구분된다.
㉰ 생활폐기물은 파쇄 등의 전처리가 필히 요구된다.
㉱ 기계적 구동부분이 작아 고장율이 낮다.

풀이 ㉯번에 대한 설명은 다단로이다.

33 어느 쓰레기 수거차의 적재능력은 15m³ 또는 10톤을 적재할 수 있다. 밀도가 0.6ton/m³인 폐기물 3,000m³을 동시에 수거하려 할 때, 필요한 수거차의 대수는? (단, 기타 사항은 고려하지 않음)

㉮ 180대 ㉯ 200대
㉰ 220대 ㉱ 240대

풀이 수거차 대수 = $\dfrac{\text{폐기물량}(m^3)}{\text{적재능력}(m^3/\text{대})}$

$= \dfrac{3,000\,m^3}{15\,m^3/\text{대}} = 200\,\text{대}$

34 해안매립공법인 순차투입방법에 대한 설명으로 옳은 것은?

㉮ 밑면이 뚫린 바지선을 이용하여 폐기물을 떨어뜨려 뿌려줌으로써 바닥지반 하중을 균등하게 해준다.
㉯ 외주호안 등에 부가되는 수압이 증대되어 과대한 구조가 되기 쉽다.
㉰ 수심이 깊은 처분장은 내수를 완전히 배제한 후 순차투입방법을 택하는 경우가 많다.
㉱ 바닥지반이 연약한 경우 쓰레기 하중으로 연약층이 유동하거나 국부적으로 두껍게 퇴적되기도 한다.

풀이 순차투입방법은 ㉱번이다.

35 호기성 퇴비화공정의 설계 시 운영고려 인자에 관한 설명으로 적합하지 않은 것은?

㉮ 교반/뒤집기 : 공기의 단회로(channeling) 현상 발생이 용이하도록 규칙적으로 교반하거나 뒤집어 준다.
㉯ pH 조절 : 암모니아 가스에 의한 질소 손실을 줄이기 위해서 pH 8.5 이상 올라가지 않도록 주의한다.
㉰ 병원균의 제어 : 정상적인 퇴비화 공정에서는 병원균의 사멸이 가능하다.
㉱ C/N비 : C/N 비가 낮은 경우는 암모니아 가스가 발생한다.

풀이 ㉮ 교반/뒤집기 : 공기의 단회로(channeling)현상이 발생되지 않도록 규칙적으로 교반하거나 뒤집어 준다.

answer 32 ㉯ 33 ㉯ 34 ㉱ 35 ㉮

36 호기성 퇴비화에 대한 설명으로 옳지 않은 것은?

㉮ 생산된 퇴비의 비료가치가 높다.
㉯ 퇴비 완성 후에 부피감소가 50% 이하로 크지 않다.
㉰ 퇴비화 과정을 거치면서 병원균, 기생충 등이 사멸된다.
㉱ 다른 폐기물처리 기술에 비해 고도의 기술수준을 요구하지 않는다.

풀이 ㉮ 생산된 퇴비의 비료가치가 낮다.

37 매립년한이 10년 이상 경과된 침출수의 특성에 대한 설명으로 옳은 것은?

㉮ BOD/COD : 0.1 미만, COD : 500mg/L 미만
㉯ BOD/COD : 0.1 초과, COD : 500mg/L 초과
㉰ BOD/COD : 0.5 미만, COD : 10,000mg/L 초과
㉱ BOD/COD : 0.5 초과, COD : 10,000mg/L 미만

38 유해성 폐기물을 대상으로 침전, 이온교환기술을 적용하기 가장 어려운 것은?

㉮ As   ㉯ CN
㉰ Pb   ㉱ Hg

풀이 ㉯ 시안(CN)은 알칼리염소법으로 처리한다.

39 유기성 폐기물의 생물학적 처리 시 화학 종속영양계 미생물의 에너지원과 탄소원을 옳게 나열한 것은?

㉮ 유기 산화 환원반응, CO_2
㉯ 무기 산화 환원반응, CO_2
㉰ 유기 산화 환원반응, 유기탄소
㉱ 무기 산화 환원반응, 유기탄소

풀이 에너지원과 탄소원에 의한 미생물의 분류

분류	에너지원	탄소원
광합성 독립(자가) 영양 미생물	빛	CO_2
화학합성 독립(자가) 영양 미생물	무기물의 산화·환원 반응	CO_2
광합성 종속(타가)영양 미생물	빛	유기탄소
화학합성 타가(종속) 영양 미생물	유기물의 산화·환원 반응	유기탄소

40 퇴비화에 적합한 초기 탄질(C/N)비는 30 내외이다. 탄질비가 15인 음식물쓰레기를 초기퇴비화조건으로 조정하고자 할 때 가장 효과적인 물질은?
(단, 혼합비율은 무게비율로 1:1이다.)

㉮ 우분   ㉯ 슬러지
㉰ 낙엽   ㉱ 도축폐기물

풀이 탄질비 15를 탄질비 30으로 만들기 위해서는 질소성분이 없고 탄소성분이 많이 함유된 낙엽을 혼합하면 된다.

answer 36 ㉮ 37 ㉮ 38 ㉯ 39 ㉰ 40 ㉰

| 제3과목 | 폐기물 처분기술

41 슬러지를 유동층 소각로에서 소각시키는 경우와 다단로에서 소각시키는 경우의 차이에 대한 설명으로 옳지 않은 것은?

㉮ 유동층 소각로에서는 주입 슬러지가 고온에 의하여 급속히 건조되어 큰 덩어리를 이루면 문제가 일어나게 된다.
㉯ 유동층 소각로에서는 유출모래에 의하여 시스템의 보조기기들이 마모되어 문제점을 일으키기도 한다.
㉰ 유동층 소각로는 고온영역에서 작동되는 기기가 없기 때문에 다단로보다 유지관리가 용이하다.
㉱ 유동층 소각로의 연소온도가 다단로의 연소온도보다 높다.

> 풀이 ㉱ 유동층 소각로(650~850℃)의 연소온도가 다단로(750~1000℃)의 연소온도보다 낮다.

42 열분해 장치의 방식 중 주입폐기물의 입자가 작아야 하고 주입량이 크지 못한 단점과 어떤 종류의 폐기물도 처리가 가능한 장점을 가지는 것으로 가장 적절한 것은?

㉮ 부유상 방식   ㉯ 유동상 방식
㉰ 다단상 방식   ㉱ 고정상 방식

> 풀이 ㉮ 부유상 방식에 대한 설명이다.

43 연소실의 운전척도를 나타내는 것이 아닌 것은?

㉮ 공기와 폐기물의 공급비
㉯ 폐기물의 혼합정도
㉰ 연소가스의 온도
㉱ Ash의 발생량

> 풀이 연소실의 운전척도로는 공기와 폐기물의 공급비, 폐기물의 혼합정도, 연소가스의 온도 등이 있다.

44 어떤 폐기물의 원소조성이 다음과 같을 때 연소 시 필요한 이론공기량(kg/kg)은? (단, 중량기준, 표준상태기준으로 계산)

- 가연성분 : 70%(C 60%, H 10%, O 25%, S 5%)
- 회분 : 30%

㉮ 6.65   ㉯ 7.15
㉰ 8.35   ㉱ 9.45

> 풀이 이론공기량(A_o)
> $$= \left\{2.667C + 8 \times \left(H - \frac{O}{8}\right) + S\right\} \times \frac{1}{0.232} \text{(kg/kg)}$$
> $$= \left\{2.667 \times 0.70 \times 0.6 + 8 \times \left(0.70 \times 0.10 - \frac{0.70 \times 0.25}{8}\right) + 0.70 \times 0.05\right\} \times \frac{1}{0.232}$$
> $$= 6.64 \text{ kg/kg}$$

TIP

이론산소량(kg/kg)
$$= 2.667C + 8\left(H - \frac{O}{8}\right) + S$$

이론공기량(kg/kg)
$$= \left\{2.667C + 8\left(H - \frac{O}{8}\right) + S\right\} \times \frac{1}{0.232}$$

answer 41 ㉱   42 ㉮   43 ㉱   44 ㉮

45 이론공기량(A_o)과 이론연소가스량(G_o)은 연료 종류에 따라 특유한 값을 취하며, 연료중의 탄소분은 저위발열량에 대략 비례한다고 나타낸 식은?

㉮ Bragg의 식 ㉯ Rosin의 식
㉰ Pauli의 식   ㉱ Lewis의 식

풀이 ㉯ Rosin의 식에 대한 설명이다.

46 질량분률이 H : 12.0%, S : 1.4%, O : 1.6%, C : 85%, 수분 2%인 중유 1kg을 연소시킬 때 연소효율이 80%라면 저위발열량(kcal/kg)은? (단, 각 원소의 단위질량당 열량은 C 8,100, H : 34,000, S : 2,500kcal/kg)

㉮ 10,540   ㉯ 9,965
㉰ 8,218   ㉱ 6,970

풀이 ① 듀롱식에 의해 고위발열량 계산
$$Hh = 8,100C + 34,000\left(H - \frac{O}{8}\right) + 2,500S \text{ (kcal/kg)}$$
$$= 8,100 \times 0.85 + 34,000\left(0.12 - \frac{0.016}{8}\right) + 2,500 \times 0.014$$
$$= 10,932 \text{ kcal/kg}$$
② 저위발열량(Hl)
$$= \text{고위발열량}(Hh) - 600 \times (9 \times H + W) \text{(kcal/kg)}$$
$$= 10,932 \text{ kcal/kg} - 600 \times (9 \times 0.12 + 0.02)$$
$$= 10,272 \text{ kcal/kg}$$
③ 연소효율이 80%일 때 저위발열량은
10,272kcal/kg × 0.80 = 8,218kcal/kg

47 어떤 소각로에서 배출되는 가스량은 8,000kg/hr이고 온도는 1,000℃(1기압 기준)이다. 배기가스는 소각로 내에서 2초간 체류한다면 소각로 용적(m^3)은? (단, 표준상태에서 배기가스 밀도 = $0.2kg/m^3$)

㉮ 약 84   ㉯ 약 94
㉰ 약 104   ㉱ 약 114

풀이 소각로용적(m^3)
$$= \frac{\text{배기가스량(kg/sec)} \times \text{체류시간}}{\text{배기가스밀도(kg/Sm}^3) \times \frac{273}{273 + ℃}}$$
$$= \frac{8,000\text{kg/hr} \times 1\text{hr}/3600\text{sec} \times 2\text{sec}}{0.2\text{kg/Sm}^3 \times \frac{273}{273 + 1,000℃}}$$
$$= 103.62 \text{ m}^3$$

48 폐열회수를 위한 열교환기 중 공기예열기에 관한 설명으로 옳지 않은 것은?

㉮ 굴뚝 가스 여열을 이용하여 연소용 공기를 예열하여 보일러의 효율을 높이는 장치이다.
㉯ 연료의 착화와 연소를 양호하게 하고 연소온도를 높이는 부대효과가 있다.
㉰ 대표적으로 관상 공기예열기, 관형 공기예열기 및 재생식 공기예열기 등이 있다.
㉱ 이코노마이저와 병용 설치하는 경우에는 공기예열기를 고온측에 설치한다.

풀이 ㉱ 이코노마이저와 병용 설치하는 경우에는 공기예열기를 저온측에 설치한다.

answer 45 ㉯ 46 ㉰ 47 ㉰ 48 ㉱

49 백 필터(bag filter) 재질과 최고 운전 온도가 옳게 연결된 것은?

㉮ Wool : 120~180℃
㉯ Teflon : 300~330℃
㉰ Glass fiber : 280~300℃
㉱ Polyesters : 240~260℃

풀이
㉮ Wool : 100℃
㉯ Teflon : 200~230℃
㉱ Polyesters : 100℃

50 열분해방법 중 산소 흡입 고온 열분해법의 특징에 대한 설명으로 가장 거리가 먼 것은?

㉮ 폐플라스틱, 폐타이어 등의 열분해시설로 많이 사용된다.
㉯ 분해온도는 높지만 공기를 공급하지 않기 때문에 질소산화물의 발생량이 적다.
㉰ 이동바닥로의 밑으로부터 소량의 순산소를 주입, 노내의 폐기물 일부를 연소, 강열시켜 이 때 발생되는 열을 이용해 상부의 쓰레기를 열분해 한다.
㉱ 폐기물을 선별, 파쇄 등 전처리과정을 하지 않거나 간단히 하여도 된다.

풀이 ㉮ 폐플라스틱, 폐타이어 등의 열분해시설로는 적당하지 않다.

51 다음 중 일반적으로 사용되는 열분해장치의 종류와 거리가 먼 것은?

㉮ 고정상 열분해 장치
㉯ 다단상 열분해 장치
㉰ 유동상 열분해 장치
㉱ 부유상 열분해 장치

풀이 열분해장치의 종류에는 고정상 열분해 장치, 유동상 열분해 장치, 부유상 열분해 장치가 있다.

52 다음 성분의 중유의 연소에 필요한 이론공기량(Sm^3/kg)은?

탄소	수소	산소	황	단위
87	4	8	1	Wt%

㉮ 1.80   ㉯ 5.63
㉰ 8.57   ㉱ 17.16

풀이 이론공기량(A_o)
$= 8.89C + 26.67\left(H - \dfrac{O}{8}\right) + 3.33S \, (Sm^3/kg)$
$= 8.89 \times 0.87 + 26.67 \times \left(0.04 - \dfrac{0.08}{8}\right) + 3.33 \times 0.01$
$= 8.57 \, Sm^3/kg$

53 연소의 특성을 설명한 내용으로 알맞지 않은 것은?

㉮ 수분이 많을 경우는 착화가 나쁘고 열손실을 초래한다.
㉯ 휘발분(고분자물질)이 많을 경우는 매연 발생이 억제된다.
㉰ 고정탄소가 많을 경우 발열량이 높고 매연 발생이 적다.
㉱ 회분이 많을 경우 발열량이 낮다.

풀이 ㉯ 휘발분(고분자물질)이 많을 경우는 매연이 많이 발생한다.

54 소각 시 강열감량에 관한 내용으로 가장 거리가 먼 것은?

㉮ 연소효율에 대응하는 미연분과 회잔사의 강열감량은 항상 일치하지는 않는다.
㉯ 강열감량이 작으면 완전연소에 가깝다.
㉰ 연소효율이 높은 로는 강열감량이 작다.
㉱ 가연분 비율이 큰 대상물은 강열감량의 저감이 쉽다.

풀이 ㉱ 가연분 비율이 큰 대상물은 강열감량의 저감이 어렵다.

TIP
강열감량 : 분석시료를 가열하였을 때 질량의 감소분을 의미한다.

55 기체연료인 메탄(CH_4)의 고위발열량이 9,500kcal/Sm^3이라면 저위발열량(kcal/Sm^3)은?

㉮ 8,260   ㉯ 8,380
㉰ 8,420   ㉱ 8,540

풀이 $CH_4 + 2O_2 \rightarrow CO_2 + 2H_2O$
저위발열량(Hl)
= 고위발열량(Hh) − 480 × H_2O량(kcal/Sm^3)
= 9,500 kcal/Sm^3 − 480 × 2
= 8,540 kcal/Sm^3

56 플라스틱을 열분해에 의하여 처리하고자 한다. 열분해 온도가 적절치 못한 것은?

㉮ PE, PP, PS : 550℃에서 완전분해
㉯ PVC, 페놀수지, 요소수지 : 650℃에서 완전분해
㉰ HDPE : 400~600℃에서 완전분해
㉱ ABS : 350~550℃에서 완전분해

풀이 ㉯ PVC, 페놀수지, 요소수지 : 250℃에서 완전분해

57 소각로에서 소요되는 과잉 공기량이 지나치게 할 경우 나타나는 현상이 아닌 것은?

㉮ 연소실의 온도 저하
㉯ 배기가스에 의한 열손실
㉰ 배기가스 온도의 상승
㉱ 연소 효율 감소

풀이 공기비(m)가 클 경우 발생하는 현상
① 연소실에서 연소온도 저하
② 통풍력이 강하여 배기가스에 의한 열손실 증가
③ 황산화물과 질소산화물의 함량이 증가하여 부식 촉진
④ CH_4, CO, C 등 물질의 농도 감소
⑤ 방지시설의 용량이 커지고 에너지 손실 증가
⑥ 희석효과가 높아져 연소 생성물의 농도 감소

58 소각로의 열효율을 향상시키기 위한 대책이라 할 수 없는 것은?

㉮ 연소잔사의 현열손실을 감소
㉯ 전열 효율의 향상을 위한 간헐운전 지향
㉰ 복사전열에 의한 방열손실을 최대한 감소
㉱ 배기가스 재순환에 의한 전열효율 향상과 최종배출가스 온도 저감

풀이 ㉯ 전열 효율의 향상을 위한 연속운전 지향

answer 54 ㉱ 55 ㉱ 56 ㉯ 57 ㉰ 58 ㉯

59 유동층을 이용한 슬러지(sludge)의 소각 특성에 대한 다음 설명 중 틀린 것은?

㉮ 소각로 가동 시 모래층의 온도는 약 600℃ 정도가 적당하다.
㉯ 슬러지의 유입은 로의 하부 또는 상부에서도 유입이 가능하다.
㉰ 유동층에서 슬러지의 연소상태에 따라 유동매체인 모래 입자들의 뭉침현상이 발생할 수도 있다.
㉱ 소각 시 유동매체의 손실이 생겨 보통 매 300시간 가동에 총 모래부피의 약 5% 정도의 유실량을 보충해 주어야 한다.

풀이 ㉮ 소각로 가동 시 모래층의 온도는 약 700 ~ 800℃ 정도가 적당하다.

60 쓰레기를 소각 후 남은 재의 중량은 소각 전 쓰레기중량의 1/4이다. 쓰레기 30ton을 소각 하였을 때 재의 용량이 4m³라면 재의 밀도(ton/m³)는?

㉮ 1.3　　㉯ 1.6
㉰ 1.9　　㉱ 2.1

풀이 재의 밀도(ton/m³)
$= \dfrac{쓰레기의 중량(ton) \times 재의 중량}{재의 용적(m^3)}$
$= \dfrac{30\text{ton} \times \dfrac{1}{4}}{4\text{m}^3} = 1.88\text{ton/m}^3$

| 제4과목 | 폐기물공정시험기준

61 원자흡수분광광도법의 분석장치를 나열한 것으로 적당하지 않은 것은?

㉮ 광원부-중공음극램프, 램프점등장치
㉯ 시료원자화부-버너, 가스유량 조절기
㉰ 파장선택부-분광기, 멀티패스 광학계
㉱ 측광부-검출기, 증폭기

풀이 ㉰ 파장선택부-분광기, 필터

62 자외선/가시선 분광법을 이용한 카드뮴 측정에 관한 설명으로 ( )에 옳은 내용은?

시료 중의 카드뮴이온을 시안화칼륨이 존재하는 알칼리성에서 디티존과 반응시켜 생성하는 카드뮴착염을 사염화탄소로 추출하고 이를 ( )으로 역추출한 다음 수산화나트륨과 시안화칼륨을 넣어 디티존과 반응하여 생성하는 적색의 카드뮴착염을 사염화탄소로 추출하여 그 흡광도는 520nm에서 측정한다.

㉮ 염화제일주석산 용액
㉯ 부틸알콜
㉰ 타타르산 용액
㉱ 에틸알콜

풀이 카드뮴의 자외선/가시선 분광법
① 추출용매 : 사염화탄소
② 역추출용매 : 타타르산 용액
③ 측정파장 및 발색액 : 520nm, 적색

63 고상폐기물의 pH(유리전극법)를 측정하기 위한 실험절차로 ( )에 내용으로 옳은 것은?

> 고상폐기물 10g을 50mL 비이커에 취한 다음 정제수 25mL를 잘 넣어 잘 교반하여 ( ) 이상 방치한 후 이 현탁액을 시료용액으로 하거나 원심분리한 후 상층액을 시료용액으로 사용한다.

㉮ 10분 ㉯ 30분
㉰ 2시간 ㉱ 4시간

64 할로겐화 유기물질(기체크로마토그래피 질량분석법) 측정 시 간섭물질에 관한 설명으로 틀린 것은?

㉮ 추출 용매 안에 간섭물질이 발견되면 증류 하거나 컬럼 크로마토그래피에 의해 제거한다.
㉯ 다이클로로메탄과 같이 머무름 시간이 긴 화합물은 이들 중에는 피크와 겹쳐 분석을 방해할 수 있다.
㉰ 끓는점이 높거나 극성 유기화합물들이 함께 추출되므로 이들 중에는 분석을 간섭하는 물질이 있을 수 있다.
㉱ 플로오르화탄소나 다이클로로메탄과 같은 휘발성 유기물은 보관이나 운반 중에 격막을 통해 시료 안으로 확산되어 시료를 오염시킬 수 있으므로 현장 바탕시료로서 이를 점검하여야 한다.

[풀이] ㉯ 다이클로로메탄과 같이 머무름 시간이 짧은 화합물은 이들 중에는 피크와 겹쳐 분석을 방해할 수 있다.

65 자외선/가시선 분광법에 의한 시안분석 방법에 관한 설명으로 틀린 것은?

㉮ 시료를 pH 10~12의 알칼리성으로 조절한 후에 질산나트륨을 넣고 가열 증류하여 시안화합물을 시안화수소로 유출하는 방법이다.
㉯ 클로라민-T와 피리딘·피라졸론 혼합액을 넣어 나타나는 청색을 620nm에서 측정하는 방법이다.
㉰ 시안화합물을 측정할 때 방해물질들은 증류하면 대부분 제거되나 다량의 지방성분, 잔류염소, 황화합물은 시안화합물을 분석할 때 간섭할 수 있다.
㉱ 황화합물이 함유된 시료는 아세트산아연용액(10W/V%) 2mL를 넣어 제거한다.

[풀이] ㉮ 시료를 pH 2 이하의 산성으로 조절한 후에 에틸렌다이아민테트라아세트산이나트륨을 넣고 가열 증류하여 시안화합물을 시안화수소로 유출하는 방법이다.

66 시안-이온전극법에 관한 내용으로 ( )에 옳은 내용은?

> 폐기물 중 시안을 측정하는 방법으로 액상폐기물과 고상 폐기물을 ( )으로 조절한 후 시안 이온전극과 비교전극을 사용하여 전위를 측정하고 그 전위차로부터 시안을 정량하는 방법이다.

㉮ pH 2 이하의 산성
㉯ pH 4.5~5.3의 산성
㉰ pH 10의 알칼리성
㉱ pH 12~13의 알칼리성

answer 63 ㉯ 64 ㉯ 65 ㉮ 66 ㉱

풀이 시안 분석법의 pH
① 자외선/가시선 분광법 : pH 2 이하의 산성
② 이온전극법 : pH 12~13의 알칼리성
③ 연속흐름법 : 산성상태에서 가열 증류

67 정량한계(LOQ)에 관한 설명으로 (   )에 내용으로 옳은 것은?

> 정량한계란 시험분석 대상을 정량화할 수 있는 측정값으로서 제시된 정량한계 부근의 농도를 포함하도록 시료를 준비하고 이를 반복 측정하여 얻은 결과의 표준편차에 (   )한 값을 사용한다.

㉮ 3배   ㉯ 3.3배
㉰ 5배   ㉱ 10배

풀이 정량한계 = 표준편차×10

68 폐기물 용출조작에 관한 내용으로 (   )에 옳은 것은?

> 시료용액 조제가 끝난 혼합액을 상온, 상압에서 진탕 회수가 매 분당 약 200회, 진폭(   )의 진탕기를 사용하여 (   ) 연속 진탕한 다음 여과하고 여과액을 적당량 취하여 용출시험용 시료용액으로 한다.

㉮ 4~5cm, 4시간   ㉯ 4~5cm, 6시간
㉰ 5~6cm, 4시간   ㉱ 5~6cm, 6시간

풀이 ① 진탕횟수 : 매분당 200회
② 진폭 : 4~5cm
③ 진탕시간 : 6시간

69 $K_2Cr_2O_7$을 사용하여 100mg/L의 Cr 표준원액 1,000mL를 제조하려면 필요한 $K_2Cr_2O_7$의 양(mg)은? (단, 원자량 K = 39, Cr = 52, O = 16)

㉮ 141   ㉯ 283
㉰ 354   ㉱ 565

풀이 $K_2Cr_2O_7$: $2Cr^{3+}$
294g   : 2×52g
X   : 100mg/L×1L
∴ $X = \dfrac{294g \times 100mg/L \times 1L}{2 \times 52g} = 282.69mg$

TIP
① $K_2Cr_2O_7$의 분자량 = 39×2+52×2+16×7 = 294g
② 1,000mL = 1L

70 자외선/가시선 분광광도계 광원부의 광원 중 자외부의 광원으로 주로 사용되는 것은?

㉮ 중수소 방전관   ㉯ 텅스텐 램프
㉰ 나트륨 램프   ㉱ 중공음극 램프

풀이 광원부의 광원
① 가시부와 근적외부 : 텅스텐램프
② 자외부 : 중수소방전관

71 분석용 저울은 최소 몇 mg까지 달 수 있는 것이어야 하는가? (단, 총칙 기준)

㉮ 1.0   ㉯ 0.1
㉰ 0.01   ㉱ 0.001

풀이 0.0001g = 0.1mg

answer   67 ㉱   68 ㉯   69 ㉯   70 ㉮   71 ㉯

72 원자흡수분광광도법에 의하여 크롬을 분석하는 경우 적합한 가연성 가스는?

㉮ 공기 ㉯ 헬륨
㉰ 아세틸렌 ㉱ 일산화이질소

풀이 사용하는 불꽃은 아세틸렌-공기 또는 아세틸렌-일산화이질소이다.

73 폐기물에 함유된 오염물질을 분석하기 위한 용출시험 방법 중 시료 용액의 조제에 관한 설명으로 ( )에 알맞은 것은?

> 조제한 시료 100g 이상을 정밀히 달아 정제수에 염산을 넣어 ( )으로 한 용매 (mL)를 1 : 10(W : V)의 비율로 넣어 혼합한다.

㉮ pH 8.8~9.3 ㉯ pH 7.8~8.3
㉰ pH 6.8~7.3 ㉱ pH 5.8~6.3

74 0.1N–NaOH용액 10mL를 중화하는데 어떤 농도의 HCl 용액이 100mL 소요되었다. 이 HCl 용액의 pH는?

㉮ 1 ㉯ 2
㉰ 2.5 ㉱ 3

풀이
① HCl의 농도를 계산한다.
$N_1 \times V_1 = N_2 \times V_2$
$0.1\,N \times 10\,mL = N_2 \times 100\,mL$
$\therefore N_2 = 0.01\,N$
② HCl 0.01N은 0.01M이므로
$[H^+] = 0.01\,M = 0.01\,mol/L$
③ $pH = -\log[H^+] = -\log[0.01\,M] = 2.0$

75 시료의 채취방법에 관한 내용으로 ( )에 옳은 것은?

> 콘크리트 고형화물의 경우 대형의 고형화물로써 분쇄가 어려운 경우에는 임의의 (㉠)에서 채취하여 각각 파쇄하여 (㉡)씩 균등량 혼합하여 채취한다.

㉮ ㉠ 2개소, ㉡ 100g
㉯ ㉠ 2개소, ㉡ 500g
㉰ ㉠ 5개소, ㉡ 100g
㉱ ㉠ 5개소, ㉡ 500g

풀이 채취하는 시료의 양
① 소각재를 제외한 시료의 양은 1회 100g 이상
② 소각재는 1회에 500g 이상

76 폐기물 중 크롬을 자외선/가시선 분광법으로 측정하는 방법에 대한 내용으로 틀린 것은?

㉮ 흡광도는 540nm에서 측정한다.
㉯ 총 크롬을 다이페닐카바자이드를 사용하여 6가 크롬으로 전환시킨다.
㉰ 흡광도의 측정값이 0.2~0.8의 범위에 들도록 실험용액의 농도를 조절한다.
㉱ 크롬의 정량한계는 0.002mg이다.

풀이 ㉯ 총 크롬을 과망간산칼륨을 사용하여 6가 크롬으로 전환시킨다.

77 유기질소 화합물 및 유기인을 기체크로마토그래피로 분석할 경우 사용되는 검출기는?

㉮ 불꽃광도검출기(FPD)

answer 72 ㉰ 73 ㉱ 74 ㉯ 75 ㉰ 76 ㉯ 77 ㉮

㉯ 열전도도검출기(TCD)
㉰ 전자포획형검출기(ECD)
㉱ 불꽃이온화검출기(FID)

풀이 유기질소 화합물 및 유기인을 기체크로마토그래피로 분석할 경우 사용되는 검출기는 불꽃광도검출기(FPD)이다.

78 폐기물이 1톤 미만으로 야적되어 있는 적환장에서 채취하여야 할 최소 시료의 총량(g)은? (단, 소각재는 아님)

㉮ 100   ㉯ 400
㉰ 600   ㉱ 900

풀이 대상폐기물의 양과 시료의 최소 수

대상폐기물의 양 (단위 : ton)	시료의 최소 수	대상폐기물의 양 (단위 : ton)	시료의 최소 수
~ 1 미만	6	100 이상~ 500 미만	30
1 이상~ 5 미만	10	500 이상~ 1,000 미만	36
5 이상~ 30 미만	14	1,000 이상~ 5,000 미만	50
30 이상~ 100 미만	20	5,000 이상	60

일반 시료의 채취량 100g이므로 100g×6 = 600g이 된다.

79 폐기물공정시험기준에서 규정하고 있는 대상폐기물의 양과 시료의 최소 수가 잘못 연결된 것은?

㉮ 1톤 이상~5톤 미만 : 10
㉯ 5톤 이상~30톤 미만 : 14
㉰ 100톤 이상~500톤 미만 : 20
㉱ 500톤 이상~1,000톤 미만 : 36

풀이 ㉰ 100톤 이상~500톤 미만 : 30

80 폐기물의 강열감량 및 유기물 함량을 중량법으로 시험 시 시료를 강열시키기 위해 사용하는 용액은?

㉮ 15% 황산암모늄용액
㉯ 15% 질산암모늄용액
㉰ 25% 황산암모늄용액
㉱ 25% 질산암모늄용액

풀이 폐기물의 강열감량 및 유기물 함량을 중량법으로 시험 시 시료를 강열시키기 위해 사용하는 용액은 25% 질산암모늄용액이다.

TIP
강열감량 : 분석 시료를 가열하였을 때의 질량의 감소분

answer 78 ㉰ 79 ㉰ 80 ㉱

2020 3회 기출문제

| 제1과목 | 폐기물개론

01 폐기물수집 운반을 위한 노선 설정 시 유의할 사항으로 가장 거리가 먼 것은?

㉮ 될 수 있는 한 반복운행을 피한다.
㉯ 가능한 한 언덕길은 올라가면서 수거한다.
㉰ U자형 회전을 피해 수거한다.
㉱ 가능한 한 시계방향으로 수거노선을 정한다.

풀이 ㉯ 가능한 한 언덕길은 내려가면서 수거한다.

02 폐기물처리장치 중 쓰레기를 물과 섞어 잘게 부순 뒤 다시 물과 분리시키는 습식처리장치는?

㉮ Baler   ㉯ Compactor
㉰ Pulverizer   ㉱ Shredder

풀이 쓰레기를 물과 섞어 잘게 부순 뒤 다시 물과 분리시키는 습식처리장치는 펄버라이저(Pulverizer)이다.

03 함수량이 30%인 쓰레기를 건조기준으로 원소성분 및 열량계로 열량을 측정한 결과가 다음과 같을 때 저위발열량(kcal/kg)은? (단, 발열량 = 3,300kcal/kg, C 65%, H 20%, S 5%)

㉮ 1,030   ㉯ 1,040
㉰ 1,050   ㉱ 1,060

풀이 ① 습량기준 고위발열량(kcal/kg)
= 건량기준 고위발열량(kcal/kg)
$\times \dfrac{(100 - 수분함량(\%))}{100}$
= $3,300\,\text{kcal/kg} \times \dfrac{100-30\%}{100}$ = $2,310\,\text{kcal/kg}$

② 습량기준 저위발열량(kcal/kg)
= 습량기준 고위발열량(kcal/kg)-600(9H+W)(kcal/kg)
= $2,310\,\text{kcal/kg} - 600 \times (9 \times 0.20 + 0.30)$
= $1,050\,\text{kcal/kg}$

04 환경경영체제(ISO-14,000)에 대한 설명으로 가장 거리가 먼 내용은?

㉮ 기업이 환경문제의 개선을 위해 자발적으로 도입하는 제도이다.
㉯ 환경사업을 기업 영업의 최우선 과제 중의 하나로 삼는 경영체제이다.
㉰ 기업의 친환경성 이미지에 대한 광고 효과를 위해 도입할 수 있다.
㉱ 전과정평가(LCA)를 이용하여 기업의 환경성과를 측정하기도 한다.

풀이 ㉯ 환경관리를 기업경영의 방침으로 삼고 기업활동이 환경에 미치는 부정적인 영향을 최소화하는 경영체계이다.

answer   01 ㉯   02 ㉰   03 ㉰   04 ㉯

05 폐기물의 성상분석의 절차로 알맞은 것은?

㉮ 시료 → 물리적 조성파악 → 밀도측정 → 분류 → 원소분석
㉯ 시료 → 밀도측정 → 물리적 조성파악 → 전처리 → 원소분석
㉰ 시료 → 전처리 → 밀도측정 → 물리적 조성파악 → 원소분석
㉱ 시료 → 분류 → 전처리 → 물리적 조성파악 → 원소분석

풀이 폐기물 성상분석의 절차순서는 시료 → 밀도측정 → 물리적조성파악 → 전처리 → 원소분석 순이다.

06 LCA의 구성요소로 가장 거리가 먼 것은?

㉮ 자료평가
㉯ 개선평가
㉰ 목록분석
㉱ 목적 및 범위의 설정

풀이 전과정평가(LCA)의 구성요소
① 목적 및 범위의 설정
② 목록분석
③ 영향평가
④ 개선평가 및 해석

07 쓰레기의 관리체계가 순서대로 올바르게 나열한 것은?

㉮ 발생 - 적환 - 수집 - 처리 및 회수 - 처분
㉯ 발생 - 적환 - 수집 - 처리 및 회수 - 수송 - 처분
㉰ 발생 - 수집 - 적환 - 수송 - 처리 및 회수 - 처분
㉱ 발생 - 수집 - 적환 - 처리 및 회수 - 수송 - 처분

풀이 쓰레기의 관리체계의 순서는 발생 - 수집 - 적환 - 수송 - 처리 및 회수 - 처분 순이다.

08 투입량이 1ton/hr이고 회수량이 600kg/hr (그 중 회수대상물질은 500kg/hr)이며, 제거량은 400kg/hr(그 중 회수대상물질은 100kg/hr)일 때 선별효율(%)은?
(단, Worrell식 적용)

㉮ 약 63
㉯ 약 69
㉰ 약 74
㉱ 약 78

풀이 Worrell식의 선별효율(E)
$$= \left(\frac{X_c}{X_i} \times \frac{Y_o}{Y_i}\right) \times 100$$
$$= \left(\frac{500\text{kg/hr}}{600\text{kg/hr}} \times \frac{300\text{kg/hr}}{400\text{kg/hr}}\right) \times 100$$
$$= 62.5\%$$

TIP
① X_i(투입량 중 회수대상물질) = 600kg/hr
Y_i(투입량 중 비회수대상물질) = 400kg/hr
X_o(제거량 중 회수대상물질) = 100kg/hr
Y_o(제거량 중 비회수대상물질) = 300kg/hr
X_c(회수량 중 회수대상물질) = 500kg/hr
Y_c(회수량 중 비회수대상물질) = 100kg/hr
② Rietema식의 선별효율(E) $= \left|\frac{X_c}{X_i} - \frac{Y_c}{Y_i}\right| \times 100(\%)$

09 쓰레기 수거효율이 가장 좋은 방식은?

㉮ 타종식 수거 방식
㉯ 문전수거(플라스틱 자루) 방식
㉰ 문전수거(재사용 가능한 쓰레기통) 방식
㉱ 대형 쓰레기통 이용 수거 방식

풀이 쓰레기 수거효율이 가장 좋은 방식은 타종식 수거 방식이다.

answer 05 ㉯ 06 ㉮ 07 ㉰ 08 ㉮ 09 ㉮

10 슬러지를 처리하기 위하여 생슬러지를 분석한 결과 수분은 90%, 총고형물 중 휘발성 고형물은 70%, 휘발성 고형물의 비중은 1.1, 무기성 고형물의 비중은 2.2일 때 생슬러지의 비중은? (단, 무기성고형물 + 휘발성고형물 = 총고형물)

㉮ 1.023 ㉯ 1.032
㉰ 1.041 ㉱ 1.053

풀이
$$\frac{1}{\rho_{SL}} = \frac{W_{VS}}{\rho_{VS}} + \frac{W_{FS}}{\rho_{FS}} + \frac{W_P}{\rho_P}$$

여기서 ρ_{SL} : 슬러지의 비중
ρ_{VS} : 휘발성 고형물의 비중
W_{VS} : 휘발성 고형물의 함량
ρ_{FS} : 잔류성 고형물의 비중
W_{FS} : 잔류성 고형물의 함량
ρ_P : 수분의 비중
W_P : 수분의 함량

따라서 $\frac{1}{\rho_{SL}} = \frac{0.1 \times 0.7}{1.1} + \frac{0.1 \times 0.3}{2.2} + \frac{0.90}{1.0}$

∴ $\rho_{SL} = 1.023$

TIP
① 고형물(TS) = 100 − P(%)
② 잔류성 고형물(FS) = 100 − VS(%)
③ 수분의 비중 = 1.0

11 폐기물의 관거(pipeline)를 이용한 수송 방법 중 공기를 이용한 방법이 아닌 것은?

㉮ 진공수송   ㉯ 가압수송
㉰ 슬러리수송 ㉱ 캡슐수송

풀이 관거(pipeline)를 이용한 수송 방법 중 공기를 이용하는 방법은 진공수송, 가압수송, 캡슐수송 등이다.

12 폐기물의 발생량 예측방법이 아닌 것은?

㉮ Load-count analysis method
㉯ Trend method
㉰ Multiple regression model
㉱ Dynamic simulation model

풀이 ㉮ 적재차량계수법으로 조사방법에 해당한다.

TIP
폐기물의 발생량
(1) 폐기물 발생량 예측방법
 ① 경향모델(Trend method)
 ② 다중회귀모델(Multiple regression model)
 ③ 동적모사모델(Dynamic simulation model)
(2) 폐기물 발생량 조사방법
 ① 물질수지법(Material balance method)
 ② 직접계근법(Direct weighting method)
 ③ 적재차량계수법(Load-count analysis method)
 ④ 통계조사법
(3) 암기법 : 예측은 다중이 동적으로 경향을 파악하고/조사는 물질을 직접 적재한 통계로 한다.

13 스크린상에서 비중이 다른 입자의 층을 통과하는 액류를 상하로 맥동시켜서 층의 팽창수축을 반복하여 무거운 입자는 하층으로 가벼운 입자는 상층으로 이동시켜 분리하는 중력분리 방법은?

㉮ Secators   ㉯ Jigs
㉰ Melt separation ㉱ Air stoners

풀이 수중체(Jigs)에 대한 설명이다.

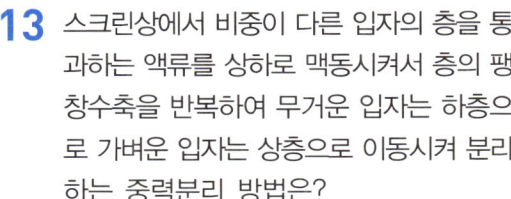

answer 10 ㉮ 11 ㉰ 12 ㉮ 13 ㉯

14 고정압축기의 작동에 대한 용어로 가장 거리가 먼 것은?

㉮ 적하(Loading)
㉯ 카셋용기(Cassettes Containing bag)
㉰ 충전(Fill Charging)
㉱ 램압축(Ram Compacts)

풀이 ㉯ 카셋용기는 백압축기의 용어이다.

15 쓰레기 발생량 예측방법 중 모든 인자를 시간에 대한 함수로 나타낸 후, 시간에 대한 함수로 표현된 각 영향 인자들 간의 상관관계를 수식화 하는 방법은?

㉮ 경향법   ㉯ 다중회귀모델
㉰ 회귀직선모델   ㉱ 동적모사모델

풀이 ㉱ 동적모사모델에 대한 설명이다.

TIP 동적모사모델의 핵심용어 : 영향인자, 독립적인 종속인자

16 폐기물의 파쇄 목적이 잘못 기술된 것은?

㉮ 입자 크기의 균일화
㉯ 밀도의 증가
㉰ 유가물의 분리
㉱ 비표면적의 감소

풀이 ㉱ 비표면적의 증가

17 도시에서 폐기물 발생량이 185,000톤/년, 수거인부는 1일 550명, 인구는 250,000명이라고 할 때 1인 1일 폐기물 발생량(kg/인·day)은? (단, 1년 365일 기준)

㉮ 2.03   ㉯ 2.35
㉰ 2.45   ㉱ 2.77

풀이 폐기물 발생량(kg/인·일)
$= \dfrac{\text{폐기물 발생량(kg/일)}}{\text{인구수(인)}}$
$= \dfrac{185,000 \times 10^3 \text{kg/년} \times 1\text{년}/365\text{일}}{250,000\text{인}}$
$= 2.03 \text{kg/인·일}$

18 4%의 고형물을 함유하는 슬러지 300m³를 탈수 시켜 70%의 함수율을 갖는 케이크를 얻었다면 탈수된 케이크의 양(m³)은? (단, 슬러지의 밀도 = 1ton/m³)

㉮ 50   ㉯ 40
㉰ 30   ㉱ 20

풀이 $V_1 \times TS_1 = V_2 \times (100 - P_2)$
$300\text{m}^3 \times 4\% = V_2 \times (100 - 70\%)$
$\therefore V_2 = \dfrac{300\text{m}^3 \times 4\%}{(100-70\%)} = 40\text{m}^3$

TIP
① 고형분(TS) + 함수율(P) = 100%
② TS(%) = 100 - P(%)

19 쓰레기를 압축시킨 후 용적이 45% 감소되었다면 압축비는?

㉮ 1.4   ㉯ 1.6
㉰ 1.8   ㉱ 2.0

answer 14 ㉯ 15 ㉱ 16 ㉱ 17 ㉮ 18 ㉯ 19 ㉰

풀이 압축비 = $\dfrac{100}{100 - 부피감소율(\%)}$

= $\dfrac{100}{100 - 45\%}$ = 1.82

20 폐기물 파쇄기에 대한 설명으로 틀린 것은?

㉮ 회전드럼식 파쇄기는 폐기물의 강도차를 이용하는 파쇄장치이며 파쇄와 분별을 동시에 수행할 수 있다.
㉯ 일반적으로 전단파쇄기는 충격파쇄기보다 파쇄속도가 느리다.
㉰ 압축파쇄기는 기계의 압착력을 이용하여 파쇄하는 장치로 파쇄기의 마모가 적고 비용도 적다.
㉱ 해머밀 파쇄기는 고정칼, 왕복 또는 회전칼과의 교합에 의하여 폐기물을 전단하는 파쇄기이다.

풀이 ㉱ 전단 파쇄기는 고정칼, 왕복 또는 회전칼과의 교합에 의하여 폐기물을 전단하는 파쇄기이다.

| 제2과목 | 폐기물 재활용 및 자원화 기술

21 매립지의 표면차수막에 관한 설명으로 옳지 않은 것은?

㉮ 매립지 지반의 투수계수가 큰 경우에 사용한다.
㉯ 지하수 집배수시설이 필요하다.
㉰ 단위면적당 공사비는 비싸나 총공사비는 싸다.
㉱ 보수는 매립 전에는 용이하나 매립 후에는 어렵다.

풀이 ㉰ 단위면적당 공사비는 싸나 총공사비는 비싸다.

22 6가크롬을 함유한 유해폐기물의 처리방법으로 가장 적절한 것은?

㉮ 양이온교환수지법
㉯ 황산제1철 환원법
㉰ 화학추출분해법
㉱ 전기분해법

풀이 6가크롬을 함유한 유해폐기물의 처리방법은 황산제1철 환원법이다.

23 매립지에서 유기물의 완전 분해식을 $C_{68}H_{111}O_{50}N + aH_2O \rightarrow \beta CH_4 + 33CO_2 + NH_3$로 가정할 때 유기물 200kg을 완전 분해 시 소모되는 물의 양(kg)은?

㉮ 16   ㉯ 21
㉰ 25   ㉱ 33

풀이 $C_{68}H_{111}O_{50}N + 16H_2O \rightarrow 35CH_4 + 33CO_2 + NH_3$
1,741kg : 16 × 18kg
200kg : X(H_2O)

∴ X(H_2O) = $\dfrac{200\,kg \times 16 \times 18\,kg}{1,741\,kg}$ = 33.08 kg

TIP
혐기성 완전분해식

① $C_aH_bO_cN_d + \left(\dfrac{4a-b-2c+3d}{4}\right)H_2O$
$\rightarrow \left(\dfrac{4a+b-2c-3d}{8}\right)CH_4$
$+ \left(\dfrac{4a-b+2c+3d}{8}\right)CO_2 + dNH_3$

② H_2O의 계수 = $\dfrac{4 \times 68 - 111 - 2 \times 50 + 3 \times 1}{4}$ = 16

③ $C_{68}H_{111}O_{50}N$의 분자량
= 12 × 68 + 1 × 111 + 16 × 50 + 14 = 1,741

answer 20 ㉱ 21 ㉰ 22 ㉯ 23 ㉱

24 매립지 차수막으로서의 점토 조건으로 적합하지 않은 것은?

㉮ 액성한계 : 60% 이상
㉯ 투수계수 : 10^{-7}cm/s 미만
㉰ 소성지수 : 10% 이상 30% 미만
㉱ 자갈 함유량 : 10% 미만

▶풀이 ㉮ 액성한계 : 30% 이상

TIP
① 액성한계 : 수분의 함량이 일정 수준 이상이 되면 점토의 상태가 액체상태로 변하게 되는데 이때의 한계 수분 함량을 말한다.
② 소성한계 : 수분의 함량이 일정 수준 미만이 되면 점토가 성형상태를 유지하지 못하고 부서지게 되는데 이때의 한계 수분 함량을 말한다.
③ 소성지수 = 액성한계 - 소성한계

25 분뇨를 호기성 소화방식으로 일 500m³ 부피를 처리하고자 한다. 1차 처리에 필요한 산기관수는? (단, 분뇨 BOD 20,000mg/L, 1차 처리효율 60%, 소요공기량 50m³/BODkg, 산기관 통풍량 0.5m³/min·개)

㉮ 347   ㉯ 417
㉰ 694   ㉱ 1,157

▶풀이 산기관수
$= \dfrac{\text{처리용량}(m^3/day) \times \text{BOD 농도}(kg/m^3) \times \text{처리효율} \times \text{소모공기량}(m^3/kg)}{\text{산기관 1개당 통풍량}(m^3/day \cdot \text{개})}$

$= \dfrac{500\,m^3/day \times 20\,kg/m^3 \times 0.60 \times 50\,m^3/kg}{0.5\,m^3/min \cdot \text{개} \times 60\,min/1\,hr \times 24\,hr/day}$

$= 417$ 개

TIP
① mg/L $\xrightarrow{\times 10^{-3}}$ kg/m³
② BOD 20,000mg/L = 20kg/m³

26 스크린 선별에 대한 설명으로 옳은 것은?

㉮ 트롬멜 스크린의 경사도는 2~3°가 적정하다.
㉯ 파쇄 후에 설치되는 스크린은 파쇄설비 보호가 목적이다.
㉰ 트롬멜 스크린의 회전속도가 증가할수록 선별효율이 증가한다.
㉱ 회전 스크린은 주로 골재분리에 흔히 이용되며 구멍이 막히는 문제가 자주 발생한다.

▶풀이 ㉯ 파쇄 후에 설치되는 스크린은 선별효율 증진의 목적이고, 파쇄 전에 설치되는 스크린은 파쇄설비의 보호가 목적이다.
㉰ 트롬멜 스크린의 회전속도가 증가하면 어느 정도까지는 선별효율이 증가하나 일정속도 이상이 되면 원심력에 의해 막힘현상이 일어난다.
㉱ 회전 스크린은 주로 도시폐기물 분리에 사용되고, 진동 스크린은 주로 골재분리에 사용된다.

27 매립지 기체 발생단계를 4단계로 나눌 때 매립초기의 호기성 단계(혐기성 전단계)에 대한 설명으로 옳지 않은 것은?

㉮ 폐기물내 수분이 많은 경우에는 반응이 가속화된다.
㉯ 주요 생성기체는 CO_2이다.
㉰ O_2가 급격히 소모된다.
㉱ N_2가 급격히 발생한다.

▶풀이 ㉱ 질소(N_2)가 감소한다.

answer 24 ㉮ 25 ㉯ 26 ㉮ 27 ㉱

28 친산소성 퇴비화 과정의 온도와 유기물의 분해 속도에 대한 일반적인 상관관계로 옳은 것은?

㉮ 40℃ 이하에서 가장 분해속도가 빠르다.
㉯ 40~55℃ 정도에서 가장 분해속도가 빠르다.
㉰ 55~60℃ 정도에서 가장 분해속도가 빠르다.
㉱ 60℃ 이상에서 가장 분해속도가 빠르다.

풀이 친산소성 퇴비화 공정의 고려인자
① 입자크기 : 25~75mm
② 초기 C/N비 : 25~50
③ pH : 8.5 이상 올라가지 않도록 주의
④ 퇴비화 기간동안 수분함량 : 50~60%
⑤ 초기 퇴비단의 온도 : 50~55℃
⑥ 활발한 분해 시 퇴비단의 온도 : 55~60℃

29 매립지 입지선정절차 중 후보지 평가단계에서 수행해야 할 일로 가장 거리가 먼 것은?

㉮ 경제성 분석
㉯ 후보지 등급결정
㉰ 현장조사(보링조사 포함)
㉱ 입지선정기준에 의한 후보지 평가

풀이 ㉮번은 후보지 평가단계와 무관하다.

30 생활폐기물 소각시설의 폐기물 저장조에 대한 설명 중 틀린 것은?

㉮ 500톤 이상의 폐기물저장조의 용량은 원칙적으로 계획 1일 최대처리량의 3배 이상의 용량(중량기준)으로 설치한다.
㉯ 저장조의 용량산정은 실측자료가 없는 경우 우리나라 평균 밀도인 $0.22ton/m^3$을 적용한다.
㉰ 저장조내에서 자연발화 등에 의한 화재에 대비하여 소화기 등 화재대비시설을 검토한다.
㉱ 폐기물 저장조의 설치 시 가능한 한 깊이보다 넓이를 최소화하여 오염되는 면적을 줄이도록 한다.

풀이 ㉱ 폐기물 저장조의 설치 시 가능한 한 넓이보다 깊이를 최소화하여 오염되는 면적을 줄이도록 한다.

31 저항성 탐사에서의 토양의 저항성(R)을 나타내는 식은? (단, I는 전류, s는 전극간격, V는 측정전압을 의미한다.)

㉮ $R = \dfrac{2\pi sV}{I}$ ㉯ $R = \dfrac{2\pi sI}{V}$

㉰ $R = \dfrac{sV}{2\pi I}$ ㉱ $R = \dfrac{sI}{2\pi V}$

풀이 토양의 저항성(R)
$= \dfrac{2 \times \pi \times s(전극간격) \times V(측정전압)}{I(전류)}$

32 고형화 처리 중 시멘트 기초법에서 가장 흔히 사용되는 포틀랜드 시멘트 화합물 조성 중 가장 많은 부분을 차지하고 있는 것은?

㉮ $2SiO_2 \cdot Fe_2O_3$ ㉯ $3CaO \cdot SiO_2$
㉰ $2CaO \cdot MgO$ ㉱ $3CaO \cdot Fe_2O_3$

풀이 포틀랜드 시멘트의 주성분은 규산염($3CaO \cdot SiO_2$)이다.

answer 28 ㉰ 29 ㉮ 30 ㉱ 31 ㉮ 32 ㉯

33 매립지의 침출수의 농도가 반으로 감소하는데 약 3년이 걸렸다면 이 침출수의 농도가 99% 감소하는데 걸리는 시간(년)은? (단, 1차 반응 기준)

㉮ 10　　㉯ 15
㉰ 20　　㉱ 25

풀이
① 반감기 사용 : $\ln \frac{1}{2} = -k \times t$ 이용

$\ln \frac{1}{2} = -k \times 3$년

$\therefore k = \dfrac{\ln \frac{1}{2}}{-3년} = 0.231/$년

② 1차 반응식 : $\ln \dfrac{C_t}{C_o} = -k \times t$ 이용

$\ln \dfrac{(100-99)\%}{100\%} = -0.231/$년 $\times t$

$\therefore t = \dfrac{\ln \dfrac{(100-99)\%}{100\%}}{-0.231/년} = 19.94$년

34 용적이 1,000m³인 슬러지 혐기성 소화조에서 함수율 95%의 슬러지를 하루에 20m³를 소화시킨다면 이 소화조의 유기물 부하율(kg$_{VS}$/m³·day)은? (단, 슬러지 고형물 중 무기물 비율은 40%이고, 슬러지의 비중은 1.0으로 가정한다.)

㉮ 0.2　　㉯ 0.4
㉰ 0.6　　㉱ 0.8

풀이 소화조의 유기물 부하율(kg$_{VS}$/m³·day)

$= \dfrac{20\,m^3/day \times 50\,kg/m^3 \times 0.60}{1,000\,m^3}$

$= 0.6\,kg/m^3 \cdot day$

TIP
① 고형물(%) = 100 - 함수율(%)
　　　　　 = 100 - 95% = 5%

② % $\xrightarrow{\times 10}$ kg/m³

③ 5% $\xrightarrow{\times 10}$ 50kg/m³

④ 유기물(%) = 100 - 무기물(%)
　　　　　 = 100 - 40% = 60%

35 재활용을 위한 매립가스의 회수 조건으로 거리가 먼 것은?

㉮ 발생 기체의 50% 이상을 포집할 수 있어야 한다.
㉯ 폐기물 1kg당 0.37m³ 이상의 기체가 생성되어야 한다.
㉰ 폐기물 속에는 약 15~40%의 분해 가능한 물질이 포함되어 있어야 한다.
㉱ 생성된 기체의 발열량은 2,200kcal/Sm³ 이상이어야 한다.

풀이 ㉰ 폐기물 속에는 50% 이상 분해 가능한 물질이 포함되어 있어야 한다.

36 침출수의 혐기성 처리에 대한 설명으로 옳지 않은 것은?

㉮ 고농도의 침출수를 희석 없이 처리할 수 있다.
㉯ 미생물의 낮은 증식으로 슬러지 발생량이 적다.
㉰ 온도, 중금속 등의 영향이 호기성 공정에 비해 크다.
㉱ 호기성 공정에 비해 높은 영양물질 요구량을 가진다.

풀이 ㉱ 호기성 공정에 비해 낮은 영양물질 요구량을 가진다.

answer 33 ㉰　34 ㉰　35 ㉰　36 ㉱

37 유기염소계 화학물질을 화학적 탈염소화 분해할 경우 적합한 기술이 아닌 것은?

㉮ 화학 추출 분해법
㉯ 알칼리 촉매 분해법
㉰ 초임계 수산화 분해법
㉱ 분별 증류촉매 수소화 탈염소법

풀이 유기염소계 화학물질을 화학적 탈염소화 분해할 경우 적합한 기술은 화학 추출 분해법, 알칼리 촉매 분해법, 분별 증류촉매 수소화 탈염소법 등이다.

38 컬럼의 유입구와 유출구 사이에 수리학적 수두의 차이가 없을 때 오염물질은 무엇에 따라 다공성 매체를 이동하는가?

㉮ 농도 경사   ㉯ 이류 이동
㉰ 기계적 분산   ㉱ Darcy 플럭스

풀이 컬럼의 유입구와 유출구 사이에 수리학적 수두의 차이가 없을 때 오염물질은 농도 경사에 따라 다공성 매체가 이동한다.

39 3,785m³/일 규모의 하수처리장에 유입되는 BOD와 SS농도가 각각 200mg/L이다. 1차 침전에 의하여 SS는 60%가 제거되고, 이에 따라 BOD도 30% 제거된다. 후속처리인 활성슬러지공법(폭기조)에 의해 남은 BOD의 90%가 제거되며 제거된 kg BOD 당 0.2kg의 슬러지가 생산된다면 1차 침전에서 발생한 슬러지와 활성슬러지공법에 의해 발생된 슬러지량의 총합(kg/일)은?
(단, 비중은 1.0 기준, 기타 조건은 고려 안함)

㉮ 약 530   ㉯ 약 550
㉰ 약 570   ㉱ 약 590

풀이
① 1차 침전에서 발생한 슬러지(kg/일)
  $= 3,785 \, m^3/day \times 0.2 \, kg/m^3 \times 0.60$
  $= 454.2 \, kg/day$
② 활성슬러지공법에 의해 발생된 슬러지량(kg/일)
  $= 3,785 \, m^3/day \times 0.2 \, kg/m^3 \times (1-0.30)$
  $\times 0.90 \times \dfrac{0.2 \, kg \, 슬러지}{1 \, kg \, BOD} = 95.382 \, kg/day$
③ 발생된 슬러지량의 총합(kg/일)
  $= 454.2 \, kg/day + 95.382 \, kg/day$
  $= 549.58 \, kg/day$

TIP
① 1차 침전에서 발생한 슬러지(kg/일)
  $= 유량(m^3/day) \times SS농도(kg/m^3)$
  $\times \dfrac{제거율(\%)}{100}$
② 활성슬러지공법에 의해 발생된 슬러지량(kg/일)
  $= 유량(m^3/day) \times BOD농도(kg/m^3)$
  $\times (1-1차 제거율) \times 폭기조 제거율$
  $\times \dfrac{슬러지발생량(kg)}{1 \, kg \, 제거 \, BOD}$
③ $mg/L \xrightarrow{\times 10^{-3}} kg/m^3$
④ $200 \, mg/L \xrightarrow{\times 10^{-3}} 0.2 \, kg/m^3$

40 유기성 폐기물의 C/N비는 미생물의 분해 대상인 기질의 특성으로 효과적인 퇴비화를 위해 가장 직접적인 중요 인자이다. 일반적으로 초기 C/N비로 가장 적합한 것은?

㉮ 5~15   ㉯ 25~35
㉰ 55~65   ㉱ 85~100

풀이 초기 C/N비는 25~35이다.

answer 37 ㉰   38 ㉮   39 ㉯   40 ㉯

| 제3과목 | 폐기물 처분기술

41 탄소 1kg을 완전연소하는데 소요되는 이론공기량(Sm^3)은? (단, 공기는 이상기체로 가정하고, 공기의 분자량은 28.84g/mol이다.)

㉮ 1.866   ㉯ 5.848
㉰ 8.889   ㉱ 17.544

풀이 ① $C + O_2 \rightarrow CO_2$

12kg : $22.4Sm^3$
1kg : O_o(이론산소량)

∴ O_o(이론산소량) = $\dfrac{1kg \times 22.4Sm^3}{12kg}$ = $1.867Sm^3$

② 이론공기량(Sm^3) = 이론산소량(Sm^3) × $\dfrac{1}{0.21}$

= $1.867Sm^3 \times \dfrac{1}{0.21}$

= $8.89Sm^3$

42 초기 다단로 소각로(multiple hearth)의 설계 시 목적 소각물은?

㉮ 하수슬러지   ㉯ 타르
㉰ 입자상물질   ㉱ 폐유

풀이 초기 다단로 소각로의 설계 시 목적 소각물은 하수슬러지이다.

43 황 성분이 0.8%인 폐기물을 20ton/h 성능의 소각로로 연소한다. 배출되는 배기가스 중 SO_2를 $CaCO_3$로 완전히 탈황하려 할 때, 하루에 필요한 $CaCO_3$의 양(ton/day)은? (단, 폐기물 중의 S는 모두 SO_2로 전환되며, 소각로의 1일 가동시간은 16시간, Ca 원자량은 40이다.)

㉮ 1.0   ㉯ 2.0
㉰ 4.0   ㉱ 8.0

풀이 $S + O_2 \rightarrow SO_2 + CaCO_3 + 0.5O_2 \rightarrow CaSO_4 + CO_2$

32kg : 100kg
20ton/hr × 0.008 × 16hr/day : X

∴ X = $\dfrac{20ton/hr \times 0.008 \times 16hr/day \times 100kg}{32kg}$

= 8.0ton/day

44 사이클론(cyclone) 집진장치에 대한 설명 중 틀린 것은?

㉮ 원심력을 활용하는 집진장치이다.
㉯ 설치면적이 작고 운전비용이 비교적 적은 편이다.
㉰ 온도가 높을수록 포집효율이 좋다.
㉱ 사이클론 내부에서 먼지는 벽면과 마찰을 일으켜 운동에너지를 상실한다.

풀이 ㉰ 온도가 높을수록 포집효율이 낮다.

answer 41 ㉰ 42 ㉮ 43 ㉱ 44 ㉰

45 물질의 연소특성에 대한 설명으로 가장 거리가 먼 것은?

㉮ 탄소의 착화온도는 700℃이다.
㉯ 황의 착화온도는 목재의 경우보다 높다.
㉰ 수소의 착화온도는 장작의 경우보다 높다.
㉱ 용광로가스의 착화온도는 700~800℃ 부근이다.

> 풀이 ㉯ 황의 착화온도(63℃)는 목재의 착화온도(250~300℃)보다 낮다.

46 용적밀도가 800kg/m³인 폐기물을 처리하는 소각로에서 질량감소율과 부피감소율이 각각 90%, 95%인 경우 이 소각로에서 발생하는 소각재의 밀도(kg/m³)는?

㉮ 1,500   ㉯ 1,600
㉰ 1,700   ㉱ 1,800

> 풀이 소각재의 밀도(kg/m^3)
> $= 용적밀도(kg/m^3) \times \dfrac{100 - 질량감소율(\%)}{100 - 부피감소율(\%)}$
> $= 800 kg/m^3 \times \dfrac{100 - 90\%}{100 - 95\%}$
> $= 1,600 \, kg/m^3$

47 연소가스 흐름에 따라 소각로의 형식을 분류한다. 폐기물의 이송방향과 연소가스의 흐름 방향이 반대로 향하고, 폐기물의 질이 나쁜 경우에 적당한 방식은?

㉮ 향류식   ㉯ 병류식
㉰ 교류식   ㉱ 2회류식

> 풀이 ㉮ 향류식(역류식)에 대한 설명이다.

TIP
로의 본체 형식

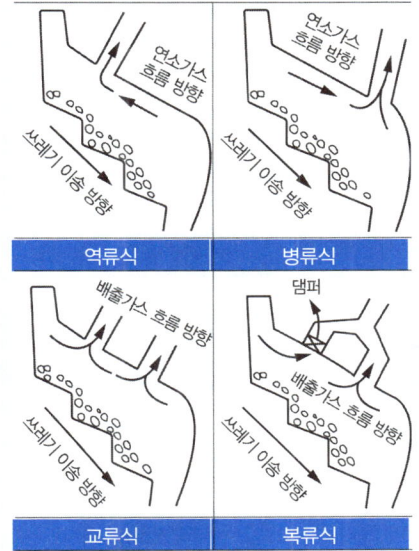

48 절대온도의 눈금은 어느 법칙에서 유도된 것인가?

㉮ Raoult의 법칙
㉯ Henry의 법칙
㉰ 에너지보존의 법칙
㉱ 열역학 제2법칙

> 풀이 절대온도의 눈금은 열역학 제2법칙에서 유도된 것이다.

answer 45 ㉯ 46 ㉯ 47 ㉮ 48 ㉱

49 전기 집진기의 집진 성능에 영향을 주는 인자에 관한 설명 중 틀린 것은?

㉮ 수분함량이 증가할수록 집진효율이 감소한다.
㉯ 처리가스량이 증가하면 집진효율이 감소한다.
㉰ 먼지의 전기비저항이 $10^4 \sim 5 \times 10^{10}$ Ωcm 이상에서 정상적인 집진성능을 보인다.
㉱ 먼지입자의 직경이 작으면 집진효율이 감소한다.

풀이 ㉮ 수분함량이 감소할수록 집진효율이 감소한다.

50 폐기물의 물리화학적 분석 결과가 아래와 같을 때, 이 폐기물의 저위발열량(kcal/kg)은?
(단, Dulong식 적용)

단위 : wt%

수분	회분	가연분						소계
		C	H	O	N	Cl	S	
65	12	11.7	1.81	8.76	0.39	0.31	0.03	23
가연분의 원소조정		50.87	7.85	38.08	1.70	1.35	0.15	100

㉮ 약 700 ㉯ 약 950
㉰ 약 1,200 ㉱ 약 1,450

풀이 ① 고위발열량(Hh)
$$= 8,100C + 34,000\left(H - \frac{O}{8}\right) + 2,500S \,(\text{kcal/kg})$$
$$= 8,100 \times 0.117 + 34,000 \times \left(0.0181 - \frac{0.0876}{8}\right)$$
$$+ 2,500 \times 0.0003$$
$$= 1,191.55 \,\text{kcal/kg}$$
② 저위발열량(Hl)
$$= \text{고위발열량}(Hh) - 600(9H + W) \,(\text{kcal/kg})$$
$$= 1,191.55 \,\text{kcal/kg} - 600 \times (9 \times 0.0181 + 0.65)$$
$$= 703.81 \,\text{kcal/kg}$$

51 소각로 공사 및 운전과정에서 발생하는 악취, 소음, 배출가스 등의 발생 원인별 개선방안으로 거리가 먼 것은?

㉮ 쓰레기 반입장의 악취 : Air Curtain설비를 설치 후 가동상태 및 효과점검 등으로 외부 확산을 근본적으로 방지
㉯ 쓰레기 저정조 및 반입장의 악취 : 흡착탈취 및 미생물분해, 탈취제살포 등으로 악취 원인물질 제거
㉰ 쓰레기 수거차량의 침출수 : 수거차량의 정기세차 및 소내 차량운행 속도를 증가하여 쓰레기 침출수를 외부누출 방지
㉱ 소음 차단용 수림대 조성 : 소음원의 공학적 분석에 의한 소음발생 저지

풀이 ㉰ 쓰레기 수거차량의 침출수 : 수거차량의 정기세차 및 소내 차량운행 속도를 감소시켜 쓰레기의 침출수 외부누출 방지

52 소각공정과 비교하였을 때, 열분해공정이 갖는 단점이라 볼 수 없는 것은?

㉮ 반응이 활발치 못하다.
㉯ 환원성분위기로 Cr^{+3}가 Cr^{+6}로 전환되지 않는다.
㉰ 흡열반응이므로 외부에서 열을 공급시켜야 한다.
㉱ 반응생성물을 연료로서 이용하기 위해서는 별도의 정제장치가 필요하다.

풀이 ㉯번은 열분해공정의 장점이다.

answer 49 ㉮ 50 ㉮ 51 ㉰ 52 ㉯

53 소각로에서 하루 10시간 조업에 10,000kg의 폐기물을 소각 처리한다. 소각로내의 열부하는 30,000kcal/m³·hr이고, 로의 체적은 15m³일 때 폐기물의 발열량(kcal/kg)은?

㉮ 150 ㉯ 300
㉰ 450 ㉱ 600

풀이 로내 열부하(kcal/m³·hr)

$= \dfrac{\text{폐기물의 발열량(kcal/kg)} \times \text{소각폐기물량(kg/hr)}}{\text{로의 체적(m}^3\text{)}}$

$30,000\,\text{kcal/m}^3\cdot\text{hr}$

$= \dfrac{\text{폐기물의 발열량} \times 10,000\,\text{kg}/10\text{hr}}{15\,\text{m}^3}$

∴ 폐기물의 발열량

$= \dfrac{30,000\,\text{kcal/m}^3\cdot\text{hr} \times 15\,\text{m}^3}{10,000\,\text{kg}/10\text{hr}}$

$= 450\,\text{kcal/kg}$

54 다음과 같은 조건으로 연소실을 설계할 때 필요한 연소실의 크기(m³)는?

- 연소실 열부하 : $8.2 \times 10^4 \text{kcal/m}^3 \cdot \text{h}$
- 저위 발열량 : 300kcal/kg
- 폐기물 : 200ton/day
- 작업시간 : 8h

㉮ 76 ㉯ 86
㉰ 92 ㉱ 102

풀이 연소실 열부하 (kcal/m³·hr)

$= \dfrac{\text{폐기물 발열량(kcal/kg)} \times \text{폐기물량(kg/hr)}}{\text{연소실의 크기(m}^3\text{)}}$

$8.2 \times 10^4 \,\text{kcal/m}^3\cdot\text{hr}$

$= \dfrac{300\,\text{kcal/kg} \times 200 \times 10^3\,\text{kg/day} \times 1\,\text{day}/8\text{hr}}{\text{연소실의 크기(m}^3\text{)}}$

∴ 연소실의 크기

$= \dfrac{300\,\text{kcal/kg} \times 200 \times 10^3\,\text{kg/일} \times 1\text{일}/8\text{hr}}{8.2 \times 10^4 \,\text{kcal/m}^3 \cdot \text{hr}}$

$= 91.46\,\text{m}^3$

55 소각 시 유해가스 처리방법 중 건식, 습식, 반건식의 장·단점에 대한 설명으로 옳지 않은 것은?

㉮ 유해가스 제거효율 : 건식법은 비교적 낮으나 습식법은 매우 높다.
㉯ 백연대책 : 건식법과 반건식법은 대책이 불필요하나 습식법은 배기가스 냉각 등 백연대책이 필요하다.
㉰ 운전비 및 건설비 : 건식법은 낮으나 습식법은 높은 편이다.
㉱ 운전 및 유지관리 : 건식법은 재처리, 부식방지 등 관리가 어려우나 습식법은 폐수로 처리되어 건식법에 비해 유지관리가 용이하다.

풀이 ㉱ 운전 및 유지관리 : 건식법은 재처리, 부식방지 등 관리가 용이하나 습식법은 폐수로 처리되어 건식법에 비해 유지관리가 어렵다.

56 화격자에 대한 설명 중 틀린 것은?

㉮ 로 내의 폐기물 이동을 원활하게 해준다.
㉯ 화격자의 폐기물 이동방향은 주로 하단부에서 상단부 방향으로 이동시킨다.
㉰ 화격자는 폐기물을 잘 연소하도록 교반시키는 역할을 한다.
㉱ 화격자는 아래에서 연소에 필요한 공기가 공급되도록 설계하기도 한다.

answer 53 ㉰ 54 ㉰ 55 ㉱ 56 ㉯

풀이 ④ 화격자의 폐기물 이동방향은 주로 상단부에서 하단부 방향으로 이동시킨다.

57 Thermal NOx에 대한 설명 중 틀린 것은?

㉮ 연소를 위하여 주입되는 공기에 포함된 질소와 산소의 반응에 의해 형성된다.
㉯ Fuel NOx와 함께 연소 시 발생하는 대표적인 질소산화물의 발생원이다.
㉰ 연소 전 폐기물로부터 유기질소원을 제거하는 발생원분리가 효과적인 통제방법이다.
㉱ 연소통제와 배출가스 처리에 의해 통제할 수 있다.

풀이 ㉰ 연소 전 폐기물로부터 유기질소원을 제거하는 발생원분리가 효과적인 통제방법은 Fuel NOx이다.

58 폐기물 소각공정에서 발생하는 소각제 중 비산재(Fly Ash)의 안정화 처리기술과 가장 거리가 먼 것은?

㉮ 산용매추출   ㉯ 이온고정화
㉰ 약제처리   ㉱ 용융고화

풀이 소각제 중 비산재의 안정화 처리기술에는 산용매추출, 약제처리, 용융고화 등이며, 이온고정화는 이온성물질의 처리기술이다.

59 도시쓰레기를 소각방법으로 처리할 때의 장점이 아닌 것은?

㉮ 쓰레기의 최종 처분단계이다.
㉯ 쓰레기의 부피를 감소시킬 수 있다.
㉰ 발생되는 폐열을 회수할 수 있다.
㉱ 병원성 생물을 분해, 제거, 사멸시킬 수 있다.

풀이 ㉮ 쓰레기의 중간 처분단계이다.

60 다단소각로에 대한 설명 중 옳지 않은 것은?

㉮ 휘발성이 적은 폐기물 연소에 유리하다.
㉯ 용융재를 포함한 폐기물이나 대형폐기물의 소각에는 부적당하다.
㉰ 타 소각로에 비해 체류시간이 길어 수분함량이 높은 폐기물의 소각이 가능하다.
㉱ 온도반응이 늦기 때문에 보조연료사용량의 조절이 용이하다.

풀이 ㉱ 온도반응이 늦기 때문에 보조연료사용량의 조절이 용이하지 못하다.

answer 57 ㉰ 58 ㉯ 59 ㉮ 60 ㉱

| 제4과목 | 폐기물공정시험기준

61 자외선/가시선 분광광도계에서 사용하는 흡수셀의 준비사항으로 가장 거리가 먼 것은?

㉮ 흡수셀은 미리 깨끗하게 씻은 것을 사용한다.
㉯ 흡수셀의 길이(L)를 따로 지정하지 않았을 때는 10mm셀을 사용한다.
㉰ 시료셀에는 실험용액을, 대조셀에는 따로 규정이 없는 한 정제수를 넣는다.
㉱ 시료용액의 흡수파장이 약 370nm 이하일 때는 경질유리 흡수셀을 사용한다.

풀이 ㉱ 시료용액의 흡수파장이 약 370nm 이하일 때는 석영제 흡수셀을 사용한다.

62 다음 중 1μg/L와 동일한 농도는? (단, 액상의 비중 = 1)

㉮ 1pph ㉯ 1ppt
㉰ 1ppm ㉱ 1ppb

풀이 1μg/L = 1ppb, 1mg/L = 1ppm

63 자외선/가시선 분광법으로 크롬을 측정할 때 시료 중 총 크롬을 6가크롬으로 산화시키는데 사용되는 시약은?

㉮ 과망간산칼륨 ㉯ 이염화주석
㉰ 시안화칼륨   ㉱ 디티오황산나트륨

풀이 자외선/가시선 분광법으로 크롬을 측정할 때 시료 중 총 크롬을 6가크롬으로 산화시키는데 사용되는 시약은 과망간산칼륨이다.

TIP
총 크롬(Cr^{3+})을 6가크롬(Cr^{6+})으로 산화시키므로 산화제를 찾는 문제이다.

64 자외선/가시선 분광법에 의한 납의 측정 시료에 비스무스(Bi)가 공존하면 시안화칼륨 용액으로 수회 씻어도 무색이 되지 않는다. 이 때 납과 비스무스를 분리하기 위해 추출된 사염화탄소 층에 가해주는 시약으로 적절한 것은?

㉮ 프탈산수소칼륨 완충액
㉯ 구리아민동 혼합액
㉰ 수산화나트륨용액
㉱ 염산하이드록실아민용액

풀이 납과 비스무스를 분리하기 위해 추출된 사염화탄소 층에 가해주는 시약은 프탈산수소칼륨 완충액이다.

65 온도에 관한 기준으로 옳지 않은 것은?

㉮ 찬 곳을 따로 규정이 없는 한 0~15℃의 곳을 뜻한다.
㉯ 각각의 시험은 따로 규정이 없는 한 실온에서 조작한다.
㉰ 온수는 60~70℃로 한다.
㉱ 냉수는 15℃ 이하로 한다.

풀이 ㉯ 각각의 시험은 따로 규정이 없는 한 상온에서 조작한다.

answer 61 ㉱ 62 ㉱ 63 ㉮ 64 ㉮ 65 ㉯

66 환원기화법(원자흡수분광광도법)으로 수은을 측정할 때, 시료 중에 염화물이 존재할 경우에 대한 설명으로 옳지 않은 것은?

㉮ 시료 중의 염소는 산화조작 시 유리염소를 발생시켜 253.7nm에서 흡광도를 나타낸다.
㉯ 시료 중의 염소는 과망간산칼륨으로 분해 후 헥산으로 추출 제거한다.
㉰ 유리염소는 과량의 염산하이드록실 아민 용액으로 환원시킨다.
㉱ 용액 중에 잔류하는 염소는 질소가스를 통기시켜 축출한다.

▸풀이 ㉯ 시료 중의 벤젠, 아세톤은 과망간산칼륨으로 분해 후 헥산으로 추출 제거한다.

67 자외선/가시선 분광법으로 구리를 측정할 때 알칼리성에서 다이에틸다이티오카르바민산나트륨과 반응하여 생성되는 킬레이트 화합물의 색으로 옳은 것은?

㉮ 적자색   ㉯ 청색
㉰ 황갈색   ㉱ 적색

▸풀이 측정파장 : 440nm, 발색되는 색 : 황갈색

68 밀도가 0.3ton/m³인 쓰레기 1200m³가 발생되어 있다면 폐기물의 성상분석을 위한 최소 시료 수(개)는?

㉮ 20   ㉯ 30
㉰ 36   ㉱ 50

▸풀이 폐기물의 양(ton) = 1,200m³×0.3ton/m³ = 360ton
따라서 폐기물의 성상분석을 위한 최소 시료 수는 30개이다.

TIP
대상폐기물의 양과 시료의 최소수

대상폐기물의 양 (단위 : ton)	시료의 최소 수	대상폐기물의 양 (단위 : ton)	시료의 최소 수
~1 미만	6	100 이상~500 미만	30
1 이상~5 미만	10	500 이상~1000 미만	36
5 이상~30 미만	14	1000 이상~5000 미만	50
30 이상~100 미만	20	5000 이상	60

69 함수율 85%인 시료인 경우, 용출시험결과에 시료 중의 수분함량 보정을 위하여 곱하여야 하는 값은?

㉮ 0.5   ㉯ 1.0
㉰ 1.5   ㉱ 2.0

▸풀이 보정계수 = $\dfrac{15}{100 - 함수율(\%)}$ = $\dfrac{15}{100 - 85\%}$ = 1.0

70 다음 시약 제조 방법 중 틀린 것은?

㉮ 1 M-NaOH 용액은 NaOH 42g을 정제수 950mL를 넣어 녹이고 새로 만든 수산화바륨용액(포화)을 침전이 생기지 않을 때까지 한 방울씩 떨어뜨려 잘 섞고 마개를 하여 24시간 방치한 다음 여과하여 사용한다.
㉯ 1 M-HCl 용액은 염산 120mL에 정제수를 넣어 1,000mL로 한다.
㉰ 20 W/V% - KI(비소시험용) 용액은 KI 20g을 정제수에 녹여 100mL로 하며 사용할 때 조제한다.
㉱ 1 M-H₂SO₄ 용액은 황산 60mL를 정제수 1L 중에 섞으면서 천천히 넣어 식힌다.

answer 66 ㉯ 67 ㉰ 68 ㉯ 69 ㉯ 70 ㉯

풀이 ㉯ 1 M-HCl 용액은 염산 90mL에 정제수를 넣어 1,000mL로 한다.

71 폐기물 시료에 대해 강열감량과 유기물함량을 조사하기 위해 다음과 같은 실험을 하였다. 아래와 같은 결과를 이용한 강열감량(%)은?

> (1) 600±25℃에서 30분간 강열하고 데시케이터안에서 방냉 후 접시의 무게(W_1) : 48.256g
> (2) 여기에 시료를 취한 후 접시와 시료의 무게(W_2) : 73.352g
> (3) 여기에 25% 질산암모늄용액을 넣어 시료를 적시고 천천히 가열한 다음 600±25℃에서 3시간 강열하고 데시케이터안에서 방냉 후 무게(W_3) : 52.824g

㉮ 약 74% ㉯ 약 76%
㉰ 약 82% ㉱ 약 89%

풀이 강열감량(%) $= \dfrac{(W_2 - W_3)}{(W_2 - W_1)} \times 100$

$= \dfrac{(73.352\,g - 52.824\,g)}{(73.352\,g - 48.256\,g)} \times 100$

$= 81.80\%$

TIP
① 강열감량 : 분석 시료를 가열하였을 때의 질량의 감소분
② 휘발성고형물(%) = 강열감량(%) - 수분(%)

72 원자흡수분광광도계에 대한 설명으로 틀린 것은?

㉮ 광원부, 시료원자화부, 파장선택부 및 측광부로 구성되어 있다.

㉯ 일반적으로 가연성기체로 아세틸렌을, 조연성기체로 공기를 사용한다.
㉰ 단광속형과 복광속형으로 구분된다.
㉱ 광원으로 넓은 선폭과 낮은 휘도를 갖는 스펙트럼을 방사하는 납 음극램프를 사용한다.

풀이 ㉱ 광원으로 좁은 선폭과 높은 휘도를 갖는 스펙트럼을 방사하는 납 음극램프를 사용한다.

73 시료채취에 관한 내용으로 ( )에 옳은 것은?

> 회분식 연소방식의 소각재 반출설비에서 채취하는 경우에는 하루 동안의 운전 횟수에 따라 매 운전 시마다 (㉠) 이상 채취하는 것을 원칙으로 하고, 시료의 양은 1회에 (㉡) 이상으로 한다.

㉮ ㉠ 2회, ㉡ 100g ㉯ ㉠ 4회, ㉡ 100g
㉰ ㉠ 2회, ㉡ 500g ㉱ ㉠ 4회, ㉡ 500g

풀이 시료의 양
① 일반적인 경우 : 1회에 100g 이상 채취
② 소각재의 경우 : 1회에 500g 이상 채취

74 환경측정의 정도보증/정도관리(QA/AC)에서 검정곡선방법으로 옳지 않은 것은?

㉮ 절대검정곡선법
㉯ 표준물질첨가법
㉰ 상대검정곡선법
㉱ 외부표준법

풀이 정도보증/정도관리(QA/AC)에서 검정곡선방법은 절대검정곡선법, 표준물질첨가법, 상대검정곡선법이 있다.

answer 71 ㉰ 72 ㉱ 73 ㉰ 74 ㉱

75 유기물 함량이 비교적 높지 않고 금속의 수산화물, 산화물, 인산염 및 황화물을 함유하고 있는 시료에 적용되는 전처리 방법은?

㉮ 질산 - 염산 분해법
㉯ 질산 - 황산 분해법
㉰ 질산 - 과염소산 분해법
㉱ 질산 - 불화수소산 분해법

풀이 ㉮ 질산 - 염산 분해법에 대한 설명이다.

TIP
암기법 : 염산 인금주고

76 수은을 환원기화 – 원자흡수분광광도법으로 정량하고자 할 때, 정량한계(mg/L)는?

㉮ 0.0005 ㉯ 0.002
㉰ 0.05 ㉱ 0.5

풀이 수은의 각 시험방법의 정량한계
① 원자흡수분광광도법(환원기화법) : 0.0005mg/L
② 자외선/가시선 분광법(디티존법) : 0.001mg/L

77 기체크로마토그래피를 적용한 유기인 분석에 관한 내용으로 틀린 것은?

㉮ 유기인 화합물 중 이피엔, 파라티온, 메틸디메톤, 다이아지논 및 펜토에이트의 측정에 이용된다.
㉯ 유기인의 정량분석에 사용되는 검출기는 질소인검출기 또는 불꽃광도 검출기이다.
㉰ 정량한계는 사용하는 장치 및 측정조건에 따라 다르나 각 성분 당 0.0005mg/L이다.
㉱ 유기인을 정량할 때 주로 사용하는 정제용 칼럼은 활성 알루미나 칼럼이다.

풀이 ㉱ 유기인을 정량할 때 주로 사용하는 정제용 칼럼은 실리카겔 칼럼, 플로리실 칼럼, 활성탄 칼럼이다.

78 세균배양 검사법에 의한 감염성 미생물 분석 시 시료의 채취 및 보존방법에 관한 내용으로 (   )에 적절한 것은?

시료의 채취는 가능한 한 무균적으로 하고 멸균된 용기에 넣어 1시간 이내에 실험실로 운반·실험하여야 하며, 그 이상의 시간이 소요될 경우에는 (㉠) 이하로 냉장하여 (㉡) 이내에 실험실로 운반하여 실험실에 도착한 후 (㉢)이내에 배양조작을 완료하여야 한다.

㉮ ㉠ 4℃, ㉡ 6시간, ㉢ 2시간
㉯ ㉠ 4℃, ㉡ 2시간, ㉢ 6시간
㉰ ㉠ 10℃, ㉡ 6시간, ㉢ 2시간
㉱ ㉠ 10℃, ㉡ 2시간, ㉢ 6시간

풀이 ① 보관온도 : 10℃
② 실험실 운반시간 : 6시간 이내
③ 배양조작 완료시간 : 2시간 이내

79 정도보증/정도관리에 적용하는 기기검출한계에 관한 내용으로 (   )에 옳은 것은?

바탕시료를 반복 측정 분석한 결과의 표준편차에 (   )한 값

㉮ 2배 ㉯ 3배
㉰ 5배 ㉱ 10배

풀이 정도보증/정도관리
① 기기검출한계= 표준편차×3
② 정량한계= 표준편차×10

answer 75 ㉮ 76 ㉮ 77 ㉱ 78 ㉰ 79 ㉯

80 청석면의 형태와 색상으로 옳지 않은 것은? (단, 편광현미경법 기준)

㉮ 꼬인 물결 모양의 섬유
㉯ 다발 끝은 분산된 모양
㉰ 긴 섬유는 만곡
㉱ 특징적인 청색과 다색성

풀이 ㉮ 곧은 섬유와 섬유 다발

2020 4회 기출문제

| 제1과목 | 폐기물개론

01 플라스틱 폐기물의 유효이용 방법으로 가장 거리가 먼 것은?

㉮ 분해 이용법
㉯ 미생물 이용법
㉰ 용융고화 재생 이용법
㉱ 소각폐열 회수 이용법

풀이 ㉯ 플라스틱 폐기물은 미생물을 이용하여 제거할 수 없다.

02 폐기물관리법에서 폐기물을 고형물 함량에 따라 액상, 반고상, 고상 폐기물로 구분할 때 액상 폐기물의 기준으로 옳은 것은?

㉮ 고형물 함량이 3% 미만인 것
㉯ 고형물 함량이 5% 미만인 것
㉰ 고형물 함량이 10% 미만인 것
㉱ 고형물 함량이 15% 미만인 것

풀이 폐기물의 종류
① 액상폐기물 : 고형물의 함량이 5% 미만
② 반고상폐기물 : 고형물의 함량이 5% 이상 15% 미만
③ 고상폐기물 : 고형물의 함량이 15% 이상

03 일반적인 폐기물관리 우선순위로 가장 적합한 것은?

㉮ 재사용 → 감량 → 물질재활용 → 에너지 회수 → 최종처분
㉯ 재사용 → 감량 → 에너지회수 → 물질재활용 → 최종처분
㉰ 감량 → 재사용 → 물질재활용 → 에너지 회수 → 최종처분
㉱ 감량 → 물질재활용 → 재사용 → 에너지 회수 → 최종처분

풀이 일반적인 폐기물관리 우선순위는 감량 → 재사용 → 물질재활용 → 에너지회수 → 최종처분 순이다.

04 1년 연속 가동하는 폐기물 소각시설의 저장용량을 결정하고자 한다. 폐기물 수거 인부가 주 5일, 일 8시간 근무할 때 필요한 저장시설의 최소 용량은? (단, 토요일 및 일요일을 제외한 공휴일에도 폐기물 수거는 시행된다고 가정한다.)

㉮ 1일 소각용량 이하
㉯ 1~2일 소각용량
㉰ 2~3일 수거용량
㉱ 3~4일 수거용량

풀이 이 문제는 정답만 기억해 두면 된다.

answer 01 ㉯ 02 ㉯ 03 ㉰ 04 ㉰

05 폐기물의 화학적 특성 중 3성분에 속하지 않는 것은?

㉮ 가연분 ㉯ 무기물질
㉰ 수분   ㉱ 회분

▸풀이 폐기물의 화학적 특성 중 3성분은 가연분, 수분, 회분이다.

▸TIP 폐기물의 화학적 특성 중 4성분 : 고정탄소, 휘발분(휘발성고형물), 수분, 회분

06 쓰레기 종량제 봉투의 재질 중 LDPE의 설명으로 맞는 것은?

㉮ 여름철에만 적합하다.
㉯ 약간 두껍게 제작된다.
㉰ 잘 찢어지기 때문에 분해가 잘 된다.
㉱ MDPE와 함께 매립지의 liner용으로 적합하다.

▸풀이 ㉮ 여름철에는 부적합하다.
㉰ 잘 찢어지지 않으며 분해가 어렵다.
㉱ MDPE와 함께 매립지의 liner용으로 부적합하다.

▸TIP
① liner : 다른 물건의 속에 대거나 끼는 것으로 마찰하는 부분에 삽입하는 끼움쇠 또는 매개쇠를 의미한다.
② HDPE : 고밀도폴리에틸렌
③ MDPE : 중밀도폴리에틸렌
④ LDPE : 저밀도폴리에틸렌

07 소비자중심의 쓰레기발생 mechanism 그림에서 폐기물이 발생되는 시점과 재활용이 가능한 구간을 각각 가장 적절하게 나타낸 것은?

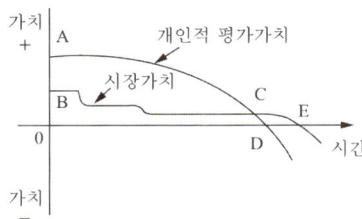

㉮ C, DE   ㉯ D, DE
㉰ E, CE   ㉱ E, DE

▸풀이 ① 폐기물이 발생되는 시점 : D
② 재활용이 가능한 구간 : D~E

08 폐기물 관리차원의 3R에 해당하지 않는 것은?

㉮ Resource   ㉯ Recycle
㉰ Reduction ㉱ Reuse

▸풀이 폐기물 관리차원의 3R은 재활용(Recycle)/재이용(Reuse), 감량화(Reduction), 회수이용(Recovery)이다.

09 X_{90} = 5.75cm로 생활폐기물을 파쇄할 때, Rosin-Rammler 모델에 의한 특성입자 크기 X_0(cm)는? (단, n = 1)

㉮ 1.0   ㉯ 1.5
㉰ 2.0   ㉱ 2.5

▸풀이 $X_o = \dfrac{-X}{LN(1-Y)} = \dfrac{-5.75cm}{LN(1-0.90)} = 2.50\,cm$

answer 05 ㉯ 06 ㉯ 07 ㉯ 08 ㉮ 09 ㉱

TIP

$$Y = 1 - \exp\left[-\left(\frac{X}{X_o}\right)\right]^n$$

$$X_o = \frac{-X}{LN(1-Y)}$$

여기서 X : 폐기물 입자의 크기
X_o : 특성입자의 크기
n : 상수

10 폐기물 발생량 조사 및 예측에 대한 설명으로 틀린 것은?

㉮ 생활폐기물 발생량은 지역규모나 지역 특성에 따라 차이가 크기 때문에 주로 kg/인·일으로 표기한다.
㉯ 사업장폐기물 발생량은 제품제조공정에 따라 다르며 원단위로 ton/종업원수, ton/면적 등이 사용된다.
㉰ 물질수지법은 주로 사업장폐기물의 발생량을 추산할 때 사용한다.
㉱ 폐기물 발생량 예측방법으로 적재차량 계수법, 직접계근법, 물질수지법이 있다.

풀이 ㉱ 폐기물 발생량 예측방법으로 다중회귀모델, 동적모사모델, 경향모델이 있다.

TIP
① 예측방법 : 다중회귀모델, 동적모사모델, 경향모델
② 조사방법 : 적재차량 계수법, 직접계근법, 물질수지법, 통계조사법
③ 암기법 : 예측은 다중이 동적으로 경향을 파악하고/조사는 물질을 직접 적재한 통계로 한다.

11 단열열량계로 측정할 때 얻어지는 발열량에 대한 설명으로 옳은 것은?

㉮ 습량기준 저위발열량
㉯ 습량기준 고위발열량
㉰ 건량기준 저위발열량
㉱ 건량기준 고위발열량

풀이 단열열량계로 측정할 때 얻어지는 발열량은 건량기준 고위발열량이다.

12 투입량 1.0ton/hr, 회수량 600kg/hr(그 중 회수대상물질=550kg/hr), 제거량 400kg/hr(그 중 회수대상물질=70kg/hr)일 때 선별효율(%)은? (단, Worrell 식 적용)

㉮ 77   ㉯ 79
㉰ 81   ㉱ 84

풀이 Worrell식의 선별효율(E)

$$= \left(\frac{X_c}{X_i} \times \frac{Y_o}{Y_i}\right) \times 100$$

$$= \left(\frac{550 kg/hr}{620 kg/hr} \times \frac{330 kg/hr}{380 kg/hr}\right) \times 100 = 77.03\%$$

TIP
① X_i(투입량 중 회수대상물질) = 620kg/hr
Y_i(투입량 중 비회수대상물질) = 380kg/hr
X_o(제거량 중 회수대상물질) = 70kg/hr
Y_o(제거량 중 비회수대상물질) = 330kg/hr
X_c(회수량 중 회수대상물질) = 550kg/hr
Y_c(회수량 중 비회수대상물질) = 50kg/hr
② Rietema식의 선별효율(E) $= \left|\frac{X_c}{X_i} - \frac{Y_c}{Y_i}\right| \times 100(\%)$

answer 10 ㉱ 11 ㉱ 12 ㉮

13 도시폐기물의 수거노선 설정방법으로 가장 거리가 먼 것은?

㉮ 언덕인 경우 위에서 내려가며 수거한다.
㉯ 반복운행을 피한다.
㉰ 출발점은 차고와 가까운 곳으로 한다.
㉱ 가능한 한 반시계방향으로 설정한다.

풀이 ㉱ 가능한 한 시계방향으로 설정한다.

14 3.5%의 고형물을 함유하는 슬러지 $300m^3$를 탈수시켜 70%의 함수율을 갖는 케이크를 얻었다면 탈수된 케이크의 양(m^3)은? (단, 슬러지의 밀도 = $1ton/m^3$)

㉮ 35   ㉯ 40
㉰ 45   ㉱ 50

풀이 $V_1 \times TS_1 = V_2 \times (100 - P_2)$
$300m^3 \times 3.5\% = V_2 \times (100 - 70\%)$
$\therefore V_2 = \dfrac{300m^3 \times 3.5\%}{(100-70\%)} = 35m^3$

TIP
① 고형분(TS) + 함수율(P) = 100%
② TS(%) = 100 - P(%)

15 플라스틱 폐기물 중 할로겐화합물이 포함된 것은?

㉮ 멜라민수지
㉯ 폴리염화비닐
㉰ 규소수지
㉱ 폴리아크릴로니트릴

풀이 플라스틱 폐기물 중 할로겐화합물(F, Cl, I, Br)이 포함된 것은 폴리염화비닐이다.

TIP
폴리염화비닐의 화학식 : $(C_2H_3Cl)_n$

16 폐기물 관로수송시스템에 대한 설명으로 틀린 것은?

㉮ 폐기물의 발생밀도가 높은 지역이 보다 효과적이다.
㉯ 대용량 수송과 장거리 수송에 적합하다.
㉰ 조대폐기물은 파쇄 등의 전처리가 필요하다.
㉱ 자동집하시설로 투입하는 폐기물의 종류에 제한이 있다.

풀이 ㉯ 대용량 수송과 장거리 수송에는 부적합하다.

17 쓰레기통의 위치나 형태에 따른 MHT가 가장 낮은 것은?

㉮ 집안고정식   ㉯ 벽면부착식
㉰ 문전수거식   ㉱ 집밖이동식

풀이 MHT가 낮을수록 수거효율이 높다는 의미이며, 보기 중에서 MHT가 가장 낮은 것은 ㉱ 집밖이동식이다.

18 폐기물의 함수율은 25%이고, 건조기준으로 원소 성분 및 고위 발열량은 다음과 같다. 이 폐기물의 저위 발열량(kcal/kg)은? (단, C = 55%, H = 18%, 고위발열량 = 2,800kcal/kg)

㉮ 978   ㉯ 1,978
㉰ 2,978   ㉱ 3,978

answer 13 ㉱ 14 ㉮ 15 ㉯ 16 ㉯ 17 ㉱ 18 ㉮

풀이 ① 습량기준 고위발열량(kcal/kg)
= 건량기준 고위발열량(kcal/kg)
$\times \dfrac{(100-수분함량(\%))}{100}$
= $2{,}800\,\text{kcal/kg} \times \dfrac{100-25\%}{100}$
= $2{,}100\,\text{kcal/kg}$

② 습량기준 저위발열량(kcal/kg)
= 습량기준 고위발열량(kcal/kg) $- 600(9H+W)$ (kcal/kg)
= $2{,}100\,\text{kcal/kg} - 600 \times (9 \times 0.18 + 0.25)$
= $978\,\text{kcal/kg}$

TIP
Hl = Hh $- 600 \times (9H+W)$ (kcal/kg)
Hl : 저위발열량(kcal/kg)
Hh : 고위발열량(kcal/kg)
H : 수소의 함량
W : 수분의 함량

19 선별기의 종류 중 습식선별의 형태가 아닌 것은?

㉮ stoners ㉯ jigs
㉰ flotation ㉱ wet classifiers

풀이 스토너(stoners)는 약간 경사진판에 진동을 줄때 무거운 것이 빨리 판의 경사면 위로 올라가는 원리를 이용한 선별법으로 건식선별법에 해당한다.

20 폐기물의 성분을 조사한 결과 플라스틱의 함량이 20%(중량비)로 나타났다. 이 폐기물의 밀도가 300kg/m³이라면 5m³중에 함유된 플라스틱의 양(kg)은?

㉮ 200 ㉯ 300
㉰ 400 ㉱ 500

풀이 플라스틱의 양(kg) = $5\text{m}^3 \times 300\text{kg/m}^3 \times 0.20$
= $300\,\text{kg}$

| 제2과목 | 폐기물 재활용 및 자원화 기술

21 처리용량이 50kL/day인 분뇨처리장에 가스 저장탱크를 설치하고자 한다. 가스 저류시간을 8시간, 생성가스량을 투입 분뇨량의 6배로 가정한다면 가스탱크의 저장 용량(m³)은?

㉮ 90 ㉯ 100
㉰ 110 ㉱ 120

풀이 가스탱크의 용량 (m³)
= 처리용량(m³/day) × 저류시간(day)
= $50\text{m}^3/\text{day} \times 6\text{배} \times \left(\dfrac{8\text{hr}}{24}\right)\text{day} = 100\text{m}^3$

TIP
처리용량 50kL/day = 50m³/day

22 유기물($C_6H_{12}O_6$)을 혐기성(피산소성) 소화시킬 때 반응에 대한 설명으로 옳지 않은 것은?

㉮ 유기물 1kg 분해 시 메탄이 0.37Sm³ 생성된다.
㉯ 유기물 1kg 분해 시 이산화탄소가 0.37Sm³ 생성된다.
㉰ 유기물 90kg 분해 시 메탄이 24kg 생성된다.
㉱ 유기물 90kg 분해 시 이산화탄소가 24kg 생성된다.

풀이 ① 유기물이 1kg인 경우
$C_6H_{12}O_6 \rightarrow 3CH_4 + 3CO_2$
180kg : $3 \times 22.4\text{Sm}^3$: $3 \times 22.4\text{Sm}^3$
1kg : $X_1(CH_4)$: $X_2(CO_2)$
$\therefore X_1(CH_4) = \dfrac{1\text{kg} \times 3 \times 22.4\text{Sm}^3}{180\text{kg}} = 0.37\,\text{Sm}^3$
$X_2(CO_2) = \dfrac{1\text{kg} \times 3 \times 22.4\text{Sm}^3}{180\text{kg}} = 0.37\,\text{Sm}^3$

---

answer 19 ㉮ 20 ㉯ 21 ㉯ 22 ㉱

② 유기물이 90kg인 경우

$C_6H_{12}O_6 \rightarrow 3CH_4 + 3CO_2$

180kg : 3 × 16kg : 3 × 44kg

90kg : $X_1(CH_4)$: $X_2(CO_2)$

∴ $X_1(CH_4) = \dfrac{90kg \times 3 \times 16kg}{180kg} = 24kg$

$X_2(CO_2) = \dfrac{90kg \times 3 \times 44kg}{180kg} = 66kg$

23 1일 수거 분뇨투입량은 300kL, 수거차 용량이 3.0kL/대, 수거차 1대의 투입시간은 20분이 소요되며 분뇨처리장 작업시간은 1일 8시간으로 계획하면 분뇨투입구 수(개)는?
(단, 최대 수거율을 고려하여 안전율 = 1.2배)

㉮ 2 ㉯ 5
㉰ 8 ㉱ 13

풀이 투입구 수

$= \dfrac{300\,kL/day}{3.0\,kL/대 \times 8hr/day \times 1대/20min \times 60\,min/hr \times 1.2}$

= 5개

24 호기성 퇴비화 공정의 가장 오래된 방법 중 하나로 설치비용과 운영비용은 낮으나 부지 소요가 크고 유기물이 완전히 분해되는데 3~5년이 소요되는 퇴비화 공법은?

㉮ 뒤집기식 퇴비단 공법
㉯ 통기식 정체퇴비단 공법
㉰ 플러그형 기계식 퇴비화 공법
㉱ 교반형 기계식 퇴비화 공법

풀이 ㉮ 뒤집기식 퇴비단 공법에 대한 설명이다.

25 매립지에서 침출된 침출수 농도가 반으로 감소하는데 약 3.5년이 걸렸다면 이 침출수 농도가 95% 분해되는데 소요되는 시간(년)은? (단, 침출수 분해 반응은 1차 반응)

㉮ 약 5   ㉯ 약 10
㉰ 약 15 ㉱ 약 20

풀이 ① 반감기 사용 : $\ln\dfrac{1}{2} = -k \times t$ 이용

$\ln\dfrac{1}{2} = -k \times 3.5년$

∴ $k = \dfrac{\ln\dfrac{1}{2}}{-3.5년} = 0.198/년$

② 1차 반응식 : $\ln\dfrac{C_t}{C_o} = -k \times t$ 이용

$\ln\dfrac{5\%}{100\%} = -0.198/년 \times t$

∴ $t = \dfrac{\ln\dfrac{5\%}{100\%}}{-0.198/년} = 15.13년$

TIP

$C_t = 100 - 95\% = 5\%$

26 차단형매립지에서 차수 설비에 쓰이는 재료 중 투수율이 상대적으로 높고 불투수층을 균일하게 시공하기가 어려운 단점이 있지만, 침출수 중의 오염물질 흡착능력이 우수한 장점이 있는 차수재는?

㉮ CSPE   ㉯ Soil Mixture
㉰ HDPE   ㉱ Clay Soil

풀이 ㉱ 점토(Clay Soil)에 대한 설명이다.

answer 23 ㉯ 24 ㉮ 25 ㉰ 26 ㉱

27 점토의 수분함량과 관계되는 지표로서 점토의 수분함량이 일정 수준 미만이 되면 플라스틱 상태를 유지하지 못하고 부스러지는 상태에서의 수분함량을 의미하는 것은?

㉮ 소성한계 ㉯ 액성한계
㉰ 소성지수 ㉱ 극성한계

풀이 ㉮ 소성한계에 대한 설명이다.

TIP
① 액성한계 : 수분의 함량이 일정수준 이상이 되면 점토의 상태가 액체상태로 변하게 되는데 이때의 한계 수분함량
② 소성지수 = 액성한계 - 소성한계

28 폐기물 매립지로 사용할 수 있는 곳은?

㉮ 산림조성지로 부적격지
㉯ 습지대 또는 단층지역
㉰ 100년 빈도의 홍수범람지역
㉱ 지하수위가 1.5미터 미만인 곳

풀이 폐기물 매립지로 사용할 수 있는 곳은 보기 중 ㉮ 산림조성지로 부적격지이다.

29 정상적으로 운전되고 있는 혐기성 소화조에서 발생되는 가스의 구성비에 대하여 알맞은 것은?

㉮ $CH_4 > CO_2 > H_2 > O_2$
㉯ $CH_4 > CO_2 > O_2 > H_2$
㉰ $CH_4 > H_2 > CO_2 > O_2$
㉱ $CH_4 > O_2 > CO_2 > H_2$

풀이 정상적으로 운전되고 있는 혐기성 소화조에서 발생되는 가스의 구성비는 $CH_4 > CO_2 > H_2 > O_2$이다.

30 매립지의 4단계 분해과정 중 이산화탄소 농도가 최대이고 침출수의 pH가 가장 낮은 분해단계는?

㉮ 1단계 : 호기성 단계
㉯ 2단계 : 혐기성 단계
㉰ 3단계 : 산생성 단계
㉱ 4단계 : 메탄생성 단계

풀이
㉮ 1단계(호기성단계) : 산소 급감, 이산화탄소 생성, 질소 감소
㉯ 2단계(혐기성 비메탄단계) : 수소 생성, 메탄 생성 안됨
㉰ 3단계(메탄생성 축적단계) : 메탄 생성, 이산화탄소 농도 최대
㉱ 4단계(정상적인 혐기단계) : 메탄 55%, 이산화탄소 45% 정도 생성

31 토양오염물질 중 BTEX에 포함되지 않는 것은?

㉮ 벤젠 ㉯ 톨루엔
㉰ 에틸렌 ㉱ 자일렌

풀이 BTEX는 벤젠, 톨루엔, 에틸벤젠, 자일렌(크실렌)이다.

32 매립지 내의 물의 이동을 나타내는 Darcy의 법칙을 기준으로 침출수의 유출을 방지하기 위한 방법으로 옳은 것은?

㉮ 투수계수는 감소, 수두차는 증가시킨다.
㉯ 투수계수는 증가, 수두차는 감소시킨다.
㉰ 투수계수 및 수두차를 증가시킨다.
㉱ 투수계수 및 수두차를 감소시킨다.

풀이 침출수의 유출을 방지하기 위해서는 투수계수 및 수두차를 감소시킨다.

answer 27 ㉮ 28 ㉮ 29 ㉮ 30 ㉰ 31 ㉰ 32 ㉱

33 시료의 성분분석결과 수분 10%, 회분 44%, 고정탄소 36%, 휘발분 10%이고, 원소분석 결과 휘발분 중 수소 20%, 황 10%, 산소 30%, 탄소 40%일 때 저위발열량(kcal/kg)은? (단, 각 원소의 단위질량당 열량은 C 8,100, H : 34,000, S : 2,500kcal/kg이다.)

㉮ 2,650㉯ 3,650
㉰ 4,650㉱ 5,560

풀이 ① Dulong식에 의한 고위발열량(H_h)을 계산한다.

$$H_h = 8{,}100C + 34{,}000 \times \left(H - \frac{O}{8}\right) + 2{,}500S \,(\text{kcal/kg})$$

$$= 8{,}100 \times (0.36 + 0.10 \times 0.40) + 34{,}000$$
$$\times \left(0.10 \times 0.20 - \frac{0.10 \times 0.30}{8}\right) + 2{,}500$$
$$\times 0.10 \times 0.10$$
$$= 3{,}817.5 \,\text{kcal/kg}$$

② 저위발열량(H_l)을 계산한다.
$$H_l = H_h - 600 \times (9H + W)\,(\text{kcal/kg})$$
$$= 3{,}817.5\,\text{kcal/kg} - 600 \times (9 \times 0.10 \times 0.20 + 0.10)$$
$$= 3{,}649.5\,\text{kcal/kg}$$

34 결정도(Crystallinity)가 증가할수록 합성 차수막에 나타내는 성질이라 볼 수 없는 것은?

㉮ 인장강도 증가
㉯ 열에 대한 저항성 증가
㉰ 화학물질에 대한 저항성 증가
㉱ 투수계수 증가

풀이 ㉱ 투수계수 감소

TIP
암기법 : 결정도가 증가할수록 충격과 투수계수는 감소하고, 나머지는 증가한다.

35 유기성의 폐기물이 생물분해성을 추정하는 식은 BF = 0.83 − 0.028 × LC로 나타낼 수 있다. 여기에서 LC가 의미하는 것은?

㉮ 휘발성 고형물 함량
㉯ 고정탄소분 중 리그닌 함량
㉰ 휘발성 고형물 중 리그닌 함량
㉱ 생물분해성 분율

풀이 BF = 0.83 - 0.028 × LC에서 LC는 휘발성 고형물 중 리그닌 함량, BF는 생물분해성 분율이다.

36 퇴비화 과정의 영향인자에 대한 설명으로 가장 거리가 먼 것은?

㉮ 슬러지 입도가 너무 작으면 공기유통이 나빠져 혐기성 상태가 될 수 있다.
㉯ 슬러지를 퇴비화할 때 Bulking agent를 혼합하는 주목적은 산소와 접촉면적을 넓히기 위한 것이다.
㉰ 숙성퇴비를 반송하는 것은 Seeding과 pH 조정이 목적이다.
㉱ C/N비가 너무 높으면 유기물의 암모니아화로 악취가 발생한다.

풀이 ㉱ C/N비가 너무 낮으면 유기물의 암모니아화로 악취가 발생한다.

TIP
① C/N비가 너무 높으면 질소분의 함량이 적어 퇴비화가 잘 안되고 소요시간이 길어진다.
② Seeding((식종) : 배지에 미생물을 혼입하는 것
③ Bulking agent(팽화제) : 톱밥, 볏짚, 낙엽 등

answer 33 ㉯ 34 ㉱ 35 ㉰ 36 ㉱

37 진공여과기 1대를 사용하여 슬러지를 탈수하고 있다. 다음 조건에서 건조고형물 기준의 여과속도 27kg/m²·h인 진공여과기의 1일 운전시간(h)은?

- 폐수유입량 = 20,000m³/day
- 유입 SS농도 = 300mg/L
- SS 제거율 = 85%
- 약품첨가량 = 제거 SS량의 20%
- 여과면적 = 20m²
- 건조고형물 여과회수율 = 100%
- 제거 SS량 + 약품첨가량 = 총 건조고형물량
- 비중은 1.0 기준

㉮ 15.4   ㉯ 13.2
㉰ 11.3   ㉱ 9.5

풀이 진공여과기 운전시간(hr/day)

$$= \frac{\text{제거된 SS량}(kg/m^3) \times \text{폐수유입량}(m^3/day)}{\text{여과속도}(kg/m^2 \cdot hr) \times \text{여과면적}(m^2)}$$

$$= \frac{0.3kg/m^3 \times 0.85 \times 1.2 \times 20,000m^3/day}{27kg/m^2 \cdot hr \times 20m^2}$$

$$= 11.33 hr/day$$

38 유해 폐기물 고화처리 방법 중 대표적인 방법인 시멘트기초법에 가장 많이 쓰이는 고화제는?

㉮ 알루미나 포틀랜드 시멘트
㉯ 보통 포틀랜드 시멘트
㉰ 황산염 저항 포틀랜드 시멘트
㉱ 일반 조강 포틀랜드 시멘트

풀이 유해 폐기물 고화처리 방법 중 대표적인 방법인 시멘트기초법에 가장 많이 쓰이는 고화제는 보통 포틀랜드 시멘트이다.

39 토양의 양이온치환용량(CEC)이 10meq/100g이고, 염기포화도가 70%라면, 이 토양에서 H⁺이 차지하는 양(meq/100g)은?

㉮ 3   ㉯ 5
㉰ 7   ㉱ 10

풀이 $H^+ = 10 meq \times (1 - 0.70) = 3 meq$

40 지하수의 특성으로 가장 거리가 먼 것은?

㉮ 무기이온 함유량이 높고, 경도가 높다.
㉯ 광범위한 지역의 환경조건에 영향을 받는다.
㉰ 미생물이 거의 없고 자정속도가 느리다.
㉱ 유속이 느리고 수온변화가 적다.

풀이 ㉯ 국지적인 환경조건에 영향을 받는다.

| 제3과목 | 폐기물 처분기술

41 백필터를 통과한 가스의 먼지농도가 8mg/Sm³이고 먼지의 통과율이 10%라면 백필터를 통과하기 전 가스 중의 먼지농도(g/Sm³)는?

㉮ 0.08   ㉯ 0.88
㉰ 0.80   ㉱ 8.8

풀이 통과율$(P) = \frac{\text{출구농도}}{\text{입구농도}} \times 100$

$10\% = \frac{8 \times 10^{-3} g/Sm^3}{\text{입구농도}(g/Sm^3)} \times 100$

$\therefore \text{입구농도} = \frac{8 \times 10^{-3} g/Sm^3}{0.1} = 0.08 g/Sm^3$

answer 37 ㉰   38 ㉯   39 ㉮   40 ㉯   41 ㉮

42 열분해시설의 전처리단계를 옳게 나타낸 것은?

㉮ 파쇄 → 건조 → 선별 → 2차 파쇄
㉯ 파쇄 → 2차 파쇄 → 건조 → 선별
㉰ 파쇄 → 선별 → 건조 → 2차 선별
㉱ 선별 → 파쇄 → 건조 → 2차 선별

풀이 열분해시설의 전처리단계는 파쇄 → 선별 → 건조 → 2차 선별 순이다.

43 화격자(stoker)식 소각로에서 쓰레기저장소(pit)로부터 크레인에 의하여 소각로 안으로 쓰레기를 주입하는 방식은?

㉮ 상부투입식 ㉯ 하부투입식
㉰ 강제유입식 ㉱ 자연유하식

풀이 화격자식 소각로에서 쓰레기저장소로부터 크레인에 의하여 소각로 안으로 쓰레기를 주입하는 방식은 자연유하식이다.

44 소각 시 탈취방법인 촉매연소법에 대한 설명으로 가장 거리가 먼 것은?

㉮ 제거효율이 높다.
㉯ 처리경비가 저렴하다.
㉰ 처리대상가스의 제한이 없다.
㉱ 저농도 유해물질에도 적합하다.

풀이 ㉰ 처리대상가스의 제한이 있다.

45 플라스틱 재질 중 발열량(kcal/kg)이 가장 낮은 것은?

㉮ 폴리에틸렌(PE)
㉯ 폴리프로필렌(PP)
㉰ 폴리스티렌(PS)
㉱ 폴리염화비닐(PVC)

풀이 이 문제는 정답만 기억하면 된다.

46 액체연료에 연소속도에 영향을 미치는 인자로 거리가 먼 것은?

㉮ 분무입경
㉯ 충분한 체류시간
㉰ 연료의 예열온도
㉱ 기름방울과 공기의 혼합율

풀이 액체연료에 연소속도에 영향을 미치는 인자로는 분무입경, 연료의 예열온도, 기름방울과 공기의 혼합율 등이 있다.

47 폐기물 소각시설로부터 생성되는 고형잔류물에 대한 설명이 틀린 것은?

㉮ 고형잔류물의 관리는 폐기물 소각로 설계와 운전 시에 매우 중요하다.
㉯ 소각로 연소능력 평가는 재연소지수(ABI)를 이용하여 평가한다.
㉰ 가스세정기 슬러지(잔류물)는 질소산화물 세정에서 발생되는 고형잔류물이다.
㉱ 비산재는 전기집진기나 백필터에 의해 99% 이상 제거가 가능하다.

풀이 ㉰ 가스세정기 슬러지(잔류물)는 황산화물 세정에서 발생되는 고형잔류물이다.

answer 42 ㉰ 43 ㉱ 44 ㉰ 45 ㉱ 46 ㉯ 47 ㉰

48 연소조건 중 온도에 대한 설명으로 옳은 것은?

㉮ 도시폐기물의 발화온도는 260~370℃ 정도 되나 필요한 연소기의 최소온도는 850℃이다.
㉯ 연소온도가 너무 높아지면 질소산화물(NOx)이나 산화물(Ox)이 억제된다.
㉰ 연소기로부터의 에너지 회수방법 중 스팀생산을 효과적으로 하기 위해 연소온도를 450℃로 높인다.
㉱ 연소온도가 높으면 연소에 필요한 소요시간이 짧아지고 어느 일정 온도 이상에서는 연소시간이 중요하지 않게 된다.

풀이 ㉮ 도시폐기물의 발화온도는 260~370℃ 정도 되나 필요한 연소기의 최소온도는 650℃이다.
㉯ 연소온도가 너무 높아지면 질소산화물(NOx)이나 산화물(Ox)이 증가된다.
㉰ 연소기로부터의 에너지 회수방법 중 스팀생산을 효과적으로 하기 위해 연소온도를 850℃로 높인다.

49 저위발열량이 8,000kcal/kg의 중유를 연소시키는데 필요한 이론공기량(Sm^3/kg)은? (단, Rosin식 적용)

㉮ 8.8   ㉯ 9.6
㉰ 10.5 ㉱ 11.5

풀이 Rosin식에서 액체연료의 이론공기량(A_o)

$$이론공기량(A_o) = 0.85 \times \frac{Hl}{1,000} + 2 (Sm^3/kg)$$
$$= 0.85 \times \frac{8,000 kcal/kg}{1,000} + 2$$
$$= 8.80 Sm^3/kg$$

50 화격자(grate system)에 대한 설명 중 틀린 것은?

㉮ 로내의 폐기물 이동을 원활하게 해준다.
㉯ 화격자는 폐기물을 잘 연소하도록 교반시키는 역할을 한다.
㉰ 화격자는 아래에서 연소에 필요한 공기가 공급되도록 설계하기도 한다.
㉱ 화격자의 폐기물 이동방향은 주로 하단부에서 상단부 방향으로 이동시킨다.

풀이 ㉱ 화격자의 폐기물 이동방향은 주로 상단부에서 하단부 방향으로 이동시킨다.

51 연소실의 주요재질 중 내화재로써 거리가 먼 것은?

㉮ 캐스타블
㉯ 아우스테니트
㉰ 점토질 내화벽돌
㉱ 고알루미나, SiC 벽돌

풀이 ㉯ 아우스테니트는 철합금으로 내화재로 사용할 수 없다.

52 페놀 188g을 무해화하기 위하여 완전연소시켰을 때 발생되는 CO_2의 발생량(g)은?

㉮ 132   ㉯ 264
㉰ 528   ㉱ 1,056

풀이 $C_6H_5OH + 7O_2 \rightarrow 6CO_2 + 3H_2O$
94g : 6×44g
188g : X
∴ $X(CO_2) = \frac{188g \times 6 \times 44g}{94g} = 528g$

answer 48 ㉱ 49 ㉮ 50 ㉱ 51 ㉯ 52 ㉰

TIP
① C_6H_5OH의 분자량
  $= 6 \times 12 + 5 \times 1 + 16 + 1 = 94$
② CO_2의 분자량 $= 12 + 2 \times 16 = 44$

53 연소가스에 대한 설명으로 틀린 것은?

㉮ 연소가스 - 연료가 연소하여 생성되는 고온가스
㉯ 배출가스 - 연소가스가 피열물에 열을 전달한 후 연도로 방출되는 가스
㉰ 습윤연소가스 - 연소 배가스내에 포화상태의 수증기를 포함한 가스
㉱ 연소배가스의 분석 결과치 - 건조가스를 기준으로 조성비율을 나타냄

풀이 ㉰ 습윤연소가스 - 연소 배가스내에 불포화상태의 수증기를 포함한 가스

54 폐기물관리법령상 고온용융시설의 개별 기준으로 옳은 것은?

㉮ 잔재물의 강열감량은 5% 이하이어야 한다.
㉯ 잔재물의 강열감량은 10% 이하이어야 한다.
㉰ 연소실은 연소가스가 1초 이상 체류할 수 있어야 한다.
㉱ 연소실은 연소가스가 2초 이상 체류할 수 있어야 한다.

풀이 고온용융시설의 개별기준
① 잔재물의 강열감량은 1% 이하이어야 한다.
② 연소실은 연소가스가 1초 이상 체류할 수 있어야 한다.
③ 출구온도는 섭씨 1200도 이상을 유지하여야 한다.

55 전기집진기의 특징으로 거리가 먼 것은?

㉮ 회수가치성이 있는 입자 포집이 가능하다.
㉯ 압력손실이 적고 미세입자까지도 제거할 수 있다.
㉰ 유지관리가 용이하고 유지비가 저렴하다.
㉱ 전압변동과 같은 조건변동에 적응하기가 용이하다.

풀이 ㉱ 전압변동과 같은 조건변동에 적응하기가 어렵다.

56 습식(액체)연소법의 설명으로 옳은 것은?

㉮ 분무연소법과 증발연소법이 있다.
㉯ 압력과 온도를 낮출수록 산화가 촉진된다.
㉰ Winkler가스 발생로서 공업화가 이루어졌다.
㉱ 가연성물질의 함량에 관계없이 보조연료가 필요하다.

57 소각로 종류별 장점과 단점에 대한 설명이 틀린 것은?

㉮ 회전로방식 : 설치비가 저렴하나 수분함량이 많은 폐기물은 처리할 수 없다.
㉯ 다단로방식 : 수분함량이 높은 폐기물도 연소가 가능하나 온도반응이 더디다.
㉰ 고정상방식 : 화격자에 적재가 불가능한 폐기물을 소각할 수 있으나 연소효율이 나쁘다.
㉱ 화격자방식 : 연속적인 소각과 배출이 가능하나 체류시간이 길고 국부가열이 발생할 염려가 있다.

풀이 ㉮ 회전로방식: 설치비가 높고 수분함량이 많은 폐기물을 처리할 수 있다.

answer 53 ㉰ 54 ㉰ 55 ㉱ 56 ㉮ 57 ㉮

58 CH_3OH 2kg을 연소시키는데 필요한 이론 공기량의 부피(Sm^3)는?

㉮ 7 ㉯ 8
㉰ 9 ㉱ 10

풀이 ① $CH_3OH + 1.5O_2 \rightarrow CO_2 + 2H_2O$

$32kg : 1.5 \times 22.4 Sm^3$
$2kg : O_o(Sm^3)$

$\therefore 산소량(O_o) = \dfrac{2kg \times 1.5 \times 22.4 Sm^3}{32kg}$

$= 2.10 Sm^3$

② 이론공기량(Sm^3) = 이론산소량(Sm^3) $\times \dfrac{1}{0.21}$

$= 2.10 Sm^3 \times \dfrac{1}{0.21}$

$= 10 Sm^3$

59 폐기물의 소각과정에서 연소효율을 높이기 위한 방법으로 보조연료를 사용하는 경우 보조연료의 특징으로 옳은 것은?

㉮ 매연생성도는 방향족, 나프텐계, 올레핀계, 파라핀계 순으로 높다.
㉯ C/H비가 클수록 비교적 비점이 높은 연료이며 매연발생이 쉽다.
㉰ C/H비가 클수록 휘발성이 낮고 방사율이 작다.
㉱ 중질유의 연료일수록 C/H비가 작다.

풀이 ㉮ 매연생성도는 방향족, 나프텐계, 올레핀계, 파라핀계 순으로 낮다.
㉰ C/H비가 클수록 휘발성이 높고 방사율이 크다.
㉱ 중질유의 연료일수록 C/H비가 크다.

60 RDF(Refuse Derived Fuel)가 갖추어야 하는 조건에 관한 설명으로 옳지 않은 것은?

㉮ 제품의 함수율이 낮아야 한다.
㉯ RDF용 소각로 제작이 용이하도록 발열량이 높지 않아야 한다.
㉰ 원료 중에 비가연성 성분이나 연소 후 잔류하는 재의 양이 적어야 한다.
㉱ 조성 배합율이 균일하여야 하고 대기오염이 적어야 한다.

풀이 ㉯ RDF용 소각로 제작이 용이하도록 발열량이 높아야 한다.

| 제4과목 | 폐기물공정시험기준

61 원자흡수분광광도법에 의한 검량선 작성방법 중 분석시료의 조성은 알고 있으나 공존성분이 복잡하거나 불분명한 경우, 공존성분의 영향을 방지하기 위해 사용하는 방법은?

㉮ 절대검정곡선법 ㉯ 표준물첨가법
㉰ 상대검정곡선법 ㉱ 외부표준법

풀이 ㉯ 표준물첨가법에 대한 설명이다.

62 시료채취 시 대상폐기물의 양과 최소시료 수가 옳게 짝지어진 것은?

㉮ 1ton 미만 : 6
㉯ 1ton 이상 5ton 미만 : 12
㉰ 5ton 이상 30ton 미만 : 15
㉱ 30ton 이상 100ton 미만 : 30

answer 58 ㉱ 59 ㉯ 60 ㉯ 61 ㉯ 62 ㉮

풀이 대상폐기물의 양과 시료의 최소 수

대상폐기물의 양(단위 : ton)	시료의 최소 수
~1 미만	6
1 이상~5 미만	10
5 이상~30 미만	14
30 이상~100 미만	20
100 이상~500 미만	30
500 이상~1,000 미만	36
1,000 이상~5,000 미만	50
5,000 이상	60

63 노말헥산 추출물질 시험결과가 다음과 같을 때 노말헥산 추출물질량(mg/L)은?

- 건조 증발용 플라스크 무게 : 42.0424g
- 추출건조 후 증발용 플라스크 무게와 잔류물질 무게 : 42.0748g
- 시료량 : 200mL

㉮ 152 ㉯ 162
㉰ 252 ㉱ 272

풀이 노말헥산 추출물질량(mg/L)
$= \dfrac{(42.0748 - 42.0424) \times 10^3 \,\text{mg}}{0.2\,\text{L}} = 162\,\text{mg/L}$

64 감염성 미생물 검사법과 가장 거리가 먼 것은?

㉮ 아포균 검사법
㉯ 최적확수 검사법
㉰ 세균배양 검사법
㉱ 멸균테이프 검사법

풀이 감염성 미생물 검사법에는 아포균 검사법, 세균배양 검사법, 멸균테이프 검사법이 있다.

65 정도보증/정도관리를 위한 현장 이중시료에 관한 내용으로 ( )에 알맞은 것은?

> 현장 이중시료는 동일 위치에서 동일한 조건으로 중복 채취한 시료로서 독립적으로 분석하여 비교한다. 현장 이중시료는 필요 시 하루에 ( )이하의 시료를 채취할 경우에는 1개를, 그 이상의 시료를 채취할 때에는 시료 ( )당 1개를 추가로 채취한다.

㉮ 5개 ㉯ 10개
㉰ 15개 ㉱ 20개

66 자외선/가시선 분광법으로 카드뮴을 정량 시 사용하는 시약과 그 용도가 잘못 짝지어진 것은?

㉮ 발색시약 : 디티존
㉯ 시료의 전처리 : 질산-황산
㉰ 추출용매 : 사염화탄소
㉱ 역추출용매 : 황화나트륨용액

풀이 ㉱ 역추출용매 : 타타르산용액

67 HCl(비중 1.18) 200mL를 1L의 메스플라스크에 넣은 후 증류수로 표선까지 채웠을 때 이 용액의 염산농도(W/V%)는?

㉮ 19.6 ㉯ 20.0
㉰ 23.1 ㉱ 23.6

풀이 $W/V(\%) = \dfrac{용질}{용질 + 용매}$
$= \dfrac{200\,\text{mL} \times 1.18\,\text{g/mL}}{1,000\,\text{mL}} \times 100 = 23.6\%$

answer 63 ㉯ 64 ㉯ 65 ㉱ 66 ㉱ 67 ㉱

TIP
① 용질+용매 = 1L = 1,000mL
② 비중의 단위는 g/cm^3 = g/mL
③ 중량(g) = 부피(mL) × 비중(g/mL)

68 유기인의 정제용 컬럼으로 적절하지 않은 것은?

㉮ 실리카겔 컬럼 ㉯ 플로리실 컬럼
㉰ 활성탄 컬럼   ㉱ 실리콘 컬럼

풀이 유기인의 정제용 컬럼으로는 실리카겔 컬럼, 플로리실 컬럼, 활성탄 컬럼이 있다.

69 지정폐기물에 함유된 유해물질의 기준으로 옳은 것은?

㉮ 납 = 3mg/L
㉯ 카드뮴 = 3mg/L
㉰ 구리 = 0.3mg/L
㉱ 수은 = 0.0005mg/L

70 자외선/가시선 분광법을 적용한 구리 측정에 관한 내용으로 옳은 것은?

㉮ 정량한계는 0.002mg이다.
㉯ 적갈색의 킬레이트 화합물이 생성된다.
㉰ 흡광도는 520nm에서 측정한다.
㉱ 정량 범위는 0.01~0.05mg이다.

풀이 ㉯ 황갈색의 킬레이트 화합물이 생성된다.
㉰ 흡광도는 440nm에서 측정한다.
㉱ 정량 범위는 0.002~0.03mg이다.

71 기체크로마토그래피법에서 사용하는 열전도도 검출기(TCD)에서 사용되는 가스의 종류는?

㉮ 질소   ㉯ 헬륨
㉰ 프로판   ㉱ 아세틸렌

풀이 열전도도 검출기(TCD)에서 사용하는 운반가스는 수소(H_2)와 헬륨(He)이다.

72 폐기물공정시험기준에 적용되는 관련 용어에 관한 내용으로 틀린 것은?

㉮ 반고상폐기물 : 고형물의 함량이 5% 이상 15% 미만인 것을 말한다.
㉯ 비함침성 고상폐기물 : 금속판, 구리선 등 기름을 흡수하지 않는 평면 또는 비평면 형태의 변압기 내부부재를 말한다.
㉰ 바탕시험을 하여 보정한다 : 규정된 시료로 같은 방법으로 실험하여 측정치를 보정하는 것을 말한다.
㉱ 정밀히 단다 : 규정된 양의 시료를 취하여 화학저울 또는 미량저울로 칭량함을 말한다.

풀이 ㉰ 바탕시험을 하여 보정한다 : 시료를 사용하지 않고 같은 방법으로 조작한 측정치를 빼는 것이다.

answer 68 ㉱ 69 ㉮ 70 ㉮ 71 ㉯ 72 ㉰

73 기기검출한계(IDL)에 관한 설명으로 ( )에 옳은 것은?

> 시험분석 대상물질을 기기가 검출할 수 있는 최소한의 농도 또는 양으로서 바탕 시료를 반복 측정 분석한 결과의 표준편차에 ( )배한 값을 말한다.

㉮ 2 ㉯ 3
㉰ 5 ㉱ 10

풀이 ① 기기검출한계 = 표준편차(S)×3
② 정량한계 = 표준편차(S)×10

74 강열 전의 접시와 시료의 무게 200g, 강열 후의 접시와 시료의 무게 150g, 접시 무게 100g일 때 시료의 강열감량(%)은?

㉮ 40 ㉯ 50
㉰ 60 ㉱ 70

풀이
$$강열감량(\%) = \frac{(W_2 - W_3)}{(W_2 - W_1)} \times 100$$
$$= \frac{(200\,g - 150\,g)}{(200\,g - 100\,g)} \times 100 = 50\%$$

TIP
① 강열감량 : 분석 시료를 가열하였을 때의 질량의 감소분
② 휘발성고형물(%) = 강열감량(%)-수분(%)

75 유도결합플라스마-원자발광분광법의 장치에 포함되지 않는 것은?

㉮ 시료주입부, 고주파전원부
㉯ 광원부, 분광부
㉰ 운반가스유로, 가열오븐
㉱ 연산처리부

풀이 ㉰번은 기체크로마토그래피의 장치이다.

76 온도에 대한 규정으로 14℃가 포함되지 않은 것은?

㉮ 상온 ㉯ 실온
㉰ 냉수 ㉱ 찬곳

풀이 ㉮ 상온 : 15~25℃, ㉯ 실온 : 1~35℃,
㉰ 냉수 : 15℃이하, ㉱ 찬곳 : 0~15℃

77 시료 준비를 위한 회화법에 관한 기준으로 ( )에 옳은 것은?

> 목적성분이 (㉠) 이상에서 (㉡)되지 않고 쉽게 (㉢)될 수 있는 시료에 적용

㉮ ㉠ 400℃, ㉡ 회화, ㉢ 휘산
㉯ ㉠ 400℃, ㉡ 휘산, ㉢ 회화
㉰ ㉠ 800℃, ㉡ 회화, ㉢ 휘산
㉱ ㉠ 800℃, ㉡ 휘산, ㉢ 회화

풀이 회화법은 목적성분이 400℃ 이상에서 휘산되지 않고 쉽게 회화될 수 있는 시료에 적용한다.

78 자외선/가시선 분광법에서 시료액의 흡수파장이 약 370nm 이하일 때 일반적으로 사용하는 흡수셀은?

㉮ 젤라틴셀 ㉯ 석영셀
㉰ 유리셀   ㉱ 플라스틱셀

풀이 ① 흡수파장이 약 370nm 이하 : 석영셀
② 흡수파장이 약 370nm 이상 : 유리셀, 석영셀

answer 73 ㉯ 74 ㉯ 75 ㉰ 76 ㉮ 77 ㉯ 78 ㉯

79 중량법으로 기름성분을 측정할 때 시료채취 및 관리에 관한 내용으로 ( )에 옳은 것은?

> 시료는 (㉠) 이내 증발처리를 하여야 하나 최대한 (㉡)을 넘기지 말아야 한다.

㉮ ㉠ 6시간, ㉡ 24시간
㉯ ㉠ 8시간, ㉡ 24시간
㉰ ㉠ 12시간, ㉡ 7일
㉱ ㉠ 24시간, ㉡ 7일

풀이 기름성분을 중량법으로 측정할 때 시료는 24시간 이내 증발처리를 하여야 하나 최대한 7일을 넘기지 말아야 한다.

80 시료의 전처리(산분해법)방법 중 유기물 등을 많이 함유하고 있는 대부분의 시료에 적용하는 것은?

㉮ 질산 - 염산 분해법
㉯ 질산 - 황산 분해법
㉰ 염산 - 황산 분해법
㉱ 염산 - 과염소산 분해법

풀이 시료의 전처리(산분해법)
① 질산 분해법 : 유기물 함량이 낮은 시료
② 질산 - 염산 분해법 : 유기물의 함량이 비교적 높지 않고 금속의 수산화물, 산화물, 인산염 및 황화물을 함유하고 있는 시료
③ 질산 - 과염소산 분해법 : 유기물을 높은 비율로 함유하고 있으면서 산화분해가 어려운 시료
④ 질산 - 과염소산 - 불화수소산 분해법 : 점토질 또는 규산염이 높은 비율로 함유된 시료

answer 79 ㉱ 80 ㉯

2021년 1회 기출문제

| 제1과목 | 폐기물개론

01 트롬멜 스크린에 대한 설명으로 틀린 것은?

㉮ 수평으로 회전하는 직경 3미터 정도의 원통형태이며 가장 널리 사용되는 스크린의 하나이다.
㉯ 최적회전속도는 임계회전속도의 45% 정도이다.
㉰ 도시폐기물 처리 시 적정회전속도는 100~180rpm이다.
㉱ 경사도는 대개 2~3°를 채택하고 있다.

풀이 ㉰ 도시폐기물 처리 시 적정회전속도는 11~13rpm이다.

02 폐기물의 성분을 조사한 결과 플라스틱의 함량이 20%(중량비)로 나타났다. 이 폐기물의 밀도가 300kg/m³이라면 6.5m³ 중에 함유된 플라스틱의 양(kg)은?

㉮ 300 ㉯ 345
㉰ 390 ㉱ 415

풀이 플라스틱의 양(kg)
$= 6.5 m^3 \times 300 kg/m^3 \times \dfrac{20\%}{100} = 390 kg$

03 파이프라인을 이용하여 폐기물을 수송하는 방법에 대한 설명으로 가장 거리가 먼 것은?

㉮ 보다 친환경적이며 장거리 수송이 용이하다.
㉯ 잘못 투입된 물건을 회수하기가 곤란하다.
㉰ 쓰레기 발생 밀도가 높은 곳일수록 현실성이 높아진다.
㉱ 조대쓰레기는 파쇄, 압축 등의 전처리를 할 필요가 있다.

풀이 ㉮ 보다 친환경적이며 단거리 수송이 용이하다.

04 폐기물 성상분석에 대한 분석절차로 옳은 것은?

㉮ 물리적 조성 → 밀도측정 → 건조 → 절단 및 분쇄 → 발열량분석
㉯ 밀도측정 → 물리적 조성 → 건조 → 절단 및 분쇄 → 발열량분석
㉰ 물리적 조성 → 밀도측정 → 절단 및 분쇄 → 건조 → 발열량분석
㉱ 밀도측정 → 물리적 조성 → 절단 및 분쇄 → 건조 → 발열량분석

풀이 폐기물 성상분석에 대한 분석절차는 시료 → 밀도측정 → 물리적 조성 → 건조 → 분류(가연성, 불연성) → 절단 및 분쇄(전처리) → 발열량분석(또는 화학적 조성분석) 순이다.

answer 01 ㉰ 02 ㉰ 03 ㉮ 04 ㉯

05 Eddy Current Separator는 물질 특성상 세 종류로 분리한다. 이 때 구리전선과 같은 종류로 선별되는 것은?

㉮ 은수저   ㉯ 철나사못
㉰ PVC   ㉱ 희토류 자석

풀이 Eddy Current Separator는 폐기물 중 비철금속을 선별회수하는 방법이므로 ㉮ 은수저가 정답이다.

TIP
와전류 선별법(Eddy Current Separator)
연속적으로 변화하는 자장 속에 비자성이며, 전기전도성이 좋은 구리, 알루미늄, 아연 등을 넣어 금속 내에 소용돌이 전류를 발생시켜 반발력의 차를 이용하여 분리하는 방법이다.

06 직경이 1.0m인 트롬멜 스크린의 최적속도(rpm)는?

㉮ 약 63   ㉯ 약 42
㉰ 약 19   ㉱ 약 8

풀이
① 임계속도(N_C) = $\sqrt{\dfrac{g}{4\pi^2 r}} \times 60$

= $\sqrt{\dfrac{9.8\,\text{m/sec}^2}{4 \times \pi^2 \times \dfrac{1.0\,\text{m}}{2}}} \times 60$

= 42.2765 rpm

② 최적속도(N_S) = 임계속도(N_C) × 0.45
= 42.2765 rpm × 0.45
= 19.02 rpm

07 전과정평가(LCA)를 구성하는 4단계 중, 조사분석과정에서 확정된 자원요구 및 환경부하에 대한 영향을 평가하는 기술적, 정량적, 정성적 과정인 것은?

㉮ impact analysis
㉯ initiation analysis
㉰ inventory analysis
㉱ improvement analysis

풀이 ㉮ 영향평가(impact analysis)에 대한 설명이다.

TIP
전과정평가(LCA)의 평가 순서
목적 및 범위 설정(initiation analysis) → 목록분석(inventory analysis) → 영향평가(impact analysis) → 개선평가 및 해석(improvement analysis)

08 pH가 2인 폐산용액은 pH가 4인 폐산용액에 비해 수소이온이 몇 배 더 함유되어 있는가?

㉮ 2배   ㉯ 5배
㉰ 10배   ㉱ 100배

풀이 pH = $-\log[H^+]$에서 $[H^+] = 10^{-pH}\,\text{mol/L}$

$\dfrac{\text{pH}\,2}{\text{pH}\,4} = \dfrac{10^{-2}\,\text{mol/L}}{10^{-4}\,\text{mol/L}} = 100$배

09 습량기준 회분량이 16%인 폐기물의 건량기준 회분량(%)은? (단, 폐기물의 함수율 = 20%)

㉮ 20   ㉯ 18
㉰ 16   ㉱ 14

풀이 폐기물의 건량기준 회분량(%)
= $16\% \times \dfrac{100\%}{100\% - 20\%}$ = 20%

answer 05 ㉮ 06 ㉰ 07 ㉮ 08 ㉱ 09 ㉮

10 압축기에 쓰레기를 넣고 압축시킨 결과 압축비가 5였을 때 부피감소율(%)은?

㉮ 50 ㉯ 60
㉰ 80 ㉱ 90

풀이 부피감소율(%) $= \left(1 - \dfrac{1}{압축비}\right) \times 100$
$= \left(1 - \dfrac{1}{5}\right) \times 100 = 80\%$

11 폐기물 수거노선의 설정요령으로 적합하지 않은 것은?

㉮ 수거지점과 수거빈도를 결정하는데 기존 정책이나 규정을 참고한다.
㉯ 간선도로부근에서 시작하고 끝나도록 배치한다.
㉰ 반복운행을 피하도록 한다.
㉱ 반 시계방향으로 수거노선을 설정한다.

풀이 ㉱ 시계방향으로 수거노선을 설정한다.

12 적환장의 설치 적용 이유로 가장 거리가 먼 것은?

㉮ 저밀도 거주지역이 존재할 경우
㉯ 불법투기와 다량의 어지러진 쓰레기들이 발생할 때
㉰ 부패성 폐기물 다량 발생지역이 있는 경우
㉱ 처분지가 수집 장소로부터 16km 이상 멀리 떨어져 있는 경우

TIP
적환장의 설치 적용 이유
① 폐기물 수집장소와 처분장소가 멀리 떨어져 있는 경우
② 소용량 수집차량이 사용되는 경우
③ 상업지역에서 폐기물 수집에 소형용기를 사용하는 경우
④ 불법투기와 다량의 어지러진 쓰레기들이 발생하는 경우
⑤ 슬러지 수송이나 공기수송 방식을 사용할 때
⑥ 저밀도 주거지역이 존재하는 경우
⑦ 작은 규모의 주택들이 밀집되어 있을 때

13 일반 폐기물의 수집운반 처리 시 고려사항으로 가장 거리가 먼 것은?

㉮ 지역별, 계절별 발생량 및 특성 고려
㉯ 다른 지역의 경유 시 밀폐 차량 이용
㉰ 해충방지를 위해서 약제살포 금지
㉱ 지역여건에 맞게 기계식 상차방법 이용

풀이 ㉰ 해충방지를 위해서 약제 살포

14 쓰레기 수거계획 수립 시 가장 우선되어야 할 항목은?

㉮ 수거빈도 ㉯ 수거노선
㉰ 차량의 적재량 ㉱ 인부수

풀이 쓰레기 수거계획 수립 시 가장 우선되어야 할 항목은 수거노선이다.

answer 10 ㉰ 11 ㉱ 12 ㉰ 13 ㉰ 14 ㉯

15 도시의 쓰레기 특성을 조사하기 위하여 시료 100kg에 대한 습윤상태의 무게와 함수율을 측정한 결과가 다음 표와 같을 때 이 시료의 건조중량(kg)은?

성 분	습윤상태의 무게(kg)	함수율(%)
연탄재	60	20
채소, 음식물류	10	65
종이, 목재류	10	10
고무, 가죽류	15	3
금속, 초자기류	5	2

㉮ 70　　㉯ 80
㉰ 90　　㉱ 100

풀이 ① 평균 함수율(%)
$= \dfrac{60\,kg \times 20\% + 10\,kg \times 65\% + 10\,kg \times 10\% + 15\,kg \times 3\% + 5\,kg \times 2\%}{60\,kg + 10\,kg + 10\,kg + 15\,kg + 5\,kg}$
$= 20.05\%$
② 시료의 건조중량(kg)
$= 100\,kg \times \dfrac{100 - 20.05\%}{100\%} = 79.95\,kg$

16 폐기물 시료를 축분함에 있어 처음 무게의 $\dfrac{1}{30} \sim \dfrac{1}{35}$ 의 무게를 얻고자 한다면 원추4분법을 몇 회 시행하여야 하는가?

㉮ 10회　　㉯ 8회
㉰ 6회　　㉱ 5회

풀이 회 $= \left(\dfrac{1}{2}\right)^n$
$\dfrac{1}{30} = \left(\dfrac{1}{2}\right)^n$ 에서 $\ln\dfrac{1}{30} = n\ln\dfrac{1}{2}$
$\therefore n = \dfrac{\ln\dfrac{1}{30}}{\ln\dfrac{1}{2}} = 4.90$회

$\dfrac{1}{35} = \left(\dfrac{1}{2}\right)^n$ 에서 $\ln\dfrac{1}{35} = n\ln\dfrac{1}{2}$
$\therefore n = \dfrac{\ln\dfrac{1}{35}}{\ln\dfrac{1}{2}} = 5.13$회

따라서 5회가 정답이다.

17 사업장에서 배출되는 폐기물을 감량화 시키기 위한 대책으로 가장 거리가 먼 것은?

㉮ 원료의 대체
㉯ 공정 개선
㉰ 제품 내구성 증대
㉱ 포장횟수의 확대 및 장려

풀이 ㉱ 포장횟수의 축소 및 억제

18 쓰레기에서 타는 성분의 화학적 성상 분석 시 사용되는 자동원소분석기에 의해 동시 분석이 가능한 항목을 모두 나열한 것은?

㉮ 탄소, 질소, 수소
㉯ 탄소, 황, 수소
㉰ 탄소, 수소, 산소
㉱ 질소, 황, 산소

풀이 자동원소분석기에 의해 동시 분석이 가능한 항목은 탄소(C), 질소(N), 수소(H)이다.

answer 15 ㉯　16 ㉱　17 ㉱　18 ㉮

19 퇴비화 과정에서 공기의 역할 중 잘못된 것은?

㉮ 온도를 조절한다.
㉯ 공급량은 많을수록 퇴비화가 잘된다.
㉰ 수분과 CO_2 등 다른 가스들을 제거한다.
㉱ 미생물이 호기적 대사를 할 수 있도록 한다.

풀이 ㉯ 산소농도는 5~15%가 적당하며, 공기가 과잉 공급되면 퇴비화의 온도가 낮아지는 문제점이 발생한다.

20 쓰레기의 발열량을 구하는 식 중 Dulong 식에 대한 설명으로 옳은 것은?

㉮ 고위발열량은 저위발열량, 수소함량, 수분함량만으로 구할 수 있다.
㉯ 원소분석에서 나온 C, H, O, N 및 수분 함량으로 계산할 수 있다.
㉰ 목재나 쓰레기와 같은 셀룰로오스의 연소에서는 발열량이 약 10% 높게 추정된다.
㉱ Bomb 열량계로 구한 발열량에 근사시키기 위해 Dulong의 보정식이 사용된다.

풀이 ㉮ 고위발열량은 탄소함량, 수소함량, 산소함량, 황함량으로 구할 수 있다.
㉯ 원소분석에서 나온 C, H, O, S 함량으로 계산할 수 있다.
㉰ 목재나 쓰레기와 같은 셀룰로오스의 연소에서는 발열량이 약 10% 낮게 추정된다.

TIP
Dulong의 고위발열량(Hh) 계산공식
$$Hh = 8,100C + 34,000\left(H - \frac{O}{8}\right) + 2,500S \text{ (kcal/kg)}$$

| 제2과목 | 폐기물 재활용 및 자원화 기술

21 분뇨를 희석폭기방식으로 처리하려 할 때, 적절한 방법으로 볼 수 없는 것은?

㉮ BOD부하는 $1kg/m^3 \cdot d$ 이하로 한다.
㉯ 반송슬러지량은 희석된 분뇨량의 50~60%를 표준으로 한다.
㉰ 폭기시간은 12시간 이상으로 한다.
㉱ 조의 유효수심은 3.5~5m를 표준으로 한다.

22 다음 그래프는 쓰레기 매립지에서 발생되는 가스의 성상이 시간에 따라 변하는 과정을 보이고 있다. 곡선(가)과 (나)에 해당하는 가스는?

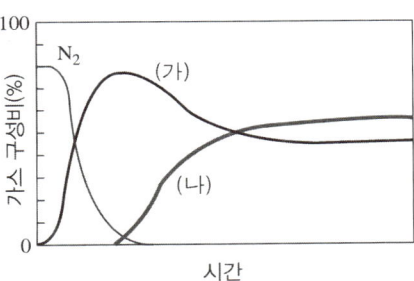

㉮ (가) H_2, (나) CH_4
㉯ (가) CH_4, (나) CO_2
㉰ (가) CO_2, (나) CH_4
㉱ (가) CH_4, (나) H_2

풀이 (가)의 그래프는 이산화탄소(CO_2)이고, (나)의 그래프는 메탄(CH_4)이다.

answer 19 ㉯ 20 ㉱ 21 ㉯ 22 ㉰

23 매립지에서의 물 수지(water balance)를 고려하여 침출수량을 추정하고자 한다. 강수량을 P, 폐기물 함유수분량을 W, 증발산량을 ET, 유출(run-off)량을 R로 표시하고, 기타항을 무시할 때, 침출수량을 나타내는 식은?

㉮ P − W − ET − R
㉯ W + P − ET + R
㉰ ET + R + P − W
㉱ P + W − ET − R

풀이 침출수량 = 강수량(P) + 함유수분량(W) − 증발산량(ET) − 유출량(R)

24 연소효율 식으로 옳은 것은? (단, $\eta(\%)$: 연소효율, H_i : 저위발열량, L_c : 미연소 손실, L_i : 불완전연소 손실)

㉮ $\eta(\%) = \dfrac{H_i + (L_c - L_i)}{H_i} \times 100$

㉯ $\eta(\%) = \dfrac{H_i - (L_c + L_i)}{H_i} \times 100$

㉰ $\eta(\%) = \dfrac{(L_c + L_i) - H_i}{H_i} \times 100$

㉱ $\eta(\%) = \dfrac{(L_c - L_i) - H_i}{H_i} \times 100$

풀이 연소효율(%)
$= \dfrac{저위발열량(H_i) - [미연소손실(L_c) + 불완전연소손실(L_i)]}{저위발열량(H_i)} \times 100$

25 호기성 퇴비화 공정 설계인자에 대한 설명으로 틀린 것은?

㉮ 퇴비화에 적당한 수분함량은 50~60%로 40% 이하가 되면 분해율이 감소한다.
㉯ 온도는 55~60℃로 유지시켜야 하며 70℃를 넘어서면 공기공급량을 증가시켜 온도를 적정하게 조절한다.
㉰ C/N비가 20 이하이면 질소가 암모니아로 변하여 pH를 증가시켜 악취를 유발시킨다.
㉱ 산소 요구량은 체적당 20~30%의 산소를 공급하는 것이 좋다.

풀이 ㉱ 산소 요구량은 체적당 5~15%의 산소를 공급하는 것이 좋다.

26 매립지의 침출수를 혐기성 처리하고자 할 때 장점이 아닌 것은?

㉮ 슬러지 처리 비용이 적어진다.
㉯ 온도에 대한 영향이 거의 없다.
㉰ 고농도의 침출수를 희석 없이 처리할 수 있다.
㉱ 난분해성 물질이 함유된 침출수 처리에 효과적이다.

풀이 ㉯ 온도의 영향이 크다는 단점이 있다.

27 대표 화학적 조성이 $C_7H_{10}O_5N_2$인 폐기물의 C/N비는?

㉮ 2   ㉯ 3
㉰ 4   ㉱ 5

풀이 $\dfrac{C}{N} = \dfrac{탄소량}{질소량} = \dfrac{12 \times 7}{14 \times 2} = 3.0$

answer 23 ㉱ 24 ㉯ 25 ㉱ 26 ㉯ 27 ㉯

28 토양증기추출법(SVE)에 대한 설명으로 옳지 않은 것은?

㉮ 생물학적 처리효율을 높여준다.
㉯ 오염물질의 독성은 변화가 없다.
㉰ 총 처리시간은 예측하기가 용이하다.
㉱ 추출된 기체는 대기오염방지를 위해 후처리가 필요하다.

풀이 ㉰ 총 처리시간은 예측하기가 어렵다.

29 매립지에서 발생하는 메탄가스는 온실가스로 이산화탄소에 비하여 약 21배의 지구온난화 효과가 있는 것으로 알려져 있어 매립지에서 발생하는 메탄가스를 메탄산화세균을 이용하여 처리하고자 한다. 메탄산화세균에 의한 메탄처리와 관련한 설명 중 틀린 것은?

㉮ 메탄산화세균은 혐기성 미생물이다.
㉯ 메탄산화세균은 자가영양미생물이다.
㉰ 메탄산화세균은 주로 복토층 부근에서 많이 발견된다.
㉱ 메탄은 메탄산화세균에 의해 산화되며, 이산화탄소로 바뀐다.

풀이 ㉮ 메탄산화세균은 호기성 미생물이다.

30 폐기물을 중간처리(소각처리)하는 과정에서 얻어지는 결과로 가장 거리가 먼 것은?

㉮ 대체에너지화   ㉯ 폐기물 감량화
㉰ 유독물질 안정화   ㉱ 대기오염 방지화

풀이 ㉱ 대기오염 유발

31 아주 적은 양의 유기성 오염물질도 지하수의 산소를 고갈시킬 수 있기 때문에 생물학적 In-situ 정화에서는 인위적으로 지하수에 산소를 공급하여야 한다. 이와 같은 산소부족을 해결할 수 있는 대안 공급물질로 가장 적절한 것은?

㉮ 과산화수소   ㉯ 이산화탄소
㉰ 에탄올   ㉱ 인산염

풀이 산소부족을 해결할 수 있는 대안 공급물질로는 과산화수소(H_2O_2)가 있다.

32 다음 물질을 같은 조건하에서 혐기성 처리를 할 때 슬러지 생산량이 가장 많은 것은?

㉮ Lipid   ㉯ Protein
㉰ Amino acid   ㉱ Carbohydrate

풀이 혐기성 처리를 할 때 슬러지 생산량이 가장 많은 것은 탄수화물(Carbohydrate)이다.

answer 28 ㉰ 29 ㉮ 30 ㉱ 31 ㉮ 32 ㉱

33 점토의 수분함량 지표인 소성지수, 액성한계, 소성한계의 관계로 옳은 것은?

㉮ 소성지수 = 액성한계 - 소성한계
㉯ 소성지수 = 액성한계 + 소성한계
㉰ 소성지수 = 액성한계 / 소성한계
㉱ 소성지수 = 소성한계 / 액성한계

풀이 소성지수 = 액성한계 - 소성한계이다.

TIP
① 액성한계 : 수분의 함량이 일정 수준 이상이 되면 점토상태가 액체상태로 변하게 되는데 이때의 한계 수분 함량을 말한다.
② 소성한계 : 수분함량이 일정 수준 미만이 되면 점토가 성형상태를 유지하지 못하고 부서지게 되는데 이때의 한계 수분 함량을 말한다.

34 매립쓰레기의 혐기성 분해과정을 나타낸 반응식이 아래와 같을 때, 발생가스 중 메탄함유율(발생량 부피%)을 구하는 식(㉢)으로 옳은 것은?

$$C_aH_bO_cN_d + (㉠)H_2O \rightarrow (㉡)CO_2 + (㉢)CH_4 + (㉣)NH_3$$

㉮ $\dfrac{(4a+b+2c+3d)}{8}$

㉯ $\dfrac{(4a-2b-2c+3d)}{8}$

㉰ $\dfrac{(4a+b-2c-3d)}{8}$

㉱ $\dfrac{(4a+2b-2c-3d)}{8}$

풀이 혐기성 완전분해식

$$C_aH_bO_cN_d + \left(\dfrac{4a-b-2c+3d}{4}\right)H_2O$$

$$\rightarrow \left(\dfrac{4a+b-2c-3d}{8}\right)CH_4 + \left(\dfrac{4a-b+2c+3d}{8}\right)CO_2 + dNH_3$$

35 일반적으로 매립장 침출수 생성에 가장 큰 영향을 미치는 인자는?

㉮ 쓰레기의 함수율
㉯ 지하수의 유입
㉰ 표토를 침투하는 강수
㉱ 쓰레기 분해과정에서 발생하는 발생수

풀이 매립장 침출수 생성에 가장 큰 영향을 미치는 인자는 표토를 침투하는 강수이다.

36 시멘트를 이용한 유해폐기물 고화처리 시 압축강도, 투수계수, 물·시멘트비(water/cement ratio)사이의 관계를 바르게 설명한 것은?

㉮ 물/시멘트비는 투수계수에 영향을 주지 않는다.
㉯ 압축강도와 투수계수 사이는 정비례한다.
㉰ 물/시멘트비가 낮으면 투수계수는 증가한다.
㉱ 물/시멘트비가 높으면 압축강도는 낮아진다.

풀이 ㉮ 물/시멘트비는 투수계수에 영향을 미친다.
㉯ 압축강도와 투수계수 사이는 반비례 관계이다.
㉰ 물/시멘트비가 낮으면 투수계수는 감소한다.

answer 33 ㉮ 34 ㉰ 35 ㉰ 36 ㉱

37 매립지 가스에 의한 환경영향이라 볼 수 없는 것은?

㉮ 화재와 폭발
㉯ VOC 용해로 인한 지하수 오염
㉰ 충분한 산소제공으로 인한 식물 성장
㉱ 매립가스내 VOC 함유로 인한 건강위해

풀이 ㉰ 가스 발생으로 인한 식물 성장 저해

38 완전히 건조된 고형분의 비중이 1.3이며, 건조 이전의 슬러지 내 고형분 함량이 42%일 때 건조 이전 슬러지 케익의 비중은?

㉮ 1.042 ㉯ 1.107
㉰ 1.132 ㉱ 1.163

풀이 $\dfrac{1}{\rho_{SL}} = \dfrac{0.42}{1.3} + \dfrac{0.58}{1.0}$ ∴ $\rho_{SL} = 1.107$

TIP
$\dfrac{1}{\rho_{SL}} = \dfrac{W_{TS}}{\rho_{TS}} + \dfrac{W_P}{\rho_P}$

ρ_{SL} : 슬러지의 비중
ρ_{TS} : 고형물의 비중
W_{TS} : 고형물의 함량
ρ_P : 수분의 비중
W_P : 수분의 함량

39 수분이 90%인 젖은슬러지를 건조시켜 수분이 20%인 건조슬러지로 만들고자 한다. 젖은슬러지 kg당 생산되는 건조슬러지의 양(kg)은?

㉮ 0.1 ㉯ 0.125
㉰ 0.25 ㉱ 0.5

풀이 $W_1 \times (100 - P_1) = W_2 \times (100 - P_2)$
$1\,kg \times (100 - 90\%) = W_2 \times (100 - 20\%)$
∴ $W_2 = 0.125\,kg$

40 분뇨처리 최종생성물의 요구조건으로 가장 거리가 먼 것은?

㉮ 위생적으로 안전할 것
㉯ 생화학적으로 분해가 가능할 것
㉰ 최종생성물의 감량화를 기할 것
㉱ 공중에 혐오감을 주지 않을 것

풀이 ㉯ 생화학적으로 분해가 불가능할 것

| 제3과목 | 폐기물 처분기술

41 폐수처리 슬러지를 연소하기 위한 전처리에 대한 설명 중 틀린 것은?

㉮ 수분을 제거하고 고형물의 농도를 낮춘다.
㉯ 통상적인 탈수 케이크보다 더 높은 탈수 케이크를 만드는 것이 필요하다.
㉰ 탈수 효율이 낮을수록 연소로에서는 더 많은 연료가 필요하게 된다.
㉱ 탈수가 효율적으로 수행되면 연료비가 향상되어 최대 슬러지의 처리용량을 얻을 수 있다.

풀이 ㉮ 수분을 제거하고 고형물의 농도를 높인다.

answer 37 ㉰ 38 ㉯ 39 ㉯ 40 ㉯ 41 ㉮

42 연소실과 열부하에 대한 설명 중 옳은 것은?

㉮ 열부하는 설계된 연소실 체적의 적절함을 판단하는 기준이 된다.
㉯ 폐기물의 고위발열량을 기준으로 산정한다.
㉰ 열부하가 너무 작으면 미연분, 다이옥신 등이 발생한다.
㉱ 연소실 설계 시 회분(batch) 연소식은 연속 연소식에 비해 열부하를 크게하여 설계한다.

풀이
㉯ 폐기물의 저위발열량을 기준으로 산정한다.
㉰ 열부하가 너무 크면 미연분, 다이옥신 등이 발생한다.
㉱ 연소실 설계 시 회분 연소식은 연속 연소식에 비해 열부하를 작게하여 설계한다.

43 액화분무소각로(Liquid Injection Incinerator)의 특징으로 가장 거리가 먼 것은?

㉮ 광범위한 종류의 액상폐기물 소각에 이용 가능하다.
㉯ 구동장치가 없어 고장이 적다.
㉰ 소각재의 처리설비가 필요 없다.
㉱ 충분한 연소로 로 내 내화물의 파손이 적다.

풀이
㉱ 충분한 연소로 로 내 내화물의 파손을 막아 주어야 한다.

44 유동층 소각로의 장점으로 거리가 먼 것은?

㉮ 가스의 온도가 낮고 과잉공기량이 적어 NOx도 적게 배출된다.
㉯ 로 내 온도의 자동제어와 열 회수가 용이하다.
㉰ 로 내 축열량이 높아 투입이나 유동화를 위한 파쇄가 필요없다.
㉱ 연소효율이 높아 미연소분의 배출이 적고 2차 연소실이 불필요하다.

풀이 ㉰ 로 내 축열량이 높아 투입이나 유동화를 위한 파쇄가 필요하다.

45 에틸렌(C_2H_4)의 고위발열량이 15,280kcal/Sm^3이라면 저위발열량(kcal/Sm^3)은?

㉮ 14,320   ㉯ 14,680
㉰ 14,800   ㉱ 14,920

풀이
$C_2H_4 + 3O_2 \rightarrow 2CO_2 + 2H_2O$
저위발열량(kcal/Sm^3)
= 고위발열량(kcal/Sm^3) − 480 × H_2O량(kcal/Sm^3)
= 15,280kcal/Sm^3 − 480 × 2
= 14,320 kcal/Sm^3

46 소각로에서 폐기물의 이송방향과 연소가스의 흐름방향이 같은 형식의 구조는?

㉮ 향류식   ㉯ 중간류식
㉰ 교류식   ㉱ 병류식

풀이 폐기물의 이송 방향과 연소가스의 흐름 방향이 같은 형식의 구조는 ㉱ 병류식이다.

answer 42 ㉮ 43 ㉱ 44 ㉰ 45 ㉮ 46 ㉱

TIP
로의 본체 형식

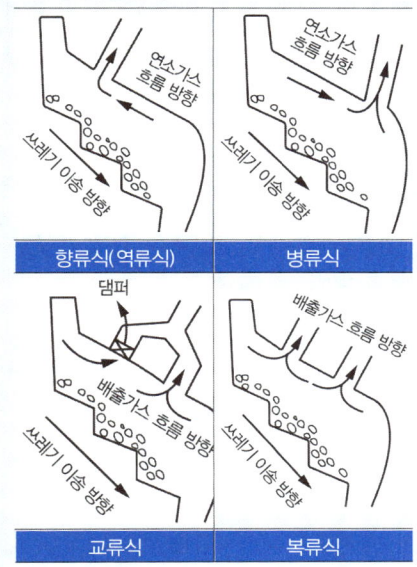

| 향류식(역류식) | 병류식 |
| 교류식 | 복류식 |

47 열분해 공정에 대한 설명으로 가장 거리가 먼 것은?

㉮ 산소가 없는 상태에서 열에 의해 유기성 물질을 분해와 응축반응을 거쳐 기체, 액체, 고체상 물질로 분리한다.
㉯ 가스상 주요 생성물로는 수소, 메탄, 일산화탄소 그리고 대상물질 특성에 따른 가스성분들이 있다.
㉰ 수분함량이 높은 폐기물의 경우에 열분해 효율 저하와 에너지 소비량 증가 문제를 일으킨다.
㉱ 연소 가스화 공정이 높은 흡열반응인데 비하여 열분해 공정은 외부 열원이 필요한 발열반응이다.

풀이 ㉱ 연소 가스화 공정이 외부 열원이 필요한 발열반응인데 비하여 열분해 공정은 높은 흡열반응이다.

48 부탄 1,000kg을 기화시켜 15Nm³/h 의 속도로 연소시킬 때, 부탄이 전부 연소되는 데 필요한 시간(h)은? (단, 부탄은 전량 기화된다고 가정한다.)

㉮ 13   ㉯ 17
㉰ 26   ㉱ 34

풀이 ① 부탄(Nm^3)
$= 1,000\,kg \times \dfrac{22.4\,Nm^3}{58\,kg} = 386.2069\,Nm^3$

② 시간 $= \dfrac{386.2069\,Nm^3}{15\,Nm^3/hr} = 25.75\,hr$

TIP
① 부탄 $= C_4H_{10}$
② C_4H_{10} 의 분자량 $= 12 \times 4 + 1 \times 10$
$= 58\,kg$
③ C_4H_{10} 1kmol $\begin{cases} 58\,kg \\ 22.4\,Nm^3 \end{cases}$

49 주성분이 $C_{10}H_{17}O_6N$인 슬러지 폐기물을 소각처리 하고자 한다. 폐기물 5kg 소각에 이론적으로 필요한 이론공기의 질량(kg)은?

㉮ 21   ㉯ 26
㉰ 32   ㉱ 38

풀이 ① $C_{10}H_{17}O_6N + 11.25O_2 \rightarrow 10CO_2 + 8.5H_2O + 0.5N_2$
247kg : 11.25×32kg
5kg : O_o(이론산소량)
∴ O_o(이론산소량) $= \dfrac{5kg \times 11.25 \times 32kg}{247kg}$
$= 7.2874\,kg$

② 이론공기량(kg) $=$ 이론산소량 $\times \dfrac{1}{0.232}$
$= 7.2874\,kg \times \dfrac{1}{0.232}$
$= 31.41\,kg$

answer 47 ㉱   48 ㉰   49 ㉰

TIP
① 체적(Sm³) = 계수×22.4(Sm³)
② 질량(kg) = 계수×분자량(kg)
③ $C_{10}H_{17}O_6N$ 의 분자량
   = 12×10+1×17+16×6+14 = 247
④ 공기 중 산소의 체적비 : 21%
⑤ 공기 중 산소의 질량비 : 23.2%

50 폐기물 열분해 시 생성되는 물질로 가장 거리가 먼 것은?

㉮ char/tar   ㉯ 방향성 물질
㉰ 식초산   ㉱ NO_X

풀이 ㉱ 질소산화물(NO_X)는 고온 연소(소각)시 발생되는 물질이다.

51 아래의 설명에 부합하는 복토방법은?

> 굴착하기 어려운 곳에서 폐기물을 위생 매립 하기 위한 방법으로 구릉지 등에 폐기물을 살포시키고 다진 후에 복토하는 방법을 말하며, 복토할 흙을 타지(인근)에서 가져와 복토를 진행한다.

㉮ 도랑매립법   ㉯ 평지매립법
㉰ 경사매립법   ㉱ 개량매립법

풀이 ㉯ 평지매립법에 대한 설명이다.

52 연소실의 온도는 850°C 이상을 유지하면서 연소가스의 체류시간은 2초 이상을 유지하는 것이 좋다고 한다. 그 이유가 아닌 것은?

㉮ 완전연소를 시키기 위해서
㉯ 화격자의 온도를 높이기 위해서
㉰ 연소가스 온도를 균일하게 하기 위해서
㉱ 다이옥신 등 유해가스를 분해하기 위해서

53 연소과정에서 발생하는 질소산화물 중 Fuel NO_X 저감 효과가 가장 높은 방법은?

㉮ 연소실에 수증기를 주입한다.
㉯ 이단연소에 의해 연소시킨다.
㉰ 연소실 내 산소 농도를 낮게 유지한다.
㉱ 연소용 공기의 예열온도를 낮게 유지한다.

풀이 연료적인 측면의 질소산화물(Fuel NO_X)을 저감하는 효과가 가장 높은 방법은 이단연소법이다.

54 배연탈황법에 대한 설명으로 가장 거리가 먼 것은?

㉮ 활성탄 흡착법에서 SO_2는 활성탄 표면에서 산화된 후 수증기와 반응하여 황산으로 고정된다.
㉯ 수산화나트륨용액 흡수법에서는 탄산나트륨의 생성을 억제하기 위해 흡수액의 pH를 7로 조정한다.
㉰ 활성산화망간은 상온에서 SO_2 및 O_2와 반응하여 황산망간을 생성한다.
㉱ 석회석 슬러지를 이용한 흡수법은 탈황률의 유지 및 스케일 형성을 방지하기 위해 흡수액의 pH를 6으로 조정한다.

풀이 ㉰ 활성산화망간을 흡수제로 사용하며, 생성되는 물질은 황산암모늄과 석고이다.

answer 50 ㉱   51 ㉯   52 ㉯   53 ㉯   54 ㉰

55 소각로나 보일러에서 열정산 시 출열(出熱) 항목에 포함되지 않는 것은?

㉮ 축열 손실 ㉯ 방열 손실
㉰ 배기 손실 ㉱ 증기 손실

풀이 열정산 시 출열 항목에 포함되는 것은 축열 손실, 방열 손실, 배기 손실이다.

56 폐열보일러에 1,200℃인 연소배가스가 10Sm³/kg·h의 속도로 공급되어 200℃로 냉각될 때, 보일러 냉각수가 흡수한 열량(kcal/kg·h)은? (단, 보일러 내의 열손실은 없으며, 배가스의 평균정압비열은 1.2 kcal/Sm³·℃으로 가정한다.)

㉮ 1.2×10^4 ㉯ 1.6×10^4
㉰ 2.2×10^4 ㉱ 2.6×10^4

풀이 흡수한 열량(kcal/kg·h)
= 배기가스량 × 평균정압비열 × 온도차
= $10 \text{Sm}^3/\text{kg·h} \times 1.2 \text{kcal/Sm}^3 \cdot ℃ \times (1,200-200)℃$
= 1.2×10^4 kcal/kg·h

57 소각로의 연소효율을 향상시키는 대책으로 틀린 것은?

㉮ 간헐운전 시 전열효율 향상에 의한 승온시간 연장
㉯ 열작감량을 적게 하여 완전연소화
㉰ 복사전열에 의한 방열손실 감소
㉱ 최종 배출가스 온도 저감 도모

풀이 ㉮ 간헐운전 시 전열효율 향상에 의한 승온시간 단축

58 저위발열량이 9,000Kcal/Sm³인 가스연료의 이론연소온도(℃)는? (단, 이론연소가스량은 10Sm³/Sm³, 기준온도는 15℃, 연료연소가스의 정압비열은 0.35kcal/Sm³·℃로 한다.)

㉮ 1,008 ㉯ 1,293
㉰ 2,015 ㉱ 2,586

풀이 이론연소온도(t_2)
$= \dfrac{9,000 \text{kcal/Sm}^3}{10 \text{Sm}^3/\text{Sm}^3 \times 0.35 \text{kcal/Sm}^3 \cdot ℃} + 15℃$
$= 2,586.43℃$

TIP

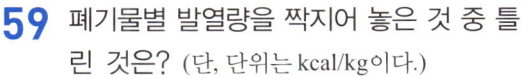

여기서 t_2 : 이론연소온도(℃)
t_1 : 기준온도(℃)
Hl : 저위발열량(kcal/Sm³)
G : 연소가스량(Sm³/Sm³)
C : 정압비열(kcal/Sm³·℃)

59 폐기물별 발열량을 짝지어 놓은 것 중 틀린 것은? (단, 단위는 kcal/kg이다.)

㉮ 플라스틱 : 5,000~11,000
㉯ 도시폐기물 : 1,000~4,000
㉰ 하수슬러지 : 2,000~3,500
㉱ 열분해생성가스 : 12,000~15,000

60 다음 기체를 각각 1Sm³씩 연소하는데 필요한 이론 산소량이 가장 많은 것은? (단, 동일 조건임)

㉮ C_2H_6 ㉯ C_3H_8
㉰ CO ㉱ H_2

answer 55 ㉱ 56 ㉮ 57 ㉮ 58 ㉱ 59 ㉱ 60 ㉯

풀이
㉮ $C_2H_6 + 3.5O_2 \rightarrow 2CO_2 + 3H_2O$
㉯ $C_3H_8 + 5O_2 \rightarrow 3CO_2 + 4H_2O$
㉰ $CO + 0.5O_2 \rightarrow CO_2$
㉱ $H_2 + 0.5O_2 \rightarrow H_2O$

TIP
반응식을 완성해서 정답을 찾아도 되지만 화학식에서 탄소수가 가장 많은 것이 산소량의 값이 가장 큰 기체이다.

| 제4과목 | 폐기물공정시험기준

61 기체크로마토그래피의 장치구성의 순서로 옳은 것은?

㉮ 운반가스 - 유량계 - 시료도입부 - 분리관 - 검출기 - 기록부
㉯ 운반가스 - 시료도입부 - 유량계 - 분리관 - 검출기 - 기록부
㉰ 운반가스 - 유량계 - 시료도입부 - 광원부 - 검출기 - 기록부
㉱ 운반가스 - 시료도입부 - 유량계 - 광원부 - 검출기 - 기록부

풀이 기체크로마토그래피의 장치구성의 순서는 운반가스 - 유량계 - 시료도입부 - 분리관 - 검출기 - 기록부 순이다.

62 용출시험방법의 용출조작에 관한 내용으로 ( )에 옳은 내용은?

> 시료 용액의 조제가 끝난 혼합액을 상온, 상압에서 진탕 횟수가 매분 당 약 200회, 진폭이 4~5cm의 진탕기를 사용하여 6시간 연속 진탕한 다음 1.0μm의 유리섬유 여과지로 여과하고 여과액을 적당량 취하여 용출 실험용 시료 용액으로 한다. 다만, 여과가 어려운 경우 원심분리기를 사용하여 매분당 ( )원심분리한 다음 상징액을 적당량 취하여 용출 실험용 시료 용액으로 한다.

㉮ 2,000회전 이상으로 20분 이상
㉯ 2,000회전 이상으로 30분 이상
㉰ 3,000회전 이상으로 20분 이상
㉱ 3,000회전 이상으로 30분 이상

63 다음 중 농도가 가장 낮은 것은?

㉮ 수산화나트륨(1 → 10)
㉯ 수산화나트륨(1 → 20)
㉰ 수산화나트륨(5 → 100)
㉱ 수산화나트륨(3 → 100)

풀이
㉮ 수산화나트륨(1 → 10) = 수산화나트륨(10 → 100)
㉯ 수산화나트륨(1 → 20) = 수산화나트륨(5 → 100)
㉰ 수산화나트륨(5 → 100)
㉱ 수산화나트륨(3 → 100)

answer 61 ㉮ 62 ㉰ 63 ㉱

64 폐기물시료의 강열감량을 측정한 결과가 다음과 같을 때 해당시료의 강열감량(%)은? (단, 도가니의 무게(W_1) = 51.045g, 강열 전 도가니와 시료의 무게(W_2) = 92.345g, 강열 후 도가니와 시료의 무게(W_3) = 53.125g)

㉮ 약 93 ㉯ 약 95
㉰ 약 97 ㉱ 약 99

풀이 강열감량(%)
$= \dfrac{(W_2 - W_3)}{(W_2 - W_1)} \times 100$
$= \dfrac{(92.345g - 53.125g)}{(92.345g - 51.045g)} \times 100 = 94.96\%$

TIP
① 강열감량 : 분석 시료를 가열하였을 때의 질량의 감소분
② 휘발성고형물(%) = 강열감량(%) - 수분(%)

65 구리(자외선/가시선 분광법 기준) 측정에 관한 내용으로 (   )에 옳은 내용은?

폐기물 중에 구리를 자외선/가시선 분광법으로 측정하는 방법으로 시료 중에 구리이온이 알칼리성에서 다이에틸다이티오카르바민산나트륨과 반응하여 생성하는 황갈색의 킬레이트 화합물을 (   )(으)로 추출하여 흡광도를 440nm에서 측정하는 방법이다.

㉮ 아세트산부틸 ㉯ 사염화탄소
㉰ 벤젠   ㉱ 노말헥산

풀이 구리(자외선/가시선 분광법 기준) 측정에서 추출용매는 아세트산부틸이다.

66 용매추출 후 기체크로마토그래피를 이용하여 휘발성 저급염소화 탄화수소류 분석 시 가장 적합한 물질은?

㉮ Dioxin
㉯ Polychlorinated biphenyls
㉰ Trichloroethylene
㉱ Polyvinylchloride

풀이 용매추출 후 기체크로마토그래피를 이용하여 휘발성 저급염소화 탄화수소류 분석 시 적합한 물질은 트리클로로에틸렌 및 테트라클로로에틸렌이다.

67 음식물 폐기물의 수분을 측정하기 위해 실험하였더니 다음과 같은 결과를 얻었을 때 수분(%)은? (단, 건조 전 시료의 무게 = 50g, 증발접시의 무게 = 7.25g, 증발접시 및 시료의 건조 후 무게 = 15.75g)

㉮ 87 ㉯ 83
㉰ 78 ㉱ 74

풀이 수분의 함량(%)
$= \left(\dfrac{W_2 - W_3}{W_2 - W_1}\right) \times 100$
$= \left(\dfrac{(50 + 7.25)g - 15.75g}{(50 + 7.25)g - 7.25g}\right) \times 100 = 83\%$

68 pH 표준용액 조제에 관한 설명으로 옳지 않은 것은?

㉮ 조제한 pH 표준용액은 경질유리병 또는 폴리에틸렌병에 보관한다.
㉯ 염기성 표준용액은 산화칼슘 흡수관을 부착하여 1개월 이내에 사용한다.
㉰ 현재 국내외에 상품화되어 있는 표준용액을 사용할 수 있다.

answer 64 ㉯ 65 ㉮ 66 ㉰ 67 ㉯ 68 ㉱

㉣ pH 표준용액용 정제수는 묽은 염산을 주입한 후 증류하여 사용한다.

[풀이] ㉣ 산성 표준용액은 3개월 이내에 사용한다.

69 시료의 조제방법으로 옳지 않은 것은?

㉮ 돌멩이 등의 이물질을 제거하고, 입경이 5mm 이상인 것은 분쇄하여 체로 거른 후 입경이 0.5~5mm로 한다.
㉯ 시료의 축소방법으로는 구획법, 교호삽법, 원추4분법이 있다.
㉰ 원추4분법을 3회 시행하면 원래 양의 1/3이 된다.
㉱ 시료의 분할 채취 방법에 따라 시료의 조성을 균일화 한다.

[풀이] ㉰ 원추4분법을 3회 시행하면 원래 양의 1/8이 된다.

TIP
$$\left(\frac{1}{2}\right)^3 = \frac{1}{8}$$

70 유기인화합물 및 유기질소화합물을 선택적으로 검출할 수 있는 기체크로마토그래피 검출기는?

㉮ TCD ㉯ FID
㉰ ECD ㉱ FPD

[풀이] ㉱ 불꽃광도검출기(FPD)에 대한 설명이다.

71 자외선/가시선 분광법으로 시안을 분석할 때 간섭물질을 제거하는 방법으로 옳지 않은 것은?

㉮ 시안화합물을 측정할 때 방해물질들은 증류하면 대부분 제거된다. 그러나 다량의 지방성분, 잔류염소, 황화합물은 시안화합물을 분석할 때 간섭할 수 있다.
㉯ 황화합물이 함유된 시료는 아세트산아연용액(10W/V%) 2mL를 넣어 제거한다.
㉰ 다량의 지방성분을 함유한 시료는 아세트산 또는 수산화나트륨 용액으로 pH 6~7로 조절한 후 노말헥산 또는 클로로폼을 넣어 추출하여 수층은 버리고 유기물층을 분리하여 사용한다.
㉱ 잔류염소가 함유된 시료는 잔류염소 20mg당 L-아스코빈산(10W/V%) 0.6mL 또는 이산화비소산나트륨용액(10W/V%) 0.7mL를 넣어 제거한다.

[풀이] ㉰ 다량의 지방 성분을 함유한 시료는 아세트산 또는 수산화나트륨 용액으로 pH 6~7로 조절한 후 노말헥산 또는 클로로폼을 넣어 추출하여 유기물층은 버리고 수층을 분리하여 사용한다.

72 유리전극법을 이용하여 수소이온농도를 측정할 때 적용범위 기준으로 옳은 것은?

㉮ pH를 0.01까지 측정한다.
㉯ pH를 0.05까지 측정한다.
㉰ pH를 0.1까지 측정한다.
㉱ pH를 0.5까지 측정한다.

[풀이] 유리전극법을 이용하여 수소이온농도를 측정할 때 적용범위 기준은 pH를 0.01까지 측정한다.

answer 69 ㉰ 70 ㉱ 71 ㉰ 72 ㉮

73 다음의 실험 총칙에 관한 내용 중 틀린 것은?

㉮ 연속측정 또는 현장측정의 목적으로 사용하는 측정기기는 공정시험기준에 의한 측정치와의 정확한 보정을 행한 후 사용할 수 있다.
㉯ 분석용 저울은 0.1mg까지 달 수 있는 것이어야 하며 분석용 저울 및 분동은 국가 검정을 필한 것을 사용하여야 한다.
㉰ 공정시험기준에 각 항목의 분석에 사용되는 표준물질은 특급시약으로 제조하여야 한다.
㉱ 시험에 사용하는 시약은 따로 규정이 없는 한 1급 이상의 시약 또는 동등한 규격의 시약을 사용하여 각 시험항목별 '시약 및 표준용액'에 따라 조제하여야 한다.

풀이 ㉰ 공정시험기준에 각 항목의 분석에 사용되는 표준물질은 국가표준에 소급성이 인증된 인증표준물질을 사용한다.

74 단색광이 임의의 시료 용액을 통과할 때 그 빛의 80%가 흡수되었다면 흡광도는?

㉮ 약 0.5 ㉯ 약 0.6
㉰ 약 0.7 ㉱ 약 0.8

풀이 흡광도(A) = $\log \dfrac{1}{투과도} = \log \dfrac{1}{0.20} = 0.70$

TIP
① 투과율(%) + 흡수율(%) = 100%
② 투과율(%) = 100% - 흡수율(%)

75 노말헥산 추출물질을 측정하기 위해 시료 30g을 사용하여 공정시험기준에 따라 실험하였다. 실험 전후의 증발용기의 무게 차는 0.0176g이고 바탕 실험 전후의 증발용기의 무게 차가 0.0011g이었다면 이를 적용하여 계산된 노말헥산 추출물질(%)은?

㉮ 0.035 ㉯ 0.055
㉰ 0.075 ㉱ 0.095

풀이 노말헥산 추출물질(%)
$= \dfrac{0.0176g - 0.0011g}{30g} \times 100 = 0.055\%$

76 용출시험방법에 관한 설명으로 ( )에 옳은 내용은?

> 시료의 조제방법에 따라 조제한 시료 100g 이상을 정확히 달아 정제수에 염산을 넣어 ( )(으)로 한 용매(mL)를 시료 : 용매 = 1 : 10(W : V)의 비로 2,000mL 삼각플라스크에 넣어 혼합한다.

㉮ pH 4 이하 ㉯ pH 4.3~5.8
㉰ pH 5.8~6.3 ㉱ pH 6.3~7.2

풀이 용출시험방법에서 염산을 넣어 pH를 5.8~6.3으로 조절한다.

77 PCBs(기체크로마토그래피-질량분석법) 분석 시 PCBs 정량한계(mg/L)는?

㉮ 0.001 ㉯ 0.05
㉰ 0.1 ㉱ 1.0

풀이 PCBs(기체크로마토그래피-질량분석법)분석 시 PCBs 정량한계는 1.0mg/L이다.

answer 73 ㉰ 74 ㉰ 75 ㉯ 76 ㉰ 77 ㉱ 78 ㉱ 79 ㉱

78 석면(X선 회절기법) 측정을 위한 분석절차 중 시료의 균일화에 관한 내용(기준)으로 ( )에 옳은 것은?

> 정성분석용 시료의 입자크기는 ( )μm 이하로 분쇄를 한다.

㉮ 0.1　　㉯ 1.0
㉰ 10　　㉱ 100

풀이 석면을 X선 회절기법으로 측정할 경우 정성분석용 시료의 입자크기는 100μm 이하로 분쇄를 한다.

79 용출시험방법의 적용에 관한 사항으로 ( )에 옳은 내용은?

> ( )에 대하여 폐기물관리법에서 규정하고 있는 지정폐기물의 판정 및 지정폐기물의 중간처리 방법 또는 매립 방법을 결정하기 위한 실험에 적용한다.

㉮ 수거 폐기물
㉯ 고상 폐기물
㉰ 일반 폐기물
㉱ 고상 및 반고상 폐기물

풀이 지정폐기물의 판정 및 지정폐기물의 중간처리 방법 또는 매립 방법을 결정하기 위한 실험 적용대상은 고상 및 반고상 폐기물이다.

80 자외선/가시선 분광법에서 램버어트 비어의 법칙을 올바르게 나타내는 식은? (단, I_o = 입사강도, I_t = 투과강도, ℓ = 셀의 두께, ϵ = 상수, C = 농도)

㉮ $I_t = I_o \, 10^{-\epsilon C \ell}$　　㉯ $I_o = I_t \, 10^{-\epsilon C \ell}$
㉰ $I_t = C I_o \, 10^{-\epsilon \ell}$　　㉱ $I_o = \ell I_t \, 10^{-\epsilon C}$

풀이 램버어트 비어의 법칙은 $I_t = I_o \, 10^{-\epsilon C \ell}$ 또는 $I_o = I_t \, 10^{\epsilon C \ell}$ 이다.

answer 78 ㉱　79 ㉱　80 ㉮

2021 2회 기출문제

| 제1과목 | 폐기물개론

01 폐기물관리의 우선순위를 순서대로 나열한 것은?

㉮ 에너지회수 - 감량화 - 재이용 - 재활용 - 소각 - 매립
㉯ 재이용 - 재활용 - 감량화 - 에너지회수 - 소각 - 매립
㉰ 감량화 - 재이용 - 재활용 - 에너지회수 - 소각 - 매립
㉱ 소각 - 감량화 - 재이용 - 재활용 - 에너지회수 - 매립

풀이 폐기물관리의 우선순위는 감량화 - 재이용 - 재활용 - 에너지회수 - 소각 - 매립 순이다.

02 혐기성소화에 대한 설명으로 틀린 것은?

㉮ 가수분해, 산생성, 메탄생성 단계로 구분된다.
㉯ 처리속도가 느리고 고농도 처리에 적합하다.
㉰ 호기성처리에 비해 동력비 및 유지관리비가 적게 든다.
㉱ 유기산의 농도가 높을수록 처리효율이 좋아진다.

풀이 ㉱ 유기산의 농도가 높을수록 처리효율이 낮아진다.

03 인구 1천만명인 도시를 위한 쓰레기 위생매립지(매립용량 100,000,000m^3)를 계획하였다. 매립 후 폐기물의 밀도는 500kg/m^3이고 복토량은 폐기물 : 복토 부피비율로 5 : 1이며 해당 도시 일인 일일 쓰레기 발생량이 2kg일 경우 매립장의 수명(년)은?

㉮ 5.7　　㉯ 6.8
㉰ 8.3　　㉱ 14.6

풀이 매립장의 수명(년)

$$= \frac{\text{매립용량}(m^3) \times \text{밀도}(kg/m^3)}{\text{쓰레기 배출량}(kg/년)} \times \frac{\text{폐기물}}{\text{폐기물} + \text{복토}}$$

$$= \frac{100,000,000 m^3 \times 500 kg/m^3}{2 kg/\text{인} \cdot \text{일} \times 10,000,000 \text{인} \times 365 \text{일/년}} \times \left(\frac{5}{5+1}\right)$$

$$= 5.71 \text{년}$$

answer 01 ㉰　02 ㉱　03 ㉮

04 폐기물 선별과정에서 회전방식에 의해 폐기물을 크기에 따라 분리하는데 사용되는 장치는?

㉮ Reciprocating Screen
㉯ Air Classifier
㉰ Ballistic Separator
㉱ Trommel Screen

풀이 폐기물 선별과정에서 회전방식에 의해 폐기물을 크기에 따라 분리하는 데 사용되는 장치는 트롬멜 스크린(Trommel Screen)이다.

05 슬러지의 수분을 결합상태에 따라 구분한 것 중에서 탈수가 가장 어려운 것은?

㉮ 내부수 ㉯ 간극모관결합수
㉰ 표면부착수 ㉱ 간극수

풀이 슬러지내의 탈수성 순서는 간극모관결합수 > 모관결합수 > 쐐기상모관결합수 > 표면부착수 > 내부수 순이다.

06 유해폐기물 성분물질 중 As에 의한 피해 증세로 가장 거리가 먼 것은?

㉮ 무기력증 유발
㉯ 피부염 유발
㉰ Fanconi씨 증상
㉱ 암 및 돌연변이 유발

풀이 유해폐기물 성분물질 중 비소(As)에 의한 피해증세로는 무기력증 유발, 피부염 유발, 암 및 돌연변이 유발 등이 있다.

07 폐기물의 수거노선 설정 시 고려해야 할 사항으로 가장 거리가 먼 것은?

㉮ 언덕길은 내려가면서 수거한다.
㉯ 발생량이 적으나 수거빈도가 동일하기를 원하는 곳은 같은 날 가장 먼저 수거한다.
㉰ 가능한 한 지형지물 및 도로 경계와 같은 장벽을 사용하여 간선도로부근에서 시작하고 끝나도록 배치하여야 한다.
㉱ 가능한 한 시계방향으로 수거노선을 정하며 U자형 회전은 피하여 수거한다.

풀이 ㉯ 발생량이 적으나 수거빈도가 동일하기를 원하는 곳은 가능한 한 같은 날 왕복내에서 수거한다.

08 폐기물 발생량의 결정 방법으로 적합하지 않은 것은?

㉮ 발생량을 직접 추정하는 방법
㉯ 도시의 규모가 커짐을 이용하여 추정하는 방법
㉰ 주민의 수입 또는 매상고와 같은 이차적인 자료를 이용하여 추정하는 방법
㉱ 원자재 사용으로부터 추정하는 방법

풀이 폐기물 발생량의 결정 방법으로는 발생량을 직접 추정하는 방법, 주민의 수입 또는 매상고와 같은 이차적인 자료를 이용하여 추정하는 방법, 원자재 사용으로부터 추정하는 방법 등이 있다.

answer 04 ㉱ 05 ㉮ 06 ㉰ 07 ㉯ 08 ㉯

09 폐기물의 관리 목적 또는 폐기물의 발생량을 줄이기 위한 노력을 3R(또는 4R)이라고 줄여 말하고 있다. 이것에 해당하지 않는 것은?

㉮ Remediation   ㉯ Recovery
㉰ Reduction   ㉱ Reuse

풀이 4R에는 Recycle(재활용-), Recovery(회수이용-), Reduction(감량화), Reuse(재이용-)이 있다.

10 폐기물처리와 관련된 설명 중 틀린 것은?

㉮ 지역사회 효과지수(CEI)는 청소상태 평가에 사용되는 지수이다.
㉯ 컨테이너 철도수송은 광대한 지역에서 효율적으로 적용될 수 있는 방법이다.
㉰ 폐기물수거 노동력을 비교하는 지표로서는 MHT(man/hr · ton)를 주로 사용한다.
㉱ 직접저장투하 결합방식에서 일반 부패성 폐기물은 직접 상차 투입구로 보낸다.

풀이 ㉰ 폐기물수거 노동력을 비교하는 지표로서는 MHT(man · hr/ton))를 주로 사용한다.

11 폐기물 발생량 예측방법 중 하나의 수식으로 쓰레기 발생량에 영향을 주는 각 인자들의 효과를 총괄적으로 나타내어 복잡한 시스템의 분석에 유용하게 사용할 수 있는 것은?

㉮ 상관계수 분석모델
㉯ 다중회귀 모델
㉰ 동적모사 모델
㉱ 경향법 모델

풀이 ㉯ 다중회귀 모델에 대한 설명이다.

TIP
다중회귀모델의 핵심용어 : 복잡한 시스템

12 폐기물 차량 총중량이 24,725kg, 공차량 중량이 13,725kg이며, 적재함의 크기 L : 400cm, W : 250cm, H : 170cm 일 때 차량 적재계수(ton/m³)는?

㉮ 0.757   ㉯ 0.708
㉰ 0.687   ㉱ 0.647

풀이 차량 적재계수(ton/m³)
$= \frac{(24.725 - 13.725)\,ton}{(4 \times 2.5 \times 1.7)\,m^3} = 0.647\,ton/m^3$

TIP
① kg $\xrightarrow{\times 10^{-3}}$ ton
② cm $\xrightarrow{\times 10^{-2}}$ m

13 적환장에 대한 설명으로 틀린 것은?

㉮ 직접투하 방식은 건설비 및 운영비가 다른 방법에 비해 모두 적다.
㉯ 저장투하 방식은 수거차의 대기시간이 직접투하방식 보다 길다.
㉰ 직접저장투하 결합방식은 재활용품의 회수율을 증대시킬 수 있는 방법이다.
㉱ 적환장의 위치는 해당지역의 발생 폐기물의 무게 중심에 가까운 곳이 유리하다.

풀이 ㉯ 저장투하 방식은 수거차의 대기시간이 직접 투하 방식 보다 짧다.

answer 09 ㉮ 10 ㉰ 11 ㉯ 12 ㉱ 13 ㉯

14 쓰레기의 성상분석 절차로 가장 옳은 것은?

㉮ 시료 → 전처리 → 물리적조성 분류 → 밀도측정 → 건조 → 분류
㉯ 시료 → 전처리 → 건조 → 분류 → 물리적조성 분류 → 밀도측정
㉰ 시료 → 밀도측정 → 건조 → 분류 → 전처리 → 물리적조성 분류
㉱ 시료 → 밀도측정 → 물리적조성 분류 → 건조 → 분류 → 전처리

풀이 쓰레기의 성상분석 절차는 시료 → 밀도측정 → 물리적조성 분류 → 건조 → 분류 → 전처리 순이다.

15 다음의 폐기물 파쇄에너지 산정 공식을 흔히 무슨 법칙이라 하는가?

$$E = C \ln(L_1 / L_2)$$
E : 폐기물 파쇄 에너지
C : 상수
L_1 : 초기 폐기물 크기
L_2 : 최종 폐기물 크기

㉮ 리팅거(Rittinger) 법칙
㉯ 본드(Bond) 법칙
㉰ 킥(Kick) 법칙
㉱ 로신(Rosin) 법칙

풀이 ㉰ 킥(Kick)의 법칙에 대한 설명이다.

16 고형분 20%인 폐기물 10톤을 소각하기 위해 함수율이 15%가 되도록 건조시켰다. 이 건조 폐기물의 중량(톤)은? (단, 비중은 1.0 기준)

㉮ 약 1.8   ㉯ 약 2.4
㉰ 약 3.3   ㉱ 약 4.3

풀이
$W_1 \times TS_1 = W_2 \times (100 - P_2)$
$10 \text{ton} \times 20\% = W_2 \times (100 - 15\%)$
∴ $W_2 = 2.35 \text{ton}$

17 퇴비화 과정의 초기단계에서 나타나는 미생물은?

㉮ Bacillus sp.
㉯ Streptomyces sp.
㉰ Aspergillus fumigatus
㉱ Fungi

풀이 퇴비화 과정의 초기단계에서 나타나는 미생물은 곰팡이(Fungi)이다.

18 다음 중 지정폐기물에 해당하는 폐산 용액은?

㉮ pH가 2.0 이상인 것
㉯ pH가 12.5 이상인 것
㉰ 염산농도가 0.001M 이상인 것
㉱ 황산농도가 0.005M 이하인 것

풀이 ㉮ 폐산인 경우 pH가 2.0 이하인 것
㉯ 폐알칼리인 경우 pH가 12.5 이상인 것
㉰ 염산농도가 0.001M 이상인 경우
  pH = -log[0.001M] = 3.0
㉱ 황산농도가 0.005M 이하인 경우
  pH = -log[0.005M×2] = 2.0

answer 14 ㉱ 15 ㉰ 16 ㉯ 17 ㉱ 18 ㉱

TIP

지정폐기물 중 부식성 폐기물
① 폐산 : 액체상태의 폐기물로서 수소이온농도지수가 2.0 이하인 것으로 한정
② 폐알칼리 : 액체상태의 폐기물로서 수소이온농도지수가 12.5 이상인 것으로 한정

19 분뇨처리 결과를 나타낸 그래프의 ( )에 들어갈 말로 가장 알맞은 것은?
(단, Se : 유출수의 휘발성 고형물질 농도(mg/L),
So : 유입수의 휘발성 고형물질 농도(mg/L),
SRT : 고형물질의 체류시간)

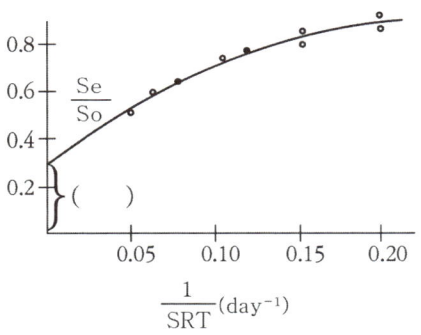

㉮ 생물학적 분해 가능한 유기물질 분율
㉯ 생물학적 분해 불가능한 휘발성 고형물질 분율
㉰ 생물학적 분해 가능한 무기물질 분율
㉱ 생물학적 분해 불가능한 유기물질 분율

풀이 ㉯생물학적 분해 불가능한 휘발성 고형물질 분율에 대한 것이다.

20 열분해에 영향을 미치는 운전인자가 아닌 것은?

㉮ 운전 온도 ㉯ 가열 속도
㉰ 폐기물의 성질 ㉱ 입자의 입경

풀이 열분해에 영향을 미치는 운전인자로는 운전 온도, 가열 속도, 폐기물의 성질이 있다.

| 제2과목 | 폐기물 재활용 및 자원화 기술

21 매립 시 폐기물 분해과정을 시간 순으로 옳게 나열한 것은?

㉮ 호기성 분해 → 혐기성 분해 → 산성물질 생성 → 메탄 생성
㉯ 혐기성 분해 → 호기성 분해 → 메탄 생성 → 유기산 형성
㉰ 호기성 분해 → 유기산 생성 → 혐기성분해 → 메탄 생성
㉱ 혐기성 분해 → 호기성 분해 → 산성물질 생성 → 메탄 생성

풀이 매립 시 폐기물 분해과정은 호기성 분해 → 혐기성 분해 → 산성물질 생성 → 메탄생성 순이다.

22 활성탄 흡착법으로 처리하기 가장 어려울 것으로 예상되는 것은?

㉮ 농약
㉯ 알콜
㉰ 유기할로겐화합물(HOCs)
㉱ 다핵방향족탄화수소(PAHs)

answer 19 ㉯ 20 ㉱ 21 ㉮ 22 ㉯

23 매립을 위해 쓰레기를 압축시킨 결과 용적 감소율이 60%였다면 압축비는?

㉮ 2.5 ㉯ 5
㉰ 7.5 ㉱ 10

풀이 압축비 = $\dfrac{100}{100 - \text{용적감소율}(\%)}$
= $\dfrac{100}{100 - 60\%}$ = 2.5

24 혐기소화과정의 가수분해단계에서 생성되는 물질과 가장 거리가 먼 것은?

㉮ 아미노산 ㉯ 단당류
㉰ 글리세린 ㉱ 알데하이드

풀이 혐기소화과정의 가수분해단계에서 생성되는 물질은 아미노산(단백질의 가수분해), 단당류(다당류의 가수분해), 글리세린(지방의 가수분해)이다.

25 수위 40cm인 침출수가 투수계수 10^{-7}cm/s, 두께 90cm인 점토층을 통과하는데 소요되는 시간(년)은?

㉮ 11.7 ㉯ 19.8
㉰ 28.5 ㉱ 64.4

풀이 ① k(m/년)
= $\dfrac{10^{-7}\text{cm}}{\text{sec}} \times \dfrac{1\text{m}}{10^2\text{cm}} \times \dfrac{3600\text{sec}}{1\text{hr}} \times \dfrac{24\text{hr}}{1\text{day}} \times \dfrac{365\text{day}}{1년}$
= 3.15×10^{-2} m/년
② t = $\dfrac{(0.9\text{m})^2}{3.15 \times 10^{-2}\text{m/년} \times (0.9\text{m} + 0.4\text{m})}$
= 19.78년

TIP
① t = $\dfrac{d^2 \times n}{k \times (d+h)}$
여기서 t : 시간(년)
n : 유효공극률
k : 투수계수(m/년)
d : 점토층의 수두(m)
h : 침출수 수두(m)
② 유효공극률(n)은 조건에 없으므로 생략한다.

26 폐기물 매립지에서 사용하는 인공복토재의 특징이 아닌 것은?

㉮ 독성이 없어야 한다.
㉯ 가격이 저렴해야 한다.
㉰ 투수계수가 높아야 한다.
㉱ 악취발생량을 저감시킬 수 있어야 한다.

풀이 ㉰ 투수계수가 낮아야 한다.

27 생활폐기물인 음식물쓰레기의 처리방법으로 가장 거리가 먼 것은?

㉮ 감량 및 소멸화
㉯ 사료화
㉰ 호기성 퇴비화
㉱ 고형화

풀이 생활폐기물인 음식물쓰레기의 처리방법으로는 감량 및 소멸화, 사료화, 호기성 퇴비화 등이 있다.

answer 23 ㉮ 24 ㉱ 25 ㉯ 26 ㉰ 27 ㉱

28 퇴비화 대상 유기물질의 화학식이 $C_{99}H_{148}O_{59}N$이라고 하면, 이 유기물질의 C/N비는?

㉮ 64.9 ㉯ 84.9
㉰ 104.9 ㉱ 124.9

풀이 $\dfrac{C}{N} = \dfrac{12 \times 99}{14 \times 1} = 84.86$

29 유해폐기물 처리기술 중 용매추출에 대한 설명 중 가장 거리가 먼 것은?

㉮ 액상 폐기물에서 제거하고자 하는 성분을 용매 쪽으로 흡수시키는 방법이다.
㉯ 용매추출에 사용되는 용매는 점도가 높아야 하며 극성이 있어야 한다.
㉰ 용매추출의 경제성을 좌우하는 가장 큰 인자는 추출을 위해 요구되는 용매의 양이다.
㉱ 미생물에 의해 분해가 힘든 물질 및 활성탄을 이용하기에 농도가 너무 높은 물질 등에 적용가능성이 크다.

풀이 ㉯ 용매추출에 사용되는 용매는 점도가 작아야 하며 비극성이 있어야 한다.

30 중유연소 시 발생한 황산화물을 탈황시키는 방법이 아닌 것은?

㉮ 미생물에 의한 탈황
㉯ 방사선에 의한 탈황
㉰ 질산염 흡수에 의한 탈황
㉱ 금속산화물 흡착에 의한 탈황

풀이 중유연소 시 발생한 황산화물을 탈황시키는 방법에는 미생물에 의한 탈황, 방사선에 의한 탈황, 금속산화물 흡착에 의한 탈황, 접촉수소화 탈황이 있다.

31 부식질(Humus)의 특징으로 틀린 것은?

㉮ 짙은 갈색이다.
㉯ 뛰어난 토양 개량제이다.
㉰ C/N비가 30~50 정도로 높다.
㉱ 물 보유력과 양이온교환능력이 좋다.

풀이 ㉰ C/N비는 10 내외 정도로 낮은 편이다.

32 분뇨의 슬러지 건량은 $3m^3$이며 함수율이 95%이다. 함수율을 80%까지 농축하면 농축조에서 분리액의 부피(m^3)는? (단, 비중은 1.0이다.)

㉮ 40 ㉯ 45
㉰ 50 ㉱ 55

풀이 슬러지량(m^3)
$= 건조슬러지량(m^3) \times \dfrac{100}{100 - 함수율(\%)}$

① $V_1 = 3m^3 \times \dfrac{100}{100 - 95\%} = 60m^3$
② $V_2 = 3m^3 \times \dfrac{100}{100 - 80\%} = 15m^3$
③ $V_1 - V_2 = 60m^3 - 15m^3 = 45m^3$

과년도 기출문제

answer 28 ㉯ 29 ㉯ 30 ㉰ 31 ㉰ 32 ㉯

33 0차 반응에 대한 설명 중 옳은 것은?

㉮ 초기농도가 높으면 반감기가 짧다.
㉯ 반응시간이 경과함에 따라 분해반응속도가 빨라진다.
㉰ 초기농도의 높고 낮음에 관계없이 반감기가 일정하다.
㉱ 반응시간이 경과해도 분해반응속도는 변하지 않고 일정하다.

풀이 0차 반응은 반응시간이 경과해도 분해반응속도는 변하지 않고 일정하다.

34 우리나라의 매립지에서 침출수 생성에 가장 큰 영향을 주는 인자는?

㉮ 쓰레기 분해과정에서 발생하는 발생수
㉯ 매립쓰레기 자체 수분
㉰ 표토를 침투하는 강수
㉱ 지하수 유입

풀이 우리나라의 매립지에서 침출수 생성에 가장 큰 영향을 주는 인자는 표토를 침투하는 강수이다.

35 토양오염 처리공법 중 토양증기추출법의 특징이 아닌 것은?

㉮ 통기성이 좋은 토양을 정화하기 좋은 기술이다.
㉯ 오염지역의 대수층이 깊을 경우 사용이 어렵다.
㉰ 총 처리시간 예측이 용이하다.
㉱ 휘발성, 준휘발성 물질을 제거하는데 탁월하다.

풀이 ㉰ 총 처리시간 예측이 어렵다.

36 함수율 95% 분뇨의 유기탄소량이 TS의 35%, 총질소량은 TS의 10%이고 이와 혼합할 함수율 20%인 볏짚의 유기탄소량이 TS의 80%이고 총질소량이 TS의 4%라면, 분뇨와 볏짚을 무게비 2:1로 혼합했을 때 C/N비는? (단, 비중은 1.0, 기타 사항은 고려하지 않는다.)

㉮ 16   ㉯ 18
㉰ 20   ㉱ 22

풀이 C/N비

$$= \frac{탄소량}{질소량} = \frac{\{분뇨의\ 탄소량 + 볏짚의\ 탄소량\}}{\{분뇨의\ 질소량 + 볏짚의\ 질소량\}}$$

$$= \frac{\left(\frac{2}{3} \times (1-0.95) \times 0.35\right) + \left(\frac{1}{3} \times (1-0.20) \times 0.80\right)}{\left(\frac{2}{3} \times (1-0.95) \times 0.10\right) + \left(\frac{1}{3} \times (1-0.20) \times 0.04\right)}$$

$$= 16.07$$

TIP
① 고형물(%) = 100 - 함수율(%)
② 분뇨 : 볏짚이 2 : 1이므로 분뇨량은 $\frac{2}{3}$이다.
③ 분뇨 : 볏짚이 2 : 1이므로 볏짚량은 $\frac{1}{3}$이다.

37 토양 속 오염물을 직접 분해하지 않고 보다 처리하기 쉬운 형태로 전환하는 기법으로 토양의 형태나 입경의 영향을 적게 받고 탄화수소계 물질로 인한 오염토양 복원에 효과적인 기술은?

㉮ 용매추출법   ㉯ 열탈착법
㉰ 토양증기추출법   ㉱ 탈할로겐화법

풀이 ㉯ 열탈착법에 대한 설명이다.

answer 33 ㉱ 34 ㉰ 35 ㉰ 36 ㉮ 37 ㉯

38 침출수 집배수관의 종류 중 유공흄관에 관한 설명으로 옳은 것은?

㉮ 관의 변형이 우려되는 곳에 적당하다.
㉯ 지반의 침하에 어느 정도 적응할 수 있다.
㉰ 경량으로 가공이 비교적 용이하고 시공성이 좋다.
㉱ 소규모 처분장의 집수관으로 사용하는 경우가 많다.

풀이
㉯ 지반의 침하에 적응이 어렵다.
㉰ 가공이 어렵고 시공성이 나쁘다.
㉱ 대규모 처분장의 집수관으로 주로 사용한다.

39 사용 종료된 폐기물 매립지에 대한 안정화 평가 기준항목으로 가장 거리가 먼 것은?

㉮ 침출수의 수질이 2년 연속 배출허용기준에 적합하고 BOD/COD_{cr}이 0.1 이하 일 것
㉯ 매립폐기물 토사성분 중의 가연물 함량이 5% 미만이거나 C/N비가 10 이하 일 것
㉰ 매립가스 중 CH_4 농도가 5~15% 이내에 들 것
㉱ 매립지 내부온도가 주변 지중온도와 유사할 것

풀이 ㉰ 매립가스 중 CH_4 농도가 5% 이하 일 것

40 시멘트 고형화 방법 중 연소가스 탈황 시 발생된 슬러지 처리에 주로 적용되는 것은?

㉮ 시멘트기초법   ㉯ 석회기초법
㉰ 포졸란첨가법   ㉱ 자가시멘트법

풀이 연소가스 탈황 시 발생된 슬러지 처리법은 자가시멘트법이다.

| 제3과목 | 폐기물 처분기술

41 연소 배출 가스량이 5,400Sm³/hr인 소각시설의 굴뚝에서 정압을 측정하였더니 20mmH₂O였다. 여유율 20%인 송풍기를 사용할 경우 필요한 소요 동력(kW)은?
(단, 송풍기 정압효율 80%, 전동기 효율 70%)

㉮ 약 0.18   ㉯ 약 0.32
㉰ 약 0.63   ㉱ 약 0.87

풀이
$$kW = \frac{PS(mmH_2O) \times Q(Sm^3/sec)}{102 \times \eta_1 \times \eta_2} \times \alpha$$

$$= \frac{20mmH_2O \times 5,400Sm^3/hr \times \frac{1hr}{3,600sec}}{102 \times 0.80 \times 0.70} \times 1.2$$

$$= 0.63 kW$$

42 유동층 소각로의 장단점으로 틀린 것은?

㉮ 가스의 온도가 높고 과잉공기량이 많다.
㉯ 투입이나 유동화를 위해 파쇄가 필요하다.
㉰ 유동매체의 손실로 인한 보충이 필요하다.
㉱ 기계적 구동부분이 적어 고장율이 낮다.

풀이 ㉮ 가스의 온도가 낮고 과잉공기량이 적게 소요된다.

43 다음 중 연소실의 운전척도가 아닌 것은?

㉮ 공기 연료비   ㉯ 체류시간
㉰ 혼합 정도   ㉱ 연소온도

풀이 연소실의 운전척도는 공기 연료비, 혼합 정도, 연소온도 등이 있다.

answer 38 ㉮ 39 ㉰ 40 ㉱ 41 ㉰ 42 ㉮ 43 ㉯

44 1차 반응에서 1,000초 동안 반응물의 1/2이 분해되었다면 반응물이 1/10 남을 때까지 소요되는 시간(sec)은?

㉮ 3,923 ㉯ 3,623
㉰ 3,323 ㉱ 3,023

풀이 ① 1차반응식 : $\ln\dfrac{C_t}{C_o} = -k \times t$

$\ln\dfrac{1}{2} = -k \times 1,000\,\sec$

∴ $k = 6.93 \times 10^{-4}/\sec$

② $\ln\dfrac{1}{10} = -6.93 \times 10^{-4}/\sec \times t$

∴ $t = 3,322.63\,\sec$

45 폐기물 소각에 따른 문제점은 지구온난화 가스의 형성이다. 다음 배가스 성분 중 온실가스는?

㉮ CO_2 ㉯ NOx
㉰ SO_2 ㉱ HCl

풀이 ㉮ 이산화탄소(CO_2)는 온실가스이다.

46 30ton/day의 폐기물을 소각한 후 남은 재는 전체 질량의 20%이다. 남은 재의 용적이 10.3m³일 때 재의 밀도(ton/m³)는?

㉮ 0.32 ㉯ 0.58
㉰ 1.45 ㉱ 2.30

풀이 재의 밀도$(ton/m^3) = \dfrac{30\,ton \times 0.20}{10.3\,m^3}$

$= 0.58\,ton/m^3$

47 폐기물의 소각을 위해 원소분석을 한 결과, 가연성 폐기물 1kg당 C 50%, H 10%, O 16%, S 3%, 수분 10%, 나머지는 재로 구성된 것으로 나타났다. 이 폐기물을 공기비 1.1로 연소시킬 경우 발생하는 습윤 연소가스량(Sm³/kg)은?

㉮ 약 6.3 ㉯ 약 6.8
㉰ 약 7.7 ㉱ 약 8.2

풀이 ① 이론공기량(A_o)

$= 8.89C + 26.67\left(H - \dfrac{O}{8}\right) + 3.33S\,(Sm^3/kg)$

$= 8.89 \times 0.50 + 26.67 \times \left(0.10 - \dfrac{0.16}{8}\right) + 3.33 \times 0.03$

$= 6.6785\,Sm^3/kg$

② 실제습윤연소가스량(G_w)

$= mA_o + 5.6H + 0.7O + 0.8N + 1.244W\,(Sm^3/kg)$

$= 1.1 \times 6.6785\,Sm^3/kg + 5.6 \times 0.10 + 0.7 \times 0.16 + 1.244 \times 0.10$

$= 8.14\,Sm^3/kg$

48 쓰레기의 저위발열량이 4,500kcal/kg인 쓰레기를 연소할 때 불완전연소에 의한 손실이 10%, 연소 중의 미연손실이 5%일 때 연소효율(%)은?

㉮ 80 ㉯ 85
㉰ 90 ㉱ 95

풀이 ① 연소 중의 미연손실

= 저위발열량(Hl)의 5%

= 4,500kcal/kg × 0.05 = 225kcal/kg

② 불완전연소시에 의한 손실

= 저위발열량(Hl)의 10%

= 4,500kcal/kg × 0.1 = 450kcal/kg

③ 손실열량

= 225kcal/kg + 450kcal/kg = 675kcal/kg

④ 저위발열량(Hl) = 4,500kcal/kg

answer 44 ㉰ 45 ㉮ 46 ㉯ 47 ㉱ 48 ㉯

⑤ 연소효율(%)
$$= \left(1 - \frac{손실열량}{저위발열량}\right) \times 100$$
$$= \left(1 - \frac{675 kcal/kg}{4,500 kcal/kg}\right) \times 100 = 85\%$$

49 로터리 킬른식(rotary kiln)소각로의 특징에 대한 설명으로 틀린 것은?

㉮ 습식가스 세정시스템과 함께 사용할 수 있다.
㉯ 넓은 범위의 액상 및 고상 폐기물을 소각할 수 있다.
㉰ 용융상태의 물질에 의하여 방해받지 않는다.
㉱ 예열, 혼합, 파쇄 등 전처리 후 주입한다.

〔풀이〕 ㉱ 예열, 혼합, 파쇄 등 전처리 없이 주입한다.

50 폐기물 소각 시 발생되는 질소산화물 저감 및 처리 방법이 아닌 것은?

㉮ 알칼리 흡수법   ㉯ 산화 흡수법
㉰ 접촉 환원법   ㉱ 디메틸아닐린법

〔풀이〕 폐기물 소각 시 발생되는 질소산화물 저감 및 처리 방법에는 알칼리 흡수법, 산화 흡수법, 접촉 환원법 등이 있다.

51 폐기물의 연소 시 연소기의 부식원인이 되는 물질이 아닌 것은?

㉮ 염소화합물   ㉯ PVC
㉰ 황화합물   ㉱ 먼지

〔풀이〕 폐기물의 연소 시 연소기의 부식원인이 되는 물질은 염소화합물, PVC, 황화합물 등이며, 부식원인물질은 기체이므로 정답은 입자상물질인 먼지가 된다.

52 연소에 있어 검댕이의 생성에 대한 설명으로 가장 거리가 먼 것은?

㉮ A중유 < B중유 < C중유 순으로 검댕이가 발생한다.
㉯ 공기비가 매우 적을 때 다량 발생한다.
㉰ 중합, 탈수소축합 등의 반응을 일으키는 탄화수소가 적을수록 검댕이는 많이 발생한다.
㉱ 전열면 등으로 발열속도보다 방열속도가 빨라서 화염의 온도가 저하될 때 많이 발생한다.

〔풀이〕 ㉰ 중합, 탈수소축합 등의 반응을 일으키는 탄화수소가 많을수록 검댕이는 많이 발생한다.

53 폐기물을 열분해 시킬 경우의 장점에 해당되지 않는 것은?

㉮ 분해가스, 분해유 등 연료를 얻을 수 있다.
㉯ 소각에 비해 저장이 가능한 에너지를 회수할 수 있다.
㉰ 소각에 비해 빠른 속도로 폐기물을 처리할 수 있다.
㉱ 신규 석탄이나 석유의 사용량을 줄일 수 있다.

〔풀이〕 ㉰ 소각에 비해 폐기물 처리속도가 느리다.

answer 49 ㉱ 50 ㉱ 51 ㉱ 52 ㉰ 53 ㉰

54 액체주입형 연소기에 관한 설명으로 가장 거리가 먼 것은?

㉮ 구동장치가 없어서 고장이 적다.
㉯ 하방점화방식의 경우에는 염이나 입상물질을 포함한 폐기물의 소각도 가능하다.
㉰ 연소기의 가장 일반적인 형식은 수평점화식이다.
㉱ 버너노즐 없이 액체미립화가 용이하며, 대량처리에 주로 사용된다.

풀이 ㉱ 버너노즐 없이 액체미립화가 어렵고, 대량처리가 불가능하다.

55 다단로 방식 소각로에 대한 설명으로 옳지 않은 것은?

㉮ 신속한 온도반응으로 보조연료사용 조절이 용이하다.
㉯ 다량의 수분이 증발되므로 수분함량이 높은 폐기물의 연소가 가능하다.
㉰ 물리, 화학적으로 성분이 다른 각종 폐기물을 처리할 수 있다.
㉱ 체류시간이 길어 휘발성이 적은 폐기물 연소에 유리하다.

풀이 ㉮ 늦은 온도반응 때문에 보조연료 사용을 조절하기 어렵다.

56 폐기물의 건조과정에서 함수율과 표면온도의 변화에 대한 설명으로 잘못된 것은?

㉮ 폐기물의 건조방식은 쓰레기의 허용온도, 형태, 물리적 및 화학적 성질 등에 의해 결정된다.
㉯ 수분을 함유한 폐기물의 건조과정은 예열건조기간 → 항율건조기간 → 감율건조기간 순으로 건조가 이루어진다.
㉰ 항율건조기간에는 건조시간에 비례하여 수분감량과 함께 건조속도가 빨라진다.
㉱ 감율건조기간에는 고형물의 표면온도 상승 및 유입되는 열량감소로 건조속도가 느려진다.

풀이 ㉰ 항율건조기간에는 건조시간에 반비례하여 수분감량과 함께 건조속도가 느려진다.

TIP
① 항율건조기간 : 연속된 동일한 조건 시간에서 무게가 일정하게 감소되는 건조기간을 말한다.
② 감율건조기간 : 일정한 공기 조건하에서 건조될 때 건조 초기에는 항율건조기간을 나타내고, 이어서 감율건조가 시작된다.

57 하수처리장에서 발생하는 하수 Sludge류를 효과적으로 처리하기 위한 건조방법 중에서 직접열 또는 열풍건조라고 불리는 전열방식은?

㉮ 전도 전열방식
㉯ 대류 전열방식
㉰ 방사 전열방식
㉱ 마이크로파 전열방식

풀이 ㉯ 대류 전열방식에 대한 설명이다.

answer 54 ㉱ 55 ㉮ 56 ㉰ 57 ㉯

58 폐기물의 원소 조성이 C 80%, H 10%, O 10% 일 때 이론공기량(kg/kg)은?

㉮ 8.3　　㉯ 10.3
㉰ 12.3　　㉱ 14.3

▶풀이 이론공기량(A_o)
$= \left\{2.667C + 8 \times \left(H - \dfrac{O}{8}\right) + S\right\} \times \dfrac{1}{0.232}$ (kg/kg)
$= \left\{2.667 \times 0.80 + 8 \times \left(0.10 - \dfrac{0.10}{8}\right)\right\} \times \dfrac{1}{0.232}$
$= 12.21$ kg/kg

TIP
① 이론산소량(kg/kg)
$= 2.667C + 8\left(H - \dfrac{O}{8}\right) + S$
② 이론공기량(kg/kg)
$= \left\{2.667C + 8\left(H - \dfrac{O}{8}\right) + S\right\} \times \dfrac{1}{0.232}$

59 스토카식 도시폐기물 소각로에서 유기물을 완전연소시키기 위한 3T 조건으로 옳지 않은 것은?

㉮ 혼합　　㉯ 체류시간
㉰ 온도　　㉱ 압력

▶풀이 소각로의 완전연소 조건(3T)
① 충분한 체류시간(Time)
② 충분한 난류(Turbulence)
③ 적당한 온도(Temperature)

60 CH_4 75%, CO_2 5%, N_2 8%, O_2 12%로 조성된 기체연료 $1Sm^3$을 $10Sm^3$의 공기로 연소할 때 공기비는?

㉮ 1.22　　㉯ 1.32
㉰ 1.42　　㉱ 1.52

▶풀이 ① $CH_4 + 2O_2 \rightarrow CO_2 + 2H_2O$: 75%
　　O_2 : 12%
이론공기량(A_o)
$= \dfrac{\text{연료성분연소시필요한산소량} - \text{연료의산소량}}{0.21}$
$= \dfrac{2 \times 0.75 - 0.12}{0.21} = 6.57 Sm^3/Sm^3$
② 실제공기량(A) = $10 Sm^3/Sm^3$
③ 공기비(m) = $\dfrac{\text{실제공기량}(A)}{\text{이론공기량}(A_o)}$
$= \dfrac{10 Sm^3}{6.57 Sm^3} = 1.52$

| 제4과목 | 폐기물공정시험기준

61 30% 수산화나트륨(NaOH)은 몇 몰(M)인가? (단, NaOH의 분자량 40)

㉮ 4.5　　㉯ 5.5
㉰ 6.5　　㉱ 7.5

▶풀이 $\dfrac{30g}{0.1L} \times \dfrac{1 mol}{40g} = 7.5 mol/L = 7.5 M$

TIP
① M 농도 = mol/L
② 1mol = 분자량(g)
③ 30%(W/V) = $\dfrac{30g}{100mL} = \dfrac{30g}{0.1L}$

answer　58 ㉰　59 ㉱　60 ㉱　61 ㉱

62 0.08N-HCl 70mL와 0.04N-NaOH 수용액 130mL를 혼합했을 때 pH는? (단, 완전 해리된다고 가정)

㉮ 2.7 ㉯ 3.6
㉰ 5.6 ㉱ 11.3

풀이 혼합액 중 $[H^+]$
$= \dfrac{0.08M \times 70mL - 0.04M \times 130mL}{70mL + 130mL}$
$= 0.002M$
$pH = -\log[0.002M] = 2.70$

TIP
① 액성이 다른 물질의 농도
$= \dfrac{Q_1C_1 - Q_2C_2}{Q_1 + Q_2}$
② 산성물질에서 $pH = -\log[H^+]$
③ 알칼리성물질에서 $pH = 14 + \log[OH^-]$
④ 1가 물질인 경우 M농도와 N농도는 같다.

63 이온전극법에 관한 설명으로 ( )에 옳은 내용은?

> 이온전극은 [이온 전극 | 측정용액 | 비교전극]의 측정계에서 측정대상 이온에 감응하여 ( )에 따라 이온활동도에 비례하는 전위차를 나타낸다.

㉮ 네른스트식 ㉯ 램버트식
㉰ 페러데이식 ㉱ 플래밍식

풀이 ㉮ 네른스트식에 대한 설명이다.

64 투사광의 강도가 10%일 때 흡광도(A_{10})와 20%일 때 흡광도(A_{20})를 비교한 설명으로 옳은 것은?

㉮ A_{10}는 A_{20} 보다 흡광도가 약 1.4배가 높다.
㉯ A_{20}는 A_{10} 보다 흡광도가 약 1.4배가 높다.
㉰ A_{10}는 A_{20} 보다 흡광도가 약 2.0배가 높다.
㉱ A_{20}는 A_{10} 보다 흡광도가 약 2.0배가 높다.

풀이
① 흡광도(A_{10}) $= \log \dfrac{1}{투과도}$
$= \log \dfrac{1}{0.10} = 1.0$
② 흡광도(A_{20}) $= \log \dfrac{1}{투과도}$
$= \log \dfrac{1}{0.20} = 0.70$
③ $\dfrac{A_{10}}{A_{20}} = \dfrac{1.0}{0.70} = 1.43$

65 수은을 환원기화-원자흡수분광광도법으로 측정할 때 시료 중 수은을 금속수은으로 환원시키기 위해 넣는 시약은?

㉮ 아연분말 ㉯ 황산나트륨
㉰ 시안화칼륨 ㉱ 이염화주석

풀이 수은의 환원기화-원자흡수분광광도법
시료 중의 수은을 이염화주석을 넣어 금속수은으로 환원시킨 다음 이 용액에 통기하여 발생하는 수은증기를 253.7nm의 파장에서 정량하는 방법이다.

answer 62 ㉮ 63 ㉮ 64 ㉮ 65 ㉱

66 비소(자외선/가시선 분광법) 분석 시 발생되는 비화수소를 다이에틸다이티오카르바민산은의 피리딘용액에 흡수시키면 나타나는 색은?

㉮ 적자색　　㉯ 청색
㉰ 황갈색　　㉱ 황색

풀이 비소의 자외선/가시선 분광법
① 정량범위 : 0.002~0.01mg
② 환원제 : 아연
③ 발색 : 적자색
④ 측정파장 : 530nm

67 비소를 자외선/가시선 분광법으로 측정할 때에 대한 내용으로 틀린 것은?

㉮ 정량한계는 0.002mg이다.
㉯ 적자색의 흡광도를 530nm에서 측정한다.
㉰ 정량범위는 0.002~0.01mg 이다.
㉱ 시료 중의 비소에 아연을 넣어 3가 비소로 환원시킨다.

풀이 ㉱ 시료 중의 비소를 3가비소로 환원시킨 후 아연을 넣어 비화수소를 발생시킨다.

68 다량의 점토질 또는 규산염을 함유한 시료에 적용되는 시료의 전처리 방법으로 가장 옳은 것은?

㉮ 질산 - 과염소산 - 불화수소산 분해법
㉯ 질산 - 염산 분해법
㉰ 질산 - 과염소산 분해법
㉱ 질산 - 황산 분해법

풀이 ㉯ 질산 - 염산 분해법 : 유기물이 비교적 높지 않고 금속의 수산화물, 산화물, 인산염 및 황화물을 함유하고 있는 시료에 적용

㉰ 질산 - 과염소산 분해법 : 유기물이 높은 비율로 함유하고 있으면서 산화분해가 어려운 시료에 적용
㉱ 질산 - 황산 분해법 : 유기물 등을 많이 함유하고 있는 대부분의 시료에 적용

69 총칙의 용어 설명으로 옳지 않은 것은?

㉮ 액상폐기물이라 함은 고형물의 함량이 5% 미만인 것을 말한다.
㉯ 방울수라 함은 20℃에서 정제수 20방울을 적하할 때, 그 부피가 약 0.1mL가 되는 것을 뜻한다.
㉰ 시험조작 중 즉시란 30초 이내에 표시된 조작을 하는 것을 뜻한다.
㉱ 고상폐기물이라 함은 고형물의 함량이 15% 이상인 것을 말한다.

풀이 ㉯ 방울수라 함은 20℃에서 정제수 20방울을 적하할 때, 그 부피가 1mL가 되는 것을 뜻한다.

70 유기인의 분석에 관한 내용으로 틀린 것은?

㉮ 기체크로마토그래피를 사용할 경우 질소인 검출기 또는 불꽃광도 검출기를 사용한다.
㉯ 기체크로마토그래피는 유기인 화합물 중 이피엔, 파라티온, 메틸디메톤, 다이아지논 및 펜토에이트 분석에 적용된다.
㉰ 시료채취는 유리병을 사용하며 채취 전 시료로서 3회 이상 세척하여야 한다.
㉱ 시료는 시료 채취 후 추출하기 전까지 4℃ 냉암소에 보관하고 7일 이내에 추출하고 40일 이내에 분석한다.

풀이 ㉰ 시료채취는 유리병을 사용하며 채취 전 시료로서 세척하지 말아야 한다.

answer 66 ㉮　67 ㉱　68 ㉮　69 ㉯　70 ㉰

71. ICP 원자발광분광기의 구성에 속하지 않은 것은?

㉮ 고주파전원부 ㉯ 시료원자화부
㉰ 광원부 ㉱ 분광부

풀이 ㉯ 시료원자화부는 원자흡수분광광도법에 해당한다.

72. 용출시험 대상의 시료용액 조제에 있어서 사용하는 용매의 pH범위는?

㉮ 4.8~5.3 ㉯ 5.8~6.3
㉰ 6.8~7.3 ㉱ 7.8~8.3

풀이 시료의 조제방법에 따라 조제한 시료 100g 이상을 정확히 달아 정제수에 염산을 넣어 pH를 5.8~6.3(으)로 한 용매(mL)를 시료 : 용매 = 1 : 10(W/V)의 비로 2,000mL 삼각플라스크에 넣어 혼합한다.

73. 정량한계에 대한 설명으로 ( )에 옳은 것은?

> 정량한계(LOQ)란 시험분석 대상을 정량화할 수 있는 측정값으로서, 제시된 정량한계 부근의 농도를 포함하도록 시료를 준비하고 이를 반복 측정하여 얻은 결과의 표준편차에 ( )배한 값을 사용한다.

㉮ 2 ㉯ 5
㉰ 10 ㉱ 20

풀이 정량한계 = 표준편차×10

74. 다음 ( )에 들어갈 적절한 내용은?

> 기체크로마토그래피 분석에서 머무름시간을 측정할 때는 (㉠)회 측정하여 그 평균치를 구한다. 일반적으로 (㉡)분 정도에서 측정하는 피이크의 머무름시간은 반복시험을 할 때 (㉢)% 오차범위 이내이어야 한다.

㉮ ㉠ 3, ㉡ 5~30, ㉢ ±3
㉯ ㉠ 5, ㉡ 5~30, ㉢ ±5
㉰ ㉠ 3, ㉡ 5~15, ㉢ ±3
㉱ ㉠ 5, ㉡ 5~15, ㉢ ±5

75. 흡광광도 분석장치에서 근적외부의 광원으로 사용되는 것은?

㉮ 텅스텐램프 ㉯ 중수소방전관
㉰ 석영저압수은관 ㉱ 수소방전관

풀이 광원
① 가시부와 근적외부 : 텅스텐램프
② 자외부 : 중수소방전관

76. PCBs를 기체크로마토그래피로 분석할 때 실리카겔 칼럼에 무수황산나트륨을 첨가하는 이유는?

㉮ 유분제거 ㉯ 수분제거
㉰ 미량 중금속제거 ㉱ 먼지제거

풀이 PCBs를 기체크로마토그래피로 분석할 때 실리카겔 칼럼에 무수황산나트륨을 첨가하는 이유는 수분을 제거하기 위해서이다.

---

answer 71 ㉯ 72 ㉯ 73 ㉰ 74 ㉮ 75 ㉮ 76 ㉯

77 대상폐기물의 양이 5,400톤인 경우 채취해야 할 시료의 최소 수는?

㉮ 20   ㉯ 40
㉰ 60   ㉱ 80

풀이 대상폐기물의 양과 시료의 최소 수

대상폐기물의 양 (단위 : ton)	시료의 최소 수	대상폐기물의 양 (단위 : ton)	시료의 최소 수
~1 미만	6	100 이상~500 미만	30
1 이상~5 미만	10	500 이상~1,000 미만	36
5 이상~30 미만	14	1,000 이상~5,000 미만	50
30 이상~100 미만	20	5,000 이상	60

78 폐기물의 용출시험방법에 관한 사항으로 ( )에 옳은 내용은?

> 시료용액의 조제가 끝난 혼합액을 상온, 상압에서 진탕 횟수가 매분 당 약 200회, 진폭이 4~5cm의 진탕기를 사용하여 ( ) 동안 연속 진탕한다.

㉮ 2시간   ㉯ 4시간
㉰ 6시간   ㉱ 8시간

풀이
① 진탕횟수 : 매분당 200회
② 진폭 : 4~5cm
③ 진탕시간 : 6시간

79 폐기물 중에 납을 자외선/가시선 분광법으로 측정하는 방법에 관한 내용으로 틀린 것은?

㉮ 납 착염의 흡광도를 520nm에서 측정하는 방법이다.
㉯ 전처리를 하지 않고 직접 시료를 사용하는 경우, 시료 중에 시안화합물이 함유되어 있으면 염산 산성으로 끓여 시안화물을 완전히 분해 제거한 다음 실험한다.
㉰ 시료에 다량의 비스무트(Bi)가 공존하면 시안화칼륨용액으로 수회 씻어 무색으로 하여 실험한다.
㉱ 정량한계는 0.001mg이다.

풀이 ㉰ 시료에 다량의 비스무트(Bi)가 공존하면 시안화칼륨용액으로 수회 씻어도 무색이 되지 않는다. 이때에는 납과 비스무트를 분리하여 실험한다.

80 기체크로마토그래피의 검출기 중 인 또는 유황화합물을 선택적으로 검출할 수 있는 것으로 운반가스와 조연가스의 혼합부, 수소공급구, 연소노즐, 광학필터, 광전자증배관 및 전원 등으로 구성된 것은?

㉮ TCD(Thermal Conductivity Detector)
㉯ FID(Flame Ionization Detector)
㉰ FPD(Flame Photometric Detector)
㉱ FTD(Flame Thermionic Detector)

풀이 ㉰ 불꽃광도검출기(FPD)에 대한 설명이다.

---

answer 77 ㉰ 78 ㉰ 79 ㉰ 80 ㉰

2021년 4회 기출문제

제1과목 | 폐기물개론

01 폐기물 1톤을 건조시켜 함수율을 50%에서 25%로 감소시켰을 때 폐기물 중량(톤)은?

㉮ 0.42 ㉯ 0.53
㉰ 0.67 ㉱ 0.75

풀이
$W_1 \times (100 - P_1) = W_2 \times (100 - P_2)$
$1 \text{ton} \times (100 - 50) = W_2 \times (100 - 25)$
$\therefore W_2 = \dfrac{1 \text{ton} \times (100 - 50)}{(100 - 25)} = 0.67 \text{ton}$

02 하수처리장에서 발생되는 슬러지와 비교한 분뇨의 특성이 아닌 것은?

㉮ 질소의 농도가 높음
㉯ 다량의 유기물을 포함
㉰ 염분의 농도가 높음
㉱ 고액분리가 쉬움

풀이 ㉱ 고액분리가 어렵다.

03 우리나라 폐기물관리법에 따른 의료폐기물 중 위해 의료폐기물이 아닌 것은?

㉮ 조직물류폐기물
㉯ 병리계폐기물
㉰ 격리 폐기물
㉱ 혈액오염폐기물

풀이 위해의료폐기물의 종류에는 조직물류폐기물, 병리계폐기물, 손상성폐기물, 생물·화학폐기물, 혈액오염폐기물이 있다.

04 쓰레기 발생량 조사방법이라 볼 수 없는 것은?

㉮ 적재차량계수분석법
㉯ 물질수지법
㉰ 성상분류법
㉱ 직접계근법

풀이 ① 쓰레기 발생량 조사방법 : 물질수지법, 직접계근법, 적재차량계수법, 통계조사법
② 쓰레기 발생량 예측방법 : 다중회귀모델, 동적모사모델, 경향모델
③ 암기법 : 예측은 다중이 동적으로 경향을 파악하고/조사는 물질을 직접 적재한 통계로 한다.

answer 01 ㉰ 02 ㉱ 03 ㉰ 04 ㉰

05 인구가 300,000명인 도시에서 폐기물 발생량이 1.2kg/인·일이라고 한다. 수거된 폐기물의 밀도가 0.8kg/L, 수거 차량의 적재용량이 12m³라면, 1일 2회 수거하기 위한 수거차량의 대수는? (단, 기타 조건은 고려하지 않음)

㉮ 15대　　㉯ 17대
㉰ 19대　　㉱ 21대

풀이 수거차량 수(대)

$= \dfrac{\text{쓰레기 발생량}(m^3)}{\text{적재용량}(m^3/\text{대})}$

$= \dfrac{1.2\text{kg/인·일} \times 300,000\text{인} \times \dfrac{1}{800\text{kg/}m^3}}{12m^3/\text{대·회} \times 2\text{회}/1\text{일}}$

$= 18.75$대 $= 19$대

TIP
① kg/L $\xrightarrow{\times 10^3}$ kg/m³
② 0.8kg/L $\xrightarrow{\times 10^3}$ 800kg/m³

06 밀도가 400kg/m³인 쓰레기 10ton을 압축시켰더니 처음 부피 보다 50%가 줄었다. 이 경우 Compaction ratio는?

㉮ 1.5　　㉯ 2.0
㉰ 2.5　　㉱ 3.0

풀이 압축비 $= \dfrac{100}{100 - \text{부피감소율}(\%)}$

$= \dfrac{100}{100 - 50\%} = 2.0$

07 30만명 인구규모를 갖는 도시에서 발생되는 도시쓰레기량이 년간 40만톤이고, 수거 인부가 하루 500명이 동원되었을 때 MHT는? (단, 1일 작업시간 8시간, 연간 300일 근무)

㉮ 3　　㉯ 4
㉰ 6　　㉱ 7

풀이 MHT(man·hr/ton)

$= \dfrac{\text{수거인부수} \times \text{작업시간}}{\text{쓰레기 수거 실적}}$

$= \dfrac{500\text{인} \times 8\text{hr/day} \times 300\text{day/1년}}{400,000\text{ton/년}} = 3.0\text{MHT}$

TIP
① MHT = man·hr/ton
② MHT는 1ton의 쓰레기를 수거하는데 수거인부 1인이 소요하는 총 시간이다.
③ MHT가 클수록 수거효율이 낮다.

08 효과적인 수거노선 설정에 관한 설명으로 가장 거리가 먼 것은?

㉮ 적은 양의 쓰레기가 발생하나 동일한 수거빈도를 받기를 원하는 수거지점은 가능한 한 같은 날 왕복 내에서 수거되지 않도록 한다.
㉯ 가능한 한 지형지물 및 도로 경계와 같은 장벽을 이용하여 간선도로 부근에서 시작하고 끝나도록 배치하여야 한다.
㉰ U자형 회전은 피하고 많은 양의 쓰레기가 발생되는 발생원은 하루 중 가장 먼저 수거하도록 한다.
㉱ 가능한 한 시계방향으로 수거노선을 정한다.

풀이 ㉮ 적은 양의 쓰레기가 발생하나 동일한 수거빈도를 받기를 원하는 수거지점은 가능한 한 같은 날 왕복 내에서 수거하도록 한다.

answer 05 ㉰　06 ㉯　07 ㉮　08 ㉮

09 $X_{90} = 4.6$cm로 도시폐기물을 파쇄하고자 할때 Rosin-Rammler 모델에 의한 특성 입자크기(X_o, cm)는? (단, n = 1로 가정)

㉮ 1.2   ㉯ 1.6
㉰ 2.0   ㉱ 2.3

풀이
$$Y = 1 - \exp\left[-\left(\frac{X}{Xo}\right)\right]^n$$
$$Xo = \frac{-X}{LN(1-Y)}$$
여기서 X : 폐기물 입자의 크기
Xo : 특성입자의 크기
n : 상수
따라서 $Xo = \dfrac{-4.6\text{cm}}{LN(1-0.90)} = 2.0\text{cm}$

10 강열감량에 대한 설명으로 가장 거리가 먼 것은?

㉮ 강열감량이 높을수록 연소효율이 좋다.
㉯ 소각잔사의 매립처분에 있어서 중요한 의미가 있다.
㉰ 3성분 중에서 가연분이 타지 않고 남는 양으로 표현된다.
㉱ 소각로의 연소효율을 판정하는 지표 및 설계인자로 사용된다.

풀이 ㉮ 강열감량이 높을수록 연소효율이 나쁘다.

TIP
강열감량 : 분석시료를 가열하였을 때 질량의 감소분을 의미한다.

11 폐기물의 성분을 조사한 결과 플라스틱의 함량이 10%(중량비)로 나타났다. 폐기물의 밀도가 300kg/m³이라면 폐기물 10m³ 중에 함유된 플라스틱의 양(kg)은?

㉮ 300   ㉯ 400
㉰ 500   ㉱ 600

풀이 플라스틱의 양
= 폐기물의 양(m^3) × 폐기물의 밀도(kg/m^3)
$\times \dfrac{\text{플라스틱의 함량(\%)}}{100}$
= $10m^3 \times 300kg/m^3 \times 0.1 = 300kg$

12 적환장을 설치하는 일반적인 경우와 가장 거리가 먼 것은?

㉮ 불법 투기 쓰레기들이 다량 발생할 때
㉯ 고밀도 거주지역이 존재할 때
㉰ 상업지역에서 폐기물수집에 소형용기를 많이 사용할 때
㉱ 슬러지수송이나 공기수송 방식을 사용할 때

풀이 ㉯ 저밀도 거주지역이 존재할 때

13 폐기물을 파쇄하여 입도를 분석하였더니 폐기물 입도 분포 곡선상 통과 백분율이 10%, 30%, 60%, 90%에 해당되는 입경이 각각 2mm, 4mm, 6mm, 8mm이었다. 곡률계수는?

㉮ 0.93   ㉯ 1.13
㉰ 1.33   ㉱ 1.53

answer 09 ㉰ 10 ㉮ 11 ㉮ 12 ㉯ 13 ㉰

풀이

곡률계수 = $\dfrac{(D_{30})^2}{D_{10} \times D_{60}}$

여기서 D_{60} : 입도누적곡선상 60% 입경
D_{10} : 입도누적곡선상 10% 입경
D_{30} : 입도누적곡선상 30% 입경

따라서 곡률계수 = $\dfrac{(4mm)^2}{(2mm \times 6mm)} = 1.33$

TIP

① 유효입경 = D_{10}

② 균등계수 = $\dfrac{D_{60}}{D_{10}}$

③ 곡률계수 = $\dfrac{(D_{30})^2}{D_{10} \times D_{60}}$

14 고위발열량이 8,000kcal/kg인 폐기물 10톤과 6,000kcal/kg인 폐기물 2톤을 혼합하여 SRF를 만들었다면 SRF의 고위발열량(kcal/kg)은?

㉮ 약 7,567   ㉯ 약 7,667
㉰ 약 7,767   ㉱ 약 7,867

풀이 혼합물의 고위발열량
= $\dfrac{8,000\,kcal/kg \times 10ton + 6,000\,kcal/kg \times 2ton}{10ton + 2ton}$
= $7,666.67\,kcal/kg$

15 도시 쓰레기 수거노선을 설정할 때 유의해야 할 사항으로 틀린 것은?

㉮ 수거지점과 수거빈도를 정하는데 있어서 기존 정책을 참고한다.
㉯ 수거인원 및 차량 형식이 같은 기존시스템의 조건들을 서로 관련시킨다.
㉰ 교통이 혼잡한 지역에서 발생되는 쓰레기는 새벽에 수거한다.
㉱ 쓰레기 발생량이 많은 지역은 연료 절감을 위해 하루 중 가장 늦게 수거한다.

풀이 ㉱ 쓰레기 발생량이 많은 지역은 하루 중 가장 먼저 수거한다.

16 전과정평가(LCA)는 4부분으로 구성된다. 그 중 상품, 포장, 공정, 물질, 원료 및 활동에 의해 발생하는 에너지 및 천연원료 요구량, 대기, 수질 오염물질 배출, 고형폐기물과 기타 기술적 자료구축 과정에 속하는 것은?

㉮ scoping analysis
㉯ inventory analysis
㉰ impact analysis
㉱ improvement analysis

풀이 ㉯ 목록분석(inventory analysis)에 대한 설명이다.

TIP
전과정평가(LCA)의 순서
목적 및 범위 설정(initiation analysis) → 목록분석(inventory analysis) → 영향평가(impact analysis) → 개선평가 및 해석(improvement analysis)

17 MBT에 관한 설명으로 맞는 것은?

㉮ 생물학적 처리가 가능한 유기성폐기물이 적은 우리나라는 MBT 설치 및 운영이 적합하지 않다.
㉯ MBT는 지정폐기물의 전처리 시스템으로서 폐기물 무해화에 효과적이다.
㉰ MBT는 주로 기계적 선별, 생물학적 처리 등을 통해 재활용 물질을 회수하는 시설이다.
㉱ MBT는 생활폐기물 소각 후 잔재물을 대

answer 14 ㉯ 15 ㉱ 16 ㉯ 17 ㉰

상으로 재활용 물질을 회수하는 시설이다.

풀이 MBT(Mechanical Biological Treatment)는 주로 기계적 선별, 생물학적 처리 등을 통해 재활용 물질을 회수하는 시설이다.

18 쓰레기 선별에 사용되는 직경이 5.0m인 트롬멜 스크린의 최적속도(rpm)는?

㉮ 약 9 ㉯ 약 11
㉰ 약 14 ㉱ 약 16

풀이 ① $N_C = \sqrt{\dfrac{g}{4\pi^2 r}} \times 60$

여기서 N_C : 임계속도(rpm = 회/min)
g : 중력가속도(9.8 m/sec²)
r : 스크린 반경(m)

$N_C = \sqrt{\dfrac{9.8 m/s^2}{4 \times \pi^2 \times \dfrac{5.0m}{2}}} \times 60 = 18.9066 rpm$

② $N_S = N_C \times 0.45$

여기서 N_S : 최적속도(rpm)
N_C : 임계속도(rpm)

$N_S = 18.9066 rpm \times 0.45 = 8.51 rpm$

19 분뇨처리를 위한 혐기성 소화조의 운영과 통제를 위하여 사용하는 분석항목으로 가장 거리가 먼 것은?

㉮ 휘발성 산의 농도
㉯ 소화가스 발생량
㉰ 세균수
㉱ 소화조 온도

풀이 혐기성 소화조의 운영과 통제를 위한 분석항목으로 휘발성 산의 농도(유기산의 농도), 소화가스 발생량, 소화조 온도, 소화가스 중 메탄과 이산화탄소 함량 등이 있다.

20 쓰레기 발생량 예측방법으로 적절하지 않은 것은?

㉮ 경향법 ㉯ 물질수지법
㉰ 다중회귀모델 ㉱ 동적모사모델

풀이 ① 쓰레기 발생량 조사방법 : 물질수지법, 직접계근법, 적재차량계수법, 통계조사법
② 쓰레기 발생량 예측방법 : 다중회귀모델, 동적모사모델, 경향모델
③ 암기법 : 예측은 다중이 동적으로 경향을 파악하고/조사는 물질을 직접 적재한 통계로 한다.

| 제2과목 | 폐기물 재활용 및 자원화 기술

21 매립지의 연직 차수막에 관한 설명으로 옳은 것은?

㉮ 지중에 암반이나 점성토의 불투수층이 수직으로 깊이 분포하는 경우에 설치한다.
㉯ 지하수 집배수시설이 불필요하다.
㉰ 지하에 매설되므로 차수막 보강시공이 불가능하다.
㉱ 차수막의 단위면적당 공사비는 적게 소요되나 총공사비는 비싸다.

풀이 ㉮ 지중에 암반이나 점성토의 불투수층이 수평방향으로 넓게 분포하는 경우에 설치한다.
㉰ 차수막 보강시공이 가능하다.
㉱ 차수막의 단위면적당 공사비는 비싸지만 총공사비는 싸다.

22 토양증기추출 공정에서 발생되는 2차 오염 배가스 처리를 위한 흡착방법에 대한 설명으로 옳지 않은 것은?

answer 18 ㉮ 19 ㉰ 20 ㉯ 21 ㉯ 22 ㉮

㉮ 배가스의 온도가 높을수록 처리 성능은 향상된다.
㉯ 배가스 중의 수분을 전단계에서 최대한 제거해 주어야 한다.
㉰ 흡착제의 교체주기는 파과지점을 설계하여 정한다.
㉱ 흡착반응기 내 채널링 현상을 최소화하기 위하여 배가스의 선속도를 적정하게 조절한다.

풀이 ㉮ 배가스의 온도가 높을수록 처리 성능은 저하된다.

TIP
채널링 현상 : 흡착반응기 내 흡착제에 의해서 발생되는 배가스가 한쪽으로 흐르는 현상을 말한다.

23 매립지 중간복토에 관한 설명으로 틀린 것은?

㉮ 복토는 메탄가스가 외부로 나가는 것을 방지한다.
㉯ 폐기물이 바람에 날리는 것을 방지한다.
㉰ 복토재로는 모래나 점토질을 사용하는 것이 좋다.
㉱ 지반의 안정과 강도를 증가시킨다.

풀이 ㉰ 복토재로는 양토(loamy soil)를 사용하는 것이 좋다.

24 휘발성 유기화합물질(VOCs)이 아닌 것은?

㉮ 벤젠   ㉯ 다이클로로에탄
㉰ 아세톤 ㉱ 디디티

풀이 ㉱ DDT는 유기염소계열의 살충제(농약)이다.

25 폐기물의 고화처리방법 중 피막형성법의 장점으로 옳은 것은?

㉮ 화재 위험성이 없다.
㉯ 혼합률이 높다.
㉰ 에너지 소비가 적다.
㉱ 침출성이 낮다.

풀이 ㉮ 화재 위험성이 있다. (단점)
㉯ 혼합률이 낮다. (장점)
㉰ 에너지 소비가 크다. (단점)

TIP
$$혼합률(MR) = \frac{첨가제의\ 질량}{폐기물의\ 질량}$$

26 고형물 농도가 80,000ppm인 농축슬러지량 20m³/hr를 탈수하기 위해 개량제(Ca(OH)₂)를 고형물당 10wt% 주입하여 함수율 85wt%인 슬러지 cake을 얻었다면 예상 슬러지 cake의 양(m³/hr)은?
(단, 비중 = 1.0 기준)

㉮ 약 7.3   ㉯ 약 9.6
㉰ 약 11.7 ㉱ 약 13.2

풀이 Cake의 발생량(m³/hr)
$$= \frac{고형물\ 농도(kg/m^3) \times 슬러지량(m^3/hr) \times 소석회\ 첨가량}{비중량(kg/m^3)}$$
$$\times \frac{100}{100 - 함수율(\%)}$$
$$= \frac{80kg/m^3 \times 20m^3/hr \times 1.1}{1000kg/m^3} \times \frac{100}{100-85}$$
$$= 11.73 m^3/hr$$

TIP
① 소석회 첨가량은 고형물당 10%이므로 110%가 된다.
② 비중(g/cm³) $\xrightarrow{\times 10^3}$ kg/m³

answer 23 ㉰ 24 ㉱ 25 ㉱ 26 ㉰

27 친산소성 퇴비화 공정의 설계 운영고려인 자에 관한 내용으로 틀린 것은?

㉮ 수분함량 : 퇴비화기간 동안 수분함량은 50~60% 범위에서 유지된다.
㉯ C/N비 : 초기 C/N비는 25~50이 적당하며 C/N비가 높은 경우는 암모니아 가스가 발생한다.
㉰ pH 조절 : 적당한 분해작용을 위해서는 pH 7~7.5 범위를 유지하여야 한다.
㉱ 공기공급 : 이론적인 산소요구량은 식을 이용하여 추정이 가능하다.

풀이 ㉯ C/N비 : 초기 C/N비는 25~50이 적당하며 C/N비가 20 이하로 작은 경우는 암모니아 가스가 발생한다.

28 분뇨 슬러지를 퇴비화 할 경우, 영향을 주는 요소로 가장 거리가 먼 것은?

㉮ 수분함량 ㉯ 온도
㉰ pH ㉱ SS 농도

풀이 분뇨 슬러지를 퇴비화할 경우, 영향을 주는 요소로는 수분함량, 온도, pH 등이다.

29 유기물($C_6H_{12}O_6$) 0.1ton을 혐기성 소화할 때 생성될 수 있는 최대 메탄의 양(kg)은?

㉮ 12.5 ㉯ 26.7
㉰ 37.3 ㉱ 42.9

풀이 $C_6H_{12}O_6 \rightarrow 3CH_4 + 3CO_2$
180kg : 3×16kg
100kg : X(CH_4)
∴ X(CH_4) = $\frac{100kg \times 3 \times 16kg}{180kg}$ = 26.67kg

30 매립지에서 침출된 침출수 농도가 반으로 감소하는 데 약 3년이 걸린다면 이 침출수 농도가 90% 분해되는 데 걸리는 시간(년)은? (단, 일차반응 기준)

㉮ 6 ㉯ 8
㉰ 10 ㉱ 12

풀이 ① 반감기 공식 : $\ln \frac{1}{2} = -k \times t$
$\ln \frac{1}{2} = -k \times 3년$
∴ $k = \frac{\ln \frac{1}{2}}{-3년}$ = 0.231/년

② 1차 반응식 공식 : $\ln \frac{C_t}{C_o} = -k \times t$
$\ln \frac{(100-90)\%}{100\%} = -0.231/년 \times t$
∴ $t = \frac{\ln \frac{(100-90\%)}{100\%}}{-0.231/년}$ = 9.97년

31 소각장에서 발생하는 비산재를 매립하기 위해 소각재 매립지를 설계하고자 한다. 내부 마찰각(∅) 30°, 부착도(c) 1kPa, 소각재의 유해성과 특성변화 때문에 안정에 필요한 안전인자(FS)는 2.0일 때, 소각재 매립지의 최대 경사각 β(°)은?

㉮ 14.7 ㉯ 16.1
㉰ 17.5 ㉱ 18.5

풀이 이 문제는 동일하게 출제될 가능성이 높은 문제이므로 정답만 암기를 해 놓으면 된다.

answer 27 ㉯ 28 ㉱ 29 ㉯ 30 ㉰ 31 ㉯

32 슬러지 수분 결합상태 중 탈수하기 가장 어려운 형태는?

㉮ 모관결합수 ㉯ 간극모관결합수
㉰ 표면부착수 ㉱ 내부수

풀이 ① 탈수성이 가장 용이한 수분 : 모관결합수
② 탈수성이 가장 어려운 수분 : 내부수

33 쓰레기의 밀도가 750kg/m³이며 매립된 쓰레기의 총량은 30,000ton이다. 여기에서 유출되는 연간 침출수량(m³)은? (단, 침출수 발생량은 강우량의 60%, 쓰레기의 매립 높이 = 6m, 연간 강우량 = 1,300mm, 기타 조건은 고려하지 않음)

㉮ 2,600 ㉯ 3,200
㉰ 4,300 ㉱ 5,200

풀이 유출되는 침출수량(m³/년)

$$= \frac{매립쓰레기량(ton)}{쓰레기\ 밀도(ton/m^3) \times 매립\ 높이(m)} \times 침출되는\ 강우량(m/년)$$

$$= \frac{30,000\,ton}{0.75\,ton/m^3 \times 6m} \times 1,300 \times 10^{-3}\,m/년 \times 0.60$$

$$= 5,200\,m^3/년$$

34 총질소 2%인 고형 폐기물 1ton을 퇴비화했더니 총질소는 2.5%가 되고 고형 폐기물의 무게는 0.75ton이 되었다. 결과적으로 퇴비화 과정에서 소비된 질소의 양(kg)은? (단, 기타 조건은 고려하지 않음)

㉮ 1.25 ㉯ 3.25
㉰ 5.25 ㉱ 7.25

풀이 소비된 질소의 양
$= (1,000\,kg \times 0.02) - (750\,kg \times 0.025) = 1.25\,kg$

35 쓰레기 발생량은 1,000ton/day, 밀도는 0.5ton/m³이며, trench법으로 매립할 계획이다. 압축에 따른 부피감소율 40%, trench 깊이 4.0m, 매립에 사용되는 도랑 면적 점유율이 전체 부지의 60%라면 연간 필요한 전체 부지면적(m²)은?

㉮ 182,500 ㉯ 243,500
㉰ 292,500 ㉱ 325,500

풀이 매립면적(m²)

$$= \frac{쓰레기\ 발생량(ton) \times (1-부피감소율)}{밀도(ton/m^3) \times 깊이(m)} \times \frac{1}{점유율}$$

$$= \frac{1,000\,ton/day \times 365일/1년 \times (1-0.40)}{0.5\,ton/m^3 \times 4.0m} \times \frac{1}{0.60}$$

$$= 182,500\,m^2$$

36 Soil washing 기법을 적용하기 위하여 토양의 입도분포를 조사한 결과가 다음과 같을 경우, 유효입경(mm)과 곡률계수는? (단, D_{10}, D_{30}, D_{60}는 각각 통과 백분율 10%, 30%, 60%에 해당하는 입자 직경이다.)

	D_{10}	D_{30}	D_{60}
입자의 크기 (mm)	0.25	0.60	0.90

㉮ 유효입경 = 0.25, 곡률계수 = 1.6
㉯ 유효입경 = 3.60, 곡률계수 = 1.6
㉰ 유효입경 = 0.25, 곡률계수 = 2.6
㉱ 유효입경 = 3.60, 곡률계수 = 2.6

풀이 ① 유효입경 = D_{10} = 0.25mm

② 곡률계수 = $\frac{(D_{30})^2}{(D_{10} \times D_{60})}$

여기서 D_{60} : 입도누적곡선상 60% 입경
D_{10} : 입도누적곡선상 10% 입경
D_{30} : 입도누적곡선상 30% 입경

answer 32 ㉱ 33 ㉱ 34 ㉮ 35 ㉮ 36 ㉮

따라서 곡률계수 = $\dfrac{(0.60mm)^2}{(0.25mm \times 0.90mm)} = 1.60$

37 함수율 60%인 쓰레기를 건조시켜 함수율 20%로 만들려면, 건조시켜야 할 수분양(kg/톤)은?

㉮ 150 ㉯ 300
㉰ 500 ㉱ 700

풀이 ① $W_1 \times (100 - P_1) = W_2 \times (100 - P_2)$
$1000kg \times (100 - 60) = W_2 \times (100 - 20)$
$\therefore W_2 = \dfrac{1000kg \times (100-60)}{(100-20)} = 500\,kg$
② 건조시켜야 할 수분량
$= W_1 - W_2 = 1000kg - 500kg = 500\,kg$

38 열분해와 운전인자에 대한 설명으로 틀린 것은?

㉮ 열분해는 무산소상태에서 일어나는 반응이며 필요한 에너지를 외부에서 공급해 주어야 한다.
㉯ 열분해가스 중 CO, H_2, CH_4 등의 생성율은 열공급속도가 커짐에 따라 증가한다.
㉰ 열분해 반응에서는 열공급속도가 커짐에 따라 유기성 액체와 수분, 그리고 Char의 생성량은 감소한다.
㉱ 산소가 일부 존재하는 조건에서 열분해가 진행되면 CO_2의 생성량이 최대가 된다.

풀이 ㉱ 산소가 일부 존재하는 조건에서 열분해가 진행되면 이산화탄소(CO_2)의 생성량이 최소가 된다.

39 다음과 같은 특성을 가진 침출수의 처리에 가장 효율적인 공정은?

<침출수 특성>
• COD/TOC < 2.0
• BOD/COD < 0.1
• 매립연한 10년 이상
• COD 500 이하, 단위 mg/L

㉮ 이온교환수지
㉯ 활성탄
㉰ 화학적 침전(석회투여)
㉱ 화학적 산화

풀이 ㉯ 활성탄 처리법에 대한 설명이다.

40 설계 확률 강우강도를 계산할 때 적용되지 않는 공식은?

㉮ Talbot형 ㉯ Sherman형
㉰ Japanese형 ㉱ Manning형

풀이 ㉱ Manning형(공식)은 수질에서 유속을 구하는 공식이다.

| 제3과목 | 폐기물 처분기술

41 고형폐기물의 중량조성이 C : 72%, H : 6%, O : 8%, S : 2%, 수분 : 12%일 때 저위발열량(kcal/kg)은?
(단, 단위 질량당 열량 C : 8,100kcal/kg, H : 34,250kcal/kg, S : 2,250kcal/kg)

㉮ 7,016 ㉯ 7,194
㉰ 7,590 ㉱ 7,914

answer 37 ㉰ 38 ㉱ 39 ㉯ 40 ㉱ 41 ㉯

풀이 ① Dulong공식에서 고위발열량(Hh)
$$= 8{,}100C + 34{,}250\left(H - \frac{O}{8}\right) + 2{,}250S \,(\text{kcal/kg})$$
$$= 8{,}100 \times 0.72 + 34{,}250 \times \left(0.06 - \frac{0.08}{8}\right)$$
$$\quad + 2{,}250 \times 0.02$$
$$= 7{,}589.5 \,\text{kcal/kg}$$
② 저위발열량(Hl)
$$= Hh - 600 \times (9H + W) \,(\text{kcal/kg})$$
$$= 7{,}589.5 \,\text{kcal/kg} - 600 \times (9 \times 0.06 + 0.12)$$
$$= 7{,}193.5 \,\text{kcal/kg}$$

TIP
Dulong의 고위발열량(Hh) 계산공식
① $Hh = 8{,}100C + 34{,}000\left(H - \frac{O}{8}\right) + 2{,}500S \,(\text{kcal/kg})$
② $Hh = 8{,}100C + 34{,}250\left(H - \frac{O}{8}\right) + 2{,}250S \,(\text{kcal/kg})$

42 유동층 소각로 방식에 대한 설명으로 틀린 것은?

㉮ 반응시간이 빨라 소각시간이 짧다.(로 부하율이 높다.)
㉯ 기계적 구동부분이 많아 고장율이 높다.
㉰ 폐기물의 투입이나 유동화를 위해 파쇄가 필요하다.
㉱ 가스온도가 낮고 과잉 공기량이 적어 NOx도 적게 배출된다.

풀이 ㉯ 기계적 구동부분이 적어 고장율이 낮다.

43 플라스틱 폐기물의 소각 및 열분해에 대한 설명으로 옳지 않은 것은?

㉮ 감압증류법은 황의 함량이 낮은 저유황유를 회수할 수 있다.
㉯ 멜라민 수지를 불완전 연소하면 HCN과 NH₃가 생성된다.
㉰ 열분해에 의해 생성된 모노머는 발화성이 크고, 생성 가스의 연소성도 크다.
㉱ 고온열분해법에서는 타르, Char 및 액체상태의 연료가 많이 생성된다.

풀이 ㉱ 저온열분해법에서는 타르, Char 및 액체상태의 연료가 많이 생성된다.

TIP
① 저온열분해법의 온도 : 500~900℃
② 고온열분해법의 온도 : 1,100~1,500℃

44 일반적으로 연소과정에서 매연(검댕)의 발생이 최대로 되는 온도는?

㉮ 300~450℃   ㉯ 400~550℃
㉰ 500~650℃   ㉱ 600~750℃

풀이 일반적으로 연소과정에서 매연(검댕)의 발생이 최대로 되는 온도는 400~550℃이다.

45 탄화도가 클수록 석탄이 가지게 되는 성질에 관한 내용으로 틀린 것은?

㉮ 고정탄소의 양이 증가한다.
㉯ 휘발분이 감소한다.
㉰ 연소속도가 커진다.
㉱ 착화온도가 높아진다.

풀이 ㉰ 연소속도가 작아진다.

TIP
① 탄화도가 증가하면 고정탄소, 발열량, 착화온도, 연료비 증가
② 탄화도가 증가하면 매연발생량, 비열, 휘발분, 수분, 산소의 양, 연소속도 감소

answer 42 ㉯ 43 ㉱ 44 ㉯ 45 ㉰

46 분자식이 C_mH_n인 탄화수소가스 $1Sm^3$의 완전연소에 필요한 이론 공기량(Sm^3/Sm^3)은?

㉮ 3.76m+1.19n ㉯ 4.76m+1.19n
㉰ 3.76m+1.83n ㉱ 4.76m+1.83n

풀이
$$C_mH_n + \left(m+\frac{n}{4}\right)O_2 \rightarrow mCO_2 + \frac{n}{2}H_2O$$

이론공기량 = 이론산소량(Sm^3/Sm^3) × $\frac{1}{0.21}$

$= \left(m+\frac{n}{4}\right) \times \frac{1}{0.21} = 4.76m+1.19n$

47 화씨온도 100°F는 몇 °C인가?

㉮ 35.2 ㉯ 37.8
㉰ 39.7 ㉱ 41.3

풀이 °C = (°F − 32) ÷ 1.8
= (100°F − 32) ÷ 1.8 = 37.78°C

48 다음 연소장치 중 가장 적은 공기비의 값을 요구하는 것은?

㉮ 가스 버너 ㉯ 유류 버너
㉰ 미분탄 버너 ㉱ 수동수평화격자

풀이 연소장치 중 가장 적은 공기비의 값을 요구하는 것은 기체연료를 연소하는 장치이므로 가스 버너가 정답이 된다.

49 저위발열량이 $8,000kcal/Sm^3$인 가스연료의 이론연소온도(°C)는? (단, 이론연소가스량은 $10Sm^3/Sm^3$, 연료 연소가스의 평균 정압비열은 $0.35kcal/Sm^3·°C$, 기준온도는 실온(15°C), 지금 공기는 예열되지 않으며, 연소가스는 해리되지 않는 것으로 한다.)

㉮ 약 2,100 ㉯ 약 2,200
㉰ 약 2,300 ㉱ 약 2,400

풀이
$$t_2 = \frac{Hl}{G \times C} + t_1$$

여기서 t_2 : 이론연소온도(°C)
t_1 : 기준온도(°C)
Hl : 저위발열량($kcal/Sm^3$)
G : 연소가스량(Sm^3/Sm^3)
C : 정압비열($kcal/Sm^3·°C$)

따라서
$$t_2 = \frac{8,000\,kcal/Sm^3}{10Sm^3/Sm^3 \times 0.35\,kcal/Sm^3·°C} + 15°C$$
$= 2,300.71°C$

50 열분해 공정에 대한 설명으로 옳지 않은 것은?

㉮ 배기가스량이 적다.
㉯ 환원성 분위기를 유지할 수 있어 3가크롬이 6가크롬으로 변화하지 않는다.
㉰ 황분, 중금속분이 회분 속에 고정되는 비율이 적다.
㉱ 질소산화물의 발생량이 적다.

풀이 ㉰ 황분, 중금속분이 회분 속에 고정되는 비율이 크다.

51 열교환기 중 절탄기에 관한 설명으로 틀린 것은?

㉮ 급수 예열에 의해 보일러수와의 온도차가 감소함에 따라 보일러 드럼에 열응력이 증가한다.
㉯ 급수온도가 낮을 경우, 굴뚝가스 온도가 저하하면 절탄기 저온부에 접하는 가스온도가 노점에 달하여 절탄기를 부식시킨다.

answer 46 ㉯ 47 ㉯ 48 ㉮ 49 ㉰ 50 ㉰ 51 ㉮

㉰ 굴뚝의 가스온도 저하로 인한 굴뚝 통풍력의 감소에 주의하여야 한다.
㉱ 보일러 전열면을 통하여 연소가스의 여열로 보일러 급수를 예열하여 보일러의 효율을 높이는 장치이다.

풀이 ㉮ 급수 예열에 의해 보일러수와의 온도차가 감소함에 따라 보일러 드럼에 열응력이 경감된다.

TIP
열교환기
① 과열기 : 포화증기에 포함되어 있는 수분을 제거하고, 증기의 과열도를 높이는 장치이다.
② 재열기 : 포화증기에 도달한 증기를 다시 가열하여 터빈에 되돌려 팽창시키는 장치이다.
③ 절탄기(이코노마이저) : 연소가스의 여열로 보일러 급수를 예열하여 보일러 효율을 증가시키는 장치이다.
④ 공기예열기 : 굴뚝 가스 여열을 이용하여 연소용 공기를 예열하여 보일러 효율을 증가시키는 장치이다.

52 액체 주입형 소각로의 단점이 아닌 것은?

㉮ 대기오염 방지시설 이외에 소각재 처리설비가 필요하다.
㉯ 완전히 연소시켜 주어야 하며 내화물의 파손을 막아주어야 한다.
㉰ 고농도 고형분으로 인하여 버너가 막히기 쉽다.
㉱ 대량 처리가 어렵다.

풀이 ㉮ 대기오염 방지시설 이외에 소각재 처리설비가 불필요하다.

53 수분함량이 20%인 폐기물의 발열량을 단열 열량계로 분석한 결과가 1,500kcal/kg이라면 저위발열량(kcal/kg)은?

㉮ 1,320 ㉯ 1,380
㉰ 1,410 ㉱ 1,500

풀이 저위발열량(kcal/kg)
= 고위발열량(kcal/kg) $- 600(9H + W)$
= $1,500\,\text{kcal/kg} - 600 \times 0.20$
= $1,380\,\text{kcal/kg}$

54 폐기물의 저위발열량을 폐기물 3성분 조성비를 바탕으로 추정할 때 3가지 성분에 포함되지 않는 것은?

㉮ 수분   ㉯ 회분
㉰ 가연분 ㉱ 휘발분

풀이 폐기물 3성분은 수분, 회분, 가연분이다.

55 도시폐기물 소각로 설계 시 열수지(heat balance)수립에 필요한 물, 수증기 그리고 건조 공기의 열용량(specific heat capacity)은? (단, 단위는 Btu/lb°F이다.)

㉮ 1, 0.5, 0.26   ㉯ 1, 0.5, 0.5
㉰ 0.5, 0.5, 0.26 ㉱ 0.5, 0.26, 0.26

풀이 이 문제는 동일하게 출제될 가능성이 높은 문제이므로 정답만 암기를 해 두면 된다.

TIP
암기법 : 1 $\xrightarrow{\frac{1}{2}}$ 0.5 $\xrightarrow{\frac{1}{2}}$ 0.25

answer 52 ㉮ 53 ㉯ 54 ㉱ 55 ㉮

56 표준상태에서 배기가스 내에 존재하는 CO_2 농도가 0.01%일 때 이것은 몇 mg/m^3 인가?

㉮ 146   ㉯ 196
㉰ 266   ㉱ 296

풀이 $mg/m^3 = 0.01 \times 10^4 \, ppm(mL/Sm^3) \times \dfrac{44\,mg}{22.4\,mL}$
$= 196.43\,mg/Sm^3$

TIP
① $ppm = mL/Sm^3 = mL/Nm^3$
② CO_2 1 mol $\begin{cases} 44\,mg \\ 22.4\,mL \end{cases}$
③ % $\xrightarrow{\times 10^4}$ ppm

57 옥탄(C_8H_{18})이 완전 연소할 때 AFR은?
(단, $kg\,mol_{air}/kg\,mol_{fuel}$)

㉮ 15.1   ㉯ 29.1
㉰ 32.5   ㉱ 59.5

풀이 $C_8H_{18} + 12.5O_2 \rightarrow 8CO_2 + 9H_2O$
AFR(kgmol/kgmol)
$= \dfrac{산소갯수 \times 22.4Sm^3 \times \dfrac{1}{0.21}}{연료갯수 \times 22.4Sm^3}$
$= \dfrac{12.5 \times 22.4Sm^3 \times \dfrac{1}{0.21}}{22.4Sm^3} = 59.52$

TIP
① $AFR = \dfrac{공기량}{연료량}$
② kgmol/kgmol = 체적비 = 갯수비

58 유황 함량이 2%인 벙커C유 1.0ton을 연소시킬 경우 발생되는 SO_2의 양(kg)은? (단, 황 성분 전량이 SO_2로 전환됨)

㉮ 30   ㉯ 40
㉰ 50   ㉱ 60

풀이 $S + O_2 \rightarrow SO_2$
32kg : 64kg
1,000kg×0.02 : X
$\therefore X = \dfrac{64kg \times 1,000kg \times 0.02}{32kg} = 40kg$

59 유동상 소각로의 특징으로 옳지 않은 것은?

㉮ 과잉공기율이 작아도 된다.
㉯ 층내 압력손실이 작다.
㉰ 층내 온도의 제어가 용이하다.
㉱ 노 부하율이 높다.

풀이 ㉯ 층내 압력손실이 크다.

60 할로겐족 함유 폐기물의 소각처리가 적합하지 않은 이유에 관한 설명으로 틀린 것은?

㉮ 소각 시 HCl 등이 발생한다.
㉯ 대기오염방지시설의 부식문제를 야기한다.
㉰ 발열량이 다른 성분에 비해 상대적으로 낮다.
㉱ 연소 시 수증기의 생산량이 많다.

풀이 ㉱ 연소 시 수증기의 생산량이 적다.

TIP
수증기(H_2O)는 수소(H)를 많이 함유하는 폐기물에서 많이 발생한다.

answer 56 ㉯ 57 ㉱ 58 ㉯ 59 ㉯ 60 ㉱

| 제4과목 | 폐기물공정시험기준

61 자외선/가시선 분광법으로 크롬을 정량할 때 $KMnO_4$를 사용하는 목적은?

㉮ 시료 중의 총 크롬을 6가크롬으로 하기 위해서다.
㉯ 시료 중의 총 크롬을 3가크롬으로 하기 위해서다.
㉰ 시료 중의 총 크롬을 이온화하기 위해서다.
㉱ 다이페닐카바자이드와 반응을 최적화하기 위해서다.

풀이 $KMnO_4$를 사용하는 목적은 시료 중의 총 크롬(Cr^{3+})을 6가 크롬(Cr^{6+})으로 하기 위해서다.

TIP
$KMnO_4$(과망간산칼륨)은 강산화제로 사용한다.

62 용액의 농도를 %로만 표현하였을 경우를 옳게 나타낸 것은? (단, W : 무게, V : 부피)

㉮ V/V%   ㉯ W/W%
㉰ V/W%   ㉱ W/V%

풀이 용액의 농도를 %로만 표현할 경우는 W/V%이다.

63 시료의 전처리 방법으로 많은 시료를 동시에 처리하기 위하여 회화에 의한 유기물 분해방법을 이용하고자 하며, 시료 중에는 염화칼슘이 다량 함유되어 있는 것으로 조사되었다. 아래 보기 중 회화에 의한 유기물 분해방법이 적용 가능한 중금속은?

㉮ 납(Pb)   ㉯ 철(Fe)
㉰ 안티몬(Sb)   ㉱ 크롬(Cr)

풀이 시료 중에 염화칼슘이 다량 함유되어 있는 경우에는 납, 철, 주석, 아연, 안티몬 등이 휘산되어 손실을 가져 오므로 주의하여야 한다.

64 원자흡수분광광도법에 의하여 비소를 측정하는 방법에 대한 설명으로 거리가 먼 것은?

㉮ 정량한계는 0.005mg/L이다.
㉯ 운반 가스로 아르곤 가스(순도 99.99% 이상)를 사용한다.
㉰ 아르곤-수소 불꽃에서 원자화시켜 253.7nm에서 흡광도를 측정한다.
㉱ 전처리한 시료 용액 중에 아연 또는 나트륨붕소수화물을 넣어 생성된 수소화비소를 원자화시킨다.

풀이 ㉰ 아세틸렌-공기 불꽃에서 원자화시켜 193.7nm에서 흡광도를 측정한다.

65 감염성 미생물의 분석 방법으로 가장 거리가 먼 것은?

㉮ 아포균 검사법
㉯ 열멸균 검사법
㉰ 세균배양 검사법
㉱ 멸균테이프 검사법

풀이 감염성 미생물의 분석 방법으로는 아포균 검사법, 세균배양 검사법, 멸균테이프 검사법이 있다.

answer 61 ㉮ 62 ㉱ 63 ㉱ 64 ㉰ 65 ㉯

66 기체크로마토그래피에 관한 일반적인 사항으로 옳지 않은 것은?

㉮ 충전물로서 적당한 담체에 고정상 액체를 함침시킨 것을 사용할 경우 기체-액체 크로마토그래피법이라 한다.
㉯ 무기화합물에 대한 정성 및 정량분석에 이용된다.
㉰ 운반기체는 시료도입부로부터 분리관내를 흘러서 검출기를 통하여 외부로 방출된다.
㉱ 시료도입부, 분리관 검출기 등은 필요한 온도를 유지해 주어야 한다.

풀이 ㉯ 유기화합물과 무기화합물의 정성 및 정량분석에 이용된다.

67 중량법에 의한 기름성분 분석방법에 관한 설명으로 옳지 않은 것은?

㉮ 시료를 직접 사용하거나, 시료에 적당한 응집제 또는 흡착제 등을 넣어 노말헥산 추출 물질을 포집한 다음 노말헥산으로 추출한다.
㉯ 시험기준의 정량한계는 0.1% 이하로 한다.
㉰ 폐기물 중의 휘발성이 높은 탄화수소, 탄화수소유도체, 그리스유상물질 중 노말헥산에 용해되는 성분에 적용한다.
㉱ 눈에 보이는 이물질이 들어 있을 때에는 제거해야 한다.

풀이 ㉰ 폐기물 중의 비교적 휘발되지 않는 탄화수소, 탄화수소유도체, 그리스유상물질 중 노말헥산에 용해되는 성분에 적용한다.

68 석면의 종류 중 백석면의 형태와 색상에 관한 내용으로 가장 거리가 먼 것은?

㉮ 곧은 물결 모양의 섬유
㉯ 다발의 끝은 분산
㉰ 다색성
㉱ 가열되면 무색 밝은 갈색

풀이 ㉮ 꼬인 물결 모양의 섬유

69 기체크로마토그래피에 의한 휘발성 저급 염소화 탄화수소류 분석방법에 관한 설명과 가장 거리가 먼 것은?

㉮ 끓는점이 낮거나 비극성 유기화합물들이 함께 추출되어 간섭현상이 일어난다.
㉯ 시료 중에 트리클로로에틸렌(C_2HCl_3)의 정량한계는 0.008mg/L, 테트라클로로에틸렌(C_2Cl_4)의 정량한계는 0.002mg/L이다.
㉰ 다이클로로메탄과 같은 휘발성 유기물은 보관이나 운반 중에 격막(septum)을 통해 시료 안으로 확산되어 시료를 오염시킬 수 있으므로 현장 바탕시료로서 이를 점검하여야 한다.
㉱ 다이클로로메탄과 같이 머무름 시간이 짧은 화합물은 용매의 피크와 겹쳐 분석을 방해할 수 있다.

풀이 ㉮ 끓는점이 높거나 극성 유기화합물들이 함께 추출되어 간섭현상이 일어난다.

answer 66 ㉯ 67 ㉰ 68 ㉮ 69 ㉮

70 시안의 자외선/가시선 분광법에 관한 내용으로 ( )에 옳은 내용은?

> 클로라민 T와 피리딘·피라졸론 혼합액을 넣어 나타나는 ( )에서 측정한다.

㉮ 적색을 460nm ㉯ 황갈색을 560nm
㉰ 적자색을 520nm ㉱ 청색을 620nm

풀이 시안의 분석방법
① 자외선/가시선분광법 : pH 2 이하로 조절, 청색을 620nm에서 흡광도 측정, 정량한계 0.01mg/L
② 이온전극법 : 액상폐기물과 고상폐기물을 pH 12~13으로 조절, 정량한계 0.5mg/L
③ 연속흐름법 : 산성상태에서 가열 증류, 청색을 620nm에서 흡광도 측정, 정량한계 0.01mg/L

71 원자흡수분광도법에서 일어나는 분광학적 간섭에 해당하는 것은?

㉮ 불꽃 중에서 원자가 이온화하는 경우
㉯ 시료용액의 점성이나 표면장력 등에 의하여 일어나는 경우
㉰ 분석에 사용하는 스펙트럼선이 다른 인접선과 완전히 분리되지 않는 경우
㉱ 공존물질과 작용하여 해리하기 어려운 화합물이 생성되어 흡광에 관계하는 기저상태의 원자수가 감소하는 경우

풀이 ㉮ 화학적 간섭
㉯ 물리적 간섭
㉰ 분광학적 간섭
㉱ 화학적 간섭

72 폐기물 시료의 용출 시험 방법에 대한 설명으로 틀린 것은?

㉮ 지정폐기물의 판정이나 매립방법을 결정하기 위한 시험에 적용한다.
㉯ 시료 100g 이상을 정확히 달아 정제수에 염산을 넣어 pH를 4.5~5.3으로 맞춘 용매와 1 : 5의 비율로 혼합한다.
㉰ 진탕여과한 액을 검액으로 사용하나 여과가 어려운 경우 원심분리기를 이용한다.
㉱ 용출시험 결과는 수분함량 보정을 위해 함수율 85% 이상인 시료에 한하여 [15/(100-시료의 함수율(%))]을 곱하여 계산된 값으로 한다.

풀이 ㉯ 시료 100g 이상을 정확히 달아 정제수에 염산을 넣어 pH를 5.8~6.3으로 맞춘 용매와 1 : 10의 비율로 혼합한다.

73 수소이온농도(pH) 시험방법에 관한 설명으로 틀린 것은? (단, 유리전극법 기준)

㉮ pH를 0.1까지 측정한다.
㉯ 기준전극은 은 염화은의 칼로멜 전극 등으로 구성된 전극으로 pH측정기에서 측정전위 값의 기준이 된다.
㉰ 유리전극은 일반적으로 용액의 색도, 탁도, 콜로이드성 물질들, 산화 및 환원성 물질들 그리고 염도에 의해 간섭을 받지 않는다.
㉱ pH는 온도변화에 영향을 받는다.

풀이 ㉮ pH를 0.01까지 측정한다

answer 70 ㉱ 71 ㉰ 72 ㉯ 73 ㉮

74 대상 폐기물의 양이 1,100톤인 경우 현장 시료의 최소 수(개)는?

㉮ 40 ㉯ 50
㉰ 60 ㉱ 80

> **풀이** 대상폐기물의 양과 시료의 최소 수
>
> | 대상폐기물
의 양
(단위 : ton) | 시료의
최소 수 | 대상폐기물
의 양
(단위 : ton) | 시료의
최소 수 |
> |---|---|---|---|
> | ~1 미만 | 6 | 100 이상~
500 미만 | 30 |
> | 1 이상~5 미만 | 10 | 500 이상~
1,000 미만 | 36 |
> | 5 이상~
30 미만 | 14 | 1,000 이상~
5,000 미만 | 50 |
> | 30 이상~
100 미만 | 20 | 5,000 이상 | 60 |

75 폐기물 소각시설의 소각재 시료채취에 관한 내용 중 회분식 연소 방식의 소각재 반출설비에서의 시료채취 내용으로 옳은 것은?

㉮ 하루 동안의 운행시간에 따라 매 시간마다 2회 이상 채취하는 것을 원칙으로 한다.
㉯ 하루 동안의 운행시간에 따라 매 시간마다 3회 이상 채취하는 것을 원칙으로 한다.
㉰ 하루 동안의 운전 횟수에 따라 매 운전 시마다 2회 이상 채취하는 것을 원칙으로 한다.
㉱ 하루 동안의 운전 횟수에 따라 매 운전 시마다 3회 이상 채취하는 것을 원칙으로 한다.

> **풀이** 회분식 연소 방식의 소각재 반출설비에서의 시료채취는 하루 동안의 운전 횟수에 따라 매 운전 시마다 2회 이상 채취하는 것을 원칙으로 한다.

76 시안(CN)을 분석하기 위한 자외선/가시선 분광법에 대한 설명으로 옳지 않은 것은?

㉮ 시안화합물을 측정할 때 방해물질들은 증류하면 대부분 제거된다.
㉯ 정량한계는 0.01mg/L이다.
㉰ pH 2 이하 산성에서 피리딘·피라졸론을 넣고 가열 증류한다.
㉱ 유출되는 시안화수소를 수산화나트륨용액으로 포집한 다음 중화한다.

> **풀이** ㉰ pH 2 이하 산성에서 에틸렌다이아민테트라아세트산이나트륨을 넣고 가열 증류한다.

77 총칙에서 규정하고 있는 내용으로 틀린 것은?

㉮ "항량으로 될 때까지 건조한다" 함은 같은 조건에서 10시간 더 건조할 때 전후 무게의 차가 g 당 0.1mg 이하일 때를 말한다.
㉯ "방울수"라 함은 20℃에서 정제수 20방울을 적하할 때, 그 부피가 약 1mL 되는 것을 뜻한다.
㉰ "감압 또는 진공"이라 함은 따로 규정이 없는 한 15mmHg 이하를 뜻한다.
㉱ 무게를 "정확히 단다"라 함은 규정된 수치의 무게를 0.1mg까지 다는 것을 말한다.

> **풀이** ㉮ "항량으로 될 때까지 건조한다" 함은 같은 조건에서 1시간 더 건조할 때 전후 무게의 차가 g 당 0.3mg 이하일 때를 말한다.

answer 74 ㉯ 75 ㉰ 76 ㉰ 77 ㉮

78 시료의 조제방법에 관한 설명으로 틀린 것은?

㉮ 시료의 축소방법에는 구획법, 교호삽법, 원추 4분법이 있다.
㉯ 소각잔재, 슬러지 또는 입자상 물질 중 입경이 5mm 이상인 것은 분쇄하여 체로 걸러서 입경이 0.5~5mm로 한다.
㉰ 시료의 축소방법 중 구획법은 대시료를 네모꼴로 얇게 균일한 두께로 편 후, 가로 4등분, 세로 5등분하여 20개의 덩어리로 나누어 20개의 각 부분에서 균등량씩을 취해 혼합하여 하나의 시료로 한다.
㉱ 축소라 함은 폐기물에서 시료를 채취할 경우 혹은 조제된 시료의 양이 많은 경우에 모은 시료의 평균적 성질을 유지하면서 양을 감소시켜 측정용 시료를 만드는 것을 말한다.

풀이 ㉯ 소각잔재, 슬러지 또는 입자상 물질은 그대로 돌멩이 등의 다른 물질을 제거하고, 이외의 폐기물 중 입경이 5mm 미만인 것은 그대로, 입경이 5mm 이상인 것은 분쇄하여 체로 걸러서 입경이 0.5~5mm로 한다.

TIP
시료의 축소방법 핵심내용
① 구획법 : 가로 4등분, 세로 5등분, 20개의 덩어리
② 교호삽법 : 원추형, 육면체, 원추쌓기
③ 원추 4분법 : 원추형, 부채꼴로 4등분

79 폐기물 시료 20g에 고형물 함량이 1.2g이었다면 다음 중 어떤 폐기물에 속하는가?
(단, 폐기물의 비중 = 1.0)

㉮ 액상폐기물   ㉯ 반액상폐기물
㉰ 반고상폐기물   ㉱ 고상폐기물

풀이 고형물 함량(%) = $\dfrac{1.2g}{20g} \times 100$ = 6% 이므로 반고상폐기물에 해당한다.

TIP
폐기물의 종류
① 액상폐기물 : 고형물의 함량이 5% 미만
② 반고상폐기물 : 고형물의 함량이 5% 이상 15% 미만
③ 고상폐기물 : 고형물의 함량이 15% 이상

80 PCB 측정 시 시료의 전처리 조작으로 유분의 제거를 위하여 알칼리 분해를 실시하는 과정에서 알칼리제로 사용하는 것은?

㉮ 산화칼슘   ㉯ 수산화칼륨
㉰ 수산화나트륨   ㉱ 수산화칼슘

풀이 PCB 측정 시 시료의 전처리 조작으로 유분의 제거를 위하여 알칼리 분해를 실시하는 과정에서 알칼리제로 사용하는 것은 수산화칼륨(KOH)이다.

answer 78 ㉯ 79 ㉰ 80 ㉯

2022 1회 기출문제

| 제1과목 | 폐기물개론

01 폐기물에 관한 설명으로 ( )에 가장 적절한 개념은?

> 폐기물을 재질이나 물리화학적 특성의 변화를 가져오는 가공처리를 통하여 다른 용도로 사용될 수 있는 상태로 만드는 것을 ( )(이)라 한다.

㉮ 재활용(Recycling)
㉯ 재사용(Reuse)
㉰ 재이용(Reutilization)
㉱ 재회수(Recovery)

풀이 ㉮ 재활용에 대한 설명이다.

02 물렁거리는 가벼운 물질로부터 딱딱한 물질을 선별하는 데 사용하는 선별 분류법으로 경사진 컨베이어를 통해 폐기물을 주입시켜 천천히 회전하는 드럼 위에 떨어뜨려서 분류하는 것은?

㉮ Jigs
㉯ Table
㉰ Secators
㉱ Stoners

풀이 ㉰ Secators에 대한 설명이다.

03 국내에서 발생되는 사업장폐기물 및 지정폐기물의 특성에 대한 설명으로 틀린 것은?

㉮ 사업장폐기물 중 가장 높은 증가율을 보이는 것은 폐유이다.
㉯ 지정폐기물은 사업장폐기물의 한 종류이다.
㉰ 일반사업장폐기물 중 무기물류가 가장 많은 비중을 차지하고 있다.
㉱ 지정폐기물 중 그 배출량이 가장 많은 것은 폐산·폐알칼리이다.

풀이 ㉮ 사업장폐기물 중 가장 높은 증가율을 보이는 것은 건설폐기물이다.

04 인력 선별에 관한 설명으로 틀린 것은?

㉮ 사람의 손을 통한 수동 선별이다.
㉯ 컨베이어 벨트의 한쪽 또는 양쪽에서 사람이 서서 선별한다.
㉰ 기계적인 선별보다 작업량이 떨어질 수 있다.
㉱ 선별의 정확도가 낮고 폭발가능 물질분류가 어렵다.

풀이 ㉱ 선별의 정확도가 높고 폭발가능 물질분류가 용이하다.

answer 01 ㉮ 02 ㉰ 03 ㉮ 04 ㉱

05 쓰레기의 양이 2,000m³이며, 밀도는 0.95ton/m³이다. 적재용량 20ton의 트럭이 있다면 운반하는데 몇 대의 트럭이 필요한가?

㉮ 48대 ㉯ 50대
㉰ 95대 ㉱ 100대

풀이 대 $= \dfrac{2,000\,\text{m}^3 \times 0.95\,\text{ton}/\text{m}^3}{20\,\text{ton}/\text{대}} = 95$대

06 함수율 95%의 슬러지를 함수율 80%인 슬러지로 만들려면 슬러지 1ton 당 증발시켜야 하는 수분의 양(kg)은 얼마인가?
(단, 비중은 1.0 기준)

㉮ 750 ㉯ 650
㉰ 550 ㉱ 450

풀이 ① $W_1 \times (100 - P_1) = W_2 \times (100 - P_2)$
$1,000\,\text{kg} \times (100 - 95\%) = W_2 \times (100 - 80\%)$
$\therefore W_2 = \dfrac{1,000\,\text{kg} \times (100 - 95\%)}{(100 - 80\%)} = 250\,\text{kg}$
② 증발된 수분량
$= W_1 - W_2 = 1,000\,\text{kg} - 250\,\text{kg} = 750\,\text{kg}$

07 분뇨를 혐기성 소화공법으로 처리할 때 발생하는 CH_4가스의 부피는 분뇨투입량의 약 8배라고 한다. 분뇨를 500kL/day씩 처리하는 소화시설에서 발생하는 CH_4 가스를 24시간 균등 연소 시킬 때 시간당 발열량(kcal/hr)은 얼마인가? (단, CH_4 가스의 발열량 약 5,500kcal/m³)

㉮ 9.2×10^5 ㉯ 5.5×10^6
㉰ 2.5×10^7 ㉱ 1.5×10^8

풀이 발열량(kcal/hr)
$= 500\,\text{kL}(\text{m}^3)/\text{day} \times 8\text{배} \times 5,500\,\text{kcal}/\text{m}^3 \times 1\,\text{day}/24\,\text{hr}$
$= 9.17 \times 10^5\,\text{kcal/hr}$

08 폐기물의 밀도가 0.45ton/m³인 것을 압축기로 압축하여 0.75ton/m³로 하였을 때 부피감소율(%)은 얼마인가?

㉮ 36 ㉯ 40
㉰ 44 ㉱ 48

풀이 부피감소율(%)
$= \left(1 - \dfrac{V_2}{V_1}\right) \times 100(\%)$
$= \left(1 - \dfrac{W_1}{W_2}\right) \times 100(\%)$
$= \left(1 - \dfrac{0.45\,\text{ton}/\text{m}^3}{0.75\,\text{ton}/\text{m}^3}\right) \times 100(\%) = 40\%$

09 쓰레기 수거노선 설정에 대한 설명으로 틀린 것은?

㉮ 출발점은 차고와 가까운 곳으로 한다.
㉯ 언덕 지역의 경우 내려가면서 수거한다.
㉰ 발생량이 많은 곳은 하루 중 가장 나중에 수거한다.
㉱ 될 수 있는 한 시계방향으로 수거한다.

풀이 ㉰ 발생량이 많은 곳은 하루 중 가장 먼저 수거한다.

answer 05 ㉰ 06 ㉮ 07 ㉮ 08 ㉯ 09 ㉰

10 생활폐기물 중 포장폐기물 감량화에 대한 설명으로 옳은 것은?

㉮ 포장지의 무료제공
㉯ 상품의 포장공간 비율 감소화
㉰ 백화점 자체 봉투 사용 장려
㉱ 백화점에서 구매직후 상품 겉포장 벗기는 행위 금지

풀이 ㉮ 포장지의 유료제공
㉰ 백화점 자체 봉투 사용 억제
㉱ 백화점에서 구매직후 상품 겉포장 벗기는 행위 장려

11 폐기물의 운송기술에 대한 설명으로 틀린 것은?

㉮ 파이프라인 수송은 폐기물의 발생 빈도가 높은 곳에서는 현실성이 있다.
㉯ 모노레일 수송은 가설이 곤란하고 설치비가 고가이다.
㉰ 컨베이어 수송은 넓은 지역에서 사용되고 사용 후 세정에 많은 물을 사용해야 한다.
㉱ 파이프라인 수송은 장거리 이송이 곤란하고 투입구를 이용한 범죄나 사고의 위험이 있다.

풀이 ㉰ 컨베이어 수송은 지하에 설치된 컨베이어에 의해 수송하는 방법으로 수송망을 하수도 시설처럼 각 가정에서 배출된 쓰레기를 최종처분장까지 운반할 수 있다.

12 폐기물 연소 시 저위발열량과 고위발열량의 차이를 결정짓는 물질은 무엇인가?

㉮ 물 ㉯ 탄소
㉰ 소각재의 양 ㉱ 유기물 총량

풀이 폐기물 연소 시 저위발열량과 고위발열량의 차이는 수분의 증발잠열이므로 수분(물)이 정답이 된다.

13 적환장을 이용한 수집, 수송에 관한 설명으로 틀린 것은?

㉮ 소형의 차량으로 폐기물을 수거하여 대형 차량에 적환 후 수송하는 시스템이다.
㉯ 처리장이 원거리에 위치할 경우에 적환장을 설치한다.
㉰ 적환장은 수송차량에 싣는 방법에 따라서 직접투하식, 간접투하식으로 구별된다.
㉱ 적환장 설치장소는 쓰레기 발생 지역의 무게 중심에 되도록 가까운 곳이 알맞다.

풀이 ㉰ 적환장은 적재방식에 따라 직접투하식, 저장투하식, 직접·저장 결합방식이 있다.

14 발열량에 대한 설명으로 틀린 것은?

㉮ 우리나라 소각로의 설계 시 이용하는 열량은 저위발열량이다.
㉯ 수분을 50% 이상 함유하는 쓰레기는 삼성분조성비를 바탕으로 발열량을 측정하여야 오차가 적다.
㉰ 폐기물의 가연분, 수분, 회분의 조성비로 저위발열량을 추정할 수 있다.
㉱ Dulong 공식에 의한 발열량 계산은 화학적 원소분석을 기초로 한다.

TIP
① 3성분 : 가연분, 수분, 회분
② 4성분 : 고정탄소, 휘발분, 수분, 회분

answer 10 ㉯ 11 ㉰ 12 ㉮ 13 ㉰ 14 ㉯

15 쓰레기 발생량 조사방법으로 틀린 것은?

㉮ 적재차량 계수분석법
㉯ 직접 계근법
㉰ 물질수지법
㉱ 경향법

풀이 ① 예측방법 : 다중회귀모델, 동적모사모델, 경향모델
② 조사방법 : 물질수지법, 직접계근법, 적재차량계수법, 통계조사법
③ 암기법 : 예측은 다중이 동적으로 경향을 파악하고/조사는 물질을 직접 적재한 통계로 한다.

16 폐기물 수거방법 중 수거효율이 가장 높은 방법은 어느 것인가?

㉮ 대형쓰레기통 수거
㉯ 문전식 수거
㉰ 타종식 수거
㉱ 적환식 수거

풀이 수거효율이 가장 높은 방법은 타종식 수거이다.

17 폐기물 발생량 조사방법에 관한 설명으로 틀린 것은?

㉮ 물질수지법은 일반적인 생활폐기물 발생량을 추산할 때 주로 이용한다.
㉯ 적재차량 계수분석법은 일정기간 동안 특정지역의 폐기물 수거, 운반차량의 대수를 조사하여, 이 결과에 밀도를 이용하여 질량으로 환산하는 방법이다.
㉰ 직접계근법은 비교적 정확한 폐기물 발생량을 파악할 수 있다.
㉱ 직접계근법은 적재차량 계수 분석에 비하여 작업량이 많고 번거롭다는 단점이 있다.

풀이 ㉮ 물질수지법은 주로 산업폐기물 발생량을 추산할 때 이용한다.

18 퇴비화 과정의 초기단계에서 나타나는 미생물은 어느 것인가?

㉮ Bacillus sp.
㉯ Streptomyces sp.
㉰ Aspergillus fumigatus
㉱ Fungi

풀이 퇴비화 과정의 초기단계에서 나타나는 미생물은 곰팡이(Fungi)이다.

19 폐기물의 운송을 돕기 위하여 압축할 때, 부피감소율(volume reduction)이 45%이었다. 압축비 (compaction ratio)는 얼마인가?

㉮ 1.42   ㉯ 1.82
㉰ 2.32   ㉱ 2.62

풀이 압축비 $= \dfrac{100}{100 - 부피감소율(\%)}$
$= \dfrac{100}{100 - 45\%} = 1.82$

20 도시쓰레기 중 비가연성 부분이 중량비로 약 40% 차지하였다. 밀도가 350 kg/m³인 쓰레기 8m³가 있을 때 가연성 물질의 양(ton)은 얼마인가?

㉮ 2.8   ㉯ 1.92
㉰ 1.68   ㉱ 1.12

answer 15 ㉱ 16 ㉰ 17 ㉮ 18 ㉱ 19 ㉯ 20 ㉰

풀이 가연성 물질의 양(ton)
= $8m^3 \times (1 - 0.40) \times 0.35 ton/m^3$
= $1.68 ton$

㉯ 미생물, 자외선에 대한 안정성이 강하다.
㉰ 방사성 폐기물처리에 많이 적용한다.
㉱ 최종 고화체의 체적 증가가 다양하다.

풀이 ㉯ 미생물, 자외선에 대한 안정성이 약하다.

| 제2과목 | 폐기물 재활용 및 자원화 기술

21 폐기물을 수평으로 고르게 깔고 압축하면서 폐기물 층과 복토 층을 교대로 쌓는 공법은 무엇인가?

㉮ Cell 공법   ㉯ 압축매립 공법
㉰ 샌드위치 공법   ㉱ 도랑형 매립 공법

풀이 폐기물을 수평으로 고르게 깔고 압축하면서 폐기물 층과 복토 층을 교대로 쌓는 공법은 샌드위치 공법이다.

22 호기성 퇴비화 4 단계에 따른 온도변화로 가장 알맞은 것은?

㉮ 고온단계 - 중온단계 - 냉각단계 - 숙성 단계
㉯ 중온단계 - 고온단계 - 냉각단계 - 숙성 단계
㉰ 냉각단계 - 중온단계 - 고온단계 - 숙성 단계
㉱ 숙성단계 - 냉각단계 - 중온단계 - 고온단계

풀이 호기성 퇴비화 4 단계에 따른 온도변화는 중온단계 - 고온단계 - 냉각단계 - 숙성단계 순이다.

23 유해폐기물의 고형화 처리 중 무기적 고형화에 비하여 유기적 고형화의 특징에 대한 설명으로 틀린 것은?

㉮ 수밀성이 크며, 처리비용이 고가이다.

24 유해폐기물을 고화처리하는 방법 중 유기중합체법에 대한 설명이다. 단점으로 틀린 것은?

㉮ 고형성분만 처리 가능하다.
㉯ 최종처리 시 2차용기에 넣어 매립하여야 한다.
㉰ 중합에 사용되는 촉매 중 부식성이 있고, 특별한 혼합장치와 용기 라이너가 필요하다.
㉱ 혼합률(MR)이 높고 고온 공정이다.

풀이 ㉱ 혼합률(MR)이 낮고 저온공정이다. (장점)

25 지하수 중 에틸벤젠을 탈기(Air stripping) 충전탑으로 제거하고자 한다. 지하수량(Q_w) 5L/sec, 공기 공급량(Q_a) 100L/sec일 때, 에틸벤젠의 무차원 헨리상수 값이 0.3이라면 탈기계수(Stripping factor) 값은 얼마인가?

㉮ 20   ㉯ 10
㉰ 6   ㉱ 3

풀이 탈기계수(Stripping factor)
= $\dfrac{100 L/sec}{5 L/sec} \times 0.3 = 6$

answer 21 ㉰ 22 ㉯ 23 ㉯ 24 ㉱ 25 ㉰

26 SRF를 소각로에서 사용 시 문제점에 관한 설명으로 틀린 것은?

㉮ 시설비가 고가이고, 숙련된 기술이 필요하다.
㉯ 연료공급의 신뢰성 문제가 있을 수 있다.
㉰ Cl 함량 및 연소먼지 문제는 거의 없지만, 유황함량이 많아 SOx 발생이 상대적으로 많은 편이다.
㉱ Cl 함량이 높을 경우 소각시설의 부식 발생으로 수명 단축의 우려가 있다.

풀이 ㉰ Cl 함량 및 연소먼지 문제는 심각하지만, 유황함량이 적어 SOx 발생은 상대적으로 적은 편이다.

TIP SRF는 가연성폐기물고형연료이다.

27 유기오염물질의 지하이동 모델링에 포함되는 주요 인자가 아닌 것은?

㉮ 유기오염물질의 분배계수
㉯ 토양의 수리전도도
㉰ 생물학적 분해속도
㉱ 토양 pH

풀이 유기오염물질의 지하이동 모델링에 포함되는 주요 인자에는 유기오염물질의 분배계수, 토양의 수리전도도, 생물학적 분해속도 등이다.

28 매립가스를 유용하게 활용하기 위해 CH_4와 CO_2를 분리하여야 한다. 다음 중 분리 방법으로 틀린 것은?

㉮ 물리적 흡착에 의한 분리
㉯ 막분리에 의한 분리
㉰ 화학적 흡착에 의한 분리
㉱ 생물학적 분해에 의한 분리

풀이 CH_4와 CO_2를 분리하는 방법에는 흡착(물리적, 화학적)법, 흡수법, 막분리법, 저온분리법, 화학적 전환법이 있다.

29 함수율 95%인 슬러지를 함수율 70%의 탈수 cake로 만들었을 경우의 무게비(탈수 후/탈수 전)는 얼마인가? (단, 비중 1.0, 분리액과 함께 유출된 슬러지량은 무시함.)

㉮ 1/4   ㉯ 1/5
㉰ 1/6   ㉱ 1/7

풀이 $W_1 \times (100 - P_1) = W_2 \times (100 - P_2)$
$W_1 \times (100 - 95\%) = W_2 \times (100 - 70\%)$
$\therefore \dfrac{W_2}{W_1} = \dfrac{(100 - 95\%)}{(100 - 70\%)} = \dfrac{5}{30} = \dfrac{1}{6}$

30 위생매립방법에 대한 설명으로 틀린 것은?

㉮ 도랑식 매립법은 도랑을 약 2.5~7m 정도의 깊이로 파고 폐기물을 묻은 후에 다지고 흙을 덮은 방법이다.
㉯ 평지 매립법은 매립의 가장 보편적인 형태로 폐기물을 다진 후에 흙을 덮는 방법이다.
㉰ 경사식 매립법은 어느 경사면에 폐기물을 쌓은 후에 다지고 그 위에 흙을 덮는 방법이다.
㉱ 도랑식 매립법은 매립 후 흙이 부족하며 지면이 높아진다.

풀이 ㉱ 도랑식 매립법은 매립 후 흙이 남는다.

answer 26 ㉰ 27 ㉱ 28 ㉱ 29 ㉰ 30 ㉱

31 매립구조에 따라 분류하였을 때 매립종료 1년 후 침출수의 BOD가 가장 낮게 유지되는 매립방법은 어느 것인가? (단, 매립조건, 환경 등은 모두 같다고 가정함)

㉮ 혐기성 위생매립
㉯ 개량형 혐기성 위생매립
㉰ 준호기성 매립
㉱ 호기성 매립

풀이 매립종료 1년 후 침출수의 BOD가 가장 낮게 유지되는 매립방법은 산소를 이용하여 분해속도가 빠른 호기성 매립이다.

32 생활폐기물 자원화를 위한 처리시설 중 선별시설의 설치지침이 틀린 것은?

㉮ 선별라인은 반입형태, 반입량, 작업효율 등을 고려하여 계열화할 수 있다.
㉯ 입도선별, 비중선별, 금속선별 등 필요에 따라 적정하게 조합하여 설치하되, 고형연료의 품질 제고를 위하여 PVC 등을 선별할 수 있다.
㉰ 선별된 물질이 후속공정에 연속적으로 이송될 수 있도록 저류시설을 설치하여야 한다.
㉱ 선별시설은 계절적 변화 등에 관계없이 고형연료제품 제조시 목표품질을 달성할 수 있는 적합한 선별시설을 계획하여야 한다.

33 폐기물 매립으로 인하여 발생될 수 있는 피해 내용에 대한 설명으로 틀린 것은?

㉮ 육상 매립으로 인한 유역의 변화로 우수의 수로가 영향을 받기 쉽다.
㉯ 매립지에서 대량 발생되는 파리의 방제에 살충제를 사용하면 점차 저항성이 생겨 약제를 변경해야 한다.
㉰ 쓰레기의 호기성분해로 생긴 메탄가스 등에 자연 착화하기 쉽다.
㉱ 쓰레기 부패로 악취가 발생하여 주변지역에 악영향을 준다.

풀이 ㉰ 쓰레기의 혐기성분해로 생긴 메탄가스 등에 자연 착화하기 쉽다.

34 차수설비의 기능과 관계가 없는 사항은?

㉮ 매립지 내의 오수 및 주변지하수의 유입 방지
㉯ 매립지 주위의 배수공에 의해 우수 및 지하수 유입 방지
㉰ 우수로 인해 매립지 내의 바닥 이하로의 침수 방지
㉱ 배수공에 의해 침출수 집수 및 매립지 밖으로의 배수

풀이 차수설비(차수시설)은 매립지의 침출수 유출방지와 지하수가 매립지 내부로 유입되는 것을 방지하는 역할을 한다.

answer 31 ㉱ 32 ㉰ 33 ㉰ 34 ㉰

35 폐기물을 매립 시 덮개 흙으로 덮어야 하는 이유로 틀린 것은?

㉮ 쥐나 파리의 서식처를 없애기 위해
㉯ CO_2 가스가 외부로 나가는 것을 방지하기 위해
㉰ 폐기물이 바람에 의해 날리는 것을 방지하기 위해
㉱ 미관상 보기에 좋지 않아서

▶풀이 ㉯ 우수의 침투방지, 화재예방, 악취방지를 위해서

36 음식물쓰레기 처리 방법으로 가장 부적합한 방법은?

㉮ 매립
㉯ 바이오가스 생산처리
㉰ 퇴비화
㉱ 사료화

▶풀이 음식물쓰레기 처리 방법으로 부적합한 방법은 매립이다.

37 슬러지를 건조하여 농토로 사용하기 위하여 여과기로 원래 슬러지의 함수율을 40%로 낮추고자 한다. 여과속도가 $10\,kg/m^2 \cdot hr$(건조고형물기준), 여과면적 $10\,m^2$의 조건에서 시간당 탈수 슬러지 발생량(kg/hr)은 얼마인가?

㉮ 약 186   ㉯ 약 167
㉰ 약 154   ㉱ 약 143

▶풀이 ① 여과속도$(kg/m^2 \cdot hr)$
  $= \dfrac{\text{고형물 농도}(kg/m^3) \times \text{슬러지량}(m^3/hr)}{\text{여과면적}(m^2)}$

$10\,kg/m^2 \cdot hr = \dfrac{600\,kg/m^3 \times \text{슬러지량}(m^3/hr)}{10\,m^2}$

∴ 슬러지량 $= \dfrac{10\,kg/m^2 \cdot hr \times 10\,m^2}{600\,kg/m^3}$
$= 0.1667\,m^3/hr$

② 슬러지량(kg/hr)
$= 0.1667\,m^3/hr \times 1{,}000\,kg/m^3$
$= 166.7\,kg/hr$

TIP
① 고형물 = 100−함수율(%) = 100−40% = 60%
② % $\xrightarrow{\times 10^4}$ ppm(mg/L)
③ mg/L $\xrightarrow{\times 10^{-3}}$ kg/m^3
④ 슬러지량(kg/hr)
  = 슬러지량$(m^3/hr) \times$ 비중량(kg/m^3)
⑤ 비중(g/cm^3) $\xrightarrow{\times 10^3}$ 비중량(kg/m^3)

38 1일 처리량이 100KL인 분뇨처리장에서 분뇨를 중온소화방식으로 처리하고자 한다. 소화 후 슬러지량(m^3/day)은 얼마인가?

- 투입분뇨의 함수율 98%
- 고형물 중 유기물 함유율 70%, 그 중 60%가 액화 및 가스화
- 소화슬러지 함수율 = 96%
- 슬러지 비중 1.0

㉮ 15   ㉯ 29
㉰ 44   ㉱ 53

▶풀이 소화 후 슬러지량(m^3)
$= (VS + FS) \times \dfrac{100}{100 - \text{함수율}(\%)}$

여기서 VS : 소화 후 잔류 VS량(m^3)
  FS : 소화 후 FS량(m^3)
  P : 소화 후 함수율(%)

answer 35 ㉯ 36 ㉮ 37 ㉯ 38 ㉯

① VS량 = $100\text{m}^3/\text{day} \times 0.02 \times 0.7 \times (1-0.6)$
   = $0.56\text{m}^3/\text{day}$
② FS량 = $100\text{m}^3/\text{day} \times 0.02 \times (1-0.7)$
   = $0.6\text{m}^3/\text{day}$
③ 소화슬러지량(m^3)
   = $(0.56+0.6)\text{m}^3/\text{day} \times \dfrac{100}{100-96\%}$
   = $29\text{m}^3/\text{day}$

TIP
① 고형물(TS) = 100-함수율(%)
              = 100-98% = 2%
② 유기물(VS) + 무기물(FS) = 100%
③ 무기물(FS) = 100 - VS(%)
              = 100 - 70% = 30%

39 용매추출처리에 이용 가능성이 높은 유해 폐기물로 틀린 것은?

㉮ 미생물에 의해 분해가 힘든 물질
㉯ 활성탄을 이용하기에는 농도가 너무 높은 물질
㉰ 낮은 휘발성으로 인해 스트리핑하기가 곤란한 물질
㉱ 물에 대한 용해도가 높아 회수성이 낮은 물질

풀이 ㉱ 물에 대한 용해도가 낮은 물질

40 BOD가 15,000mg/L, Cl^-이 800ppm인 분뇨를 희석하여 활성슬러지법으로 처리한 결과 BOD가 45mg/L, Cl^-이 40ppm이었다면 활성슬러지법의 처리효율(%)은 얼마인가? (단, 희석수 중에 BOD, Cl^-은 없음)

㉮ 92   ㉯ 94
㉰ 96   ㉱ 98

풀이 처리효율(%)
  = $\left\{1 - \dfrac{\text{유출수 BOD} \times \text{희석배수치(P)}}{\text{유입수 BOD}}\right\} \times 100$
① 희석배수치(P) = $\dfrac{800\text{ppm}}{40\text{ppm}} = 20$
② 처리효율(%) = $\left\{1 - \dfrac{45\text{mg/L} \times 20}{15,000\text{mg/L}}\right\} \times 100$
              = 94%

| 제3과목 | 폐기물 처분기술

41 소각로 설계에서 중요하게 활용되고 있는 발열량을 추정하는 방법에 대한 설명으로 옳지 않은 것은?

㉮ 폐기물의 입자분포에 의한 방법
㉯ 단열열량계에 의한 방법
㉰ 물리적조성에 의한 방법
㉱ 원소분석에 의한 방법

풀이 ㉮ 폐기물(쓰레기) 조성을 이용한 추정식에 의한 방법

42 폐기물 처리시설 내 소요전력을 생산하는 데 가장 많이 사용하는 터어빈은?

㉮ 충동 터어빈   ㉯ 배압 터어빈
㉰ 반동 터어빈   ㉱ 복수 터어빈

풀이 폐기물 처리시설 내 소요전력을 생산하는데 가장 많이 사용하는 터어빈은 배압 터어빈이다.

answer 39 ㉱ 40 ㉯ 41 ㉮ 42 ㉯

43
고체연료의 중량조성비가 다음과 같다면 이 연료의 저위발열량(kcal/kg)은 얼마인가? (단, C = 78%, H = 6%, O = 4%, S = 1%, 수분 = 5%, Dulong식 적용)

㉮ 7,259
㉯ 7,459
㉰ 7,659
㉱ 7,859

풀이 ① 고위발열량(Hh)
$= 8,100C + 34,000\left(H - \dfrac{O}{8}\right) + 2,500S \,(\text{kcal/kg})$
$= 8,100 \times 0.78 + 34,000 \times \left(0.06 - \dfrac{0.04}{8}\right) + 2,500 \times 0.01$
$= 8,213 \,\text{kcal/kg}$
② 저위발열량(Hl)
$= Hh - 600 \times (9H + W)$
$= 8,213 \,\text{kcal/kg} - 600 \times (9 \times 0.06 + 0.05)$
$= 7,859 \,\text{kcal/kg}$

44
액체주입형 연소기에 관한 설명으로 틀린 것은?

㉮ 구동장치가 없어서 고장이 적다.
㉯ 대기오염 방지시설과 소각재의 처리설비가 필요하다.
㉰ 연소기의 가장 일반적인 형식은 수평점화식이다.
㉱ 버너 노즐을 통하여 액체를 미립화 하여야 하며 대량처리가 어렵다.

풀이 ㉯ 대기오염 방지시설과 소각재의 처리설비가 불필요하다.

45
기체연료 중 천연가스(LNG)의 주성분은 무엇인가?

㉮ H_2
㉯ CO
㉰ CO_2
㉱ CH_4

풀이 ① LNG(액화천연가스)의 주성분 : 메탄(CH_4)
② LPG(액화석유가스)의 주성분 : 프로판(C_3H_8), 부탄(C_4H_{10})

46
폐기물의 자원화 기술 용어가 아닌 것은?

㉮ Landfill
㉯ Composting
㉰ Gasification & Pyrolysis
㉱ SRF

풀이 ㉮ Landfill : 매립
㉯ Composting : 퇴비화
㉰ Gasification & Pyrolysis : 가스화와 열분해
㉱ SRF : 가연성폐기물고형연료

47
다음 설명에서 맞지 않는 것은?

㉮ 1kcal은 표준기압에서 순수한 물 1kg를 1℃(14.5∼15.5℃) 올리는 데 필요한 열량이다.
㉯ 단위질량의 물질을 1℃ 상승하는데 필요한 열량은 비열이다.
㉰ 포화 증기온도 이상으로 가열한 증기를 과열증기라 한다.
㉱ 고체에서 기체가 될 때에 취하는 열을 증발열이라 한다.

풀이 ㉱ 액체에서 기체가 될 때에 취하는 열을 증발열이라 한다.

answer 43 ㉱ 44 ㉯ 45 ㉱ 46 ㉮ 47 ㉱

48 유동상식 소각로의 장·단점에 대한 설명으로 틀린 것은?

㉮ 반응시간이 빨라 소각시간이 짧다.(로 부하율이 높다.)
㉯ 연소효율이 높아 미연소분 배출이 적고 2차연소실이 불필요하다.
㉰ 기계적 구동부분이 많아 고장율이 높다.
㉱ 상(床)으로부터 찌꺼기의 분리가 어려우며 운전비 특히 동력비가 높다.

▸풀이 ㉰ 기계적 구동부분이 적어 고장율이 낮다.

49 소각조건의 3T에 해당하는 것은?

㉮ 온도, 연소량, 혼합
㉯ 온도, 연소량, 압력
㉰ 온도, 압력, 혼합
㉱ 온도, 연소시간, 혼합

▸풀이 소각조건의 3T는 온도(Temperature), 연소시간(Time), 혼합(Turbulence)이다.

50 회전식(rotary) 소각로에 대한 설명으로 틀린 것은?

㉮ 일반적으로 열효율이 상대적으로 높다.
㉯ 킬른은 1,600℃에 달하는 온도에서도 작동될 수 있다.
㉰ 높은 설치비와 보수비가 요구된다.
㉱ 다양한 액상 및 고형폐기물을 독립적으로 조합하지 않고서도 소각시킬 수 있다.

▸풀이 ㉮ 일반적으로 열효율이 상대적으로 낮은 편이다.

51 소각로의 쓰레기 이동방식에 따라 구분한 화격자 종류 중 화격자를 무한궤도식으로 설치한 구조로 되어 있고 건조, 연소, 후연소의 각 스토커 사이에 높이 차이를 두어 낙하시킴으로써 쓰레기층을 뒤집으며 내구성이 좋은 구조로 되어 있는 것은?

㉮ 낙하식 스토커   ㉯ 역동식 스토커
㉰ 계단식 스토커   ㉱ 이상식 스토커

▸풀이 ㉱ 이상식 스토커 내용의 핵심용어는 무한궤도식이다.

52 소각로의 연소효율을 증대시키는 방법으로 틀린 것은?

㉮ 적절한 연소시간 유지
㉯ 적절한 온도 유지
㉰ 적절한 공기공급과 연료비 설정
㉱ 층류상태 유지

▸풀이 ㉱ 난류상태 유지

53 폐기물 50ton/day를 소각로에서 1일 24시간 연속가동하여 소각처리할 때 화상면적(m^2)은 얼마인가? (단, 화상부하 150 $kg/m^2 \cdot hr$)

㉮ 약 14   ㉯ 약 18
㉰ 약 22   ㉱ 약 26

▸풀이 화상부하($kg/m^2 \cdot hr$) = $\dfrac{쓰레기 소각량(kg/hr)}{화상면적(m^2)}$

$150 kg/m^2 \cdot hr = \dfrac{50 \times 10^3 kg/day \times 1day/24hr}{화상면적(m^2)}$

∴ 화상면적 = $\dfrac{50 \times 10^3 kg/day \times 1day/24hr}{150 kg/m^2 \cdot hr}$

= $13.89 m^2$

answer 48 ㉰ 49 ㉱ 50 ㉮ 51 ㉱ 52 ㉱ 53 ㉮

54 쓰레기 투입방식에 따라 소각로를 분류할 수 있다. 해당되지 않는 것은?

㉮ 상부투입방식 ㉯ 중간투입방식
㉰ 하부투입방식 ㉱ 십자투입방식

풀이 쓰레기 투입방식은 상부투입방식, 하부투입방식, 십자투입방식으로 분류할 수 있다.

55 폐기물 소각설비의 주요 공정 중 폐기물 반입 및 공급설비에 해당되지 않는 것은?

㉮ 폐열보일러 ㉯ 폐기물 계량장치
㉰ 폐기물 투입문 ㉱ 폐기물 크레인

풀이 ㉮ 폐열보일러는 열을 발생시키는 장치이다.

56 소각로에서 쓰레기의 소각과 동시에 배출되는 가스성분을 분석한 결과, N_2 = 82%, O_2 = 5%였을 때 소각로의 공기과잉계수(m)는 얼마인가? (단, 완전연소라고 가정)

㉮ 1.3 ㉯ 2.3
㉰ 2.8 ㉱ 3.5

풀이 공기과잉계수(m) $= \dfrac{N_2\%}{N_2\% - 3.76 \times O_2\%}$
$= \dfrac{82\%}{82\% - 3.76 \times 5\%} = 1.30$

57 구성성분이 O 20%, H 6%, C 30%, 회분 14%, 수분 30%인 폐기물을 소각했을 때 고위발열량(kcal/kg)은 얼마인가? (단, Dulong식 기준)

㉮ 약 2,420 ㉯ 약 2,700
㉰ 약 3,130 ㉱ 약 3,620

풀이 ① 고위발열량(Hh)
$= 8,100C + 34,000\left(H - \dfrac{O}{8}\right) + 2,500S \text{(kcal/kg)}$
$= 8,100 \times 0.30 + 34,000 \times \left(0.06 - \dfrac{0.20}{8}\right)$
$= 3,620 \text{ kcal/kg}$

58 유동층 소각로에서 슬러지의 온도가 30℃, 연소온도 850℃, 배기온도 450℃일 때, 유동층 소각로의 열효율(%)은 얼마인가?

㉮ 49 ㉯ 51
㉰ 62 ㉱ 77

풀이 열효율(%) $= \dfrac{\text{배기온도} - \text{슬러지온도}}{\text{연소온도}} \times 100$
$= \dfrac{450℃ - 30℃}{850℃} \times 100 = 49.41\%$

59 고형폐기물의 소각처리 시 여분의 공기(excess air)는 이론적인 산화에 필요한 양에 최소 몇 % 정도 더 넣어주어야 하는가?

㉮ 5 ㉯ 10
㉰ 20 ㉱ 60

풀이 고형폐기물의 소각처리 시 여분의 공기는 이론적인 산화에 필요한 양에 최소 60% 정도 더 넣어 주어야 한다.

60 중유 보일러의 경우, 적정공기비(m = 1.1 ~ 1.3)일 때 CO_2 농도의 범위(%)는?

㉮ 10~8% ㉯ 12~10%
㉰ 16~12% ㉱ 20~16%

풀이 중유 보일러의 경우, 적정공기비(m = 1.1 ~ 1.3)일 때 CO_2 농도의 범위는 16 ~ 12% 정도이다

answer 54 ㉯ 55 ㉮ 56 ㉮ 57 ㉱ 58 ㉮ 59 ㉱ 60 ㉰

| 제4과목 | 폐기물공정시험기준

61 유도결합플라스마-원자발광분광법을 사용한 금속류 측정에 관한 내용으로 틀린 것은?

㉮ 대부분의 간섭물질은 산 분해에 의해 제거된다.
㉯ 유도결합플라스마-원자발광분광기는 시료도입부, 고주파전원부, 광원부, 분광부, 연산처리부 및 기록부로 구성된다.
㉰ 시료 중에 칼슘과 마그네슘의 농도가 높고 측정값이 규제값의 90% 이상일 때는 희석 측정하여야 한다.
㉱ 유도결합플라스마-원자발광분광기의 분광부는 검출 및 측정에 따라 연속주사형단원소측정장치와 다원소동시 측정장치로 구분된다.

풀이 ㉰ 시료 중에 칼슘과 마그네슘의 농도 합이 500mg/L 이상이고 측정값이 규제값의 90% 이상일 때는 표준물질첨가법에 의해 측정하는 것이 좋다.

62 자외선/가시선 분광법에 의하여 폐기물 내 크롬을 분석하기 위한 실험방법에 관한 설명으로 옳은 것은?

㉮ 발색 시 수산화나트륨의 최적 농도는 0.5N이다. 만일 수산화나트륨의 양이 부족하면 5mL을 넣어 시험한다.
㉯ 시료 중에 철이 5mg 이상으로 공존할 경우에는 다이페닐카바자이드 용액을 넣기 전에 10% 피로인산나트륨·10수화물 용액 5mL를 넣는다.
㉰ 적자색의 착화합물을 흡광도 540nm에서 측정한다.
㉱ 총 크롬을 과망간산나트륨을 사용하여 6가크롬으로 산화시킨 다음 알칼리성에서 다이페닐카바자이드와 반응시킨다.

풀이 ㉮ 발색 시 황산의 최적 농도는 0.1M이다.
㉯ 시료 중에 철이 2.5mg 이하로 공존할 경우에는 다이페닐카바자이드 용액을 넣기 전에 피로인산나트륨·10수화물용액(5%) 2mL를 넣는다.
㉱ 총 크롬을 과망간산칼륨을 사용하여 6가크롬으로 산화시킨 다음 산성에서 다이페닐카바자이드와 반응시킨다.

63 시료의 전처리방법 중 질산-황산에 의한 유기물분해에 해당되는 항목들로 짝지어진 것은?

㉠ 시료를 서서히 가열하여 액체의 부피가 약 15mL가 될 때까지 증발 농축한 후 공기중에서 식힌다.
㉡ 용액의 산 농도는 약 0.8N이다.
㉢ 염산(1+1) 10mL와 물 15mL를 넣고 약 15분간 가열하여 잔류물을 녹인다.
㉣ 분해가 끝나면 공기 중에서 식히고 정제수 50mL를 넣어 끓기 직전까지 서서히 가열하여 침전된 용해성염들을 녹인다.
㉤ 유기물 등을 많이 함유하고 있는 대부분의 시료에 적용된다.

㉮ ㉡, ㉢, ㉣　　㉯ ㉢, ㉣, ㉤
㉰ ㉠, ㉣, ㉤　　㉱ ㉠, ㉢, ㉤

answer 61 ㉰ 62 ㉰ 63 ㉰

64 폐기물 중의 유기물 함량(%)을 식으로 알맞은 것은? (단, W_1 : 뚜껑을 포함한 증발용기의 질량, W_2 : 강열 전의 뚜껑을 포함한 증발용기와 시료의 질량, W_3 : 강열 후의 뚜껑을 포함한 증발용기와 시료의 질량)

㉮ $\dfrac{(W_2 - W_3)}{(W_3 - W_2)} \times 100$

㉯ $\dfrac{(W_2 - W_1)}{(W_3 - W_1)} \times 100$

㉰ $\dfrac{(W_3 - W_2)}{(W_2 - W_1)} \times 100$

㉱ $\dfrac{(W_2 - W_3)}{(W_2 - W_1)} \times 100$

65 기체크로마토그래피법에 대한 설명으로 틀린 것은?

㉮ 일정 유량으로 유지되는 운반가스는 시료도입부로부터 분리관내를 흘러서 검출기를 통하여 외부로 방출된다.
㉯ 할로겐 화합물을 다량 함유하는 경우에는 분자 흡수나 광산란에 의하여 오차가 발생하므로 추출법으로 분리하여 실험한다.
㉰ 유기인 분석 시 추출 용매 안에 함유하고 있는 불순물이 분석을 방해할 수 있으므로 바탕시료나 시약바탕시료를 분석하여 확인할 수 있다.
㉱ 장치의 기본구성은 압력조절밸브, 유량조절기, 압력계, 유량계, 시료도입부, 분리관, 검출기 등으로 되어 있다.

66 5톤 이상의 차량에서 적재폐기물의 시료를 채취할 때 평면상에서 몇 등분하여 채취하는가?

㉮ 3등분 ㉯ 5등분
㉰ 6등분 ㉱ 9등분

풀이 ① 5톤 미만 : 6등분
② 5톤 이상 : 9등분

67 이온전극법을 적용하여 분석하는 항목은? (단, 폐기물 공정시험기준에 의함)

㉮ 시안 ㉯ 수은
㉰ 유기인 ㉱ 비소

풀이 분석방법
㉮ 시안 : 자외선/가시선 분광법, 이온전극법, 연속흐름법
㉯ 수은 : 원자흡수분광도법(환원기화법), 자외선/가시선 분광법(디티존법)
㉰ 유기인 : 기체크로마토그래피법
㉱ 비소 : 원자흡수분광도법, 유도결합플라즈마-원자발광분광법, 자외선/가시선 분광법

68 유도결합 플라즈마 발광광도법(ICP)에 대한 설명 중 틀린 것은?

㉮ 시료 중의 원소가 여기되는데 필요한 온도는 6,000K~8,000K이다.
㉯ ICP 분석장치에서 에어로졸 상태로 분무된 시료는 가장 안쪽의 관을 통하여 도너츠 모양의 플라즈마 중심부에 도달한다.
㉰ 시료측정에 따른 정량분석은 검량선법, 내부표준법, 표준첨가법을 사용한다.
㉱ 플라즈마는 그 자체가 광원으로 이용되기 때문에 매우 좁은 농도범위의 시료를 측정하는 데 주로 사용된다.

answer 64 ㉱ 65 ㉯ 66 ㉱ 67 ㉮ 68 ㉱

풀이 ㉣ 플라즈마는 그 자체가 광원으로 이용되기 때문에 매우 넓은 농도범위의 시료를 측정하는 데 주로 사용된다.

69 원자흡수분광광도계 장치의 구성으로 옳은 것은?

㉠ 광원부 - 파장선택부 - 측광부 - 시료부
㉡ 광원부 - 시료원자화부 - 파장선택부 - 측광부
㉢ 광원부 - 가시부 - 측광부 - 시료부
㉣ 광원부 - 가시부 - 시료부 - 측광부

풀이 원자흡수분광광도계 장치는 광원부 - 시료원자화부 - 파장선택부 - 측광부로 구성되어 있다.

70 유리전극법에 의한 수소이온농도 측정 시 간섭물질에 관한 설명으로 틀린 것은?

㉠ pH 10 이상에서 나트륨에 의해 오차가 발생할 수 있는데 이는 "낮은 나트륨 오차전극"을 사용하여 줄일 수 있다.
㉡ 유리전극은 일반적으로 용액의 색도, 탁도, 염도, 콜로이드성 물질들, 산화 및 환원성 물질들 등에 의해 간섭을 많이 받는다.
㉢ 기름 층이나 작은 입자상이 전극을 피복하여 pH 측정을 방해할 경우에는 세척제로 닦아낸 후 정제수로 세척하고 부드러운 천으로 수분을 제거하여 사용한다.
㉣ 피복물을 제거할 때는 염산(1+9)용액을 사용할 수 있다.

풀이 ㉡ 유리전극은 일반적으로 용액의 색도, 탁도, 염도, 콜로이드성 물질들, 산화 및 환원성 물질들 등에 의해 간섭을 받지 않는다.

71 2N 황산 10L를 제조하려면 3M 황산 얼마가 필요한가?

㉠ 9.99L   ㉡ 6.66L
㉢ 5.55L   ㉣ 3.33L

풀이 $N_1 \times V_1 = N_2 \times V_2$
$2N \times 10L = 3 \times 2N \times V_2$ ∴ $V_2 = 3.33L$

TIP
① 황산(H_2SO_4)은 H가 2개이므로 2가물질이다.
② M농도 $\xrightarrow{\times 가수}$ N농도
③ 3M 황산 $\xrightarrow{\times 2}$ 6N 황산

72 강도 I_0의 단색광이 발색 용액을 통과할 때 그 빛의 30%가 흡수되었다면 흡광도는 얼마인가?

㉠ 0.155   ㉡ 0.181
㉢ 0.216   ㉣ 0.283

풀이 흡광도(A) $= \log \dfrac{1}{투과도} = \log \dfrac{1}{0.70} = 0.155$

TIP
① 흡수율(%)+투과율(%) = 100%
② 투과율(%) = 100-흡수율(%)

answer 69 ㉡ 70 ㉡ 71 ㉣ 72 ㉠

73 폐기물의 시료채취 방법에 관한 설명으로 틀린 것은?

㉮ 시료의 채취는 일반적으로 폐기물이 생성되는 단위 공정별로 구분하여 채취하여야 한다.
㉯ 폐기물 소각시설의 연속식 연소방식 소각재 반출설비에서 채취할 때 소각재가 운반차량에 적재되어 있는 경우에는 적재차량에서 채취하는 것을 원칙으로 한다.
㉰ 폐기물 소각시설의 연속식 연소방식 소각재 반출설비에서 채취하는 경우, 비산재 저장조에서는 부설된 크레인을 이용하여 채취한다.
㉱ PCBs 및 휘발성 저급 염소화 탄화수소류 실험을 위한 시료의 채취 시는 갈색경질의 유리병을 사용한다.

[풀이] ㉰ 폐기물 소각시설의 연속식 연소방식 소각재 반출설비에서 채취하는 경우, 바닥재 저장조에서는 부설된 크레인을 이용하여 채취한다.

74 유해특성(재활용환경성평가) 중 폭발성 시험 방법에 대한 설명으로 틀린 것은?

㉮ 격렬한 연소반응이 예상되는 경우에는 시료의 양을 0.5g으로 하여 시험을 수행하며, 폭발성 폐기물로 판정될 때까지 시료의 양을 0.5g씩 점진적으로 늘려준다.
㉯ 시험 결과는 게이지 압력이 690kPa에서 2,070kPa까지 상승할 때 걸리는 시간과 최대 게이지 압력 2,070kPa에 도달 여부로 해석한다.
㉰ 최대 연소속도는 산화제를 무게비율로써 10~90%를 포함한 혼합물질의 연소속도 중 가장 빠른 측정값을 의미한다.
㉱ 최대 게이지 압력이 2,070kPa이거나 그 이상을 나타내는 폐기물은 폭발성 폐기물로 간주하며, 점화 실패는 폭발성이 없는 것으로 간주한다.

[풀이] ㉰번은 산화성 시험방법(고상)에 대한 설명이다.

75 유기물 함량이 비교적 높지 않고 금속의 수산화물, 산화물, 인산염 및 황화물을 함유한 시료에 적용하는 산분해법은?

㉮ 질산 분해법
㉯ 질산 - 황산 분해법
㉰ 질산 - 염산 분해법
㉱ 질산 - 과염소산 분해법

[풀이] ㉮ 질산 분해법 : 유기물 함량이 낮은 시료
㉯ 질산 - 황산 분해법 : 유기물 등을 많이 함유하고 있는 대부분의 시료
㉱ 질산 - 과염소산 분해법 : 유기물을 높은 비율로 함유하고 있으면서 산화분해가 어려운 시료

76 폐기물 공정시험기준에서 규정하고 있는 온도에 대한 설명으로 틀린 것은?

㉮ 실온 1℃~35℃ ㉯ 온수 60℃~70℃
㉰ 열수 약 100℃ ㉱ 냉수 4℃ 이하

[풀이] ㉱ 냉수 15℃ 이하

77 pH 측정(유리전극법)의 내부 정도관리 주기 및 목표 기준에 대한 설명으로 옳은 것은?

㉮ 시료를 측정하기 전에 표준용액 2개 이상으로 보정한다.

answer 73 ㉰ 74 ㉰ 75 ㉯ 76 ㉱ 77 ㉮

㉯ 시료를 측정하기 전에 표준용액 3개 이상으로 보정한다.
㉰ 정도관리 목표(정도관리 항목 : 정밀도)는 ±0.01 이내이다.
㉱ 정도관리 목표(정도관리 항목 : 정밀도)는 ±0.03 이내이다.

풀이 pH 측정(유리전극법)의 내부 정도관리 주기 및 목표 기준 : 시료를 측정하기 전에 표준용액 2개 이상으로 보정한다.

78 폴리클로리네이티드비페닐(PCBs)의 기체크로마토그래피법 분석에 대한 설명으로 틀린 것은?

㉮ 운반기체는 부피백분율 99.999% 이상의 아세틸렌을 사용한다.
㉯ 고순도의 시약이나 용매를 사용하여 방해물질을 최소화하여야 한다.
㉰ 정제컬럼으로는 플로리실 컬럼과 실리카겔 컬럼을 사용한다.
㉱ 농축장치로 구데르나다니쉬(KD)농축기 또는 회전증발농축기를 사용한다.

풀이 ㉮ 운반기체는 부피백분율 99.999% 이상의 헬륨 또는 질소를 사용한다.

79 '항량으로 될 때까지 건조한다'라 함은 같은 조건에서 1시간 더 건조할 때 전후 무게의 차가 g당 몇 mg 이하일 때를 말하는가?

㉮ 0.01mg ㉯ 0.03mg
㉰ 0.1mg   ㉱ 0.3mg

80 원자흡수분광광도법에 의한 구리(Cu) 시험방법으로 옳은 것은?

㉮ 정량범위는 440nm에서 0.2mg/L~4mg/L 범위 정도이다.
㉯ 정밀도는 측정값의 상대표준편차(RSD)로 산출하며 측정한 결과 ±25% 이내이어야 한다.
㉰ 검정곡선의 결정계수(R^2)는 0.999 이상이어야 한다.
㉱ 표준편차율은 표준물질의 농도에 대한 측정평균값의 상대 백분율로서 나타내며 5%~15% 범위이다.

풀이 ㉮ 정량범위는 324.7nm에서 0.008mg/L~4mg/L 범위 정도이다.
㉰ 검정곡선의 결정계수(R^2)는 0.98 이상이어야 한다.
㉱ 정확도는 표준물질의 농도에 대한 측정평균값의 상대 백분율로서 나타내며 75%~125% 범위이다.

answer 78 ㉮ 79 ㉱ 80 ㉯

2022 2회 기출문제

| 제1과목 | 폐기물개론

01 혐기성 소화에서 독성을 유발 시킬 수 있는 물질의 농도(mg/L)로 가장 적절한 것은?

㉮ Fe : 1,000
㉯ Na : 3,500
㉰ Ca : 1,500
㉱ Mg : 800

▶ 풀이 동일하게 출제되는 문제이므로 정답만 기억하면 된다.

02 도시폐기물의 유기성 성분 중 셀룰로오스에 해당하는 것은?

㉮ 6탄당의 중합체
㉯ 아미노산 중합체
㉰ 당, 전분 등
㉱ 방향환과 메톡실기를 포함한 중합체

▶ 풀이 셀룰로오스는 6탄당의 중합체이다.

03 다음 조건을 가진 지역의 일일 최소 쓰레기 수거 횟수(회)는? (단, 발생쓰레기 밀도 =500kg/m³, 발생량 1.5kg/인·일, 수거대상 = 200,000인, 차량 대수 = 4(동시사용), 차량적재용적 = 50m³, 적재함 이용율 = 80%, 압축비 = 2, 수거인부 = 20명)

㉮ 2
㉯ 4
㉰ 6
㉱ 8

▶ 풀이 수거회수(회)

$$= \frac{쓰레기\ 발생량(m^3/주)}{적재용량(m^3/대)}$$

$$= \frac{1.5kg/인 \cdot 일 \times 200{,}000인 \times \frac{1}{500kg/m^3}}{50m^3/대 \cdot 회 \times 4대/1회 \times 0.80 \times 2}$$

$$= 1.875회 = 2회$$

04 완전히 건조시킨 폐기물 20g을 채취해 회분함량을 분석하였더니 5g이었다. 폐기물의 함수율이 40%이었다면, 습량기준으로 회분 중량비(%)는?
(단, 비중 = 1.0)

㉮ 5
㉯ 10
㉰ 15
㉱ 20

▶ 풀이 습량기준으로 회분 중량비(%)

$$= \frac{5g}{20g \times \frac{100}{100-40}} \times 100 = 15\%$$

answer 01 ㉮ 02 ㉮ 03 ㉮ 04 ㉰

05 소각방식 중 회전로(Rotary Kiln)에 대한 설명으로 틀린 것은?

㉮ 넓은 범위의 액상, 고상 폐기물을 소각할 수 있다.
㉯ 일반적으로 회전속도는 0.3 ~ 1.5rpm, 주변속도는 5 ~ 25mm/sec 정도이다.
㉰ 예열, 혼합, 파쇄 등 전처리를 거쳐야만 주입이 가능하다.
㉱ 회전하는 원통형 소각로서 경사진 구조로 되어 있으며 길이와 직경의 비는 2 ~ 10 정도이다.

풀이 ㉰ 예열, 혼합, 파쇄 등 전처리 없이 폐기물 주입이 가능하다.

06 전과정평가(LCA)의 구성요소로 가장 틀린 것은?

㉮ 개선평가 ㉯ 영향평가
㉰ 과정분석 ㉱ 목록분석

풀이 ㉰ 목적 및 범위 설정

TIP
전과정 평가의 순서
목적 및 범위설정 → 목록분석 → 영향평가 → 개선평가 및 해석

07 분뇨의 함수율이 95%이고 유기물 함량이 고형물질량의 60%를 차지하고 있다. 소화조를 거친 뒤 유기물량을 조사하였더니 원래의 반으로 줄었다고 한다. 소화된 분뇨의 함수율(%)은? (단, 소화시 수분의 변화는 없다고 가정하고, 분뇨 비중은 1.0으로 가정.)

㉮ 95.5% ㉯ 96.0%
㉰ 96.5% ㉱ 97.0%

풀이 소화 후 VS량 = (1-0.95)×0.60×(1-0.50)
          = 0.015
소화 후 FS량 = (1-0.95)×(1-0.60) = 0.02
따라서 소화 후 함수율
     = 1-소화 후 고형물 함량
     = 1-(0.015+0.02) = 0.965
따라서 소화 후 함수율은 96.5%이다.

08 폐기물처리 또는 재생방법에 대한 사항의 설명으로 틀린 것은?

㉮ Compaction의 장점은 공기층 배제에 의한 부피축소이다.
㉯ 소각의 장점은 부피축소 및 질량감소이다.
㉰ 자력선별장비의 선별효율은 비교적 높다.
㉱ 스크린의 종류 중 선별효율이 가장 우수한 것은 진동스크린이다.

풀이 ㉱ 스크린의 종류 중 선별효율이 가장 우수한 것은 체(트롬멜)스크린이다.

09 슬러지 처리과정 중 농축(thickening)의 목적으로 틀린 것은?

㉮ 소화조의 용적 절감
㉯ 슬러지 가열비 절감
㉰ 독성물질의 농도 절감
㉱ 개량에 필요한 화학 약품 절감

풀이 ㉰ 농축을 하면 독성물질의 농도가 증가한다.

10 다음의 폐수처리장 슬러지 중 2차 슬러지에 속하지 않은 것은?

㉮ 활성 슬러지   ㉯ 소화 슬러지
㉰ 화학적 슬러지   ㉱ 살수여상 슬러지

풀이 폐수처리장 슬러지 중 2차 슬러지는 미생물에 의해서 제거된 슬러지를 의미한다.

11 쓰레기 수거노선 설정 요령으로 가장 틀린 것은?

㉮ 지형이 언덕인 경우는 내려가면서 수거한다.
㉯ U자 회전을 피하여 수거한다.
㉰ 아주 많은 양의 쓰레기가 발생되는 발생원은 하루 중 가장 나중에 수거한다.
㉱ 가능한 한 시계 방향으로 수거노선을 설정한다.

풀이 ㉰ 아주 많은 양의 쓰레기가 발생되는 발생원은 하루 중 가장 먼저 수거한다.

12 1,000세대(세대 당 평균 가족 수 5인) 아파트에서 배출하는 쓰레기를 3일마다 수거하는데 적재용량 11.0m³의 트럭 5대(1회 기준)가 소요된다. 쓰레기 단위 용적당 중량이 210kg/m³이라면 1인 1일당 쓰레기 배출량(kg/인·일)은?

㉮ 2.31   ㉯ 1.38
㉰ 1.12   ㉱ 0.77

풀이 쓰레기 배출량(kg/인·일)
$= \dfrac{쓰레기 수거량(kg/일)}{인구수(인)}$
$= \dfrac{11.0m^3/대 \times 5대/1회 \times 210kg/m^3 \times 1회/3일}{1,000세대 \times 5인/1세대}$
$= 0.77 kg/인 \cdot 일$

13 트롬멜 스크린에 관한 설명으로 틀린 것은?

㉮ 스크린의 경사도가 크면 효율이 떨어지고 부하율도 커진다.
㉯ 최적속도는 경험적으로 임계속도×0.45 정도이다.
㉰ 스크린 중 유지관리상의 문제가 적고, 선별효율이 좋다.
㉱ 스크린의 경사도는 대개 20~30° 정도이다.

풀이 ㉱ 스크린의 경사도는 대개 2~3° 정도이다.

answer 09 ㉰ 10 ㉯ 11 ㉰ 12 ㉱ 13 ㉱

14 폐기물 발생량이 5백만톤/년인 지역의 수거인부의 하루 작업시간이 10시간이고, 1년의 작업일수는 300일이다. 수거효율(MHT)은 1.8로 운영되고 있다면 필요한 수거인부의 수(명)는?

㉮ 3,000　　㉯ 3,100
㉰ 3,200　　㉱ 3,300

풀이
$$MHT = \frac{수거인부수 \times 작업시간}{쓰레기 수거실적}$$

$$\therefore 수거인부수 = \frac{MHT \times 쓰레기 수거실적}{작업시간}$$

$$= \frac{1.8MHT \times 5,000,000 ton/년}{10hr/day \times 300day/년}$$

$$= 3,000 명$$

15 폐기물 발생량 예측방법 중에서 각 인자들의 효과를 총괄적으로 나타내어 복잡한 시스템의 분석에 유용하게 적용할 수 있는 것은?

㉮ 경향법　　㉯ 다중회귀모델
㉰ 동적모사모델　㉱ 인자분석모델

풀이 ㉯ 다중회귀모델에 대한 설명이다.

TIP
쓰레기(폐기물) 발생량
① 예측방법 : 다중회귀모델, 동적모사모델, 경향모델
② 조사방법 : 물질수지법, 직접계근법, 적재차량계수법, 통계조사법(표본조사, 전수조사)
③ 암기법 : 예측은 다중이 동적으로 경향을 파악하고/조사는 물질을 직접 적재한 통계로 한다.
④ 다중회귀모델의 핵심용어 : 복잡한 시스템

16 pipe line(관로수송)에 의한 폐기물 수송에 대한 설명으로 틀린 것은?

㉮ 단거리 수송에 적합하다.
㉯ 잘못 투입된 물건은 회수하기가 곤란하다.
㉰ 조대쓰레기에 대한 파쇄, 압축 등의 전처리가 필요하다.
㉱ 쓰레기 발생밀도가 낮은 곳에서 사용된다.

풀이 ㉱ 쓰레기 발생밀도가 높은 곳에서 사용된다.

17 폐기물을 Ultimate Analysis에 의해 분석할 때 분석대상 항목이 아닌 것은?

㉮ 질소(N)　　㉯ 황(S)
㉰ 인(P)　　㉱ 산소(O)

풀이 폐기물을 극한분석(Ultimate Analysis)에 의해 분석할 때 분석대상 항목은 탄소(C), 수소(H), 질소(N), 황(S), 산소(O), 염소(Cl)이다.

18 쓰레기의 부피를 감소시키는 폐기물처리 조작으로 틀린 것은?

㉮ 압축　　㉯ 매립
㉰ 소각　　㉱ 열분해

풀이 쓰레기의 부피를 감소시키는 중간처분과정에는 압축, 소각, 열분해, 파쇄 등이 있으며, 매립은 최종처분과정이다.

answer 14 ㉮　15 ㉯　16 ㉱　17 ㉰　18 ㉯

19 생활폐기물의 관리와 그 기능적 요소에 포함되지 않는 사항은?

㉮ 폐기물의 발생 및 수거
㉯ 폐기물의 처리 및 처분
㉰ 원료의 절약과 발생억제
㉱ 폐기물의 운반 및 수송

20 재활용 대책으로서 생산·유통구조를 개선하고자 할 때 고려해야 할 사항으로 틀린 것은?

㉮ 재활용이 용이한 제품의 생산촉진
㉯ 폐자원의 원료사용 확대
㉰ 발생부산물의 처리방법 강구
㉱ 제조업종별 생산자 공동협력체계 강화

풀이 ㉰번은 생산·유통구조를 개선하고자 할 때 고려사항에 해당하지 않는다.

| 제2과목 | 폐기물 재활용 및 자원화 기술

21 매립지 주위의 우수를 배수하기 위한 배수로 단면을 결정하고자 한다. 이때 유속을 계산하기 위해 사용되는 식(Manning 공식)에 포함되지 않는 것은?

㉮ 유출계수   ㉯ 조도계수
㉰ 경심   ㉱ 동수경사

풀이 Manning 공식에서 유속(v)
$= \dfrac{1}{n} \times R^{2/3} \times I^{1/2}$ (m/sec)

22 폐기물이 매립될 때 매립된 유기성 물질의 분해과정으로 옳은 것은?

㉮ 호기성 → 혐기성(메탄 생성 → 산 생성)
㉯ 호기성 → 혐기성(산 생성 → 메탄 생성)
㉰ 혐기성 → 호기성(메탄 생성 → 산 생성)
㉱ 혐기성 → 호기성(산 생성 → 메탄 생성)

풀이 매립된 유기성 물질의 분해과정은 호기성 → 혐기성(산 생성 → 메탄 생성) 순서이다.

23 플라스틱을 재활용하는 방법으로 틀린 것은?

㉮ 열분해 이용법
㉯ 용융고화재생 이용법
㉰ 유리화 이용법
㉱ 파쇄 이용법

풀이 플라스틱을 재활용하는 방법으로는 열분해 이용법, 용융고화재생 이용법, 파쇄 이용법이 있다.

24 아래와 같은 조건일 때 혐기성 소화조의 용량(m^3)은? (단, 유기물량의 50%가 액화 및 가스화 된다고 한다. 방식은 2조식이다.)

- 분뇨투입량 = 1,000kL/day
- 투입분뇨 함수율 = 95%
- 유기물 농도 = 60%
- 소화일수 = 30일
- 일반 슬러지 함수율 = 90%

㉮ 12,350   ㉯ 17,850
㉰ 21,000   ㉱ 25,500

풀이 소화슬러지 부피(m^3/day)
$= (잔류VS + FS)(m^3/day) \times \dfrac{100}{100 - 함수율(\%)}$

① 잔류VS(m^3/day)
   = 분뇨투입량(m^3/day) × 고형물량
     × 유기물량 × (1 − 소화율)
   = 1,000m^3/day × 0.05 × 0.60 × (1 − 0.50) × 2
   = 30m^3/day

② FS (m^3/day)
   = 분뇨투입량(m^3/day) × 고형물량 × 무기물량
   = 1,000m^3/day × 0.05 × 0.40 × 2 = 40m^3/day

③ 소화슬러지 부피 (m^3/day)
   = (30m^3/day + 40m^3/day) × $\frac{100}{100-90\%}$
   = 700m^3/day

④ 혐기성 소화조의 용량(m^3)
   = 700m^3/day × 30일 = 21,000m^3

TIP
① 고형물(%) = 100−함수율(%)
            = 100−95% = 5%
② 무기물(%) = 100−유기물
            = 100%−60% = 40%
③ 분뇨투입량 = 1,000kL/day
             = 1,000m^3/day

25 매립방식 중 cell방식에 대한 내용으로 가장 틀린 것은?

㉮ 일일복토 및 침출수 처리를 통해 위생적인 매립이 가능하다.
㉯ 쓰레기의 흩날림을 방지하며, 악취 및 해충의 발생을 방지하는 효과가 있다.
㉰ 일일복토와 bailing을 통한 폐기물 압축으로 매립부피를 줄일 수 있다.
㉱ cell마다 독립된 매립층이 완성되므로 화재확산 방지에 유리하다.

풀이 ㉰번의 설명은 압축매립공법에 대한 설명이다.

26 매일 200ton의 쓰레기를 배출하는 도시가 있다. 매립지의 평균 매립 두께를 5m, 매립밀도를 0.8 ton/m^3로 가정할 때 1년 동안 쓰레기를 매립하기 위한 최소한의 매립지 면적(m^2)은? (단, 기타 조건은 고려하지 않음)

㉮ 12,250   ㉯ 15,250
㉰ 18,250   ㉱ 21,250

풀이 매립지 면적(m^2/년)
= $\frac{쓰레기의 양(ton/년)}{밀도(ton/m^3) × 매립두께(m)}$
= $\frac{200ton/일 × 365일/년}{0.8ton/m^3 × 5m}$ = 18,250m^2/년

27 토양수분의 물리학적 분류 중 1,000cm 물기둥의 압력으로 결합되어 있는 경우 다음 중 어디에 속하는가?

㉮ 모세관수   ㉯ 흡습수
㉰ 유효수분   ㉱ 결합수

풀이 pF = log[HcmH$_2$O] = log[1,000cmH$_2$O] = 3
따라서 pF의 값을 살펴보면 모세관수는 2.7~4.2, 흡습수는 4.5 이상, 결합수는 7.0 이상이다.

28 시멘트 고형화법 중 자가시멘트법에 대한 설명으로 가장 틀린 것은?

㉮ 혼합율이 낮고 중금속 저지에 효과적이다.
㉯ 탈수 등 전처리와 보조에너지가 필요하다.
㉰ 장치비가 크고 숙련된 기술을 요한다.
㉱ 고농도 황화물 함유 폐기물에만 적용된다.

풀이 ㉯ 탈수 등 전처리가 필요없고, 보조에너지가 필요하다.

answer 25 ㉰ 26 ㉰ 27 ㉮ 28 ㉯

> **TIP**
> 혼합률(MR) = 첨가제의 질량 / 폐기물의 질량

> **TIP**
> ① 유효입경 = $D_{10\%}$
> ② 균등계수 = $\dfrac{D_{60\%}}{D_{10\%}}$
> ③ 곡률계수 = $\dfrac{(D_{30\%})^2}{(D_{10\%} \times D_{60\%})}$

29 고형화 처리 중 시멘트 기초법에서 가장 흔히 사용되는 보통 포틀랜드 시멘트의 주성분은?

㉮ CaO, Al_2O_3
㉯ CaO, SiO_2
㉰ CaO, MgO
㉱ CaO, Fe_2O_3

풀이 보통 포틀랜드 시멘트의 주 성분은 석회(CaO)가 60~65% 정도, 규산(SiO_2)이 22% 정도이다.

30 비배출량(specific discharge)이 1.6×10^{-8} m/sec이고 공극률 0.4인 수분 포화 상태의 매립지에서의 물의 침투속도(m/sec)는?

㉮ 4.0×10^{-8}
㉯ 0.96×10^{-8}
㉰ 0.64×10^{-8}
㉱ 0.25×10^{-8}

풀이 물의 침투속도(m/sec)
= 비배출량(m/sec) / 공극률 = $\dfrac{1.6 \times 10^{-8} \text{m/sec}}{0.4}$
= 4.0×10^{-8} m/sec

31 파쇄과정에서 폐기물의 입도분포를 측정하여 입도 누적곡선상에 나타낼 때 10%에 상당하는 입경(전체 중량의 10%를 통과시킨 체눈의 크기에 상당하는 입경)은?

㉮ 평균입경
㉯ 메디안경
㉰ 유효입경
㉱ 중위경

풀이 ㉰ 유효입경에 대한 설명이다.

32 1일 폐기물 배출량이 700ton인 도시에서 도랑(Trench)법으로 매립지를 선정하려 한다. 쓰레기의 압축이 30%가 가능하다면 1일 필요한 매립지 면적(m^2)은? (단, 발생된 쓰레기의 밀도는 $250kg/m^3$, 매립지의 깊이는 2.5m)

㉮ 634
㉯ 784
㉰ 854
㉱ 964

풀이 매립면적(m^2/일)
= $\dfrac{\text{폐기물 배출량(kg/일)} \times (1 - \text{압축율})}{\text{쓰레기의 밀도}(kg/m^3) \times \text{깊이}(m)}$
= $\dfrac{700 \times 10^3 kg/\text{일} \times (1 - 0.30)}{250 kg/m^3 \times 2.5m}$ = $784 m^2$/일

> **TIP**
> (1 - 압축율) = (1 - 부피감소율)

33 고형물 4.2%를 함유한 슬러지 150,000kg을 농축조로 이송한다. 농축조에서 농축 후 고형물의 손실없이 농축슬러지를 소화조로 이송할 경우 슬러지의 무게가 70,000kg이라면 농축된 슬러지의 고형물 함유율(%)은? (단, 슬러지 비중은 1.0으로 가정함)

㉮ 6.0
㉯ 7.0
㉰ 8.0
㉱ 9.0

실전문제

answer 29 ㉯ 30 ㉮ 31 ㉰ 32 ㉯ 33 ㉱

풀이
$W_1 \times TS_1 = W_2 \times TS_2$
$150,000\,kg \times 4.2\% = 70,000\,kg \times TS_2$
$\therefore TS_2 = \dfrac{150,000\,kg \times 4.2\%}{70,000\,kg} = 9.0\%$

34 토양오염정화 방법 중 Bioventing 공법의 장·단점으로 틀린 것은?

㉮ 배출가스 처리의 추가비용이 없다.
㉯ 지상의 활동에 방해 없이 정화작업을 수행할 수 있다.
㉰ 주로 포화층에 적용한다.
㉱ 장치가 간단하고 설치가 용이하다.

풀이 ㉰ 주로 불포화층에 적용한다.

35 도시의 폐기물 중 불연성분 70%, 가연성분 30%이고, 이 지역의 폐기물 발생량은 1.4kg/인·일이다. 인구 50,000명인 이 지역에서 불연성분 60%, 가연성분 70%를 회수하여 이중 가연성분으로 SRF를 생산한다면 SRF의 일일 생산량(ton)은?

㉮ 약 14.7   ㉯ 약 20.2
㉰ 약 25.6   ㉱ 약 30.1

풀이 SRF의 일일 생산량(ton)
= 1.4kg/인·일 × 0.30 × 50,000인 × 0.70
= 14,700kg/일 = 14.7ton/일

36 퇴비화 방법 중 뒤집기식 퇴비단공법의 특징이 아닌 것은?

㉮ 일반적으로 설치비용이 적다.
㉯ 공기 공급량 제어가 쉽고 악취영향 반경이 작다.
㉰ 운영 시 날씨에 많은 영향을 받는다는 문제점이 있다.
㉱ 일반적으로 부지소요가 크나 운영비용은 낮다.

풀이 ㉯ 공기 공급량 제어가 어렵고 악취영향 반경이 크다.

37 호기성 퇴비화 공정의 설계·운영 고려 인자에 관한 내용으로 틀린 것은?

㉮ 공기의 채널링이 원활하게 발생하도록 반응기간 동안 규칙적으로 교반하거나 뒤집어 주어야 한다.
㉯ 퇴비단의 온도는 초기 며칠간은 50 ~ 55℃를 유지하여야 하며 활발한 분해를 위해서는 55 ~ 60℃가 적당하다.
㉰ 퇴비화 기간 동안 수분함량은 50 ~ 60% 범위에서 유지되어야 한다.
㉱ 초기 C/N비는 25 ~ 50이 적정하다.

풀이 ㉮ 공기의 채널링(단회로)이 발생하지 않도록 반응기간 동안 규칙적으로 교반하거나 뒤집어 주어야 한다.

38 인구가 400,000명인 도시의 쓰레기배출원 단위가 1.2kg/인·day이고, 밀도는 0.45ton/m³으로 측정되었다. 쓰레기를 분쇄하여 그 용적이 2/3로 되었으며, 분쇄된 쓰레기를 다시 압축하면서 또다시 1/3 용적이 축소되었다. 분쇄만 하여 매립할 때와 분쇄, 압축한 후에 매립할 때에 두 경우의 연간 매립소요면적의 차이(m²)는? (단, Trench 깊이는 4m이며 기타 조건은 고려 안함)

answer 34 ㉰ 35 ㉮ 36 ㉯ 37 ㉮ 38 ㉰

㉮ 약 12,820 ㉯ 약 16,230
㉰ 약 21,630 ㉱ 약 28,540

풀이
매립면적(m²/년)
$= \dfrac{\text{폐기물 발생량(kg/년)} \times (1-\text{부피감소율})}{\text{밀도(kg/m}^3) \times \text{깊이(m)}}$

① 분쇄하여 용적이 $\dfrac{2}{3}$로 된 경우

매립면적(m²/년)
$= \dfrac{1.2\,\text{kg/인·일} \times 400{,}000\text{인} \times 365\text{일/년} \times \dfrac{2}{3}}{450\,\text{kg/m}^3 \times 4\,\text{m}}$
$= 64{,}888.89\,\text{m}^2$

② 압축하여 다시 $\dfrac{1}{3}$ 용적이 축소되는 경우
$64{,}888.89\,\text{m}^2 \times \left(1-\dfrac{1}{3}\right) = 43{,}259.26\,\text{m}^2$

③ 소요면적 차 $= 64{,}888.89\,\text{m}^2 - 43{,}259.26\,\text{m}^2$
$\qquad\qquad\quad = 21{,}629.63\,\text{m}^2$

39 토양오염의 특성으로 가장 거리가 먼 것은?

㉮ 오염영향의 국지성
㉯ 피해 발현의 급진성
㉰ 원상복구의 어려움
㉱ 타 환경인자와 영향관계의 모호성

풀이 ㉯ 피해 발현의 완만성 및 만성적인 형태

40 6.3%의 고형물을 함유한 150,000kg의 슬러지를 농축한 후, 소화조로 이송할 경우 농축슬러지의 무게는 70,000kg이다. 이때 소화조로 이송한 농축된 슬러지의 고형물 함유율(%)은? (단, 슬러지의 비중 = 1.0, 상등액의 고형물 함량은 무시)

㉮ 11.5 ㉯ 13.5
㉰ 15.5 ㉱ 17.5

풀이
$W_1 \times TS_1 = W_2 \times TS_2$
$150{,}000\,\text{kg} \times 6.3\% = 70{,}000\,\text{kg} \times TS_2$
$\therefore TS_2 = \dfrac{150{,}000\,\text{kg} \times 6.3\%}{70{,}000\,\text{kg}} = 13.5\%$

| 제3과목 | 폐기물 처분기술

41 쓰레기의 발열량을 H, 불완전연소에 의한 열손실을 Q, 태우고 난 후의 재의 열손실을 R이라 할 때 연소효율(η)을 구하는 공식 중 옳은 것은?

㉮ $\eta = \dfrac{H - Q - R}{H}$

㉯ $\eta = \dfrac{H + Q + R}{H}$

㉰ $\eta = \dfrac{H - Q + R}{H}$

㉱ $\eta = \dfrac{H + Q - R}{H}$

풀이 연소효율(η)
$= \dfrac{H(\text{발열량}) - Q(\text{불완전연소에 의한 열손실}) - R(\text{재의 열손실})}{H(\text{발열량})}$

42 완전연소의 경우 고위발열량(kcal/kg)이 가장 큰 것은?

㉮ 메탄 ㉯ 에탄
㉰ 프로판 ㉱ 부탄

풀이 발열량은 탄소와 수소의 갯수가 많은 부탄(C_4H_{10})이 가장 크다.

answer 39 ㉯ 40 ㉯ 41 ㉮ 42 ㉱

43 소각로에 폐기물을 연속적으로 주입하기 위해서는 충분한 저장시설을 확보하여야 한다. 연속주입을 위한 폐기물의 일반적인 저장시설 크기로 적당한 것은?

㉮ 24 ~ 36시간분 ㉯ 2 ~ 3일분
㉰ 7 ~ 10일분 ㉱ 15 ~ 20일분

풀이 연속주입을 위한 폐기물의 일반적인 저장시설 크기는 2 ~ 3일분이다.

44 프로판(C_3H_8) : 부탄(C_4H_{10})이 40vol% : 60vol%로 혼합된 기체 $1Sm^3$가 완전연소될 때 발생되는 CO_2의 부피(Sm^3)는?

㉮ 3.2 ㉯ 3.4
㉰ 3.6 ㉱ 3.8

풀이 $C_3H_8 + 5O_2 \rightarrow 3CO_2 + 4H_2O$: 40%
$C_4H_{10} + 6.5O_2 \rightarrow 4CO_2 + 5H_2O$: 60%
CO_2 발생량 (Sm^3/Sm^3)
$= 3Sm^3/Sm^3 \times 0.4 + 4Sm^3/Sm^3 \times 0.6$
$= 3.6 Sm^3/Sm^3$

45 열교환기 중 과열기에 대한 설명으로 틀린 것은?

㉮ 보일러에서 발생하는 포화증기에 다량의 수분이 함유되어 있으므로 이것을 과열하여 수분을 제거하고 과열도가 높은 증기를 얻기 위해 설치한다.
㉯ 일반적으로 보일러 부하가 높아질수록 대류과열기에 의한 과열 온도는 저하하는 경향이 있다.
㉰ 과열기는 그 부착 위치에 따라 전열형태가 다르다.
㉱ 방사형 과열기는 주로 화염의 방사열을 이용한다.

풀이 ㉯ 일반적으로 보일러 부하가 높아질수록 대류과열기에 의한 과열 온도는 상승하는 경향이 있다.

TIP
열교환기
① 과열기 : 포화증기에 포함되어 있는 수분을 제거하고, 증기의 과열도를 높이는 장치이다.
② 재열기 : 포화증기에 도달한 증기를 다시 가열하여 터빈에 되돌려 팽창시키는 장치이다.
③ 절탄기(이코노마이저) : 연소가스의 여열로 보일러 급수를 예열하여 보일러 효율을 증가시키는 장치이다.
④ 공기예열기 : 굴뚝 가스 여열을 이용하여 연소용 공기를 예열하여 보일러 효율을 증가시키는 장치이다.
⑤ 보일러 부하와 방사과열기는 반비례, 대류과열기는 비례관계

46 프로판(C_3H_8)의 고위발열량이 24,300 $kcal/Sm^3$일 때 저위발열량($kcal/Sm^3$)은?

㉮ 22,380 ㉯ 22,840
㉰ 23,340 ㉱ 23,820

풀이 $C_3H_8 + 5O_2 \rightarrow 3CO_2 + 4H_2O$
저위발열량($kcal/Sm^3$)
= 고위발열량($kcal/Sm^3$) − 480 × H_2O량($kcal/Sm^3$)
= 24,300 $kcal/Sm^3$ − 480 × 4 = 22,380 $kcal/Sm^3$

answer 43 ㉯ 44 ㉰ 45 ㉯ 46 ㉮

47 연료는 일반적으로 탄화수소화합물로 구성되어 있는데, 액체연료의 질량조성이 C 75%, H 25%일 때 C/H 물질량(mol)비는?

㉮ 0.25   ㉯ 0.50
㉰ 0.75   ㉱ 0.90

풀이 $\dfrac{C}{H} = \dfrac{75/12}{25/1} = 0.25$

48 황화수소 $1Sm^3$의 이론연소 공기량(Sm^3)은?

㉮ 7.1   ㉯ 8.1
㉰ 9.1   ㉱ 10.1

풀이 ① $H_2S + 1.5O_2 \rightarrow H_2O + SO_2$

$22.4\,Sm^3 : 1.5 \times 22.4\,Sm^3$
$1Sm^3 : O_o(\text{이론산소량})$

$\therefore O_o(\text{이론산소량}) = \dfrac{1Sm^3 \times 1.5 \times 22.4Sm^3}{22.4Sm^3}$
$= 1.5Sm^3$

② 이론공기량(Sm^3)
$= \text{이론산소량}(Sm^3) \times \dfrac{1}{0.21}$
$= 1.5Sm^3 \times \dfrac{1}{0.21} = 7.14Sm^3$

49 소각로에서 열교환기를 이용해 배기가스의 열을 전량 회수하여 급수 예열을 한다고 한다면 급수 입구온도가 20℃일 경우 급수의 출구온도(℃)는?(단, 급수량 = 1,000kg/h, 물비열 = 1.03kcal/kg·℃, 배기가스 유량 = 1,000kg/h, 배기가스의 입구온도 = 400℃, 배기가스의 출구온도 = 100℃, 배기가스 평균정압비열 = 0.25 kcal/kg·℃)

㉮ 79   ㉯ 82
㉰ 87   ㉱ 93

풀이 급수의 출구온도(℃)
$= \dfrac{\text{배기가스의 발생열량(kcal/hr)}}{\text{급수량(kg/hr)} \times \text{물비열(kcal/kg·℃)}}$
$+ \text{급수입구온도(℃)}$

① 배기가스의 발생열량(kcal/hr)
= 배기가스유량(kg/hr)×배기가스 평균정압비열(kcal/kg·℃)×온도차
= $1,000kg/hr \times 0.25kcal/kg·℃ \times (400-100)℃$
= $75,000\,kcal/hr$

② 급수의 출구온도(℃)
$= \dfrac{75,000\,kcal/hr}{1,000kg/hr \times 1.03kcal/kg·℃} + 20℃$
$= 92.82℃$

50 다단로방식 소각로의 장·단점으로 틀린 것은?

㉮ 유해폐기물의 완전분해를 위한 2차 연소실이 필요없다.
㉯ 먼지발생량이 많다.
㉰ 휘발성이 적은 폐기물 연소에 유리하다.
㉱ 체류시간이 길기 때문에 온도반응이 더디다.

풀이 ㉮ 유해폐기물의 완전분해를 위한 2차 연소실이 필요하다.

51 화격자 연소기에 대한 설명으로 옳은 것은?

㉮ 휘발성분이 많고 열분해 하기 쉬운 물질을 소각할 경우 상향식 연소방식을 쓴다.
㉯ 이동식 화격자는 주입폐기물을 잘 운반 시키거나 뒤집지는 못하는 문제점이 있다.
㉰ 수분이 많거나 플라스틱과 같이 열에 쉽게 용해되는 물질에 의한 화격자 막힘 우려가 없다.

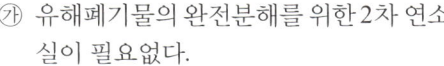

answer 47 ㉮ 48 ㉮ 49 ㉱ 50 ㉮ 51 ㉯

㉑ 체류시간이 짧고 교반력이 강하여 국부 가열이 발생할 우려가 있다.

풀이 ㉮ 휘발성분이 많고 열분해 하기 쉬운 물질을 소각할 경우 하향식 연소방식을 쓴다.
㉯ 수분이 많거나 플라스틱과 같이 열에 쉽게 용해되는 물질에 의한 화격자 막힘의 우려가 있다.
㉰ 체류시간이 길고 교반력이 약하여 국부가열이 발생할 우려가 있다.

52 소각공정과 비교할 때 열분해공정의 장점으로 틀린 것은?

㉮ 배기 가스량이 적다.
㉯ 황 및 중금속이 회분 속에 고정되는 비율이 낮다.
㉰ NOx의 발생량이 적다.
㉱ 환원성 분위기가 유지되므로 3가 크롬이 6가 크롬으로 변화되기 어렵다.

풀이 ㉯ 황 및 중금속이 회분 속에 고정되는 비율이 높다.

53 화상부하율(연소량/화상면적)에 대한 설명으로 틀린 것은?

㉮ 화상부하율을 크게 하기 위해서는 연소량을 늘리거나 화상면적을 줄인다.
㉯ 화상부하율이 너무 크면 로내 온도가 저하하기도 한다.
㉰ 화상부하율이 적어질수록 화상면적이 축소되어 compact화 된다.
㉱ 화상부하율이 너무 커지면 불완전연소의 문제가 발생하기도 한다.

풀이 ㉰ 화상부하율이 적어질수록 화상면적이 증가되어 compact화 된다.

54 소각로에 폐기물을 투입하는 1시간 중에 투입작업시간을 40분, 나머지 20분은 정리시간과 휴식시간으로 한다. 크레인 바켓트용량 4m³, 1회에 투입하는 시간을 120초, 바켓트용적중량은 최대 0.4ton/m³일 때 폐기물의 1일 최대 공급능력(ton/day)은? (단, 소각로는 24시간 연속가동)

㉮ 524   ㉯ 684
㉰ 768   ㉱ 874

풀이 폐기물 최대 공급 능력(ton/day)
= $0.4 ton/m^3 \times 4m^3/회 \times 1회/120sec \times 40min/1hr$
$\times 3600sec/1hr \times 1hr/60min \times 24hr/1day$
= 768 ton/day

55 다이옥신을 억제시키는 방법이 아닌 것은?

㉮ 제1차적(사전방지) 방법
㉯ 제2차적(로내) 방법
㉰ 제3차적(후처리) 방법
㉱ 제4차적 전자선조사법

풀이 다이옥신을 억제시키는 방법에는 사전방지, 로내처리, 후처리 방법이 있다.

answer 52 ㉯ 53 ㉰ 54 ㉰ 55 ㉱

56 연소시키는 물질의 발화온도, 함수량, 공급 공기량, 연소기의 형태에 따라 연소온도가 변화된다. 연소온도에 관한 설명 중 틀린 것은?

㉮ 연소온도가 낮아지면 불완전 연소로 HC나 CO 등이 생성되며 냄새가 발생된다.
㉯ 연소온도가 너무 높아지면 NOx나 SOx가 생성되며 냉각공기의 주입량이 많아지게 된다.
㉰ 소각로의 최소온도는 650℃ 정도이지만 스팀으로 에너지를 회수하는 경우에는 연소온도를 870℃ 정도로 높인다.
㉱ 함수율이 높으면 연소온도가 상승하며, 연소물질의 입자가 커지면 연소시간이 짧아진다.

풀이 ㉱ 함수율이 높으면 연소온도가 낮아지며, 연소물질의 입자가 커지면 연소시간이 길어진다.

57 유동층 소각로에 관한 설명으로 가장 틀린 것은?

㉮ 상(床)으로부터 슬러지의 분리가 어렵다.
㉯ 가스의 온도가 낮고 과잉공기량이 낮다.
㉰ 미연소분 배출로 2차 연소실이 필요하다.
㉱ 기계적 구동부분이 적어 고장율이 낮다.

풀이 ㉰ 미연소분 배출이 적어 2차 연소실이 필요없다.

58 아래와 같은 조성을 갖는 폐기물을 완전연소시킬 때의 이론공기량(Sm³/kg)은?

가연성분 조성비(%) C : 40, H : 5, O : 10, S : 5, 회분 : 40

㉮ 2.7
㉯ 3.7
㉰ 4.7
㉱ 5.7

풀이 이론공기량(A_o)

$$= 8.89C + 26.67\left(H - \frac{O}{8}\right) + 3.33S\,(Sm^3/kg)$$

$$= 8.89 \times 0.40 + 26.67 \times \left(0.05 - \frac{0.10}{8}\right) + 3.33 \times 0.05$$

$$= 4.72\,Sm^3/kg$$

59 소각로의 설계기준이 되고 있는 저위발열량에 대한 설명으로 옳은 것은?

㉮ 쓰레기 속의 수분과 연소에 의해 생성된 수분의 응축열을 포함한 열량
㉯ 고위발열량에서 수분의 응축열을 제외한 열량
㉰ 쓰레기를 연소할 때 발생되는 열량으로 수분의 수증기 열량이 포함된 열량
㉱ 연소 배출가스 속의 수분에 의한 응축열

풀이 저위발열량은 고위발열량에서 수분의 응축열(증발잠열)을 제외한 열량이다.

60 폐기물 내 유기물을 완전연소 시키기 위해서는 3T라는 조건이 구비되어야 한다. 3T에 해당하지 않는 것은?

㉮ 충분한 온도
㉯ 충분한 연소시간
㉰ 충분한 연료
㉱ 충분한 혼합

풀이 3T는 충분한 온도(Temperature), 충분한 연소시간(Time), 충분한 혼합(Turbulence)이다.

answer 56 ㉱ 57 ㉰ 58 ㉰ 59 ㉯ 60 ㉰

| 제4과목 | 폐기물공정시험기준

61 기체크로마토그래피로 유기인을 분석할 때 시료관리 기준으로 ( )에 옳은 것은?

> 시료채취 후 추출하기 전까지 (㉠)보관하고 7일 이내에 추출하고 (㉡) 이내에 분석한다.

㉮ ㉠ 4℃ 냉암소에서, ㉡ 21일
㉯ ㉠ 4℃ 냉암소에서, ㉡ 40일
㉰ ㉠ pH 4 이하로, ㉡ 21일
㉱ ㉠ pH 4 이하로, ㉡ 40일

풀이 시료채취 후 추출하기 전까지 4℃ 냉암소에서 보관하고 7일 이내에 추출하고 40일 이내에 분석한다.

62 기체의 농도는 표준상태로 환산 표시한다. 이 조건에 해당되지 않는 것은?

㉮ 상대습도 : 100%
㉯ 온도 : 0℃
㉰ 기압 : 760mmHg
㉱ 온도 : 273K

풀이 표준상태는 0℃, 760mmHg 상태이다.

63 크롬 표준원액(100mg Cr/L) 1,000mL를 만들기 위하여 필요한 다이크롬산칼륨(표준시약)의 양(g)은? (단, K : 39, Cr : 52)

㉮ 0.213 ㉯ 0.283
㉰ 0.353 ㉱ 0.393

풀이
$K_2Cr_2O_7$: $2Cr^{3+}$
294g : 2×52g
X : 0.1g/L × 1L ∴ X = 0.283g

64 유도결합플라스마발광광도 기계의 토치에 흐르는 운반물질, 보조물질, 냉각물질의 종류는 몇 종류의 물질로 구성되는가?

㉮ 2종의 액체와 1종의 기체
㉯ 1종의 액체와 2종의 기체
㉰ 1종의 액체와 1종의 기체
㉱ 1종의 기체

풀이 유도결합플라스마발광광도 기계의 토치에 흐르는 운반물질, 보조물질, 냉각물질의 종류는 1종의 기체물질로 구성되어 있다.

65 원자흡광분석에서 일반적인 간섭에 해당되지 않는 것은?

㉮ 분광학적 간섭 ㉯ 물리적 간섭
㉰ 화학적 간섭   ㉱ 첨가물질의 간섭

풀이 원자흡광분석에서 일반적인 간섭의 종류에는 분광학적 간섭, 물리적 간섭, 화학적 간섭이 있다.

answer 61 ㉯ 62 ㉮ 63 ㉯ 64 ㉱ 65 ㉱

66 3,000g의 시료에 대하여 원추 4분법을 5회 조작하여 최종 분취된 시료의 양(g)은?

㉮ 약 31.3
㉯ 약 62.5
㉰ 약 93.8
㉱ 약 124.2

풀이 최종 분취된 시료의 양
$= 3,000g \times \left(\frac{1}{2}\right)^5 = 93.75g$

67 유기인 측정(기체크로마토그래피법)에 대한 설명으로 틀린 것은?

㉮ 크로마토그램을 작성하여 각 분석성분 및 내부표준물질의 머무름시간에 해당하는 피크로부터 면적을 측정한다.
㉯ 추출물 10~30µL를 취하여 기체크로마토그래프에 주입하여 분석한다.
㉰ 시료채취는 유리병을 사용하며 채취 전에 시료로서 세척하지 말아야 한다.
㉱ 농축장치는 구데루나 다니쉬 농축기를 사용한다.

풀이 ㉯ 추출물 1~3µL를 취하여 기체크로마토그래프에 주입하여 분석한다.

68 시료의 용출시험방법에 관한 설명으로 ( )에 옳은 것은? (단, 상온, 상압 기준)

용출조작은 진탕의 폭이 4~5cm인 왕복진탕기로 (㉠)회/min로 (㉡)시간 동안 연속 진탕한다.

㉮ ㉠ 200, ㉡ 6
㉯ ㉠ 200, ㉡ 8
㉰ ㉠ 300, ㉡ 6
㉱ ㉠ 300, ㉡ 8

풀이 용출시험방법에서 용출조작은 진탕의 폭이 4~5cm인 왕복진탕기로 200회/min로 6시간 동안 연속 진탕한다.

69 기체크로마토그래피를 이용하면 물질의 정량 및 정성분석이 가능하다. 이 중 정량 및 정성분석을 가능하게 하는 측정치는?

㉮ 정량 - 유지시간, 정성 - 피크의 높이
㉯ 정량 - 유지시간, 정성 - 피크의 폭
㉰ 정량 - 피크의 높이, 정성 - 유지시간
㉱ 정량 - 피크의 폭, 정성 - 유지시간

풀이 정량분석은 피크의 높이, 정성분석은 유지시간을 이용한다.

70 원자흡수분광광도법에 있어서 간섭이 발생되는 경우가 아닌 것은?

㉮ 불꽃의 온도가 너무 낮아 원자화가 일어나지 않는 경우
㉯ 불안정한 환원물질로 바뀌어 불꽃에서 원자화가 일어나지 않는 경우
㉰ 염이 많은 시료를 분석하여 버너 헤드부분에 고체가 생성되는 경우
㉱ 시료 중에 알칼리금속의 할로겐 화합물을 다량 함유하는 경우

풀이 ㉯ 안정한 산화물질로 바뀌어 불꽃에서 원자화가 일어나지 않는 경우

answer 66 ㉰ 67 ㉯ 68 ㉮ 69 ㉰ 70 ㉯

71 분석하고자 하는 대상폐기물의 양이 100톤이상 500톤 미만인 경우에 채취하는 시료의 최소수(개)는?

㉮ 30 ㉯ 36
㉰ 45 ㉱ 50

풀이 대상폐기물의 양과 시료의 최소 수

대상폐기물의 양(단위 : ton)	시료의 최소 수
~1 미만	6
1 이상~5 미만	10
5 이상~30 미만	14
30 이상~100 미만	20
100 이상~500 미만	30
500 이상~1,000 미만	36
1,000 이상~5,000 미만	50
5,000 이상	60

72 pH측정에 관한 설명으로 틀린 것은?

㉮ 수소이온 전극의 기전력은 온도에 의하여 변화한다.
㉯ pH 11 이상의 시료는 오차가 크므로 알칼리 용액에서 오차가 적은 특수전극을 사용한다.
㉰ 조제한 pH 표준용액 중 산성표준용액은 보통 1개월, 염기성 표준용액은 산화칼슘(생석회) 흡수관을 부착하여 3개월 이내에 사용한다.
㉱ pH 미터는 임의의 한 종류의 pH 표준용액에 대하여 검출부를 정제수로 잘 씻은 다음 5회 되풀이하여 측정했을 때 그 재현성이 ±0.05 이내 이어야 한다.

풀이 ㉰ 조제한 pH 표준용액 중 산성표준용액은 보통 3개월, 염기성 표준용액은 산화칼슘(생석회) 흡수관을 부착하여 1개월 이내에 사용한다.

73 기체크로마토그래피법의 설치조건에 대한 설명으로 틀린 것은?

㉮ 실온 5 ~ 35℃, 상대습도 85% 이하로서 직사일광이 쪼이지 않는 곳으로 한다.
㉯ 전원 변동은 지정 전압의 35% 이내로 주파수의 변동이 없는 것이어야 한다.
㉰ 설치장소는 진동이 없고 분석에 사용하는 유해물질을 안전하게 처리할 수 있어야 한다.
㉱ 부식가스나 먼지가 적은 곳으로 한다.

풀이 ㉯ 전원 변동은 지정 전압의 10% 이내로서 주파수의 변동이 없는 것이어야 한다.

74 폐기물로부터 유류 추출 시 에멀젼을 형성하여 액층이 분리되지 않을 경우, 조작법으로 옳은 것은?

㉮ 염화제이철 용액 4mL를 넣고 pH를 7 ~ 9로 하여 자석교반기로 교반한다.
㉯ 메틸오렌지를 넣고 황색이 적색이 될 때까지 (1+1)염산을 넣는다.
㉰ 노말헥산층에 무수황산나트륨을 넣어 수분간 방치한다.
㉱ 에멀젼층 또는 헥산층에 적당량의 황산암모늄을 넣고 환류냉각관을 부착한 후 80℃ 물중탕에서 가열한다.

풀이 에멀젼층을 형성하여 액층이 분리되지 않거나 노말헥산층이 탁할 경우에는 에멀젼층 또는 헥산층에 적당량의 황산암모늄을 넣고 환류냉각관을 부착한 후 80℃ 물중탕에서 가열한다.

answer 71 ㉮ 72 ㉰ 73 ㉯ 74 ㉱

75 휘발성 저급염소화 탄화수소류를 기체크로마토그래피법을 이용하여 측정한다. 이 때 사용하는 운반가스는?

㉮ 아르곤   ㉯ 아세틸렌
㉰ 수소   ㉱ 질소

풀이) 운반가스는 부피백분율 99.999% 이상의 헬륨 또는 질소를 사용한다.

76 크롬 및 6가크롬의 정량에 관한 내용 중 틀린 것은?

㉮ 크롬을 원자흡수분광광도법으로 시험할 경우 정량한계는 0.01mg/L이다.
㉯ 크롬을 흡광광도법으로 측정하려면 발색시약으로 다이에틸다이티오카르바민산을 사용한다.
㉰ 6가크롬을 흡광광도법으로 정량시 시료 중에 잔류염소가 공존하면 발색을 방해한다.
㉱ 6가크롬을 흡광광도법으로 정량시 적자색의 착화합물의 흡광도를 측정한다.

풀이) ㉯ 크롬을 흡광광도법으로 측정하려면 발색시약으로 다이페닐카바자이드를 사용한다.

TIP
흡광광도법 = 자외선/가시선 분광법

77 강열감량 및 유기물함량(중량법) 측정에 관한 내용으로 ( )에 내용으로 옳은 것은?

> 시료에 질산암모늄 용액(25%)을 넣고 가열하여 (600±25)℃의 전기로 안에서 ( ) 강열한 다음 데시케이터에서 식힌 후 질량을 측정하여 증발용기의 질량차이로부터 강열감량 및 유기물 함량(%)을 구한다.

㉮ 2시간   ㉯ 3시간
㉰ 4시간   ㉱ 5시간

풀이) 강열감량 및 유기물함량(중량법) 측정에서 시료에 질산암모늄 용액(25%)을 넣고 가열하여 (600±25)℃의 전기로 안에서 3시간 강열한다.

TIP
① 강열감량 : 분석 시료를 가열하였을 때의 질량의 감소분
② 휘발성고형물(%) = 강열감량(%) - 수분(%)

78 흡광광도법에서 흡광도 눈금의 보정에 관한 내용으로 ( )에 옳은 것은?

> 중크롬산칼륨을 ( )에 녹여 중크롬산칼륨 용액을 만든다.

㉮ N/10 수산화나트륨용액
㉯ N/20 수산화나트륨용액
㉰ N/10 수산화칼륨용액
㉱ N/20 수산화칼륨용액

풀이) 중크롬산칼륨($K_2Cr_2O_7$)을 N/20 수산화칼륨(KOH) 용액에 녹여 중크롬산칼륨 용액을 만든다.

answer 75 ㉱ 76 ㉯ 77 ㉯ 78 ㉱

TIP
① 흡광광도법 = 자외선/가시선분광법
② 중크롬산칼륨 = 다이크롬산포타슘 = $K_2Cr_2O_7$

79 총칙에 관한 내용으로 틀린 것은?

㉮ "정밀히 단다"라 함은 규정된 수치의 무게를 0.1mg까지 다는 것을 말한다.
㉯ "정확히 취하여"라 하는 것은 규정한 양의 액체를 홀피펫으로 눈금까지 취하는 것을 말한다.
㉰ "냄새가 없다"라고 기재한 것은 냄새가 없거나, 또는 거의 없는 것을 표시하는 것이다.
㉱ "방울수"라 함은 20℃에서 정제수 20방울을 적하할 때, 그 부피가 약 1mL 되는 것을 뜻한다.

풀이 ① 정확히 단다 : 규정된 수치의 무게를 0.1mg 까지 다는 것을 말한다.
② 정밀히 단다 : 규정된 양의 시료를 취하여 화학저울 또는 미량저울로 칭량한다.

80 흡광광도법에 의한 시안(CN)시험에서 측정원리를 바르게 나타낸 것은?

㉮ 피리딘·피라졸론법 – 청색
㉯ 다이페닐카르바지드법 - 적자색
㉰ 디티존법 – 적색
㉱ 다이에틸다이티오카르바민산은법 - 적자색

풀이 시안의 자외선/가시선 분광법의 측정원리는 시료를 pH 2 이하의 산성으로 조절한 후에 에틸렌다이아민테트라아세트산이나트륨을 넣고 가열 증류하여 시안화합물을 유출시켜 수산화나트륨용액에 포집한 다음 중화하고 클로라민-T와 피리딘·피라졸론혼합액을 넣어 나타나는 청색을 620nm에서 측정하는 방법이다.

answer 79 ㉮ 80 ㉮

2023 1회 CBT 복원문제

| 제1과목 | 폐기물개론

01 쓰레기 수거노선 설정 시 유의사항으로 틀린 것은?

㉮ 가능한 한 시계방향으로 수거노선을 정한다.
㉯ 언덕지역에서는 언덕의 위에서부터 적재하면서 아래로 차량을 진행한다.
㉰ 될 수 있는 한 한번 간길은 가지 않는다.
㉱ 발생량이 아주 많은 발생원은 하루 중 가장 나중에 수거한다.

풀이 ㉱ 발생량이 아주 많은 발생원은 하루 중 가장 먼저 수거한다.

02 다음 중 관거(pipe-line)수송방식에 대한 내용으로 틀린 것은?

㉮ 조대쓰레기는 파쇄, 압축 등의 전처리를 해야 한다.
㉯ 잘못 투입된 물건은 회수하기가 곤란하다.
㉰ 쓰레기발생 밀도가 높은 인구밀집지역 및 아파트 지역 등에서는 현실성이 낮다.
㉱ 장거리 이동이 곤란하다.

풀이 ㉰ 쓰레기발생 밀도가 높은 인구밀집지역 및 아파트 지역 등에서 현실성이 있다.

03 쓰레기 포장시 부피감소율이 60%인 경우 압축비는?

㉮ 1.5 ㉯ 2.5
㉰ 3.5 ㉱ 4.5

풀이 압축비 $= \dfrac{100}{100 - 부피감소율(\%)}$
$= \dfrac{100}{100 - 60\%} = 2.5$

04 다음 중 새로운 폐기물 수송방법에 대한 내용으로 틀린 것은?

㉮ 모노레일 수송 : 쓰레기 적환장에서 최종처분장까지 수송하는데 적용할 수 있다.
㉯ 컨베이어 수송 : 사용 후 세정으로 세정수 처리문제를 고려해야 한다.
㉰ 컨테이너 수송 : 광대한 국토와 철도망이 있는 곳에서 사용할 수 있다.
㉱ 파이프 라인 수송 : 쓰레기의 발생 밀도가 높고 단거리에서 현실성이 있다.

풀이 ㉯ 컨베이어 수송은 지하에 설치된 컨베이어에 의해 수송하는 방식으로 수송망을 하수도 시설처럼 각 가정에서 배출된 쓰레기를 최종처분장까지 운반할 수 있다.

answer 01 ㉱ 02 ㉰ 03 ㉯ 04 ㉯

05 다음은 슬러지의 수분을 결합상태에 따라 구분한 것으로 탈수가 가장 어려운 것은?

㉮ 모관결합수 ㉯ 간극모관결합수
㉰ 표면부착수 ㉱ 내부수

풀이 슬러지내의 탈수성이 큰 순서는 간극모관결합수 > 모관결합수 > 표면부착수 > 내부수 순이다.

06 $X_{90} = 4.0cm$로 도시폐기물을 파쇄하고자 할 때, 즉 90% 이상을 4.0cm 보다 작게 파쇄하고자 할 때 Rosin-Rammler 모델에 의한 특성입자의 크기(X_o)는?
(단, n = 1로 가정)

㉮ 1.28cm ㉯ 1.42cm
㉰ 1.74cm ㉱ 1.92cm

풀이 $Y = 1 - \exp\left[-\left(\dfrac{X}{X_o}\right)^n\right] \Rightarrow X_o = \dfrac{-X}{LN(1-Y)}$

여기서 Y : 체하분율(%)
　　　X : 폐기물 입자의 크기(cm)
　　　X_o : 특성입자의 크기(cm)
　　　n : 상수

따라서 $X_o = \dfrac{-4.0cm}{LN(1-0.90)} = 1.74cm$

07 도시쓰레기의 1일 1인당 발생량이 0.6kg이고 쓰레기 밀도가 0.3ton/m³라고 할 때 차량의 적재용량이 4.4m³인 차량 한 대에 실을 수 있는 쓰레기를 쓰레기 발생 인구로 나타내면 몇 명이 되는가?

㉮ 1,350명 ㉯ 1,850명
㉰ 2,050명 ㉱ 2,200명

풀이 쓰레기 발생인구
$= \dfrac{적재용량}{쓰레기 발생량}$
$= \dfrac{4.4m^3/1대 \times 1대/1일}{0.6kg/인 \cdot 일 \times \dfrac{1}{300kg/m^3}} = 2,200명$

08 청소상태의 평가방법에 대한 설명으로 틀린 것은?

㉮ 지역사회 효과지수는 가로의 청소상태를 기준으로 평가한다.
㉯ 사용자 만족도 지수는 서비스를 받는 사람들의 만족도를 설문조사하여 계산되며, 설문문항은 6개로 구성되어 있다.
㉰ 지역사회 효과지수에서 가로 청결상태의 scale은 1~6으로 정하여 각각 100, 80, 60, 40, 20, 0점으로 한다.
㉱ 지역사회 효과지수는 가로 청소상태의 문제점이 관찰되는 경우 10점씩 감점한다.

풀이 ㉰ 지역사회 효과지수에서 가로의 청소상태의 Scale은 1~4로 정하여 각각 100, 75, 50, 25, 0으로 한다.

TIP
① CEI : 지역사회 효과지수
② USI : 사용자 만족도 지수

09 다음 중 유해폐기물의 국가간 이동 및 처리의 통제를 위한 협약은?

㉮ 런던국제덤핑협약 ㉯ GATT협약
㉰ 리우협약 ㉱ 바젤협약

풀이 ㉱ 바젤협약에 대한 내용이며, 핵심 내용인 "유해폐기물의 국가간 이동 및 처리의 통제=바젤협약"임을 숙지하시면 됩니다.

answer 05 ㉱ 06 ㉰ 07 ㉱ 08 ㉰ 09 ㉱

10 폐기물의 성상분석 절차 중 가장 먼저 시행하는 것은?

㉮ 건조
㉯ 물리적 조성분석
㉰ 밀도측정
㉱ 절단 및 분쇄

풀이 폐기물의 성상분석 절차순서는 시료 → 밀도측정 → 물리적 조성분석 → 건조 → 분류(가연성, 불연성) → 전처리(절단 및 분쇄) → 화학적 조성분석 순이다.

11 다음 중 분뇨에 대한 설명으로 틀린 것은?

㉮ 유기물 함유도와 점도가 높아서 쉽게 고액 분리되지 않는다.
㉯ 분과 뇨의 고형물의 비는 7 : 1 정도이다.
㉰ 협잡물의 함유율이 높고, 염분의 농도도 비교적 높다.
㉱ 우리나라 도시의 분뇨 수거량은 1인 1일 당 9 ~ 12L 정도이다.

풀이 ㉱ 우리나라 도시의 분뇨 수거량은 1인 1일당 0.9 ~ 1.2L 정도이다.

12 어느 쓰레기의 입도분석 결과 입도누적곡선상의 10%, 30%, 60%, 80%의 입경이 각각 0.5mm, 1.0mm, 1.5mm, 2.0mm이었다면 곡률계수는?

㉮ 1.33
㉯ 1.65
㉰ 2.24
㉱ 2.62

풀이 곡률계수 $= \dfrac{(D_{30\%})^2}{(D_{10\%} \times D_{60\%})} = \dfrac{(1.0mm)^2}{(0.5mm \times 1.5mm)}$
$= 1.33$

TIP
입경공식
① 유효입경 $= D_{10\%}$
② 균등계수 $= \dfrac{D_{60\%}}{D_{10\%}}$
③ 곡률계수 $= \dfrac{(D_{30\%})^2}{(D_{10\%} \times D_{60\%})}$

13 파쇄장치 중 전단파쇄기에 대한 내용으로 틀린 것은?

㉮ 고정칼이나 왕복 또는 회전칼과의 교합에 의하여 폐기물을 전단한다.
㉯ 충격파쇄기에 비하여 대체로 파쇄 속도가 느리다.
㉰ 충격파쇄기에 비하여 입도와 파쇄물의 크기가 고르지 못하다.
㉱ 충격파쇄기에 비하여 이물질 혼입에 약하다.

풀이 ㉰ 충격파쇄기에 비하여 입도와 파쇄물의 크기를 고르게 할 수 있다.

14 조대쓰레기의 냉각파쇄기에 대한 내용으로 잘못된 것은?

㉮ 오스테나이트계 스테인레스가 기계적 특성, 우수한 내식성 등의 장점이 있어 많이 사용된다.
㉯ 소음진동을 줄일 수 있으나 투자비가 커 특수용도로 주로 활용된다.
㉰ 복합재질의 선택 파쇄가 가능하며 입도를 작게 할 수 있다.
㉱ 냉매는 일반적으로 프레온가스가 이용되고 있으나 대체 냉매의 개발이 활발히

---

answer   10 ㉰   11 ㉱   12 ㉮   13 ㉰   14 ㉱

이루어지고 있다.

풀이 ㉣ 냉매는 일반적으로 드라이아이스와 액체질소를 사용한다.

15 와전류 선별법에 대한 내용으로 틀린 것은?

㉮ 와전류 선별법은 비자성이고 전기전도도가 좋은 물질을 와전류현상에 의하여 다른 물질로부터 분리하는 방법이다.
㉯ 와전류 선별법으로 분리하는 물질은 구리, 알루미늄, 아연 등이다.
㉰ 전자석 유도에 의한 패러데이법칙을 기초로 한다.
㉱ 와전류는 자장중에 놓여진 부도체의 외부에 전자유도로 생기는 와전류상의 전류이다.

풀이 ㉱ 와전류는 자장중에 놓여진 도체의 외부에 전자유도로 생기는 와전류상의 전류이다.

16 쓰레기 배출량에 영향을 주는 모든 인자를 시간에 대한 함수로 나타낸 후, 시간에 대한 함수로 표현된 각 영향인자들 간의 상관관계를 수식화하는 쓰레기 발생량 예측방법은?

㉮ 경향법　　㉯ 인자상관모델
㉰ 동적모사모델　㉱ 다중회귀모델

풀이 ㉰ 동적모사모델에 대한 내용이며, 핵심 내용인 "각 영향인자들간의 상관관계를 수식화=동적모사모델"임을 숙지하시면 됩니다.

17 폐기물의 발생량 조사방법 중 전수조사에 대한 설명으로 틀린 것은?

㉮ 조사기간이 길다.
㉯ 행정시책의 이용도가 높다.
㉰ 표본오차가 크다.
㉱ 표본치의 보정역할이 가능하다.

풀이 ㉰ 표본오차가 작아 신뢰도가 높다.

18 트롬멜 스크린에 대한 내용으로 틀린 것은?

㉮ 스크린 중에서 선별효율이 좋고 유지관리상의 문제가 적다.
㉯ 스크린의 경사도는 2~3° 정도이다.
㉰ 스크린의 경사도가 크면 효율이 낮아지고 부하율은 커진다.
㉱ 임계속도는 경험적으로 최적속도×0.45 정도이다.

풀이 ㉱ 최적속도는 경험적으로 임계속도 × 0.45 정도이다.

19 물렁거리는 가벼운 물질로부터 딱딱한 물질을 선별하는데 사용하며, 경사진 콘베이어를 통해 폐기물을 주입시켜 천천히 회전하는 드럼 위에 떨어뜨려서 분류하는 방법은?

㉮ Stoners　　㉯ Jigs
㉰ Secators　　㉱ Table

풀이 ㉰ Secators(세카터)에 대한 내용이며, 핵심 내용인 "물렁거리는 가벼운 물질로부터 딱딱한 물질선별=세카터"임을 숙지하시면 됩니다.

answer 15 ㉱　16 ㉰　17 ㉰　18 ㉱　19 ㉰

20 쓰레기의 타는 성분의 화학적 성상 분석 시 사용되는 자동원소분석기에 의해 동시 분석이 가능한 항목 모두를 알맞게 짝지은 것은?

㉮ 탄소, 수소, 황
㉯ 탄소, 수소, 질소
㉰ 탄소, 수소, 산소
㉱ 탄소, 수소, 산소, 질소

풀이 자동원소분석기에 의해 동시 분석이 가능한 항목은 탄소, 수소, 질소이다.

| 제2과목 | 폐기물 재활용 및 자원화 기술

21 다음 중 셀(cell)공법에 대한 설명으로 틀린 것은?

㉮ 쓰레기 비탈면의 경사를 20%전후로 하여 쓰레기를 셀모양으로 쌓고 각각의 셀에 복토하는 방법이다.
㉯ 화재의 발생 및 확산을 방지할 수 있다.
㉰ 1일 작업하는 셀 크기는 매립장의 면적에 따라 결정한다.
㉱ 발생가스와 매립층 내 수분의 이동이 용이하지 못하다.

풀이 ㉰ 1일 작업하는 셀 크기는 매립 처분량에 따라 결정한다.

22 다음 중 인공 복토재의 조건으로 틀린 것은?

㉮ 매립지 공간을 절약할 수 있어야 한다.
㉯ 연소가 잘 되지 않아야 한다.
㉰ 투수계수가 높아야 한다.
㉱ 생분해가 가능해야 한다.

풀이 ㉰ 투수계수가 낮아야 한다.

23 다음 중 차수시설의 특징으로 틀린 것은?

㉮ 지하수가 매립지 내부로 유입되는 것을 방지한다.
㉯ 투수방지를 위해 불투수층 차수막 또는 점토를 사용한다.
㉰ 매립지내에서의 물의 이동은 헨리(Henry) 법칙으로 나타낸다.
㉱ 매립지의 침출수 유출을 방지한다.

풀이 ㉰ 매립지내에서의 물의 이동은 다르시(Darcy)법칙으로 나타낸다.

24 진공여과탈수기로 투입되는 슬러지량이 $120\,m^3/hr$이고 슬러지 함수율 95%, 여과율(고형물 기준)이 $100\,kg/m^2 \cdot hr$의 조건을 가질 때, 여과면적은? (단, 슬러지 비중은 1.0 기준)

㉮ $60\,m^2$
㉯ $140\,m^2$
㉰ $220\,m^2$
㉱ $310\,m^2$

풀이 여과율$(kg/m^2 \cdot hr)$
$= \dfrac{슬러지\ 농도(kg/m^3) \times 슬러지량(m^3/hr)}{여과면적(m^2)}$

$100kg/m^2 \cdot hr = \dfrac{50kg/m^3 \times 120m^3/hr}{여과면적(m^2)}$

answer 20 ㉯ 21 ㉰ 22 ㉰ 23 ㉰ 24 ㉮

$$\therefore \text{여과면적} = \frac{50\text{kg/m}^3 \times 120\text{m}^3/\text{hr}}{100\text{kg/m}^2 \cdot \text{hr}} = 60\text{m}^2$$

TIP
① 고형물 $= 100 - $ 함수율(%) $= 100 - 95\% = 5\%$
② % $\xrightarrow{\times 10^4}$ mg/L $\xrightarrow{\times 10^{-3}}$ kg/m³
③ 5% $\xrightarrow{\times 10^4}$ 5×10^4 mg/L $\xrightarrow{\times 10^{-3}}$ 50kg/m³

25 합성차수막의 종류 중 CR(Chloroprene Rubber)에 대한 내용으로 틀린 것은?

㉮ 대부분의 화학물질에 대한 저항성이 높다.
㉯ 마모 및 기계적 충격에 강하다.
㉰ 접합이 용이하다.
㉱ 가격이 비싸다.

풀이 ㉰ 접합이 용이하지 못하다.

26 결정도(Crystallinity)가 증가할수록 합성차수막에 나타나는 성질로 틀린 것은?

㉮ 인장강도 감소
㉯ 열에 대한 저항도 증가
㉰ 화학물질에 대한 저항성 증가
㉱ 투수계수의 감소

풀이 ㉮ 인장강도 증가

TIP
결정도(Crystallinity)가 증가할수록 충격과 투수계수는 감소하고, 나머지 조건은 증가함을 숙지하시면 됩니다.

27 다음 중 슬러지 처리의 목표가 아닌 것은?

㉮ 안전화   ㉯ 감량화
㉰ 안정화   ㉱ 고형화

풀이 슬러지 처리의 목표는 안전화, 감량화, 안정화, 무해화이다.

28 고농도 액상 폐기물의 혐기성 소화 공정 중 중온소화와 고온소화를 비교한 것으로 틀린 것은?

㉮ 부하능력 : 고온소화 - 우수, 중온소화 - 나쁨
㉯ 병원균의 사멸 : 고온소화 - 유리, 중온소화 - 불리
㉰ 탈수여액의 수질 : 고온소화 - 우수, 중온소화 - 나쁨
㉱ 미생물의 활성 : 고온소화 - 나쁨, 중온소화 - 우수

풀이 ㉰ 탈수여액의 수질 : 고온소화-나쁨, 중온소화-우수

29 글리신($C_2H_5O_2N$) 3mol이 혐기성소화에 의해 완전분해할 때 생성가능한 이론적인 메탄가스량은? (단, 표준상태 기준, 분해 최종산물은 CH_4, CO_2, NH_3)

㉮ 35.4L   ㉯ 40.4L
㉰ 45.4L   ㉱ 50.4L

풀이 $C_2H_5O_2N + 0.5H_2O \rightarrow 0.75CH_4 + 1.25CO_2 + NH_3$

1mol : 0.75×22.4L
3mol : X

$$\therefore X = \frac{3\text{mol} \times 0.75 \times 22.4\text{L}}{1\text{mol}} = 50.4\text{L}$$

answer 25 ㉰ 26 ㉮ 27 ㉱ 28 ㉰ 29 ㉱

TIP

완전분해식

$C_aH_bO_cN_d + \left(\dfrac{4a-b-2c+3d}{4}\right)H_2O$

$\rightarrow \left(\dfrac{4a+b-2c-3d}{8}\right)CH_4$

$+ \left(\dfrac{4a-b+2c+3d}{8}\right)CO_2 + dNH_3$

---

30 다음 중 점토의 수분함량 지표인 소성지수를 바르게 나타낸 식은?

㉮ 소성지수 = 액성한계 − 소성한계
㉯ 소성지수 = 액성한계 + 소성한계
㉰ 소성지수 = 액성한계/소성한계
㉱ 소성지수 = 소성한계/액성한계

풀이
① 액성한계 : 수분함량이 일정수준 이상이 되면 점토의 상태가 액체상태로 변하게 되는데 이때의 한계 수분함량을 말한다.
② 소성한계 : 수분함량이 일정수준 미만이 되면 점토가 성형상태를 유지하지 못하고 부숴지게 되는데 이때의 한계 수분함량을 말한다.
③ 소성지수 = 액성한계 − 소성한계

---

31 폐기물 고형화법 중 시멘트 기초법에 대한 내용으로 틀린 것은?

㉮ 시멘트-포졸란 반응과 처리기술이 잘 발달되어 있다.
㉯ 사용되는 시멘트의 양을 조절하여 폐기물 콘크리트의 강도를 높일 수 있다.
㉰ 폐기물의 건조나 탈수가 필요하지 않다.
㉱ 원료가 풍부하고 값이 싸다.

풀이 ㉮번은 석회기초법에 대한 설명이다.

---

32 폐기물을 매립 후 가스생성과정을 4단계로 나눌 때, 1단계인 호기성단계에 대한 내용으로 틀린 것은?

㉮ 산소(O_2)가 급감한다.
㉯ 질소(N_2)가 증가한다.
㉰ 이산화탄소(CO_2)가 생성되기 시작한다.
㉱ 폐기물내 수분이 많은 경우 반응이 빨라져 호기성 단계가 짧아진다.

풀이 ㉯ 질소(N_2)가 감소한다.

---

33 처리용량(분뇨투입량)이 $15\,m^3/day$인 분뇨처리장에 가스 저장탱크를 설계하고자 한다. 가스 체류시간을 8시간으로 하고 생성가스량은 투입량의 8배로 가정한다면 가스탱크의 용량은?

㉮ $25\,m^3$ ㉯ $30\,m^3$
㉰ $35\,m^3$ ㉱ $40\,m^3$

풀이 가스탱크의 용량(m^3)
= 생성가스량(m^3/hr) × 가스체류시간(hr)
= $15m^3/day × 1day/24hr × 8hr × 8배$
= $40m^3$

---

34 고형화 처리방법 중 자가시멘트법에 대한 내용으로 틀린 것은?

㉮ 혼합률(MR)이 낮다.
㉯ 탈수 등 전처리가 필요 없다.
㉰ 보조에너지가 필요 없다.
㉱ 장치비가 크며 숙련된 기술을 요한다.

풀이 ㉰ 보조에너지가 필요하다.

---

answer 30 ㉮ 31 ㉮ 32 ㉯ 33 ㉱ 34 ㉰

TIP

$$혼합률(MR) = \frac{첨가제의\ 질량}{폐기물의\ 질량}$$

35 LFG(Landfill Gas) 중 이산화탄소(CO_2)를 제거하는 공정으로 틀린 것은?

㉮ 흡수법
㉯ 흡착법
㉰ 화학적 전환법
㉱ 고온증류에 의해 분리하는 고온증류법

풀이 ㉱ 저온증류에 의해 분리하는 저온증류법

36 혐기성 소화공법에 비해 호기성 소화공법이 갖는 장·단점으로 틀린 것은?

㉮ 상등액의 BOD 농도가 낮다.
㉯ 소화 슬러지량이 많다.
㉰ 소화 슬러지의 탈수성이 좋다.
㉱ 운전이 쉽다.

풀이 ㉰ 소화 슬러지의 탈수성이 나쁘다.

37 $C_5H_{11}O_2N$으로 화학적 조성을 나타낼 수 있는 생분해가능 유기물이 매립지에서 혐기성 완전 분해된다면 발생하는 메탄(b)과 이산화탄소(a) 가운데 메탄의 부피백분율([b/(b+a)×100,%]은? (단, N은 NH_3로 발생된다.)

㉮ 50 ㉯ 55
㉰ 60 ㉱ 65

풀이 $C_5H_{11}O_2N + 2H_2O \rightarrow 3CH_4 + 2CO_2 + NH_3$

메탄의 부피백분율(%)

$$= \frac{b}{b+a} \times 100$$

$$= \frac{3}{3+2} \times 100 = 60\%$$

TIP

이산화탄소의 부피백분율(%)

$$= \frac{a}{a+b} \times 100$$

$$= \frac{2}{2+3} \times 100 = 40\%$$

38 다음 중 퇴비화 기술의 특징으로 틀린 것은?

㉮ 우리나라 음식물 쓰레기를 퇴비로 재활용할 경우 가장 큰 문제점은 염분함량이다.
㉯ 퇴비제품의 품질표준화가 어렵고, 부지가 많이 필요한 편이다.
㉰ 생산된 퇴비는 비료의 가치가 높고 퇴비 완성 시 부피감소율이 높은 편이다.
㉱ 퇴비화 후에는 C/N비가 10 정도이다.

풀이 ㉰ 생산된 퇴비는 비료의 가치가 낮고 퇴비 완성 시 부피감소율이 50% 이하로 낮은 편이다.

answer 35 ㉱ 36 ㉰ 37 ㉰ 38 ㉰

39 지정폐기물을 고화처리한 후 적정처리 여부를 시험, 조사하는 항목으로 틀린 것은?

㉮ 독성시험
㉯ 투수율
㉰ 압축강도
㉱ 용출시험

[풀이] 고화처리한 후 적정처리 여부를 시험, 조사하는 항목
① 물리적 시험 : 투수율, 압축강도, 내구성
② 화학적 시험 : 용출시험

40 다음 중 팽화제(Bulking Agent)에 대한 내용으로 틀린 것은?

㉮ 처리대상물질의 수분함량을 조절한다.
㉯ 톱밥, 볏짚, 낙엽에 기존 퇴비를 혼합하여 퇴비화를 시킨다.
㉰ 처리대상물질 내의 공기를 차단시켜 주는 역할을 한다.
㉱ 퇴비생산에 필요한 탄소나 질소를 함유시켜 제공할 수도 있다.

[풀이] ㉰ 처리대상물질 내의 공기가 원활히 유동될 수 있도록 한다.

| 제3과목 | 폐기물 처분기술

41 다음 중 열분해의 특징으로 틀린 것은?

㉮ 폐기물을 공기 과잉상태에서 고온으로 가열하여 연료를 생산하는 공정이다.
㉯ 열분해에서 일반적으로 고온은 1,000~1,500℃를 말한다.
㉰ 열분해 온도가 고온일수록 이산화탄소의 함량은 감소하고, 수소의 함량은 증가한다.
㉱ 연소가 고도의 발열반응에 비해 열분해는 고도의 흡열반응이다.

[풀이] ㉮ 폐기물을 무산소 또는 산소가 부족한 상태에서 고온으로 가열하여 연료를 생산하는 공정이다.

42 다음 중 액화석유가스(LPG)에 대한 내용으로 틀린 것은?

㉮ LPG의 주성분은 프로판과 부탄이다.
㉯ 황분이 적고 독성이 없다.
㉰ 석유정제때에 부산물로 생산되는 것과 천연가스에서 회수되는 것이 있으나 전자의 것이 대부분이다.
㉱ LPG는 비중이 공기보다 작아 인화폭발의 위험성이 낮다.

[풀이] ㉱ LPG는 비중이 공기보다 커 인화폭발의 위험성이 높다.

43 다음 중 유동층 소각로에 대한 내용으로 틀린 것은?

㉮ 2차 연소실이 필요 없다.
㉯ 연소효율이 높아 미연분의 배출이 적다.
㉰ 로내 온도의 자동제어와 열회수가 용이하다.
㉱ 기계적 구동부분이 많아 고장율이 높다.

[풀이] ㉱ 기계적 구동부분이 적어 고장율이 낮다.

answer 39 ㉮ 40 ㉰ 41 ㉮ 42 ㉱ 43 ㉱

44 소각로에 열교환기를 설치, 배기가스의 열을 회수하여 급수 예열에 사용할 때 급수출구온도(℃)는? (단, 배기가스량 : 100kg/hr, 급수량 : 200kg/hr, 배기가스 열교환기 유입온도: 500℃, 출구온도 : 200℃, 급수의 입구온도 : 10℃, 배기가스 정압비열 : $0.24\,kcal/kg \cdot ℃$)

㉮ 26 　　㉯ 36
㉰ 46 　　㉱ 56

풀이 ① 배기가스의 열량(kcal/hr)
= 배기가스량(kg/hr) × 배기가스 정압비열(kcal/kg·℃)
　× $(t_2 - t_1)$(℃)
= 100kg/hr × 0.24kcal/kg·℃ × (500 − 200)℃
= 7,200 kcal/hr
② 물의 열량(kcal/hr)
= 급수량(kg/hr) × 물의 정압비열(kcal/kg·℃)
　× $(t_2 - t_1)$(℃)
= 200kg/hr × 1.0kcal/kg·℃ × $(t_2 - 10)$℃
③ 배기가스의 열량 = 물의 열량
7,200kcal/hr = 200kg/hr × 1.0kcal/kg·℃
　　　　　　　　× $(t_2 - 10)$℃
∴ $t_2 = \dfrac{7,200\,kcal/kg}{200kg/hr \times 1.0\,kcal/kg \cdot ℃} + 10℃$
= 46℃

45 탄소 5kg을 완전 연소하는데 소요되는 이론공기량(Nm^3)은?

㉮ 13.6 　　㉯ 28.9
㉰ 32.8 　　㉱ 44.4

풀이 ① $C + O_2 \rightarrow CO_2$
12kg : 22.4 Nm^3
5kg : 이론산소량(Nm^3)
∴ 이론산소량 = $\dfrac{5kg \times 22.4Nm^3}{12kg}$ = 9.3333Nm^3

② 이론공기량(Nm^3)
= 이론산소량(Nm^3) × $\dfrac{1}{0.21}$
= 9.3333Nm^3 × $\dfrac{1}{0.21}$ = 44.44 Nm^3

46 다음 중 열교환기 중 과열기에 대한 내용으로 틀린 것은?

㉮ 과열기는 부착위치에 따라 전열형태가 다르다.
㉯ 과열기의 재료는 탄소강을 비롯하여 니켈, 몰리브덴 등을 함유한 특수내열 강관을 사용한다.
㉰ 방사형 과열기는 화실의 천장부 또는 노벽에 배치한다.
㉱ 일반적으로 보일러의 부하가 높아질수록 방사과열기에 의한 과열온도가 높아진다.

풀이 ㉱ 일반적으로 보일러의 부하가 높아질수록 방사과열기에 의한 과열온도가 낮아진다.

TIP
보일러 부하와 방사과열기는 반비례관계이고, 대류과열기는 비례관계임을 숙지하시면 됩니다.

47 증기터빈의 분류 중 증기작동방식에 해당하지 않는 것은?

㉮ 충동 터빈　　㉯ 반동 터빈
㉰ 혼합식 터빈　㉱ 복수 터빈

풀이 ㉱ 복수 터빈은 증기이용방식에 해당한다.

answer 44 ㉰　45 ㉱　46 ㉱　47 ㉱

TIP
증기 터빈의 분류
① 증기작동방식 : 충동 터빈, 반동 터빈, 혼합식 터빈
② 증기이용방식 : 배압 터빈, 복수 터빈, 혼합 터빈
③ 증기유동방식 : 축류 터빈, 반경류 터빈
④ 흐름수 : 단류 터빈, 복류 터빈
⑤ 피구동기 : 감속형 터빈, 직결형 터빈
⑥ 암기법 : 작동은 충동, 반동, 혼합식이고/이용은 배압, 복수, 혼합이고/유동은 축류, 반경류이고/흐름수는 단류, 복류이고/피구동기는 감속, 직결이다.

48 다음 중 압입통풍에 대한 내용으로 틀린 것은?

㉮ 송풍기의 고장이 적고 점검 및 보수가 용이하다.
㉯ 연소실 공기를 예열할 수 있다.
㉰ 내압이 부압(-)으로 연소효율이 좋다.
㉱ 역화의 위험성이 있다.

풀이 ㉰ 내압이 정압(+)으로 연소효율이 좋다.

49 다단로식 소각로에 대한 내용으로 틀린 것은?

㉮ 유해폐기물의 완전분해를 위해서는 2차 연소실이 필요하다.
㉯ 액상 및 기상 폐기물의 이용은 보조연료의 양을 감소시켜 운전비용을 절감하는 경제적 이점이 있다.
㉰ 수분함량이 높은 폐기물의 연소가 가능하며, 먼지의 발생율이 낮다.
㉱ 체류시간이 길어 특히 휘발성이 적은 폐기물 연소에 유리하다.

풀이 ㉰ 수분함량이 높은 폐기물의 연소가 가능하며, 먼지의 발생율이 높다.

50 쓰레기 100ton을 소각 후 남은 재는 전체 소각한 쓰레기 질량의 20%라고 한다. 남은 재의 용적이 25m³일 때 재의 밀도는?

㉮ $0.4 ton/m^3$
㉯ $0.6 ton/m^3$
㉰ $0.8 ton/m^3$
㉱ $1.0 ton/m^3$

풀이 재의 밀도(ton/m^3)
$= \dfrac{재의\ 질량(ton)}{재의\ 용적(m^3)}$
$= \dfrac{100ton \times 0.2}{25m^3} = 0.8 ton/m^3$

51 다음 중 착화온도에 대한 내용으로 틀린 것은?

㉮ 발열량이 높을수록 착화온도는 낮아진다.
㉯ 분자구조가 복잡할수록 착화온도는 낮아진다.
㉰ 가연물의 증발량이 많을수록 착화온도는 낮아진다.
㉱ 활성화에너지가 클수록 착화온도는 낮아진다.

풀이 ㉱ 활성화에너지가 작을수록 착화온도는 낮아진다.

TIP
착화온도는 활성화에너지와 석탄의 탄화도에 비례관계이고, 나머지 조건에는 반비례관계임을 숙지하시면 됩니다.

answer 48 ㉰ 49 ㉰ 50 ㉰ 51 ㉱

52 액화 프로판 100kg을 기화시켜 $5\,Sm^3/hr$로 연소시킨다면 실제 사용시간(hr)은? (단, 표준상태 기준, 프로판의 분자식은 C_3H_8이며, 전량 기화됨)

㉮ 약 10.2 ㉯ 약 20.2
㉰ 약 30.2 ㉱ 약 40.2

풀이 ① 액화프로판 (Sm^3)
$$= 100\,kg \times \frac{22.4\,Sm^3}{44\,kg} = 50.91\,Sm^3$$
② 실제 사용시간 $= \dfrac{50.91\,Sm^3}{5\,Sm^3/hr} = 10.18\,hr$

53 다음 중 탄수소비(C/H)에 대한 내용으로 틀린 것은?

㉮ 탄수소비가 크면 비교적 비점이 높은 연료는 매연이 발생하기 쉽다.
㉯ 액체연료의 탄수소비는 휘발유 > 등유 > 경유 > 중유 순으로 증가한다.
㉰ 탄수소비가 클수록 이론공연비는 감소된다.
㉱ 탄수소비가 클수록 휘도가 높고 방사율이 크다.

풀이 ㉯ 액체연료의 탄수소비는 휘발유 < 등유 < 경유 < 중유 순으로 증가한다.

54 소각로에서 완전연소 조건에 해당하지 않는 것은?

㉮ 충분한 체류시간
㉯ 충분한 난류
㉰ 적당한 온도
㉱ 적당한 압력

풀이 소각로에서 완전연소의 조건은 충분한 체류시간, 충분한 난류, 적당한 온도이다.

55 코크스 또는 분해가 끝난 석탄은 열분해가 일어나기 어려운 탄소가 주성분으로 그것 자체가 연소하는 과정으로 적열할 따름이지 화염이 없는 연소형태는?

㉮ 표면연소 ㉯ 분해연소
㉰ 발연연소 ㉱ 증발연소

풀이 ㉮ 표면연소에 대한 내용이며, 핵심 내용인 "화염이 없는 연소형태=표면연소"임을 숙지하시면 됩니다.

56 다음 중 고형화연료(RDF)에 대한 내용으로 틀린 것은?

㉮ 배합 조성률이 균일 하여야 한다.
㉯ 수분함량이 증가하면 부패하여 연료로서의 가치를 상실한다.
㉰ 쓰레기를 연료로 전환하기 위한 전처리에 동력 및 투자비가 적게 소요된다.
㉱ RDF용 소각로 제작이 용이해야 하며, 발열량이 높아야 한다.

풀이 ㉰ 쓰레기를 연료로 전환하기 위한 전처리에 동력 및 투자비가 많이 소요된다.

57 소각로 설계의 기준이 되는 발열량은?

㉮ 저위발열량 ㉯ 고위발열량
㉰ 총발열량   ㉱ 증발잠열량

풀이 소각로 설계의 기준이 되는 발열량은 저위발열량이다.

answer 52 ㉮ 53 ㉯ 54 ㉱ 55 ㉮ 56 ㉰ 57 ㉮

58 다음 중 황산화물을 처리하는 방법으로 틀린 것은?

㉮ 가성소다흡수법
㉯ 암모니아법
㉰ 선택적 촉매환원법
㉱ 석회세정법

풀이 ㉰ 선택적 촉매환원법은 질소산화물(NO_X)을 처리하는 방법이다.

59 다음 중 다이옥신의 저감방안 및 제거기술의 내용으로 틀린 것은?

㉮ 소각로 배출가스의 재연소기에 의한 제거기술을 도입한다.
㉯ 활성탄에 의한 흡착기술을 도입한다.
㉰ 유기염소계 화합물(PVC 제품류)반입을 제한한다.
㉱ 로내 온도를 300~400℃로 운전하여 다이옥신 성분 발생량을 최소화한다.

풀이 ㉱ 로내 온도를 1,000℃ 이상으로 운전하여 다이옥신 성분 발생량을 최소화한다.

60 다음 중 관성력 집진장치의 효율향상 조건으로 틀린 것은?

㉮ 충돌직전의 처리가스의 속도를 작게하고, 처리 후의 출구 가스속도를 작게하면 집진효율이 증가한다.
㉯ 기류의 방향전환 각도가 작고, 방향전환 횟수가 많을수록 압력손실은 커지나 집진효율은 증가한다.
㉰ 적당한 모양과 크기의 호퍼가 필요하다.
㉱ 방향전환시에 곡률반경이 작을수록 집진효율이 증가한다.

풀이 ㉮ 충돌직전의 처리가스의 속도를 크게하고, 처리 후의 출구 가스속도를 작게하면 집진효율이 증가한다.

| 제4목 | 폐기물공정시험기준

61 용출시험방법에서 용출조작에 대한 내용으로 틀린 것은?

㉮ 진탕횟수는 매 분당 약 200회로 한다.
㉯ 진탕기의 진폭은 4~5cm로 한다.
㉰ 4시간 연속 진탕한 상등액을 적당히 취한다.
㉱ 원심분리기를 사용할때에는 매 분당 3,000회전 이상으로 20분간 이상 원심분리한다.

풀이 ㉰ 6시간 연속 진탕한 상등액을 적당히 취한다.

62 강도 I_o의 단색광이 정색액을 통과할 때 그 빛의 80%가 흡수되었다면 흡광도는?

㉮ 약 0.3   ㉯ 약 0.6
㉰ 약 0.7   ㉱ 약 0.8

풀이 흡광도(A) = $\log \dfrac{1}{t(투과도)}$ = $\log \dfrac{1}{0.2}$ = 0.699

TIP
투과율 = 100 − 흡수율(%) = 100 − 80% = 20%

answer 58 ㉰ 59 ㉱ 60 ㉮ 61 ㉰ 62 ㉰

63 폐기물공정시험기준에서 정하는 시료의 축소방법으로 틀린 것은?

㉮ 구획법 ㉯ 교호삽법
㉰ 원추 4분법 ㉱ 등분법

> 풀이 시료의 축소방법에는 구획법, 교호삽법, 원추 4분법이 있다.

64 수소이온농도를 측정하는 유리전극법의 간섭물질에 대한 내용으로 틀린 것은?

㉮ 유리전극은 일반적으로 용액의 색도, 탁도, 콜로이드성 물질들, 산화 및 환원성 물질들 그리고 염도에 의해 간섭을 받는다.
㉯ pH 10 이상에서 나트륨에 의해 오차가 발생할 수 있는데 이는 "낮은 나트륨 오차 전극"을 사용하여 줄일 수 있다.
㉰ 기름층이나 작은 입자상이 전극을 피복하여 pH 측정을 방해할 수 있는데 이 피복물을 부드럽게 문질러 닦아내거나 세척제로 닦아낸 후 정제수로 세척하여 부드러운 천으로 수분을 제거하여 사용한다.
㉱ pH는 온도변화에 따라 영향을 받는다.

> 풀이 ㉮ 유리전극은 일반적으로 용액의 색도, 탁도, 콜로이드성 물질들, 산화 및 환원성 물질들 그리고 염도에 의해 간섭을 받지 않는다.

65 폐기물시료의 수분측정 결과 다음과 같은 자료를 얻었다. 수분의 함량은? (단, 증발접시의 질량(W_1) : 50.125g, 건조 전 증발접시와 시료의 질량(W_2) : 92.345g, 건조 후 증발접시와 시료의 질량(W_3) : 78.125g 이다.)

㉮ 약 23% ㉯ 약 28%
㉰ 약 34% ㉱ 약 39%

> 풀이 수분의 함량(%)
> $= \dfrac{W_2 - W_3}{W_2 - W_1} \times 100$
> $= \dfrac{92.345g - 78.125g}{92.345g - 50.125g} \times 100 = 33.68\%$

66 유기인의 기체크로마토그래피에 대한 내용으로 틀린 것은?

㉮ 컬럼충진제는 2종 이상을 사용하여 크로마토그램을 작성한다.
㉯ 검출기는 전자포획 검출기(ECD)를 사용할 수 있다.
㉰ 방해물질이 없는 시료일 경우 정제조작을 생략한다.
㉱ 헥산으로 추출할 경우는 메틸디메톤의 추출률을 높일 수 있다.

> 풀이 ㉱ 헥산으로 추출할 경우 메틸디메톤의 추출률이 낮아질 수 있다. 이 때에는 헥산 대신 다이클로로메탄과 헥산의 혼합액(15 : 85)을 사용한다.

answer 63 ㉱ 64 ㉮ 65 ㉰ 66 ㉱

67 반고상 또는 고상폐기물 시료 (①)g을 (②)mL 비커에 취한 다음 정제수 (③)mL를 넣어 잘 교반하여 30분 이상 방치한 다음 이 현탁액을 시료용액으로 사용하거나 원심분리한 후 상층액을 시료용액으로 하여 pH를 측정할 때 ( )안에 알맞은 것은?

㉮ ① 10, ② 50, ③ 25
㉯ ① 10, ② 100, ③ 50
㉰ ① 50, ② 50, ③ 25
㉱ ① 50, ② 100, ③ 50

풀이 반고상 또는 고상폐기물 분석절차

시료 10g → 50mL 비커 $\xrightarrow[\text{교 반}]{\text{정제수 25mL}}$ 30분 이상 방치 후 측정

68 유기물의 함량이 낮은 시료에 적용하는 산 분해법은?

㉮ 질산 분해법
㉯ 질산 - 염산 분해법
㉰ 질산 - 과염소산 분해법
㉱ 질산 - 과염소산 - 불화수소산 분해법

풀이 ㉮ 질산 분해법에 대한 내용이며, 암기법은 "질낮은 시료"임을 숙지하시면 됩니다.

69 원자흡수분광광도법에서 정량법에 의한 검정곡선의 작성방법으로 틀린 것은?

㉮ 절대검정곡선법 ㉯ 표준물첨가법
㉰ 상대검정곡선법 ㉱ 넓이백분율법

풀이 원자흡수분광광도법에서 검정곡선방법에는 절대검정곡선법, 표준물첨가법, 상대검정곡선법이 있다.

70 기체크로마토그래피로 휘발성 저급염소화 탄화수소류를 측정하는데 사용되는 검출기로 알맞은 것은?

㉮ ECD ㉯ FID
㉰ FPD ㉱ TCD

풀이 ㉮ 전자포획검출기(ECD)에 대한 내용이다.

71 "항량으로 될 때까지 건조한다" 라 함은 같은 조건에서 1시간 더 건조할 때 전후 무게의 차가 g 당 몇 mg 이하일 때를 말하는가?

㉮ 0.1mg ㉯ 0.2mg
㉰ 0.3mg ㉱ 0.5mg

풀이 항량으로 될 때까지 건조한다의 핵심 내용인 "1시간, 매 g당 0.3mg"임을 숙지하시면 됩니다.

72 대상폐기물의 양과 시료의 최소 수 기준에 대한 기술 중 틀린 것은?

㉮ 3톤 : 10 ㉯ 50톤 : 20
㉰ 800톤 : 30 ㉱ 5,500톤 : 60

풀이 ㉰ 800톤 : 36

TIP
대상폐기물의 양과 시료의 최소 수

대상폐기물의 양(ton)	시료 최소 수	대상폐기물의 양(ton)	시료 최소 수
1 미만	6	100 이상 ~ 500 미만	30
1 이상 ~ 5 미만	10	500 이상 ~ 1,000 미만	36
5 이상 ~ 30 미만	14	1,000 이상 ~ 5,000 미만	50
30 이상 ~ 100 미만	20	5,000 이상	60

answer 67 ㉮ 68 ㉮ 69 ㉱ 70 ㉮ 71 ㉰ 72 ㉰

73 다음 괄호안에 들어갈 온도를 순서대로 알맞게 나열한 것은?

> 표준온도는 0℃, 상온은 (   )℃, 실온은 (   )℃로 하며, 찬 곳은 따로 규정이 없는 한 (   )℃의 곳을 뜻한다. 온수는 60~70, 열수는 약 100℃, 냉수는 (   )℃ 이하로 한다. "수욕상 또는 물중탕에서 가열한다"라 함은 따로 규정이 없는 한 수온 (   )℃에서 가열함을 뜻하고 약 100℃의 증기욕을 쓸 수 있다.

㉮ 25~35, 1~35, 0~15, 20, 100
㉯ 15~25, 1~35, 0~15, 15, 100
㉰ 20~30, 1~35, 1~15, 4, 100
㉱ 15~35, 1~35, 1~15, 4, 100

74 유기질소화합물 및 유기인화합물을 선택적으로 검출할 수 있는 기체크로마토그래피검출기로서 알맞은 것은?

㉮ PID ㉯ FTD
㉰ FPD ㉱ ECD

풀이 검출기별 검출물질
㉮ 광이온화검출기(PID) : 황화수소, 헥세인, 에탄올
㉰ 불꽃광도검출기(FPD) : 황 화합물, 인 화합물
㉱ 전자포획검출기(ECD) : 유기할로겐 화합물, 나이트로 화합물, 유기금속 화합물

75 기름성분을 중량법으로 분석 시 시료채취 및 관리에 대한 내용으로 알맞은 것은?

㉮ 시료는 6시간 이내 증발처리를 하여야 하나 최대한 24시간을 넘기지 말아야 한다.
㉯ 시료는 8시간 이내 증발처리를 하여야 하나 최대한 24시간을 넘기지 말아야 한다.
㉰ 시료는 12시간 이내 증발처리를 하여야 하나 최대한 7일을 넘기지 말아야 한다.
㉱ 시료는 24시간 이내 증발처리를 하여야 하나 최대한 7일을 넘기지 말아야 한다.

풀이 기름성분의 시료채취 및 관리
① 시료보관 온도 : 0 ~ 4℃
② 시료의 증발처리 : 24시간 이내, 최대 7일 이내

76 자외선/가시선 분광법의 분석장치의 구성 순서로 알맞은 것은?

㉮ 시료부-파장선택부-광원부-측광부
㉯ 시료부-광원부-파장선택부-측광부
㉰ 광원부-파장선택부-시료부-측광부
㉱ 광원부-시료부-파장선택부-측광부

풀이 자외선/가시선 분광법의 분석장치의 구성 순서의 암기법은 "광파시측"임을 숙지하시면 됩니다.

77 시안 – 이온전극법에 의한 측정원리이다. (   )안에 알맞은 내용은?

> pH (   )으로 조절한 후 시안 이온전극과 비교전극을 사용하여 전위를 측정하고 그 전위차로부터 시안을 정량하는 방법이다.

㉮ 4이하, 산성   ㉯ 6~8, 중성
㉰ 9~10, 알칼리성 ㉱ 12~13, 알칼리성

풀이 시안의 측정방법별 pH 조절범위
① 자외선/가시선 분광법 : pH 2 이하의 산성으로 조절
② 이온전극법 : pH 12~13의 알칼리성으로 조절

answer 73 ㉯ 74 ㉯ 75 ㉱ 76 ㉰ 77 ㉱

78 다음은 카드뮴 측정을 위한 자외선/가시선 분광법(디티존법)의 측정원리에 대한 내용이다. ( )안에 알맞은 내용은?

> 시료 중에 카드뮴 이온을 시안화칼륨이 존재하는 알칼리성에서 디티존과 반응시켜 생성하는 카드뮴착염을 사염화탄소로 추출하고, 추출한 카드뮴착염을 타타르산용액으로 역추출한 다음 수산화나트륨과 시안화칼륨을 넣어 디티존과 반응하여 생성하는 ( )의 카드뮴 착염을 사염화탄소로 추출하여 그 흡광도를 520nm에서 측정하는 방법이다.

㉮ 청색 ㉯ 남색
㉰ 적색 ㉱ 황갈색

풀이 카드뮴의 자외선/가시선 분광법의 핵심 내용
① 추출용매 : 사염화탄소
② 역추출용매 : 타타르산용액
③ 적색의 카드뮴 착염의 흡광도를 520nm에서 측정

79 시안(CN)을 자외선/가시선 분광법으로 측정 시 간섭물질과 제거물질의 연결로 틀린 것은?

㉮ 잔류염소 함유 시료 : 이산화비소산나트륨용액
㉯ 다량의 지방성분 함유 시료 : 클로로폼
㉰ 황화물 함유 시료 : 아세트산바륨용액
㉱ 잔류염소 함유 시료 : L-아스코빈산

풀이 ㉰ 황화물 함유 시료 : 아세트산아연용액

TIP
시안(CN) 측정 시 간섭물질과 제거물질
① 다량의 지방성분 함유 시료 : 노말헥산, 클로로폼
② 황화물 함유 시료 : 아세트산바륨용액
③ 잔류염소 함유 시료 : L-아스코빈산, 이산화비소산나트륨용액

80 회분식 연소방식의 소각재 반출설비에서 시료채취에 대한 내용으로 알맞은 것은?

㉮ 하루 동안의 운전횟수에 따라 매 운전 시마다 2회 이상, 시료의 양은 1회에 500g 이상 채취한다.
㉯ 하루 동안의 운전횟수에 따라 매 운전 시마다 3회 이상, 시료의 양은 1회에 100g 이상 채취한다.
㉰ 하루 동안의 운행시간에 따라 매 운전 시마다 2회 이상, 시료의 양은 1회에 500g 이상 채취한다.
㉱ 하루 동안의 운행시간에 따라 매 운전 시마다 3회 이상, 시료의 양은 1회에 100g 이상 채취한다.

풀이 회분식 연소방식의 소각재 반출설비에서 시료채취
① 기준 : 하루 동안의 운전횟수에 따라
② 채취횟수 : 2회 이상
③ 채취시료의 양 : 1회에 500g 이상

answer 78 ㉰ 79 ㉰ 80 ㉮

2023년 4회 CBT 복원문제

| 제1과목 | 폐기물개론

01 다음 중 전단파쇄기에 대한 내용으로 틀린 것은?

㉮ 충격파쇄기에 비해 파쇄 속도가 느리다.
㉯ 충격파쇄기에 비해 파쇄물의 크기를 고르게 할 수 있다.
㉰ 충격파쇄기에 비해 이물질의 혼입에 강하다.
㉱ 소음과 먼지발생이 비교적 적고 폭발의 위험성이 거의 없다.

▶풀이 ㉰ 충격파쇄기에 비해 이물질의 혼입에 약하다.

02 다음 중 트롬멜(Trommel) 스크린의 특징으로 틀린 것은?

㉮ 스크린 중에서 선별효율이 우수하고 유지관리상 문제가 적다.
㉯ 임계회전속도는 최적회전속도 × 0.45이다.
㉰ 원통의 길이가 길면 효율은 증가하나 동력소요가 많다.
㉱ 원통의 경사도가 크면 폐기물이 그냥 배출될 수 있으므로 효율이 낮아진다.

▶풀이 ㉯ 최적회전속도는 임계회전속도 × 0.45이다.

03 다음 중 지정폐기물의 유해성을 구분하는 분류기준으로 틀린 것은?

㉮ 폭발성   ㉯ 반응성
㉰ 인화성   ㉱ 부패성

▶풀이 지정폐기물의 유해성을 구분하는 분류기준으로는 폭발성, 반응성, 인화성, 부식성, 생태독성, 유해가능성, 난분해성, 용출특성이 있다.

04 다음 중 폐기물 발생량을 조사하는 방법인 물질수지법에 대한 내용으로 틀린 것은?

㉮ 물질수지를 세울 수 있는 상세한 데이터가 있는 경우에 가능하다.
㉯ 우선적으로 조사를 하고자 하는 계의 경계를 정확하게 설정하여야 한다.
㉰ 주로 도시 생활폐기물의 발생량 추산에 이용된다.
㉱ 비용이 많이 들고 작업량이 많아 널리 이용되지 않는다.

▶풀이 ㉰ 주로 산업폐기물의 발생량 추산에 이용된다.

---

answer 01 ㉰ 02 ㉯ 03 ㉱ 04 ㉰

05
인구 200,000인 어느 도시의 1인 1일 쓰레기 배출량이 1.8kg이다. 쓰레기 밀도가 $0.5t/m^3$ 라면 적재량 $15m^3$의 트럭이 처리장으로 한달 동안 운반해야 할 횟수는? (단, 한달은 30일, 트럭은 1대 기준이다.)

㉮ 914회　　㉯ 1,020회
㉰ 1,220회　　㉱ 1,440회

풀이
운반횟수 = 쓰레기 발생량 / 적재량

$$= \frac{1.8kg/인 \cdot 일 \times 200,000인 \times 10^{-3} ton/kg \times \frac{1}{0.5 ton/m^3} \times 30일/1달}{15m^3/1회}$$

= 1,440회/달

06
폐기물 선별에 대한 내용으로 틀린 것은?

㉮ 와전류식 선별은 전자석 유도에 관한 패러데이법칙을 기초로 한다.
㉯ 풍력선별기에 있어 전형적인 폐기물/공기비는 2~7이다.
㉰ 펄스풍력선별기는 유속의 변화를 이용하는 장치이다.
㉱ 정전기적 선별을 이용하면 플라스틱에서 종이를 선별할 수 있다.

풀이 ㉯ 풍력선별기에 있어 전형적인 공기/폐기물비는 2~7이다.

07
다음 중 폐기물 발생량의 예측방법으로 틀린 것은?

㉮ 다중회귀모델　　㉯ 동적모사모델
㉰ 물질수지법　　㉱ 경향모델

풀이 폐기물의 발생량
① 예측방법 : 다중회귀모델, 동적모사모델, 경향모델
② 조사방법 : 물질수지법, 직접계근법, 적재차량계수법, 통계조사법
③ 암기법 : 예측은 다중이 동적으로 경향을 파악하고/조사는 물질을 직접 적재한 통계로 한다.

08
적환장(transfer station)을 설치하는 일반적인 경우로 틀린 것은?

㉮ 불법투기와 다량의 어질러진 쓰레기들이 발생할 때
㉯ 고밀도 거주지역이 존재할 때
㉰ 상업지역에서 폐기물 수집에 소형 용기를 많이 사용할 때
㉱ 슬러지 수송이나 공기수송방식을 사용할 때

풀이 ㉯ 저밀도 거주지역이 존재할 때

09
5,000,000ton/year의 쓰레기를 5,000명의 인부가 수거하고 있다. 수거능력은 MHT로 얼마인가? (단, 수거인부는 1일 작업시간이 8시간, 연중 휴무일수는 65일이다.)

㉮ 2.4　　㉯ 3.6
㉰ 4.8　　㉱ 5.6

풀이 MHT(man·hr/ton)
= (수거인부수 × 작업시간) / 쓰레기 수거 실적

$$= \frac{5,000인 \times 8hr/day \times 300day/1년}{5,000,000ton/년}$$

= 2.4MHT

TIP
① MHT = man·hr/ton
② MHT는 1ton의 쓰레기를 수거하는데 수거인부 1인이 소요하는 총 시간이다.
③ MHT가 클수록 수거효율이 낮다.

answer 05 ㉱　06 ㉯　07 ㉰　08 ㉯　09 ㉮

10 최소크기가 10cm인 폐기물을 2cm로 파쇄하고자 할 때 Kick's 법칙에 의한 소요 동력은 동일하고 폐기물을 4cm로 파쇄할 때 소요되는 동력은 처음의 몇 배인가? (단, n = 1로 가정한다.)

㉮ 약 1.8배　　㉯ 약 2.3배
㉰ 약 2.6배　　㉱ 약 3.5배

풀이 Kick의 법칙

동력(E) $= C \ln\left(\dfrac{dp_1}{dp_2}\right)$

여기서 dp_1 : 입자의 평균 크기
　　　dp_2 : 입자의 최종 크기

① $E_1 = C \ln\left(\dfrac{10cm}{2cm}\right) = C \ln 5$

② $E_2 = C \ln\left(\dfrac{10cm}{4cm}\right) = C \ln 2.5$

③ 소요에너지의 변화 $= \dfrac{E_1}{E_2} = \dfrac{C \ln 5}{C \ln 2.5} = 1.76$배

11 쓰레기 발생량에 영향을 미치는 요인에 대한 내용으로 틀린 것은?

㉮ 수거빈도가 많고, 쓰레기통의 크기가 크면 쓰레기 발생량이 증가한다.
㉯ 재활용품의 회수 및 재이용률이 높을수록 쓰레기 발생량이 감소한다.
㉰ 쓰레기 관련 법규는 쓰레기 발생량에 중요한 영향을 미친다.
㉱ 생활수준이 높은 주민들의 쓰레기 발생량은 그렇지 않은 주민들보다 적고 또한 단순하다.

풀이 ㉱ 생활수준이 높은 주민들의 쓰레기 발생량은 그렇지 않은 주민들보다 많고 또한 다양하다.

12 폐기물의 성상분석 단계로 가장 알맞은 것은?

㉮ 건조 → 물리적 조성 분석 → 분류(가연·불연성) → 절단 및 분쇄 → 화학적 조성 분석
㉯ 건조 → 분류(가연·불연성) → 물리적 조성 분석 → 발열량 측정 → 화학적 조성 분석
㉰ 밀도측정 → 물리적 조성 분석 → 건조 → 분류(가연·불연성) → 절단 및 분쇄 → 화학적 조성 분석
㉱ 밀도 측정 → 전처리 → 물리적 조성 분석 → 분류(가연·불연성) → 건조 → 화학적 조성 분석

풀이 폐기물의 성상 분석 절차 순서는 시료 → 밀도측정 → 물리적 조성 분석 → 건조 → 분류(가연성, 불연성) → 전처리(절단 및 분쇄) → 화학적 조성분석 순이다.

13 폐기물을 파쇄하여 매립하는 경우의 장점으로 틀린 것은?

㉮ 매립작업이 용이하고 압축장비가 없어도 매립작업만으로도 고밀도의 매립이 가능하다.
㉯ 곱게 파쇄하면 매립시 복토가 필요없거나 복토 요구량이 절감된다.
㉰ 폐기물 입자의 표면적이 감소되어 미생물의 작용이 빨라진다.
㉱ 매립 시 폐기물이 잘 섞이므로 냄새가 방지된다.

풀이 ㉰ 폐기물 입자의 표면적이 증가되어 미생물의 작용이 빨라진다.

answer 10 ㉮　11 ㉱　12 ㉰　13 ㉰

14 유해폐기물 불법매립과 관련이 깊은 사건은?

㉮ 보팔사건 ㉯ 포자리카 사건
㉰ 러브커넬 사건 ㉱ 서베소 사건

풀이 유해폐기물의 불법 매립사건은 ㉰ 러브커넬 사건이고, ㉮, ㉯, ㉱ 사건은 대기오염사건이다.

15 밀도가 $500\,\mathrm{kg/m^3}$인 쓰레기 5ton을 압축시켰더니 처음 부피보다 60%가 줄었다. 이 경우 압축비(Compaction ratio)는?

㉮ 1.5 ㉯ 1.7
㉰ 2.5 ㉱ 2.7

풀이 압축비 $= \dfrac{100}{100 - 부피감소율(\%)}$
$= \dfrac{100}{100 - 60\%} = 2.5$

16 생활폐기물 발생량의 조사방법 중 직접계근법에 대한 내용으로 틀린 것은?

㉮ 입구에서 쓰레기가 적재되어 있는 차량과 출구에서 쓰레기를 적하한 공차량을 계근하여 쓰레기량을 산출한다.
㉯ 비교적 정확한 쓰레기 발생량을 파악할 수 있다.
㉰ 적재차량 계수분석에 비해 작업량이 많고 번거롭다.
㉱ 주로 산업폐기물의 발생량을 추산하는데 이용되며 조사범위가 정확하여야 한다.

풀이 ㉱ 직접계근법은 국내 대형 소각장 및 위생매립장에 반입되는 쓰레기의 양을 측정하며, 주로 산업폐기물의 발생량을 추산에 이용되는 방법은 물질수지법이다.

17 큰 고형물 입자 간극에 존재하는 수분으로 슬러지내의 수분 중 일반적으로 가장 많은 양을 차지하며, 고형물질과 직접 결합해 있지 않기 때문에 농축 등의 방법으로 용이하게 분리할 수 있는 수분은?

㉮ 간극모관결합수 ㉯ 모관결합수
㉰ 표면부착수 ㉱ 내부수

풀이 ㉮ 간극모관결합수에 대한 내용이며, 핵심 내용인 "가장 많은 양을 차지하고 탈수가 용이한 수분= 간극모관결합수"임을 숙지하시면 됩니다.

18 폐기물의 수거노선 설정 시 고려해야 할 사항으로 틀린 것은?

㉮ 지형이 언덕인 경우는 내려가면서 수거한다.
㉯ 발생량은 적으나 수거빈도가 동일하기를 원하는 곳은 같은 날 왕복 내에서 수거한다.
㉰ 가능한 한 시계방향으로 수거노선을 정한다.
㉱ 발생량이 가장 적은 곳부터 시작하여 많은 곳으로 수거노선을 정한다.

풀이 ㉱ 발생량이 가장 많은 곳부터 시작하여 적은 곳으로 수거노선을 정한다.

answer 14 ㉰ 15 ㉰ 16 ㉱ 17 ㉮ 18 ㉱

19 다음 중 유기성 폐기물을 이용하여 만들어진 퇴비의 특성으로 틀린 것은?

㉮ 퇴비제품의 품질표준화가 어렵고, 부지가 많이 필요한 편이다.
㉯ 양이온 교환능력과 수분 보유능력이 우수하다.
㉰ 생산된 퇴비는 비료의 가치가 높고, 퇴비 완성 시 부피감소율이 크다.
㉱ 초기시설 투자비가 낮고, 운영 시 소요에너지도 낮은 편이다.

풀이 ㉰ 생산된 퇴비는 비료의 가치가 낮고, 퇴비 완성 시 부피감소율이 50% 이하로 낮다.

20 폐기물 처리 부산물인 가스를 최대한 이용하고자 할 때 폐기물 성분 중 가장 큰 영향을 미치는 성분은?

㉮ 수소 ㉯ 질소
㉰ 탄소 ㉱ 산소

풀이 이용 가능한 가스를 회수하기 위해 가장 중요한 성분은 폐기물 성분 중 가장 많은 양을 차지하는 탄소(C)이다.

| 제2과목 | 폐기물 재활용 및 자원화 기술

21 다량의 분뇨를 일시에 소화조에 투입 시 나타나는 장해현상으로 틀린 것은?

㉮ 스컴(Scum)
㉯ pH 저하
㉰ 유기산의 감소
㉱ 탈리액의 인출 불균등

풀이 ㉰ 유기산의 증가

22 슬러지 개량방법 중 세정(Elutriation)에 대한 내용으로 틀린 것은?

㉮ 소화슬러지를 물과 혼합시킨 다음 슬러지를 재침전시키는 방법이다.
㉯ 슬러지의 탈수특성을 좋게 하기 위한 직접적인 방법은 아니다.
㉰ 소화슬러지내의 가스방울이 없어지므로 부력을 제거하여 농축이 잘 되게 한다.
㉱ 슬러지의 비료가치가 높아진다.

풀이 ㉱ 슬러지의 비료가치가 낮아진다.

23 다음 중 용매추출법의 적용 대상 폐기물에 해당하지 않는 것은?

㉮ 활성탄을 이용하기에는 농도가 너무 높은 물질을 처리하는 경우
㉯ 낮은 휘발성으로 인해 Stripping하기가 곤란한 물질을 처리하는 경우
㉰ 미생물에 의해 분해가 어려운 물질을 처리하는 경우
㉱ 물에 대한 용해도가 높은 물질을 처리하는 경우

풀이 ㉱ 물에 대한 용해도가 낮은 물질을 처리하는 경우

answer 19 ㉰ 20 ㉰ 21 ㉰ 22 ㉱ 23 ㉱

24 고형물농도 $80\,kg/m^3$의 농축 슬러지를 1시간에 $8\,m^3$ 탈수시키려 한다. 슬러지 중의 고형물당 소석회 첨가량을 질량기준으로 20%로 했을 때 함수율 80%의 탈수 cake이 얻어졌다. 이 탈수 cake의 겉보기 비중량을 $1,000\,kg/m^3$로 할 경우 발생 cake의 부피는?

㉮ $3.84\,m^3/hr$ ㉯ $4.80\,m^3/hr$
㉰ $4.96\,m^3/hr$ ㉱ $5.20\,m^3/hr$

풀이 Cake의 발생량(m^3/hr)
$= \dfrac{\text{고형물 농도}(kg/m^3) \times \text{슬러지량}(m^3/hr) \times \text{소석회 첨가량}}{\text{비중량}(kg/m^3)}$
$\times \dfrac{100}{100 - P(\%)}$
$= \dfrac{80\,kg/m^3 \times 8\,m^3/hr \times 1.2}{1,000\,kg/m^3} \times \dfrac{100}{100 - 80\%}$
$= 3.84\,m^3/hr$

TIP 소석회 첨가량은 고형물당 20%는 120%가 되므로 1.2를 곱한다.

25 유기성 폐기물의 생물학적으로 처리할 때 사용하는 화학합성 독립영양계 미생물의 에너지원과 탄소원으로 맞는 것은?

㉮ 에너지원 : 유기물의 산화·환원반응,
  탄소원 : CO_2
㉯ 에너지원 : 무기물의 산화·환원반응,
  탄소원 : CO_2
㉰ 에너지원 : 유기물의 산화·환원반응,
  탄소원 : 유기탄소
㉱ 에너지원 : 무기물의 산화·환원반응,
  탄소원 : 유기탄소

풀이 미생물의 에너지원과 탄소원

분류	에너지원	탄소원
광합성 독립(자가) 영양 미생물	빛	CO_2
화학합성 독립(자가) 영양 미생물	무기물의 산화·환원 반응	CO_2
광합성 종속(타가)영양 미생물	빛	유기탄소
화학합성 타가(종속) 영양 미생물	유기물의 산화·환원 반응	유기탄소

26 다음 중 Fenton산화법에 대한 내용으로 틀린 것은?

㉮ Fenton액은 철염과 과산화수소(H_2O_2)이다.
㉯ 슬러지 생산량은 적고 COD는 증가하며 BOD는 감소하는 경향을 보인다.
㉰ 최적반응을 위해 침출수의 pH를 3~5로 조정한다.
㉱ 여분의 과산화수소수는 후처리의 미생물 성장에 영향을 줄 수 있다.

풀이 ㉯ 슬러지 생산량은 많고 COD는 감소하며 BOD는 증가하는 경향을 보인다.

27 다음 중 습식 고온 고압 산화처리법(Zimmerman 공법)에 대한 설명으로 틀린 것은?

㉮ 액상 폐기물에 열과 압력을 작용시켜 용존산소가 없는 상태에서 슬러지 내의 유기물을 분해시키는 방법이다.
㉯ 시설의 수명이 짧으며 질소의 제거율이 낮다.
㉰ 투자비 및 유지비가 고가이다.
㉱ 장치의 주요기기는 공기압축기, 고압펌

answer 24 ㉮ 25 ㉯ 26 ㉯ 27 ㉮

프, 열교환기 등이다.

풀이 ㉮ 액상 폐기물에 열과 압력을 작용시켜 용존산소에 의해서 화학적으로 슬러지 내의 유기물을 산화시키는 방법이다.

28 1일 쓰레기 발생량이 50톤인 지역에서 트렌치 방식으로 매립장을 계획한다면 1년간 필요한 토지면적은? (단, 도랑의 깊이는 2.5m이고 매립에 따른 쓰레기의 부피감소율은 60%, 매립 전 쓰레기 밀도는 400 kg/m³ 이다.)

㉮ 5,300 m²/년 ㉯ 6,300 m²/년
㉰ 7,300 m²/년 ㉱ 8,300 m²/년

풀이 매립면적(m²/년)

$= \dfrac{\text{쓰레기 발생량(kg/년)} \times (1 - \text{부피감소율})}{\text{쓰레기 밀도(kg/m}^3) \times \text{매립지 깊이(m)}}$

$= \dfrac{50 \times 10^3 \text{kg/day} \times 365 \text{day/년} \times (1 - 0.60)}{400 \text{kg/m}^3 \times 2.5\text{m}}$

$= 7,300 \text{m}^2/\text{년}$

29 다음 중 유기성 고형화 방법에 대한 내용으로 틀린 것은?

㉮ 미생물 및 자외선에 대한 안정성이 약한 편이다.
㉯ 최종고화체의 체적증가가 다양하고, 처리비용이 고가이다.
㉰ 상업화된 처리법의 현장자료가 풍부하며, 다양한 폐기물에 적용된다.
㉱ 수밀성이 크며, 방사성 폐기물 처리에 적용된다.

풀이 ㉰ 상업화된 처리법의 현장자료가 빈약하며, 다양한 폐기물에 적용된다.

30 일반적으로 매립지 침출수 중 중금속의 농도가 가장 높게 나타나는 시기는?

㉮ 호기성 단계 ㉯ 산형성 단계
㉰ 메탄발효 단계 ㉱ 숙성 단계

풀이 매립지 침출수 중 중금속의 농도가 가장 높게 나타나는 시기는 산형성 단계이다.

31 폐기물의 고화처리방법 중 시멘트 기초법에 대한 내용으로 틀린 것은?

㉮ 고농도 중금속 폐기물에 적합하다.
㉯ 폐기물의 건조 또는 탈수가 필요 없다.
㉰ 높은 pH에서 폐기물 성분의 용출가능성이 있다.
㉱ 가장 흔히 사용되는 보통 포틀랜드 시멘트의 주성분은 CaO, SiO_2 이다.

풀이 ㉰ 낮은 pH에서 폐기물 성분의 용출가능성이 있다.

32 폐기물 매립지에 소요되는 연직차수막과 표면차수막을 비교한 내용으로 틀린 것은?

㉮ 연직차수막은 지중에 수평방향의 차수층이 존재하는 경우에 적용한다.
㉯ 표면차수막은 매립지의 필요한 범위에 차수재료로 덮인 바닥이 있는 경우에 적용한다.
㉰ 표면차수막에 비하여 연직차수막의 단위면적당 공사비는 비싸지만 총공사비로는 싸다.
㉱ 연직차수막은 지하수 집배수시설이 필요하나 표면차수막은 필요 없다.

풀이 ㉱ 연직차수막은 지하수 집배수시설이 필요없고, 표면차수막은 필요하다.

answer 28 ㉰ 29 ㉰ 30 ㉯ 31 ㉰ 32 ㉱

33 개량된 지반이 붕괴될 위험이 있을 때 밑면이 뚫린 바지선을 이용하여 쓰레기를 박층으로 떨어뜨려 뿌려주어 바닥의 지반하중을 균등하게 하기 위해 사용하는 매립공법은?

㉮ 순차투입공법　㉯ 수중투기공법
㉰ 박층뿌림공법　㉱ 내수배제공법

▶ 풀이　㉰ 박층뿌림공법에 대한 내용이며, 핵심 내용인 "밑면이 뚫린 바지선 이용=박층뿌림공법"임을 숙지하시면 됩니다.

34 퇴비화를 하기 위한 유기성 폐기물의 (탄소/질소비)에 대한 내용으로 틀린 것은?

㉮ 탄소는 미생물이 생장하기 위한 에너지원이다.
㉯ 질소는 생장에 필요한 단백질 합성에 주로 쓰인다.
㉰ 탄소/질소비가 20보다 낮으면 질소가 질산염으로 산화되어 pH가 낮아진다.
㉱ 보통 미생물의 세포의 탄소/질소비는 5~15로 미생물에 의한 유기물의 분해는 탄소/질소비가 미생물 세포의 그것과 비슷해질 때까지 이루어진다.

▶ 풀이　㉰ 탄소/질소비가 20보다 낮으면 암모니아(NH_3)로 변해 pH가 증가한다.

35 폐기물의 고화처리방법 중 열가소성 플라스틱법에 대한 내용으로 틀린 것은?

㉮ 폐기물을 건조해야 한다.
㉯ 에너지 요구량이 크다.
㉰ 혼합률(MR)이 비교적 낮다.
㉱ 처리과정에서 화재의 위험성이 있다.

▶ 풀이　㉰ 혼합률(MR)이 비교적 높다.

36 쓰레기를 매립하기 전에 이의 감량화를 목적으로 먼저 쓰레기를 일정한 더미형태로 압축하여 부피를 감소시킨 후 포장을 실시하여 매립하는 방법은?

㉮ 샌드위치 공법　㉯ 셀 공법
㉰ 압축매립 공법　㉱ 도랑형 공법

▶ 풀이　㉰ 압축매립 공법에 대한 내용이며, 핵심 내용인 "일정한 더미로 압축=압축매립 공법"임을 숙지하시면 됩니다.

37 폐기물 매립지 분류 중 매립구조에 따라 매립하는 방법으로 틀린 것은?

㉮ 혐기성 매립
㉯ 개량혐기성 위생매립
㉰ 준호기성 매립
㉱ 안전매립

▶ 풀이　㉱ 안전매립은 매립방법에 따라 분류한 것이다.

TIP
폐기물 매립지 분류
① 매립방법에 따라 : 단순매립, 위생매립, 안전매립
② 매립위치에 따라 : 내륙매립, 해안매립
③ 매립구조에 따라 : 혐기성 매립, 혐기성 위생매립, 개량혐기성 위생매립, 준호기성 매립, 호기성 매립

answer　33 ㉰　34 ㉰　35 ㉰　36 ㉰　37 ㉱

38 어느 하수처리장에서 발생한 생슬러지내 고형물은 유기물(VS)이 85%, 무기물(FS)이 15%로 구성되어 있으며, 이를 혐기소화조에서 처리하자 소화슬러지내 고형물은 유기물(VS)이 60%, 무기물(FS)이 40%로 되었다. 이때 소화율은?

㉮ 56.7% ㉯ 62.5%
㉰ 73.5% ㉱ 82.2%

풀이 소화율(%)
$= \left\{1 - \dfrac{\text{소화 후}(VS/FS)}{\text{소화 전}(VS/FS)}\right\} \times 100$
$= \left\{1 - \dfrac{60\%/40\%}{85\%/15\%}\right\} \times 100 = 73.53\%$

39 매립지에서 쓰이는 합성차수막의 재료별 장·단점에 대한 내용으로 틀린 것은?

㉮ HDPE : 대부분의 화학물질에 대한 저항성이 크다.
㉯ CSPE : 기름, 탄화수소 등 용매류에 강하다.
㉰ CR : 마모 및 기계적 충격에 강하다.
㉱ EPDM : 접합상태가 양호하지 못하다.

풀이 ㉯ CSPE : 기름, 탄화수소 등 용매류에 약하다.

40 다음 중 관리형 폐기물 매립지의 침출수 집배수 설비에 대한 조건으로 틀린 것은?

㉮ 집배수층의 바닥경사 : 2~4%
㉯ 집배수층의 두께 : 최소 30cm
㉰ 집배수관의 간격 : 15~30cm(최대 50m)
㉱ 집배수관의 최소직경 : 30cm

풀이 ㉱ 집배수관의 최소직경 : 15cm

| 제3과목 | 폐기물 처분기술

41 로의 본체의 형식 중 역류식에 대한 내용으로 틀린 것은?

㉮ 연소가스에 의한 방사열이 폐기물에 유효하게 적용한다.
㉯ 수분이 적고 저위발열량이 높은 쓰레기에 적합하다.
㉰ 후연소 내의 온도저하 및 불완전연소가 발생할 수 있다.
㉱ 연소실 내의 연소가스의 흐름방향과 폐기물의 이송방향이 반대인 형식이다.

풀이 ㉯ 수분이 많고 저위발열량이 낮은 쓰레기에 적합하다.

42 다음 중 중력집진장치에 대한 내용으로 틀린 것은?

㉮ 함진가스의 온도변화에 의한 영향을 거의 받지 않는다.
㉯ 전처리장치로 사용된다.
㉰ 유지비 및 설치비가 많이 드나, 신뢰도가 높다.
㉱ 침강실의 높이가 낮고 길이가 길수록 집진율은 높아진다.

풀이 ㉰ 유지비 및 설치비가 적게 드나, 신뢰도가 낮다.

answer 38 ㉰ 39 ㉯ 40 ㉱ 41 ㉯ 42 ㉰

43 소각로 배기가스 중 HCl 농도가 300ppm 이면 이는 약 몇 mg/Sm^3에 해당하는가? (단, 표준상태 기준)

㉮ 약 365
㉯ 약 489
㉰ 약 587
㉱ 약 691

풀이 HCl 1mol $\begin{cases} 36.5mg \\ 22.4mL \end{cases}$

$mg/Sm^3 = \dfrac{300mL}{Sm^3} \times \dfrac{36.5mg}{22.4mL} = 488.84\,mg/Sm^3$

TIP
① $ppm = mL/Sm^3 = mL/Nm^3$
② HCl의 분자량 $= 1 + 35.5 = 36.5$

44 다음 중 촉매연소법에 대한 내용으로 틀린 것은?

㉮ 분자량이 작은 탄화수소가 분자량이 큰 탄화수소보다 쉽게 산화되지 않는다.
㉯ 반응속도가 빠르며, 질소산화물(NO_X)이 많이 발생한다.
㉰ 장치의 부식과 처리대상 가스의 제한이 있다.
㉱ 촉매는 백금, 코발트, 니켈 등이 있으나, 고가이지만 성능이 우수한 백금계의 것이 많이 사용된다.

풀이 ㉯ 반응속도가 빠르며, 질소산화물(NO_X)이 적게 발생한다.

45 장작, 석탄, 중유 등이 열분해하여 발생한 증기와 함께 연소초기에는 불꽃을 내면서 연소하는 형태는?

㉮ 자기연소
㉯ 증발연소
㉰ 표면연소
㉱ 분해연소

풀이 ㉱ 분해연소에 대한 내용이며, 핵심 내용인 "연소초기에는 불꽃을 내면서 연소=분해연소"임을 숙지하시면 됩니다.

46 다이옥신을 처리하는 방법 중 활성탄+백 필터에 대한 내용으로 틀린 것은?

㉮ 파손여과포의 교체 횟수가 많아 인력 및 경비 부담이 크고 설비의 연속운전에 지장을 줄 수 있다.
㉯ 다이옥신과 함께 중금속 등이 흡착된다.
㉰ 활성탄 주입량을 변경하면 제거효율을 어느 정도 변경이 가능하다.
㉱ 체류시간이 작아 다이옥신 재형성 방지가 용이하다.

풀이 ㉱ 체류시간이 작아 다이옥신 재형성 방지가 어렵다.

47 메탄의 고위발열량이 10,000kcal/Sm^3이라면 저위발열량(kcal/Sm^3)은?

㉮ 9,040
㉯ 9,240
㉰ 9,440
㉱ 9,640

풀이 $CH_4 + 2O_2 \rightarrow CO_2 + 2H_2O$

$Hl = Hh - 480 \times H_2O$

여기서 Hl : 저위발열량(kcal/Sm^3)
Hh : 고위발열량(kcal/Sm^3)
H_2O : 반응식에서 H_2O의 개수

따라서 $Hl = 10,000\,kcal/Sm^3 - 480 \times 2$
$= 9,040\,kcal/Sm^3$

TIP 고체와 액체연료에서 저위발열량(Hl) 구하는 공식
$Hl = Hh - 600(9H + W)(kcal/kg)$

answer 43 ㉯ 44 ㉯ 45 ㉱ 46 ㉱ 47 ㉮

48 폐기물 열분해에 대한 내용으로 틀린 것은?

㉮ 열분해로 생성되는 액체물질은 아세트산, 아세톤, 메탄올, 오일, 타르, 방향성 물질이 있다.
㉯ 열분해 장치는 고정상, 유동상, 부유상 등으로 구분할 수 있다.
㉰ 열분해 온도에 따라 가스구성비가 좌우되는데, 온도가 증가할수록 CO_2 함량이 증가된다.
㉱ 열분해에서 저온이라 함은 500~900℃를 고온이라 함은 1,100~1,500℃ 정도를 말한다.

풀이 ㉰ 열분해 온도에 따라 가스구성비가 좌우되는데, 온도가 증가할수록 CO_2의 함량은 감소하고, H_2의 함량은 증가한다.

49 소각로에서 발생하는 질소산화물(NO_X)의 발생 억제방법으로 틀린 것은?

㉮ 버너 및 연소실의 구조를 개선한다.
㉯ 배기가스를 재순환시킨다.
㉰ 예열온도를 높여 연소온도를 낮춘다.
㉱ 2단연소 시킨다.

풀이 ㉰ 예열온도를 낮게 하여 연소온도를 낮춘다.

50 다음 중 공기비(m)가 클 경우 발생하는 현상으로 틀린 것은?

㉮ 연소실의 연소온도가 낮아진다.
㉯ 방지시설의 용량이 커지고 에너지 손실이 증가한다.
㉰ 희석효과가 높아져 연소 생성물의 농도가 감소한다.
㉱ 연소가스 중의 CO와 HC의 농도가 증가한다.

풀이 ㉱번은 공기비(m)가 작은 경우에 해당한다.

51 목재류 쓰레기 조성을 원소분석한 결과 질량비가 C : 69%, H : 6%, O : 18%, N : 5%, S : 2%였다. 목재 쓰레기 100kg이 연소할 때 필요한 이론공기량(Sm^3)은?

㉮ 약 420   ㉯ 약 520
㉰ 약 620   ㉱ 약 720

풀이 이론공기량 (Sm^3/kg)
$= 8.89C + 26.67\left(H - \dfrac{O}{8}\right) + 3.33S$
$= 8.89 \times 0.69 + 26.67 \times \left(0.06 - \dfrac{0.18}{8}\right) + 3.33 \times 0.02$
$= 7.2008\,Sm^3/kg$
따라서 $7.2008\,Sm^3/kg \times 100kg = 720.08\,Sm^3$

52 액체주입형 연소기에 대한 내용으로 틀린 것은?

㉮ 구동장치가 간단하고 고장이 적다.
㉯ 대기오염 방지시설과 소각재 배출설비가 있다.
㉰ 연소기의 가장 일반적인 형식은 수평 점화식이다.
㉱ 버너 노즐을 통하여 액체를 미립화하여야 하며 대량처리가 어렵다.

풀이 ㉯ 대기오염 방지시설과 소각재 배출설비가 없다.

---

answer 48 ㉰ 49 ㉰ 50 ㉱ 51 ㉱ 52 ㉯

53 다음 중 고형화연료(RDF)의 구비조건으로 틀린 것은?

㉮ 재의 양이 적을 것
㉯ 균일한 조성을 가질 것
㉰ 함수율이 높을 것
㉱ 발열량이 높을 것

> 풀이 ㉰ 함수율이 낮을 것

54 다음 중 매연에 대한 내용으로 틀린 것은?

㉮ 탈수소, 중합 및 고리화합물 등과 같이 반응이 일어나기 쉬운 탄화수소일수록 매연이 잘 생긴다.
㉯ 분해나 산화되기 쉬운 탄화수소는 그을음 발생이 적다.
㉰ C/H비가 큰 연료일수록 그을음이 잘 발생한다.
㉱ -C-C-의 탄소결합을 절단하기 보다 탈수소가 쉬운 쪽이 매연이 생기기 어렵다.

> 풀이 ㉱ -C-C-의 탄소결합을 절단하기 보다 탈수소가 쉬운 쪽이 매연이 생기기 쉽다.

55 연소시 배출되는 질소산화물인 NO의 처리방법에 대한 다음 내용 중 (   )안에 알맞은 것은?

> 접촉분해법은 NO가 함유된 배기가스를 (   )에 접촉시켜 N_2와 O_2로 분해하는 방법이다.

㉮ 산화코발트   ㉯ 염화제일주석
㉰ 산화바나듐   ㉱ 염화제이칼륨

> 풀이 촉매로 사용되는 것은 ㉮ 산화코발트(Co_3O_4)이다.

56 폐열을 회수하기 위한 열교환기이며, 보일러 전열면을 통하여 연소가스의 여열로 보일러급수를 예열하여 보일러 효율을 높이는 장치는?

㉮ 과열기   ㉯ 재열기
㉰ 절탄기   ㉱ 공기예열기

> 풀이 ㉰ 절탄기(이코노마이저)에 대한 내용이며, 핵심 내용인 "보일러 급수예열=절탄기"임을 숙지하시면 됩니다.

57 도시 생활폐기물을 대상으로 소각하는 과정에서 발생되는 다이옥신류의 저감에 대한 내용으로 틀린 것은?

㉮ 다이옥신류의 생성이 최소가 되는 배출가스내 산소와 일산화탄소의 농도가 되도록 연소상태를 제어한다.
㉯ 소각로를 벗어나는 비산재의 양이 적도록 제어한다.
㉰ 연소기 출구와 굴뚝 사이의 거리 증가로 다이옥신과 퓨란류의 농도를 최소화한다.
㉱ 다이옥신물질의 분해에 충분한 연소온도와 체류시간을 조성한다.

> 풀이 ㉰ 연소기 출구와 굴뚝 사이의 거리 감소로 다이옥신과 퓨란류의 농도를 최소화한다.

answer   53 ㉰   54 ㉱   55 ㉮   56 ㉰   57 ㉰

58 다음 중 액체연료의 특징으로 틀린 것은?

㉮ 점화 및 소화 그리고 연소의 조절이 비교적 쉽다.
㉯ 단위질량당의 발열량이 커 화력이 강하다.
㉰ 회분은 적지만, 재속의 금속산화물이 장해원인이 될 수 있다.
㉱ 화재나 역화 등의 위험성이 적으며, 연소온도가 높아 국부가열을 일으키기가 어렵다.

풀이 ㉱ 화재나 역화 등의 위험성이 크고, 연소온도가 높아 국부가열을 일으키기 쉽다.

59 메탄을 공기비 1.2에서 완전 연소시킬 경우 건조연소가스 중의 CO_2(%, vol)는?

㉮ 약 8.2   ㉯ 약 9.6
㉰ 약 10.4 ㉱ 약 11.5

풀이 $CH_4 + 2O_2 \rightarrow CO_2 + 2H_2O$

실제건연소가스량(Gd)
$= (m - 0.21)A_o + CO_2량$
$= (1.2 - 0.21) \times \dfrac{2}{0.21} + 1 = 10.4286 \, Sm^3/Sm^3$

$CO_2(\%) = \dfrac{CO_2량}{Gd} \times 100$
$= \dfrac{1 Sm^3/Sm^3}{10.4286 Sm^3/Sm^3} \times 100 = 9.59\%$

TIP
① $Sm^3/Sm^3 = 체적비 = 갯수비$
② $CO_2량 = CO_2 갯수 = 1 Sm^3/Sm^3$
③ $A_o(Sm^3/Sm^3) = \dfrac{산소갯수}{0.21}$

60 다음 중 석탄의 탄화도가 증가하면 감소하는 것은?

㉮ 휘발분   ㉯ 착화온도
㉰ 고정탄소 ㉱ 발열량

풀이 탄화도가 증가하면
① 고정탄소, 발열량, 착화온도, 연료비($\dfrac{고정탄소}{휘발분}$) 는 증가
② 매연발생량, 비열, 휘발분, 수분, 산소의 양, 연소속도는 감소

| 제4과목 | 폐기물공정시험기준

61 기체크로마토그래피에 사용하는 검출기 중 방사선 동위원소(^{63}Ni, ^3H 등)로부터 방출되는 β선이 운반기체를 전리하여 미소전류를 흘려보낼 때 시료 중의 할로겐이나 산소와 같이 전자포획력이 강한 화합물에 의하여 전자가 포획되어 전류가 감소하는 것을 이용하는 방법으로 유기할로겐 화합물, 나이트로화합물 및 유기금속화합물을 선택적으로 검출할 수 있는 검출기는?

㉮ 열전도도 검출기(TCD)
㉯ 불꽃 이온화 검출기(FID)
㉰ 전자포획 검출기(ECD)
㉱ 방사동위 검출기(FPD)

풀이 ㉰ 전자포획 검출기에 대한 내용이며, 핵심 내용인 "유기할로겐 화합물, 나이트로화합물 및 유기금속화합물 검출=전자포획 검출기"임을 숙지하시면 됩니다.

answer 58 ㉱ 59 ㉯ 60 ㉮ 61 ㉰

62 자외선/가시선 분광광도계에서 사용하는 흡수셀에 대한 내용으로 틀린 것은?

㉮ 시료액의 흡수파장이 약 370nm 이하일 때는 경질유리 흡수셀을 사용한다.
㉯ 넣고자 하는 용액으로 흡수셀을 씻은 다음 셀의 약 80%까지 넣고 외면이 젖어 있을 때는 깨끗이 닦는다.
㉰ 시료셀에는 실험용액을, 대조셀에는 따로 규정이 없는 한 정제수를 넣는다.
㉱ 흡광도의 측정값이 0.2~0.8의 범위에 들도록 실험용액의 농도를 조절한다.

풀이 ㉮ 시료액의 흡수파장이 약 370nm 이하일 때는 석영 흡수셀을 사용한다.

63 폐기물공정시험기준에 사용되는 용어설명에 대한 내용으로 틀린 것은?

㉮ '약'이란 함은 기재된 양에 대하여 ±10% 이상의 차가 있어서는 안 된다.
㉯ 시험에 사용하는 물은 따로 규정이 없는 한 정제수를 말한다.
㉰ '냄새가 없다'라고 기재한 것은 냄새가 없거나, 또는 거의 없는 것을 표시하는 것이다.
㉱ '정확히 취하여'라는 것은 규정한 양의 검체를 0.1mg까지 달아 정확히 취하는 것을 말한다.

풀이 ㉱ 정확히 취하여'라는 것은 규정한 양의 액체를 홀피펫으로 눈금까지 취하는 것을 말한다.

64 유기물의 함량이 비교적 높지 않고 금속의 수산화물, 산화물, 인산염 및 황화물을 함유하고 있는 시료에 적용하는 산분해법은?

㉮ 질산 분해법
㉯ 질산-염산 분해법
㉰ 질산-과염소산 분해법
㉱ 질산-과염소산-불화수소산 분해법

풀이 ㉯ 질산-염산 분해법에 대한 내용이며, 암기법은 "염산 인금주고" 임을 숙지하시면 됩니다.

65 수산화나트륨(NaOH) 5g을 정제수 500mL에 용해시킨 용액의 농도는?

㉮ 0.05N
㉯ 0.15N
㉰ 0.25N
㉱ 0.35N

풀이 N농도 = $\dfrac{\text{질량(g)}}{\text{부피(L)}} \times \dfrac{1\,\text{eq}}{1\text{당량 g 수}}$

$= \dfrac{5\text{g}}{0.5\text{L}} \times \dfrac{1\,\text{eq}}{40\text{g}} = 0.25\,\text{N}$

TIP
① 1당량(eq) = $\dfrac{\text{분자량(g)}}{\text{가수}}$
② NaOH의 분자량 = 23 + 16 + 1 = 40g

66 자외선/가시선 분광법으로 크롬을 정량할 때 총 크롬을 6가 크롬으로 변화시킬 때 사용하는 시약은?

㉮ 다이페닐카르바자이드
㉯ 질산암모늄
㉰ 과망간산칼륨
㉱ 염화제일주석

answer 62 ㉮ 63 ㉱ 64 ㉯ 65 ㉰ 66 ㉰

풀이 크롬의 자외선/가시선 분광법

$$Cr^{3+} \xrightarrow[KMnO_4]{강산화제} Cr^{6+}$$

67 대상폐기물의 양이 20톤일 때 시료의 최소 수는?

㉮ 10   ㉯ 12
㉰ 14   ㉱ 16

풀이 대상폐기물의 양과 시료의 최소 수

대상폐기물의 양 (ton)	시료 최소 수	대상폐기물의 양 (ton)	시료 최소 수
~ 1 미만	6	100 이상 ~ 500 미만	30
1 이상 ~ 5 미만	10	500 이상 ~ 1,000 미만	36
5 이상 ~ 30 미만	14	1,000 이상 ~ 5,000 미만	50
30 이상 ~ 100 미만	20	5,000 이상	60

68 모아진 대시료를 네모꼴로 엷게 균일한 두께로 펴고, 이것을 가로 4등분 세로 5등분하여 20개의 덩어리로 나누고, 20개의 각 부분에서 균등량씩을 취하여 혼합하여 하나의 시료로 만드는 시료의 분할채취방법은?

㉮ 구획법   ㉯ 교호삽법
㉰ 원추4분법   ㉱ 사각분할법

풀이 ㉮ 구획법에 대한 내용이며, 핵심 내용인 "가로 4등분, 세로 5등분, 20개의 덩어리=구획법"임을 숙지하시면 됩니다.

69 크롬(Cr)을 원자흡수분광광도법(공기-아세틸렌불꽃)으로 측정할 때 철, 니켈 등의 공존 물질에 의한 방해 영향이 크므로 어떤 시약을 넣어 측정하는가?

㉮ 황산나트륨   ㉯ 인산나트륨
㉰ 질산나트륨   ㉱ 염화나트륨

풀이 크롬(Cr)을 원자흡수분광광도법(공기-아세틸렌불꽃)으로 측정할 때 철, 니켈 등의 공존 물질에 의한 방해 영향은 황산나트륨을 1% 정도 넣어 측정한다.

70 수분 및 고형물을 중량법으로 측정할 때의 내용으로 알맞은 것은?

㉮ 시료를 105~110℃에서 4시간 건조하고 데시게이터에서 식힌 후 질량을 달아 증발접시의 질량 차로부터 수분 및 고형물의 양(%)을 구한다.
㉯ 폐기물 중 수분은 12시간 이내에 증발 처리하여야 한다.
㉰ 시료를 보관하여야 할 기밀용기에 넣어 0~4℃의 냉암소에 보관하고, 보관된 시료는 5일 이내에 측정하여야 한다.
㉱ 이 시험기준은 0.01%까지 측정한다.

풀이 ㉯ 폐기물 중 수분은 24시간 이내에 증발 처리하여야 한다.
㉰ 시료를 보관하여야 할 기밀용기에 넣어 0~4℃의 냉암소에 보관하고, 보관된 시료는 7일 이내에 측정하여야 한다.
㉱ 이 시험기준은 0.1%까지 측정한다.

answer 67 ㉰   68 ㉮   69 ㉮   70 ㉮

71 폐기물공정시험기준에 의한 온도 표시로 틀린 것은?

㉮ 냉수 : 15℃ 이하
㉯ 열수 : 약 100℃
㉰ 온수 : 50~60℃
㉱ 찬곳 : 0~15℃의 곳(따로 규정이 없는 경우)

풀이 ㉰ 온수 : 60~70℃

72 다음 중 함침성 고상폐기물의 정의로 알맞은 것은?

㉮ 종이, 목재 등 기름을 흡수하는 변압기 내부부재(종이, 나무와 금속이 서로 혼합되어 있어 분리가 어려운 경우를 포함)를 말한다.
㉯ 종이, 목재 등 기름을 흡수하는 변압기 외부부재(종이, 나무와 금속이 서로 혼합되어 있어 분리가 어려운 경우를 포함)를 말한다.
㉰ 종이, 목재 등 기름을 흡수하는 변압기 내부부재(종이, 나무와 금속이 서로 혼합되어 있어 분리가 어려운 경우를 비포함)를 말한다.
㉱ 종이, 목재 등 기름을 흡수하는 변압기 외부부재(종이, 나무와 금속이 서로 혼합되어 있어 분리가 어려운 경우를 비포함)를 말한다.

풀이 함침성 고상폐기물의 핵심 내용인 "변압기 내부부재, 분리가 어려운 경우 포함"임을 숙지하시면 됩니다.

73 정량한계를 나타낸 식으로 알맞은 것은?

㉮ 정량한계 = 표준편차 × 5
㉯ 정량한계 = 표준편차 × 10
㉰ 정량한계 = 표준편차 × 20
㉱ 정량한계 = 표준편차 × 30

풀이 정도보증/정도관리의 핵심 내용
① 정량한계 = 표준편차(S) × 10
② 기기검출한계 = 표준편차(S) × 3
③ 감응계수 = $\dfrac{반응값(R)}{표준용액의 농도(C)}$

74 용출시험방법에서 시료의 제조방법에 따라 조제한 시료 (　　) 이상을 정확히 달아 정제수에 염산을 넣어 혼합한다. (　　) 안에 알맞은 내용은?

㉮ 10g   ㉯ 50g
㉰ 100g ㉱ 200g

풀이 용출시험방법의 핵심 내용
① 조제한 시료의 양 : 100g 이상
② pH 조절 : 염산을 가해 pH 5.3 ~ 6.3으로 조절
③ 시료 : 용매는 1 : 10(W : V)
④ 용기 : 2,000mL 삼각플라스크

75 원추4분법에 의해 시료를 축소할 때 한번의 일련의 조작이 끝난 시료는 조작 전 시료보다 얼마만큼 축소되는가?

㉮ 1/8   ㉯ 1/4
㉰ 1/2   ㉱ 3/4

풀이 시료의 축소는 원추의 꼭지를 수직으로 눌러서 평평하게 만들고 이것을 부채꼴로 4등분하고 마주 보는 두 부분은 취하고 반은 버리므로 시료는 1/2로 축소된다.

answer 71 ㉰ 72 ㉮ 73 ㉯ 74 ㉰ 75 ㉰

76 폴리클로리네이티드비페닐(PCBs)을 기체크로마토그래피로 분석하는 방법에 대한 내용으로 틀린 것은?

㉮ 용출용액의 정량한계는 0.0005mg/L이고 액상 폐기물의 정량한계는 0.05mg/L이다.
㉯ 운반기체는 부피백분율 99.999% 이상의 질소를 사용한다.
㉰ 활성탄 컬럼 정제는 산, 염화페놀, 폴리클로로페녹시페놀 등의 극성화합물을 제거하기 위하여 수행하며, 사용 전에 정제하고 활성화시켜야 한다.
㉱ 사용하는 검출기는 전자포획검출기(ECD)를 사용한다.

> **풀이** ㉰ 실리카겔 컬럼 정제는 산, 염화페놀, 폴리클로로페녹시페놀 등의 극성화합물을 제거하기 위하여 수행하며, 사용 전에 정제하고 활성화시켜야 한다.

77 감염성 미생물의 검사법으로 틀린 것은?

㉮ 아포균 검사법
㉯ 세균배양 검사법
㉰ 멸균테이프 검사법
㉱ 최적확수 검사법

> **풀이** 감염성 미생물의 검사법으로는 아포균 검사법, 세균배양 검사법, 멸균테이프 검사법이 있다.

78 다음 중 폐기물의 용출시험방법에 대한 내용으로 틀린 것은?

㉮ 상온, 상압에서 진탕횟수가 매 분당 약 200회, 진폭이 4~5cm의 진탕기를 사용하여 6시간 연속진탕한다.
㉯ 여과가 어려운 경우에는 원심분리기를 사용하여 매 분당 2,000회전 이상으로 30분 이상 원심분리 한다.
㉰ 정제수에 염산을 넣어 pH를 5.8~6.3으로 한다.
㉱ 시료 : 용매 = 1 : 10(W : V)의 비로 2,000mL 삼각플라스크에 넣어 혼합한다.

> **풀이** ㉯ 여과가 어려운 경우에는 원심분리기를 사용하여 매 분당 3,000회전 이상으로 20분 이상 원심분리 한다.

79 자외선/가시선 분광법으로 구리를 정량할 때 비스무트(Bi)가 구리의 양보다 2배 이상 존재할 경우, 어떤 색을 나타내어 방해하게 되는가?

㉮ 적색
㉯ 청색
㉰ 청록색
㉱ 황색

> **풀이** 자외선/가시선 분광법으로 구리를 정량할 때 비스무트(Bi)가 구리의 양보다 2배 이상 존재할 경우에는 황색을 나타내어 방해한다.

80 다음 중 유도결합플라스마-원자발광분광법으로 측정할 수 없는 물질은?

㉮ 구리
㉯ 비소
㉰ 카드뮴
㉱ 수은

> **풀이** 측정방법
> ① 구리, 비소, 카드뮴 : 원자흡수분광광도법, 유도결합플라스마-원자발광분광법, 자외선/가시선 분광법
> ② 수은 : 원자흡수분광광도법(환원기화법), 자외선/가시선 분광법(디티존법)

answer 76 ㉰ 77 ㉱ 78 ㉯ 79 ㉱ 80 ㉱

2024년 1회 CBT 복원문제

| 제1과목 | 폐기물개론

01 폐기물 발생량 예측방법 중 하나의 수식으로 각 인자들의 효과를 총괄적으로 나타내어 복잡한 시스템의 분석에 유용하게 사용할 수 있는 방법은?

㉮ 다중회귀모델   ㉯ 동적모사모델
㉰ 경향모델   ㉱ 물질수지법

풀이 ㉮ 다중회귀모델에 대한 내용이며, 핵심 내용인 "복잡한 시스템의 분석=다중회귀모델"임을 숙지하시면 됩니다.

02 다음 중 물질수지법에 대한 내용으로 틀린 것은?

㉮ 물질수지를 세울 수 있는 상세한 데이터가 있는 경우에 가능하다.
㉯ 우선적으로 조사하고자 하는 계의 경계를 정확하게 설정하여야 한다.
㉰ 주로 산업폐기물의 발생량 추산에 이용된다.
㉱ 비용이 적게 들고 작업량이 적어 많이 이용된다.

풀이 ㉱ 비용이 많이 들고 작업량이 많아 널리 이용되지 않는다.

03 다음 중 폐기물 발생의 특징으로 틀린 것은?

㉮ 생활수준이 증가할수록 쓰레기의 종류는 다양화되고 발생량은 증가한다.
㉯ 대도시보다는 문화 수준이 열악한 중소도시의 주변이 쓰레기를 더 많이 발생시킨다.
㉰ 쓰레기의 성분은 계절에 영향을 받으며, 발생량은 관련 법규에 영향을 받는다.
㉱ 재활용품의 회수 및 재이용률이 증가할수록 쓰레기 발생량은 감소한다.

풀이 ㉯ 대도시보다는 문화 수준이 열악한 중소도시의 주변이 쓰레기를 더 적게 발생시킨다.

04 슬러지의 함유 수분 중 탈수성이 가장 어려운 수분은?

㉮ 간극모관결합수   ㉯ 모관결합수
㉰ 표면부착수   ㉱ 내부수

풀이 탈수성의 순서는 간극모관결합수 > 모관결합수 > 표면부착수 > 내부수 순이다.

answer 01 ㉮ 02 ㉱ 03 ㉯ 04 ㉱

05 다음 중 쓰레기 수거노선 설정 시 유의사항으로 틀린 것은?

㉮ 가능한 한 시계방향으로 수거노선을 정하고, U자형 회전을 피한다.
㉯ 가능한 지형지물 및 도로 경계와 같은 장벽을 이용하여 간선도로 부근에서 시작하고 끝나도록 배치하여야 한다.
㉰ 발생량이 아주 많은 발생원은 하루 중 가장 나중에 수거한다.
㉱ 발생량이 적으나 수거빈도가 동일하기를 원하는 적재지점은 가능한 한 같은 날 왕복 내에서 수거한다.

풀이 ㉰ 발생량이 아주 많은 발생원은 하루 중 가장 먼저 수거한다.

06 새로운 쓰레기 수집 수송방법인 Pipe line 수송방식에 대한 내용으로 틀린 것은?

㉮ 사고발생 시 시스템 전체 마비를 예방할 수 있어 안정성이 높다.
㉯ 조대(組大)쓰레기는 파쇄, 압축 등의 전처리가 필요하다.
㉰ 쓰레기 발생 밀도가 높은 지역에서 현실성이 있다.
㉱ 가설 후에 경로변경이 곤란하고 설치비가 높은 편이다.

풀이 ㉮ 사고발생 시 시스템 전체가 마비되어 대체 시스템으로의 전환이 필요하다.

07 전단파쇄기에 대한 내용으로 틀린 것은?

㉮ 고정칼, 왕복 또는 회전칼과의 교합에 의하여 폐기물을 전단한다.
㉯ 대체로 충격파쇄기에 비하여 파쇄 속도가 빠르다.
㉰ 충격파쇄기에 비하여 이물질 혼입에 약하다.
㉱ 충격파쇄기에 비하여 파쇄물의 크기를 고르게 할 수 있다.

풀이 ㉯ 대체로 충격파쇄기에 비하여 파쇄 속도가 느리다.

08 트롬멜 스크린에 대한 내용으로 틀린 것은?

㉮ 회전속도는 임계속도 이상으로 운전할 때가 최적이다.
㉯ 스크린 중 선별효율이 우수하고 유지관리상의 문제가 적다.
㉰ 경사도가 크면 효율은 떨어지고 부하율은 커진다.
㉱ 원통의 길이가 길면 효율은 증가하나 동력소모가 많다.

풀이 ㉮ 회전속도는 임계속도 × 0.45로 운전할 때가 최적이다.

09 어느 폐기물의 성분을 조사한 결과 플라스틱의 함량이 20%(질량비)로 나타났다. 이 폐기물의 밀도가 $300\,kg/m^3$라면 $10\,m^3$ 중에 함유된 플라스틱의 양은?

㉮ 300kg ㉯ 400kg
㉰ 500kg ㉱ 600kg

풀이 플라스틱의 양(kg)
$= 10\,m^3 \times 300\,kg/m^3 \times 0.20 = 600\,kg$

---

answer 05 ㉰ 06 ㉮ 07 ㉯ 08 ㉮ 09 ㉱

10 각 물질의 비중차를 이용하는 방법으로 약간 경사진 평판에 폐기물을 올려놓고 좌우로 빠른 진동과 느린 진동을 주면 가벼운 입자는 빠른 진동 쪽으로, 무거운 입자는 느린 진동 쪽으로 분류되는 방법은?

㉮ Secators
㉯ Stoners
㉰ Table 선별법
㉱ 손선별법

풀이 ㉰ Table 선별법에 대한 내용이며, 핵심 내용인 "빠른 진동과 느린 진동=Table 선별법"임을 숙지하시면 됩니다.

11 폐기물의 파쇄를 통한 세립화 및 균일화의 장점으로 틀린 것은?

㉮ 폐기물의 연소성과 건조성이 증가된다.
㉯ 조대폐기물에 의한 소각로의 손상을 방지할 수 있다.
㉰ 용량증가로 인한 운반비의 절감 및 매립부지를 절감할 수 있다.
㉱ 자력선별에 의한 고가금속 등의 회수가 가능하다.

풀이 ㉰ 용량감소로 인한 운반비의 절감 및 매립부지를 절감할 수 있다.

12 다음 중 불투명한 것(돌, 코르크 등)과 투명한 것(유리 등)의 분리에 이용되는 방법은?

㉮ 정전기적 선별법
㉯ 광학 선별법
㉰ 손 선별법
㉱ 공기 선별기법

풀이 ㉯ 광학 선별법에 대한 내용이며, 핵심 내용인 "불투명한 것과 투명한 것 선별=광학선별법"임을 숙지하시면 됩니다.

13 다음에 채취한 폐기물 시료 분석 절차 중 가장 먼저 진행하여야 하는 것은?

㉮ 발열량 측정
㉯ 전처리(절단 및 분쇄)
㉰ 분류(가연성, 불연성)
㉱ 건조

풀이 폐기물의 성상분석 절차 순서는 시료 → 밀도 측정 → 물리적 조성 분석 → 건조 → 분류(가연성, 불연성) → 전처리(절단 및 분쇄) → 화학적 조성분석 순이다.

14 다음 중 포장기(Baler)의 특징으로 틀린 것은?

㉮ 압축 후 삼베나 가죽 또는 철끈으로 묶는다.
㉯ 관리에 용이한 크기나 질량으로 포장한다.
㉰ 완전하게 건조되지 못한 폐기물은 취급하기 곤란하다.
㉱ 매립지에서는 특별한 경우를 제외하면 포장을 해체하여 매립한다.

풀이 ㉱ 매립지에서는 특별한 경우를 제외하면 포장을 해체하지 않고 그대로 매립한다.

15 소각로에서 발생되는 재의 질량감량비가 70%, 부피감소비가 90%라 할 때 폐기물의 밀도가 $0.35\,t/m^3$라면 소각재의 밀도는?

㉮ $1.05\,t/m^3$
㉯ $1.15\,t/m^3$
㉰ $1.25\,t/m^3$
㉱ $1.35\,t/m^3$

풀이 소각재의 밀도(ton/m^3)
= 소각 전 폐기물의 밀도(ton/m^3) × $\dfrac{(1-\text{질량감량비})}{(1-\text{부피감소비})}$
= $0.35\,ton/m^3 \times \dfrac{(1-0.70)}{(1-0.90)}$ = $1.05\,ton/m^3$

answer 10 ㉰ 11 ㉰ 12 ㉯ 13 ㉱ 14 ㉱ 15 ㉮

16 다음 중 전과정평가(LCA)의 평가단계를 순서대로 알맞게 나열한 것은?

㉮ 목록분석 → 목적 및 범위설정 → 영향평가 → 개선평가 및 해석
㉯ 목적 및 범위설정 → 목록분석 → 영향평가 → 개선평가 및 해석
㉰ 목적 및 범위설정 → 목록분석 → 개선평가 및 해석 → 영향평가
㉱ 목록분석 → 목적 및 범위설정 → 개선평가 및 해석 → 영향평가

풀이 전과정평가(LCA)의 평가단계는 목적 및 범위설정 → 목록분석 → 영향평가 → 개선평가 및 해석 순이다.

17 수거인부 4,500명이 6,000,000ton/year의 폐기물 수거에 종사할 때 MHT는? (단, 수거인부의 1일 작업시간은 8시간, 1년 작업일수 300일)

㉮ 1.8 ㉯ 2.4
㉰ 3.6 ㉱ 4.8

풀이 MHT(man·hr/ton)
$= \dfrac{\text{수거인부수} \times \text{작업시간}}{\text{쓰레기 수거 실적}}$
$= \dfrac{4,500인 \times 8hr/day \times 300day/1년}{6,000,000ton/년} = 1.8 MHT$

TIP
① MHT = man·hr/ton
② MHT는 1ton의 쓰레기를 수거하는데 수거인부 1인이 소요하는 총 시간이다.
③ MHT가 클수록 수거효율이 낮다.

18 다음 중 청소상태를 평가하는 방법 중 서비스를 받는 시민들의 만족도를 설문조사하여 나타내어지는 사용자 만족도 지수는?

㉮ CEI ㉯ USI
㉰ SEI ㉱ ESI

풀이 청소상태 평가방법
① CEI : 지역사회 효과지수
② USI : 사용자 만족도 지수

19 다음 중 적환장 설치장소를 선정하고자 할 때 고려사항으로 틀린 것은?

㉮ 설치 및 작업이 쉽고, 주민의 반대가 적은 곳
㉯ 적환 작업중에 공중 및 환경피해가 최소인 곳
㉰ 주요간선도로에 쉽게 도달할 수 있는 곳인 동시에 2차적 또는 보조 수송수단에 가까운 곳
㉱ 수거하고자 하는 개별적 고형물 발생지역의 하중 중심에 되도록 멀리 떨어진 곳

풀이 ㉱ 수거하고자 하는 개별적 고형물 발생지역의 하중 중심에 되도록 가까운 곳

20 폐기물의 운송을 돕기 위하여 압축할 때 부피감소율이 40%이었다. 압축비는?

㉮ 1.37 ㉯ 1.47
㉰ 1.57 ㉱ 1.67

풀이 압축비 $= \dfrac{100}{100 - \text{부피감소율}(\%)}$
$= \dfrac{100}{100 - 40\%} = 1.67$

answer 16 ㉯ 17 ㉮ 18 ㉯ 19 ㉱ 20 ㉱

| 제2과목 | 폐기물 재활용 및 자원화 기술

21 다음 중 토양증기추출법(Soil Vaper Extraction)에 대한 내용으로 틀린 것은?

㉮ 굴착이 필요하다.
㉯ 결과를 즉시 알 수 있다.
㉰ 다른 시약이 필요 없다.
㉱ 유지 및 관리비가 적게 소요된다.

풀이 ㉮ 굴착이 필요 없다.

22 다음 중 토양의 층위에 대한 내용으로 틀린 것은?

㉮ O층위(유기물층) : 낙엽 등이 부패하여 퇴적된 층
㉯ A층위(표층) : 생물의 활동이 가장 활발한 층
㉰ B층위(집적층) : 표층에서 용탈된 물질이 집적
㉱ R층위(모재층) : 풍화작용으로 인한 거친 암석의 모재층

풀이 ㉱ C층위(모재층) : 풍화작용으로 인한 거친 암석의 모재층

23 다음 중 슬러지의 처리공정 순서로 알맞은 것은?

㉮ 농축→안정화→개량→탈수→건조→최종처분
㉯ 농축→안정화→탈수→개량→건조→최종처분
㉰ 농축→개량→탈수→안정화→건조→최종처분
㉱ 농축→개량→안정화→탈수→건조→최종처분

풀이 슬러지의 처리공정 순서는 농축→안정화→개량→탈수→건조→최종처분 순이다.

24 포도당($C_6H_{12}O_6$)으로 구성된 유기물 1kg이 혐기성 미생물에 의해 완전히 분해되어 생성되는 메탄의 용적(Sm^3)은?

㉮ 0.224 ㉯ 0.373
㉰ 0.462 ㉱ 0.561

풀이 $C_6H_{12}O_6 \rightarrow 3CO_2 + 3CH_4$
180kg : $3 \times 22.4 Sm^3$
1kg : X

$\therefore X = \dfrac{1kg \times 3 \times 22.4 Sm^3}{180kg} = 0.373 Sm^3$

TIP
① 포도당 = 글루코스 = $C_6H_{12}O_6$
② $C_6H_{12}O_6$의 분자량 = $6 \times 12 + 12 \times 1 + 6 \times 16 = 180$
③ CH_4 1kmol $\begin{cases} 16kg \\ 22.4 Sm^3 \end{cases}$
④ 표준상태 = 0℃, 760mmHg = Sm^3 = Nm^3

answer 21 ㉮ 22 ㉱ 23 ㉮ 24 ㉯

25 토양오염 처리방법의 하나인 토양증기추출법(Soil Vapor extraction)과 관련된 인자와 그 기준으로 틀린 것은?

㉮ 대상오염물질의 헨리상수(무차원) : 0.01 이상
㉯ 대상오염물질 : 상온에서 휘발성을 갖는 유기물질
㉰ 추출정의 위치 : 오염지역 외곽
㉱ 오염부지 공기투과계수 : 1×10^{-4} cm/sec

풀이 ㉰ 추출정의 위치 : 오염지역 내

26 다음 중 혐기성소화의 특징에 대한 내용으로 틀린 것은?

㉮ 호기성처리에 비해 슬러지가 적게 발생한다.
㉯ 소화슬러지의 탈수 및 건조가 불량하다.
㉰ 고농도 폐수처리에 적합하다.
㉱ 동력시설의 소모가 적어 운전비용이 저렴하다.

풀이 ㉯ 소화슬러지의 탈수 및 건조가 양호하다.

27 폐기물을 화학적으로 처리하는 방법 중 용매추출법에 대한 특징으로 틀린 것은?

㉮ 높은 분배계수와 낮은 끓는점을 가지는 폐기물에 이용 가능성이 높다.
㉯ 사용되는 용매는 극성이어야 한다.
㉰ 증류 등에 의한 방법으로 용매 회수가 가능해야 한다.
㉱ 물에 대한 용해도가 낮고 물과 밀도가 다른 폐기물에 이용 가능성이 높다.

풀이 ㉯ 사용되는 용매는 비극성이어야 한다.

28 매립지에서 유기물의 완전 분해식을 $C_{68}H_{111}O_{50}N + aH_2O \rightarrow bCH_4 + 33CO_2 + NH_3$로 가정할 때 유기물 100kg을 완전분해 시 소모되는 물의 양은?

㉮ 41.5kg H_2O ㉯ 32.5kg H_2O
㉰ 23.5kg H_2O ㉱ 16.5kg H_2O

풀이 $C_{68}H_{111}O_{50}N + 16H_2O \rightarrow 35CH_4 + 33CO_2 + NH_3$
1,741kg : 16×18kg
100kg : X
∴ $X = \dfrac{100\text{kg} \times 16 \times 18\text{kg}}{1,741\text{kg}} = 16.54$kg

TIP
완전분해식
$$C_aH_bO_cN_d + \left(\dfrac{4a-b-2c+3d}{4}\right)H_2O$$
$$\rightarrow \left(\dfrac{4a+b-2c-3d}{8}\right)CH_4$$
$$+ \left(\dfrac{4a-b+2c+3d}{8}\right)CO_2 + dNH_3$$

29 고농도 액상 폐기물의 혐기성 소화 공정 중 중온소화와 고온소화를 비교한 것으로 틀린 것은?

㉮ 부하능력 : 고온소화- 나쁨, 중온소화- 양호
㉯ 병원균의 사멸 : 고온소화 - 유리, 중온소화 - 불리
㉰ 탈수여액의 수질 : 고온소화 - 나쁨, 중온소화 - 우수
㉱ 미생물의 활성 : 고온소화 - 나쁨, 중온소화 - 우수

풀이 ㉮ 부하능력 : 고온소화 - 우수, 중온소화 - 나쁨

answer 25 ㉰ 26 ㉯ 27 ㉯ 28 ㉱ 29 ㉮

30 다음 중 무기성 고형화 방법의 특징으로 틀린 것은?

㉮ 처리비용이 비싸지만, 장기적으로 안정성이 지속된다.
㉯ 고화재료의 구입이 용이하며, 재료가 무독성이다.
㉰ 수용성이 작고, 수밀성이 양호하다.
㉱ 다양한 산업폐기물에 적용할 수 있다.

풀이 ㉮ 처리비용이 저렴하고, 장기적으로 안정성이 지속된다.

31 밀도가 $2.0\,g/cm^3$인 폐기물 20kg에 고형화 재료 10kg을 첨가하여 고형화시킨 결과 밀도가 $2.8\,g/cm^3$로 증가하였다면 부피변화율(VCF)은?

㉮ 0.94   ㉯ 1.07
㉰ 1.17   ㉱ 1.24

풀이 부피변화율(VCF) $= (1+MR) \times \dfrac{\rho_1}{\rho_2}$

여기서

MR(혼합률) $= \dfrac{첨가제의\ 질량}{폐기물의\ 질량}$
$= \dfrac{10kg}{20kg} = 0.5$

ρ_1 : 고화처리 전 폐기물의 밀도(g/cm^3)
ρ_2 : 고화처리 후 폐기물의 밀도(g/cm^3)

부피변화율(VCF) $= (1+0.5) \times \dfrac{2.0g/cm^3}{2.8g/cm^3} = 1.07$

32 다음 중 석회 기초법에 대한 내용으로 틀린 것은?

㉮ 공정운전이 간단하고 용이하다.
㉯ 탈수가 필요하다.
㉰ 두 가지 폐기물을 동시에 처리할 수 있다.
㉱ pH가 낮을 경우 폐기물 성분의 용출가능성이 증가한다.

풀이 ㉯ 탈수가 필요 없다.

33 연소가스 탈황시 발생되는 슬러지를 처리하는 방법으로 탈수 등의 전처리가 필요없고, 보조에너지가 필요한 고형화 방법은?

㉮ 시멘트 기초법   ㉯ 자가 시멘트법
㉰ 석회 기초법   ㉱ 피막형성법

풀이 ㉯ 자가 시멘트법에 대한 내용이며, 핵심 내용인 "탈황 슬러지=자가시멘트법"임을 숙지하시면 됩니다.

34 어느 도시에 사용할 매립지의 총용량은 $6,132,000\,m^3$이며 그 도시의 쓰레기 배출량은 2kg/인·일이다. 매립지에서 압축에 의한 쓰레기 부피감소율이 30%일 경우 매립지를 사용할 수 있는 연수는? (단, 수거대상인구 800,000명, 발생 쓰레기 밀도 $500\,kg/m^3$로 함)

㉮ 7.5   ㉯ 9.5
㉰ 11.5   ㉱ 13.5

풀이 매립지 사용년수
$= \dfrac{매립용적(m^3)}{쓰레기\ 발생량(m^3/년) \times (1 - 부피감소율)}$

answer 30 ㉮ 31 ㉯ 32 ㉯ 33 ㉯ 34 ㉮

$$= \frac{6{,}132{,}000\,m^3}{2kg/인\cdot일 \times 800{,}000인 \times 365일/년 \times \frac{1}{500kg/m^3} \times (1-0.3)}$$
$$= 7.5년$$

35 매립지내의 물의 이동을 나타내는 Darcy의 법칙을 기준으로 침출수의 유출을 방지하기 위한 알맞은 방법은?

㉮ 투수계수는 감소, 수두차는 증가시킨다.
㉯ 투수계수는 증가, 수두차는 감소시킨다.
㉰ 투수계수 및 수두차를 증가시킨다.
㉱ 투수계수 및 수두차를 감소시킨다.

풀이 침출수의 유출을 방지하기 위해서는 투수계수 및 수두차를 감소시킨다.

36 결정도(Crystallinity)와 합성차수막의 성질에 대한 내용으로 틀린 것은?

㉮ 결정도가 증가할수록 단단해진다.
㉯ 결정도가 증가할수록 충격에 약해진다.
㉰ 결정도가 증가할수록 화학물질에 대한 저항성이 증가한다.
㉱ 결정도가 증가할수록 열에 대한 저항성이 감소한다.

풀이 ㉱ 결정도가 증가할수록 열에 대한 저항성이 증가한다.

TIP
결정도가 증가할수록 충격과 투수계수는 감소하고, 나머지 조건은 증가한다.

37 총고형물이 36,500mg/L, 휘발성 고형물이 총고형물 중 64.5%인 폐기물 60kL/day를 혐기성 소화조에서 소화시켰을 때 1일 가스발생량은? (단, 폐기물 비중 1.0, 가스발생량은 $0.35\,m^3/kg(VS)$이다.)

㉮ 약 $435\,m^3/day$
㉯ 약 $455\,m^3/day$
㉰ 약 $475\,m^3/day$
㉱ 약 $495\,m^3/day$

풀이 가스발생량(m^3/day)
= 폐기물량(m^3/day) × 총고형물 농도(kg/m^3)
× $\frac{휘발성고형물(\%)}{100}$ × 가스발생량(m^3/kg)
= $60m^3/day \times 36.5kg/m^3 \times 0.645 \times 0.35m^3/kg$
= $494.39\,m^3/day$

TIP
① $mg/L \xrightarrow{\times 10^{-3}} kg/m^3$ 이므로
총고형물이 $36{,}500mg/L = 36.5kg/m^3$
② $kL/day = m^3/day$
③ 휘발성고형물 = 유기물 = VS

38 개량된 지반이 붕괴될 위험이 있을때 밑면이 뚫린 바지선을 이용하여 쓰레기를 박층으로 떨어뜨려 뿌려주어 바닥의 지반하중을 균등하게 하기 위해 사용하는 공법은?

㉮ 박층뿌림공법   ㉯ 순차투입공법
㉰ 수중투기공법   ㉱ 내수배제공법

풀이 ㉮ 박층뿌림공법에 대한 내용이며, 핵심 내용인 "밑면이 뚫린 바지선 이용=박층뿌림공법"임을 숙지하시면 됩니다.

answer 35 ㉱ 36 ㉱ 37 ㉱ 38 ㉮

39 다음 중 EPDM(Ethylene Propylene Diene Monomer)의 특징으로 틀린 것은?

㉮ 강도가 높다.
㉯ 수분의 함량이 낮다.
㉰ 접합상태가 양호하지 못하다.
㉱ 기름, 방향족 탄화수소, 용매류에 강하다.

풀이 ㉱ 기름, 방향족 탄화수소, 용매류에 약하다.

40 폐기물내 가스 생성단계 중 1단계(호기성 단계)에 대한 내용으로 틀린 것은?

㉮ 산소가 급감하고 이산화탄소도 감소한다.
㉯ 가스의 발생량이 적고, 질소가 감소한다.
㉰ 매립물의 분해속도에 따라 수일에서 수개월 동안 지속된다.
㉱ 폐기물 내 수분이 많은 경우 반응이 빨라져 호기성 단계가 짧아진다.

풀이 ㉮ 산소가 급감하여 거의 사라지고 이산화탄소가 생성되기 시작한다.

| 제3과목 | 폐기물 처분기술

41 다음 중 전기집진장치의 특징에 대한 내용으로 틀린 것은?

㉮ 설치 시 소요 부지면적이 크고, 전압변동과 같은 조건에서 적응성이 용이하다.
㉯ 유지관리가 용이하고 운전비, 유지비가 적게 소요된다.
㉰ 압력손실이 작고, 대량의 먼지함유 가스도 처리할 수 있다.
㉱ 고온가스 및 대량의 가스를 처리할 수 있다.

풀이 ㉮ 설치 시 소요 부지면적이 크고, 전압변동과 같은 조건에서 적응성이 어렵다.

42 소각공정에서 발생하는 다이옥신과 퓨란류의 특징으로 틀린 것은?

㉮ 여러개의 염소원자와 1~2개의 산소원자가 결합된 두 개의 벤젠고리를 포함하고 있다.
㉯ 연소시 발생하는 미연분의 양과 비산재의 양을 줄여 다이옥신을 줄일 수 있다.
㉰ 다이옥신의 이성질체는 135개이고, 퓨란류의 이성질체는 75개이다.
㉱ 다이옥신은 저온(300~400℃)에서 재생성이 활발하므로 700℃ 이상 고온에서 열분해하여 제거한다.

풀이 ㉰ 다이옥신의 이성질체는 75개이고, 퓨란류의 이성질체는 135개이다.

answer 39 ㉱ 40 ㉮ 41 ㉮ 42 ㉰

43 함수율 70%인 슬러지 케이크 10ton을 소각할 때 소각재 발생량(kg)은? (단, 건조케이크 건조질량당 무기성분 20%, 유기성분 중 연소율 90%, 소각에 의한 무기물 손실은 없다.)

㉮ 560 ㉯ 620
㉰ 720 ㉱ 840

풀이 소각재 발생량(kg) = 무기물 + 미연분
① 무기물(kg)
$= 슬러지량(kg) \times \dfrac{100-함수율(\%)}{100} \times \dfrac{무기성분(\%)}{100}$
$= 10 \times 10^3 kg \times (1-0.70) \times 0.2 = 600kg$
② 미연분(kg)
$= 슬러지량(kg) \times \dfrac{100-함수율(\%)}{100}$
$\times \dfrac{100-무기성분(\%)}{100} \times \dfrac{100-연소율(\%)}{100}$
$= 10 \times 10^3 kg \times (1-0.70) \times (1-0.2) \times (1-0.90)$
$= 240kg$
③ 소각재 발생량 $= 600kg + 240kg = 840kg$

44 다음 중 공기비가 작을 경우 발생하는 현상으로 틀린 것은?

㉮ 연소가스 중의 CO와 HC의 농도가 증가한다.
㉯ 매연이나 검댕의 발생량이 증가한다.
㉰ 연소효율이 저하한다.
㉱ 통풍력이 강하여 배기가스에 의한 열손실이 증대된다.

풀이 ㉱번에 대한 설명은 공기비(m)가 클 경우 발생하는 현상에 해당한다.

45 다음 중 검댕이나 매연발생에 대한 내용으로 틀린 것은?

㉮ 연소실의 체적이 작을 때 매연이 발생한다.
㉯ 석탄연소에서는 석탄의 휘발분이 많을수록 검댕의 발생이 적다.
㉰ 중유연소에서 공기비가 클수록 검댕이 적게 발생한다.
㉱ 통풍력이 부족할 때 매연이 발생한다.

풀이 ㉯ 석탄연소에서는 석탄의 휘발분이 많을수록 검댕의 발생이 많다.

46 밀도가 $600\,kg/m^3$인 도시쓰레기 100ton을 소각시킨 결과 밀도가 $1,200\,kg/m^3$인 재 10ton이 남았다. 이 경우 부피감소율과 질량감소율 중 큰 것은?

㉮ 질량감소율
㉯ 부피감소율
㉰ 부피감소율과 질량감소율이 동일하다.
㉱ 주어진 조건만으로는 알 수 없다.

풀이 (1) 부피감소율(%)
① $V_1(m^3) = 100ton \times \dfrac{1}{0.6ton/m^3} = 166.67m^3$
② $V_2(m^3) = 10ton \times \dfrac{1}{1.2ton/m^3} = 8.33m^3$
③ 부피감소율(%) $= \left(1 - \dfrac{V_2}{V_1}\right) \times 100$
$= \left(1 - \dfrac{8.33m^3}{166.67m^3}\right) \times 100 = 95.0\%$

(2) 질량감소율(%)
① $W_1 = 100ton$
② $W_2 = 10ton$
③ 질량감소율(%) $= \left(1 - \dfrac{W_2}{W_1}\right) \times 100$
$= \left(1 - \dfrac{10ton}{100ton}\right) \times 100 = 90\%$

따라서 부피감소율이 질량감소율보다 크다.

answer 43 ㉱ 44 ㉱ 45 ㉯ 46 ㉯

47 다음 중 열교환기 중 과열기에 대한 내용으로 틀린 것은?

㉮ 보일러에서 발생하는 포화증기에 다수의 수분이 함유되어 있으므로 이것을 과열하여 수분을 제거하고 과열도가 높은 증기를 얻기 위해 설치한다.
㉯ 방사형 과열기는 화실의 천장부 또는 노벽에 배치한다.
㉰ 방사・대류형 과열기는 대류 전달면 입구 가까이에 설치하고 방사열과 대류전달열을 동시에 이용하는 과열기이다.
㉱ 일반적으로 보일러 부하가 높아질수록 대류 과열기에 의한 과열온도가 낮아진다.

풀이 ㉱ 일반적으로 보일러 부하가 높아질수록 대류과열기에 의한 과열온도가 상승한다.

TIP
① 보일러 부하와 방사과열기와의 상관관계는 반비례관계
② 보일러 부하와 대류과열기와의 상관관계는 비례관계

48 다음 중 열분해가 소각처리에 비해 갖는 장점으로 틀린 것은?

㉮ 황 및 중금속이 회분속에 고정되는 비율이 크다.
㉯ 배기가스량이 적어 가스처리 장치가 소형이다.
㉰ 환원성 분위기가 유지되어 Cr^{3+}가 Cr^{6+}로 변화되기가 쉽다.
㉱ 소각처리에 비해 상대적으로 저온이기 때문에 질소산화물(NO_X)의 발생량이 적다.

풀이 ㉰ 환원성 분위기가 유지되어 Cr^{3+}가 Cr^{6+}로 변화되기 어렵다.

49 황성분이 1%인 폐기물을 10ton/hr 소각하는 소각로에서 배기가스 중의 SO_2를 $CaCO_3$로 완전히 탈황하는 경우 이론상 하루에 필요한 $CaCO_3$의 양은? (단, 폐기물 중의 S는 모두 SO_2으로 전환되며, 소각로의 1일 가동시간은 8시간, Ca 원자량은 40)

㉮ 1.2t/day ㉯ 2.5t/day
㉰ 3.2t/day ㉱ 4.0t/day

풀이 $S + O_2 \rightarrow SO_2 + CaCO_3 + \frac{1}{2}O_2 \rightarrow CaSO_4 + CO_2$

32kg : 100kg

10ton/hr × 0.01 × 8hr/day : X

∴ $X = \dfrac{10\text{ton/hr} \times 0.01 \times 8\text{hr/day} \times 100\text{kg}}{32\text{kg}}$

= 2.5ton/day

50 수분이 적고 저위발열량이 높은 폐기물에 적합하며, 폐기물의 이송방향과 연소가스의 흐름방향이 같은 형식인 로 본체의 형식은?

㉮ 역류식 ㉯ 병류식
㉰ 교류식 ㉱ 복류식

풀이 ㉯ 병류식에 대한 내용이며, 핵심 내용인 "수분이 적고 저위발열량이 높은 폐기물=병류식"임을 숙지하시면 됩니다.

answer 47 ㉱ 48 ㉰ 49 ㉯ 50 ㉯

51 다음 중 로터리 킬른에 대한 내용으로 틀린 것은?

㉮ 액상이나 고상의 여러가지 폐기물을 동시에 처리할 수 있다.
㉯ 습식가스 세정시스템과 함께 사용할 수 있다.
㉰ 경사진 구조로 용융상태의 물질에 의하여 방해를 받는다.
㉱ 대체로 예열, 혼합, 파쇄 등의 전처리 없이 폐기물 주입이 가능하다.

풀이 ㉰ 경사진 구조로 용융상태의 물질에 의하여 방해를 받지 않는다.

52 이론적으로 순수한 탄소 3kg을 완전연소 시키는데 필요한 산소의 양은?

㉮ 6kg   ㉯ 8kg
㉰ 10kg ㉱ 12kg

풀이 $C + O_2 \rightarrow CO_2$
12kg : 32kg
3kg : X
$\therefore X = \dfrac{3kg \times 32kg}{12kg} = 8kg$

TIP
공기량(kg) = 산소량(kg) $\times \dfrac{1}{0.232}$
$= 8kg \times \dfrac{1}{0.232} = 34.48kg$

53 공기를 사용하여 C_3H_8을 완전연소시킬 때 건조가스 중의 $(CO_2)_{max}$(%)는?

㉮ 약 14%   ㉯ 약 24%
㉰ 약 34%   ㉱ 약 44%

풀이 $C_3H_8 + 5O_2 \rightarrow 3CO_2 + 4H_2O$
$God = (1 - 0.21)A_o + CO_2량(Sm^3/Sm^3)$
$= (1 - 0.21) \times \dfrac{5}{0.21} + 3 = 21.8095 Sm^3/Sm^3$
$CO_2량 = 3Sm^3/Sm^3$
$CO_{2max} = \dfrac{CO_2량}{God} \times 100$
$= \dfrac{3Sm^3/Sm^3}{21.8095Sm^3/Sm^3} \times 100 = 13.76\%$

TIP
$Sm^3/Sm^3 =$ 체적비 = 갯수비

54 다음 중 유동상 소각로에서 사용하는 유동층 물질의 조건으로 틀린 것은?

㉮ 불활성일 것   ㉯ 융점이 높을 것
㉰ 열충격에 강할 것 ㉱ 비중이 클 것

풀이 ㉱ 비중이 작을 것

55 일반적으로 직경이 10~20mm이고 길이가 30~50mm인 형태와 크기를 가지며, 보관이나 운반의 효율을 높이는 동시에 단위 질량당 열량을 향상시킨 RDF의 종류는?

㉮ Powder RDF   ㉯ Pellet RDF
㉰ Fluff RDF   ㉱ Bubble RDF

풀이 ㉯ Pellet RDF에 대한 내용이며, 핵심 내용인 "직경이 10~20mm이고 길이가 30~50mm인 형태와 크기=Pellet RDF"임을 숙지하시면 됩니다.

answer 51 ㉰ 52 ㉯ 53 ㉮ 54 ㉱ 55 ㉯

56 폐기물 소각로의 폐열회수 및 이용설비에 대한 내용으로 틀린 것은?

㉮ 폐기물을 소각할 경우 이들의 발열량에 해당하는 양의 열량이 발생하므로 배기가스의 온도가 올라가게 되어 이를 냉각시켜 배출하여야 한다.
㉯ 일반적으로 배기가스의 온도를 250~300℃로 정하고 있다.
㉰ 상한 온도는 배출가스에 의한 저온부식이 발생하지 않는 온도이다.
㉱ 냉각설비 방식으로는 폐열보일러식, 물분사식, 공기혼입식, 간접공냉식이 있다.

풀이 ㉰ 하한온도는 배출가스에 의한 저온부식이 발생하지 않는 온도이다.

57 다음 중 액화천연가스(LNG)와 액화석유가스(LPG)에 대한 내용으로 틀린 것은?

㉮ LPG는 석유정제때에 부산물로 생산되는 것과 천연가스에서 회수되는 것이 있으나 전자의 것이 대부분이다.
㉯ LPG는 황분이 적고 독성이 없다.
㉰ LNG의 밀도는 공기보다 크다.
㉱ LNG는 천연가스를 1기압하에서 −162℃ 정도로 냉각하여 액화시켜 대량 수송 및 저장을 가능하게 한 것이다.

풀이 ㉰ LNG의 주성분인 CH_4(분자량 16)이 공기(분자량 29)보다 분자량이 작으므로 밀도는 공기보다 작다.

58 다음 중 등가비(ϕ)에 대한 내용으로 틀린 것은?

㉮ $\phi = \dfrac{\text{실제의 연료량/산화제}}{\text{완전연소를 위한 연료량/산화제}}$
㉯ $\phi = 1$인 경우는 완전연소로 연료와 산화제의 혼합이 이상적이다.
㉰ $\phi > 1$인 경우는 공기가 과잉이며, 완전연소가 기대되며 CO, HC가 최소이고, NO_X가 최대가 된다.
㉱ $\phi = \dfrac{1}{\text{공기비}(m)}$ 이다.

풀이 ㉰ $\phi > 1$인 경우는 연료가 과잉이며, 불완전연소로 CO, HC가 최대이고, NO_X가 최소가 된다.

59 폐지 500kg을 소각하고자 할 때 이론공기량(Sm^3)은? (단, 폐지의 성분은 모두 셀룰로오스($C_6H_{10}O_5$)로 가정함.)

㉮ 약 1,000   ㉯ 약 2,000
㉰ 약 3,000   ㉱ 약 4,000

풀이 ① $C_6H_{10}O_5 + 6O_2 \rightarrow 6CO_2 + 5H_2O$
162kg : $6 \times 22.4 Sm^3$
500kg : 산소량(Sm^3)
∴ 산소량 $= \dfrac{500kg \times 6 \times 22.4 Sm^3}{162kg} = 414.815 Sm^3$

② 이론공기량(Sm^3)
= 이론산소량(Sm^3) × $\dfrac{1}{0.21}$
= $414.815 Sm^3 \times \dfrac{1}{0.21} = 1,975.31 Sm^3$

TIP
① 공기량(Sm^3) = 산소량(Sm^3) × $\dfrac{1}{0.21}$
② 공기량(kg) = 산소량(kg) × $\dfrac{1}{0.232}$
③ $C_6H_{10}O_5$의 분자량 = 12×6+1×10+16×5 = 162

answer 56 ㉰ 57 ㉰ 58 ㉰ 59 ㉯

60 다음 중 착화온도에 대한 내용으로 틀린 것은?

㉮ 탄화수소의 착화온도는 분자량이 클수록 낮아진다.
㉯ 화학결합의 활성도가 클수록 착화온도는 낮아진다.
㉰ 석탄의 탄화도가 작을수록 착화온도는 높아진다.
㉱ 공기 중의 산소농도가 클수록 착화온도는 낮아진다.

> 풀이 ㉰ 석탄의 탄화도가 작을수록 착화온도는 낮아진다.

TIP
착화온도는 활성화에너지와 석탄의 탄화도와는 비례관계이고, 나머지 조건에는 반비례관계임을 숙지하시면 됩니다.

| 제4과목 | 폐기물공정시험기준

---

61 다음 중 용기 정의에 대한 내용으로 틀린 것은?

㉮ 밀폐용기라 함은 취급 또는 저장하는 동안에 이물질이 들어가거나 또는 내용물이 손실되지 아니하도록 보호하는 용기이다.
㉯ 기밀용기라 함은 취급 또는 저장하는 동안에 안으로부터 공기 또는 다른 가스가 침입하지 아니하도록 내용물을 보호하는 용기를 말한다.
㉰ 밀봉용기라 함은 취급 또는 저장하는 동안에 기체 또는 미생물이 침입하지 아니하도록 내용물을 보호하는 용기이다.
㉱ 차광용기라 함은 광선이 투과하지 않는 용기 또는 투과하지 않게 포장을 한 용기이며 취급 또는 저장하는 동안에 내용물이 광화학적 변화를 일으키지 아니하도록 방지할 수 있는 용기를 말한다.

> 풀이 ㉯ 기밀용기라 함은 취급 또는 저장하는 동안에 밖으로부터 공기 또는 다른 가스가 침입하지 아니하도록 내용물을 보호하는 용기를 말한다.

62 $Pb(NO_3)_2$를 사용하여 $0.5\,mg/mL$의 납 표준원액 500mL를 제조하려고 한다. $Pb(NO_3)_2$를 얼마나 취해야 하는가?

(단, 원자량은 Pb : 207.2)

㉮ 약 300mg ㉯ 약 400mg
㉰ 약 500mg ㉱ 약 600mg

> 풀이 $Pb(NO_3)_2 \rightarrow Pb^{2+} + 2NO_3^-$
> 331.2g : 207.2g
> X : $0.5\,mg/mL \times 500\,mL$
> ∴ $X = \dfrac{331.2g \times 0.5\,mg/mL \times 500\,mL}{207.2g} = 399.61\,mg$

63 자외선/가시선 분광법으로 크롬 측정 시 총 크롬을 6가 크롬으로 산화시키기 위해 가하는 시약은?

㉮ 과산화수소 ㉯ 과망간산칼륨
㉰ 다이크롬산칼륨 ㉱ 염화제일주석

> 풀이 크롬의 자외선/가시선 분광법
> $Cr^{3+} \xrightarrow[KMnO_4]{강산화제} Cr^{6+}$

---

answer 60 ㉰ 61 ㉯ 62 ㉯ 63 ㉯

64 자외선/가시선 분광법의 광원부에서 사용하는 가시부와 근적외부의 광원은?

㉮ 중수소방전관
㉯ 광전자증배관
㉰ 텅스텐램프
㉱ 석영방전관

풀이 자외선/가시선 분광법의 광원
① 가시부와 근적외부 : 텅스텐램프
② 자외부 : 중수소방전관

65 대상폐기물의 양이 1,400톤의 경우 시료의 최소 수는?

㉮ 60   ㉯ 50
㉰ 40   ㉱ 30

풀이 대상폐기물의 양과 시료의 최소 수

대상폐기물의 양 (ton)	시료 최소 수	대상폐기물의 양 (ton)	시료 최소 수
1 미만	6	100 이상~ 500 미만	30
1 이상~5 미만	10	500 이상~ 1,000 미만	36
5 이상~30 미만	14	1,000 이상~ 5,000 미만	50
30 이상~ 100 미만	20	5,000 이상	60

66 다음은 원자흡수분광도법에 의한 비소를 정량하는 방법에 대한 내용으로 틀린 것은?

㉮ 액상폐기물 또는 용출용액 중에 비소의 분석에 적용하며, 정량한계는 0.05mg/L이다.
㉯ 아연 또는 나트륨붕소수화물을 넣어 수소화비소를 발생시킨다.
㉰ 불꽃은 아르곤 - 수소 조합을 사용한다.
㉱ 193.7nm에서 흡광도를 측정한다.

풀이 ㉮ 액상폐기물 또는 용출용액 중에 비소의 분석에 적용하며, 정량한계는 0.005mg/L이다.

67 수소이온농도(pH)-유리전극법에 대한 내용으로 틀린 것은?

㉮ pH 측정기는 유리전극 및 비교전극으로 된 검출기와 온도보정을 위한 조절부로 구성되어 있다.
㉯ 내부정도관리 주기 및 목표는 시료를 측정하기 전에 표준용액 2개 이상으로 보정한다.
㉰ pH 표준용액의 보관은 경질유리병 또는 폴리에틸렌병에 한다.
㉱ pH 측정기는 표준용액에 대하여 검출부를 정제수로 잘 씻은 다음 5회 되풀이하여 pH를 측정했을 때 재현성이 ± 0.05 이내이어야 한다.

풀이 ㉮ pH 측정기는 보통 유리전극 및 기준전극으로 된 검출기와 검출된 pH를 지시하는 지시부로 구성되어 있다.

68 흡광도 측정 시 입사광의 강도에 대한 투사광의 강도가 50%이었다면 흡광도는?

㉮ 0.3   ㉯ 0.4
㉰ 0.5   ㉱ 0.6

풀이 흡광도(A) $= \log \dfrac{1}{t(투과도)} = \log \dfrac{1}{0.50} = 0.301$

TIP
① 투과율 + 흡수율 = 100%
② 투과율 = 100 - 흡수율(%)

answer 64 ㉰ 65 ㉯ 66 ㉮ 67 ㉮ 68 ㉮

69 유기인을 기체크로마토그래피로 분석할 때 사용하는 검출기로 틀린 것은?

㉮ 열전도도 검출기
㉯ 질소인 검출기
㉰ 전자포획 검출기
㉱ 불꽃광도검출기

풀이 유기인을 기체크로마토그래피로 분석할 때 사용하는 검출기는 불꽃광도 검출기, 질소인 검출기, 알칼리열이온화 검출기, 전자포획 검출기이다.

70 다음 중 비소-자외선/가시선 분광법에 대한 내용으로 틀린 것은?

㉮ 정량한계는 0.002mg이다.
㉯ 적자색의 흡광도를 530nm에서 측정한다.
㉰ 시료에 다량의 비스무트(Bi)가 공존하면 시안화칼륨용액으로 수회 씻으면 무색이 된다.
㉱ 시료 중 다량의 철과 망간을 함유하는 경우 디티존에 의한 카드뮴추출이 불완전하다.

풀이 ㉰ 시료에 다량의 비스무트(Bi)가 공존하면 시안화칼륨용액으로 수회 씻어도 무색이 되지 않는다.

71 다음 중 시료채취에 대한 내용으로 틀린 것은?

㉮ 채취용기는 시료를 변질시키거나 흡착하지 않는 것이어야 하며 기밀하고 누수나 흡습성이 없어야 한다.
㉯ 노말헥산추출물질, 유기인, 폴리클로리네이티드비페닐, 휘발성 저급염소화 탄화수소류는 갈색경질 유리병만 사용한다.
㉰ 시료용기에는 폐기물의 명칭, 대상폐기물의 양, 채취장소, 채취시간 및 일기, 시료번호, 채취책임자 이름, 시료의 양, 채취방법 등을 기재한다.
㉱ 시료 중에 다른 물질의 혼입이나 성분의 손실을 방지하기 위하여 밀봉할 수 있는 마개를 사용하여 코르크 마개를 사용한다.

풀이 ㉱ 시료 중에 다른 물질의 혼입이나 성분의 손실을 방지하기 위하여 밀봉할 수 있는 마개를 사용하여 코르크 마개를 사용해서는 안된다. 다만, 고무나 코르크 마개에 파라핀지, 유지 또는 셀로판지를 씌워 사용할 수도 있다.

72 소각재가 적재되어 있는 운반차량에서 시료를 채취하는 경우 6톤의 차량에 적재된 적재폐기물을 평면상 몇 등분하여 시료를 채취하는가?

㉮ 2등분   ㉯ 3등분
㉰ 6등분   ㉱ 9등분

풀이 운반차량에서 시료채취
① 5톤 미만 : 6등분
② 5톤 이상 : 9등분

73 폐기물공정시험기준상 시료를 채취할 때 시료의 양은 1회에 최소 얼마 이상 채취하여야 하는가?

㉮ 100g 이상   ㉯ 200g 이상
㉰ 500g 이상   ㉱ 1,000g 이상

풀이 시료채취의 양
① 일반시료인 경우 : 100g 이상
② 소각재인 경우 : 500g 이상

answer 69 ㉮ 70 ㉰ 71 ㉱ 72 ㉱ 73 ㉮

74 시료 3,000g에 대하여 원추4분법을 5회 조작할 때 시료의 양(g)은?

㉮ 31.3g ㉯ 62.5g
㉰ 93.8g ㉱ 125.5g

풀이 시료의 양
$= 전체시료량(g) \times \left(\dfrac{1}{2}\right)^{횟수}$
$= 3,000g \times \left(\dfrac{1}{2}\right)^5 = 93.75g$

75 용출실험의 결과에서 시료 중의 수분함량을 보정하기 위해 곱하는 식으로 알맞은 것은? (단, 시료의 함수율이 85% 이상인 경우에 한함)

㉮ $\dfrac{15}{100 - 시료의 함수율(\%)}$

㉯ $\dfrac{100 - 시료의 함수율(\%)}{15}$

㉰ $\dfrac{시료의 함수율(\%) - 15}{100}$

㉱ $\dfrac{100}{시료의 함수율(\%) - 15}$

76 유기물을 높은 비율로 함유하고 있으면서 산화분해가 어려운 시료들에 적용하는 산분해법은?

㉮ 질산 분해법
㉯ 질산 - 염산 분해법
㉰ 질산 - 과염소산 분해법
㉱ 질산 - 황산 분해법

풀이 ㉰ 질산-과염소산 분해법에 대한 내용이며, 암기법은 "과연 산분해가 어려운"임을 숙지하시면 됩니다.

77 폐기물공정시험기준상 총칙에서 규정하고 있는 내용 중 알맞은 것은?

㉮ 약 : 기재된 양에 대하여 ±5% 이상의 차가 있어서는 안된다.
㉯ 감압 또는 진공 : 따로 규정이 없는 한 20mmHg 이하를 말한다.
㉰ 방울수 : 20℃에서 정제수를 10방울을 적하할 때 그 부피가 약 1mL가 되는 것을 뜻한다.
㉱ 정확히 취하여 : 규정한 양의 액체를 홀피펫으로 눈금까지 취하는 것을 뜻한다.

풀이 ㉮ 약 : 기재된 양에 대하여 ±10% 이상의 차가 있어서는 안된다.
㉯ 감압 또는 진공 : 따로 규정이 없는 한 15mmHg 이하를 말한다.
㉰ 방울수 : 20℃에서 정제수를 20방울을 적하할 때 그 부피가 약 1mL가 되는 것을 뜻한다.

78 분쇄한 대시료를 단단하고 깨끗한 평면위에 원추형으로 쌓는다. → 원추를 장소를 바꾸어 다시 쌓는다. → 원추에서 일정량을 취하여 장방형으로 도포하여 계속해서 일정량을 취하여 그 위에 입체를 쌓는다. → 육면체의 측면을 교대로 돌면서 균등량씩을 취하여 두개의 원추를 쌓는다. → 하나의 원추는 버리고 나머지 원추를 앞의 조작을 반복하면서 적당한 크기를 줄이는 시료의 분할채취방법은?

㉮ 구획법 ㉯ 교호삽법
㉰ 원추4분법 ㉱ 사각분할법

풀이 ㉯ 교호삽법에 대한 내용이며, 핵심 내용인 "원추형, 육면체, 원추쌓기=교호삽법"임을 숙지하시면 됩니다.

answer 74 ㉰ 75 ㉮ 76 ㉰ 77 ㉱ 78 ㉯

79 함수율 83%인 폐기물은 다음 중 어떤 폐기물에 해당하는가?

㉮ 유기성폐기물 ㉯ 액상폐기물
㉰ 반고상폐기물 ㉱ 고상폐기물

풀이 고형물 = 100 − 함수율(%) = 100 − 83% = 17% 이므로 고상폐기물이다.

TIP
폐기물의 분류
① 액상폐기물 : 고형물의 함량이 5% 미만
② 반고상폐기물 : 고형물의 함량이 5% 이상 15%미만
③ 고상폐기물 : 고형물의 함량이 15% 이상

80 기름성분–중량법으로 측정하기 위한 노말헥산추출 시험방법에서 pH를 4이하로 조절하는 시약은?

㉮ 황산(1+1)   ㉯ 염산(1+1)
㉰ 질산(1+1)   ㉱ 과염소산(1+1)

풀이 노말헥산추출 시험방법의 핵심 내용
① 지시약 : 메틸오렌지(0.1%) 2 ~ 3방울
② 종말점 : 황색 → 적색
③ 적정시약 : 염산(1+1)로 pH 4 이하로 조절

answer 79 ㉱ 80 ㉯

2024 3회 CBT 복원문제

제1과목 | 폐기물개론

01 폐기물 발생량 예측방법 중 쓰레기 배출에 영향을 주는 모든 인자를 시간에 대한 함수로 나타낸 후 시간에 대한 함수로 각 영향 인자들 간에 상관관계를 수식화한 것은?

㉮ 다중회귀모델 ㉯ 동적모사모델
㉰ 경향모델 ㉱ 물질수지모델

풀이 ㉯ 동적모사모델에 대한 내용이며, 핵심 내용인 "각 영향인자들 간에 상관관계를 수식화=동적모사모델"임을 숙지하시면 됩니다.

02 다음 중 폐기물 발생량의 조사방법 중 직접계근법에 대한 내용으로 틀린 것은?

㉮ 입구에서 쓰레기가 적재되어 있는 차량과 출구에서 쓰레기를 적하한 공차량을 계근하여 쓰레기량을 산출하는 방법이다.
㉯ 비교적 정확한 발생량을 파악할 수 있다.
㉰ 작업량이 많고 번거로운 폐기물의 발생량 조사방법이다.
㉱ 주로 산업폐기물의 발생량 추산에 이용된다.

풀이 ㉱번은 물질수지법에 대한 내용이며, 직접계근법은 국내 대형소각장 및 위생매립장에 반입되는 쓰레기의 양을 측정하는데 이용한다.

03 폐기물의 성상분석 단계로 가장 알맞은 것은?

㉮ 건조 → 물리적 조성 분석 → 분류(가연·불연성) → 절단 및 분쇄 → 화학적 조성 분석
㉯ 건조 → 분류(가연·불연성) → 물리적 조성 분석 → 발열량 측정 → 화학적 조성 분석
㉰ 밀도 측정 → 물리적 조성 분석 → 건조 → 분류(가연·불연성) → 절단 및 분쇄 → 화학적 조성 분석
㉱ 밀도 측정 → 전처리 → 물리적 조성 분석 → 분류(가연·불연성) → 건조 → 화학적 조성 분석

풀이 폐기물의 성상분석 절차 순서는 시료 → 밀도 측정 → 물리적 조성 분석 → 건조 → 분류(가연성, 불연성) → 전처리(절단 및 분쇄) → 화학적 조성분석 순이다.

04 다음 중 폐기물 발생의 특징으로 틀린 것은?

㉮ 부엌용 분쇄기를 사용할 경우 음식쓰레기 발생량이 제한적으로 감소한다.
㉯ 생활수준이 증가할수록 쓰레기의 종류는 다양화되고 발생량은 증가한다.
㉰ 쓰레기 발생량은 주방쓰레기량에 영향을 많이 받으므로 엥겔지수가 높은 서민층의 쓰레기가 부유층보다 많다.
㉱ 쓰레기를 수거해 가는 빈도수가 많을수

answer 01 ㉯ 02 ㉱ 03 ㉰ 04 ㉰

록, 쓰레기통의 크기가 클수록 발생량은 증가한다.

풀이 ㉰ 쓰레기 발생량은 주방쓰레기량에 영향을 많이 받으므로 엥겔지수가 높은 서민층의 쓰레기가 부유층보다 적다.

05 다음 중 분뇨의 특징으로 틀린 것은?

㉮ 분뇨는 하수슬러지에 비해 협잡물, 염분, 질소의 농도가 높다.
㉯ 다량의 휘발성고형물을 포함하여 고액분리가 용이하다.
㉰ 우리나라 도시의 분뇨 수거량은 1인 1일당 0.9~1.2L이다.
㉱ 분뇨 내 협잡물의 양과 질은 도시, 농촌, 공장지대 등 발생지역에 따라 그 차이가 크다.

풀이 ㉯ 다량의 휘발성고형물을 포함하여 고액분리가 어렵다.

06 약간 경사진 판에 진동을 주어 무거운 것이 빨리 경사판 위로 올라가는 원리를 이용한 폐기물 선별장치는?

㉮ Stoners   ㉯ Secators
㉰ Bed separator ㉱ Jigs

풀이 ㉮ 스토너(Stoners)에 대한 내용이며, 핵심 내용인 "무거운 것이 빨리 경사판 위로 올라가는 원리=스토너"임을 숙지하시면 됩니다.

07 폐기물 압축기에 대한 내용으로 틀린 것은?

㉮ 백압축기의 처리능력은 대부분이 5~34m^3/hr이다.
㉯ 회전식 압축기는 회전판 위에 열려진 상태로 놓여 있는 백과 압축피스톤의 조합으로 구성되어 있다.
㉰ 고정식 압축기는 주로 유압에 의해 압축시키며 압축방법에 따라 회분식과 연속식으로 나눈다.
㉱ 수직식 또는 소용돌이식 압축기는 기계적 작동이나 유압 또는 공기압에 의해 작동하는 압축피스톤을 가지고 있다.

풀이 ㉰ 고정식 압축기는 주로 수압에 의해 압축시키며, 압축방법에 따라 수평식과 수직식으로 나눈다.

08 고형폐기물의 파쇄처리로 기대할 수 있는 효과가 아닌 것은?

㉮ 용적의 감소
㉯ 겉보기 비중의 감소
㉰ 폐기물 소각시 연소효율 증가
㉱ 입경분포의 균일화

풀이 ㉯ 겉보기 비중의 증가

answer 05 ㉯ 06 ㉮ 07 ㉰ 08 ㉯

09 고형분이 50%인 음식쓰레기 5ton을 소각하기 위해 수분함량을 25%가 되도록 건조시켰다. 이 건조 음식쓰레기의 질량은? (단, 쓰레기 비중 1.0 기준)

㉮ 3.1ton ㉯ 3.3ton
㉰ 4.2ton ㉱ 4.6ton

풀이
$W_1 \times TS_1 = W_2 \times (100 - P_2)$
여기서 W_1 : 건조 전 음식쓰레기(ton)
TS_1 : 건조 전 고형분(%)
W_2 : 건조 후 음식쓰레기(ton)
P_2 : 건조 후 함수율(%)
$5\text{ton} \times 50\% = W_2 \times (100 - 25\%)$
$\therefore W_2 = \dfrac{5\text{ton} \times 50\%}{(100-25\%)} = 3.33\text{ton}$

10 일반적으로 적환장을 설치하는 경우로 틀린 것은?

㉮ 고밀도 거주지역이 존재할 때
㉯ 상업지역에서 폐기물 소집에 소형 용기를 많이 사용할 때
㉰ 불법투기와 다량의 어질러진 쓰레기들이 발생할 때
㉱ 처분지가 수집장소로부터 멀리 떨어져 있을 때

풀이 ㉮ 저밀도 거주지역이 존재할 때

11 수거노선을 설정할 때의 일반적 유의사항으로 틀린 것은?

㉮ 될 수 있는 한 한번 간 길은 다시 가지 않는다.
㉯ 언덕지역에서는 언덕의 꼭대기에서부터 시작하여 적재하면서 차량이 아래로 진행하도록 한다.
㉰ U자형 회전을 이용하여 수거한다.
㉱ 가능한 한 시계방향으로 수거노선을 정한다.

풀이 ㉰ U자형 회전을 피해서 수거한다.

12 폐기물 발생량 예측방법으로 틀린 것은?

㉮ 경향법(trend method)
㉯ 다중회귀모델(multiple regression model)
㉰ 동적모사모델(dynamic simulation model)
㉱ 물질수지법(material balance model)

풀이 폐기물의 발생량
① 예측방법 : 다중회귀모델, 동적모사모델, 경향모델
② 조사방법 : 물질수지법, 직접계근법, 적재차량계수법, 통계조사법
③ 암기법 : 예측은 다중이 동적으로 경향을 파악하고 / 조사는 물질을 직접 적재한 통계로 한다.

13 다음의 폐기물의 관리단계 중 비용이 가장 많이 소요되는 단계는?

㉮ 중간처리단계
㉯ 수거 및 운반단계
㉰ 중간처리된 폐기물의 수송단계
㉱ 최종처리단계

풀이 폐기물의 관리단계 중 비용이 가장 많이 소요되는 단계는 수거 및 운반단계이며, 전체비용의 60% 이상을 차지한다.

answer 09 ㉯ 10 ㉮ 11 ㉰ 12 ㉱ 13 ㉯

14 다음 중 MHT에 대한 내용으로 틀린 것은?

㉮ 1ton의 쓰레기를 수거하는데 수거인부 1인이 소요하는 총시간을 의미한다.
㉯ 수거작업간의 노동력을 비교하기 위한 것이다.
㉰ MHT의 단위는 man/hr · ton이다.
㉱ MHT가 클수록 수거효율이 낮다.

풀이 ㉰ MHT의 단위는 man·hr/ton이다.

15 다음 중 관거를 이용한 공기수송에 대한 내용으로 틀린 것은?

㉮ 수송관에서 발생하는 소음에 대한 방지시설이 필요하다.
㉯ 공기의 동압에 의해 쓰레기를 수송한다.
㉰ 진공수송의 경제적인 거리는 약 5km이고, 가압수송의 경제적인 거리는 약 2km이다.
㉱ 가압수송은 송풍기로 쓰레기를 불어서 수송하는 방식이며, 고층주택밀집지역에 적합하다.

풀이 ㉰ 진공수송의 경제적인 거리는 약 2km이고, 가압수송의 경제적인 거리는 약 5km이다.

16 가로의 청결상태를 기준으로 청소상태를 평가하는 것은?

㉮ CEI   ㉯ TUM
㉰ USI   ㉱ GFE

풀이 청소상태의 평가법
① CEI : 가로의 청소상태를 기준으로 하는 지역사회 효과지수
② USI : 서비스를 받는 시민들의 만족도를 설문조사하여 나타낸 사용자 만족도 지수

17 다음의 폐기물 파쇄에너지 산정 공식을 흔히 무슨 법칙이라 하는가? (단, n = 1)

$$E = C \cdot \ln\left(\frac{dp_1}{dp_2}\right)$$

여기서, E : 폐기물 파쇄에너지
C : 상수
dp_1 : 초기 폐기물 크기
dp_2 : 최종 폐기물 크기

㉮ 리팅거(Rittinger) 법칙
㉯ 본드(Bond) 법칙
㉰ 킥(Kick) 법칙
㉱ 로신(Rosin) 법칙

풀이 ㉰ 킥(Kick) 법칙에 대한 내용이다.

18 다음 조건을 가진 지역의 일일 최소 쓰레기 수거횟수는?

[조건]
• 발생쓰레기 밀도 : 600 kg/m³
• 발생량 : 1.2 kg/인·일
• 수거대상 : 200,000인
• 차량대수 : 4대(동시 사용)
• 차량 적재 용적 : 20 m³
• 적재함 이용률 : 70%
• 압축비 : 2
• 수거인부 : 10명

㉮ 2회   ㉯ 4회
㉰ 6회   ㉱ 8회

풀이 수거횟수
$$= \frac{쓰레기\ 발생량}{쓰레기\ 수거량 \times \frac{적재함이용율(\%)}{100}} \times \frac{1}{압축비}$$

answer 14 ㉰   15 ㉰   16 ㉮   17 ㉰   18 ㉯

$$= \frac{1.2 \text{kg/인} \cdot \text{일} \times 200{,}000 \text{인}}{20\text{m}^3/\text{대} \times 4\text{대}/1\text{회} \times 600\text{kg/m}^3 \times 0.7} \times \frac{1}{2}$$
$$= 3.57 = 4 \text{회}$$

19 다음 중 충격파쇄기에 대한 내용으로 틀린 것은?

㉮ 연성이 있는 폐기물처리에는 부적합하다.
㉯ 유리나 목질류의 파쇄에 적합하다.
㉰ 파쇄시 먼지, 소음, 진동, 폭발의 위험이 있다.
㉱ 대량의 폐기물 처리에 불리하다.

풀이 ㉱ 대량의 폐기물 처리에 유리하다.

20 다음 중 폐기물의 관리체계 중 감량화 대책 중 발생원 대책으로 틀린 것은?

㉮ 식단제 개선
㉯ 분리수거 실시
㉰ 포장재 절약
㉱ 재생이용

풀이 ㉱ 재생이용은 발생 후 대책에 해당한다.

| 제2과목 | 폐기물 재활용 및 자원화 기술

21 토양수분의 물리학적 분류 중 결합수에 대한 내용으로 틀린 것은?

㉮ 토양분자 중에 존재하는 수분으로 화학적으로 결합되어 있다.
㉯ pF는 4.5 이상이다.
㉰ 식물의 성장에 직접 이용될 수 없는 물이다.
㉱ 토양 수분장력이 가장 큰 물이다.

풀이 ㉯ pF는 7.0 이상이다.

22 점토가 매립지의 차수막으로 적합하기 위한 기준으로 틀린 것은?

㉮ 점토 및 미사토 함유량 : 20% 이상
㉯ 소성지수 : 10% 이상 30% 미만
㉰ 액성한계 : 30% 이상
㉱ 직경이 2.5cm 이상인 입자 함유량 : 5% 미만

풀이 ㉱ 직경이 2.5cm 이상인 입자 함유량 : 0% 미만

23 폐기물 고형화 방법 중 배기가스를 탈황시킬 때 발생되는 슬러지(FGD 슬러지)의 처리에 많이 이용되는 것은?

㉮ 자가 시멘트법
㉯ 시멘트 기초법
㉰ 석회 기초법
㉱ 피막형성법

풀이 ㉮ 자가 시멘트법에 대한 내용이며, 핵심 내용인 "탈황 슬러지 = 자가 시멘트법"임을 숙지하시면 됩니다.

answer 19 ㉱ 20 ㉱ 21 ㉯ 22 ㉱ 23 ㉮

24 함수율이 97%, 총고형물 중의 유기물이 80%인 고형물을 소화조에 200 m³/day의 율로 투입하여 유기물의 2/3가 가스화 또는 액화 후 함수율 95%인 소화슬러지가 얻어졌다고 한다. 소화슬러지량은?
(단, 슬러지의 비중은 1.0이다.)

㉮ 48 m³/day ㉯ 56 m³/day
㉰ 75 m³/day ㉱ 84 m³/day

풀이 소화 후 슬러지량(m^3/day)
$= (VS + FS) \times \dfrac{100}{100 - P(\%)}$

① 소화 후 VS량(m^3/day)
$= 200 m^3/day \times 0.03 \times 0.80 \times \left(1 - \dfrac{2}{3}\right) = 1.6 m^3/day$

② 소화 후 FS량(m^3/day)
$= 200 m^3/day \times 0.03 \times 0.20 = 1.2 m^3/day$

③ 소화 후 슬러지량(m^3/day)
$= (1.6 + 1.2) m^3/day \times \dfrac{100}{100 - 95} = 56 m^3/day$

TIP
① 고형물(TS) = 100-함수율(%) = 100-97% = 3%
② VS(휘발성고형물 = 유기물) = 80%
③ FS(잔류성 고형물 = 무기물) = 100%-80% = 20%

25 다음 중 퇴비화의 특징에 대한 내용으로 틀린 것은?

㉮ 초기 시설 투자가 적다.
㉯ 운영시에 소요되는 에너지가 낮다.
㉰ 생산된 퇴비는 비료의 가치가 낮다.
㉱ 퇴비가 완성되면 부피가 크게 감소된다.

풀이 ㉱ 퇴비가 완성되어도 부피가 크게 감소되지 않는다.(감용율 50% 이하)

26 시멘트를 이용한 유해폐기물 고화처리시 압축강도, 투수계수, 물/시멘트비(water/cementratio) 사이의 관계를 바르게 설명한 것은?

㉮ 물/시멘트비는 투수계수에 영향을 주지 않는다.
㉯ 압축강도와 투수계수 사이는 정비례한다.
㉰ 물/시멘트비가 낮으면 투수계수는 증가한다.
㉱ 물/시멘트비가 높으면 압축강도는 낮아진다.

풀이 ㉮ 물/시멘트비는 투수계수에 영향을 준다.
㉯ 압축강도와 투수계수 사이는 반비례한다.
㉰ 물/시멘트비가 낮으면 투수계수는 감소한다.

27 슬러지를 처리하는 방법 중 호기성소화의 특징으로 틀린 것은?

㉮ 소화슬러지량이 많이 발생한다.
㉯ 소화 슬러지의 탈수성이 양호하다.
㉰ 비료의 가치가 크다.
㉱ 상층액의 BOD 농도가 낮다.

풀이 ㉯ 소화 슬러지의 탈수성이 불량하다.

answer 24 ㉯ 25 ㉱ 26 ㉱ 27 ㉯

28 유해성 물질(지정폐기물)을 고형화하는 열중합체법에 대한 내용으로 틀린 것은?

㉮ 광범위하고 복잡한 장치, 숙련된 기술이 필요하다.
㉯ 용출 손실률은 시멘트 기초법에 비해 상당히 낮다.
㉰ 수분을 포함한 상태에서 고형화되므로 전체 부피가 증가한다.
㉱ 높은 온도에서 분해되는 물질은 사용할 수 없다.

> **풀이** ㉰ 수분을 제외한 상태에서 고형화되므로 전체부피가 감소한다.

29 합성차수막의 종류 중 PVC(Polyvinyl Chloride)에 대한 내용으로 틀린 것은?

㉮ 강도가 크다.
㉯ 접합이 용이하다.
㉰ 대부분의 유기화학물질에 약하다.
㉱ 자외선, 오존, 기후에 강하다.

> **풀이** ㉱ 자외선, 오존, 기후에 약하다.

30 다음 중 연직차수막과 표면차수막의 비교한 내용으로 틀린 것은?

㉮ 표면차수막은 매립 전에는 보수가 가능하나 매립 후에는 어렵다.
㉯ 표면차수막은 단위면적당 공사비는 비싸지만 총공사비는 싸다.
㉰ 연직차수막은 지하에 매설하기 때문에 차수성의 확인이 어렵다.
㉱ 연직차수막은 지하수 집배수시설이 필요 없다.

> **풀이** ㉯ 표면차수막은 단위면적당 공사비는 싸지만 매립지 전체를 시공하는 경우가 많아 총공사비는 비싸다.

TIP
연직차수막과 표면차수막의 비교

	연직차수막	표면차수막
차수성 확인	지하에 매설하기 때문에 확인이 어렵다.	시공 시에는 가능하나 매립 후에는 곤란하다.
경제성	단위면적당 공사비가 비싼 반면 총공사비는 싸다.	단위면적당 공사비는 싸지만 매립지 전체를 시공하는 경우가 많아 총공사비는 비싸다.
보수성	차수막 보강시공이 가능	매립 전에는 가능하나 매립 후에는 어렵다.
지하수 집배수 시설	필요 없다.	필요하다.

31 쓰레기를 수평으로 고르게 깔아서 압축한 다음 그 위에 복토를 하여 쓰레기와 복토를 번갈아 하면서 쌓는 매립방법은?

㉮ 샌드위치 공법 ㉯ 셀 공법
㉰ 압축매립 공법 ㉱ 도랑형 공법

> **풀이** ㉮ 샌드위치 공법에 대한 내용이며, 핵심 내용인 "쓰레기와 복토를 번갈아 쌓는 방식=샌드위치 공법" 임을 숙지하시면 됩니다.

32 다음 중 석회 기초법에 대한 내용으로 틀린 것은?

㉮ pH가 낮을 경우 폐기물 성분의 용출가능성이 증가한다.
㉯ 두 가지 폐기물을 동시에 처리할 수 있다.
㉰ 석회-포졸란 화학반응이 간단하고 용이하다.

answer 28 ㉰ 29 ㉱ 30 ㉯ 31 ㉮ 32 ㉱

㉣ 탈수가 필요하다.

풀이 ㉣ 탈수가 필요 없다.

33 다음 중 인공복토재의 조건으로 틀린 것은?

㉮ 투수계수가 높아야 한다.
㉯ 연소가 잘 되지 않아야 한다.
㉰ 생분해가 가능해야 한다.
㉱ 살포가 용이해야 한다.

풀이 ㉮ 투수계수가 낮아야 한다.

34 침출수가 점토층을 통과하는데 소요되는 시간을 계산하는 식으로 알맞은 것은? (단, t : 통과시간(year), d : 점토층 두께 (m), h : 침출수 수두(m), k : 투수계수 (m/year), n : 유효공극률)

㉮ $t = \dfrac{nd^2}{k(d+h)}$ ㉯ $t = \dfrac{dn}{k(d+h)}$

㉰ $t = \dfrac{nd^2}{k(2d+h)}$ ㉱ $t = \dfrac{nd^2}{k(2h+d)}$

35 합성차수막인 CSPE에 대한 내용으로 틀린 것은?

㉮ 미생물에 강하다.
㉯ 기름, 탄화수소 및 용매류에 약하다.
㉰ 접합이 용이하다.
㉱ 산과 알칼리에 특히 약하다.

풀이 ㉱ 산과 알칼리에 특히 강하다.

36 함수율이 90%인 슬러지의 겉보기 비중이 1.02이었다. 이 슬러지를 진공여과기로 탈수하여 함수율이 60%인 슬러지를 얻었다면 이 슬러지가 갖는 겉보기 비중은? (단, 물의 비중은 1.0)

㉮ 1.065 ㉯ 1.085
㉰ 1.125 ㉱ 1.145

풀이
$$\dfrac{1}{\rho_{SL}} = \dfrac{W_{TS}}{\rho_{TS}} + \dfrac{W_P}{\rho_P}$$

여기서 ρ_{SL} : 슬러지의 겉보기 비중
ρ_{TS} : 고형물의 비중
W_{TS} : 고형물의 함량
ρ_P : 수분의 비중
W_P : 수분의 함량

① $\dfrac{1}{1.02} = \dfrac{0.1}{\rho_{TS}} + \dfrac{0.9}{1.0}$

∴ $\rho_{TS} = 1.2439$

② $\dfrac{1}{\rho_{SL}} = \dfrac{0.40}{1.2439} + \dfrac{0.60}{1.0} = 0.92157$

∴ $\rho_{SL} = \dfrac{1}{0.92157} = 1.0851$

TIP
고형물(TS) = 100 − 수분(%)

37 다음 중 바이오벤팅(Bioventing)의 특징으로 틀린 것은?

㉮ 배출가스의 추가비용이 없다.
㉯ 주로 포화층에 적용한다.
㉰ 장치가 간단하고 설치가 용이하다.
㉱ 추가적인 영양염류의 공급이 필요하다.

풀이 ㉯ 주로 불포화층에 적용한다.

answer 33 ㉮ 34 ㉮ 35 ㉱ 36 ㉯ 37 ㉯

38 다음 중 Fenton 산화법의 특징으로 틀린 것은?

㉮ Fenton액은 철염과 과산화수소수를 포함한다.
㉯ 슬러지 생산량이 많아질 수 있다.
㉰ COD는 감소하고 BOD는 증가한다.
㉱ 최적반응을 위해 침출수 pH를 8~12로 조정한다.

풀이 ㉱ 최적반응을 위해 침출수 pH를 3~5로 조정한다.

39 호기성 퇴비화 공정의 설계·운영 고려인자에 대한 내용으로 틀린 것은?

㉮ 공기의 채널링이 원활하게 발생하도록 반응기간 동안 규칙적으로 교반하거나 뒤집어 주어야 한다.
㉯ 퇴비단의 온도는 초기 며칠간은 50~55℃를 유지하여야 하며 활발한 분해를 위해서는 55~60℃가 적당하다.
㉰ 퇴비화 기간 동안 수분함량은 50~60% 범위에서 유지되어야 한다.
㉱ 초기 C/N비는 25~50이 적정하다.

풀이 ㉮ 공기의 채널링(단회로)이 발생하지 않도록 반응기간 동안 규칙적으로 교반하거나 뒤집어 주어야 한다.

40 인구가 400,000명인 도시의 쓰레기배출원 단위가 1.2 kg/인·day이고, 밀도는 0.45 ton/m³ 으로 측정되었다. 쓰레기를 분쇄하여 그 용적이 2/3로 되었으며, 분쇄된 쓰레기를 다시 압축하면서 또다시 1/3 용적이 축소되었다. 분쇄만 하여 매립할 때와 분쇄, 압축한 후에 매립할 때에 두 경우의 연간 매립소요면적의 차이(m^2)는? (단, Trench 깊이는 4m이며 기타 조건은 고려 안함)

㉮ 약 12,820 ㉯ 약 16,230
㉰ 약 21,630 ㉱ 약 28,540

풀이 매립면적(m^2/년)
$$= \frac{\text{폐기물 발생량}(kg/년) \times (1-\text{부피감소율})}{\text{밀도}(kg/m^3) \times \text{깊이}(m)}$$

① 분쇄만 한 매립면적(m^2/년)
$$= \frac{1.2kg/\text{인}\cdot\text{일} \times 400,000\text{인} \times 365\text{일}/\text{년} \times \frac{2}{3}}{450kg/m^3 \times 4m}$$
$$= 64,888.89m^2$$

② 분쇄와 압축한 경우의 매립면적
$$= 64,888.89m^2 \times \left(1-\frac{1}{3}\right) = 43,259.26m^2$$

③ 소요면적 차 $= 64,888.89m^2 - 43,259.26m^2$
$$= 21,629.63m^2$$

answer 38 ㉱ 39 ㉮ 40 ㉰

| 제3과목 | 폐기물 처분기술

41 다음 중 고체연료의 특징으로 틀린 것은?

㉮ 가격이 저렴하다.
㉯ 액체연료에 비해 수소의 함유량이 적다.
㉰ 점화와 소화가 용이하다.
㉱ 인화, 폭발의 위험성이 적다.

풀이 ㉰ 점화와 소화가 용이하지 못하다.

42 다음 중 석유류의 특징으로 틀린 것은?

㉮ 비중이 커지면 탄수소비, 인화점, 점도, 매연 발생량이 감소한다.
㉯ 점도가 작아지면 인화점, 끓는점이 낮아지고, 유동성이 좋아져 분무화가 잘 된다.
㉰ 석유류의 증기압이 큰 것은 착화점이 낮아서 위험하다.
㉱ 인화점이 낮은 경우에는 역화의 위험성이 있다.

풀이 ㉮ 비중이 커지면 탄수소비, 인화점, 점도, 매연 발생량이 증가한다.

43 쓰레기 소각로를 설계하기 위한 쓰레기 발열량 기준이 500kcal/kg이고, 쓰레기량은 100ton/day이라고 하면, 로내 열부하가 $10^5 kcal/m^3 \cdot hr$인 연속식 소각로의 용적은?

㉮ 약 $21 m^3$ ㉯ 약 $37 m^3$
㉰ 약 $45 m^3$ ㉱ 약 $52 m^3$

풀이 로내 열부하($kcal/m^3 \cdot hr$)

$= \dfrac{발열량(kcal/kg) \times 쓰레기량(kg/hr)}{소각로의 용적(m^3)}$

$10^5 kcal/m^3 \cdot hr$

$= \dfrac{500 kcal/kg \times 100 \times 10^3 kg/day \times 1 day/24hr}{소각로의 용적(m^3)}$

∴ 소각로의 용적

$= \dfrac{500 kcal/kg \times 100 \times 10^3 kg/day \times 1 day/24hr}{10^5 kcal/m^3 \cdot hr}$

$= 20.83 m^3$

44 다음 내용으로 알맞은 법칙은?

> 반응열의 양은 반응이 일어나는 과정에 무관하고, 반응 전후에 있어서의 물질 및 그 상태에 의하여 결정된다.

㉮ Graham의 법칙
㉯ Dalton의 법칙
㉰ Hess의 법칙
㉱ Le Chateller의 법칙

풀이 ㉰ Hess의 법칙에 대한 내용이며, 핵심 내용인 "반응열의 양은 반응 전후의 물질 및 상태에 의해 결정=헤스의 법칙"임을 숙지하시면 됩니다.

45 다음 중 석탄의 탄화도에 대한 내용으로 틀린 것은?

㉮ 석탄의 탄화도가 증가하면 고정탄소는 증가한다.
㉯ 석탄의 탄화도가 증가하면 발열량은 증가한다.
㉰ 석탄의 탄화도가 증가하면 착화온도는 증가한다.
㉱ 석탄의 탄화도가 증가하면 휘발분은 증

answer 41 ㉰ 42 ㉮ 43 ㉮ 44 ㉰ 45 ㉱

가한다.

풀이 ㉰ 석탄의 탄화도가 증가하면 휘발분은 감소한다.

TIP
석탄의 탄화도가 증가하면
① 고정탄소, 발열량, 착화온도, 연료비는 증가
② 매연 발생량, 비열, 휘발분, 수분, 산소의 양, 연소 속도는 감소

46 다음과 같은 특성을 갖는 액상폐기물을 완전연소시켰을 때 이론적인 연소온도(℃)는?

[폐기물 특성]
• 쓰레기 저위발열량 : 2,500 kcal/Sm³
• 연료의 이론연소가스량 : 8 Sm³/Sm³
• 연소가스의 평균 정압비열 : 0.25 kcal/Sm³·℃
• 기준온도 : 0℃

㉮ 1,250℃ ㉯ 1,350℃
㉰ 1,450℃ ㉱ 1,550℃

풀이 $Hl = G \times C \times (t_2 - t_1)$

여기서 Hl : 저위발열량(kcal/Sm³)
G : 연소가스량(Sm³/Sm³)
C : 평균정압비열(kcal/Sm³·℃)
t_2 : 이론연소온도(℃)
t_1 : 기준온도(℃)

따라서

$t_2 = \dfrac{Hl}{G \times C} + t_1$

$= \dfrac{2{,}500\,kcal/Sm^3}{8\,Sm^3/Sm^3 \times 0.25\,kcal/Sm^3 \cdot ℃} + 0℃$

$= 1{,}250℃$

47 다음 중 기체연료의 특징에 대한 내용으로 틀린 것은?

㉮ 적은 과잉공기량으로 완전연소가 가능하다.
㉯ 취급시 위험성이 크고, 수송이나 저장이 용이하지 못하다.
㉰ 점화와 소화가 용이하고 연소조절이 쉽다.
㉱ 연료의 예열은 어렵지만 발열량이 높다.

풀이 ㉱ 연료의 예열이 쉽고, 발열량이 높다.

48 다음 중 유동층 소각로에 대한 내용으로 틀린 것은?

㉮ 가스의 온도가 낮고 과잉공기량이 적어 질소산화물(NO_x)의 배출이 적다.
㉯ 연소효율이 높아 미연분의 배출이 적고 2차 연소실이 필요 없다.
㉰ 상으로부터의 찌꺼기 분리가 용이하고, 로 내로 투입하기 전 파쇄 등의 전처리가 필요 없다.
㉱ 유동매체의 열용량이 커 액상, 기상, 고형 폐기물의 전소 및 혼소가 가능하다.

풀이 ㉰ 상으로부터의 찌꺼기 분리가 어렵고, 로 내로 투입하기 전 파쇄 등의 전처리가 필요하다.

answer 46 ㉮ 47 ㉱ 48 ㉰

49 어떤 폐기물의 원소조성이 다음과 같고, 실제공기량이 $6\,Sm^3$일 때 공기비(m)는? (단, 가연분 : 60%(C = 45%, H = 10%, O = 40%, S = 5%), 수분 : 30%, 회분 : 10%)

㉮ 약 1.2   ㉯ 약 1.3
㉰ 약 1.5   ㉱ 약 1.8

풀이 ① 이론공기량(A_o)
$= 8.89C + 26.67\left(H - \dfrac{O}{8}\right) + 3.33S\,(Sm^3)$
$= 8.89 \times 0.60 \times 0.45 + 26.67$
$\quad \times \left(0.60 \times 0.10 - \dfrac{0.60 \times 0.40}{8}\right) + 3.33 \times 0.60 \times 0.05$
$= 3.30\,Sm^3$

② 공기비(m) $= \dfrac{\text{실제공기량}(A)}{\text{이론공기량}(A_o)}$
$= \dfrac{6\,Sm^3}{3.30\,Sm^3} = 1.82$

50 다음 로 본체의 형식에 대한 내용으로 틀린 것은?

㉮ 역류식은 연소실 내의 연소가스의 흐름 방향과 폐기물의 이송방향이 같은 형식이다.
㉯ 병류식은 수분이 적고 저위발열량이 높은 폐기물에 적합하다.
㉰ 교류식은 역류식과 병류식의 중간적인 형식이며 폐기물 질의 변동이 심한 경우에 사용한다.
㉱ 복류식은 2개의 출구를 가지고 있으며, 폐기물의 질이나 저위발열량의 변동이 심할 경우에 사용한다.

풀이 ㉮ 역류식(향류식)은 연소실 내의 연소가스의 흐름 방향과 폐기물의 이송방향이 반대인 형식이다.

51 메탄올(CH_3OH) 3kg을 연소하는데 필요한 이론공기량(A_o)은?

㉮ 약 $9\,Sm^3$ ㉯ 약 $11\,Sm^3$
㉰ 약 $15\,Sm^3$ ㉱ 약 $19\,Sm^3$

풀이 ① $CH_3OH + 1.5O_2 \rightarrow CO_2 + 2H_2O$
$\quad 32kg \;:\; 1.5 \times 22.4\,Sm^3$
$\quad 3kg \;:\; 산소량(Sm^3)$
$\therefore 산소량(Sm^3) = \dfrac{3kg \times 1.5 \times 22.4\,Sm^3}{32kg}$
$\qquad\qquad\qquad\quad = 3.15\,Sm^3$

② 이론공기량(Sm^3) = 이론산소량(Sm^3) $\times \dfrac{1}{0.21}$
$= 3.15\,Sm^3 \times \dfrac{1}{0.21} = 15\,Sm^3$

52 다음 중 열분해에 대한 내용으로 틀린 것은?

㉮ 열분해장치는 고정상, 유동상, 부유상 등의 장치로 구분되어 진다.
㉯ 열분해 온도에 따른 가스의 구성비가 좌우되는데 고온이 될수록 CO_2 함량이 감소하고, H_2의 함량이 증가한다.
㉰ 고온열분해에서 1,700℃까지 온도를 올리면 생산되는 모든 재는 슬래그(Slag)로 배출된다.
㉱ 연소가 고도의 흡열반응에 비해 열분해는 고도의 발열반응이다.

풀이 ㉱ 연소가 고도의 발열반응에 비해 열분해는 고도의 흡열반응이다.

answer 49 ㉱ 50 ㉮ 51 ㉰ 52 ㉱

53 다음은 로타리킬른식(Rotary kiln) 소각로의 특징에 대한 내용으로 틀린 것은?

㉮ 대체로 예열, 혼합, 파쇄 등의 전처리 후 주입한다.
㉯ 액상이나 고상의 여러가지 폐기물을 동시에 처리할 수 있다.
㉰ 용융상태의 물질에 의하여 방해 받지 않는다.
㉱ 습식가스 세정시스템과 함께 사용할 수 있다.

풀이 ㉮ 대체로 예열, 혼합, 파쇄 등의 전처리 없이 폐기물 주입이 가능하다.

54 백필터를 이용하여 가스유량이 100 m³/min인 함진가스를 1.5cm/sec의 여과속도로 처리하고자 한다. 소요되는 여과포의 유효면적(m²)은?

㉮ 98 ㉯ 111
㉰ 121 ㉱ 135

풀이 $Q = A \times V$
여기서 Q : 가스유량(m³/sec)
A : 면적(m²)
V : 여과속도(m/sec)
따라서
$A = \dfrac{Q}{V} = \dfrac{100\,\text{m}^3/\text{min} \times 1\text{min}/60\text{sec}}{0.015\,\text{m/sec}}$
$= 111.11\,\text{m}^2$

55 다음 중 열교환기의 구성에 해당하지 않는 것은?

㉮ 과열기 ㉯ 재열기
㉰ 절탄기 ㉱ 공기압축기

풀이 열교환기는 과열기, 재열기, 절탄기(이코노마이저), 공기예열기로 구성되어 있다.

56 다음 중 탄수소비(C/H)에 대한 내용으로 틀린 것은?

㉮ 탄수소비가 크면 비교적 비점이 높은 연료는 매연이 발생하기 쉽다.
㉯ C/H비가 클수록 이론공연비는 감소한다.
㉰ 액체연료의 탄수소비는 휘발유 > 등유 > 경유 > 중유 순이다.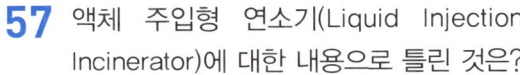
㉱ C/H가 클수록 휘도가 높고 방사율이 크다.

풀이 ㉰ 액체연료의 탄수소비는 휘발유 < 등유 < 경유 < 중유 순이다.

57 액체 주입형 연소기(Liquid Injection Incinerator)에 대한 내용으로 틀린 것은?

㉮ 고형분의 농도가 높으면 버너가 막히기 쉽다.
㉯ 대량처리가 불가능하다.
㉰ 대기오염방지시설과 소각재 배출설비가 있다.
㉱ 구동장치가 없어 고장이 적다.

풀이 ㉰ 대기오염방지시설과 소각재 배출설비가 없다.

answer 53 ㉮ 54 ㉯ 55 ㉱ 56 ㉰ 57 ㉰

58 소각대상물인 열가소성 플라스틱의 저위발열량은 5,400kcal/kg이며, 이 플라스틱을 소각시 발생되는 연소재 중의 미연손실을 저위발열량의 10%이고 불완전연소에 의한 손실은 600kcal/kg일 때 소각대상물의 연소효율은?

㉮ 70% ㉯ 74%
㉰ 79% ㉱ 84%

[풀이]
① 연소재 중의 미연손실
  = 저위발열량(Hl)의 10%
  = 5,400kcal/kg × 0.1 = 540kcal/kg
② 불완전연소시에 의한 손실
  = 600kcal/kg
③ 손실열량
  = 540kcal/kg + 600kcal/kg = 1,140kcal/kg
④ 저위발열량(Hl) = 5,400kcal/kg
따라서
연소효율(%) = $\left(1 - \dfrac{손실열량}{저위발열량}\right) \times 100$
  = $\left(1 - \dfrac{1,140\text{kcal/kg}}{5,400\text{kcal/kg}}\right) \times 100 = 78.89\%$

59 다음 중 최대탄산가스량(CO_{2max})에 대한 내용으로 틀린 것은?

㉮ 최대탄산가스량은 과잉공기량을 사용하고 가연물을 산화시켰을 때 발생되는 건조가스량을 기준으로 한 CO_2의 부피 백분율이다.
㉯ 최대탄산가스량은 연료의 조성에 따라 정해지며, 연료에 따라 서로 다른 값을 가진다.
㉰ 최대탄산가스량의 산출법은 연료의 원소조성을 이용하는 방법이 있다.
㉱ 최대탄산가스량의 산출법은 배기가스의 조성을 이용하는 방법이 있다.

[풀이] ㉮ 최대탄산가스량은 과잉공기량을 사용하지 않고 가연물을 산화시켰을 때 발생되는 건조가스량을 기준으로 한 CO_2의 부피 백분율이다.

60 탄소, 수소의 질량조성이 각각 86%, 14%인 액체연료를 매시 5kg 연소하는 경우 배기가스의 분석치는 CO_2 10.5%, O_2 5.5%, N_2 84%였다. 이 경우 매시 실제 필요한 공기량은?

㉮ 약 45 Sm^3/hr ㉯ 약 55 Sm^3/hr
㉰ 약 65 Sm^3/hr ㉱ 약 75 Sm^3/hr

[풀이]
① 공기비(m) = $\dfrac{N_2\%}{N_2\% - 3.76 \times O_2\%}$
  = $\dfrac{84\%}{84\% - 3.76 \times 5.5\%} = 1.3266$
② 이론공기량(A_o)
  = $8.89C + 26.67\left(H - \dfrac{O}{8}\right) + 3.33S\,(Sm^3/kg)$
  = $8.89 \times 0.86 + 26.67 \times 0.14$
  = $11.3792\,Sm^3/kg$
③ 실제공급공기량(Sm^3/hr)
  = 공기비(m) × 이론공기량(Sm^3/kg) × 연료량(kg/hr)
  = $1.3266 \times 11.3792\,Sm^3/kg \times 5\,kg/hr$
  = $75.48\,Sm^3/hr$

answer 58 ㉰ 59 ㉮ 60 ㉱

| 제4과목 | 폐기물공정시험기준

61 다음 중 비함침성 고상폐기물의 정의로 알맞은 것은?

㉮ 금속판, 구리선 등 기름을 흡수하지 않는 평면 또는 비평면형태의 변압기 내부부재를 말한다.
㉯ 금속판, 구리선 등 기름을 흡수하는 평면 또는 비평면형태의 변압기 내부부재를 말한다.
㉰ 금속판, 구리선 등 기름을 흡수하지 않는 평면 또는 비평면형태의 변압기 외부부재를 말한다.
㉱ 금속판, 구리선 등 기름을 흡수하는 평면 또는 비평면형태의 변압기 외부부재를 말한다.

풀이 비함침성 고상폐기물에서 핵심 내용인 "기름을 흡수하지 않는, 내부부재"임을 숙지하시면 됩니다.

62 취급 또는 저장하는 동안에 이물질이 들어가거나 또는 내용물이 손실되지 않도록 보호하는 용기는?

㉮ 밀폐용기 ㉯ 기밀용기
㉰ 밀봉용기 ㉱ 차광용기

풀이 용기의 종류
㉮ 밀폐용기 : 이물질
㉯ 기밀용기 : 공기 또는 다른 가스
㉰ 밀봉용기 : 기체 또는 미생물
㉱ 차광용기 : 광선

63 정도보증/정도관리에서 감응계수를 나타내는 식으로 알맞은 것은?

㉮ 감응계수 = $\dfrac{\text{표준용액의 농도(C)}}{\text{반응값(R)}}$

㉯ 감응계수 = 반응값(R) × 표준액의 농도(C)

㉰ 감응계수 = $\dfrac{\text{반응값(R)}}{\text{표준용액의 농도(C)}}$

㉱ 감응계수 = $\dfrac{1}{\text{반응값(R) × 표준용액의 농도(C)}}$

풀이 정도보증/정도관리의 핵심 내용
① 정량한계 = 표준편차(S) × 10
② 기기검출한계 = 표준편차(S) × 3
③ 감응계수 = $\dfrac{\text{반응값(R)}}{\text{표준용액의 농도(C)}}$

64 다음 중 갈색경질 유리병에만 보관해야 할 시료가 아닌 것은?

㉮ 노말헥산추출물질
㉯ 유기인
㉰ 폴리클로리네이티드비페닐
㉱ 시안

풀이 갈색경질 유리병에만 보관해야 할 시료는 노말헥산추출물질, 유기인, 폴리클로리네이티드비페닐(PCBs), 휘발성 저급염소화 탄화수소류이다.

answer　61 ㉮　62 ㉮　63 ㉰　64 ㉱

65 콘크리트 고형화물 중 대형의 고형화물로써 분쇄가 어려울 경우의 시료채취로 알맞은 것은?

㉮ 임의의 3개소에서 채취하여 각각 파쇄하여 100g씩 균등 양 혼합하여 채취한다.
㉯ 임의의 5개소에서 채취하여 각각 파쇄하여 100g씩 균등 양 혼합하여 채취한다.
㉰ 임의의 3개소에서 채취하여 각각 파쇄하여 500g씩 균등 양 혼합하여 채취한다.
㉱ 임의의 5개소에서 채취하여 각각 파쇄하여 500g씩 균등 양 혼합하여 채취한다.

풀이 콘크리트 고형화물 중 대형의 고형화물로써 분쇄가 어려울 경우 임의의 5개소에서 채취하여 각각 파쇄하여 100g씩 균등 양 혼합하여 채취한다.

66 폐기물 소각시설의 소각재 시료채취에 대한 내용으로 틀린 것은?

㉮ 공정상 비산방지나 냉각을 목적으로 소각재에 물을 분사하는 경우를 제외하고는 가급적 물을 분사한 후에 시료를 채취한다.
㉯ 연속식 연소방식의 소각재 반출설비에서 채취하는 경우 바닥재 저장조에서는 부설된 크레인을 이용하여 채취한다.
㉰ 낙하구 밑에서 채취하는 경우는 시료의 양이 1회에 500g 이상이 되도록 한다.
㉱ 야적더미에서 채취하는 경우는 야적더미를 2m 높이마다 각각의 층으로 나누고 각 층별로 적절한 지점에서 500g 이상의 시료를 채취한다.

풀이 ㉮ 공정상 비산방지나 냉각을 목적으로 소각재에 물을 분사하는 경우를 제외하고는 가급적 물을 분사하기 전에 시료를 채취한다.

67 대상폐기물의 양이 4,500톤의 경우 시료의 최소 수는?

㉮ 60   ㉯ 50
㉰ 40   ㉱ 30

풀이 대상폐기물의 양과 시료의 최소 수

대상폐기물의 양 (ton)	시료 최소 수	대상폐기물의 양 (ton)	시료 최소 수
1 미만	6	100 이상~500 미만	30
1 이상~5 미만	10	500 이상~1,000 미만	36
5 이상~30 미만	14	1,000 이상~5,000 미만	50
30 이상~100 미만	20	5,000 이상	60

68 수소이온농도가 2.0×10^{-5} mol/L인 수용액의 pH는?

㉮ 2.8   ㉯ 3.4
㉰ 4.7   ㉱ 5.4

풀이 산성물질에서
$pH = -\log[H^+]$
$= -\log[2.0 \times 10^{-5} \text{mol/L}] = 4.70$

answer 65 ㉯ 66 ㉮ 67 ㉯ 68 ㉰

69 폐기물 용출시험의 적용 범위에 대한 내용으로 틀린 것은?

㉮ 생활폐기물의 유해성 판정을 결정하기 위한 방법이다.
㉯ 고상폐기물을 대상으로 규정하고 있다.
㉰ 반고상폐기물을 대상으로 규정하고 있다.
㉱ 지정폐기물의 중간처리방법을 결정하기 위한 시험이다.

> 풀이 폐기물 용출시험의 적용범위
> ① 고상 또는 반고상 폐기물에 대해서 규정
> ② 지정폐기물의 판정
> ③ 지정폐기물의 중간처리방법
> ④ 지정폐기물의 매립방법

70 유기물 등을 많이 함유하고 있는 대부분 시료의 전처리에 적용되는 산분해법은?

㉮ 질산 분해법
㉯ 질산 - 염산 분해법
㉰ 질산 - 과염소산 - 불화수소산 분해법
㉱ 질산 - 황산 분해법

> 풀이 ㉱ 질산 - 황산 분해법에 대한 내용이며, 암기법은 "황 많은"임을 숙지하시면 됩니다.

71 시료채취에 대한 내용으로 알맞은 것은?

㉮ 시료의 양은 1회에 200g 이상 채취한다.
㉯ 대형의 콘크리트 고형화물로써 분쇄가 어려울 경우에는 임의의 10개소에서 균등량 혼합하여 채취한다.
㉰ 대상 폐기물의 양이 1톤 미만인 경우, 시료의 최소 수는 6개이다.
㉱ 5톤 이상의 차량에 적재되어 있을 때에는 적재폐기물을 평면상에서 6등분한 후 각 등분마다 시료를 채취한다.

> 풀이 ㉮ 시료의 양은 1회에 100g 이상 채취한다.
> ㉯ 대형의 콘크리트 고형화물로써 분쇄가 어려울 경우에는 임의의 5개소에서 100g씩 균등 양 혼합하여 채취한다.
> ㉱ 5톤 이상의 차량에 적재되어 있을 때에는 적재폐기물을 평면상에서 9등분한 후 각 등분 마다 시료를 채취한다.

72 자외선/가시선 분광법에서 6가 크롬을 적자색으로 발색시키는 시약은?

㉮ 다이페닐카바자이드
㉯ 클로라민 T
㉰ 디티존
㉱ 다이에틸다이티오카르바민산

> 풀이 6가 크롬의 자외선/가시선 분광법 핵심 내용
> ① 발색시약 : 다이페닐카바자이드
> ② 흡광도 측정 : 적자색의 흡광도를 540nm에서 측정

73 구리의 자외선/가시선 분광법에 대한 내용으로 틀린 것은?

㉮ 추출용매는 아세트산부틸을 사용한다.
㉯ 시료 중 음이온 계면활성제가 존재하면 구리의 추출이 불완전하다.
㉰ 비스무트(Bi)가 구리의 양보다 2배 이상 존재할 경우 황색을 나타내어 방해한다.
㉱ 시료 중에 시안화합물이 함유되어 있으면 과산화수소로 끓여 시안화물을 완전히 분해 제거된다.

> 풀이 ㉱ 시료 중에 시안화합물이 함유되어 있으면 염산으로 산성조건을 만든 후 끓여 시안화물을 완전히 분해 제거된다.

answer 69 ㉮ 70 ㉱ 71 ㉰ 72 ㉮ 73 ㉱

74 기체크로마토그래피로 휘발성 저급염소화 탄화수소류를 측정할 때 사용되는 운반기체는?

㉮ 질소　　㉯ 산소
㉰ 수소　　㉱ 아르곤

풀이 기체크로마토그래피로 휘발성 저급염소화 탄화수소류를 측정할 때 운반기체는 부피백분율 99.999% 이상의 헬륨 또는 질소를 사용한다.

75 4°C의 물 500mL에 순도가 75%인 시약용 납을 5mg을 녹였다. 이 용액의 납 농도(ppm)는?

㉮ 2.5　　㉯ 5.0
㉰ 7.5　　㉱ 10.0

풀이 납의 농도 $= \dfrac{5\text{mg} \times 0.75}{0.5\text{L}} = 7.5\text{mg/L} = 7.5\text{ppm}$

76 분쇄한 대시료를 단단하고 깨끗한 평면위에 원추형으로 쌓아 올린다. → 앞의 원추를 장소를 바꾸어 다시 쌓는다. → 원추의 꼭지를 수직으로 눌러서 평평하게 만들고 이것을 부채꼴로 사등분한다. → 마주 보는 두 부분을 취하고 반은 버린다. → 반으로 준 시료를 앞의 조작을 반복하여 적당한 크기까지 줄이는 시료의 분할채취방법은?

㉮ 구획법　　㉯ 교호삽법
㉰ 원추4분법　　㉱ 사각분할법

풀이 ㉰ 원추4분법에 대한 내용이며, 핵심 내용인 "원추형, 부채꼴로 4등분=원추4분법"임을 숙지하시면 됩니다.

77 감염성미생물–아포균 검사법을 이용하여 측정할 때 지표생물포자의 정의로 알맞은 것은?

㉮ 병원성미생물보다 열저항성이 강하고 비병원성인 아포형성 미생물을 말한다.
㉯ 병원성미생물보다 열저항성이 약하고 비병원성인 아포형성 미생물을 말한다.
㉰ 비병원성미생물보다 열저항성이 강하고 병원성인 아포형성 미생물을 말한다.
㉱ 비병원성미생물보다 열저항성이 약하고 병원성인 아포형성 미생물을 말한다.

풀이 지표생물포자는 병원성미생물보다 열저항성이 강하고 비병원성인 아포형성 미생물을 말한다.

78 휘발성 저급염소화 탄화수소류를 기체크로마토그래피로 분석 시 간섭물질에 대한 내용으로 틀린 것은?

㉮ 추출용매에는 분석성분의 머무름 시간에는 피크가 나타나는 간섭물질이 있을 수 있다.
㉯ 끓는점이 높거나 극성 유기화합물들이 함께 추출되므로 이들 중에는 분석을 간섭하는 물질이 있을 수 있다.
㉰ 플루오르화탄소나 다이클로로메탄과 같은 휘발성 유기물은 보관이나 운반 중에 격막을 통해 시료안으로 확산되어 시료를 오염시킬 수 있다.
㉱ 다이클로로메탄과 같이 머무름 시간이 긴 화합물은 용매의 피크와 겹쳐 분석을 방해할 수 있다.

풀이 ㉱ 다이클로로메탄과 같이 머무름 시간이 짧은 화합물은 용매의 피크와 겹쳐 분석을 방해할 수 있다.

answer 74 ㉮　75 ㉰　76 ㉰　77 ㉮　78 ㉱

79 다음 중 분석방법이 기체크로마토그래피인 물질은?

㉮ 유기인 ㉯ 시안
㉰ 구리   ㉱ 카드뮴

풀이 항목별 분석방법
㉮ 유기인 : 기체크로마토그래피
㉯ 시안 : 자외선/가시선 분광법, 이온전극법, 연속흐름법
㉰ 구리 : 원자흡수분광광도법, 유도결합플라스마-원자발광분광법, 자외선/가시선 분광법
㉱ 카드뮴 : 원자흡수분광광도법, 유도결합플라스마-원자발광분광법, 자외선/가시선 분광법

80 석면을 편광현미경법으로 분석할 때 정량범위로 알맞은 것은?

㉮ 0.1 ~ 10%
㉯ 1 ~ 100%
㉰ 0.1 ~ 100 wt%
㉱ 1 ~ 10 wt%

풀이 석면 분석법의 정량범위
① 편광현미경법 : 1 ~ 100%
② X - 회절기법 : 0.1 ~ 100 wt%

answer 79 ㉮ 80 ㉯

2025 1회 CBT 복원문제

| 제1과목 | 폐기물개론

01 폐기물 발생량의 조사방법 중 물질수지법에 대한 내용으로 틀린 것은?

㉮ 시스템에 유입되는 쓰레기 양과 유출되는 쓰레기 양에 대해서 물질수지를 세워 발생되는 쓰레기의 양을 추정하는 방법이다.
㉯ 물질수지를 세울 수 있는 상세한 데이터가 있는 경우에 가능하며, 우선적으로 조사하고자 하는 계의 경계를 정확하게 설정하여야 한다.
㉰ 주로 산업폐기물의 발생량 추산에 이용된다.
㉱ 비용이 적게 들고 작업량이 적어 많이 이용된다.

풀이 ㉱ 비용이 많이 들고 작업량이 많아 널리 이용되지 않는다.

02 슬러지에 존재하는 수분 중 탈수가 가장 어려운 수분은?

㉮ 간극모관결합수
㉯ 모관결합수
㉰ 표면부착수
㉱ 내부수

풀이 탈수성의 순서는 간극모관결합수 > 모관결합수 > 표면부착수 > 내부수 순이다.

03 어떤 도시에서 발생되는 쓰레기의 성분 중 비가연성이 약 72.7%(질량비)를 차지하는 것으로 조사되었다. 밀도 600 kg/m³인 쓰레기 15 m³이 있을 때 이 중 가연성 물질의 양(ton)은?

㉮ 2.05ton
㉯ 2.21ton
㉰ 2.46ton
㉱ 2.82ton

풀이 가연성 물질의 양(ton)
$= 쓰레기의 양(m^3) \times 밀도(ton/m^3)$
$\times \dfrac{100 - 비가연성 성분(\%)}{100}$
$= 15 m^3 \times 0.6 ton/m^3 \times (1 - 0.727) = 2.46 ton$

04 폐기물 발생량을 예측하는 방법 중 쓰레기 배출에 영향을 주는 모든 인자를 시간에 대한 함수로 나타낸 후 시간에 대한 함수로 각 영향인자들 간에 상관관계를 수식화한 것은?

㉮ 동적모사모델
㉯ 발생량 관계변수법
㉰ 경향법
㉱ 다중회귀모델

풀이 ㉮ 동적모사모델에 대한 내용이며, 핵심 내용인 "각 영향인자들 간에 상관관계를 수식화=동적모사모델"임을 숙지하시면 됩니다.

answer 01 ㉱ 02 ㉱ 03 ㉰ 04 ㉮

05 폐기물의 성상분석 단계로 가장 알맞은 것은?

㉮ 건조 → 물리적 조성 분석 → 분류(가연·불연성) → 절단 및 분쇄 → 화학적 조성 분석
㉯ 건조 → 분류(가연·불연성) → 물리적 조성 분석 → 발열량 측정 → 화학적 조성 분석
㉰ 밀도 측정 → 물리적 조성 분석 → 건조 → 분류(가연·불연성) → 절단 및 분쇄 → 화학적 조성 분석
㉱ 밀도 측정 → 전처리 → 물리적 조성 분석 → 분류(가연·불연성) → 건조 → 화학적 조성 분석

풀이 폐기물의 성상분석 절차 순서는 시료 → 밀도 측정 → 물리적 조성 분석 → 건조 → 분류(가연성, 불연성) → 전처리(절단 및 분쇄) → 화학적 조성분석 순이다.

06 폐기물파쇄기 중 전단파쇄기에 대한 내용으로 틀린 것은?

㉮ 고정칼, 왕복 또는 회전칼과의 교합에 의하여 폐기물을 전단한다.
㉯ 충격파쇄기에 비해 파쇄 속도가 빠르다.
㉰ 충격파쇄기에 비해 파쇄물의 크기를 고르게 할 수 있다.
㉱ 충격파쇄기에 비해 이물질 혼입에 약하다.

풀이 ㉯ 충격파쇄기에 비해 파쇄 속도가 느리다.

07 다음 내용은 어떠한 적환시스템을 설명하는 것인가?

> 수거차의 대기시간 없이 빠른 시간 내에 적하를 마치므로 적환 내외의 교통체증 현상을 없애주는 효과가 있다.

㉮ 직접투하방식   ㉯ 저장투하방식
㉰ 간접투하방식   ㉱ 압축투하방식

풀이 ㉯ 저장투하방식에 대한 설명이며, 핵심 내용인 "교통체증 현상을 없애주는 효과=저장투하방식"임을 숙지하시면 됩니다.

08 다음 중 컨베이어 수송에 대한 내용으로 틀린 것은?

㉮ 내구성과 미생물 부착 등의 문제가 있다.
㉯ 수송망을 하수도 시설처럼 가설하면 각 가정에서 배출된 쓰레기를 최종처분장까지 운반할 수 있다.
㉰ 지상에 설치된 컨베이어에 의해 수송하는 방법이다.
㉱ 악취문제의 해결과 경관보전이 가능하다.

풀이 ㉰ 지하에 설치된 컨베이어에 의해 수송하는 방법이다.

09 다음 중 적환장의 특징으로 틀린 것은?

㉮ 폐기물의 수거와 운반을 분리하는 기능을 한다.
㉯ 적환장에서 재사용 가능한 물질의 선별이 가능하다.
㉰ 변질되기 쉬운 쓰레기 수거에는 이용하지 않는 것이 좋다.
㉱ 대규모 주택이 밀집되어 있을 때에는 적

answer 05 ㉰ 06 ㉯ 07 ㉯ 08 ㉰ 09 ㉱

환장이 필요하다.

풀이 ㉣ 소규모 주택이 밀집되어 있을 때에는 적환장이 필요하다.

10 효율적이고 경제적인 수거노선을 결정할 때 유의할 사항으로 틀린 것은?

㉮ 수거인원 및 차량형식이 같은 기존 시스템의 조건들을 서로 관련시킨다.
㉯ 아주 많은 양의 쓰레기가 발생되는 발생원은 하루 중 가장 먼저 수거한다.
㉰ U자형 회전을 이용하여 수거하고 가능한 시계방향으로 수거노선을 결정한다.
㉱ 출발점은 차고와 가깝게 하고 수거된 마지막 컨테이너가 처분지의 가장 가까이에 위치하도록 배치한다.

풀이 ㉰ U자형 회전을 피하고, 가능한 시계방향으로 수거노선을 정한다.

11 폐기물은 단순히 버려져 못쓰는 것이라는 인식을 바꾸어 "폐기물=자원"이라는 공감대를 확산시킴으로써 재활용정책에 활력을 불어 넣는 제도는?

㉮ ROHS ㉯ ESSD
㉰ EPR   ㉱ WEE

풀이 ㉰ EPR에 대한 내용이며, 핵심 내용인 "폐기물=자원은 EPR"임을 숙지하시면 됩니다.

12 다음 중 유해폐기물의 불법매립과 가장 관련이 깊은 사건은?

㉮ 러브커넬 사건
㉯ 도노라 사건
㉰ 뮤즈계곡 사건
㉱ 포자리카 사건

풀이 ㉮ 러브커넬 사건 : 유해폐기물의 불법매립
㉯, ㉰, ㉱ : 대기오염 사건

13 쓰레기 관리체계에서 비용이 가장 많이 드는 단계는?

㉮ 저장   ㉯ 매립
㉰ 퇴비화 ㉱ 수거

풀이 쓰레기의 관리단계 중 비용이 가장 많이 소요되는 단계는 수거단계이며, 전체비용의 60% 이상을 차지한다.

14 다음 어떤 도시의 거주인구가 648,825명이며, 이 도시의 쓰레기 배출량은 1.15kg/인·일이다. 수거인부는 308명이며, 이들이 1일에 8시간을 작업한다면 MHT는?

㉮ 2.3   ㉯ 3.3
㉰ 4.3   ㉱ 5.4

풀이
$$MHT(man \cdot hr/ton) = \frac{수거인부수 \times 작업시간}{쓰레기 수거 실적}$$
$$= \frac{308인 \times 8hr/일}{1.15kg/인 \cdot 일 \times 648,825인 \times 10^{-3}ton/kg}$$
$$= 3.3 MHT$$

TIP
① MHT = man·hr/ton
② MHT는 1ton의 쓰레기를 수거하는데 수거인부 1인이 소요하는 총 시간이다.
③ MHT가 클수록 수거효율이 낮다.

answer 10 ㉰ 11 ㉰ 12 ㉮ 13 ㉱ 14 ㉯

15 선별을 위해 투입한 폐기물의 양이 1ton/h 이고 회수량이 600kg/h(그 중 회수대상물질은 550kg/h)이며 제거량은 400kg/h(그 중 회수대상물질은 70kg/h)일 때 선별효율(Rietema식 적용)은?

㉮ 76%   ㉯ 79%
㉰ 82%   ㉱ 87%

풀이 Rietema의 선별효율 공식

$$선별효율(E) = \left|\left(\frac{X_c}{X_i} - \frac{Y_c}{Y_i}\right)\right| \times 100(\%)$$

$$= \left|\left(\frac{550kg/hr}{620kg/hr} - \frac{50kg/hr}{380kg/hr}\right)\right| \times 100(\%)$$

$$= 75.55\%$$

TIP
X_i(투입량 중 회수대상물질) = 620kg/hr
Y_i(투입량 중 비회수대상물질) = 380kg/hr
X_o(제거량 중 회수대상물질) = 70kg/hr
Y_o(제거량 중 비회수대상물질) = 330kg/hr
X_c(회수량 중 회수대상물질) = 550kg/hr
Y_c(회수량 중 비회수대상물질) = 50kg/hr

16 유해성 폐기물이라 판단할 수 있는 성질로 틀린 것은?

㉮ 반응성   ㉯ 발화성
㉰ 부식성   ㉱ 부패성

풀이 유해성 폐기물의 판단 기준으로는 폭발성, 반응성, 인화성, 부식성, 생태독성, 유해가능성, 난분해성, 용출특성이 있다.

17 쓰레기 압축기를 형태에 따라 구별한 것으로 틀린 것은?

㉮ 소용돌이식 압축기
㉯ 충격식 압축기
㉰ 고정식 압축기
㉱ 백(bag) 압축기

풀이 압축기의 형태에는 고정식 압축기, 백 압축기, 소용돌이(수직식) 압축기, 회전식 압축기가 있다.

18 다음 중 폐기물의 발생량 조사방법이 아닌 것은?

㉮ 직접계근법
㉯ 간접계근법
㉰ 적재차량 계수분석법
㉱ 물질수지법

풀이 폐기물의 발생량
① 예측방법 : 다중회귀모델, 동적모사모델, 경향모델
② 조사방법 : 물질수지법, 직접계근법, 적재차량계수법, 통계조사법
③ 암기법 : 예측은 다중이 동적으로 경향을 파악하고/조사는 물질을 직접 적재한 통계로 한다.

19 돌, 코르크 등의 불투명한 것과 유리같은 투명한 것의 분리에 이용되는 선별방법은?

㉮ floatation
㉯ optical sorting
㉰ inertial separation
㉱ electrostatic separator

풀이 ㉯ 광학선별(optical sorting)법에 대한 내용이며, 핵심 내용인 "불투명한 것과 투명한 것의 분리=광학선별"임을 숙지하시면 됩니다.

answer 15 ㉮ 16 ㉱ 17 ㉯ 18 ㉯ 19 ㉯

20 폐기물을 파쇄하여 매립할 때 장점으로 틀린 것은?

㉮ 매립작업이 용이하고 압축장비가 없어도 매립작업만으로 고밀도의 매립이 가능하다.
㉯ 곱게 파쇄하면 매립시 복토가 필요없거나 복토요구량이 절감된다.
㉰ 폐기물 입자의 표면적이 감소되어 미생물의 작용이 빨라진다.
㉱ 매립시 폐기물이 잘 섞이므로 냄새가 방지된다.

풀이 ㉰ 폐기물 입자의 표면적이 증가되어 미생물의 작용이 빨라진다.

제2과목 | 폐기물 재활용 및 자원화 기술

21 다음 중 내륙매립공법이 아닌 것은?

㉮ 샌드위치 공법
㉯ 셀 공법
㉰ 박층뿌림 공법
㉱ 압축매립 공법

풀이 ㉰ 박층뿌림 공법은 해안매립공법에 해당한다.

TIP
매립공법의 종류
① 내륙매립공법 : 샌드위치 공법, 셀 공법, 압축매립 공법, 도랑형 공법
② 해안매립공법 : 박층뿌림 공법, 순차투입 공법, 내수배제 공법, 수중투기 공법

22 다음 중 복토의 목적으로 틀린 것은?

㉮ 우수의 침투를 방지한다.
㉯ 식물이 식생하는 것을 방지한다.
㉰ 화재를 예방한다.
㉱ 유해곤충이나 해충의 서식을 방지한다.

풀이 ㉯번은 복토의 목적과 무관하다.

23 다음 중 연직차수막 공법의 종류에 해당하지 않는 것은?

㉮ 강널말뚝 공법
㉯ 굴착에 의한 차수시트 매설 공법
㉰ 그라우트 공법
㉱ 어스 라이닝 공법

풀이 ㉱ 어스댐 코어 공법

24 고형물 6%를 함유하는 345 m³의 슬러지를 진공 여과시켜 75%의 수분을 함유하는 슬러지 케이크로 만든다면 생산되는 슬러지 케이크의 양은? (단, 여과 전, 후의 슬러지의 비중은 1.0으로 한다.)

㉮ 약 26 m³   ㉯ 약 55 m³
㉰ 약 83 m³   ㉱ 약 114 m³

풀이 슬러지 케이크 발생량(m³)

$$= \frac{\text{고형물의 농도}(kg/m^3) \times \text{슬러지량}(m^3)}{\text{비중량}(kg/m^3)} \times \frac{100}{100-P(\%)}$$

$$= \frac{60 kg/m^3 \times 345 m^3}{1{,}000 kg/m^3} \times \frac{100}{100-75\%} = 82.8 m^3$$

answer 20 ㉰ 21 ㉰ 22 ㉯ 23 ㉱ 24 ㉰

TIP

① % $\xrightarrow{\times 10^4}$ mg/L $\xrightarrow{\times 10^{-3}}$ kg/m³

② 고형물의 농도 = 6% = 6×10^4 mg/L = 60 kg/m³

③ 비중(g/cm³) $\xrightarrow{\times 10^3}$ 비중량(kg/m³) 이므로
   비중 1.0 = 1,000 kg/m³

25 다음 중 연직차수막과 표면차수막에 대한 내용으로 틀린 것은?

㉮ 연직차수막은 차수막 보강시공이 가능하다.
㉯ 연직차수막은 지하수 집배수시설이 필요 없다.
㉰ 표면차수막은 단위면적당 공사비는 비싸지만 총공사비는 싸다.
㉱ 표면차수막의 차수성의 확인은 시공시에는 가능하나 매립후에는 곤란하다.

[풀이] ㉰ 표면차수막은 단위면적당 공사비는 싸지만 매립지 전체를 시공하는 경우가 많아 총공사비는 비싸다.

TIP
연직차수막과 표면차수막의 비교

	연직차수막	표면차수막
차수성 확인	지하에 매설하기 때문에 확인이 어렵다.	시공 시에는 가능하나 매립 후에는 곤란하다.
경제성	단위면적당 공사비가 비싼 반면 총공사비는 싸다.	단위면적당 공사비는 싸지만 매립지 전체를 시공하는 경우가 많아 총공사비는 비싸다.
보수성	차수막 보강시공이 가능	매립 전에는 가능하나 매립 후에는 어렵다.
지하수 집배수 시설	필요 없다.	필요하다.

26 합성차수막의 결정도(Crystallinity)가 증가하면 나타나는 성질로 틀린 것은?

㉮ 화학물질에 대한 저항성이 커진다.
㉯ 충격에 강해진다.
㉰ 인장강도가 증가된다.
㉱ 투수계수가 감소된다.

[풀이] ㉯ 충격에 약해진다.

TIP
결정도(Crystallinity)가 증가할수록 충격과 투수계수는 감소하고, 나머지 조건은 증가함을 숙지하시면 됩니다.

27 합성차수막의 종류 중 PVC(Polyvinyl Chloride)의 내용으로 틀린 것은?

㉮ 접합이 용이하다.
㉯ 강도가 크다.
㉰ 가격이 저렴하다.
㉱ 자외선, 오존, 기후에 강하다.

[풀이] ㉱ 자외선, 오존, 기후에 약하다.

28 다음 중 점토의 차수막 적합조건으로 틀린 것은?

㉮ 투수계수 : 10^{-7} cm/sec 미만
㉯ 소성지수 : 10% 이상 30% 미만
㉰ 액성한계 : 60% 이상
㉱ 점토 및 미사토 함량 : 20% 이상

[풀이] ㉰ 액성한계 : 30% 이상

answer 25 ㉰ 26 ㉯ 27 ㉱ 28 ㉰

29 BOD 농도 15,000mg/L인 생분뇨를 투입하여 1차 소화를 거친 다음, 20배 희석한 후 2차처리를 하여 방류수 BOD 농도를 27mg/L로 하고자 한다. 1차 소화조에서 BOD 제거율이 65%라면 2차 처리장치에서의 BOD 제거율은?

㉮ 약 60%   ㉯ 약 70%
㉰ 약 80%   ㉱ 약 90%

풀이 ① 2차 처리장치의 유입수의 농도(BOD_1)
= 15,000mg/L × (1 − 0.65)
= 5,250 mg/L
② BOD 제거율(%)
$= \left(1 - \dfrac{BOD_o \times P}{BOD_1}\right) \times 100$
$= \left(1 - \dfrac{27\,mg/L \times 20}{5,250\,mg/L}\right) \times 100 = 89.71\%$

30 매립지의 매립폐기물 및 발생가스의 조건으로 틀린 것은?

㉮ 폐기물 중에는 약 50%의 분해 가능한 물질이어야 한다.
㉯ 폐기물 중 분해 가능한 물질의 50% 이상이 실제 분해하여 기체를 발생시켜야 한다.
㉰ 발생기체의 50% 이상을 포집할 수 있어야 한다.
㉱ 기체의 발열량은 5,500kcal/Sm^3 이상이어야 한다.

풀이 ㉱ 기체의 발열량은 2,200 kcal/Sm^3 이상이어야 한다.

31 고형물 농도가 80,000ppm인 농축슬러지량 10 m^3/hr를 탈수하기 위해 개량제($Ca(OH)_2$)를 고형물당 10wt% 주입하여 함수율 85wt%인 슬러지 cake을 얻었다면 예상슬러지 cake의 양(m^3/hr)은? (단, 비중은 1.0 기준)

㉮ 약 4.6   ㉯ 약 5.9
㉰ 약 6.8   ㉱ 약 7.3

풀이 Cake의 발생량(m^3/hr)
$= \dfrac{\text{고형물 농도}(kg/m^3) \times \text{슬러지량}(m^3/hr) \times \text{소석회 첨가}}{\text{비중량}(kg/m^3)}$
$\times \dfrac{100}{100 - P(\%)}$
$= \dfrac{80\,kg/m^3 \times 10\,m^3/hr \times 1.1}{1,000\,kg/m^3} \times \dfrac{100}{100-85\%}$
$= 5.87\,m^3/hr$

TIP
① 소석회 첨가량은 고형물당 10%는 110%이므로 1.1을 곱한다.
② 비중(g/cm^3) $\xrightarrow{\times 10^3}$ kg/m^3 이므로
비중 1.0 = 1,000 kg/m^3
③ ppm(mg/L) $\xrightarrow{\times 10^{-3}}$ kg/m^3 이므로
80,000ppm = 80 kg/m^3

32 일반적으로 매립지 침출수 생성에 가장 큰 영향을 미치는 인자는?

㉮ 표토에 침투하는 강수
㉯ 쓰레기의 함수율
㉰ 지하수의 유입
㉱ 쓰레기 분해과정에서 발생하는 발생수

풀이 매립지 침출수 생성에 가장 큰 영향을 미치는 인자는 표토에 침투하는 강수이다.

answer 29 ㉱ 30 ㉱ 31 ㉯ 32 ㉮

33 매립지 내의 이동을 나타내는 다르시(Darcy)의 법칙을 기준으로 침출수의 유출을 방지하기 위한 방법으로 알맞은 것은?

㉮ 투수계수는 감소시키고 수두차는 증가시킨다.
㉯ 투수계수는 증가시키고 수두차는 감소시킨다.
㉰ 투수계수 및 수두차를 증가시킨다.
㉱ 투수계수 및 수두차를 감소시킨다.

▸풀이 ㉱ 침출수의 유출을 방지하기 위해서는 투수계수 및 수두차를 감소시킨다.

34 어떤 도시의 폐기물 중 불연성분 60%, 가연성분 40%이고, 이 지역의 폐기물 발생량은 1.2kg/인·일이다. 인구 70,000명인 이 지역에서 불연성분 70%, 가연성분 80%를 회수하여 이 중 가연성분으로 RDF를 생산한다면 RDF의 일일 생산량은?

㉮ 약 18톤   ㉯ 약 27톤
㉰ 약 33톤   ㉱ 약 47톤

▸풀이 RDF 생산량(ton/일)
= 폐기물 발생량(ton/일) × $\dfrac{\text{가연성분}(\%)}{100}$
× $\dfrac{\text{가연성분 회수율}(\%)}{100}$
= 1.2kg/인·일 × 10^{-3} ton/kg × 70,000인 × 0.4 × 0.8
= 26.88 ton/일

35 다음은 매립쓰레기의 혐기성 분해과정을 나타낸 반응식이다. 발생가스 중의 메탄의 계수를 구하는 식으로 알맞은 것은?

$$C_aH_bO_cN_d + (①)H_2O \to (②)CO_2 + (③)CH_4 + (④)NH_3$$

㉮ $\dfrac{(4a+b-2c-3d)}{8}$

㉯ $\dfrac{(4a+2b+2c-3d)}{8}$

㉰ $\dfrac{(4a-b+3c+3d)}{8}$

㉱ $\dfrac{(4a-2b-3c+3d)}{8}$

TIP
완전분해식
$$C_aH_bO_cN_d + \left(\dfrac{4a-b-2c+3d}{4}\right)H_2O$$
$$\to \left(\dfrac{4a+b-2c-3d}{8}\right)CH_4$$
$$+ \left(\dfrac{4a-b+2c+3d}{8}\right)CO_2 + dNH_3$$

36 퇴비화의 영향인자 중 탄질비(C/N)의 특징으로 틀린 것은?

㉮ 질소는 미생물 생장에 필요한 단백질 합성에 주로 사용된다.
㉯ 적정 C/N비는 30 정도이다.
㉰ C/N비가 너무 낮으면(C/N비 20 이하) 질소분의 함량이 적어 퇴비화가 잘 안되고 소요시간이 길어진다.
㉱ 일반적으로 퇴비화 탄소가 많으면 퇴비의 pH를 낮춘다.

▸풀이 ㉰ C/N비가 너무 낮으면(C/N비 20 이하) 암모니아 가스 발생으로 악취가 발생한다.

---

answer 33 ㉱ 34 ㉯ 35 ㉮ 36 ㉰

37 함수율 96% 고형물 중의 유기물 75%의 생슬러지를 소화하여 유기물의 60%가 가스 및 탈리액으로 전환되고 함수율 95%의 소화슬러지가 얻어졌다. 똑같은 슬러지를 같은 조건에서 1,000 m³를 소화한 경우 소화슬러지 발생량은? (단, 소화 전·후의 슬러지의 비중은 1.0으로 가정함.)

㉮ 220 m³ ㉯ 440 m³
㉰ 660 m³ ㉱ 880 m³

풀이 소화 후 슬러지량(m³/day)
$= (VS + FS) \times \dfrac{100}{100 - P(\%)}$

① 소화 후 VS량(m³)
$= 1,000 m^3 \times 0.04 \times 0.75 \times (1 - 0.6) = 12 m^3$

② 소화 후 FS량(m³)
$= 1,000 m^3 \times 0.04 \times (1 - 0.75) = 10 m^3$

③ 소화 후 슬러지량(m³/day)
$= (12 + 10) m^3 \times \dfrac{100}{100 - 95} = 440 m^3$

TIP
① 고형물(TS) = 100-함수율(%) = 100-97% = 4%
② FS(잔류성 고형물 = 무기물)
  = 100-유기물(%) = 100-75% = 25%

38 6.3%의 고형물을 함유한 150,000kg의 슬러지를 농축한 후, 소화조로 이송할 경우 농축슬러지의 질량은 70,000kg이다. 이때 소화조로 이송한 농축된 슬러지의 고형물 함유율(%)은? (단, 슬러지의 비중 1.0, 상등액의 고형물의 함량은 무시)

㉮ 11.5 ㉯ 13.5
㉰ 15.5 ㉱ 17.5

풀이 $W_1 \times TS_1 = W_2 \times TS_2$
$150,000 kg \times 6.3\% = 70,000 kg \times TS_2$
$\therefore TS_2 = \dfrac{150,000 kg \times 6.3\%}{70,000 kg} = 13.5\%$

39 퇴비화의 장·단점으로 틀린 것은?

㉮ 운영 시에 소요되는 에너지가 낮다.
㉯ 다양한 재료를 이용하므로 퇴비제품의 품질 표준화가 어렵다.
㉰ 퇴비화시 부피가 크게(60% 이상) 감소한다.
㉱ 생산된 퇴비는 비료가치가 낮다.

풀이 ㉰ 퇴비화시 부피가 크게 감소되지 않는다. (감용율 50% 이하)

40 다음 중 토양세척법(Soil Washing Treatment)에 대한 내용으로 틀린 것은?

㉮ 휘발성 물질, 생물학적으로 분해불가능한 물질, 중금속 등에 적용된다.
㉯ 광범위한 지역에 균일한 적용이 가능하다.
㉰ 처리효과가 가장 높은 토양입경은 자갈이다.
㉱ 부지 내에서 유해오염물을 이송없이 바로 처리할 수 있다.

풀이 ㉮ 비휘발성 물질, 생물학적으로 분해성 물질, 중금속 등에 적용된다.

answer 37 ㉯ 38 ㉯ 39 ㉰ 40 ㉮

| 제3과목 | 폐기물 처분기술

41 다음 중 액체연료에 대한 내용으로 틀린 것은?

㉮ 발열량이 크고 품질이 비교적 균일하다.
㉯ 회분이 거의 없고 점화, 소화 및 연소의 조절이 용이하다.
㉰ 화재나 역화 등의 위험성이 작고, 연소온도가 높아 국부가열을 일으키지 않는다.
㉱ 저장이나 운반이 용이하며 배관공사 등에 걸리는 비용도 적게 소요된다.

풀이 ㉰ 화재나 역화 등의 위험성이 크며, 연소온도가 높아 국부가열을 일으키기 쉽다.

42 소각 조건의 3T란 무엇인가?

㉮ 온도, 연소량, 혼합
㉯ 온도, 연소량, 압력
㉰ 온도, 압력, 혼합
㉱ 온도, 연소시간, 혼합

풀이 소각 조건의 3T는 온도(Temperature), 연소시간(Time), 혼합(Turbulence)이다.

43 발생되는 배기가스량이 $180\,m^3/min$이고 송풍관을 통해 10m/sec의 속도로 흘려보내려고 한다. 송풍관의 지름은?

㉮ 0.52m ㉯ 0.62m
㉰ 0.70m ㉱ 0.78m

풀이
배기가스량$(m^3/sec) = \dfrac{\pi D^2}{4}(m^2) \times$ 속도(m/sec)

$180\,m^3/min \times 1min/60sec = \dfrac{\pi D^2}{4}(m^2) \times 10\,m/sec$

$\therefore D = \sqrt{\dfrac{4 \times 180\,m^3/min \times 1min/60sec}{\pi \times 10\,m/sec}} = 0.62\,m$

44 열분해가 소각처리에 비해 가지는 특징으로 틀린 것은?

㉮ 황 및 중금속이 회분 속에 고정되는 비율이 높다.
㉯ 저장 및 수송이 가능한 연료를 회수할 수 있다.
㉰ 소각처리에 비해 상대적으로 온도가 높기 때문에 질소산화물(NO_X)의 발생량이 많다.
㉱ 환원성 분위기가 유지되어 Cr^{3+}가 Cr^{6+}로 변화되기 어렵다.

풀이 ㉰ 소각처리에 비해 상대적으로 온도가 낮기 때문에 질소산화물(NO_X)의 발생량이 적다.

45 화격자 연소기(Grate or Stoker)에 대한 내용으로 알맞은 것은?

㉮ 휘발성분이 많고 열분해하기 쉬운 물질을 소각할 경우 상향식 연소방식을 쓴다.
㉯ 고온 중에서 기계적으로 구동하기 때문에 금속부의 마모손실은 없다.
㉰ 수분이 많거나 플라스틱과 같이 열에 쉽게 용해되는 물질에 의한 화격자 막힘의 염려가 없다.
㉱ 체류시간이 짧고 교반력이 강하여 국부가열이 발생할 염려가 있다.

answer 41 ㉰ 42 ㉱ 43 ㉯ 44 ㉰ 45 ㉰

풀이 ㉮ 휘발성분이 많고 열분해하기 쉬운 물질을 소각할 경우 하향식 연소방식을 쓴다.
㉯ 고온 중에서 기계적으로 구동하기 때문에 금속부의 마모손실이 심하다.
㉰ 체류시간이 길고 교반력이 약하여 국부가열이 발생할 염려가 있다.

TIP
증기 터빈의 분류
① 증기작동방식 : 충동 터빈, 반동 터빈, 혼합식 터빈
② 증기이용방식 : 배압 터빈, 복수 터빈, 혼합 터빈
③ 증기유동방식 : 축류 터빈, 반경류 터빈
④ 흐름수 : 단류 터빈, 복류 터빈
⑤ 피구동기 : 감속형 터빈, 직결형 터빈
⑥ 암기법 : 작동은 충동, 반동, 혼합식이고/이용은 배압, 복수, 혼합이고/유동은 축류, 반경류이고/흐름수는 단류, 복류이고/피구동기는 감속, 직결이다.

46 건조 슬러지의 원소분석 결과 분자식이 $C_5H_7NO_2$라면 이 슬러지 10kg을 완전연소하는데 필요한 이론공기량(kg)은? (단, 표준상태 기준)

㉮ 약 55kg ㉯ 약 60kg
㉰ 약 65kg ㉱ 약 70kg

풀이 ① $C_5H_7NO_2 + 5.7O_2 \rightarrow 5CO_2 + 3.5H_2O + 0.5N_2$
113kg : 5.75 × 32kg
10kg : 이론산소량(kg)
∴ 이론산소량
$= \dfrac{10\text{kg} \times 5.75 \times 32\text{kg}}{113\text{kg}} = 16.2832\,\text{kg}$
② 이론공기량(kg)
$= \text{이론산소량(kg)} \times \dfrac{1}{0.232}$
$= 16.2832\text{kg} \times \dfrac{1}{0.232} = 70.19\,\text{kg}$

47 증기터빈의 분류 중 증기유동방식에 해당하는 것은?

㉮ 충동 터빈 ㉯ 배압 터빈
㉰ 단류 터빈 ㉱ 축류 터빈

풀이 ㉮ 충동 터빈 : 증기작동방식
㉯ 배압 터빈 : 증기이용방식
㉰ 단류 터빈 : 흐름수이용방식

48 다음 중 흡입통풍에 대한 내용으로 틀린 것은?

㉮ 송풍기의 점검 및 보수가 어렵다.
㉯ 노내압이 정압(+)으로 역화의 우려가 없다.
㉰ 굴뚝의 통풍저항이 큰 경우에 적합하다.
㉱ 이젝트를 사용할 경우 동력이 불필요하다.

풀이 ㉯ 노내압이 부압(-)으로 역화의 우려가 없다.

49 배기가스의 분석치가 CO_2 : 10%, O_2 : 5%, N_2 : 85%이면 연소시 공기비(m)는?

㉮ 약 1.3 ㉯ 약 1.5
㉰ 약 1.7 ㉱ 약 1.9

풀이 공기비(m)
$= \dfrac{N_2\%}{N_2\% - 3.76 \times O_2\%}$
$= \dfrac{85\%}{85\% - 3.76 \times 5\%} = 1.284$

answer 46 ㉱ 47 ㉱ 48 ㉯ 49 ㉮

50 다음의 열교환기에 대한 내용으로 틀린 것은?

㉮ 공기예열기는 연료의 착화와 연소를 양호하게 하고 연소온도를 높이는 효과가 있다.
㉯ 과열기는 보일러에서 다량으로 발생된 증기를 저압으로 팽창시켜 과열도가 높은 증기를 얻기 위해 설치한다.
㉰ 이코노마이저(절탄기)는 연도에 설치되며, 보일러 전열면을 통하여 연소가스 여열로 보일러의 급수를 예열하여 보일러의 효율을 높이는 장치이다.
㉱ 재열기는 과열기와 같은 구조로 되어 있으며 대개는 과열기의 중간 또는 뒤쪽에 배치된다.

[풀이] ㉯ 과열기는 보일러에서 다량으로 발생된 증기를 고압으로 팽창시켜 과열도가 높은 증기를 얻기 위해 설치한다.

51 다음 중 고형화연료(RDF)의 구비조건으로 틀린 것은?

㉮ 재의 양이 적을 것
㉯ 함수율이 높을 것
㉰ 균일한 조성을 가질 것
㉱ 발열량이 높을 것

[풀이] ㉯ 함수율이 낮을 것

52 프로판(C_3H_8) 1kg을 완전연소시 발생하는 CO_2량(kg)과 아세틸렌(C_2H_2) 1kg을 완전연소시 발생하는 CO_2량(kg)의 비는? (단, 아세틸렌 연소시 CO_2량/프로판 연소시 CO_2량)

㉮ 약 0.81
㉯ 약 0.88
㉰ 약 1.13
㉱ 약 1.22

[풀이]
① $C_3H_8 + 5O_2 \rightarrow 3CO_2 + 4H_2O$
44kg : 3 × 44kg
1kg : X_1
∴ $X_1 = \dfrac{1kg \times 3 \times 44kg}{44kg} = 3kg$

② $C_2H_2 + 2.5O_2 \rightarrow 2CO_2 + H_2O$
26kg : 2 × 44kg
1kg : X_2
∴ $X_2 = \dfrac{1kg \times 2 \times 44kg}{26kg} = 3.385kg$

③ $\dfrac{C_2H_2 \text{ 연소시 } CO_2량}{C_3H_8 \text{ 연소시 } CO_2량} = \dfrac{3.385kg}{3kg} = 1.13$

53 다음 중 공기비(m)가 클 경우 발생하는 현상으로 틀린 것은?

㉮ 통풍력이 강하여 배기가스에 의한 열손실이 증대된다.
㉯ 황산화물과 질소산화물의 함량이 증가하여 부식이 촉진된다.
㉰ 연소실에서 연소온도가 낮아진다.
㉱ 매연이나 검댕의 발생량이 증가한다.

[풀이] ㉱번은 공기비(m)가 작은 경우 발생하는 현상이다.

answer 50 ㉯ 51 ㉯ 52 ㉰ 53 ㉱

54 다음 중 질소산화물(NO_X)의 발생억제법이 아닌 것은?

㉮ 이단연소법
㉯ 배기가스 재순환법
㉰ 고온도 연소법
㉱ 저과잉공기량 연소법

풀이 ㉰ 저온도 연소법

55 쓰레기 1톤을 소각처리하고자 한다. 쓰레기 조성이 질량비로 C : 50%, H : 18%, O : 32%일 때 이론공기량은?

㉮ 약 $5,500\,Sm^3$ ㉯ 약 $6,200\,Sm^3$
㉰ 약 $7,100\,Sm^3$ ㉱ 약 $8,200\,Sm^3$

풀이 이론공기량(A_o)
$= 8.89C + 26.67\left(H - \dfrac{O}{8}\right) + 3.33S\,(Sm^3/kg)$
$= 8.89 \times 0.50 + 26.67 \times \left(0.18 - \dfrac{0.32}{8}\right)$
$= 8.1788\,Sm^3/kg$
따라서 $8.1788\,Sm^3/kg \times 1,000kg = 8,178.8\,Sm^3$

56 유동층 소각로의 장점으로 틀린 것은?

㉮ 연소효율이 높아 미연소분의 배출이 적고 2차 연소실 활용이 가능하다.
㉯ 유동매체의 열용량이 커서 액상, 기상, 고형 폐기물의 전소 및 혼소가 가능하다.
㉰ 유동매체의 축열량이 높은 관계로 단기간 정지 후 가동시 보조연료 사용없이 정상가동이 가능하다.
㉱ 가스의 온도와 과잉공기량이 낮아서 질소산화물도 적게 배출된다.

풀이 ㉮ 연소효율이 높아 미연소분의 배출이 적고 2차 연소실이 필요 없다.

57 다음 중 다이옥신을 제거하는 활성탄+백필터에 대한 설명으로 틀린 것은?

㉮ 다이옥신과 함께 중금속 등이 흡착된다.
㉯ 파손 여과포의 교체횟수가 많아 인력 및 경비 부담이 크고 설비의 연속운전에 지장을 줄 수 있다.
㉰ 활성탄 주입량을 변경하면 제거효율을 어느 정도 변경이 가능하다.
㉱ 체류시간이 작아 다이옥신의 재형성 방지에 용이하다.

풀이 ㉱ 체류시간이 작아 다이옥신의 재형성 방지가 어렵다.

58 다음 중 중력집진장치에 대한 내용으로 틀린 것은?

㉮ 함진가스의 온도변화에 의한 영향을 거의 받지 않는다.
㉯ 유지비 및 설치비가 적게드나 신뢰도가 낮다.
㉰ 침강실 내의 처리가스 속도가 작을수록 집진효율은 증가한다.
㉱ 침강실의 높이가 높고 길이가 길수록 집진효율은 증가한다.

풀이 ㉱ 침강실의 높이가 낮고 길이가 길수록 집진효율은 증가한다.

answer 54 ㉰ 55 ㉱ 56 ㉮ 57 ㉱ 58 ㉱

59 기체연료의 저위발열량이 8,500kcal/Sm^3, 이론연소가스량이 15 Sm^3/Sm^3, 공기온도가 25℃일 때 연료의 이론연소온도는? (단, 연료연소가스의 평균 정압비열은 0.5 kcal/$Sm^3 \cdot$℃, 공기는 예열되지 않으며 연소가스는 해리되지 않음)

㉮ 약 859℃   ㉯ 약 959℃
㉰ 약 1,059℃ ㉱ 약 1,159℃

풀이 저위발열량(Hl)
= 연소가스량(G) × 평균정압비열(C) × 온도차($t_2 - t_1$)
∴ $t_2 = \dfrac{Hl}{G \times C} + t_1$
$= \dfrac{8,500 \, kcal/kg}{15 Sm^3/Sm^3 \times 0.5 \, kcal/Sm^3 \cdot ℃} + 25℃$
$= 1,158.33 ℃$

60 다음 중 발열량에 대한 내용으로 틀린 것은?

㉮ 단위질량의 연료가 완전연소 후 처음의 온도까지 냉각될 때 발생하는 열량을 말한다.
㉯ 일반적으로 수증기의 증발잠열은 이용이 잘 안되기 때문에 저위발열량이 주로 사용된다.
㉰ 측정위치에 따라 고위발열량과 저위발열량으로 구분된다.
㉱ 고체연료의 경우 kcal/kg, 기체연료의 경우 kcal/Sm^3의 단위를 사용한다.

풀이 ㉰ 수분의 증발잠열 포함 유무에 따라 고위발열량과 저위발열량으로 구분된다.

| 제4과목 | 폐기물공정시험기준

61 다음 폐기물공정시험기준상 용어의 정의로 틀린 것은?

㉮ 약 : 기재된 양에 대해서 ±10% 이상의 차가 있어서는 안된다.
㉯ 정확히 단다 : 규정된 양의 시료를 취하여 화학저울 또는 미량저울로 칭량함을 말한다.
㉰ 즉시 : 30초 이내에 표시된 조작을 하는 것을 말한다.
㉱ 진공 : 따로 규정이 없는 한 15mmHg 이하를 말한다.

풀이 ㉯ 정확히 단다 : 규정된 수치의 무게가 0.1mg까지 다는 것을 말한다.

62 다음 중 반고상 폐기물의 정의로 알맞은 것은?

㉮ 고형물의 함량이 5% 미만
㉯ 고형물의 함량이 5% 이상 15% 미만
㉰ 고형물의 함량이 15% 이상 20% 미만
㉱ 고형물의 함량이 25% 이상

풀이 폐기물의 정의
① 액상폐기물 : 고형물의 함량이 5% 미만
② 반고상폐기물 : 고형물의 함량이 5% 이상 15% 미만
③ 고상폐기물 : 고형물의 함량이 15% 이상

answer 59 ㉱ 60 ㉰ 61 ㉯ 62 ㉯

63 시료 채취시 시료용기에 기재하는 사항으로 틀린 것은?

㉮ 폐기물의 명칭
㉯ 폐기물의 성분
㉰ 대상폐기물의 양
㉱ 채취책임자의 이름

> **풀이** 시료용기에는 폐기물의 명칭, 대상폐기물의 양, 채취장소, 채취시간 및 일기, 시료번호, 채취책임자 이름, 시료의 양, 채취방법 등을 기재한다.

64 폐기물시료의 강열감량을 측정한 결과가 다음과 같을 때 해당시료의 강열감량(%)은? (단, 증발용기의 질량 (W_1) = 51.045g, 강열 전 증발용기와 시료의 질량(W_2) = 92.345g, 강열 후 증발용기와 시료의 질량(W_3) = 53.125g)

㉮ 약 93   ㉯ 약 95
㉰ 약 97   ㉱ 약 99

> **풀이** 강열감량(%) $= \dfrac{(W_2 - W_3)}{(W_2 - W_1)} \times 100$
> $= \dfrac{(92.345\text{g} - 53.125\text{g})}{(92.345\text{g} - 51.045\text{g})} \times 100$
> $= 94.96\%$

65 단색광이 임의의 시료용액을 통과할 때 그 빛의 80%가 흡수되었다면 흡광도는?

㉮ 약 0.5   ㉯ 약 0.6
㉰ 약 0.7   ㉱ 약 0.8

> **풀이** 흡광도(A) $= \log\dfrac{1}{\text{투과도}} = \log\dfrac{1}{0.20} = 0.70$

> **TIP**
> ① 투과율(%) + 흡수율(%) = 100%
> ② 투과율(%) = 100% − 흡수율(%)
>   = 100% − 80% = 20%

66 폐기물이 5톤 미만의 차량에 적재되어 있는 경우 적재폐기물을 평면상에서 몇 등분하여 시료를 채취하는가?

㉮ 5등분   ㉯ 6등분
㉰ 9등분   ㉱ 10등분

> **풀이** 차량에 적재되어 있는 경우 시료채취
> ① 5톤 미만 : 6등분
> ② 5톤 이상 : 9등분

67 폐기물공정시험기준상 시료를 채취할 때 시료의 양은 1회에 최소 얼마 이상 채취하여야 하는가?

㉮ 100g 이상   ㉯ 300g 이상
㉰ 500g 이상   ㉱ 1,000g 이상

> **풀이** 시료채취량
> ① 일반시료 : 100g 이상
> ② 소각재 시료 : 500g 이상

answer 63 ㉯ 64 ㉯ 65 ㉰ 66 ㉯ 67 ㉮

68 모아진 대시료를 네모꼴로 얇게 균일한 두께로 펴고, 이것을 가로 4등분 세로 5등분하여 20개의 덩어리로 나누고 20개의 각 부분에서 균등량씩을 취하여 혼합하여 하나의 시료로 만드는 시료의 분할채취방법은?

㉮ 구획법 ㉯ 교호삽법
㉰ 원추4분법 ㉱ 사각분할법

> **풀이** ㉮ 구획법에 대한 내용이며, 핵심 내용인 "가로 4등분, 세로 5등분, 20개의 덩어리=구획법"임을 숙지하시면 됩니다.

69 크롬 표준원액(100 mg Cr/L) 1,000mL를 만들기 위하여 필요한 다이크롬산칼륨(표준시약)의 양(g)은? (단, K : 39, Cr : 52)

㉮ 0.213 ㉯ 0.283
㉰ 0.353 ㉱ 0.393

> **풀이**
> $K_2Cr_2O_7$: $2Cr^{3+}$
> 294g : $2 \times 52g$
> X : $0.1g/L \times 1L$
> $\therefore X = \dfrac{294g \times 0.1g/L \times 1L}{2 \times 52g} = 0.283g$

70 용출시험방법에 대한 내용으로 ( )에 알맞은 내용은?

> 시료의 조제방법에 따라 조제한 시료 100g 이상을 정확히 달아 정제수에 염산을 넣어 ( )(으)로 한 용매(mL)를 시료 : 용매 = 1 : 10(W : V)의 비로 2,000mL 삼각플라스크에 넣어 혼합한다.

㉮ pH 4 이하 ㉯ pH 4.3~5.8
㉰ pH 5.8~6.3 ㉱ pH 6.3~7.2

> **풀이** 용출시험방법의 핵심 내용
> ① 조제한 시료의 양 : 100g 이상
> ② pH 조절 : 염산으로 pH 5.8~6.3으로 조절
> ③ 시료 : 용매는 1 : 10(W : V)

71 이온전극법을 적용하여 분석하는 항목은? (단, 폐기물 공정시험기준에 의함)

㉮ 시안 ㉯ 수은
㉰ 유기인 ㉱ 비소

> **풀이** 항목별 분석방법
> ㉮ 시안 : 자외선/가시선 분광법, 이온전극법, 연속흐름법
> ㉯ 수은 : 원자흡수분광광도법(환원기화법), 자외선/가시선 분광법(디티존법)
> ㉰ 유기인 : 기체크로마토그래피
> ㉱ 비소 : 원자흡수분광광도법, 유도결합플라스마-원자발광분광법, 자외선/가시선 분광법

72 유리전극법에 의한 수소이온농도 측정 시 간섭물질에 대한 내용으로 틀린 것은?

㉮ pH 10 이상에서 나트륨에 의해 오차가 발생할 수 있는데 이는 "낮은 나트륨 오차전극"을 사용하여 줄일 수 있다.
㉯ 유리전극은 일반적으로 용액의 색도, 탁도, 염도, 콜로이드성 물질들, 산화 및 환원성 물질들 등에 의해 간섭을 많이 받는다.
㉰ 기름 층이나 작은 입자상이 전극을 피복하여 pH 측정을 방해할 경우에는 세척제로 닦아낸 후 정제수로 세척하고 부드러운 천으로 수분을 제거하여 사용한다.
㉱ 피복물을 제거할 때는 염산(1 + 9)용액을 사용할 수 있다.

> **풀이** ㉯ 유리전극은 일반적으로 용액의 색도, 탁도, 염도, 콜로이드성 물질들, 산화 및 환원성 물질들 등에 의해 간섭을 받지 않는다.

answer 68 ㉮ 69 ㉯ 70 ㉰ 71 ㉮ 72 ㉯

73 0.08 N-HCl 70mL와 0.04 N-NaOH 수용액 130mL를 혼합했을 때 pH는? (단, 완전 해리 된다고 가정)

㉮ 2.7 ㉯ 3.6
㉰ 5.6 ㉱ 11.3

풀이 혼합액 중 $[H^+]$
$$= \frac{0.08\,M \times 70\,mL - 0.04\,M \times 130\,mL}{70\,mL + 130\,mL}$$
$$= 0.002\,M$$
$$pH = -\log[0.002\,M] = 2.70$$

TIP
① 액성이 다른 물질의 농도 $= \dfrac{Q_1C_1 - Q_2C_2}{Q_1+Q_2}$
② 산성물질에서 $pH = -\log[H^+]$
③ 알칼리성물질에서 $pH = 14 + \log[OH^-]$
④ 1가 물질인 경우 M농도와 N농도는 같다.

74 유기물 함량이 비교적 높지 않고 금속의 수산화물, 산화물, 인산염 및 황화물을 함유한 시료에 적용하는 산분해법은?

㉮ 질산 분해법
㉯ 질산 - 황산 분해법
㉰ 질산 - 염산 분해법
㉱ 질산 - 과염소산 분해법

풀이 ㉰ 질산 - 염산 분해법에 대한 내용이며, 암기법은 "염산 인금주고"임을 숙지하시면 됩니다.

75 폐기물공정시험기준에서 규정하고 있는 온도에 대한 내용으로 틀린 것은?

㉮ 실온 1~35℃
㉯ 온수 60~70℃
㉰ 열수 약 100℃
㉱ 냉수 4℃ 이하

풀이 ㉱ 냉수 15℃ 이하

76 중량법에 의한 기름성분 분석방법에 대한 내용으로 틀린 것은?

㉮ 시료를 직접 사용하거나, 시료에 적당한 응집제 또는 흡착제 등을 넣어 노말헥산 추출물질을 포집한 다음 노말헥산으로 추출한다.
㉯ 시험기준의 정량한계는 0.1% 이하로 한다.
㉰ 폐기물 중의 휘발성이 높은 탄화수소, 탄화수소유도체, 그리스유상물질 중 노말헥산에 용해되는 성분에 적용한다.
㉱ 눈에 보이는 이물질이 들어 있을 때에는 제거해야 한다.

풀이 ㉰ 폐기물 중의 비교적 휘발되지 않는 탄화수소, 탄화수소유도체, 그리스유상물질 중 노말헥산에 용해되는 성분에 적용한다.

77 석면의 종류 중 백석면의 형태와 색상에 대한 내용으로 틀린 것은?

㉮ 곧은 물결 모양의 섬유
㉯ 다발의 끝은 분산
㉰ 다색성
㉱ 가열되면 무색 밝은 갈색

풀이 ㉮ 꼬인 물결 모양의 섬유

answer 73 ㉮ 74 ㉰ 75 ㉱ 76 ㉰ 77 ㉮

78 폴리클로리네이티드비페닐(PCBs) 측정 시 시료의 전처리 조작으로 유분의 제거를 위하여 알칼리 분해를 실시하는 과정에서 알칼리제로 사용하는 것은?

㉮ 산화칼슘　　㉯ 수산화칼륨
㉰ 수산화나트륨　㉱ 수산화칼슘

풀이 PCBs 측정 시 시료의 전처리 조작으로 유분의 제거를 위하여 알칼리 분해를 실시하는 과정에서 알칼리제로 사용하는 것은 수산화칼륨(KOH)이다.

79 30% 수산화나트륨(NaOH)은 몇 몰(M)인가? (단, NaOH의 분자량 40)

㉮ 4.5　　㉯ 5.5
㉰ 6.5　　㉱ 7.5

풀이
$$(30\% \times 10^4)\,\text{mg/L} \times \frac{1\,\text{g}}{10^3\,\text{mg}} \times \frac{1\,\text{mol}}{40\,\text{g}}$$
$$= 7.5\,\text{mol/L} = 7.5\,\text{M}$$

TIP
① M 농도 = mol/L이며, 1mol = 분자량(g)
② % $\xrightarrow{\times 10^4}$ ppm(mg/L)

80 비소를 자외선/가시선 분광법으로 분석 시 발생되는 비화수소를 다이에틸다이티오카르바민산은의 피리딘용액에 흡수시키면 나타나는 색은?

㉮ 적자색　　㉯ 청색
㉰ 황갈색　　㉱ 황색

풀이 비소의 자외선/가시선 분광법의 핵심 내용
① 정량범위 : 0.002 ~ 0.01mg
② 환원제 : 아연
③ 발색시약 : 다이에틸다이티오카르바민산은
④ 적자색의 흡광도를 530nm에서 측정

answer 78 ㉯　79 ㉱　80 ㉮

2025 3회 CBT 복원문제

| 제1과목 | 폐기물개론

01 다음 중 폐기물 발생량의 예측방법으로 틀린 것은?

㉮ 다중회귀모델
㉯ 동적모사모델
㉰ 물질수지모델
㉱ 경향모델

> **풀이** 폐기물의 발생량
> ① 예측방법 : 다중회귀모델, 동적모사모델, 경향모델
> ② 조사방법 : 물질수지법, 직접계근법, 적재차량계수법, 통계조사법
> ③ 암기법 : 예측은 다중이 동적으로 경향을 파악하고/조사는 물질을 직접 적재한 통계로 한다.

02 다음 중 전과정평가(LCA)의 평가단계를 순서대로 알맞게 나열한 것은?

㉮ 목록분석 → 목적 및 범위설정 → 영향평가 → 개선평가 및 해석
㉯ 목적 및 범위설정 → 목록분석 → 영향평가 → 개선평가 및 해석
㉰ 목적 및 범위설정 → 목록분석 → 개선평가 및 해석 → 영향평가
㉱ 목록분석 → 목적 및 범위설정 → 개선평가 및 해석 → 영향평가

> **풀이** 전과정평가(LCA)의 평가단계는 목적 및 범위설정 → 목록분석 → 영향평가 → 개선평가 및 해석 순이다.

03 효과적인 수거노선 설정에 대한 내용으로 틀린 것은?

㉮ 적은 양의 쓰레기가 발생하나 동일한 수거빈도를 받기 원하는 수거지점은 가능한 한 같은 날 왕복내 수거하지 않는다.
㉯ 가능한 한 지형지물 및 도로경계와 같은 장벽을 이용하여 간선도로 부근에서 시작하고 끝나도록 배치하여야 한다.
㉰ U자형 회전은 피하고 많은 양의 쓰레기가 발생되는 발생원은 하루 중 가장 먼저 수거하도록 한다.
㉱ 가능한 한 시계방향으로 수거노선을 정한다.

> **풀이** ㉮ 적은 양의 쓰레기가 발생하나 동일한 수거빈도를 받기 원하는 수거지점은 가능한 한 같은 날 왕복내에서 수거하도록 한다.

04 폐기물 발생량의 조사방법 중 전수조사에 대한 내용으로 틀린 것은?

㉮ 행정시책의 이용도가 높다.
㉯ 조사기간이 길다.
㉰ 표본치의 보정역할이 가능하다.
㉱ 표본오차가 크다.

> **풀이** ㉱ 표본오차가 작아 신뢰도가 높다.

answer 01 ㉰ 02 ㉯ 03 ㉮ 04 ㉱

05 압축비가 5인 쓰레기의 부피감소율은?

㉮ 50% ㉯ 80%
㉰ 90% ㉱ 95%

풀이 부피감소율(%)
$= \left(1 - \dfrac{1}{\text{압축비}}\right) \times 100$
$= \left(1 - \dfrac{1}{5}\right) \times 100 = 80\%$

06 폐기물의 성상분석 단계로 가장 알맞은 것은?

㉮ 건조 → 물리적 조성 분석 → 분류(가연·불연성) → 절단 및 분쇄 → 화학적 조성 분석
㉯ 건조 → 분류(가연·불연성) → 물리적 조성 분석 → 발열량 측정 → 화학적 조성 분석
㉰ 밀도 측정 → 물리적 조성 분석 → 건조 → 분류(가연·불연성) → 절단 및 분쇄 → 화학적 조성 분석
㉱ 밀도 측정 → 전처리 → 물리적 조성 분석 → 분류(가연·불연성) → 건조 → 화학적 조성 분석

풀이 폐기물의 성상분석 절차 순서는 시료 → 밀도 측정 → 물리적 조성 분석 → 건조 → 분류(가연성, 불연성) → 전처리(절단 및 분쇄) → 화학적 조성분석 순이다.

07 다음 중 폐기물 발생의 특징으로 틀린 것은?

㉮ 상업지역, 주택지역 등 장소에 따라 발생량과 성상이 달라진다.
㉯ 쓰레기의 성분은 계절에 영향을 받는다.
㉰ 재활용품의 회수 및 재이용율이 증가할수록 쓰레기 발생량은 감소한다.
㉱ 쓰레기통이 클수록 유효용적이 증가하여 쓰레기 발생량이 감소한다.

풀이 ㉱ 쓰레기통이 클수록 유효용적이 증가하여 쓰레기 발생량이 증가한다.

08 어느 도시쓰레기의 성분 중 비가연성 부분이 전체 질량의 57%를 차지하였다. 밀도가 200kg/m³인 쓰레기 15m³이 있을 때 가연성 쓰레기의 양은?

㉮ 4.88ton ㉯ 3.75ton
㉰ 2.64ton ㉱ 1.29ton

풀이 가연성 쓰레기의 양(ton)
$= \text{쓰레기량(ton)} \times \text{밀도(ton/m}^3\text{)}$
$\times \dfrac{100 - \text{비가연성 성분(\%)}}{100}$
$= 15\text{m}^3 \times 0.2\text{ton/m}^3 \times (1 - 0.57) = 1.29\text{ton}$

answer 05 ㉯ 06 ㉰ 07 ㉱ 08 ㉱

09 다음 중 분뇨에 대한 내용으로 틀린 것은?

㉮ 분뇨에서 분 : 뇨의 고형물의 비는 7:1 이다.
㉯ 다량의 유기물을 포함하여 고액분리가 용이하다.
㉰ 분과 뇨의 구성비는 대략 양적으로 1 : 8 이다.
㉱ 분뇨는 하수슬러지에 비해 협잡물, 염분, 질소의 농도가 높다.

풀이 ㉯ 다량의 유기물을 포함하여 고액분리가 어렵다.

10 밀도가 400 kg/m³인 폐기물을 압축하여 밀도가 900 kg/m³가 되도록 하였다면 압축된 폐기물의 부피는?

㉮ 초기부피의 41%
㉯ 초기부피의 44%
㉰ 초기부피의 52%
㉱ 초기부피의 56%

풀이 압축된 폐기물의 부피(%) $= \dfrac{V_2}{V_1} \times 100$

① $V_1 = 1\text{kg} \times \dfrac{1}{400\text{kg/m}^3} = 0.0025\,\text{m}^3$

② $V_2 = 1\text{kg} \times \dfrac{1}{900\text{kg/m}^3} = 0.0011\,\text{m}^3$

③ 압축된 폐기물의 부피(%)
$= \dfrac{V_2}{V_1} \times 100$
$= \dfrac{0.0011\,\text{m}^3}{0.0025\,\text{m}^3} \times 100 = 44\%$

11 전과정평가(LCA)는 4부분으로 구성된다. 그 중 상품, 포장, 공정, 물질, 원료 및 활동에 의해 발생하는 에너지 및 천연원료 요구량, 대기·수질 오염물질 배출, 고형폐기물과 기타 기술적 자료구축 과정에 해당하는 것은?

㉮ Scoping analysis
㉯ Inventory analysis
㉰ Impact analysis
㉱ Improvement analysis

풀이 ㉰ 영향평가(Impact analysis)에 대한 설명이며, 핵심 내용인 "기술적 자료구축과 환경부하 평가=영향평가"임을 숙지하시면 됩니다.

12 폐기물 발생량 조사방법 중 주로 산업폐기물의 발생량을 추산할 때 사용하는 것은?

㉮ 적재차량계수 분석
㉯ 직접계근법
㉰ 물질수지법
㉱ 경향법

풀이
㉮ 적재차량계수 분석 : 중간 적하장 및 중계 처리장
㉯ 직접계근법 : 국내 대형소각장 및 위생 매립장
㉰ 물질수지법 : 산업폐기물
㉱ 경향법 : 폐기물 발생량 예측방법

13 다음 중 파쇄처리의 효과로 틀린 것은?

㉮ 고가금속의 회수 가능
㉯ 입경분포의 균일화
㉰ 용적의 감소
㉱ 비표면적의 감소

풀이 ㉱ 비표면적의 증가

answer 09 ㉯ 10 ㉯ 11 ㉰ 12 ㉰ 13 ㉱

14 다음 중 트롬멜(Trommel)스크린의 특징으로 틀린 것은?

㉮ 스크린에 폐기물을 주입하기 이전에 분쇄기를 두는 것이 효과적이다.
㉯ 경사도가 크면 효율은 떨어지고 부하율이 커진다.
㉰ 임계회전속도는 최적회전속도×0.45이다.
㉱ 원통의 길이가 길면 효율은 증가하나 소요동력이 많이 든다.

풀이 ㉰ 최적회전속도는 임계회전속도 × 0.45이다.

15 냉각파쇄기에 대한 내용으로 틀린 것은?

㉮ 파쇄기의 발열 및 열화를 방지한다.
㉯ 유기물을 고순도, 고회수율로 회수가 가능하다.
㉰ 복합재질의 선택 파쇄는 불가능하다.
㉱ 투자비가 크므로 특수용도로 주로 활용된다.

풀이 ㉰ 복합재질의 선택 파쇄가 가능하다.

16 물렁거리는 가벼운 물질로부터 딱딱한 물질을 선별하는데 이용되며, 주로 퇴비 속의 유리나 돌을 선별하는 방법은?

㉮ Secators
㉯ Stoners
㉰ Hand Separation
㉱ Air Separation

풀이 ㉮ 세카터(Secators)에 대한 내용이며, 핵심 내용인 "물렁거리는 가벼운 물질로부터 딱딱한 물질 선별=세카터"임을 숙지하시면 됩니다.

17 유기성 폐기물 퇴비화 조작에서 환경변화 인자에 대한 내용으로 틀린 것은?

㉮ 수분함량 : 원료의 최적 함수율은 50~60% 정도가 적당하다.
㉯ pH : 퇴비화 미생물의 최적 생육 pH는 6~8이다.
㉰ 온도 : 적정온도는 60~70℃이다.
㉱ C/N비 : C/N비가 너무 낮으면 질소분의 함량이 적어 퇴비화가 잘 안되고 소요시간이 길어진다.

풀이 ㉱ C/N비 : C/N비가 너무 낮으면 유기질소의 암모니아화로 악취가 발생한다.

18 새로운 쓰레기 수집 시스템에 대한 내용으로 틀린 것은?

㉮ 모노레일 수송 : 쓰레기를 적환장에서 최종처분장까지 수송하는데 적용할 수 있다.
㉯ 컨베이어 수송 : 광대한 지역에 적용될 수 있는 방법으로 컨베이어 세정에 문제가 있다.
㉰ 관거 수송 : 쓰레기 발생 밀도가 높은 곳에서 현실성이 있으며 조대쓰레기는 파쇄, 압축 등의 전처리가 필요하다.
㉱ 관거 수송 : 잘못 투입된 물건은 회수하기가 곤란하며 가설 후에 경로변경이 어렵다.

풀이 ㉯ 컨베이어 수송 : 지하에 설치하며 수송망을 하수도 시설처럼 가설하면 각 가정에서 배출된 쓰레기를 최종처분장까지 운반할 수 있다.

answer 14 ㉰ 15 ㉰ 16 ㉮ 17 ㉱ 18 ㉯

19 비자성이고 전기전도성이 좋은 물질(구리, 알루미늄, 아연)을 다른 물질로부터 분리하는데 가장 적절한 선별방식은?

㉮ 와전류 선별
㉯ 자기 선별
㉰ 자장 선별
㉱ 정전기 선별

풀이 ㉮ 와전류 선별에 대한 내용이며, 핵심 내용은 "비자성이고 전기전도성이 좋은 물질(구리, 알루미늄, 아연)선별=와전류 선별법"임을 숙지하시면 됩니다.

20 폐기물 발생량 예측방법 중 하나의 수식으로 쓰레기 발생량에 영향을 주는 각 인자들의 효과를 총괄적으로 나타내어 복잡한 시스템의 분석에 유용하게 사용할 수 있는 방법은?

㉮ 상관계수분석모델
㉯ 다중회귀모델
㉰ 동적모사모델
㉱ 경향법

풀이 ㉯ 다중회귀모델에 대한 내용이며, 핵심 내용인 "복잡한 시스템의 분석=다중회귀모델"임을 숙지하시면 됩니다.

| 제2과목 | 폐기물 재활용 및 자원화 기술

21 다음 중 토양증기추출법(Soil Vaper Extraction)에 대한 내용으로 틀린 것은?

㉮ 증기압이 높은 오염물질의 제거효율이 낮다.
㉯ 굴착이 필요없고, 짧은 시간에 설치할 수 있다.
㉰ 지하수의 깊이에 제한을 받지 않는다.
㉱ 지반구조가 복잡하여 총 처리시간을 예측하기가 어렵다.

풀이 ㉮ 증기압이 낮은 오염물질의 제거효율이 낮다.

22 다음 중 토양공기의 조성에 대한 내용으로 틀린 것은?

㉮ 대기에 비하여 토양공기 내 탄산가스의 함량은 높은 편이다.
㉯ 토양이 깊어질수록 토양공기 내 산소량은 감소한다.
㉰ 대기에 비하여 토양공기에 수증기의 함량이 낮은 편이다.
㉱ 대기에 비하여 토양공기 내 산소의 함량은 낮은 편이다.

풀이 ㉰ 대기에 비하여 토양공기에 수증기의 함량이 높은 편이다.

answer 19 ㉮ 20 ㉯ 21 ㉮ 22 ㉰

23 유효공극율 0.2, 점토층 위의 침출수가 수두 1.5m인 점토 차수층 1.0m를 통과하는데 10년이 걸렸다면 점토 차수층의 투수계수(cm/s)는?

㉮ 2.54×10^{-7} ㉯ 2.54×10^{-8}
㉰ 5.54×10^{-7} ㉱ 5.54×10^{-8}

[풀이]

① $t = \dfrac{d^2 \cdot n}{k(d+h)}$

여기서 t : 침출수가 점토층을 통과하는 시간(년)
　　　 d : 점토층의 두께(m)
　　　 n : 유효공극률
　　　 k : 투수계수(m/년)
　　　 h : 침출수 수두(m)

$k = \dfrac{d^2 \cdot n}{t(d+h)}$

$= \dfrac{(1.0m)^2 \times 0.2}{10년 \times (1.0m + 1.5m)} = 0.008m/년$

② k(cm/sec)
$= \dfrac{0.008m}{년} \times \dfrac{10^2 cm}{1m} \times \dfrac{1년}{365일} \times \dfrac{1일}{24hr} \times \dfrac{1hr}{3,600sec}$
$= 2.54 \times 10^{-8} \, cm/sec$

24 친산소성 퇴비화 공정의 설계 운영의 고려 인자에 대한 내용으로 틀린 것은?

㉮ 폐기물의 적정 입자크기는 25~27mm 정도이다.
㉯ 암모니아 가스에 의한 질소손실을 줄이기 위해서 pH 8.5 이상 올라가지 않도록 주의하여야 한다.
㉰ 퇴비단의 온도는 초기 며칠간은 55~60℃를 유지하여야 하며, 활발한 분해를 위해서는 50~55℃가 적당하다.
㉱ 퇴비화 기간동안 수분함량은 50~60% 범위에서 유지되어야 한다.

[풀이] ㉰ 퇴비단의 온도는 초기 며칠간은 50~55℃를 유지하여야 하며, 활발한 분해를 위해서는 55~60℃가 적당하다.

25 다음 중 합성차수계 차수막과 점토차수막을 비교한 내용으로 틀린 것은?

㉮ 합성차수계 차수막은 점토에 비해 내구성이 높으나 열화위험이 있다.
㉯ 합성차수계 차수막은 점토에 비해 가격은 싸나 시공은 용이하지 못하다.
㉰ 점토차수막은 벤토나이트 첨가 시 차수성이 더 좋아진다.
㉱ 점토차수막은 바닥처리가 나쁘면 부등침하 및 균열의 위험이 있다.

[풀이] ㉯ 합성차수계 차수막은 점토에 비해 가격은 비싸나 시공이 용이하다.

26 진공여과기로 슬러지를 탈수하여 cake의 함수율을 70%로 할 때 여과속도는 20 kg/m²·hr(고형물 기준), 여과면적은 50 m²의 조건에서 4시간 동안 cake 발생량은? (단, 비중은 1.0으로 가정한다)

㉮ 약 13.3ton ㉯ 약 18.6ton
㉰ 약 22.8ton ㉱ 약 25.2ton

[풀이]

① 여과속도($kg/m^2 \cdot hr$)
$= \dfrac{cake\ 농도(kg/m^3) \times cake\ 발생량(m^3/hr)}{여과면적(m^2)}$

$20kg/m^2 \cdot hr = \dfrac{300kg/m^3 \times cake\ 발생량(m^3)}{50m^2 \times 4hr}$

∴ cake 발생량 $= \dfrac{20kg/m^2 \cdot hr \times 50m^2 \times 4hr}{300kg/m^3}$
$= 13.33m^3$

② cake 발생량(ton)
$= 13.33m^3 \times 1.0ton/m^3 = 13.33ton$

answer 23 ㉯ 24 ㉰ 25 ㉯ 26 ㉮

TIP

① 고형물 = 100 − 함수율(%) = 100 − 70% = 30%

② % $\xrightarrow{\times 10^4}$ mg/L $\xrightarrow{\times 10^{-3}}$ kg/m³

③ 30% $\xrightarrow{\times 10^4}$ 30 × 10⁴ mg/L $\xrightarrow{\times 10^{-3}}$ 300 kg/m³

④ 비중 단위 : g/mL = g/cm³ = kg/L = ton/m³

---

27 합성차수막의 종류 중 HDPE & LDPE에 대한 내용으로 틀린 것은?

㉮ 대부분의 화학물질에 대한 저항성이 높다.
㉯ 접합상태가 양호하다.
㉰ 온도에 대한 저항성이 높다.
㉱ 유연성이 양호하고 손상의 우려가 없다.

풀이 ㉱ 유연하지 못하고 손상의 우려가 높다.

---

28 폐기물 고화처리법 중 석회기초법에 대한 내용으로 틀린 것은?

㉮ 석회-포졸란 화학반응이 잘 알려져 있으며 탈수가 필요하지 않다.
㉯ 두 가지 폐기물을 동시에 처리할 수 있다.
㉰ 공정운전이 간단하고 용이하나 최종 처분물질의 양이 증가한다.
㉱ pH가 낮을 때도 알칼리도가 충분하여 폐기물 성분의 용출 가능성이 낮아진다.

풀이 ㉱ pH가 낮을 경우 폐기물 성분의 용출 가능성이 높아진다.

---

29 도랑형 공법은 폭 (   )m, 깊이 (   )m 정도의 도랑을 판 다음 일정한 두께로 쓰레기를 매립한 다음 인근 도랑에서 굴착한 흙으로 복토하는 공법이다. (   )안에 들어갈 알맞은 것은?

㉮ 폭 5m, 깊이 2.5m
㉯ 폭 20m, 깊이 10m
㉰ 폭 30m, 깊이 20m
㉱ 폭 40m, 깊이 30m

풀이 ㉯ 도랑형 공법은 폭 20m, 깊이 10m 정도의 도랑을 판다.

---

30 1차 반응속도에서 반감기(농도가 50%로 줄어드는 시간)가 1시간이다. 초기농도의 87.5%가 줄어드는데 걸리는 시간은?

㉮ 1.5시간　　㉯ 2시간
㉰ 3시간　　　㉱ 4시간

풀이 ① 반감기 사용

$\ln \frac{1}{2} = -k \times t$

$\ln \frac{1}{2} = -k \times 1hr$

∴ k = 0.693/hr

② 1차 반응식 이용

$\ln \frac{C_t}{C_o} = -k \times t$

여기서 C_o : 초기농도
　　　C_t : t시간 후의 농도
　　　k : 상수
　　　t : 시간

$\ln \frac{(100-87.5)}{100} = -0.693/hr \times t$

∴ t = 3.0hr

31 폐기물의 고형화방법 중 피막형성법에 대한 내용으로 틀린 것은?

㉮ 에너지 소요가 크다.
㉯ 피막형성을 위한 수지값이 비싸다.
㉰ 화재의 위험성이 있다.
㉱ 혼합률이 높다.

풀이 ㉱ 혼합률이 낮다.

32 분뇨의 슬러지 건량은 $3\,m^3$이며 함수율이 95%이다. 함수율을 80%까지 농축하면 농축조에서의 분리액은?

㉮ $40\,m^3$ ㉯ $45\,m^3$
㉰ $50\,m^3$ ㉱ $55\,m^3$

풀이 농축슬러지량
  = 슬러지 건량$(m^3) \times \dfrac{100}{100 - 함수율(\%)}$
① $V_1 = 3\,m^3 \times \dfrac{100}{100-95} = 60\,m^3$
② $V_2 = 3\,m^3 \times \dfrac{100}{100-80} = 15\,m^3$
③ 농축조의 분리액
  $= V_1 - V_2$
  $= 60\,m^3 - 15\,m^3 = 45\,m^3$

33 인구 600,000명에 1인당 하루 1.3kg의 쓰레기를 배출하는 지역에 면적이 1,000,000 m^2의 매립장을 건설하려고 한다. 강우량이 1,350mm/year인 경우 침출수 발생량은? (단, 강우량 중 60%는 증발되고 40%만 침출수로 발생된다고 가정하고, 침출수 비중은 1.0, 기타조건은 고려하지 않음)

㉮ 약 540,000톤/년
㉯ 약 640,000톤/년
㉰ 약 740,000톤/년
㉱ 약 840,000톤/년

풀이 침출수 발생량(톤/년)
  = 침출수량(m/년) × 매립장의 면적(m^2) × 비중량(톤/m^3)
  = 1,350mm/년 × 10^{-3}m/mm × 0.4
   × 1,000,000m^2 × 1.0톤/m^3
  = 540,000 톤/년

TIP
침출수의 비중 $1.0\,g/cm^3 = 1.0\,kg/L = 1.0\,ton/m^3$

34 건식법에 의한 소각로 유해가스(SO_2) 대책 중 석회흡수법의 특징으로 틀린 것은?

㉮ 소규모 및 노후 보일러에도 사용되어 질 수 있다.
㉯ 배기가스의 온도가 떨어지지 않는다.
㉰ 석회석 값이 저렴하여 운영비의 부담이 적다.
㉱ SO_2가 석회석 분말표면에 침투가 용이하여 제거효과가 높다.

풀이 ㉱ SO_2가 석회석 분말표면에 침투가 용이하지 못해 제거효과가 낮다.

answer   31 ㉱   32 ㉯   33 ㉮   34 ㉱

35 1일 쓰레기 발생량이 50ton인 도시의 쓰레기를 깊이 3.0m의 도랑식(trench)으로 매립하는데, 발생된 쓰레기 밀도 500 kg/m³, 도랑 점유율 60%, 부피감소율이 40%일 경우 3년간 필요한 매립면적(m²)은? (단, 기타 조건은 고려하지 않음.)

㉮ 약 36,500 ㉯ 약 46,500
㉰ 약 56,500 ㉱ 약 66,500

풀이 매립면적(m^2)
$= \dfrac{\text{폐기물의 발생량}(kg/년) \times (1 - \text{부피감소율})}{\text{폐기물의 밀도}(kg/m^3) \times \text{매립지 깊이}(m)}$
$\times \dfrac{1}{\text{도랑 점유율}}$
$= \dfrac{50 \times 10^3 kg/일 \times 365일/년 \times 3년 \times (1-0.4)}{500 kg/m^3 \times 3.0m} \times \dfrac{1}{0.6}$
$= 36,500 \, m^2$

36 연직차수막과 표면차수막에 대한 내용으로 틀린 것은?

㉮ 연직차수막은 지중에 수평방향의 차수층이 존재할 때 사용한다.
㉯ 연직차수막은 지하수 집배수시설이 불필요하다.
㉰ 표면차수막은 단위면적당 공사비는 싸지만 총공사비는 비싸다.
㉱ 표면차수막은 매립 후에도 보수, 보강시공이 용이하다.

풀이 ㉱ 표면차수막은 매립 전에는 보수, 보강 시공이 가능하나, 매립 후에는 어렵다.

TIP 연직차수막과 표면차수막의 비교

	연직차수막	표면차수막
차수성 확인	지하에 매설하기 때문에 확인이 어렵다.	시공 시에는 가능하나 매립 후에는 곤란하다.
경제성	단위면적당 공사비가 비싼 반면 총공사비는 싸다.	단위면적당 공사비는 싸지만 매립지 전체를 시공하는 경우가 많아 총공사비는 비싸다.
보수성	차수막 보강시공이 가능	매립 전에는 가능하나 매립 후에는 어렵다.
지하수 집배수 시설	필요 없다.	필요하다.

37 미생물에 의해 C_7H_{12}가 호기적으로 완전 산화 분해되는 경우에 요구되는 이론산소량은 C_7H_{12} 1mg당 몇 mg인가?

㉮ 1.7 ㉯ 2.5
㉰ 3.3 ㉱ 4.2

풀이 $C_7H_{12} + 10O_2 \rightarrow 7CO_2 + 6H_2O$
96mg : 10 × 32mg
1mg : 이론산소량
∴ 이론산소량 $= \dfrac{1mg \times 10 \times 32mg}{96mg} = 3.33mg$

38 혐기성 소화 탱크에서 유기물이 70%, 무기물이 30%인 슬러지를 소화하여 소화슬러지의 유기물이 60%, 무기물이 40%가 되었다면 소화율은?

㉮ 30.6% ㉯ 32.4%
㉰ 35.7% ㉱ 38.3%

풀이 소화율(%)
$= \left\{1 - \dfrac{\text{소화 후}(VS/FS)}{\text{소화 전}(VS/FS)}\right\} \times 100$
$= \left\{1 - \dfrac{60\%/40\%}{70\%/30\%}\right\} \times 100 = 35.71\%$

39 완전히 건조된 고형분의 비중이 1.8이며, 건조 이전의 슬러지 내 고형분 함량이 42%일 때 건조 이전 슬러지 체적의 비중은?

㉮ 약 1.13 ㉯ 약 1.19
㉰ 약 1.23 ㉱ 약 1.29

풀이 $\dfrac{1}{\rho_{SL}} = \dfrac{W_{TS}}{\rho_{TS}} + \dfrac{W_P}{\rho_P}$

여기서 ρ_{SL} : 슬러지의 겉보기 비중
ρ_{TS} : 고형물의 비중
W_{TS} : 고형물의 함량
ρ_P : 수분의 비중
W_P : 수분의 함량

$\dfrac{1}{\rho_{SL}} = \dfrac{0.42}{1.8} + \dfrac{0.58}{1.0} = 0.8133$

$\therefore \rho_{SL} = \dfrac{1}{0.8133} = 1.23$

TIP
수분(P) = 100 − 고형물(TS) = 100 − 42% = 58%

40 용매추출법에 이용 가능성이 있는 높은 폐기물의 특징으로 틀린 것은?

㉮ 높은 분배계수를 가지는 것
㉯ 낮은 끓는점을 가질 것
㉰ 물에 대한 용해도가 높을 것
㉱ 밀도가 물과 다를 것

풀이 ㉰ 물에 대한 용해도가 낮을 것

| 제3과목 | 폐기물 처분기술

41 다음 중 기체연료에 대한 내용으로 틀린 것은?

㉮ 회분이나 유해물질의 배출이 적다.
㉯ 연소효율이 높고 안정된 연소가 된다.
㉰ 많은 과잉공기량으로 완전연소가 가능하다.
㉱ 설비비가 많이 들고 비싸다.

풀이 ㉰ 적은 과잉공기량으로 완전연소가 가능하다.

42 석탄의 탄화도가 증가할 때 감소하는 것은?

㉮ 착화온도 ㉯ 고정탄소
㉰ 발열량   ㉱ 매연 발생량

풀이 석탄의 탄화도가 증가하면
① 고정탄소, 발열량, 착화온도, 연료비는 증가
② 매연 발생량, 비열, 휘발분, 수분, 산소의 양, 연소속도는 감소

answer 38 ㉰ 39 ㉰ 40 ㉰ 41 ㉰ 42 ㉱

43 폐기물 소각에 필요한 이론공기량이 1.49 Nm^3/kg 이고 공기비는 1.8이었다. 하루 폐기물 소각량이 200ton일 때 실제 필요한 공기량(Nm^3/hr)은?

㉮ 15,250 ㉯ 18,550
㉰ 22,350 ㉱ 32,850

풀이 실제공기공급량(Nm^3/hr)
= 공기비(m) × 이론공기량(Nm^3/kg)
　× 폐기물 소각량(kg/hr)
= $1.8 × 1.49 Nm^3/kg × 200 × 10^3 kg/day × 1day/24hr$
= $22,350 Nm^3/hr$

44 다음 중 화격자(Stoker) 소각로에 대한 내용으로 틀린 것은?

㉮ 플라스틱 등과 같이 쉽게 용해되는 물질은 화격자가 막힐 염려가 있다.
㉯ 고온 중에서 기계적으로 구동하기 때문에 금속부의 마모손실이 심하다.
㉰ 체류시간이 짧고 교반력이 강하여 국부 가열이 발생할 염려가 없다.
㉱ 경사스토커식 방식의 경우 수분이 많은 것이나 발열량이 낮은 것도 어느 정도 소각이 가능하다.

풀이 ㉰ 체류시간이 길고 교반력이 약하여 국부가열이 발생할 염려가 있다.

45 다음 중 관성력 집진장치에 대한 내용으로 틀린 것은?

㉮ 충돌식과 반전식이 있으며, 일반적으로 고온가스의 처리가 가능하므로 굴뚝 또는 배관 내에 적용될 때가 있다.
㉯ 적당한 모양과 크기의 호퍼가 필요하다.
㉰ 충돌 직전의 처리가스 속도가 크고, 처리 후의 출구 가스속도가 작을수록 제거효율이 증가한다.
㉱ 기류의 방향 전환 각도가 크고, 방향 전환 횟수가 많을수록 집진효율은 증가한다.

풀이 ㉱ 기류의 방향 전환 각도가 작고, 방향 전환 횟수가 많을수록 집진효율은 증가한다.

46 다음 중 열분해에 대한 내용으로 알맞은 것은?

㉮ 열분해 온도에 따른 가스의 구성비가 좌우되는데 고온이 될수록 CO_2의 함량이 증가한다.
㉯ 연소가 고도의 흡열반응에 비해 열분해는 고도의 발열반응이다.
㉰ 고온의 열분해에서 1,700℃까지 온도를 올리면 생산되는 모든 재는 슬래그(Slag)로 배출된다.
㉱ 폐기물을 과잉의 산소를 공급하여 가열해 기체, 액체, 고체의 3성분으로 분리한다.

풀이 ㉮ 열분해 온도에 따른 가스의 구성비가 좌우되는데 고온이 될수록 CO_2의 함량이 감소한다.
㉯ 연소가 고도의 발열반응에 비해 열분해는 고도의 흡열반응이다.
㉱ 폐기물을 산소 공급없이 가열해 기체, 액체, 고체의 3성분으로 분리한다.

answer　43 ㉰　44 ㉰　45 ㉱　46 ㉰

47 NO 400ppm을 함유한 연소가스 300,000 Sm^3/hr를 암모니아를 환원제로 하는 선택적 촉매환원법으로 처리하고자 한다. NH_3의 반응률을 98%라 할 때 필요한 NH_3량(kg/hr)은? (단, 표준상태, 기타 조건은 고려하지 않음.)

$$6NO + 4NH_3 \rightarrow 5N_2 + 6H_2O$$

㉮ 약 42 ㉯ 약 52
㉰ 약 62 ㉱ 약 72

▶풀이 $6NO + 4NH_3 \rightarrow 5N_2 + 6H_2O$
$6 \times 22.4 Sm^3 : 4 \times 17 kg$
$300,000 Sm^3/hr \times 400ppm \times 10^{-6} : X \times 0.98$
∴
$$X = \frac{300,000\,Sm^3/hr \times 400ppm \times 10^{-6} \times 4 \times 17kg}{6 \times 22.4\,Sm^3 \times 0.98}$$
$= 61.95\,kg/hr$

48 도시생활폐기물을 1일 100톤 소각처리하고자 한다. 1일 소각운전시간 12시간, 소각대상물의 저위발열량 2,000kcal/kg, 연소실 열부하율 $1.2 \times 10^5\,kcal/m^3 \cdot hr$일 때 소각로의 유효용적은?

㉮ 약 $89\,m^3$ ㉯ 약 $109\,m^3$
㉰ 약 $119\,m^3$ ㉱ 약 $139\,m^3$

▶풀이 연소실 열부하율($kcal/m^3 \cdot hr$)
$= \dfrac{\text{저위발열량}(kcal/kg) \times \text{폐기물}(kg/hr)}{\text{용적}(m^3)}$

$1.2 \times 10^5\,kcal/m^3 \cdot hr$
$= \dfrac{2,000kcal/kg \times 100 \times 10^3 kg/day \times 1day/12hr}{\text{용적}(m^3)}$

∴ 용적
$= \dfrac{2,000kcal/kg \times 100 \times 10^3 kg/day \times 1day/12hr}{1.2 \times 10^5\,kcal/m^3 \cdot hr}$
$= 138.89\,m^3$

49 설치위치는 과열기의 중간 또는 뒤쪽에 배치되어 있으며, 증기터빈 속에서 팽창하여 포화증기에 도달한 증기를 도중에 이끌어내어 그 압력으로 다시 가열하여 터빈에 되돌려 팽창시키는 장치는?

㉮ 과열기 ㉯ 재열기
㉰ 절탄기 ㉱ 공기예열기

▶풀이 ㉯ 재열기에 대한 내용이며, 핵심 내용인 "그 압력으로 다시 가열하여 터빈에 되돌려 팽창시키는 장치=재열기"임을 숙지하시면 됩니다.

50 다음 중 사이클론에 대한 내용으로 틀린 것은?

㉮ 함진가스의 온도가 높아지면 집진율은 저하되나, 그 영향은 크지 않다.
㉯ 고온가스 처리가 가능하고, 먼지량과 유량의 변화에 민감하다.
㉰ 원심력과 중력이 동시에 작용하며, 중력은 보다 큰 입자의 먼지에 작용한다.
㉱ 고농도는 직렬로 연결하고, 응집성이 강한 먼지는 병렬로 연결하여 사용한다.

▶풀이 ㉱ 고농도는 병렬로 연결하고, 응집성이 강한 먼지는 직렬로 연결하여 사용한다.

answer 47 ㉰ 48 ㉱ 49 ㉯ 50 ㉱

51 화상부하율이 250 kg/m²·hr인 경우 하루 300ton을 소각시킬 때 필요한 화상면적(m²)은? (단, 하루 24시간 연속소각 기준)

㉮ 25 ㉯ 50
㉰ 400 ㉱ 200

풀이 화상부하율$(kg/m^2 \cdot hr) = \dfrac{소각량(kg/hr)}{화상면적(m^2)}$

$250 kg/m^2 \cdot hr = \dfrac{300 \times 10^3 kg/day \times 1day/24hr}{화상면적(m^2)}$

∴ 화상면적 $= \dfrac{300 \times 10^3 kg/day \times 1day/24hr}{250 kg/m^2 \cdot hr}$

$= 50 m^2$

52 먼지 및 유해가스를 동시에 처리 가능한 세정집진장치의 특징으로 틀린 것은?

㉮ 굴뚝으로 최종 배출되기 전에 기액 분리기를 사용해 제거해 주어야 한다.
㉯ 처리가스의 확산이 어렵고, 압력손실과 동력소비량이 크다.
㉰ 가동부분이 작고 조작이 간단하며, 협소한 장소에 설치 가능하다.
㉱ 고온가스 및 연소성 및 폭발성 가스의 처리가 불가능하다.

풀이 ㉱ 고온가스 및 연소성 및 폭발성 가스의 처리가 가능하다.

53 완전연소일 경우 $(CO_2)_{max}$의 값(%)은?
(단, (CO_2) : 배출가스 중 CO_2량(Sm^3/Sm^3), (O_2) : 배출가스 중 O_2량(Sm^3/Sm^3), (N_2) : 배출가스 중 N_2량(Sm^3/Sm^3)

㉮ $\dfrac{21(CO_2)}{21-(O_2)}$

㉯ $\dfrac{(O_2)}{1-21(CO_2)}$

㉰ $\dfrac{21(CO_2)}{(CO_2)+(N_2)}$

㉱ $\dfrac{21(N_2)}{21(N_2)-79(O_2)}$

풀이 $CO_{2max}(\%) = \dfrac{21 \times (CO_2\% + CO\%)}{21 - O_2\% + 0.395 \times CO\%}$

CO%가 주어지지 않으면

$CO_{2max}(\%) = \dfrac{21 \times CO_2\%}{21 - O_2\%}$

54 다음 중 다이옥신류의 저감방안 및 제거기술에 대한 내용으로 틀린 것은?

㉮ 유기염소계 화합물(PVC 제품류) 반입을 제한한다.
㉯ 로내 온도를 1,000℃ 이상으로 운전하여 다이옥신 성분 발생량을 최소화한다.
㉰ 페인트가 칠해져 있거나 페인트로 처리된 목재, 가구류 반입을 억제 제한한다.
㉱ 촉매에 의한 다이옥신 분해방식은 활성탄 흡착 처리방법에 비해 다이옥신을 무해화하기 위한 후처리가 필요한 방법이다.

풀이 ㉱ 촉매에 의한 다이옥신 분해방식은 활성탄 흡착 처리방법에 비해 다이옥신을 무해화하기 위한 후처리가 필요없는 방법이다.

answer 51 ㉯ 52 ㉱ 53 ㉮ 54 ㉱

55 RDF에 대한 내용으로 틀린 것은?

㉮ RDF 내 염소량이 크면 연료로 사용 시 다이옥신의 발생 등이 문제가 된다.
㉯ RDF의 조성은 셀룰로오스가 주성분이므로 수분에 따른 부패의 우려가 없다.
㉰ RDF를 대량으로 사용하기 위해서는 배합률(조성)이 일정하여야 하며 재의 양이 적어야 한다.
㉱ RDF의 종류는 Power RDF, Pellet RDF, Fluff RDF가 있다.

풀이 ㉯ RDF의 조성은 셀룰로오스가 주성분이므로 수분에 따른 부패의 우려가 있다.

56 유동층 소각로의 장·단점이라 볼 수 없는 것은?

㉮ 반응시간이 느리고 소각시간이 길어진다.
㉯ 로내 온도의 자동제어로 열회수가 용이하다.
㉰ 기계적 구동부분이 적어 고장률이 낮다.
㉱ 연소효율이 높아 미연소분의 배출이 적고 2차 연소실이 불필요하다.

풀이 ㉮ 반응시간이 빨라 소각시간이 짧다.

57 배기가스의 먼지농도가 $2,000\,\mathrm{mg/Nm^3}$인 소각로에서 먼지를 처리하기 위하여 집진효율 50%인 중력집진장치, 80%인 여과집진장치 그리고 세정집진장치를 직렬로 연결되었다. 먼지농도를 $5\,\mathrm{mg/Nm^3}$ 이하로 줄이기 위해서는 세정집진장치의 집진효율을 최소한 몇 % 이상으로 하여야 하는가?

㉮ 90.5% ㉯ 92.5%
㉰ 94.5% ㉱ 97.5%

풀이 세정집진장치의 제거효율(%)
$= \left(1 - \dfrac{\text{출구농도}}{\text{입구농도}}\right) \times 100$

① 입구농도
$= 2,000\mathrm{mg/Nm^3} \times (1-0.50) \times (1-0.80) = 200\mathrm{mg/Nm^3}$
② 출구농도 $= 5\mathrm{mg/Nm^3}$
③ 제거효율(%) $= \left(1 - \dfrac{5\mathrm{mg/Nm^3}}{200\mathrm{mg/Nm^3}}\right) \times 100$
$= 97.5\%$

58 폐열이용시설 중 하나인 증기터빈의 분류 과정과 터빈 형식을 잘못 연결한 것은?

㉮ 흐름수 : 단류 터빈, 복류 터빈
㉯ 증기작동방식 : 축류 터빈, 반경류 터빈
㉰ 증기이용방식 : 배압 터빈, 복수 터빈, 혼합 터빈
㉱ 피구동기 : 발전용(직결형 터빈, 감속형 터빈), 기계구동형(급수펌프 구동 터빈, 압축기구 터빈)

풀이 ㉯ 증기작동방식 : 충동 터빈, 반동 터빈, 혼합식 터빈

answer 55 ㉯ 56 ㉮ 57 ㉱ 58 ㉯

> **TIP**
> **증기 터빈의 분류**
> ① 증기작동방식 : 충동 터빈, 반동 터빈, 혼합식 터빈
> ② 증기이용방식 : 배압 터빈, 복수 터빈, 혼합 터빈
> ③ 증기유동방식 : 축류 터빈, 반경류 터빈
> ④ 흐름수 : 단류 터빈, 복류 터빈
> ⑤ 피구동기 : 감속형 터빈, 직결형 터빈
> ⑥ 암기법 : 작동은 충동, 반동, 혼합식이고/이용은 배압, 복수, 혼합이고/유동은 축류, 반경류이고/흐름수는 단류, 복류이고/피구동기는 감속, 직결이다.

59 분자식이 C_mH_n인 탄화수소가스 $1Sm^3$의 완전연소에 필요한 이론공기량(Sm^3/Sm^3)은?

㉮ $3.76m + 1.19n$ ㉯ $4.76m + 1.19n$
㉰ $3.76m + 1.62n$ ㉱ $4.76m + 1.62n$

풀이
$$C_mH_n + \left(m + \frac{n}{4}\right)O_2 \rightarrow mCO_2 + \frac{n}{2}H_2O$$
이론공기량(Sm^3/Sm^3)
$=$ 이론산소량(Sm^3/Sm^3) $\times \dfrac{1}{0.21}$
$= \left(m + \dfrac{n}{4}\right)Sm^3/Sm^3 \times \dfrac{1}{0.21}$
$= 4.76m + 1.19n \, (Sm^3/Sm^3)$

60 열교환기에 대한 내용으로 틀린 것은?

㉮ 과열기 : 보일러에서 발생하는 포화증기에 다량의 수분이 함유되어 있어 이것에 열을 과하게 가열하여 수분을 제거하고 과열도가 높은 증기를 얻기 위해 설치한다.
㉯ 공기예열기 : 절탄기와 병용 설치하는 경우에는 공기예열기를 고온측에 설치한다.
㉰ 절탄기 : 급수예열에 의해 보일러수와의 온도차가 감소하므로 보일러 드럼에 발생하는 열응력이 경감된다.
㉱ 이코노마이저(Economizer) : 굴뚝에 설치되며 보일러 전열면을 통하여 연소가스의 여열로 보일러 급수를 예열하여 보일러의 효율을 높이는 장치이다.

풀이 ㉯ 공기예열기 : 절탄기와 병용 설치하는 경우에는 공기예열기를 저온측에 설치한다.

| 제4과목 | 폐기물공정시험기준

61 함수율 85%인 시료인 경우, 용출시험결과에 시료 중의 수분함량 보정을 위하여 곱하여야 하는 값은?

㉮ 0.5   ㉯ 1.0
㉰ 1.5   ㉱ 2.0

풀이 함수율 85% 이상 시료의 보정계수
$= \dfrac{15}{100 - 함수율(\%)}$
$= \dfrac{15}{100 - 85\%} = 1.0$

answer 59 ㉯ 60 ㉯ 61 ㉯

62 시료채취에 대한 내용으로 (　)에 옳은 것은?

> 회분식 연소방식의 소각재 반출설비에서 채취하는 경우에는 하루 동안의 운전 회수에 따라 매 운전 시마다 (㉠) 이상 채취하는 것을 원칙으로 하고, 시료의 양은 1회에 (㉡) 이상으로 한다.

㉮ ㉠ 2회, ㉡ 100g
㉯ ㉠ 4회, ㉡ 100g
㉰ ㉠ 2회, ㉡ 500g
㉱ ㉠ 4회, ㉡ 500g

풀이 시료의 채취
① 운전회수에 따라 매 운전 시마다 2회 이상 채취
① 일반적인 시료 : 1회에 100g 이상 채취
② 소각재의 시료 : 1회에 500g 이상 채취

63 기체크로마토그래피를 적용한 유기인 분석에 대한 내용으로 틀린 것은?

㉮ 유기인 화합물 중 이피엔, 파라티온, 메틸디메톤, 다이아지논 및 펜토에이트의 측정에 이용된다.
㉯ 유기인의 정량분석에 사용되는 검출기는 질소인검출기 또는 불꽃광도 검출기이다.
㉰ 정량한계는 사용하는 장치 및 측정조건에 따라 다르나 각 성분 당 0.0005 mg/L 이다.
㉱ 유기인을 정량할 때 주로 사용하는 정제용 칼럼은 활성 알루미나 칼럼이다.

풀이 ㉱ 유기인을 정량할 때 주로 사용하는 정제용 칼럼은 실리카겔 컬럼, 플로리실 컬럼, 활성탄 컬럼이다.

64 자외선/가시선 분광법을 이용한 카드뮴 측정에 대한 내용으로 (　)에 알맞은 내용은?

> 시료 중의 카드뮴이온을 시안화칼륨이 존재 하는 알칼리성에서 디티존과 반응시켜 생성하는 카드뮴착염을 사염화탄소로 추출하고 이를 (　)으로 역추출한 다음 수산화나트륨과 시안화칼륨을 넣어 디티존과 반응하여 생성하는 적색의 카드뮴착염을 사염화탄소로 추출하여 그 흡광도는 520 nm에서 측정한다.

㉮ 염화제일주석산 용액
㉯ 부틸알콜
㉰ 타타르산 용액
㉱ 에틸알콜

풀이 카드뮴의 자외선/가시선 분광법의 핵심 내용
① 추출용매 : 사염화탄소
② 역추출용매 : 타타르산 용액
③ 측정파장 및 발색액 : 520nm, 적색

65 시안-이온전극법에 대한 내용으로 (　)에 알맞은 내용은?

> 폐기물 중 시안을 측정하는 방법으로 액상폐기물과 고상 폐기물을 (　)으로 조절한 후 시안 이온전극과 비교전극을 사용하여 전위를 측정하고 그 전위차로부터 시안을 정량하는 방법이다.

㉮ pH 2 이하의 산성
㉯ pH 4.5~5.3의 산성
㉰ pH 10의 알칼리성
㉱ pH 12~13의 알칼리성

answer 62 ㉰　63 ㉱　64 ㉰　65 ㉱

[풀이] 시안 분석법의 pH 조절
① 자외선/가시선 분광법 : pH 2 이하의 산성으로 조절
② 이온전극법 : pH 12~13의 알칼리성으로 조절

66 할로겐화 유기물질(기체크로마토그래피 – 질량분석법) 측정 시 간섭물질에 대한 내용으로 틀린 것은?

㉮ 추출 용매 안에 간섭물질이 발견되면 증류하거나 컬럼 크로마토그래피에 의해 제거한다.
㉯ 다이클로로메탄과 같이 머무름 시간이 긴 화합물은 이들 중에는 피크와 겹쳐 분석을 방해할 수 있다.
㉰ 끓는점이 높거나 극성 유기화합물들이 함께 추출되므로 이들 중에는 분석을 간섭하는 물질이 있을 수 있다.
㉱ 플루오르화탄소나 다이클로로메탄과 같은 휘발성 유기물은 보관이나 운반 중에 격막을 통해 시료 안으로 확산되어 시료를 오염시킬 수 있으므로 현장 바탕시료로서 이를 점검하여야 한다.

[풀이] ㉯ 다이클로로메탄과 같이 머무름 시간이 짧은 화합물은 이들 중에는 피크와 겹쳐 분석을 방해할 수 있다.

67 $K_2Cr_2O_7$을 사용하여 1,000mg/L의 Cr표준원액 100mL를 제조하려면 필요한 $K_2Cr_2O_7$의 양(mg)은? (단, 원자량 K = 39, Cr = 52, O = 16)

㉮ 141 ㉯ 283
㉰ 354 ㉱ 565

[풀이]
$K_2Cr_2O_7$: $2Cr^{3+}$
294g : $2 \times 52g$
X : $1,000mg/L \times 0.1L$

$\therefore X = \dfrac{294g \times 1,000mg/L \times 0.1L}{2 \times 52g} = 282.69mg$

68 노말헥산 추출물질 시험결과가 다음과 같을 때 노말헥산 추출물질량(mg/L)은?

- 건조 증발접시의 질량 : 42.0424g
- 추출건조 후 증발접시의 질량과 잔류물질 질량 : 42.0748g
- 시료량 : 200mL

㉮ 152 ㉯ 162
㉰ 252 ㉱ 272

[풀이] 노말헥산 추출물질량(mg/L)
$= \dfrac{(42.0748 - 42.0424) \times 10^3 \, mg}{0.2L} = 162 \, mg/L$

69 감염성 미생물 검사법으로 틀린 것은?

㉮ 아포균 검사법
㉯ 최적확수 검사법
㉰ 세균배양 검사법
㉱ 멸균테이프 검사법

[풀이] 감염성 미생물 검사법에는 아포균 검사법, 세균배양 검사법, 멸균테이프 검사법이 있다.

70 폐기물공정시험기준에 적용되는 용어에 대한 내용으로 틀린 것은?

㉮ 반고상폐기물 : 고형물의 함량이 5% 이상 15% 미만인 것을 말한다.
㉯ 비함침성 고상폐기물 : 금속판, 구리선 등 기름을 흡수하지 않는 평면 또는 비평면 형태의 변압기 내부부재를 말한다.
㉰ 바탕시험을 하여 보정한다 : 규정된 시료로 같은 방법으로 실험하여 측정치를 보정하는 것을 말한다.
㉱ 정밀히 단다 : 규정된 양의 시료를 취하여 화학저울 또는 미량저울로 칭량함을 말한다.

풀이 ㉰ 바탕시험을 하여 보정한다 : 시료에 대한 처리 및 측정을 할 때 시료를 사용하지 않고 같은 방법으로 조작한 측정치를 빼는 것이다.

71 다음 pH 표준액 중 pH 값이 가장 높은 것은? (단, 0℃ 기준)

㉮ 붕산염 표준액
㉯ 인산염 표준액
㉰ 프탈산염 표준액
㉱ 수산염 표준액

풀이 pH값 크기 순서는 수산염표준액 < 프탈산염표준액 < 인산염표준액 < 붕산염표준액 < 탄산염표준액 < 수산화칼슘표준액 순이며, 암기법은 "수프인 7부옷에 탄숨"임을 숙지하시면 됩니다.

72 자외선/가시선 분광법을 적용한 시안화합물 측정에 대한 내용으로 틀린 것은?

㉮ 시안화합물을 측정할 때 방해물질들은 증류하면 대부분 제거된다.
㉯ 황화합물이 함유된 시료는 아세트산바륨용액을 넣어 제거한다.
㉰ 잔류염소가 함유된 시료는 L-아스코빈산 용액을 넣어 제거한다.
㉱ 잔류염소가 함유된 시료는 이산화비소산나트륨 용액을 넣어 제거한다.

풀이 ㉯ 황화합물이 함유된 시료는 아세트산아연용액을 넣어 제거한다.

73 기름성분을 중량법으로 측정할 때 정량한계 기준은?

㉮ 0.1% 이하   ㉯ 1.0% 이하
㉰ 3.0% 이하   ㉱ 5.0% 이하

풀이 기름성분을 중량법으로 측정할 때 정량한계는 0.1% 이하이다.

answer 70 ㉰ 71 ㉮ 72 ㉯ 73 ㉮

74 자외선/가시선 분광법으로 비소를 측정하는 방법으로 ( )에 알맞은 것은?

> 시료 중의 비소를 3가비소로 환원시킨 다음 ( )을 넣어 발생되는 비화수소를 다이에틸다이티오카르바민산은의 피리딘 용액에 흡수시켜 이때 나타나는 적자색의 흡광도를 측정한다.

㉮ 과망간산칼륨 용액
㉯ 과산화수소수 용액
㉰ 요오드
㉱ 아연

풀이 자외선/가시선 분광법으로 비소를 측정할 때 환원제는 아연을 사용한다.

75 용출시험 방법 중 시료액의 조제에 대한 내용으로 틀린 것은?

㉮ 조제한 시료 100g 이상을 정확히 단다.
㉯ 정제수에 염산을 넣어 pH를 5.8~6.3으로 한다.
㉰ 시료 : 용매 = 10 : 1(W : V)로 한다.
㉱ 2,000mL 삼각플라스크에 넣어 혼합한다.

풀이 ㉰ 시료 : 용매 = 1 : 10(W : V)로 한다.

76 시료용기에 기재하여야 하는 사항으로 틀린 것은?

㉮ 폐기물의 명칭
㉯ 대상 폐기물의 양
㉰ 채취책임자의 이름
㉱ 대상 분석 항목

풀이 시료용기에는 폐기물의 명칭, 대상폐기물의 양, 채취장소, 채취시간 및 일기, 시료번호, 채취책임자 이름, 시료의 양, 채취방법 등을 기재한다.

77 성상에 따른 시료의 채취 방법의 원칙에 대한 내용으로 틀린 것은?

㉮ 고상혼합물의 경우 적당한 채취 도구를 사용하며 한번에 일정량씩 채취한다.
㉯ 액상혼합물의 경우 최종 지점으로 모여진 상태에서 잘 혼합하여 균일한 상태로 하여 채취한다.
㉰ 콘크리트 고형화물이 소형일 경우 적당한 채취도구를 사용하여 한번에 일정량씩 채취한다.
㉱ 콘크리트 고형화물이 대형일 경우 임의의 5개소에서 채취하여 각각 파쇄하여 100g씩 균등 양 혼합하여 채취한다.

풀이 ㉯ 액상혼합물의 경우는 원칙적으로 최종지점의 낙하구에서 흐르는 도중에 채취한다.

78 폐기물 중에 함유된 기름성분의 추출에 사용되는 용매는?

㉮ 메틸오렌지
㉯ 노말헥산
㉰ 알코올
㉱ 다이에틸다이티오카르바민산은

풀이 폐기물 중에 함유된 기름성분의 추출에 사용되는 용매는 노말헥산이다.

answer 74 ㉱ 75 ㉰ 76 ㉱ 77 ㉯ 78 ㉯

79 폐기물공정시험기준상 기체크로마토그래피로 측정하여야 하는 시험항목은?

㉮ 기름성분 ㉯ 구리
㉰ 유기인   ㉱ 시안

[풀이] 항목별 분석방법
㉮ 기름성분 : 중량법
㉯ 구리 : 원자흡수분광광도법, 유도결합플라스마-분광광도법, 자외선/가시선 분광법
㉰ 유기인 : 기체크로마토그래피
㉱ 시안 : 자외선/가시선 분광법, 이온전극법, 연속흐름법

80 pH = 1인 폐산은 pH = 5인 폐산에 비하여 수소이온농도가 몇 배인가?

㉮ 10배   ㉯ 100배
㉰ 1,000배 ㉱ 10,000배

[풀이] $pH = -\log[H^+]$ 에서 $[H^+] = 10^{-pH}$ mol/L

$$\frac{pH=1}{pH=5} = \frac{10^{-1} \text{mol/L}}{10^{-5} \text{mol/L}} = 10,000 \text{배}$$

answer 79 ㉰ 80 ㉱

폐기물처리기사 필기 · 과년도

초 판 인쇄 | 2026년 1월 5일
초 판 발행 | 2026년 1월 15일

저 자 | 전화택
발행인 | 조규백
발행처 | 도서출판 구민사
　　　　　(07293) 서울특별시 영등포구 문래북로 116, 604호(문래동3가 46, 트리플렉스)
전화 (02) 701-74212021
팩스 (02) 3273-9642
홈페이지 www.kuhminsa.co.kr

신고번호 | 제2012-000055호(1980년 2월 4일)
I S B N | 979-11-6875-618-2　　13500

값 40,000원

※ 낙장 및 파본은 구입하신 서점에서 바꿔드립니다.
※ 본서를 허락없이 부분 또는 전부를 무단복제, 게재행위는 저작권법에 저촉됩니다.

2026
Completion
in 7 weekh

폐기물처리 기사 필기·과년도 + 무료 동영상

 네이버카페 **자격증만들기** 바로가기 |

- **Part 1** 폐기물개론
- **Part 2** 폐기물 재활용 및 자원화 기술
- **Part 3** 폐기물오염공정시험기준
- **Part 4** 폐기물처분기술
- **Part 5** 실전문제

TEL. (02)701-7421　　FAX. (02)3273-9642　　Homepage www.kuhminsa.co.kr

값 40,000원

구민사 바로가기

발행일 2026년 1월 15일 | **저자** 전화택 | **발행인** 조규백 | **발행처** 도서출판 구민사 | **신고번호** 제 2012-000055호
주소 (07293)서울특별시 영등포구 문래북로 116, 604호(문래동3가, 트리플렉스)
※ 낙장 및 파본은 구입하신 서점에서 바꿔드립니다.
※ 본서를 허락없이 부분 또는 전부를 무단복제, 게재행위는 저작권법에 저촉됩니다.

ISBN 979-11-6875-618-2